Brandschutzkonzepte nach Bauordnung Nordrhein-Westfalen

Bildkommentar, Checklisten, Konzepterstellung

mit 361 Zeichnungen und 75 Fotos

Josef Mayr

Dipl.-Ing. (FH) Josef Mayr studierte an der Fachhochschule München Bauingenieurwesen mit Schwerpunkt Baubetrieb. Zwischen 1976 und 1987 arbeitete er als Bauleiter und Sachverständiger mit Spezialisierung auf den vorbeugenden Brandschutz. Anschließend war er bis 1997 im Risk Management bei der Versicherungskammer Bayern tätig. 1997 gründete er den Feuertrutz Verlag und war dort Geschäftsführer bis 2005. 1995 entwickelte er als Herausgeber den Brandschutzatlas, für den er auch weiterhin als Hauptautor tätig ist. Außerdem ist er neben seiner Tätigkeit als Brandschutzingenieur verstärkt als Referent in zahlreichen Institutionen und Bildungseinrichtungen tätig.

FeuerTrutz

RM Rudolf Müller

Bibliografische Information der Deutschen Nationalbibliothek
Die Deutsche Nationalbibliothek verzeichnet diese Publikation in der Deutschen Nationalbibliografie; detaillierte bibliografische Daten sind im Internet über https://dnb.de abrufbar.

Maßgebend für das Anwenden von Normen ist deren Fassung mit dem neuesten Ausgabedatum, die bei der Beuth Verlag GmbH, Burggrafenstraße 6, 10787 Berlin, erhältlich ist. Maßgebend für das Anwenden der Landesbauordnung und ihren ergänzenden Verordnungen, Vorschriften, Regelwerken, Richtlinien, Merkblättern, Hinweisen usw. sowie der Technischen Baubestimmungen ist deren Fassung mit dem neuesten Ausgabedatum, die bei der jeweiligen herausgebenden Institution erhältlich sind. Zitate aus Normen, Merkblättern usw. wurden, unabhängig von ihrem Ausgabedatum, in neuer deutscher Rechtschreibung abgedruckt.

Das vorliegende Werk wurde mit größter Sorgfalt erstellt. Verlag und Autor können dennoch für die inhaltliche und technische Fehlerfreiheit, Aktualität und Vollständigkeit des Werkes und seiner elektronischen Bestandteile (Internetseiten) keine Haftung übernehmen.

Wir freuen uns, Ihre Meinung über dieses Fachbuch zu erfahren. Bitte teilen Sie uns Ihre Anregungen, Hinweise oder Fragen per E-Mail: lektorat@feuertrutz.de oder Telefax: 0221 5497-140 mit.

Lektorat: Sabrina Finke, Bochum
Umschlaggestaltung: Satz+Layout Werkstatt Kluth GmbH, Erftstadt
Satz: WMTP Wendt-Media Text-Processing GmbH, Birkenau
Druck und Bindearbeiten: Westermann Druck Zwickau GmbH, Zwickau
Printed in Germany

ISBN 978-3-86235-400-9 (Buch-Ausgabe)
ISBN 978-3-86235-401-6 (E-Book-Ausgabe als PDF)
ISBN 978-3-86235-402-3 (Buch + E-Book)

FSC www.fsc.org
MIX
Papier aus verantwortungsvollen Quellen
FSC® C110508

Aufbau des Buches

Dieses Fachbuch liefert konkrete, fundierte und leicht verständliche Informationen für alle am Bau und Brandschutz Beteiligten über die Brandschutzanforderungen der BauO NRW. Diese bilden die Grundlage für die Erstellung von Brandschutzkonzepten für Gebäude, die nach der BauO NRW behandelt werden können. Das Werk ist in drei Teile gegliedert:

- **Hauptteil:** Brandschutzanforderungen nach BauO NRW
- **Anlage A:** Checkliste für die Erstellung von Brandschutzkonzepten
- **Anlage B:** Beispiel für ein Brandschutzkonzept mit Visualisierung in Brandschutzplänen

Das Buch ist wie folgt gegliedert:

- **Kapitel** strukturieren das Werk und ermöglichen ein schnelles Auffinden sowie Hin- und Herspringen zwischen den Teilen (Tabensystem am Seitenrand),
- **Unterkapitel** geben auf jeder Seite die Information, in welchem Bereich des Hauptkapitels man sich gerade befindet (Kopfzeile),
- **Punkte** gliedern das jeweilige Unterkapitel (Nummern innerhalb eines Kreises ①).

Die Gliederungsreihenfolge der **Kapitel** und **Unterkapitel** entspricht der empfehlenswerten **Gliederung von Brandschutzkonzepten** und die Punkte (①, ②, ③ ...) liefern die dazugehörigen Erläuterungen, Kommentare und Zeichnungen.

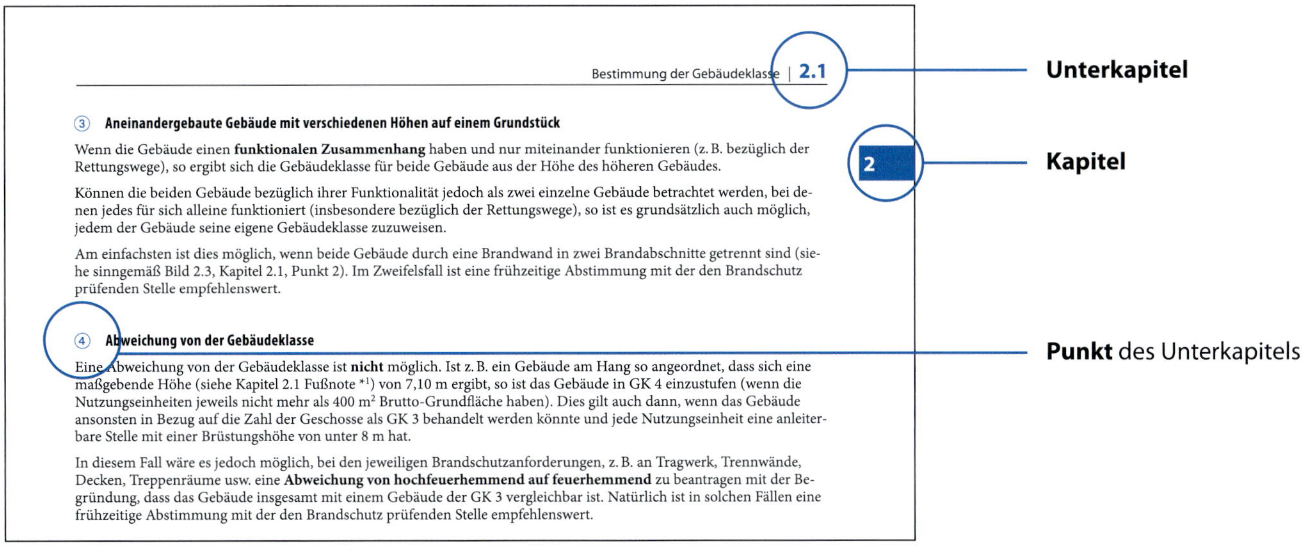

Hauptteil
Brandschutzanforderungen nach BauO NRW

Der Hauptteil behandelt, kommentiert und erläutert mit seinen Kapiteln 1 bis 30 die Brandschutzanforderungen der Landesbauordnung Nordrhein-Westfalen (BauO NRW).

Wichtig: Dieses Werk gilt für alle Gebäude, die nach der **BauO NRW** behandelt werden können. Für **Sonderbauten** können besondere Anforderungen gestellt oder Erleichterungen gestattet werden, die **zusätzlich beachtet** werden müssen.

Die Anforderungen der BauO NRW werden in Form von blau hinterlegten **Checklisten** angegeben. Mit diesen Checklisten können die Brandschutzanforderungen der BauO NRW ermittelt, überprüft und umgesetzt sowie Brandschutzkonzepte erstellt werden (mit Anlage A).

Die Checklisten liefern jeweils die dazugehörigen Fundstellen in der BauO NRW sowie Verweise zum FeuerTrutz Brandschutzatlas für weiterführende Informationen. Die Fundstellen sind in den rechten Tabellenspalten, unterschieden in BauO NRW und Atlas angegeben. Die Verweise zum Brandschutzatlas dienen der tiefergehenden Recherche. Ein Vorliegen des Brandschutzatlas ist für die Nutzung dieses Werkes jedoch nicht erforderlich.

Im Werk werden teilweise verschiedene Farbhinterlegungen gezeigt, deren Bedeutung an dieser Stelle erläutert wird:

Blaue Farbe	Anforderungen der BauO NRW. Diese wurden zur leichteren Lesbarkeit teilweise aufbereitet und ergänzt (mit Zuordnungen und Autorenhinweisen [in eckigen Klammern])
Ohne Farbe	Erläuterungen, Kommentare und Hinweise zur Handhabung und Umsetzung der Anforderungen der BauO NRW
Gelbe Farbe	Bauaufsichtliche Anforderungen
Blauviolette Farbe	Nationale Klassen und Anforderungen
Grüne Farbe	Europäische Klassen und Anforderungen bzw. Bauprodukte mit einem europäischem Nachweis
Hellrote Farbe	Bauarten bzw. Bauprodukte nach Technischen Baubestimmungen (TB) bzw. allgemein anerkannten Regeln der Technik (aaRdT)
Orange Farbe	Bauarten bzw. Bauprodukte, für die es keine TB/aaRdT gibt oder die von den TB/aaRdT wesentlich abweichen und die deshalb einen nationalen Ver-/Anwendbarkeitsnachweis benötigen

Anlage A
Checkliste: Erstellung von Brandschutzkonzepten

In diesem Teil begleitet und unterstützt Sie das Buch bei der Erstellung von Brandschutzkonzepten. Die Checkliste liefert

- strukturierte und konkrete Handlungsanweisungen für die Erstellung von Brandschutzkonzepten nach BauO NRW für die Genehmigungsplanung,
- eine Schritt-für-Schritt-Anleitung mit Erläuterungen zu den einzelnen erforderlichen Schritten,
- eine Unterstützung und Hilfe für alle am Bau und Brandschutz Beteiligten bei der Erstellung und Überprüfung von Brandschutzkonzepten für Gebäude, die keine Sonderbauten sind.

Die Checkliste bezieht sich jeweils auf den Hauptteil (Kapitel 1 bis 30). Sie ist mit diesem verknüpft und hat auch dessen Gliederung. Durch das Tabensystem mit den Angaben der Hauptkapitel ist ein Hin- und Herspringen zwischen Hauptteil und Anlage einfach und schnell möglich.

Anlage B
Beispiel: Brandschutzkonzept mit Visualisierung in Brandschutzplänen

Dieser Teil des Buches enthält ein Beispiel eines Brandschutzkonzepts als bautechnischer Nachweis des Brandschutzes, das mit der Checkliste aus Anlage A und dem Hauptteil des Buches erstellt wurde.

Das Brandschutzkonzept enthält zudem weitere Hinweise für die Ausführungsplanung und Bauausführung. Diese werden in grüner Schrift dargestellt und können als Checkliste für die weitere Planung und Ausführung dienen.

Inhaltsübersicht

Inhaltsverzeichnis

Hauptteil

Brandschutzanforderungen der BauO NRW mit Erläuterungen, Kommentaren und Zeichnungen.

Als Grundlage und zur Information für die fachgerechte Umsetzung der

- Brandschutz-Vorplanung,
- Erstellung von Brandschutzkonzepten,
- Werk- und Detailplanung,
- Fachbauleitung Brandschutz und
- Überprüfung des Brandschutzes.

Diese werden ergänzt durch:

Anlage A: Brandschutz-Nachweis-Checklisten für die Erstellung eines Brandschutzkonzepts

und

Anlage B: Beispiel für ein Brandschutzkonzept mit Brandschutzplänen

1 Allgemeines, Grundlagen, Vorbemerkungen

1.1 Vorbemerkungen		
• Die nachfolgende Checkliste enthält die aufbereiteten Anforderungen der BauO NRW nebst Erläuterungen, Kommentaren, Bildern, und Fundstellenangaben. Sie ist ein **Hilfsmittel** – zur Ermittlung, Überprüfung und Umsetzung von Brandschutzanforderungen der BauO NRW. – zur Erstellung von Brandschutzkonzepten (mit Anlage A). Das Werk enthält Auszüge aus dem Brandschutzatlas*[1]. Die jeweiligen Fundstellen und weiterführenden Informationen im Brandschutzatlas sind in der rechten Tabellenspalte angegeben. • **Wichtig:** Diese Checkliste gilt nur für Gebäude, die nach der **BauO NRW 2018** vom 21. Juli 2018, geändert 14. April 2020 behandelt werden können. Für Sonderbauten bestehen je nach Sonderbau in der Regel weitergehende Anforderungen, die zusätzlich zu dieser Checkliste beachtet werden müssen. • Die Anforderungen der BauO NRW wurden zur leichteren Lesbarkeit teilweise aufbereitet und ergänzt. Sie sind jeweils blau hinterlegt. • Die in diesem Werk enthaltenen Checklisten, Erläuterungen, Kommentare und Bilder als Prinzipskizzen wurden mit größter Sorgfalt erstellt. Verlag und Autor können dennoch für die inhaltliche und technische Richtigkeit, Fehlerfreiheit, Aktualität und Vollständigkeit keine Haftung übernehmen. **Maßgebend sind immer die BauO NRW** mit ihren ergänzenden Verordnungen, Vorschriften, Verwaltungsvorschriften und den jeweils eingeführten Technischen Baubestimmungen sowie die allgemein anerkannten Regeln der Technik und die sonstigen einschlägigen Vorschriften und Regelungen in ihrer jeweils gültigen Fassung.	**Fundstelle** in der BauO NRW bzw. Kapitel	**Fundstelle** im Brandschutzatlas
*[1] Mayr, J.; Battran, L.: Brandschutzatlas. Köln: FeuerTrutz Network GmbH, 2020, www.feuertrutz.de		

2 Gebäudeklasse, Überprüfung Sonderbau, Lage auf dem Grundstück

2

2.1 Bestimmung der Gebäudeklasse

Gebäudeklasse 1a: Freistehende Gebäude mit einer Höhe*[1] bis zu 7 m und nicht mehr als zwei Nutzungseinheiten von insgesamt nicht mehr als 400 m² *[2].	**Gebäudeklasse 1b:** Freistehende land- oder forstwirtschaftlich genutzte Gebäude und Gebäude vergleichbarer Nutzung.	BauO NRW § 2 (3) Nr. 1a und 1b	Atlas 5.1

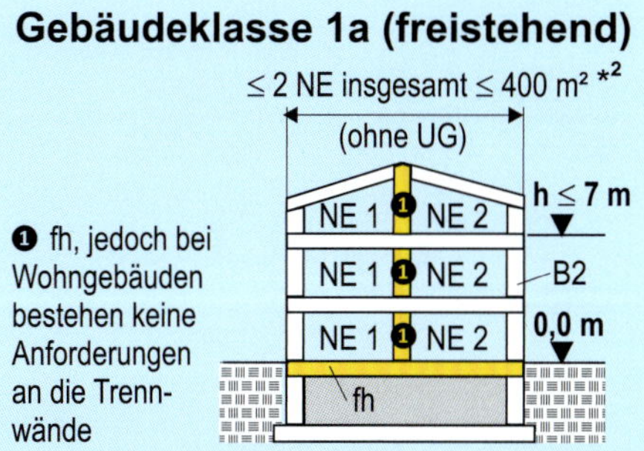

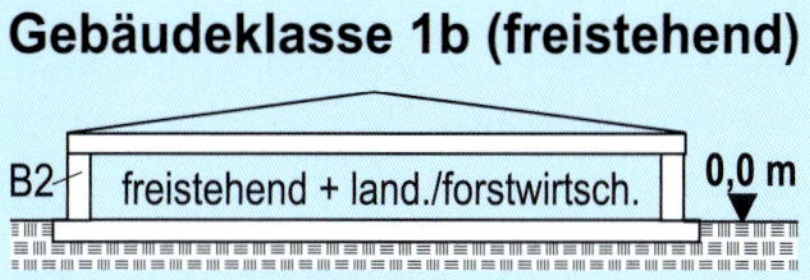

Gebäudeklasse 2: Gebäude mit einer Höhe*[1] bis zu 7 m und nicht mehr als zwei Nutzungseinheiten von insgesamt nicht mehr als 400 m² *[2].	**Gebäudeklasse 3:** Sonstige Gebäude mit einer Höhe*[1] bis zu 7 m.	§ 2 (3) Nr. 2 und 3

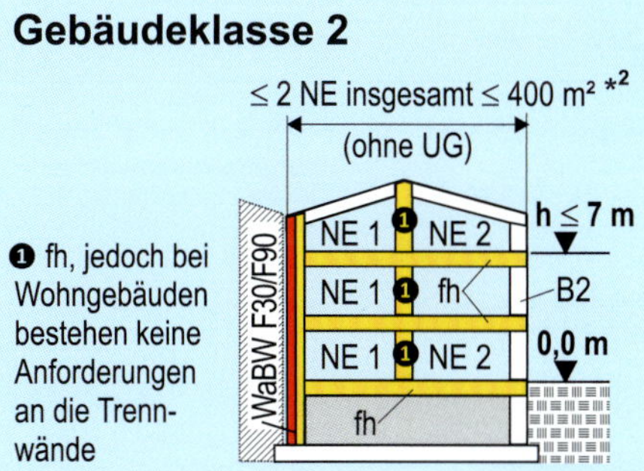

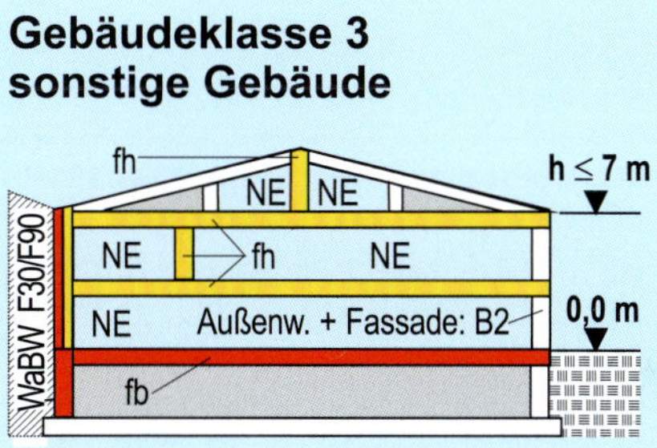

Gebäudeklasse 4: Gebäude mit einer Höhe*[1] bis zu 13 m und Nutzungseinheiten mit jeweils nicht mehr als 400 m² *[2].	**Gebäudeklasse 5:** Sonstige Gebäude einschließlich unterirdischer Gebäude.	§ 2 (3) Nr. 4 und 5

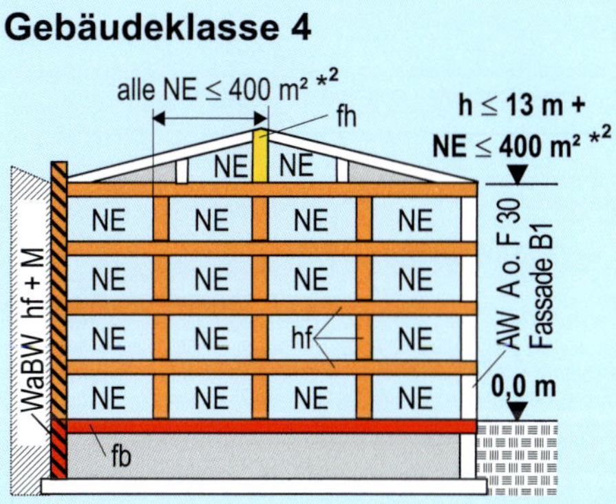

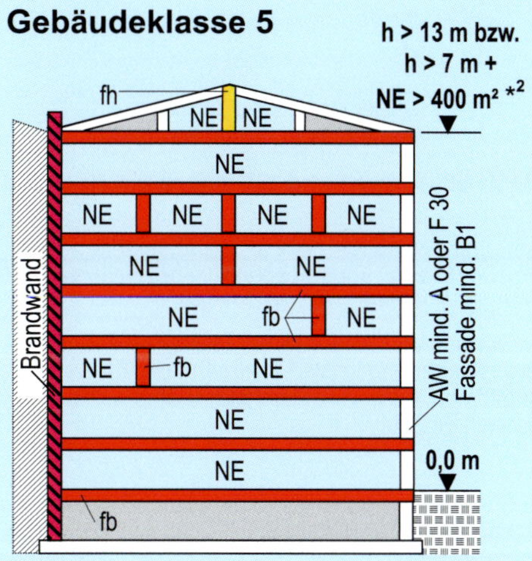

*[1] Höhe ist das Maß der Fußbodenoberkante des höchstgelegenen Geschosses, in dem ein Aufenthaltsraum möglich ist, über der Geländeoberfläche im Mittel. Geländeoberfläche ist die Fläche, die sich aus der Baugenehmigung oder den Festsetzungen des Bebauungsplanes ergibt, im Übrigen die natürliche Geländeoberfläche.	§ 2 (3)² § 2 (4)
*[2] Die Grundflächen der Nutzungseinheiten sind die Brutto-Grundflächen. Bei der Berechnung dieser Brutto-Grundflächen bleiben Flächen in Kellergeschossen außer Betracht.	§ 2 (3)³

① Bedeutung der Gebäudeklasse

Jedes Gebäude, unabhängig davon, ob es ein Sonderbau ist oder nicht, hat eine Gebäudeklasse. Es ist unbedingt darauf zu achten, dass die Gebäudeklasse richtig bestimmt wird und eindeutig feststeht, da sich daraus die wesentlichen Brandschutzanforderungen ergeben. Auch bei Sonderbauten ist zunächst – unabhängig davon, um welchen Sonderbau es sich handelt – die Gebäudeklasse zu ermitteln. Jeder Sonderbau hat eine Gebäudeklasse.

② Ermittlung der Gebäudeklasse

Falls Unklarheiten bei der Feststellung der Gebäudeklasse (GK) bestehen, ist es empfehlenswert, diese mit der den Brandschutz prüfenden Stelle **vor der Erstellung** des Brandschutzkonzepts eindeutig abzustimmen. Dies ist von besonderer Bedeutung, da bei einer falschen oder nachträglich geänderten Gebäudeklasse sich gravierende Änderungen bei den Brandschutzanforderungen ergeben können.

Bild 2.1: Freistehendes Wohngebäude aus zwei aneinandergereihten Gebäudeteilen auf einem Grundstück

Obwohl es sich bei diesem Gebäude eigentlich um ein klassisches Doppelhaus mit zwei Doppelhaushälften handelt, kann es auch als ein freistehendes Gebäude mit zwei Wohnungen auf einem Grundstück eingestuft werden. Bei einer Brutto-Grundfläche ≤ 400 m² ist in diesem Fall die Einstufung in Gebäudeklasse 1 (GK 1) möglich. Bei einem Wohngebäude werden dann an die Trennwände keine Anforderungen gestellt.

Wichtig: Eine Einstufung in GK 1 ist nicht sinnvoll und kann später zu **erheblichen Nachteilen** führen, wenn das Gebäude in zwei real geteilte Doppelhaushälften auf zwei Grundstücken umgewandelt werden soll. In diesem Fall müsste die Trennwand eine Brandwand sein. Ohne Brandwand kann keine Teilung erfolgen. Besser ist deshalb die Einstufung in GK 2, siehe Bild 2.3.

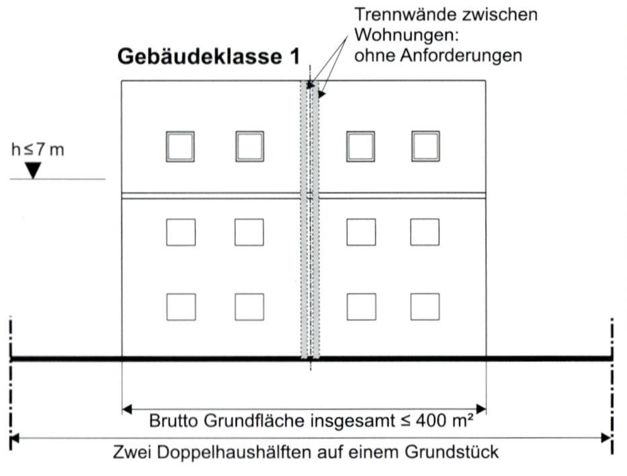

Bild 2.2: Gebäude wie in Bild 2.1, jedoch mit einer Brutto-Grundfläche von mehr als 400 m²

Da die Brutto-Grundfläche mehr als 400 m² beträgt, erfolgt eine Einstufung in GK 3. Die Trennwände zwischen den Nutzungseinheiten müssen dann feuerhemmend sein.

Wichtig: Eine Einstufung in GK 3 ist nicht sinnvoll, da dann auch ein notwendiger Treppenraum erforderlich ist. Das mögliche Einsparungspotenzial durch feuerhemmende Trennwände steht in keinem Verhältnis zum Aufwand, den der dann erforderliche notwendige Treppenraum mit sich bringt. Wird z. B. im Rahmen einer Abweichung auf den notwendigen Treppenraum verzichtet, so ist in der Regel als Kompensation die Anordnung von Brandabschnitten erforderlich. Besser ist deshalb die Einstufung in GK 2, siehe Bild 2.3.

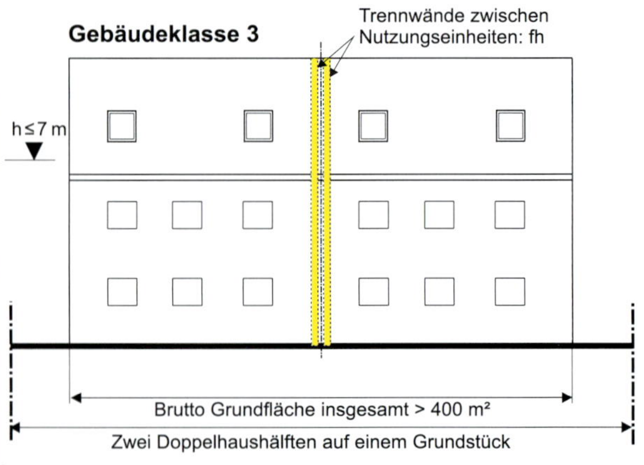

Bild 2.3: Gebäude wie in den Bildern 2.1 und 2.2, jedoch mit einer Brandwand

Durch die Anordnung einer Brandwand (bei GK 2 als Wand anstelle einer Brandwand) kann das Gebäude in zwei Brandabschnitte aufgeteilt werden, wobei jeder Brandabschnitt für sich in GK 2 eingestuft wird.

Die in den Bildern 2.1 und 2.2 beschriebenen Nachteile werden dadurch vermieden und eine spätere Realteilung in zwei Doppelhaushälften auf zwei Grundstücken ist (zumindest aus brandschutztechnischer Sicht) problemlos und ohne Mehrkosten möglich.

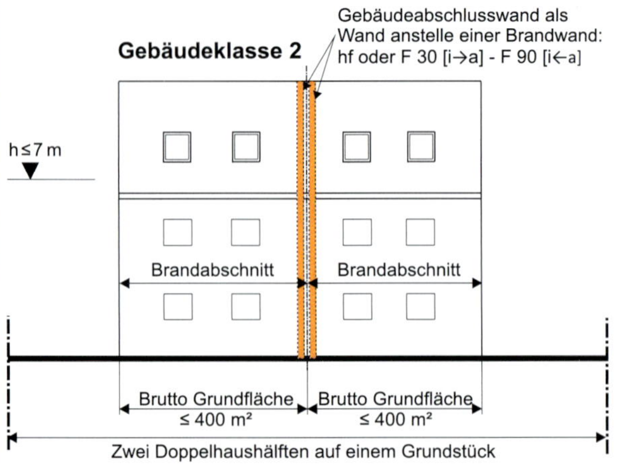

③ Aneinandergebaute Gebäude mit verschiedenen Höhen auf einem Grundstück

Wenn die Gebäude einen **funktionalen Zusammenhang** haben und nur miteinander funktionieren (z. B. bezüglich der Rettungswege), so ergibt sich die Gebäudeklasse für beide Gebäude aus der Höhe des höheren Gebäudes.

Können die beiden Gebäude bezüglich ihrer Funktionalität jedoch als zwei einzelne Gebäude betrachtet werden, bei denen jedes für sich alleine funktioniert (insbesondere bezüglich der Rettungswege), so ist es grundsätzlich auch möglich, jedem der Gebäude seine eigene Gebäudeklasse zuzuweisen.

Am einfachsten ist dies möglich, wenn beide Gebäude durch eine Brandwand in zwei Brandabschnitte getrennt sind (siehe sinngemäß Bild 2.3, Kapitel 2.1, Punkt 2). Im Zweifelsfall ist eine frühzeitige Abstimmung mit der den Brandschutz prüfenden Stelle empfehlenswert.

④ Abweichung von der Gebäudeklasse

Eine Abweichung von der Gebäudeklasse ist **nicht** möglich. Ist z. B. ein Gebäude am Hang so angeordnet, dass sich eine maßgebende Höhe (siehe Kapitel 2.1 Fußnote *1) von 7,10 m ergibt, so ist das Gebäude in GK 4 einzustufen (wenn die Nutzungseinheiten jeweils nicht mehr als 400 m^2 Brutto-Grundfläche haben). Dies gilt auch dann, wenn das Gebäude ansonsten in Bezug auf die Zahl der Geschosse als GK 3 behandelt werden könnte und jede Nutzungseinheit eine anleiterbare Stelle mit einer Brüstungshöhe von unter 8 m hat.

In diesem Fall wäre es jedoch möglich, bei den jeweiligen Brandschutzanforderungen, z. B. an Tragwerk, Trennwände, Decken, Treppenräume usw. eine **Abweichung von hochfeuerhemmend auf feuerhemmend** zu beantragen mit der Begründung, dass das Gebäude insgesamt mit einem Gebäude der GK 3 vergleichbar ist. Natürlich ist in solchen Fällen eine frühzeitige Abstimmung mit der den Brandschutz prüfenden Stelle empfehlenswert.

⑤ Brutto-Grundfläche bei Teilnutzungseinheiten

Bild 5.1: Gebäudeklasse bei Teilnutzungseinheiten

Bei Teilnutzungseinheiten ergibt sich die Brutto-Grundfläche der Nutzungseinheit (NE) aus der Summe der Teil-NE. Obwohl die beiden Teil-NE deutlich unter 400 m^2 haben, ist das Gebäude in GK 5 einzustufen, da die NE 1 insgesamt größer als 400 m^2 ist. **Anmerkung:** In einigen Bundesländern bestehen bei Teil-NE abweichende Regelungen.

Von der Einstufung in die GK kann nicht abgewichen werden.

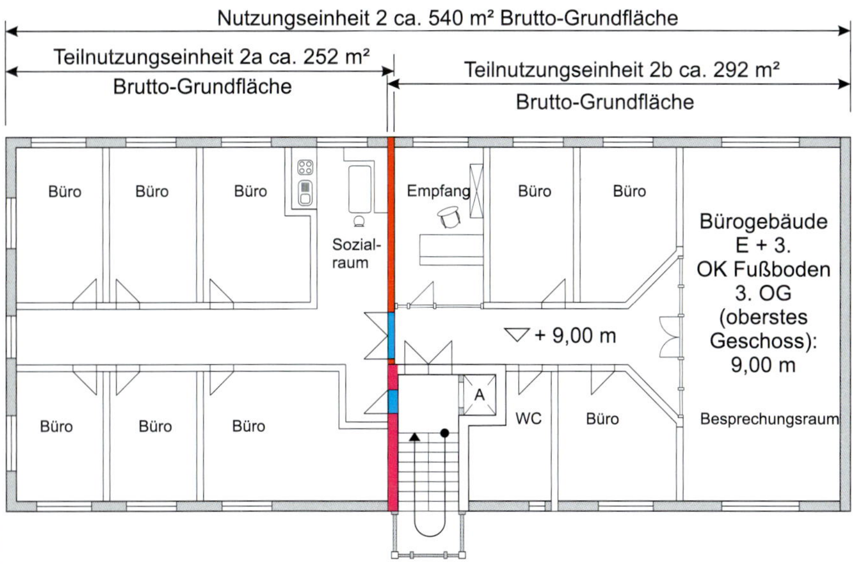

⑥ Make in „5“

Im Zweifelsfall ist es empfehlenswert, für das Brandschutzkonzept die höhere Gebäudeklasse (also GK 5) zu wählen, da damit der Bauherr auf der „sicheren Seite“ liegt. Dies kann sinnvoll sein, wenn etwa durch später mögliche Nutzungsänderungen eine andere Einstufung zu erwarten ist (Überschreitung der 400 m^2 Brutto-Grundfläche).

Bei Massivbauten sind dadurch in der Regel keine deutlich höheren Mehrkosten zu erwarten. Falls allerdings aus anderen Gründen GK 4 angestrebt wird, z. B., weil das Gebäude hochfeuerhemmend in Holz errichtet werden soll, muss die Gebäudeklasse natürlich unstrittig feststehen.

2

2.2 Überprüfung „großer" Sonderbau[*1]

BauO NRW § 50 (1) — Atlas 8.1 ff

- [1]An Anlagen und Räume besonderer Art oder Nutzung (Sonderbauten) können im Einzelfall zur Verwirklichung der allgemeinen Anforderungen nach § 3 Absatz 1 BauO NRW besondere Anforderungen gestellt werden.
- [2]Erleichterungen können gestattet werden, soweit es der Einhaltung von Vorschriften wegen der besonderen Art oder Nutzung baulicher Anlagen oder Räume oder wegen besonderer Anforderungen nicht bedarf.
- [3]Die Anforderungen und Erleichterungen nach den Sätzen 1 und 2 können sich insbesondere erstrecken auf
  1. die Anordnung der baulichen Anlagen auf dem Grundstück,
  2. die Abstände von Nachbargrenzen, von anderen baulichen Anlagen auf dem Grundstück und von öffentlichen Verkehrsflächen sowie auf die Größe der freizuhaltenden Flächen der Grundstücke,
  3. die Öffnungen nach öffentlichen Verkehrsflächen und nach angrenzenden Grundstücken,
  4. die Anlage von Zu- und Abfahrten,
  5. die Anlage von Grünstreifen, Baumpflanzungen und anderen Pflanzungen sowie die Begrünung oder Beseitigung von Halden und Gruben,
  6. die Bauart und Anordnung aller für die Stand- und Verkehrssicherheit, den Brand-, Wärme-, Schall- oder Gesundheitsschutz wesentlichen Bauteile und die Verwendung von Baustoffen,
  7. Brandschutzanlagen, -einrichtungen und -vorkehrungen,
  8. die Löschwasserrückhaltung,
  9. die Anordnung und Herstellung von Aufzügen, Treppen, Treppenräumen, Fluren, Ausgängen, sonstigen Rettungswegen,
  10. die Beleuchtung und Energieversorgung,
  11. die Lüftung und Rauchableitung,
  12. die Feuerungsanlagen und Heizräume,
  13. die Wasserversorgung für Löschzwecke,
  14. die Aufbewahrung und Entsorgung von Abwasser und festen Abfallstoffen,
  15. die Stellplätze und Garagen mit und ohne eine Stromzuleitung für die Aufladung von Batterien für Elektrofahrzeuge sowie Fahrradabstellplätze,
  16. die barrierefreie Nutzbarkeit,
  17. die zulässige Zahl der Benutzerinnen und Benutzer, Anordnung und Zahl der zulässigen Sitz- und Stehplätze bei Versammlungsstätten, Gaststätten, Vergnügungsstätten, Tribünen und Fliegenden Bauten,
  18. die Zahl der Toiletten für Besucherinnen und Besucher,
  19. Umfang, Inhalt und Zahl besonderer Bauvorlagen, insbesondere eines Brandschutzkonzepts,
  20. weitere zu erbringende Bescheinigungen,
  21. die Bestellung und Qualifikation der Bauleitenden und der Fachbauleitenden,
  22. den Betrieb und die Nutzung einschließlich der Bestellung und der Qualifikation einer oder eines Brandschutzbeauftragten,
  23. Erst-, Wiederholungs- und Nachprüfungen und die Bescheinigungen, die hierüber zu erbringen sind und
  24. Gebäudefunkanlagen für die Feuerwehr.

[1]**Große Sonderbauten** sind[*1] — § 50 (2)

1. Hochhäuser (Gebäude mit einer Höhe nach § 2 Absatz 3 Satz 2 von mehr als 22 m),
2. bauliche Anlagen mit einer Höhe von mehr als 30 m,
3. Gebäude mit mehr als 1.600 m^2 Grundfläche des Geschosses mit der größten Ausdehnung; ausgenommen Gewächshäuser ohne Verkaufsstätten, die einem land- oder forstwirtschaftlichen Betrieb oder einem Betrieb der gartenbaulichen Erzeugung dienen sowie Wohngebäude,
4. Verkaufsstätten, deren Verkaufsräume und Ladenstraßen eine Grundfläche von insgesamt mehr als 2.000 m^2 haben,
5. Büro- und Verwaltungsgebäude mit mehr als 3.000 m^2 Geschossfläche,
6. Versammlungsstätten
   a) mit Versammlungsräumen, die insgesamt mehr als 200 Besucherinnen und Besucher fassen, wenn diese Versammlungsräume gemeinsame Rettungswege haben,
   b) im Freien mit Szenenflächen oder Freisportanlagen mit Tribünen, die keine Fliegenden Bauten sind, und insgesamt mehr als 1.000 Besucherinnen und Besucher fassen,
7. Schank- und Speisegaststätten mit mehr als 200 Gastplätzen in Gebäuden oder mehr als 1.000 Gastplätzen im Freien, Beherbergungsstätten mit mehr als 30 Betten und Vergnügungsstätten,
8. Krankenhäuser,
9. Wohnheime,
10. Tageseinrichtungen für Kinder, Menschen mit Behinderung und alte Menschen, sonstige Einrichtungen zur Unterbringung und Pflege von Personen, ausgenommen Tageseinrichtungen einschließlich der Tagespflege für nicht mehr als zehn Kinder, § 47 Absatz 5 BauO NRW gilt entsprechend,
11. Schulen, Hochschulen und ähnliche Einrichtungen,
12. Justizvollzugsanstalten und bauliche Anlagen für den Maßregelvollzug,
13. Camping- und Wochenendplätze,
14. Freizeit- und Vergnügungsparks,
15. Fliegende Bauten, soweit sie einer Ausführungsgenehmigung bedürfen,
16. Regallager mit einer Oberkante Lagerguthöhe von mehr als 9 m,
17. bauliche Anlagen, deren Nutzung durch Umgang oder Lagerung von Stoffen mit Explosions- oder erhöhter Brandgefahr verbunden ist,
18. Garagen mit mehr als 1.000 m^2 Nutzfläche.

[1]**Gebäude mit Nutzungseinheiten zum Zwecke der Pflege oder Betreuung von Personen mit Pflegebedürftigkeit** oder Behinderung, deren Selbstrettungsfähigkeit eingeschränkt ist, gelten nicht als Wohnungen, sondern als große Sonderbauten nach § 50 Absatz 2 [siehe oben], wenn die Nutzungseinheiten — § 47 (5)

1. einzeln für mehr als sechs Personen oder
2. für Personen mit Intensivpflegebedarf bestimmt sind oder
3. einen gemeinsamen Rettungsweg haben und für insgesamt mehr als zwölf Personen bestimmt sind.

[*1] **Achtung:** Sonderbauten können mit dieser Checkliste nur im Rahmen der Bauordnung bearbeitet werden, siehe nachfolgenden Punkt ①.

① Behandlung von Sonderbauten nach dieser Checkliste

Wichtig: Sonderbauten können mit dieser Checkliste nur in dem Umfang bearbeitet werden, in dem beim jeweiligen Sonderbau die Anforderungen der BauO NRW gelten. In der Regel bestehen für Sonderbauten teilweise weitergehende bzw. von der BauO NRW abweichende Anforderungen, die zusätzlich zu beachten sind (und in dieser Checkliste nicht behandelt werden). Siehe hierzu auch die beiden nachfolgenden Punkte.

② Geregelte Sonderbauten

Bei „geregelten" Sonderbauten sind die in NRW eingeführten **Sonderbauvorschriften** einzuhalten. Die Anforderungen für das Brandschutzkonzept bzw. den Brandschutznachweis ergeben sich damit zunächst aus den für das Gebäude geltenden Sonderbauvorschriften.

Diese können **„besondere Anforderungen"**, die über die Anforderungen der BauO NRW hinausgehen oder aber auch **„Erleichterungen"** von den Anforderungen der BauO NRW enthalten.

In allen anderen Fällen, in denen in den Sonderbauvorschriften keine besonderen Regelungen getroffen werden oder Erleichterungen enthalten sind, gilt dann wieder die BauO NRW. Spätestens dann ist auch die **Gebäudeklasse** von Bedeutung, da sich daraus die jeweiligen Anforderungen der BauO NRW ergeben.

Geregelte Sonderbauten bzw. Sonderbauten, für die es Regelungen bzw. Richtlinien gibt, enthält die nachfolgende Tabelle 2.1.

Tabelle 2.1: Übersicht über die in NRW eingeführten Sonderbauvorschriften

Versammlungsstätten	Sonderbauverordnung – SBauVO vom 02.12.2016, geändert 02.08.2019, Teil 1
Beherbergungsstätten	SBauVO, Teil 2
Verkaufsstätten	SBauVO, Teil 3
Hochhäuser	SBauVO, Teil 4
Garagen	SBauVO, Teil 5
Betriebsräume für elektrische Anlagen	SBauVO, Teil 6
Schulen	Schulbaurichtlinie – SchulBauR vom 05.11.2010, geändert 20.11.2015 kann zur Beurteilung herangezogen werden (VV TB NRW A 2.2.2.5)
Gentechnische Anlagen	Eckwertepapier zum Brandschutz in gentechnischen Anlagen. Runderlass vom 23. Oktober 2002
Wohnformen für Menschen mit Pflegebedürftigkeit oder mit Behinderung	Richtlinie über bauaufsichtliche Anforderungen an den Bau und Betrieb von Einrichtungen mit Pflege- und Betreuungsleistungen vom 17.03.2011 kann zur Beurteilung herangezogen werden (VV TB NRW A 2.2.2.5)
Camping- und Wochenendplätze	Verordnung über Camping- und Wochenendplätze (Camping- und Wochenendplatzverordnung – CWVO) vom 24. März 2011, Änderung vom 24. November 2014
Industriebau	Richtlinie über den baulichen Brandschutz im Industriebau (Industriebaurichtlinie – IndBauR NRW): 2015-02 (VV TB NRW A 2.2.1.15)

Tipp: Eine aktuelle Übersicht über den Stand der jeweils in NRW eingeführten Sonderbauvorschriften enthält die VV TB NRW unter Abschnitt A 2.2.

③ Nicht geregelte Sonderbauten

Bei „nicht geregelten" Sonderbauten wurden in NRW entsprechende Sonderbauvorschriften bauaufsichtlich nicht eingeführt. Damit gilt dort zunächst einmal die BauO NRW.

Jetzt besteht allerdings die Schwierigkeit darin, zu ermitteln, welche besonderen Anforderungen an den Sonderbau zu stellen sind, aber auch, wo eventuell Erleichterungen möglich sind. Aufgrund der fehlenden bauaufsichtlich eingeführten Sonderbauvorschrift sind diese Fragen naturgemäß schwieriger zu lösen als bei bauaufsichtlich eingeführten (geregelten) Sonderbauten.

In solchen Fällen ist es grundsätzlich möglich (und auch sinnvoll), sich beim Brandschutzkonzept an den jeweiligen Muster-Sonderbauvorschriften zu orientieren (z. B. bezüglich besonderer Anforderungen, möglicher Erleichterungen und der Gliederung).

2

Hinweis: Alle Muster-Sonderbauvorschriften sind publiziert unter: www.bauministerkonferenz.de

Allerdings ist dabei darauf zu achten, dass es sich bei den Sonderbauvorschriften in der Regel um **„in sich schlüssige Sonderbaukonzepte"** handelt, die sowohl innerhalb der Sonderbauvorschrift als auch auf die zugehörige MBO abgestimmt sind.

Deshalb ist es notwendig, die zur Orientierung herangezogenen (bauaufsichtlich nicht eingeführten) Muster-Sonderbauvorschriften insgesamt (aber natürlich nur, soweit sinnvoll) anzuwenden und dabei auch mit der BauO NRW abzustimmen.

Dies gilt natürlich nicht in den Bereichen, in denen ältere Muster-Sonderbauvorschriften nicht mehr dem heutigen Stand entsprechen, z. B. die Muster-Krankenhausverordnung vom Dezember 1976. Hier muss jeweils sehr genau geprüft werden, welche Anforderungen noch passen und welche dem heutigen Stand anzupassen sind.

④ Große und kleine Sonderbauten

Für **„große Sonderbauten"** ist zwingend die Vorlage eines Brandschutzkonzepts vorgeschrieben (§ 70 (2) Satz 3 BauO NRW).

Die sogenannten **„kleinen Sonderbauten"** sind Sonderbauten, die nicht von der „Liste der großen Sonderbauten" (§ 50 (2) BauO NRW [siehe oben] erfasst werden, aber trotzdem als Sonderbau (dann als kleiner Sonderbau) einzustufen sind. Auch hier können besondere Anforderungen bestehen. In solchen Fällen kann die Bauaufsichtsbehörde ein Brandschutzkonzept verlangen, wenn sie dieses zur Beurteilung benötigt.

Anmerkung: Es ist davon auszugehen, dass auch bei den „kleinen" Sonderbauten in der Regel ein Brandschutzkonzept von der Bauaufsichtsbehörde verlangt wird.

Empfehlung: Selbst wenn es nicht verlangt werden sollte, ist es in jedem Fall sehr empfehlenswert, ein solches Brandschutzkonzept vorzulegen, da es dokumentiert, dass die Eingabeplanung den aktuellen Vorschriften entspricht und damit die Prüfung und Genehmigung des Brandschutzes wesentlich erleichtert. Natürlich ist es dabei besonders wichtig, dass alle vorhandenen bzw. notwendigen Abweichungen (Erleichterungen) erkannt und „richtig" behandelt werden (siehe Kapitel 27).

2.3 Lage auf dem Grundstück		
Bebauung der Grundstücke mit Gebäuden [1]Gebäude dürfen nur errichtet werden, wenn gesichert ist, dass ab Beginn ihrer Nutzung das Grundstück in für die Zufahrt und den Einsatz von Feuerlösch- und Rettungsgeräten angemessener Breite an einer befahrbaren öffentlichen Verkehrsfläche liegt oder wenn das Grundstück eine befahrbare, öffentlich-rechtlich gesicherte Zufahrt zu einer befahrbaren öffentlichen Verkehrsfläche hat und die erforderlichen Anlagen zur Versorgung mit Löschwasser vorhanden und benutzbar sind. Wohnwege, an denen nur Gebäude der Gebäudeklassen 1 bis 3 zulässig sind, brauchen nur befahrbar zu sein, wenn sie länger als 50 m sind.	BauO NRW § 4 (1)	Atlas 7.1
[1]Ein Gebäude auf mehreren Grundstücken ist nur zulässig, wenn öffentlich-rechtlich gesichert ist, dass dadurch keine Verhältnisse eintreten können, die Vorschriften dieses Gesetzes oder den aufgrund dieses Gesetzes erlassenen Vorschriften zuwiderlaufen. [2]Dies gilt bei bestehenden Gebäuden nicht für eine Außenwand- und Dachdämmung, die über die Bauteilanforderungen der Energieeinsparverordnung vom 24. Juli 2007 (BGBl. I S. 1519) die zuletzt durch Artikel 3 der Verordnung vom 24. Oktober 2015 (BGBl. I. S. 1789) geändert worden ist, in der jeweils geltenden Fassung für bestehende Gebäude nicht hinausgeht. [3]Satz 2 gilt entsprechend für die mit der Wärmedämmung zusammenhängenden notwendigen Änderungen von Bauteilen.	§ 4 (2)	

3 Schutzziele

3

Allgemeine Anforderungen	BauO NRW	Atlas
[1]Anlagen sind so anzuordnen, zu errichten, zu ändern und instand zu halten, dass die öffentliche Sicherheit und Ordnung, insbesondere Leben, Gesundheit und die natürlichen Lebensgrundlagen, nicht gefährdet werden, dabei sind die Grundanforderungen an Bauwerke gemäß Anhang I der Verordnung (EU) Nr. 305/2011 zu berücksichtigen.	§ 3 (1)	5.1
[2]Anlagen müssen bei ordnungsgemäßer Instandhaltung die allgemeinen Anforderungen des Satzes 1 ihrem Zweck entsprechend dauerhaft erfüllen und ohne Missstände benutzbar sein.		
Brandschutz	§ 14	
[1]Anlagen sind so anzuordnen, zu errichten, zu ändern und instand zu halten, dass der Entstehung eines Brandes und der Ausbreitung von Feuer und Rauch (Brandausbreitung) vorgebeugt wird und bei einem Brand die Rettung von Menschen und Tieren sowie wirksame Löscharbeiten möglich sind.		
[2]Zur Brandbekämpfung muss eine ausreichende Wassermenge zur Verfügung stehen.		6.17.3/3 und 4

① Schutzziele nach EU-Verordnung

Gemäß Bauordnung sind zur Erfüllung der „allgemeinen Anforderungen" an Anlagen auch die Grundanforderungen an Bauwerke gemäß der EU-Verordnung Nr. 305/2011 Anhang I zu berücksichtigen. Diese sind die (europäische) Grundlage für die Ausarbeitung von Normungsaufträgen und harmonisierten technischen Spezifikationen. Damit werden die **wesentlichen** Merkmale von Bauprodukten in Bezug auf die Grundanforderungen an Bauwerke festgelegt.

In Anhang I dieser Verordnung heißt es hierzu:

„Bauwerke müssen als Ganzes und in ihren Teilen für deren Verwendungszweck tauglich sein, wobei insbesondere der Gesundheit und der Sicherheit der während des gesamten Lebenszyklus der Bauwerke involvierten Personen Rechnung zu tragen ist. Bauwerke müssen diese Grundanforderungen an Bauwerke bei normaler Instandhaltung über einen wirtschaftlich angemessenen Zeitraum erfüllen."

Auf den Brandschutz werden diese Grundanforderungen wie folgt präzisiert:

„2. Brandschutz

Das Bauwerk muss derart entworfen und ausgeführt sein, dass bei einem Brand

a) die Tragfähigkeit des Bauwerks während eines bestimmten Zeitraums erhalten bleibt;
b) die Entstehung und Ausbreitung von Feuer und Rauch innerhalb des Bauwerks begrenzt wird;
c) die Ausbreitung von Feuer auf benachbarte Bauwerke begrenzt wird;
d) die Bewohner das Bauwerk unverletzt verlassen oder durch andere Maßnahmen gerettet werden können;
e) die Sicherheit der Rettungsmannschaften berücksichtigt ist."

② Grundsätzliches zu den bauaufsichtlichen Schutzzielen

Die Landesbauordnungen und damit auch die BauO NRW waren ursprünglich auf die Belange der Genehmigungsbehörden ausgerichtet und dienten im Wesentlichen als Grundlage für die Prüfung des Brandschutzes und zur Ermittlung und Begründung von evtl. Brandschutzauflagen im Genehmigungsverfahren. Hauptanwender und Interpreten waren die Genehmigungsbehörden (Genehmigungsseite).

Viele Formulierungen der Bauordnung waren und sind auch heute noch bewusst sehr allgemein gehalten, damit bei der Anwendung ein möglichst breiter **Interpretationsspielraum** zur Verfügung steht. Das war in der Vergangenheit kein Problem, da die Verantwortung letztlich bei der Genehmigungsbehörde lag und nur ein sehr geringes Risiko bestand, dass im Schadenfall die Behörde zur Rechenschaft gezogen wurde.

Heute findet bei einfacheren Gebäuden in der Regel keine Prüfung des Brandschutzes bzw. der Brandschutzkonzepte mehr statt. Das heißt, es ist keine öffentlich-rechtliche Stelle mehr nachgeschaltet, die die Verantwortung übernimmt. Verantwortung und Risiko für die Einhaltung der bauaufsichtlichen Schutzziele im vorbeugenden Brandschutz nehmen entsprechend zu. Aber auch bei allen anderen Gebäuden, bei denen der Brandschutz geprüft wird, liegt die Verantwortung für die „Richtigkeit des Brandschutzkonzepts" im Wesentlichen beim Ersteller / der Erstellerin.

Die Bauordnung wurde jedoch nur teilweise an dieses neue System angepasst. Um das Haftungsrisiko zu minimieren, müssen aber die teilweise vorhandenen „allgemeinen Regelungen“ und Schutzzielvorgaben richtig (im Sinne des Baurechts) interpretiert werden. Teilweise sind jedoch der tiefere Sinn bzw. das tiefere Wissen über die ursprüngliche Bedeutung von bestimmten Regelungen bzw. Formulierungen der Bauordnung verloren gegangen.

Hinzu kommt noch, dass bestimmte, in der Bauordnung geregelte Themen (z. B. zweiter Rettungsweg über Leitern der Feuerwehr, Sicherheitstreppenräume für Wohngebäude, hochfeuerhemmende Holzbauweise mit Brettsperrholz, Wärmedämmverbundsysteme aus brennbaren Schaumkunststoffen) in Deutschland quer durch alle „Brandschutzschichten“ zunehmend kontrovers diskutiert werden.

Grund dieser Diskussionen sind teilweise **eigene Interpretationen** der Schutzziele der Bauordnungen, **eigene Überlegungen** und Vorstellungen zu bestimmten Szenarios und zum Teil auch **eigene individuelle Erfahrungen**, die bei einzelnen Brandschäden im Rahmen der Brandbekämpfung und/oder Personenrettung gemacht wurden. Das sind jedoch alles **weiche Faktoren**. **Harte Faktoren** wie sie sich z. B. aus der Auswertung einer flächendeckenden Brandschadenstatistik ergeben würden, liegen nicht vor, **da eine solche Statistik nicht existiert** [siehe weiter unten].

Als Ergebnis werden in den 16 Ländern und auch innerhalb der Länder von den für den Brandschutz zuständigen Stellen für die in der Bauordnung nicht eindeutig materiell geregelten Punkte teilweise sehr unterschiedliche Anforderungen gestellt, um die bauaufsichtlichen Schutzziele nach Meinung des jeweiligen Verantwortlichen zu erfüllen.

Deshalb ist es wichtig, dass der Ersteller / die Erstellerin von Brandschutzkonzepten und -nachweisen sich bei Bauordnungspunkten, deren materielle Anforderungen unterschiedlich ausgelegt werden können, möglichst **frühzeitig** mit der den Brandschutz prüfenden Stelle in Verbindung setzt und abklärt, wie diese Punkte dort **interpretiert** werden und welche Anforderungen sich diesbezüglich ergeben. Mit anderen Worten: **Im Zweifelsfalle ist immer eine frühzeitige Abstimmung mit der den Brandschutz prüfenden Stelle empfehlenswert.** Sinngemäß gilt das natürlich auch für alle vorgesehenen **Abweichungen** (Erleichterungen) von der Bauordnung.

Ein großes Problem besteht in Deutschland darin, dass sich solche **möglichen unterschiedlichen Interpretationen** von bauaufsichtlichen Schutzzielen häufig nicht auf harte Fakten stützen, sondern von den im jeweiligen Umfeld (Land, Landkreis, Stadt) meinungsbildenden Faktoren abhängen [siehe weiter oben].

Ein wesentlicher Teil von solchen harten Fakten wären z. B. flächendeckende Brandschadenstatistiken, aus denen für bestimmte bauaufsichtliche Problemstellungen für jeden nachvollziehbar abgeleitet werden könnte, ob bzw. **welcher Handlungsbedarf wirklich besteht**. Das größte Problem ist jedoch, dass solche flächendeckenden Brandschadenstatistiken in Deutschland nicht verfügbar sind.

Für eine sinnvolle **Fortschreibung der Bauordnungen** und die sich daraus aus bauaufsichtlicher Sicht (innerhalb des gesellschaftlich akzeptierten Risikos) ergebende „richtige“ Interpretation und Lösung von bestimmten brandschutztechnischen Problemen **sind solche Daten jedoch unverzichtbar!**

③ Die Schutzziele der BauO NRW richtig verstehen und interpretieren

Das grundlegende Schutzziel der Bauordnung lautet (§ 14 BauO NRW):

„Anlagen sind so anzuordnen, zu errichten, zu ändern und instand zu halten, dass

- *der Entstehung eines Brandes und*
- *der Ausbreitung von Feuer und Rauch (Brandausbreitung)*

***vorgebeugt** wird und bei einem Brand*

- *die Rettung von Menschen und Tieren sowie*
- *wirksame Löscharbeiten*

***möglich** sind.“*

Die entscheidenden Wörter lauten hier: VORGEBEUGT und MÖGLICH!

Die BauO fordert hier nicht, dass die Brandentstehung und -ausbreitung VERHINDERT und bei einem Brand die Rettung und das wirksame Löschen GEWÄHRLEISTET sein müssen. Sie fordert „zur Einhaltung des von ihr definierten gesellschaftlich akzeptierten Risikos“ lediglich VORGEBEUGT und MÖGLICH!

Werden jetzt die allgemein gehaltenen Schutzzieldefinitionen der Bauordnung im konkreten Einzelfall zur Ermittlung der erforderlichen Brandschutzmaßnahmen herangezogen, z. B.:

- bei der Beurteilung und Bewertung von Abweichungen und den dadurch erforderlichen Kompensationsmaßnahmen oder
- bei der Ermittlung der konkreten Anforderungen, die sich aus den teilweise allgemein gehaltenen Formulierungen der Bauordnung im jeweiligen Einzelfall ergeben,

so hängt das Ergebnis wesentlich davon ab, wie die **Interpretation und Wertung** von „VORBEUGEN" und „MÖGLICH" erfolgt. Je weiter man sich hier in Richtung „VERHINDERT" und „GEWÄHRLEISTET" bewegt, **umso höher werden dann auch die ermittelten Anforderungen!**

Grundsätzlich gilt: Die allgemein gehaltenen **Schutzzielvorgaben** der Bauordnung geben lediglich eine **„Zielrichtung"** vor. In den einzelnen Paragrafen der BauO wird dann **konkretisiert**, mit welchen Anforderungen diese Schutzziele bei Gebäuden, die keine Sonderbauten sind, eingehalten bzw. umgesetzt werden können. Die Schutzzielanforderungen der Bauordnung **gelten dann als eingehalten**, wenn die in den jeweiligen Paragrafen formulierten materiellen Anforderungen eingehalten werden.

Wichtig ist es zu wissen, dass mit den Schutzzielvorgaben und konkreten Brandschutzanforderungen der Bauordnung ein bestimmtes **Sicherheitsniveau** erreicht werden soll, das von der Gesellschaft in Deutschland akzeptiert wird. Damit wird jedoch keine 100%ige Sicherheit im Brandschutz erreicht! Vielmehr wird dabei ein bestimmtes Risiko akzeptiert, das als **„gesellschaftlich akzeptiertes Risiko"** gilt.

Das **„gesellschaftlich akzeptierte Risiko"** in Deutschland besteht zurzeit etwa darin, dass eine „bestimmte Anzahl" von Bränden mit einem „bestimmten wirtschaftlichen Schaden" und einer „bestimmten Anzahl" von Verletzten und Toten von der Gesellschaft **akzeptiert wird**.

Wie groß diese „bestimmte Anzahl" jeweils ist, weiß man wegen der fehlenden bzw. vollkommen unzureichenden Statistiken nicht oder nur sehr ungenau. Man kann z. B. nicht sagen, wie viele Wohnungsbrände es in Deutschland im Jahr gibt und wie viele Tote und Verletzte daraus zu beklagen sind. Sinngemäß das Gleiche gilt für unsere Sonderbauten wie Schulen, Krankenhäuser, Hotels, Verkaufsstätten usw.

Es ist lediglich bekannt, dass es in etwa (Größenordnung) 150.000 bis 200.000 Brandschäden (Feuerwehreinsätze) und ca. 300 bis 400 Tote bei Bränden im Jahr in Deutschland gibt (Statistik des Deutschen Feuerwehrverbands).

Solange bei einem Gebäude die materiellen bauaufsichtlichen Anforderungen eingehalten und fachgerecht umsetzt werden, befindet man sich „auf der sicheren Seite". Das heißt, dass es unwahrscheinlich ist, dass jemand – wenn es trotzdem zu einem Brandschaden kommt – zur Verantwortung gezogen wird.

Allerdings fällt es z. B. bei den Rettungswegen und insbesondere beim zweiten Rettungsweg vielen in Deutschland zunehmend schwerer, ein bestimmtes (in der Bauordnung enthaltenes) **Versagensrisiko zu akzeptieren**. Dies führt z. B. dazu, dass in einzelnen Ländern entsprechend den dortigen „meinungsbildenden Brandschützern" die bauaufsichtliche Anforderung, dass „die Rettung „MÖGLICH sein muss" zunehmend unterschiedlich interpretiert wird und immer häufiger darüber hinausgehende Anforderungen in Richtung „GEWÄHRLEISTET sein muss" gestellt werden.

Erschwerend kommt hinzu, dass die Menschen heute zunehmend in einer **„Vollkaskogesellschaft"** leben. In bestimmten Bereichen des täglichen Lebens darf nichts passieren. Passiert dann doch etwas, wird schnell nach Schuldigen gesucht, die zur Verantwortung gezogen werden können.

4 Allgemeine Anforderungen an das Brandverhalten von Baustoffen und Bauteilen

Kurzinfo:	Kapitel
• Leicht entflammbare Baustoffe dürfen nicht verwendet werden.	4.1
• Feuerbeständige Bauteile müssen in den wesentlichen Teilen aus nichtbrennbaren Baustoffen bestehen.	4.2
• Hochfeuerhemmende Bauteile mit tragenden und aussteifenden Teilen aus nichtbrennbaren Baustoffen müssen in den wesentlichen Teilen aus **nichtbrennbaren** Baustoffen bestehen.	4.2
• Hochfeuerhemmende Bauteile mit tragenden und aussteifenden Teilen **aus brennbaren** Baustoffen müssen allseitig eine brandschutztechnisch wirksame Bekleidung aus nichtbrennbaren Baustoffen (Brandschutzbekleidung) und Dämmstoffe aus nichtbrennbaren Baustoffen haben (Ausführung nach M-HFHHolzR).	4.2
• Feuerbeständige und hochfeuerhemmende Bauteile sind aus brennbaren Baustoffen zulässig (F 90-B, F 60-B), wenn die geforderte Feuerwiderstandsdauer auch für alle An- und Abschlüsse nachgewiesen wird und Feuer und Rauch nicht über Grenzen von Brand- oder Rauchabschnitten, insbesondere Geschosstrennungen, hinweg übertragen werden können.	4.3

4.1 Brandverhalten von Baustoffen		
[1]Baustoffe werden nach den Anforderungen an ihr Brandverhalten unterschieden in 1. nichtbrennbare, 2. schwer entflammbare und 3. normal entflammbare. [2]Baustoffe, die nicht mindestens normal entflammbar sind (leicht entflammbare Baustoffe) dürfen nicht verwendet werden; dies gilt nicht, wenn sie in Verbindung mit anderen Baustoffen nicht leicht entflammbar sind.	BauO NRW § 26 (1)	Atlas 4.3

① Grundsätzliche Handhabung der allgemeinen Anforderungen an das Brandverhalten von Baustoffen und Bauteilen

Die bauaufsichtlichen Anforderungen an Baustoffe, Bauteile, Bauarten und Bauprodukte werden in der Regel **„verbal"** und teilweise auch als sogenannte **„unbestimmte Rechtsbegriffe"** gestellt.

Mit diesen bauaufsichtlichen **„Begriffsbestimmungen"** kann jedoch nicht gebaut werden. Sie müssen vorher erst in klar definierte und ausführbare Klassen (und teilweise auch Anforderungen) umgesetzt werden. Dies ist in der Regel sowohl mit deutschen als auch mit europäischen Klassen möglich, wobei die deutschen Klassen zunehmend an Bedeutung verlieren und in gleichem Maße durch europäische Klassen ersetzt werden. Das grundlegende Regelwerk, nach dem dies geschieht, ist der Anhang 4 zur VV TB NRW*1.

Tipp: Es ist empfehlenswert, im Brandschutzkonzept bzw. -nachweis bis zur Baugenehmigungsphase die verbalen bauaufsichtlichen Begriffe (Begriffsbestimmungen) und nicht die deutschen Klassen (z. B. nach DIN 4102) bzw. europäischen Klassen (z. B. nach DIN EN 13501) zu verwenden. Folgende **Beispiele** sollen dies verdeutlichen:

- nb statt A 2 bzw. A2 - s1, d0
- se [nba] statt B 1 und nicht brennend abfallend oder abtropfend bzw. C - s3, d0*2
- fh statt F 30 bzw. (R)EI 30,
- hf statt F 60-AB bzw. (R)EI 60 [wnb] bzw. (R)EI 60 [HolzR],
- fb statt F 90-AB,
- Türe: fb + d + s statt T 90-d,
- Türe: fh + rd + s statt T 30-RS

Legende siehe nachfolgende Kapitel 4.1, Punkt 3 und 4.2, Punkt 3.

Bezüglich der Zuordnung zu den jeweiligen deutschen und europäischen Klassen kann im Brandschutzkonzept auf die entsprechenden „Zuordnungsregeln und -tabellen" in der VV TB NRW Anhang 4*1 hingewiesen werden. Es können auch vereinfachte **Zuordnungsübersichten** verwendet werden, siehe nachfolgende Kapitel 4.1, Punkt 3 und 4.2, Punkt 3 sowie Kapitel 29.

Der **Vorteil** dieser Vorgehensweise liegt darin, dass sozusagen „als Basis" das Brandschutzkonzept einschließlich der Pläne mit den zum Zeitpunkt der Baugenehmigung geltenden bauaufsichtlichen Begriffen der Bauordnung vorliegt. Wenn sich im Laufe der Zeit die Zuordnungen der Begriffsbezeichnungen zu deutschen und europäischen Klassen ändern, kann immer noch auf die Genehmigungsunterlagen mit den bauaufsichtlichen Anforderungen zurückgegriffen werden.

Spätestens ab der Baugenehmigung müssen für die Ausführungs-, Werk- und Detailplanung sowie für die Ausschreibung und Bauausführung die bauaufsichtlichen Begriffsbestimmungen den entsprechenden deutschen bzw. europäischen Klassen **zugeordnet** werden. Diese Zuordnung erfolgt mithilfe der VV TB NRW Anhang 4: „Bauaufsichtliche Anforderungen, Zuordnung der Klassen, Verwendung von Bauprodukten, Anwendung von Bauarten"*1.

Zur **Vereinfachung** und schnelleren Handhabung enthält dieses Werk

- in den einzelnen Kapiteln
- sowie in den nachfolgenden Kapiteln 4.1, Punkt 3 und 4.2, Punkt 3 und
- in Kapitel 29

vereinfachte Zuordnungstabellen, die für den täglichen Gebrauch ausreichen. In besonderen Fällen ist es natürlich notwendig, auf die jeweilige aktuelle Original-Zuordnungstabelle in Anhang 4 der VV TB NRW*1 zurückzugreifen.

*1 zukünftig auch Anhang 14 (MVV TB Ausgabe 2019/1)

*2 zukünftig C - s2, d0 (MVV TB Ausgabe 2019/1)

Es ginge auch viel einfacher!

Das vorbeschriebene deutsche System (verbale bauaufsichtliche Begriffsbestimmungen mit ihrer Zuordnung zu deutschen und europäischen Klassen) ist nach Meinung des Autors (und von vielen Fachleuten) sehr aufwendig.

Die OIB-Richtlinie „Brandschutz" zeigt z. B., dass es wesentlich einfacher geht (https://www.oib.or.at/de/oib-richtlinien/richtlinien/2019/oib-richtlinie-2). Wofür in Deutschland mit seinen 16 Ländern mehrere tausend Seiten landesspezifische VV TBs benötigt werden, genügen in Österreich einige wenige Seiten und Tabellen mit Klartext.

Es ist auch **nicht** davon auszugehen, dass dadurch das Sicherheitsniveau in Österreich schlechter ist bzw. wird als in Deutschland. Ganz im Gegenteil: **Einfache und klare Vorschriften** sorgen für eine einfache, schnelle und kostengünstige Umsetzung, was sich auf das Sicherheitsniveau eher günstig auswirkt.

② Leicht entflammbare Baustoffe dürfen nicht verwendet werden

Die BauO bestimmt, dass **leicht entflammbare Baustoffe nicht verwendet werden dürfen**. Der Halbsatz: *„dies gilt nicht, wenn sie in Verbindung mit anderen Baustoffen nicht leicht entflammbar sind"* ist in der Regel nicht von Bedeutung, da für alle in der baulichen Anlage verwendeten bzw. eingebauten Baustoffe und Bauprodukte (also auch für Baustoffe, die miteinander verbunden sind) das Brandverhalten nachgewiesen werden muss.

Zur Erfüllung der Mindestanforderung „normal entflammbar" müssen die Baustoffe und Bauprodukte entweder

- den Technischen Baubestimmungen (TB) oder den allgemein anerkannten Regeln der Technik (aaRdT) entsprechen bzw. sie dürfen von diesen nicht wesentlich abweichen **oder**
- sie benötigen einen besonderen Verwendbarkeitsnachweis (allgemeine bauaufsichtlich Zulassung – abZ, allgemeines bauaufsichtliches Prüfzeugnis – AbP, Zustimmung im Einzelfall durch die oberste Bauaufsichtsbehörde – ZiE, CE-Kennzeichen mit Leistungserklärung, Gebrauchsanleitung und Dokumentation).

In jedem Fall muss als Ergebnis der **Nachweis** vorliegen, dass der verwendete Baustoff (auch bei Anwendung des Halbsatzes *„… in Verbindung mit anderen Baustoffen nicht leicht entflammbar"*) mindestens die Anforderung „normal entflammbar" (nationale Baustoffklasse B 2 bzw. europäische Baustoffklasse E) erfüllt (sofern keine höheren Anforderungen bestehen).

Beispiel: Soll ein leicht entflammbarer Baustoff verwendet werden, *„der in Verbindung mit anderen Baustoffen nicht leicht entflammbar ist"*, dann ist eben hierfür der Nachweis, dass er nicht mehr leicht entflammbar, sondern **normal entflammbar** ist, erforderlich.

Wichtig: Aus dem Satz: *„Leicht entflammbare Baustoffe dürfen nicht verwendet werden"* ergibt sich als Konsequenz, dass für jeden Baustoff, der in eine bauliche Anlage eingebaut wird, nachgewiesen werden muss, dass er mindestens normal entflammbar ist (sofern keine höheren Anforderungen wie schwer entflammbar bzw. nichtbrennbar) bestehen.

③ Zuordnung der Begriffe „normal entflammbar", „schwer entflammbar" und „nichtbrennbar" zu nationalen und europäischen Klassen

Die Bauordnung enthält bezüglich der Anforderungen an das Brandverhalten von Baustoffen und Bauprodukten die bauaufsichtlichen **Begriffsbestimmungen** „normal entflammbar", „schwer entflammbar" und „nichtbrennbar". Damit kann jedoch nicht gebaut werden, da es sich lediglich um eine **„verbale Beschreibung"** der bauaufsichtlich geforderten Eigenschaften handelt. Die nachfolgende Tabelle 3.1 in Kapitel 4.1, Punkt 3 enthält die wichtigsten Zuordnungen. Ausführliche Übersichten und Legende siehe Kapitel 29 und 30.

Tabelle 3.1: Zuordnung der bauaufsichtlichen Anforderungen an Baustoffe zu nationalen und europäischen Klassen gemäß VV TB NRW Anhang 4

Bauaufsichtliche Anforderungen an Baustoffe	Abkürzung	mindestens geeignete nationale Klassen nach DIN 4102-1	mindestens geeignete europäische Klassen nach DIN EN 13501-1	nationale Zusatzanforderungen
nichtbrennbar	nb	A 2	A 2 - s1, d0	• nicht brennend abfallend oder abtropfend [nba]*2 (ausgenommen Aluminium) • soweit erforderlich kein fortschreitendes Glimmen/Schwelen [kG]*3 • soweit erforderlich Schmelzpunktanforderung ≥ 1.000 °C
schwer entflammbar und nicht brennend abfallend oder abtropfend	se [nba]	B 1 [nba]	C - s3, d0 (C - s2, d0 nach MVV TB 2019)	• begrenzte Rauchentwicklung [bR]*1 • nicht brennend abfallend oder abtropfend [nba]*2 • soweit erforderlich kein fortschreitendes Glimmen/Schwelen [kG]*3 • kein selbstständiges Weiterbrennen
schwer entflammbar	se	B 1	C - s3, d2 (C - s2, d2 nach MVV TB 2019)	• begrenzte Rauchentwicklung [bR]*1 • soweit erforderlich kein fortschreitendes Glimmen/Schwelen [kG]*3 • kein selbstständiges Weiterbrennen
normal entflammbar	ne	B 2	E - d2	
leicht entflammbar	le	B 3	F	• unzulässig (es sei denn, sie sind B 2)

*1 Begrenzte Rauchentwicklung (I ≤ 400 % × Min. bei Prüfung nach DIN 4102-15:1990-05). Wird bei der nationalen Prüfung der Grenzwert für die Rauchentwicklung – ausgenommen Bodenbeläge – überschritten, muss dies beim Ü-Zeichen vermerkt werden. Wird er nicht überschritten, erfolgt keine entsprechende Kennzeichnung.

*2 Wird bei der nationalen Prüfung brennendes Abtropfen/Abfallen festgestellt, muss dies beim Ü-Zeichen vermerkt werden. Tritt es nicht auf, erfolgt keine entsprechende Kennzeichnung.

*3 Bei baulichen Anlagen oder Teilen von baulichen Anlagen, bei denen die Anforderungen „nichtbrennbar" oder „schwer entflammbar" gestellt werden, ist sicherzustellen, dass es nicht durch unbemerktes fortschreitendes Glimmen und/oder Schwelen zu einer Brandausbreitung innerhalb eines Gebäudes kommen kann (VV TB NRW Punkt A 2).

Tabelle 3.2: Legende zu Tabelle 3.1 in Kapitel 4.1, Punkt 3

Kurzzeichen	Kriterium / Anforderung	Anwendungsbereich / Erläuterung
Begriffe in [...]	Abkürzungen, die in diesem Werk zur besseren Handhabung verwendet werden, um Zusatzanforderungen der Bauordnung anzugeben bzw. die europäischen Klassen mit den zusätzlichen Anforderungen der Bauordnung zu verknüpfen. Keine genormten oder offiziellen Abkürzungen.	
Bauaufsichtliche Anforderungen		
nb	nichtbrennbar	Bauaufsichtlichen Anforderungen an Baustoffe sowie Zusatzkriterien und ihre Abkürzungen
se	schwer entflammbar	
ne	normal entflammbar	
le	leicht entflammbar	
[nb]	aus nichtbrennbaren Baustoffen	
[bb]	tragende, aussteifende und raumabschließende Bauteile aus brennbaren Baustoffen	
[bnb]	Bekleidung aus nichtbrennbaren Baustoffen in ausreichender Dicke	
[nba]	nicht brennend abfallend oder abtropfend	
[bR]	begrenzte Rauchentwicklung	
[kG]	kein fortschreitendes Glimmen/Schwelen	
Deutsche Klassen		
A 1, A 2	nichtbrennbare Baustoffe	Deutsche Klassen nach **DIN 4102-1** für die Klassifizierung des Brandverhaltens von Baustoffen
B 1	schwer entflammbare Baustoffe	
B 2	normal entflammbare Baustoffe	
B 3	leicht entflammbare Baustoffe	
Europäische Klassen		
A	kein Beitrag zum Brand	Europäische Klassen nach **DIN EN 13501** für die Klassifizierung des Brandverhaltens von Bauprodukten
B	sehr begrenzter Beitrag zum Brand	
C	begrenzter Beitrag zum Brand	
D	hinnehmbarer Beitrag zum Brand	
E	hinnehmbares Brandverhalten	
F	keine Leistung festgestellt	
Europäische Zusatzkriterien		
s	**(smoke) Rauchentwicklung** s1 geringe Rauchentwicklung s2 mittlere Rauchentwicklung s3 hohe Rauchentwicklung bzw. nicht geprüft	**Anforderungen an die Rauchentwicklung:** s1: geringe Rauchentwicklung s2: begrenzte Rauchentwicklung s3: Rauchentwicklung
d	**(droplets) brennendes Abtropfen/Abfallen** d0 kein brennendes Abtropfen/Abfallen binnen 600 Sek. d1 kein brennendes Abtropfen/Abfallen mit Nachbrennzeit > 10 Sek. binnen 600 Sek. d2 keine Leistung festgestellt	**Anforderungen an das brennende Abtropfen/Abfallen:** d0: kein brennendes Abtropfen/Abfallen d1, d2: brennendes Abtropfen/Abfallen

④ Erforderliche Nachweise für die Verwendung von Baustoffen

Siehe sinngemäß Kapitel 4.2, Punkt 4.

4.2 Brandverhalten von Bauteilen		
[1]Bauteile werden nach den Anforderungen an ihre Feuerwiderstandsfähigkeit unterschieden in: 1. feuerbeständige, 2. hochfeuerhemmende und 3. feuerhemmende. [2]Die Feuerwiderstandsfähigkeit bezieht sich bei tragenden und aussteifenden Bauteilen auf deren Standsicherheit im Brandfall und bei raumabschließenden Bauteilen auf deren Widerstand gegen die Brandausbreitung. [3]Bauteile werden zusätzlich nach dem Brandverhalten ihrer Baustoffe unterschieden in 1. Bauteile aus nichtbrennbaren Baustoffen, 2. Bauteile, deren tragende und aussteifende Teile aus nichtbrennbaren Baustoffen bestehen und die bei raumabschließenden Bauteilen zusätzlich eine in Bauteilebene durchgehende Schicht aus nichtbrennbaren Baustoffen haben, 3. Bauteile, deren tragende und aussteifende Teile aus brennbaren Baustoffen bestehen und die allseitig eine brandschutztechnisch wirksame Bekleidung aus nichtbrennbaren Baustoffen (Brandschutzbekleidung) und Dämmstoffe aus nichtbrennbaren Baustoffen haben, oder 4. Bauteile aus brennbaren Baustoffen. [4]Soweit in diesem Gesetz oder in Vorschriften aufgrund dieses Gesetzes nichts anderes bestimmt ist, müssen 1. Bauteile, die feuerbeständig sein müssen, mindestens den Anforderungen des Satzes 3 Nummer 2, sowie 2. Bauteile, die hochfeuerhemmend sein müssen, mindestens den Anforderungen des Satzes 3 Nummer 3*[1] entsprechen.	BauO NRW § 26 (2)	Atlas 4.4
*[1] Die Ausführung muss der „Muster-Richtlinie über brandschutztechnische Anforderungen an hochfeuerhemmende Bauteile in Holzbauweise – M-HFHHolzR" (Fassung Juli 2004) entsprechen, die als Technische Baubestimmung eingeführt ist.	VV TB NRW A 2.2.1.4	

① Grundsätzliche Handhabung der allgemeinen Anforderungen an das Brandverhalten von Baustoffen und Bauteilen

Siehe bei Punkt 1 in Kapitel 4.1.

② Besondere bauaufsichtliche Anforderungen an das Brandverhalten von feuerbeständigen und hochfeuerhemmenden Bauteilen

Die Bauordnung stellt an Bauteile, die **hochfeuerhemmend** oder **feuerbeständig** sein müssen noch **zusätzliche Anforderungen** an das Brandverhalten der Baustoffe, mit denen diese Bauteile hergestellt werden. Diese sind:

- Lautet die bauaufsichtliche Bauteilanforderung **feuerbeständig**, so müssen die tragenden und aussteifenden Teile aus nichtbrennbaren Baustoffen bestehen und raumabschließende Bauteile zusätzlich eine in Bauteilebene durchgehende Schicht aus nichtbrennbaren Baustoffen haben.

  Kurzinfo: Feuerbeständige Bauteile müssen in den **„wesentlichen Teilen"** aus nichtbrennbaren Baustoffen bestehen.

- Lautet die bauaufsichtliche Bauteilanforderung **hochfeuerhemmend**, so muss entweder der vorstehende Spiegelpunkt eingehalten werden oder bei Bauteilen, deren tragende und aussteifende Teile aus brennbaren Baustoffen bestehen, müssen die Bauteile allseitig eine brandschutztechnisch wirksame Bekleidung aus nichtbrennbaren Baustoffen (Brandschutzbekleidung) und Dämmstoffe aus nichtbrennbaren Baustoffen haben. Ausführung nach M-HFHHolzR.

  Kurzinfo: Hochfeuerhemmende Bauteile müssen entweder in den „wesentlichen Teilen" aus nichtbrennbaren Baustoffen bestehen oder (wenn die wesentlichen Teile aus brennbaren Baustoffen bestehen) gemäß M-HFHHolzR ausgeführt werden.

> Neu in der BauO NRW ist, dass sowohl feuerbeständige als auch hochfeuerhemmende Bauteile unter bestimmten Voraussetzungen aus brennbaren Baustoffen zulässig sind, siehe nachfolgendes Kapitel 4.3.

4

③ Zuordnung der Begriffe „feuerbeständig", „hochfeuerhemmend" und „feuerhemmend" zu nationalen und europäischen Klassen

Den verbalen Begriffsbestimmungen „feuerbeständig", „hochfeuerhemmend" und „feuerhemmend" müssen die entsprechenden nationalen bzw. europäischen Klassen zugeordnet werden. Die nachfolgende Tabelle 3.1, Kapitel 4.2, Punkt 3 enthält die wichtigsten Zuordnungen. Ausführliche Übersicht und Legende siehe Kapitel 29 und 30.

Tabelle 3.1: Zuordnung der bauaufsichtlichen Anforderungen an Bauteile zu nationalen und europäischen Klassen gemäß VV TB NRW Anhang 4

Bauaufsichtliche Anforderungen an Bauteile	Abkürzung	Nationale Klassen nach DIN 4102-2	Funktion (Raumabschluss, Tragwerk)	Europäische Klassen nach DIN EN 13501-2
feuerbeständig + aus nichtbrennbaren Baustoffen	fb [nb]	F 90-A	raumabschließend + tragend	REI 90 [nb]
			raumabschließend + nichttragend	EI 90 [nb]
			nichtraumabschließend + tragend	R 90 [nb]
feuerbeständig + tragende und aussteifende Teile nb + bei raumabschließenden Bauteilen zusätzliche, in Bauteilebene durchgehende Schicht aus nb Baustoffen	fb	F 90-AB	raumabschließend + tragend	REI 90 [wnb]
			raumabschließend + nichttragend	EI 90 [wnb]
			nichtraumabschließend + tragend	R 90 [nb]
hochfeuerhemmend + tragende und aussteifende Teile nb + bei raumabschließenden Bauteilen zusätzliche, in Bauteilebene durchgehende Schicht aus nb Baustoffen	hf [HolzR]	F 60-AB	raumabschließend + tragend	REI 60 [wnb]
			raumabschließend + nichttragend	EI 60 [wnb]
			nichtraumabschließend + tragend	R 60 [nb]
hochfeuerhemmend + tragende und aussteifende Teile brennbar + allseitige nb Brandschutzbekleidung ($K_2$60) + Dämmstoffe nb	hf [HolzR]	nach 4102 nicht möglich	raumabschließend + tragend	REI 60 [HolzR]
			raumabschließend + nichttragend	EI 60 [HolzR]
			nichtraumabschließend + tragend	R 60 [HolzR]
feuerhemmend	fh	F 30-B	raumabschließend + tragend	REI 30 E - d2
			raumabschließend + nichttragend	EI 30 E - d2
			nichtraumabschließend + tragend	R 30 E - d2
feuerbeständig und hochfeuerhemmend + tragende, aussteifende und raumabschließende Teile brennbar + keine Übertragung von Feuer und Rauch über Grenzen von Brand- und Rauchabschnitten hinweg*[1]	fb [zAHolz]	F 90-B [zA-Holz]	raumabschließend + tragend	REI 90 E [zAHolz]
			raumabschließend + nichttragend	EI 90 E [zAHolz]
			nichtraumabschließend + tragend	R 90 E [zAHolz]
	hf [zAHolz]	F 60-B [zA-Holz]	raumabschließend + tragend	REI 60 E [zAHolz]
			raumabschließend + nichttragend	EI 60 E [zAHolz]
			nichtraumabschließend + tragend	R 60 E [zAHolz]

*[1] Die geforderte Feuerwiderstandsdauer muss nachgewiesen werden und die Bauteile müssen so hergestellt und eingebaut werden, dass Feuer und Rauch nicht über Grenzen von Brand- oder Rauchabschnitten, insbesondere Geschosstrennungen, hinweg übertragen werden können [zAHolz]. Siehe auch Kapitel 4.3, Punkt 1.

Tabelle 3.2: Legende zu Tabelle 3.1 in Kapitel 4.2, Punkt 3

Kurzzeichen	Kriterium / Erläuterung
Begriffe in […]	Abkürzungen, die in diesem Werk zur besseren Handhabung verwendet werden, um Zusatzanforderungen der Bauordnung anzugeben bzw. die europäischen Klassen mit den zusätzlichen Anforderungen der Bauordnung zu verknüpfen. Keine genormten oder offiziellen Abkürzungen.
fh	feuerhemmend
hf	hochfeuerhemmend
fb	feuerbeständig
F 30 F 60 F 90	Feuerwiderstandsklassen nach DIN 4102-2 (30, 60, 90 Minuten) **Achtung:** Zur Erfüllung der Anforderungen hf und fb bestehen noch zusätzliche Anforderungen an das Brandverhalten der Baustoffe (-A und -AB) und/oder an die Ausführung ([HolzR], [zAHolz]).
-A	aus nichtbrennbaren Baustoffen
-AB	in den **wesentlichen Teilen** aus nichtbrennbaren Baustoffen • Bauteile, deren tragende und aussteifende Teile aus nichtbrennbaren Baustoffen bestehen und die bei raumabschließenden Bauteilen zusätzlich eine in Bauteilebene durchgehende Schicht aus nichtbrennbaren Baustoffen haben. Zu den **wesentlichen Teilen** gehören: • bei tragenden Bauteilen alle tragenden oder aussteifenden Bauteile • bei nichttragenden Bauteilen auch die Bauteile, die deren Standsicherheit bewirken (z. B. Rahmenkonstruktionen von nichttragenden Wänden) • bei raumabschließenden Bauteilen (Bauteilen mit raumabschließender Funktion) eine in Bauteilebene durchgehende Schicht aus nichtbrennbaren Baustoffen; bei Decken muss diese Schicht eine Gesamtdicke von mindestens 50 mm haben. Hohlräume im Inneren dieser Schicht sind zulässig. Bei der Beurteilung des Brandverhaltens der Baustoffe können Oberflächendeckschichten oder andere Oberflächenbehandlungen außer Betracht bleiben.
-B	aus brennbaren Baustoffen **Achtung:** F 60-B und F 90-B sind nur zulässig, wenn die geforderte Feuerwiderstandsdauer nachgewiesen wird und die Bauteile so hergestellt und eingebaut werden, dass Feuer und Rauch nicht über Grenzen von Brand- oder Rauchabschnitten, insbesondere Geschosstrennungen, hinweg übertragen werden können. Die Abkürzung hierfür lautet in diesem Werk: [zAHolz].
-BA	keine Klasse nach DIN 4102. Früher in einigen Ländern verwendete Bezeichnung für: „tragende und aussteifende Bauteile brennbar mit einer nichtbrennbaren Bekleidung".
[nb]	nichtbrennbar (aus nichtbrennbaren Baustoffen) **nationale Klasse:** mindestens A 2; **europäische Klasse:** mindestens A 2 - s1, d0
[bb]	brennbar (aus brennbaren Baustoffen) **nationale Klasse:** mindestens B 2; **europäische Klasse:** mindestens E - d2
[wnb]	in den **wesentlichen** Teilen aus **nichtbrennbaren Baustoffen** (gleiche Anforderung wie das nationale -AB, siehe oben) **nationale Klasse:** -AB **europäische Klasse:** Zusätzliche Anforderungen an das Brandverhalten des Bauprodukts mit mindestens folgenden Klassen: • Tragwerk und Aussteifung (Klasse R): A 2 - s1, d0 • bei raumabschließenden Bauteilen (Klasse EI): Zusätzlich eine in Bauteilebene durchgehende Schicht: A 2 - s1, d0 • im Übrigen: E - d2
[HolzR]	Ausführung nach **M-HFHHolzR** • Bauteile, deren tragende und aussteifende Teile aus brennbaren Baustoffen bestehen und die allseitig eine brandschutztechnisch wirksame Bekleidung aus nichtbrennbaren Baustoffen (Brandschutzbekleidung) und Dämmstoffe aus nichtbrennbaren Baustoffen haben. Dies gilt als eingehalten, wenn die Ausführung nach der „M-HFHHolzR" erfolgt. Danach bestehen bei hochfeuerhemmenden Bauteilen mit tragenden und aussteifenden Teilen aus brennbaren Baustoffen zusätzliche Anforderungen an: • die brandschutztechnische Wirksamkeit der Bekleidungen (K_260) • die Baustoffklasse der Bekleidungen und Dämmstoffe (nichtbrennbar) • den Einbau der Dämmstoffe und der Bekleidungen sowie die sonstige Ausführung (gemäß M-HFHHolzR).
[zAHolz]	**zusätzliche Anforderung Holz** Tragende oder aussteifende sowie raumabschließende Bauteile, die hochfeuerhemmend oder feuerbeständig sein müssen, sind nach Bauordnung aus brennbaren Baustoffen zulässig, wenn sie folgende **Zusatzanforderungen** einhalten: • die geforderte Feuerwiderstandsdauer muss nachgewiesen sein • die Bauteile müssen so hergestellt und eingebaut werden, dass Feuer und Rauch nicht über Grenzen von Brand- oder Rauchabschnitten, insbesondere Geschosstrennungen, hinweg übertragen werden können.
R	(Résistance) Tragfähigkeit
E	(Étanchéité) Raumabschluss
I	(Isolation) Wärmedämmung (unter Brandeinwirkung)
E - d2	Baustoffklasse (entspricht der deutschen Klasse B 2)
A2 - s1, d0	Baustoffklasse (entspricht der deutschen Klasse A 2)

④ Erforderliche Nachweise für die Verwendung von Bauprodukten und Bauarten

Anmerkung: Die nachfolgenden Erläuterungen dienen der Übersicht. Die genauen Anforderungen ergeben sich aus den Regelungen der BauO NRW (§ 17 bis 25 und 88), der VV TB NRW und den ergänzenden Vorschriften.

Grundsätzlich dürfen in Deutschland Bauprodukte und Bauarten nur dann verwendet werden, wenn sie für den jeweiligen Einsatzzweck geeignet sind. Der Nachweis der Eignung kann wie folgt erbracht werden:

A: Bauprodukte und Bauarten nach TB und aaRdT

- **Bauprodukte und Bauarten** gelten grundsätzlich als geeignet, wenn es für sie Technische Baubestimmungen (TB) und allgemein anerkannte Regeln der Technik (aaRdT) gibt.
- **Bauprodukte** gelten außerdem als geeignet, wenn sie von einer TB (§ 88 (2) Nr. 3 BauO NRW) nicht wesentlich abweichen oder wenn sie nicht von einer Verordnung nach § 87 (7) BauO NRW erfasst werden.
- **Bauarten** gelten außerdem als geeignet, wenn sie von einer TB (§ 88 (2) Nr. 2 oder Nr. 3a BauO NRW) nicht wesentlich abweichen.

Für die vorstehenden Bauprodukte und Bauarten gilt der Nachweis der Eignung als erbracht, wenn sie gemäß den jeweiligen TB bzw. aaRdT ausgeführt werden. Es ist empfehlenswert, dies entsprechend zu überprüfen und auch zu dokumentieren.

Wichtig: Gemäß BauO bedürfen die Bauprodukte und Bauarten einer Bestätigung ihrer Übereinstimmung mit den Technischen Baubestimmungen nach § 88 (2) BauO NRW. Als Übereinstimmung gilt auch eine Abweichung, die nicht wesentlich ist.

B: Bauprodukte nicht nach TB und aaRdT

Für die nachfolgend aufgeführten Bauprodukte ist ein Verwendbarkeitsnachweis erforderlich:

- **Bauprodukte,** für die es keine TB und keine aaRdT gibt.
- **Bauprodukte,** die von TB (§ 88 (2) Nr. 3 BauO NRW) wesentlich abweichen oder die von einer Verordnung nach § 87 (7) BauO NRW erfasst werden.

Folgende Verwendbarkeitsnachweise sind für Bauprodukte grundsätzlich möglich:

- Allgemeine bauaufsichtliche Zulassung (abZ),
- Allgemeines bauaufsichtliches Prüfzeugnis (abP),
- Zustimmung der obersten Bauaufsichtsbehörde im Einzelfall (ZiE).

Welcher Verwendbarkeitsnachweis (abZ oder abP) jeweils erforderlich ist, ergibt sich unter anderem aus der VV TB NRW Punkt C 3. Eine abZ ist in der Regel für Bauprodukte erforderlich, die nicht nach allgemein anerkannten Prüfverfahren beurteilt werden können. Die ZiE ist nur für besondere Einzelfälle vorgesehen, bei denen der Verwendbarkeitsnachweis nicht anderweitig erbracht werden kann.

Wichtig: Die Bauprodukte bedürfen gemäß BauO einer Bestätigung ihrer Übereinstimmung mit den abZ, abP und ZiE. Als Übereinstimmung gilt auch eine Abweichung, die nicht wesentlich ist.

C: Bauarten nicht nach TB und aaRdT

Für die nachfolgend aufgeführten Bauarten ist ein Anwendbarkeitsnachweis erforderlich:

- **Bauarten,** für die es keine aaRdT gibt.
- **Bauarten,** die von TB (§ 88 (2) Nr. 2 oder Nr. 3a BauO NRW) wesentlich abweichen.

Folgende Anwendbarkeitsnachweise sind für Bauarten grundsätzlich möglich:

- Allgemeine Bauartgenehmigung (aBG),
- Vorhabenbezogene Bauartgenehmigung (vBG),
- Allgemeines bauaufsichtliches Prüfzeugnis (abP), wenn die Bauart nach allgemein anerkannten Prüfverfahren beurteilt werden kann (VV TB NRW Punkt C 4).

Die vBG bei Bauarten entspricht sinngemäß der ZiE bei Bauprodukten und ist nur für besondere Einzelfälle vorgesehen, bei denen der Ver-/Anwendbarkeitsnachweis nicht anderweitig erbracht werden kann.

Wichtig: Die Bauarten bedürfen nach BauO einer Bestätigung ihrer Übereinstimmung mit den aBG, vBG und abP. Als Übereinstimmung gilt auch eine Abweichung, die nicht wesentlich ist.

D: Bauprodukte mit CE-Kennzeichnung

Ein Bauprodukt, das die CE-Kennzeichnung trägt, darf verwendet werden, wenn die **erklärten Leistungen** den jeweiligen bauaufsichtlichen Anforderungen für diese Verwendung entsprechen.

Wichtig: Bei CE-gekennzeichneten Bauprodukten ist besonders darauf zu achten, dass die **Leistungserklärung** vorliegt und die dort **erklärten Leistungen** die bauaufsichtlichen Anforderungen an das Bauprodukt erfüllen. Ebenso müssen alle erforderlichen ergänzenden Unterlagen und Dokumentationen wie die Gebrauchsanleitung und Sicherheitsinformationen (Einbauanleitung, Ausführungs- und Wartungsvorschriften usw.) in der jeweiligen Landessprache vorliegen.

Dabei ist besonders zu prüfen, ob das Bauprodukt entsprechend den bauaufsichtlichen Anforderungen verwendet und eingebaut werden kann. Insbesondere ist darauf zu achten, dass der Einbau des Bauprodukts in die angrenzenden Bauteile möglich ist, wie die Befestigung erfolgen soll und welche Mindestabstände einzuhalten sind.

In besonderem Maße gilt das für **Bausätze**. Hier ist besonders sorgfältig zu prüfen, ob die in der Leistungserklärung angegebenen Leistungen den bauaufsichtlichen Anforderungen entsprechen.

Tipp: Eine Bestätigung, dass der Einbau und die Verwendung eines CE-gekennzeichneten Bauprodukts seiner Leistungserklärung bzw. ETA und der Gebrauchsanleitung (Einbauanleitung, Ausführungsvorschriften) entspricht, wird von der Bauordnung nicht direkt verlangt. In allen Fällen, in denen es nicht über andere Regelungen verlangt wird, ist es empfehlenswert, sich die Übereinstimmung und Leistung der Bauprodukte (sinngemäß wie bei den vorstehenden Punkten A bis C beschrieben) schriftlich bestätigen zu lassen.

E: Bauprodukte, die gemäß VV TB nicht abschließend geregelt sind

Enthält die VV TB NRW für Bauprodukte und Bauarten die Bemerkung, dass es keine abschließende technische Regel gibt, z. B. *„für die Planung, Bemessung und Ausführung gibt es keine abschließende technische Regel“*, dann ist hierfür nach BauO ein Ver-/Anwendbarkeitsnachweis erforderlich (in der Regel eine aBG bzw. abZ).

F: Bauprodukte, für die kein Verwendbarkeitsnachweis erforderlich ist

Die BauO NRW gibt in § 20 (2) die Voraussetzungen an, unter denen ein Verwendbarkeitsnachweis für Bauprodukte nicht erforderlich ist. Dazu gehören z. B. Bauprodukte, die zur Erfüllung des von der Bauordnung vorgeschriebenen Brandschutzes nur eine untergeordnete Bedeutung haben. Keinen Verwendbarkeitsnachweis benötigen danach z. B. die in der VV TB NRW Abschnitt D aufgeführten Bauprodukte.

Tabelle 4.1: Übersicht, welche Bauprodukte und Bauarten zur Erfüllung der bauaufsichtlichen Anforderungen grundsätzlich verwendet werden können

Bauarten	• **Bauarten**, die von den in der BauO NRW geregelten **Technischen Baubestimmungen**[1] (TB) **nicht wesentlich** abweichen oder für die es allgemein anerkannte Regeln der Technik (aaRdT) gibt.
	• **Bauarten ohne CE-Zeichen**, die von den in der BauO NRW geregelten TB[1] **wesentlich** abweichen oder für die es aaRdT **nicht** gibt **und die** – eine **„allgemeine Bauartgenehmigung“** (aBG) durch das Deutsche Institut für Bautechnik (DIBt) haben, – eine **„vorhabenbezogene Bauartgenehmigung“** (vBG) durch die oberste Bauaufsichtsbehörde haben, – ein **„allgemeines bauaufsichtliches Prüfzeugnis“** (abP anstelle einer aBG) haben, wenn die Bauart nach allgemein anerkannten Prüfverfahren beurteilt werden kann, die in den TB[2] mit Angabe der maßgebenden technischen Regeln bekannt gemacht wurden, – eine **„allgemeine bauaufsichtliche Zulassung“** (abZ) durch das Deutsche Institut für Bautechnik haben. (Auslaufmodell für noch gültige bestehende abZ, werden zukünftig durch eine aBG ersetzt.)
Bauprodukte	• **Bauprodukte**, für die es TB bzw. aaRdT gibt oder die von einer TB[3] **nicht wesentlich** abweichen, oder für die eine Verordnung nach § 87 Absatz 7 BauO NRW keinen Verwendbarkeitsnachweis vorsieht.
	• **Bauprodukte ohne CE-Zeichen**, für die es **keine** TB und **keine** aaRdT gibt oder die von einer TB[3] wesentlich abweichen, oder für die eine Verordnung nach § 87 Absatz 7 BauO NRW einen Verwendbarkeitsnachweis vorsieht und die – eine **„allgemeinen bauaufsichtlichen Zulassung“** (abZ) des DIBt haben, – ein **„allgemeines bauaufsichtliches Prüfzeugnis“** (abP anstelle einer abZ) haben, wenn das Bauprodukt nach allgemein anerkannten Prüfverfahren beurteilt werden kann, die in den TB[2] mit Angabe der maßgebenden technischen Regeln bekannt gemacht wurden, – eine **„Zustimmung im Einzelfall“** (ZiE) durch die oberste Bauaufsichtsbehörde haben.
Bauprodukte und Bausätze mit CE-Kennzeichnung	• **Bauprodukte und Bausätze,** die eine CE-Kennzeichnung tragen, wenn die erklärten Leistungen (in der Leistungserklärung = DoP – Declaration of Performance) den bauaufsichtlichen Anforderungen für die vorgesehene Verwendung entsprechen. • **Bauprodukte und Bausätze** mit einer ETA aufgrund des EAD's, wenn das Bauprodukt bzw. der Bausatz abschließend beschrieben ist, und die diesbezüglichen weiteren Anforderungen der VV TB NRW eingehalten werden (Einbauanleitung in deutscher Sprache, Einbaubestätigung (Übereinstimmungserklärung).

[1] Nach § 88 Abs. 2 Nr. 2 oder Nr. 3 a.
[2] Nach § 88 Abs. 5.
[3] Nach § 88 Abs. 2 Nr. 3.

4.3 Feuerbeständige und hochfeuerhemmende Bauteile aus brennbaren Baustoffen		
[1]Abweichend von Absatz 2 Satz 3 [vorstehendem Kapitel 4.2] sind tragende oder aussteifende sowie raumabschließende Bauteile, die hochfeuerhemmend oder feuerbeständig sein müssen, aus brennbaren Baustoffen zulässig, wenn die geforderte Feuerwiderstandsdauer nachgewiesen wird und die Bauteile so hergestellt und eingebaut werden, dass Feuer und Rauch nicht über Grenzen von Brand- oder Rauchabschnitten, insbesondere Geschosstrennungen, hinweg übertragen werden können.	BauO NRW § 26 (3)	

① Feuerbeständige und hochfeuerhemmende Bauteile aus brennbaren Baustoffen

Unter den in § 26 (3) BauO NRW genannten Voraussetzungen sind tragende oder aussteifende sowie raumabschließende Bauteile, die hochfeuerhemmend (hf) oder feuerbeständig (fb) sein müssen, aus brennbaren Baustoffen zulässig.

Damit ist grundsätzlich der Weg frei, feuerbeständige Bauteile in F 90-B sowie hochfeuerhemmende Bauteile in F 60-B (ohne Einhaltung der M-HFHHolzR) auszuführen.

Wichtig: Es ist jedoch besonders darauf zu achten, dass alle diesbezüglich vorgeschriebenen Rahmenbedingungen eingehalten werden. Diese lauten:

- Die geforderte Feuerwiderstandsdauer muss nachgewiesen werden und
- die Bauteile müssen so hergestellt und eingebaut werden, dass **Feuer und Rauch** nicht über Grenzen von Brand- oder Rauchabschnitten, insbesondere Geschosstrennungen, hinweg übertragen werden können.

Die **erste Rahmenbedingung** ist vom Grundsatz her ohnehin obligatorisch. Natürlich muss die erforderliche Feuerwiderstandsdauer nachgewiesen werden! Das gilt nicht nur für hf und fb Bauteile mit Tragwerk und Raumabschluss aus brennbaren Baustoffen, sondern grundsätzlich für alle Bauteile, die gemäß BauO eine bestimmte Feuerwiderstandsdauer haben müssen.

Mit der **zweiten Rahmenbedingung** wird jedoch deutlich gemacht, was mit dem Nachweis der Feuerwiderstandsdauer eigentlich gemeint ist. **Es reicht nicht**, wenn für die tragenden und raumabschließenden Bauteile aus brennbaren Baustoffen der Nachweis fb bzw. hf nur für die jeweiligen Bauteile „in der Fläche" erbracht wird. Vielmehr wird damit gefordert, dass die Feuerwiderstandsdauer auch für **alle Anschlüsse an die umgebenden Bauteile** nachgewiesen werden muss. **Feuer und Rauch** dürfen nicht über Grenzen von Brand- oder Rauchabschnitten, insbesondere Geschosstrennungen, hinweg übertragen werden können. Besonderes Augenmerk ist deshalb darauf zu legen, dass für die jeweiligen Einbausituationen die Einhaltung der vorgenannten Anforderungen auch für alle An- und Abschlüsse an die angrenzenden Bauteile nachgewiesen ist.

Beispiel 1: Es genügt nicht, wenn bei einer tragenden und raumabschließenden **F 90-B-Wand** aus brennbaren Baustoffen lediglich für die Wand selbst nachgewiesen wird, dass sie für 90 Minuten ihre Standsicherheit nicht verliert und eine Brandausbreitung in den brandschutztechnisch abgetrennten Bereich verhindert. Vielmehr müssen für diese Wand alle Anschlüsse an die unteren und oberen F 90-B-Decken und auch alle anderen Anschlüsse an angrenzende feuerwiderstandsfähige Bauteile nachgewiesen sein. An diesen Anschlüssen darf für die Dauer der geforderten Feuerwiderstandfähigkeit **keine Übertragung von Feuer und Rauch** über Grenzen von Brand- oder Rauchabschnitten und Geschosstrennungen hinweg erfolgen.

Beispiel 2: Sinngemäß gilt das auch für F 90-B-Decken. Es genügt nicht, wenn bei einer **F 90-B-Decke** lediglich für die Decke selbst nachgewiesen wird, dass sie für 90 Minuten ihre Standsicherheit nicht verliert und eine Brandausbreitung in das darüber- bzw. darunterliegende Geschoss verhindert. Viel wichtiger ist es, dass für diese Decke nachgewiesen wird, dass für die Dauer der geforderten Feuerwiderstandfähigkeit bei allen An- und Abschlüssen (insbesondere an die Außenwände sowie an die tragenden und raumabschließenden Bauteile) **Feuer und Rauch** nicht über Grenzen von Brand- oder Rauchabschnitten, insbesondere Geschosstrennungen, hinweg übertragen werden.

Zusammenfassung: Werden tragende oder aussteifende sowie raumabschließende Bauteilen, die hochfeuerhemmend oder feuerbeständig sein müssen, aus brennbaren Baustoffen ausgeführt, ist unbedingt darauf zu achten, dass in den bauaufsichtlich erforderlichen Ver-/Anwendbarkeitsnachweisen auch alle erforderlichen An- und Abschlüsse an die angrenzenden Bauteile mit enthalten und nachgewiesen sein müssen. Insbesondere ist nachzuweisen, dass **Feuer und Rauch** nicht über Grenzen von Brand- oder Rauchabschnitten, insbesondere Geschosstrennungen, hinweg übertragen werden können.

Anmerkung: Zur Vereinfachung wird für diese zusätzlichen Anforderungen der BauO die Abkürzung [zAHolz] verwendet, siehe auch die vorstehenden Tabellen 3.1 und 3.2 in Kapitel 4.2, Punkt 3.

5 Brandwände

Kurzinfo:	Kapitel
• **Erfordernis von Brandwänden (BW), Wänden anstelle von Brandwänden (WaBW) und Gebäudeabschlusswänden (GA):** – bei Abständen < 2,50 m zur Nachbargrenze: BW bzw. WaBW als GA – zur Unterteilung ausgedehnter Gebäude > 40 m: BW bzw. WaBW – zur Unterteilung landwirtschaftlich oder vergleichbar genutzter Gebäude > 10.000 m³: BW bzw. WaBW – zwischen landwirtschaftlich/vergleichbar genutzten Gebäuden und Wohngebäuden: BW bzw. WaBW als GA – zwischen landwirtschaftlich/vergleichbar genutzten Gebäudeteilen und Wohnteilen: BW bzw. WaBW.	5.1

• **Materielle Anforderungen:**
– GK 5: fb + nb + M (BW)
– GK 4: hf + M (WaBW)
– GK 1 bis 3: hf (WaBW) oder F 30 - F 90 Wand (GA)
– zwischen landwirtschaftlich/vergleichbar genutzten Gebäuden/-teilen und Wohngebäuden/-teilen:
  – landwirtschaftlich/vergleichbar genutztes Gebäude/-teil > 2.000 m³: fb + nb + M (BW)
  – landwirtschaftlich/vergleichbar genutztes Gebäude/-teil ≤ 2.000 m³: fh (WaBW).
	5.2

• **Führung der BW und WaBW unversetzt bis zum Dach.** Andernfalls sind Maßnahmen erforderlich.	5.3
• **Ausführung der BW und WaBW im Dachbereich:** – bei GK 4 bis 5: 30 cm über Dach oder beidseitige 50 cm fb + nb Kragplatte (GK 5) bzw. hf (GK 4) – bei GK 1 bis 3: bis unter die Dachhaut – bei Gebäuden nach IndBauR NRW: 50 cm über Dach.	5.4
• **Bei Gebäudeteilen über Eck** mit Winkel der inneren Ecke ≤ 120 Grad: Abstand der BW / WaBW ≥ 3 m oder Sicherung einer Außenwand auf 5 m Länge mit öffnungsloser fb + nb Wand (GK 5) bzw. hf-Wand (GK 1 - 4).	5.5
• **Bauteile mit brennbaren Baustoffen** dürfen über BW bzw. WaBW nicht hinweggeführt werden.	5.6
• Bei **Außenwandkonstruktionen**, die eine seitliche Brandausbreitung begünstigen können, sind gegen die Brandausbreitung im Bereich der BW bzw. WaBW besondere Vorkehrungen zu treffen.	5.6
• **Außenwandbekleidungen von GA** einschließlich der Dämmstoffe und Unterkonstruktionen: nb	5.6
• **Bauteile dürfen in BW bzw. WaBW nur so weit eingreifen**, dass deren Feuerwiderstandsfähigkeit nicht beeinträchtigt wird; für Leitungen, Leitungsschlitze und Schornsteine gilt dies entsprechend.	5.6

• **Öffnungen in BW und WaBW:**
– in GA: unzulässig.
– in inneren BW und WaBW: nur zulässig, wenn sie auf die für die Nutzung erforderliche Zahl und Größe beschränkt sind. Wenn sie zulässig sind, dann Sicherung von
  – Türöffnungen: Abschlüsse in BW: fb + d + s und in hf WaBW: hf + d + s.
  – Sichtöffnungen: Brandschutzverglasung mit Begrenzung der Größe: in BW: fb, in hf + M WaBW: hf und in hf WaBW: hf.
	5.7
	
	5.7

• **Sicherung von Leitungsdurchführungen:** Gleiche Feuerwiderstandsdauer wie BW bzw. WaBW.	19 + 20

Schutzziel		
[1]Brandwände müssen als raumabschließende Bauteile zum Abschluss von Gebäuden (Gebäudeabschlusswand) oder zur Unterteilung von Gebäuden in Brandabschnitte (innere Brandwand) ausreichend lang die Brandausbreitung auf andere Gebäude oder Brandabschnitte verhindern.	BauO NRW § 30 (1)	
5.1 Erfordernis von Brandwänden (BW)		
[1]Brandwände sind erforderlich 1. als Gebäudeabschlusswand, ausgenommen von Gebäuden ohne Aufenthaltsräume und ohne Feuerstätten mit nicht mehr als 50 m³ Brutto-Rauminhalt, wenn diese Abschlusswände an oder mit einem Abstand von weniger als 2,50 m gegenüber der Nachbargrenze errichtet werden, es sei denn, dass ein Abstand von mindestens 5 m zu bestehenden oder nach den baurechtlichen Vorschriften zulässigen künftigen Gebäuden öffentlich-rechtlich gesichert ist*1, 2. als innere Brandwand zur Unterteilung ausgedehnter Gebäude in Abständen von nicht mehr als 40 m*2, 3. als innere Brandwand zur Unterteilung landwirtschaftlich oder vergleichbar genutzter Gebäude in Brandabschnitte von nicht mehr als 10.000 m³ Brutto-Rauminhalt*2, und 4. als Gebäudeabschlusswand zwischen Wohngebäuden und angebauten landwirtschaftlich genutzten Gebäuden oder angebauten Gebäuden mit vergleichbarer Nutzung sowie als innere Brandwand zwischen dem Wohnteil und dem landwirtschaftlich oder vergleichbar genutzten Teil eines Gebäudes.	BauO NRW § 30 (2)	Atlas 6.2.2-A/3.3 6.2.2-A/3.4 6.2.2-A/3.6 6.2.2-A/3.7
[2]Gemeinsame Brandwände sind zulässig.	§ 30 (2)[2]	
*1 Gilt nicht für seitliche Wände von Vorbauten im Sinne des § 6 Absatz 6 (BauO NRW), wenn sie von dem Nachbargebäude oder der Nachbargrenze einen Abstand einhalten, der ihrer eigenen Ausladung entspricht, mindestens jedoch 1 m beträgt, sowie für Terrassenüberdachungen, Balkone und Altane.	§ 30 (10)	
*2 Größere Abstände können gestattet werden, wenn die Nutzung des Gebäudes es erfordert und wenn Bedenken wegen des Brandschutzes nicht bestehen.	§ 30 (2)[3]	

① Bedeutung des Abschottungsprinzips und Schutzziel von Brandwänden

Das **Abschottungsprinzip** ist die älteste und zugleich auch eine der wirksamsten Maßnahmen des vorbeugenden baulichen Brandschutzes. Durch die Anordnung von feuerwiderstandsfähigen, raumabschließenden Wänden und Decken soll ein Entstehungsbrand auf eine möglichst kleine Fläche begrenzt und so der Schaden entsprechend gering gehalten werden. Außerdem soll dadurch die Selbstrettung (Flucht) bzw. Rettung und wirksame Brandbekämpfung durch die Feuerwehr möglich sein.

Deshalb stellt die Bauordnung konkret Anforderungen an den Raumabschluss und die Feuerwiderstandsdauer von

- Gebäudeabschlusswänden zur Grundstücksgrenze,
- Brandwänden und Wänden anstelle von Brandwänden,
- Brandbekämpfungsabschnittstrennwänden (Industriebauten),
- Treppenraumwänden in der Bauart von Brandwänden und hochfeuerhemmenden Wänden, die diese Anforderung auch unter zusätzlicher mechanischer Beanspruchung erfüllen (GK 4 und 5),
- Trennwänden zwischen Wohnungen und Nutzungseinheiten,
- Decken,
- Trennwänden zu Räumen mit Explosions- und erhöhter Brandgefahr,
- Trennwänden zu notwendigen Fluren sowie zu Laubengängen mit nur einer Fluchtrichtung,
- Schachtwänden (Aufzugsschächte außerhalb von Treppenräumen und Installationsschächte).

Diese raumabschließenden Wände und Decken verhindern für die Dauer ihrer Feuerwiderstandsfähigkeit eine Ausbreitung von Feuer und Rauch und sollen deshalb (je nach Schutzzielen und Brandschutzkonzept) den Entstehungsbrand wie folgt möglichst begrenzen auf:

- den Brandentstehungsraum,
- eine Wohnung bzw. Nutzungseinheit,
- einen raumabschließend feuerwiderstandsfähig abgetrennten Bereich,
- ein Geschoss,
- einen Brandabschnitt bzw. Brandbekämpfungsabschnitt,
- ein Gebäude,
- ein Grundstück.

Wichtig: Das Abschottungsprinzip dient nicht nur dem **Sachschutz** und der **Sicherstellung der baulichen Rettungswege**. Es ist auch für die **Gewährleistung des zweiten Rettungswegs** über anleiterbare Stellen mit Rettungsgeräten der Feuerwehr unverzichtbar. Fällt der erste bauliche Rettungsweg (die notwendige Treppe) im Brandfall aus, kann die Feuerwehr gefährdete Personen aus Wohnungen und Nutzungseinheiten mit ihren Rettungsgeräten nur dann retten, wenn sie die dafür notwendige Zeit hat.

Das Abschottungsprinzip mit den feuerwiderstandsfähigen Decken und den raumabschließenden feuerwiderstandsfähigen Wänden trennt die Wohnungen/Nutzungseinheiten untereinander und vom Gebäude so ab, dass eine Rettung aus nicht brandbetroffenen Wohnungen/Nutzungseinheiten für eine ausreichend lange Zeit möglich ist.

Bild 1.1: Schutzziel von Brandwänden

Die Brandwand muss für eine bestimmte Zeit (abhängig von der Gebäudeklasse) verhindern, dass bei einem Brand im rechten Brandabschnitt Feuer und Rauch auf den linken Brandabschnitt übergreifen.

Damit das gewährleistet ist, muss nicht nur die Wand selbst entsprechend raumabschließend und feuerwiderstandsfähig sein und bei GK 4 und 5 auch einer bestimmten mechanischen Beanspruchung standhalten, sondern auch die gesamte Ausführung einschließlich ihrer An- und Abschlüsse muss so erfolgen, dass dieses Schutzziel eingehalten wird.

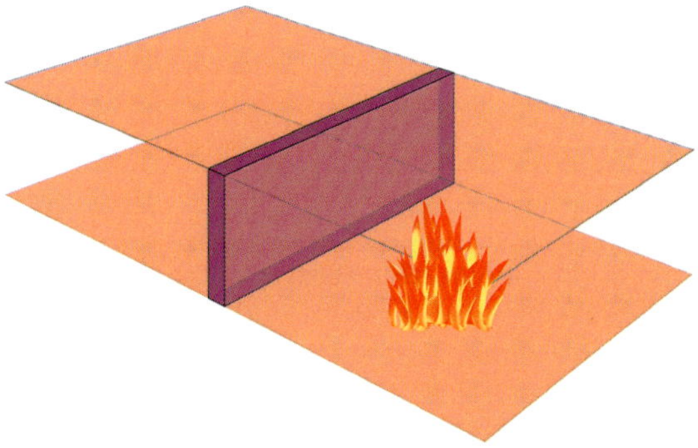

Bild 1.2: Konsequent verwirklichtes Abschottungsprinzip

Obwohl gemäß Bauordnung und auch Industriebaurichtlinie deutlich größere Brandabschnittsgrößen zulässig wären, wurden aufgrund der Risikosituation (Produktionsgebäude einer pyrotechnischen Fabrik) sehr kleine Brandabschnitte gewählt.

Eine eventuelle Explosion führt damit nicht zum Großschaden, sondern nur zu einer örtlich begrenzten und relativ kleinen Beschädigung. Die Größe des im Schadenfall zu erwartenden Totalschadens wird damit auf einen sehr kleinen Brandabschnitt reduziert.

Bilder 1.3 und 1.4: Gutes Beispiel für die Funktion des Abschottungsprinzips durch Brandwände

Die Brandwand zwischen Wellpappenfabrik und Lager hielt stand. So wurde nur das Lager zerstört. Die große Produktionshalle mit den wertvollen Maschinen konnte gerettet werden. Bild 1.3 zeigt das Gebäude vor dem Brand.

Bild 1.4: Situation nach dem Brand

Gleichzeitig wird mit diesem Bild auch deutlich, welches bauaufsichtliche Schutzziel durch Brandwände erfüllt wird. Brandwände können den möglichen Totalschaden auf einen Brandabschnitt begrenzen. Sie können jedoch nicht verhindern, dass der betroffene Brandabschnitt im Brandfall unter ungünstigen Umständen ein Totalschaden wird.

Vereinfacht ausgedrückt. Mit der Anordnung von Brandwänden legt man zugleich auch die Größe von möglichen Totalschäden fest. Will man das Risiko eines Totalschadens innerhalb eines Brandabschnitts begrenzen bzw. reduzieren, sind weitere Maßnahmen erforderlich (z. B. feuerwiderstandsfähige Trennwände, Brandmeldeanlagen, Löschanlagen).

Bild 1.5: Funktion des Abschottungsprinzips durch Brandwände

Der Entstehungsbrand im Lagergebäude konnte nicht rechtzeitig begrenzt und gelöscht werden. Die Brandwände haben jedoch ihr Schutzziel erfüllt. Damit entstand ein Totalschaden in Größe eines Brandabschnitts.

Bild 1.6: Versagen des Abschottungsprinzips durch fehlende bzw. nicht fachgerecht ausgeführte Brandwand

Brandübergriff auf das Wohngebäude durch fehlende bzw. nicht fachgerecht ausgeführte Brandwand.

Bild 1.7: Schadenvergrößerung durch Versagen einer Brandwand

Die Brandwand hat ihr Schutzziel nicht erreicht. Es entstand Totalschaden in beiden Brandabschnitten. Das Schadenfeuer konnte zum einen über Brandbrücken im nicht über Dach geführten Dachanschlussbereich und zum anderen über zahlreiche nicht oder nur unzureichend gesicherte Öffnungen bzw. Leitungsdurchführungen in den angrenzenden Brandabschnitt eindringen.

Der Brandschaden hat sich dadurch nahezu verdoppelt.

Bild 1.8: Totalschaden eines Gebäudes

Da es der Feuerwehr nicht gelang, den Entstehungsbrand zu begrenzen und zu löschen, entstand ein Totalschaden des gesamten Gebäudes.

Eine Brandwand bzw. die Bildung von Brandabschnitten hätte es ermöglicht, den Totalschaden auf einen Brandabschnitt zu reduzieren.

② Brandwände als Gebäudeabschlusswand an der Nachbargrenze

Diese Vorschrift dient dem Nachbarschutz. Mit ihr werden **nicht** die gemäß Abstandsflächenrecht erforderlichen Grenzabstände geregelt, sondern Anforderungen gestellt, wenn aus Brandschutzgründen ein zu geringer Grenz- bzw. Gebäudeabstand zum Nachbargebäude besteht. Dies bedeutet, dass die Abstandsflächenregelungen zusätzlich eingehalten werden müssen.

Der Nachbarschutz hat in der BauO NRW einen sehr hohen Stellenwert. Deshalb sollen diese Brandwände als Gebäudeabschlusswände möglichst auch ohne Unterstützung durch die Feuerwehr eine Brandausbreitung über Grundstücksgrenzen hinweg auf die Nachbargebäude verhindern. Das wird z. B. auch dadurch deutlich, dass in diesen Gebäudeabschlusswänden Öffnungen grundsätzlich nicht zulässig sind.

In den folgenden Bildern mit Prinzipskizzen sind immer Brandwände angegeben. Nach BauO NRW ist es bei Gebäuden der GK 1 bis 4 möglich, anstelle von Brandwänden Wände mit einer reduzierten Klasse anzuordnen.

Bild 2.1: Eine Gebäudeabschlusswand an der Nachbargrenze

Gebäude A benötigt eine Brandwand bzw. WaBW als Gebäudeabschlusswand, da der Abstand der Außenwand zur Grundstücksgrenze weniger als 2,50 m beträgt.

Der Abstand der Außenwand von Gebäude B beträgt mindestens 2,50 m. Damit ist für Gebäude B keine Brandwand bzw. WaBW als Gebäudeabschlusswand erforderlich.

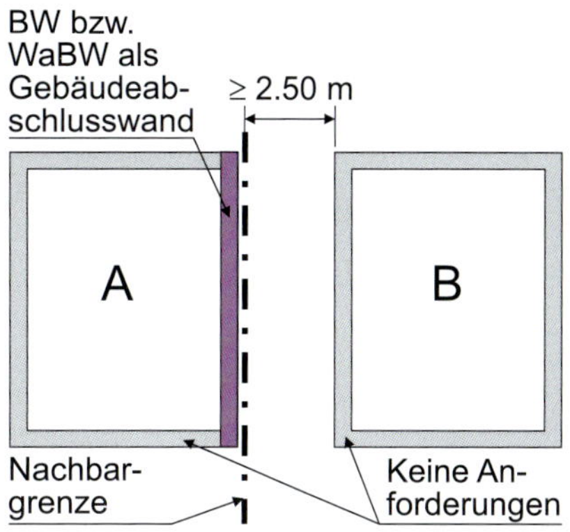

Bild 2.2: Beide Gebäudeabschlusswände an der Nachbargrenze

An beide, der Nachbargrenze direkt gegenüberliegende Wände besteht die Anforderung „Brandwand bzw. WaBW als Gebäudeabschlusswand", da sie einen Abstand von weniger als 2,50 m zur Grundstücksgrenze aufweisen.

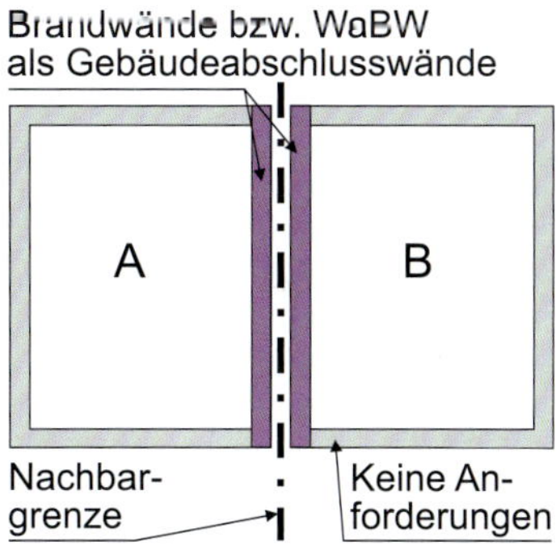

Bild 2.3: Versetzte Gebäude

Bei versetzten Gebäuden sind nur die Außenwände, die der Grundstücksgrenze gegenüberstehen und deren Abstand weniger als 2,50 m beträgt, als Brandwände bzw. WaBW als Gebäudeabschlusswände auszuführen.

An die direkt an die Brandwände bzw. WaBW rechtwinkelig anschließenden Außenwände (in grau dargestellt) bestehen keine besonderen Brandschutzanforderungen. Hier sind auch direkt neben der jeweiligen Brandwand bzw. WaBW Fenster oder Türen zulässig.

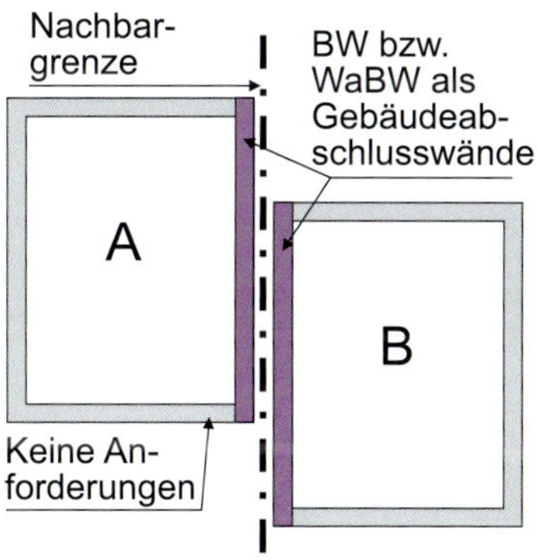

Bild 2.4: Gesicherter Abstand zu Gebäuden

Die Gebäudeaußenwand von Gebäude A braucht nicht als Brandwand bzw. WaBW als Gebäudeabschlusswand ausgeführt werden, da zum bestehenden bzw. künftig zulässigen Gebäude B ein Abstand von 5 m öffentlich-rechtlich gesichert ist.

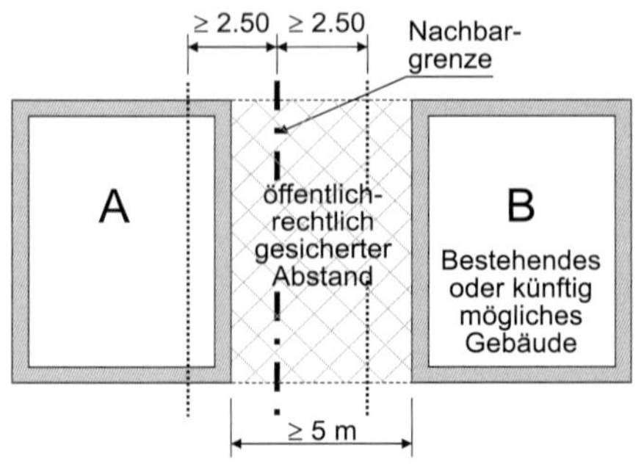

Bild 2.5: Gebäude ohne Aufenthaltsräume und ohne Feuerstätten mit nicht mehr als 50 m³ Brutto-Rauminhalt

Bei diesen Gebäuden ist auch bei Abständen unter 2,50 m zur Grundstücksgrenze keine Gebäudeabschlusswand erforderlich.

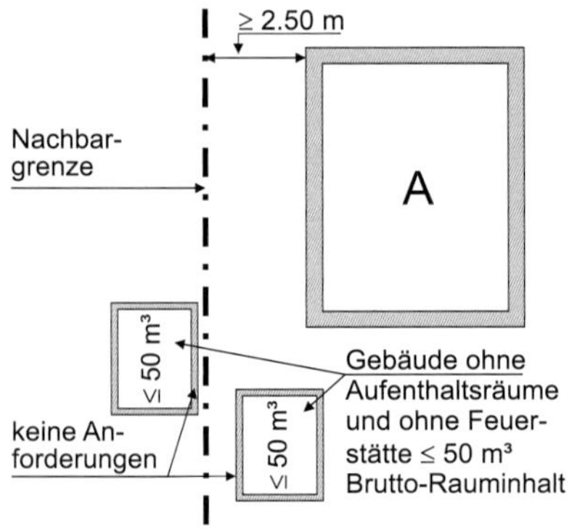

Bild 2.6: Beispiel für Wohngebäude mit Garage

Bei der typischen Wohnbebauung mit Kleingaragen an der Grundstücksgrenze ist für die Garagenaußenwände auch bei Abständen unter 2,50 m zur Grundstücksgrenze keine Brandwand bzw. WaBW als Gebäudeabschlusswand erforderlich.

Die Anforderung an die Garagenaußenwände an der Grundstücksgrenze lautet: „feuerhemmend **oder** nichtbrennbar". Für die Trennwand zwischen Kleingarage und Wohngebäude besteht die Mindestanforderung „feuerhemmend".

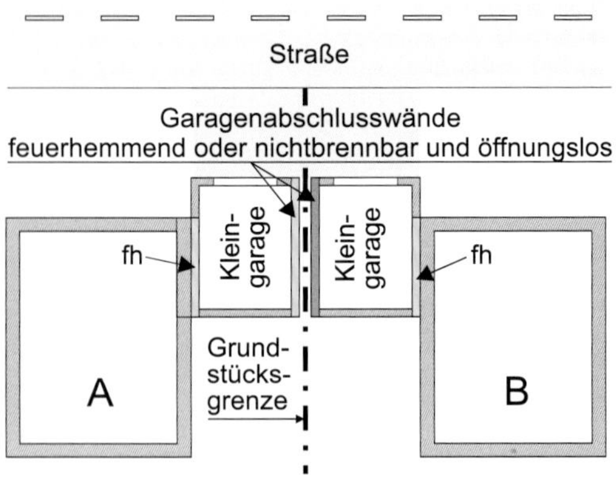

Bild 2.7: Beispiel für Wände von Vorbauten

Gebäude A: Da die seitliche Wand des Vorbaus einen ausreichenden Abstand a (≥ 1,0 m) zur Nachbargrenze hat, muss sie nicht als Brandwand bzw. WaBW ausgebildet werden.

Gebäude B: Der Abstand der seitlichen Wand des Vorbaus zur Nachbargrenze ist kleiner als ihre eigene Ausladung a (< 1,0 m). Deshalb besteht an diese Wand die gleiche Anforderung wie an die Brandwand bzw. WaBW als Gebäudeabschlusswand.

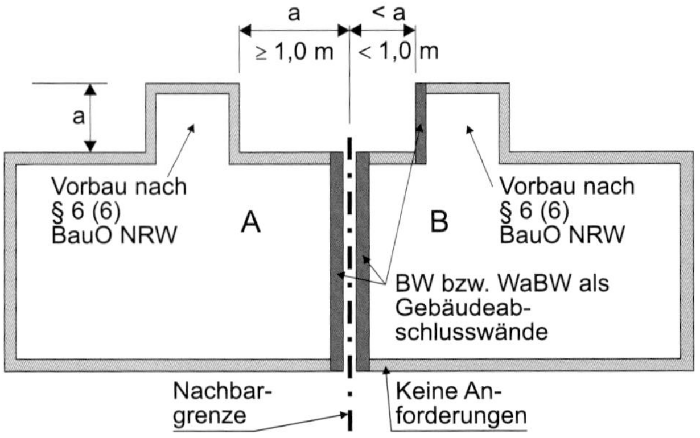

Bild 2.8: Beispiel für Balkone

Die im Bereich der Balkone angebrachten seitlichen Sichtschutzelemente wie Brüstungen und Umwehrungen gelten nicht als Wände im Sinne der Bauordnung. An sie werden deshalb auch keine besonderen Anforderungen gestellt und es bestehen auch keine Anforderungen an einen Mindestabstand.

Allerdings ist darauf zu achten, dass Bauteile mit brennbaren Baustoffen über Brandwände nicht hinweggeführt werden dürfen. Deshalb müssen Balkone, die über eine BW bzw. WaBW hinweggeführt werden, aus nichtbrennbaren Baustoffen bestehen.

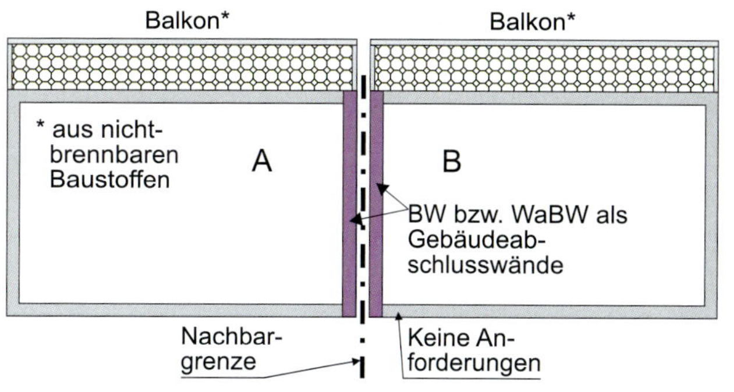

Bilder 2.9 und 2.10: Beispiel Reihenhaus GK 2

Wichtig: Die **Verglasung** im EG muss eine hf Brandschutzverglasung sein. Für diese ist eine Abweichung erforderlich. Hierzu ist zu begründen, warum dieses Fenster erforderlich ist und dass mit der Lösung keine Bedenken wegen des Brandschutzes bestehen.

Die der WaBW gegenüberliegende Wand der **Dachgaube** wird hf ausgeführt, da der Abstand weniger als 1,25 m beträgt.

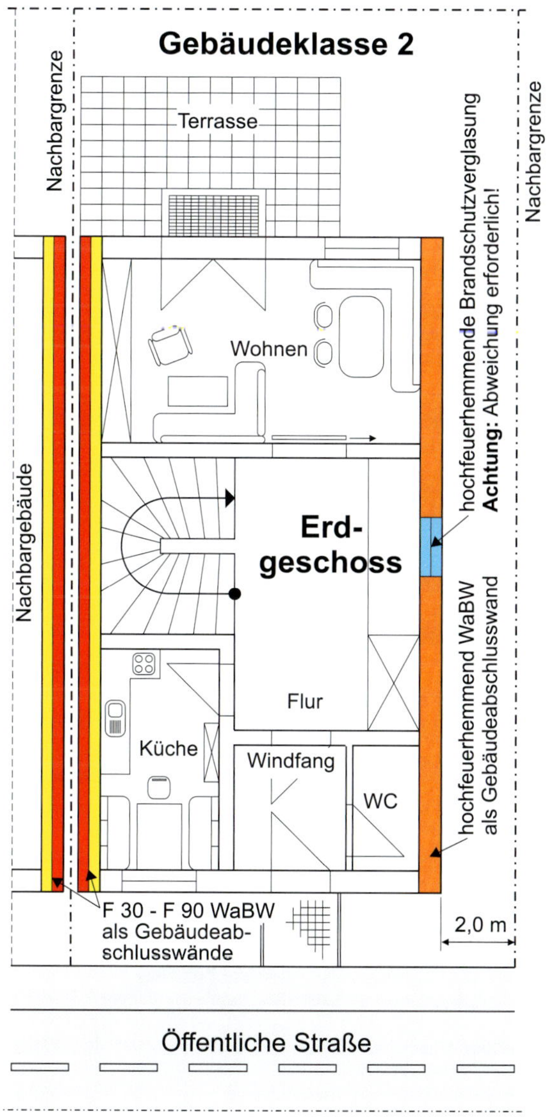

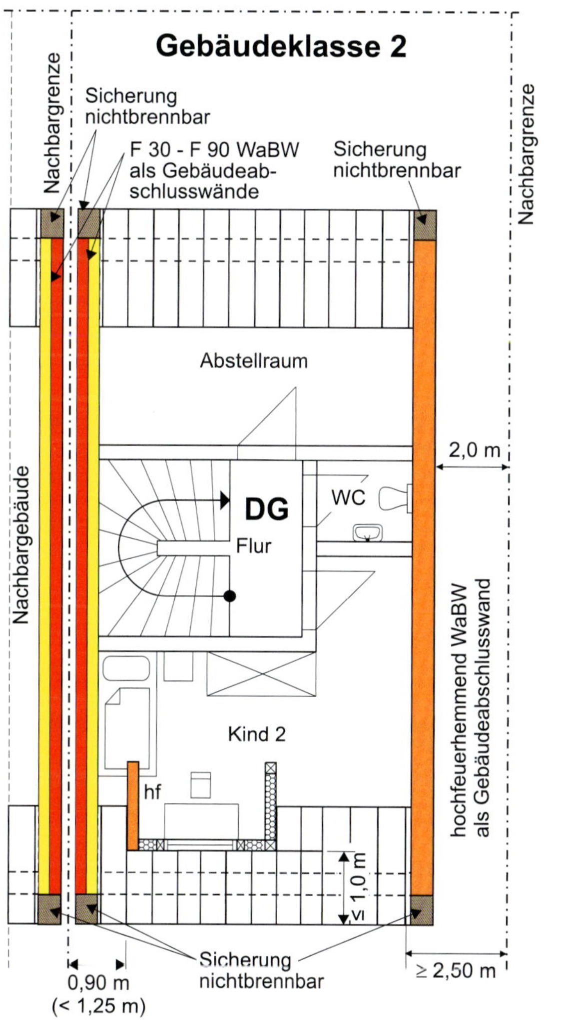

③ Brandwände als innere Brandwände zur Unterteilung ausgedehnter Gebäude

Ausgedehnte Gebäude sind grundsätzlich in **Brandabschnitte von 40 m** zu unterteilen, um einen entstandenen Brand auf einen Gebäudeabschnitt = Brandabschnitt zu begrenzen. Damit dient diese Vorschrift sowohl dem Personen- als auch dem Sachschutz.

Größere Abstände können **gestattet** werden, wenn die Nutzung des Gebäudes es erfordert und wenn Bedenken wegen des Brandschutzes nicht bestehen. Hierfür ist eine genehmigungspflichtige Abweichung erforderlich. Eine frühzeitige Abstimmung mit der den Brandschutz prüfenden Stelle ist empfehlenswert.

Die Genehmigung von größeren Abständen ist nach BauO NRW § 30 Absatz 2 an folgende Voraussetzungen gebunden:

- Die Nutzung des Gebäudes muss diese größeren Abstände erfordern und
- es dürfen keine Bedenken wegen des Brandschutzes bestehen.

Anmerkung: Die in der BauO NRW enthaltene Regelung, dass größere Abstände gestattet werden können, wird in der MBO 2002 nicht mehr eigens aufgeführt, da eine solche Möglichkeit im Rahmen einer Abweichung (nach § 69 BauO NRW) grundsätzlich immer besteht. Allerdings werden im „Brandwandparagrafen" die hierfür erforderlichen Voraussetzungen genannt (siehe die beiden vorstehenden Spiegelpunkte).

Für Gewerbe- und Industriegebäude und auch andere Sonderbauten sind in den entsprechenden Sonderbauvorschriften (z. B. Sonderbauverordnung – SBauVO und Richtlinie über den baulichen Brandschutz im Industriebau – Industriebaurichtlinie – IndBauR NRW) teilweise abweichende (in der Regel größere) Brandabschnittsgrößen geregelt.

Interessant ist in diesem Zusammenhang, dass gemäß Landesbauordnung Rheinland-Pfalz Abstände von 60 m zulässig sind.

Bild 3.1: Beispiel für die innere Brandwand eines ausgedehnten Wohngebäudes oder vergleichbaren Gebäudes

Ursprünglich wurde bei dieser Vorschrift davon ausgegangen, dass es sich um übliche Wohngebäude und vergleichbare Gebäude handelt, die in der Regel Gebäudetiefen von maximal 15 bis 20 m aufweisen.

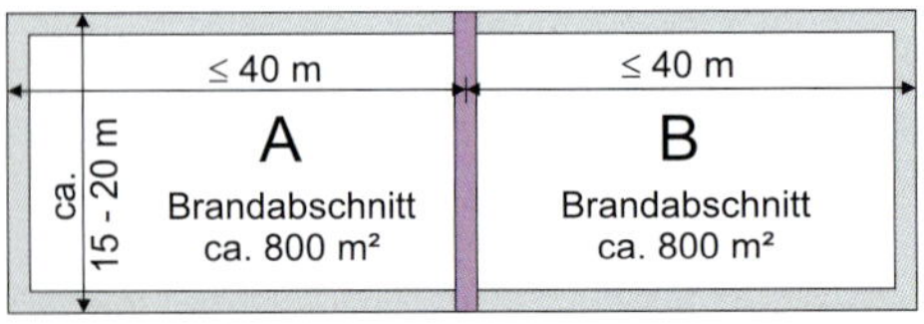

Bild 3.2: Beispiel für die innere Brandwand eines ausgedehnten Gebäudes

Bei anderen Gebäuden als Wohngebäuden, die nach der BauO NRW beurteilt werden können, wird die Größe des einzelnen Brandabschnittes auf maximal 40 m × 40 m = maximal 1.600 m², jedoch innerhalb eines 40-m-Rasters, begrenzt.

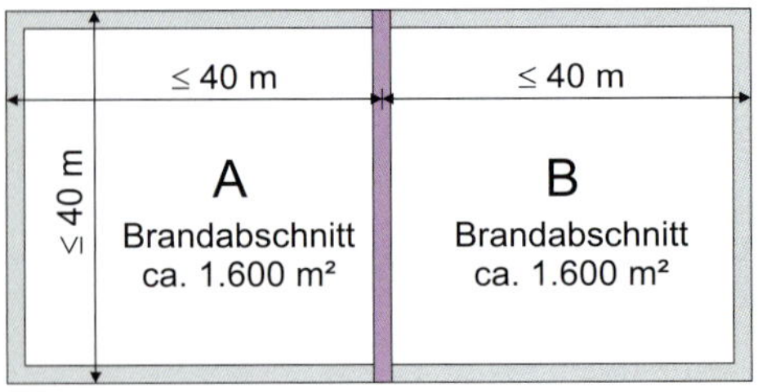

Bild 3.3: Beispiel für sinnvolle Brandabschnittsunterteilung eines Industriegebäudes

Auch wenn es gemäß IndBauR NRW möglich wäre, bei entsprechender brandschutztechnischer Infrastruktur sehr große Brandabschnitte zu bilden, kann es z. B. zur Risikobegrenzung (Sachschutz, Produktionssicherheit, wirtschaftliche Prämie für die Industrie-Feuerversicherung) sinnvoll sein, kleinere Brandabschnitte anzuordnen. Deshalb ist es sowohl bei der Neuplanung als auch beim Umbau von Industriegebäuden immer empfehlenswert, die geplanten Maßnahmen mit dem Industrie-Feuerversicherer abzustimmen.

Außerdem wird mit der Brandabschnittsgröße lediglich die Größe des möglichen Totalschadens festgelegt. Mit anderen Maßnahmen (z. B. Brandmeldeanlagen, Löschanlagen) ist es möglich, die Wahrscheinlichkeit von Totalschäden deutlich zu reduzieren. Dies kann zum einen zu günstigeren Prämien in der Feuerversicherung führen und zum anderen auch für die Begründung von bauaufsichtlich erforderlichen Abweichungen verwendet werden.

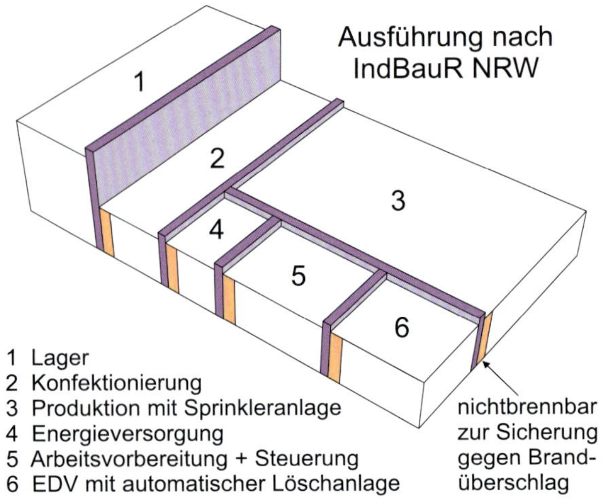

Bild 3.4: Beispiel für ursprüngliche Ermittlung der Länge eines Brandabschnittes bei winkelförmigen Gebäuden

Bei geraden Grundrissen entspricht der Abstand der inneren Brandwände der Gebäudelänge und kann damit einfach bestimmt werden.

Bei unregelmäßig gestalteten Grundrissen fehlt jedoch eine konkrete gesetzliche Regelung, wie die Länge zu ermitteln ist.

Ursprünglich (in der Vergangenheit) wurde die Vorschrift teilweise so interpretiert, dass sich die Länge des Brandabschnitts aus der Gebäudeabwicklung ergibt (wie in diesem Bild dargestellt).

Diese Interpretation ist in der Zwischenzeit überholt, so dass im vorliegenden Beispiel keine Brandwand erforderlich ist, siehe nachfolgende Bilder 3.5 und 3.6.

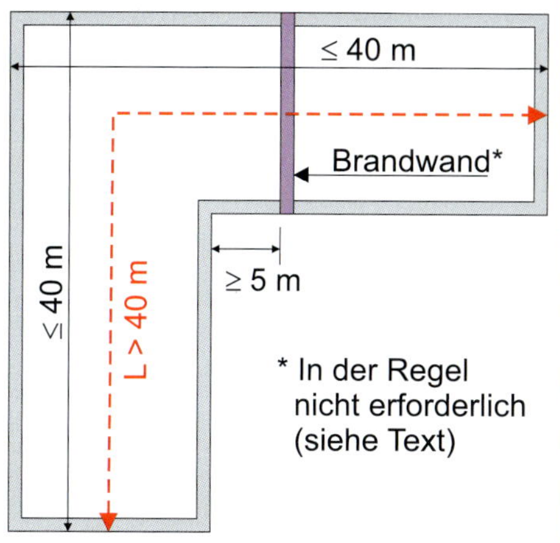

Bild 3.5: Beispiel für ein Gebäude mit Länge und Breite < 40 m und Innenhof

Werden bei dem in Bild 3.4 dargestellten Gebäude die beiden L-förmigen Schenkel zu einem Gebäude mit Innenhof geschlossen, so entsteht ein Gebäude mit einer Länge und Breite von < 40 m. Eine Brandwand ist dann nicht mehr erforderlich.

Diese Betrachtungsweise führt dann schließlich zu der in Bild 3.6 dargestellten Interpretation und Lösung.

Anmerkung: Allerdings wäre auch hier immer noch die Interpretation möglich, dass sich die maßgebende Länge aus der Gebäudeabwicklung ergibt. In diesem Fall wären dann doch alle 40 m Brandwände erforderlich. Aus der Sicht des Autors macht dies jedoch keinen Sinn, da ein 40 m × 40 m großes Gebäude ohne Brandwand nach BauO NRW zulässig ist.

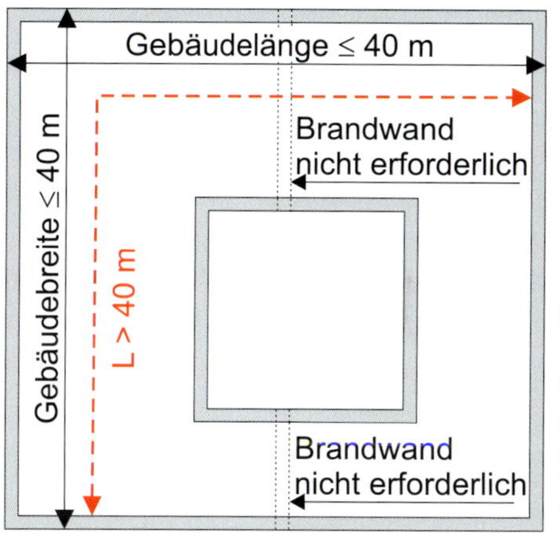

Bild 3.6: Beispiel für aktuelle Ermittlung der Länge eines Brandabschnittes bei winkelförmigen Gebäuden

Es ist keine Brandwand erforderlich, da die Gebäudefläche in einem Quadrat von 40 m × 40 m untergebracht werden kann.

Es wird vom Sinn dieser Regelung ausgegangen, um das Maß von 40 m zu ermitteln. Da grundsätzlich eine maximale Brandabschnittsfläche von 40 m × 40 m möglich ist, sind auch bei diesem Gebäude Brandwände nicht erforderlich.

Auch aus der Sicht des abwehrenden Brandschutzes spricht nichts gegen diese Interpretation, da die Brandbekämpfung in einem 40 m × 40 m großen Gebäude sicher schwieriger ist, als in einem Gebäude mit unregelmäßig gestaltetem Grundriss, der in einem 40 m × 40 m großen Quadrat untergebracht werden kann und kleiner als 1.600 m^2 ist.

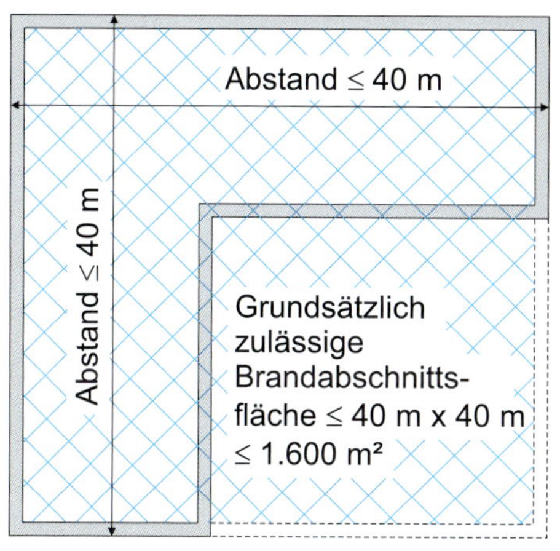

Bild 3.7: Beispiel für eventuell mögliche Abweichung bei einem erdgeschossigen Gebäude mit geringer Gebäudebreite

Wenn das Gebäude von mindestens einer Längsseite für die Feuerwehr gut erreichbar ist, liegt durch die (relativ) geringe Gebäudebreite auch bei größeren Abständen als 40 m eine relativ günstige Risikosituation vor.

Deshalb ist grundsätzlich eine **Abweichung** möglich, wenn die Fläche des Brandabschnittes 1.600 m^2 nicht überschreitet und auch ansonsten die hierfür erforderlichen Voraussetzungen vorliegen, siehe die oben stehenden Spiegelpunkte bei Kapitel 5.1, Punkt 3.

Eine frühzeitige Abstimmung mit der den Brandschutz prüfenden Stelle ist erforderlich.

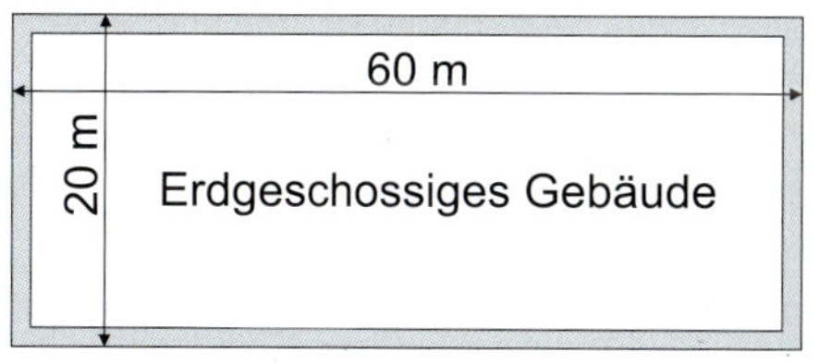

Es ist eine genehmigungspflichtige Abweichung erforderlich. Die Ausführung ohne Brandwand ist jedoch vertretbar, da die Rettungswege gesichert sind und das Gebäude für Feuerwehr gut zugänglich ist. Außerdem beträgt die Gesamtfläche 1.200 m² ≤ 1.600 m².

Bild 3.8: Beispiel für Abweichung bei einem größeren erdgeschossigen Gebäude

Da das Gebäude sowohl in der Länge als auch in der Breite größer als 40 m ist, besteht für die Feuerwehr eine deutlich ungünstigere Risikosituation als in Bild 3.7. In diesem Fall sind für eine Abweichung in der Regel auf die Risikosituation abgestimmte Kompensationsmaßnahmen erforderlich, damit keine Bedenken wegen des Brandschutzes bestehen. Diese können z. B. sein:

- Automatische Löschanlage (in der Regel Sprinkleranlage) + RWA. Das ist der Regelfall. In bestimmten besonders nachgewiesenen Fällen sind auch möglich:
- Automatische Brandmeldeanlage mit Vollschutz und Aufschaltung auf eine ständig besetzte Stelle sowie ausreichend feuerwiderstandsfähige Bauweise des Tragwerks + RWA,
- Verwendung von nichtbrennbaren Baustoffen und keine bzw. nur sehr geringe Brandlasten im Gebäude + RWA.

Natürlich müssen auch die sonstigen für eine Abweichung erforderlichen Voraussetzungen (siehe die oben stehenden Spiegelpunkte bei Kapitel 5.1, Punkt 3) gegeben sein. Unter bestimmten Voraussetzungen ist es auch möglich, die erforderlichen Maßnahmen im Rahmen eines entsprechenden Brandschutzkonzepts mit Methoden des Brandschutzingenieurwesens zu ermitteln. Für Industrie- und Gewerbebauten gilt die IndBauR NRW.

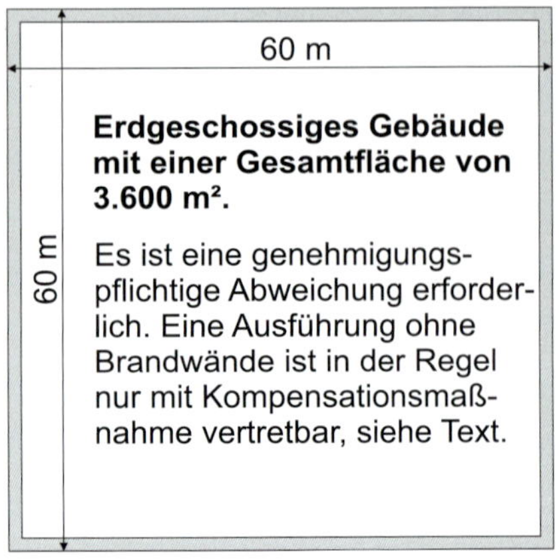

④ Brandwände bei aneinandergereihten Gebäuden auf demselben Grundstück

Solange sich die aneinandergereihten Gebäude **auf demselben Grundstück** befinden, ist nach BauO NRW eine Trennung durch Brandwände als **Gebäudeabschlusswände** nicht erforderlich. Allerdings erfolgt bei solchen Gebäuden in der Regel eine brandschutztechnische Trennung durch Trennwände (siehe Kapitel 6).

Handelt es sich bei den aneinandergereihten Gebäuden auf einem Grundstück nicht um jeweils selbstständige Gebäude, sondern um einen größeren Gebäudekomplex mit einer Nutzungseinheit, dann gelten grundsätzlich die Anforderungen von Kapitel 5.1, Punkt 3 und es sind zur Unterteilung in Abständen von nicht mehr als 40 m innere Brandwände erforderlich.

⑤ Brandwände als innere Brandwände zur Unterteilung landwirtschaftlich oder vergleichbar genutzter Gebäude > 10.000 m³

Bild 5.1: Beispiel innere Brandwand

Innere Brandwand (bei GK 1 bis 4 WaBW) zur Unterteilung von landwirtschaftlich oder vergleichbar genutzten Gebäuden in Brandabschnitte von höchstens 10.000 m³ umbauten Raums.

Für die Abtrennung zum Wohngebäude ist eine Brandwand erforderlich, da der Brutto-Rauminhalt des angrenzenden landwirtschaftlich oder vergleichbaren Gebäudes größer als 2.000 m³ ist.

Einspringender Winkel siehe Kapitel 5.5.

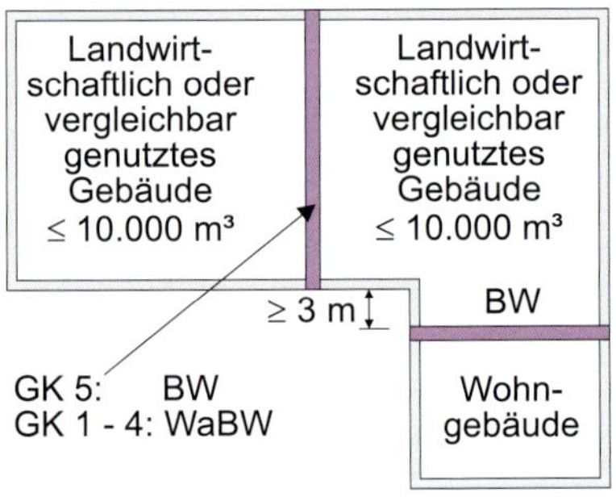

⑥ Brandwände bzw. raumabschließende feuerbeständige Wände zwischen Wohnnutzung und landwirtschaftlicher oder vergleichbarer Nutzung

Bild 6.1: Beispiel Gebäudeabschlusswand

Brandwand als Gebäudeabschlusswand zwischen einem Wohngebäude und einem angebauten landwirtschaftlich oder vergleichbar genutzten Gebäude mit einem Brutto-Rauminhalt von mehr als 2.000 m³

Anmerkung: Bei einem Brutto-Rauminhalt bis zu 2.000 m³ ist anstelle einer Brandwand eine raumabschließende feuerhemmende Wand zulässig.

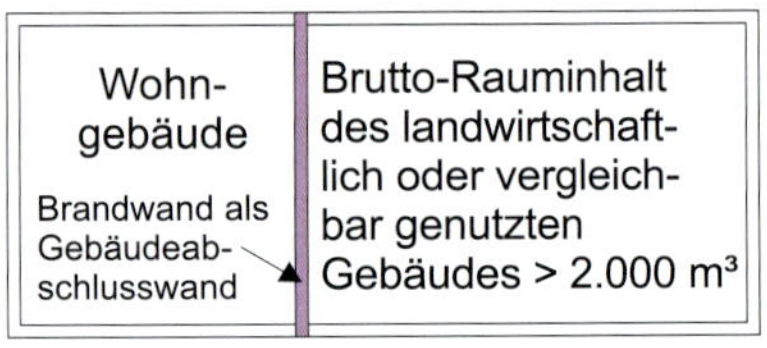

Bild 6.2: Beispiel innere Brandwand

Brandwand als innere Brandwand zwischen dem Wohnteil und dem landwirtschaftlich oder vergleichbar genutzten Teil des Gebäudes mit einem Brutto-Rauminhalt von mehr als 2.000 m³.

Anmerkung: Siehe sinngemäß bei Bild 6.1.

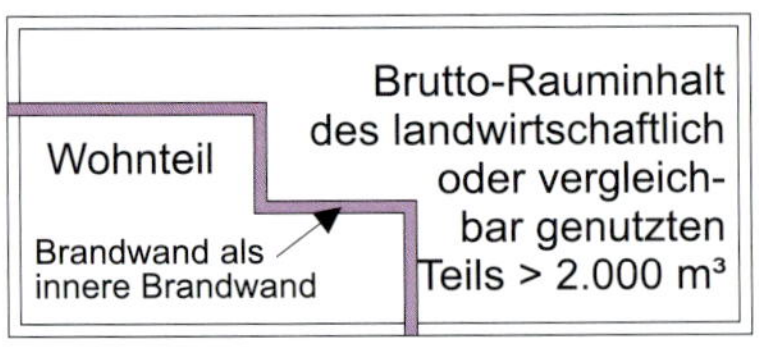

5.2 Erforderliche Feuerwiderstandsdauer von Brandwänden (BW) und Wänden, die anstelle von BW zulässig sind (WaBW)

Gebäudeklasse	Bauaufsichtliche Anforderungen		Kurzinfo	BauO	Atlas
GK 5	**Brandwände:** Müssen auch unter zusätzlicher mechanischer Beanspruchung feuerbeständig sein und aus nichtbrennbaren Baustoffen bestehen.		**BW:** fb + nb + M	NRW § 30 (3)[1]	6.2.2-B/1
GK 4	**Anstelle von Brandwänden sind zulässig:** Wände, die auch unter zusätzlicher mechanischer Beanspruchung hochfeuerhemmend sind.		**WaBW:** hf + M	§ 30 (3)[2] Nr. 1	6.2.2-B/2
GK 1 bis 3	**Anstelle von Brandwänden sind zulässig:** hochfeuerhemmende Wände.		**WaBW:** hf	§ 30 (3)[2] Nr. 2	6.2.2-B/ 2.3.3
GK 1 bis 3 als Gebäudeabschlusswand	**Anstelle von Brandwänden sind zulässig:** Gebäudeabschlusswände, die jeweils von innen nach außen die Feuerwiderstandsfähigkeit der tragenden und aussteifenden Teile des Gebäudes, mindestens jedoch feuerhemmende Bauteile, und von außen nach innen die Feuerwiderstandsfähigkeit feuerbeständiger Bauteile haben.		**WaBW:** von innen F 30-B und von außen F 90-B F 30-B [i->a] und F 90-B [i<-a]	§ 30 (3)[2] Nr. 3	6.2.2-B/ 2.3.4
Wohn-/Landwirtschaftliches Gebäude nach BauO NRW § 30 (2) Nr. 4 (siehe auch Kapitel 5.1, Punkt 6)	Brutto-Rauminhalt des landwirtschaftlich oder vergleichbar genutzten Gebäudes oder Gebäudeteils.	> 2.000 m^3	**BW:** fb + nb + M	§ 30 (3)[3]	2.1
		≤ 2.000 m^3	**WaBW:** fh		

① Zuordnung der bauaufsichtlichen Anforderungen zu nationalen und europäischen Klassen

Tabelle 1.1: Zuordnung der bauaufsichtlichen Anforderungen an Brandwände zu nationalen und europäischen Klassen (gemäß VV TB NRW Anhang 4)

	Bauaufsichtliche Anforderungen	Abkürzung	Nationale Klassen nach DIN 4102	Tragfunktion	Europäische Klassen nach DIN EN 13501
Brandwand	Wand, die auch unter zusätzlicher mechanischer Beanspruchung feuerbeständig ist	BW	F 90-A + M	tragend	REI 90-M [nb]
				nichttragend	EI 90-M [nb]
Wand anstelle einer Brandwand	Wand, die auch unter zusätzlicher mechanischer Beanspruchung hochfeuerhemmend ist	WaBW: hf + M	F 60-AB + M[*1]	tragend	REI 60-M [wnb] oder REI 60-M [HolzR]
				nichttragend	EI 60-M [wnb] oder EI 60-M [HolzR]
	Wand, die hochfeuerhemmend ist	WaBW: hf	F 60-AB[*1]	tragend	REI 60 [wnb] oder REI 60 [HolzR]
				nichttragend	EI 60 [wnb] oder EI 60 [HolzR]
	Gebäudeabschlusswand (GA), die von innen nach außen F 30-B und von außen nach innen F 90-B ist	WaBW als GA: F 30-B innen - F 90-B außen	F 30-B [i->a] - F 90-B [i<-a]	tragend	REI 30 (i->o) - REI 90 (i<-o)
				nichttragend	EI 30 (i->o) - EI 90 (i<-o)
Abschluss	feuerbeständig, dicht- und selbstschließend	Abschluss: fb + d + s	T 90-d		EI_2 90-S_aC..[*2]
	hochfeuerhemmend, dicht- und selbstschließend	Abschluss: hf + d + s	T 60-d		EI_2 60-S_aC..[*2]
Brandschutzverglasung	feuerbeständig	BS-VG: fb	F 90		EI 90
	hochfeuerhemmend	BS-VG: hf	F 60		EI 60

Grundsätzliche Informationen und Legende siehe Kapitel 4.2, Punkt 3 sowie Kapitel 29 und 30.

[*1] hf mit Tragwerk aus Holz ist mit nationalen Klassen (nach DIN 4102) nicht möglich.

[*2] Festlegungen zur Prüfzyklenanzahl für die Dauerfunktionsprüfungen:
C5 (200.000 Zyklen) für Feuerschutz-/Rauchschutztüren (Drehflügelabschlüsse).
C2 (10.000 Zyklen) für sonstige Feuerschutz-/Rauchschutzabschlüsse (z. B. Klappen, Tore).

5

② Grundsätzliches zu Brandwänden (BW) und Wänden, die anstelle von Brandwänden zulässig sind (WaBW)

Brandwände

Brandwände sind raumabschließende Bauteile. Sie müssen auch unter zusätzlicher mechanischer Beanspruchung feuerbeständig sein und aus nichtbrennbaren Baustoffen bestehen.

Damit müssen Brandwände nicht nur die Klasse F 90-A (national) bzw. (R)EI 90 [nb] (europäisch) haben, sondern sie müssen noch die Komponente „zusätzliche mechanische Beanspruchung" erfüllen. Diese Anforderungen gelten als eingehalten, wenn die Brandwände wie in Kapitel 5.2 in den Punkten 6 bis 8 angegeben ausgeführt werden.

Anmerkung: Die zusätzliche **mechanische Beanspruchung** wird nach DIN 4102-3:1977-09 etwa 5 Minuten vor der Beurteilungszeit durch eine **Stoßbeanspruchung** mit einer Stoßarbeit von jeweils 3.000 Nm geprüft (zweimal mit ausmittiger Belastung und anschließend einmal ohne Belastung). Die Prüfung erfolgt auf der dem Feuer abgekehrten Seite mit einem ca. 3 m langen Pendel.

Brandwände als **innere Brandwände** werden in der Regel als einschalige Wände ausgeführt. Bei Brandwänden als **Gebäudeabschlusswände** erfolgt meist aus Schallschutzgründen die Ausführung in zweischaliger Bauweise.

Da die Bauordnung keine diesbezüglichen Begrenzungen enthält, können Brandwände grundsätzlich als einschalige und als zweischalige Brandwände ausgeführt werden.

Der **Nachteil** von einschaligen Brandwänden bzw. gemeinsamen Gebäudeabschlusswänden besteht jedoch darin, dass bei einem voll entwickelten Brand die Brandwand unter Umständen so beschädigt werden kann, dass sie für die Sanierung komplett ausgetauscht werden muss. Dies hat dann natürlich einen erheblichen Eingriff in den angrenzenden Brandabschnitt bzw. das Nachbargebäude zur Folge. Bei zweischaligen Brandwänden bzw. getrennten Gebäudeabschlusswänden besteht dieser Nachteil nicht.

Wände, die anstelle von Brandwänden zulässig sind (WaBW)

Mit Einführung der Gebäudeklassen unterscheidet die Bauordnung zwischen den klassischen (echten) Brandwänden und Wänden, die bei Gebäuden der GK 1 bis 4 anstelle von Brandwänden zulässig sind. Diese sind:

- Wände, die auch unter zusätzlicher mechanischer Beanspruchung hochfeuerhemmend sind,
- hochfeuerhemmende Wände,
- Gebäudeabschlusswände F 30-F 90.

In folgenden Fällen **sind immer Brandwände erforderlich:**

- bei Gebäuden der GK 5,
- als Gebäudeabschlusswände zwischen Wohngebäuden und angebauten landwirtschaftlich genutzten Gebäuden oder angebauten Gebäuden mit vergleichbarer Nutzung sowie als innere Brandwände zwischen dem Wohnteil und dem landwirtschaftlich oder vergleichbar genutzten Teil eines Gebäudes, wenn der Brutto-Rauminhalt des landwirtschaftlich oder vergleichbar genutzten Gebäudes oder Gebäudeteils größer als 2.000 m³ ist.

In allen anderen Fällen sind anstelle von Brandwänden **„Wände anstelle von Brandwänden"** (WaBW) zulässig. Für diese Wände bestehen bezüglich der Feuerwiderstandsklasse Erleichterungen. Diese gelten in der Regel jedoch nur für die Bauart der Wände selbst. Für die weitere Ausführung gelten meist die gleichen Anforderungen, die auch für die Brandwände gelten (z. B. Dachanschluss, Sicherung des einspringenden Winkels, unversetztes Durchgehen usw.).

Bild 2.1: Beispiel Gebäudeklasse 5

Für diese Gebäude sind keine Erleichterungen vorgesehen. Es sind Brandwände erforderlich.

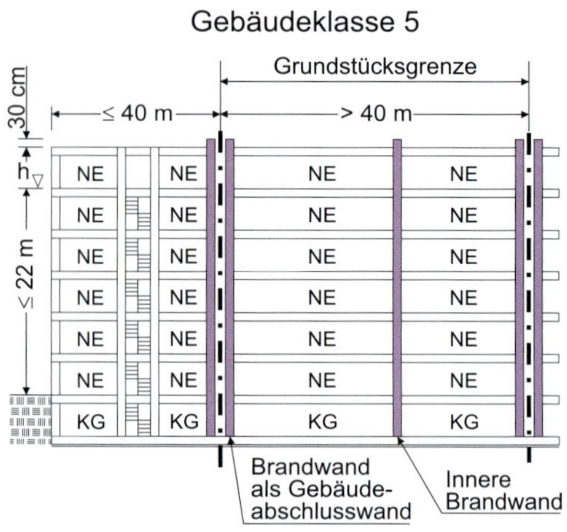

Bild 2.2: Beispiel Gebäudeklasse 4

Anstelle von Brandwänden sind Wände zulässig, die auch unter zusätzlicher mechanischer Beanspruchung hochfeuerhemmend sind (WaBW). Diese Erleichterung gilt sowohl für Gebäudeabschlusswände als auch für innere Brandwände.

Im Kellergeschoss bestehen zwei Anforderungen. Zum einen müssen Tragwerk und Trennwände feuerbeständig sein. Zum anderen sind die Brandwände auch unter zusätzlicher mechanischer Beanspruchung hochfeuerhemmend auszubilden. Das genaue Ergebnis hierfür wäre eine feuerbeständige Trennwand mit einer „hochfeuerhemmenden mechanischen Beanspruchung", was so jedoch nicht ausführbar ist. Deshalb sind im KG jeweils Brandwände erforderlich.

Die Trennwände zwischen den Nutzungseinheiten müssen in den Normalgeschossen hochfeuerhemmend und im Kellergeschoss feuerbeständig sein.

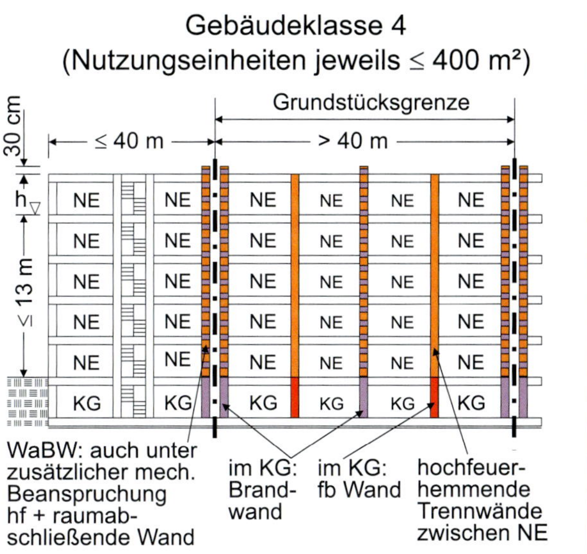

Bild 2.3: Beispiel Gebäudeklasse 3

Anstelle von Brandwänden sind zulässig:

- raumabschließende hochfeuerhemmende Wände bzw.
- Gebäudeabschlusswände, die jeweils von innen nach außen die Feuerwiderstandsfähigkeit feuerhemmender und von außen nach innen die Feuerwiderstandsfähigkeit feuerbeständiger Bauteile haben (F 30-B [i->a] F 90-B [i<-a]).

Im KG müssen Tragwerk und Trennwände feuerbeständig sein, so dass hier jeweils raumabschließende feuerbeständige Wände erforderlich sind.

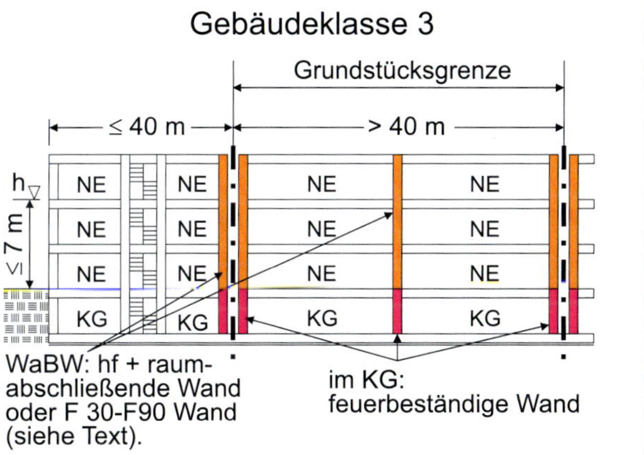

Bild 2.4: Beispiel Gebäudeabschlusswand als WaBW

Zwischen einem Wohngebäude und einem angebauten landwirtschaftlich oder vergleichbar genutzten Gebäude mit einem Brutto-Rauminhalt bis zu 2.000 m³ ist anstelle einer Brandwand als Gebäudeabschlusswand eine raumabschließende feuerhemmende Wand zulässig.

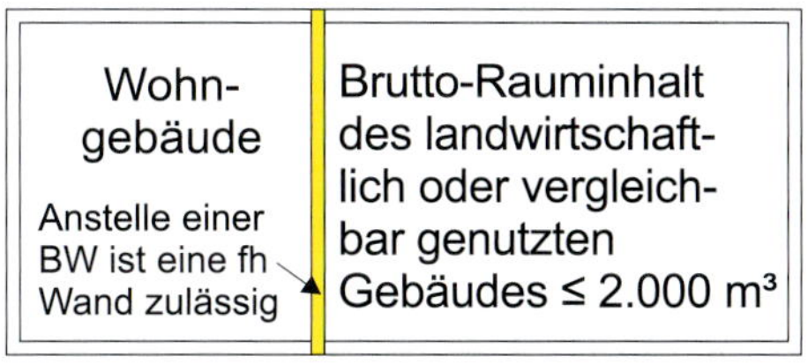

Bild 2.5: Beispiel innere WaBW

Zwischen dem Wohnteil und dem landwirtschaftlich oder vergleichbar genutzten Teil eines Gebäudes mit einem Brutto-Rauminhalt bis zu 2.000 m³ ist anstelle einer Brandwand als innere Brandwand eine raumabschließende feuerhemmende Wand zulässig.

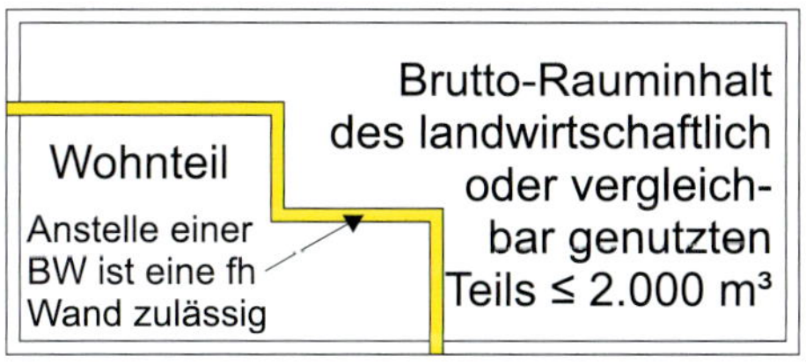

(3) Ausführung von Wänden, die auch unter zusätzlicher mechanischer Beanspruchung hochfeuerhemmend sind

Die Wände müssen hochfeuerhemmend sein und wie Brandwände einer zusätzlichen mechanischen Beanspruchung standhalten.

Massivwände

Eine Ausführung nach TB bzw. aaRdT aus Mauerwerk (nach DIN EN 1996) ist nicht möglich, da nach diesen Regeln zwar hochfeuerhemmende Wände ausgeführt werden können, jedoch nicht mit der geforderten „zusätzlichen mechanischen Beanspruchung".

Anmerkung: Bei Mauerwerk ist für die zusätzliche mechanische Beanspruchung entweder ein entsprechender Ver-/Anwendbarkeitsnachweis (z. B. abZ mit aBG) erforderlich oder sie können sozusagen als „Notlösung" wie Brandwände ausgeführt werden. Stahlbetonwände sind diesbezüglich eher unkritisch. Hier müssen die Mindestdicken der Betonwände und Mindest-Achsabstände der Bewehrung eingehalten werden.

Trockenbauwände

Ausführung nach den jeweiligen Ver-/Anwendbarkeitsnachweisen und Ausführungsvorschriften der Hersteller. Dabei ist besonders auf die oberen und seitlichen An-/Abschlüsse an die angrenzenden Bauteile zu achten. Bei hochfeuerhemmenden Wänden mit tragenden und aussteifenden Teilen aus brennbaren Baustoffen ist die M-HFHHolzR einzuhalten und der Nachweis der zusätzlichen mechanischen Beanspruchung zu erbringen.

(4) Ausführung von hochfeuerhemmenden Wänden

Ausführung wie Trennwände, siehe Kapitel 6.2, Punkte 3 bis 5.

(5) Ausführung von Gebäudeabschlusswänden F 30 - F 90 (F 30-B [i->a] F 90-B [i<-a])

Diese Gebäudeabschlusswände sind eine besondere Wandkonstruktion, die bereits vor längerer Zeit eigens geschaffen wurde, damit in den GK 1 bis 3 eine durchgängige Holzbauweise, also auch die Ausführung der Gebäudeabschlusswände als WaBW in Holz möglich ist.

Anmerkung: Mit zunehmender Öffnung der BauO NRW für die Holzbauweise (bis GK 4 in hf Holzbauweise und bis GK 5 in F 90-B-Bauweise) sind zukünftig evtl. auch andere Lösungen möglich bzw. zu erwarten.

Die BauO NRW lässt bei den GK 1 bis 3 Gebäudeabschlusswände als WaBW zu, die jeweils von innen nach außen die Feuerwiderstandsfähigkeit der tragenden und aussteifenden Teile des Gebäudes, mindestens jedoch feuerhemmende Bauteile, und von außen nach innen die Feuerwiderstandsfähigkeit feuerbeständiger Bauteile haben.

In der Regel (mit Ausnahme von Kellergeschossen in der GK 3) müssen die infrage kommenden tragenden und aussteifenden Teile des Gebäudes feuerhemmend sein. Damit ergibt sich folgende Kurzbezeichnung:

WaBW: von innen F 30-B und von außen F 90-B bzw. WaBW: F 30-B [i->a] und F 90-B [i<-a].

Dabei ist zu beachten, dass diese „Erleichterung" in Gebäuden der Gebäudeklasse 3 in der Regel nur für die oberen Geschosse gilt, da in GK 3 im Kellergeschoss die tragenden und aussteifenden Teile des Gebäudes feuerbeständig sein müssen.

Ver-/Anwendbarkeitsnachweis

Die F 30-F 90-Wand kann entweder nach einer technischen Baubestimmung (nach DIN 4102-4:2016-05, Abschnitt 10.5.8 hergestellt werden oder sie benötigt einen der folgenden Ver-/Anwendbarkeitsnachweise:

- national als Bauprodukt: abP oder abZ,
- national als Bauart: aBG
- europäisch: CE-Kennzeichnung mit Leistungserklärung und Gebrauchsanleitung (Einbauanleitung). Die erforderliche Euroklasse lautet dann:
  - raumabschließend und tragend: REI 30 (i->o) - REI 90 i<-o [bnb],
  - raumabschließend und nichttragend: EI 30 (i->o) - eEI 90 i<-o [bnb].

Die nachfolgenden Bilder mit Tabelle zeigen die Ausführung nach DIN 4102-4:2016-05, Abschnitt 10.5.8.

Bilder 5.1 und 5.2: Ausführung von Gebäudeabschlusswänden F 30 - F 90 (F 30-B [i→a] F 90-B [i←a]) nach DIN 4102-4:2016-05, Abschnitt 10.5.8

Erläuterungen und Details siehe nachfolgende Tabelle 5.1.

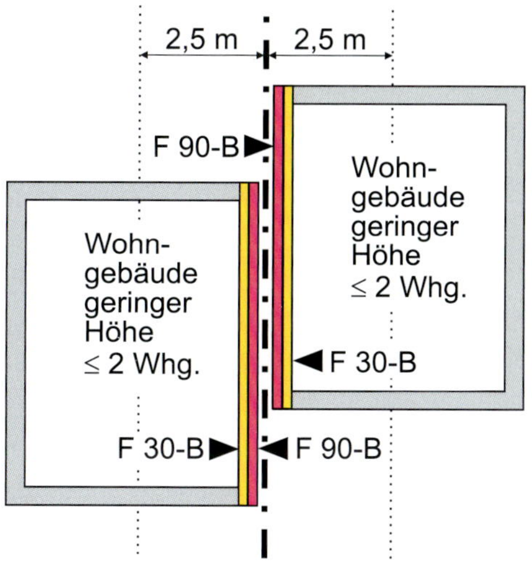

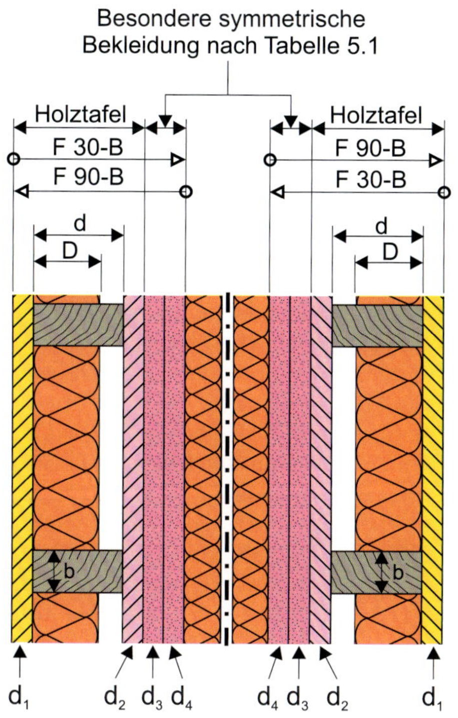

Tabelle 5.1: Raumabschließende Gebäudeabschlusswände (F 30-B) + (F 90-B) nach DIN 4102-4, Tabelle 10.9

Zeile	Innen-Beplankung oder Bekleidung nach 10.5.4 (DIN 4102-4) aus		Mindestdicke der Beplankungen und Bekleidungen von Außen-Beplankungen oder -Bekleidungen nach 10.5.4 (DIN 4102-4) aus				
	Holzwerkstoffplatten (Mindestrohdichte $\rho = 600$ kg/m³)	Feuerschutzplatten (GKF)	Holzwerkstoffplatten (Mindestrohdichte $\rho = 600$ kg/m³)	Feuerschutzplatten (GKF)		Holzwolleplatten	Putz nach DIN EN 998-1 in Verbindung mit DIN 18550-1 bzw. DIN EN 13914-1
	d_1 mm	d_1 mm	d_2 mm	d_3 mm	d_4 mm	d_2 mm	d_3 und d_3 mm
1	13[a]		13[a]	18	18		
2	16 + 9,5					35	15

[a] Ersetzbar durch ≥ 12,5 mm dicke Feuerschutzplatten (GKF) nach DIN 18180

Die Holzrippen müssen einen Querschnitt von $b \geq 40$ mm × $d \geq 80$ mm aufweisen. Der Bemessungswert der Druckspannung in den Holzrippen muss $\sigma_{c,90,d} \leq k_{c,90} \times f_{c,90,d}$ (bzw. $\alpha_7 \leq 1{,}0$, vgl. DIN 4102-4, Gleichung 10.1) sein.

Die Dämmschicht muss aus Mineralwolle bestehen und eine Dicke D ≥ 80 mm aufweisen; die Rohdichte muss $\rho \geq 30$ kg/m³ betragen. Die Dämmschicht muss im Übrigen den Angaben von 10.5.5 DIN 4102-4 entsprechen.

Weitere Anforderungen siehe DIN 4102-4:2016-05, Abschnitt 10.5.8.

⑥ Ausführung von Brandwänden und WaBW

Grundsätzliche Informationen zu den erforderlichen Ver-/Anwendbarkeitsnachweisen für die Verwendung von Bauprodukten und Bauarten siehe Kapitel 4.2, Punkt 4.

Zur Erfüllung der bauaufsichtlichen Anforderungen an Brandwände können grundsätzlich folgende Bauarten und Bauprodukte verwendet werden:

- Bauarten und Bauprodukte, für die es Technische Baubestimmungen (TB) und allgemein anerkannte Regeln der Technik (aaRdT) gibt oder die von den TB (für Bauarten nach § 88 (2) Nr. 2 oder Nr. 3a bzw. für Bauprodukte nach § 88 (2) Nr. 3 BauO NRW) nicht wesentlich abweichen oder Bauprodukte die nicht von einer Verordnung nach § 87 (7) BauO NRW erfasst werden z. B.:
  - Brandwände aus Beton nach DIN EN 1992-1-2:2010-12, Abschnitt 5.4.3,
  - Brandwände aus Mauerwerk nach DIN EN 1996-1-2/NA:2013-06,
  - Brandwände aus Vergusstafeln (gemäß DIN 1053-4) nach DIN 4102-4:2016-05, Abschnitt 9.5,
  - Brandwände aus Leichtbeton mit haufwerksporigem Gefüge (gemäß DIN 4232:1987-09, DIN EN 1520 und DIN 4213 mit Rohdichteklassen ≥ 0,8) nach DIN 4102-4:2016-05, Abschnitt 5.16.3,
  - Brandwände aus bewehrtem Porenbeton (gemäß DIN 4223:2003-12) nach DIN 4102-4:2016-05, Abschnitt 6.4.
- Bauarten und Bauprodukte für die es TB bzw. aaRdT nicht gibt oder die von TB (für Bauarten nach § 88 (2) Nr. 2 oder Nr. 3a bzw. für Bauprodukte nach § 88 (2) Nr. 3 BauO NRW) wesentlich abweichen, die die Bedingungen nach DIN 4102-3:1977-09 einhalten (die nach DIN 4102-3:1977-09 geprüft und klassifiziert sind (deutsche Klassifizierung)).
- Bauarten und Bauprodukte für die es TB bzw. aaRdT nicht gibt oder die von TB (für Bauarten nach § 88 (2) Nr. 2 oder Nr. 3a bzw. für Bauprodukte nach § 88 (2) Nr. 3 BauO NRW) wesentlich abweichen, die nach DIN EN 1363-1:2012-10 in Verbindung mit DIN EN 1365-1:2013-08 und DIN EN 1363-2:1999-10 geprüft wurden und während einer Prüfdauer von 90 Minuten die Anforderungen nach DIN EN 1363-1:2012-10, Abschnitt 11.1, Tragfähigkeit, Ziffer II sowie nach Abschnitt 11.2, Raumabschluss und Abschnitt 11.3, Wärmedämmung erfüllt haben (europäische Klassifizierung).
  Für die Prüfung nach DIN EN 1363-1:2012-10 in Verbindung mit DIN EN 1365-1:2013-08 und DIN EN 1363-2:1999-10 ist bei symmetrischen Bauteilen ein Versuch erforderlich.

Brandwände müssen diese Anforderungen ohne Bekleidungen erfüllen. Sie müssen außerdem ausschließlich aus nichtbrennbaren Baustoffen bestehen.

Vereinfacht ausgedrückt:

Ausführung der Brandwände entweder

- nach technischen Baubestimmungen (TB) bzw. allgemein anerkannten Regeln der Technik (aaRdT). **Anmerkung:** Die jeweiligen TB sind in der VV TB NRW angegeben, z. B. Ausführung gemäß den nachfolgenden Punkten

oder – wenn es für die BW technische Baubestimmungen oder aaRdT nicht gibt oder sie von TB wesentlich abweichen

- **national:** gemäß dem jeweiligen nationalen Ver-/Anwendbarkeitsnachweis. **Anmerkung:** Grundsätzlich sind hier möglich: aBG, abP, abZ, vBG, ZiE. Bei Brandwänden und hf WaBW mit zusätzlicher mechanischer Beanspruchung besteht der Ver-/Anwendbarkeitsnachweis in der Regel in einer aBG (bei Bauarten) bzw. abZ (bei Bauprodukten).
- **europäisch:** mit CE-Kennzeichnung und Leistungserklärung. Ausführung gemäß der jeweiligen Leistungserklärung mit allen erforderlichen zugehörigen Dokumenten (z. B. Bedienungsanleitung, Einbauanleitung, Wartungsvorschriften).

Brandwände als Trockenbauwände

Ausführung nach den jeweiligen An-/Verwendbarkeitsnachweisen und Ausführungsvorschriften der Hersteller. Dabei ist besonders auf die oberen und seitlichen An-/Abschlüsse an angrenzende Bauteile zu achten.

Bei hochfeuerhemmenden Wänden mit tragenden und aussteifenden Teilen aus brennbaren Baustoffen ist die M-HFHHolzR einzuhalten und der Nachweis der zusätzlichen mechanischen Beanspruchung zu erbringen.

Brandwände als Massivwände nach Technischen Baubestimmungen

Bei diesen Brandwänden handelt es sich um genormte Bauarten, die von einer TB nicht wesentlich abweichen. Die in Nordrhein-Westfalen maßgebenden TBs sind in der BauO NRW § 88 geregelt und in der VV TB NRW aufgeführt.

Die nachfolgenden Übersichten (Punkte 7 und 8 in Kapitel 5.2) enthalten Auszüge aus DIN 4102-4:2016-05, DIN EN 1992-1-2:2010-12 sowie DIN EN 1996-1-2/NA:2013-06 und dienen der Übersicht und Schnellinformation. Maßgebend sind die Bestimmungen der vorgenannten Normen bzw. der jeweils gültigen Verwendbarkeits- bzw. Anwendbarkeitsnachweise (abP, abZ, aBG, ETA und in Ausnahmefällen ZiE, vBG). Die Übersichten erheben nicht den Anspruch auf Vollständigkeit und erfolgen ohne Gewähr für die Richtigkeit.

⑦ Brandwände und WaBW aus Beton- und Stahlbeton

Tabelle 7.1: Verwendbarkeits- bzw. Anwendbarkeitsnachweise für tragende und nichttragende Brandwände aus Beton- und Stahlbeton

Ausführung nach Technischen Baubestimmungen (TB)	bis 04.2016	DIN 4102-4:1994-03 Abschnitt 4.8, Tabelle 45, in Verbindung mit DIN 4102-4/A1:2004-11 und DIN 4102-22:2004-11
	aktuell: ab 05.2016 bzw. 12.2010	DIN EN 1992-1-2:2010-12, Abschnitt 5.4.3*1 in Verbindung mit den Abschnitten 5.4.1 und 5.4.2 sowie DIN 4102-4:2016-05 Abschnitt 5.11*1 (VV TB NRW: A 2.2.1.3)

Für Brandwände gelten grundsätzlich die in DIN EN 1992-1-2:2010-12, Abschnitt 5.4 angegebenen Werte (siehe Kapitel 6.2, Punkt 4), wobei jedoch zur Erfüllung der Anforderung an die mechanische Widerstandsfähigkeit und gegen horizontale Stoßbeanspruchung (Kriterium M) die nachfolgend in DIN EN 1992-1-2:2010-12, Abschnitt 5.4.3 genannten Vorgaben und Mindestwerte eingehalten werden müssen.

Sofern eine Brandwand zusätzlich die Anforderung an mechanische Widerstandsfähigkeit gegen horizontale Stoßbeanspruchung (Kriterium M) erfüllen muss, darf die Mindestdicke bei Ausführung in Normalbeton nicht kleiner sein als:

- 200 mm für eine unbewehrte Wand,
- 140 mm für eine bewehrte, tragende Wand,
- 120 mm für eine bewehrte, nichttragende Wand,

und der Achsabstand einer tragenden Wand darf nicht kleiner als 25 mm sein.

*1 Enthalten im Brandschutzatlas Sonderband: „DIN 4102-4 und Eurocodes, Klassifizierte Baustoffe und Bauteile".

Hinweis: Die Eurocodes werden teilweise ergänzt durch nationale Anhänge, die jeweils zusätzlich mit zu beachten sind. Diese Ergänzungen sind bereits im Sonderband eingepflegt.

⑧ Brandwände und WaBW aus Mauerwerk

Tabelle 8.1: Verwendbarkeits- bzw. Anwendbarkeitsnachweise für tragende und nichttragende Brandwände aus Mauerwerk

Ausführung nach Technischen Baubestimmungen (TB)	bis 04.2016	DIN 4102-4:1994-03, Abschnitt 4.8, Tabelle 45 in Verbindung mit DIN 4102-4/A1:2004-11 und DIN 4102-22:2004-11
	aktuell: ab 05.2016 bzw. 06.2013	DIN EN 1996-1-2/NA:2013-06 Tab. NA.B.1.5 – Ziegel-Mauerwerk Tab. NA.B.2.5 – Kalksandstein-Mauerwerk Tab. NA.B.3.5 – Betonstein-Mauerwerk Tab. NA.B.4.5 – Porenbeton-Mauerwerk1 sowie DIN 4102-4:2016-05 Abschnitt 9
Bei wesentlichen Abweichungen von den TB bzw. aaRdT	in der Regel: aBG / abZ evtl. auch abP / vBG / ZiE	

5

Tabellen 8.2 bis 8.5: Mindestdicken von tragenden und nichttragenden Brandwänden aus Mauerwerk gemäß DIN EN 1996-1-2/NA:2013-06

Bei der Anwendung der Tabellen ist Folgendes zu beachten:

„Zu Anhang B (normativ) „Tabellenwerte der Feuerwiderstandsdauer von Mauerwerkswänden"

NDP zu Anhang B (normativ)

(1) Die Tabellenwerte für nichttragende Wände gelten für Wandhöhen h ≤ 6 m (siehe auch DIN EN 1996-3:2010-12, Anhang C) sowie Schlankheiten $\lambda_c = h_{ef}/t_{ef} \leq 40$.

Anmerkung: Die Tabellenwerte wurden auf der Grundlage von DIN EN 15080-12 aus historischen Werten sowie Prüfergebnissen nach DIN EN 1364-1 und DIN EN 1365-1 ermittelt.

(2) Die Tabellenwerte gelten auch für Außenwände der Feuerwiderstandsklassen E 30 (i→o) und EI 30ef (i←o).

(3) Die Klammerwerte in den Tabellen gelten für Wände mit beidseitigem Putz nach DIN EN 1996-1-2:2011-04, Abschnitt 4.2.

(4) Es gelten die Werte t_F und l_F unter Berücksichtigung des Ausnutzungsgrades $\alpha_{6,fi}$ bzw. α_{fi} entsprechend den nachfolgenden Tabellen unter den dort genannten Randbedingungen für bauseits erstellte und vorgefertigte Wände.

(5) Die Angaben der Tabellen decken Exzentrizitäten in Wandmitte $e_{mk,fi} \leq t_F/6$ ab. Bei Ausmitten $e_{mk,fi} > t_F/6$ ist die Lasteinleitung konstruktiv zu zentrieren.

(6) „nvg" bedeutet, dass keine Werte vorliegen (en: no values given)."

Tabelle 8.2: NA.B.1.5 – Ziegel-Mauerwerk – Mindestdicke tragender und nichttragender, raumabschließender Brandwände (Kriterien REI-M und EI-M) zur Einstufung in Feuerwiderstandsklassen

Zeilen Nr.	Materialeigenschaften		Mindestwanddicke (mm) t_F zur Einstufung in die Feuerwiderstandsklassen REI-M und EI-M in (Minuten) $t_{fi,d}$ 30, 60, 90	
			1schalige Ausführung	**2schalige Ausführung**
1	Voll- und Hochlochziegel nach DIN EN 771-1 in Verbindung mit DIN V 20000-401 und DIN EN 1996-1-1/NA:2012-05, Anhang M, bzw. DIN 105-100 Lochung: Mz, HLz A, HLz B, HLzT1 unter Verwendung von Normalmauermörtel Ausnutzungsfaktor $\alpha_{6,fi} \leq 0{,}70$ der Rohdichteklasse			
1.1		≥ 1,4	240	2 × 175
1.2		≥ 1,2	300[a] (175)	2 × 200 (2 × 150)
1.3		≥ 0,9	300[a] (175)	(2 × 150)[c]
1.4		≥ 0,8	365[b] (240)[b]	2 × 240 (2 × 175)
2	Hochlochziegel nach DIN EN 771-1 in Verbindung mit DIN 20000-401 und DIN EN 1996-1-1/NA:2012-05, Anhang M, bzw. DIN 105-100 Lochung: HLz W, HLzT2, HLzT3 und HLzT4 unter Verwendung von Normalmauermörtel, Ausnutzungsfaktor $\alpha_{6,fi} \leq 0{,}70$ der Rohdichteklasse			
2.1		≥ 0,8	(240)	(2 × 175)

Die Klammerwerte gelten für Wände mit beidseitigem Putz nach DIN EN 1996-1-2 Abschnitt 4.2 (1).

[a] 240 mm bei Ausnutzungsfaktor $\alpha_{6,fi} \leq 0{,}42$.

[b] Auch bei Verwendung von Leichtmauermörtel mit $\alpha_{6,fi} \leq 0{,}42$.

[c] Mit aufliegender Geschossdecke mit mindestens REI 90 als konstruktive obere Halterung.

Tabelle 8.3: NA.B.2.5 – Kalksandstein-Mauerwerk – Mindestdicke tragender und nichttragender, raumabschließender Brandwände (Kriterien REI-M und EI-M) zur Einstufung in Feuerwiderstandsklassen

Zeilen Nr.	Materialeigenschaften		Mindestwanddicke (mm) t_F zur Einstufung in die Feuerwiderstandsklassen REI-M und EI-M in (Minuten) $t_{fi,d}$ 30, 60, 90	
			1schalige Ausführung	2schalige Ausführung
1	Kalksandsteine nach DIN EN 771-2 in Verbindung mit DIN V 20000-402 bzw. DIN V 106 Voll-, Loch-, Block-, Hohlblocksteine (auch als Plan- und Fasensteine) unter Verwendung von Normalmauermörtel und Dünnbettmörtel der Rohdichteklasse			
1.1		≥ 1,8	175[a]	2 × 150[a]
1.2		≥ 1,4	240	2 × 175
1.3		≥ 0,9	300	2 × 200 (2 × 175)
1.4		≥ 0,8	300	2 × 240 (2 × 175)
2	Kalksandsteine nach DIN EN 771-2 in Verbindung mit DIN V 20000-402 bzw. DIN V 106 Planelemente unter Verwendung von Dünnbettmörtel der Rohdichteklasse			
2.1		≥ 1,8	175[b] 200	2 × 150[b] 2 × 175

Die Klammerwerte gelten für Wände mit beidseitigem Putz nach DIN EN 1996-1-2 Abschnitt 4.2 (1).

[a] Bei Verwendung von Dünnbettmörtel und Plansteinen.
[b] Mit aufliegender Geschossdecke mit mindestens REI 90 als konstruktive obere Halterung.

Tabelle 8.4: NA.B.3.5 – Betonstein-Mauerwerk – Mindestdicke tragender und nichttragender, raumabschließender Brandwände (Kriterien REI-M und EI-M) zur Einstufung in Feuerwiderstandsklassen

Zeilen Nr.	Materialeigenschaften		Mindestwanddicke (mm) t_F zur Einstufung in die Feuerwiderstandsklassen REI-M und EI-M in (Minuten) $t_{fi,d}$ 30, 60, 90	
			1schalige Ausführung	2schalige Ausführung
1	Mauersteine aus Beton (Leichtbeton mit haufwerksporigem Gefüge) nach DIN EN 771-3 in Verbindung mit DIN V 20000-403 bzw. DIN V 18151-100, DIN V 18152-100 unter Verwendung von Normalmauermörtel und Leichtmauermörtel der Rohdichteklasse			
1.1		≥ 0,80	240 (175)	2 × 175 (2 × 175)
1.2		≥ 0,60	300 (240)	2 × 240 (2 × 175)
2	Mauersteine aus Beton (Normalbeton) nach DIN EN 771-3 in Verbindung mit DIN V 20000-403 bzw. DIN V 18153-100 unter Verwendung von Normalmauermörtel der Rohdichteklasse			
2.1		≥ 0,80	240 (175)	2 × 175 (2 × 175)

Die Klammerwerte gelten für Wände mit beidseitigem Putz nach DIN EN 1996-1-2 Abschnitt 4.2 (1).

Tabelle 8.5: NA.B.4.5 – Porenbeton-Mauerwerk – Mindestdicke tragender und nichttragender, raumabschließender Brandwände (Kriterien REI-M und EI-M) zur Einstufung in Feuerwiderstandsklassen

Zeilen Nr.	Materialeigenschaften	Mindestwanddicke (mm) t_F zur Einstufung in die Feuerwiderstandsklassen REI-M und EI-M in (Minuten) $t_{fi,d}$ 30, 60, 90	
		1schalige Ausführung	2schalige Ausführung
1	Porenbetonsteine nach DIN EN 771-4 in Verbindung mit DIN V 20000-404 bzw. DIN V 4165-100 unter Verwendung von Dünnbettmörtel der Rohdichteklasse		
1.1	≥ 0,55	300	2 × 240
1.2	≥ 0,55[a]	240	2 × 175
1.3	≥ 0,40	300	2 × 240
1.4	≥ 0,40[b,c]	240	2 × 175
2	Porenbetonsteine nach DIN EN 771-4 in Verbindung mit DIN V 20000-404 bzw. DIN V 4165-100 Planelemente unter Verwendung von Dünnbettmörtel der Rohdichteklasse		
2.1	≥ 0,55	240[c,d]	2 × 175[c,d]
2.2	≥ 0,40	300	2 × 240

[a] Plansteine mit Vermörtelung der Stoßfuge, alternativ beidseitig 20 mm verputzt nach DIN EN 1996-1-2, 4.2(1).

[b] Plansteine mit glatter, vermörtelter Stoßfuge.

[c] Mit aufliegender Geschossdecke mit mindestens 90 Minuten Feuerwiderstandsdauer als konstruktive obere Halterung.

[d] Planelemente mit Vermörtelung der Stoßfugen, alternativ beidseitig 20 mm verputzt nach DIN EN 1996-1-2, 4.2(1).

5.3 Durchgängigkeit von BW und WaBW

[1]Brandwände [und WaBW] müssen bis zur Bedachung durchgehen und in allen Geschossen übereinander angeordnet sein. [2]Abweichend davon dürfen anstelle innerer Brandwände [und WaBW] Wände geschossweise versetzt angeordnet werden, wenn 1. die Wände im Übrigen Absatz 3 Satz 1 [BauO NRW] entsprechen, 2. die Decken, soweit sie in Verbindung mit diesen Wänden stehen, feuerbeständig sind, aus nichtbrennbaren Baustoffen bestehen und keine Öffnungen haben [bei hf WaBW: hf + nb], 3. die Bauteile, die diese Wände und Decken unterstützen, feuerbeständig sind und aus nichtbrennbaren Baustoffen bestehen [bei hf WaBW: hf + nb], 4. die Außenwände in der Breite des Versatzes in dem Geschoss oberhalb oder unterhalb des Versatzes feuerbeständig sind [bei hf WaBW: hf] und 5. Öffnungen in den Außenwänden im Bereich des Versatzes so angeordnet oder andere Vorkehrungen so getroffen sind, dass eine Brandausbreitung in andere Brandabschnitte nicht zu befürchten ist.	BauO NRW § 30 (4)	Atlas 6.2.2-B/3

5

① Durchgängigkeit von Brandwänden und WaBW

Bild 1.1: Beispiel

Brandwände und Wände, die anstelle von Brandwänden zulässig sind (WaBW), müssen grundsätzlich von der Gründung bis unter bzw. über das Dach unversetzt durchgehen und in allen Geschossen übereinander angeordnet sein.

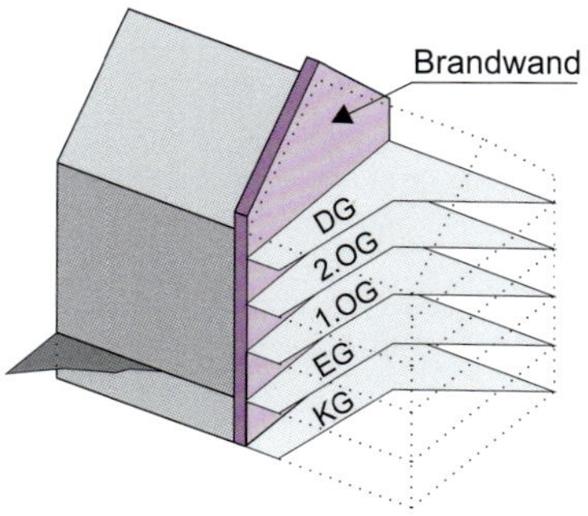

② Brandwände und WaBW, die nicht unversetzt durchgehen

Ist es aus notwendigen Gründen bei inneren Brandwänden nicht möglich, die Brandwände bzw. WaBW unversetzt übereinander anzuordnen, so müssen folgende Anforderungen eingehalten werden:

1. Die Wände müssen Kapitel 5.2 entsprechen.
2. Die Decken, soweit sie in Verbindung mit diesen Wänden stehen, müssen die gleiche Feuerwiderstandsdauer wie die Brandwand bzw. WaBW haben, nichtbrennbar sein und dürfen keine Öffnungen aufweisen.
3. Die Bauteile, die diese Wände und Decken unterstützen, müssen die gleiche Feuerwiderstandsdauer wie die Brandwand bzw. WaBW haben und nichtbrennbar sein.
4. Die Außenwände müssen in der Breite des Versatzes in dem Geschoss oberhalb oder unterhalb des Versatzes die gleiche Feuerwiderstandsdauer der Brandwand bzw. WaBW haben und
5. Öffnungen in den Außenwänden im Bereich des Versatzes müssen so angeordnet oder andere Vorkehrungen so getroffen sind, dass eine Brandausbreitung in andere Brandabschnitte nicht zu befürchten ist.

Bild 2.1: Beispiel geschossweise versetzte BW

Ist es aus notwendigen Gründen nicht möglich, Brandwände unversetzt bis zur Bedachung zu führen, so dürfen unter den in diesem Bild angegebenen Voraussetzungen anstelle von inneren Brandwänden bzw. WaBW Wände geschossweise versetzt angeordnet werden.

Wichtig: Außerdem müssen die Außenwände und Öffnungen im Bereich des Versatzes bestimmte Anforderungen erfüllen, damit kein Brandüberschlag über die Außenwand in den darüber liegenden Brandabschnitt erfolgen kann.

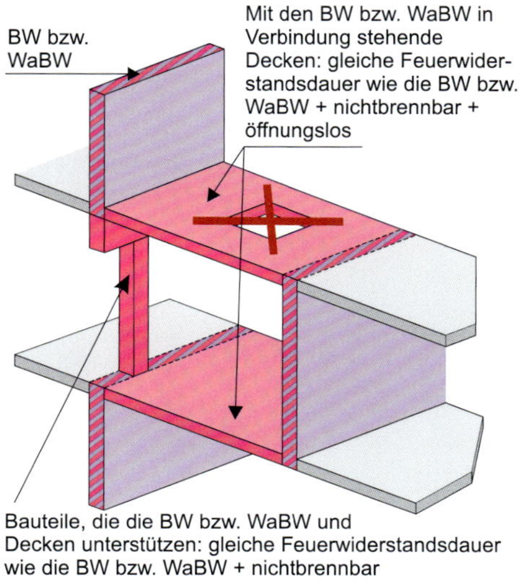

③ Sicherung des Feuerüberschlagsweges im Bereich der Außenwand

Die Außenwände müssen in der Breite des Versatzes in dem Geschoss oberhalb oder unterhalb des Versatzes die gleiche Feuerwiderstandsdauer der BW bzw. WaBW haben. Evtl. vorhandene Öffnungen in diesen Außenwänden müssen im Bereich des Versatzes der Brandwand bzw. WaBW so angeordnet oder andere Vorkehrungen so getroffen sein, dass eine Brandausbreitung in das darüber liegende Geschoss und damit in den anderen Brandabschnitt nicht zu befürchten ist.

Lösungsbeispiele:

- Anordnung einer mindestens 1,50 m auskragenden fb Kragplatte (bei hf WaBW: hf Kragplatte).
- Sicherung der Öffnungen mit einer F- (national) bzw. EI- (europäisch) Brandschutzverglasung in der gleichen Feuerwiderstandsdauer der BW bzw. WaBW. Evtl. ist auch eine G (national) bzw. E/EW- (europäisch) Brandschutzverglasung möglich, **aber nur, wenn keine Bedenken wegen der Strahlungswärme bestehen**. In diesem Fall ist eine frühzeitige Abstimmung mit der den Brandschutz prüfenden Stelle empfehlenswert.
- Anordnung eines Brandschutzvorhangs. Hierfür sind in der Regel (abhängig von der Situation und gewählten Bauart des Vorhangs) eine Abweichung und ein entsprechender An-/Verwendbarkeitsnachweis erforderlich.
- Anordnung einer Sprinkleranlage. Hierbei handelt es sich um eine besondere Lösung, für die in der Regel eine Abweichung mit Nachweis der Eignung sowie eine frühzeitige Abstimmung mit der den Brandschutz prüfenden Stelle erforderlich ist.

Bilder 3.1 und 3.2: Beispiel

Sicherung des Feuerüberschlagsweges durch eine feuerbeständige öffnungslose Außenwand im Geschoss unterhalb bzw. oberhalb des Versatzes.

Dargestellt ist eine BW in GK 5. In GK 1 bis 4 sind Decke und Außenwand analog in hf auszuführen.

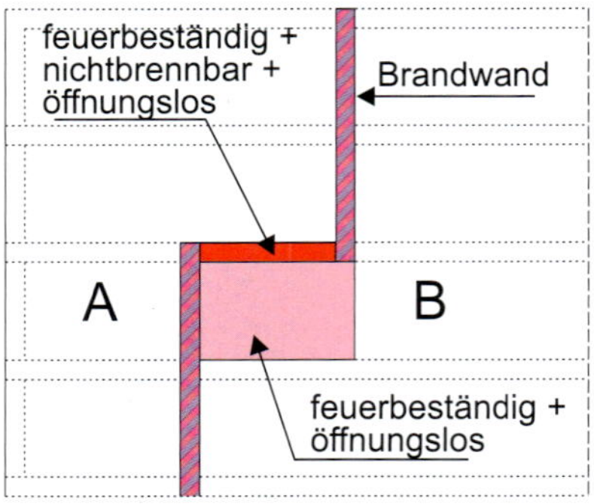

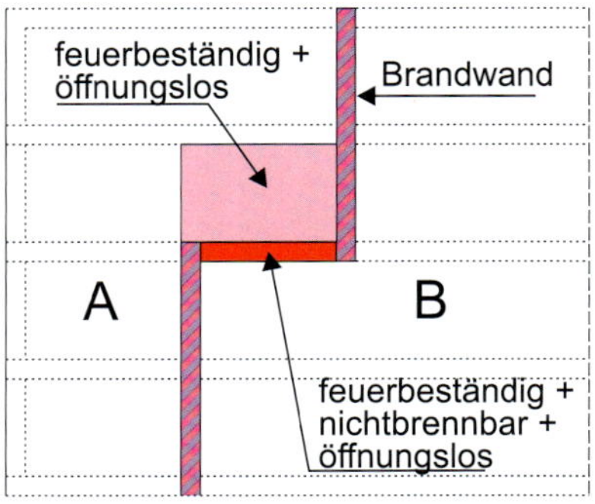

Bilder 3.3 und 3.4: Wie Bilder 3.1 und 3.2, jedoch mit Öffnung

Bild 3.3: Sicherung der Öffnung mit einer G 90-Brandschutzverglasung. Hier ist eine G-Verglasung möglich, da diese den Raumabschluss gewährleistet und die Strahlungshitze im darüber liegenden Geschoss keinen Schaden anrichten kann.

Bild 3.4: Hier wurde eine F-Verglasung angeordnet, da wegen der möglichen nach oben schlagenden Flammen Bedenken wegen der Strahlungshitze bestehen.

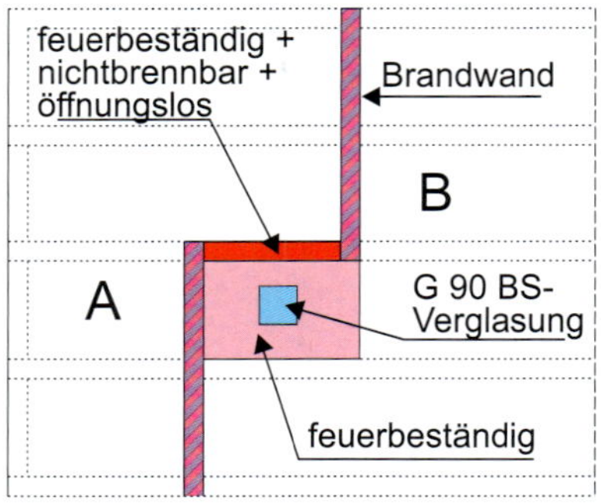

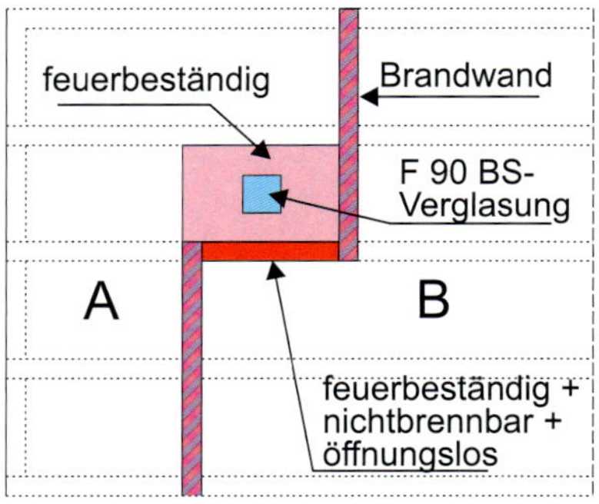

Bild 3.5: Beispiel

Sicherung des Feuerüberschlagswegs der Fensteröffnungen durch Anordnung einer mindestens 1,50 m auskragenden feuerbeständigen Kragplatte. Ausführung der nichttragenden Außenwand nichtbrennbar.

Mit dieser Maßnahme wird auch ohne Hilfe der Feuerwehr ein Feuerüberschlag von einem Geschoss in das darüber liegende zuverlässig verhindert.

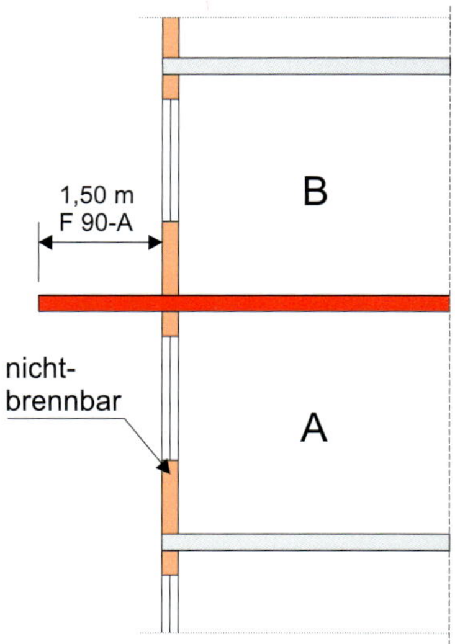

5.4 Ausbildung im Dachbereich			
Gebäudeklasse	**Bauaufsichtliche Anforderungen**	BauO NRW	Atlas
GK 4 bis GK 5	[1]Brandwände [und WaBW] sind 0,30 m über die Bedachung zu führen oder in Höhe der Dachhaut mit einer beiderseits 0,50 m auskragenden feuerbeständigen Platte aus nichtbrennbaren Baustoffen abzuschließen. [2]Darüber dürfen brennbare Teile des Dachs nicht hinweggeführt werden.	§ 30 (5)	6.2.2-B4.2
GK 1 bis GK 3	[3]Bei Gebäuden der Gebäudeklassen 1 bis 3 sind Brandwände [und WaBW] mindestens bis unter die Dachhaut zu führen. [4]Verbleibende Hohlräume sind vollständig mit nichtbrennbaren Baustoffen auszufüllen.	§ 30 (5)	6.2.2-B4.3
Industriebauten	BW und Brandbekämpfungsabschnittstrennwände sind 50 cm über Dach zu führen. Darüber dürfen brennbare Teile des Daches nicht hinweggeführt werden.	Ind-BauR NRW	8.12

5

(1) Grundsätzliche Anforderungen und Schutzziel

Die Schadenanalyse zeigt immer wieder, dass die kritischen Stellen von Brandwänden im Dachan- und -abschlussbereich liegen. An keiner anderen Stelle werden Brandwände so oft vom Feuer überlaufen wie im Dachbereich. **Deshalb kommt dort der Ausführung der Brandwände und WaBW eine besondere Bedeutung zu.**

Je nach Gebäudeklasse bestehen zwei unterschiedliche Anforderungen:

- Bei Gebäuden der **GK 4 und 5** sind Brandwände und WaBW **mindestens 30 cm** über die harte Bedachung zu führen. Alternativ ist auch die Ausbildung einer beiderseits 50 cm auskragenden feuerbeständigen Platte in Höhe der Dachhaut möglich. Darüber dürfen brennbare Teile des Dachs nicht hinweggeführt werden.

  Wichtig: Bei Industriebauten sind Brandwände **immer** 50 cm über Dach zu führen (unabhängig von der Gebäudeklasse). Hier ist auch keine Alternative in Form der 50 cm auskragenden feuerbeständigen Kragplatte möglich (IndBauR NRW). Generell ist es empfehlenswert, den vorbeugenden Brandschutz und die Anordnung und Ausführung von Brandwänden und Komplextrennwänden möglichst frühzeitig mit dem Industrie-Feuerversicherer abzustimmen, da sich daraus Vor-, aber auch Nachteile bei der Feuerversicherung ergeben können.

- Bei Gebäuden der **GK 1 bis 3** genügt es, die Brandwände bzw. WaBW bis **unter die Dachhaut** zu führen. Verbleibende Hohlräume sind vollständig mit nichtbrennbaren Baustoffen auszufüllen.

  Achtung: Gerade aber bei dieser Ausführung **„bis unter die Dachhaut"** ist die Gefahr einer unkontrollierbaren Brandausbreitung über den Dachanschluss am größten. Deshalb sollte dieser Bereich besonders beachtet und auch kontrolliert werden.

Da heute praktisch alle Dächer ausgebaut und meist mit brennbaren Dämmstoffen hoch gedämmt werden, sind insbesondere in den Gebäudeklassen 1 bis 3 die innenseitigen Dachanschluss- und -abschlussbereiche für die Feuerwehr nicht mehr einsehbar und für die Brandbekämpfung auch nicht zugänglich. Deshalb kann dort ein einziger kleiner Mangel bzw. eine einzige kleine Schwachstelle dazu führen, dass sie im Brandfall vom Feuer überlaufen werden.

In diesen Fällen hat die Feuerwehr oft keine Chance mehr, den Entstehungsbrand auf einen Brandabschnitt zu begrenzen und einen Totalschaden von zwei oder gar noch mehr Brandabschnitten zu verhindern. Deshalb ist unbedingt darauf zu achten, dass Brandbrücken in diesem Bereich vermieden werden.

Bild 1.1: Beispiel für Blechspange

Zur Vermeidung von Brandbrücken und zur Verhinderung einer Brandweiterleitung im Dachanschluss- und -abschlussbereich sind die brennbaren Dachlatten im Bereich der Brandwände durch nichtbrennbare Bauteile zu ersetzen. Das Bild zeigt als Beispiel eine Blechspange, mit der dies möglich ist. Sie besteht aus einem mindestens 0,6 mm dicken Blech und ist so geformt, dass sie auf die Dachlatten aufgesteckt und dort angeschraubt werden kann. Die beiden kleinen Abkantungen dienen zur Verbesserung der Steifigkeit.

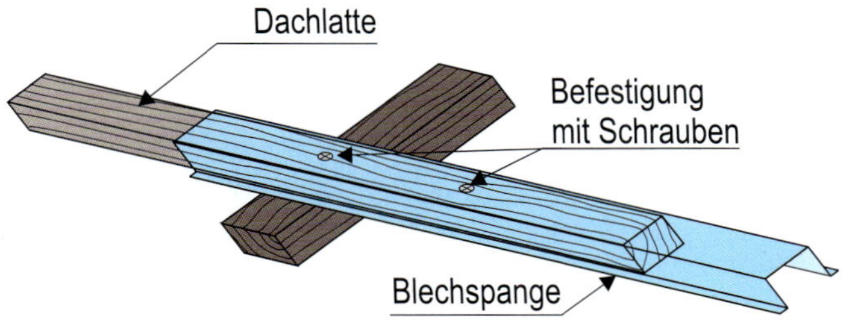

5

② Dächer mit Plattendeckung – Gebäudeklassen 4 und 5

Bild 2.1: Beispiel für Überdachführung einer zweischaligen Brandwand

Brandwände sind 30 cm über die Bedachung zu führen. Darüber dürfen brennbare Teile des Daches nicht hinweggeführt werden.

Die seitliche Dämmung besteht aus nichtbrennbaren* Baustoffen. Ausführung der oberen horizontalen Dämmung nichtbrennbar* und raumbeständig (z. B. Mineralfaser oder Schaumglas) mit geeigneter Befestigung (z. B. mechanisch). Geeignete Dämmungen sind z. B. Rockwool Hardrock II oder Schaumglas oder Gleichwertiges. Die Dämmung zwischen den Brandwänden muss aus nichtbrennbaren* Baustoffen bestehen.

Beide Schalen müssen voneinander unabhängig standsicher sein. Bei einer Zerstörung eines Brandabschnittes darf nur eine Beschädigung der diesem Brandabschnitt zugehörigen Brandwand möglich sein.

* kein Glimmen und/oder Schwelen

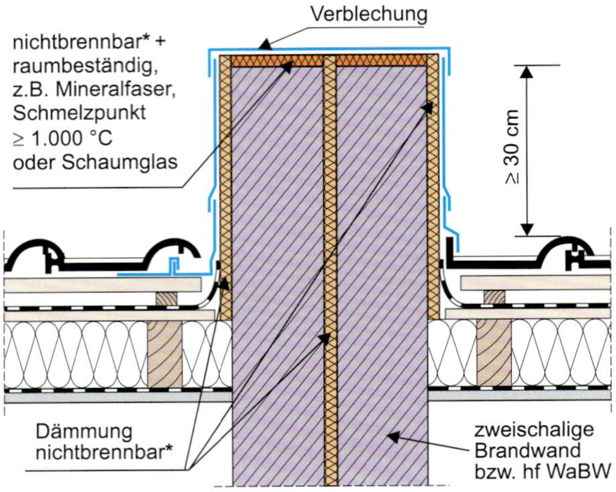

* kein Glimmen und/oder Schwelen

Bild 2.2: Längsschnitt

Die 30 cm der Überdachführung werden rechtwinklig zur Dachhautebene gemessen.

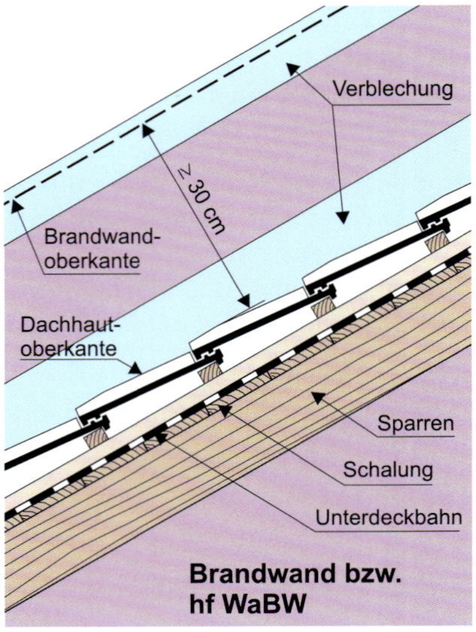

Bild 2.3: Beispiel für ungedämmte feuerbeständige Kragplatte als Ersatz für eine Überdachführung

Anstelle einer Überdachführung von 30 cm können Brandwände in Höhe der Dachhaut mit einer zu beiden Seiten 0,50 m auskragenden feuerbeständigen Platte aus nichtbrennbaren Baustoffen (Stahlbetonplatte) abgeschlossen werden. Darüber dürfen brennbare Teile des Daches nicht hinweggeführt werden.

Die hölzernen Dachlatten werden durch Blechspangen ersetzt und die Blechspangen in der Brandwandachse unterbrochen. Auch die Konterlatten im Bereich der Kragplatte bestehen aus Blechlatten.

Da die brennbare Unterdeckbahn über die BW geführt wird, ist eine Abweichung erforderlich. Es bestehen jedoch keine Bedenken wegen des Brandschutzes, wenn auf beiden Seiten jeweils eine Dachplattenreihe satt aufgemörtelt wird. Dadurch wird die brennbare Unterdeckbahn zwischen der Stahlbetonplatte und dem Mörtelbett durch nichtbrennbare Baustoffe so eingeschlossen, dass keine Gefahr einer Brandweiterleitung besteht.

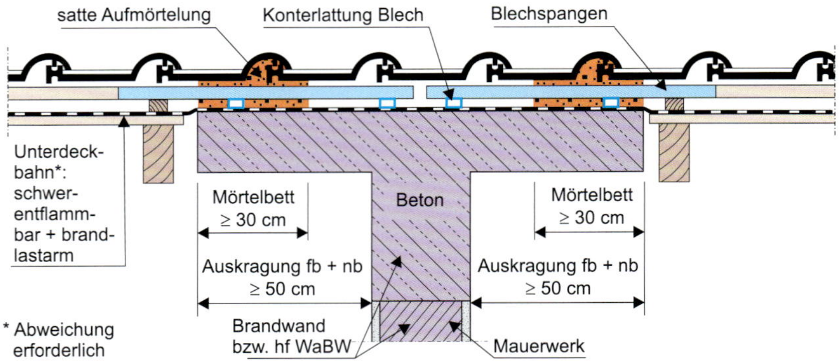

Bild 2.4: Beispiel für gedämmte feuerbeständige Kragplatte als Ersatz für eine Überdachführung

Die in Bild 2.3 dargestellte Ausführung ist aus bauphysikalischen Gründen in der Regel nicht möglich. Bild 2.4 zeigt eine Lösung mit Wärmedämmung.

Es gilt sinngemäß die Beschreibung zu Bild 2.3. Besonderes Augenmerk ist auf die obere Dämmung der Kragplatte zu legen. Diese muss nichtbrennbar**, raumbeständig und Druckbelastbar sein mit geeigneter Befestigung (z. B. mechanisch). Geeignete Dämmungen sind z. B. Rockwool Hardrock II oder Schaumglas oder Gleichwertiges. Für die über die BW führende brennbare Unterdeckbahn ist eine Abweichung erforderlich.

** kein Glimmen und/oder Schwelen

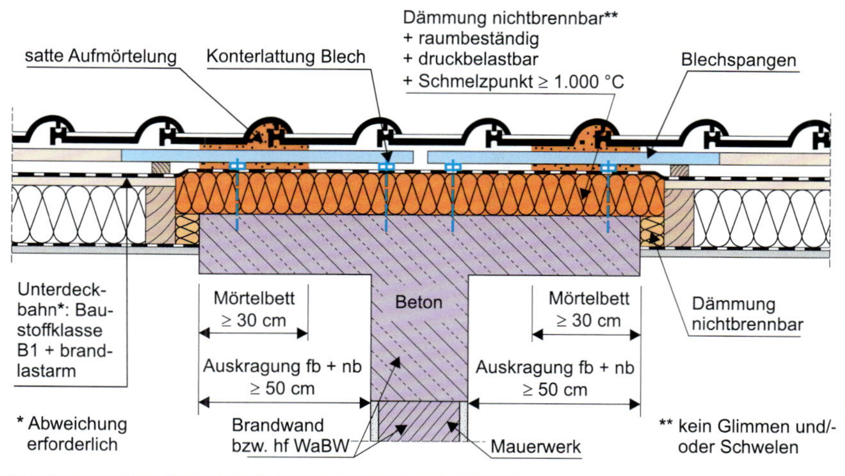

Bild 2.5: Beispiel für eine F 90-B-Kragplatte als Ersatz für eine Überdachführung

Insbesondere bei bestehenden Gebäuden ist es mit einem meist unverhältnismäßig hohen Aufwand verbunden, eine F 90-A-Kragplatte nachträglich herzustellen.

Das Bild zeigt eine Möglichkeit, im Rahmen einer **Abweichung** die Kragplatte in Holzbauweise feuerwiderstandsfähig auszuführen. Dabei werden die zu beiden Seiten angrenzenden Sparrenfelder umlaufend mit Brandschutzplatten feuerbeständig bekleidet und alle Hohlräume zwischen den Sparren mit nichtbrennbarer** Mineralfaser, Schmelzpunkt 1.000 °C, hohlraumfrei ausgefüllt. Die Dämmung oberhalb und seitlich der Brandwand muss zudem noch raumbeständig sein.

Hierfür ist eine Abweichung erforderlich und deshalb eine frühzeitige Abstimmung mit der den Brandschutz genehmigenden Stelle empfehlenswert.

** kein Glimmen und/oder Schwelen

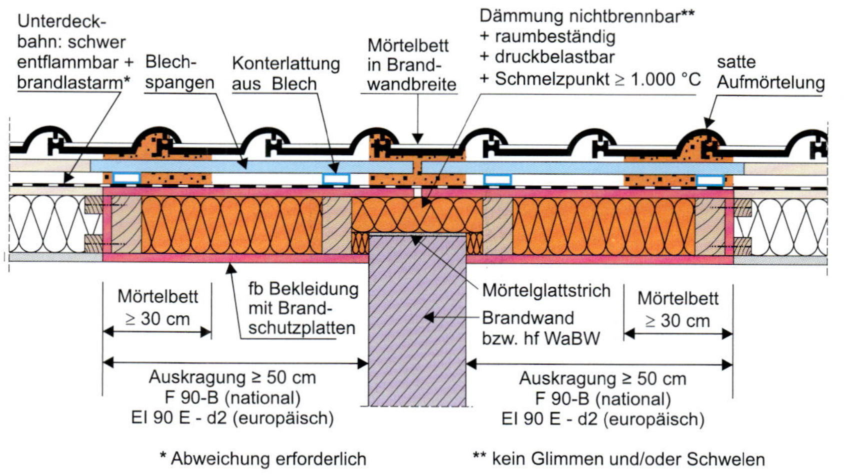

③ Dächer mit Plattendeckung – Gebäudeklassen 1 bis 3

Bild 3.1: Beispiel für Dachanschluss einer ungedämmten Brandwand (WaBW)

Die Brandwand (WaBW) wird bis unmittelbar unter die (nichtbrennbare) Dachhaut geführt. Hölzerne Dachlatten werden im Bereich der WaBW durch Blechwinkel ersetzt.

Die Dacheindeckung wird auf Breite der WaBW satt aufgemörtelt, so dass zwischen Oberkante der WaBW bzw. Unterdeckbahn und der Dachdeckung keine Hohlräume verbleiben.

Für die über die WaBW führende Unterdeckbahn ist grundsätzlich eine Abweichung erforderlich.

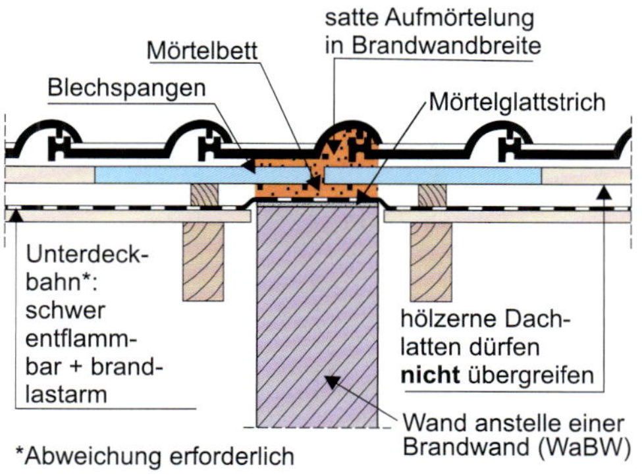

Bild 3.2: Beispiel für Dachanschluss einer zweischaligen Brandwand (WaBW) an ein Dach mit Zwischensparrendämmung

Die Ausführung erfolgt sinngemäß wie bei Bild 3.1 beschrieben.

Bei gedämmten Dächern ist eine Wärmedämmung der WaBW erforderlich. Diese muss im Bereich der WaBW aus nichtbrennbaren**, raumbeständigen, druckbelastbaren Dämmstoffen mit einem Schmelzpunkt ≥ 1.000 °C bestehen und ausreichend befestigt werden.

Wichtig: Bei dieser Ausführung ist unbedingt darauf zu achten, dass oberhalb der WaBW geeignete Dämmstoffe verwendet und diese hohlraumfrei und mit knirsch gestoßenen Fugen verlegt und fachgerecht befestigt werden.

Bei nicht fachgerechter Verlegung mit offenen Fugen besteht z. B. die Gefahr, dass Pyrolysegase in den angrenzenden Brandabschnitt eindringen und nach deren Durchzündung zur Brandweiterleitung führen können.

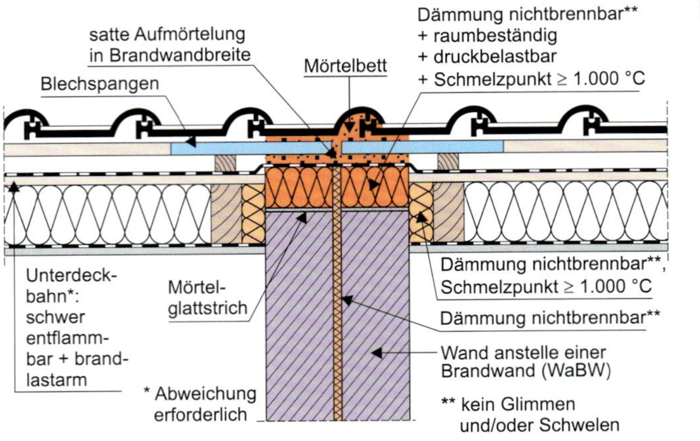

Bild 3.3: Beispiel für Dachanschluss einer zweischaligen Brandwand (WaBW) an ein Dach mit Aufdachdämmung

Erläuterungen siehe sinngemäß bei Bild 3.2. Besteht die Aufdachdämmung aus brennbaren Baustoffen (z. B. Schaumkunststoffen), so ist auf eine fachgerechte und hohlraumfreie Ausbildung oberhalb der WaBW besonders zu achten.

Die Dämmung zwischen den WaBW muss aus nichtbrennbaren** Baustoffen bestehen.

** kein Glimmen und/oder Schwelen

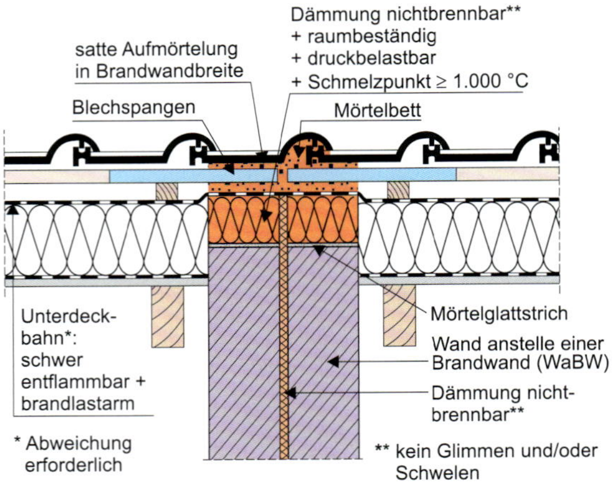

Bild 3.4: Beispiel für Dachanschluss einer zweischaligen hochfeuerhemmenden Wand anstelle einer Brandwand (WaBW)

Ausführung sinngemäß wie bei Bild 3.2 beschrieben.

An der Oberseite der hochfeuerhemmenden Wand wird eine in der Wandachse geteilte, mindestens 20 mm dicke Brandschutzplatte angeordnet. Über diese führt die brennbare Folie der Unterdeckbahn. Dafür ist grundsätzlich eine Abweichung erforderlich. Die Dachdeckung wird auf eine Breite von mindestens 24 cm satt auf die Unterspannbahn aufgemörtelt.

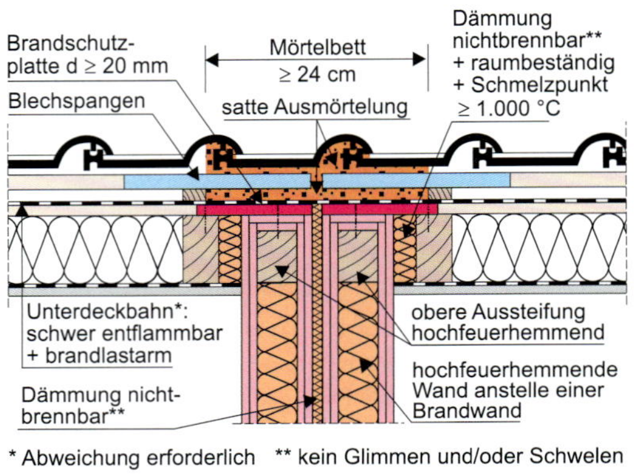

Bild 3.5: Beispiel für Dachanschluss einer F 30-F 90-Gebäudeabschlusswand

Ausführung sinngemäß wie bei Bild 3.4 beschrieben.

Nationale Klasse:
- F 30 [i->a] - F 90 [i<-a]

Europäische Klasse:
- tragend: REI 30 (i⟶o) - REI 90 (i⟵o) E - d2
- nichttragend: EI 30 (i⟶o) - EI 90 (i⟵o) E - d2

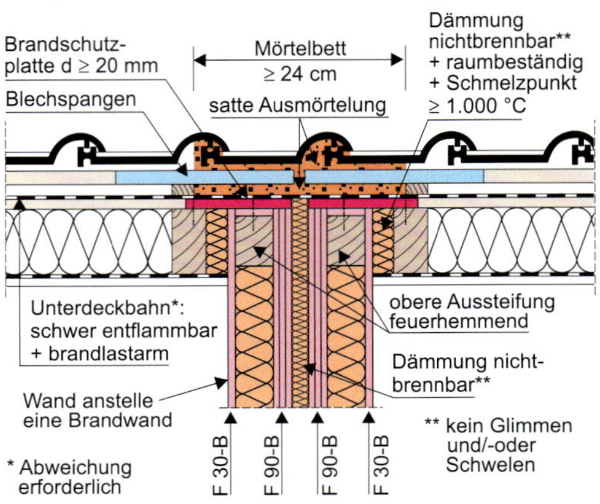

Bild 3.6: Brandbrücken durch Dachlatten

Die Brandwand (WaBW) hat ihr Schutzziel nicht erreicht. Sie wies im Dachbereich Brandbrücken in Form von durchlaufenden Dachlatten auf. Dadurch konnte das Schadenfeuer auch auf den angrenzenden Brandabschnitt übergreifen.

Bilder 3.7 und 3.8: Brandweiterleitung durch Überbrückung der Brandwand (WaBW) mit brennbaren Bauteilen (Dachlatten, Dachschalung)

Bild 3.7: Ansicht von außen. Die nicht über Dach geführte Brandwand (WaBW) ist in violett eingezeichnet.

Da die Dachschalung und auch die Dachlatten über die Brandwände (WaBW) führten, konnte das Schadenfeuer in den angrenzenden Brandabschnitt eindringen.

Bild 3.8: Innenansicht der dem Schadenfeuer abgewandten Seite der Brandwand (WaBW)

Deutlich ist hier zu sehen, wie das Feuer die Brandwand (WaBW) überlief.

Nur durch den Umstand, dass dieser Bereich für die Feuerwehr zugänglich war und durch den schnellen und wirksamen Feuerwehreinsatz konnte hier ein Totalschaden des angrenzenden Brandabschnitts verhindert werden.

5

④ Dächer mit Plattendeckung – Dachvorsprünge, Traufe, Ortgang

Bild 4.1: Beispiel für Brandwandvorkopf bei 30 cm über Dach geführter Brandwand

Schutzziel: Dachvorsprünge bzw. Dachüberstände sind so auszuführen, dass der Brand nicht auf andere Brandabschnitte und Nachbargrundstücke übertragen werden kann.

Um eine Brandweiterleitung im Bereich von brennbaren Dachvorsprüngen zu verhindern, sollte die 30 cm über Dach geführte Brandwand (bei GK 4 WaBW) auch im Vordachbereich 30 cm über Dach geführt werden.

Entsprechend sollten hölzerne Vor- und Schutzdächer und ähnliche Bauteile durch Vorköpfe getrennt werden. Die Vorköpfe sind in der Bauart der Brandwand bzw. WaBW auszuführen.

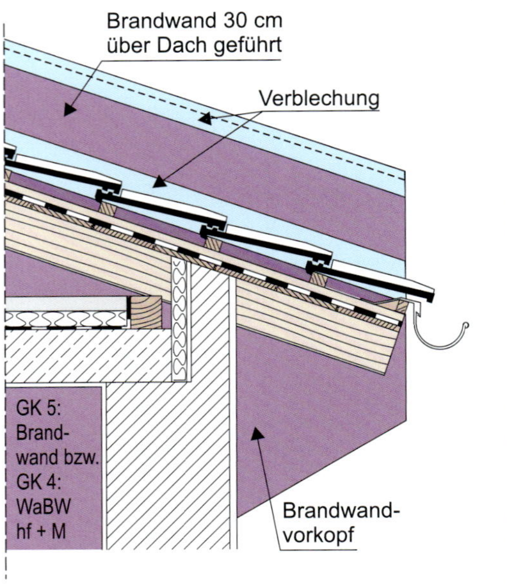

Bild 4.2: Beispiel für den Ersatz eines Brandwandvorkopfs bei 50 cm auskragender, feuerbeständiger Platte

Wird anstelle der Überdachführung eine zu beiden Seiten 50 cm auskragende, feuerbeständige Platte aus nichtbrennbaren Baustoffen angeordnet, sollte diese im Bereich von Dachüberständen bis zum Traufpunkt geführt werden.

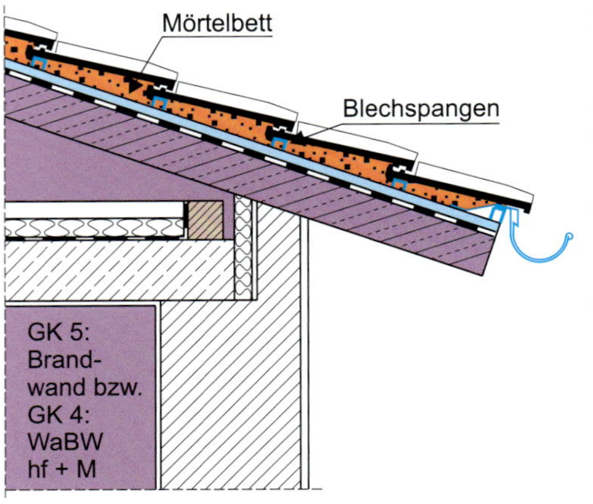

Bild 4.3: Beispiel für den Ersatz des Brandwandvorkopfs bei 50 cm auskragende F 90-B-Platten

Wird im Rahmen einer Abweichung anstelle der Überdachführung eine 50 cm auskragende F 90-B-Platte angeordnet (siehe Bild 2.5, Kapitel 5.4, Punkt 2), ist auch im Vordachbereich eine Brandübertragung nicht zu erwarten, wenn sie sinngemäß bis zur Traufe weitergeführt wird.

Es ist eine Abweichung erforderlich.

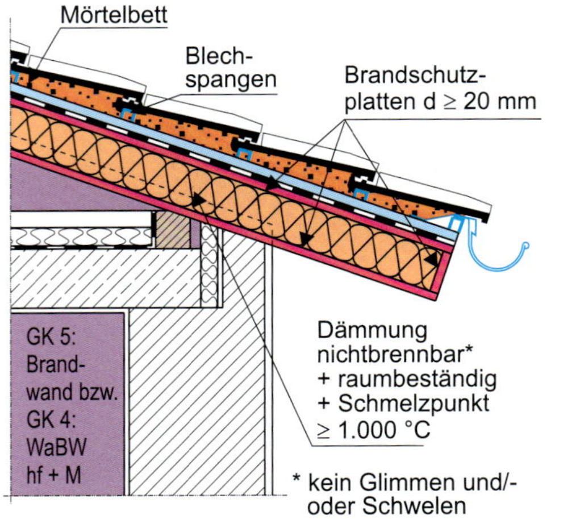

Bild 4.4: Beispiel für die Sicherung gegen eine Brandweiterleitung bei einer nicht über Dach geführten Brandwand (WaBW) im Bestand

Alternativ zu den in den Bildern 4.1 bis 4.3 gezeigten Maßnahmen ist auch bei dem in Bild 4.4 gezeigten Beispiel eine Brandweiterleitung in den angrenzenden Brandabschnitt nicht zu erwarten. Es ist eine Abweichung erforderlich. Eine frühzeitige Abstimmung mit der den Brandschutz prüfenden Stelle ist empfehlenswert.

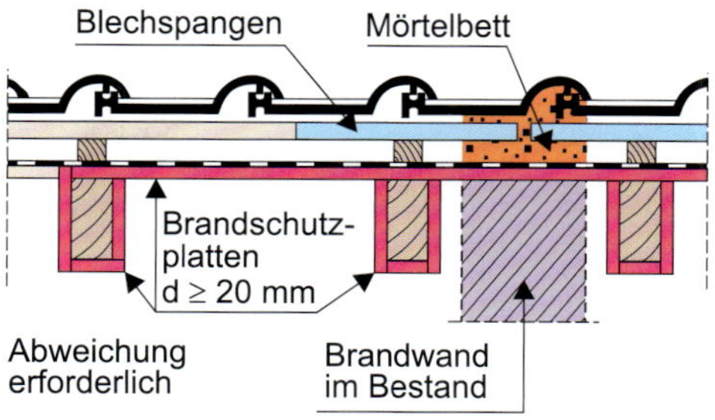

Bild 4.5: Beispiel für Mindestmaßnahme gegen eine Brandweiterleitung im Vordachbereich

Bereits mit einem relativ geringen Aufwand kann die Gefahr einer Brandweiterleitung deutlich reduziert werden. Hierzu werden im Bereich des Sparrenfeldes zwischen der WaBW statt der Holzschalung Brandschutzplatten angeordnet und die Dachplatten auf Blechwinkeln, sinngemäß wie in Bild 3.1, Kapitel 5.4, Punkt 3 dargestellt, aufgemörtelt.

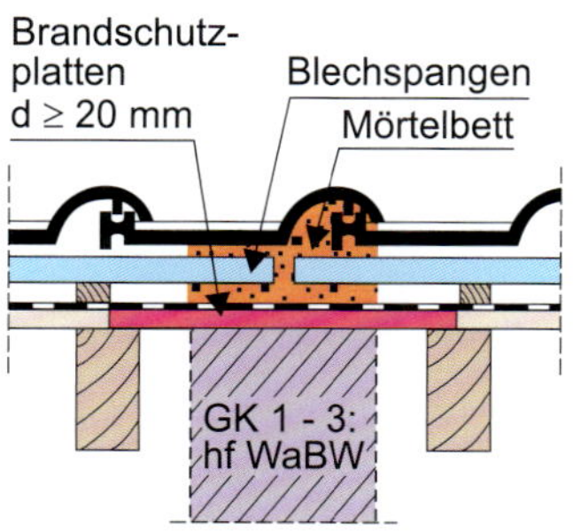

Bild 4.6: Beispiel für Traufe bei GK 4 bis 5

Die Traufe entlang der Brandwand (WaBW) muss in Brandwandbreite aus nichtbrennbaren Baustoffen in der gleichen Feuerwiderstandsdauer der Brandwand (WaBW) hergestellt sein.

Bauteile aus brennbaren Baustoffen sind in diesem Bereich durch raumbeständige, nichtbrennbare Bauteile bzw. Dämmungen zu ersetzen.

Die Dachplatten sind, sinngemäß wie in Bild 3.1 in Kapitel 5.4, Punkt 3 dargestellt, auf Blechwinkeln satt aufzumörteln.

Bauteile aus brennbaren Baustoffen wie Dachlatten, Gesimse oder Stirnbretter dürfen Brandwände (WaBW) nicht überbrücken.

Für die fehlende Überdachführung ist eine Abweichung erforderlich.

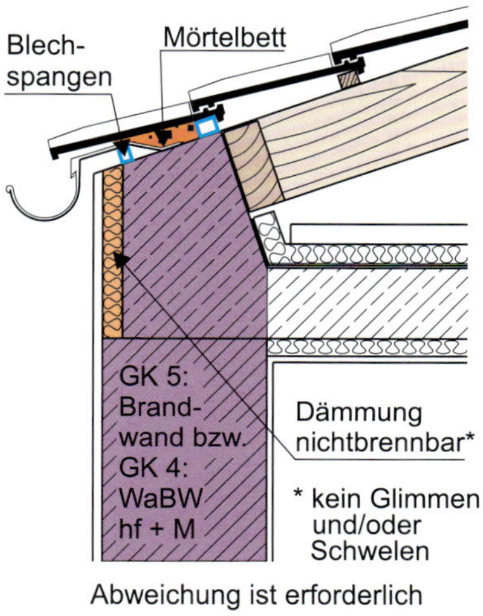

Bild 4.7: Beispiel für Dachvorsprung bei GK 4 bis 5

Grundsätzliche Beschreibung siehe bei Bild 4.6.

Dachvorsprünge im Traufbereich entlang von Brandwänden (GK 5) bzw. WaBW (GK 4) müssen ebenfalls aus nichtbrennbaren Baustoffen hergestellt sein.

Für die fehlende Überdachführung ist eine Abweichung erforderlich.

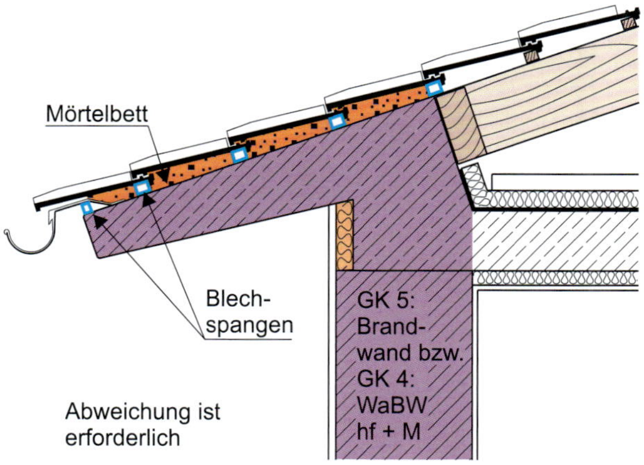

Bild 4.8: Beispiel für hölzerne Dachvorsprünge bei Gebäuden der GK 1 bis 3

Hölzerne Dachvorsprünge aus brennbaren Baustoffen entlang von hochfeuerhemmenden WaBW sind mit mindestens 20 mm dicken Feuerschutzplatten unterseitig zu schützen. Die Ausführung der Dachdeckung erfolgt sinngemäß wie in Bild 3.1 in Kapitel 5.4, Punkt 3 beschrieben.

Es ist eine Abweichung erforderlich.

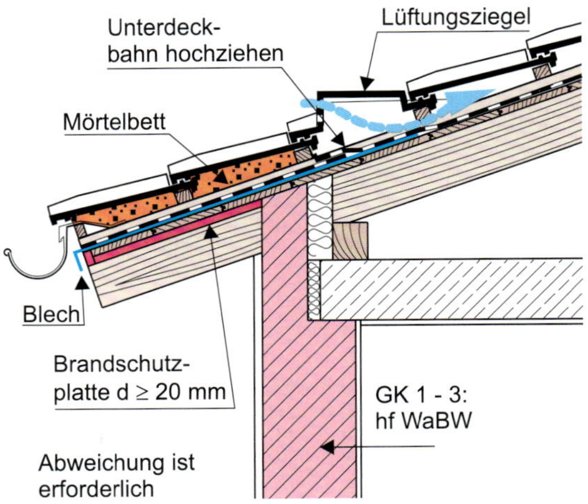

Bild 4.9: Beispiel für Ausbildung des Dachvorsprungs bei einer F 30-F 90-Gebäudeabschlusswand

Die F 90-Bekleidung ist bis unter die Dachdeckung zu führen. Die Aufmörtelung der Dachdeckung auf Blechwinkeln erfolgt sinngemäß wie in Bild 3.1 in Kapitel 5.4, Punkt 3 beschrieben.

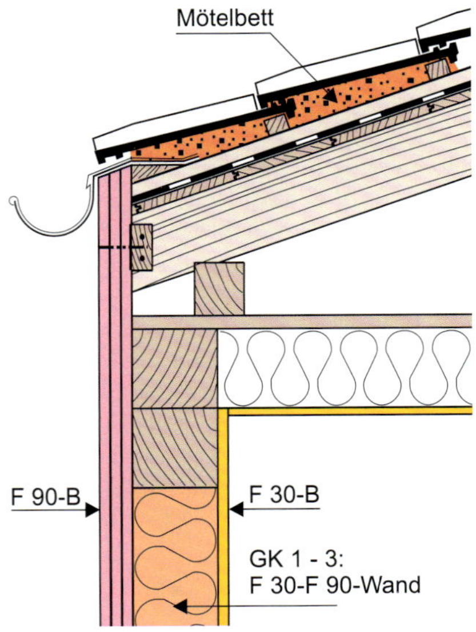

Bild 4.10: Beispiel für Ortgang bei GK 4 bis 5

Der Ortgang entlang der Brandwand (GK 5) WaBW (GK 4) muss in Brandwandbreite aus nichtbrennbaren und raumbeständigen Baustoffen hergestellt sein.

Bauteile aus brennbaren Baustoffen sind in diesem Bereich durch raumbeständige, nichtbrennbare Bauteile zu ersetzen. Die Dachplatten sind, sinngemäß wie in Bild 3.1 in Kapitel 5.4, Punkt 3 dargestellt, auf Blechwinkeln satt aufzumörteln. Bauteile aus brennbaren Baustoffen wie Dachlatten, Gesimse oder Stirnbretter dürfen Brandwände bzw. WaBW nicht überbrücken.

Für die fehlende Überdachführung ist eine Abweichung erforderlich.

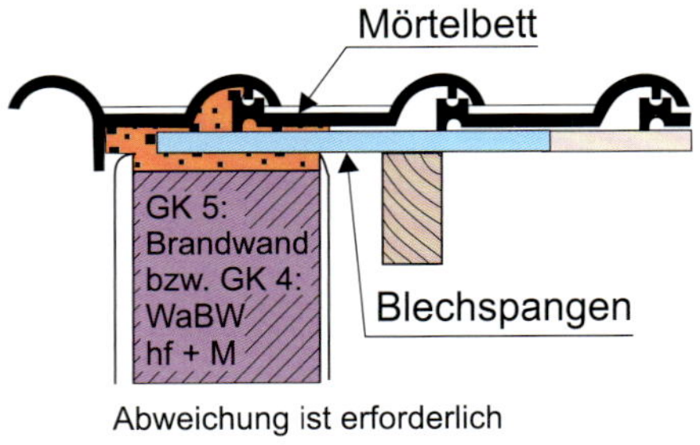

Bild 4.11: Beispiel für Ortgang bei GK 4 bis 5

Dachvorsprünge im Ortgangbereich entlang von Brandwänden bzw. WaBW müssen ebenfalls aus nichtbrennbaren Baustoffen hergestellt sein.

Für die fehlende Überdachführung ist eine Abweichung erforderlich.

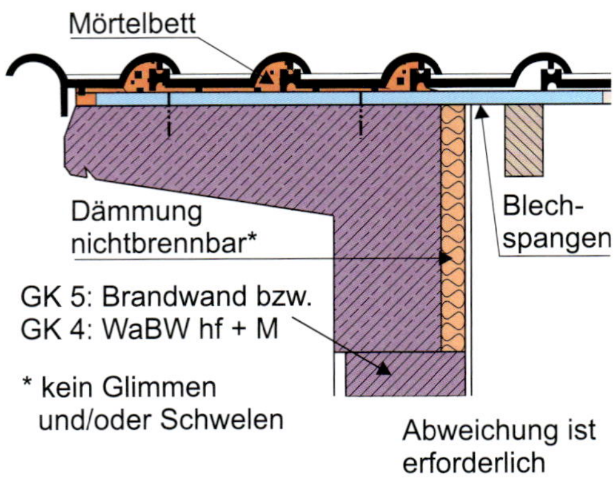

Bild 4.12: Beispiel für Ortgang bei GK 1 bis 3

Hölzerne Dachvorsprünge aus brennbaren Baustoffen entlang von hf WaBW sind mit mindestens 20 mm dicken Brandschutzplatten unterseitig zu schützen.

Besser ist es, im Bereich des Dachvorsprungs die brennbare Schalung durch Brandschutzplatten zu ersetzen.

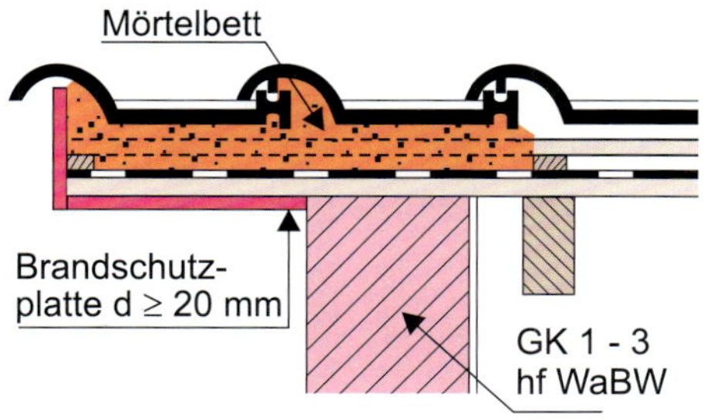

Bild 4.13: Beispiel für Ortgang bei F 30-F 90-Gebäudeabschlusswand

Die F 90-Bekleidung ist bis unter die Dachdeckung zu führen. Die Aufmörtelung der Dachdeckung auf Blechwinkeln erfolgt sinngemäß wie in Bild 3.1 in Kapitel 5.4, Punkt 3 beschrieben.

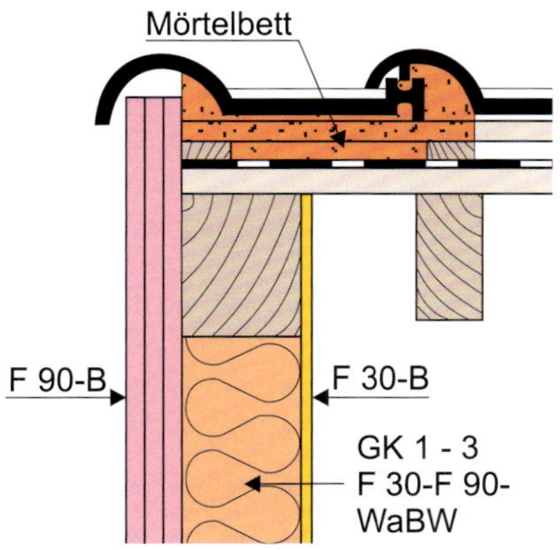

⑤ Flachdächer

Bild 5.1: Beispiel für Massivdach mit brennbarer Dachabdichtung

Die Stahlbetondecke des Massivdaches ist feuerbeständig und hat damit vom Prinzip her die gleiche Wirkung wie eine zu beiden Seiten der Brandwand 50 cm auskragende, feuerbeständige Stahlbetonplatte.

Die Brandwand ist trotzdem über Dach zu führen, da die brennbare Abdichtung nicht über die Brandwand geführt werden darf. Allerdings ist die Überdachführung nur zur Unterbrechung des brennbaren Dachaufbaus und für einen fachgerechten An- bzw. Abschluss der brennbaren Abdichtungsfolie erforderlich.

Mögliche Abweichungen siehe Bilder 5.2 und 5.3.

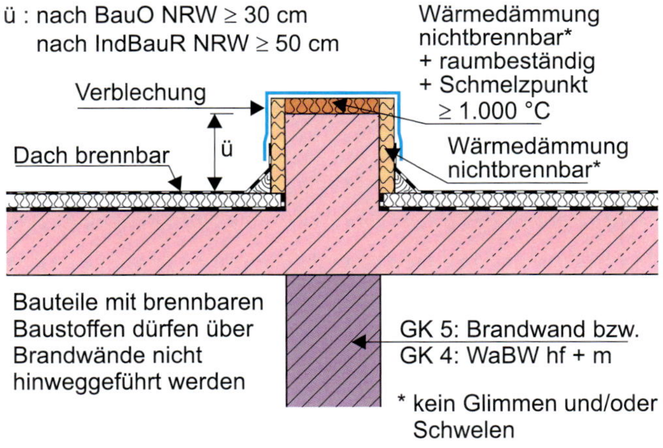

Bild 5.2: Beispiel für Abweichung bei Massivdach mit brennbarer Dachabdichtung und brennbarer Dämmung

Es bestehen keine Bedenken wegen des Brandschutzes, da die Wärmedämmung der Bedachung auf einer Breite von mindestens 1 m zu beiden Seiten der Brandwand raumbeständig und nichtbrennbar ist und die Bedachung eine 5 cm dicke, vollständig bedeckende Bekiesung aufweist, so dass eine Brandweiterleitung über das Dach nicht zu befürchten ist.

Da die brennbare Dachabdichtung über die Brandwand geführt wird, ist hierfür eine Abweichung erforderlich.

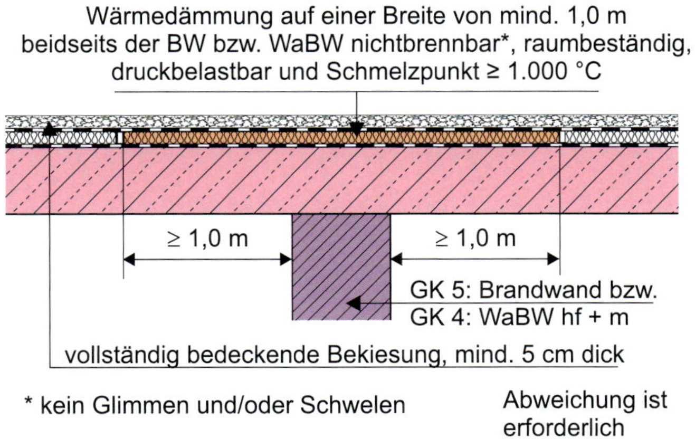

5

Bild 5.3: Beispiel für Abweichung bei Massivdach mit brennbarer Dachabdichtung und nichtbrennbarer Dämmung

Es bestehen keine Bedenken wegen des Brandschutzes, weil eine brandlastarme Dampfsperre, eine nichtbrennbare Wärmedämmung und eine brandlastarme Folienabdichtung verwendet werden.

Zur Verhinderung der Brandweiterleitung genügt es in diesem Fall, die Bedachung auf einer Breite von mindestens 1 m zu beiden Seiten der Brandwand zu bekiesen.

Wegen der über die Brandwand geführte brennbare Dachabdichtung ist eine Abweichung erforderlich.

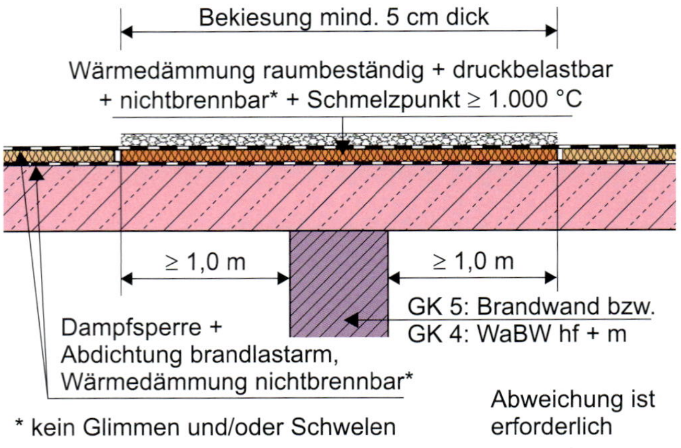

Bild 5.4: Beispiel für Trapezblechdach mit brennbarer Dachabdichtung

Bei Trapezblechdächern mit brennbarer Dachabdichtung müssen die Trapezbleche im Bereich der Brandwand getrennt und die Brandwand muss über Dach geführt werden.

Die Trennung der Trapezbleche ist unbedingt erforderlich, da ansonsten im Brandfall durch Verwerfungen der Bleche Brandbrücken entstehen können. Außerdem können bei nicht getrennten Trapezblechen und vorhandener Dämmung aus Schaumkunststoffen bzw. Bitumenabdichtung brennbare Pyrolysegase durch nicht getrennte Sicken in andere Brandabschnitte gelangen und dort zu Durchzündungen oder gar zu Explosionen führen.

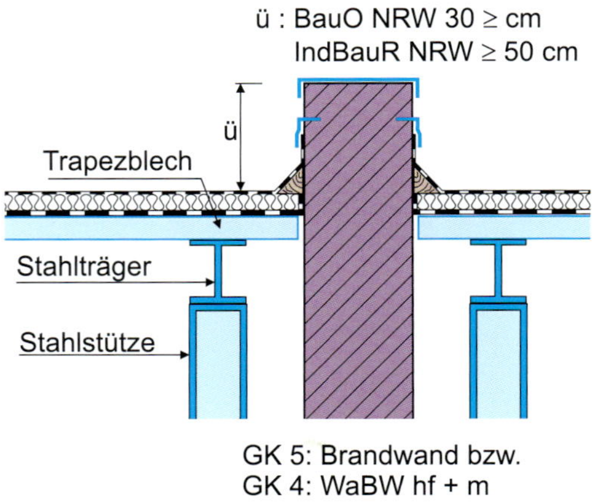

Bild 5.5: Beispiel für Trapezblechdach mit nicht über Dach geführter Brandwand

Im Bestand ist eine nachträgliche Verbesserung möglich, indem z. B. die Trapezbleche getrennt werden. Die Brandwand ist dann bis Oberkante der Trapezbleche zu führen.

Die Hoch- und Tiefsicken der Trapezbleche sind im Auflagerbereich hohlraumfrei auszumörteln. Auf einen Bereich von 1 m zu beiden Seiten der Brandwand muss die Wärmedämmung raumbeständig sein und aus nichtbrennbaren* Baustoffen bestehen (Schmelzpunkt ≥ 1.000 °C). Außerdem ist eine flächendeckende, mindestens 5 cm dicke Bekiesung erforderlich.

Eine Abweichung ist erforderlich.

* kein Glimmen und/oder Schwelen

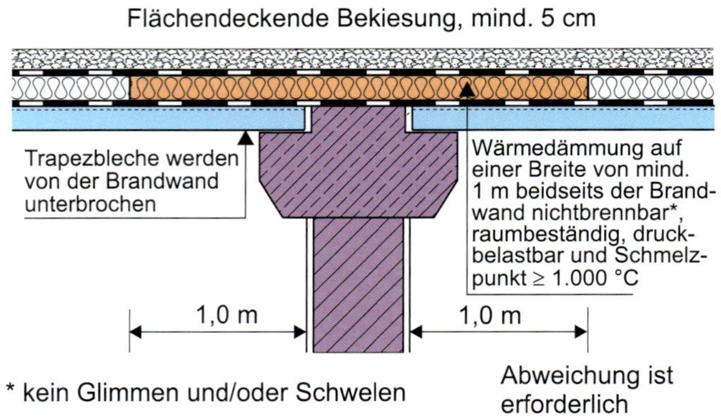

Bilder 5.6 bis 5.9: Brand in einem Industriegebäude mit Trapezblechdach; nicht über Dach geführte Brandwand wurde vom Feuer überlaufen

Bild 5.6 zeigt die vom Feuer überlaufene Brandwand von oben. Im Bild 5.7 (oben rechts) ist die zuerst brandbeanspruchte Seite der Brandwand zu sehen. Das Bild 5.8 (unten links) zeigt die dem Brand abgewandte Seite. Im Bild 5.9 ist zu sehen, dass oberhalb der Brandwand nichtbrennbare Mineralfaserplatten angeordnet waren, die jedoch keinen Schutz bieten konnten.

Ergebnis: Bei Trapezblechdächern mit brennbarer Dämmung und brennbarer Dachabdichtung müssen Brandwände bzw. WaBW immer mindestens 30 cm (IndBauR NRW 50 cm) über Dach geführt werden. Werden sie nur bis unmittelbar unter die Trapezbleche geführt, sind sie praktisch wirkungslos. Eine oben angeordnete, nichtbrennbare Mineralfaserdämmung mit Schmelzpunkt > 1.000 °C ist ebenso wirkungslos.
Wichtig: Dies gilt sinngemäß auch für fh, hf und fb Trennwände, wenn diese an Trapezblechdächer angeschlossen werden.

5

⑥ Brandwände (WaBW) zwischen Gebäuden mit unterschiedlichen Höhen

Bild 6.1: Beispiel für Brandwände (WaBW) bei Gebäuden mit unterschiedlichen Höhen

Die WaBW des höheren Gebäudes ist bei GK 3 bis unter die Dachhaut zu führen. Bei GK 4 und GK 5 ist die BW bzw. WaBW entweder 30 cm über die Bedachung zu führen oder mit einer 50 cm Kragplatte abzuschließen (siehe Kapitel 5.4, Punkt 2).

Andere Anschlüsse (z. B. bei GK 4 und GK 5) bis unter die Dachhaut sind als **Abweichung** möglich, wenn damit das bauaufsichtliche Schutzziel eingehalten wird. Nach IndBauR NRW: Überdachführung 50 cm.

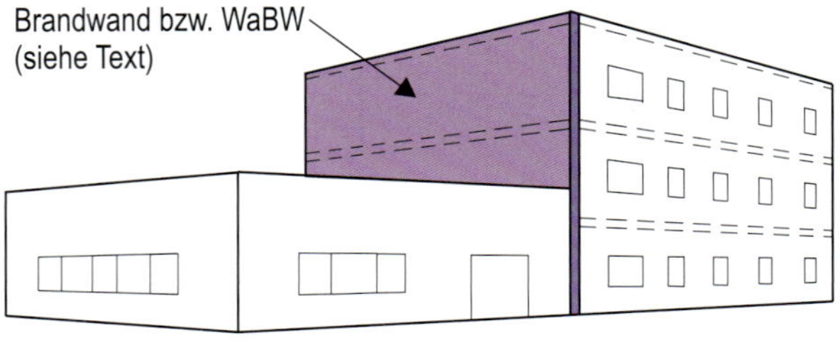

Bild 6.2: Beispiel für die Sicherung von Sichtöffnungen in der BW bzw. WaBW

Die Sichtöffnungen in der Brandwand bzw. WaBW sind grundsätzlich durch Brandschutzverglasung in der gleichen Feuerwiderstandsklasse der Brandwand bzw. WaBW zu sichern. In einer Brandwand: F 90- bzw. EI 90-Brandschutzverglasung und in einer hf WaBW: F60- bzw. EI 60-Brandschutzverglasung. Siehe hierzu auch Kapitel 5.7.

Ausbildung im Dachbereich siehe Bild 6.1

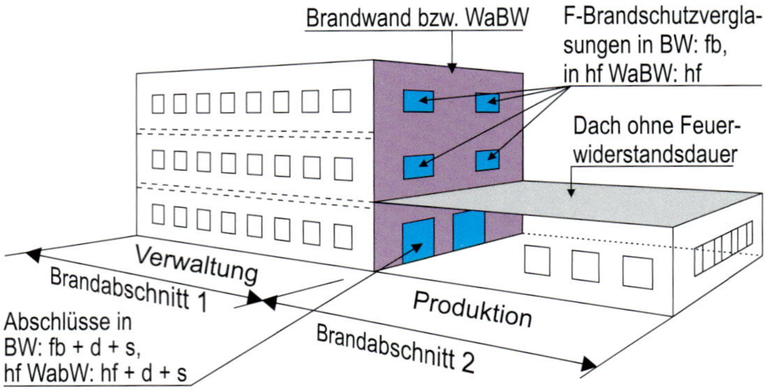

Bild 6.3: Beispiel für Sicherung der Dachdecke des niedrigeren Gebäudes bei GK 3

Alternativ zu Bild 6.1 kann auch die an das höhere Gebäude anschließende Dachdecke des niedrigeren Gebäudes gegen Brandübertragung gesichert werden. Dazu muss die Brandwand bis unter die Dachhaut des niedrigeren Gebäudes geführt werden.

Die Dachdecke ist öffnungslos und einschließlich ihrer statisch zusammenhängenden Tragwerke in der Feuerwiderstandsdauer der WaBW auszuführen. Die Dachabdichtung in diesem Bereich muss nichtbrennbar sein. Brennbare Abdichtungen sind ausreichend zu schützen, z. B. mit einer mindestens 5 cm dicken Kiesschicht. Ermittlung von a siehe bei Bild 6.4. **Anmerkung:** Hierfür ist eine Abweichung erforderlich.

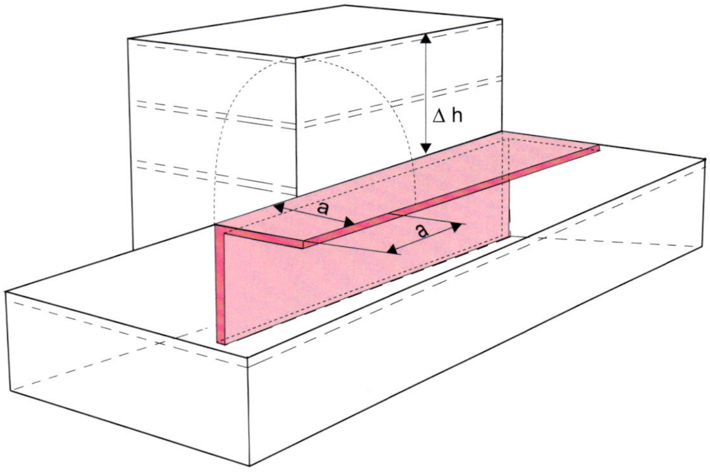

Bild 6.4: Beispiel für Brandwand im niedrigeren Gebäude bei GK 3

Die Brandwand bzw. WaBW kann auch im niedrigeren Gebäude angeordnet werden. Sie ist dann so weit vom höheren Gebäude abzurücken (a), wie der Höhenunterschied Δ h der beiden Gebäude beträgt, mindestens 5 m und höchstens 15 m.

Bei GK 4 und GK 5 muss die Brandwand bzw. WaBW 30 cm über die Bedachung geführt werden. Bei Industriegebäuden nach IndBauR NRW immer 50 cm.

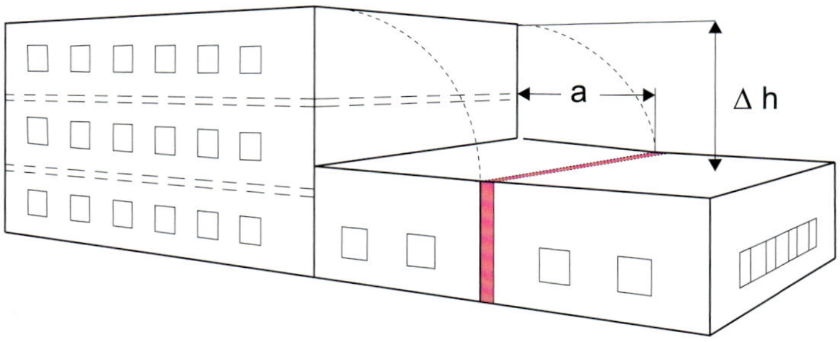

⑦ Abstand von Dachöffnungen zu Brandwänden

Bild 7.1: Abstand von Dachöffnungen zu BW bzw. WaBW

Zur Ausführung bestehen zwei Möglichkeiten:

Möglichkeit 1: Die Brandwand bzw. WaBW wird nicht über Dach geführt (linke Wand). In diesem Fall müssen Dachflächenfenster, Oberlichte, Lichtkuppeln und Öffnungen in der Dachhaut mindestens 1,25 m von der **Außenfläche** der BW bzw. WaBW entfernt sein.

Möglichkeit 2: Die Brandwand bzw. WaBW wird mindestens 30 cm über Dach geführt (rechte Wand). Dann bestehen für die vorgenannten Öffnungen keine Anforderungen an einen Mindestabstand.

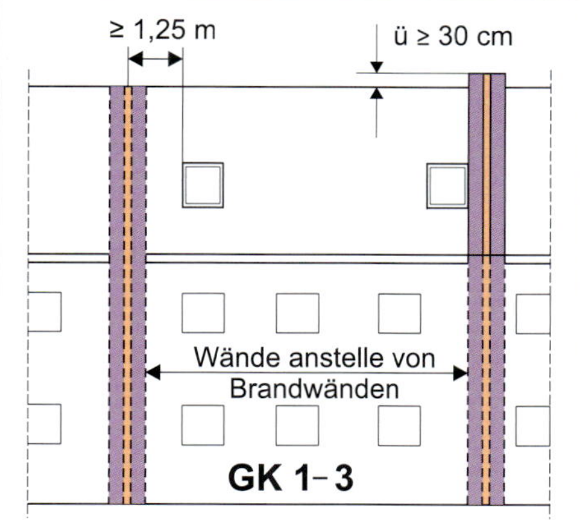

Bild 7.2: Abstand von Photovoltaikanlagen aus brennbaren Baustoffen zu BW bzw. WaBW

Erläuterungen sinngemäß bei Bild 7.1.

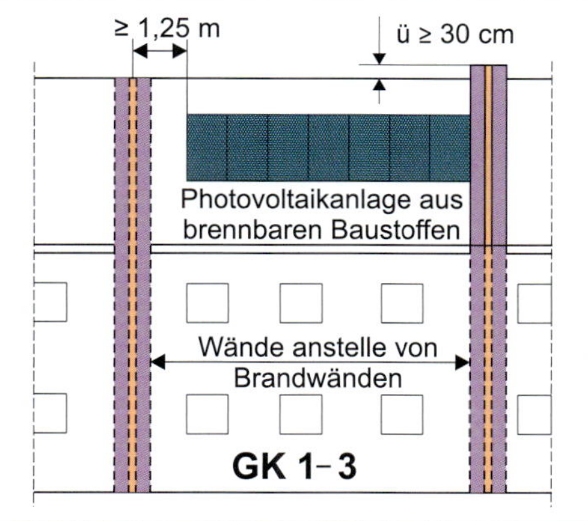

Bild 7.3: Abstand von Photovoltaikanlagen mit Außenseiten und Unterkonstruktion aus nichtbrennbaren Baustoffen sowie Solarthermieanlagen zu BW bzw. WaBW

Photovoltaikanlagen mit Außenseiten und Unterkonstruktion aus **nichtbrennbaren** Baustoffen sowie Solarthermieanlagen benötigen nur einen Abstand von 0,50 m zu den Außenflächen von Brandwänden und WaBW.

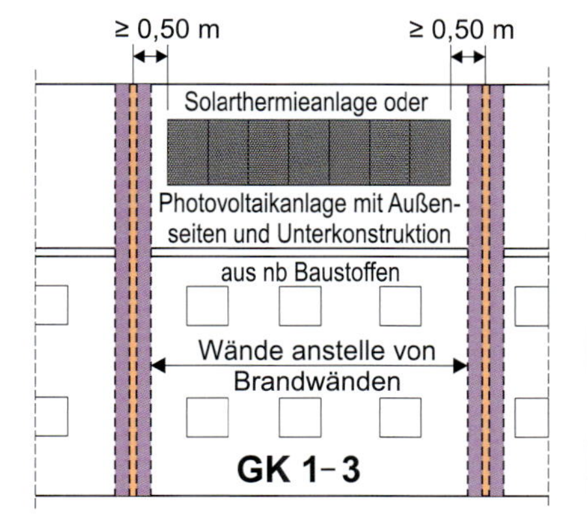

Bild 7.4: Abstand von Dachaufbauten (Dachgauben) zu BW bzw. WaBW

Dachgauben, Zwerchhäuser und ähnliche Dachaufbauten aus brennbaren Baustoffen müssen von Brandwänden bzw. WaBW mindestens 1,25 m entfernt sein (linke Wand). Ein geringerer Abstand ist möglich, wenn die Dachaufbauten durch ihre an die Brandwand bzw. WaBW angrenzende Wand gegen Brandübertragung ausreichend geschützt sind (rechte Wand).

Beispiel: GK 1 bis 3. Die Gebäudeabschlusswände der Wohngebäude bestehen aus einer zweischaligen hf Wand. Die an die WaBW angrenzende Gaubenwand erhält eine F 60-B Bekleidung aus nichtbrennbaren Brandschutzplatten, die bis unmittelbar unter das Gaubendach geführt wird. Streng genommen wäre hierfür eine Abweichung erforderlich, da die Gaubenwand nicht hf ausgeführt wird. Im Zweifelsfall ist eine frühzeitige Abstimmung mit der den Brandschutz prüfenden Stelle empfehlenswert.

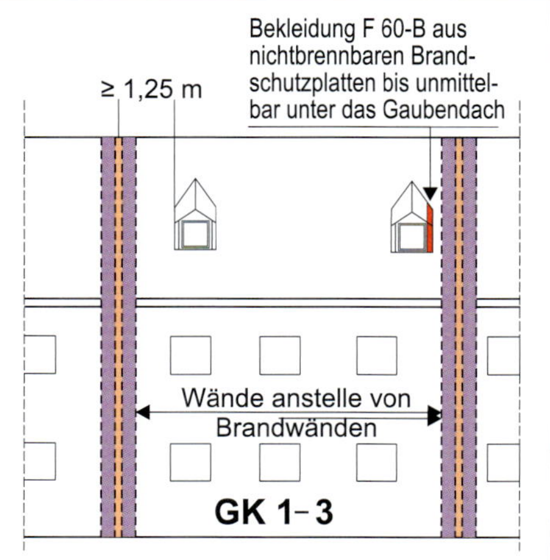

5

5.5 Sicherung des einspringenden Winkels

Müssen Gebäude oder Gebäudeteile, die über Eck zusammenstoßen, durch eine Brandwand bzw. WaBW getrennt werden, so muss der Abstand dieser Wand von der inneren Ecke mindestens 3 m betragen; das gilt nicht, wenn der Winkel der inneren Ecke mehr als 120 Grad beträgt oder mindestens eine Außenwand auf 5 m Länge als öffnungslose, feuerbeständige Wand aus nichtbrennbaren Baustoffen, bei Gebäuden der Gebäudeklassen 1 bis 4 als öffnungslose, hochfeuerhemmende Wand ausgebildet ist.	BauO NRW § 30 (6)	Atlas 6.2.2-B/5

Bild 1: Die Brandwand bzw. WaBW wird so angeordnet, dass ihr Abstand von der inneren Ecke mindestens 3 m beträgt

Stoßen Gebäude bzw. Gebäudeteile übereck zusammen und ist in diesem Bereich eine Brandwand bzw. WaBW erforderlich, ist es am einfachsten, diese so anzuordnen, dass ihr Abstand von der inneren Ecke mindestens 3 m beträgt.

Anmerkung: Gemäß MBO und allen anderen 15 LBOs ist hier ein Abstand von 5 m vorgeschrieben.

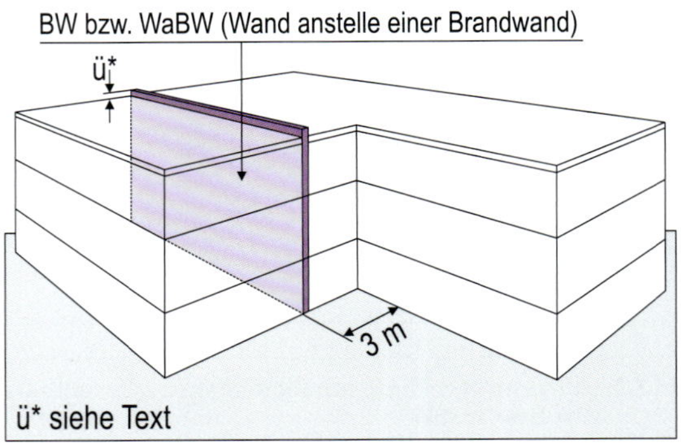

Bilder 2 und 3: Anordnung einer 5 m langen raumabschließenden, feuerwiderstandsfähigen Außenwand im Eckbereich

Anstelle der in Bild 1 dargestellten Lösung kann auch die Außenwand im Inneneckenbereich auf eine Länge von 5 m als öffnungslose fb Wand (GK 1 bis 4: hf Wand) ausgebildet werden. Falls in dieser Wand Öffnungen erforderlich sind (z. B. Sichtöffnungen), sind diese grundsätzlich in der gleichen Feuerwiderstandsdauer wie die Wand zu sichern (siehe Bild 5).

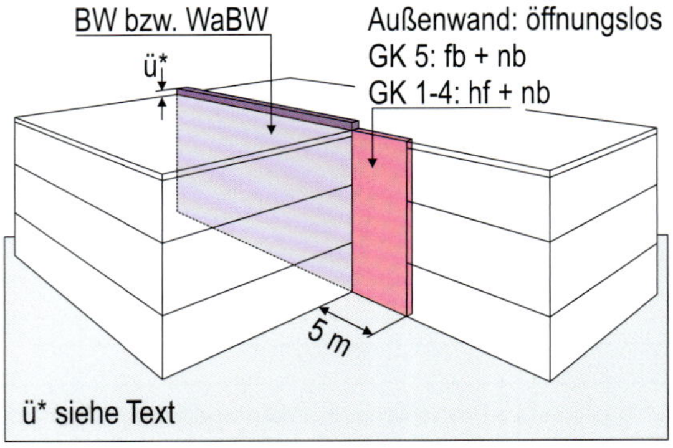

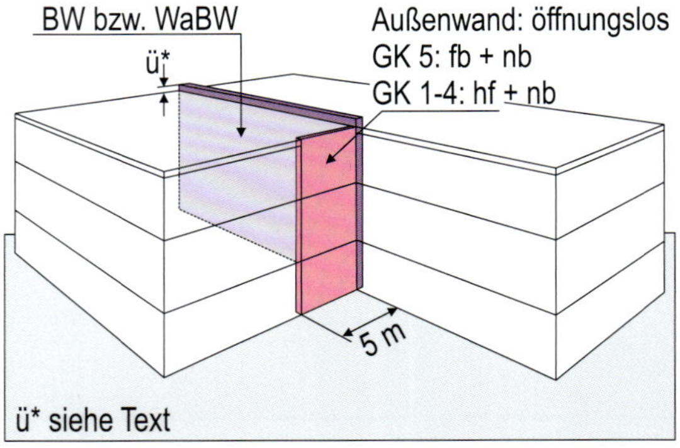

Bild 4: Alternative zu den Bildern 2 und 3

Alternativ können die beiden im Inneneckenbereich zusammenstoßenden Außenwände nur so weit als öffnungslose fb Wände (bei GK 1 bis 4: hf Wände) ausgebildet werden, dass deren Endpunkte 5 m voneinander entfernt sind. Hierfür ist eine **Abweichung** erforderlich.

Zu ü*: Bei GK 4 bis 5 ist die BW bzw. WaBW 30 cm über Dach zu führen oder mit der beidseitigen 50 cm fb Platte (GK 5) bzw. hf Platte (GK 4) abzuschließen. Bei GK 1 bis 3 ist die WaBW bis unter die Dachhaut zu führen.

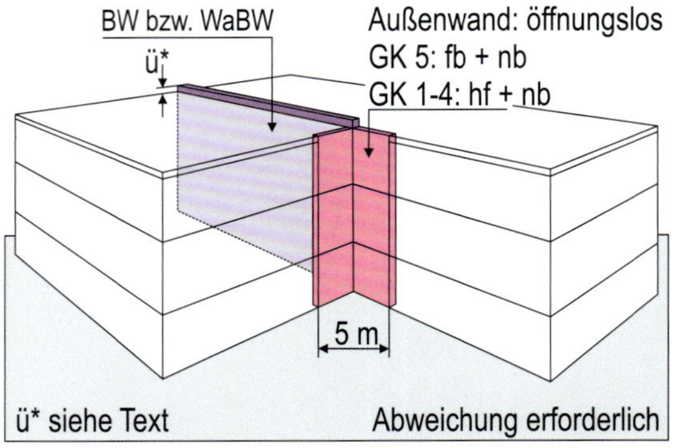

Bild 5: Sicherung von Öffnungen im Bereich des einspringenden Winkels

Wird der einspringende Winkel wie in den Bildern 2 bis 4 dargestellt gesichert und sind im Bereich der hierzu angeordneten fb und hf Wände Öffnungen vorhanden, so sind diese mit Brandschutzverglasungen grundsätzlich in der gleichen Feuerwiderstandsdauer der jeweiligen Wand zu sichern (in fb Wänden: F 90- oder EI-90 und in hf Wänden: F 60 oder EI 60). Siehe hierzu auch die Bilder 2 und 3.

Tipp: In Einzelfällen sind evtl. auch G-Verglasungen (DIN 4102) bzw. E/EW-Verglasungen (DIN EN 13501) und eventuell auch Brandschutzverglasungen mit einer geringeren Feuerwiderstandsdauer als die der Wand möglich, wenn keine Bedenken wegen des Brandschutzes bestehen und dies besonders nachgewiesen wird (z. B. wenn gewährleistet wird, dass im Eckbereich in beiden Brandabschnitten nur sehr geringe Brandlasten vorhanden sind). Hierfür ist eine Abweichung erforderlich und eine frühzeitige Abstimmung mit der den Brandschutz prüfenden Stelle empfehlenswert.

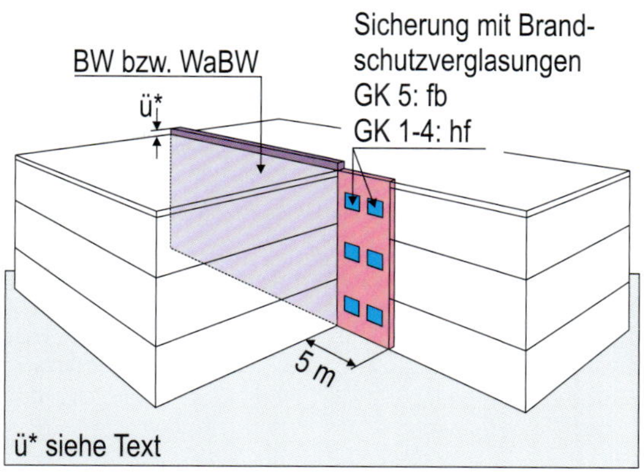

Bild 6: Winkel der inneren Ecke > 120°

Die vorstehenden in den Bilder 1 bis 5 dargestellten Anforderungen gelten nicht, wenn der Winkel der inneren Ecke mehr als 120° beträgt.

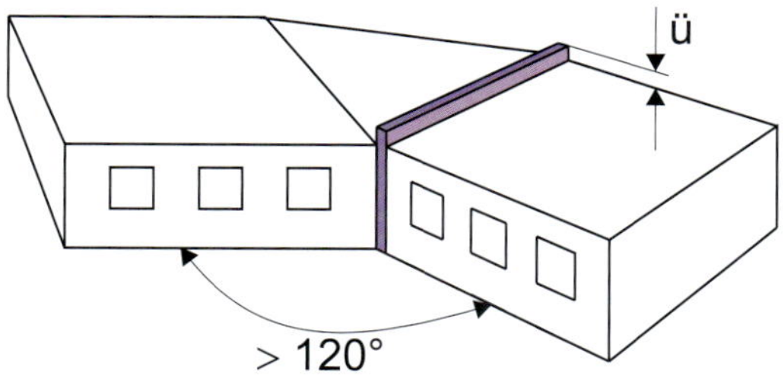

GK 1-3:	WaBW hf bzw. F 30-F 90:	ü: -
GK 4:	WaBW hf + M	ü: 30 cm
GK 5:	BW	ü: 30 cm
IndBau:	BW nach IndBauR NRW	ü: 50 cm

Bild 7: Beispiel für die Bedeutung des einspringenden Winkels

Die Gaststätte erlitt einen Totalschaden. Bei der im rechten Winkel anschließenden Halle ist deutlich zu sehen, wie die Hallenaußenwand im Anschlussbereich an die Gaststätte vom Brand beansprucht wurde.

Deshalb wird von der BauO NRW verlangt, dass der einspringende Winkel wie in den Bildern 1 bis 4 beschrieben gesichert wird.

Bild 8: Brandbrücken und Brandausbreitung durch unzureichend gesicherten einspringenden Winkel

Ein Mehrfamilien-Wohngebäude mit Schwimmbad wurde durch einen Brand zerstört. Die Brandwand konnte eine Brandübertragung nicht verhindern, da sie an der Außenwand im Bereich des nicht gesicherten einspringenden Winkels vom Feuer überlaufen wurde.

5.6 Bauteile mit brennbaren Baustoffen, Außenwände, Außenwandbekleidungen und eingreifende Bauteile		
[1]Bauteile mit brennbaren Baustoffen dürfen über Brandwände [und WaBW] nicht hinweggeführt werden. [2]Bei Außenwandkonstruktionen, die eine seitliche Brandausbreitung begünstigen können wie hinterlüftete Außenwandbekleidungen oder Doppelfassaden, sind gegen die Brandausbreitung im Bereich der Brandwände besondere Vorkehrungen zu treffen. [3]Außenwandbekleidungen von Gebäudeabschlusswänden müssen einschließlich der Dämmstoffe und Unterkonstruktionen nichtbrennbar sein. [4]Bauteile dürfen in Brandwände und WaBW nur so weit eingreifen, dass deren Feuerwiderstandsfähigkeit nicht beeinträchtigt wird; für Leitungen, Leitungsschlitze und Schornsteine gilt dies entsprechend. Bei Industriegebäuden bestehen weitergehende Anforderungen, siehe IndBauR.	BauO NRW § 30 (7)	Atlas 6.2.2-B/6 und 7

(1) Ausführung der Brandwände und WaBW im Fassaden- und Außenwandbereich

Brennbare Baustoffe dürfen auch im Bereich der Außenwand und Fassade nicht über Brandwände und WaBW hinweggeführt werden.

Bei massiven Außenwänden aus Mauerwerk und Beton bestehen in der Regel keine Probleme. Hier genügt es, die Brandwand bzw. WaBW wie in den Bildern 1.1 und 1.2 dargestellt auszuführen.

Ist aus bauphysikalischen Gründen eine Wärmedämmung im Außenwandabschlussbereich der Brandwände bzw. WaBW erforderlich, so muss diese aus nichtbrennbaren (kein Glimmen und/oder Schwelen), raumbeständigen, formstabilen Dämmstoffen mit einem Schmelzpunkt > 1.000 °C bestehen. Die Brandwand ist in diesen Fällen mit diesen Dämmstoffen sinngemäß bis zur Außenwand zu führen. Natürlich müssen die Dämmstoffe so befestigt werden, dass sie bei einer Brandbeanspruchung für die Zeit der Feuerwiderstandsdauer der Brandwand bzw. WaBW nicht abfallen oder sich auflösen.

Für alle „kritischen" Außenwandkonstruktionen, die eine Brandausbreitung begünstigen können (z. B. vorgehängte Fassaden, Außenwandbekleidungen, Doppelfassaden), ist zu prüfen, ob eine Brandausbreitung im Anschlussbereich der Brandwände bzw. WaBW zu befürchten ist und welche besonderen Maßnahmen ggf. erforderlich sind, um dies zu verhindern. In solchen Fällen ist es empfehlenswert, diese Vorkehrungen im Vorfeld mit der den Brandschutz prüfenden Stelle abzustimmen.

Bild 1.1: Beispiel für An- bzw. Abschluss an mineralische Außenwände

Bei mineralischen nichtbrennbaren Außenwänden führt die Brandwand bzw. WaBW bis zur Außenwand. Mineralische (nichtbrennbare) Putze dürfen darüber hinweggeführt werden.

Ein Abstand von der BW bzw. WaBW zu Fensteröffnungen „a" ist in der BauO nicht vorgeschrieben. Dies bedeutet, dass beidseitig der Brandwand bzw. WaBW direkt ein Fenster oder auch eine Türe angeordnet werden kann (Abstand a ≥ 0).

Die Fugendämmung zwischen den zweischaligen Brandwänden sollte aus nichtbrennbaren* Baustoffen (in der Regel Mineralfaser) bestehen.

Gemäß IndBauR NRW bei Industriegebäuden und evtl. auch nach den Vorgaben der Feuerversicherung bestehen jedoch besondere Anforderungen.

* kein Glimmen und/oder Schwelen

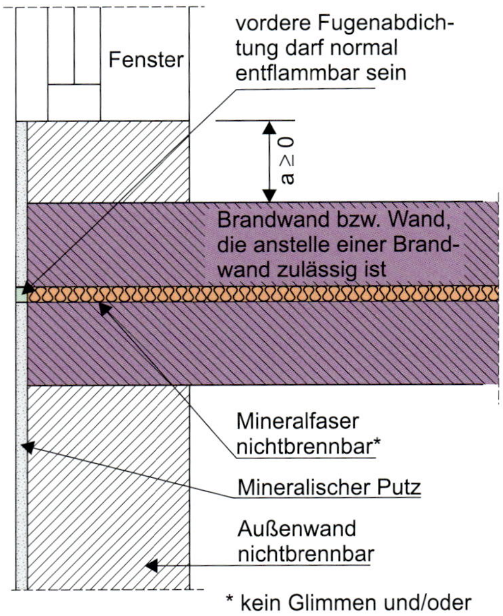

Bild 1.2: Beispiel für Wärmedämmung an der Stirnseite der Brandwand bzw. WaBW

Ist aus Wärmeschutzgründen eine Wärmedämmung erforderlich, kann die Stirnseite der Brandwand bzw. WaBW mit nichtbrennbaren* raumbeständigen Dämmstoffen mit Schmelzpunkt > 1.000 °C gedämmt werden.

Die Dämmstoffe müssen ausreichend fest und mit nichtbrennbaren Befestigungsmitteln an der Brandwandstirnseite befestigt werden. Die Befestigung muss so erfolgen, dass die Dämmstoffe bei einer Brandbeanspruchung für die Zeit der Feuerwiderstandsdauer der Brandwand bzw. WaBW nicht abfallen oder sich auflösen.

Der Putzträger für den mineralischen nichtbrennbaren Putz sollte aus nichtbrennbaren Baustoffen bestehen.

Die vordere Fugenabdeckung bzw. -abdichtung darf aus normalentflammbaren Baustoffen ausgeführt werden.

* kein Glimmen und/oder Schwelen

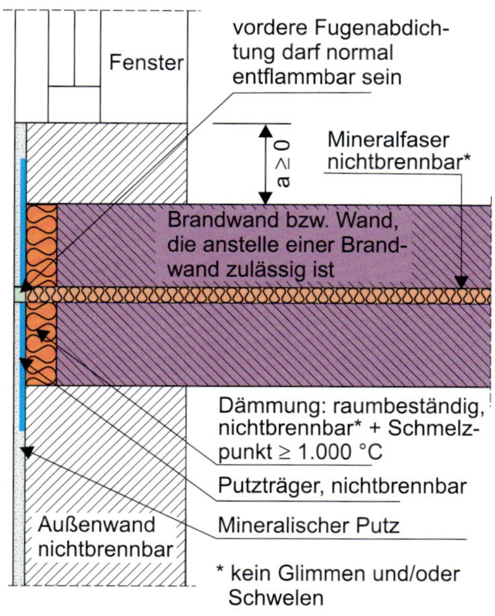

Bild 1.3: Beispiel für brennbares Wärmedämmverbundsystem bei mineralischen BW bzw. WaBW

Brennbare Wärmedämmverbundsysteme müssen im Bereich der Brandwand bzw. WaBW mindestens in Brandwandbreite durch ein nichtbrennbares System ersetzt werden.

Der Dämmstoff des nichtbrennbaren* Systems muss einen Schmelzpunkt ≥ 1.000 °C haben und natürlich auch raumbeständig sein, siehe sinngemäß bei Bild 1.2.

* kein Glimmen und/oder Schwelen

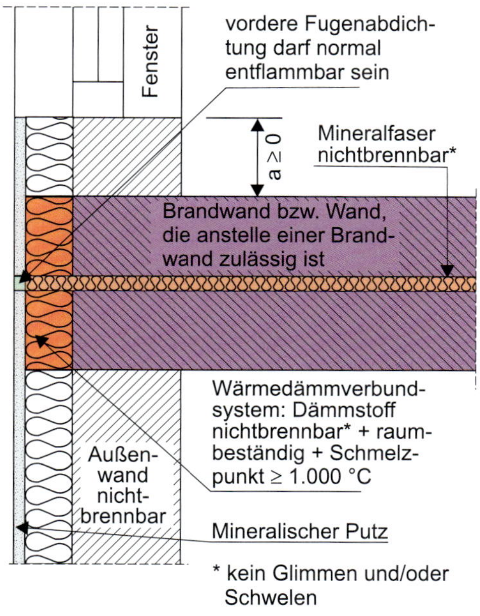

Bild 1.4: Beispiel für brennbares Wärmedämmverbundsystem bei F 30-F 90-Gebäudeabschlusswänden

Beschreibung siehe sinngemäß bei Bild 1.3.

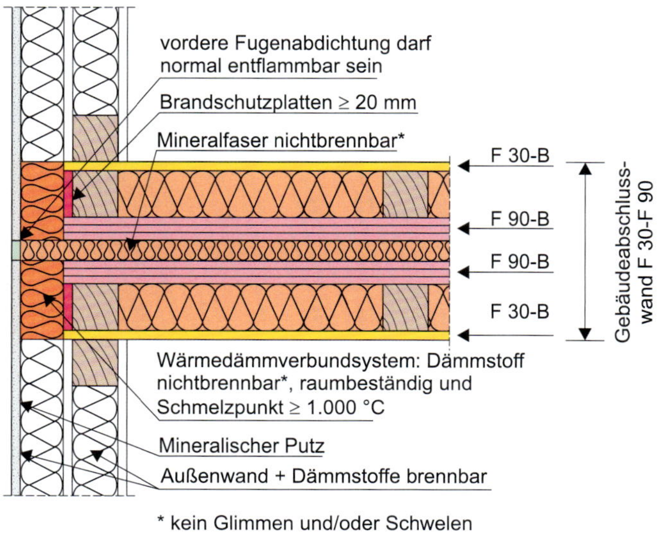

Bilder 1.5 bis 1.7: Beispiele für brennbare Außenwandbekleidungen bei Gebäuden der GK 1 bis 3

Bei diesen Gebäuden sind nichttragende Außenwände und/oder deren Oberflächen bzw. Bekleidungen aus brennbaren Baustoffen zulässig (z. B. aus Holz). Diese dürfen nicht über Brandwände und WaBW hinweggeführt werden oder es sind besondere Maßnahmen erforderlich, die eine seitliche Brandausbreitung verhindern.

Bild 1.5: Bei Außenwänden aus brennbaren Baustoffen mit Bekleidungen aus brennbaren Baustoffen (Holz) besteht eine einfache und wirkungsvolle Maßnahme, den Brandüberschlag zu verhindern, darin, die Brandwand im Fassadenbereich 30 cm vor die Holzverkleidung zu führen.

Anmerkung: Nach IndBauR NRW sind hier 50 cm vorgeschrieben bzw. andere Maßnahmen, um einen Brandüberschlag zu verhindern.

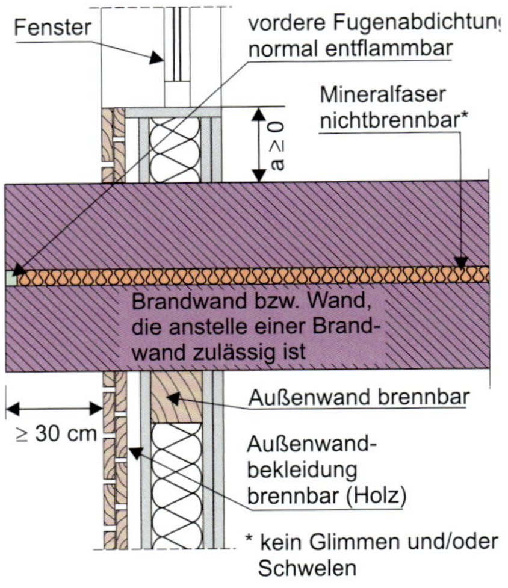

Bild 1.6: Beispiel für Sicherung mit einem nichtbrennbaren Streifen

Zur Verhinderung des Brandüberschlags wurde ein nichtbrennbarer Streifen einer Außenwandverkleidung angeordnet.

Um eine seitliche Brandausbreitung zu verhindern, sollte die Breite dieses Streifens ca. 1 m betragen.

Der Hinterlüftungsspalt sollte im Bereich der Gebäudetrennwand durch nichtbrennbare* Baustoffe dauerhaft verschlossen werden.

* kein Glimmen und/oder Schwelen

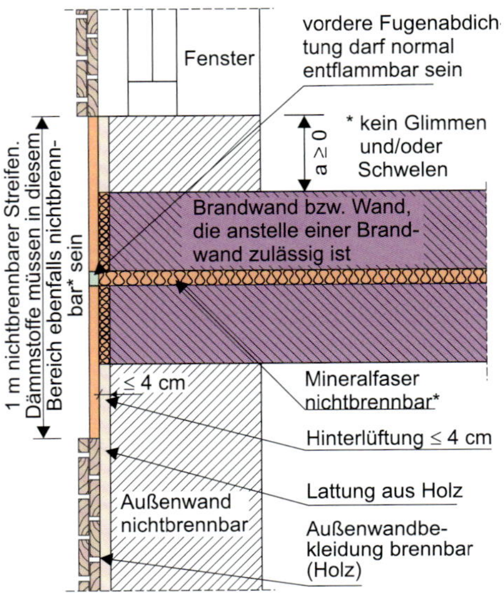

Bild 1.7: Beispiel für Sicherung mit einer nichtbrennbaren Dämmung

Alternative zu Bild 1.6. Zur Verhinderung eines Brandüberschlags im Bereich der Außenwand wird ein 1 m breiter nichtbrennbarer Streifen aus einem nichtbrennbaren* Wärmedämmverbundsystem aus Mineralfaser, Schmelzpunkt > 1.000 °C ausgeführt.

* kein Glimmen und/oder Schwelen

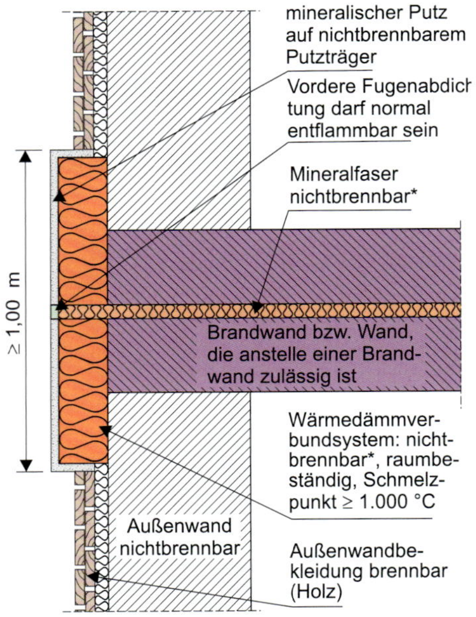

Bild 1.8: Beispiel für Brandwandanschluss an eine Vorhangfassade

Ein besonderes Problem besteht beim Anschluss von Vorhangfassaden aus nichtbrennbaren Baustoffen an Brandwände.

Wird die Vorhangfassade ohne Unterbrechung und sonstige Maßnahmen über die Brandwand geführt, kann im Brandfall der Anschlussbereich bereits nach kurzer Zeit versagen und Feuer und Rauch können in den angrenzenden Brandabschnitt eindringen.

Aus diesen Gründen sind im Bereich der Brandwand besondere Vorkehrungen erforderlich, die eine seitliche Brandausbreitung verhindern.

Dargestellt ist als Prinzipskizze eine „Schwertkonstruktion" mit raumbeständigen und nichtbrennbaren* Dämmstoffen (Schmelzpunkt ≥ 1.000 °C). Es sind auch andere Vorkehrungen möglich, wenn deren Verwendbarkeit entsprechend nachgewiesen ist.

* kein Glimmen und/oder Schwelen

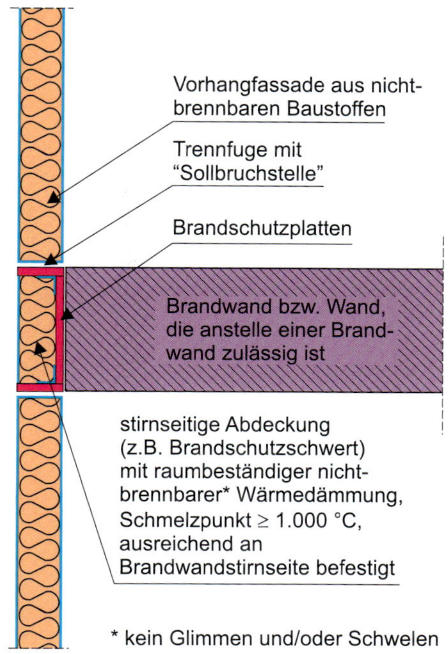

Bild 1.9: Brandwandanschluss an Doppelfassaden

Überbrücken Doppelfassaden Brandwände bzw. WaBW, sind gegen die Brandausbreitung im Bereich der Brandwände **immer besondere Vorkehrungen** erforderlich.

Bild 1.9 zeigt lediglich eine **Prinzipskizze**. Der Zwischenraum zwischen Fassade und Doppelfassade muss im Bereich der Brandwand so ausgeführt bzw. abgeschottet werden, dass das bauaufsichtliche Schutzziel „Verhinderung einer Brandausbreitung im Fassaden-Anschlussbereich der Brandwand bzw. WaBW" eingehalten wird.

Wichtig: Es ist empfehlenswert, bereits zu einem sehr frühen Zeitpunkt die möglichen Lösungen und Details zu entwickeln. Eine frühzeitige Abstimmung mit der den Brandschutz prüfenden Stelle ist dringend empfehlenswert. Außerdem ist hierfür in der Regel eine Abweichung erforderlich.

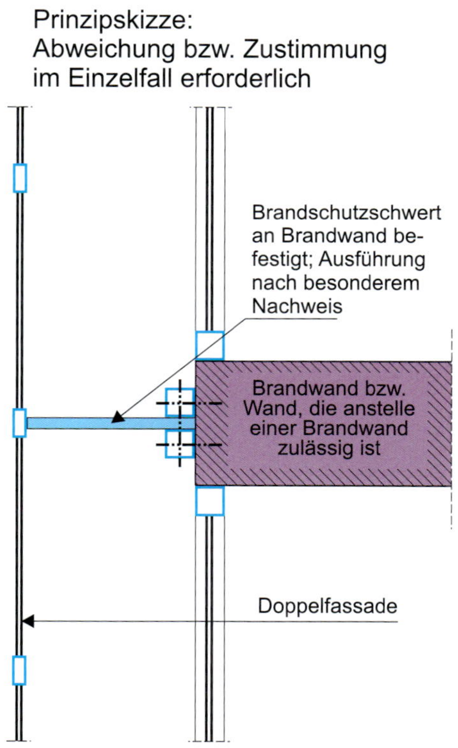

② Außenwandbekleidungen von Gebäudeabschlusswänden

In der BauO NRW wird konkretisiert, dass Außenwandbekleidungen von Gebäudeabschlusswänden (sowohl als BW als auch als WaBW) einschließlich der verwendeten Dämmstoffe und Unterkonstruktionen nichtbrennbar sein müssen.

Wichtig: Damit sind dort Wärmedämmverbundsysteme aus brennbaren Schaumkunststoffen unzulässig. Soll an Gebäudeabschlusswänden eine Außenwandbekleidung aufgebracht werden, ist deshalb besonders darauf zu achten, dass für alle Bauteile dieser Bekleidung, also auch für die Dämmstoffe und Unterkonstruktionen, der Nachweis „nichtbrennbar" vorliegt. Das gilt grundsätzlich für alle Gebäudeabschlusswände, also auch für die der GK 1 bis 4.

5

③ Standsicherheit und Mindestquerschnitt von Brandwänden und WaBW

Bild 3.1: Beispiel für direktes Pfettenauflager auf einer Brandwand bzw. WaBW aus Mauerwerk

Bei der dargestellten Ausführung ist davon auszugehen, dass die Feuerwiderstandsfähigkeit der Brandwand bzw. WaBW im Brandfall nicht beeinträchtigt wird, so dass keine Bedenken wegen des Brandschutzes bestehen.

Anmerkung: Diese Ausführung ist zwar theoretisch machbar, praktisch aber **nicht empfehlenswert**. Deutlich bessere Ausführungen siehe die nachfolgenden Bilder 3.2 bis 3.4.

Es ist eine Abweichung erforderlich, da die restliche Wanddicke im Auflagerbereich nicht klassifiziert feuerwiderstandsfähig (in der Feuerwiderstandsdauer der Brandwand bzw. WaBW) ist.

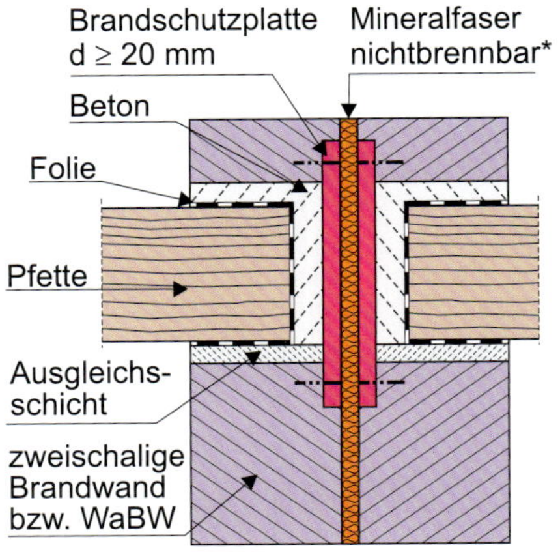

* kein Glimmen und/oder Schwelen

Bilder 3.2 und 3.3: Beispiel für Pfettenauflager mit Schlitzblech auf einer Brandwand bzw. WaBW aus Mauerwerk

Diese Ausführung ist sowohl aus Brandschutz- als auch aus Schallschutzgründen wesentlich besser als die in Bild 3.1 dargestellte Lösung.

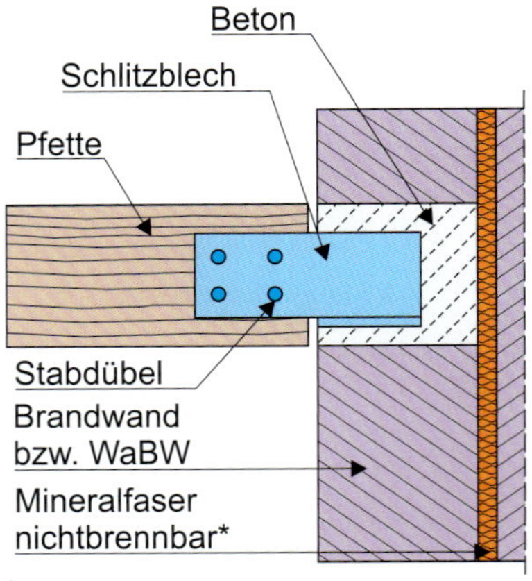

* kein Glimmen und/oder Schwelen

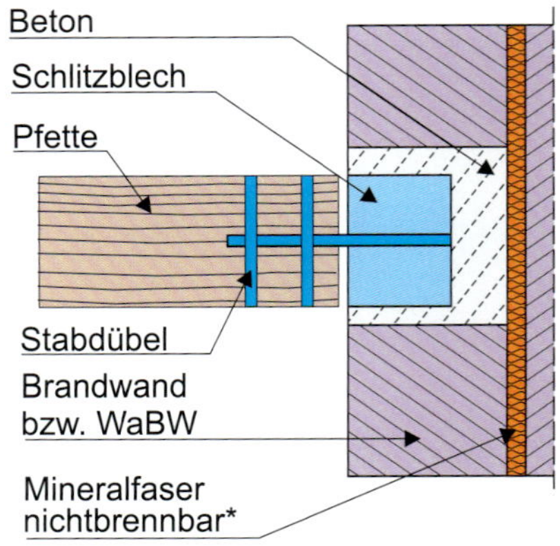

* kein Glimmen und/oder Schwelen

Bild 3.4: Beispiel für die Trennung von Längspfetten aus Holz oder Stahl

Bei Stahlpfetten ist die thermische Längenänderung im Brandfall zu berücksichtigen. Der Sicherheitsabstand zur Berücksichtigung der thermischen Längenänderung im Brandfall wurde in der Skizze mit „a" angegeben.

Schadenbeispiel siehe Bilder 3.9 bis 3.13.

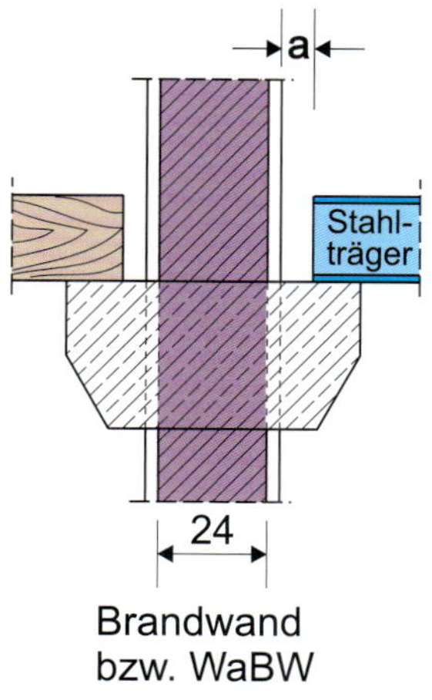

Bild 3.5: Beispiel für Stahlstützen vor der Brandwand bzw. WaBW

Stahlstützen, die unmittelbar vor einer Brandwand bzw. WaBW stehen, können bei einer Verformung durch Brandeinwirkung Brandwände bzw. WaBW zum Einsturz bringen.

Sie sind deshalb in der gleichen Feuerwiderstandsdauer der Brandwand bzw. WaBW zu ummanteln.

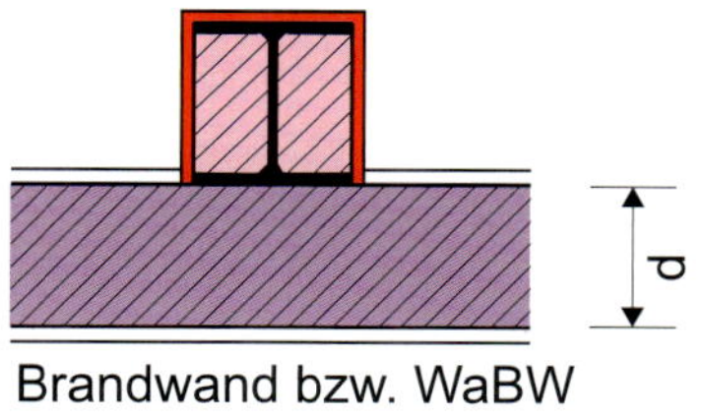

Bild 3.6: Beispiel für in die Brandwand bzw. WaBW eingreifende Stahlstützen

Stahlstützen dürfen aus den bei Bild 3.5 genannten Gründen in die Brandwände bzw. WaBW nur eingreifen, wenn sie keine Verbindung mit anderen ungeschützten Stahlkonstruktionen haben und wie bei Bild 3.5 angegeben ummantelt sind.

Die Mindestdicke der Brandwand bzw. WaBW muss gewahrt bleiben und die Standsicherheit darf nicht gefährdet werden.

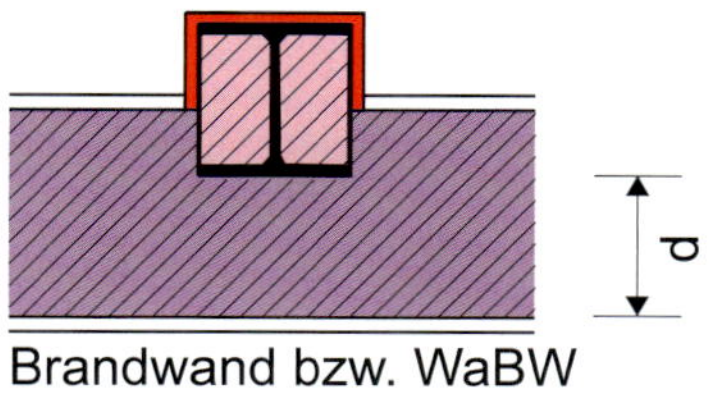

Bilder 3.7 und 3.8: Beispiel für Einsturz bzw. Zerstörung einer Brandwand bzw. WaBW durch einen nicht fachgerecht angeschlossenen Stahlträger

Bauteile und technische Einrichtungen, wie Stützen, anschließende Wände, Unterzüge, Binder, Kranbahnen, Rohre und Lüftungsleitungen sind im Bereich von Brandwänden bzw. WaBW so auszuführen, dass sie im Brandfall die Standsicherheit der Brandwände bzw. WaBW nicht gefährden.

Die Standsicherheit wird z. B. gefährdet durch thermische Längenänderung, Versagen und Einsturz ungeschützter Stahlstützen, -binder und Tragkonstruktionen in und vor Brandwänden.

Beispiel: Ein 10 m langer Stahlträger dehnt sich bei einer Temperaturdifferenz von 600 K um ca. 9 cm aus!

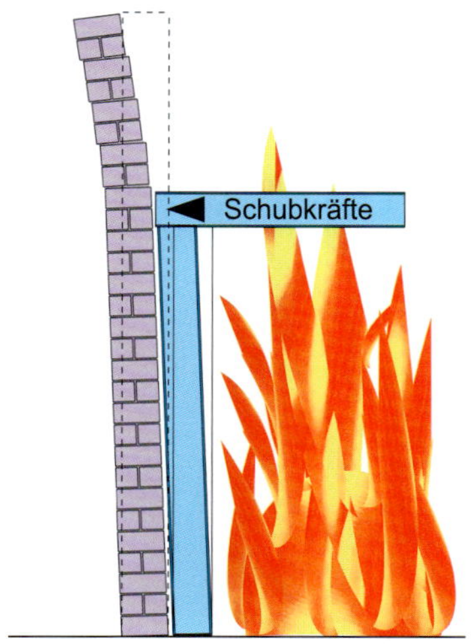

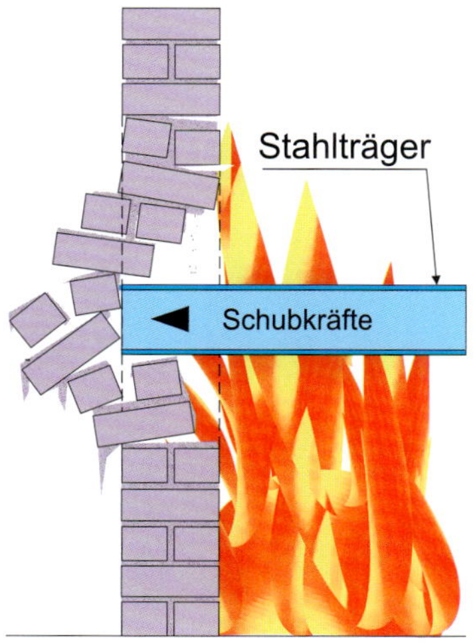

Bild 3.9: Brand in einer Lagerhalle

Es entstand ein Totalschaden.

Interessant ist der Kranbahnträger rechts oben im Bild. Dieser hat sich infolge der Erwärmung ausgedehnt und auch stark verworfen.

Bilder 3.10 und 3.11: Detailaufnahmen

Der in Bild 3.9 dargestellte Träger endete an der Stirnseite des Kopfbaus und war knirsch an die dort vorhandene Brandwand, die in diesem Bereich zugleich die des Treppenraums war, angeschlossen.

Die Schubkräfte durch die thermische Erwärmung waren so stark, dass der Träger die Brandwand aus Mauerwerk und Stahlbeton durchbrach.

Bilder 3.12 und 3.13: Detailaufnahmen

Ansicht von der dem Feuer abgewandten Seite. Der Träger dehnte sich ca. 20 cm aus und durchstieß die Brandwand aus Mauerwerk und Stahlbeton.

Dadurch konnten Feuer und Rauch in den Treppenraum eindringen und der erste bauliche Rettungsweg war nicht mehr benutzbar.

Wäre der Träger 20 cm kürzer gewesen, wäre nichts passiert!

5.7 Sicherung von Öffnungen					
Lage und Art der Öffnung		**Bauaufsichtliche Anforderungen**	**Kurzinfo**	BauO NRW	Atlas
Türöffnungen in	Gebäudeabschlusswänden	[1]Öffnungen in Brandwänden [Gebäudeabschlusswänden] sind unzulässig.	unzulässig	§ 30 (8)	6.2.2-B/8 und Kap.6.8
	inneren BW	[1]Öffnungen in inneren Brandwänden [und WaBW] sind nur zulässig, wenn sie auf die für die Nutzung erforderliche Zahl und Größe beschränkt sind. [2]Die Öffnungen müssen feuerbeständige, dicht- und selbstschließende Abschlüsse haben [in hf WaBW: hf + d + s].	fb + d + s*[1]		
	inneren hf + M WaBW		hf + d + s*[1]		
	inneren hf WaBW		hf + d + s*[1]		
Sichtöffnungen in	Gebäudeabschlusswänden	Öffnungen in Brandwänden [Gebäudeabschlusswänden] sind unzulässig.	unzulässig	§ 30 (8)	6.2.2-B/9 und Kap.6.9
	inneren BW	[1]In inneren Brandwänden [und WaBW] sind feuerbeständige Verglasungen [bzw. hf Verglasungen] nur zulässig, wenn sie auf die für die Nutzung erforderliche Zahl und Größe beschränkt sind.	fb VG*[1]	§ 30 (9)	
	inneren hf + M WaBW		hf VG*[1]		
	inneren hf WaBW		hf VG*[1]		

*[1] Beschränkung auf die für die Nutzung erforderliche Zahl und Größe.

Tipp: Bei Brandschutzverglasungen in der Regel Größenbegrenzung auf 1 m^2 je Öffnung. Eine Abstimmung mit der den Brandschutz prüfenden bzw. bescheinigenden Stelle ist empfehlenswert.

(1) Öffnungen in Gebäudeabschlusswänden

Da die Gebäudeabschlusswände in erster Linie dem Nachbarschutz gelten, dem der Gesetzgeber einen sehr hohen Stellenwert gibt, sind Öffnungen in Brandwänden bzw. WaBW, die als Gebäudeabschlusswände dienen, unzulässig.

Wenn sie aus Nutzungsgründen unbedingt erforderlich sind, z. B. bei Bestandsgebäuden in enger Stadtbebauung, so sind sie auf die für die Nutzung erforderliche Zahl und Größe zu beschränken und es ist eine entsprechende Abweichung erforderlich. **Wichtig:** In solchen Fällen ist unbedingt eine frühzeitige Abstimmung mit der den Brandschutz prüfenden Stelle erforderlich.

Natürlich müssen diese Öffnungen dann in der gleichen Feuerwiderstandsdauer der Brandwand bzw. WaBW gesichert werden. Türöffnungen in BW: fb + d + s, in hochfeuerhemmenden WaBW: hf + d + s. Sichtöffnungen in BW: Feuerbeständige F- (nationale Klasse) bzw. EI- (europäische Klasse) Brandschutzverglasung, in hochfeuerhemmenden WaBW: hochfeuerhemmende F- (nationale Klasse) bzw. EI- (europäische Klasse) Brandschutzverglasung.

Bild 1.1: Beispiel für Brandschutzverglasung in einer Brandwand bzw. WaBW als Gebäudeabschlusswand

Sichtöffnungen in Gebäudeabschlusswänden sind grundsätzlich unzulässig. Falls sie für die Nutzung unbedingt erforderlich sind, müssen sie auf die für die Nutzung erforderliche Zahl und Größe beschränkt werden und es ist eine entsprechende **Abweichung** erforderlich. Eine frühzeitige Abstimmung mit der den Brandschutz prüfenden Stelle ist empfehlenswert.

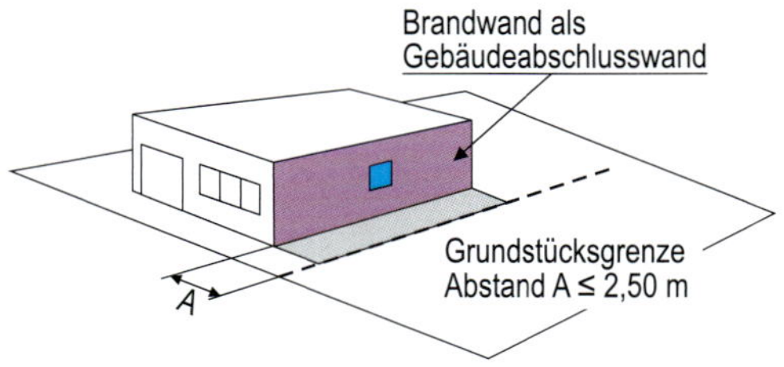

GK 5: BW: BS-Verglasung F 90 bzw. EI 90*
GK 4: hf + M WaBW: BS-Verglasung F 60 bzw. EI 60*
GK 1 - 3: hf WaBW: BS-Verglasung F 60 bzw. EI 60*
* Abweichung erforderlich, siehe Text

5

② Türöffnungen in inneren Brandwänden

Öffnungen in inneren Brandwänden (und WaBW) sind nur zulässig, wenn sie auf die für die Nutzung erforderliche Zahl und Größe beschränkt sind. Sollen Türöffnungen in inneren BW bzw. WaBW angeordnet werden, muss begründet werden, dass diese in der vorgesehenen Zahl und Größe für die Nutzung erforderlich sind.

In diesem Fall Sicherung in der gleichen Feuerwiderstandsdauer der BW bzw. WaBW. Türöffnungen in BW: feuerbeständig, dicht und selbstschließend (fb + d + s) und in hochfeuerhemmende WaBW: hochfeuerhemmend, dicht und selbstschließend (hf + d + s).

Bild 2.1: Beispiel für unzulässige Öffnung

Die Türe im notwendigen Flur dient der Nutzung und ist deshalb zulässig.

Türe 1 verbindet über vom Flur abgetrennte Räume zwei Brandabschnitte. Dies kann im Brandfall sehr ungünstig sein, da es für die Feuerwehr nicht ohne Weiteres erkennbar ist, dass in der Brandwand solche „versteckten" Türen vorhanden sind. Zudem besteht bei dieser Türe auch noch die Gefahr, dass sie evtl. nicht bzw. nicht vollständig geschlossen ist, was unter Umständen im Brandfall wegen der „versteckten" Anordnung ebenfalls nicht sofort bemerkt werden kann.

Deshalb ist die Anordnung der Türe 1 nur dann zulässig, wenn dies aus Nutzungsgründen unbedingt erforderlich ist und eine andere Lösung nicht möglich ist. In diesem Fall ist ein Feuerwehr-Einsatzplan erforderlich, der auf diese Türe besonders hinweist.

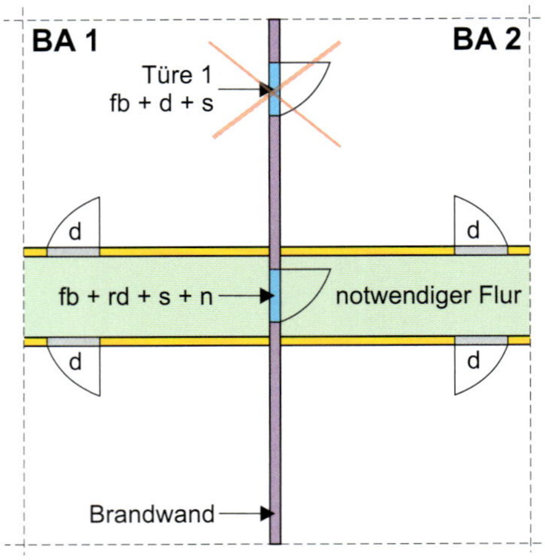

Bild 2.2: Beispiel für zulässige Öffnungen in einer Brandwand

Da die Öffnungen für die Nutzung notwendig sind und auf die erforderliche Zahl und Größe beschränkt wurden, sind die Türen 1 und 2 zulässig. Sie sind wie folgt zu sichern:

- **Brandwand:** feuerbeständig, dicht und selbstschließend (fb + d + s)
- GK 4: **hf + M WaBW:** hochfeuerhemmend, dicht und selbstschließend (hf + d + s)
- GK 1 bis 3: **hf WaBW:** hochfeuerhemmend, dicht und selbstschließend

Wichtig: Führen Rettungswege über eine dieser Türen in den jeweils anderen Brandabschnitt, so ist diese Türe „nichtabsperrbar" (mit Blindzylinder) auszubilden und entsprechend zu kennzeichnen. Bei einem Rettungsweg in nur eine Richtung ist auch eine Panikschließung möglich.

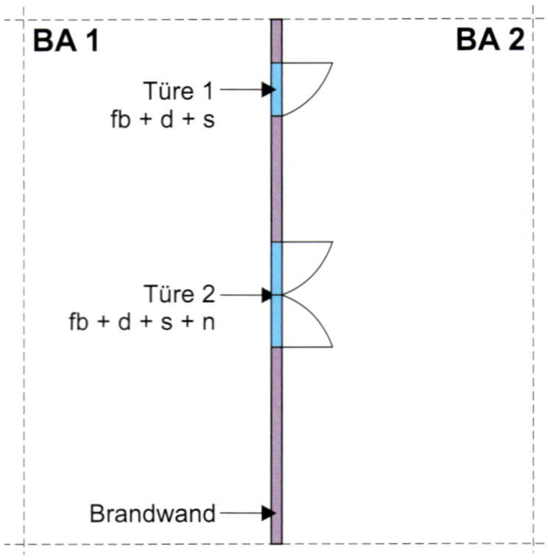

Bild 2.3: Rauchabschnittsbildung des notwendigen Flurs und Brandwand fallen zusammen

Die Öffnung ist für die Nutzung erforderlich und deshalb zulässig. Sie ist wie folgt zu sichern:

- **Brandwand:** feuerbeständig, rauchdicht, selbstschließend und nichtabsperrbar (fb + rd + s + n)
- GK 4: **hf + M WaBW:** hf, rauchdicht und selbstschließend, nichtabsperrbar (hf+ rd + s + n)
- GK 1 bis 3: **hf WaBW:** hf, rauchdicht und selbstschließend, nichtabsperrbar (hf+ rd + s + n)

Die Anforderung **„nichtabsperrbar"** kann z. B. mit einem Blindzylinder erfüllt werden.

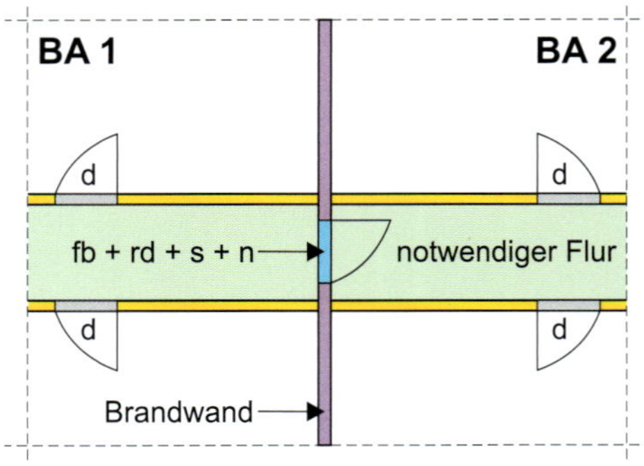

Bild 2.4: Wie Bild 2.3, jedoch Abschluss mit feststehenden verglasten Seitenteilen und Oberlichten

Häufig wird in solchen Fällen ein Element mit feststehenden verglasten Seitenteilen und Oberlichten und Feuerschutzabschluss angeordnet. Die Verglasung der Seitenteile und Oberlichte muss dann die gleiche Feuerwiderstandsdauer der Tür aufweisen.

Bei GK 4 und 5 ist zu prüfen, ob die feststehenden und verglasten Seitenteile und Oberlichte in der jeweils vorgesehenen Größe möglich sind (zusätzliche mechanische Beanspruchung). Eine frühzeitige Abstimmung mit der den Brandschutz prüfenden Stelle ist empfehlenswert.

Mögliche und sinnvolle Alternative siehe Bild 2.5.

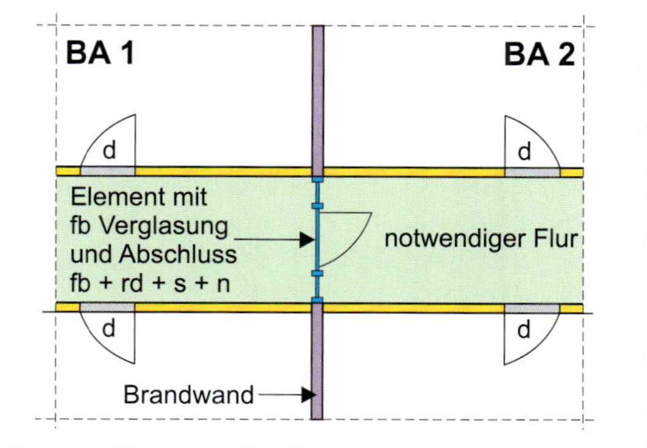

Bild 2.5: Wie Bilder 2.3 und 2.4, jedoch Abschluss mit abweichender Feuerwiderstandsdauer und genehmigungspflichtiger Abweichung

Bei dieser Ausführung werden die Wände, Decken und Böden der an die Brandwandöffnung anschließenden brandlastfreien Flure beidseits der Brandwand auf 2,50 m Länge feuerbeständig gesichert. Auf diese Weise wird ein 5 m langer, brandlastfreier und feuerbeständig gesicherter „Korridor" gebildet, der zusammen mit dem feuerhemmenden Element das bauaufsichtliche Schutzziel der Brandwand so erfüllt, dass keine Bedenken wegen des Brandschutzes bestehen. Es ist eine Abweichung erforderlich.

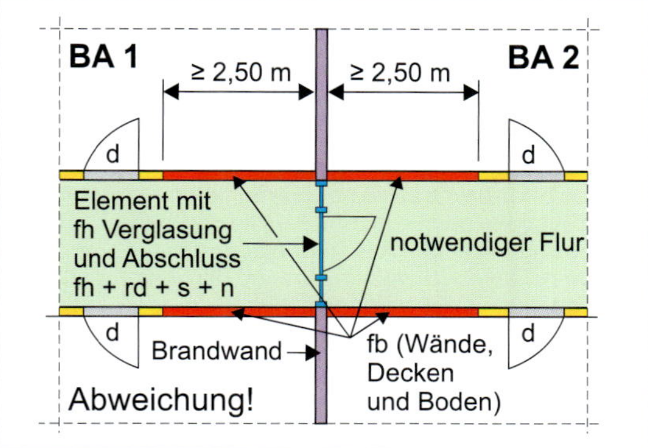

Bild 2.6: Wie Bild 2.5, jedoch mit gesicherter Öffnung im 5 m langen „Brandschutzkorridor"

Der „Brandschutzkorridor" sollte möglichst sicher sein. Deshalb ist die dargestellte Türe 1 keine optimale Lösung, auch wenn sie fh + d + s ausgeführt wird.

Grundsätzlich können jedoch Öffnungen in fb Wänden mit solchen Abschlüssen gesichert werden. Empfehlenswert ist diese Ausführung jedoch nicht. Besser wäre es, die Türe wie in Bild 2.5 dargestellt zu verschieben.

Falls dies jedoch nicht möglich ist, stellt auch die in Bild 2.6 dargestellte Situation eine Lösung dar, bei der keine Bedenken wegen des Brandschutzes bestehen. Natürlich ist auch hier eine Abweichung erforderlich und eine frühzeitige Abstimmung mit der den Brandschutz prüfenden Stelle empfehlenswert.

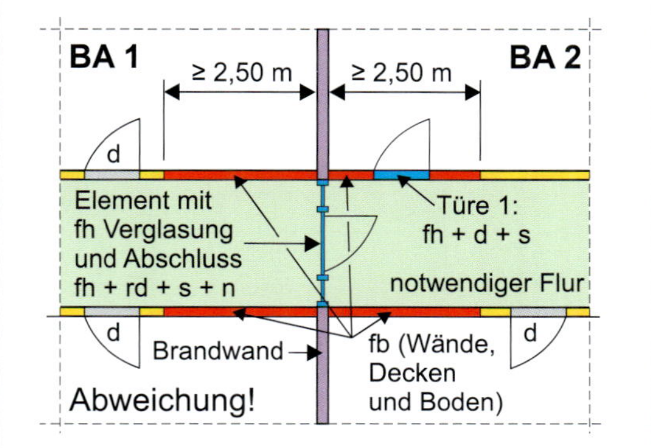

③ Sichtöffnungen in inneren Brandwänden

In **inneren Brandwänden bzw. WaBW** sind Sichtöffnungen sinngemäß wie Türöffnungen nur zulässig, wenn sie auf die für die Nutzung erforderliche Zahl und Größe beschränkt sind. Auch hier muss zunächst einmal begründet werden, dass sie in der vorgesehenen Zahl und Größe für die Nutzung erforderlich sind.

Sichtöffnungen in BW und WaBW von Gebäuden der GK 4 und 5

Zusätzlich ist zu berücksichtigen, dass in den **GK 4 und 5** Brandwände und WaBW ihre Anforderung an die Feuerwiderstandsdauer auch unter **„zusätzlicher mechanische Beanspruchung"** erfüllen müssen. Brandschutzverglasungen gewährleisten zwar grundsätzlich einen Raumabschluss für die Zeit ihrer Feuerwiderstandsdauer, nicht jedoch unter „zusätzlicher mechanischer Beanspruchung". Das heißt, es besteht bei Brandschutzverglasungen das Risiko, dass sie während eines Brandes durch eine mechanische Beanspruchung (der die BW bzw. WaBW problemlos standhalten würde) zerstört werden und damit die BW bzw. WaBW frühzeitig ihre Funktion verliert.

Diesem Risiko wird in der Praxis damit begegnet, indem die Brandschutzverglasungen bei Gebäuden der GK 4 und 5 in der Größe begrenzt werden und zwar in der Regel auf 1 m² je Öffnung.

Sollen größere Brandschutzverglasungen angeordnet werden, so muss innerhalb einer **Risikobewertung** ausgeschlossen werden, dass eine solche zusätzliche mechanische Beanspruchung stattfinden kann. Deshalb ist es bei größeren Brandschutzverglasungen (Einzelverglasung > 1 m²) notwendig, die Zahl und Größe frühzeitig mit der den Brandschutz prüfenden Stelle abzustimmen.

Sichtöffnungen in WaBW von Gebäuden der GK 1 bis 3

In den **GK 1 bis 3** wird für die dort erforderlichen hochfeuerhemmenden WaBW eine solche zusätzliche mechanische Beanspruchung nicht mehr vorgeschrieben, so dass die Anordnung von hochfeuerhemmenden Brandschutzverglasungen grundsätzlich großzügiger beurteilt werden kann.

5

Jedoch ist auch in diesen Fällen das Schutzziel der hf WaBW im Auge zu behalten, nämlich dass für 60 Minuten eine Brandausbreitung auf andere Brandabschnitte zuverlässig verhindert werden soll. Da hf-Brandschutzverglasungen nicht die gleiche mechanische Festigkeit wie die hochfeuerhemmenden WaBW aufweisen, sollte bei ihrer Anordnung auch dieser Gesichtspunkt mit berücksichtigt werden. Im Zweifel ist auch hier eine frühzeitige Abstimmung mit der den Brandschutz prüfenden Stelle empfehlenswert.

Bild 3.1: Beispiel für nicht fachgerecht gesicherte Sichtöffnung und die daraus resultierenden Folgen

Die in der Brandwand angeordneten Sichtöffnungen waren nicht fachgerecht gesichert. Dadurch wurde die abschottende Funktion durchbrochen und Feuer und Rauch konnten in den angrenzenden Abschnitt eindringen. Die Brandwand war wirkungslos und der Schaden hat sich nahezu verdoppelt.

④ Bauausführung von Feuerschutzabschlüssen und Brandschutzverglasungen

Siehe Kapitel 18.

6 Trennwände

6

Kurzinfo:	Kapitel
• **Erfordernis von Trennwänden:** – zwischen NE untereinander sowie zwischen NE und anders genutzten Räumen, ausgenommen notwendige Flure, – zum Abschluss von Räumen mit Explosions- oder erhöhter Brandgefahr, – zwischen AR und anders genutzten Räumen im KG, – zwischen AR und Wohnungen einschließlich ihrer Zugänge und nichtausgebauten Räumen im Dachraum.	6.1
• **Materielle Anforderungen:** Entsprechend der Gebäudeklasse, Lage und Nutzung.	6.2

• **Oberer An- bzw. Abschluss der Trennwände:**
– in Normalgeschossen: Führung bis zur Rohdecke
– im Dachraum:
  – Führung bis unter die Dachhaut oder
  – Führung bis zur fh Rohdecke (Raumabschluss, Tragwerk und Aussteifung der Rohdecke: fh).
	6.3

• **Öffnungen in Trennwänden:**
– nur zulässig, wenn sie auf die für die Nutzung erforderliche Zahl und Größe beschränkt sind. Wenn sie zulässig sind, dann Sicherung von
  – Türöffnungen: Abschlüsse fh + d + s (unabhängig von der Trennwandanforderung).
  – Sichtöffnungen: Brandschutzverglasungen in der gleichen Feuerwiderstandsdauer wie die Trennwand.
	6.4

• **Sicherung von Leitungsdurchführungen:** Gleiche Feuerwiderstandsdauer wie die Trennwand.	19 + 20

Schutzziel		
[1]Trennwände müssen als raumabschließende Bauteile von Räumen oder Nutzungseinheiten innerhalb von Geschossen ausreichend lang widerstandsfähig gegen die Brandausbreitung sein.	BauO NRW § 29 (1)	
6.1 Erfordernis von Trennwänden		
[1]Trennwände sind erforderlich*[1] 1. zwischen Nutzungseinheiten sowie zwischen Nutzungseinheiten und anders genutzten Räumen, ausgenommen notwendigen Fluren, 2. zum Abschluss von Räumen mit Explosions- oder erhöhter Brandgefahr, 3. zwischen Aufenthaltsräumen und anders genutzten Räumen im Kellergeschoss, sowie 4. zwischen Aufenthaltsräumen und Wohnungen einschließlich ihrer Zugänge und nichtausgebauten Räumen im Dachraum.	BauO NRW § 29 (2)	Atlas 6.2.1-A
*[1] Gilt nicht für Wohngebäude der Gebäudeklassen 1 und 2.		

6

(1) Schutzziel von Trennwänden

Siehe sinngemäß Kapitel 5.1, Punkt 1.

Trennwände sind praktisch „die kleinen Brüder" der Brandwand. Brandwände müssen sehr hohe Anforderungen erfüllen. Bei Trennwänden sind die Anforderungen zum Teil etwas geringer. Das heißt aber keineswegs, dass Erfordernis und Ausführung von Trennwänden „auf die leichte Schulter" genommen werden können. Trennwände haben innerhalb eines Geschosses in einem Gebäude bzw. Brandabschnitt die Aufgabe, die Brandausbreitung auf angrenzende Nutzungseinheiten bzw. brandschutztechnisch abgetrennte Bereiche **ausreichend lang** zu verhindern.

Wieviel **„ausreichend lang"** ist, ergibt sich im Wesentlichen aus der Gebäudeklasse, der Lage und der Nutzung, siehe Kapitel 6.2.

Bild 1.1: Totalschaden eines Kindergartens durch fehlende abschottende Wände

Der ca. 2.100 m² große Kindergarten wies keine Brandwände auf und bestand damit aus einem Brandabschnitt. Innerhalb dieses Brandabschnitts waren keine raumabschließenden feuerwiderstandsfähigen Trennwände angeordnet.

Damit hatte die Feuerwehr keine Chance, den Entstehungsbrand wirksam zu begrenzen und zu löschen. Es entstand ein Totalschaden.

Bilder 1.2 und 1.3: Schadenvergrößerung durch nicht fachgerecht ausgeführte Trennwände

Gemäß Brandschutzkonzept sollten in dem in Bild 1.2 abgebildeten Geschäftshaus mehrere Nutzungseinheiten durch feuerbeständige, raumabschließende Trennwände abgetrennt werden.

Die Trennwände waren jedoch nicht fachgerecht ausgeführt. Insbesondere wiesen sie gravierende Mängel bei ihren oberen Anschlüssen auf. Teilweise waren sie nicht bis unter die Dachhaut geführt. Dies hatte zur Folge, dass es der Feuerwehr nicht gelang, den Entstehungsbrand auf ein Geschäft zu begrenzen. Es entstand ein Totalschaden von mehreren Nutzungseinheiten.

Bild 1.3: Detail aus dem in Bild 1.2 dargestellten Schaden

Die Apotheke (rechtes Feld) war vom Supermarkt durch eine feuerbeständige Trennwand (Pfeil) getrennt.

Diese wies jedoch grobe Mängel auf. Insbesondere führte sie nicht bis unter die Dachhaut, so dass zwischen Trennwandoberkante und Dachhaut sehr große durchgehende Hohlräume vorhanden waren. Dadurch konnte die Trennwand vom Schadenfeuer überlaufen werden. Es entstand Totalschaden in beiden (und noch weiter daran anschließenden) Abschnitten.

6

② Trennwände zwischen Nutzungseinheiten

Bild 2.1: Wohngebäude mit zwei Wohnungen in der GK 1

An die Trennwand zwischen den beiden Nutzungseinheiten (Wohnungen) werden keine besonderen Brandschutzanforderungen gestellt.

Anmerkung: Die dargestellten Anforderungen gelten sinngemäß auch für ein Gebäude der GK 2.

Wichtig: Falls es sich um zwei Doppelhäuser auf einem Grundstück handelt, ist die Anordnung einer Brandwand (Wand anstelle einer Brandwand) empfehlenswert, siehe Kapitel 2.1, Punkt 2.

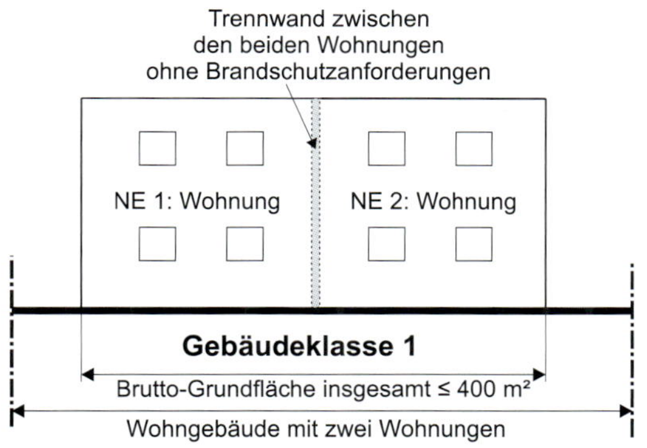

Bild 2.2: Gemischt genutztes Gebäude mit einer Wohnung und einem Büro

An die Trennwand zwischen der Wohnung und dem Büro besteht die Anforderung „feuerhemmend", da es sich um kein reines Wohngebäude mehr handelt.

Türen in dieser Trennwand sind nur zulässig, wenn sie auf die für die Nutzung erforderliche Zahl und Größe beschränkt sind. Sie müssen feuerhemmende, dicht- und selbstschließende Abschlüsse haben.

Anmerkung: Die dargestellten Anforderungen gelten sinngemäß auch für ein Gebäude der GK 2.

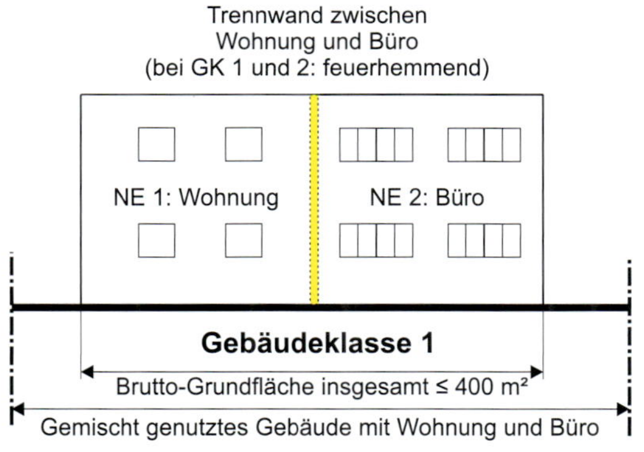

Bild 2.3: Bürogebäude mit zwei Büro-Nutzungseinheiten

An die Trennwand zwischen den beiden Büro-Nutzungseinheiten besteht die Anforderung „feuerhemmend", da es sich um kein Wohngebäude handelt.

Türen in der feuerhemmenden Trennwand siehe sinngemäß bei Bild 2.2.

Anmerkung: Die dargestellten Anforderungen gelten sinngemäß auch für ein Gebäude der GK 2.

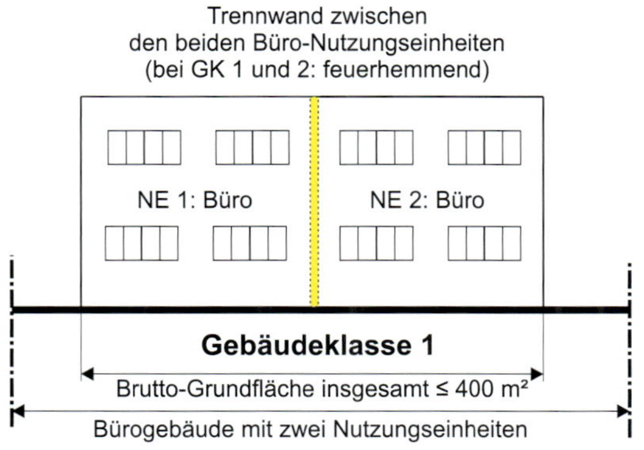

Bild 2.4: Gebäude der GK 5 mit Trennwänden

Zwischen Wohnung 1 (NE 1) und Wohnung 2 (NE 2) ist eine feuerbeständige Trennwand erforderlich. Ebenso zwischen Büro 1 und Büro 2.

Auch zwischen Wohnung 2 und Büro 1 muss eine feuerbeständige Trennwand angeordnet werden, da es sich um unterschiedliche Nutzungseinheiten handelt.

Türen in diesen Trennwänden sind nur zulässig, wenn sie auf die für die Nutzung erforderliche Zahl und Größe beschränkt sind. Sie müssen feuerhemmende, dicht- und selbstschließende Abschlüsse haben.

Das Bild gilt für die GK 3 und GK 4 analog.

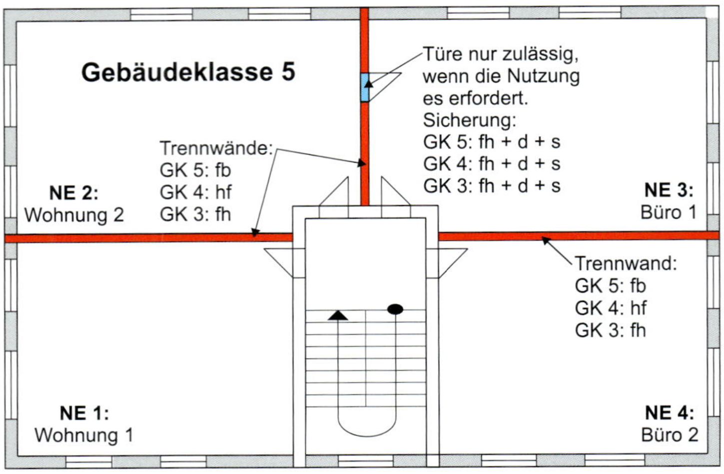

Bild 2.5: Gebäude der GK 5 mit notwendigem Flur und Trennwänden

Obwohl die Nutzungseinheiten untereinander durch feuerbeständige Trennwände brandschutztechnisch abgetrennt sind, besteht an die Flurwände nur die Anforderung „feuerhemmend".

Dies gilt jedoch nicht für Räume mit Explosions- oder erhöhter Brandgefahr (NE 3). Solche Räume müssen immer vollständig, also auch zu notwendigen Fluren feuerbeständig abgetrennt werden.

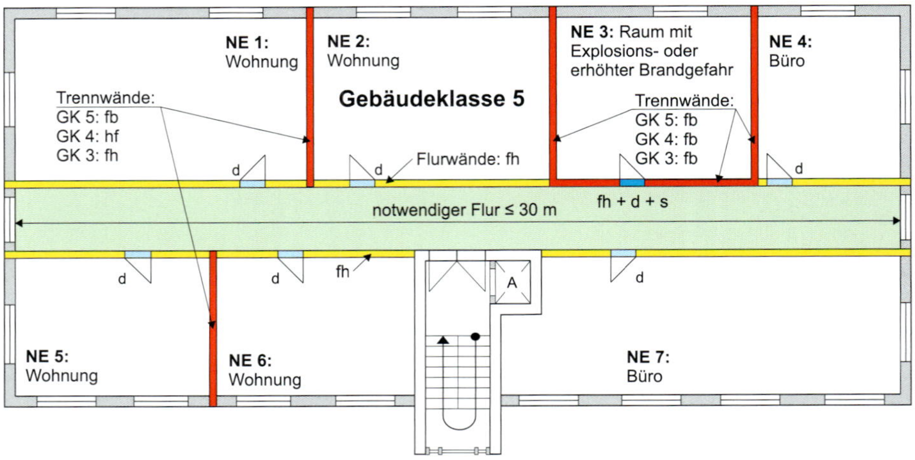

Bild 2.6: Detail aus Bild 2.5

Im visualisierten Brandschutzkonzept werden die grundsätzlichen Anforderungen der Bauordnung als Prinzipskizzen dargestellt. Diese müssen anschließend in der Werk- und Detailplanung präzisiert und ausgearbeitet werden.

Bild 2.6 zeigt die Priorität, die beim Anschluss der fb Trennwand an die fh Flurtrennwand besteht. Würde die Flurtrennwand z. B. als fh Gipskarton-Ständerwand ausgeführt, so darf diese nicht „durchgezogen" werden, da ein fachgerechter stirnseitiger Anschluss einer fb Gipskarton-Trennwand an eine fh Gipskarton-Trennwand nicht bzw. nicht ohne Weiteres möglich ist.

Sinngemäß gilt das auch für den äußeren An- bzw. Abschluss der fb Trennwand an eine Außenwand bzw. eine vorgehängte Fassade.

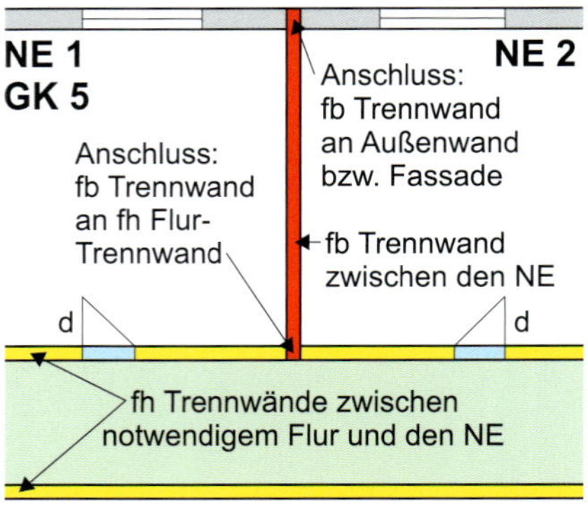

③ Trennwände zum Abschluss von Räumen mit Explosions- oder erhöhter Brandgefahr

Die Formulierung **„Explosions- oder erhöhte Brandgefahr"** ist ein sogenannter **„unbestimmter Rechtsbegriff"**. Deshalb sollte bei seiner Anwendung darauf geachtet werden, wie dieser Begriff im jeweiligen Einzelfall zu interpretieren und umzusetzen ist. Leider gibt es für die Definition bzw. Einstufung dieser Räume derzeit keine einheitliche und damit auch keine allgemein gültige rechtliche Bewertungsgrundlage.

Grundsätzlich sind **„Räume mit erhöhter Brandgefahr"** Räume, deren Brandgefahr **erheblich** über der Brandgefahr von üblichen Räumen liegt. Dies ist zwar eine sehr allgemeine Beschreibung. Sie kann jedoch hilfreich bei der Bewertung von solchen Räumen sein. Damit liegt die **Schwelle** für die Einstufung eines Raumes als „Raum mit erhöhter Brandgefahr" **deutlich** über den üblichen z. B. in einem Büro vorhandenen Gefahrenpotenzialen.

In der „Erläuterung zu Teil 4: Hochhäuser der Verordnung über den Bau und Betrieb von Sonderbauten (Sonderbauverordnung – SBauVO)" heißt es unter anderem:

„Als Räume mit erhöhter Brandgefahr sind z. B. Lagerräume, Werkräume, Magazine und Laborräume anzusehen. Darüber hinaus können folgende Kriterien für eine Bewertung, ob Räume erhöhten Brandgefahren ausgesetzt sind, im Einzelfall herangezogen werden:

- *Mindestgröße (ab 20 m²)* ***und***
- *Vorhandensein von Zündquellen* ***und***
- *Vorhandensein von leicht entzündlichen Materialien (z. B. Lösungsmittel, brennbare Flüssigkeiten etc.)* ***oder***
- *Durchführung feuergefährlicher Arbeiten (z. B. löten, schweißen, trennen)*

Nicht zu Räumen mit erhöhter Brandgefahr zählen danach z. B. Putzmittelräume, Teeküchen und Kopierräume."

6

Empfehlung: Größere Putzmittelräume werden häufig als Räume mit erhöhter Brandgefahr bewertet. Dabei ist es natürlich auch von Bedeutung, von wo aus der Putzmittelraum zugänglich ist und was dort gelagert wird. Im Zweifelsfall ist eine Abstimmung mit der den Brandschutz prüfenden Stelle empfehlenswert.

Tipp: Die richtige Einstufung von „Räumen mit Explosions- oder erhöhter Brandgefahr" ist wichtig, da sie entsprechende **zusätzliche** brandschutztechnische Anforderungen nach sich zieht, die natürlich dann auch mit zusätzlichen Kosten verbunden sind.

Dabei geht es nicht nur um die Trennwände und -decken selbst, die bei solchen Räumen feuerbeständig sein müssen, sondern auch um die damit erforderliche höhere brandschutztechnische Sicherung der Tür- und Sichtöffnungen und insbesondere auch aller **Leitungsdurchführungen**.

Außerdem kann z. B. in den Gebäudeklassen 1 bis 4 die Anordnung von feuerbeständigen Trennwänden und feuerbeständigen Decken zu zusätzlichen konstruktiven Problemen führen (z. B. beim oberen An- bzw. Abschluss von feuerbeständigen Trennwänden in einem Gebäude, das gemäß Gebäudeklasse nur ein feuerhemmendes Tragwerk und feuerhemmende Decken benötigt.

In Bild 2.5, Kapitel 6.1, Punkt 2 ist die Abtrennung eines Raumes mit Explosions- oder erhöhter Brandgefahr als Beispiel dargestellt (NE 3).

④ Trennwände zwischen Aufenthaltsräumen und anders genutzten Räumen im Kellergeschoss

Bild 4.1: Gebäude der GK 3 bis 5 mit Trennwänden im KG

Die Hausmeisterwerkstatt wird als Aufenthaltsraum (AR) bewertet und muss deshalb zu anders genutzten Räumen im KG feuerbeständig abgetrennt werden. Für die Türe besteht die Anforderung: feuerhemmend, dicht und selbstschließend.

Eine Besonderheit ist der Aufstellraum für Feuerstätten für flüssige und gasförmige Brennstoffe mit einer Gesamtnennleistung von mehr als 100 kW. Dieser darf nach Feuerungsverordnung (FeuVO NRW) § 5 gegenüber anderen Räumen keine Öffnungen, ausgenommen Öffnungen für Türen, haben. Die Türen müssen dicht- und selbstschließend sein.

An den Wasch- und Trockenraum bestehen keine besonderen Anforderungen, da dieser kein AR ist. Rettungswege siehe Kapitel 11, Punkt 14, Bilder 14.4 bis 14.8.

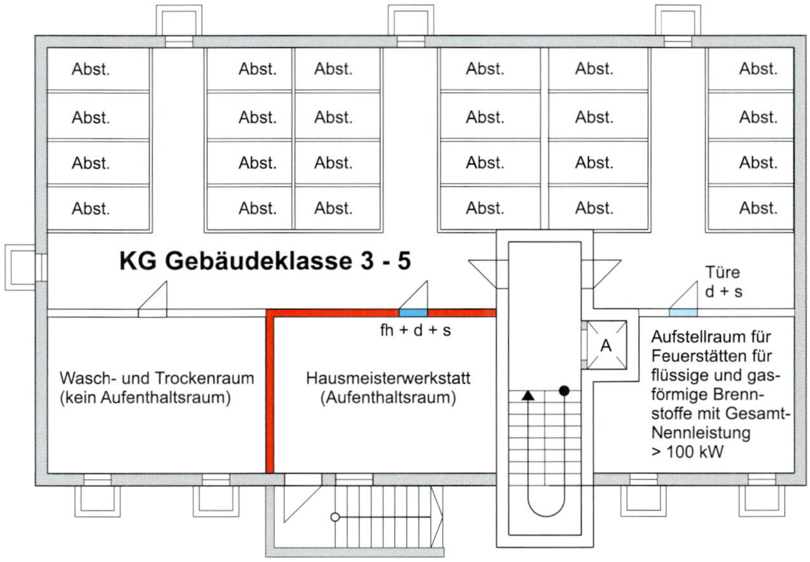

⑤ Trennwände zwischen Aufenthaltsräumen und Wohnungen einschließlich ihrer Zugänge und nichtausgebauten Räumen im Dachraum

Bild 5.1: Trennwände zwischen Aufenthaltsräumen und Wohnungen einschließlich ihrer Zugänge und nichtausgebauten Räumen im Dachraum

Unter nichtausgebauten Dachräumen sind hier grundsätzlich Dachräume zu verstehen, die zwar nichtausgebaut sind, aber ausgebaut werden können und/oder nutzbar sind.

Nicht gemeint sind dagegen Trennwände zu (nicht ausbaubaren) Abseitenräumen. An diese werden keine besonderen Brandschutzanforderungen gestellt.

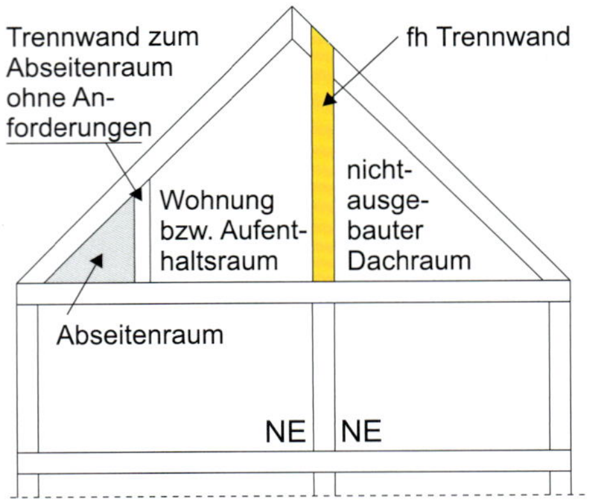

6.2 Erforderliche Feuerwiderstandsdauer der Trennwände

Trennwände		GK 5	GK 4	GK 3	GK 2*1	GK 1*1	BauO NRW	Atlas
Zwischen NE sowie zwischen NE und anders genutzten Räumen, ausgenommen notwendigen Fluren	Normalgeschosse	fb	hf	fh	fh	fh	§ 29 (3)	6.2.1-A/2
	Geschosse im Dachraum, über denen AR möglich sind	fb	hf	fh	fh	fh		
	Geschosse im Dachraum, über denen keine AR möglich sind	fh	fh	fh	fh	fh		
Zum Abschluss von Räumen mit Explosions- oder erhöhter Brandgefahr		fb	fb	fb	fb	fb		
Zwischen Aufenthaltsräumen und anders genutzten Räumen im Kellergeschoss		fb	fb	fb	fh	fh		
Zwischen Aufenthaltsräumen und Wohnungen einschließlich ihrer Zugänge und nichtausgebauten Räumen im Dachraum		fh	fh	fh	fh	fh		

*1 Gilt nicht für **Wohngebäude** der Gebäudeklassen 1 und 2.

Wichtig: Falls in Dachräumen mit einer nicht feuerwiderstandsfähigen Dachkonstruktion feuerwiderstandsfähige Trennwände vorhanden sind: Auf ihren fachgerechten oberen An- bzw. Abschluss achten, einschließlich statischer Aussteifung (siehe Kapitel 6.3).

(1) Zuordnung der bauaufsichtlichen Anforderungen zu nationalen und europäischen Klassen

Tabelle 1.1: Zuordnung der bauaufsichtlichen Anforderungen an Trennwände zu nationalen und europäischen Klassen (gemäß VV TB NRW Anhang 4)

	Bauaufsichtliche Anforderungen	Abkürzung	Nationale Klassen nach DIN 4102	Tragfunktion	Europäische Klassen nach DIN EN 13501
Trennwand	feuerbeständig	fb	F 90-AB	tragend	REI 90 [wnb]
				nichttragend	EI 90 [wnb]
	hochfeuerhemmend	hf	F 60-AB*1	tragend	REI 60 [wnb] oder REI 60 [HolzR]
				nichttragend	EI 60 [wnb] oder EI 60 [HolzR]
	feuerhemmend	fh	F 30-B	tragend	REI 30 E - d2
				nichttragend	EI 30 E - d2
	fb und hf mit tragenden und aussteifenden sowie raumabschließenden Bauteilen aus brennbaren Baustoffen*2	fb [zAHolz]	F 90-B [zAHolz]	tragend	REI 90 E - d2 [zAHolz]
				nichttragend	EI 90 E - d2 [zAHolz]
		hf [zAHolz]	F 60-B [zAHolz]	tragend	REI 60 E - d2 [zAHolz]
				nichttragend	EI 60 E - d2 [zAHolz]
Abschluss	feuerhemmend, dicht und selbstschließend	fb + d + s	T 30-d		EI_2 30-S_aC..*3
Brandschutz-verglasung*4	feuerbeständig	BS-VG: fb	F 90		EI 90
	hochfeuerhemmend	BS-VG: hf	F 60		EI 60
	feuerhemmend	BS-VG: fh	F 30		EI 30

Grundsätzliche Informationen und Legende siehe Kapitel 4.2, Punkt 3 sowie Kapitel 29 und 30.

*1 hf mit Tragwerk aus Holz ist mit nationalen Klassen (nach DIN 4102) nicht möglich.

*2 Die geforderte Feuerwiderstandsdauer muss nachgewiesen werden und die Bauteile müssen so hergestellt und eingebaut werden, dass Feuer und Rauch nicht über Grenzen von Brand- oder Rauchabschnitten, insbesondere Geschosstrennungen, hinweg übertragen werden können [zAHolz]. Siehe auch Kapitel 4.3, Punkt 1.

*3 Festlegungen zur Prüfzyklenanzahl für die Dauerfunktionsprüfungen:
- C5 (200.000 Zyklen) für Feuerschutz-/Rauchschutztüren (Drehflügelabschlüsse).
- C2 (10.000 Zyklen) für sonstige Feuerschutz-/Rauchschutzabschlüsse (z. B. Klappen, Tore).

*4 Für die Sicherung von Sichtöffnungen sind in der Bauordnung keine Anforderungen genannt.
Empfehlung: Beschränkung auf die für die Nutzung erforderliche Zahl und Größe und Sicherung in der gleichen Feuerwiderstandsdauer der Trennwand (siehe auch Kapitel 6.4).

6

② Erforderliche Feuerwiderstandsdauer von Trennwänden

Die nachfolgenden Bilder zeigen als plakative Übersicht für alle Gebäudeklassen die jeweiligen Anforderungen an die Trennwände im Kellergeschoss, in den Normalgeschossen und im Dachgeschoss bzw. in den Dachgeschossen.

Wichtig: Zur besseren Veranschaulichung sind nur die jeweiligen Anforderungen an die Trennwände dargestellt. Bei Trennwänden im obersten Geschoss bzw. in Dachgeschossen ist besonders auf den oberen An- und Abschluss zu achten (siehe Kapitel 6.3).

Bilder 2.1 bis 2.7: Erforderliche Feuerwiderstandsdauer von Trennwänden bei Gebäuden der GK 5 bis 1

Anmerkung: In den Bildern wurden nur die Anforderungen an die Trennwände visualisiert. Insbesondere im Dachbereich ist darauf zu achten, wie die Anschlüsse und Ausführung der Trennwände und Rohdecken erfolgen.

Es bedeuten in den Bildern:

○ Anforderung der Bauordnung an den oberen An- bzw. Abschluss der feuerwiderstandsfähigen Trennwand an die Decke bzw. das Dach beachten. Siehe hierzu auch Kapitel 6.3.

Legende:

rot: feuerbeständig, **orange:** hochfeuerhemmend,
gelb: feuerhemmend, **weiß:** keine besonderen Anforderungen.

Whg: Wohnung, **NE:** Nutzungseinheit.

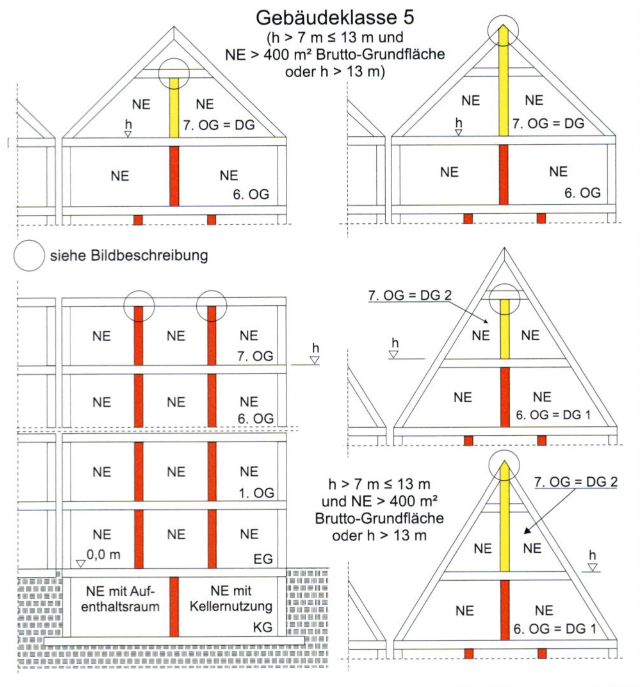

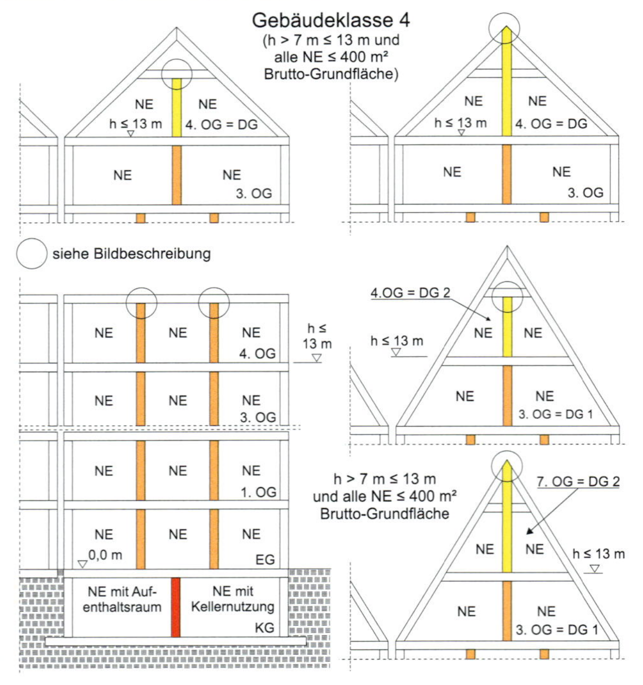

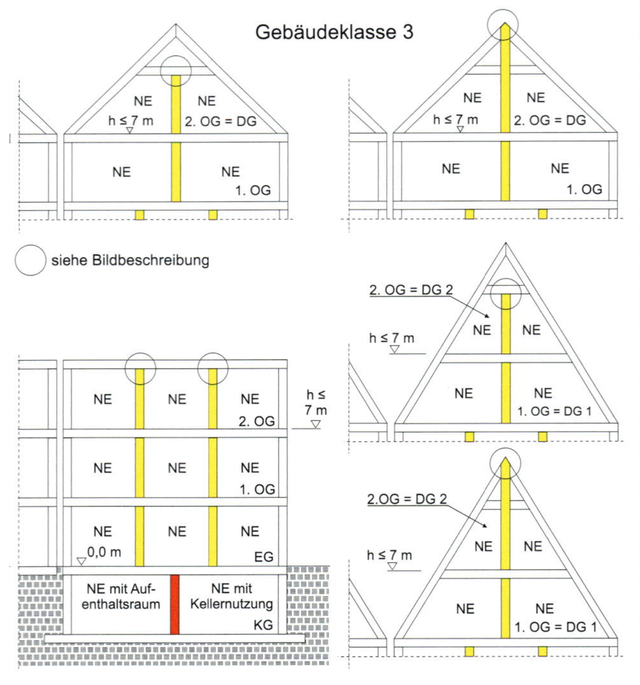

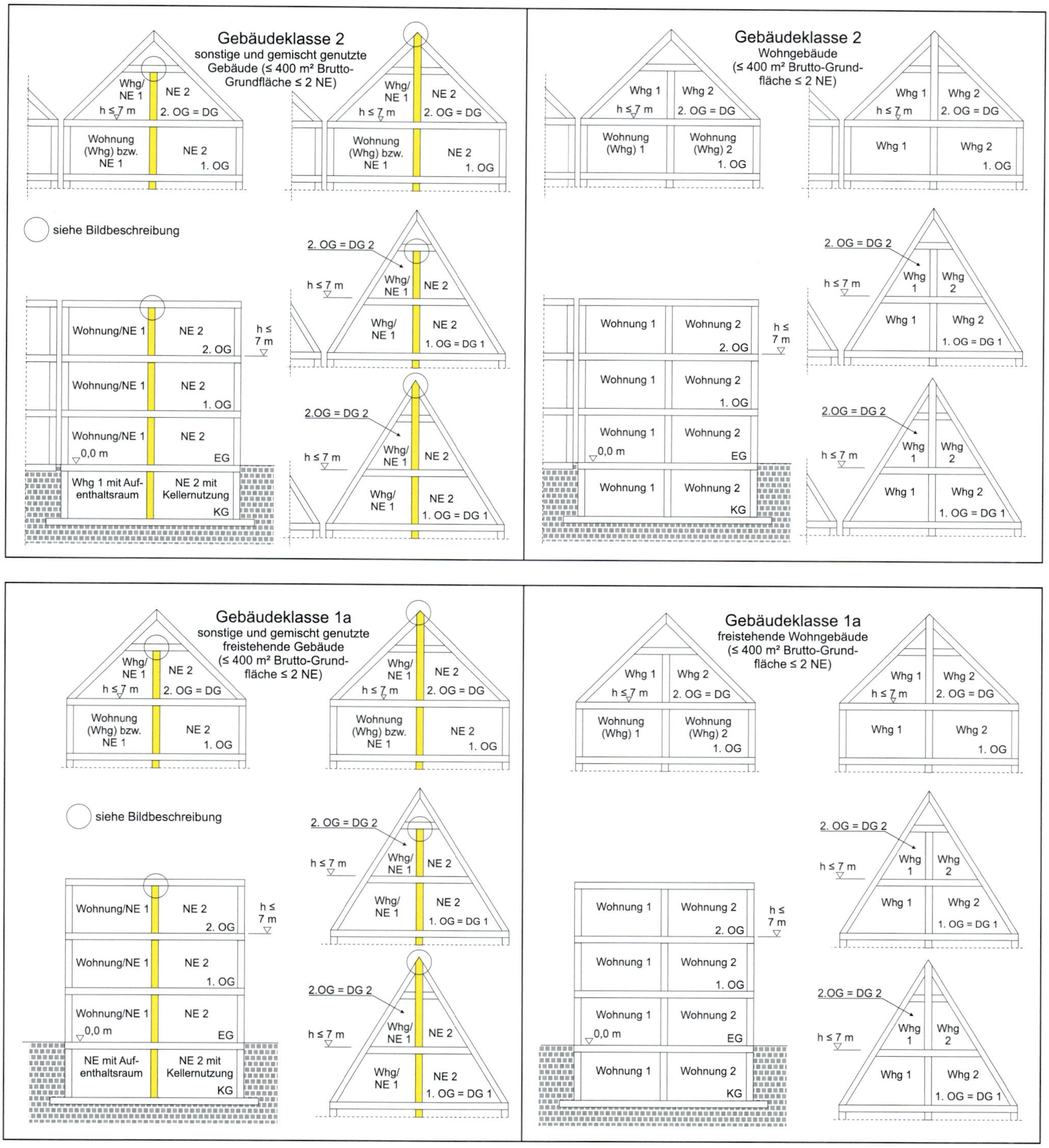

③ Bauausführung von Trennwänden

Grundsätzliche Informationen zu den erforderlichen Nachweisen für die Verwendung von Bauprodukten und Bauarten siehe Kapitel 4.2, Punkt 4.

Massivwände

Zur Erfüllung der bauaufsichtlichen Anforderungen an Trennwände können die in den nachfolgenden Punkten 4 und 5 angegebenen Bauarten und Bauprodukte verwendet werden.

Trockenbauwände

Ausführung nach den jeweiligen Ver-/Anwendbarkeitsnachweisen und Ausführungsvorschriften der Hersteller. Dabei ist besonders auf die oberen und seitlichen An-/Abschlüsse zu achten.

Bei hochfeuerhemmenden Wänden mit tragenden und aussteifenden Teilen aus brennbaren Baustoffen ist die M-HFHHolzR einzuhalten.

④ Trennwände aus Beton- und Stahlbeton

Tabelle 4.1: Verwendbarkeits- bzw. Anwendbarkeitsnachweise für tragende und nichttragende Trennwände aus Beton- und Stahlbeton

Ausführung nach Technischen Baubestimmungen (TB)	bis 04.2016	nichttragende Wände	DIN 4102-4:1994-03, Abschnitt 4.1.1.2, Tabelle 35, in Verbindung mit DIN 4102-4/A1:2004-11 und DIN 4102-22:2004-11
		tragende Wände	DIN 4102-4:1994-03, Abschnitt 4.2, Tabelle 35, in Verbindung mit DIN 4102-4/A1:2004-11 und DIN 4102-22:2004-11
	aktuell: ab 05.2016 bzw. 12.2010	nichttragende Wände	DIN EN 1992-1-2:2010-12, Abschnitt 5.4.1, Tabelle 5.3[*1]
		tragende Wände	DIN EN 1992-1-2:2010-12, Abschnitt 5.4.2, Tabelle 5.4[*1] sowie DIN 4102-4:2016-05, Abschnitt 5.11[*1]

[*1] Enthalten im Brandschutzatlas Sonderband: „DIN 4102-4 und Eurocodes, Klassifizierte Baustoffe und Bauteile".

Hinweis: Die Eurocodes werden teilweise ergänzt durch nationale Anhänge, die jeweils zusätzlich mit zu beachten sind. Diese Ergänzungen sind bereits im Sonderband eingepflegt.

Tabelle 4.2: Beispiele für die Mindestwanddicken für nichttragende Trennwände aus Beton nach DIN EN 1992-1-2:2010-12, Tabelle 5.3

Feuerwiderstandsklasse	Mindestwanddicke (mm)
EI 30	60
EI 60	80
EI 90	100
EI 120	120
EI 180	150
EI 240	175

- Forderungen an den Achsabstand der Bewehrung werden nicht gestellt.
- Werden kalksteinhaltige Zuschläge verwendet, darf die Mindestdicke nach der Tabelle um 10 % vermindert werden.
- Damit übermäßige thermische Verformungen mit nachfolgendem Verlust des Raumabschlusses zwischen Wand und Deckenplatte vermieden werden, sollte das Verhältnis von lichter Wandhöhe zu Wanddicke nicht größer als 40 sein.

Anmerkung: Die lichte Höhe einer Wand berücksichtigt die Einschränkung, dass tabellarische Daten nur für ausgesteifte Bauwerke gegeben werden, siehe die entsprechende Einschränkung für Stützen in DIN EN 1992-1-2, Abschnitt 5.3.1.

Tabelle 4.3: Beispiele für Mindestdicken und -achsabstände für tragende Trennwände aus Beton[1)] nach DIN EN 1992-1-2:2010-12, Tabelle 5.4

Feuerwiderstandsklasse	Mindestmaße (mm) Wanddicke/Achsabstand für			
	μ_{fi}=0,35		μ_{fi}=0,7	
	Brandbeansprucht auf einer Seite	Brandbeansprucht auf zwei Seiten	Brandbeansprucht auf einer Seite	Brandbeansprucht auf zwei Seiten
REI 30	100/10*	120/10*	120/10*	120/10*
REI 60	110/10*	120/10*	130/10*	140/10*
REI 90	120/20*	140/10*	140/25	170/25
REI 120	150/25	160/25	160/35	220/35
REI 180	180/40	200/45	210/50	270/55
REI 240	230/55	250/55	270/60	350/60

* Normalerweise reicht die nach DIN EN 1992-1-1 erforderliche Betondeckung.

- Anmerkung: Für die Definition von μ_{fi} siehe DIN EN 1992-1-2, Abschnitt 5.3.2 (3).
- Für unbewehrte Betonwände (siehe DIN EN 1992-1-1, Abschnitt 12) dürfen die Mindestwanddicken der Tabelle verwendet werden.
- Werden kalksteinhaltige Zuschläge verwendet, darf die Mindestdicke der Tabelle um 10 % vermindert werden.
- Damit übermäßige thermische Verformungen mit nachfolgendem Verlust des Raumabschlusses zwischen Wand und Deckenplatte vermieden werden, sollte das Verhältnis von lichter Wandhöhe zu Wanddicke nicht größer als 40 sein.

1) **Anmerkung:** Das Verhältnis von lichter Wandhöhe zu Wanddicke ist gemäß vorstehendem letzten Spiegelpunkt begrenzt auf 40. Die lichte Höhe einer Wand berücksichtigt die Einschränkung, dass tabellarische Daten nur für ausgesteifte Bauwerke gegeben werden, siehe die entsprechende Einschränkung für Stützen in DIN EN 1992-1-2, Abschnitt 5.3.1.

⑤ Trennwände aus Mauerwerk

Tabelle 5.1: Verwendbarkeits- bzw. Anwendbarkeitsnachweise für tragende und nichttragende Trennwände aus Mauerwerk

Ausführung nach Technischen Baubestimmungen (TB)	bis 04.2016	nichttragende Wände	DIN 4102-4:1994-03 Abschnitt 4.5, Tabelle 38, in Verbindung mit DIN 4102-4/A1:2004-11 und DIN 4102-22:2004-11
		tragende Wände	DIN 4102-4:1994-03 Abschnitt 4.5, Tabelle 39, In Verbindung mit DIN 4102-4/A1:2004-11 und DIN 4102-22:2004-11
	aktuell: ab 05.2016	nichttragende Wände	DIN 4102-4:2016-05*[1], Abschnitt 9.3, Tabelle 9.1
		tragende Wände	DIN 4102-4:2016-05*[1], Abschnitt 9
	aktuell: ab 06.2013	nichttragende und tragende Wände	DIN EN 1996-1-2/NA:2013-06*[1] Tab. NA.B.1.1 und 1.2 – Ziegel-Mauerwerk Tab. NA.B.2.1 und 2.2 – Kalksandstein-Mauerwerk Tab. NA.B.3.1 und 3.2 – Betonstein-Mauerwerk Tab. NA.B.4.1 und 4.2 – Porenbeton-Mauerwerk
Bei wesentlichen Abweichungen von den TB bzw. aaRdT	In der Regel: aBG / abZ, evtl. auch abP / vBG / ZiE		

*[1] Enthalten im Brandschutzatlas - Sonderband: „DIN 4102-4 und Eurocodes, Klassifizierte Baustoffe und Bauteile", Abschnitt 2 (Eurocodes) und Abschnitt 3 (DIN 4102-4).

Tabellen 5.2 bis 5.9: Mindestdicken von nichttragenden und tragenden Trennwänden aus Mauerwerk gemäß DIN EN 1996-1-2/NA:2013-06

Bei der Anwendung der Tabellen ist Folgendes zu beachten:

„Zu Anhang B (normativ) „Tabellenwerte der Feuerwiderstandsdauer von Mauerwerkswänden"

NDP zu Anhang B (normativ)

(1) Die Tabellenwerte für nichttragende Wände gelten für Wandhöhen h ≤ 6 m (siehe auch DIN EN 1996-3:2010-12, Anhang C) sowie Schlankheiten $\lambda_c = h_{ef}/t_{ef} \leq 40$.

Anmerkung: Die Tabellenwerte wurden auf der Grundlage von DIN EN 15080-12 aus historischen Werten sowie Prüfergebnissen nach DIN EN 1364-1 und DIN EN 1365-1 ermittelt.

(2) Die Tabellenwerte gelten auch für Außenwände der Feuerwiderstandsklassen E 30 (i→o) und EI 30ef (i←o).

(3) Die Klammerwerte in den Tabellen gelten für Wände mit beidseitigem Putz nach DIN EN 1996-1-2:2011-04, Abschnitt 4.2.

(4) Es gelten die Werte t_F und l_F unter Berücksichtigung des Ausnutzungsgrades $\alpha_{6,fi}$ bzw. α_{fi} entsprechend den nachfolgenden Tabellen unter den dort genannten Randbedingungen für bauseits erstellte und vorgefertigte Wände.

(5) Die Angaben der Tabellen decken Exzentrizitäten in Wandmitte $e_{mk,fi} \leq t_F/6$ ab. Bei Ausmitten $e_{mk,fi} > t_F/6$ ist die Lasteinleitung konstruktiv zu zentrieren.

(6) „nvg" bedeutet, dass keine Werte vorliegen (en: no values given)."

Tabellen 5.2 bis Tabelle 5.5: Mindestdicken von <u>nichttragenden</u> Trennwänden aus Mauerwerk

Tabelle 5.2: NA.B.1.1 – Ziegel-Mauerwerk – Mindestdicke nichttragender, raumabschließender Wände (Kriterien EI) zur Einstufung in Feuerwiderstandsklassen

Zeilen Nr.	Materialeigenschaften	Mindestwanddicke (mm) t_F zur Einstufung in die Feuerwiderstandsklasse EI in (Minuten) $t_{fi,d}$				
		30	60	90	120	180
1	Voll- und Hochlochziegel nach DIN EN 771-1 in Verbindung mit DIN 20000-401 und DIN EN 1996-1-1/NA:2012-05, Anhang M, bzw. DIN 105-100 Lochung: Mz, HLz A, HLz B, HLz W, HLzT1, HLzT2, HLzT3 und HLzT4 unter Verwendung von Normalmauermörtel und Leichtmauermörtel	115 (70)	115 (70)	115 (100)	115 (115)	175 (115)
2	Langlochziegel nach DIN EN 771-1 in Verbindung mit DIN 20000-401 und DIN EN 1996-1-1/NA:2012-05, Anhang M, bzw. DIN 105-100 unter Verwendung von Normalmauermörtel und Leichtmauermörtel	115 (70)	115 (70)	140 (115)	175 (140)	190 (175)

Die Klammerwerte gelten für Wände mit beidseitigem Putz nach DIN EN 1996-1-2 Abschnitt 4.2 (1).

6

Tabelle 5.3: NA.B.2.1 – Kalksandstein-Mauerwerk – Mindestdicke nichttragender, raumabschließender Wände (Kriterien EI) zur Einstufung in Feuerwiderstandsklassen

Zeilen Nr.	Materialeigenschaften	Mindestwanddicke (mm) t_F zur Einstufung in die Feuerwiderstandsklasse EI in (Minuten) $t_{fi,d}$				
		30	60	90	120	180
1	Kalksandsteine nach DIN EN 771-2 in Verbindung mit DIN V 20000-402 bzw. DIN V 106					
1.1	Vollsteine, Lochsteine, Blocksteine, Hohlblocksteine unter Verwendung von Normalmauermörtel, Dünnbettmörtel und Leichtmauermörtel	115 (115)	115 (115)	115 (115)	115 (115)	175 (140)
1.2	Plansteine unter Verwendung von Normalmauermörtel, Dünnbettmörtel und Leichtmauermörtel	115 (115)	115 (115)	115 (115)	115 (115)	175 (115)
1.3	Planelemente, Fasensteine unter Verwendung von Dünnbettmörtel	100 (100)	100 (100)	100 (100)	115 (115)	175 (115)
1.4	Bauplatten unter Verwendung von Dünnbettmörtel	70 (50)	70 (70)	100 (70)	115 (115)	175 (115)
Die Klammerwerte gelten für Wände mit beidseitigem Putz nach DIN EN 1996-1-2 Abschnitt 4.2 (1).						

Tabelle 5.4: NA.B.3.1 – Betonstein-Mauerwerk – Mindestdicke nichttragender, raumabschließender Wände (Kriterien EI) zur Einstufung in Feuerwiderstandsklassen

Zeilen Nr.	Materialeigenschaften	Mindestwanddicke (mm) t_F zur Einstufung in die Feuerwiderstandsklasse EI in (Minuten) $t_{fi,d}$				
		30	60	90	120	180
1	Mauersteine aus Beton (Leichtbeton) nach DIN EN 771-3 in Verbindung mit DIN V 20000-403 bzw. DIN V 18151-100 unter Verwendung von Normalmauermörtel, und Leichtmauermörtel	115 (115)	115 (115)	115 (115)	115 (115)	150 (115)
2	Mauersteine aus Beton (Leichtbeton) nach DIN EN 771-3 in Verbindung mit DIN V 20000-403 bzw. DIN V 18152-100 unter Verwendung von Normalmauermörtel, Dünnbettmörtel und Leichtmauermörtel	95 (95)	95 (95)	95 (95)	115 (95)	140 (115)
3	Mauersteine aus Beton (Normalbeton) nach DIN EN 771-3 in Verbindung mit DIN V 20000-403 bzw. DIN V 18153-100 unter Verwendung von Normalmauermörtel und Leichtmauermörtel	95 (95)	95 (95)	95 (95)	115 (95)	140 (115)
Die Klammerwerte gelten für Wände mit beidseitigem Putz nach DIN EN 1996-1-2 Abschnitt 4.2 (1).						

Tabelle 5.5: NA.B.4.1 – Porenbeton-Mauerwerk – Mindestdicke nichttragender, raumabschließender Wände (Kriterien EI) zur Einstufung in Feuerwiderstandsklassen

Zeilen Nr.	Materialeigenschaften	Mindestwanddicke (mm) t_F zur Einstufung in die Feuerwiderstandsklasse EI in (Minuten) $t_{fi,d}$				
		30	60	90	120	180
1	Porenbetonsteine nach DIN EN 771-4 in Verbindung mit DIN V 20000-404 bzw. DIN V 4165-100 unter Verwendung von Dünnbettmörtel	115 (115)	115 (115)	115 (115)	115 (115)	150 (115)
Die Klammerwerte gelten für Wände mit beidseitigem Putz nach DIN EN 1996-1-2 Abschnitt 4.2 (1).						

Tabellen 5.6 bis 5.9: Mindestdicken von tragenden Trennwänden aus Mauerwerk

Tabelle 5.6: NA.B.1.2 – Ziegel-Mauerwerk – Mindestdicke tragender, raumabschließender 1schaliger Wände (Kriterien REI) zur Einstufung in Feuerwiderstandsklassen

Zeilen Nr.	Materialeigenschaften	Mindestwanddicke (mm) t_F zur Einstufung in die Feuerwiderstandsklasse REI in (Minuten) $t_{fi,d}$				
		30	60	90	120	180
1	Voll- und Hochlochziegel nach DIN EN 771-1 in Verbindung mit DIN 20000-401 und DIN EN 1996-1-1/NA:2012-05, Anhang M, bzw. DIN 105-100 Lochung: Mz, HLz A, HLz B, HLzT1 Rohdichteklasse ≥ 1,20 unter Verwendung von Normalmauermörtel					
1.1	Ausnutzungsfaktor $\alpha_{6,fi} \leq 0{,}15$	115 (115)	115 (115)	115 (115)	115 (115)	175 (115)
1.2	Ausnutzungsfaktor $\alpha_{6,fi} \leq 0{,}42$	115 (115)	115 (115)	140 (115)	175 (115)	240 (115)
1.3	Ausnutzungsfaktor $\alpha_{6,fi} \leq 0{,}70$	115 (115)	115 (115)	175 (115)	240 (140)	240 (175)
2	Hochlochziegel nach DIN EN 771-1 in Verbindung mit E DIN 20000-401 und DIN EN 1996-1-1/NA:2012-01, Anhang M, bzw. DIN 105-100, Lochung: HLz A, HLz B, HLzT1 Rohdichteklasse ≥ 0,8 unter Verwendung von Normalmauermörtel, Leichtmauermörtel					
2.1	Ausnutzungsfaktor $\alpha_{6,fi} \leq 0{,}15$	(115)	(115)	(115)	(115)	(115)
2.2	Ausnutzungsfaktor $\alpha_{6,fi} \leq 0{,}42$	(115)	(115)	(115)	(115)	(115)
2.3	Ausnutzungsfaktor $\alpha_{6,fi} \leq 0{,}70$	(115)	(115)	(115)	(140)	(175)
3	Hochlochziegel nach DIN EN 771-1 in Verbindung mit E DIN 20000-401 und DIN EN 1996-1-1/NA:2012-01, Anhang M, bzw. DIN 105-100 Lochung: HLz A, HLz B, HLzT1 Rohdichteklasse ≥ 0,9 unter Verwendung von Normalmauermörtel					
3.1	Ausnutzungsfaktor $\alpha_{6,fi} \leq 0{,}70$ [a] Rohdichteklasse ≥ 1,0	175	175	175	240[a]	nvg
4	Hochlochziegel nach DIN EN 771-1 in Verbindung mit DIN 20000-401 und DIN EN 1996-1-1/NA:2012-05, Anhang M, bzw. DIN 105-100, Lochung: HLz W, HLzT2, HLzT3 und HLzT4 Rohdichteklasse ≥ 0,80 unter Verwendung von Normalmauermörtel, Leichtmauermörtel					
4.1	Ausnutzungsfaktor $\alpha_{6,fi} \leq 0{,}15$	(115)	(115)	(140)	(175)	(240)
4.2	Ausnutzungsfaktor $\alpha_{6,fi} \leq 0{,}42$	(115)	(140)	(175)	(300)	(300)
4.3	Ausnutzungsfaktor $\alpha_{6,fi} \leq 0{,}70$	(115)	(175)	(240)	(300)	(365)
Die Klammerwerte gelten für Wände mit beidseitigem Putz nach DIN EN 1996-1-2 Abschnitt 4.2 (1).						

Anmerkung: Die Werte der Tabelle 5.6 (NA.B.1.2) gelten auch für Ziegel-Mauerwerk – Mindestdicke der Einzelschalen von tragendem 2schaligem Mauerwerk mit einer belasteten Schale (Kriterien REI) zur Einstufung in Feuerwiderstandsklassen.

6

Tabelle 5.7: NA.B.2.2 – Kalksandstein-Mauerwerk – Mindestdicke tragender, raumabschließender 1schaliger Wände (Kriterien REI) zur Einstufung in Feuerwiderstandsklassen

Zeilen Nr.	Materialeigenschaften	**Mindestwanddicke** (mm) t_F **zur Einstufung in die Feuerwiderstandsklasse REI in** (Minuten) $t_{fi,d}$					
		30	**60**	**90**	**120**	**180**	**240**
1	Kalksandsteine nach DIN EN 771-2 in Verbindung mit DIN V 20000-402 bzw. DIN V 106 Voll- und Blocksteine (auch als Plan- oder Fasensteine) sowie Planelemente unter Verwendung von Normalmauermörtel und Dünnbettmörtel						
1.1	Ausnutzungsfaktor $\alpha_{6,fi} \leq 0{,}15$	115 (115)	115 (115)	115 (115)	115 (115)	150 (140)	nvg
1.2	Ausnutzungsfaktor $\alpha_{6,fi} \leq 0{,}42$	115 (115)	115 (115)	115 (115)	140 (115)	175 (140)	nvg
1.3	Ausnutzungsfaktor $\alpha_{6,fi} \leq 0{,}70$	115 (115)	115 (115)	115 (115)	150 (140)	200 (175)	nvg
	alternativ:						
1.4	Ausnutzungsfaktor $\alpha_{fi} \leq 0{,}70$	150 (115)	150 (115)	150 (150)	175 (150)	240 (175)	nvg
1.5	Ausnutzungsfaktor $\alpha_{fi} \leq 0{,}70$ bei flächig aufgelagerten Massivdecken (Auflagertiefe mindestens so groß wie die Wanddicke)	115 (115)	115 (115)	150[a] (115)	150 (115)	150 (115)	175 (150)
2	Kalksandsteine nach DIN EN 771-2 in Verbindung mit DIN V 20000-402 bzw. DIN V 106 Loch- und Hohlblocksteine (auch als Plan- oder Fasensteine) unter Verwendung von Normalmauermörtel und Dünnbettmörtel						
2.1	Ausnutzungsfaktor $\alpha_{6,fi} \leq 0{,}15$	115 (115)	115 (115)	115 (115)	115 (115)	175 (140)	nvg
2.2	Ausnutzungsfaktor $\alpha_{6,fi} \leq 0{,}42$	115 (115)	115 (115)	115 (115)	140 (115)	200 (140)	nvg
2.3	Ausnutzungsfaktor $\alpha_{6,fi} \leq 0{,}70$	115 (115)	115 (115)	115 (115)	200 (140)	240 (175)	nvg

Die Klammerwerte gelten für Wände mit beidseitigem Putz nach DIN EN 1996-1-2 Abschnitt 4.2 (1).

[a] Bei $\alpha_{fi} \leq 0{,}6$ gilt $t_F \geq 115$ mm.

Anmerkung: Die Werte der Tabelle 5.7 (NA.B.2.2) gelten auch für Kalksandstein-Mauerwerk – Mindestdicke der Einzelschalen von tragendem 2schaligem Mauerwerk mit einer belasteten Schale (Kriterien REI) zur Einstufung in Feuerwiderstandsklassen.

Tabelle 5.8: NA.B.3.2 – Betonstein-Mauerwerk – Mindestdicke tragender, raumabschließender 1schaliger Wände (Kriterien REI) zur Einstufung in Feuerwiderstandsklassen

Zeilen Nr.	Materialeigenschaften	Mindestwanddicke (mm) t_F zur Einstufung in die Feuerwiderstandsklasse REI in (Minuten) $t_{fi,d}$				
		30	**60**	**90**	**120**	**180**
1	Mauersteine aus Beton (Leichtbeton mit haufwerksporigem Gefüge) nach DIN EN 771-3 in Verbindung mit DIN V 20000-403 bzw. DIN V 18151-100, DIN V 18152-100 unter Verwendung von Normalmauermörtel und Leichtmauermörtel Rohdichteklasse ≥ 0,50					
1.1	Ausnutzungsfaktor $\alpha_{6,fi} \leq 0{,}15$	115 (115)	115 (115)	115 (115)	140 (115)	140 (115)
1.2	Ausnutzungsfaktor $\alpha_{6,fi} \leq 0{,}42$	140 (115)	140 (115)	175 (115)	175 (140)	190 (175)
1.3	Ausnutzungsfaktor $\alpha_{6,fi} \leq 0{,}70$	175 (140)	175 (140)	175 (140)	190 (175)	240 (190)
2	Mauersteine aus Beton (Normalbeton) nach DIN EN 771-3 in Verbindung mit DIN V 20000-403 bzw. DIN V 18153-100 unter Verwendung von Normalmauermörtel und Leichtmauermörtel Rohdichteklasse ≥ 0,80					
2.1	Ausnutzungsfaktor $\alpha_{6,fi} \leq 0{,}15$	115 (115)	115 (115)	115 (115)	140 (115)	140 (115)
2.2	Ausnutzungsfaktor $\alpha_{6,fi} \leq 0{,}42$	140 (115)	140 (115)	175 (115)	175 (140)	190 (175)
2.3	Ausnutzungsfaktor $\alpha_{6,fi} \leq 0{,}70$	175 (115)	175 (140)	175 (140)	190 (175)	240 (190)

Die Klammerwerte gelten für Wände mit beidseitigem Putz nach DIN EN 1996-1-2 Abschnitt 4.2 (1).

Anmerkung: Die Werte der Tabelle 5.8 (NA.B.3.2) gelten auch für Betonstein-Mauerwerk – Mindestdicke der Einzelschalen von tragendem 2schaligem Mauerwerk mit einer belasteten Schale (Kriterien REI) zur Einstufung in Feuerwiderstandsklassen.

Tabelle 5.9: NA.B.4.2 – Porenbeton-Mauerwerk – Mindestdicke tragender, raumabschließender 1schaliger Wände (Kriterien REI) zur Einstufung in Feuerwiderstandsklassen

Zeilen Nr.	Materialeigenschaften	Mindestwanddicke (mm) t_F zur Einstufung in die Feuerwiderstandsklasse REI in (Minuten) $t_{fi,d}$				
		30	**60**	**90**	**120**	**180**
1	Porenbetonsteine nach DIN EN 771-4 in Verbindung mit DIN V 20000-404 bzw. DIN V 4165-100 unter Verwendung von Dünnbettmörtel Rohdichteklasse ≥ 0,40					
1.1	Ausnutzungsfaktor $\alpha_{6,fi} \leq 0{,}15$	115 (115)	115 (115)	115 (115)	115 (115)	150 (115)
1.2	Ausnutzungsfaktor $\alpha_{6,fi} \leq 0{,}42$	115 (115)	115 (115)	150 (115)	150 (150)	175 (175)
1.3	Ausnutzungsfaktor $\alpha_{6,fi} \leq 0{,}70$	115 (115)	150 (115)	175[a] (150)	175[a] (175)	200 (200)

Die Klammerwerte gelten für Wände mit beidseitigem Putz nach DIN EN 1996-1-2 Abschnitt 4.2 (1).

[a] Rohdichteklasse ≥ 0,35

Anmerkung: Die Werte der Tabelle 5.9 (NA.B.4.2) gelten auch für Porenbeton-Mauerwerk – Mindestdicke der Einzelschalen von tragendem 2schaligem Mauerwerk mit einer belasteten Schale (Kriterien REI) zur Einstufung in Feuerwiderstandsklassen.

6.3 Oberer An- bzw. Abschluss der Trennwände*1		
[1]Die Trennwände [nach den Kapiteln 6.1 und 6.2] sind bis zur Rohdecke, im Dachraum bis unter die Dachhaut zu führen. [2]Werden in Dachräumen Trennwände nur bis zur Rohdecke geführt, ist diese Decke als raumabschließendes Bauteil einschließlich der sie tragenden und aussteifenden Bauteile feuerhemmend herzustellen.	BauO NRW § 29 (4)	Atlas 6.2.1-A/2 und 7.6/8.4
*1 Gilt nicht für Wohngebäude der Gebäudeklassen 1 und 2.		

① Grundsätzliche Anforderungen und Schutzziel

Es ist relativ selten, dass feuerwiderstandsfähige Trennwände im Brandfall in der Fläche versagen. Wenn sie versagen, dann in der Regel durch nicht fachgerecht ausgeführte obere An- bzw. Abschlüsse und unzureichend gesicherte Öffnungen.

Bei den oberen An- bzw. Abschlüssen sind zwei Problembereiche zu beachten. Zum einen muss natürlich auch im Brandfall die Standsicherheit der Trennwände gewährleistet sein (obere Aussteifung). Zum anderen müssen sie oben so an- bzw. abgeschlossen werden, dass im Brandfall ihr Raumabschluss ausreichend lang gewährleistet wird.

Grundsätzlich gibt es drei mögliche An- bzw. Abschlusssituationen:

- In den „Normalgeschossen": Anschluss an eine Rohdecke mit der gleichen Feuerwiderstandsklasse wie die Trennwand.
- Im Dachraum: Führung der Trennwand bis unter die Dachhaut.
- Im Dachraum: Anschluss an eine Rohdecke im Dachraum, welche die gleiche Feuerwiderstandsklasse wie die der Trennwand aufweist (in der Regel feuerhemmend).

Achtung: Nicht fachgerecht ausgeführte obere An- bzw. Abschluss von Trennwänden (insbesondere im Dachbereich) können im Brandfall unter ungünstigen Umständen zu einer von der Feuerwehr nicht mehr beherrschbaren Ausbreitung von Feuer und Rauch und damit zu einer entsprechenden Schadenvergrößerung führen.

Bild 1.1: Feuerbeständige Trennwand zwischen Spänefilterraum und Produktionshalle eines Holz verarbeitenden Betriebs

Es brannte im kleinen Spänefilterraum. Da die Trennwand zur Halle weder oben (Aussteifung) noch beim Anschluss an die (linke) Brandwand fachgerecht ausgeführt war, stürzte ein Teilbereich der Wand ein und gab damit den Weg für das Schadenfeuer in die Halle frei. In der großen Halle entstand ein Totalschaden. Bei einer fachgerechten Ausführung der Trennwand hätte das Feuer voraussichtlich auf den Spänefilterraum begrenzt werden können.

Bilder 1.2 und 1.3: Trennwand im Dachbereich vom Feuer überlaufen

Das linke Bild zeigt die zuerst vom Feuer beanspruchte Seite der feuerbeständigen Trennwand. Die Trennwand, Feuerschutztüre und Brandschutzverglasung haben und hätten gehalten.

Allerdings war die Trennwand nicht bis unter die Dachhaut geführt und schloss auch nicht an eine Decke in der gleichen Feuerwiderstandsklasse wie die Wand an.

Als Folge davon konnte sich das Schadenfeuer innerhalb kürzester Zeit über die Hohlräume der Dachkonstruktion (Nagelbinder) ausbreiten. Es entstand ein Totalschaden, der bei fachgerechter Ausbildung des oberen An- bzw. Abschlusses der Trennwand vermeidbar gewesen wäre.

Bilder 1.4 und 1.5: Nicht fachgerechter oberer An- bzw. Abschluss einer Trennwand und die Folgen

Das linke Bild zeigt eine vollständig wirkungslose Trennwand, da sie im Bereich der Dachkonstruktion ohne Weiteres vom Feuer überlaufen werden kann.

Das rechte Bild zeigt einen etwas besseren, jedoch ebenfalls nicht fachgerechten An- bzw. Abschluss der Trennwand.

Die Hohlräume zwischen den Holzbindern wurden zwar mit Brandschutzplatten geschlossen. Das nichtfeuerwiderstandsfähige Dachtragwerk wurde jedoch durch den Brand nach kurzer Zeit zerstört und stürzte ein, was natürlich auch zum Versagen der ausgefachten Trennwand führte.

Bild 1.6: Die Folgen des nicht fachgerechten oberen An- bzw. Abschlusses der Trennwand

Der Anschluss der feuerbeständigen Trennwand an die Dachkonstruktion war wie im Bild 1.5 (oberes rechtes Bild) dargestellt ausgeführt.

Er wurde bereits relativ kurze Zeit nach dem Versagen der Dachkonstruktion in den dadurch entstandenen Hohlräumen vom Feuer überlaufen. Der Brandschaden hat sich damit entsprechend vergrößert.

② Trennwände bis zur Rohdecke

Bei feuerwiderstandsfähigen Rohdecken aus Stahlbeton ist der Anschluss von raumabschließenden, feuerwiderstandsfähigen Trennwänden bis zur Rohdecke in der Regel unproblematisch möglich, siehe Bilder 2.1 bis 2.3.

Besondere Aufmerksamkeit erfordern jedoch Trennwandanschlüsse an Decken, die nicht aus Stahlbeton bestehen, z. B. Decken mit Holztragwerk. Handelt es sich dabei um feuerhemmende Decken (Bild 2.6), gilt der vorstehende Absatz sinngemäß. Hier gibt es zahlreiche Bauarten und Bauprodukte, für die der Deckenanschluss nachgewiesen ist. Trotzdem sollte in solchen Fällen immer genau geprüft werden, welche Decke genau vorhanden ist und ob für den vorgesehenen Trennwandanschluss die jeweils erforderlichen Nachweise vorliegen. Natürlich muss dann auch die Ausführung entsprechend erfolgen.

Bei Anschlüssen von hochfeuerhemmenden, F 60-B bzw. (R)EI 60 E und F 90-B bzw. (R)EI 90 E-Trennwänden an ebensolche Decken ist besonders darauf zu achten, dass die jeweilige Feuerwiderstandsklasse nicht nur für die Trennwände selbst, sondern auch für ihre Anschlüsse nachgewiesen ist (siehe Bilder 2.4 und 2.5).

Bilder 2.1 bis 2.3: Trennwandanschlüsse an massive Rohdecken (z. B. Stahlbeton)

Trennwandanschlüsse an massive Rohdecken sind meist unproblematisch, wenn die Rohdecke mindestens die gleiche Feuerwiderstandsklasse wie die Trennwand aufweist.

Wichtig: Ausführung der Anschlüsse bei

- Trennwänden nach TB: gemäß den jeweiligen TB nach denen die Trennwand errichtet wird, siehe z. B. Kapitel 6.2, Punkte 3 bis 5 oder
- Trennwänden, für die es TB oder aaRdT nicht gibt oder die von TB wesentlich abweichen:
  - **national:** gemäß dem jeweiligen nationalen An-/Verwendbarkeitsnachweis (z. B. aBG, abP, abZ, vBG, ZiE) bzw.
  - **europäisch:** gemäß der jeweiligen Leistungserklärung mit den erforderlichen ergänzenden Dokumenten (z. B. Gebrauchsanleitung, Einbauanleitung).

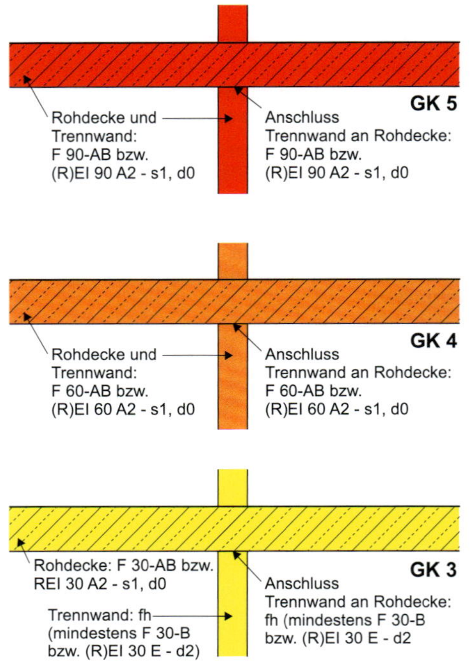

Bilder 2.4 bis 2.6: Trennwandanschlüsse an Rohdecken aus Holz

Grundsätzlich gilt natürlich, dass nicht nur für die Trennwände selbst, sondern auch für ihre Anschlüsse an die Rohdecken die jeweils erforderliche Feuerwiderstandsklasse nachgewiesen und eingehalten werden muss.

Dies ist für gängige feuerhemmende Trennwände in der Regel kein Problem, da solche Anschlüsse seit Jahrzehnten allgemein gebräuchlich sind und deshalb auch zahlreiche Prüfungen und Nachweise vorliegen.

Wesentlich schwieriger stellt sich die Situation dagegen dar, wenn bei GK 4 und 5 Holzbauteile verwendet werden sollen. Nach aktueller BauO NRW sind nunmehr hochfeuerhemmende und feuerbeständige Bauteile auch aus brennbaren Baustoffen zulässig, siehe Kapitel 4.3, Punkt 1.

Wichtig: In diesen Fällen sollte besonders darauf geachtet werden, dass im **An-/Verwendbarkeitsnachweis der Trennwand auch der Anschluss an die vorhandene Decke mit enthalten ist**. Bei europäischen Bauprodukten mit Leistungserklärung und Gebrauchsanleitung bzw. Einbauanleitung muss die jeweils erklärte Leistung auch für die Anschlüsse an die Decke gelten.

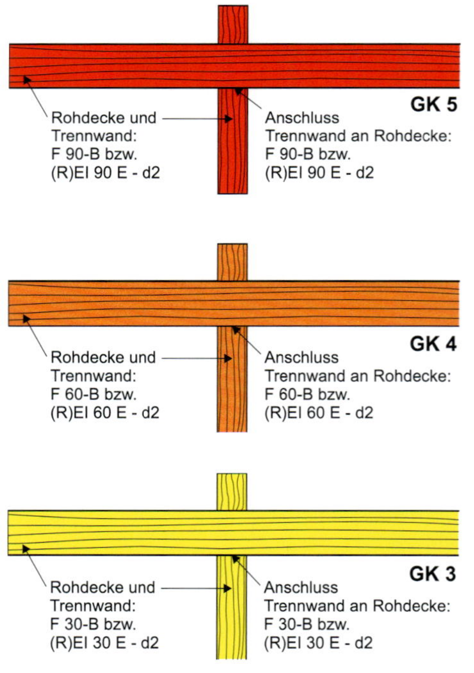

Bild 2.7: Beispiel für Trennwandanschluss einer hf Trennwand an eine hf Decke mit tragenden und aussteifenden Bauteilen aus Holz

Ausführung nach M-HFHHolzR bzw. dem jeweiligen Ver-/Anwendbarkeitsnachweis (in der Regel abP).

Für dieses Detail gilt der Anschluss der Trennwand an die Rohdecke als nachgewiesen, wenn die Ausführung nach der M-HFHHolzR bzw. einem entsprechenden Prüfzeugnis (Ver-/Anwendbarkeitsnachweis erfolgt.

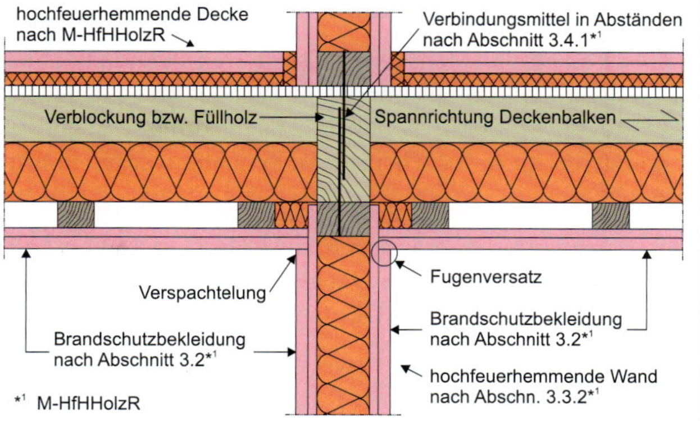

Bilder 2.8 bis 2.10: Trennwandanschlüsse an massive Dachdecken (z.B. Stahlbeton)

An oberste Geschossdecken, die zugleich das Dach bilden, gelten grundsätzlich die Anforderungen wie an die Geschossdecken von „Normalgeschossen". Die Trennwände sind dort bis zur Rohdecke, die in diesem Fall die Dachdecke bildet, zu führen.

Beschreibung siehe sinngemäß bei den Bildern 2.1 bis 2.3.

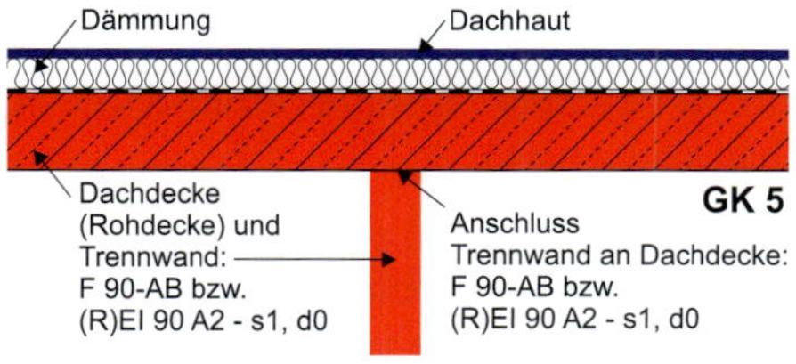

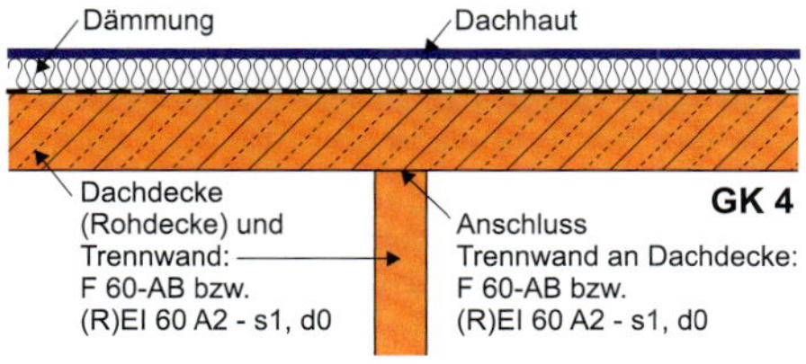

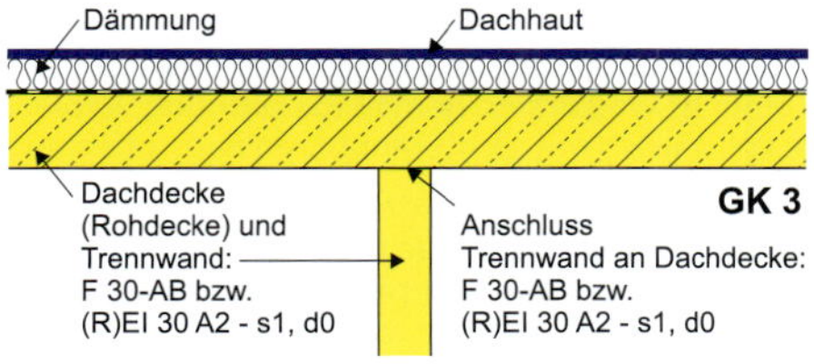

Bilder 2.11 bis 2.13: Beispiel für Trennwandanschlüsse an Flachdachdecken ohne klassifizierte Feuerwiderstandsdauer

Bildet die oberste Geschossdecke das Flachdach, so könnte man diese Decke nicht als Geschossdecke, sondern als Flachdach ausführen (siehe Kapitel 7.1, Punkt 4). An das Dach selbst würden dann keine Anforderungen an eine klassifizierte Feuerwiderstandsdauer bestehen. Allerdings ist dabei Folgendes zu beachten:

- Es handelt sich beim obersten Geschoss um keinen Dachraum im Sinne der Bauordnung, sondern um das oberste Geschoss. Damit entfallen alle in der Bauordnung vorgesehenen „Erleichterungen" für Dachräume.
- Das Tragwerk, die Aussteifung und auch die Trennwände des obersten Geschosses müssen die Anforderung der Bauordnung erfüllen (entsprechend der jeweiligen Gebäudeklasse).
- Die in diesem Fall nichttragenden Trennwände müssen bis unter die Dachhaut führen.

Da es sich bei diesen Lösungen nicht um den in der Bauordnung zugrunde gelegten „Dachraum" handelt *(... die Trennwände sind im Dachraum unter die Dachhaut zu führen ...)*, ist hierfür evtl. eine Abweichung erforderlich und eine frühzeitige Abstimmung mit der den Brandschutz prüfenden Stelle empfehlenswert (siehe auch Kapitel 7.1, Punkt 4).

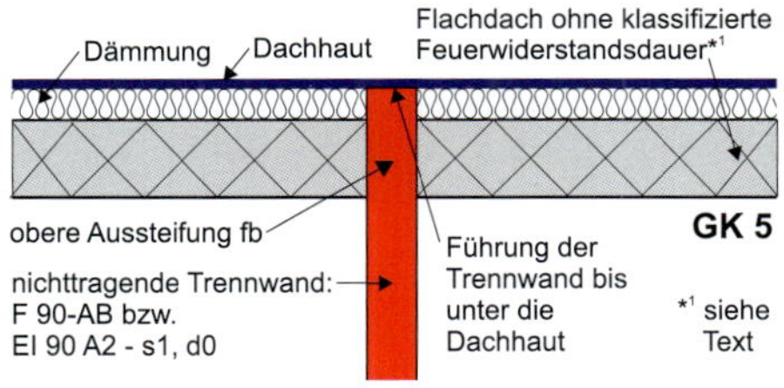

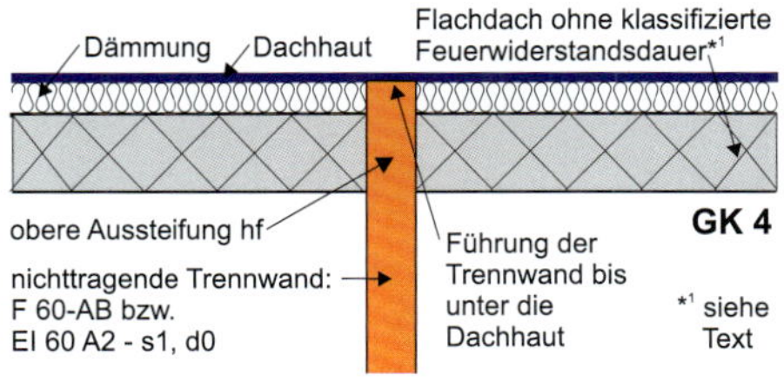

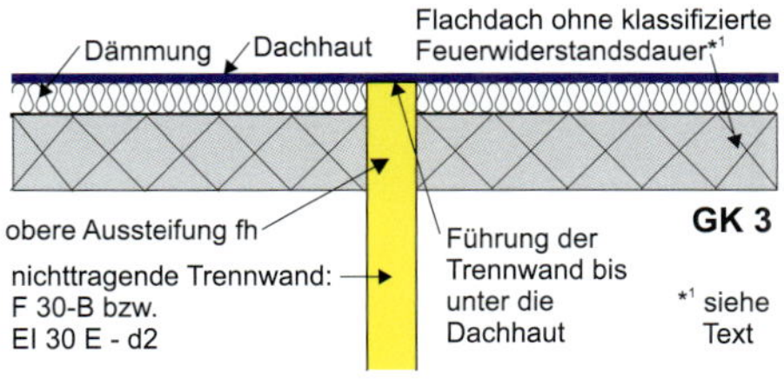

③ Trennwände im Dachraum bis unter die Dachhaut

In Geschossen im Dachraum müssen Trennwände unabhängig von ihrer Gebäudeklasse in der Regel nur feuerhemmend sein. Dies gilt allerdings nur, wenn darüber keine Aufenthaltsräume möglich sind. Diese Erleichterung wird von der Bauordnung zugestanden, da übliche Dachgeschosse in der Regel aus Holz gebaut werden und Holzkonstruktionen in der Vergangenheit nur feuerhemmend errichtet werden konnten.

Allerdings müssen auch die feuerhemmenden Trennwände in Dachgeschossen ausreichend lang verhindern, dass sich ein Schadenfeuer in den brandschutztechnisch abgetrennten Bereich ausbreitet. In diesem Zusammenhang kommt dem oberen An- bzw. Abschluss **im Dachraum** eine besondere Bedeutung zu, da dieser Bereich im Brandfall in der Regel am stärksten beansprucht wird. Entsprechend groß ist dort das Risiko einer Brandausbreitung.

Die Bauordnung bietet hier zwei Alternativen. Entweder werden die Trennwände bis unter die Dachhaut geführt. Oder sie werden im Dachraum bis zur Rohdecke geführt. Diese ist dann als raumabschließendes Bauteil einschließlich der sie tragenden und aussteifenden Bauteile feuerhemmend herzustellen.

Die bauaufsichtliche Anforderung, dass Trennwände im Dachraum bis unter die Dachhaut zu führen sind, liest sich leicht, kann jedoch in der praktischen Ausführung einige Probleme mit sich bringen, da im Bereich der Dachhaut nicht nur der Brandschutz zu beachten ist, sondern zahlreiche andere Probleme zu lösen sind (Regensicherheit, Hinterlüftung, Wärmeschutz, Schallschutz usw.).

Bei Trennwänden, die parallel zu den Dachsparren verlaufen, können diese Probleme weitgehend gelöst werden. Deutlich schwieriger ist jedoch die Problemlösung bei Trennwänden, die rechtwinklig zu den Sparren führen. Hier ist es nach Meinung des Verfassers in der Regel deutlich einfacher und praktikabler, die Trennwände bis an eine feuerhemmende Dachkonstruktion zu führen, siehe Punkt 4.

Bilder 3.1 und 3.2: Prinzipskizzen: Führung einer parallel zu den Sparren verlaufenden Trennwand bis unter die Dachhaut

Der Begriff „Dachhaut" ist in der Bauordnung nicht genau definiert. Es ist jedoch davon auszugehen, dass (entsprechend dem Schutzziel der Trennwände) damit die oberste Dachhaut, in diesem Beispiel also die Dachplatten gemeint sind.

Andererseits handelt es sich um eine **feuerhemmende Trennwand** und **nicht um eine hochfeuerhemmende Brandwand** (Wand anstelle einer Brandwand), die ja ebenfalls unter die Dachhaut zu führen ist. Bei einer **hf WaBW** sind gemäß Bauordnung verbleibende Hohlräume vollständig mit nichtbrennbaren Baustoffen auszufüllen.

Für feuerhemmende Trennwände geht die Bauordnung nicht so ins Detail, fordert aber ebenso, dass sie bis unter die Dachhaut geführt werden müssen. Daraus kann interpretiert werden, dass bei einer **hochfeuerhemmenden WaBW** etwas höhere Anforderungen als bei einer „nur" **feuerhemmenden Trennwand** bestehen.

In diesem Beispiel wurde (auf der sicheren Seite liegend) der Hohlraum oberhalb der fh Trennwand mit nichtbrennbaren Baustoffen hohlraumfrei und raumbeständig ausgefüllt. Die hölzernen Dachlatten laufen durch und wurden nicht unterbrochen.

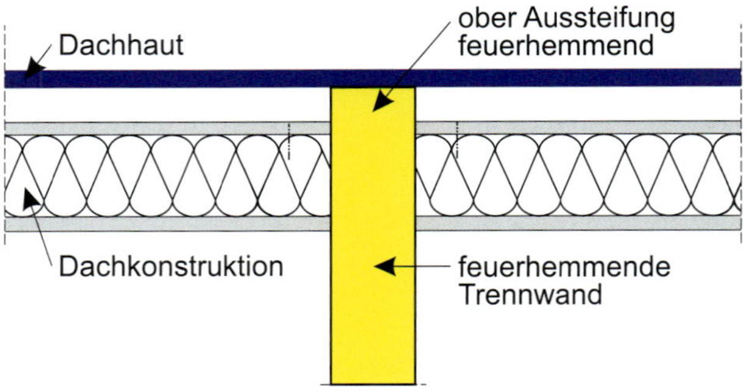

Empfehlung: satte Ausmörtelung oder Hohlraum oberhalb der Trennwand bis zu den Dachplatten mit nichtbrennbarer*[1], raumbeständiger Dämmung Schmelzpunkt ≥ 1.000 °C hohlraumfei ausfüllen.

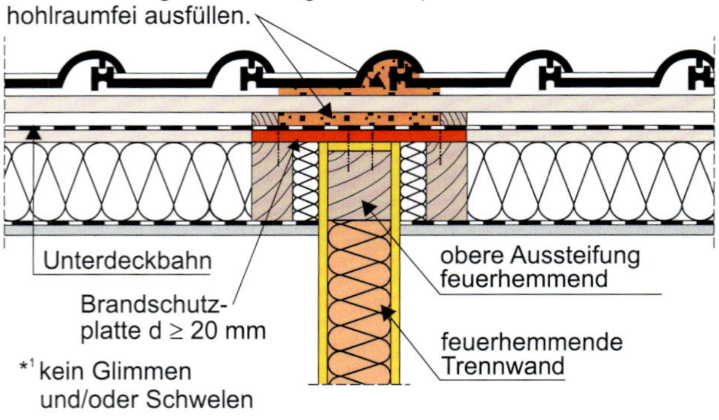

Bilder 3.3 und 3.4: Prinzipskizzen: Führung der Trennwand bis unter die Dachhaut rechtwinkelig zu den Sparren

Die Trennwand ist im Dachraum bis unter die Dachhaut zu führen. Verläuft die Trennwand parallel zur Traufe (rechtwinkelig zu den Sparren), wäre die hier dargestellte Ausführung zwar theoretisch möglich. Sie ist jedoch praktisch nicht bzw. nur mit großem Aufwand realisierbar (Hinterlüftung, Wärmeschutz usw.).

Außerdem ist auch darauf zu achten, dass die fh Trennwand oben ebenfalls feuerhemmend ausgesteift sein muss.

Wesentlich bessere und praktikablere Lösungsmöglichkeit siehe Punkt 4.

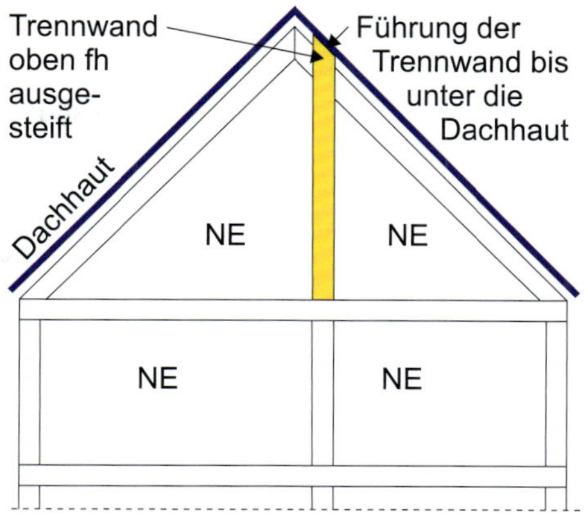

Bild 3.4: Detail aus Bild 3.3

Erläuterungen siehe sinngemäß bei Bild 3.2.

Bereits die einfache Prinzipskizze zeigt, dass dieses Detail praktisch nicht ausführbar ist bzw. eine Ausführung nur mit einem hohen Aufwand und einigen Kompromissen möglich ist.

Zu den An- und Abschlussproblemen kommt noch hinzu, dass auch diese Trennwand oben feuerhemmend ausgesteift werden muss.

Wesentlich bessere und praktikablere Lösungsmöglichkeit siehe Punkt 4.

Empfehlung: satte Ausmörtelung oder Hohlraum oberhalb der Trennwand bis zur Dachplatte mit nichtbrennbarer*¹, raumbeständiger Dämmung Schmelzpunkt ≥ 1.000 °C hohlraumfei ausfüllen

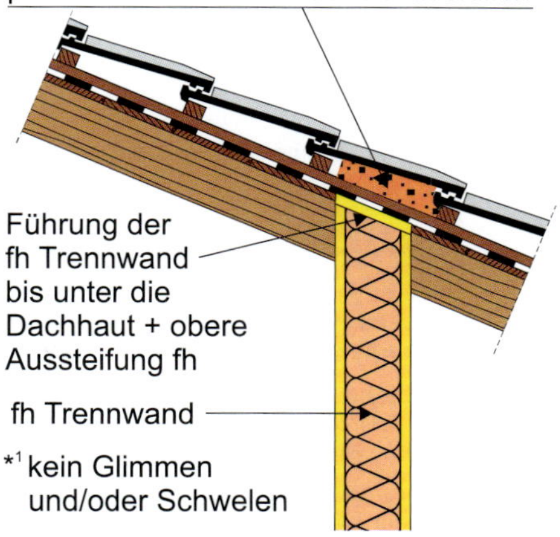

*¹ kein Glimmen und/oder Schwelen

④ Trennwände im Dachraum bis zur feuerhemmenden Rohdecke

Da die Führung der Trennwände bis unter die Dachhaut insbesondere bei rechtwinklig zu den Sparren verlaufenden Trennwänden problematisch ist, besteht nach Bauordnung auch die Möglichkeit, die Trennwände im Dachraum nur bis zur Rohdecke zu führen. Die Rohdecke ist in diesen Fällen in der Regel die Kehlbalkendecke. Sie muss dann raumabschließend feuerhemmend sein. **Wichtig:** Dabei ist darauf zu achten, dass auch ihre tragenden und aussteifenden Bauteile ebenfalls die Anforderung „feuerhemmend" erfüllen müssen.

Bei feuerwiderstandsfähigen Geschossdecken besteht in Deutschland die grundsätzliche Anforderung, dass die Feuerwiderstandsdauer **von oben und von unten** erbracht werden muss. Dies gilt sinngemäß auch für die Rohdecken.

Bild 4.1: Prinzipskizze: Führung der Trennwände im Dachraum bis zur feuerhemmenden Rohdecke

Die Rohdecke muss die geforderte Feuerwiderstandsdauer „feuerhemmend" von beiden Seiten erbringen.

Außerdem ist darauf zu achten, dass für den Anschluss der feuerhemmenden Trennwand an die feuerhemmende Rohdecke die Verwendbarkeit nachgewiesen ist.

Da die Dachschrägen das Tragwerk der Rohdecke bilden, müssen diese ebenfalls als Tragwerk feuerhemmend sein.

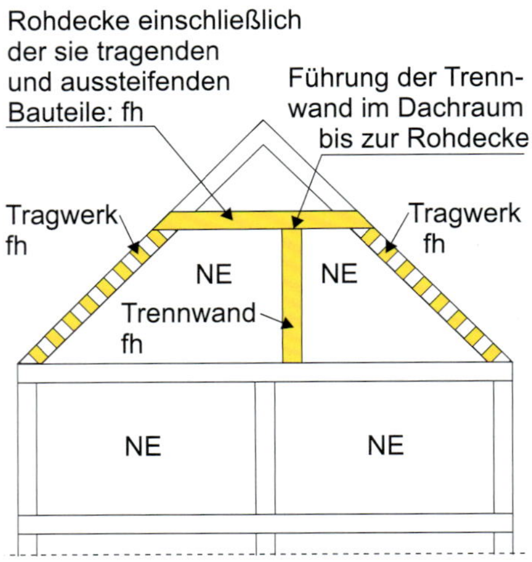

Bild 4.2: Prinzipskizze: Anschluss der feuerhemmenden Trennwand an eine feuerhemmend bekleidete Kehlbalkendecke

Die dargestellte Lösung entspricht zwar nicht dem Wortlaut der Bauordnung (dargestellt in Bild 4.1). Sie erfüllt jedoch das bauaufsichtliche Schutzziel und lässt sich in der Regel einfacher ausführen.

Bei der Bauausführung ist besonders darauf zu achten, dass im An-/Verwendbarkeitsnachweis der Trennwand auch der **Anschluss** an die vorhandene fh Deckenbekleidung mit enthalten ist. Bei europäischen Bauprodukten mit Leistungserklärung und Gebrauchsanleitung bzw. Einbauanleitung muss die jeweilige Leistung auch für die Anschlüsse an die vorhandene fh Deckenbekleidung gelten.

Da diese Lösung nicht dem Wortlaut nach der Bauordnung entspricht, ist hierfür genau genommen eine Abweichung erforderlich. Im Zweifelsfall ist eine rechtzeitige Abstimmung mit der den Brandschutz prüfenden Stelle empfehlenswert.

Wichtig: Bei dieser Lösung darf der Spitzboden oberhalb der Kehlbalkendecke nicht benutzbar sein und er darf auch kein Brandrisiko wie Zündquellen haben. Es ist z. B. nur die Elektroinstallation zulässig, die zur unmittelbaren Versorgung der jeweiligen darunter liegenden Räume dient.

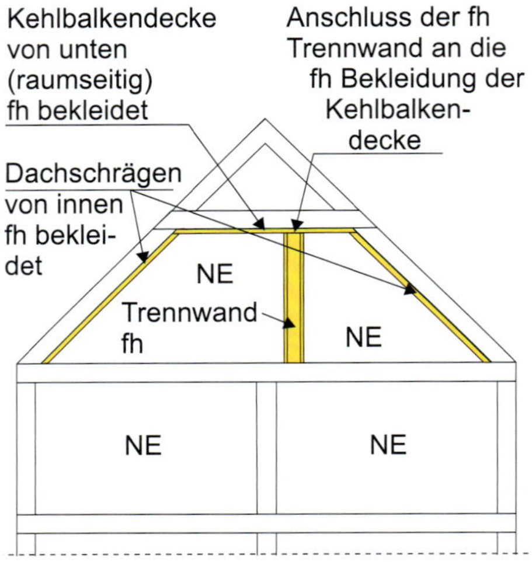

Bild 4.3: Prinzipskizze: Detail aus Bild 4.2

Wichtig: Es sollte frühzeitig ermittelt bzw. festgelegt werden, mit welchen Bauarten bzw. Bauprodukten die Ausführung erfolgen soll. Hierbei wird es in der Regel sinnvoll sein, systemkonform zu arbeiten.

Beispiel: Wird als fh Trennwand die Wand von Systemhersteller X verwendet, ist es empfehlenswert, auch die fh Bekleidung der Kehlbalkendecke vom gleichen Systemhersteller zu verwenden. Es muss nämlich gemäß An-/Verwendbarkeitsnachweis bzw. Leistungserklärung und Ausführungsvorschriften gewährleistet sein, dass der vorgesehene Anschluss der fh Wand an die fh Deckenbekleidung nachgewiesen und möglich ist.

Würde die fh Deckenbekleidung dagegen von Systemhersteller Y verwendet, so ist es fraglich bzw. schwierig, wie der vorbeschriebene Nachweis erbracht werden kann.

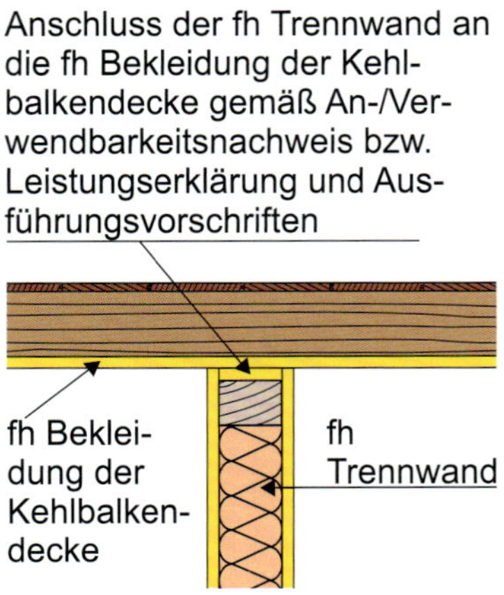

Bild 4.4: Prinzipskizze: Anschluss der feuerhemmenden Trennwand an feuerhemmend bekleidete Dachschrägen

Auch diese Lösung entspricht nicht dem Wortlaut der Bauordnung (dargestellt in Bild 4.1). Sie erfüllt jedoch das bauaufsichtliche Schutzziel und lässt sich in der Regel einfacher ausführen.

Weitere Erläuterungen siehe sinngemäß in der Beschreibung zu Bild 4.2.

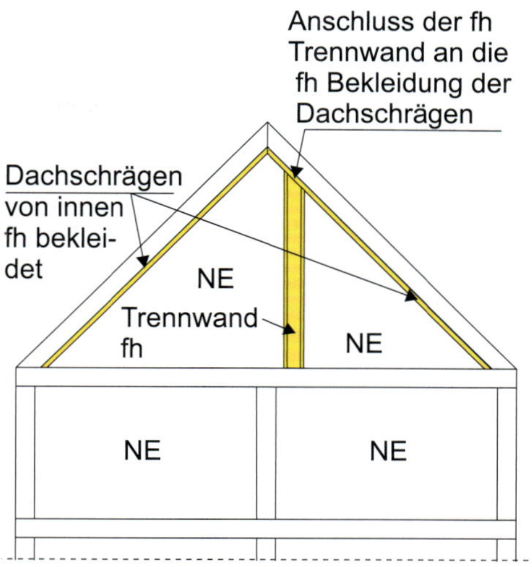

Bild 4.5: Prinzipskizze: Detail aus Bild 4.4

Wichtig: Es sollte frühzeitig ermittelt bzw. festgelegt werden, mit welchen Bauarten bzw. Bauprodukten die Ausführung erfolgen soll. Hierbei wird es in der Regel sinnvoll sein, systemkonform zu arbeiten.

Weitere Beschreibung siehe sinngemäß bei Bild 4.3.

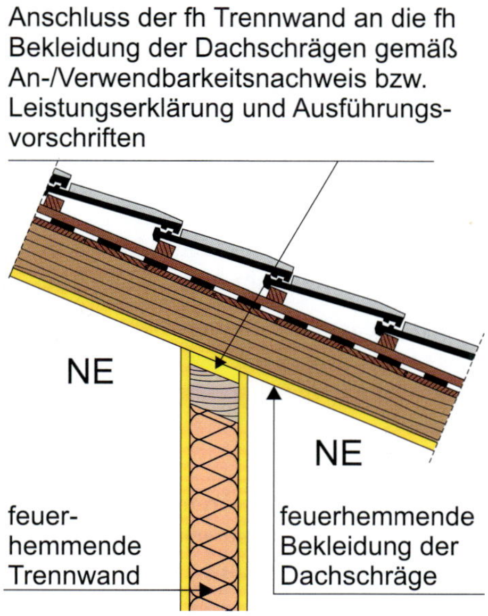

6.4 Sicherung von Öffnungen[*1]

Lage und Art der Öffnung		Bauaufsichtliche Anforderungen	Kurzinfo	BauO NRW	Atlas
Türöffnungen in	fb Wänden	[1]Öffnungen in Trennwänden sind nur zulässig, wenn sie auf die für die Nutzung erforderliche Zahl und Größe beschränkt sind. [2]Sie müssen feuerhemmende, dicht- und selbstschließende Abschlüsse haben.	fh + d + s[*2]	§ 29 (5)	6.8.0 6.8.1 6.9
	hf Wänden		fh + d + s[*2]		
	fh Wänden		fh + d + s[*2]		
Sichtöffnungen in	fb Wänden	Für Sichtöffnungen sind in der BauO NRW keine Anforderungen genannt. **Empfehlung:** Beschränkung auf die für die Nutzung erforderliche Zahl und Größe und Sicherung in der gleichen Feuerwiderstandsdauer der Trennwand.	fb VG[*2]		
	hf Wänden		hf VG[*2]		
	fh Wänden		hf VG[*2]		

[*1] Gilt nicht für Wohngebäude der Gebäudeklassen 1 und 2.
[*2] Beschränkung auf die für die Nutzung erforderliche Zahl und Größe.

① Wichtiges zur Sicherung von Tür- und Sichtöffnungen

Unabhängig davon, ob die Türöffnung in einer feuerbeständigen, hochfeuerhemmenden oder feuerhemmenden Trennwand angeordnet ist, sie ist immer mit einem **feuerhemmenden**, dichten und selbstschließenden Abschluss zu sichern.

Bei der Werk- und Detailplanung ist besonders darauf zu achten, dass diese Abschlüsse nur in Wände und umgebende Bauteile eingebaut werden dürfen, die im jeweiligen An-/Verwendbarkeitsnachweis bzw. in der jeweiligen Leistungserklärung mit der zugehörigen Gebrauchsanleitung (Einbauanleitung) angegeben sind.

Sollen die Abschlüsse in feuerbeständige Wände eingebaut werden, so ist die Auswahl groß und es gibt für die meisten Wandbauarten auch geeignete Abschlüsse auf dem Markt. Bei hochfeuerhemmenden Wänden ist die Anzahl der möglichen Abschlüsse schon sehr begrenzt und bei feuerhemmenden Wänden ist sie sehr gering.

Dies bedeutet, dass insbesondere bei hochfeuerhemmenden und ganz besonders bei feuerhemmenden Trennwänden schon sehr frühzeitig geklärt werde sollte, welche Wandbauarten zum Einsatz kommen und ob es dafür geeignete Abschlüsse gibt, die in die angrenzenden Wände eingebaut werden können.

Beispiel

Wird eine feuerhemmende Trennwand als Gipskarton-Ständerwand geplant und sollen dort feuerhemmende, dicht- und selbstschließende Abschlüsse eingebaut werden, so gibt es derzeit – wenn überhaupt – nur sehr wenige Abschlüsse, die hier eingebaut werden können.

Eine Abhilfe ist in der Regel nur möglich, indem im Bereich der Abschlüsse Wände (evtl. auch Wandpfeiler oder Stützen) mit höherer Feuerwiderstandsdauer angeordnet werden, für die dann passende Abschlüsse erhältlich sind. Alternativ besteht auch die Möglichkeit, mit Systembauteilen zu arbeiten, also mit feuerhemmenden Wandsystemen und den dort möglichen feuerhemmenden, dicht- und selbstschließenden Abschlüssen.

Sicherung von Sichtöffnungen

Sind in Trennwänden Sichtöffnungen vorgesehen, gilt das Vorstehende sinngemäß. Auch hier sollte möglichst frühzeitig geklärt werden, welche Wandbauarten zum Einsatz kommen und ob es dafür Brandschutzverglasungen gibt, die gemäß Ver-/Anwendbarkeitsnachweis bzw. Einbauvorschriften in diese Wände eingebaut werden dürfen.

Grundsätzlich müssen die Brandschutzverglasungen die gleiche Feuerwiderstandsdauer wie die Trennwand aufweisen. Werden in solchen Wandelementen aus Brandschutzverglasungen Türen angeordnet, so müssen diese die gleiche Feuerwiderstandsdauer wie die Brandschutzverglasung haben.

② Bauausführung von Feuerschutzabschlüssen und Brandschutzverglasungen

Siehe Kapitel 18.

7 Decken

7

Kurzinfo:	Kapitel
• **Materielle Anforderungen:** Entsprechend der Gebäudeklasse, Lage und Nutzung.	7.1
• **Anschluss an die Außenwand:** Ist so herzustellen, dass er den Schutzzielanforderungen genügt.	7.2
• **Öffnungen in Decken,** für die eine Feuerwiderstandsfähigkeit vorgeschrieben ist, sind nur zulässig – in GK 1 und 2, – innerhalb derselben NE ≤ 400 m² ≤ 2 Geschosse – wenn sie auf die für die Nutzung erforderliche Zahl und Größe beschränkt sind und Abschlüsse mit der Feuerwiderstandsfähigkeit der Decke haben.	7.3
• **Sicherung von Leitungsdurchführungen:** Gleiche Feuerwiderstandsdauer wie die Decke.	19 + 20

7

Schutzziel

[1]Decken müssen als tragende und raumabschließende Bauteile zwischen Geschossen im Brandfall ausreichend lang standsicher und widerstandsfähig gegen die Brandausbreitung sein.	BauO NRW § 31 (1)

7.1 Erforderliche Feuerwiderstandsdauer der Decken

Decken	GK 5	GK 4	GK 3	GK 2	GK 1	BauO NRW	Atlas
Normalgeschosse und offene Gänge (Laubengänge), die als notwendige Flure dienen	fb	hf	fh	fh	–	§ 31 (1) (2)	6.4.1-A/2
Geschosse im Dachraum, wenn darüber AR möglich sind	fb	hf	fh	fh	-		
Geschosse im Dachraum, über denen keine AR möglich sind*2	–	–	–	–	–		
Kellergeschosse	fb	fb	fb	fh	fh		
Balkone und Altane	–	–	–	–	–		
Unter und über Räumen mit Explosions- oder erhöhter Brandgefahr	fb	fb	fb	fb*1	fb*1		
Zwischen dem landwirtschaftlich oder vergleichbar genutzten Teil und dem Wohnteil eines Gebäudes	fb	fb	fb	fb	fb		

*1 Gilt nicht für Wohngebäude der Gebäudeklassen 1 und 2.

*2 Auf fachgerechten oberen An- bzw. Abschluss von evtl. vorhandenen Trennwänden achten.
Das gilt insbesondere, wenn in Dachräumen mit einer nichtfeuerwiderstandsfähigen Dachkonstruktion feuerwiderstandsfähige Trennwände vorhanden sind, da diese bis unter die Dachhaut zu führen sind oder – wenn sie nur bis zur Rohdecke geführt werden – muss diese als raumabschließendes Bauteil einschließlich der sie tragenden und aussteifenden Bauteile feuerhemmend sein, siehe Kapitel 6.3.

① Zuordnung der bauaufsichtlichen Anforderungen zu nationalen und europäischen Klassen

Tabelle 1.1: Zuordnung der bauaufsichtlichen Anforderungen an Decken zu nationalen und europäischen Klassen gemäß VV TB NRW Anhang 4

	Bauaufsichtliche Anforderungen	Abkürzung	Nationale Klassen nach DIN 4102	Tragfunktion	Europäische Klassen nach DIN EN 13501
Decke	feuerbeständig	fb	F 90-AB	tragend	REI 90 [wnb]
	hochfeuerhemmend	hf	F 60-AB*1		REI 60 [wnb oder REI 60 [HolzR]
	feuerhemmend	fh	F 30-B		REI 30 E - d2
	fb und hf mit tragenden und aussteifenden sowie raumabschließenden Bauteilen aus brennbaren Baustoffen*2	fb [zAHolz]	F 90-B [zAHolz]		REI 90 E - d2 [zAHolz]
		hf [zAHolz]	F 60-B [zAHolz]		REI 60 E - d2 [zAHolz]
Abschluss	feuerbeständig	fb + d + s	T 90-d		EI_2 90-S_aC..*3
	hochfeuerhemmend	hf + d + s	T 60-d		EI_2 60-S_aC..*3
	feuerhemmend	fh + d + s	T 30-d		EI_2 30-S_aC..*3
Brandschutzverglasung*4	feuerbeständig	BS-VG: fb	F 90		EI 90
	hochfeuerhemmend	BS-VG: hf	F 60		EI 60
	feuerhemmend	BS-VG: fh	F 30		EI 30

Grundsätzliche Informationen und Legende siehe Kapitel 4.2, Punkt 3 sowie Kapitel 29 und 30.

*1 hf mit Tragwerk aus Holz ist mit nationalen Klassen (nach DIN 4102) nicht möglich.

*2 Die geforderte Feuerwiderstandsdauer muss nachgewiesen werden und die Bauteile müssen so hergestellt und eingebaut werden, dass Feuer und Rauch nicht über Grenzen von Brand- oder Rauchabschnitten, insbesondere Geschosstrennungen, hinweg übertragen werden können [zAHolz]. Siehe auch Kapitel 4.3, Punkt 1.

*3 Festlegungen zur Prüfzyklenanzahl für die Dauerfunktionsprüfungen:
- C5 (200.000 Zyklen) für Feuerschutz-/Rauchschutztüren (Drehflügelabschlüsse)
- C2 (10.000 Zyklen) für sonstige Feuerschutz-/Rauchschutzabschlüsse (z. B. Klappen, Tore)

*4 Für die Sicherung von Sichtöffnungen sind in der Bauordnung keine Anforderungen genannt. **Empfehlung:** Beschränkung auf die für die Nutzung erforderliche Zahl und Größe und Sicherung in der gleichen Feuerwiderstandsdauer der Decke. Eine frühzeitige Abstimmung mit der den Brandschutz prüfenden Stelle ist empfehlenswert.

② Schutzziel von Decken

Feuerwiderstandsfähige Decken sind für die Funktion des Abschottungsprinzips unverzichtbar. Sie müssen entsprechend ihrer Feuerwiderstandsdauer (ausreichend lang) als geschosstrennende Bauteile **raumabschließend** und als Teil des Tragwerks auch **tragend und aussteifend** (standsicher) sein.

Brennt es in einem Geschoss, so darf sich das Feuer gemäß der bauaufsichtlichen Schutzzieldefinition „ausreichend lang" nicht auf das darüberliegende, aber auch nicht auf das darunterliegende Geschoss ausbreiten. Die Anforderung „ausreichend lang" gilt dabei als eingehalten, wenn die Decken entsprechend Kapitel 7.1 ausgeführt werden.

Diese Anforderung kann in der Fläche sehr gut erfüllt werden. Brennt es in einem Geschoss, und weisen die Decken keine oder nur fachgerecht gesicherte (abgeschottete Öffnungen) auf, so ist eine Brandübertragung in andere Geschosse in der Fläche eher unwahrscheinlich. Allerdings sind folgende Punkte zu beachten:

- Treppenräume
- Aufzüge
- Schächte für haustechnische Installationen
- Außenwandanschlüsse

Treppenräume sind in diesem Zusammenhang eher unproblematisch. Sie bilden einen brandschutztechnisch gesicherten Schacht und gelten bei Einhaltung der diesbezüglichen bauaufsichtlichen Anforderungen als ausreichend gesichert. Die Schadenerfahrung zeigt auch, dass bei den nach der Bauordnung ausgeführten Treppenräumen das Risiko einer vertikalen Brandübertragung in andere Geschosse gering ist.

Sinngemäß das Gleiche gilt für fachgerecht ausgeführte **Aufzüge**. Diese werden entweder im Treppenraum (also in einem gesicherten Schacht) angeordnet und haben dann keine besonderen Anforderungen oder sie liegen außerhalb des Treppenraums und müssen dann ausreichend sichere Schächte haben.

Auch bei **Schächten** mit haustechnischen Installationen besteht – wenn sie fachgerecht ausgeführt werden – keine Gefahr einer frühzeitigen Brandübertragung in andere Geschosse.

Außenwandanschlüsse siehe weiter unten (Kapitel 7.2).

An **Balkone und Altane** werden gemäß Bauordnung keine besonderen Anforderungen gestellt. Sie müssen keine klassifizierte Feuerwiderstandsdauer aufweisen. Allerdings sollten sie mindestens so ausgeführt werden, dass von ihnen im Brandfall keine Gefährdung ausgehen kann (z. B. durch einstürzende oder herabfallende Balkonplatten).

Dies gilt auch für Balkone und Altane, die für den zweiten Rettungsweg als anleiterbare Stelle vorgesehen sind. Werden solche Bauteile im Brandfall von unten beansprucht, fallen sie – genauso wie von unten beanspruchte anleiterbare Fenster – als anleiterbare Stelle für den zweiten Rettungsweg aus. Dieses Risiko gilt als gesellschaftlich akzeptiert (siehe Kapitel 3, Punkt 3.

Bei **Laubengängen** (offene Gänge, die als notwendige Flure dienen) bestehen die gleichen Anforderungen an die Feuerwiderstandsdauer wie bei Geschosstrenndecken.

③ Erforderliche Feuerwiderstandsdauer von Decken

Die nachfolgenden Bilder zeigen als plakative Übersicht für alle Gebäudeklassen die jeweiligen Anforderungen an die Decken im Kellergeschoss, in den Normalgeschossen und im Dachgeschoss bzw. in den Dachgeschossen.

Wichtig: Zur besseren Veranschaulichung sind im obersten Geschoss bzw. in den Dachgeschossen auch die Anforderungen an Trennwände eingezeichnet, da hier – abhängig von der jeweiligen Situation – besondere Anforderungen bestehen können, siehe hierzu auch Kapitel 6.3, Punkte 3 und 4.

Bilder 3.1 bis 3.7: Erforderliche Feuerwiderstandsdauer von Decken bei Gebäuden der GK 5 bis 1

Es bedeuten in den Bildern:

- *1 Ausführung der Trennwand bis zur Rohdecke.
- *2 Ausführung der Trennwand bis unter die Dachhaut. An das Dach werden dann keine besonderen Anforderungen gestellt.
- *3 Ausführung der Trennwand bis zur Rohdecke im Dachraum. Diese muss dann einschließlich der sie tragenden und aussteifenden Bauteile feuerhemmend sein.

Legende:

rot: feuerbeständig, **orange:** hochfeuerhemmend, **gelb:** feuerhemmend, **weiß:** keine besonderen Anforderungen.

Whg: Wohnung, **NE:** Nutzungseinheit.

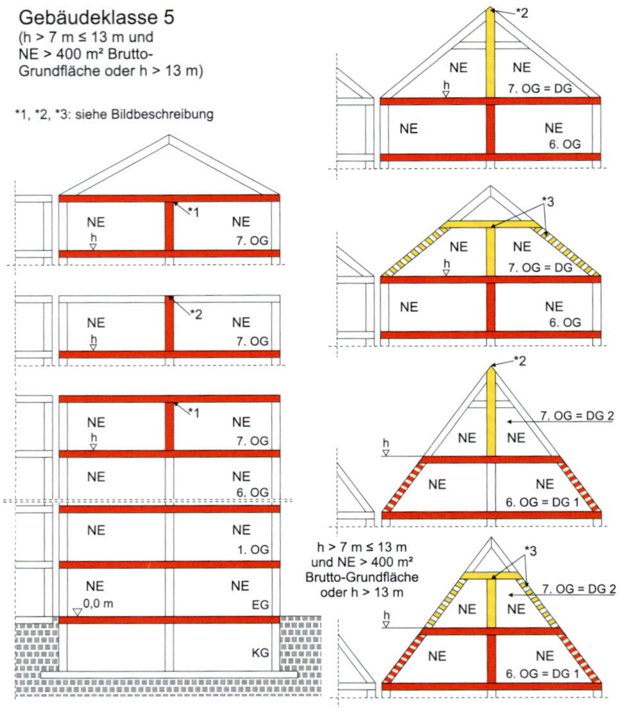

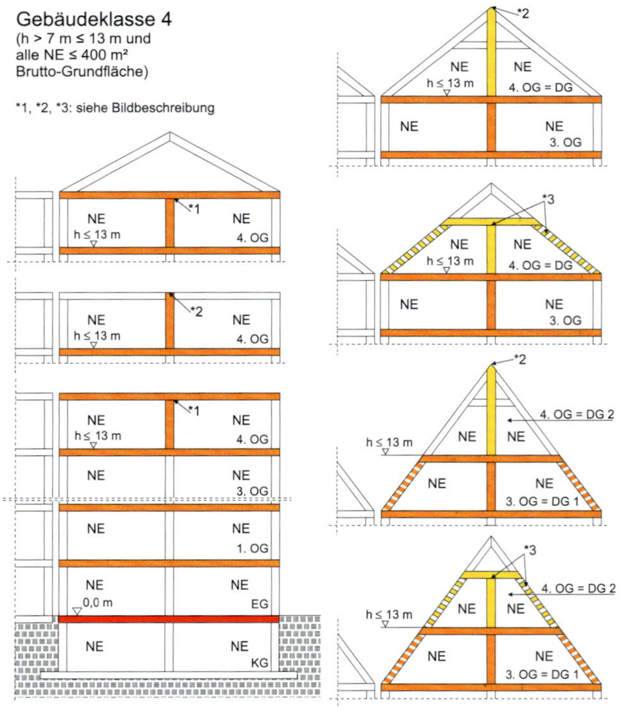

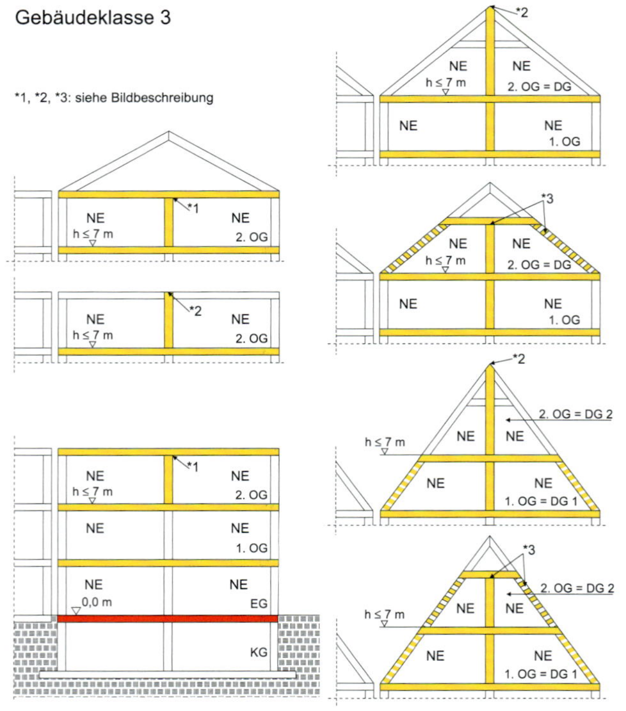

Gebäudeklasse 2
sonstige und gemischt genutzte Gebäude
(≤ 400 m² Brutto-Grundfläche
(≤ 2 NE)

*1, *2, *3: siehe Bildbeschreibung

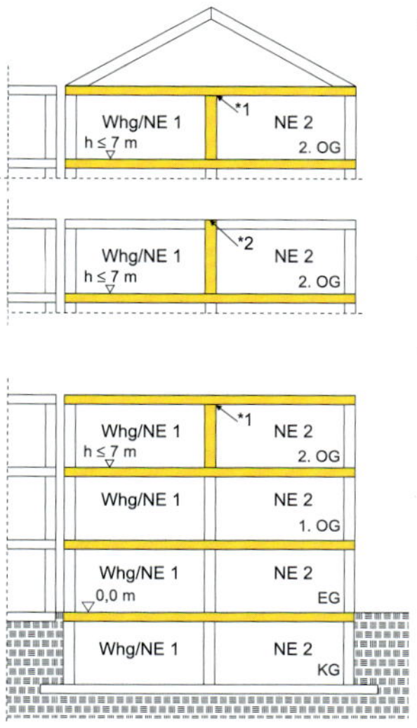

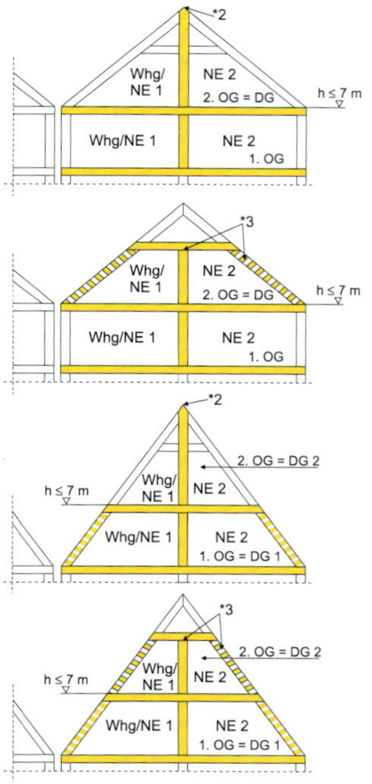

Gebäudeklasse 2
Wohngebäude
(≤ 400 m² Brutto-Grundfläche
(≤ 2 NE)

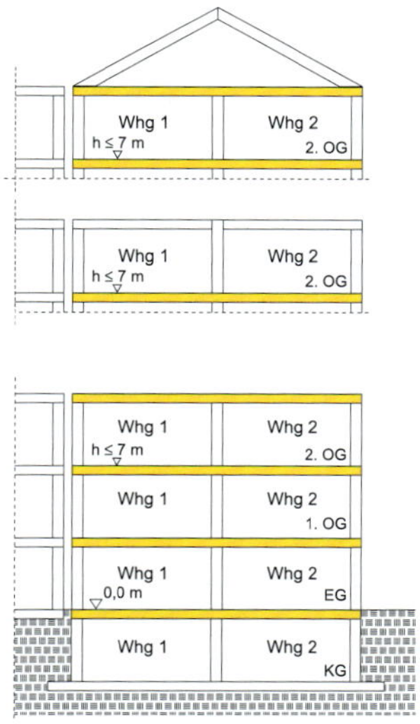

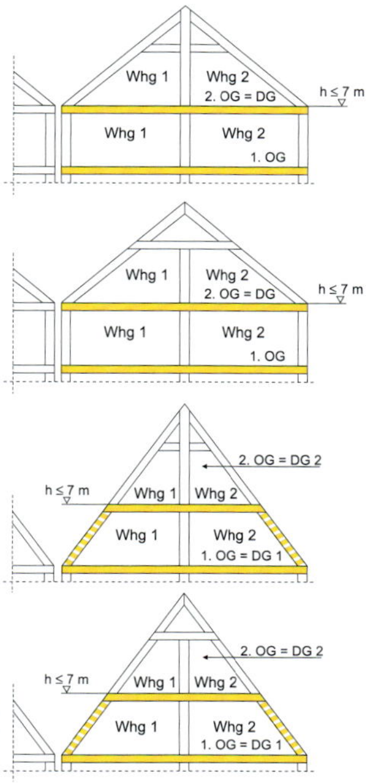

Gebäudeklasse 1a
sonstige und gemischt genutzte freistehende Gebäude
(≤ 400 m² Brutto-Grundfläche
(≤ 2 NE)

*1, *2, *3: siehe Bildbeschreibung

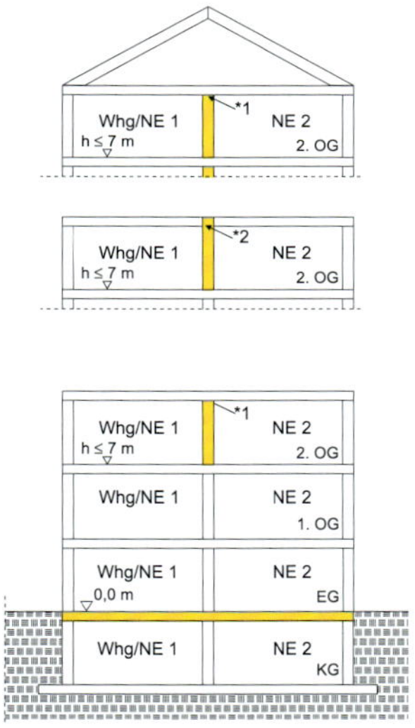

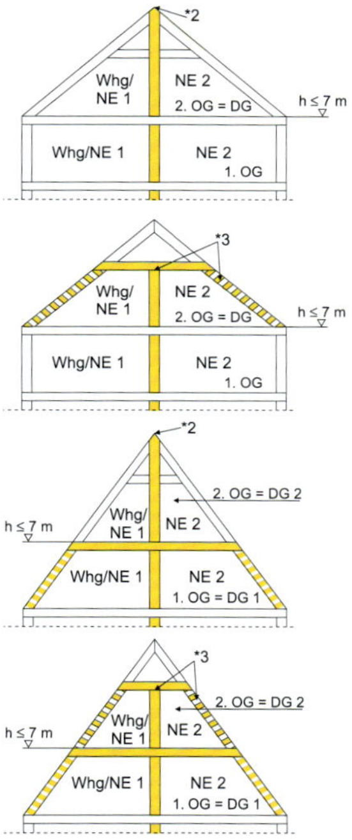

Gebäudeklasse 1a
freistehende Wohngebäude
(≤ 400 m² Brutto-Grundfläche
≤ 2 NE)

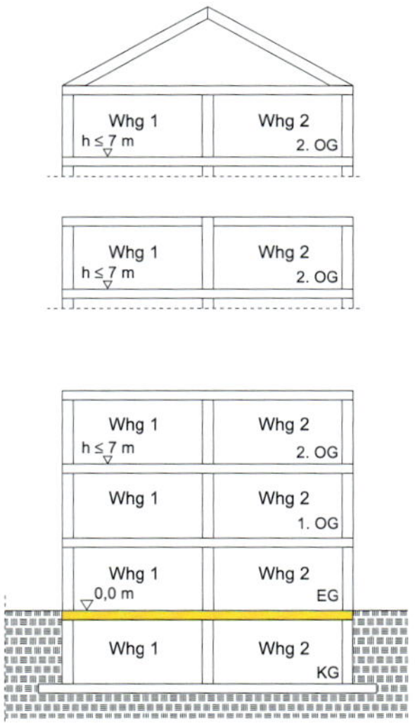

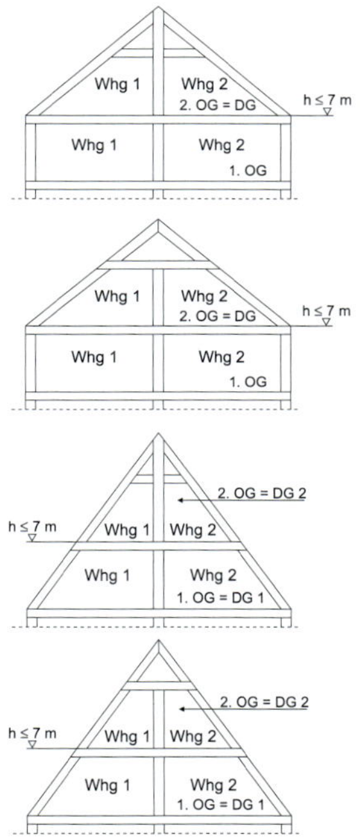

7

④ Oberste Geschossdecken

Bildet die oberste Geschossdecke zugleich das Dach, kann die Schutzzielangabe der Bauordnung auch so interpretiert werden, dass dort anstelle einer Geschossdecke ein Dach möglich ist, da weder der „Himmel“ über dem obersten Geschoss noch das oberste Geschoss vor dem „Himmel“ geschützt werden muss.

Allerdings ist dabei zu prüfen, ob Trennwände in diesem Geschoss vorhanden sind, da diese entweder an die Rohdecke (die dann mindestens die gleiche Feuerwiderstandsdauer wie die Trennwand haben muss) anzuschließen oder bis unter die Dachhaut zu führen sind (siehe hierzu Kapitel 6.3). Das gilt sinngemäß auch für evtl. vorhandene Flurtrennwände bzw. Treppenraumwände.

Außerdem ist zu beachten, dass die tragenden und aussteifenden Wände und Stützen einschließlich der tragenden Außenwände auch im obersten Geschoss die gemäß der jeweiligen Gebäudeklasse erforderliche Feuerwiderstandsdauer haben müssen. Handelt es sich bei der obersten Geschossdecke um eine Massivdecke, ist das in der Regel kein Problem. Wird dagegen anstelle der Massivdecke eine Dachkonstruktion ohne klassifizierte Feuerwiderstandsdauer angeordnet, muss dieser Punkt entsprechend beachtet und gelöst werden.

Im Zweifelsfall ist eine frühzeitige Abstimmung mit der den Brandschutz prüfenden Stelle empfehlenswert.

Bild 4.1: Ausschnitt aus den Bildern 3.1 bis 3.7

Es ist grundsätzlich möglich, die oberste Geschossdecke als Dach auszubilden, wenn die Anforderungen an den oberen An-/Abschluss und an die tragenden und aussteifenden Stützen und Wände erfüllt werden.

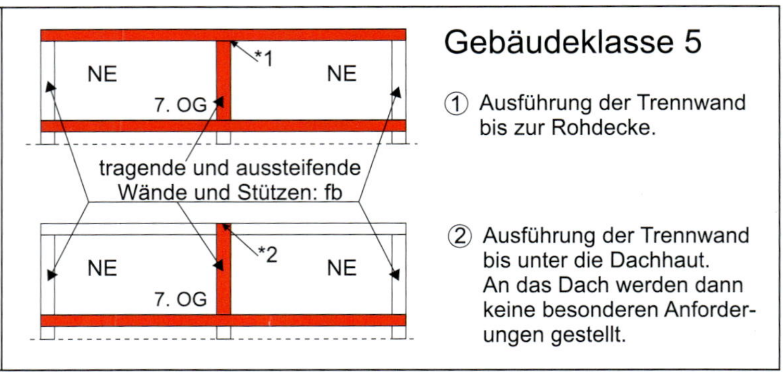

⑤ Decken unter und über Räumen mit Explosions- oder erhöhter Brandgefahr

Siehe sinngemäß in Kapitel 6.1, Punkt 3.

7.2 Deckenanschluss an die Außenwand		
[1]Der Anschluss der Decken an die Außenwand ist so herzustellen, dass er den [Schutzzielanforderungen § 31 (1) Satz 1 BauO NRW] genügt.	BauO NRW § 31 (3)	Atlas 6.3.2/7

① Grundsätzliche Anforderung und bauaufsichtliches Schutzziel

Gemäß Bauordnung ist der Deckenanschluss an die Außenwand so herzustellen, dass das Schutzziel der Decken eingehalten wird (siehe Kapitel 7.1, Punkt 2).

Grundsätzlich können die Decken (ähnlich wie bei den oberen An-/Abschlüssen von Trennwänden „bis unter die Dachhaut") bis an die „Außenwandhaut" (Außenwand, Fassade) geführt werden. Damit gilt der Deckenanschluss selbst auch als ausreichend gesichert.

Bestehen die Außenwände aus nichtbrennbaren massiven Baustoffen (Mauerwerk, Beton) bzw. aus feuerhemmenden raumabschließenden Bauteilen so können die An-/Abschlüsse in der Regel problemlos hergestellt werden. Die Decke wird vom Grundsatz her bis an die „Außenwandhaut" geführt. Häufig ist (insbesondere bei Stahlbetondecken) im äußeren Abschlussbereich der Decken aus bauphysikalischen Gründen eine Wärmedämmung erforderlich. Die Anforderungen an diese Wärmedämmung sind unter anderem abhängig von der Gebäudeklasse und der gesamten Deckenanschlusssituation.

Bei Vorhangfassaden (Stahl/Aluminium/Glas) kann zwar der An-/Abschluss noch einigermaßen nach Baurecht hergestellt werden, seine Funktion in Bezug auf die Verhinderung einer Brandausbreitung in die darüberliegenden Geschosse ist jedoch eher fraglich (siehe weiter unten). Bei Deckenan-/-abschlüssen an Außenwandkonstruktionen mit geschossübergreifenden Hohl- oder Lufträumen und Doppelfassaden ist das Risiko einer Brandausbreitung noch deutlich größer. Hier sind in der Regel entsprechende Sicherungsmaßnahmen, z. B. Brandbarrieren erforderlich.

② Deckenanschluss an Vorhangfassaden

Bei nichtbrennbaren vorgehängten Fassaden bzw. Außenwänden aus nichtbrennbaren Stahl-/Aluminium-/Glas-Fassaden besteht das Problem, dass der Deckenan-/-abschluss selbst zwar noch einigermaßen so hergestellt werden kann, dass er dem vorgegebenen Schutzziel entspricht. Allerdings führt ein Vollbrand in einer Nutzungseinheit in der Regel zu einem frühzeitigen Versagen der Fassade und damit zwangsläufig zu einem Versagen des Deckenanschlusses, der ja nicht mehr leisten kann als die Fassade selbst.

In solchen Fällen ist es hilfreich zu wissen, dass die Bauordnung mit ihren Vorschriften keine 100%ige Sicherheit bieten kann, sondern dass damit ein bestimmtes Sicherheitsniveau erreicht werden soll, das von der Gesellschaft akzeptiert wird = „gesellschaftlich akzeptiertes Risiko". Siehe hierzu auch Kapitel 3, Punkt 3.

Unter Berücksichtigung dieses akzeptierten Risikos müssen die Deckenanschlüsse nicht besser sein bzw. im Brandfall nicht länger „halten" als die Fassade selbst. Nach dem Versagen der Fassade ist in der Regel eine Brandausbreitung in das darüberliegende Geschoss möglich. Damit darf dann auch der Deckenanschluss versagen.

Bei solchen Situationen kann bei Gebäuden, die keine Sonderbauten sind, das bauaufsichtliche Schutzziel nur mithilfe der Feuerwehr gewährleistet werden. Diese kann in der Regel mit wirksamen Löscharbeiten verhindern, dass sich das Feuer von Geschoss zu Geschoss nach oben ausbreitet.

Ohne die Feuerwehr würde sich bei solchen Gebäuden ein Vollbrand im EG relativ schnell über die Fassade bis zum obersten Geschoss ausbreiten können. Allerdings gilt dies sinngemäß auch grundsätzlich für massive Außenwände mit Fenstern, siehe nachfolgendes Bild 2.1.

Bei Sonderbauten und in besonderen Einzelfällen können dagegen weitergehende Maßnahmen erforderlich sein, z. B. Löschanlagen, Brandschutzverglasungen, Brandsperren, auskragende feuerwiderstandsfähige Platten usw.

Bild 2.1: Beispiel für Brandbeanspruchung einer Aluminium-Glas-Fassade durch einen Brand innerhalb des Gebäudes

Die Fassade besteht aus nichtbrennbaren Bau- und Dämmstoffen, was gemäß Bauordnung zulässig ist. Kommt es in einem Raum bzw. in einer Nutzungseinheit zu einem Vollbrand, kann dieser zu einem frühzeitigen Versagen der Fassade und zu einer Brandausbreitung in das darüberliegende Geschoss führen. Hier beginnt das Szenario von Neuem und wenn der Brand nicht von der Feuerwehr gestoppt wird, geht es immer so weiter bis zum letzten Geschoss.

Der Deckenanschluss an die Fassade muss in diesem Fall nur solange halten, bis die Fassade in diesem Bereich vom Feuer zerstört wird.

Anmerkung: Dieses Szenario ist relativ selten, da es der Feuerwehr in den meisten Fällen gelingt, den Brand im Entstehungsgeschoss unter Kontrolle zu bringen und zu löschen. Eine ähnliche Problematik besteht sinngemäß auch bei den Fenstern.

Bei Fassaden mit geschossübergreifenden Hohl- oder Lufträumen sind jedoch besondere Vorkehrungen erforderlich, da durch die Hohl- bzw. Lufträume nicht nur ein, sondern alle darüberliegenden Geschosse unmittelbar gefährdet werden.

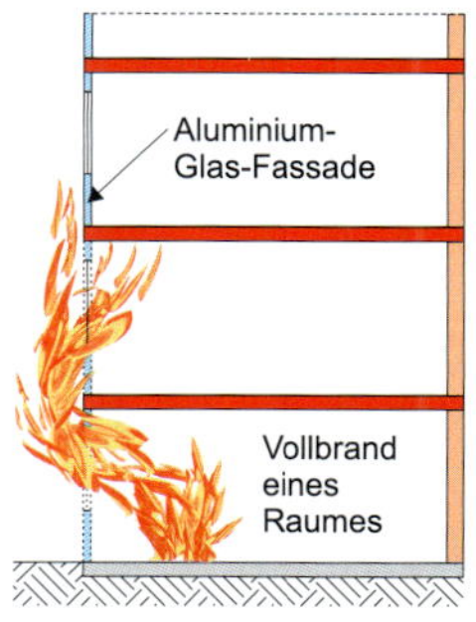

Bilder 2.2 und 2.3: Beispiel einer Vorhangfassade als Pfosten-Riegel-Konstruktion mit Glasfüllung

Prinzipbeispiele für den Anschluss der Geschossdecken an die Fassade, siehe die nachfolgenden Bilder 2.4 und 2.5.

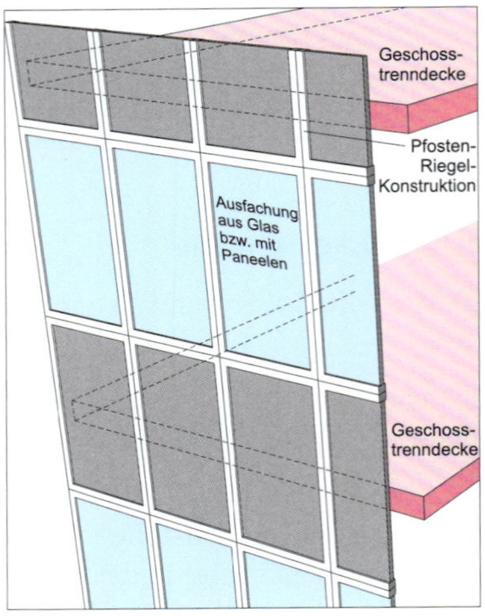

Bilder 2.4 und 2.5: Anschluss von Decke an Vorhangfassaden

Prinzipbeispiele für ein Gebäude der GK 5. Für Decken mit anderen Feuerwiderstandsklassen gelten die Bilder analog.

Das Problem besteht darin, dass im Deckenan-/-abschlussbereich zwei völlig unterschiedliche Konstruktionen zusammentreffen: die feuerbeständige Decke und die Fassade, die lediglich nichtbrennbar ist und keinen definierten Feuerwiderstand aufweist.

Für diesen Anschluss und die Ausbildung der Fuge sind auf dem Markt keine geprüften Systeme verfügbar. Es wird mit den Bildern auch kein geprüfter Anschluss dargestellt. Eine Prüfung würde hier auch nicht viel bringen, da die Fassade bei einem Vollbrand ohnehin in relativ kurzer Zeit versagen kann und wird.

Das bauaufsichtliche Schutzziel gilt in diesem Fall als eingehalten, wenn der Anschlussbereich einschließlich der Fuge im Brandfall so lange hält wie die Fassade selbst. Dabei ist jedoch zu beachten, dass während dieser Zeit Feuer, Rauch und auch Kohlenmonoxid nicht durch die Fugen ins andere bzw. in andere Geschosse gelangen können.

Das Bild zeigt das Prinzip, das natürlich in jedem Einzelfall auf die tatsächliche Situation und jeweilige Anforderungen abzustimmen ist. Die Dimensionierung und Ausführung der Dämmung, Fugenabdichtung und des Stahlwinkels ergeben sich aus den statischen und bauphysikalischen Anforderungen an die Fassade.

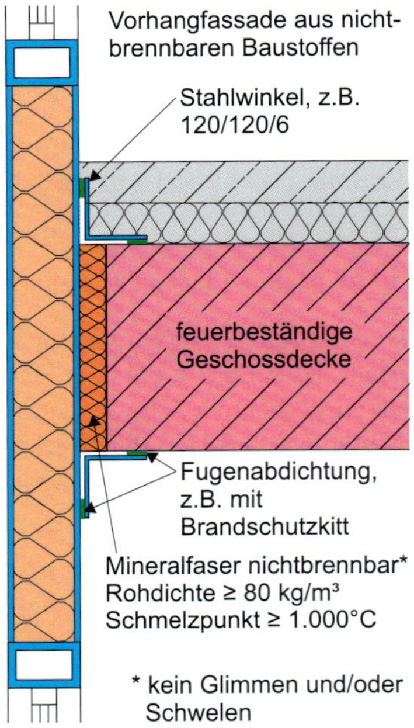

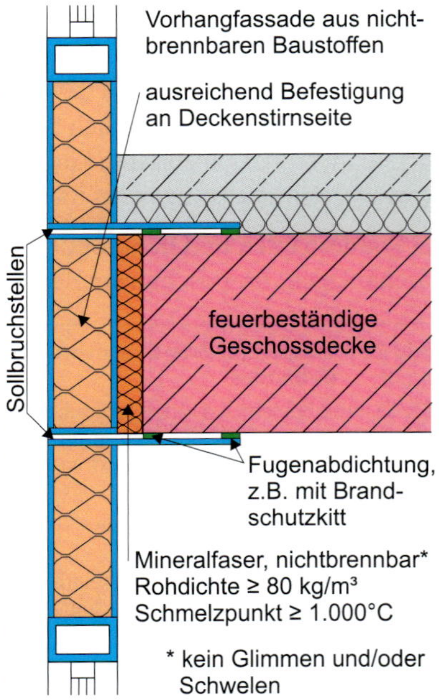

7.3 Sicherung von Öffnungen		
[4]Öffnungen in Decken, für die eine Feuerwiderstandsfähigkeit vorgeschrieben ist, sind nur zulässig 1. in Gebäuden der Gebäudeklassen 1 und 2, 2. innerhalb derselben Nutzungseinheit mit nicht mehr als insgesamt 400 m² in nicht mehr als zwei Geschossen und 3. im Übrigen, wenn sie auf die für die Nutzung erforderliche Zahl und Größe beschränkt sind und Abschlüsse mit der Feuerwiderstandsfähigkeit der Decke haben.	BauO NRW § 31 (4)	Atlas 6.8.1-A

① Bauausführung von Feuerschutzabschlüssen und Brandschutzverglasungen in Decken

Siehe Kapitel 18.

7

8 Notwendige Flure und Laubengänge

Kurzinfo:	Kapitel
• Mit Ausnahme der beiden nachfolgenden Spiegelpunkte sind notwendige Flure **grundsätzlich erforderlich** zwischen Aufenthaltsräumen (AR) oder Nutzungseinheiten (NE) mit AR und den Ausgängen in notwendige Treppenräume, zu notwendigen Außentreppen oder ins Freie.	8.1
• Notwendige Flure sind **nicht erforderlich:** – in Wohngebäuden der GK 1 und 2 und in sonstigen Gebäuden der GK 1 und 2, ausgenommen KG, – innerhalb von NE ≤ 200 m² und innerhalb von Wohnungen (ohne Größenbegrenzung), – innerhalb von NE mit Büro- oder Verwaltungsnutzung ≤ 400 m². Das gilt auch für Teil-NE ≤ 400 m², mit Trennwänden nach Kapitel 6 und je Teil-NE mit zwei voneinander unabhängigen RW nach Kapitel 11.	8.1
• Ist in anderen Fällen die Anordnung von notwendigen Fluren **nicht möglich bzw. sinnvoll**, sind auch **konzeptionelle Lösungen ohne notwendige Flure** möglich. Dann bestehen jedoch weitere Anforderungen (z.B. weiterer Ausgang, Anpassung der Rettungsweg). Je nach Lösung ist eine Abweichung erforderlich.	
• In Geschossen mit mehr als vier Wohnungen müssen notwendige Flure angeordnet sein.	10.10
• Die Mindestbreite muss für den größten zu erwartenden Verkehr ausreichen. Folge < 3 Stufen ist unzulässig.	8.2
• **Anforderungen an notwendige Flure** – **Unterteilung** durch nichtabschließbare, rauchdichte + selbstschließende Abschlüsse in Rauchabschnitte. – Die Rauchabschnitte sollen nicht länger als 30 m sein. – Führung der Abschlüsse bis zur Rohdecke oder an eine fh Unterdecke. – **Stichflure** zu Sicherheitstreppenraum ≤ 15 m.	8.3
– **Flurwände** in Normalgeschossen und DG: fh, in KG mit fb Tragwerk: fb. – **Oberer Anschluss** der Flurwände: Führung bis an die Rohdecke oder Anschluss an eine fh Unterdecke, wenn damit ein vergleichbarer Raumabschluss sicherstellt ist. – **Türen** in fh Flurwänden: dichtschließend; **Türen** in Flurwänden zu Lagerbereichen im KG: fh + d + s – **Sichtöffnungen** in fh Flurwänden: UK < 1,80 m: fh Verglasung; UK ≥ 1,80 m: G 30- bzw. E 30-Verglasung + Abweichung	8.4
– **Bekleidungen, Putze, Unterdecken und Dämmstoffe:** nichtbrennbare (nb) Baustoffe – **Wände und Decken** aus brennbaren Baustoffen: Bekleidung aus nb Baustoffen in ausreichender Dicke – **Fußbodenbeläge:** mindestens schwer entflammbar	8.6
• **Anforderungen an Laubengänge mit nur einer Fluchtrichtung:** – **Laubengangwände und -brüstungen:** Wie Flurwände. **Wichtig:** Gilt auch für die Brüstungen. – **Oberer Anschluss und Türen:** Wie Flurwände – **Sichtöffnungen** in fh Laubengangwänden: UK < 0,90 m: fh Verglasung; UK ≥ 0,90 m: Fenster zulässig.	8.5
– **Bekleidungen, Putze, Unterdecken und Dämmstoffe:** nichtbrennbare (nb) Baustoffe – **Wände und Decken** aus brennbaren Baustoffen: Bekleidung aus nb Baustoffen in ausreichender Dicke – **Fußbodenbeläge:** mindestens schwer entflammbar	8.6
• **Anforderungen an Laubengänge mit zwei Fluchtrichtungen:** Keine besonderen Anforderungen	
• **Sicherung von Leitungsdurchführungen und Verlegung von brennbaren Leitungen**	19 + 20

Schutzziel		
[1]Flure, über die Rettungswege aus Aufenthaltsräumen oder aus Nutzungseinheiten mit Aufenthaltsräumen zu Ausgängen in notwendige Treppenräume oder ins Freie führen (notwendige Flure), müssen so angeordnet und ausgebildet sein, dass die Nutzung im Brandfall ausreichend lang möglich ist.	BauO NRW § 36 (1)[1]	
8.1 Erfordernis von notwendigen Fluren und Laubengängen		
[2]Notwendige Flure sind nicht erforderlich 1. in Wohngebäuden der Gebäudeklassen 1 und 2, 2. in sonstigen Gebäuden der Gebäudeklassen 1 und 2, ausgenommen in Kellergeschossen, 3. innerhalb von Nutzungseinheiten mit nicht mehr als 200 m² und innerhalb von Wohnungen sowie 4. innerhalb von Nutzungseinheiten, die einer Büro- oder Verwaltungsnutzung dienen, mit nicht mehr als 400 m²; das gilt auch für Teile größerer Nutzungseinheiten, wenn diese Teile nicht größer als 400 m² sind, Trennwände nach § 29 Absatz 2 Nummer 1 [Kapitel 6.1 und 6.2] haben und jeder Teil unabhängig von anderen Teilen Rettungswege nach § 33 Absatz 1 [Kapitel 11] hat.	BauO NRW § 36 (1)[2]	Atlas 7.6/3
[1]In Geschossen mit mehr als vier Wohnungen müssen notwendige Flure angeordnet sein.	§ 35 (9)	

8

① Schutzziel von notwendigen Fluren

Notwendige Flure sind als **horizontaler Teil des baulichen** Flucht- und Rettungswegs das **besonders geschützte Bindeglied** zwischen Aufenthaltsräumen bzw. Nutzungseinheiten und

- bei nicht ebenerdiger Lage dem **vertikalen Teil** des Flucht- und Rettungsweges (notwendige Treppe im notwendigen Treppenraum bzw. notwendige Treppe als Außentreppe) oder
- bei ebenerdiger Lage dem Ausgang ins Freie.

Sie dienen im Brandfall nicht nur der Flucht (Selbstrettung) der sich im Gebäude aufhaltenden Personen, sondern auch als primärer Rettungs- und Angriffsweg für die Feuerwehr.

Damit erfüllen notwendige Flure grundsätzlich zwei bauaufsichtliche Schutzziele. Sie sollen bei größeren Nutzungseinheiten im Brandfall

- es den Nutzern ermöglichen, einigermaßen sicher die Türe zu ihrem baulichen bzw. die Türen zu ihren baulichen Rettungswegen zu erreichen.
- es der Feuerwehr ermöglichen, einigermaßen sicher Menschen zu retten und wirksame Löscharbeiten durchzuführen.

Es wurde bewusst der Ausdruck „einigermaßen sicher" gewählt, weil es nicht leichtfällt, den notwendigen Flur (den es in dieser Form nur so in Deutschland gibt) zu verstehen. An ihn werden von der Bauordnung sehr unterschiedliche Anforderungen gestellt, die für den Anwender nicht immer leicht bzw. einfach nachvollziehbar sind.

Grundsätzlich müssen **notwendige Flure** von anderen Räumen feuerwiderstandsfähig und raumabschließend getrennt sein und weiteren Brandschutzanforderungen genügen. Die allgemein definierte Schutzzielvorgabe der Bauordnung: *„notwendige Flure müssen so angeordnet und ausgebildet sein, dass die Nutzung im Brandfall ausreichend lang möglich ist"* gilt als erfüllt, wenn die in der Bauordnung angegebenen Anforderungen für notwendige Flure eingehalten werden.

Aus der Bezeichnung „notwendige Flure" ist ersichtlich, dass es auch nicht notwendige Flure gibt. Diese sind unter bestimmten Voraussetzungen (abhängig von der Nutzung, der Größer der NE und der Ausbildung der Rettungswege) zulässig und müssen dann aus baurechtlicher Sicht keine besonderen Brandschutzanforderungen erfüllen.

Grundsätzlich wäre es (sowohl von der Risikobewertung als auch von den Sicherheitsanforderungen her) sinnvoll, zu unterscheiden, ob der notwendige Flur als baulicher Rettungsweg dient:

- innerhalb von größeren Nutzungseinheiten oder
- für mehrere unterschiedliche Nutzugseinheiten innerhalb eines Geschosses (praktisch als horizontale Verlängerung des Treppenraums in einem Geschoss) oder
- für beide baulichen Rettungswege innerhalb einer Nutzungseinheit, die über denselben notwendigen Flur führen dürfen oder
- für beide baulichen Rettungswege von mehreren daran angeschlossenen Nutzungseinheiten, die über denselben notwendigen Flur führen dürfen.

Eine solche Unterscheidung wäre durchaus sinnvoll, da sich daraus unterschiedliche Risikobewertungen und damit auch eine unterschiedliche Bewertung der jeweils erforderlichen Maßnahmen ergeben kann. Allerdings ist eine solche Unterscheidung in der Bauordnung nicht vorgesehen.

Bilder 1.1 und 1.2: Beispiel

Die brennbare Deckenverkleidung aus Holz wirkte wie eine Zündschnur und ermöglichte eine schnelle Brandausbreitung in Längsrichtung des Flurs, der nicht mehr als Flucht- und Rettungsweg benutzbar war.

Wie in Bild 1.2 zu sehen ist, waren sowohl die Flurwände als auch die Flurdecke mit Holzbrettern verkleidet. Diese ungünstige Situation ermöglichte eine schnelle Ausbreitung und Vergrößerung des Schadenfeuers. Für die Flucht und Rettung war der notwendige Flur bereits kurze Zeit nach Brandausbruch nicht mehr benutzbar.

Bild 1.3: Detail

Im Deckenhohlraum befand sich an der Deckenunterseite eine Wärmedämmung aus Polystyrol-Hartschaumplatten (Baustoffklasse B 1). Durch diese brennenden Schaumkunststoffplatten konnten sich Feuer und Rauch unkontrollierbar im Deckenhohlraum ausbreiten und einen katastrophalen Schaden verursachen, bei dem leider auch der Verlust von Menschenleben zu beklagen war.

Nachteilig wirkt sich bei diesen Konstruktionen auch aus, dass die Feuerwehr einen solchen Brand in Deckenhohlräumen nicht bzw. nur sehr schwierig löschen kann, da diese für die Brandbekämpfung nicht bzw. nur sehr schwierig zugänglich sind.

8

8

② Notwendige Flure innerhalb von Nutzungseinheiten

Horizontale Rettungswege innerhalb von NE müssen gemäß BauO NRW § 36 (1) nicht zwangsläufig über notwendige Flure führen. Notwendige Flure sind **nicht** erforderlich:

1. in Wohngebäuden der GK 1 und 2,
2. in sonstigen Gebäuden der GK 1 und 2, ausgenommen KG,
3. innerhalb von NE ≤ 200 m² und innerhalb von Wohnungen (ohne Größenbegrenzung) sowie
4. innerhalb von NE mit Büro- oder Verwaltungsnutzung ≤ 400 m². Das gilt auch für Teil-NE, wenn die Teile nicht größer als 400 m² sind, Trennwände nach Kapitel 6.1 und 6.2 haben und jeder Teil unabhängig von anderen Teilen Rettungswege nach Kapitel 11 hat.

Für diese Standard-Nutzungseinheiten müssen innerhalb der Nutzungseinheit keine notwendigen Flure angeordnet werden. Besonders interessant ist in diesem Zusammenhang die Möglichkeit, **größere Büro- oder Verwaltungs-Nutzungseinheiten in Teilnutzungseinheiten zu unterteilen**. Dabei ist jedoch besonders auf die Rettungswegführung zu achten, denn jede Teil-NE muss unabhängig von anderen Teilen eigene Rettungswege haben. **Es darf also weder der erste noch der zweite Rettungsweg über eine andere Teil-NE geführt werden.**

Tipp: Die Möglichkeit, Teil-NE zu bilden, ist nach der Bauordnung nur für Büro- oder Verwaltungsnutzungen vorgesehen. Grundsätzlich kann diese Regelung analog auch für andere Nutzungseinheiten bis 200 m² angewandt werden, also für die Bildung von Teil-NE bis 200 m², z. B. für größere Arzt-Gemeinschaftspraxen. Hierfür ist eine möglichst frühzeitige Abstimmung mit der den Brandschutz prüfenden Stelle empfehlenswert und eine entsprechende Abweichung erforderlich.

Bild 2.1: Beispiel für Wohnungen und Nutzungseinheiten ohne notwendigen Flur

Für Wohnungen ist unabhängig von ihrer Größe kein notwendiger Flur erforderlich.

Auch für die Werkstatt (≤ 200 m² Brutto-Grundfläche) bzw. die beiden Büro- und Verwaltungsnutzungen (≤ 400 m² Brutto-Grundfläche) verlangt die Bauordnung keinen notwendigen Flur.

Wichtig: Zweiten Rettungsweg beachten, siehe Kapitel 11.

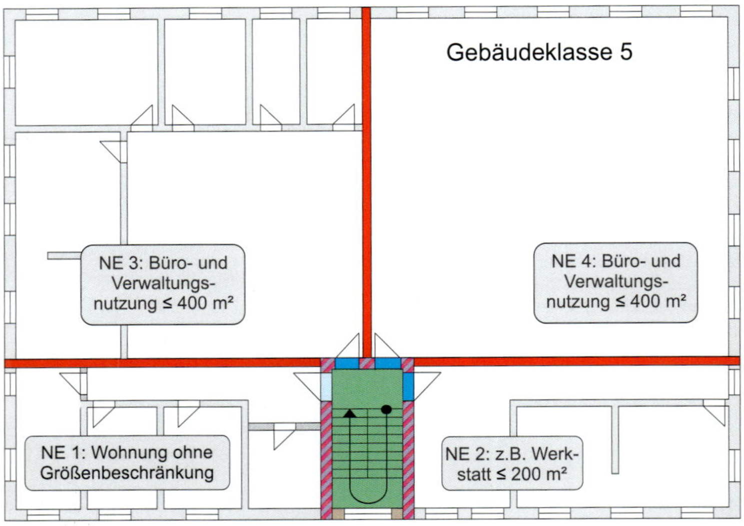

Bild 2.2: Beispiel für Gebäude mit zwei unterschiedlich großen Nutzungseinheiten

Die NE 1 (Büro- und Verwaltungsnutzung ≤ 400 m²) benötigt keinen notwendigen Flur. Es wäre auch ein einziger großer Raum zulässig, der direkt an den notwendigen Treppenraum anschließt.

NE 2 (≥ 400 m²) benötigt einen notwendigen Flur.

Wichtig: Zweiten Rettungsweg beachten, siehe Kapitel 11.

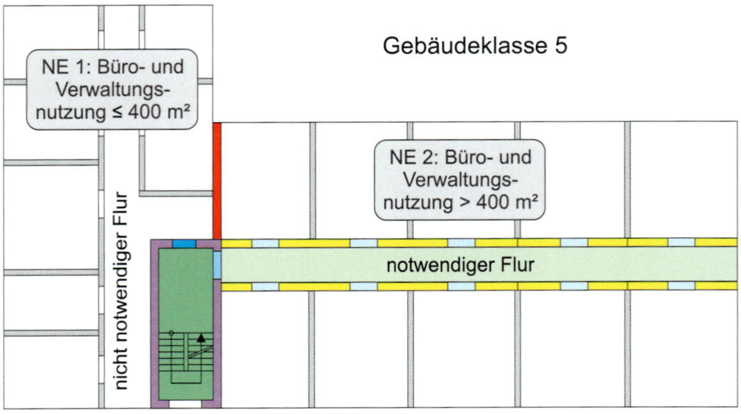

Bilder 2.3 bis 2.6: Beispiel für die Bildung von Teilnutzungseinheiten bei Büro- und Verwaltungsnutzung > 400 m²

Bild 2.3 zeigt als Ausgangssituation eine Büro- und Verwaltungsnutzung > 400 m² (im Beispiel 540 m² Brutto-Grundfläche). Für die dargestellte Lösung ist ein notwendiger Flur erforderlich.

Wichtig: Zweiten Rettungsweg beachten, siehe Kapitel 11.

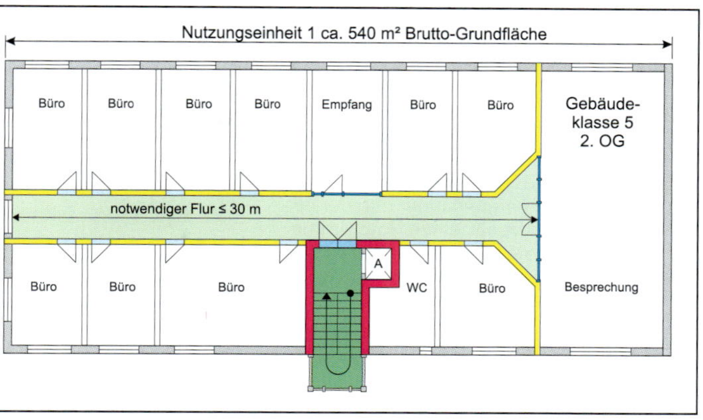

Bild 2.4: Beispiel für Aufteilung der in Bild 2.3 dargestellten Büro- und Verwaltungsnutzung in zwei Teilnutzungseinheiten ≤ 400 m²

Für die beiden Teil-NE ≤ 400 m² ist kein notwendiger Flur erforderlich. Diese Lösung ist für den Bauherrn (Nutzer) wesentlich flexibler und meist auch deutlich preiswerter. Für die fh + d + s Türe in der Trennwand ist eine Feststellanlage dringend empfehlenswert.

Voraussetzung für diese Lösung ist eine feuerwiderstandsfähige Trennwand zwischen den beiden Teil-NE (bei GK 5: fb, GK 4: hf und GK 3: fh).

Wichtig: Jede Teilnutzungseinheit muss **unabhängig von anderen Teilen** zwei voneinander unabhängige Rettungswege nach Kapitel 11 haben, die **nicht** durch andere Teilnutzungseinheiten führen dürfen.

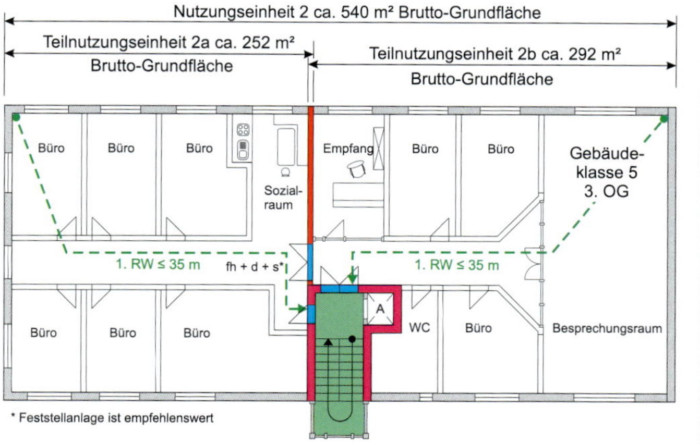

Bild 2.5: Beispiel für unzulässige Anordnung der Teilnutzungseinheiten

Eine wesentliche Anforderung für die Lösung mit Teil-NE besteht darin, dass jede Teil-NE Rettungswege haben muss, die unabhängig von anderen Teil-NE sind. Im Beispiel führt der erste (bauliche) Rettungsweg von Teil-NE 2a zunächst nach Teil-NE 2b und dann erst in den notwendigen Treppenraum. Dies ist unzulässig.

Anmerkung: Voraussetzung für Teil-NE-Lösungen ist **immer**, dass jede Teil-NE einen ersten baulichen Rettungsweg (RW) hat, der **nicht über andere Teil-NE führen darf**. Davon ist auch **keine Abweichung** möglich.

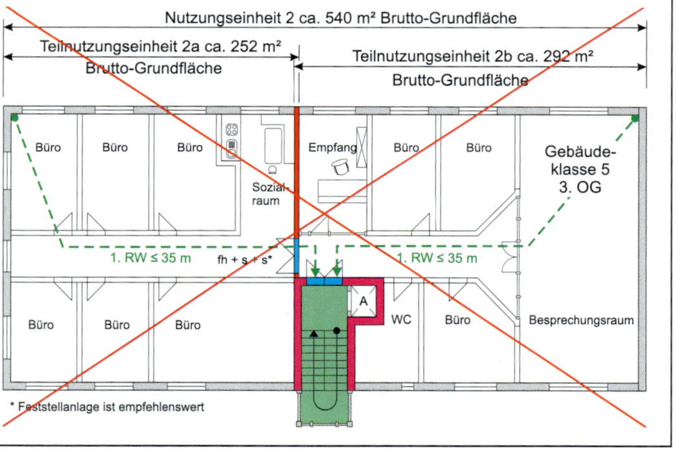

Bild 2.6: Beispiel für optimale Lösung mit Teilnutzungseinheiten

Erläuterungen siehe bei Bild 2.4. Bei diesem Lösungsansatz können praktisch beliebig viele Teilnutzungseinheiten „aneinandergereiht" werden.

Vorteil: Der Nutzer (Bauherr) ist sehr flexibel. Werden z. B. vier solche Teilnutzungseinheiten à 400 m² aneinandergereiht, hat er ein eine einzige große Nutzungseinheit mit 1.600 m² ohne notwendigen Flur. Durch einfaches Verschließen der Trennwandtüren kann er aber auch zwei mittelgroße oder vier kleine Nutzungseinheiten herstellen.

Wichtig: Anforderungen an die Rettungswegführung (Beschreibung bei Bild 2.4) und zweiten Rettungsweg beachten, siehe Kapitel 11.

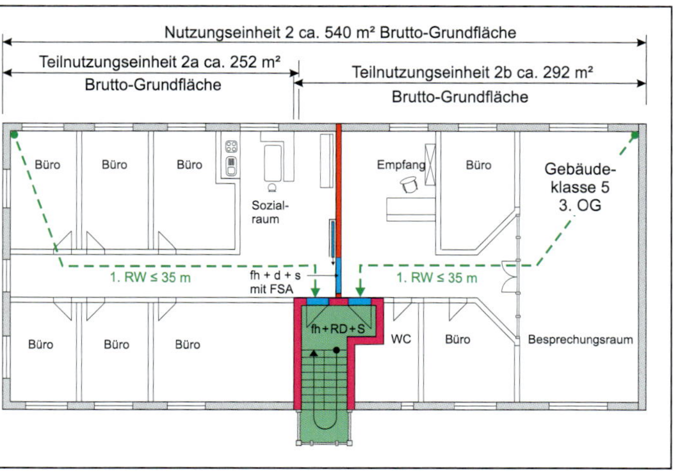

Bilder 2.7 und 2.8: Beispiel für notwendige Flure in einem Hotelgebäude

Bild 2.7: Notwendiger Flur zu einem baulichen Rettungsweg

Das Hotel ist eine Nutzungseinheit. Bezüglich der Abtrennung untereinander und der Rettungswege sind die einzelnen Hotelzimmer jedoch als separate Nutzungseinheiten zu sehen. Der erste (bauliche) Rettungsweg erfolgt über den notwendigen Flur.

Der zweite Rettungsweg darf mit Rettungsgeräten der Feuerwehr hergestellt werden, wenn in einem Geschoss nicht mehr als 30 und insgesamt nicht mehr als 60 Gastbetten vorhanden sind.

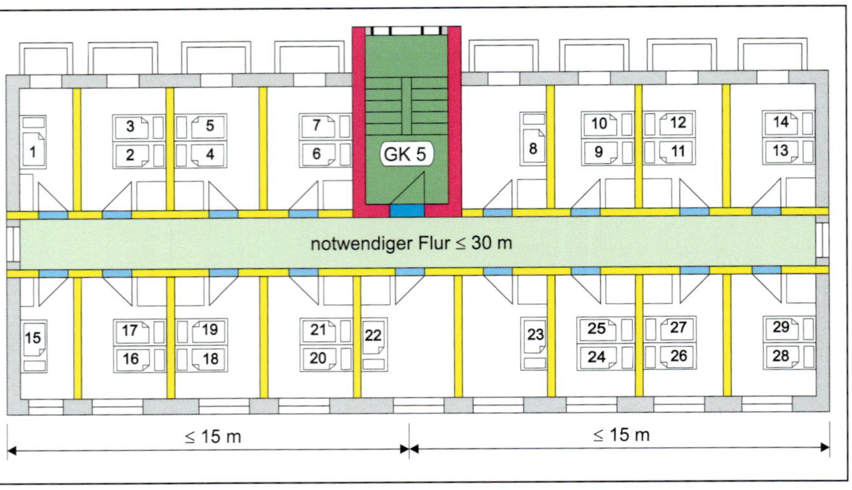

Bild 2.8: Notwendige Flure zu beiden baulichen Rettungswegen

Das Hotel weist zwei bauliche Rettungswege (notwendige Treppen in notwendigen Treppenräumen) auf. Beide Rettungswege dürfen innerhalb des Geschosses über denselben notwendigen Flur führen. Durch die rauchdichte, selbstschließende und nichtabsperrbare Türe wird der notwendige Flur in zwei Rauchabschnitte unterteilt.

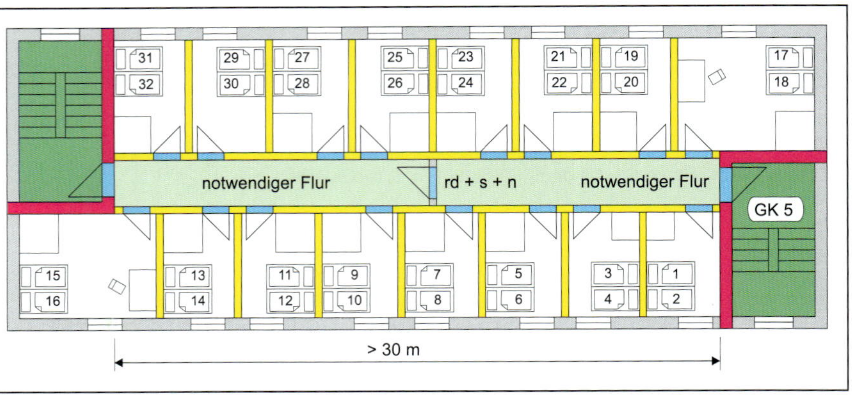

Bild 2.9: Beispiel für Schulgebäude mit zwei baulichen Rettungswegen

Die Schule ist eine Nutzungseinheit. Eine brandschutztechnische Abtrennung der Unterrichtsräume untereinander ist nicht erforderlich.

Jeder Unterrichtsraum muss zwei bauliche Rettungswege haben, wobei der horizontale Teil der Rettungswege über einen gemeinsamen notwendigen Flur führen darf.

Anmerkung: Diese „strenge" Lösung mit notwendigen Fluren gilt teilweise als nicht mehr zeitgemäß. Gewünscht werden häufig offene Lösungen ohne notwendige Flure, z. B. mit Lernfluren.

Solche Lösungen ohne notwendige Flure, z. B. mit Kompartments (Hamburg) erfordern eine Abweichung und kompensierende Maßnahmen, um den erforderlichen Brandschutz zu gewährleisten (z. B. Brandmeldeanlage mit Vollschutz). Eine frühzeitige Abstimmung mit der den Brandschutz prüfenden Stelle ist empfehlenswert.

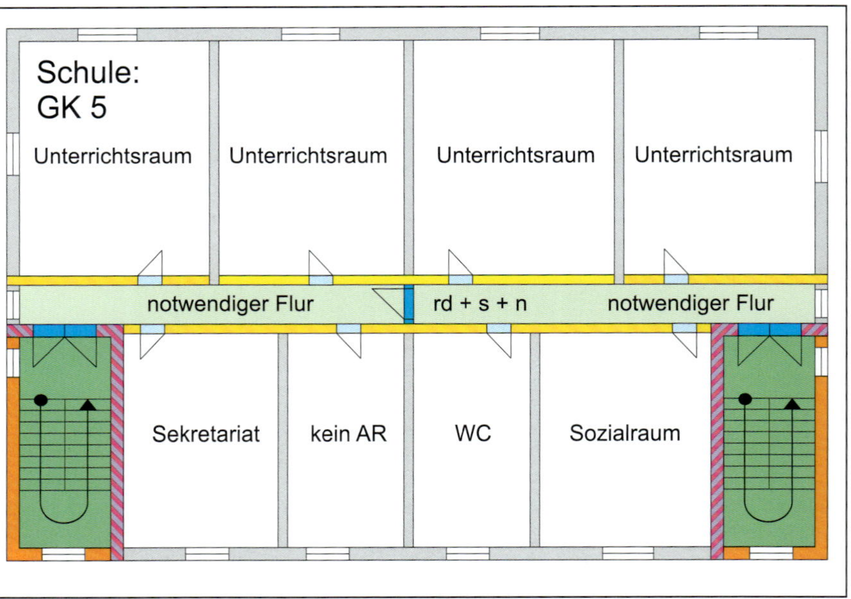

Bilder 2.10 und 2.11: Beispiel für Kellergeschoss mit einem Aufenthaltsraum

In Bild 2.10 ist praktisch ein „Worst Case" im Kellergeschoss dargestellt.

Die dargestellte Ausführung ist nicht zulässig, da der Flur, über den der erste (bauliche) Rettungsweg aus dem Aufenthaltsraum zum Ausgang in den notwendigen Treppenraum führt, nicht als notwendiger Flur ausgebildet wurde.

Anmerkung: Auch bei einer Kellergröße von insgesamt nicht mehr als 200 m^2 wäre ein notwendiger Flur erforderlich, da der Keller von mehreren Nutzern genutzt wird. Richtige Ausführung siehe nächstes Bild.

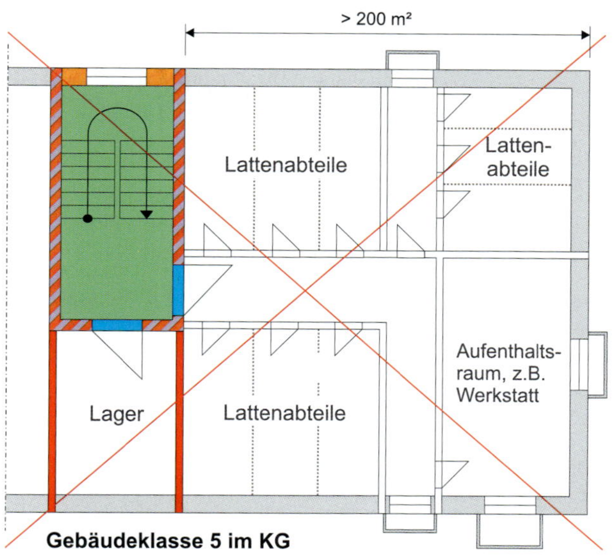

Bild 2.11: Beispiel für Kellergeschoss mit einem Aufenthaltsraum

Richtige Ausführung mit notwendigem Flur. Der erste (bauliche) Rettungsweg führt aus dem Aufenthaltsraum über einen notwendigen Flur zum Ausgang in den Treppenraum.

Anmerkung: Da ein notwendiger Flur im KG in der Regel nur mit einem relativ großen Aufwand realisierbar ist (insbesondere im Bestand), ist evtl. auch eine Lösung ohne notwendigen Flur mit folgenden Alternativen möglich:

- Änderung der Lage des Aufenthaltsraums. Anordnung im Bereich des Treppenraums mit direktem Zugang zum Treppenraum.
- Anordnung eines direkten Ausgangs ins Freie, z. B. mit einer Kelleraußentreppe (siehe Bild 14.8, Kapitel 11, Punkt 14).

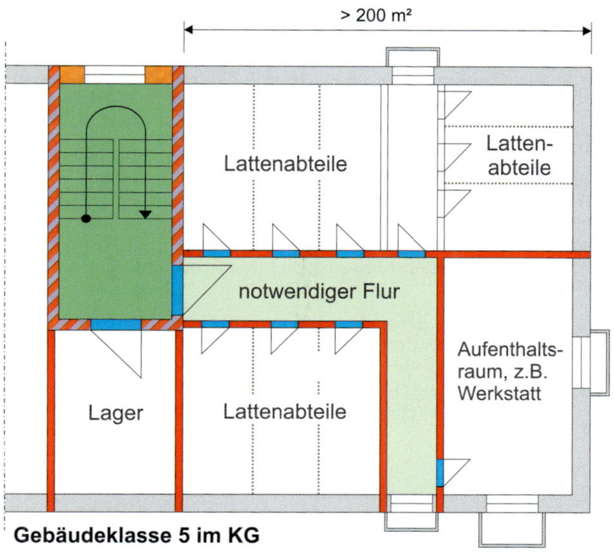

③ Größere Nutzungseinheiten ohne notwendige Flure

Die Formulierung von § 36 Abs. 1 Satz 2 BauO NRW „*Notwendige Flure sind nicht erforderlich …*“ sagt nur aus, unter welchen Voraussetzungen **keine** notwendigen Flure notwendig sind. **Sie fordert jedoch nicht automatisch im Umkehrschluss**, dass in allen anderen Fällen immer notwendige Flure angeordnet werden müssen.

Nach Bauordnung sind in allen anderen Fällen **nur dann** notwendige Flure erforderlich, **„wenn darüber Rettungswege geführt werden“**. Das heißt: Immer dann, wenn in anderen Fällen zwischen einem Aufenthaltsraum und dem Ausgang aus der NE zum baulichen Rettungsweg ein Raum vorhanden ist, über den dieser Rettungsweg führt, dann ist dort auch ein notwendiger Flur erforderlich.

Ist dagegen die Anordnung von notwendigen Fluren **nutzungsbedingt nicht möglich** bzw. sinnvoll (z. B. Großraumbüros, Kombibüros, selbstständige Betriebsstätten, Werkstätten, Ausstellungsräume, kleinere Verkaufsstätten, die keine großen Sonderbauten sind) und werden dann die Rettungswege **konzeptionell anders** (also nicht über Flure) geführt, so sind auch Lösungen ohne notwendige Flure möglich. Allerdings ist dann besonderes Augenmerk auf die Führung der horizontalen (baulichen) Rettungswege bzw. Ausgänge zu Rettungswegen zu legen.

Achtung: Da solche konzeptionellen Lösungen ohne notwendige Flure in der BauO NRW nicht behandelt werden, ist es wichtig, dass sie ausreichend beschrieben und begründet werden. Es ist empfehlenswert, diese Lösungen möglichst frühzeitig mit der den Brandschutz prüfenden Stelle abzustimmen. Abhängig von der jeweiligen Lösung kann auch eine genehmigungspflichtige Abweichung vorliegen, die entsprechend zu beschreiben und zu begründen ist.

Bilder 3.1 bis 3.4: Beispiel einer Arzt-Gemeinschaftspraxis mit 340 m² ohne notwendigen Flur

In Bild 3.1 führt der erste (bauliche) Rettungsweg aus den Aufenthaltsräumen über Flure zum notwendigen Treppenraum. Da die NE größer als 200 m² ist, sind notwendige Flure erforderlich, die im Beispiel nicht vorhanden sind. Die Ausführung ist unzulässig.

Anmerkung: Die Unzulässigkeit ergibt sich durch die Einstufung. Würde man die NE als Büro- und Verwaltungsnutzung einstufen, so wären keine notwendigen Flure erforderlich und die Ausführung wäre zulässig. Dies wäre unter Umständen über eine entsprechende **genehmigungspflichtige Abweichung** möglich.

Grundsätzlich ist jedoch eine Arztpraxis mit 340 m² nicht direkt mit einer Büro- und Verwaltungsnutzung vergleichbar (Nutzung, Personenzahl, viele Personen ohne Ortskenntnis). Demgegenüber steht allerdings relativ viel ortskundiges Personal, das im Brandfall für eine schnelle Evakuierung sorgen kann.

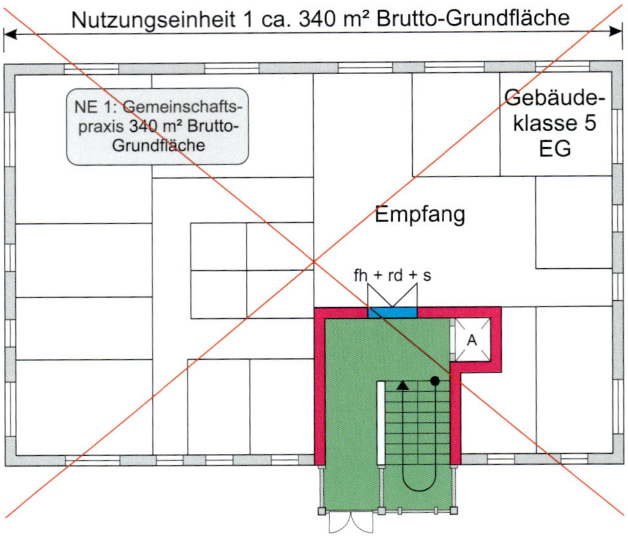

Bild 3.2: Lösung mit einem zweiten Ausgang (zweiten baulichen Rettungsweg)

Zur Kompensation der fehlenden notwendigen Flure wurde ein zweiter Ausgang angeordnet, der in diesem Fall zugleich auch als zweiter (baulicher) Rettungsweg dient. Damit wird die Situation deutlich verbessert.

Für den Verzicht auf den notwendigen Flur und die Kompensation mit einem zweiten Ausgang ist eine **genehmigungspflichtige Abweichung** erforderlich. Eine frühzeitige Abstimmung mit der den Brandschutz prüfenden Stelle ist empfehlenswert.

Anmerkung: Im Beispiel liegt die Praxis im EG. Würde sie in einem anderen Geschoss liegen, müsste dieser zweite Ausgang zu einer notwendigen Treppe (entweder mit notwendigem Treppenraum oder als sichere Außentreppe) führen. Mögliche Alternativen siehe nachfolgende Bilder 3.4 und 3.5.

Das Panikschloss wird von der Bauordnung nicht gefordert. Es ist jedoch empfehlenswert, da diese Türe während der Betriebszeiten sicher benutzbar sein muss.

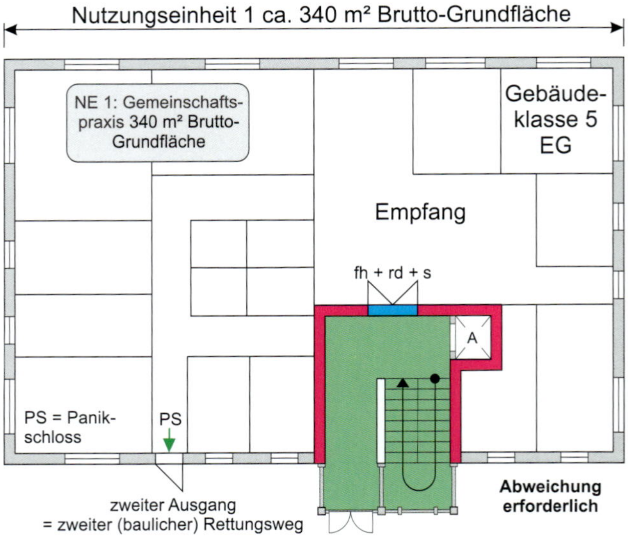

Bild 3.3: Lösung mit zwei Teilnutzungseinheiten und einem zweiten Ausgang im EG

Im Beispiel werden (sinngemäß, wie dies bei Büro- und Verwaltungsnutzungen möglich ist) zwei Teilnutzungseinheiten gebildet, bei denen jede unter 200 m² Brutto-Grundfläche hat. Damit hat jede für sich betrachtete NE unter 200 m² und es sind keine notwendigen Flure mehr erforderlich.

Für diese Lösung ist eine genehmigungspflichtige Abweichung erforderlich, da Teilnutzungseinheiten in der Bauordnung nur für Büro- und Verwaltungsnutzungen vorgesehen sind. Eine frühzeitige Abstimmung mit der den Brandschutz prüfenden Stelle ist empfehlenswert.

Dargestellt ist GK 5. Die Zeichnung gilt für andere Gebäudeklassen analog. Erläuterungen zum Panikschloss siehe bei Bild 3.2.

Wichtig: Jede Teilnutzungseinheit muss **unabhängig von anderen Teilen** Rettungswege nach Kapitel 11 haben, die nicht durch andere Teilnutzungseinheiten führen dürfen.

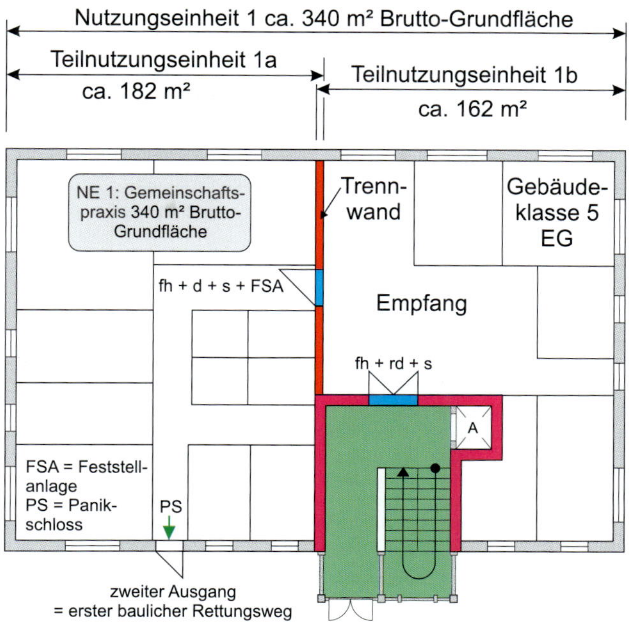

Bild 3.4: Lösung mit zwei Teilnutzungseinheiten und einem zweiten Ausgang in Obergeschossen

Beschreibung siehe bei Bild 3.3. Es ist eine Abweichung erforderlich.

In den Obergeschossen kann der zweite Ausgang, der bei dieser Lösung für die linke Teil-NE den ersten baulichen Rettungsweg darstellt, natürlich auch in den Treppenraum führen.

Gemäß den Anforderungen für die Teil-NE-Lösung der Bauordnung benötigen beide Teil-NE jeweils einen zweiten Rettungsweg (in diesem Beispiel über Rettungsgeräte der Feuerwehr).

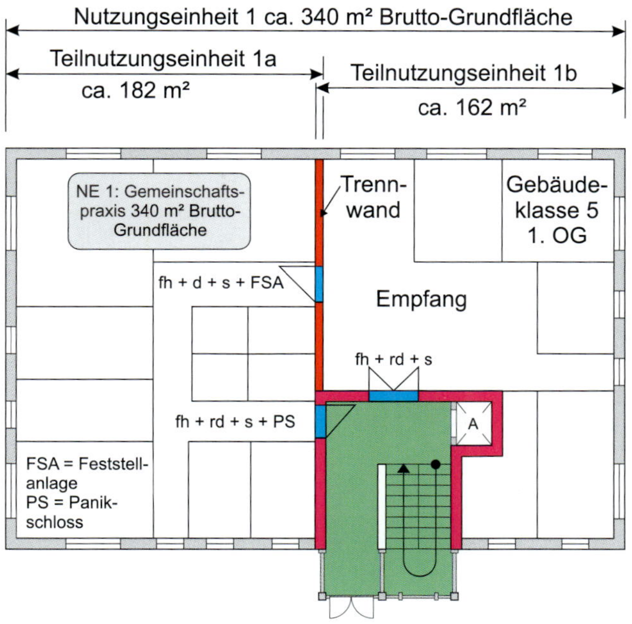

8

Bilder 3.5 bis 3.6: Beispiele für NE > 200 m² und Büro-/Verwaltungs-NE > 400 m² ohne notwendigen Flur

Bei den dargestellten NE ist ein notwendiger Flur nutzungsbedingt nicht möglich bzw. vorgesehen. Mit ihrer Größe NE > 200 m² bzw. Büro- und Verwaltungs-NE > 400 m² fallen sie nicht mehr unter die in § 36 (1) Satz 2 geregelten NE, bei denen notwendige Flure nicht erforderlich sind. In solchen Fällen kann der horizontale Rettungsweg aus der jeweiligen NE konzeptionell auch anders gelöst werden.

Bild 3.5: Konzeptionelle Lösung des horizontalen Rettungswegs mit zweitem Ausgang zum ersten baulichen RW

Es wird ein möglichst entgegengesetzt zum Eingang liegender zweiter Ausgang angeordnet. Dieser muss nicht zwingend zu einem zweiten baulichen Rettungsweg führen. Er kann auch über einen notwendigen Flur außerhalb der NE in den Treppenraum (= erster baulicher Rettungsweg) geführt werden. **Achtung:** In diesem Fall muss jedoch der zweite Rettungsweg über Rettungsgeräte der Feuerwehr möglich sein! Die hier dargestellte Lösung ist nur möglich, **wenn keine Bedenken wegen der Personenrettung bestehen**.

Anmerkung: Es ist davon auszugehen, dass bei solchen Situationen (abhängig von der Größe der NE und der Personenzahl) Bedenken bestehen. Siehe hierzu auch Erläuterung der Rettungswege in Kapitel 11, Punkt 17.

Ob diese Lösung eine Abweichung darstellt, wird in Deutschland unterschiedlich diskutiert. Eine frühzeitige Abstimmung mit der den Brandschutz prüfenden Stelle ist empfehlenswert.

Gebäudeklasse 5 im 5. OG

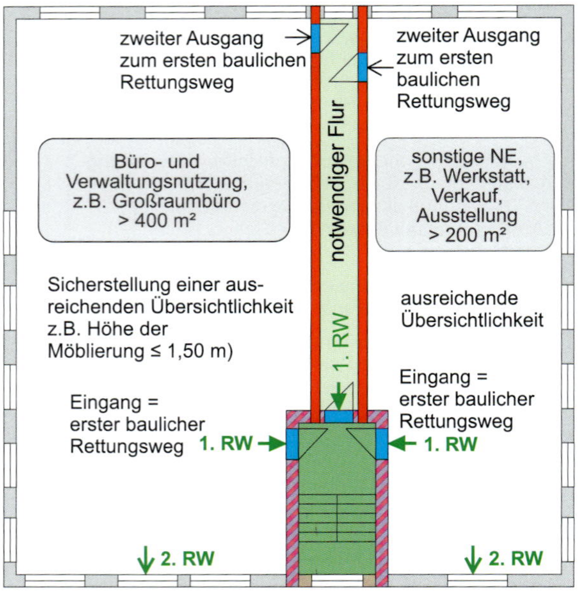

Achtung: Die dargestellte Lösung des zweiten Rettungswegs über Rettungsgeräte der Feuerwehr ist nur zulässig, wenn keine Bedenken wegen der Personenrettung bestehen!

Bild 3.6: Konzeptionelle Lösung des horizontalen Rettungswegs mit zweitem Ausgang zum zweiten baulichen Rettungsweg

Grundsätzliche Beschreibung siehe Bild 3.5. Die dargestellte Lösung dürfte für Großraumbüros > 400 m² der Regelfall sein. Durch die Größe der NE und Zahl der Nutzer ist ein zweiter baulicher Rettungsweg erforderlich. Der zweite, möglichst entgegengesetzt liegende Ausgang führt dann zu einem zweiten baulichen Rettungsweg (notwendige Treppe). Der Nachteil des fehlenden notwendigen Flurs wird durch eine bessere Übersichtlichkeit ausgeglichen. Je nach Größe und Personenzahl können weitere Maßnahmen erforderlich sein (z. B. Möblierung nur bis zu einer Höhe von 1,50 m).

Gebäudeklasse 5 im 5. OG

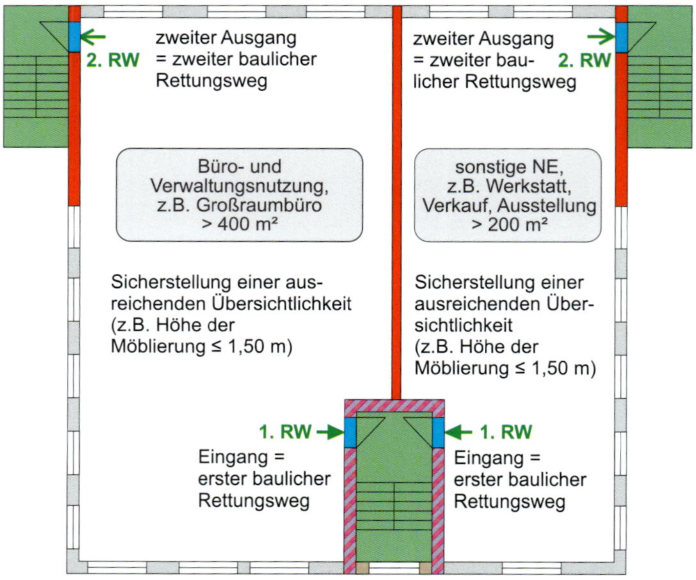

Bild 3.7: Beispiel für Großraumbüro > 400 m² ohne notwendigen Flur mit abgetrennten Räumen, die keine Aufenthaltsräume (AR) sind

Da die abgetrennten Räume keine Aufenthaltsräume sind, gelten sinngemäß die Erläuterungen zu Bild 3.6.

Wichtig: Die abgetrennten Räume dürfen nicht als Aufenthaltsräume genutzt werden. Andernfalls siehe nachfolgendes Bild 3.8.

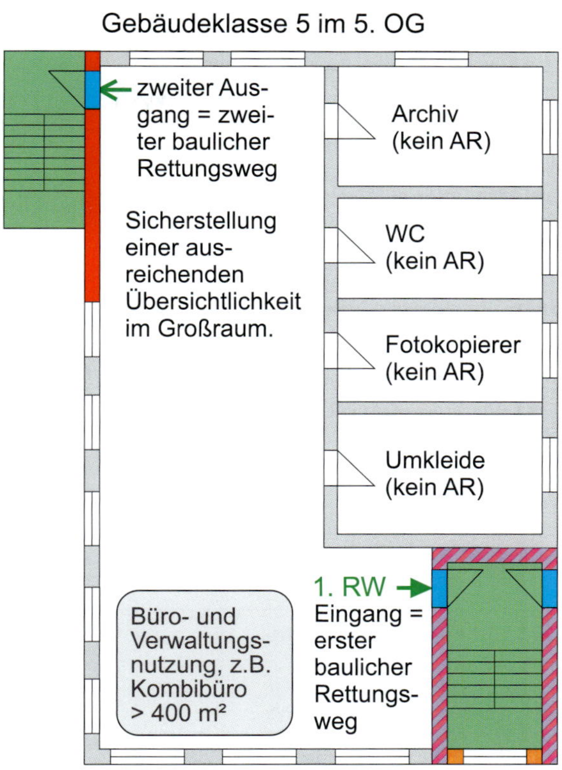

Bild 3.8: Beispiel für Kombibüro > 400 m² ohne notwendigen Flur mit abgetrennten Aufenthaltsräumen (AR)

Beim Kombibüro sind um eine zentrale Gruppenzone Einzelbüros angeordnet. Ein notwendiger Flur passt nicht in dieses Konzept. Der horizontale Rettungsweg kann wie folgt gelöst werden:

- Anordnung eines zweiten bzw. je nach Größe, Übersichtlichkeit und Personenzahl weiteren Ausgangs, der in der Regel zu einem zweiten bzw. weiteren (baulichen) Rettungsweg führt.
- möglichst großflächige Verglasung (Sichtverbindung) der Einzelbüros zum Großraum.
- Begrenzung der Möblierung in der Höhe (z. B. h max. 1,50 m).
- Überschaubarer Grundriss mit Sichtverbindung zu den Rettungswegen.
- Ist keine offene Verbindung („Hör- und Riechverbindung") zu den Einzelbüros vorhanden, kann die gesamte Büroeinheit (Einzelbüros und Großraumbüro) mit einer Brandmeldeanlage (Vollschutz) und Alarmanlage ausgestattet werden.

Eine frühzeitige Abstimmung mit der den Brandschutz prüfenden Stelle ist empfehlenswert.

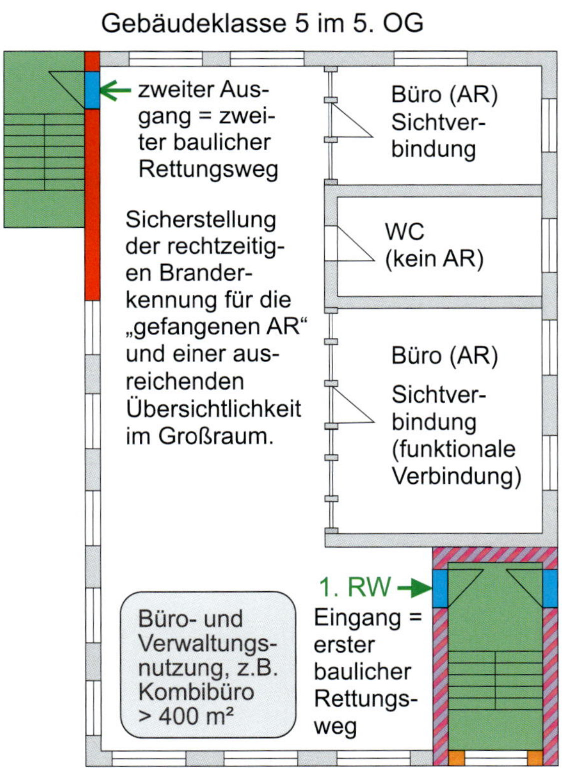

Bild 3.9: Offene Sichtverbindung im Kombibüro

Beispiel für die Sicherstellung der rechtzeitigen Branderkennung und Alarmierung in Verbindung mit einer Optimierung der Fluchtwegführung im Kombibüro.

Durch die transparente Trennwand zwischen den abgetrennten Büros und dem Großraum sowie die Höhenbegrenzung der Möblierung ist eine optische Verbindung gegeben, so dass ein evtl. Brand im Großraum auch von den Nutzern der abgetrennten Büros schnell bemerkt werden kann.

Zur Kompensation der fehlenden „Hör- und Riechverbindung" wurde eine Brandmeldeanlage mit Alarmanlage angeordnet.

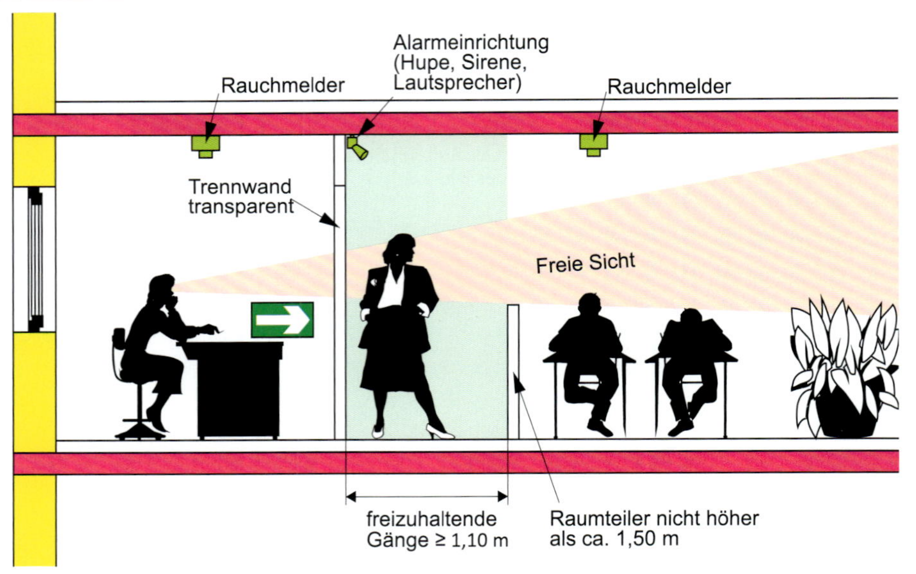

Bild 3.10: Kombibüro mit Fluchtbalkon

Sind die in den Bildern 3.8 und 3.9 beschriebenen Maßnahmen nicht möglich, kann eine Kompensation auch durch einen umlaufenden Fluchtbalkon erfolgen. Dieser muss in zwei Richtungen verlassen werden können und jeweils an eine notwendige Treppe angeschlossen sein.

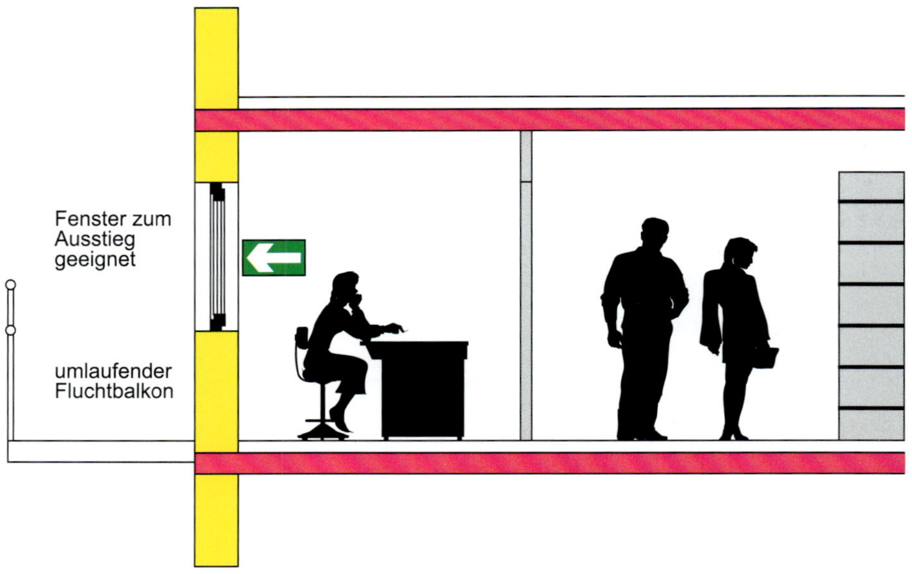

Bilder 3.11 bis 3.13: Beispiel für erdgeschossigen Kindergarten

Obwohl die Rettungswegführung den Anforderungen der Bauordnung entspricht, ist die in Bild 3.11 dargestellte Lösung aus zwei Gründen für Kindergärten ungeeignet:

1. Rettungswegkonzepte mit notwendigen Fluren sind für Kindergärten nicht praktikabel. Im täglichen Betrieb wird der Flur auch als Spielflur genutzt werden und es wird nicht gelingen, die bauaufsichtlichen Anforderungen an einen solchen notwendigen Flur auf Dauer zu gewährleisten (Spielflur).
2. Die Bauordnung lässt zwar zu, dass beide Rettungswege über einen gemeinsamen notwendigen Flur führen dürfen. Bei Kindergärten ist eine solche Lösung jedoch nicht sinnvoll.

Alternative siehe die nächsten beiden Bilder.

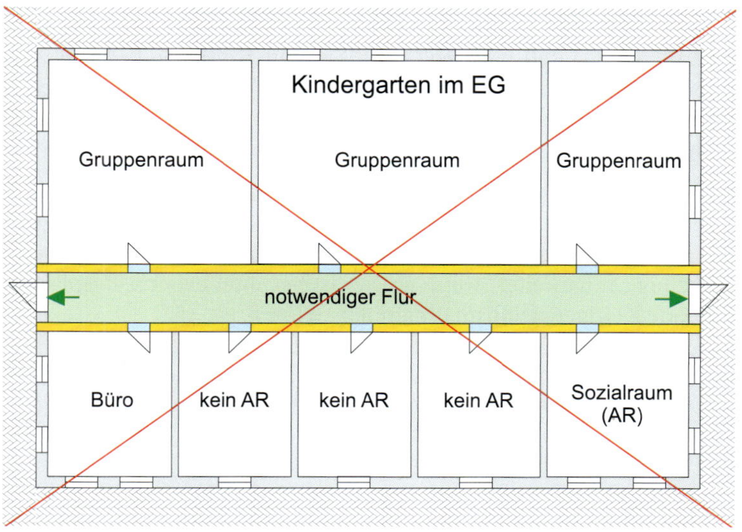

Bild 3.12: Optimale Lösung mit direkten Ausgängen ins Freie

Die ersten baulichen Rettungswege führen von jedem Aufenthalts- und Gruppenraum direkt ins Freie. Die Türen ins Freie (grüne Pfeile) sind von jeder Stelle aus in höchstens 15 m Entfernung erreichbar. Damit sind weder ein zweiter Rettungsweg noch ein notwendiger Flur erforderlich.

Die anderen Türen (weiße Pfeile) dienen aus funktionalen Gründen der Erschließung und Nutzung. Sie sind für die Rettungswege in der Regel nicht erforderlich (es sei denn, es wird ein zweiter Ausgang aus dem jeweiligen Raum benötigt). Auch ein notwendiger Flur ist nicht erforderlich, da alle Rettungswege direkt ins Freie führen. Er ist auch für die Feuerwehr zur Rettung und wirksamen Brandbekämpfung nicht notwendig, da diese alle Räume von außen einfach erreichen kann.

Achtung: Voraussetzung für dies Lösung ist, dass alle Aufenthaltsräume einen direkten Ausgang ins Freie haben (auch die Büros). Weist ein Aufenthaltsraum z. B. ein Büro keinen direkten Ausgang auf, entsteht bei NE > 200 m² wieder die Problematik des notwendigen Flurs.

Anmerkung: Bei einer Entfernung der Ausgangstüre ins Freie von mehr als 15 m ist eine entsprechende Abweichung erforderlich, siehe hierzu auch Kapitel 11, Punkt 13.

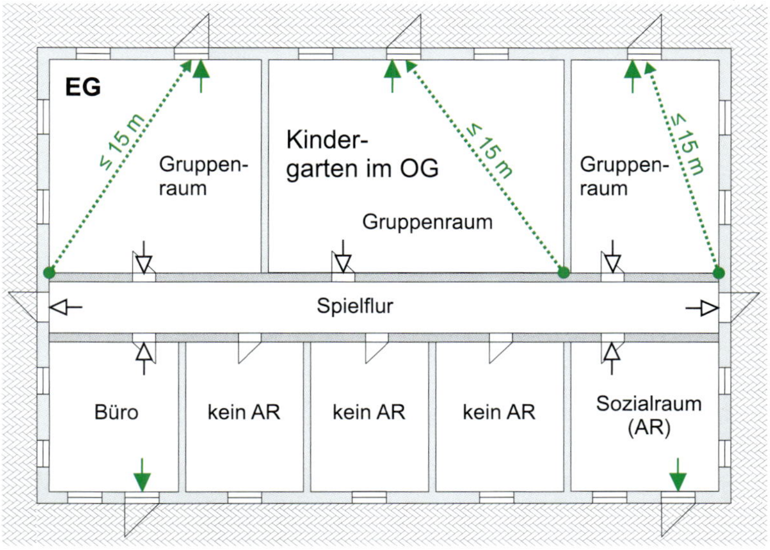

Ausgang ins Freie = erster baulicher Rettungsweg

zweiter Ausgang aus den Räumen (kein zweiter Rettungsweg, siehe Text)

Bild 3.13: Optimale Lösung in einem Obergeschoss mit direkten Ausgängen zu einem Laubengang

Beschreibung siehe sinngemäß bei Bild 3.12.

Beide baulichen Rettungswege führen über den Laubengang (als notwendiger Flur) in die beiden Treppenräume.

Interessanterweise besteht für diese Situation gemäß BauO NRW keine Anforderung an eine maximale Entfernung von jeder Stelle eines Aufenthaltsraums zum Ausgang in den Laubengang.

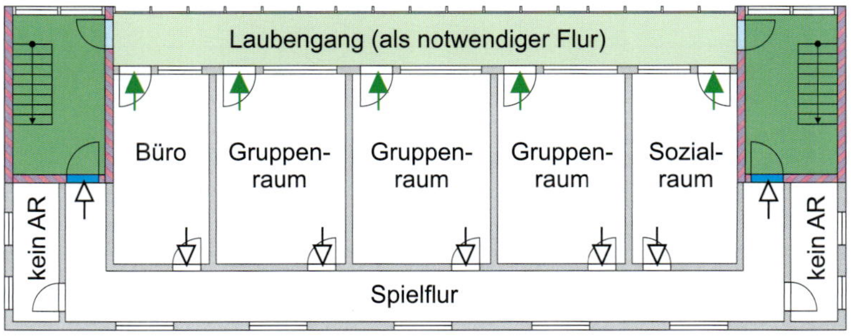

Ausgang in den Laubengang = erster und zweiter baulicher Rettungsweg

zweiter Ausgang aus den Räumen (kein zweiter Rettungsweg, siehe Text)

8

④ Notwendige Flure außerhalb von Nutzungseinheiten

Führt der bauliche Rettungsweg bzw. führen die baulichen Rettungswege aus einer Wohnung oder NE nicht direkt in einen notwendigen Treppenraum, einen Ausgang zu einer notwendigen Außentreppe oder einen Ausgang ins Freie, so sind die Flure, die außerhalb der jeweiligen Wohnung bzw. NE liegen und von dort zum notwendigen Treppenraum, einen Ausgang zu einer notwendigen Außentreppe oder einen Ausgang ins Freie führen, als notwendige Flure auszubilden.

Gemäß BauO NRW § 35 (9) müssen **in Geschossen mit mehr als vier Wohnungen** solche notwendigen Flure angeordnet sein. Diese Anforderung hat das Ziel, den **Treppenraum eng zu umgrenzen**. Der Treppenraum dient zum einen als vertikaler Rettungsweg und zum anderen auch als Angriffsweg für die Feuerwehr. Er darf deshalb nicht beliebig in horizontaler Richtung „aufgeweitet" werden. Dies ist bei einer eventuell geplanten Abweichung zu berücksichtigen und durch entsprechende Kompensationsmaßnahmen zu lösen.

Bild 4.1: Beispiel für einen notwendigen Treppenraum mit vier angeschlossenen Nutzungseinheiten (NE)

Bei üblicher Bemessung des Treppenabsatzes ist eine maximale Erschließung von vier Wohnungen bzw. NE möglich.

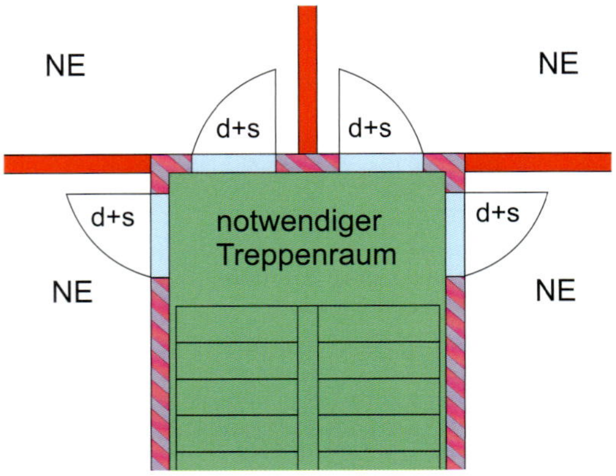

d + s = dicht- und selbstschließend
NE = Nutzungseinheit

Bild 4.2: Beispiel für unzulässige Aufweitung des Treppenraums zum Flur

Die dargestellte Ausführung ist unzulässig, da durch die offene Verbindung des Treppenraums mit dem notwendigen Flur der Treppenraum seinen Charakter als notwendiger Treppenraum verloren hat.

Als Kompensation reicht es bei diesem Beispiel nicht aus, z. B. nur die Türen brandschutztechnisch zu verbessern. Nach BauO NRW müssen in Geschossen mit mehr als vier Wohnungen notwendige Flure angeordnet werden.

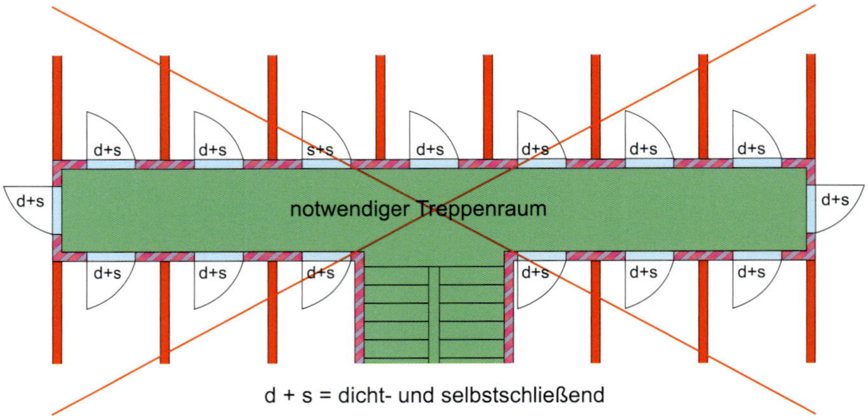

Bild 4.3: Beispiel für flurartige Erweiterung des notwendigen Treppenraums mit sechs angeschlossenen Nutzungseinheiten (Abweichung)

In den meisten LBOs wird die Zahl der an den Treppenraum anschließbaren Wohnungen bzw. Nutzungseinheiten nicht begrenzt.

Die im Bild dargestellte Ausführung entspricht nicht der BauO NRW. Falls sie aus bestimmten Gründen ausgeführt werden soll, ist hierfür eine entsprechende Abweichung erforderlich. Eine frühzeitige Abstimmung mit der den Brandschutz prüfenden Stelle ist empfehlenswert.

Im vorliegenden Fall wurden anstelle von dichten und selbstschließenden Türen zur Kompensation der Abweichung feuerhemmende, dichte und selbstschließende Türen angeordnet. Damit wird die Situation wesentlich verbessert, so dass man davon ausgehen kann, dass keine Bedenken wegen des Brandschutzes mehr bestehen.

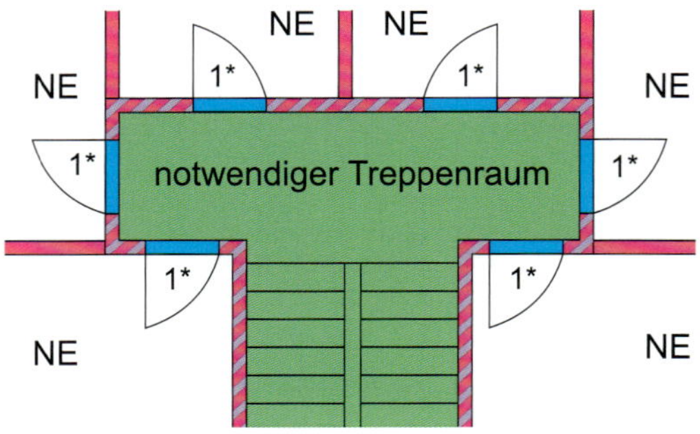

NE = Nutzungseinheit
1*: alle Türen feuerhemmend, dicht- und selbstschließend. Eine Abweichung ist erforderlich.

Bild 4.4: Beispiel für notwendige Flure außerhalb von Nutzungseinheiten mit einem baulichen Rettungsweg

Der erste (bauliche) Rettungsweg führt von jeder Nutzungseinheit über den notwendigen Flur zum Treppenraum.

Der zweite Rettungsweg wird in diesem Beispiel über Rettungsgeräte der Feuerwehr hergestellt.

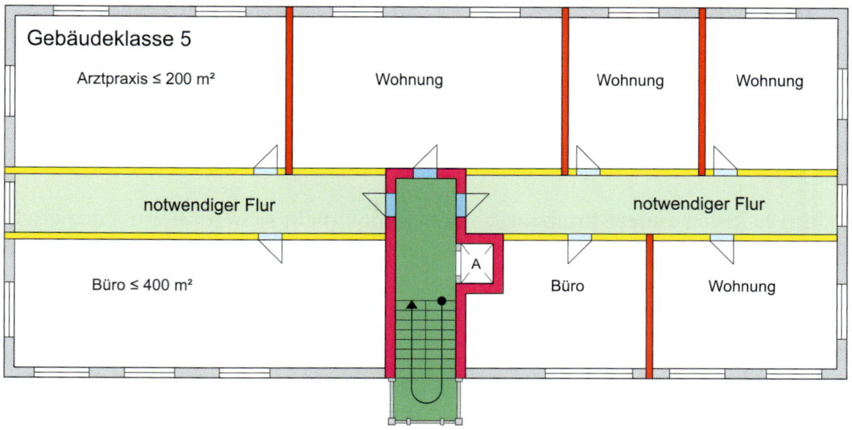

Bild 4.5: Beispiel für notwendige Flure außerhalb von Nutzungseinheiten mit zwei baulichen Rettungswegen

Der erste (bauliche) Rettungsweg führt von jeder Nutzungseinheit über den notwendigen Flur zum einen Treppenraum.

Der zweite (bauliche) Rettungsweg führt über den gemeinsamen Flur zum anderen Treppenraum.

Bei der im Beispiel dargestellten Situation wird nicht mehr zwischen erstem und zweitem Rettungsweg unterschieden. Hier sind zwei bauliche Rettungswege vorhanden, von denen einer die maximale Entfernung von 35 m nicht überschreiten darf.

Durch die rauchdichte, selbstschließende und nichtabsperrbare Türe wird der notwendige Flur in zwei Rauchabschnitte unterteilt.

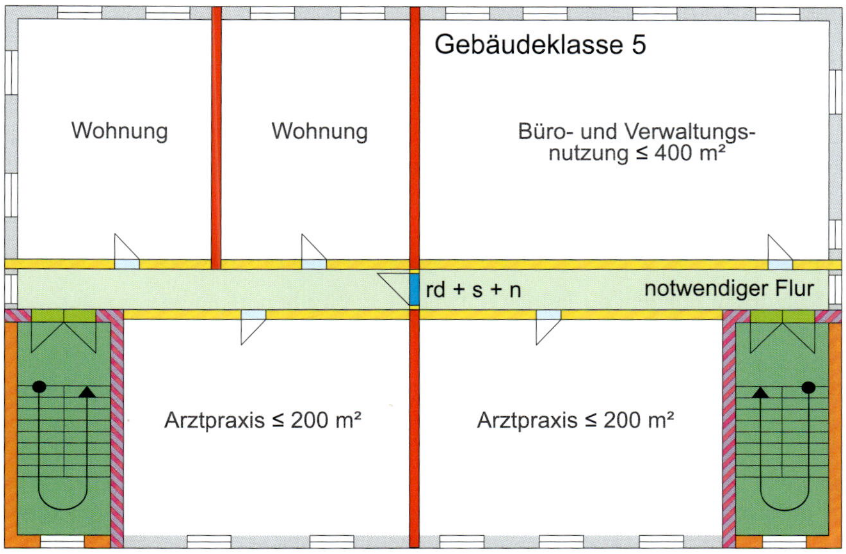

⑤ Flure in Nutzungen ohne Aufenthaltsräume

Grundlegende Voraussetzung für das Erfordernis eines notwendigen Flurs ist in der Regel ein Aufenthaltsraum bzw. eine Nutzungseinheit mit mindestens einem Aufenthaltsraum.

Bild 5.1: Beispiel für Kellergeschoss ohne Aufenthaltsräume (AR)

Da im KG keine Aufenthaltsräume vorhanden sind, ist dort auch kein notwendiger Flur erforderlich.

Kellergeschoss mit Aufenthaltsraum siehe Bild 2.11, Kapitel 8.1, Punkt 2 und Bilder 14.4 bis 14.8, Kapitel 11, Punkt 14.

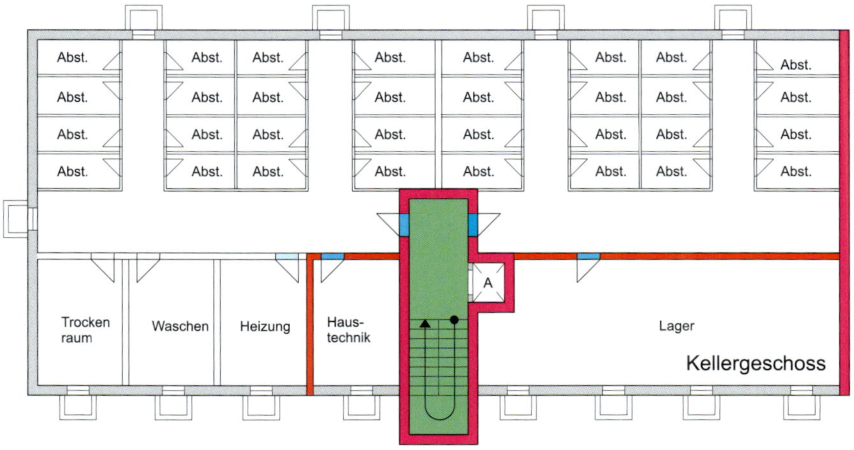

8

⑥ Gefangene Räume

Bei sogenannten **„gefangenen Räumen"** führt der erste (bauliche) Rettungsweg aus dem Raum nicht direkt in
- einen notwendigen Flur oder
- in einen notwendigen Treppenraum oder
- zu einer notwendigen Außentreppe oder
- ins Freie,

sondern es liegen andere (im baurechtlichen Sinn nicht sichere) Räume dazwischen. Gemäß Schutzzielvorgabe der BauO NRW (§ 36 (1) Satz 1) soll die Verbindung zwischen Aufenthaltsräumen und den Zugängen zu den vorgenannten baulichen Rettungswegen über einen notwendigen Flur erfolgen. Bei gefangenen Räumen ist das nicht der Fall. Damit stellen sie eine genehmigungspflichtige Abweichung von der Bauordnung dar. Außerdem wird der Begriff auch vom Arbeitsstättenrecht geprägt, siehe weiter unten.

Gefangene Räume sind aus folgenden Gründen ungünstig:
- Die Flucht ist im Brandfall nur über fremde (andere) Räume mit Brandlasten möglich.
- Personen, die sich in einem gefangenen Raum aufhalten, haben keinen unmittelbaren Kontakt zum davorliegenden fremden Raum. Ein eventuell ausbrechender Brand im anderen Raum oder in einem anderen Bereich wird deshalb unter Umständen zu spät entdeckt und der (erste) bauliche Flucht und Rettungsweg ist nicht mehr gewährleistet.

Dabei spielt es vom Grundsatz her keine Rolle, ob der gefangene Raum einen zweiten Rettungsweg über Rettungsgeräte der Feuerwehr hat. Zunächst muss nach Baurecht jede Nutzungseinheit und bei größeren Nutzungseinheiten jeder Aufenthaltsraum einen fachgerechten ersten (baulichen) Rettungsweg haben.

Die baurechtlichen Anforderungen an gefangene Räume hängen im Wesentlichen von der Art und Größe der jeweiligen Nutzungseinheit und der Nutzung ab.

Gefangene Räume in Nutzungseinheiten, die keinen notwendigen Flur benötigen

Bei Nutzungseinheiten, die keinen notwendigen Flur benötigen wie
- Wohnungen ohne Größenbegrenzung,
- Nutzungseinheiten bis 200 m^2
- Büro und Verwaltungsnutzungen bis 400 m^2 (gilt auch für Teilnutzungseinheiten)

stellt die BauO NRW keine besonderen Anforderungen an gefangene Räume.

Obwohl in diesen Nutzungseinheiten kein notwendiger Flur vorgeschrieben wird, ist in der Regel ein nicht notwendiger Flur (= Flur ohne Anforderungen) zur Erschließung vorhanden. Gefangene Räume (hintereinander angeordnete oder verschachtelte Räume) sind in diesen NE nach Baurecht grundsätzlich zulässig.

Da über die nicht notwendigen Flure und auch die evtl. vorhandenen gefangenen Räume der erste (bauliche) Rettungsweg führt, sollten sie möglichst übersichtlich angeordnet werden. In ungünstigen Fällen kann die Situation durch die Anordnung von Rauchwarnmeldern deutlich verbessert werden, wobei natürlich darauf zu achten ist, dass diese regelmäßig überprüft werden.

Gefangene Räume in Nutzungseinheiten, die einen notwendigen Flur haben

Bei gefangenen Räumen in Nutzungseinheiten, deren Rettungsweg oder Rettungswege über einen notwendigen Flur führen, ist zu klären, welche Maßnahmen zur Gewährleistung der Flucht und Rettungswege jeweils erforderlich sind. Dabei muss ein Brand im davorgeschalteten Raum oder Bereich auch im gefangenen Raum so rechtzeitig bemerkt werden können, dass der bauliche Fluchtweg aus diesem Raum gewährleistet ist.

Anforderungen des Arbeitsrechts

Unabhängig vom Baurecht sind für Gebäude, die dem Arbeitsrecht unterliegen, bei gefangenen Räumen besondere Anforderungen zu beachten, siehe z. B. ASR A 2.3. Diese sind mit den für das Arbeitsstättenrecht zuständigen Stellen zu klären.

Lösungsmöglichkeiten

Im Folgenden werden als Beispiele für Nutzungseinheiten mit einem notwendigen Flur die Voraussetzungen angegeben, unter denen gefangene Räume in der Regel zulässig sind. In der Regel ist hierfür eine Abweichung erforderlich. Im Zweifelsfall ist eine frühzeitige Abstimmung mit der für den Brandschutz prüfenden Stelle empfehlenswert.

A Der gefangene Raum hat zwei Ausgänge durch verschiedene Räume. Da ein gleichzeitiger Brand in beiden Räumen unwahrscheinlich ist, kann er im Ernstfall durch den zweiten Ausgang verlassen werden (Bild 6.1). **Wichtig:** in diesem Fall bestehen Anforderungen an die Schließung der beiden Türen. Sie müssen natürlich vom gefangenen Raum aus jederzeit zu öffnen sein. Das gilt auch für den weiteren Verlauf des Fluchtwegs bis zum notwendigen Flur. Hier sind Türen mit einer Panikschließung möglich, da sie im Brandfall nur von einer Richtung aus begehbar sein müssen.

B Der gefangene Raum hat einen zweiten baulichen Rettungsweg, z. B. durch einen Fluchtbalkon.
C Eine Alarmierung im Gefahrenfall wird sichergestellt, z. B. durch eine automatische Brandmeldeanlage mit Evakuierungsalarm (Bild 6.2).
D Der gefangene Raum weist einen funktionellen Zusammenhang (z. B. durch eine Sichtverbindung) zum vorgelagerten Raum auf und der vorgelagerte Raum hat keine besondere Brandgefährdung. In diesem Fall geht man davon aus, dass ein eventueller Brand im vorgelagerten Raum durch die Sichtverbindung rechtzeitig bemerkt wird, so dass der gefangene Raum rechtzeitig verlassen werden kann. Diese Lösung ist nur möglich, wenn der gefangene Raum lediglich von einer geringen Personenzahl und nicht zum Schlafen genutzt wird (Bild 6.3).
E Der gefangene Raum wird nicht als Aufenthaltsraum genutzt (Bild 6.4).

Bild 6.1: Gefangener Raum – Beispiellösung A

Im Ernstfall kann der gefangene Raum durch einen zweiten Ausgang verlassen werden.

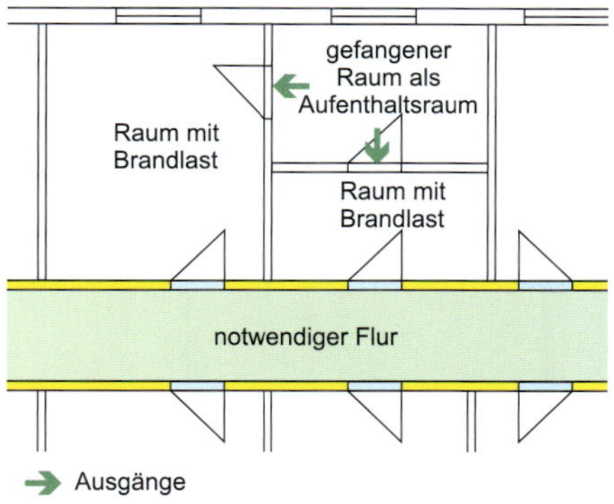

Bild 6.2: Gefangener Raum – Beispiellösung C

Durch die Warneinrichtung (z. B. automatische Brandmeldeanlage mit Evakuierungsalarm) werden die Personen im gefangenen Raum frühzeitig gewarnt und können den gefangenen Raum im Ernstfall über den vorgelagerten Raum verlassen.

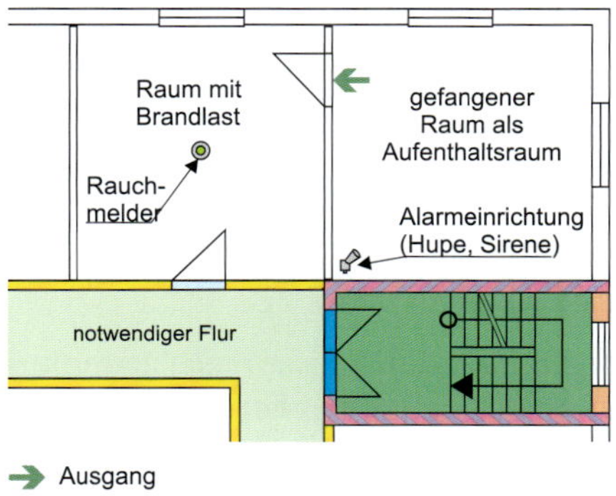

Bild 6.3: Gefangener Raum – Beispiellösung D

Durch die Sichtverbindung wird ein eventueller Brand im vorgelagerten Raum rechtzeitig bemerkt, so dass der gefangene Raum rechtzeitig verlassen werden kann.

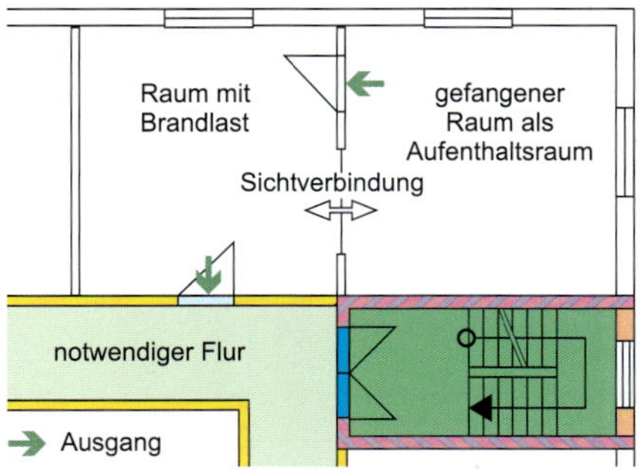

Bild 6.4: Gefangener Raum – Beispiellösung E

Es bestehen keine besonderen Anforderungen, da der gefangene Raum kein Aufenthaltsraum ist. Bei dieser Lösung ist darauf zu achten, dass der gefangene Raum auch später nicht als Aufenthaltsraum genutzt wird.

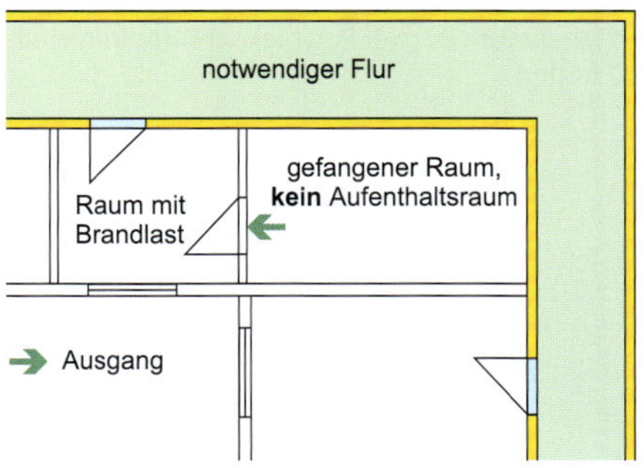

8.2 Mindestbreite und Stufen		
[1]Notwendige Flure müssen so breit sein, dass sie für den größten zu erwartenden Verkehr ausreichen. In den Fluren ist eine Folge von weniger als drei Stufen unzulässig. [Mindestbreite siehe Kapitel 9.5.]	BauO NRW § 36 (2)	Atlas 7.6/4

8.3 Unterteilung in Rauchabschnitte und Flurlänge		
[1]Notwendige Flure sind durch nichtabschließbare, rauchdichte und selbstschließende Abschlüsse in Rauchabschnitte zu unterteilen. [2]Die Rauchabschnitte sollen nicht länger als 30 m sein. [3]Die Abschlüsse sind bis an die Rohdecke zu führen. [4]Sie dürfen bis an die Unterdecke der Flure geführt werden, wenn die Unterdecke feuerhemmend ist. [5]Notwendige Flure mit nur einer Fluchtrichtung [Stichflure], die zu einem Sicherheitstreppenraum führen, dürfen nicht länger als 15 m sein. [5]Die Sätze 1 bis 5 gelten nicht für offene Gänge nach Absatz 5 [Laubengänge siehe Kapitel 8.5].	BauO NRW § 36 (3)	Atlas 7.6/5 und 7.6/6

8

① Unterteilung von längeren notwendigen Fluren in Rauchabschnitte

Notwendige Flure sollen als horizontales Element des ersten (baulichen) Rettungsweges oder der baulichen Rettungswege im Brandfall möglichst rauchfrei bleiben. Dies ist besonders wichtig bei notwendigen Fluren, über die beide (baulichen) Rettungswege geführt werden.

Unter ungünstigen Umständen (z. B. offen stehende Türen zur brandbetroffenen Wohnung bzw. Nutzungseinheit, schnelle Brandausbreitung, späte Alarmierung der Feuerwehr) kann aber auch ein notwendiger Flur schnell verraucht werden.

Aus diesen Gründen ist es bei längeren Fluren erforderlich, die mögliche Verrauchung durch die Anordnung von Rauchabschnitten zu begrenzen. In der Bauordnung wird deshalb verlangt, dass notwendige Flure „durch nichtabschließbare, rauchdichte und selbstschließende Abschlüsse in Rauchabschnitte" zu unterteilen sind. Die Rauchabschnitte sollten nicht länger als 30 m sein.

Wichtig: Da durch diese rauchabschnittsbildenden Abschlüsse bauliche Rettungswege **in beide Richtungen führen**, dürfen sie **nicht abschließbar** sein. Es darf in diesen Türen also kein Schloss angeordnet werden. Dies ist z. B. mit einem Blindzylinder möglich. Siehe hierzu auch Punkt 3 weiter unten.

Bild 1.1: Beispiel für fehlende Unterteilung eines notwendigen Flurs

Unzulässige Ausführung, da die Flurlänge und damit die Länge der Rauchabschnitte mehr als 30 m beträgt. Damit entspricht die Ausführung nicht den Anforderungen der Bauordnung.

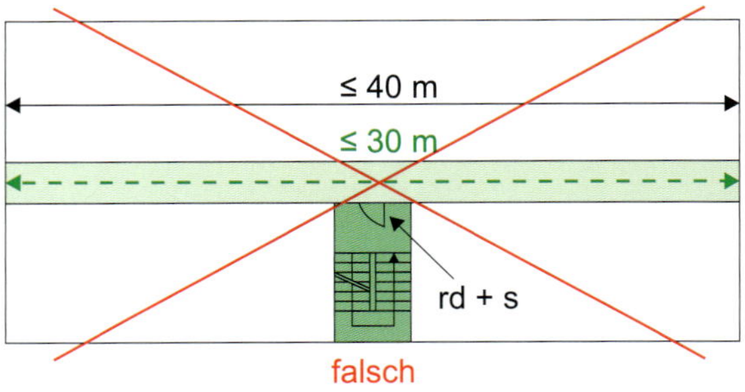

Bild 1.2: Beispiel für Unterteilung eines längeren notwendigen Flurs durch den Treppenraum

Der (ursprünglich längere) notwendige Flur wird durch den notwendigen Treppenraum in zwei Rauchabschnitte unterteilt, die beide nicht länger als 30 m sind.

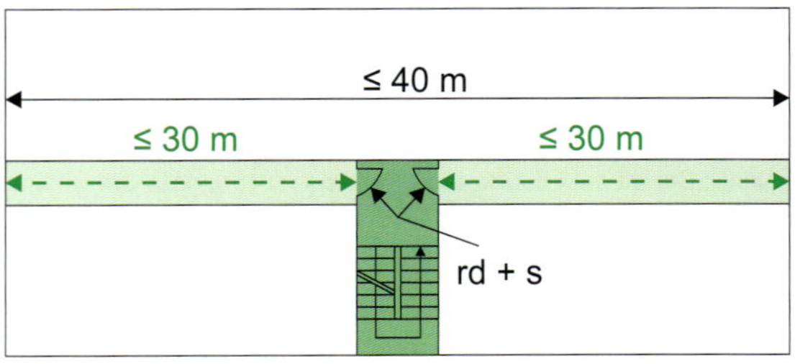

Bild 1.3: Beispiel für Unterteilung eines notwendigen Flurs > 30 m, über den beide (baulichen) Rettungswege führen, in Rauchabschnitte

Der notwendige Flur ist länger als 30 m. Er wird durch einen rauchdichten, selbstschließenden und nichtabsperrbaren Abschluss in zwei Rauchabschnitte unterteilt.

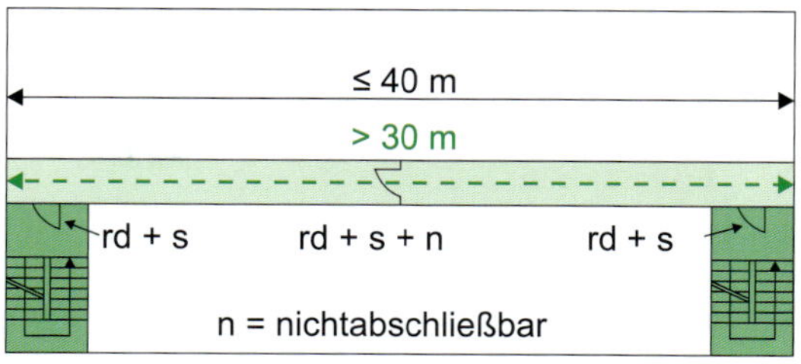

Bild 1.4: Empfehlung für Unterteilung eines notwendigen Flurs ≤ 30 m, über den beide (baulichen) Rettungswege führen, in Rauchabschnitte

Nach allgemeiner Interpretation der Bauordnung müsste der notwendige Flur nicht unterteilt werden, da er nicht länger als 30 m ist.

Bei genauer Lesart der Bauordnung ergibt sich durch den ersten Satz, dass notwendige Flure zu unterteilen sind. Erst der zweite Satz gibt an, dass die Rauchabschnitte nicht länger als 30 m sein sollen.

Dies macht bei der in Bild 1.2 dargestellten Situation keinen Sinn. Allerdings ist es in Bild 1.4 sehr wohl sinnvoll und auch empfehlenswert, einen notwendigen Flur auch bei einer Flurlänge von unter 30 m zu unterteilen, wenn beide baulichen Rettungswege über diesen Flur geführt werden.

Durch die (nach Bauordnung zulässige) Führung von beiden Rettungswegen über denselben notwendigen Flur besteht im brandbetroffenen Geschoss eine relativ ungünstige Situation, die durch den rauchdichten, selbstschließenden und nichtabsperrbaren Abschluss auch bei Flurlängen unter 30 m um 100 % verbessert wird.

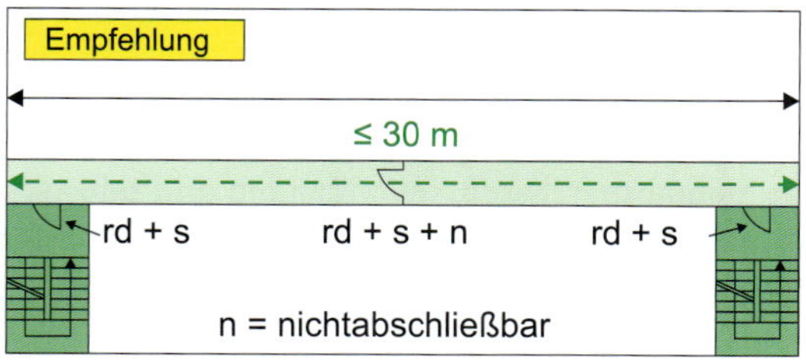

Bild 1.5: Beispiel für Unterteilung eines notwendigen Flurs in Rauchabschnitte

Bei Stichfluren ist zu prüfen, ob besondere Anforderungen bestehen.

An Stichflure in Gebäuden, die nach der Bauordnung behandelt werden können, bestehen nur Anforderungen, wenn sie zu einem Sicherheitstreppenraum führen. In diesem Fall dürfen sie dann nicht länger als 15 m sein.

In verschieden großen Sonderbauten werden Anforderungen an Stichflure gestellt, siehe auch Punkt 5 in Kapitel 8.3.

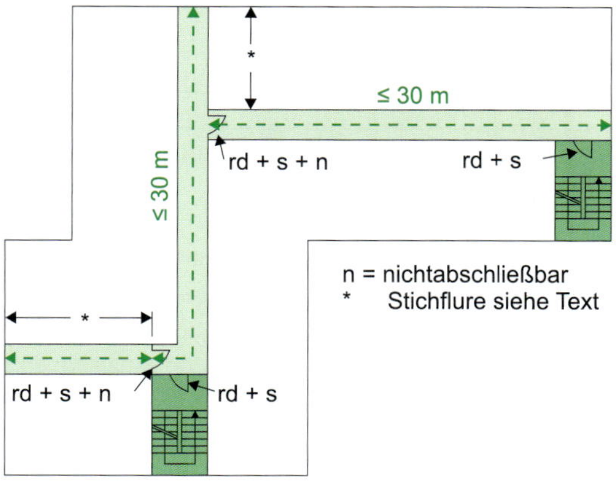

② Zusammenfallen von Brandabschnitten und Rauchabschnitten notwendiger Flure

Bei ausgedehnten Gebäuden, die durch Brandwände in Brandabschnitte unterteilt werden, ist es empfehlenswert, die Rauchabschnitte in notwendigen Fluren möglichst so zu planen, dass sie mit den Brandabschnitten zusammenfallen.

Damit übernehmen die Feuerschutzabschlüsse in den Brandwänden zugleich auch die Unterteilung in Rauchabschnitte. Die Anforderungen der dort erforderlichen Abschlüsse lauten:

- Gebäudeklasse 5: nichtabsperrbar, feuerbeständig, rauchdicht und selbstschließend.
- Gebäudekassen 1 bis 4: nichtabsperrbar, hochfeuerhemmend, rauchdicht und selbstschließend.

Bild 2.1: Beispiel für günstige Anordnung der nichtabschließbaren Feuer- und Rauchschutzabschlüsse in ausgedehnten Gebäuden

Anmerkung: unter bestimmten Voraussetzungen können als Abweichung auch nichtabsperrbare, feuerhemmende, rauchdichte und selbstschließende Abschlüsse angeordnet werden, siehe Bilder 2.5 und 2.6 in Kapitel 5.7.

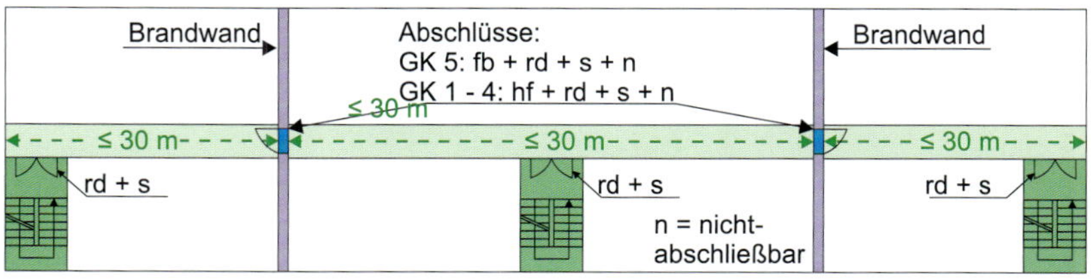

③ „Nichtabschließbarkeit" der Abschlüsse von Rauchabschnitten

Damit in längeren notwendigen Fluren, die durch rauchdichte und selbstschließende Abschlüsse in Rauchabschnitte unterteilt sind, jeweils eine Flucht und Rettung **nach beiden Richtungen** möglich ist, dürfen die Türen im Brandfall nicht abgeschlossen sein.

Deshalb wird von der Bauordnung gefordert, dass diese Türen zur Bildung von Rauchabschnitten **nichtabschließbar** ausgeführt werden müssen, d. h., die Türen müssen in ihrer Bauart so ausgeführt werden, dass sie nicht abgeschlossen werden können und der Einbau von Türschlössern nicht ohne Weiteres möglich ist, z. B. durch Anordnung von Blindzylindern.

Außerdem sollte der Bauherr bzw. Betreiber des Gebäudes, z. B. im Rahmen des Brandschutzkonzepts besonders darauf hingewiesen werden, dass diese Türen nichtabschließbar sind und es auch bleiben müssen.

④ Fachgerechter Einbau der Abschlüsse von Rauchabschnitten

Die nichtabsperrbaren, rauchdichten und selbstschließenden Abschlüsse müssen natürlich fachgerecht eingebaut werden, entweder gemäß den Vorgaben ihres Ver-/Anwendbarkeitsnachweises oder bei Türen mit CE-Kennzeichnung und den über die **Leistungserklärung nachgewiesenen erforderlichen Klassen** gemäß ihrer Gebrauchsanleitung (Einbauanleitung).

Dabei ist natürlich auch auf die seitlichen und oberen An- und Abschlüsse an die angrenzenden Bauteile zu achten. Diese müssen gemäß Ver-/Anwendbarkeitsnachweis bzw. Einbauanleitung möglich sein und auch entsprechend ausgeführt werden. In diesem Zusammenhang kommt den oberen An- und Abschlüssen eine besondere Bedeutung zu. Entweder sind sie bis an die Rohdecke zu führen oder sie dürfen bis an die Unterdecke der Flure geführt werden, wenn diese feuerhemmend ist.

Wichtig: Bei einem Anschluss an eine feuerhemmende Unterdecke ist unbedingt darauf zu achten, dass dieser Anschluss gemäß Ver-/Anwendbarkeitsnachweis bzw. Einbauanleitung des Abschlusses möglich ist bzw. welche besonderen Anforderungen diesbezüglich bestehen.

Weitere Informationen siehe Kapitel 18.

Bilder 4.1 bis 4.3: Beispiele für den Einbau von nichtabsperrbaren, rauchdichten, selbstschließenden Abschlüssen

Bild 4.1: Einbau eines Elements mit Seiten- und Oberteil in Parallelmontage

Das Element wird bis an die Rohdecke geführt (Anschluss A).

Wichtig: Wird es nur bis an eine feuerhemmende Unterdecke geführt, so ist darauf zu achten, dass dieser Anschluss gemäß Ver-/Anwendbarkeitsnachweis bzw. Einbauanleitung möglich ist. Das Gleiche gilt für die Anschlüsse B an die seitlichen Flurtrennwände (siehe auch Bild 4.3).

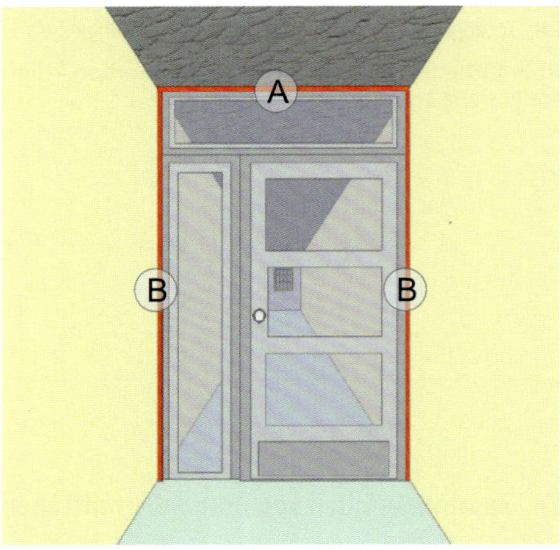

Bild 4.2: Einbau eines Elements in Leibungsmontage in die Flur-Querwand

Beschreibung siehe sinngemäß bei Bild 4.1.

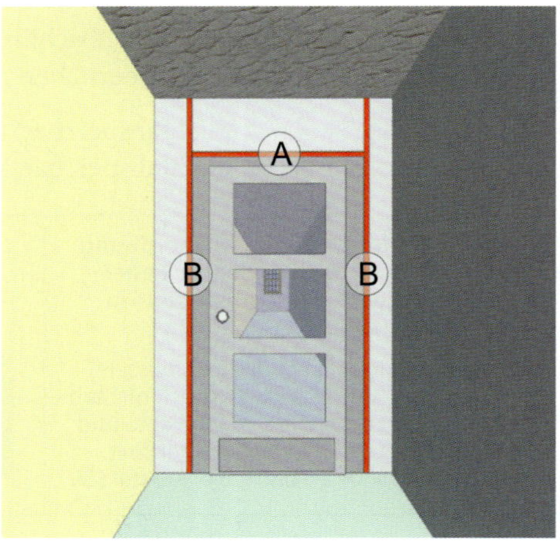

Bild 4.3: Seitlicher Wandanschluss eines Elements mit Seiten- und Oberteil in Parallelmontage

Beschreibung siehe sinngemäß bei Bild 4.1.

Besonders auf die oberen und seitlichen Anschlüsse ist zu achten.

Erfolgt der seitliche Anschluss z. B. an eine leichte Trennwand (B), so muss der Einbau des Abschlusses gemäß Ver-/Anwendbarkeitsnachweis bzw. Einbauvorschrift zulässig sein. In der Regel sind hier besondere Maßnahmen erforderlich, z. B. Verstärkung in der leichten Trennwand mit einem Stahlprofil.

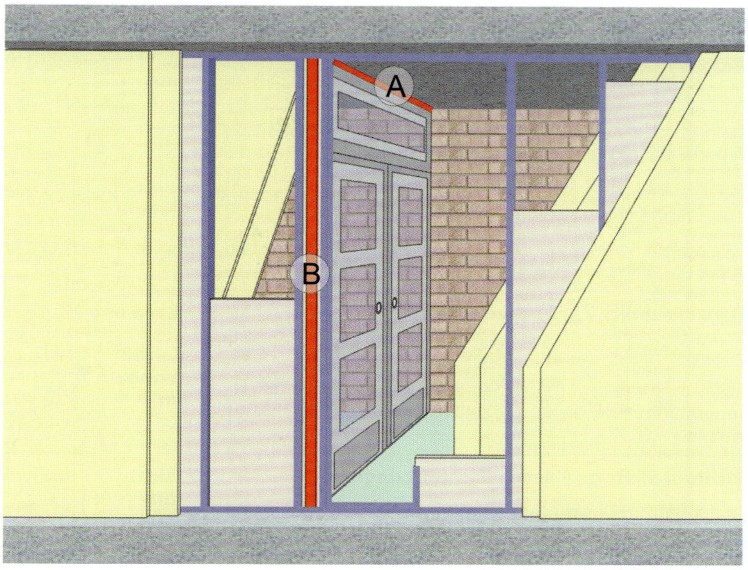

⑤ Stichflure zu einem Sicherheitstreppenraum

Stichflure sind aus der Sicht des vorbeugenden Brandschutzes ungünstig, da sie die Flucht nur in eine Richtung erlauben. Sie sollten deshalb insbesondere in Sonderbauten möglichst vermieden oder zumindest in ihrer Länge begrenzt werden.

Bei den in der Bauordnung geregelten Gebäuden bestehen keine besonderen Längenbegrenzungen und Anforderungen an Stichflure mit einer Ausnahme: Flure mit nur einer Fluchtrichtung (Stichflure), die zu einem Sicherheitstreppenraum führen, dürfen nicht länger als 15 m sein.

Anmerkung: Bei einigen großen Sonderbauten wird die Stichflurlänge begrenzt, z. B. in Beherbergungsstätten und Hochhäusern: 15 m sowie in Schulen: 10 m (gemäß Schulbaurichtlinie entsprechend Beurteilungsempfehlung der VV TB NRW A 2.2 2.5).

Bild 5.1: Beispiel für ein Gebäude der GK 5 (kein Hochhaus) mit einem Sicherheitstreppenraum und einem Stichflur

Der Sicherheitstreppenraum wurde angeordnet, weil für die Nutzungseinheiten der zweite Rettungsweg über Rettungsgeräte der Feuerwehr nicht möglich ist.

Der Stichflur darf gemäß Bauordnung nicht länger als 15 m sein. Weitere Anforderungen an den notwendigen Flur bestehen gemäß Bauordnung nicht, da es sich um keinen Sonderbau handelt.

Anmerkung: Bei großen Sonderbauten können weitere Anforderungen bestehen.

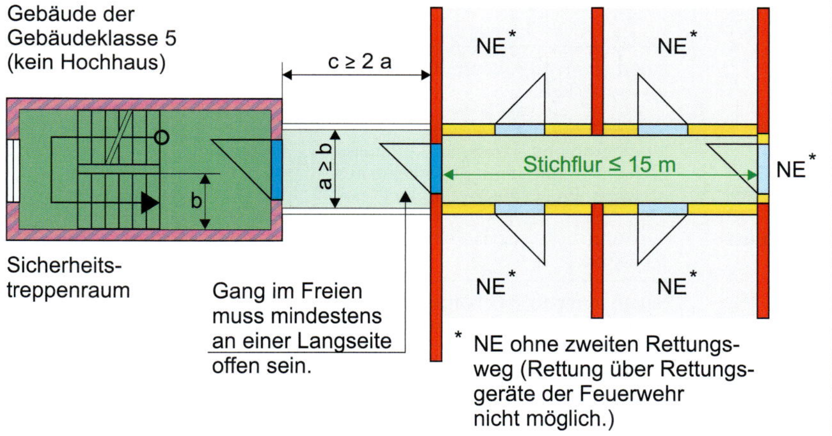

⑥ Unterteilung längerer notwendiger Flure, die als offene Gänge vor den Außenwänden angeordnet sind (Laubengänge)

Da offene Gänge vor den Außenwänden (Laubengänge) nicht verrauchen können, ist eine Unterteilung in Rauchabschnitte nicht erforderlich. Eventuell eindringender Rauch kann sofort ins Freie entweichen. Damit ist eine großflächige Verrauchung des Laubengangs nicht zu erwarten.

Auch die im vorstehenden Punkt 5 beschriebene Längenbegrenzung von 15 m für notwendige Flure mit nur einer Fluchtrichtung zu einem Sicherheitstreppenraum ist für Laubengänge nicht relevant.

8.4 Erforderliche Feuerwiderstandsdauer der Wände notwendiger Flure und Sicherung der Tür- und Sichtöffnungen

Bauaufsichtliche Anforderungen	Lage der Wände	Kurzinfo	BauO NRW	Atlas
[1]Die Wände notwendiger Flure müssen als raumabschließende Bauteile feuerhemmend, in Kellergeschossen, deren tragende und aussteifende Bauteile feuerbeständig sein müssen, feuerbeständig sein.	Normalgeschosse und DG sowie KG mit fh Tragwerk	fh	§ 36 (4)	7.6/8
	KG mit fb Tragwerk	fb		

[2]Die Wände sind bis an die Rohdecke zu führen.

[3]Sie dürfen bis an die Unterdecke der Flure geführt werden, wenn die Unterdecke feuerhemmend und ein demjenigen nach Satz 1 vergleichbarer Raumabschluss sichergestellt ist.

Bauaufsichtliche Anforderungen	Lage und Art der Öffnung		Kurzinfo	BauO NRW	Atlas
[4]Türen in diesen Wänden müssen dicht schließen. [5]Öffnungen zu Lagerbereichen im Kellergeschoss müssen feuerhemmende, dicht- und selbstschließende Abschlüsse haben.	**Türöffnungen in**	fh Flurwänden	d	§ 36 (4)	7.6/8.5 6.8.0, 6.8.1 6.8.5
		Flurwänden zu Lagerbereichen im KG	fh + d + s		
Lichtdurchlässige Flächen (Sichtöffnungen): In der BauO NRW werden Sichtöffnungen in Flurtrennwänden nicht behandelt. **Tipp:** Sicherung der Sichtöffnungen mit Brandschutzverglasungen (VG) in der gleichen Feuerwiderstandsdauer der Flurwände. Ab 1,80 m Höhe ist in der Regel eine G-Verglasung möglich*1.	**Sichtöffnungen in**	fh Flurwänden: UK VG < 1,80 m über Boden	fh VG		7.6/8.6 6.9
		fh Flurwänden: UK VG ≥ 1,80 m über Boden	G 30 VG*1		
		fb Flurwänden zu Lagerbereichen im KG	fb VG		

*1 Hierfür ist eine prüf- und genehmigungspflichtige Abweichung erforderlich, die entsprechend zu beschreiben und zu begründen ist. Im Zweifelsfall ist eine frühzeitige Abstimmung mit der den Brandschutz prüfenden bzw. bescheinigenden Stelle empfehlenswert.

(1) Zuordnung der bauaufsichtlichen Anforderungen zu nationalen und europäischen Klassen

Tabelle 1.1: Zuordnung der bauaufsichtlichen Anforderungen zu nationalen und europäischen Klassen (gemäß VV TB NRW Anhang 4)

	Bauaufsichtliche Anforderungen	Abkürzung	Nationale Klassen nach DIN 4102	Tragfunktion	Europäische Klassen nach DIN EN 13501
Flurwand	feuerbeständig	fb	F 90-AB	tragend	REI 90 [wnb]
				nichttragend	EI 90 [wnb]
	feuerhemmend + wesentliche Teile aus nb Baustoffen	fh [wnb]	F 30-AB	tragend	REI 30 [wnb]
				nichttragend	EI 30 [wnb]
	feuerhemmend + tragende/aussteifende Bauteile brennbar mit Bekleidung aus nb Baustoffen in ausreichender Dicke	fh [bnb]	F 30-B [bnb]	tragend	REI 30 E - d2 [bnb]
				nichttragend	EI 30 E - d2 [bnb]
Abschluss	rauchdicht, selbstschließend, nichtabschließbar	rd + s + n	RS + n		S_{200}C..*1 + [n]
	feuerhemmend, rauchdicht, selbstschließend, nichtabsperrbar	fh + rd + s + n	T 30-RS + n		EI_2 30-S_{200}C..*1 + [n]
	dichtschließend	d	d		[d]
Brandschutzverglasung*2	feuerhemmend (ohne Strahlungsdurchtritt)	VG: fh	F 30		EI 30
	30 Minuten (mit Strahlungsdurchtritt)	VG: 30 Minuten mit Strahlungsdurchtritt	G 30		E 30 bzw. EW 30
Baustoffe	nichtbrennbar	nb	A 2		A 2 - s1, d0
Bekleidung	aus nichtbrennbaren Baustoffen in ausreichender Dicke	[bnb]	[bnb]		[bnb] A 2 - s1, d0

Grundsätzliche Informationen und Legende siehe Kapitel 4.2, Punkt 3 sowie Kapitel 29 und 30.

*1 Festlegungen zur Prüfzyklenanzahl für die Dauerfunktionsprüfungen:
- C5 (200.000 Zyklen) für Feuerschutz-/Rauchschutztüren (Drehflügelabschlüsse)
- C2 (10.000 Zyklen) für sonstige Feuerschutz-/Rauchschutzabschlüsse (z. B. Klappen, Tore)

*2 Siehe auch die nachfolgenden Punkte 4 und 5. Für die Sicherung von Sichtöffnungen sind in der Bauordnung keine Anforderungen genannt. **Empfehlung:** Beschränkung auf die für die Nutzung erforderliche Zahl und Größe und Sicherung in der gleichen Feuerwiderstandsdauer wie die Flurwand.

② Oberer An-/Abschluss von Flurwänden

Bild 2.1: Beispiel für Gebäude der GK 3 bis 5 ohne Brandlasten im Deckenhohlraum

Ausführung der Flurtrennwände bis an die Rohdecke. Anschluss gemäß technischer Regel (TB), nach der die Flurtrennwand ausgeführt wird bzw. An-/Verwendbarkeitsnachweis bzw. Einbauanleitung.

Wichtig: Bei allen Anschlüssen, die nicht an Massivdecken, sondern an feuerwiderstandsfähige Unterdecken (z. B. Holzbalkendecken, Trockenbaudecken usw.) erfolgen, sollte unbedingt frühzeitig geprüft werden, ob die Ausführung gemäß der technischen Regel (TB), nach der die Flurtrennwand ausgeführt wird bzw. dem An-/Verwendbarkeitsnachweis bzw. der Einbauanleitung überhaupt möglich ist bzw. unter welchen Voraussetzungen sie möglich ist.

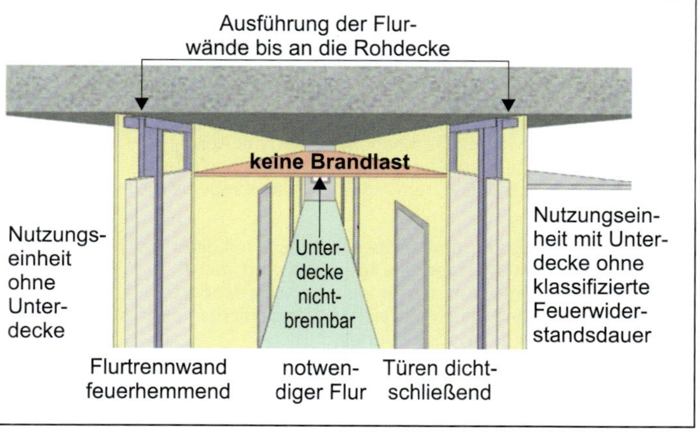

Bild 2.2: Beispiel für einen unzulässigen Anschluss der feuerhemmenden Flurwände an eine feuerhemmende Unterdecke

Die Ausführung ist nicht zulässig, da weder der Anschluss der Flurwände an die feuerhemmende Unterdecke noch die feuerhemmende Unterdecke noch der obere Anschluss der Flurwände an die Geschossdecke den jeweiligen technischen Regeln (TB), bzw. dem jeweiligen An-/Verwendbarkeitsnachweis bzw. der jeweiligen Einbauanleitung entspricht.

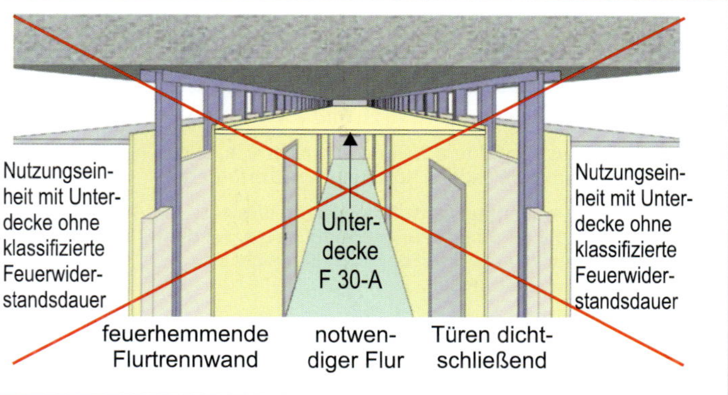

Bild 2.3: Beispiel für einen unzulässigen Anschluss einer feuerhemmenden Flurtrennwand an ein nicht feuerwiderstandsfähiges Trapezblechdach

Der obere An- bzw. Abschluss entspricht nicht den Vorgaben der technischen Regel (TB), nach der die Flurtrennwand ausgeführt wurde bzw. des An-/Verwendbarkeitsnachweises bzw. der Einbauanleitung.

Anmerkung: Es ist praktisch nicht möglich, eine feuerhemmende Flurtrennwand bzw. feuerwiderstandsfähige Trennwand an ein nichtfeuerwiderstandsfähiges Trapezblechdach so anzuschließen, dass das Schutzziel der Flurtrennwand bzw. Trennwand im oberen An- bzw. Abschlussbereich erfüllt wird.

Im Brandfall ist ein frühzeitiges Versagen des nicht feuerwiderstandsfähigen Trapezblechdachs und damit auch ein Versagen des Trennwandanschlusses zu erwarten.

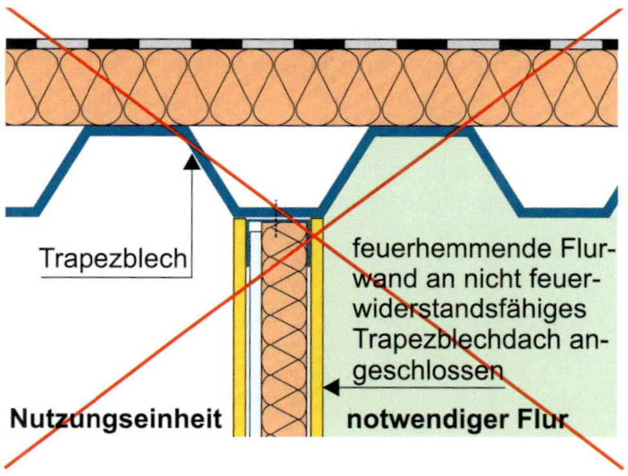

Bilder 2.4 und 2.5: Beispiele für mögliche Anschlüsse von feuerhemmenden Flurtrennwänden an feuerhemmende Unterdecken des Trapezblechdachs

Wie im Bild 2.3 erläutert, ist darauf zu achten, dass die An- bzw. Abschlüsse gemäß technischer Regel (TB), nach der die Flurtrennwand ausgeführt wird, bzw. gemäß An-/Verwendbarkeitsnachweis bzw. Einbauanleitung ausgeführt werden.

Außerdem dürfen in den Deckenhohlräumen mit Ausnahme der zur unmittelbaren Versorgung erforderlichen elektrischen Installationen keine fremden Brandlasten angeordnet werden.

Wichtig ist, dass das gesamte Trapezblechdach mit einer feuerhemmenden Unterdecke ausgestattet wird, da bei einem Brand in einer Nutzungseinheit nur so verhindert wird, dass Feuer und Rauch ausreichend lange nicht in den notwendigen Flur eindringen können.

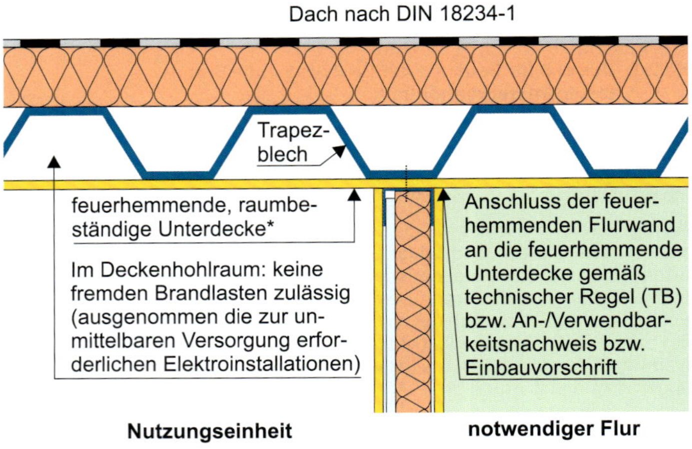

* Öffnungen, z.B. für Lichtkuppeln, sind ausreichend gegen eine Brandausbreitung in die Dachkonstruktion bzw. auf das Dach zu sichern, z.B. Sicherung nach DIN 18234.

Bild 2.5: Alternative Ausführung zu Bild 2.4

Anmerkung: Aus den Bildern 2.4 und 2.5 ergibt sich, dass die Lösung einen relativ hohen Kostenaufwand erfordert.

Eine Alternative wäre unter Umständen (wenn dies aus Nutzungs- und planerischen Gründen möglich ist), auf den notwendigen Flur zu verzichten bzw. den Flur nicht als notwendigen Flur auszubilden.

In diesem Fall muss natürlich das horizontale Rettungswegsystem der Situation angepasst werden, siehe z. B. Bild 3.12, Kapitel 8.1. Dort ist zwar ein Kindergarten dargestellt, die Lösung ist aber z. B. bei erdgeschossigen Hallen mit Trapezblechdach sinngemäß ebenfalls möglich.

Wenn jeder Aufenthaltsraum einen direkten Ausgang ins Freie hat, wird in der Regel ein notwendiger Flur als Rettungsweg nicht mehr benötigt. Allerdings ist in diesem Fall noch zu beachten, dass die Türen ins Freie von jeder Stelle aus in höchstens 15 m Entfernung erreichbar sein müssen.

Eine frühzeitige Abstimmung mit der den Brandschutz prüfenden Stelle ist empfehlenswert.

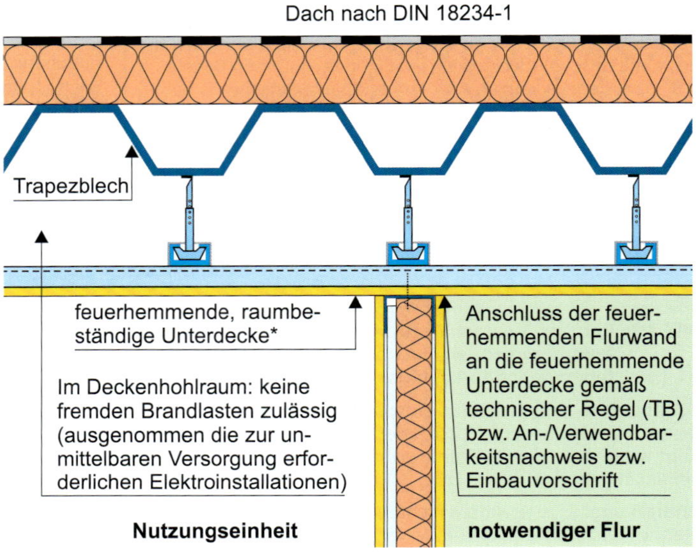

* Öffnungen, z.B. für Lichtkuppeln, sind ausreichend gegen eine Brandausbreitung in die Dachkonstruktion bzw. auf das Dach zu sichern, z.B. Sicherung nach DIN 18234.

Bild 2.6: Beispiel für eine Lösung mit Fluchttunnel

Der Fluchttunnel wurde aus feuerbeständigen Massivbauteilen (Mauerwerkswände und Stahlbetondecke) ausgeführt, da damit ohne größere Probleme eine ausreichend sichere Verbindung der Wände zur Flurdecke und auch eine ausreichende Standsicherheit des Fluchttunnels gewährleistet werden können.

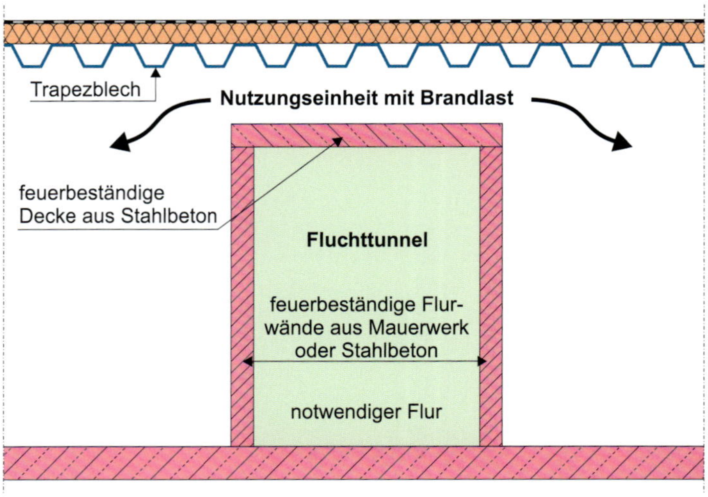

③ Dichte Türen in feuerhemmenden Wänden notwendiger Flure

Gemäß Bauordnung müssen Türen in den feuerhemmenden, raumabschließenden Wänden notwendiger Flure nur „dicht" schließen. Die Anforderung „dicht" ist eine sogenannte **verbale Begriffsbestimmung**.

„Dicht" im bauaufsichtlichen Sinn bedeutet, dass an die Türen zwar bestimmte Anforderungen hinsichtlich des Brandschutzes und auch der Dichtigkeit gestellt werden, diese Anforderungen jedoch keine bestimmte Klasse erfüllen müssen. Es handelt sich aber durchaus um eine Brandschutzanforderung. Die Türen müssen, vereinfacht ausgedrückt, „etwas" Brandschutz und „etwas" Dichtigkeit aufweisen, jedoch keine bestimmte Klasse erfüllen.

Eine einfache Zimmertüre, die nicht vollwandig ist bzw. die keine mindestens dreiseitig umlaufende Dichtung hat, erfüllt diese Anforderung nicht. Ebenso würde eine Türe mit einem Türblatt, das zur Ermöglichung einer Nachströmöffnung für die Lüftung im Fußbodenbereich um ca. 2 bis 4 cm gekürzt wird, nicht die Anforderung an eine „dichte" Türe erfüllen, da eine solche Nachströmöffnung genau das Gegenteil der bauaufsichtlich geforderten Dichtigkeit darstellt.

Weitere Informationen zu dichten Türen siehe Kapitel 18, Punkt 5.

Durch die Anordnung von solchen „dichten" Türen ist jedoch nicht gewährleistet, dass die Türen im Brandfall geschlossen sind. Dies wird von der Bauordnung innerhalb des gesellschaftlich akzeptierten Risikos (siehe Kapitel 3, Punkt 3) hingenommen.

④ Türen mit Oberlichten

Verglasungen oberhalb der dichten Türen werden nicht als Tür, sondern als Teil der feuerhemmenden Flurtrennwand angesehen. Dementsprechend müssten sie grundsätzlich die gleichen Anforderungen wie die Flurwand (= feuerhemmende Brandschutzverglasung) erfüllen. Ab einer Höhe von 1,80 m darf diese Verglasung in der Regel im Rahmen einer Abweichung als feuerhemmende Brandschutzverglasung, die den Durchtritt von Wärmestrahlung nicht verhindern muss, ausgeführt werden (nationale Klasse G 30, europäische Klasse E 30). Dies ist möglich, weil bei dieser Einbausituation in notwendigen Fluren in der Regel keine Bedenken wegen der Strahlungswärme bestehen.

Allerdings bereitet der fachgerechte Einbau von Oberlichten über Türen Probleme, da es für diese Kombinationen von einfachen, dichtschließenden Türen mit G 30- bzw. E 30-Brandschutzverglasungen als Oberlichte keine Bauprodukte mit Ver-/Anwendbarkeitsnachweis gibt, siehe Bild 4.1. Damit ist hierfür eine Abweichung erforderlich. Eine frühzeitige Abstimmung mit der den Brandschutz prüfenden Stelle ist empfehlenswert.

Alternativ ist jedoch die in Bild 4.2 dargestellte Behelfslösung möglich.

Bei der Beurteilung der Risikosituation kann bedacht werden, dass nach Baurecht auch eine geschosshohe dichte Türe möglich ist. In diesem Fall wäre im oberen Bereich nur ein einfaches Türblatt notwendig. Andererseits steigt bei einem eventuellen Brand die thermische Beanspruchung mit der Türhöhe an und ist im Bereich des Oberlichts am größten (siehe z. B. nachfolgende Bilder 4.3 und 4.4).

Bild 4.1: Beispiel für Oberlicht über einer dichten Tür

Für die Ausführung ist eine Abweichung erforderlich. Zum einen für die Anordnung einer Brandschutzverglasung, die über mindestens 30 Minuten den Raumabschluss gewährleistet, den Durchtritt der Wärmestrahlung jedoch nicht verhindert, und zum anderen für den gemäß Ver-/Anwendbarkeitsnachweis bzw. Einbauanleitung nicht möglichen Einbau der Verglasung mit Anschluss ein eine dichte Tür.

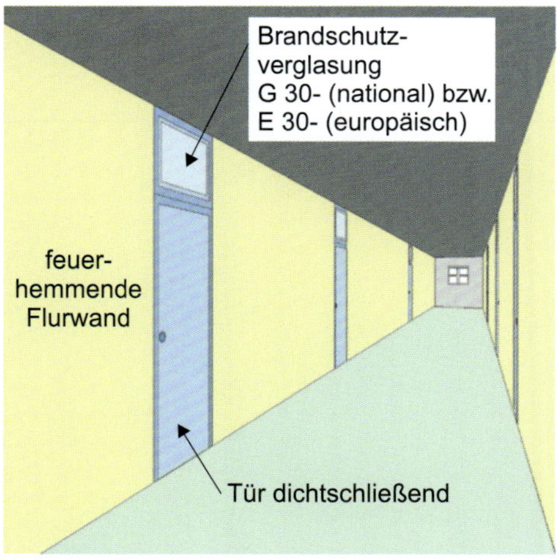

Abweichung ist erforderlich, da Anschluss der Brandschutzverglasung an die dichte Türe nicht dem Verwendbarkeitsnachweis der Brandschutzverglasung entspricht.

Bild 4.2: Beispiel einer Behelfslösung für den Einbau eines Oberlichts über einer dichten Tür

Als Behelfslösung wurde oberhalb der Türzarge der dichten Tür ein feuerhemmender Türsturz angeordnet, an den dann die Brandschutzverglasung gemäß Ver-/Anwendbarkeitsnachweis bzw. Einbauvorschrift angeschlossen werden kann.

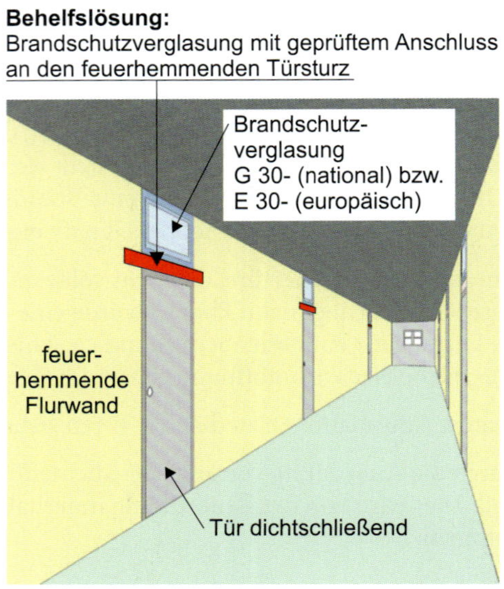

Bilder 4.3 und 4.4: Beispiel für brandbeanspruchte Türen mit Oberlichten

Die Oberlichte werden am meisten vom Schadenfeuer beansprucht. Bei Sonderlösungen sollte berücksichtigt werden, dass sich die Oberlichte bzw. feststehenden Oberteile in der am meisten von der Brandhitze beanspruchten Zone befinden. Dies ist auf den Bildern deutlich zu erkennen.

⑤ Lichtdurchlässige Flächen (Sichtöffnungen) in Flurwänden

In der Bauordnung werden lichtdurchlässige Flächen (Sichtöffnungen) in feuerwiderstandsfähigen Flurtrennwänden nicht behandelt. Sind sie erforderlich, kann jedoch davon ausgegangen werden, dass sie zulässig sind, wenn sie mit Brandschutzverglasungen in der gleichen Feuerwiderstandsdauer der Flurtrennwand gesichert werden. Türen in diesen Verglasungen müssen dann die gleiche Feuerwiderstandsdauer wie die Verglasung aufweisen.

Grundsätzlich sind die Sichtöffnungen mit Brandschutzverglasungen zu sichern, die auch den Durchtritt von Wärmestrahlung verhindern (national: F-Verglasungen, europäisch: EI-Verglasungen). Ab einer Höhe von 1,80 m kann davon ausgegangen werden, dass anstelle einer F- bzw. EI- Verglasung auch eine Brandschutzverglasung möglich ist, die den Durchtritt von Wärmestrahlung nicht verhindert. (Siehe hierzu auch VV TB NRW Abschnitt A 2.1.12). Allerdings ist hierfür eine entsprechende Abweichung erforderlich.

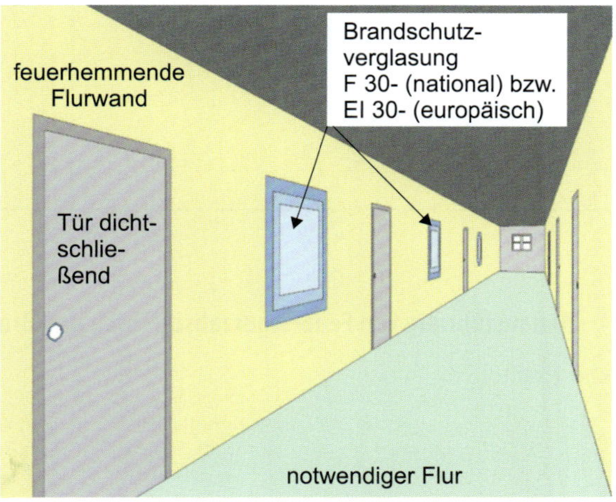

Bild 5.1: Beispiel für eine feuerhemmende Brandschutzverglasung in einer feuerhemmenden Flurwand

Die Brandschutzverglasung muss grundsätzlich die gleiche Feuerwiderstandsklasse wie die Flurtrennwand aufweisen.

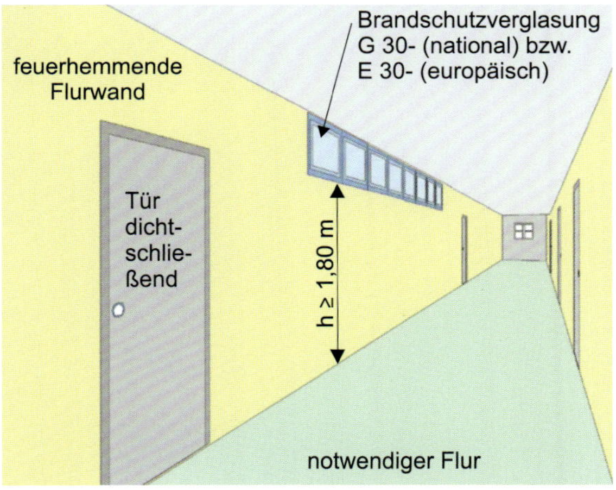

Bild 5.2: Beispiel für eine Brandschutzverglasung, die über mindestens 30 Minuten den Raumabschluss gewährleistet, den Durchtritt der Wärmestrahlung jedoch nicht verhindert

Da die Brandschutzverglasung in einer Höhe von über 1,80 m angeordnet ist, bestehen in der Regel keine Bedenken wegen der Strahlungswärme. Deshalb kann eine G 30- (national) bzw. E 30- (europäisch) Brandschutzverglasung angeordnet werden. Hierfür ist eine genehmigungspflichtige Abweichung erforderlich.

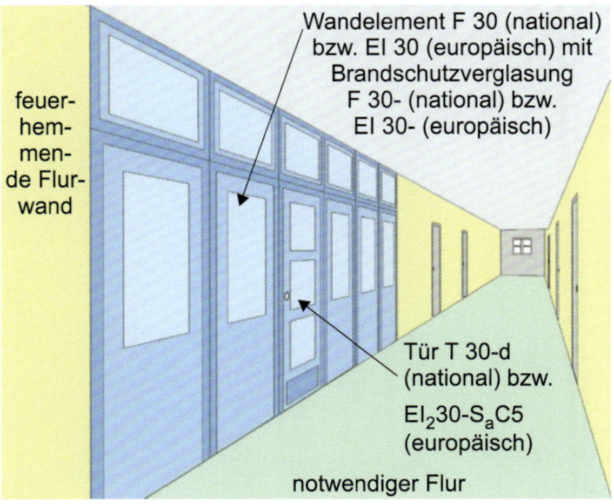

Bild 5.3: Beispiel für eine feuerhemmende Brandschutzverglasung (national F 30, europäisch EI 30) mit feuerhemmender, dicht- und selbstschließender Tür

Wandelemente müssen grundsätzlich die gleiche Feuerwiderstandsdauer wie die Flurtrennwände aufweisen. Verglasungen sind als feuerhemmende Brandschutzverglasungen auszubilden.

Gemäß Ver-/Anwendbarkeitsnachweis bzw. Einbauanleitung des Herstellers sind in solchen Wandelementen nur Türen in der gleichen Feuerwiderstandsdauer wie die der Wand zulässig, also feuerhemmende, selbstschließende und dichte Türen.

Bild 5.4: Beispiel einer Brandbeanspruchung von Oberlichten im Ernstfall

Im oberen Bereich ist die Belastung mit Strahlungshitze am größten, so dass besonders auf den fachgerechten Einbau der Brandschutzverglasungen geachtet werden muss.

⑥ Bauausführung von Feuerschutzabschlüssen und Brandschutzverglasungen

Siehe Kapitel 18.

8.5 Erforderliche Feuerwiderstandsdauer der Wände notwendiger Laubengänge mit nur einer Fluchtrichtung und Sicherung der Tür- und Sichtöffnungen

Bauaufsichtliche Anforderungen	Lage der Wände	Kurzinfo	BauO NRW	Atlas
[1]Die Wände **und Brüstungen** notwendiger Flure **mit nur einer Fluchtrichtung**, die als offene Gänge vor den Außenwänden angeordnet sind [Laubengänge mit nur einer Fluchtrichtung], müssen als raumabschließende Bauteile feuerhemmend, in Kellergeschossen, deren tragende und aussteifende Bauteile feuerbeständig sein müssen, feuerbeständig sein.[*1]	Normalgeschosse und DG sowie KG mit fh Tragwerk	fh	§ 36 (5)	7.6/10.3
	KG mit fb Tragwerk	fb		
[2]Die Wände sind bis an die Rohdecke zu führen. [3]Sie dürfen bis an die Unterdecke der Flure [Laubengänge] geführt werden, wenn die Unterdecke feuerhemmend und ein demjenigen nach Satz 1 vergleichbarer Raumabschluss sichergestellt ist.				

Bauaufsichtliche Anforderungen	Lage und Art der Öffnung		Kurzinfo	BauO NRW	Atlas
[4]Türen in diesen Wänden müssen dicht schließen. [5]Öffnungen zu Lagerbereichen im Kellergeschoss müssen feuerhemmende, dicht- und selbstschließende Abschlüsse haben.	**Türöffnungen in**	fh Flurwänden	d	§ 36 (5)	7.6/10.3
		Flurwänden zu Lagerbereichen im KG	fh + d + s		
Fenster [in notwendigen Fluren mit nur einer Fluchtrichtung, die als offene Gänge vor den Außenwänden angeordnet sind Laubengänge], sind in diesen Außenwänden ab einer Brüstungshöhe von 0,90 m zulässig.	**Sichtöffnungen in**	fh Laubengangaußenwänden: UK VG < 0,90 m über Boden	fh VG	§ 36 (5)	7.6/10.3
		fh Laubengangaußenwänden: UK VG ≥ 0,90 m über Boden	keine Anforderungen		

*1 Die Anforderungen bestehen sowohl an die Wände als auch an die **Brüstungen** von offenen Gängen vor den Außenwänden (Laubengängen) mit nur einer Fluchtrichtung. Für Laubengänge mit zwei entgegengesetzt liegenden Fluchtrichtungen werden in der BauO NRW dagegen keine Anforderungen genannt.

(1) Grundsätzliches zu Laubengängen

Laubengänge sind auf einer Längsseite offene, seitlich von Gebäudeaußenwänden und Brüstungen begrenzte Gänge, die als baulicher Rettungsweg zu einer notwendigen Treppe (in einem notwendigen Treppenraum oder als sichere Außentreppe), zu zwei möglichst entgegengesetzt liegenden notwendigen Treppen (in notwendigen Treppenräumen oder als sichere Außentreppen) oder zu einem Sicherheitstreppenraum führen.

Damit ist der Laubengang eine Sonderform des baulichen Rettungsweges. Er ist ein notwendiger Flur, der an der Außenwand liegt und dort **nichtverschließbare Öffnungen ins Freie** hat.

Sein großer Vorteil besteht darin, dass man auch in oberen Geschossen aus der Wohnungseingangstür praktisch ins Freie gelangt. Allerdings wird dann noch die vertikale Fortsetzung des baulichen Rettungsweges in Form einer oder mehrerer notwendiger Treppen nötig, um das sichere Freie zu erreichen.

Laubengänge unterscheiden sich damit wesentlich von notwendigen Fluren, da notwendige Flure zwar einen Außenwandanteil haben können, aber von Wänden und Decken mit einem definierten Feuerwiderstand umschlossen, also nicht offen sind. Brandschutztechnisch sind Laubengänge grundsätzlich positiv zu bewerten, da sie gerade wegen ihrer Offenheit, also der einseitigen direkten Verbindung mit dem Freien, nicht verrauchen können.

(2) Laubengänge mit nur einer Fluchtrichtung

Ausbildung der Brüstungen

Die Brüstungen von Laubengängen mit nur einer Fluchtrichtung müssen als raumabschließende Bauteile feuerhemmend ausgeführt werden (siehe Bild 2.1). Falls auf diese raumabschließende, feuerhemmende Ausbildung verzichtet werden soll, ist eine genehmigungspflichtige Abweichung erforderlich.

Solche Abweichungen sind in der Regel nur möglich, wenn über entsprechende Kompensationsmaßnahmen das gleiche Schutzziel erreicht wird. Das Risiko besteht darin, dass bei einem Brand in einer Nutzungseinheit der unteren Laubengangebene die Flammen so zum Fenster bzw. zur Tür auf den Gang herausschlagen, dass davon die obere Laubengangebene unzulässig beeinträchtigt wird und nicht mehr als Flucht- und Rettungsweg zur Verfügung steht.

Damit bieten sich bei einer fehlenden feuerhemmenden Ausbildung der Laubengangbrüstungen die nachfolgend aufgeführten Lösungsansätze an. Im Zweifelsfall ist eine frühzeitige Abstimmung mit der den Brandschutz prüfenden Stelle empfehlenswert.

Beispiel 1: Feuerhemmende Ausbildung der Brüstung

Dies ist der Regelfall. Fenster ohne Brandschutzanforderungen sind in den Außenwänden des Laubengangs ab einer Brüstungshöhe von 0,90 m zulässig (siehe Bild 2.2).

Beispiel 2: Vergrößerung der Laubengangbreite:

Je breiter der Laubengang wird, umso geringer wird das Risiko eines Brandüberschlags bzw. einer Beeinträchtigung der oberen Laubengangebene bei einem eventuellen Brand in der unteren Nutzungseinheit. Je nach Risikosituation kann davon ausgegangen werden, dass es bei einer auskragenden Breite des Laubengangs von mindestens 1,50 m nicht mehr erforderlich ist, die Brüstungen feuerhemmend auszubilden. Allerdings sollten sie geschlossen sein und aus nichtbrennbaren Baustoffen bestehen (siehe Bild 2.3).

Beispiel 3: Sicherung der Tür- und Fensteröffnungen

8

Je besser die Öffnungen in der Laubengangaußenwand gesichert werden, umso geringer wird das Risiko einer Beeinträchtigung der oberen Laubengangebene bei einem eventuellen Brand in der unteren Nutzungseinheit. Bei Anordnung von dichten und selbstschließenden Türen zu den Nutzungseinheiten und Sicherung der Sichtöffnungen mit G 30-Brandschutzverglasungen kann davon ausgegangen werden, dass das beschriebene Risiko ausreichend reduziert wird, so dass die Brüstungen des Laubengangs nicht mehr feuerhemmend ausgeführt werden müssen. In diesem Fall wäre es auch möglich, offene Brüstungen aus nichtbrennbaren Baustoffen zu verwenden (siehe nachfolgendes Bild 2.4).

Beispiel 4: Anordnung von zwei entgegengesetzt liegenden Treppen.

Kann der Laubengang über zwei entgegengesetzt liegende Treppen verlassen werden, so bestehen keine besonderen Anforderungen an die Brüstungen des Laubengangs, siehe Kapitel 8.5, Punkt 3.

Bild 2.1: Beispiel für einen Laubengang mit nur einer Fluchtrichtung in GK 5

Bei der Tür zwischen dem Laubengang und dem notwendigen Treppenraum kann auch anstelle einer Rauchschutztür eine dichte und selbstschließende Türe ausgeführt werden, da der Laubengang nicht verrauchen kann und keine Gefahr einer Verrauchung des notwendigen Treppenraums besteht.

Wichtig: Brennbare Dämmstoffe (z.B. WDVS) sind im Laubengang unzulässig. Bekleidungen, Putze, Unterdecken, Dämmstoffe und Fußbodenbeläge siehe nachfolgendes Kapitel 8.6.

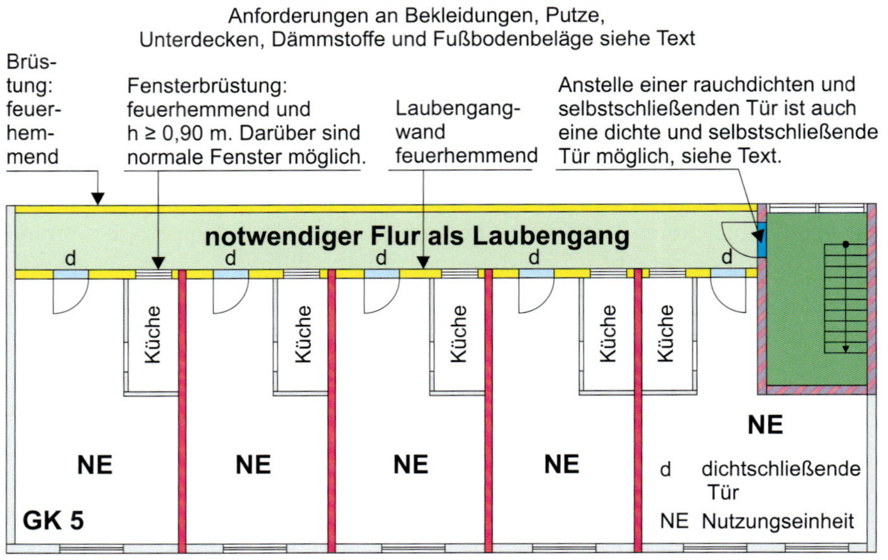

Bild 2.2: Beispiel für einen Laubengang mit feuerhemmender Brüstung

Ab einer Brüstungshöhe von 0,90 m sind normale öffenbare Fenster ohne Brandschutzanforderungen möglich. Die äußere Laubengangbrüstung muss die gleichen Anforderungen erfüllen wie die Wände von notwendigen Fluren, also feuerhemmend sein.

Das Beispiel zeigt ein Gebäude der GK 5. Es gilt analog auch für die GK 3 und 4 (mit Ausnahme der Decken, die bei GK 4 hochfeuerhemmend und GK 3 feuerhemmend sein müssen).

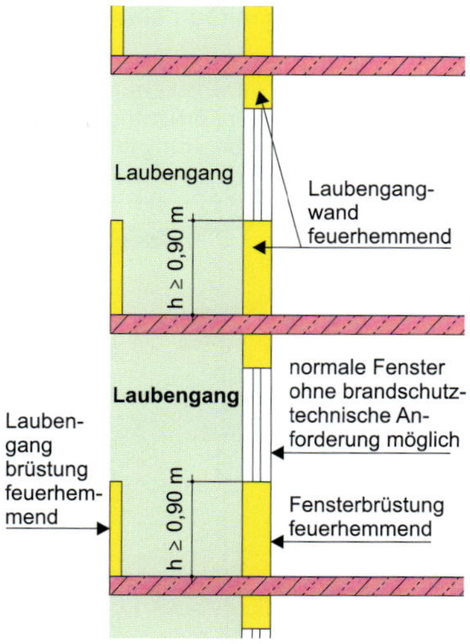

Bilder 2.3 und 2.4: Beispiele für Laubengang mit genehmigungspflichtiger Abweichung

Die Laubengangbrüstung in Bild 2.3 kann ohne Anforderungen an die Feuerwiderstandsdauer ausgeführt werden. Sie sollte jedoch geschlossen und nichtbrennbar sein. Als Kompensation wird der Laubengang mindestens 1,50 m breit ausgeführt.

Hierfür ist eine Abweichung erforderlich. Eine frühzeitige Abstimmung mit der den Brandschutz prüfenden Stelle ist empfehlenswert.

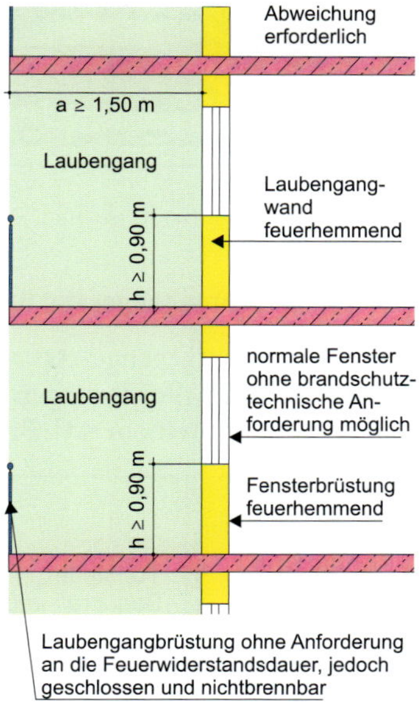

Bild 2.4: Beispiel

Die Laubengangbrüstung kann ohne Anforderungen an die Feuerwiderstandsdauer aus nichtbrennbaren Baustoffen ausgeführt werden.

Als Kompensation werden alle Sichtöffnungen mit einer Brandschutzverglasung (G 30 national, E 30 europäisch) gesichert und die Türen zu den Nutzungseinheiten dicht und selbstschließend ausgeführt.

Hierfür ist eine Abweichung erforderlich und die frühzeitige Abstimmung mit der den Brandschutz prüfenden Stelle empfehlenswert.

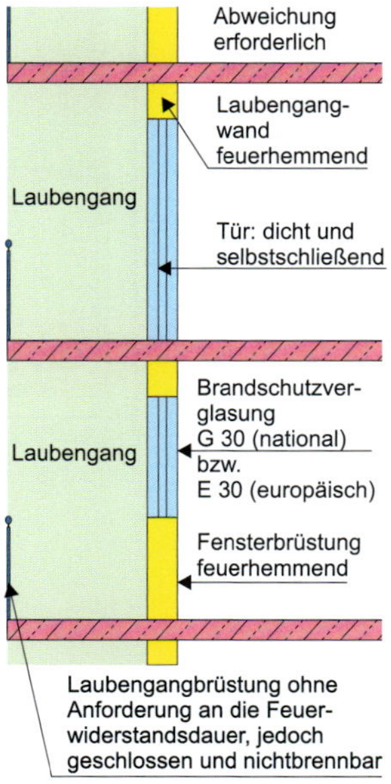

8

Bilder 2.5 und 2.6: Laubengang mit nur einer Fluchtrichtung zu einem notwendigen Treppenraum

Die Sturzunterkante liegt in Höhe der Deckenunterkante, so dass keine Gefahr einer Verrauchung besteht. Die äußere Brüstung wurde feuerhemmend und nichtbrennbar hergestellt. Bei einer Brüstungshöhe der Laubengangwand ab einer Höhe von 0,90 m sind normale Fenster zulässig.

8

③ Laubengänge mit zwei entgegengesetzt liegenden Fluchtrichtungen

Bei Laubengängen mit zwei entgegengesetzt möglichen Fluchtrichtungen kann grundsätzlich davon ausgegangen werden, dass für sie keine besonderen Anforderungen an die Wände, Brüstungen und Sicherung der Öffnungen bestehen. Dies ist nachvollziehbar, da bei Gefahr (einem evtl. Brand) jeweils in eine andere Richtung geflüchtet werden kann.

Bild 3.1: Beispiel für einen Laubengang mit zwei Fluchtrichtungen in GK 5

Da eine Flucht in beide Richtungen möglich ist, stellt die Bauordnung keine besonderen Brandschutzanforderungen.

Eine oder beide Treppen können auch als sichere notwendige Außentreppen ausgeführt werden.

Eine Anmerkung zu den Türen zwischen Laubengang und notwendigem Treppenraum enthält Bild 2.1, Kapitel 8.5.

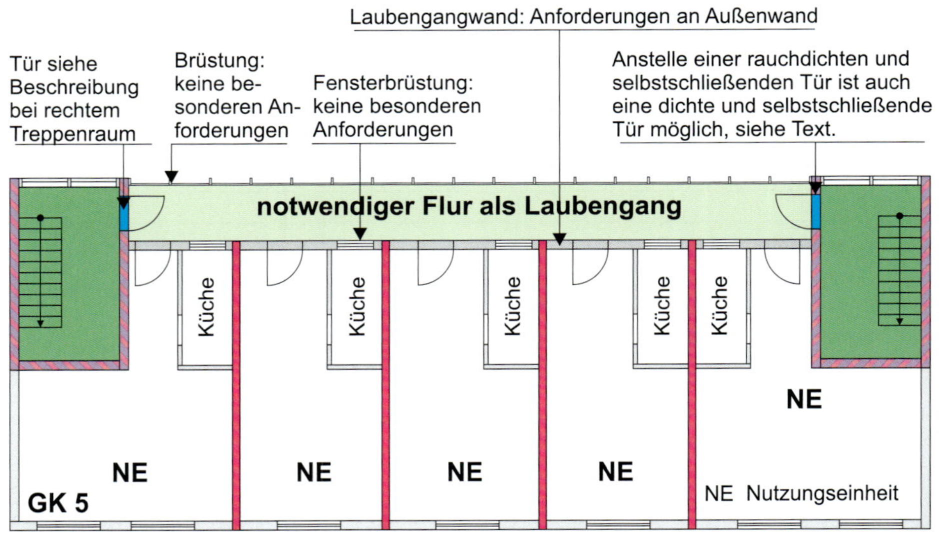

8.6 Bekleidungen, Putze, Unterdecken, Dämmstoffe und Bodenbeläge		
In notwendigen Fluren sowie in offenen Gängen mit nur einer Fluchtrichtung [Laubengängen mit nur einer Fluchtrichtung nach Kapitel 8.5] müssen 1. Bekleidungen, Putze, Unterdecken und Dämmstoffe aus nichtbrennbaren Baustoffen bestehen und 2. Wände und Decken aus brennbaren Baustoffen eine Bekleidung aus nichtbrennbaren Baustoffen in ausreichender Dicke haben und 3. Fußbodenbeläge mindestens schwer entflammbar sein.	BauO NRW § 36 (6)	Atlas 7.6/8.3

8

① Bekleidungen, Putze, Unterdecken und Dämmstoffe

In notwendigen Fluren und Laubengängen mit nur einer Fluchtrichtung müssen Bekleidungen, Putze, Unterdecken und Dämmstoffe aus nichtbrennbaren Baustoffen bestehen. In diesem Zusammenhang ist besonders auf Laubengänge mit nur einer Fluchtrichtung zu achten. Soll dort z. B. ein Wärmedämmverbundsystem (WDVS) angeordnet werden, (z. B. an den Laubengangaußenwänden), so muss dieses nichtbrennbare Dämmstoffe haben.

② Flurdecken und Laubengangdecken als Geschossdecken

Für Decken von notwendigen Fluren und offenen Gängen (Laubengängen), die als notwendige Flure dienen, gelten die gleichen Anforderungen wie an Geschossdecken.

Allerdings müssen in notwendigen Fluren und Laubengängen mit nur einer Fluchtrichtung Bekleidungen, Putze und Dämmstoffe aus nichtbrennbaren Baustoffen bestehen und Wände und Decken aus brennbaren Baustoffen eine Bekleidung aus nichtbrennbaren Baustoffen in ausreichender Dicke haben, siehe nachfolgenden Punkt 3.

③ Besondere Anforderungen an Wände und Decken aus brennbaren Baustoffen

Wände und Decken aus brennbaren Baustoffen müssen in notwendigen Fluren und in Laubengängen mit nur einer Fluchtrichtung eine Bekleidung aus nichtbrennbaren Baustoffen in ausreichender Dicke haben. Das betrifft z. B. feuerhemmende Wände und Decken mit tragenden Bauteilen aus brennbaren Baustoffen und auch Massivholzwände und -decken, z. B. aus Brettsperrholz.

Feuerhemmende Massivholzdecken und Wände z. B. aus Brettsperrholz können in GK 3 grundsätzlich sichtbar bleiben, nicht jedoch in notwendigen Fluren und in Laubengängen mit nur einer Fluchtrichtung. Dort müssen sie eine Bekleidung aus nichtbrennbaren Baustoffen in ausreichender Dicke haben.

Welche Bekleidungen die Anforderung „ausreichende Dicke“ erfüllen, wird in der Bauordnung nicht genannt. Es muss jedoch **keine** Bekleidung mit nachgewiesenem Kapselkriterium (wie bei der M-HFHHolzR) sein. Als Anhaltspunkt kann davon ausgegangen werden, dass die nachfolgend genannten Bekleidungen dieses Kriterium erfüllen:

- mineralischer Putz auf nichtbrennbarem Putzträger mit einer Dicke von ≥ 15 mm
- Gipskartonplatten mit einer Dicke von ≥ 12,5 mm
- Gipsfaserplatten mit einer Dicke von ≥ 10 mm
- Gipsglasvliesplatten mit einer Dicke von ≥ 10 mm
- Kalziumsilikatplatten mit einer Dicke von ≥ 8 mm.

Anmerkung: In der VV TB NRW ist für die Bekleidung aus nichtbrennbaren Baustoffen mit „ausreichender Dicke“ als Beispiel eine 12,5 mm dicke Gipsplatte angegeben.

Natürlich muss insbesondere bei Trockenbauwänden und -decken mit Holztragwerken und nichtbrennbarer Bekleidung auch nachgewiesen werden, dass die Wände bzw. Decken insgesamt die Anforderung „feuerhemmend“ erfüllen.

Bild 3.1: Beispiel für feuerhemmende Flurwände und -decken mit brennbarem Tragwerk

Wände und Decken aus brennbaren Baustoffen müssen eine Bekleidung aus nichtbrennbaren Baustoffen in ausreichender Dicke haben.

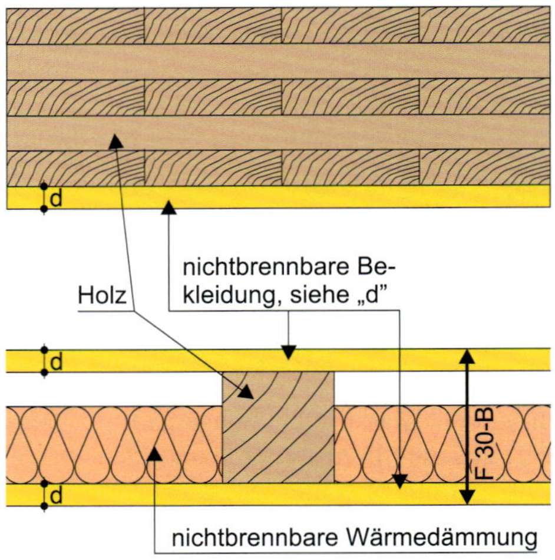

d =
- mineralischer Putz auf nichtbrennbarem Putzträger mit einer Dicke von ≥ 15 mm
- Gipskartonplatten mit einer Dicke von ≥ 12,5 mm
- Gipsfaserplatten mit einer Dicke von ≥ 10 mm
- Gipsglasvliesplatten mit einer Dicke von ≥ 10 mm
- Kalziumsilikatplatten mit einer Dicke von ≥ 8 mm

④ Unterdecken in notwendigen Fluren

Die Anforderungen an Unterdecken in notwendigen Fluren ergeben sich aus der „Nutzung" des Deckenhohlraums oberhalb der Unterdecke.

Reichen die Flurtrennwände bis zur Rohdecke und ist der Deckenhohlraum **frei von Brandlasten** (mit Ausnahme der brennbaren Elektrokabel zur Versorgung des notwendigen Flurs), sind keine besonderen Brandschutzmaßnahmen erforderlich. Aus brandschutztechnischer Sicht wäre es am besten, hier keine Unterdecken einzubauen. Es können natürlich auch Unterdecken angeordnet werden. Diese müssen dann nichtbrennbar sein. Das gilt natürlich auch für etwa vorhandene Dämmungen.

Sind Brandlasten im Deckenhohlraumbereich (oberhalb der Unterdecken) vorhanden (z. B. in Form von Elektrokabeln und/oder anderen brennbaren Leitungen, die nicht der unmittelbaren Versorgung des notwendigen Flurs dienen), sind Brandschutzmaßnahmen notwendig. Diese haben das Ziel, bei einem eventuellen Brand im Deckenhohlraum den notwendigen Flur für mindestens 30 Minuten als Flucht- und Rettungsweg frei von Feuer und Rauch zu halten. Die Decken müssen in diesem Fall bei einer Brandbeanspruchung von oben und unten feuerhemmend und nichtbrennbar sein. Diese Anforderungen gelten nicht für brennbare Leitungsanlagen in Laubengängen. Weitere Erläuterungen siehe Kapitel 19 und 20.

⑤ Fußbodenbeläge

Fußbodenbeläge müssen in notwendigen Fluren und in Laubengängen mit nur einer Fluchtrichtung mindestens schwer entflammbar sein.

Interessant ist es in diesem Zusammenhang zu wissen, dass diese Anforderung für Gebäude, die keine Sonderbauten sind, nur in NRW besteht. Gemäß MBO und den Bauordnungen der **anderen Länder** werden an die Fußbodenbeläge in notwendigen Fluren keine besonderen Anforderungen gestellt, d. h., sie können dort auch normal entflammbar sein.

9 Notwendige Treppen

9.1 Erfordernis von notwendigen Treppen und Rampen		
[1]Jedes nicht zu ebener Erde liegende Geschoss und der benutzbare Dachraum eines Gebäudes müssen über mindestens eine Treppe zugänglich sein (notwendige Treppe). [2]Statt notwendiger Treppen sind Rampen mit flacher Neigung zulässig.	BauO NRW § 34 (1)	Atlas 7.4/3

① Erfordernis von notwendigen Treppen

Treppen dienen im Brandfall als Flucht- und Rettungswege für die Gebäudebenutzer und gleichzeitig als Rettungs- und Angriffswege für Hilfskräfte wie Feuerwehr und Rettungsmannschaften. Deshalb müssen alle Geschosse eines Gebäudes, mit Ausnahme des Erdgeschosses, über mindestens eine Treppe zugänglich sein. Diese Treppe wird von den LBOs als notwendige Treppe bezeichnet und stellt den **ersten baulichen Rettungsweg = Fluchtweg** dar.

Eine notwendige Treppe ist immer erforderlich zur Erschließung aller nicht zu ebener Erde liegenden Geschosse und der benutzbaren Dachräume.

② Weitere notwendige Treppen

Bestehen bei einem Gebäude **keine Bedenken** wegen der Personenrettung durch Rettungsgeräte der Feuerwehr, so ist in der Regel nur **eine** notwendige Treppe erforderlich. Der zweite Rettungsweg führt dann über Rettungsgeräte der Feuerwehr.

Bestehen dagegen **Bedenken** wegen der Personenrettung, so müssen in der Regel beide Rettungswege **baulich** sein, also über **notwendige Treppen** führen. In diesem Fall ist dann eine zweite bzw. es sind mehrere notwendige Treppen erforderlich.

Deshalb ist es insbesondere bei Sonderbauten und/oder Nutzungseinheiten mit größerer Personenzahl sowie bei besonderen Nutzungen und Situationen, die von den in der BauO NRW behandelten „Standardnutzungen" deutlich abweichen, immer erforderlich, zu klären, wie der zweite Rettungsweg aus den Nutzungseinheiten sichergestellt wird.

Kann er mit Leitern der Feuerwehr erfolgen, ist mindestens eine notwendige Treppe erforderlich. Muss er baulich sein, sind zwei oder mehr notwendige Treppen erforderlich.

Weitere notwendige Treppen (in notwendigen Treppenräumen oder als notwendige Außentreppen) oder Ausgänge ins Freie sind z. B. erforderlich, wenn:

- die maximal zulässige Entfernung von jeder Stelle eines Aufenthaltsraums sowie eines Kellergeschosses von 35 m zu einem Ausgang zum baulichen (z. B. ersten) Rettungsweg überschritten ist (siehe Kapitel 10.2, Punkt 1).
- die Voraussetzungen des § 36 (1) Nr. 1 bis 4 BauO NRW nicht vorliegen und die (baulichen) Rettungswege konzeptionell nicht über einen notwendigen Flur führen (siehe Kapitel 8.1, Punkt 3).
- der zweite Rettungsweg über Rettungsgeräte der Feuerwehr bei einer Brüstungshöhe der anleiterbaren Fenster von mehr als 8 m Höhe nicht möglich ist, z. B. weil
  - die Feuerwehr keine entsprechenden Rettungsgeräte (Hubrettungsfahrzeuge) hat oder
  - der Einsatz von Rettungsgeräten während der Hilfsfrist nicht gewährleistet ist oder
  - keine ausreichenden Feuerwehrflächen (z. B. Feuerwehrzu- und -durchfahrten, Aufstellflächen) für Hubrettungsfahrzeuge vorhanden sind (siehe Kapitel 11, Punkt 8).
- der zweite Rettungsweg über Rettungsgeräte der Feuerwehr nicht möglich ist, weil Bedenken wegen der Personenrettung bestehen (siehe Kapitel 11, Punkt 9).

③ Nicht notwendige Treppen

Neben den bauaufsichtlich geforderten **„notwendigen Treppen"**, die entweder in einem notwendigen Treppenraum liegen müssen oder als Außentreppe, deren Nutzung ausreichend sicher ist und im Brandfall nicht gefährdet werden kann, möglich sind, können unter bestimmten Voraussetzungen auch **„nicht notwendige Treppen"** angeordnet werden.

Diese liegen in der Regel **nicht** in einem notwendigen Treppenraum und ihre sichere Benutzung im Brandfall ist **nicht** gewährleistet. Sie können z. B. aus architektonischen, funktionalen oder sonstigen Gründen angeordnet werden.

An diese „nicht notwendigen Treppen" werden keine besonderen Brandschutzanforderungen gestellt. Da sie meist nicht in einem notwendigen Treppenraum liegen, können sie in der Regel **nur zusätzlich** zu den bauaufsichtlich geforderten notwendigen Treppen angeordnet werden. Dies bedeutet: Die erforderlichen Flucht- und Rettungswege müssen vollständig ohne die „nicht notwendige Treppe" gewährleistet sein.

Außerdem ist dabei zu beachten, dass durch die nicht notwendigen Treppen Deckendurchbrüche entstehen, die bei größeren Nutzungseinheiten (> 400 m^2) zusätzlich brandschutztechnisch gesichert bzw. abgeschottet werden müssen.

Für solche nicht notwendigen Treppen in Verbindung mit Deckendurchbrüchen und weiteren Besonderheiten (z. B. Atrien, mehrgeschossige offene Hallen) ist eine **Abweichung** erforderlich. Eine möglichst frühzeitige Abstimmung mit der den Brandschutz prüfenden Stelle ist empfehlenswert.

④ Nottreppen

9

Nottreppen werden in der Regel als Ersatz für die Rettungsgeräte der Feuerwehr angeordnet. Bei Gebäuden, die keine Sonderbauten sind und bei denen es gemäß Bauordnung zulässig wäre, den zweiten Rettungsweg über Rettungsgeräte der Feuerwehr herzustellen, kann der zweite Rettungsweg auch durch

- weitere **notwendige** Treppen oder durch
- weitere Treppen, die keine notwendigen Treppen sind (= **Nottreppen**),

hergestellt werden.

Solche Nottreppen können z. B. sinnvoll bzw. erforderlich sein, wenn eine Rettung mit Rettungsgeräten der Feuerwehr grundsätzlich zulässig wäre, aber die Feuerwehr keine entsprechenden Rettungsgeräte wie Hubrettungsfahrzeuge hat oder die anzuleiternden Stellen mit ihren Rettungsgräten nicht erreichen kann (z. B. fehlende oder unzureichende Aufstellflächen).

Wichtig: Die Anordnung von **Nottreppen**, also weiterer Treppen, die keine notwendigen Treppen sind, ist in der Bauordnung nicht vorgesehen. Dies bedeutet, dass für sie **immer** eine **genehmigungspflichtige Abweichung** erforderlich ist. Eine frühzeitige Abstimmung mit der den Brandschutz prüfenden Stelle ist empfehlenswert.

Hierzu können die nachfolgenden Überlegungen mitberücksichtigt werden.

Die Nottreppe ersetzt für die betroffenen Nutzungseinheiten mit Aufenthaltsräumen lediglich die Rettungsgeräte der Feuerwehr. Daraus lässt sich ableiten, dass sie vom Grundsatz her keine höheren Anforderungen zu erfüllen braucht, als die Rettungsgeräte der Feuerwehr. Sie darf deshalb z. B. auch ungeschützt vor einer Fassade mit Fensteröffnungen angeordnet werden.

Es bestehen unter anderem folgende Vor- und Nachteile:

Die Nottreppe ist fest montiert und kann damit im Brandfall nicht flexibel verwendet werden. Unter ungünstigen Umständen kann dann die brandbetroffene Nutzungseinheit nicht mehr erreicht werden (wenn es gerade im Bereich der Nottreppe heftig brennen sollte).

Allerdings kann diese Situation auch mit den Rettungsgeräten der Feuerwehr eintreten, da nach Bauordnung in jeder Nutzungseinheit nur **ein** anleiterbares Fenster vorhanden sein muss.

Die feste Montage der Notleiter hat jedoch auch einen sehr großen Vorteil. Die auf den zweiten Rettungsweg angewiesenen Personen müssen nicht auf die Feuerwehr warten, sondern können die Nottreppe sofort benutzen.

⑤ Wendeltreppen und Spindeltreppen

Wendeltreppen (Auftrittsbreite an der schmalsten Stelle ≥ 10 cm) und Spindeltreppen (Auftrittsbreite an der schmalsten Stelle < 10 cm) sind in Gebäuden, die keine Sonderbauten sind, grundsätzlich als notwendige Treppen zulässig, wenn sie alle Anforderungen der DIN 18065 erfüllen. Bei Sonderbauten und auch nach dem Arbeitsstättenrecht bestehen jedoch teilweise besondere Anforderungen.

Allgemein kann davon ausgegangen werden, dass Wendel- und Spindeltreppen als notwendige Treppen für den zweiten (baulichen) Rettungsweg immer dann unzulässig sind, wenn

- eine größere Personenzahl darauf angewiesen ist (z. B. Versammlungsstätten, Geschäftshäuser, Schulen, Kindergärten)
- sie von bestimmten Personengruppen begangen werden (z. B. Heime, Krankenhäuser, Schulen, Kindergärten)
- gemäß Arbeitsstättenrecht die Verwendung von Wendel- und Spindeltreppen unzulässig ist.

Für Gebäude, die keine Sonderbauten sind, und bestimmte übliche Anwendungen kann davon ausgegangen werden, dass Außentreppen mit gewendelten Treppenläufen als zweiter (baulicher) Rettungsweg zulässig sind, soweit nur eine geringe Anzahl von Personen auf die Treppe als Rettungsweg angewiesen ist. Als Richtwert können z. B. zehn Personen pro Geschoss gelten. Eine größere Anzahl von Personen ist zulässig, wenn im Hinblick auf die konkreten Nutzer keine Bedenken bestehen.

Wichtig: Da die Verwendung von Wendel- und Spindeltreppen teilweise unterschiedlich akzeptiert wird, ist es empfehlenswert, ihre Anwendbarkeit als notwendige Treppen bzw. Nottreppen frühzeitig mit den zuständigen Stellen abzustimmen.

9.2 Einschiebbare Treppen, Leitern und Rolltreppen

[1]Einschiebbare Treppen und Rolltreppen sind als notwendige Treppen unzulässig. [2]In Gebäuden der Gebäudeklassen 1 und 2 sind einschiebbare Treppen und Leitern als Zugang zu einem Dachraum ohne Aufenthaltsraum zulässig.	BauO NRW § 34 (2)	Atlas 7.4/5

9.3 Verlauf notwendiger Treppen*[1]

Notwendige Treppen sind in einem Zuge zu allen angeschlossenen Geschossen zu führen. Sie müssen mit den Treppen zum Dachraum unmittelbar verbunden sein. [3]Dies gilt nicht für Treppen 1. in Gebäuden der Gebäudeklassen 1 bis 3 und 2. für die Verbindung von höchstens zwei Geschossen innerhalb derselben Nutzungseinheit von insgesamt nicht mehr als 200 m^2, wenn in jedem Geschoss ein anderer Rettungsweg erreicht werden kann [Maisonette-Treppen].	BauO NRW § 34 (3)	Atlas 7.4/6

9.4 Anforderungen an die tragenden Teile notwendiger Treppen*[1]

<table>
<tr><th>Bauaufsichtliche Anforderungen</th><th>GK</th><th>Treppen im Gebäude</th><th>Außen-treppen</th><th>BauO NRW</th><th>Atlas</th></tr>
<tr><td rowspan="4">[1]Die tragenden Teile notwendiger Treppen müssen
1. in Gebäuden der Gebäudeklasse 5 feuerhemmend und aus nichtbrennbaren Baustoffen,
2. in Gebäuden der Gebäudeklasse 4 aus nichtbrennbaren Baustoffen sowie
3. in Gebäuden der Gebäudeklasse 3 aus nichtbrennbaren Baustoffen oder feuerhemmend
sein.
[2]Tragende Teile von Außentreppen [deren Nutzung ausreichend sicher ist und die im Brandfall nicht gefährdet werden können] für Gebäude der Gebäudeklassen 3 bis 5 müssen aus nichtbrennbaren Baustoffen bestehen.</td><td>5</td><td>fh + nb</td><td rowspan="3">nb</td><td rowspan="4">§ 34 (4)</td><td rowspan="4">7.4/7</td></tr>
<tr><td>4</td><td>nb</td></tr>
<tr><td>3</td><td>fh oder nb</td></tr>
<tr><td>1 - 2</td><td colspan="2">keine besonderen Anforderungen</td></tr>
<tr><td colspan="4">*[1] Gilt nicht für Treppen innerhalb von Wohnungen.</td><td>§ 34 (8)</td><td></td></tr>
</table>

(1) Zuordnung der bauaufsichtlichen Anforderungen zu nationalen und europäischen Klassen

Tabelle 1.1: Zuordnung der bauaufsichtlichen Anforderungen zu nationalen und europäischen Klassen (gemäß VV TB NRW Anhang 4)

	Bauaufsichtliche Anforderungen	Abkürzung	Nationale Klassen nach DIN 4102	Tragfunktion	Europäische Klassen nach DIN EN 13501
Tragwerk von notwendigen Treppen	feuerhemmend und nichtbrennbar	fh + nb	F 30-A	tragend	R 90 [nb]
	nichtbrennbar	nb	A 2	tragend	A 2 - s1, d0
	feuerhemmend oder nichtbrennbar	fh oder nb	F 30-B oder A 2	tragend	R 30 E-d2 oder A 2 - s1, d0

Grundsätzliche Informationen und Legende siehe Kapitel 4.2, Punkt 3 sowie Kapitel 29 und 30.

9.5 Mindestbreite*1		
[1]Die nutzbare Breite der Treppenläufe und Treppenabsätze notwendiger Treppen muss für den größten zu erwartenden Verkehr ausreichen. [2]Abweichend von Satz 1 kann ein nachträglicher Einbau von Treppenliften gestattet werden, wenn 1. die Führungskonstruktion des Treppenliftes höchstens 0,20 m breit und 0,50 m hoch ist, gemessen von der unteren Begrenzung des Lichtraumprofils der Treppe, 2. bei einer Leerfahrt des Lifts eine zusammenhängende Restlaufbreite der Treppe von mindestens 0,60 m verbleibt und 3. der nicht benutzte Lift sich in einer Parkposition befindet, die den Treppenlauf nicht mehr als nach Nummer 1 zulässig einschränkt.	BauO NRW § 34 (5)	Atlas 7.4/8
*1 Gilt nicht für Treppen innerhalb von Wohnungen.	§ 34 (8)	

① Nutzbare Breite der Treppenläufe und Treppenabsätze

Die nutzbare Breite der Treppenläufe und Treppenabsätze muss für den größten zu erwartenden Verkehr ausreichen. Bei Gebäuden, die keine Sonderbauten sind und die nicht von einer größeren Personenzahl genutzt werden, liefert die DIN 18065:2015-03, die über die VV TB NRW eingeführt ist (A 4.2.1) Anhaltswerte.

Von der Einführung der DIN 18065 ausgenommen ist die Anwendung auf Treppen in Wohngebäuden der GK 1 und 2 und in Wohnungen.

Nach DIN 18065 beträgt die Mindestbreite 1,00 m. Für untergeordnete Treppen und Nottreppen kann eine Breite von 80 cm ausreichend sein.

Als allgemeiner Anhaltswert dient: 1,20 m lichte Breite je 200 darauf angewiesene Personen. Dieser wird teilweise auch für bestimmte Sonderbauten angesetzt. Staffelungen sind dabei in Schritten von 0,60 m vorgesehen (wobei auch hier in Deutschland unterschiedliche Regeln bestehen, teilweise also auch eine lineare Interpolation möglich ist).

Für Gebäude, die dem Arbeitsstättenrecht unterliegen, sind zusätzlich zu den bauaufsichtlichen Anforderungen noch die Technischen Regeln für Arbeitsstätten zu beachten, die ab 200 Personen identisch sind mit dem vorstehenden Anhaltswert.

Die eingeführte DIN 18065 wird über VV TB NRW A 4.2.1 Anlage A 4.2.1 wie folgt ergänzt:

„1 Von der Einführung ausgenommen ist die Anwendung auf Treppen in Wohngebäuden der Gebäudeklassen 1 und 2 und in Wohnungen.

2 Bauaufsichtliche Anforderungen an den Einbau von Treppenliften in Treppenräumen notwendiger Treppen in bestehenden Gebäuden ergeben sich aus § 34 Absatz 5 BauO NRW 2018. Zusätzlich ist Folgendes zu beachten:

1. *Die Treppe erschließt nur Wohnungen und/oder vergleichbare Nutzungen. Ein Handlauf muss zweckentsprechend genutzt werden können.*
2. *Wird ein Treppenlift über mehrere Geschosse geführt, muss mindestens in jedem Geschoss eine ausreichend große Wartefläche vorhanden sein, um das Abwarten einer begegnenden Person bei Betrieb des Treppenlifts zu ermöglichen. Das ist nicht erforderlich, wenn neben dem benutzten Lift eine Restlaufbreite der Treppe von 60 cm gesichert ist. Im Störfall muss sich der Treppenlift auch von Hand ohne größeren Aufwand in die Parkposition fahren lassen.*
3. *Während der Leerfahrten in die bzw. aus der Parkposition muss der Sitz des Treppenlifts hochgeklappt sein.*
4. *Gegen die missbräuchliche Nutzung muss der Treppenlift gesichert sein.*
5. *Der Treppenlift muss aus nichtbrennbaren Materialien bestehen, soweit das technisch möglich ist.*

3 Bei einer notwendigen Treppe in einem bestehenden Gebäude darf durch den nachträglichen Einbau eines zweiten Handlaufs die nutzbare Mindestlaufbreite um höchstens 10 cm unterschritten werden. Diese Ausnahmeregelung bezieht sich nur auf Treppen mit einer Mindestlaufbreite von 100 cm nach den Festlegungen der DIN 18065. Abweichende Festlegungen und Anforderungen an die Laufbreite bleiben davon unberührt.“

9.6 Handlauf*1		
[1]Treppen müssen mindestens einen festen und griffsicheren Handlauf haben. [2]Für Treppen sind Handläufe auf beiden Seiten und Zwischenhandläufe vorzusehen, soweit die Verkehrssicherheit dies erfordert.	BauO NRW § 34 (6)	
9.7 Treppenbeginn		
[1]Eine Treppe darf nicht unmittelbar hinter einer Tür beginnen, die in Richtung der Treppe aufschlägt. [2]Zwischen Treppe und Tür ist ein Treppenabsatz anzuordnen, der mindestens so tief sein soll, wie die Tür breit ist.	BauO NRW § 34 (7)	
*1 Gilt nicht für Treppen innerhalb von Wohnungen.	§ 34 (8)	

10 Notwendige Treppenräume, Außentreppen und Ausgänge

Kurzinfo:	Kapitel
• Mit Ausnahme von – Treppen in GK 1 und GK 2, – Maisonette-Treppen ≤ 2 Geschosse ≤ 200 m² mit jeweils zwei Rettungswegen (RW) in jeder Maisonette-Ebene, – sicher nutzbaren Außentreppen, die im Brandfall nicht gefährdet werden können, muss jede notwendige Treppe in einem **eigenen durchgehenden, notwendigen Treppenraum** liegen.	10.1
• Von jeder Stelle eines AR sowie eines KG muss in **≤ 35 m Entfernung** mindestens erreichbar sein: Ein Ausgang in einen notwendigen Treppenraum oder zu einer notwenigen Außentreppe oder ins Freie.	10.2
• **Übereinanderliegende KG** müssen jeweils mindestens zwei Ausgänge in notwendige Treppenräume, zu Kelleraußentreppen oder ins Freie haben.	10.2
• Mehrere notwendige Treppenräume bzw. notwendige Außentreppen bzw. Ausgänge ins Freie sind so zu **verteilen**, dass sie möglichst entgegengesetzt liegen und die RW möglichst kurz sind.	10.2
• Jeder notwendige Treppenraum benötigt einen **unmittelbaren Ausgang** ins Freie. Andernfalls bestehen für den Raum zwischen dem notwendigen Treppenraum und dem Ausgang ins Freie folgende Anforderungen: 1. Mindestbreite wie die dazugehörigen Treppenläufe, 2. Wände wie die Treppenraumwände, 3. Abschlüsse zu notwendigen Fluren: rauchdicht und selbstschließend. 4. keine Öffnungen zu anderen Räumen (ausgenommen zu notwendigen Fluren).	10.3
• Materielle Anforderungen: Entsprechend der Gebäudeklasse, Lage und Nutzung, siehe Kapitel 10.4.	10.4
• Sicherung von Tür- und Sichtöffnungen siehe Kapitel 10.7.	10.7
• **Oberer Abschluss** – **ist nicht das Dach:** Er muss als raumabschließendes Bauteil die Feuerwiderstandsfähigkeit der Decken des Gebäudes haben. – **ist das Dach:** Die Treppenraumwände müssen bis unter die Dachhaut reichen.	10.5
• **Bekleidungen**, Putze, Dämmstoffe, Unterdecken und Einbauten: aus nichtbrennbaren Baustoffen.	10.6
• **Wände und Decken aus brennbaren Baustoffen** müssen eine Bekleidung aus nichtbrennbaren Baustoffen in ausreichender Dicke haben und	10.6
• Bodenbeläge, ausgenommen Gleitschutzprofile: schwer entflammbare Baustoffe.	10.6
• Notwendige Treppenräume müssen zu beleuchten sein. Notwendige Treppenräume ohne Fenster benötigen ab einer Höhe*¹ ≥ 13 m eine Sicherheitsbeleuchtung.	10.8
• Notwendige Treppenräume (NTR) müssen belüftet und zur Unterstützung wirksamer Löscharbeiten entraucht werden können.	10.9
• NTR mit Fenstern in jedem Geschoss: – müssen in jedem oberirdischen Geschoss öffenbare und unmittelbar ins Freie führende Fenster haben. – in GK 5 ist an der obersten Stelle eine Öffnung zur Rauchableitung erforderlich.	10.9
• NTR ohne Fenster in jedem Geschoss: – müssen an der obersten Stelle eine Öffnung zur Rauchableitung haben. – in GK 4 und 5 sind – soweit dies zur Erfüllung des Schutzziels: „Entrauchung zur Unterstützung wirksamer Löscharbeiten" erforderlich ist – besondere Vorkehrungen zu treffen.	10.9
• Öffnungen zur Rauchableitung: Freier Querschnitt ≥ 1 m². Sie müssen Vorrichtungen zum Öffnen ihrer Abschlüsse haben, die vom Erdgeschoss sowie vom obersten Treppenabsatz aus bedient werden können.	10.9
• In Geschossen mit mehr als vier Wohnungen müssen notwendige Flure angeordnet sein.	10.10
• Sicherung von Leitungsdurchführungen und Verlegung von brennbaren Leitungen.	19 + 20
*¹ Maß der Fußbodenoberkante des höchstgelegenen Geschosses, in dem ein Aufenthaltsraum möglich ist, über der Geländeoberfläche im Mittel.	

Schutzziel		
• [1]Jede notwendige Treppe muss zur Sicherstellung der Rettungswege aus den Geschossen ins Freie in einem eigenen, durchgehenden Treppenraum liegen (notwendiger Treppenraum). • [2]Notwendige Treppenräume müssen so angeordnet und ausgebildet sein, dass die Nutzung der notwendigen Treppen im Brandfall ausreichend lang möglich ist.	BauO NRW § 35 (1)	
10.1 Erfordernis von notwendigen Treppenräumen		
• [3]Notwendige Treppen sind ohne eigenen Treppenraum zulässig 1. in Gebäuden der Gebäudeklassen 1 und 2, 2. für die Verbindung von höchstens zwei Geschossen innerhalb derselben Nutzungseinheit von insgesamt nicht mehr als 200 m², wenn in jedem Geschoss ein anderer Rettungsweg erreicht werden kann und 3. als Außentreppe, wenn ihre Nutzung ausreichend sicher ist und im Brandfall nicht gefährdet werden kann.	BauO NRW § 35 (1)	Atlas 7.5/3

10

① Schutzziel von notwendigen Treppenräumen

Notwendige Treppen in notwendigen Treppenräumen sind zur Gewährleistung der bauaufsichtlichen Schutzziele von entscheidender Bedeutung und bilden den **vertikalen Teil** des baulichen Flucht- und Rettungsweges.

Sie müssen im Brandfall ausreichend lange als **Fluchtweg** für die Selbstrettung der sich im Gebäude aufhaltenden Personen zur Verfügung stehen. Außerdem dienen sie der Feuerwehr und den Hilfskräften als **primärer Angriffsweg** für die Menschenrettung und zur Brandbekämpfung. Schließlich sollen sie im Ernstfall auch einen sicheren Rückzug der Feuerwehr ermöglichen.

Eine **Flucht** (Selbstrettung) ist jedoch nur so lange möglich, wie die Treppenräume **rauchfrei** bleiben. Dringen im Brandfall größere Mengen Rauchgase ein, stehen sie für die Flucht der Gebäudenutzer **nicht** mehr zur Verfügung. Außerdem wird dann ihre Funktion als Angriffsweg für die Feuerwehr erheblich eingeschränkt. In diesem Fall erfolgt die Rettung der Nutzer über den zweiten Rettungsweg.

Damit das bauaufsichtliche Brandschutzkonzept funktioniert, müssen die notwendigen Treppen entsprechend sicher sein. Werden sie innerhalb von Gebäuden angeordnet, benötigen sie deshalb immer eigene, entsprechend geschützte notwendige Treppenräume.

Notwendige Treppen können auch außerhalb von Gebäuden als Außentreppen angeordnet werden. Dies ist jedoch nur zulässig, wenn ihre Nutzung ausreichend sicher ist und **im Brandfall nicht gefährdet** werden kann.

Wichtig in diesem Zusammenhang ist jedoch auch das **richtige Verhalten der Nutzer des Gebäudes**. Diese sollten sich natürlich so verhalten, dass es im Brandfall möglichst nicht zu einer Verrauchung des Treppenraums kommt (Türen geschlossen, keine Brandlasten im Treppenraum). Im Brandfall sollten sie sich gegenseitig **warnen**. Falls der notwendige Treppenraum noch **nicht verraucht** ist, können sie sich selbst über den notwendigen Treppenraum in Sicherheit bringen.

Ist der notwendige Treppenraum bereits so verraucht, dass er nicht mehr für die Flucht (Selbstrettung) geeignet ist, fällt er als Fluchtweg aus. In diesem Fall sollten die Nutzer entweder (falls vorhanden) den zweiten baulichen Rettungsweg (zweite oder weitere notwendige Treppe) benutzen oder (falls der zweite Rettungsweg über Leitern der Feuerwehr hergestellt wird) ihre Eingangstüren schließen, sich an das für den zweiten Rettungsweg vorgesehene anleiterbare Fenster begeben, dort bemerkbar machen und die Anweisungen der Feuerwehr abwarten und befolgen.

Bild 1.1: Beispiel für die Schutzfunktion des notwendigen Treppenraums

Der notwendige Treppenraum ist ein gemäß den Schutzzielvorgaben der Bauordnung brandschutztechnisch gesicherter vertikaler Schacht im Gebäude, der die notwendige Treppe beinhaltet. Er muss im Brandfall ausreichend lange als **Fluchtweg** für die Selbstrettung der sich im Gebäude aufhaltenden Personen zur Verfügung stehen.

Außerdem dient er der Feuerwehr und den Hilfskräften als **Rettungsweg** für die Menschenrettung und als **Angriffsweg** zur Brandbekämpfung. Zudem soll er im Ernstfall auch den sicheren **Rückzug** der Feuerwehr ermöglichen.

Hierzu muss der „Treppenraumschacht" auch im Dachbereich entsprechend sicher an-/abgeschlossen werden. Ein Brand im Dachraum darf ausreichend lang nicht über den Dachanschlussbereich in den Treppenraum eindringen.

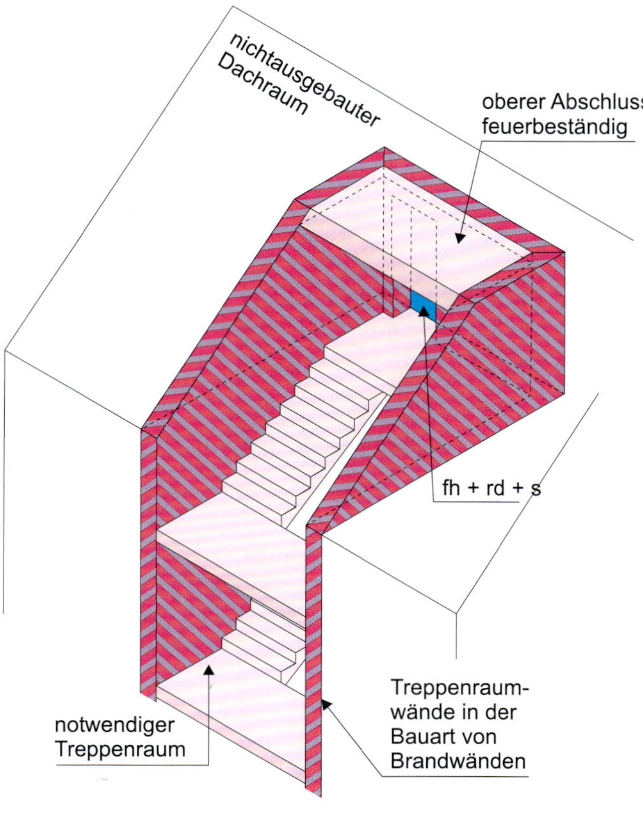

② **Grundanforderungen an notwendige Treppenräume**

Grundsätzlich müssen notwendige Treppenräume folgende Anforderungen erfüllen:

- Schutz gegen Eindringen von Feuer und Rauch aus den Geschossen und von außen
- Behinderung einer Übertragung von Feuer und Rauch von Geschoss zu Geschoss
- ausreichend lange Standsicherheit und Begehbarkeit im Brandfall (nicht nur für die Flucht = Selbstrettung, sondern auch als Angriffs- und Rückzugsweg für die Feuerwehr)
- frei von Brandlasten
- sichere Erreichbarkeit von allen Nutzungseinheiten und Aufenthaltsräumen (einschließlich KG, DG und benutzbarer Dachraum)
- sicherer Ausgang ins Freie
- Möglichkeit, eingedrungenen Rauch abzuführen (nur zur Unterstützung wirksamer Löscharbeiten und **nicht** zur Unterstützung der Flucht der Nutzer)
- Möglichkeit einer ausreichenden Belichtung und Beleuchtung

Hierzu müssen notwendige Treppenräume so angeordnet und ausgebildet sein, dass die Nutzung der notwendigen Treppen im Brandfall ausreichend lange möglich ist. Dabei dient der notwendige Treppenraum ausschließlich der Aufnahme der notwendigen Treppe und ist von den übrigen Räumen des Gebäudes durch raumabschließende, feuerwiderstandsfähige Wände abzutrennen, die bei **GK 4 und 5** zudem noch ihre Feuerwiderstandsdauer unter **zusätzlicher mechanischer Beanspruchung** erbringen müssen.

Daraus ergibt sich, dass der notwendige Treppenraum nur dann ein „Raum" im Sinne der Bauordnung ist, wenn er entsprechend seiner **ausschließlichen Funktion**, „die sichere Verbindung mit dem Freien herzustellen", tatsächlich auch einen eigenen Raum bildet und von anderen Räumen und natürlich auch von notwendigen Fluren entsprechend raumabschließend abgetrennt ist.

Wird der Treppenraum einer notwendigen Treppe so aufgeweitet, dass er seinen Charakter als ausschließlicher Raum für die notwendige Treppe verliert, so kann er nicht mehr als notwendiger Treppenraum bewertet werden. In diesem Fall wird er zu einem offenen Raum und die dort angeordnete Treppe verliert ihren Status als notwendige Treppe.

③ Durchgehender Treppenraum

Der notwendige Treppenraum muss durch alle Geschosse gehen, d. h., er darf nicht durch andere zwischengeschaltete Räume bzw. Nutzungen unterteilt bzw. unterbrochen werden. Ebenso ist die notwendige Treppe in einem Zuge zu allen angeschlossenen Geschossen zu führen. Dies ist insbesondere auch für die **Feuerwehr** wichtig, wenn diese zur Brandbekämpfung den Dachraum erreichen muss.

Als durchgehend kann ein Treppenraum noch gelten, wenn seine Lage im Gebäude abschnittsweise so versetzt ist, dass der unmittelbare **Raumzusammenhang** beibehalten wird. Voraussetzung ist jedoch, dass keine Flure oder anderen Räume zwischengeschaltet werden und die notwendige Treppe innerhalb des Gesamttreppenraums in einem Zuge verläuft.

Wird der notwendige Treppenraum dagegen so versetzt (z. B. im obersten Geschoss zum nutzbaren Dachraum), dass der weiterführende Treppenraum nur über einen notwendigen Flur oder einen sonstigen zwischengeschalteten Raum zu erreichen ist, dann ist der Treppenraum nicht mehr durchgehend.

④ Lage des notwendigen Treppenraums

Im Idealfall liegt der notwendige Treppenraum zumindest mit einer Wandseite an einer Außenwand und hat in jedem Geschoss öffenbare Fenster mit einem freien Querschnitt von mindestens 0,50 m^2. In früheren Bauordnungen gab es auch noch die Bezeichnung **„innenliegenden Treppenräume"**. In der aktuellen Bauordnung wird nur noch unterschieden zwischen Treppenräumen, die in jedem oberirdischen Geschoss öffenbare und unmittelbar ins Freie führende Fenster haben, oder Treppenräumen, die keine Fenster haben. **Anmerkung:** Diese Fenster dienen **nur** zur Belüftung und Entrauchung für die Unterstützung der Feuerwehr zur Durchführung wirksamer Löscharbeiten, **nicht aber zur Unterstützung der Flucht**.

⑤ Gebäude der Gebäudeklassen 1 und 2 ohne notwendigen Treppenraum

Gebäude der Gebäudeklassen 1 und 2 benötigen zwar eine notwendige Treppe. Diese muss jedoch **nicht** in einem eigenen notwendigen Treppenraum liegen.

Deshalb bestehen an den Raum, in dem die notwendige Treppe angeordnet wird, sowie an dessen Wände, Türen und sonstige Ausbildung keine besonderen Anforderungen. Damit kann die notwendige Treppe z. B. in Einfamilienhäusern und Reihenhäusern der Gebäudeklassen 1 und 2 offen vom KG bis zum ausgebauten DG führen.

Anmerkung: Dadurch besteht natürlich auch das Risiko, dass ein Brand in einem an die Treppe angrenzenden Kellerraum oder im EG in der Küche nach dem Versagen der Türe zur Treppe (falls überhaupt eine solche Türe vorhanden ist) die Treppe schnell verraucht, so dass der erste (bauliche) Rettungsweg = Fluchtweg nicht mehr benutzbar ist. In diesem Fall muss dann in den oberen Geschossen die Hilfe der Feuerwehr abgewartet werden können, was durch den fehlenden Treppenraum kritisch werden kann. Deshalb sind hier – obwohl bauaufsichtlich nicht vorgeschrieben – **Rauchwarnmelder in allen Räumen vor der Treppe** empfehlenswert, die bei Bedarf mit Funk vernetzt werden können.

⑥ Maisonette-Wohnungen ohne notwendigen Treppenraum

In sogenannten Maisonette-Wohnungen sind Geschosse derselben Wohnung durch eine innere Treppe ohne eigenen (notwendigen) Treppenraum miteinander verbunden. Gemäß Bauordnung dürfen höchstens zwei Geschosse innerhalb **derselben Nutzungseinheit** von insgesamt nicht mehr als 200 m^2 offen miteinander verbunden sein, wenn in jedem Geschoss **ein anderer Rettungsweg** erreicht werden kann. Damit ist die wohnungsinterne offene Verbindungstreppe ohne eigenen Treppenraum nur zulässig, wenn für die Aufenthaltsräume, die über sie erschlossen werden, in jedem Maisonette-Geschoss zwei Rettungswege vorhanden sind.

Dabei ist zu unterscheiden, ob die Maisonette-Wohnungen in beiden Ebenen an den notwendigen Treppenraum angeschlossen sind oder nur eine Ebene.

Beide Maisonette-Ebenen sind an den notwendigen Treppenraum angeschlossen

In diesem Fall besteht bezüglich der Rettungswege eine günstige Situation, da die Maisonette-Wohnung damit praktisch in jeder Ebene einen **Ausgang** in den notwendigen Treppenraum hat, was im Brandfall die Flucht und Selbstrettung wesentlich erleichtert. Der erste Rettungsweg führt in jedem Geschoss über diesen Ausgang in den notwendigen Treppenraum. Als zweiter Rettungsweg ist entweder in der oberen oder unteren Ebene eine mit Rettungsgeräten der Feuerwehr erreichbare Stelle erforderlich.

Nur eine Maisonette-Ebene ist an den notwendigen Treppenraum angeschlossen

Diese Maisonette-Wohnungen sind bezüglich der Rettungswege ungünstiger als Geschosswohnungen ohne solche offenen Verbindungstreppen. Die ungesicherte Deckenöffnung in der (eigentlich raumabschließenden und feuerwiderstandsfähigen) Decke für die innere Verbindungstreppe ermöglicht bei einem eventuellen Brand in der unteren Ebene eine meist ungehinderte und schnelle Ausbreitung von Feuer und Rauch in die obere Wohnungsebene.

Handelt es sich bei dem gemäß Bauordnung notwendigen „anderen Rettungsweg" in der oberen Ebene nur um ein mit Rettungsgeräten der Feuerwehr erreichbares Fenster (was bei Wohngebäuden bzw. Wohnungen die Regel ist), kann es bei einem eventuellen Brand in der unteren Ebene schnell kritisch die für Personen in der oberen Ebene werden, da oben meist die Schlafräume angeordnet sind.

Besonders nachts besteht die Gefahr, dass die Bewohner vom Feuer überrascht werden und die Flucht über die interne Verbindungstreppe nach unten zum notwendigen Treppenraum nicht mehr möglich ist. In diesem Fall wäre theoretisch der zweite Rettungsweg in der oberen Ebene in Form eines mit Rettungsgeräten der Feuerwehr erreichbaren Fensters vorhanden. Voraussetzung für dessen Nutzung ist jedoch, dass es möglich ist, das Eintreffen der Feuerwehr und den Einsatz der Rettungsgeräte abzuwarten. Die offene Verbindungstreppe wirkt wie ein Schornstein und Feuer und Rauch können sich schnell nach oben ausbreiten, so dass für die Personen in der oberen Maisonette-Ebene die Situation schnell kritisch werden kann.

Durch die in den Schlafräumen und Rettungswegen vorgeschriebenen Rauchwarnmelder wird das Risiko zwar verringert. Ein z. B. in der unteren Ebene in der Küche oder im Wohnzimmer entstehender Brand kann jedoch trotzdem fatale Folgen haben, da dort nach Baurecht keine Warnmelder vorhanden sein müssen. Das Feuer kann sich also zunächst unbemerkt entwickeln. Nach dem Versagen der Türe zum Wohnungsflur bzw. zur Verbindungstreppe ist diese dann augenblicklich nicht mehr benutzbar. Gleichzeitig kann unter ungünstigen Umständen auch das Eintreffen der Feuerwehr nicht mehr abgewartet werden, so dass die obere Maisonette-Ebene zur tödlichen Falle werden kann.

Eine wesentliche Verbesserung der Situation ist möglich, indem **alle Räume in der unteren Maisonette-Ebene** mit Warnmeldern überwacht werden, insbesondere auch die Küche, da dort das größte Brandentstehungsrisiko besteht. In der Küche muss dann natürlich ein Melder verwendet werden, der für die Montage in Küchen geeignet ist (z. B. ein für Küchen geeigneter Rauchwarnmelder oder ein Wärmemelder).

Beschreibung der Rettungswege:

- **Obere Maisonette-Ebene**

  Erster Rettungsweg: wohnungsinterne Treppe zur unteren Maisonette-Ebene und von dort zum Ausgang in den notwendigen Treppenraum. **Anmerkung:** Die wohnungsinterne Maisonette-Treppe wird dadurch zur **notwendigen Treppe.**

  Zweiter Rettungsweg: eine mit Rettungsgeräten der Feuerwehr erreichbare und geeignete Stelle in der **oberen** Maisonette-Ebene. **Anmerkung:** Liegt diese Stelle in der Dachschräge, so ist darauf zu achten, dass der Abstand der Unterkante bzw. eines davorliegenden Austritts von der Traufkante horizontal gemessen maximal 1 m betragen darf. In der Regel sind deshalb bei zweistufig ausgebauten Dächern in der oberen Dachgeschoss-Ebene nur dann Maisonette-Ebenen möglich, wenn an einem Giebelfenster angeleitert werden kann. Soll dort in der Dachfläche angeleitert werden, geht das meist nur mit aufwendigen Hilfskonstruktionen, für die eine Abweichung erforderlich ist.

- **Untere Maisonette-Ebene**

  Erster Rettungsweg: Ausgang zum notwendigen Treppenraum.

  Zweiter Rettungsweg: eine mit Rettungsgeräten der Feuerwehr erreichbare und geeignete Stelle.

Bilder 6.1 bis 6.2: Rettungswege bei Maisonette-Wohnungen

Bild 6.1: Maisonette im OG und DG

In beiden Ebenen ist ein Zugang zum notwendigen Treppenraum möglich. Für den zweiten RW genügt eine mit Rettungsgeräten der Feuerwehr erreichbare Stelle in der unteren Ebene.

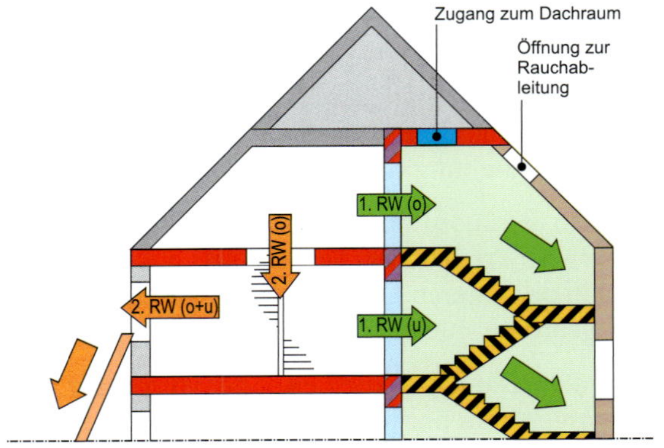

1. Rettungsweg

Zugang zum notwendigen Treppenraum von beiden Ebenen

2. Rettungsweg

innere Treppe und ein mit Rettungsgeräten der Feuerwehr erreichbares Fenster in der unteren Ebene

(o) = obere Ebene
(u) = untere Ebene

Bild 6.2: Maisonette im OG und DG

Da **nur in der unteren Ebene** ein Zugang zum notwendigen Treppenraum möglich ist, führt der erste RW der oberen Ebene über die Maisonette-Treppe zur unteren Ebene und von dort zum Treppenraum. Die Maisonette-Treppe wird damit zur **notwendigen** Treppe.

Für den zweiten RW ist eine mit Rettungsgeräten der Feuerwehr erreichbare Stelle in der **oberen Ebene zwingend erforderlich**.

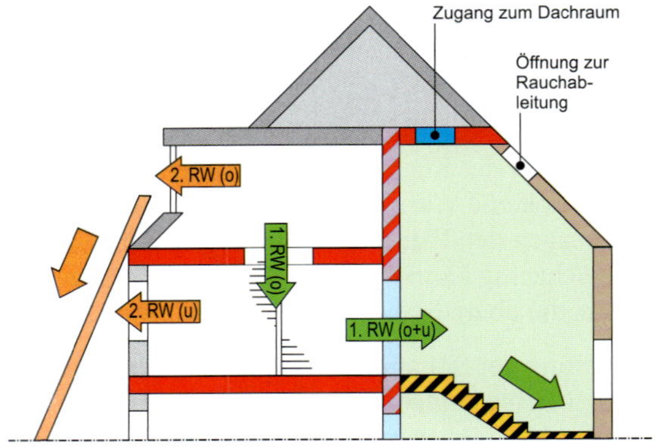

1. Rettungsweg

innere Treppe und Zugang zum notwendigen Treppenraum in der unteren Ebene

2. Rettungsweg

je ein mit Rettungsgeräten der Feuerwehr erreichbares Fenster in der oberen und unteren Ebene

(o) = obere Ebene
(u) = untere Ebene

Bild 6.3: Maisonette im zweistufig ausgebauten DG

In beiden Ebenen ist ein Zugang zum notwendigen Treppenraum möglich. Für den zweiten RW genügt eine mit Rettungsgeräten der Feuerwehr erreichbare Stelle in der unteren Ebene.

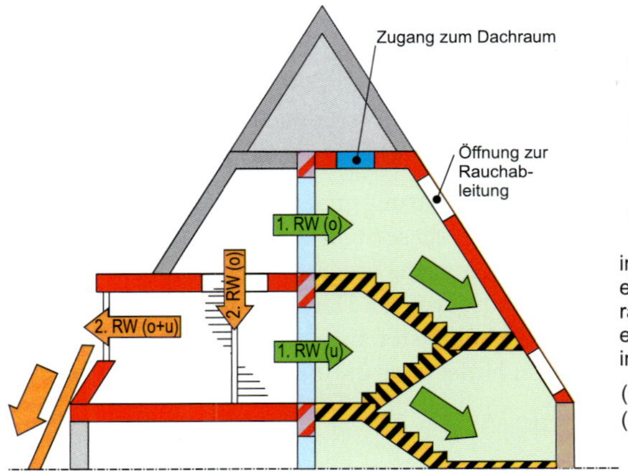

1. Rettungsweg

Zugang zum notwendigen Treppenraum von beiden Ebenen

2. Rettungsweg

innere Treppe und ein mit Rettungsgeräten der Feuerwehr erreichbares Fenster in der unteren Ebene

(o) = obere Ebene
(u) = untere Ebene

Bild 6.4: Maisonette im zweistufig ausgebauten DG

Da **nur** in der unteren Ebene ein Zugang zum notwendigen Treppenraum möglich ist, führt der erste RW der oberen Ebene über die Maisonette-Treppe zur unteren Ebene und von dort zum Treppenraum. Die Maisonette-Treppe wird damit zur **notwendigen** Treppe.

Für den zweiten RW ist eine mit Rettungsgeräten der Feuerwehr erreichbare Stelle in der **oberen Ebene zwingend erforderlich**.

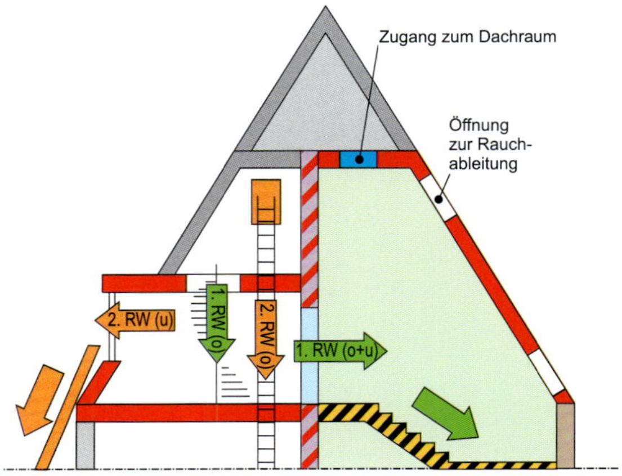

1. Rettungsweg

Innere Treppe und Zugang zum notwendigen Treppenraum in der unteren Ebene

2. Rettungsweg

je ein mit Rettungsgeräten der Feuerwehr erreichbares Fenster in der oberen und unteren Ebene (in der oberen Ebene Giebelfenster)

(o) = obere Ebene
(u) = untere Ebene

Bild 6.5: Maisonette im EG und KG

In beiden Ebenen ist ein Zugang zum notwendigen Treppenraum möglich. Für den zweiten RW genügt eine mit Rettungsgeräten der Feuerwehr erreichbare Stelle in der **oberen Ebene**.

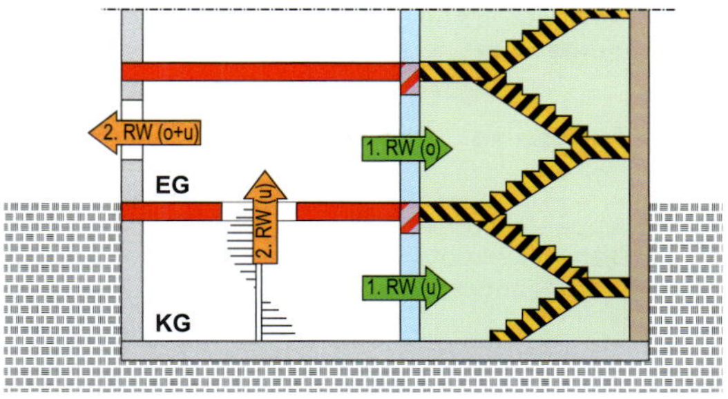

1. Rettungsweg

Zugang zum notwendigen Treppenraum von beiden Ebenen

2. Rettungsweg

Innere Treppe und ein geeignetes Fenster in der oberen Ebene

(o) = obere Ebene
(u) = untere Ebene

Bild 6.6: Maisonette im EG und KG

Da nur in der oberen Ebene ein Zugang zum notwendigen Treppenraum möglich ist, führt der erste RW der unteren Ebene über die Maisonette-Treppe zur oberen Ebene und von dort zum Treppenraum. Die Maisonette-Treppe wird damit zur **notwendigen** Treppe.

Für den zweiten RW ist eine mit Rettungsgeräten der Feuerwehr erreichbare Stelle in der **unteren Ebene zwingend erforderlich**.

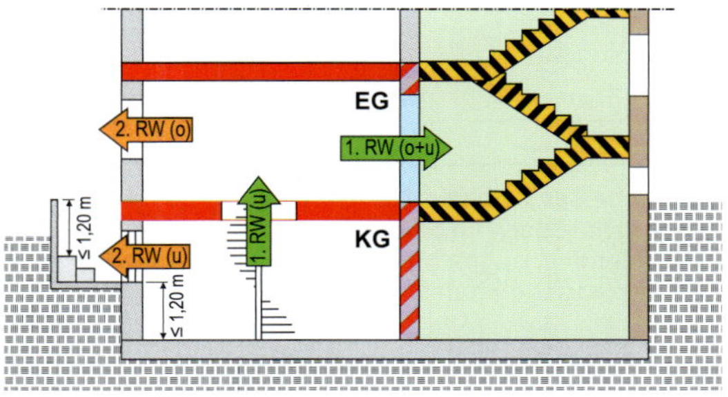

1. Rettungsweg

Innere Treppe und Zugang zum notwendigen Treppenraum in der oberen Ebene

2. Rettungsweg

Je ein geeignetes Fenster in der oberen und unteren Ebene

(o) = obere Ebene
(u) = untere Ebene

10

⑦ Notwendige Außentreppe

Gemäß Bauordnung sind notwendige Außentreppen ohne eigenen Treppenraum zulässig, wenn ihre Nutzung ausreichend sicher ist und **„im Brandfall nicht gefährdet werden kann"**.

Außentreppen können geschlossen und offen sein. Bei einer geschlossenen Außentreppe liegen Treppenraum und Treppe außerhalb des Gebäudegrundrisses. Üblich war diese Ausführung z. B. bei älteren Hochhäusern als Sicherheitstreppenraum.

Offene Außentreppen ohne Treppenraum sind als notwendige Treppen nur zulässig und auch geeignet, wenn sie ganzjährig sicher begehbar sind. Hierzu müssen sie ausreichend verkehrssicher sein und auch unter winterlichen Witterungseinflüssen (bei Eis und Schnee) sicher benutzt werden können.

Zudem bestehen für diese Treppen auch Anforderungen aus der Sicht des vorbeugenden baulichen Brandschutzes. Ihre Nutzung darf **„im Brandfall nicht gefährdet werden können"**.

Damit diese Anforderung eingehalten wird, sind Außentreppen z. B. vor geschlossenen Wandscheiben aus nichtbrennbaren Baustoffen anzuordnen, die als raumabschließende Bauteile die gleiche Feuerwiderstandsdauer wie die Geschossdecken haben. Fenster in diesen Wandscheiben sind unzulässig oder müssen in der gleichen Feuerwiderstandsdauer wie die Wandscheibe mit Brandschutzverglasungen gesichert werden. Die Wandscheiben sind auf beiden Seiten der Außentreppe so weit zu verlängern, dass die Nutzung der Außentreppe im Brandfall nicht gefährdet werden kann.

Wichtig: Die Formulierung der Bauordnung ist hier sehr allgemein. Dies hat den Vorteil, dass bei der Beurteilung, „ob die Außentreppe im Brandfall gefährdet werden kann" eine flexible Handhabung möglich ist. Sie hat aber insbesondere bei Gebäuden, bei denen der Brandschutz nicht mehr geprüft wird, den Nachteil, dass in strittigen Situationen für den Brandschutz-Fachplaner keine Rechtssicherheit besteht, da bestimmte Situationen durchaus unterschiedlich beurteilt werden können. **Im Zweifelsfall ist eine frühzeitige Abstimmung mit der den Brandschutz prüfenden Stelle empfehlenswert.**

Bilder 7.1 bis 7.5: Beispiele für notwendige Außentreppen mit Anschluss an notwendige Flure

Bilder 7.1 und 7.2: Unzulässige Ausführung

Bild 7.1: Die notwendige Außentreppe steht ungeschützt vor der Außenwand und kann im Brandfall gefährdet werden. Damit ist sie als notwendige Treppe unzulässig.

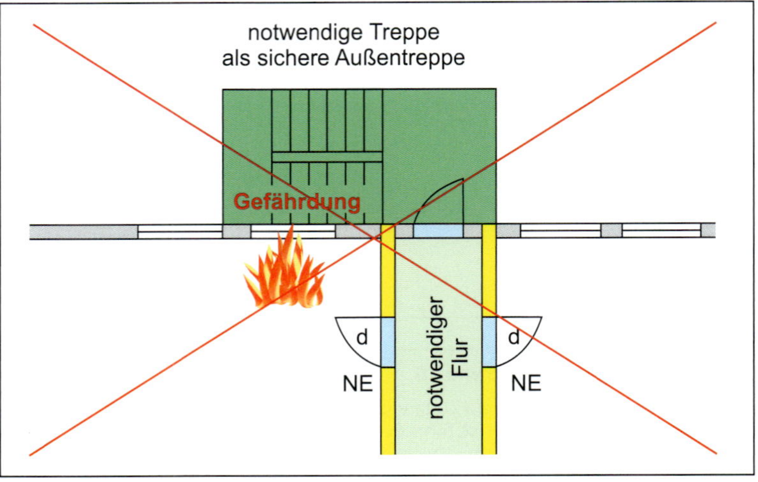

Bild 7.2: Die Ausführung ist zwar besser als in Bild 7.1 dargestellt. Die Treppe kann jedoch im Brandfall über die direkt anschließenden, ungeschützten Fensteröffnungen immer noch gefährdet werden.

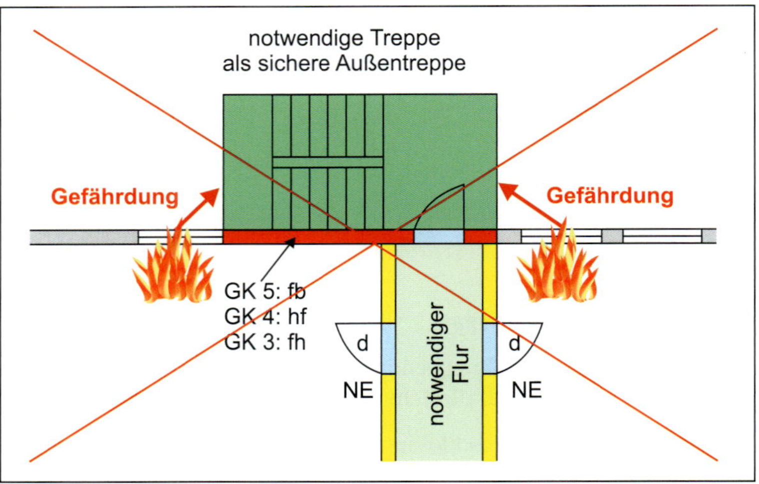

Bild 7.3: Beispiel für notwendige Außentreppe vor feuerwiderstandsfähiger Außenwand

Die Außentreppe wird so geschützt, dass sie im Brandfall nicht mehr gefährdet werden kann.

Wichtig: Die Bauordnung stellt hier keine konkreten Anforderungen. Sie verlangt allerdings, dass die Außentreppe im Brandfall nicht gefährdet werden darf. Die nachfolgenden Angaben sind **Vorschläge zur Bewertungshilfe.** Im Zweifelsfall ist eine möglichst frühzeitige Abstimmung und Klärung mit der den Brandschutz prüfenden Stelle empfehlenswert.

*1) Der Abstand zwischen ungesicherten Öffnungen und der notwendigen Außentreppe muss ausreichend groß sein, um eine Gefährdung auszuschließen. Es ist davon auszugehen, dass ein Abstand von ca. 2,50 m in der Regel ausreichend ist und auf der sicheren Seite liegt. Alternative siehe *2) im nächsten Bild.

*3) Anforderungen an die Türe zwischen dem notwendigen Flur und der Außentreppe werden in der Bauordnung nicht genannt. Es ist jedoch davon auszugehen, dass die Risikosituation günstiger ist, als bei einer Türe zwischen notwendigem Flur und notwendigem Treppenraum (die rauchdicht und selbstschließend sein muss). Da die Fassadentüre ohnehin dicht sein muss, genügt hier eine selbstschließende dichte Außenwandtüre. **Achtung:** Dämmstoffe in der Tür müssen nichtbrennbar sein.

*4) Die angegebenen Anforderungen liegen auf der sicheren Seite. GK 5: fb, GK 4: hf, GK 3: fh.

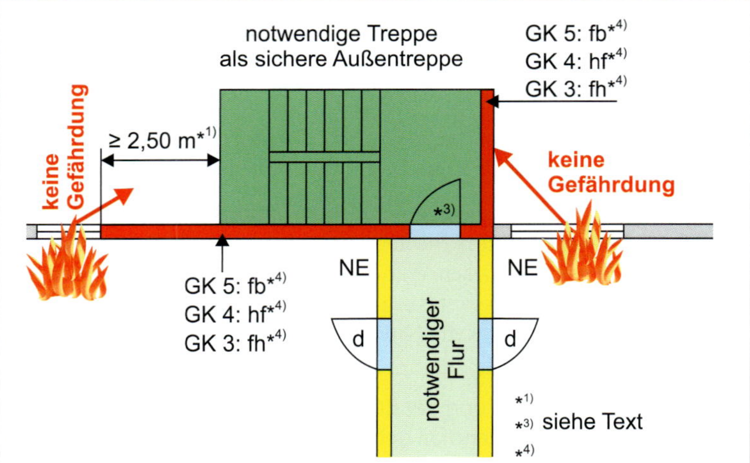

Bild 7.4: Wie Bild 7.3, jedoch mit Alternative bei der Gefährdungsbeurteilung durch eine ungesicherte Sichtöffnung

Beschreibung siehe bei Bild 7.3.

*2) Alternativ zu dem in Bild 7.3 dargestellten Abstand von 2,50 m kann an der Leibung der ungesicherten Fensteröffnung auch ein „Strahlungswinkel" von 135° angelegt werden. Liegt die Außentreppe außerhalb dieses „Strahlungswinkels" ist davon auszugehen, dass sie im Brandfall nicht gefährdet werden kann. **Wichtig:** Dieser Lösungsansatz ist **nicht für Innenecken geeignet**.

Anmerkung: Der „Strahlungswinkel" von 135° liegt auf der sicheren Seite. Unter der Voraussetzung, dass keine Bedenken wegen des Brandschutzes bestehen, kann auch nur ein Winkel von 120° angesetzt werden (siehe sinngemäß Kapitel 5, Punkt 5).

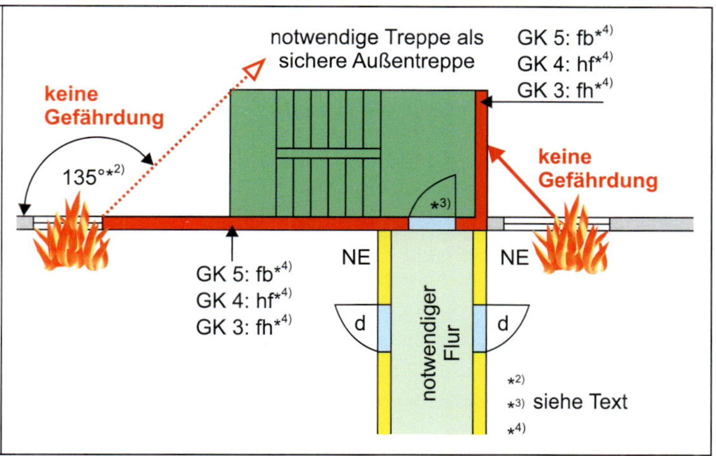

Bild 7.5: Wie Bild 7.3, jedoch Anordnung vor einer feuerwiderstandsfähigen Außenwand mit gesicherter Öffnung

Erläuterungen siehe bei Bild 7.3. Die Sichtöffnung wurde in der gleichen Feuerwiderstandsdauer wie die raumabschließende, feuerwiderstandsfähige Außenwand gesichert.

Anmerkung: In besonders begründeten und nachgewiesenen Fällen ist es hier unter Umständen auch möglich, die Öffnung mit einer geringeren Feuerwiderstandsdauer und/oder mit einer Brandschutzverglasung, die strahlungsdurchlässig ist, zu sichern, wenn keine Bedenken wegen des Brandschutzes bestehen. Im Zweifelsfall ist eine Abstimmung mit der den Brandschutz prüfenden Stelle empfehlenswert.

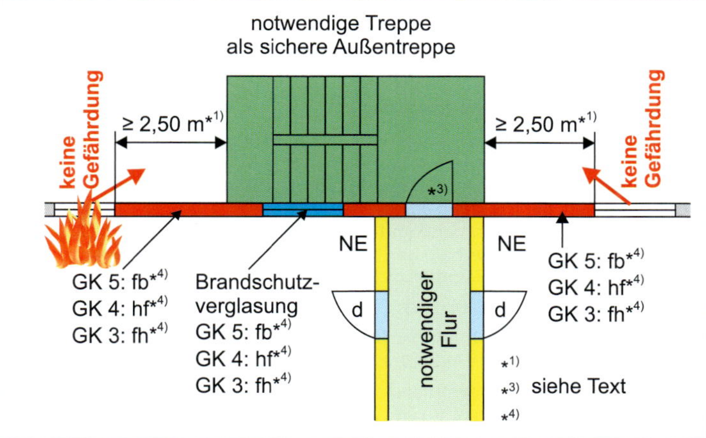

Bild 7.6: Wie Bild 7.3, jedoch Anordnung vor einer feuerwiderstandsfähigen Fassade

Beschreibung siehe bei den Bildern 7.3 und 7.5. Bei dieser Variante ist außerdem zu beachten und zu lösen, wie die feuerwiderstandsfähige Fassade mit Brandschutzverglasungen an die nicht feuerwiderstandsfähige weiterführende Fassade angeschlossen werden kann.

*5) Gemäß der Bauordnung bestehen an diese Türe (bis auf die selbstschließende Funktion) keine besonderen Anforderungen (siehe *3) bei Bild 7.3). Allerdings ergeben sich aus dem Ver-/Anwendbarkeitsnachweis der Brandschutzverglasung und/oder der Einbauanleitung in der Regel besondere Anforderungen, z. B. dass die Türe die gleiche Feuerwiderstandsdauer wie die Fassade haben muss.

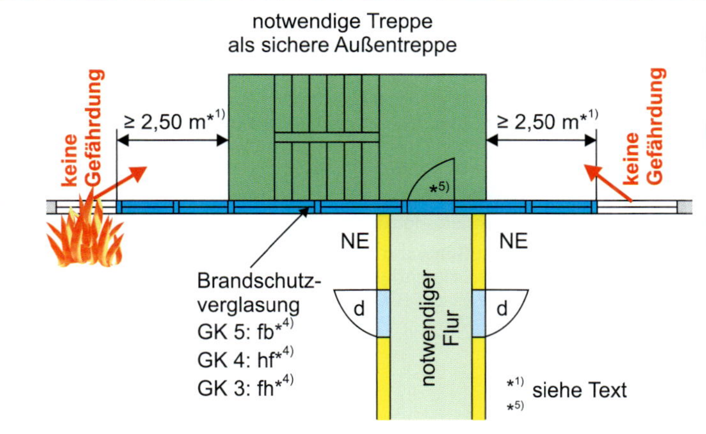

Bild 7.7: Beispiel für eine notwendige Außentreppe vor einer Nutzungseinheit

Beschreibung siehe bei Bild 7.3. Allerdings schließt in diesem Fall kein notwendiger Flur, sondern ein Raum mit Brandlast direkt an die Außentreppe an. Dies hat Konsequenzen für die Türe zwischen der NE und der Außentreppe.

*6) Die Bauordnung enthält diesbezüglich keine Regelung. Es ist davon auszugehen, dass diese Öffnung sinngemäß wie die Öffnung zu einem notwendigen Treppenraum mit einer feuerhemmenden, dicht- und selbstschließenden Türe zu sichern ist. Dies gilt in jedoch nicht in dem obersten Geschoss, in dem die Außentreppe beginnt.

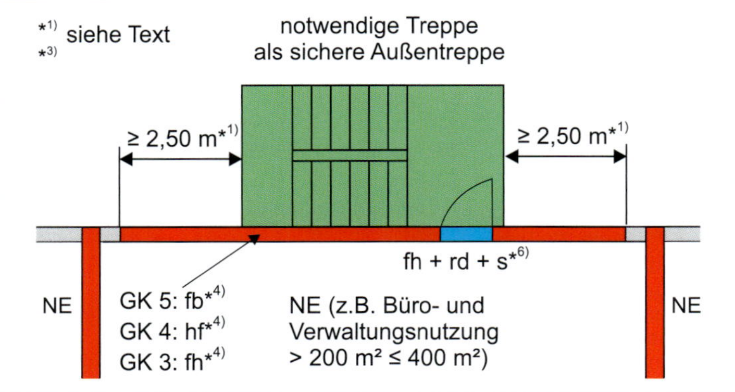

Bild 7.8: Beispiel für eine Nottreppe als Außentreppe vor einer Nutzungseinheit

Bei dieser Nottreppe handelt es sich nicht um eine **„notwendige Treppe“** als baulicher Rettungsweg, sondern um eine **„Nottreppe“** als Ersatz für die Rettungsgeräte der Feuerwehr.

Deshalb kann sie ohne weitere Maßnahmen direkt vor einer nicht raumabschließend feuerwiderstandsfähigen Fassade mit ungesicherten Öffnungen angeordnet werden, denn die Nottreppe muss grundsätzlich nicht besser sein als die Rettungsgeräte der Feuerwehr (siehe Kapitel 9.1, Punkt 4). Allerdings ist hierfür immer eine Abweichung erforderlich.

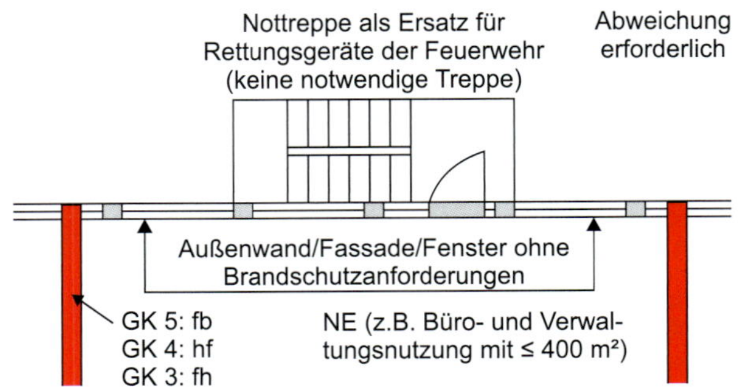

Bilder 7.9 bis 7.11: Beispiel für notwendige Außentreppe vor notwendigen Fluren

Achtung: Da es zu den in den Bildern 7.9 bis 7.11 dargestellten Lösungen durchaus unterschiedliche Meinungen und Risikobeurteilungen geben kann, ist eine **frühzeitige Abstimmung und Klärung** mit der den Brandschutz prüfenden Stelle notwendig.

Bild 7.9: Beispiel für „Minimallösung“

Bei diesem Beispiel wird argumentiert, dass die Außentreppe im Brandfall nicht gefährdet werden kann. **Begründung:** Sie liegt direkt vor einem notwendigen Flur mit nichtbrennbaren Außenwänden, der frei von baulichen Brandlasten ist. Die innere Flurwand ist feuerhemmend und die Flurtüren sind dicht und selbstschließend. Deshalb ist davon auszugehen, dass die notwendige Treppe im Brandfall nicht gefährdet werden kann.

*3) siehe Beschreibung zu Bild 7.3

*7) Fluraußenwand: nichtbrennbar. Sicherung der Fensteröffnungen im Bereich der Außentreppe: **nicht öffenbar.**

*8) Flurinnenwand: feuerhemmend

*9) Türen zu den NE: dicht und **selbstschließend**.

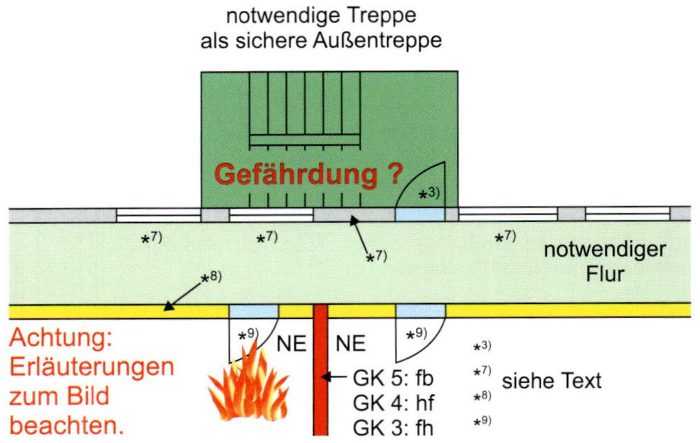

Wichtig: Ob diese Minimallösung möglich ist, hängt von mehreren Faktoren und deren Beurteilungen ab (z. B. Nutzung des Gebäudes, Neubau oder Bestandsgebäude, Flurbreite, Qualität der Flurwände und Flurtüren, Brandlasten in den NE, Personenzahl, Anzahl und Lage von weiteren notwendigen Treppen usw.).

Bild 7.10: Wie Bild 7.9, jedoch mit „Maximallösung“ durch Maßnahmen an der Fluraußenwand

Mit dieser Lösung wird zwar ein sicherer Brandschutz erreicht, ihre wirtschaftliche Vertretbarkeit ist aber fraglich, insbesondere wenn Fenster in der Außenwand vorhanden sind. Es ist empfehlenswert zu prüfen, ob sie in dieser Form erforderlich ist, um das baurechtliche Schutzziel einzuhalten (siehe auch die Beschreibung zu Bild 7.9).

*1), *3) und *4): siehe Beschreibung zu Bild 7.3

Besonders bei der **Fluraußenwand** *4) wäre zu prüfen, ob die Anforderungen unter Berücksichtigung, dass ein notwendiger Flur an die Außentreppe anschließt, reduziert werden kann, siehe sinngemäß bei Bild 7.9.

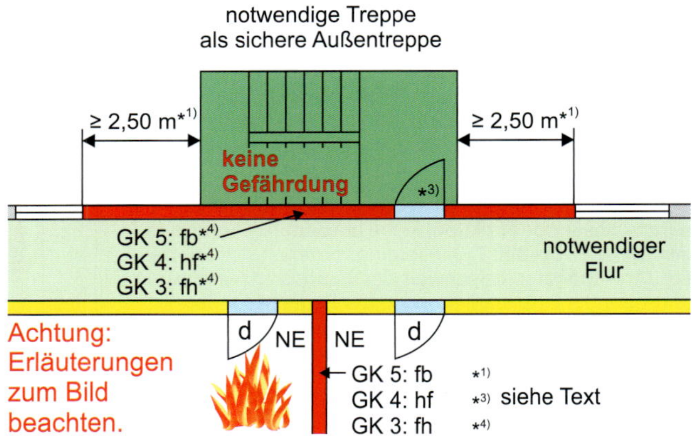

Bild 7.11: Wie Bild 7.9, jedoch mit Maßnahmen an der Flurinnenwand

Die Flurinnenwand wird so ertüchtigt, dass die Fluraußenwand und damit auch die daran anschließende Treppe im Brandfall nicht gefährdet werden können.

*1) und *3): siehe sinngemäß Beschreibung zu Bild 7.3.

*10) Flurtrennwand: GK 5: fb, GK 4: hf, GK 3: fh.

*11) Türen zum notwendigen Flur: feuerhemmend, dicht- und selbstschließend.

Durch die Ertüchtigung der Flurinnenwand und die Anordnung von feuerhemmenden, dicht- und selbstschließenden Türen wird das Risiko einer Gefährdung der Außenwand so reduziert, dass (unter Berücksichtigung der in Bild 7.9 beschriebenen Faktoren) die Außentreppe im Brandfall nicht beansprucht werden kann. Unter Umständen ist auch eine Reduzierung der Anforderungen an die Flurwand *10) und die Türen *11) möglich, siehe sinngemäß bei Bild 7.9.

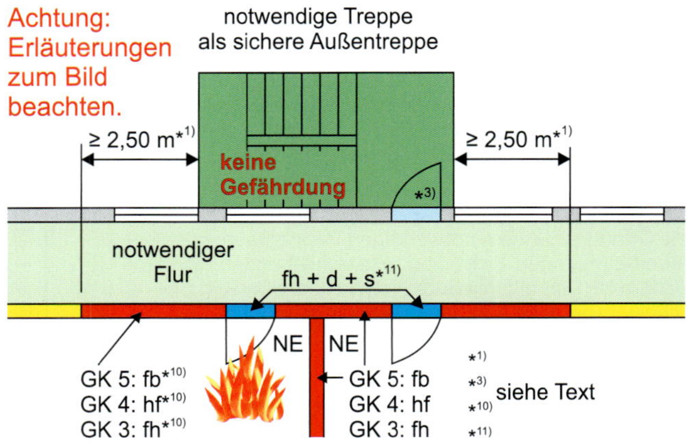

10.2 Maximale Entfernung zu Ausgängen, übereinanderliegende KG, mehrere notwendige Treppenräume		
• [1]Von jeder Stelle eines Aufenthaltsraumes sowie eines Kellergeschosses muss mindestens ein Ausgang – in einen notwendigen Treppenraum oder – [zu einer notwendigen Außentreppe oder] – ins Freie in höchstens 35 m Entfernung erreichbar sein.	BauO NRW § 35 (2)	Atlas 7.3/4.3 7.5/5
• [2]Übereinanderliegende Kellergeschosse müssen jeweils mindestens zwei Ausgänge in notwendige Treppenräume oder ins Freie haben.		7.5/7
• [3]Sind mehrere notwendige Treppenräume erforderlich, müssen sie so verteilt sein, dass sie möglichst entgegengesetzt liegen und dass die Rettungswege möglichst kurz sind.		7.5/6
Kurzinfo: Gemessen wird die kürzeste Entfernung in Lauflinie (ohne Berücksichtigung der Raumausstattung), jedoch nicht durch Wände und feste Einbauten. **Achtung:** Die 35 m gelten auch im KG **ohne** Aufenthaltsräume. In **Sonderbauten** bestehen zum Teil andere Anforderungen, siehe entsprechende Sonderbauvorschriften.		

(1) Messung der Rettungsweglänge

Der erste bauliche Rettungsweg,

- im Erdgeschoss der Weg von jeder Stelle eines Aufenthaltsraums bis zum Ausgang ins Freie,
- in den Obergeschossen der Weg von jeder Stelle eines Aufenthaltsraums bis zum Ausgang in den nächstgelegenen notwendigen Treppenraum oder zur nächstgelegenen notwendigen Außentreppe und
- in den Kellergeschossen der Weg von jeder Stelle eines Kellergeschosses bis zum Ausgang in den nächstgelegenen notwendigen Treppenraum oder zur nächstgelegen notwendigen Kelleraußentreppe,

wird begrenzt durch die maximal zulässige Rettungsweglänge. Diese ist in der Bauordnung für Gebäude, die keine großen Sonderbauten sind, auf 35 m **„Entfernung"** festgelegt und wird für Sonderbauten in den entsprechenden Sonderbauvorschriften geregelt.

Wichtig: Aus der maximal zulässigen Rettungsweglänge ergibt sich u. a., ob eine notwendige Treppe oder ein Ausgang ins Freie ausreichend ist oder ob davon mehrere (möglichst entgegengesetzt liegende) benötigt werden. In diesem Zusammenhang ist es natürlich auch von großer Bedeutung, wie die Rettungsweglänge gemessen wird. Bei den in der Bauordnung geregelten Gebäuden ist zur **Ermittlung der Entfernung die Lauflinie** maßgebend. In Sonderbauten wird zum Teil anders gemessen bzw. es bestehen andere Regeln, siehe die jeweiligen Sonderbauvorschriften.

Bei der Messung in der Lauflinie wird davon ausgegangen, dass der Weg direkt und ohne Berücksichtigung der Raumausstattung zurückgelegt wird. **Gemessen wird die kürzeste Entfernung, jedoch nicht durch feste Einbauten und Wände.**

Die Möblierung braucht dabei nicht berücksichtigt zu werden, da diese im Planungsstadium nicht bekannt ist und auch später jederzeit verändert werden kann. Wände und feste Einbauten, wie Einbauschränke, Labortische und im Boden fest verankerte Bestuhlungen usw. müssen jedoch berücksichtigt werden.

Anmerkung: Teilweise steht in der Planungsphase, insbesondere bei Büro- und Verwaltungsnutzungen bis 400 m² und anderen Nutzungseinheiten bis 200 m² die spätere Grundrisseinteilung noch nicht fest oder sie wird ständig verändert. In diesen Fällen ist es empfehlenswert, beim Nachweis der maximalen Rettungsweglänge von der ungünstigsten Situation auszugehen, ansonsten besteht die Gefahr, dass bei einer Grundrissänderung die zulässige Rettungsweglänge von ≤ 35 m überschritten wird.

Größere Rettungsweglängen

Empfehlung: Abweichungen beim Überschreiten der maximal zulässigen Rettungsweglängen sind problematisch und sollten, wenn irgendwie möglich, vermieden werden.

Beispiel: Kommt es bei einer zu großen Rettungsweglänge im Brandfall zu einem Personenschaden, bei dem auch die Rettungsweglänge mit ursächlich war, muss bewiesen werden, dass die Kompensation ausreichend war (was gerade in diesem Fall dann durch den Personenschaden widerlegt wird).

Bilder 1.1 bis 1.4: Beispiele für Messung der Rettungsweglänge in Lauflinie

Bild 1.1: Die Entfernung (Rettungsweglänge) ≤ 35 m darf nicht durch Wände der Wohnung/Nutzungseinheit gemessen werden.

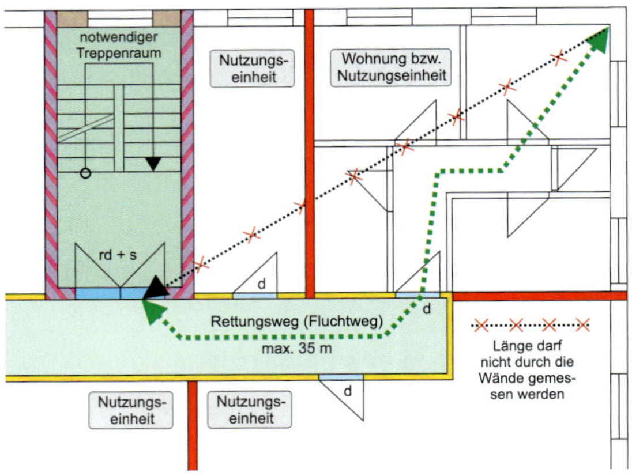

Bild 1.2: Die Entfernung (Rettungsweglänge) ≤ 35 m wird in Lauflinie gemessen. Sie muss von der ungünstigsten Stelle des ungünstigsten Aufenthaltsraums der Nutzungseinheit aus eingehalten werden.

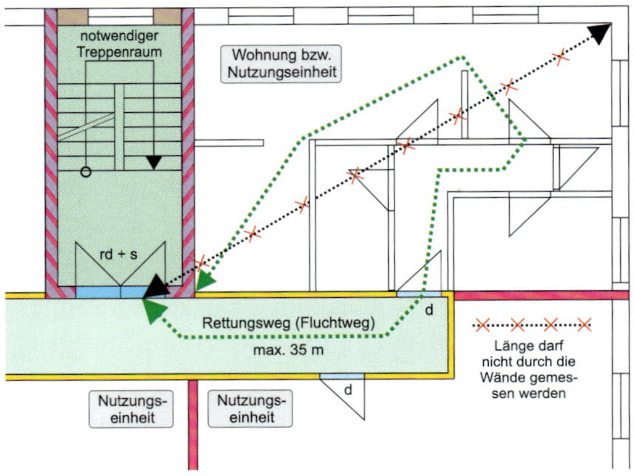

Bild 1.3: Gemessen wird die kürzeste Entfernung in Lauflinie (ohne Berücksichtigung der Raumausstattung), jedoch nicht durch Wände und feste Einbauten. Die Möblierung kann übermessen werden, der feste Einbau jedoch nicht.

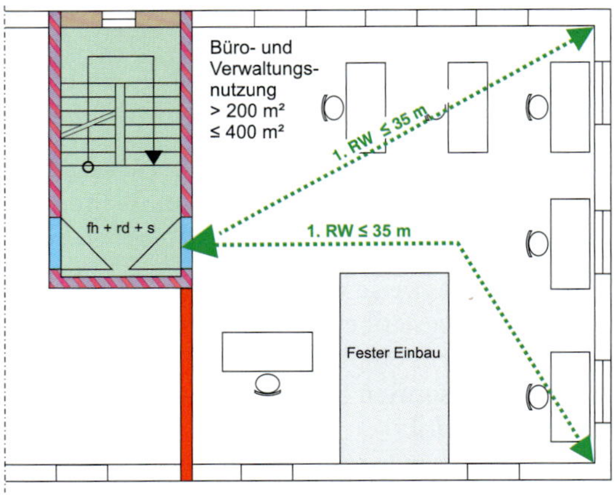

Bild 1.4: Beispiel für Messung der Entfernung im Kellergeschoss

Im Kellergeschoss befindet sich kein Aufenthaltsraum. Deshalb ist nur ein Rettungsweg erforderlich, an den bezüglich seiner Sicherheit keine besonderen Brandschutzanforderungen gestellt werden.

Allerdings darf auch im KG (unabhängig von Aufenthaltsräumen) die maximale Entfernung von 35 m von jedem Punkt eines KG aus nicht überschritten werden.

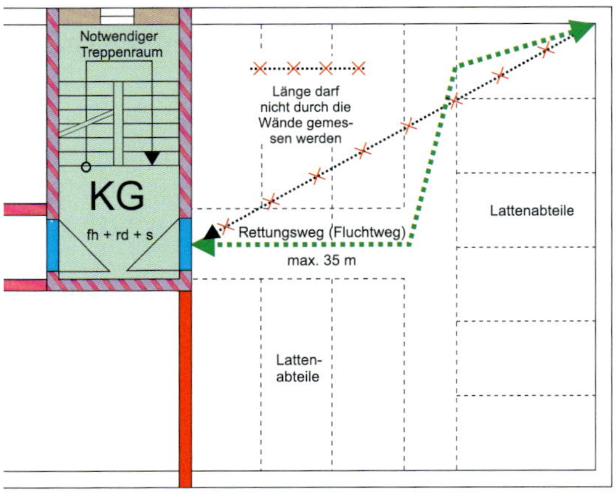

② Übereinanderliegende Kellergeschosse

Da Brände in Kellergeschossen wegen der schlechteren Zugänglichkeit sowohl für die Gebäudebenutzer als auch für die Feuerwehr besondere Risiken mit sich bringen, werden in übereinanderliegenden Kellergeschossen jeweils mindestens zwei Ausgänge in notwendige Treppenräume oder ins Freie vorgeschrieben.

③ Anordnung mehrerer notwendiger Treppen

Ob mehrere notwendige Treppenräume bzw. notwendige Außentreppen erforderlich sind, hängt im Wesentlichen von zwei Faktoren ab (siehe auch Kapitel 9.1, Punkt 2):

- die maximal zulässige Entfernung von 35 m (siehe vorstehenden Punkt) wird überschritten oder/und
- für den zweiten Rettungsweg sind Rettungsgeräte der Feuerwehr nicht zulässig bzw. möglich.

Werden mehrere notwendige Treppenräume (bzw. notwendige Außentreppen) angeordnet, müssen sie so verteilt sein, dass sie möglichst entgegengesetzt liegen und die Rettungswege möglichst kurz sind.

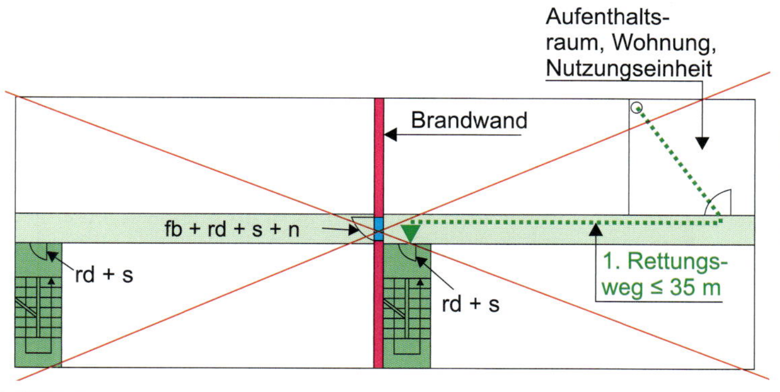

Bild 3.1: Beispiel für eine unzulässige Anordnung der notwendigen Treppenräume

Obwohl die in der Bauordnung vorgeschriebenen 35 m für den ersten baulichen Rettungsweg eingehalten wurden, und der zweite Rettungsweg gewährleistet ist, entspricht die Ausführung nicht der Bauordnung, da die beiden notwendigen Treppenräume nicht so verteilt wurden, dass sie möglichst entgegengesetzt liegen und die Rettungswege möglichst kurz sind.

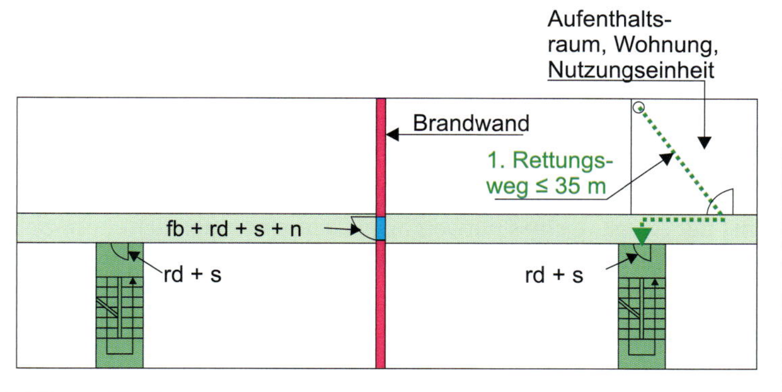

Bild 3.2: Beispiel für eine richtige Anordnung der notwendigen Treppenräume

Hier wurden die Treppenräume zur Erlangung möglichst kurzer Rettungswege gleichmäßig verteilt.

10.3 Unmittelbarer Ausgang ins Freie		
• [1]Jeder notwendige Treppenraum muss einen unmittelbaren Ausgang ins Freie haben. • [2]Sofern der Ausgang eines notwendigen Treppenraumes nicht unmittelbar ins Freie führt, muss der Raum zwischen dem notwendigen Treppenraum und dem Ausgang ins Freie 1. mindestens so breit sein wie die dazugehörigen Treppenläufe, 2. Wände haben, die die Anforderungen an die Wände des Treppenraumes erfüllen, 3. rauchdichte und selbstschließende Abschlüsse zu notwendigen Fluren haben und 4. ohne Öffnungen zu anderen Räumen, ausgenommen zu notwendigen Fluren, sein.	BauO NRW § 35 (3)	Atlas 7.5/8
Tipp: Wenn doch Türöffnungen zu anderen Räumen, ausgenommen zu notwendigen Flure, erforderlich sind: Sicherung mit fh + rd + s Abschlüssen. In diesem Fall liegt eine genehmigungspflichtige Abweichung vor. Eine frühzeitige Abstimmung mit der den Brandschutz prüfenden Stelle ist empfehlenswert.		

10

① Unmittelbarer bzw. sicherer Ausgang ins Freie

Der unmittelbare bzw. sichere **Ausgang ins Freie** ist ein **wesentliches Element** des ersten baulichen Rettungswegs, den jeder notwendige Treppenraum haben muss. Die Türbreite des Ausgangs muss mindestens so breit sein (lichtes Durchgangsmaß) wie die vorgeschriebene nutzbare Breite der Treppenläufe und -absätze der dazugehörigen Treppe.

Der Ausgang muss deutlich sichtbar und von den Benutzern leicht zu finden sein. In Gebäuden mit Besucherverkehr, Arbeitsstätten und Sonderbauten ist eine entsprechende Beschilderung (Sicherheitskennzeichen, Rettungszeichen) erforderlich.

Ein zwischen dem notwendigen Treppenraum und dem Freien angeordneter brandlastfreier Vorraum (Windfang), der nur zu diesem Zweck genutzt wird, gilt als unbedenklich und damit als unmittelbarer Ausgang.

Der Ausgang muss direkt ins Freie führen, entweder auf eine öffentliche Verkehrsfläche oder eine nicht überbaute Stelle des Grundstücks, die einen sicheren Zugang zur öffentlichen Verkehrsfläche hat. Er muss von der Feuerwehr im Brandfall leicht zu erreichen sein.

Anmerkung: Damit ist z. B. der Ausgang in einen begrenzten Innenhof ohne direkten Anschluss an die öffentliche Verkehrsfläche kein sicherer Ausgang und nur in besonders geprüften Fällen im Zuge einer genehmigungspflichtigen Abweichung möglich.

Die Ausgangstüre muss von innen jederzeit zu öffnen sein und darf deshalb nicht abgesperrt werden, solange sich Personen im Gebäude aufhalten. Soll z. B. in einem Mehrfamilienhaus die Ausgangstüre nachts oder auch tagsüber regelmäßig abgesperrt sein, so ist ein entsprechendes Panikschloss erforderlich.

Ausgänge aus „innenliegenden“ notwendigen Treppenräumen

Führt der Ausgang eines notwendigen Treppenraums nicht unmittelbar ins Freie, muss der Raum zwischen dem notwendigen Treppenraum und dem Ausgang ins Freie

- mindestens so breit sein wie die dazugehörigen Treppenläufe,
- Wände haben, die die Anforderungen an die Wände des Treppenraumes erfüllen,
- rauchdichte und selbstschließende Abschlüsse zu notwendigen Fluren haben und
- ohne Öffnungen zu anderen Räumen, ausgenommen zu notwendigen Fluren, sein.

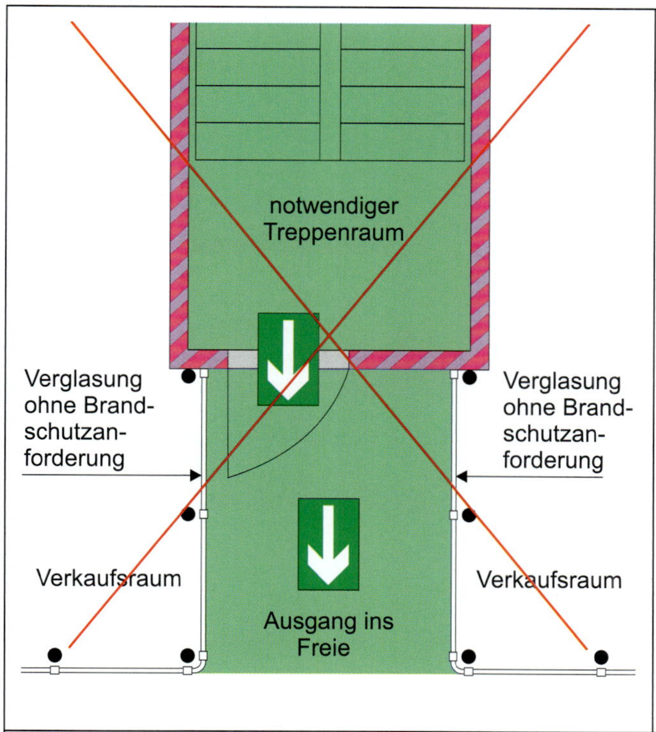

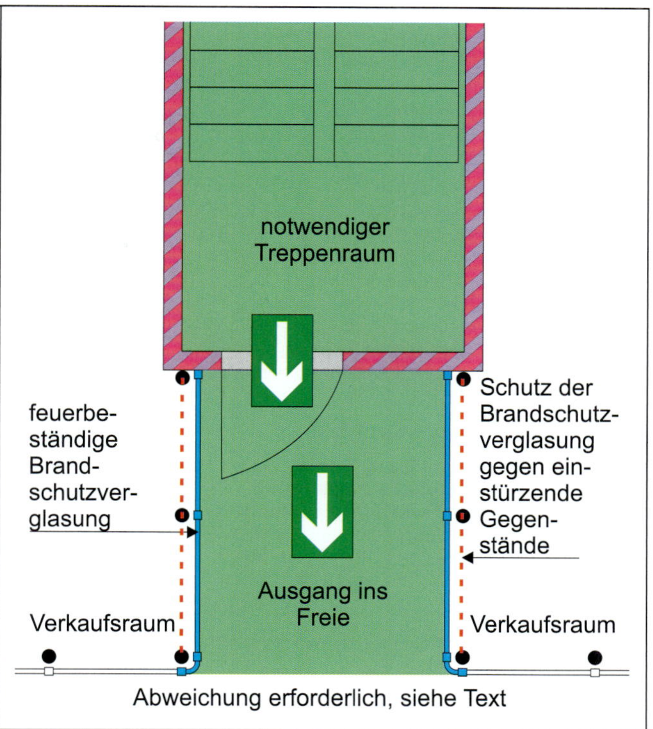

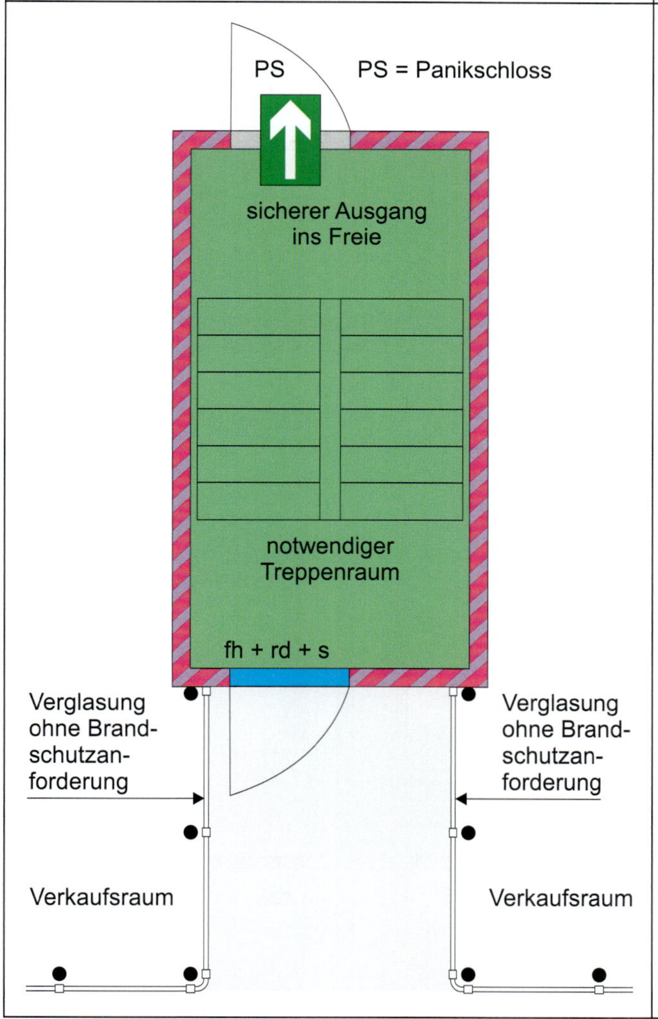

Bilder 1.1 bis 1.3: Beispiele für sicheren Ausgang aus einem Treppenraum in einem Gebäude der GK 5

Bild 1.1: Die Anforderung der Bauordnung nach einem sicheren Ausgang ins Freie ist nicht erfüllt, da die Wände der Schaufensterpassage nicht raumabschließend in der Bauart einer Brandwand ausgeführt wurden. Damit ist die Ausführung unzulässig.

Bild 1.2: Die Wände der Schaufensterpassage weisen eine F 90- (national) bzw. EI 90- (europäisch) Brandschutzverglasung auf. Damit ist die Ausführung wesentlich besser, als die in Bild 1.1 dargestellte. Allerdings entspricht sie immer noch nicht der Bauordnung, da diese bei GK 5 für die Treppenraumwände die Bauart von Brandwänden verlangt und diese Anforderung von einer Brandschutzverglasung nicht eingehalten wird.

Deshalb ist für die Ausführung eine genehmigungspflichtige Abweichung erforderlich. Dabei ist zu prüfen, ob die großflächigen Brandschutzverglasungen möglich sind oder ob ggf. für die fehlende Bauart von Brandwänden Kompensationsmaßnahmen erforderlich sind (z. B. Verbot des Aufstellens von Gegenständen und Regalen, die im Brandfall einstürzen und die Brandschutzverglasung beschädigen können, oder zusätzlicher Schutz gegen einstürzende Gegenstände und Regale oder Sprinkleranlage).

Bild 1.3: Die Ausführung ist möglich, da die Öffnung zur Schaufensterpassage mit einer feuerhemmenden, rauchdichten und selbstschließenden Türe gesichert wurde und der Treppenraum einen zusätzlichen sicheren Ausgang ins Freie aufweist. Dieser sollte ein Panikschloss aufweisen, so dass er immer benutzbar ist.

Bilder 1.4 bis 1.6: Beispiele für sicheren Ausgang aus einem innenliegenden Treppenraum

Führt der Ausgang eines notwendigen Treppenraums nicht unmittelbar ins Freie, muss der Raum zwischen dem notwendigen Treppenraum und dem Ausgang ins Freie

- mindestens so breit sein wie die dazugehörigen Treppenläufe,
- Wände haben, die die Anforderungen an die Wände des Treppenraums erfüllen,
- rauchdichte und selbstschließende Abschlüsse zu notwendigen Fluren haben,
- ohne Öffnungen zu anderen Räumen, ausgenommen zu notwendigen Fluren, sein.

Bild 1.4: Abweichung erforderlich

Die Tür vom Treppenraum zum Empfang ist nicht zulässig. Hierfür ist eine **Abweichung** erforderlich. Als **Kompensationsmaßnahme** wurde hier die Tür als feuerhemmende, rauchdichte und selbstschließende Tür angeordnet.

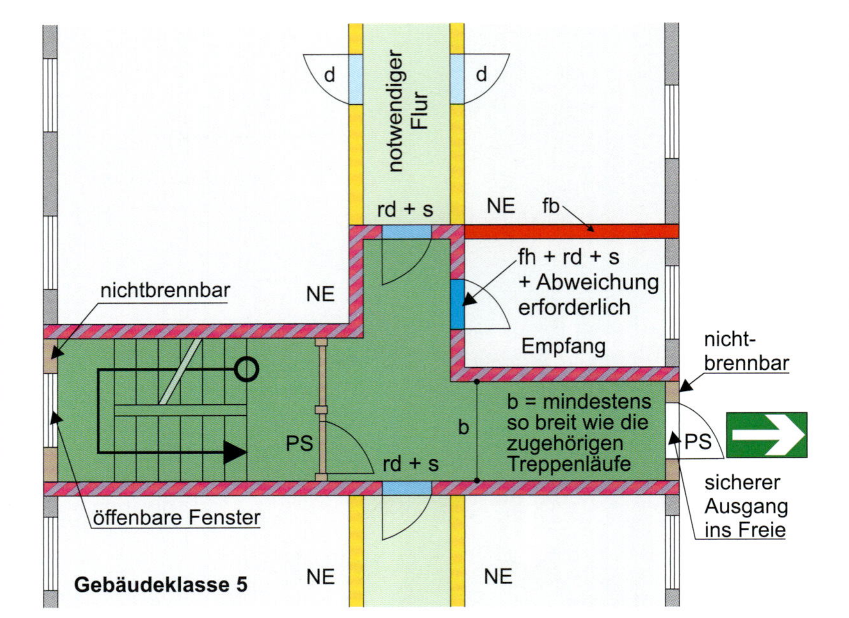

10

Bild 1.5: Unzulässige Ausführung

Da der Ausgang des Treppenraums als Empfangs- und Aufenthaltsraum genutzt wird, ist diese Lösung unzulässig. Außerdem besteht eine offene ungesicherte Verbindung zum Empfang. Damit weist der Treppenraum keinen sicheren Ausgang ins Freie auf. Richtige Ausführung siehe Bild 1.6.

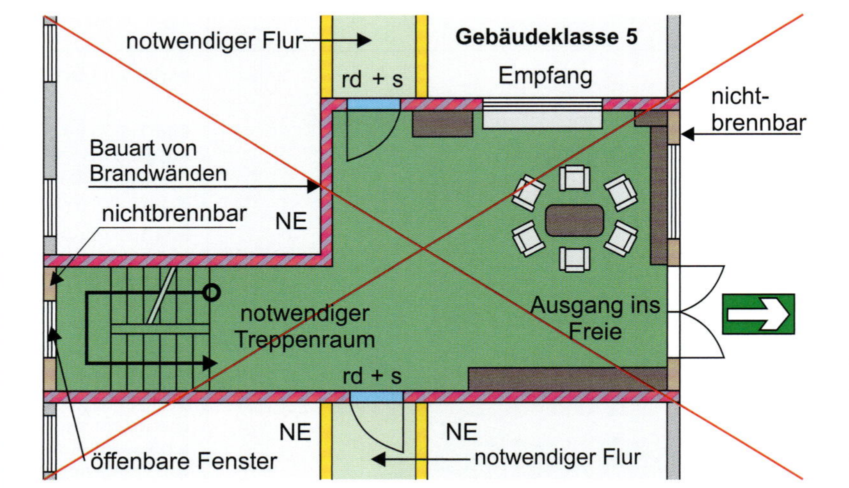

Bild 1.6: Praktische Lösung

Der Treppenraum wird von der Empfangshalle durch einen fh + rd + s Abschluss abgetrennt. Dieser erhält eine Feststellanlage. Damit kann die Öffnung für den täglichen Betrieb bauaufsichtlich zulässig offengehalten werden.

Außerdem erhält der notwendige Treppenraum einen direkten und sicheren Ausgang ins Freie. Sollte es im Empfangsbereich zu einem Entstehungsbrand kommen, löst die Feststellanlage aus, der Abschluss schließt und es steht ein sicherer notwendiger Treppenraum mit direktem und sicherem Ausgang ins Freie zur Verfügung. Bei dieser Lösung sollte eine entsprechende Kennzeichnung des sicheren Ausgangs erfolgen.

Anmerkung: Genau genommen stellt diese Lösung keine Abweichung dar, da alle Maßnahmen der Bauordnung entsprechen. Bei komplexen Situationen bzw. im Zweifelsfall ist eine frühzeitige Abstimmung mit der den Brandschutz prüfenden Stelle empfehlenswert.

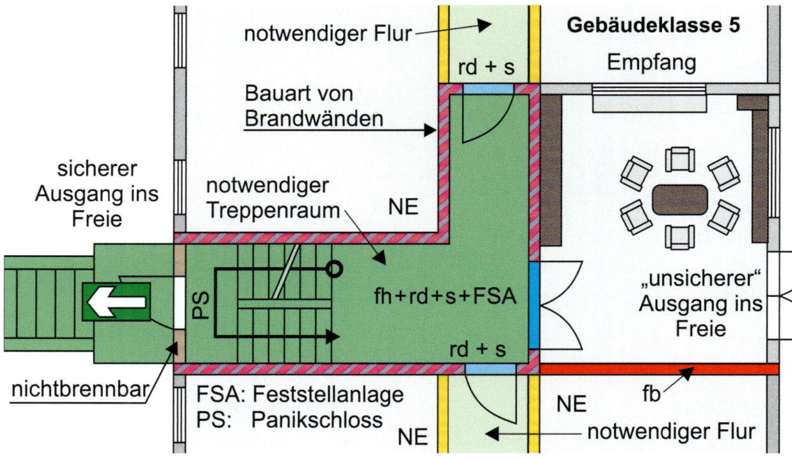

10.4	Erforderliche Feuerwiderstandsdauer der Wände notwendiger Treppenräume und ihrer Ausgänge				
Gebäudeklasse (GK)	**Innenwände von Treppenräumen**	**Außenwände von Treppenräumen, die durch andere an diese Außenwände anschließende Gebäudeteile im Brandfall …**		BauO NRW § 35 (4)	Atlas 7.5/9 7.5/10
		… gefährdet werden können	**… nicht gefährdet werden können**		
	raumabschließend	raumabschließend			
GK 5	Bauart von BW	Bauart von BW	aus nichtbrennbaren Baustoffen		
GK 4	hf + M	hf + M			
GK 3	fh + Bekleidungen/Dämmstoffe nb	fh + Bekleidungen/Dämmstoffe nb			
GK 1 + 2	Nicht relevant, da kein notwendiger Treppenraum erforderlich ist				

① Zuordnung der bauaufsichtlichen Anforderungen zu nationalen und europäischen Klassen

Tabelle 1.1: Zuordnung der bauaufsichtlichen Anforderungen zu nationalen und europäischen Klassen (gemäß VV TB NRW Anhang 4)

	Bauaufsichtliche Anforderungen	**Abkürzung**	**Nationale Klassen nach DIN 4102**	**Tragfunktion**	**Europäische Klassen nach DIN EN 13501**
Treppenraumwand	Bauart einer Brandwand	BaBW	F 90-A + M	tragend	REI 90-M [nb]
				nichttragend	EI 90-M [nb]
	Wand, die auch unter zusätzlicher mechanischer Beanspruchung hochfeuerhemmend ist	hf + M	F 60-AB + M*1	tragend	REI 60-M [wnb] oder REI 60-M [HolzR]
				nichttragend	EI 60-M [wnb] oder EI 60-M [HolzR]
	feuerhemmend + wesentliche Teile aus nb Baustoffen	fh [wnb]	F 30-AB	tragend	REI 30 [wnb]
				nichttragend	EI 30 [wnb]
	feuerhemmend + tragende/aussteifende Bauteile brennbar mit Bekleidung aus nb Baustoffen in ausreichender Dicke	fh [bnb]	F 30-B [bnb]	tragend	REI 30 E - d2 [bnb]
				nichttragend	EI 30 E - d2 [bnb]
Abschlüsse	feuerhemmend, rauchdicht- und selbstschließend	fh + rd + s	T 30-RS		EI_2 30-S_{200}C..*2
	rauchdicht- und selbstschließend	rd + s	RS		S_{200}C..*2
	dicht- und selbstschließend	d + s	d + s		S_aC..*2
	dicht	d	d		[d]
Brandschutzverglasung*3	feuerbeständig	VG: fb	F 90		EI 90
	hochfeuerhemmend	VG: hf	F 60		EI 60
	feuerhemmend	VG: fh	F 30		EI 30
Baustoffe	nichtbrennbar	nb	A 2		A 2 - s1, d0
Bekleidung	aus nichtbrennbaren Baustoffen in ausreichender Dicke	[bnb]	[bnb]		[bnb] A 2, s1, d0

Grundsätzliche Informationen und Legende siehe Kapitel 4.2, Punkt 3 sowie Kapitel 29 und 30.

*1 hf mit Tragwerk aus Holz ist mit nationalen Klassen (nach DIN 4102) nicht möglich.

*2 Festlegungen zur Prüfzyklenanzahl für die Dauerfunktionsprüfungen:
- C5 (200.000 Zyklen) für Feuerschutz-/Rauchschutztüren (Drehflügelabschlüsse).
- C2 (10.000 Zyklen) für sonstige Feuerschutz-/Rauchschutzabschlüsse (z. B. Klappen, Tore).

*3 Siehe nachfolgendes Kapitel 10.7.

(2) Anforderungen an die Treppenraumwände

Bauart von Brandwänden

Die bauaufsichtliche Bezeichnung „Bauart von Brandwänden" bedeutet, dass die Wände in ihrer gesamten Bauart wie Brandwände herzustellen sind. Hierzu müssen sie feuerbeständig und aus nichtbrennbaren Baustoffen ausgeführt werden und so beschaffen sein, dass sie bei einem Brand ihre Standsicherheit nicht verlieren. Weitere Informationen siehe Kapitel 5.2, Punkte 6 bis 8.

Allerdings bestehen im Gegensatz zu Brandwänden bei der Bauart von Brandwänden in Bezug auf die Sicherung von Türöffnungen und den oberen Abschluss teilweise erhebliche Erleichterungen.

In Brandwänden müssen alle Türöffnungen mit feuerbeständigen, dichten und selbstschließenden Abschlüssen gesichert werden. Außerdem sind Brandwände mindestens 30 cm über die Bedachung zu führen oder in Höhe der Dachhaut mit einer beiderseits 0,50 m auskragenden feuerbeständigen Platte aus nichtbrennbaren Baustoffen abzuschließen.

Bei Treppenraumwänden in der Bauart von Brandwänden werden an die Sicherung von Türöffnungen deutlich geringere Anforderungen gestellt (siehe nachfolgendes Kapitel 10.7). Auch im Dachbereich bestehen hier geringere Anforderungen als bei Brandwänden (keine Überdachführung erforderlich, sondern Ausführung bis unter die Dachhaut bzw. bis an eine Decke mit der gleichen Feuerwiderstandsfähigkeit wie die Geschossdecken, siehe nachfolgendes Kapitel 10.5

10

Abgesehen von den genannten Erleichterungen für die Türöffnungen und den oberen Abschluss müssen die Treppenraumwände jedoch alle anderen Anforderungen an Brandwände (Mindestdicke, Ausführung aus nichtbrennbaren Baustoffen, Standsicherheit, Sicherung von Leitungsdurchführungen usw.) voll erfüllen.

Eingreifende Bauteile, Leitungen und Leitungsschlitze dürfen in Treppenraumwände in der Bauart von Brandwänden nur so weit eingreifen, dass deren Feuerwiderstandsfähigkeit nicht beeinträchtigt wird. Außerdem müssen dabei natürlich auch die sonstigen einschlägigen technischen Regeln und Vorschriften eingehalten werden. Bezüglich des Brandschutzes gilt die Anforderung als eingehalten, wenn durch die eingreifenden Bauteile, Leitungen und Leitungsschlitze die Feuerwiderstandsdauer und Standsicherheit der Treppenraumwände nicht gefährdet werden. Dies ist in der Regel der Fall, wenn die Bauteile, Leitungen und Leitungsschlitze nur örtlich begrenzt angeordnet werden und dort nur so weit eingreifen, dass der restliche Wandquerschnitt feuerbeständig bleibt.

Wände, die auch unter zusätzlicher mechanischer Beanspruchung hochfeuerhemmend sind

Diese Wände müssen hochfeuerhemmend sein und wie bei Brandwänden einer zusätzlichen mechanischen Beanspruchung standhalten (siehe Kapitel 5.2, Punkt 3). Bezüglich der Sicherung von Türöffnungen und dem oberen An- und Abschluss gelten die vorbeschriebenen Erleichterungen.

Feuerhemmende Wände

In Gebäuden der GK 3 sind auch feuerhemmende Treppenraumwände zulässig. Anforderungen und Ausführung siehe sinngemäß Kapitel 6.2, Punkte 3 bis 5.

Werden die Wände vollständig bzw. in den wesentlichen Teilen aus nichtbrennbaren Baustoffen hergestellt, ist nur noch zu beachten, dass Bekleidungen, Putze, Dämmstoffe, Unterdecken und Einbauten aus nichtbrennbaren Baustoffen bestehen müssen.

Bei einer feuerhemmenden Ausführung mit tragenden und aussteifenden Bauteilen aus brennbaren Baustoffen müssen die Wände (und Decken) eine Bekleidung aus nichtbrennbaren Baustoffen in ausreichender Dicke haben (siehe nachfolgendes Kapitel 10.6).

(3) Treppenraumaußenwände

Grundsätzlich müssen die Wände notwendiger Treppenräume die in Kapitel 10.4 angegebenen Anforderungen erfüllen (z. B. bei Gebäudeklasse 5: Bauart von Brandwänden).

An **Außenwände** von notwendigen Treppenräumen, die durch andere an diese anschließenden Gebäudeteile im Brandfall **nicht beansprucht werden können**, besteht nur die Anforderung **„aus nichtbrennbaren Baustoffen"**. Damit sind dort geschosshohe, nichtbrennbare vorgehängte Fassaden mit Verglasungen (z. B. Aluminium-Glas bzw. Stahl-Glas) möglich. Öffenbare Fenster sind in Treppenraumaußenwänden nicht nur zulässig, sondern erforderlich bzw. erwünscht.

Wichtig: Das gilt jedoch nur, wenn die Treppenraumaußenwände durch andere, an diese Außenwände anschließende Gebäudeteile **im Brandfall nicht gefährdet werden können**. Andernfalls – wenn sie gefährdet werden können – müssen sie grundsätzlich die gleichen Anforderungen wie die Innenwände von notwendigen Treppenräumen erfüllen. Die bauaufsichtliche Formulierung dieses Schutzziels entspricht in etwa der Anforderung an notwendige Außentreppen (Kapitel 10.1, Punkt 7).

In diesem Zusammenhang ist es äußerst wichtig, dass bei jedem notwendigen Treppenraum **sorgfältig und genau überprüft wird**, ob bzw. in welchem Umfang bzw. mit welcher Intensität die Treppenraumaußenwände im Brandfall durch dort anschließende Gebäudeteile **gefährdet werden können oder nicht**.

Können die Treppenraumaußenwände im Brandfall durch dort anschließende Gebäudeteile gefährdet werden und erfüllen sie dort **nicht** die Anforderungen an Treppenrauminnenwände oder sind dort Sichtöffnungen vorhanden oder bestehen sie dort teilweise oder ganz aus Glas, gibt es grundsätzlich zwei unterschiedliche Lösungsansätze, die beide das Schutzziel erfüllen, bauaufsichtlich jedoch unterschiedlich behandelt werden!

Im Folgenden wird die Thematik durch Prinzipskizzen beispielhaft erläutert.

- **Fall A:**
  Die Treppenraumaußenwände können nicht gefährdet werden. In diesem Fall müssen die Treppenraumaußenwände **aus nichtbrennbaren Baustoffen** bestehen.
- **Fall B:**
  Die Treppenraumaußenwände können gefährdet werden: Es werden **Maßnahmen an den an die Treppenraumaußenwände** anschließenden Gebäudeteilen in der Art und Weise durchgeführt, dass **danach** die Treppenraumaußenwände **nicht mehr gefährdet werden.** Eine Abweichung ist hierfür in der Regel nicht erforderlich. Die Akzeptanz dieser Lösung hängt jedoch von der jeweiligen Situation und den jeweils gewählten Maßnahmen ab. Deshalb ist es empfehlenswert, die Maßnahmen so zu wählen, dass sie auch von allen Beteiligten sicher anerkannt werden. Eine frühzeitige Abstimmung mit der den Brandschutz prüfenden Stelle empfehlenswert.
- **Fall C:**
  Die Treppenraumaußenwände **können gefährdet werden**: Es werden **Maßnahmen an den Treppenraumaußenwänden** durchgeführt, da an sie jetzt die gleichen Anforderungen wie an Treppenrauminnenwände bestehen. Je nach Lösung ist hier unter Umständen eine Abweichung erforderlich, z. B. in GK 4 und 5 bei der Sicherung von Sichtöffnungen durch Brandschutzverglasungen oder Feuerschutzvorhänge. Eine frühzeitige Abstimmung mit der den Brandschutz prüfenden Stelle empfehlenswert.

Bild 3.1: Fall A: Die Treppenraumaußenwand kann nicht gefährdet werden

Beispiel für einen an der Außenwand liegenden notwendigen Treppenraum bei einem Gebäude der GK 5.

Die Treppenraumaußenwand kann im Brandfall nicht durch andere an diese Außenwand anschließende Gebäudeteile gefährdet werden. In diesem Fall muss die Treppenraumaußenwand **nicht** die Anforderungen an Treppenrauminnenwände erfüllen. Sie muss jedoch dann aus **nichtbrennbaren Baustoffen** bestehen. Es sind normale öffenbare Fenster möglich (und auch als Regelfall gemäß Bauordnung vorgesehen).

Bei nichtbrennbaren vorgehängten Fassaden aus Stahl/Aluminium/Glas ist jedoch besonders auf den Anschluss der Treppenraumwandstirnseiten an die Fassade zu achten (Beispiele siehe Kapitel 14, Punkt 9, Bilder 9.1 bis 9.4). Dieser muss so ausgeführt werden, dass das bauaufsichtliche Schutzziel eingehalten wird. Bei einem Brand in der an den Treppenraum angrenzenden Nutzungseinheit dürfen Feuer und Rauch über eine ausreichend lange Zeit nicht in den Treppenraum eindringen können.

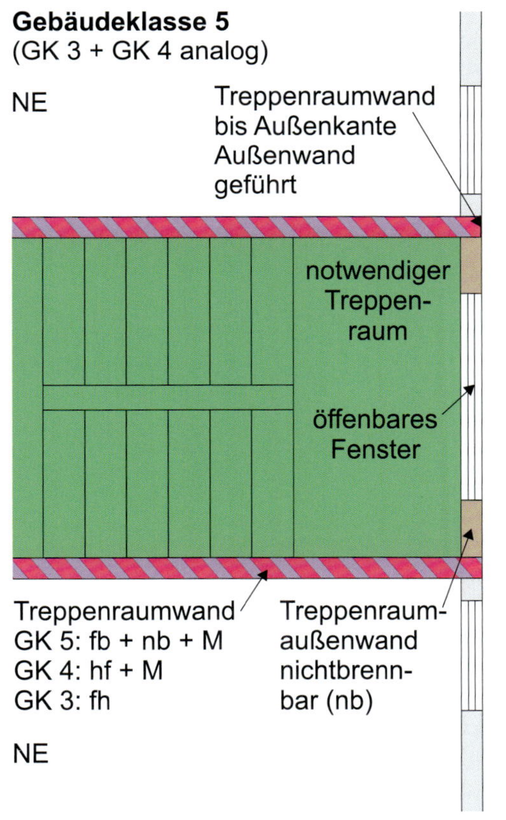

Bild 3.2: Fall B: Die Treppenraumaußenwände können gefährdet werden. Maßnahmen an den anschließenden Gebäudeteilen

Beispiel für Ausführung der anschließenden Gebäudeteile so, dass keine Gefährdung der Treppenraumaußenwände vorliegt.

Die Treppenraumaußenwände bestehen aus einer nichtbrennbaren Aluminium-/Stahl-/Glas-Fassade ohne weitere Brandschutzanforderungen. Sie können im Brandfall nicht durch andere an diese Außenwände anschließende Gebäudeteile gefährdet werden, da die Gebäudeaußenwände in diesem Bereich auf eine ausreichende Breite raumabschließend feuerwiderstandsfähig sind und die Fenster der Nutzungseinheiten NE 1 und NE 2 einen ausreichenden Abstand zur Treppenraumaußenwand aufweisen.

Wichtig: Die Bauordnung nennt hier keine konkreten Anforderungen. Sie verlangt allerdings, dass die Treppenraumaußenwand im Brandfall nicht gefährdet werden darf. Die nachfolgenden Angaben sind **Vorschläge zur Bewertungshilfe:**

*1) Der Abstand zwischen ungesicherten Öffnungen und der notwendigen Außentreppe muss ausreichend groß sein, um eine Gefährdung auszuschließen. Es ist davon auszugehen, dass der hier dargestellte Abstand von 2,50 m in der Regel ausreichend ist und auf der sicheren Seite liegt. Alternative siehe *2) im nächsten Bild.

*3) Die Außenwand muss ausreichend lang raumabschließend und feuerwiderstandsfähig sein. Die angegebenen Anforderungen liegen auf der sicheren Seite. GK 5: fb, GK 4: hf, GK 3: fh.

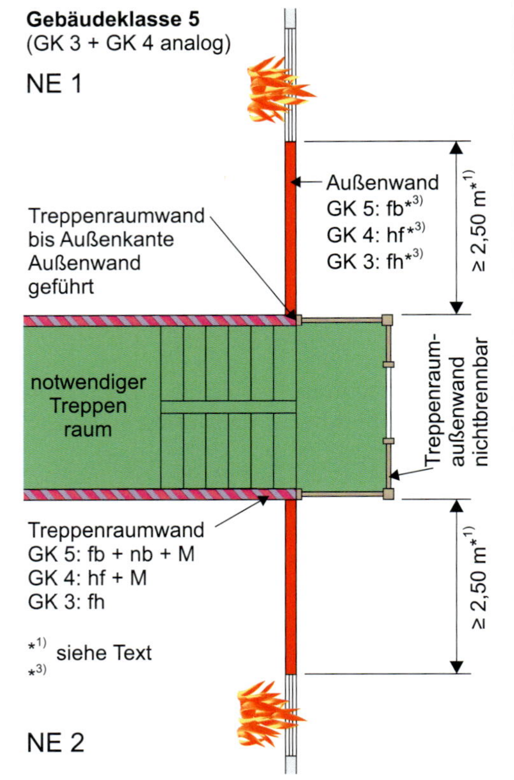

10

Bild 3.3: Fall B: Wie Bild 3.2, jedoch mit Alternative bei der Gefährdungsbeurteilung durch ungesicherte Sichtöffnungen

Beschreibung siehe bei Bild 3.2.

*2 Alternativ zu dem in Bild 3.2 dargestellten Abstand von 2,50 m kann an der Leibung der ungesicherten Fensteröffnung auch ein „Strahlungswinkel" von 135° angelegt werden. Liegt die vorspringende, nichtbrennbare Treppenraumaußenwand außerhalb dieses „Strahlungswinkels" ist davon auszugehen, dass sie im Brandfall nicht gefährdet werden kann. **Wichtig:** Dieser Lösungsansatz ist **nicht für Innenecken geeignet** (Bilder 3.7 bis 3.10).

Anmerkung: Der „Strahlungswinkel" von 135° liegt auf der sicheren Seite. Unter der Voraussetzung, dass keine Bedenken wegen des Brandschutzes bestehen, kann auch ein Winkel von nur 120° angesetzt werden (siehe sinngemäß Kapitel 5, Punkt 5).

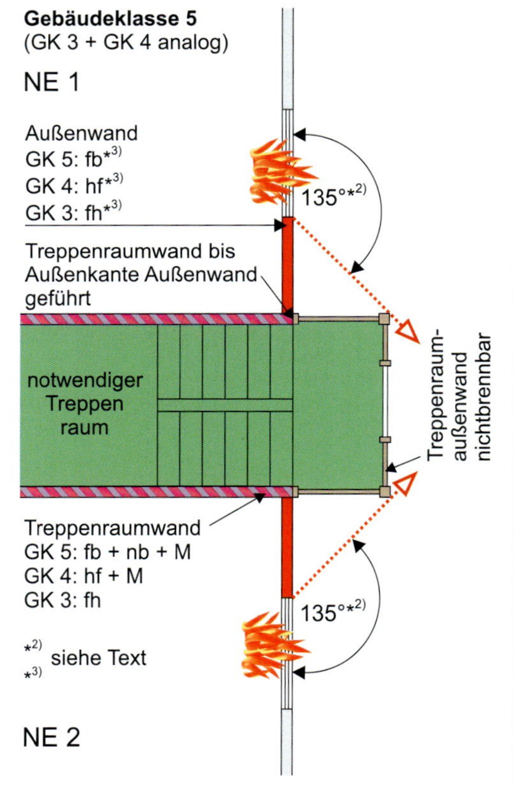

Bild 3.4: Fall B: Die Treppenraumaußenwände können gefährdet werden. Maßnahmen an den anschließenden Gebäudeteilen

Beispiel für Sicherung von Öffnungen in den anschließenden Gebäudeaußenwänden damit keine Gefährdung der Treppenraumaußenwände vorliegt. Grundsätzliche Beschreibung siehe Bild 3.2. **Vorschläge zur Bewertungshilfe:**

*1) und *3): siehe bei Bild 3.2.

*4) Da in NE 2 Brandlasten vorhanden sind, wird die Sichtöffnung mit Brandschutzverglasung gesichert: GK 5: F 90, GK 4: F 60, GK 3: F 30 (national) bzw. GK 5: EI 90, GK 4: EI 60, GK 3: EI 30 (europäisch).

*5) Im WC sind nur geringe Brandlasten vorhanden. Außerdem ist das Fenster relativ klein. Damit ist nur (wenn überhaupt) eine geringe Brandgefährdung der Treppenraumaußenwand zu erwarten. Deshalb wird eine Brandschutzverglasung G 30 (national) bzw. E 30/EW 30 (europäisch) als ausreichende Sicherung angesehen.

Tipp: Unter bestimmten Voraussetzungen (sehr geringe Brandlasten und kleines Fenster) kann auf eine Brandschutzverglasung evtl. auch ganz verzichtet werden (siehe hierzu jedoch untenstehende Anmerkung 1).

Wichtig: Bei den vorstehenden Maßnahmen muss natürlich gewährleistet sein, dass sich die Nutzung und damit auch die geringen Brandlasten nicht ändern.

*6) Ergänzung zu *5): feuerhemmende Abtrennung des WCs von den Räumen mit Brandlasten. Türe zum WC: d + s.

*7) Als Alternative zu den Brandschutzverglasungen kann auch ein Brandschutzvorhang angeordnet werden, wobei seine Eignung abhängig von der jeweiligen Situation (Brandlasten, Öffnungsgröße, Gebäudeklasse usw.) zu prüfen ist.

Tipp: Weist der Vorhang keinen Ver-/Anwendbarkeitsnachweis bzw. keine Leistungserklärung mit den erforderlichen Klassen auf, ist hierfür eine Zustimmung im Einzelfall bzw. vorhabenbezogene Bauartgenehmigung erforderlich.

Anmerkung 1: Für die in diesem Bild dargestellten Maßnahmen ist in der Regel **keine** Abweichung erforderlich, da eben durch diese Maßnahmen gewährleistet wird, dass die Treppenraumaußenwand im Brandfall nicht gefährdet wird. Wenn sie nicht gefährdet wird, liegt auch keine Abweichung vor.

Wichtig: Insbesondere bei den für das WC beschriebenen Maßnahmen (*5) und *6)) sollte sorgfältig geprüft werden, ob damit der Treppenraum gefährdet werden kann oder nicht. Da es zu den möglichen Lösungen unterschiedliche Meinungen und Risikobeurteilungen geben kann, ist eine frühzeitige Abstimmung und Klärung mit der den Brandschutz prüfenden Stelle empfehlenswert.

Anmerkung 2: Sollen die Brandschutzverglasungen als sogenannte Brandschutz-Lüftungsflügel öffenbar sein bzw. ein Brandschutzvorhang angeordnet werden, so sind hierzu entsprechende Feststellanlagen erforderlich. Diese müssen regelmäßig geprüft und gewartet werden (z. B. monatliche bzw. dreimonatliche sowie jährliche Prüfungen). Insbesondere bei nicht gewerblichen Nutzungen wie Wohnungen ist das entweder nicht praktikabel oder mit einem relativ hohen Aufwand verbunden.

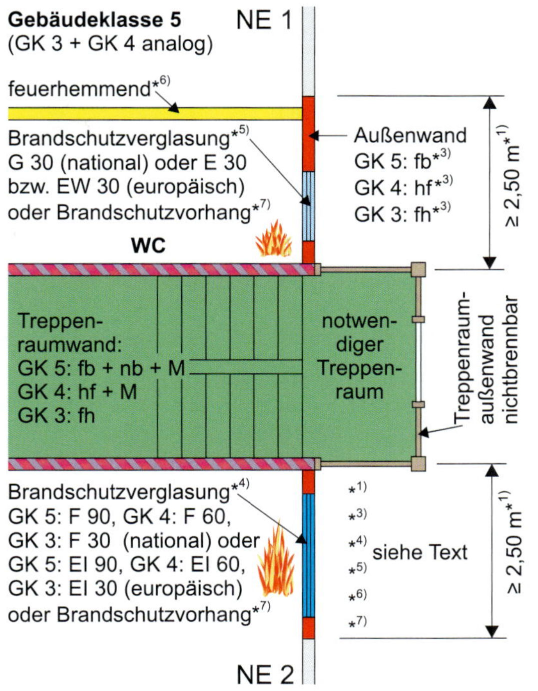

Bild 3.5: Fall C: Die Treppenraumaußenwände können gefährdet werden. Maßnahmen an den Treppenraumaußenwänden

Beispiel für Ausführung der gefährdeten Treppenraumaußenwände wie Treppenrauminnenwände.

Da die vor die Gebäudeaußenkante vorspringenden Treppenraumaußenwände im Brandfall durch die dort anschließenden Außenwände mit ihren ungesicherten Öffnungen gefährdet werden können, gelten die Erleichterungen nicht. An die gefährdeten Treppenraumwände bestehen dann die gleichen Anforderungen wie an Treppenrauminnenwände.

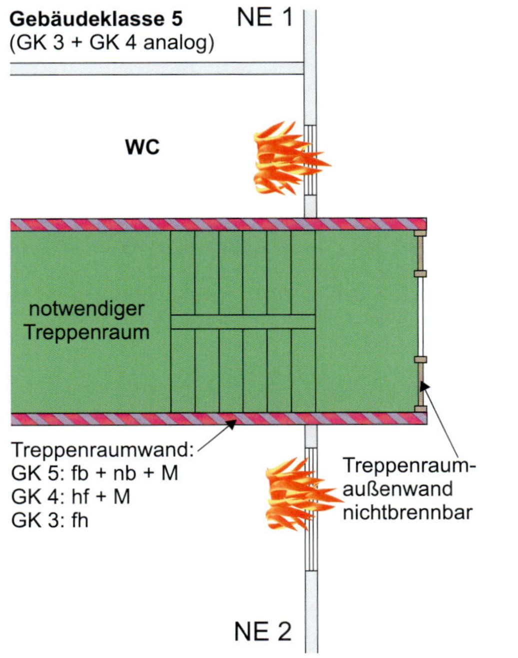

Bild 3.6: Fall C: Die Treppenraumaußenwände können gefährdet werden. Maßnahmen an den Treppenraumaußenwänden

Beispiel für die Sicherung von Öffnungen in den gefährdeten Treppenraumaußenwänden.

Erläuterungen siehe sinngemäß bei Bild 3.4 einschließlich Anmerkung 1, jedoch mit dem Unterschied, dass für diese Ausführung, insbesondere für die Verglasung *5) eine genehmigungspflichtige Abweichung erforderlich ist, da diese strahlungsdurchlässig ist und bei GK 4 und GK 5 nicht die gleiche Klasse wie die Treppenraumwand und auch keine Anforderungen an eine zusätzliche mechanische Beanspruchung erfüllt. Begründung und Erläuterung der Problematik siehe sinngemäß bei Bild 3.4.

Streng genommen benötigt auch die Verglasung *4) in GK 4 und GK 5 eine Abweichung, weil sie nicht die Anforderung an eine zusätzliche mechanische Beanspruchung erfüllt. Das dürfte jedoch unproblematisch sein, da hier eine solche Beanspruchung in der Regel nicht zu erwarten ist.

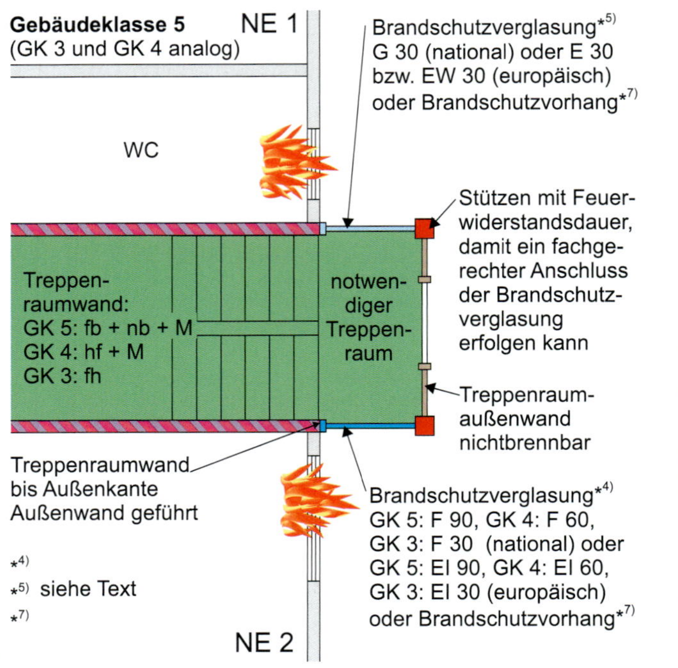

Bild 3.7: Fall B: Die Treppenraumaußenwand kann im Eckebereich gefährdet werden. Maßnahmen an den anschließenden Gebäudeteilen

Die Treppenraumaußenwand kann im Brandfall nicht durch andere an diese Außenwand anschließende Gebäudeteile gefährdet werden, da die Außenwand der NE 1 in diesem Bereich auf eine ausreichende Länge raumabschließend feuerwiderstandsfähig ist und die Öffnung einen ausreichenden Abstand zur Treppenraumaußenwand aufweist.

Weitere Erläuterungen siehe sinngemäß bei Bild 3.2.

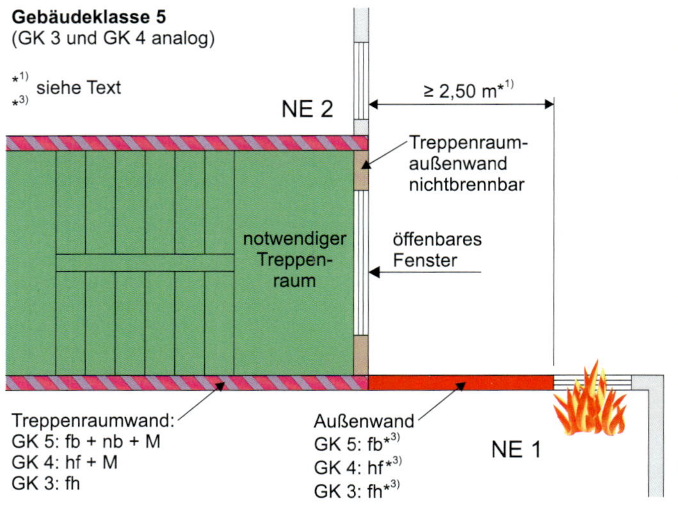

Bild 3.8: Fall B: Die Treppenraumaußenwand kann im Eckebereich gefährdet werden. Maßnahmen an den anschließenden Gebäudeteilen

Beispiel für die Sicherung einer Öffnung in der anschließenden Gebäudeaußenwand.

Beschreibung siehe sinngemäß bei den Bildern 3.2 und 3.4. Es ist keine Abweichung erforderlich, da durch die Anordnung der Brandschutzverglasung die Treppenraumaußenwand mit dem dort angeordneten öffenbaren Fenster im Brandfall nicht gefährdet werden.

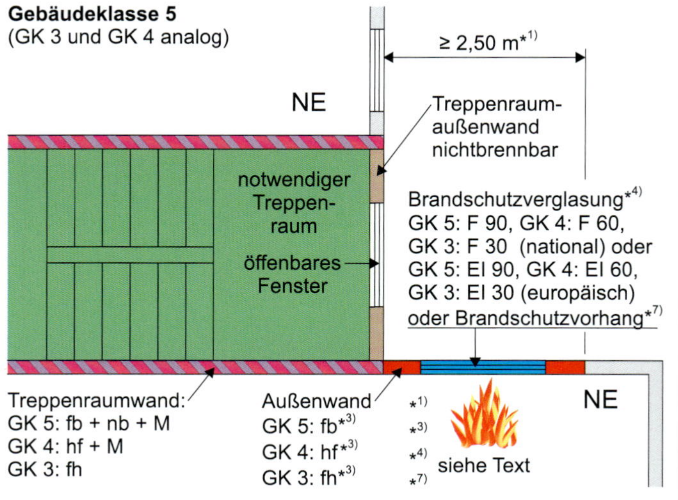

Bild 3.9: Fall C: Die Treppenraumaußenwand kann im Eckbereich gefährdet werden. Maßnahmen an der Treppenraumaußenwand

Beschreibung siehe auch sinngemäß bei Bild 3.5.

Wichtig: In diesem Fall weist der Treppenraum, obwohl er an der Außenwand liegt, keine öffenbaren Fenster in jedem Geschoss auf und muss deshalb die entsprechenden Anforderungen für Treppenräume, die nicht in jedem Geschoss ein öffenbares Fenster haben, erfüllen (siehe Kapitel 10.9).

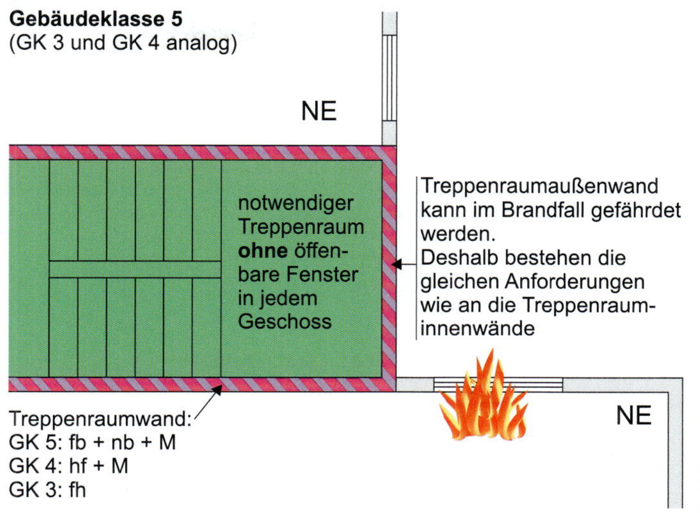

Bild 3.10: Fall C: Die Treppenraumaußenwand kann im Eckbereich gefährdet werden. Maßnahmen an der Treppenraumaußenwand

Beschreibung siehe auch sinngemäß bei Bild 3.6.

Wichtig: Die Treppenraumfenster müssen als nicht öffenbare Brandschutzverglasungen ausgeführt werden. Sogenannte „Brandschutz-Lüftungsflügel" sind nicht möglich, da diese im Brandfall kontraproduktiv wären.

Damit hat der Treppenraum keine in jedem Geschoss öffenbaren Fenster und muss die entsprechenden Anforderungen erfüllen (siehe Kapitel 10.9).

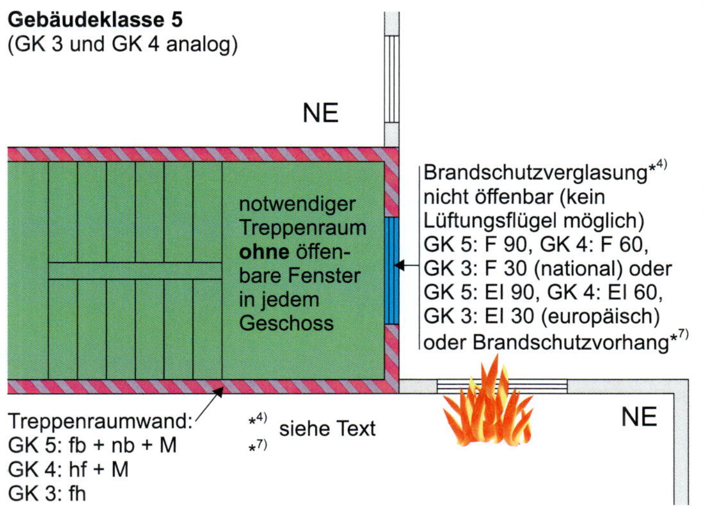

10.5 Oberer Abschluss des Treppenraums		
• [3]Der obere Abschluss notwendiger Treppenräume muss als raumabschließendes Bauteil die Feuerwiderstandsfähigkeit der Decken des Gebäudes haben. • [4]Dies gilt nicht, wenn der obere Abschluss das Dach ist und die Treppenraumwände bis unter die Dachhaut reichen.	BauO NRW § 35 (4)	Atlas 7.5/11

Kurzinfo: Wenn die Treppenraumwände bis unter die Dachhaut reichen, sollten sie sinngemäß wie WaBW der GK 1 bis 3 ausgeführt werden, siehe Kapitel 5.4, Punkt 3. In diesem Fall bestehen an die Ausführung des Daches selbst nur die Anforderungen, dass Dächer und Decken aus brennbaren Baustoffen über Treppenräumen eine Bekleidung aus nichtbrennbaren Baustoffen in ausreichender Dicke haben und Bekleidungen, Putze, Dämmstoffe, Unterdecken und Einbauten aus nichtbrennbaren Baustoffen bestehen müssen.

① Schutzziel des oberen Treppenraumabschlusses

Das Schutzziel besteht darin, dass bei einem Brand außerhalb des Treppenraums (im Dachraum) Feuer und Rauch für die Dauer der Feuerwiderstandsfähigkeit der Treppenraumwände nicht in den Treppenraum eindringen dürfen. Dies ist erforderlich, da der notwendige Treppenraum nicht nur als Fluchtweg für die Nutzer, sondern auch als sicherer Angriffs- und Rückzugsweg für die Feuerwehr dient. Deshalb muss der obere Abschluss des Treppenraums vorrangig gegen eine Brandeinwirkung von den angrenzenden Dachräumen, die von oben oder von der Seite erfolgt, ausreichend lang widerstandsfähig sein.

Bilder 1.1 und 1.2: Beispiel für wirksamen oberen Treppenraumabschluss im DG

Da der Treppenraum im Dachgeschoss seine Schutzfunktion zuverlässig erfüllte, war er auch während eines Vollbrandes des Dachraums als Flucht-, Rettungs- und Angriffsweg für die Feuerwehr ohne Einschränkungen benutzbar. Zusammen mit der feuerbeständigen Decke zum Dachraum konnte der Brandschaden auf das Dachgeschoß begrenzt werden.

Auch die T 30-Feuerschutzabschlüsse erfüllten ihre Schutzfunktion. Dass schließlich doch noch geringe Mengen Rauch in den Treppenraum eindringen konnten, lag an der wesentlich längeren Beanspruchung als 30 Minuten.

Bilder 1.3 bis 1.5: Beispiel für Versagen des oberen Treppenraumabschlusses im DG

Der obere Treppenraumabschluss war mangelhaft ausgeführt. Durch Brandbrücken im Dachbereich konnte sich das Feuer auch auf das Dach über dem Treppenraum ausbreiten.

Bei der dargestellten Treppe handelt es sich um einen baulichen Rettungsweg, der bereits kurze Zeit nach Brandausbruch nicht mehr benutzbar war, da das Feuer im Dach von oben in den Treppenraum eingedrungen ist. Die hölzerne Dachkonstruktion ohne Feuerwiderstandsdauer von oben brannte nach kurzer Zeit von oben nach unten durch.

10

② Oberer Treppenraumabschluss durch raumabschließende, feuerwiderstandsfähige Bauteile

Wird der obere Abschluss des notwendigen Treppenraums durch raumabschließende, feuerwiderstandsfähige Bauteile hergestellt, so müssen diese bei Gebäuden der

- Gebäudeklasse 5: feuerbeständig,
- Gebäudeklasse 4: hochfeuerhemmend und
- Gebäudeklasse 3: feuerhemmend

ausgeführt werden.

Außerdem ist zu beachten, dass Bekleidungen, Putze, Dämmstoffe und Unterdecken aus nichtbrennbaren Baustoffen bestehen müssen und in GK 3 bei einer Ausführung mit tragenden Bauteilen aus Holz Wände und Decken aus brennbaren Baustoffen eine Bekleidung aus nichtbrennbaren Baustoffen in ausreichender Dicke haben müssen (Kapitel 10.6).

Bild 2.1: Beispiel für oberem Treppenraumabschluss als raumabschließende, feuerwiderstandsfähige Decke

Die feuerbeständige Decke muss den Raumabschluss von beiden Seiten, also von oben und von unten erfüllen.

Anmerkung: Sind z. B. in älteren Bestandsgebäuden in GK 5 nur Holzbalkendecken vorhanden und soll wegen einer Nutzungsänderung eine Ertüchtigung erfolgen, so besteht das hauptsächliche Schutzziel darin, dass bei einem Brand im Dachraum Feuer und Rauch nicht von oben nach unten in den Treppenraum eindringen dürfen.

Dieses Schutzziel kann im Rahmen einer Abweichung z. B. durch eine F 90-B-Beplankung (national) bzw. EI 90-E-Beplankung (europäisch) von oben erreicht werden.

Auf eine nachträgliche entsprechende Beplankung von untern (die ja grundsätzlich erforderlich wäre) kann in solchen Fällen unter Umständen verzichtet werden, wenn die Risikobewertung es zulässt (wenn keine Bedenken wegen des Brandschutzes bestehen).

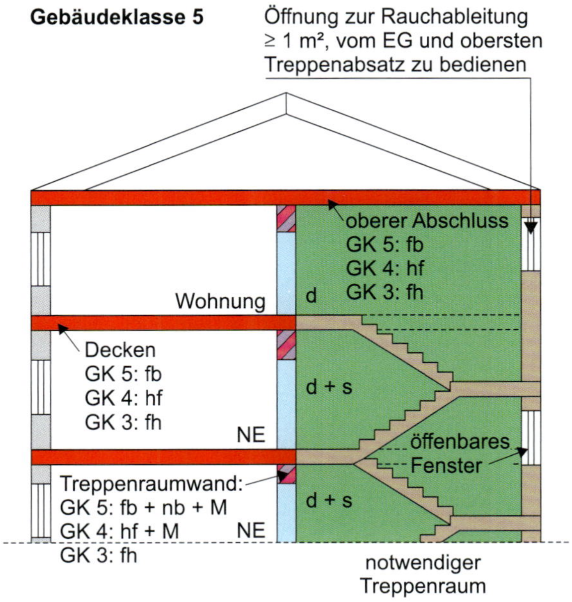

Bild 2.2: Beispiel für Gebäude mit oberem Treppenraumabschluss als raumabschließende feuerbeständige Decke und Dachschrägen aus Holzbalken

Die Lastabtragung der feuerbeständigen Stahlbetondecke muss auf feuerbeständiges Tragwerk (feuerbeständige Treppenraumwände in der Bauart von Brandwänden) erfolgen.

Grundsätzlich würden an die Dachschrägen aus Holz im Treppenraum keine besonderen Anforderungen bestehen, da der obere Treppenraumabschluss das Dach ist. Allerdings ist der Deckenanschluss an die Dachschräge problematisch, siehe Bilder 2.3 bis 2.5.

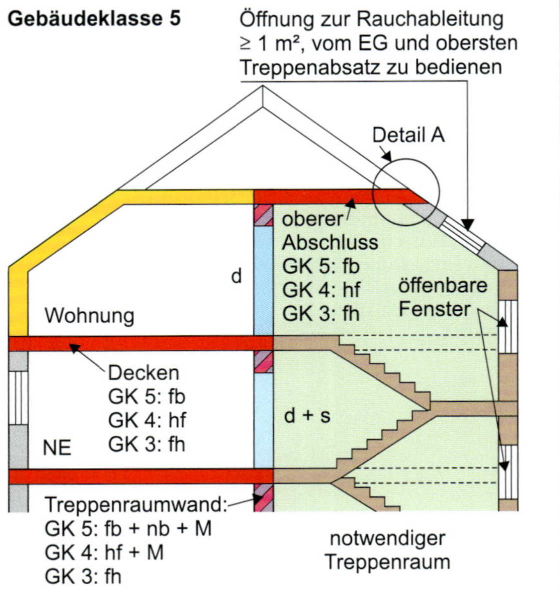

Bild 2.3: Detail A zu Bild 2.2

Diese Ausführung ist unzulässig, da der Anschlussbereich zwischen Stahlbetondecke und Dachschräge nicht raumabschließend feuerwiderstandsfähig ist. Bei einem Brand im Dachraum können hier voraussichtlich nach kurzer Zeit Feuer und Rauch in den Treppenraum eindringen.

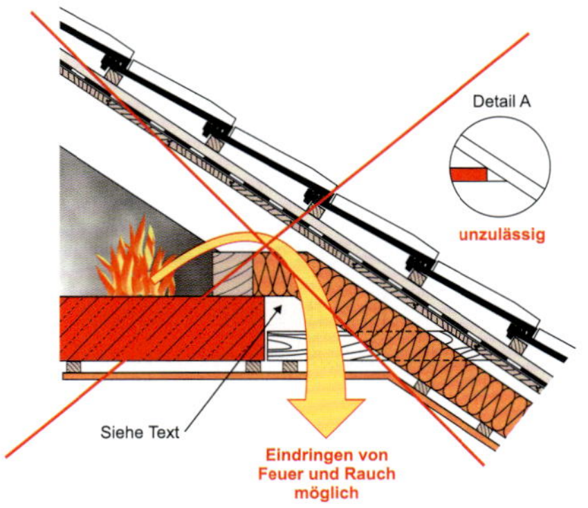

Bild 2.4: Detail A zu Bild 2.2

Diese Ausführung erfüllt zwar die bauaufsichtlichen Brandschutz-Schutzziele. Die handwerkliche Ausführung ist jedoch sehr aufwendig. Außerdem bestehen durch Kältebrücken bauphysikalische Probleme, die nur schwierig zu lösen sind.

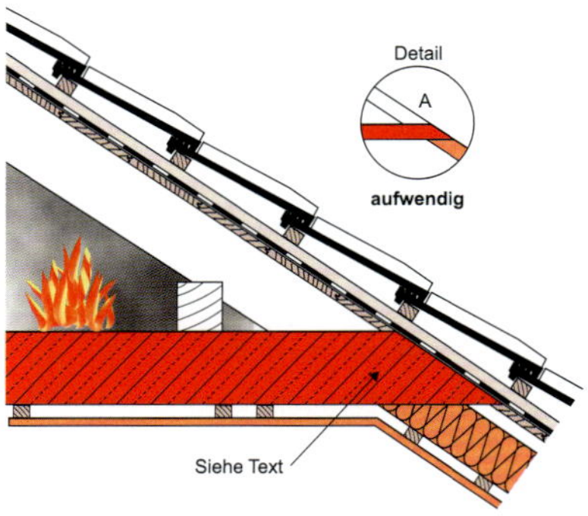

Bild 2.5: Detail A zu Bild 2.2

Vorschlag für eine brandschutztechnisch einwandfreie Ausführung. Der berühmte „Sargdeckel" über dem Treppenraum. Auch bauphysikalische Probleme können damit gut gelöst werden.

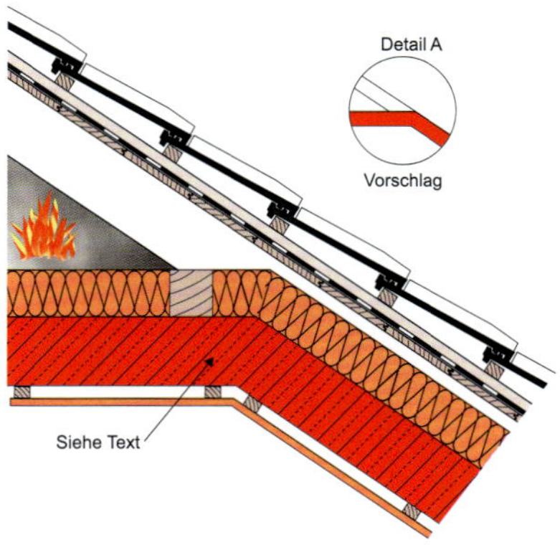

Bild 2.6: Beispiel für einen oberen Treppenraumabschluss mit feuerbeständiger Dachdecke und Anschluss an ein Trapezblechdach

Trapezblechdächer sind im Brandfall problematisch, siehe Kapitel 5.4, Punkt 5. Das Problem wurde in diesem Beispiel mit einer feuerbeständigen Decke über dem notwendigen Treppenraum gelöst.

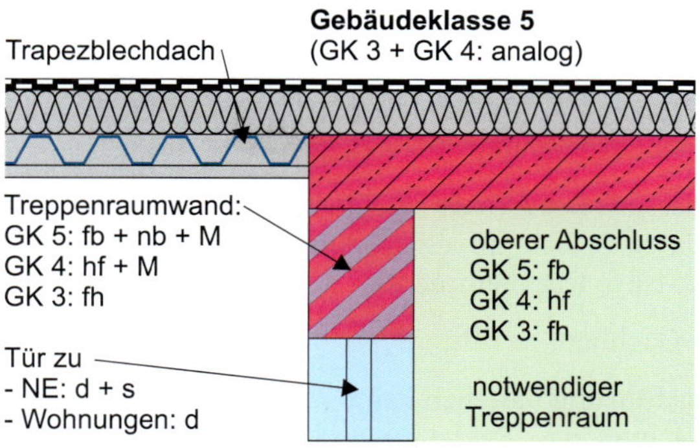

Bilder 2.7 und 2.8: Beispiel für oberen Treppenraumabschluss als raumabschließendes Bauteil in F 90-B

Bild 2.7: Im Bestand kann es erforderlich bzw. sinnvoll sein, in GK 4 und 5 den oberen Treppenraumabschluss mit tragenden und aussteifenden Bauteilen aus Holz auszuführen. Hierfür ist eine **Abweichung** erforderlich.

Als Kompensation wird eine entsprechende Brandschutzbekleidung oben, unten und seitlich angebracht. **Wichtig:** Außerdem werden sämtliche Hohlräume der Deckenkonstruktion hohlraumfrei mit nichtbrennbaren raumbeständigen Dämmstoffen (Schmelzpunkt ≥ 1.000 °C), nicht glimmend oder schwelend, ausgefüllt.

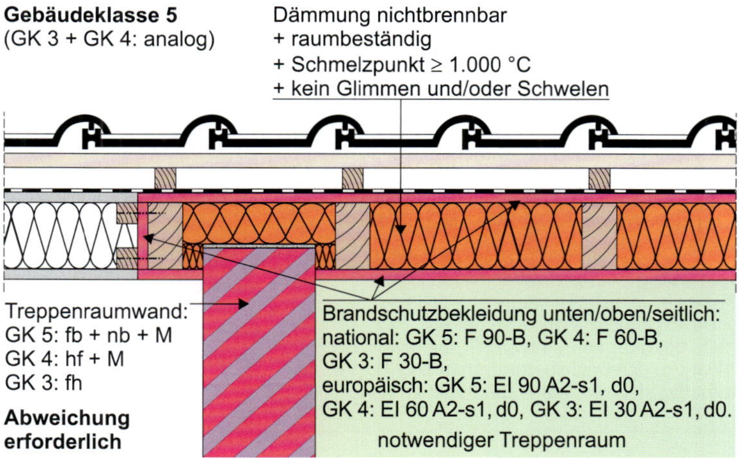

Bild 2.8: Alternative zu Bild 2.7

Beschreibung siehe bei Bild 2.7.

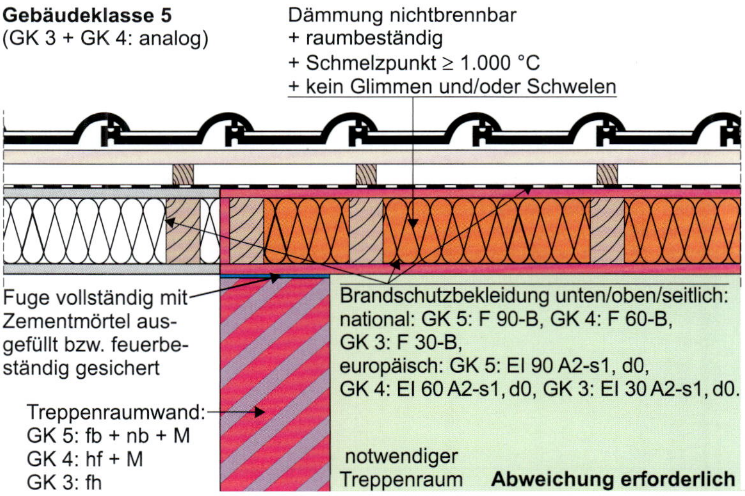

10

③ Oberer Treppenraumabschluss ist das Dach mit Treppenraumwänden bis unter die Dachhaut

Wird der obere Treppenraumabschluss nicht raumabschließend in der Feuerwiderstandsfähigkeit der Decken ausgeführt, müssen die Treppenraumwände bis dicht unter die Dachhaut reichen. Die Treppenraumwände sind in der erforderlichen Bauart

- Gebäudeklasse 5: Bauart von Brandwänden,
- Gebäudeklasse 4: auch unter zusätzlicher mechanischer Beanspruchung hochfeuerhemmend und
- Gebäudeklasse 3: feuerhemmend

bis unter die Dachhaut zu führen.

Bei dieser Ausführung bestehen keine Anforderungen an die Feuerwiderstandsdauer der Treppenraumdachdecke. Es ist jedoch zu beachten, dass Bekleidungen, Putze, Dämmstoffe und Unterdecken aus nichtbrennbaren Baustoffen bestehen müssen und in GK 3 bei einer Ausführung mit tragenden Bauteilen aus Holz Wände und Decken aus brennbaren Baustoffen eine Bekleidung aus nichtbrennbaren Baustoffen in ausreichender Dicke haben müssen (Kapitel 10.6).

Bild 3.1: Beispiel für Führung der Treppenraumwände bis unter die Dachhaut bei einem Holzdachstuhl

Die Treppenraumwand ist sinngemäß wie die Wand anstelle einer Brandwand bei einem Gebäude der GK 1 bis 3 bis unter die Dachhaut zu führen (siehe auch Kapitel 5.4, Punkt 3).

Anmerkung: Parallel zur Brandwand lässt sich dieses Detail noch relativ gut realisieren. Umso problematischer ist der Anschluss bei Treppenraumwänden, die rechtwinkelig zu den Dachsparren verlaufen. Alternative siehe vorstehender Punkt 2.

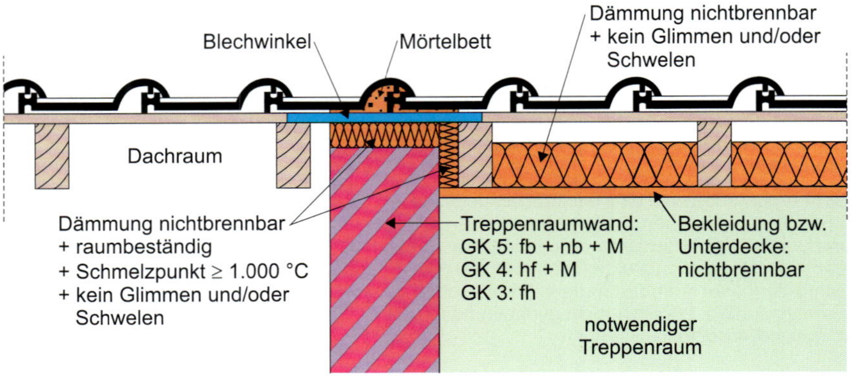

Bild 3.2: Beispiel für Führung der Treppenraumwände bis unter die Dachhaut bei einem Trapezblechdach

Die Treppenraumwand ist bis unter die Dachhaut zu führen.

Wichtig: Die Trapezbleche **müssen** getrennt werden. Es muss gewährleistet sein, dass bei einem Einsturz des an den Treppenraum anschließenden Trapezblechdachs die Treppenraumwände raumabschließend bleiben und das Dach des Treppenraums nicht zerstört wird. Alternative siehe vorstehender Punkt 2.

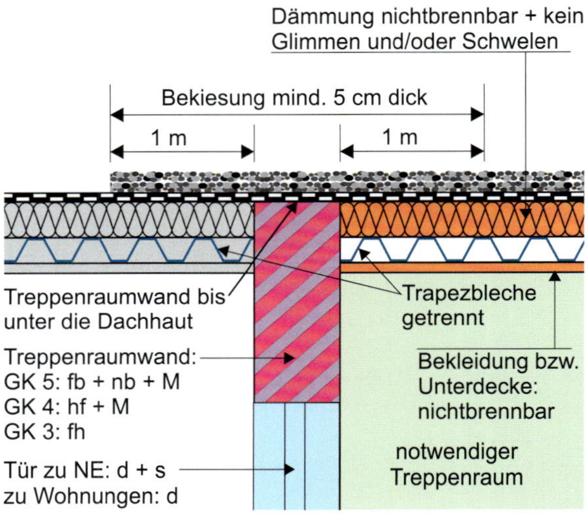

10.6 Bekleidungen, Putze, Dämmstoffe, Unterdecken, Einbauten und Bodenbeläge		
[1]In notwendigen Treppenräumen und in Räumen [zwischen notwendigen Treppenräumen und dem Ausgang ins Freie] müssen 1. Bekleidungen, Putze, Dämmstoffe, Unterdecken und Einbauten aus nichtbrennbaren Baustoffen bestehen, 2. Wände und Decken aus brennbaren Baustoffen eine Bekleidung aus nichtbrennbaren Baustoffen in ausreichender Dicke haben und 3. Bodenbeläge, ausgenommen Gleitschutzprofile, aus mindestens schwer entflammbaren Baustoffen bestehen.	BauO NRW § 35 (5)	Atlas 7.5/12 und 7.5/13
Kurzinfo: Siehe auch sinngemäß Kapitel 8.6. Bei Treppenräumen bestehen zudem noch Anforderungen an die Einbauten, die aus nichtbrennbaren Baustoffen bestehen müssen.		

① Besondere Anforderungen an Wände und Decken aus brennbaren Baustoffen

Wände und Decken aus brennbaren Baustoffen müssen in notwendigen Treppenräumen eine Bekleidung aus nichtbrennbaren Baustoffen in ausreichender Dicke haben. Dies gilt insbesondere für feuerhemmende Wände und Decken mit tragenden Bauteilen aus brennbaren Baustoffen, die in notwendigen Treppenräumen in Gebäuden der Gebäudeklasse 3 zulässig sind.

Diese Anforderung betrifft in der Regel nicht die hochfeuerhemmenden Wände und Decken mit tragenden und aussteifenden Teilen aus brennbaren Baustoffen, da diese ohnehin eine brandschutztechnisch wirksame Bekleidung haben müssen (Ausführung nach M-HFHHolzR).

Als ausreichende Dicke kann allgemein eine Schicht aus nichtbrennbaren Baustoffen angesehen werden, die für die Dauer ihrer Feuerwiderstandsfähigkeit nicht zerstört wird. Welche Bekleidungen die Anforderung „ausreichende Dicke" erfüllen, wird in der Bauordnung nicht genannt. Es muss jedoch **keine** Bekleidung mit nachgewiesenem Kapselkriterium sein. Anhaltspunkte für Bekleidungen, die dieses Kriterium erfüllen, siehe Kapitel 8.6, Punkt 3.

② Unterdecken in notwendigen Treppenräumen und ihren Ausgängen ins Freie

Die Anforderungen an Unterdecken in notwendigen Treppenräumen und ihren Ausgängen ins Freie ergeben sich aus der „Nutzung" des Deckenhohlraums oberhalb der Unterdecke.

Ist der Deckenhohlraum über dem Treppenraum **frei von brennbaren Leitungsanlagen** (mit Ausnahme der brennbaren Elektrokabel zur Versorgung des notwendigen Treppenraums bzw. Ausgangs ins Freie), sind keine besonderen Brandschutzmaßnahmen erforderlich. Aus brandschutztechnischer Sicht wäre es am besten, in solchen Fällen keine Unterdecken einzubauen. Es können natürlich auch Unterdecken angeordnet werden. Diese müssen dann nichtbrennbar sein. Das gilt natürlich auch für etwa vorhandene Dämmungen.

Sind brennbare Leitungsanlagen im Deckenhohlraumbereich (oberhalb der Unterdecke) vorhanden (z. B. in Form von Elektrokabeln und/oder anderen brennbaren Leitungen, die nicht der unmittelbaren Versorgung des notwendigen Treppenraums bzw. Ausgangs ins Freie dienen) sind Brandschutzmaßnahmen notwendig. Diese haben das Ziel, bei einem eventuellen Brand im Deckenhohlraum den notwendigen Treppenraum bzw. Ausgang ins Freie „ausreichend lang" als Flucht- und Rettungsweg frei von Feuer und Rauch zu halten. Die Anforderung „ausreichend lang" wird mit folgenden Unterdecken, die die Anforderungen jeweils von oben und unten erbringen müssen, erfüllt: GK 5: fb + nb, GK 4: hf + nb und GK 3: fh + nb. Weitere Erläuterungen siehe Kapitel 19.

10.7 Sicherung von Tür- und Sichtöffnungen

Art und Lage der Öffnung		Anforderungen	BauO NRW § 35 (6)	Atlas 7.5/14 6.8.0 6.8.1 6.8.4 6.9.1
Türöffnungen in Treppenraumwänden zu	Kellergeschossen, zu nicht ausgebauten Dachräumen, Werkstätten, Läden, Lager- und ähnlichen Räumen	fh + rd + s		
	sonstigen Räumen und Nutzungseinheiten mit einer Fläche von mehr als 200 m^2, ausgenommen Wohnungen,	fh + rd + s		
	notwendigen Fluren	rd + s		
	sonstigen Räumen und Nutzungseinheiten, ausgenommen Wohnungen,	d + s		
	Wohnungen	s		
Sichtöffnungen in	fb + nb + M Treppenraumwänden	fb VG*[1]		
	hf + M Treppenraumwänden	hf VG*[1]		
	fh Treppenraumwänden mit nb Bekleidungen und Dämmstoffen	fh VG*[1]		
Erleichterungen für lichtdurchlässige Teile	Die Feuerschutz- und Rauchschutzabschlüsse dürfen lichtdurchlässige Seitenteile und Oberlichte enthalten, wenn der Abschluss insgesamt nicht breiter als 2,50 m ist	gleiche Anforderungen wie für die jeweiligen Türen		
Öffnungen in	fb Treppenraumdecken	fb + rd + s[2]		
	hf Treppenraumdecken	hf + rd + s[2]		
	fh Treppenraumdecken	fh + rd + s[2]		

*1 Die Bauordnung enthält keine Regelungen für Sichtöffnungen in Treppenraumwänden. Sie sollten deshalb (ähnlich wie bei Brandwänden und Trennwänden) auf die für die Nutzung erforderliche Zahl und Größe begrenzt werden. Eine frühzeitige Abstimmung mit der den Brandschutz prüfenden Stelle ist empfehlenswert.

Bei GK 4 und 5 ist außerdem zu berücksichtigen, dass die Treppenraumwände eine zusätzliche mechanische Beanspruchung erfüllen müssen, die bei Brandschutzverglasungen nicht gegeben ist. In der Regel (insbesondere bei größeren Brandschutzverglasungen) liegt eine genehmigungspflichtige Abweichung vor.

*2 Wenn die Abschlüsse nicht selbstschließend sind, liegt eine genehmigungspflichtige Abweichung vor, die entsprechend zu beschreiben und zu begründen ist. Eine frühzeitige Abstimmung mit der den Brandschutz prüfenden Stelle ist empfehlenswert.

Zuordnung der bauaufsichtlichen Anforderungen zu nationalen und europäischen Klassen siehe Kapitel 10.4, Punkt 1.

Grundsätzliche Informationen zu Feuerschutzabschlüssen und Brandschutzverglasungen siehe Kapitel 18.

① Dichte Türen in Treppenraumwänden zu Wohnungen und dichte und selbstschließende Türen in Treppenraumwänden zu Nutzungseinheiten bis 200 m²

Grundsätzliche Information zu dichten (d) sowie dicht- und selbstschließenden (d + s) Türen siehe Kapitel 18, Punkt 5.

Anmerkung: Da die Treppenraumtüren zu Wohnungen nach Bauordnung NRW (im Gegensatz zur MBO und zu den meisten anderen LBOs) nur dichtschließend und **nicht auch selbstschließend** sein müssen, wird in NRW das deutlich höhere Risiko, dass diese Türen unter ungünstigen Umständen im Brandfall offen stehen und der Treppenraum verraucht werden kann, innerhalb des in NRW gesellschaftlich akzeptierten Risikos (siehe Kapitel 3, Punkt 3) in Kauf genommen.

Dies ist nicht einfach nachvollziehbar, da in Deutschland die meisten Brandtoten im Jahr in Wohngebäuden zu beklagen sind. In Bürogebäuden bzw. Gebäuden mit anderen Nutzungseinheiten (die keine großen Sonderbauten sind) gibt es in Deutschland pro Jahr glücklicherweise praktisch keine Toten. Gemäß BauO NRW sind aber gerade diese (aus brandschutztechnischer Sicht wesentlich günstigeren Nutzungseinheiten) mit den deutlich sichereren selbstschließenden Türen auszurüsten, wogegen in den Gebäuden mit den meisten Toten keine selbstschließenden Türen vorgeschrieben werden.

Bild 1.1: Beispiel für Sicherung von Tür- und Sichtöffnungen in notwendigen Treppenräumen

Sicherung der Öffnungen:

- zur Wohnung: dicht (d)
- zum Büro mit 195 m²: dicht und selbstschließend (d + s)
- zum Büro mit 275 m²: fh, rauchdicht und selbstschließend (fh + rd + s)
- Verglasung zum Büro:
  - national: GK 5: F 90, GK 4: F 60, GK 3: F 30
  - europäisch: GK 5: EI 90, GK 4: EI 60, GK 3: EI 30

Anmerkung: Für die Brandschutzverglasung ist in GK 4 und 5 eine Abweichung erforderlich, da diese nicht die Anforderungen an die zusätzliche mechanische Beanspruchung erfüllt.

Außenwand siehe Kapitel 10.4, Punkt 3.

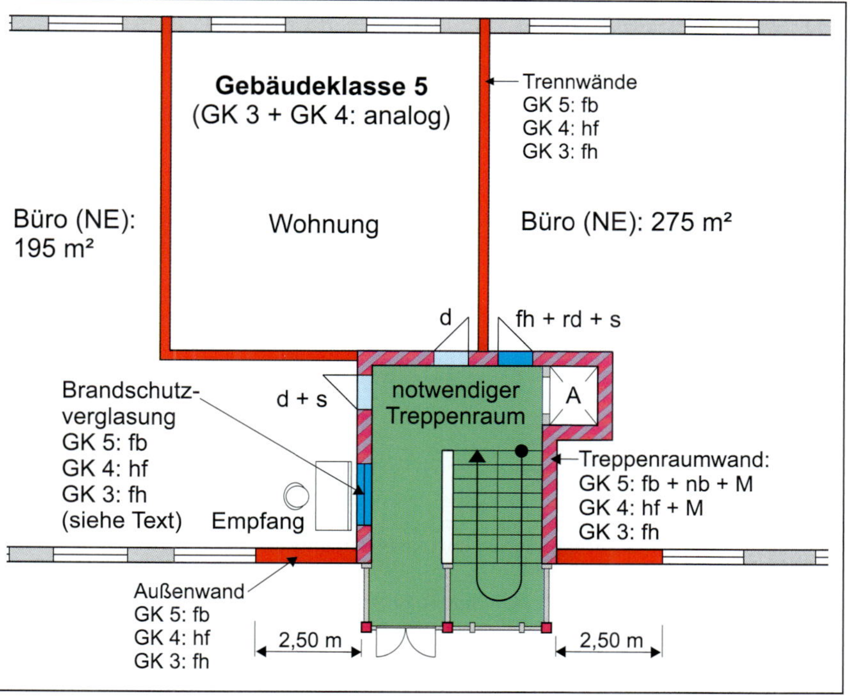

Bild 1.2: Beispiel für Problemlösung bei einer störenden „selbstschließenden Eigenschaft" von Türen

Eine Alternative zu selbstschließenden Türen wäre z. B. die Anordnung von Feststellanlagen mit Freilauftürschließern. Diese Maßnahme ist jedoch relativ teuer und aufwendig. Außerdem ist sie problematisch, da hierfür gemäß Ver-/Anwendbarkeitsnachweis regelmäßige Prüfungen vorgeschrieben sind (z. B. monatlich bzw. alle 3 Monate und jährlich). Zusätzlich ist eine relativ intensive Wartung erforderlich.

Eine Abhilfe ist mit dem im Bild dargestellten Prinzip möglich. Da die Türen von einem notwendigen Flur zu den NE führen, müssen sie nur dichtschließend sein.

Die rauchdichte und selbstschließende Türe zwischen dem notwendigen Treppenraum und dem notwendigen Flur wird mit einer Feststellanlage offen gehalten. Damit sind die Türen zu den NE problemlos erreichbar. Im Brandfall löst die Feststellanlage aus und der notwendige Flur wird vom notwendigen Treppenraum durch den Rauchschutzabschluss abgetrennt.

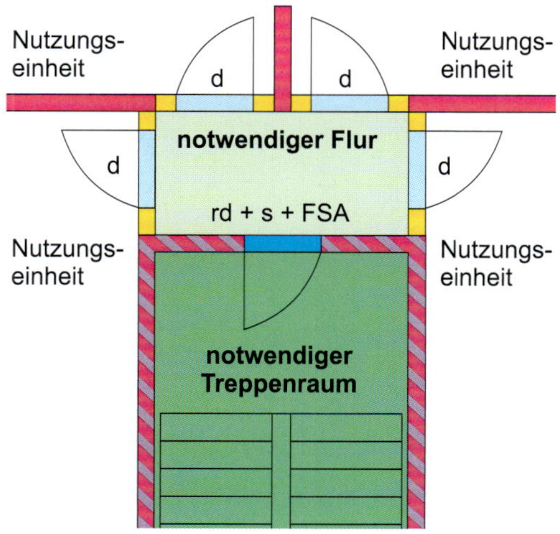

d = dichtschließend
rd + s = rauchdicht und selbstschließend
FSA = Feststellanlage

② Lichtdurchlässige Seitenteile und Oberlichte bis 2,50 m Breite

Die Feuer- und Rauchschutzabschlüsse in den Treppenraumwänden notwendiger Treppen dürfen lichtdurchlässige Seitenteile und Oberlichte enthalten. Voraussetzung hierfür ist jedoch, dass der Abschluss insgesamt nicht breiter als 2,50 m ist.

Die Höhe derartiger Abschlüsse wird nicht beschränkt. Es ist jedoch davon auszugehen, dass diese Regelung für übliche Geschosshöhen gilt. Bei deutlich größeren Geschosshöhen bzw. Höhen der Abschlüsse bestehen in der Regel auch höhere Anforderungen, die in jedem Einzelfall zu ermitteln sind.

Die feststehenden Seitenteile und Oberlichte müssen bezüglich ihrer Feuerwiderstandsdauer bzw. Rauchdichtheit lediglich die gleichen Anforderungen erfüllen wie die dazugehörigen Feuer- und Rauchschutzabschlüsse. In der Regel handelt es sich dabei um komplette Elemente, bestehend aus Seitenteilen, Oberlichten und den dazugehörigen Abschlüssen.

Bild 2.1: Beispiel für einen Rauchschutzabschluss zwischen notwendigem Treppenraum und notwendigem Flur

Da an den Treppenraum ein **notwendiger Flur** anschließt, der nur sehr geringe Brandlasten aufweist, ist hier nur ein rauchdichter und selbstschließender Abschluss erforderlich. Dieser darf lichtdurchlässige Seitenteile und Oberlichte enthalten, wenn er insgesamt nicht breiter als 2,50 m ist.

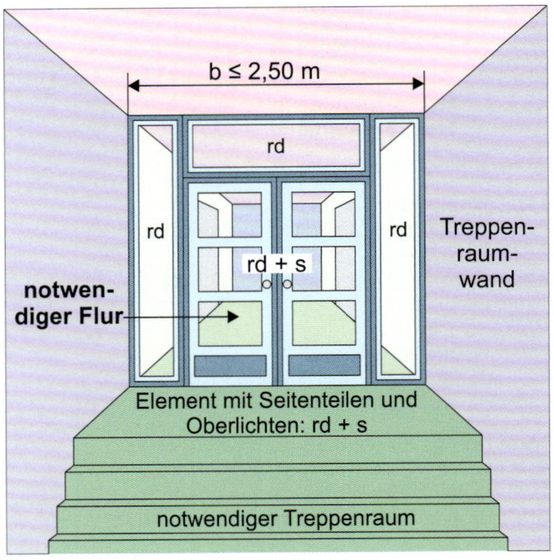

Bild 2.2: Beispiel für einen rauchdichten Feuerschutzabschluss zwischen notwendigem Treppenraum und einer Nutzungseinheit > 200 m² ohne notwendigen Flur

Hier schließt an den Treppenraum **kein notwendiger Flur**, sondern eine **Nutzungseinheit mit Brandlasten** an. Deshalb ist gemäß Bauordnung ein feuerhemmender, rauchdichter und selbstschließender Abschluss vorgeschrieben. Dieser darf lichtdurchlässige Seitenteile und Oberlichte enthalten, wenn er insgesamt nicht breiter als 2,50 m ist.

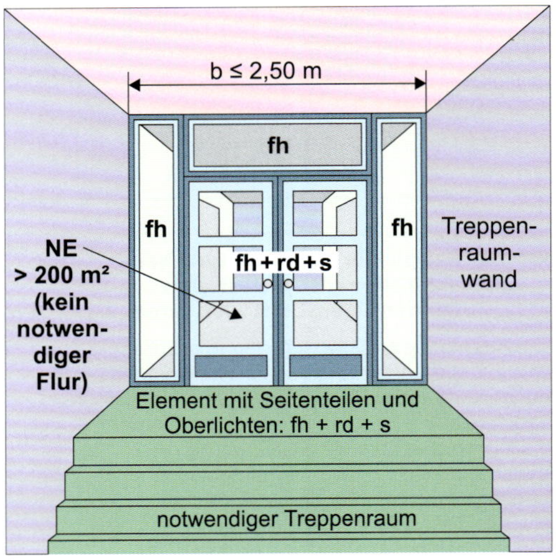

③ Rauchschutzabschlüsse mit lichtdurchlässigen Seitenteilen und Oberlichten > 2,50 m Breite

Für Feuer- und Rauchschutzabschlüsse mit lichtdurchlässigen Seitenteilen und Oberlichten, die breiter als 2,50 m sind bzw. höher als übliche Geschosshöhen, gilt die vorstehende Erleichterung nicht. **Wichtig:** Sollen solche Elemente angeordnet werden, sind eine frühzeitige Abstimmung mit der den Brandschutz prüfenden Stelle und eine Abweichung erforderlich.

Öffnungen bis 3,50 m Breite

Bei Gebäuden der GK 5 würde die Anordnung lichtdurchlässiger Seitenteile und Oberlichte als F 90-Brandschutzverglasung (national) bzw. EI 90-Verglasungen (europäisch) mit den dann (ausführungstechnisch) erforderlichen feuerbeständigen, rauchdichten und selbstschließenden Abschlüssen weit über das Schutzziel der Bauordnung hinausgehen, die für die Türöffnung selbst nur einen rauchdichten und selbstschließenden Abschluss fordert. Analog gilt das auch für GK 4.

Hier ist es im Rahmen einer Abweichung in der Regel möglich, ein Element mit feuerhemmenden, feststehenden Seitenteilen und Oberlichten und einem feuerhemmenden, rauchdichten und selbstschließenden Abschluss anzuordnen. Dabei ist zu prüfen, ob bei Breiten größer 2,50 m, keine Bedenken wegen des Brandschutzes bestehen. Als mögliche Öffnungsgröße ist eine Breite von bis zu 3,50 m bei üblichen Gebäudehöhen sicher nicht unrealistisch (siehe Bild 3.1).

Begründung für die Abweichung für Breiten zwischen 2,50 m und 3,50 m

Als Abschluss zwischen notwendigem Treppenraum und notwendigem Flur wäre nur eine rauchdichte und selbstschließende Türe erforderlich. Angeordnet wird ein feuerhemmender, rauchdichter und selbstschließender Abschluss. Damit erfolgt die Ausführung deutlich besser, als in der Bauordnung verlangt wird. Deshalb sind Erleichterungen bei den lichtdurchlässigen Seitenteilen und Oberlichten möglich, die dann ebenfalls feuerhemmend ausgeführt werden. Mit der Begrenzung auf eine Breite von maximal 3,50 m ist zu erwarten, dass das bauaufsichtliche Schutzziel mit dem vorgesehenen (insgesamt feuerhemmenden und rauchdichten) Element sogar besser erfüllt wird, als bei einem nur bis zu 2,50 m breiten Rauchschutzelement.

Öffnungen > 3,50 m Breite

Wenn die Öffnung größer wird als 3,50 m, ist die vorangehende Argumentation nicht mehr ohne Weiteres möglich. Grundsätzlich sollte sich die Größe der zu schließenden Öffnungen in einem notwendigen Treppenraum den dazugehörigen Wandflächen unterordnen, so dass die Wand insgesamt nicht ihren Charakter als Treppenraumwand verliert.

Bei größeren Öffnungen werden die lichtdurchlässigen Seitenteile und Oberlichte praktisch zu Treppenraumwänden, die dann die gleichen Anforderungen wie die Treppenraumwände erfüllen müssten. Dies ist bei Gebäuden der GK 4 und 5 problematisch, da Brandschutzverglasungen nicht die Anforderungen an eine zusätzliche mechanische Beanspruchung erfüllen.

Sollen größere Öffnungen in Treppenraumwänden der GK 4 und 5 mit Brandschutzverglasungen gesichert werden, ist in jedem Einzelfall zu prüfen, ob Bedenken wegen der fehlenden Widerstandsfähigkeit gegen eine zusätzliche mechanische Beanspruchung bestehen. Es ist eine entsprechende Abweichung erforderlich.

Bei Gebäuden der GK 3 bestehen dagegen keine besonderen Anforderungen an eine zusätzliche mechanische Beanspruchung der Treppenraumwände, so dass hier in der Regel auch größere feuerhemmende Elemente mit Brandschutzverglasungen ausgeführt werden können. Da die Bauordnung diesbezüglich keine Regelungen enthält, ist auch hier eine frühzeitige Abstimmung mit der den Brandschutz prüfenden Stelle empfehlenswert.

Bild 3.1: Beispiel für einen Abschluss zwischen notwendigem Treppenraum und einer Nutzungseinheit > 200 m² mit notwendigem Flur mit einer Breite von 2,50 m bis 3,50 m

Die lichtdurchlässigen Seitenteile und Oberlichte müssten eigentlich in einer Brandschutzverglasung mit der Feuerwiderstandsdauer der Treppenraumwand ausgeführt werden (GK 5: fb, GK 4: hf, GK 3 fh). Als Tür würde dagegen ein rauchdichter und selbstschließender Abschluss genügen.

Hier ist es in der Regel möglich, im Zuge einer Abweichung insgesamt ein feuerhemmendes, rauchdichtes Element mit einem feuerhemmenden, rauchdichten und selbstschließenden Abschluss anzuordnen.

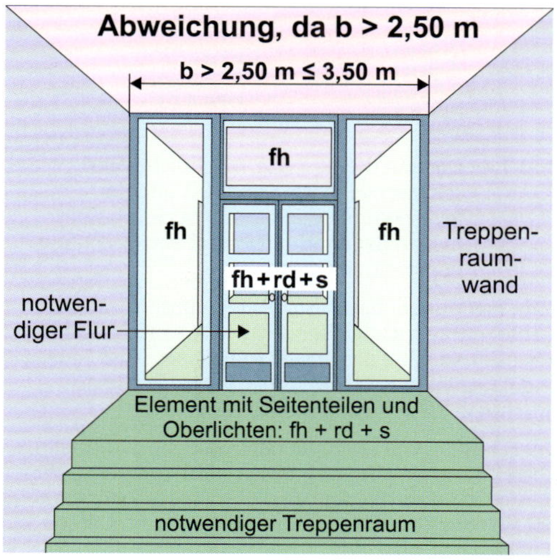

Bilder 10.7-3.2 bis 3.5: Rauchdichter und feuerhemmender Abschluss mit feststehenden Seitenteilen in der Bewährung

Das konsequent ausgeführte Abschottungsprinzip im notwendigen Treppenraum mit abschottenden Abtrennungen aus feuerhemmenden Brandschutzverglasungen mit feuerhemmenden, rauchdichten und selbstschließenden Abschlüssen bestand in einem Ernstfall seine „Feuerprobe" mit Bravour. Ein heftiger Brand im Foyer eines Hotels führte zu einer hohen Beanspruchung der Brandschutzverglasungen und des Abschlusses. Diese waren fachgerecht eingebaut und hielten der Beanspruchung hervorragend stand.

Bild 3.2: Der Abschluss von der dem Feuer abgewandten Seite aus gesehen.

Bild 3.3: Die vom Feuer beanspruchte Seite.

Bild 3.4: Der feuerhemmende, rauchdichte und selbstschließende Abschluss und die feuerhemmende Brandschutzverglasung hielten der enormen Brandbeanspruchung hervorragend stand.

Wäre hier nur der bauaufsichtlich geforderte rauchdichte und selbstschließende Abschluss vorhanden gewesen, so hätte dieser sehr früh versagt und Feuer und Rauch hätten sich innerhalb kurzer Zeit in alle Geschosse des Hotels ausbreiten können.

Der Schaden zeigt, dass mit der in Bild 3.1 dargestellten Abweichung eine deutlich bessere Sicherheit erreicht werden kann als mit dem an dieser Stelle eigentlich bauaufsichtlich zulässigen rauchdichten und selbstschließenden Abschluss.

Bild 3.5: Das Detail aus Bild 3.3 zeigt die enorme Brandbelastung des Abschlusses.

④ Rauchdichte Feuerschutzabschlüsse mit lichtdurchlässigen Seitenteilen und Oberlichten > 2,50 m Breite

Es gilt sinngemäß das im vorstehenden Punkt Gesagte. Allerdings ist die Situation deutlich ungünstiger, da die Öffnungen jetzt vom Treppenraum direkt in Räume mit Brandlasten und Nutzungen führen. Es muss deshalb in jedem Einzelfall geprüft werden, ob in den GK 4 und 5 Bedenken wegen der fehlenden Widerstandsfähigkeit gegen eine zusätzliche mechanische Beanspruchung bestehen. Eine frühzeitige Abstimmung mit der den Brandschutz prüfenden Stelle und eine Abweichung sind erforderlich.

Bild 4.1: Beispiel für einen Abschluss zwischen notwendigem Treppenraum und einer NE > 200 m² mit einer Breite von 2,50 m bis 3,50 m

Da die Breite des Abschlusses einschließlich der Seitenteile mehr als 2,50 m beträgt, ist die Erleichterung der Bauordnung nicht mehr möglich. Erschwerend kommt hinzu, dass die Treppenraumöffnung nicht an einen notwendigen Flur (siehe Bild 3.1), sondern direkt an eine Nutzungseinheit mit Brandlast anschließt. Eine frühzeitige Abstimmung mit der den Brandschutz prüfenden Stelle und eine **Abweichung** sind erforderlich.

***1) und *2) Anforderungen an die Seitenteile und den Abschluss:**

- GK 5: Brandschutzverglasung F 90 (national) bzw. EI 90 (europäisch), Abschluss: fb + rd + s.
- GK 4: Brandschutzverglasung F 60 (national) bzw. EI 60 (europäisch), Abschluss: hf + rd + s.
- GK 3: Brandschutzverglasung F 30 (national) bzw. EI 30 (europäisch), Abschluss: fh + rd + s.

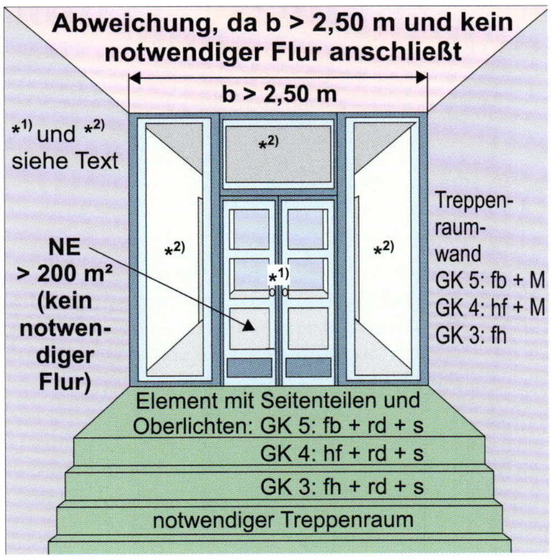

⑤ Beispiele für die Sicherung von Sichtöffnungen in Treppenraumwänden

Bild 5.1: Beispiel für Treppenraumwand mit selbstschließendem, rauchdichtem Abschluss bis 2,50 m Breite und Brandschutzverglasung

Gemäß Bauordnung ist zwischen notwendigem Flur und notwendigem Treppenraum ein rauchdichter und selbstschließender Abschluss erforderlich. Dieser darf lichtdurchlässige Seitenteile und Oberlichte enthalten, wenn der Abschluss insgesamt nicht breiter als 2,50 m ist.

Die rechts neben der Tür angeordnete Sichtöffnung wurde mit einer Brandschutzverglasung gesichert. Hierfür ist insbesondere bei GK 4 und 5 eine Abweichung erforderlich, da die Verglasung nicht die Anforderungen an eine zusätzliche mechanische Belastung erfüllt.

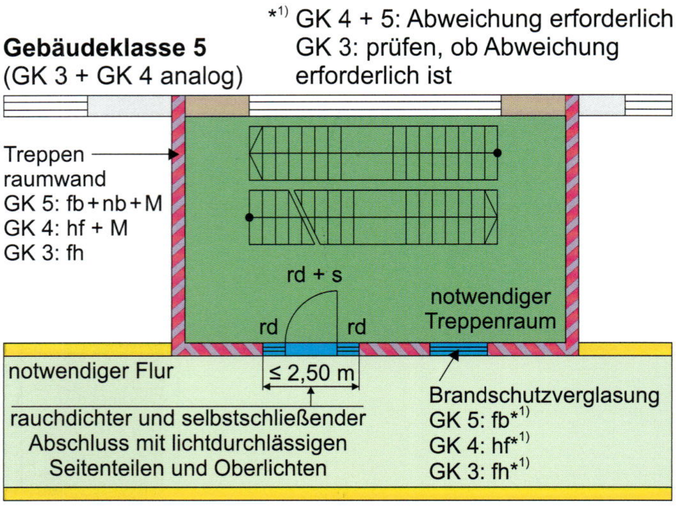

Bild 5.2: Beispiel für Treppenraumwand mit rauchdichtem, feuerhemmendem und selbstschließendem Abschluss bis 3,50 m Breite

Beschreibung siehe sinngemäß bei Bild 3.1.

Insbesondere bei GK 4 und 5 ist eine Abweichung erforderlich, da der Abschluss mit seinen lichtdurchlässigen Seitenteilen oder Oberlichten breiter als 2,50 m ist.

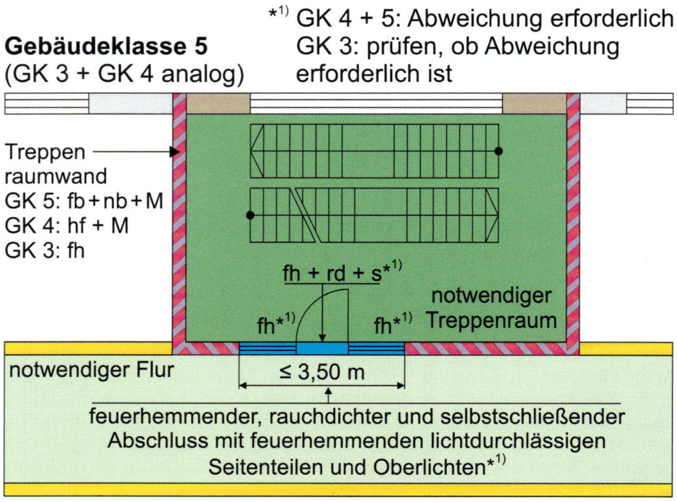

Bild 5.3: Beispiel für Treppenraumwand mit großflächiger Brandschutzverglasung und rauchdichtem, feuerwiderstandsfähigem und selbstschließendem Abschluss

In diesem Beispiel wurde eine komplette Treppenraumwand durch eine Brandschutzverglasung ersetzt. Diese muss die gleiche Feuerwiderstandsdauer wie die Treppenraumwand aufweisen. Insbesondere bei Gebäuden der GK 4 und 5 ist eine entsprechende Abweichung erforderlich, da die Brandschutzverglasung nicht die Anforderungen an die gleiche zusätzliche mechanische Beanspruchung erfüllt wie die Treppenraumwand.

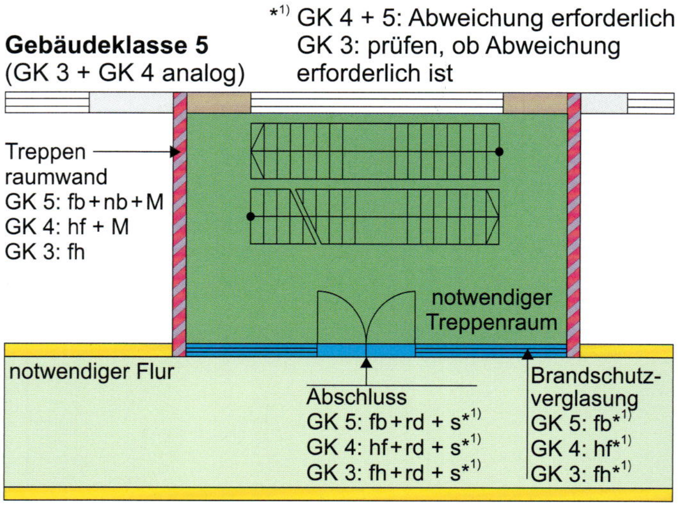

Bild 5.4: Beispiel für Abweichung bei Treppenraumwand mit großflächiger Brandschutzverglasung

Auf den ersten Blick scheint es, dass bei dieser Abweichung die Einhaltung der bauaufsichtlichen Schutzziele für den Treppenraum kritisch zu bewerten ist. Allerdings wird durch die Anordnung der Treppenraumwand und der feuerbeständigen Wände im notwendigen Flur mit den feuerhemmenden, dichten und selbstschließenden Türen eine brandlastfreie und sichere Zone vor dem Treppenraum geschaffen, so dass die Abweichung für die großflächige Verglasung möglich ist.

Wichtig: In diesem Bereich dürfen natürlich **keine Unterdecken mit Brandlasten** im notwendigen Flur vorhanden sein und es muss auch sonst gewährleistet sein, dass die Treppenraumwand im Brandfall nicht mechanisch beansprucht werden kann.

Anmerkung: Die dargestellte Lösung mit der erforderlichen Abweichung ist nicht unsicherer bzw. teilweise sogar sicherer, als die bauordnungskonforme Lösung im Bild 5.5.

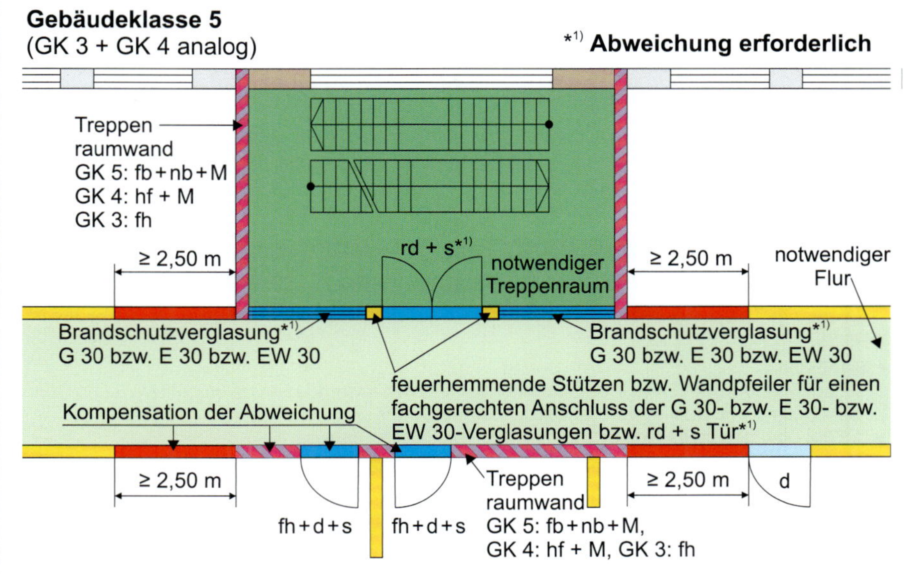

Bild 5.5: Alternative zu Bild 5.4, bei der keine Abweichung erforderlich ist

Bei der dargestellten Ausführung werden alle Anforderungen der Bauordnung erfüllt. Trotzdem ist sie nicht so sicher, wie die Lösung in Bild 5.4.

Nach einer entsprechenden Vergrößerung des Treppenraums können die beiden notwendigen Flure mit rauchdichten und selbstschließenden Abschlüssen abgeschlossen werden. Die Türen zur Wohnung und zur NE müssen keine fh + d + s Türen sein und die Flurtüren weisen auch nicht 2,50 m „Sicherheitsabstand" zu den Treppenraumtüren auf.

In Bild 5.4 schließen an die Flure immerhin noch G 30- bzw. E 30- bzw. EW 30-Verglasungen an. In Bild 5.5 sind hier nur Rauchschutztüren ohne klassifizierte Feuerwiderstandsdauer vorhanden.

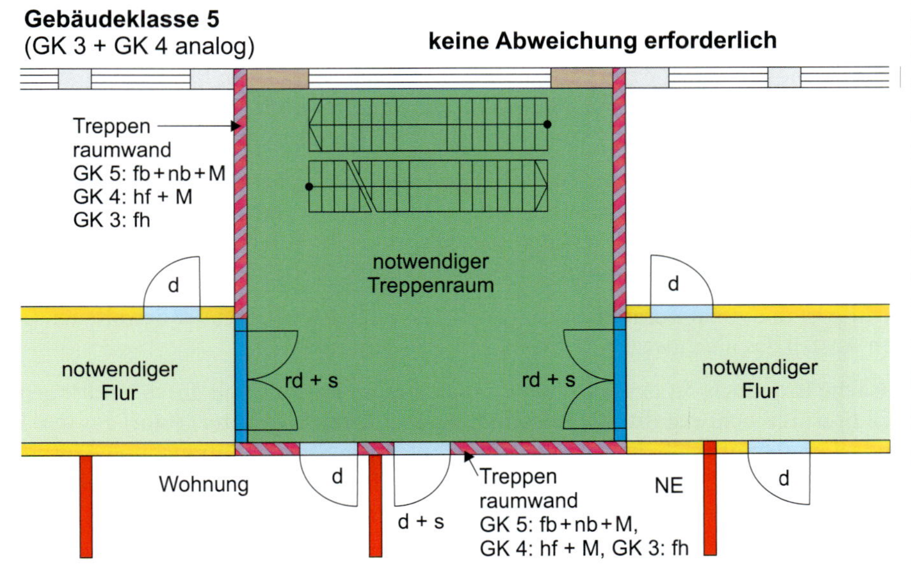

10.8 Beleuchtung		
• [1]Notwendige Treppenräume müssen zu beleuchten sein. • [2]Notwendige Treppenräume ohne Fenster müssen in Gebäuden mit einer Höhe*[1] von mehr als 13 m eine Sicherheitsbeleuchtung haben.	BauO NRW § 35 (7)	Atlas 7.5/15 7.5/16
*[1] Höhe ist das Maß der Fußbodenoberkante des höchstgelegenen Geschosses, in dem ein Aufenthaltsraum möglich ist, über der Geländeoberfläche im Mittel.	§ 2 (3)	

10.9 Belüftung und Entrauchung von notwendigen Treppenräumen (NTR)		
• [1]Notwendige Treppenräume müssen belüftet und zur Unterstützung wirksamer Löscharbeiten entraucht werden können. • [2]Sie müssen 1. in jedem oberirdischen Geschoss unmittelbar ins Freie führende Fenster mit einem freien Querschnitt von mindestens 0,50 m^2 haben, die geöffnet werden können, oder 2. an der obersten Stelle eine Öffnung zur Rauchableitung haben. • [3]In den Fällen des Satzes 2 Nummer 1 ist in Gebäuden der Gebäudeklasse 5 an der obersten Stelle eine Öffnung zur Rauchableitung erforderlich. • [4]In den Fällen des Satzes 2 Nummer 2 sind in Gebäuden der Gebäudeklassen 4 und 5, soweit dies zur Erfüllung der Anforderungen nach Satz 1 erforderlich ist, besondere Vorkehrungen zu treffen. • [5]Öffnungen zur Rauchableitung nach den Sätzen 2 und 3 müssen in jedem Treppenraum einen freien Querschnitt von mindestens 1 m^2 und Vorrichtungen zum Öffnen ihrer Abschlüsse haben, die vom Erdgeschoss sowie vom obersten Treppenabsatz aus bedient werden können.	BauO NRW § 35 (8)	Atlas 7.5/15 7.5/16

10

① Schutzziel und grundsätzliche Anforderungen an die Belüftung und Entrauchung

Der notwendige Treppenraum ist in erster Linie für alle Gebäudebenutzer (Bewohner) ein **Fluchtweg**, der im Brandfall natürlich möglichst lange zur Verfügung stehen sollte. Wird er im Brandfall unter ungünstigen Umständen verraucht, so fällt die Möglichkeit der sicheren Flucht für die Benutzer ohne Wenn und Aber **sofort** aus. Seine **weitere Benutzung** als **Fluchtweg** ist dann (abhängig vom jeweiligen Brandszenario) in der Regel mit einem tödlichen Risiko verbunden.

Genau für diesen Fall, wenn der notwendige Treppenraum bei einem Brand ausfällt, verlangt die Bauordnung einen zweiten Rettungsweg, der von dem ausgefallenen Treppenraum **unabhängig** sein muss. Dieser wird bei Gebäuden, die keine Sonderbauten sind, in der Regel über Rettungsgeräte der Feuerwehr hergestellt, kann aber auch ein weiterer baulicher Rettungsweg (zweiter unabhängiger Fluchtweg) sein.

Wichtig ist in diesem Zusammenhang auch das richtige Verhalten der betroffenen Gebäudebenutzer im Brandfall bei einem Ausfall des Fluchtwegs = notwendigen Treppenraums.

Tatsache ist jedoch: Ist ein notweniger Treppenraum im Brandfall durch eindringenden Rauch ausgefallen, fällt seine Funktion als Fluchtweg (für die Selbstrettung der Gebäudebenutzer) sofort aus und kann, **solange der Brandrauch ungehindert eindringt**, auch durch keine Maßnahmen wie Fenster, Entrauchung, Lüftung usw. so entraucht werden, dass eine Flucht möglich ist. Soll der Treppenraum auch im Brandfall zur Verfügung stehen, dann müssen alle Maßnahmen darauf abzielen, dass Feuer und Rauch erst gar nicht in den Treppenraum eindringen können = Sicherheitstreppenraum.

Das Risiko, dass Feuer und Rauch in den Treppenraum eindringen können, wird von der Bauordnung im Rahmen des gesellschaftlich akzeptierten Risikos in Kauf genommen. Deutlich wird das z. B. daran, dass bei einem Gebäude der Gebäudeklasse 5 zwar die Treppenraumwände in der Bauart einer Brandwand ausgeführt werden müssen, an die Wohnungseingangstüren aber nur die Anforderung „dichtschließend" besteht.

Die hohen Anforderungen an die Treppenraumwände und auch andere bauaufsichtliche Anforderungen an die notwendigen Treppenräume haben also **nicht nur das Ziel, die Flucht möglichst lange zu ermöglichen**, sondern den Treppenraum als möglichst sicheren Rettungsweg, Angriffsweg und Rückzugsweg für die Feuerwehr auszubilden.

Wichtig: Die bezüglich der Belüftung und Entrauchung des Treppenraums in der Bauordnung vorgeschriebenen Maßnahmen **dienen nicht zur Verbesserung der Fluchtmöglichkeiten der Gebäudebenutzer**, sondern zur **Unterstützung wirksamer Löscharbeiten**. Die Entrauchung eines verrauchten Treppenraums zur Ermöglichung der Selbstrettung der Gebäudebenutzer macht erst Sinn (und ist auch erst dann möglich), nachdem das Feuer weitgehend gelöscht wurde.

In diesem Zusammenhang ist es interessant, dass in der VV TB NRW in Abschnitt D unter „*Bauprodukte und Verwendungen, an die keine weitergehenden Brandschutzanforderungen gestellt werden*" in Abschnitt D 2.2.3.9 folgende Bauprodukte aufgeführt sind:

„*Abschlüsse von Öffnungen zur Rauchableitung in notwendigen Treppenräumen, die nicht zur Rauchfreihaltung, sondern der Entrauchung nach Evakuierung dienen, sowie deren Vorrichtungen zum Öffnen*".

Damit soll zum Ausdruck gebracht werden, dass die in der Bauordnung verlangten „Öffnungen zur Rauchableitung", im Wesentlichen der Entrauchung zur Unterstützung wirksamer Löscharbeiten dienen.

Bild 1.1: Beispiel für eine Rauchsackbildung im Treppenraum

Wenn im oberen Bereich des Treppenraums kein zu öffnendes Fenster und auch keine Öffnung zur Rauchableitung vorhanden sind, ist im Brandfall eine Rauchsackbildung vorprogrammiert.

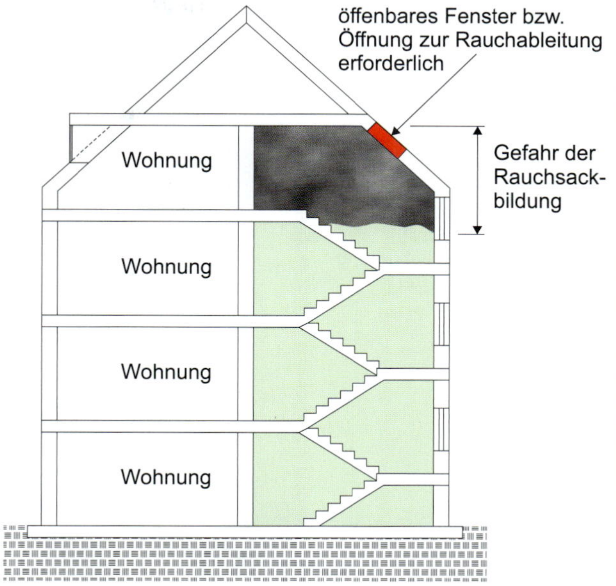

Bild 1.2: Treppenraum ohne öffenbares Fenster im obersten Geschoss

Da an der Treppenraumaußenwand kein zu öffnendes Fenster angeordnet war (fest eingebaute Glasbausteine), bildete sich im obersten Geschoss des Treppenraums ein „Rauchsack", der zur vollständigen Verrauchung und Verrußung führte.

Der Treppenraum stand damit für die Bewohner dieses Geschosses nicht mehr als Fluchtweg zur Verfügung. (Das Bild wurde aufgenommen, nachdem bereits erste Reinigungsarbeiten durchgeführt worden waren.)

Bilder 1.3 und 1.4: Funktion von öffenbaren Treppenraumfenstern als Öffnung zur Rauchableitung

Der Treppenraum oberhalb des geöffneten Fensters wurde vollständig verraucht. Der Bereich darunter blieb weitgehend rauchfrei und stand damit als Flucht- und Rettungsweg zur Verfügung.

Die Bilder 1.1 bis 1.4 sprechen für sich und zeigen deutlich, wie wichtig öffenbare Fenster bzw. Öffnungen zur Rauchableitung an oberster Stelle in Treppenräumen sind.

10

② Notwendige Treppenräume, die in jedem oberirdischen Geschoss öffenbare Fenster haben

Die Treppenräume müssen in jedem oberirdischen Geschoss unmittelbar ins Freie führende Fenster mit einem freien Querschnitt von mindestens 0,50 m^2 haben, die geöffnet werden können. Zusätzlich ist in Gebäuden der GK 5 an der obersten Stelle eine Öffnung zur Rauchableitung erforderlich. Öffnung zur Rauchableitung siehe nachfolgenden Punkt 4.

③ Notwendige Treppenräume, die nicht in jedem oberirdischen Geschoss öffenbare Fenster haben

Die Treppenräume müssen an der obersten Stelle eine Öffnung zur Rauchableitung haben. Öffnung zur Rauchableitung siehe nachfolgenden Punkt 4.

Außerdem sind in Gebäuden der GK 4 und 5, soweit dies zur Erfüllung der **Anforderung „notwendige Treppenräume müssen belüftet und zur Unterstützung wirksamer Löscharbeiten entraucht werden können"** erforderlich ist, „besondere Vorkehrungen" zu treffen.

Ob und welche besonderen Vorkehrungen bei diesen Gebäuden jeweils erforderlich sind, wird in der Bauordnung nicht aufgeführt. Hier bestehen in Deutschland teilweise sehr unterschiedliche Meinungen. In diesem Zusammenhang ist jedoch Folgendes zu beachten:

- Die Vorkehrungen dienen ausschließlich dem **Schutzziel: „Entrauchung zur Unterstützung wirksamer Löscharbeiten"** (siehe hierzu auch vorstehenden Punkt 1).
- Bezüglich des vorgenannten Schutzziels ist das Risikoprofil notwendiger Treppenräume mit oder ohne Fenster in jedem Geschoss grundsätzlich vergleichbar. Das heißt, nur weil ein Treppenraum nicht in jedem Geschoss öffenbare Fenster, sondern stattdessen eine Öffnung zur Rauchableitung an oberster Stelle hat, besteht **kein deutlich größeres Risiko bezüglich der „Entrauchung zur Unterstützung wirksamer Löscharbeiten"** als bei Treppenräumen, die keine solchen Fenster haben.

Deshalb müssen solche **„besonderen Vorkehrungen"** begründet und verhältnismäßig sein. Sie können sich z. B. durch die besondere Lage und Situation der Treppenräume ergeben. Für Treppenräume, die im Inneren des Gebäudes liegen, können z. B. besondere Maßnahmen für die Zuluftzuführung erforderlich sein. In diesem Zusammenhang muss es natürlich auch möglich sein, dass die Feuerwehr ihre Geräte, z. B. Druckbelüfter einsetzen kann. Außerdem ist es bei solchen Treppenräumen natürlich besonders wichtig, dass die Öffnung zur Rauchableitung sicher, also auch bei Stromausfall geöffnet werden kann.

Dass die Öffnung zur Rauchableitung erst später, also in Verbindung mit den Geräten der Feuerwehr, wirksam wird, spielt in diesem Zusammenhang keine Rolle, da die Entrauchung gemäß Bauordnung nur der „Unterstützung wirksamer Löscharbeiten“ dienen soll.

Im Zweifelsfall ist eine Abstimmung mit der den Brandschutz prüfenden Stelle empfehlenswert.

④ Öffnung zur Rauchableitung

Die Öffnung zur Rauchableitung muss in jedem Treppenraum einen freien Querschnitt von mindestens 1 m² und Vorrichtungen zum Öffnen ihrer Abschlüsse haben, die vom Erdgeschoss sowie vom obersten Treppenabsatz aus bedient werden können.

Die Bauordnung spricht bewusst von Öffnungen zur Rauchableitung und **nicht** von Rauchabzügen bzw. Rauch- und Wärmeabzugsanlagen (RWA). Sie stellt zwar Anforderungen zur Mindestgröße und einer Bedienmöglichkeit vom EG und obersten Treppenabsatz, enthält jedoch keine weiteren Vorgaben über den technischen Level wie Qualität, Ausführung, sichere Bedienbarkeit und regelmäßige Prüfung und Wartung.

Daraus ergibt sich grundsätzlich, dass die in der Bauordnung geforderten Öffnungen keine automatischen Rauchabzugsanlagen nach DIN 18232 bzw. DIN EN 12101-2 mit aerodynamisch wirksamer Öffnungsfläche sein müssen. Hierfür ist lediglich als Mindestanforderung an der obersten Stelle eine manuell auslösbare Öffnung mit einer lichten Größe von 1 m² herzustellen, die vom Erdgeschoss und obersten Treppenabsatz aus geöffnet werden kann.

Dies geht auch aus der VV TB NRW Abschnitt D 2.2.3.9 hervor, siehe vorstehenden Punkt 1.

Allerdings müssen die Öffnungen zur Rauchableitung im Brandfall wie in der Bauordnung angegeben geöffnet werden können. Dies kann z. B. folgendermaßen gewährleistet werden:

- Aktivierung über mechanische Bauteile, z. B. ein Gestänge, das im Treppenraum so verlegt wird, dass jederzeit eine Öffnung möglich ist
- Aktivierung über Gaspatronen (CO_2) mit Leitungsverlegung im geschützten Treppenraum
- Aktivierung über elektrische Bauteile, z. B. elektromagnetisch bzw. elektromotorisch. In diesem Fall muss jedoch gewährleistet sein, dass auch bei einem Ausfall der Stromversorgung die Auslöseeinrichtungen für eine bestimmte (ausreichende) Zeit funktionsfähig bleiben.
- Ausführung der Öffnung zur Rauchableitung mit einem Rauchmelder so, dass ein Ansprechen des Rauchmelders durch Rauch ein sicheres und selbsttätiges Öffnen der Anlage bewirkt.

Kennzeichnung der Bedienungsstellen

Die Bedienungsstellen sind so auszuführen, dass sie deutlich erkennbar und leicht zu bedienen sind, z. B. mit der Aufschrift Rauchabzug. Auch sollte die Stellung der Rauchabzugsöffnung – offen oder geschlossen – an der Bedienungsstelle erkennbar sein. Sie sind in der Nähe des Hauseingangs (im EG) und am obersten Treppenabsatz anzubringen.

Zuluft

Da es sich bei den Öffnungen zur Rauchableitung um keine Rauch- und Wärmeabzugsanlagen (RWA) nach DIN 18232/DIN EN 12101-2 handelt, ist auch keine automatische Regelung der Zuluft erforderlich. In der Regel genügt als Zuluftöffnung die Hauseingangstür, die dann manuell von der Feuerwehr geöffnet und offen gestellt wird.

Bei Treppenräumen, die im Inneren von Gebäuden liegen, ist besonders darauf zu achten, dass die Zuluftzuführung und der Einsatz von Druckbelüftern der Feuerwehr möglich ist.

Prüfung und Wartung

Eine regelmäßige Prüfung und Wartung für die Öffnungen zur Rauchableitung ist in der Bauordnung nicht vorgeschrieben. Sie fallen bei Gebäuden, die keine Sonderbauten sind, auch nicht in den Geltungsbereich von technischen Prüfverordnungen.

Allerdings ist der Bauherr bzw. Betreiber des Gebäudes dafür verantwortlich, dass die Öffnungen zur Rauchableitung im Brandfall bei einer Betätigung der Auslöseeinrichtung sicher öffnen. Deshalb ist eine regelmäßige Prüfung und Wartung notwendig, wobei Umfang und Häufigkeit von der jeweiligen Anlage und ihrer sonstigen Betätigung abhängig sind.

10.10 Anordnung von notwendigen Fluren		
• [1]In Geschossen mit mehr als vier Wohnungen müssen notwendige Flure angeordnet sein.	BauO NRW § 35 (9)	Atlas 7.5/3.7
Dieser Punkt wird in Kapitel 8.1, Punkt 4 behandelt, siehe dort.		

10.11 Treppenauge für die Verlegung von Schlauchleitungen und Steigleitung trocken		
Hierzu sind in der BauO NRW keine Anforderungen genannt.		

Gemäß Bauordnung bestehen auch bei höheren Gebäuden (z. B. ab einer Höhe h von mehr als 13 m) keine Anforderungen an die Ausbildung des Treppenraums mit einem Treppenauge von mindestens 15 cm lichter Breite, um eine schnelle Verlegung der Schlauchleitungen im Brandfall zu ermöglichen. Es bestehen auch keine Anforderungen an die Anordnung einer Steigleitung trocken. Sinngemäß gilt das auch für die SBauVO (mit Ausnahme von nassen Steigleitungen in Hochhäusern und unterirdischen Mittel- und Großgaragen). Nur in der „Richtlinie über bauaufsichtliche Anforderungen an den Bau und Betrieb von Einrichtungen mit Pflege- und Betreuungsleistungen, Runderlass vom 17. März 2011" werden in Abschnitt 5.5 bei Gebäuden mittlerer Höhe trockene Steigleitungen verlangt.

Daraus kann abgeleitet werden, dass in Gebäuden, die keine großen Sonderbauten sind und in geregelten Sonderbauten, in denen dies nicht ausdrücklich in der entsprechenden Sonderbauvorschrift verlangt wird, grundsätzlich keine Steigleitungen trocken zur Gewährleistung einer „wirksamen Brandbekämpfung" erforderlich sind. Wären sie notwendig, dann würde das in den entsprechenden Vorschriften gefordert werden.

Weiter kann daraus abgeleitet werden, dass eine Steigleitung trocken für die vorgenannten Gebäude im Einzelfall nur dann gefordert werden kann, wenn dies aufgrund von besonderen Umständen (z. B. in Verbindung mit der Genehmigung von Abweichungen) erforderlich ist. In diesem Fall sollte diese zusätzliche Anforderung dann auch ausreichend erläutert und begründet werden (genauso, wie auch eine Abweichung vom Bauherrn bzw. Brandschutzfachplaner erläutert und begründet werden muss).

Grundsätzlich ist es empfehlenswert (und gehört auch zu einer brandschutztechnisch guten Planung), dass in höheren Gebäuden (z. B. ab einer Höhe h von mehr als 13 m) ein ausreichend großes Treppenauge (mit mindestens 15 cm lichter Breite) angeordnet wird. Vorgeschrieben wird diese Maßnahme jedoch in der Bauordnung nicht. Im Zweifelsfall ist eine Abstimmung mit der den Brandschutz prüfenden Stelle empfehlenswert.

11 Rettungswege

• [1]Für Nutzungseinheiten mit mindestens einem Aufenthaltsraum wie Wohnungen, Praxen, selbstständige Betriebsstätten müssen in jedem Geschoss mindestens zwei voneinander unabhängige Rettungswege ins Freie vorhanden sein. • [2]Beide Rettungswege dürfen jedoch innerhalb des Geschosses über denselben notwendigen Flur führen.	BauO NRW § 33 (1)	Atlas 7.3/2
• [1]Für Nutzungseinheiten nach Absatz 1, die nicht zu ebener Erde liegen, muss der erste Rettungsweg über eine notwendige Treppe führen. • [2]Der zweite Rettungsweg kann eine weitere notwendige Treppe oder eine mit Rettungsgeräten der Feuerwehr erreichbare Stelle der Nutzungseinheit sein. • [3]Der zweite Rettungsweg über Rettungsgeräte der Feuerwehr ist nur zulässig, wenn keine Bedenken wegen der Personenrettung bestehen. • [4]Ein zweiter Rettungsweg ist nicht erforderlich, 1. wenn die Rettung über einen sicher erreichbaren Treppenraum möglich ist, in den Feuer und Rauch nicht eindringen können (Sicherheitstreppenraum) oder 2. für zu ebener Erde liegende Räume, die einen unmittelbaren Ausgang ins Freie haben, der von jeder Stelle des Raumes in höchstens 15 m Entfernung erreichbar ist.	§ 33 (2)	
• [1]Gebäude, deren zweiter Rettungsweg über Rettungsgeräte der Feuerwehr führt und bei denen die Oberkante der Brüstung von zum Anleitern bestimmten Fenstern oder Stellen mehr als 8 m über der Geländeoberfläche liegt, dürfen nur errichtet werden, wenn die Feuerwehr über die erforderlichen Rettungsgeräte wie Hubrettungsfahrzeuge verfügt.	§ 33 (3)	

Kurzinfo	Kapitel
• **Messung der Entfernung:** Kürzeste Entfernung in Lauflinie, nicht durch feste Einbauten und Wände.	11/4
Erster Rettungsweg (RW) aus Nutzungseinheiten (NE) ohne Aufenthaltsräume (AR):	11/14
• **Im KG:** Von jeder Stelle in ≤ 35 m Entfernung: Ausgang in notw. Treppenraum, zur notw. Außentreppe oder ins Freie. • **In anderen Geschossen (außer KG):** Es ist nur ein RW erforderlich (ohne Begrenzung der max. zulässigen Entfernung).	
Erster RW aus NE mit AR immer baulich:	11/15
• Maximal zulässige Entfernung von jeder Stelle eines AR bis zu einem Ausgang in den notw. Treppenraum, zur notw. Außentreppe oder ins Freie: ≤ 35 m. – Im EG: Ausgang ins Freie, – Im EG: notwendiger Flur + Ausgang ins Freie, – In OG: notw. Treppe in notw. Treppenraum + Ausgang ins Freie oder sichere notw. Außentreppe, – In OG: notw. Flur + notw. Treppe in notw. Treppenraum + Ausgang ins Freie oder notwendiger Flur + sichere notw. Außentreppe.	11/4
Zweiter RW aus NE ohne AR:	11/6
• In der Regel nicht erforderlich, da keine AR vorhanden.	
Zweiter RW aus NE mit AR:	11/6
• **Zweiter RW über Rettungsgeräte der Feuerwehr:** – **Wichtig:** Es dürfen keine Bedenken wegen der Personenrettung bestehen. Siehe hierzu Kapitel 11, Punkt 9. Bei Zweifeln ist eine frühzeitige Abstimmung mit der den Brandschutz prüfenden Stelle erforderlich. – Je NE ist **eine** mit Rettungsgeräten der Feuerwehr erreichbare Stelle erforderlich (z. B. Fenster). – Mindestgröße im Lichten: 0,90 m × 1,20 m. Brüstungshöhe ≤ 1,20 m. In Dachschrägen Abstand zur Traufe (horizontal gemessen) ≤ 1,0 m. – Bei Anleiterhöhe > 8 m: Die Feuerwehr muss über die erforderlichen Rettungsgeräte verfügen. Sie muss sie einsetzen und damit die anleiterbaren Stellen erreichen können (Flächen für die Feuerwehr).	11/8
• **Zweiter RW baulich (über weitere notwendige Treppe):** – Ausführung grundsätzlich wie erster baulicher RW. – Bei einem der beiden baulichen RW muss die Entfernung ≤ 35 m sein. Beim anderen darf sie länger sein.	11/7
• **Zweiter RW über Sonderformen:** – Bei Rettungswegen über Nottreppen, Fluchtbalkonen, Notleitern usw. ist eine frühzeitige Abstimmung mit der den Brandschutz prüfenden Stelle empfehlenswert und in der Regel eine Abweichung erforderlich.	11/11
Ein zweiter RW ist nicht erforderlich: – bei Sicherheitstreppenräumen, – für zu ebener Erde liegende Räume, die einen unmittelbaren Ausgang ins Freie haben, der von jeder Stelle des Raumes in höchstens 15 m Entfernung erreichbar ist.	11/6 11/12

(1) Begriffe

Die jeweiligen Anforderungen an Rettungswege sind eng an verschiedene Begriffe gekoppelt bzw. sie ergeben sich aus deren Interpretation. Deshalb werden nachfolgend Begriffe erläutert, die im Zusammenhang mit Rettungswegen von Bedeutung sind.

Nutzungseinheit (NE)

Der Begriff **„Nutzungseinheit"** ist für die Rettungswege von elementarer Bedeutung, da diese immer aus der jeweiligen Nutzungseinheit hinausführen. Außerdem sind Nutzung und Größe der Nutzungseinheit wichtige Kriterien für die Ausbildung der horizontalen Rettungswege. Deshalb muss vor einer Festlegung und Dimensionierung der Rettungswege immer genau bekannt sein, wie die jeweilige Nutzungseinheit beschaffen ist, aus der sie hinausführen.

In § 33 (1) der BauO NRW werden übliche NE genannt: Wohnungen, Praxen, selbstständige Betriebsstätten. Schwieriger ist dagegen die Definition und auch Festlegung der NE bei verschiedenen Sonderbauten wie Hotels, Schulen und Krankenhäusern.

Allgemein wird „Nutzungseinheit" definiert als ein in sich abgeschlossener Bereich von einem oder mehreren Räumen, die einer Person oder einem Personenkreis zur Benutzung zur Verfügung stehen. Wichtig ist dabei das Abgeschlossenheitsprinzip. Die jeweilige Nutzungseinheit muss von anderen NE brandschutztechnisch mit raumabschließenden feuerwiderstandsfähigen Bauteilen (Wänden und Decken) abgetrennt sein.

Beispiel Hotel: Grundsätzlich gilt das gesamte Hotel als eine Nutzungseinheit. Unabhängig davon wird jedoch bezüglich der Rettungswege jeder Beherbergungsraum als eigene Nutzungseinheit behandelt, d. h., für jeden Beherbergungsraum müssen mindestens zwei voneinander unabhängige Rettungswege vorhanden sein, die jedoch innerhalb eines Geschosses über denselben notwendigen Flur führen dürfen. Außerdem müssen die Trennwände zwischen den Beherbergungsräumen sowie zwischen Beherbergungsräumen und sonstigen Räumen mindestens feuerhemmend sein.

Beispiel Schule: Wie beim Hotel gilt die gesamte Schule als eine Nutzungseinheit. Unabhängig davon gelten bezüglich der Rettungswege aus den Klassenzimmern besondere Anforderungen. Danach müssen für jeden Unterrichtsraum im selben Geschoss mindestens zwei voneinander unabhängige Rettungswege zu Ausgängen ins Freie oder zu notwendigen Treppenräumen vorhanden sein. Auch hier dürfen innerhalb eines Geschosses beide Rettungswege über denselben notwendigen Flur führen. Eine raumabschließende, feuerwiderstandsfähige Trennung der Unterrichtsräume untereinander ist jedoch nicht vorgeschrieben.

Teilweise ist bei Schulen im Rahmen von entsprechend darauf abgestimmten Brandschutzkonzepten auch die Bildung von Teilnutzungseinheiten ohne notwendige Flure (z. B. Kompartments) möglich. Je nach Größe und Ausbildung dieser Teilnutzungseinheiten müssen die Rettungswege entsprechend angepasst werden und es bestehen weitere Anforderungen (z. B. Brandmeldeanlage).

Beispiel Betreutes Wohnen: Siehe sinngemäß bei Schulen. Hier sind bei solchen Lösungen insbesondere auch weitergehende betriebliche und organisatorische Maßnahmen erforderlich.

Messung der Größe von Nutzungseinheiten: Die Grundflächen der Nutzungseinheiten sind die Brutto-Grundflächen. Das heißt, die Trennwand zwischen zwei Teilnutzungseinheiten ist zweimal zu berücksichtigen: einmal bei der Größenberechnung von Teilnutzungseinheit 1 und einmal bei der Größenberechnung von Teilnutzungseinheit 2.

Teilnutzungseinheit

Der Begriff Teilnutzungseinheiten wird in erster Linie für NE definiert, die einer Büro- und Verwaltungsnutzung dienen, siehe hierzu Kapitel 8.1, Punkt 2.

Der Sinn von Teilnutzungseinheiten einer Büro- und Verwaltungsnutzung besteht darin, dass innerhalb dieser Teilnutzungseinheiten keine notwendigen Flure erforderlich sind, was aus der Sicht des baulichen Brandschutzes in der Regel zu erheblichen Vereinfachungen und damit auch Kosteneinsparungen führt.

Grundsätzlich besteht jedoch auch bei anderen NE, z. B. größeren Arzt-Gemeinschaftspraxen die Möglichkeit einer Aufteilung in Teilnutzungseinheiten, allerdings mit einer Größe der einzelnen Teilnutzungseinheiten bis zu 200 m^2. Hierfür ist eine möglichst frühzeitige Abstimmung mit der den Brandschutz prüfenden Stelle empfehlenswert und eine entsprechende Abweichung erforderlich.

Aufenthaltsraum

Neben der Nutzungseinheit ist der **„Aufenthaltsraum“** der wichtigste Indikator für die Bestimmung der Rettungsweganforderungen. In der Bauordnung ist er wie folgt definiert, § 2 (7): *„Aufenthaltsräume sind Räume, die zum nicht nur vorübergehenden Aufenthalt von Menschen bestimmt oder geeignet sind.“* Außerdem bestehen nach der Bauordnung an Aufenthaltsräume noch weitere Anforderungen, z. B. in Bezug auf Raumhöhe und Belichtung.

Beispiele für Aufenthaltsräume:

Aufenthaltsräume sind: Wohnzimmer, Wohnküchen, Küchen, Esszimmer, Schlafräume, Büros, Praxen, Werkstätten, Restaurants, Kantinen, Seminarräume, Läden.

Sogenannte **„Hobbyräume“** im KG von Gebäuden der GK 1 und 2 werden in Fachkreisen unterschiedlich beurteilt. Aus brandschutztechnischer Sicht kommt es hier auf die tatsächliche Nutzung an. Bei wärmegedämmten, beheizten, belüfteten und (mehr oder weniger) belichteten Hobbyräumen im KG kann nicht ausgeschlossen werden, dass solche Räume tatsächlich als Aufenthaltsräume benutzt werden (z. B. Gästezimmer, Kinderspielzimmer, Computerzimmer). Deshalb ist es im Zweifelsfall empfehlenswert, sie bezüglich der Rettungswege auch als Aufenthaltsräume zu bewerten (auch wenn sie nicht alle bauaufsichtlichen Anforderungen an Aufenthaltsträume (Mindesthöhe, Belichtung) erfüllen).

Sollen dagegen **Hobbyräume nicht als Aufenthaltsräume** bewertet werden, ist es empfehlenswert, dies eindeutig und zweifelsfrei **festzulegen, zu dokumentieren und vom Bauherrn bzw. Nutzer schriftlich bestätigen zu lassen.**

Beispiel für Räume, die keine Aufenthaltsräume sind:

Keine Aufenthaltsräume sind: Flure, Gänge, Bäder, Toiletten, Abstellräume, Lagerräume, Waschmaschinenräume, Trockenräume, Teeküchen, Abstellräume, Toiletten, Duschen, Technikräume.

Es ist auch eine unterschiedliche Bewertung in **Abhängigkeit zur Nutzung** möglich z. B. bei Lagerräumen und Umkleideräumen. Werden diese Räume nicht regelmäßig und nur vorübergehend genutzt, sind sie nicht als Aufenthaltsräume zu bewerten. Halten sich dort dagegen Personen regelmäßig und nicht nur vorübergehend auf, führt dies zu einer Bewertung als Aufenthaltsräume (z. B. Umkleide- und Duschräume einer Schul-Turnhalle).

Empfehlung: Im Zweifelsfall ist es sinnvoll, die Bewertung, ob ein Aufenthaltsraum bzw. Nichtaufenthaltsraum vorliegt, mit der den Brandschutz prüfenden Stelle und dem Nutzer zu klären bzw. abzustimmen.

Rettungswege (RW)

Rettungswege sind die wichtigsten und baurechtlich unbedingt notwendigen Teile des Gebäudes, über die Personen das Gebäude selbst verlassen oder über die sie gerettet werden können. Rettungswege dienen in erster Linie der **Flucht**. Ist diese (das selbstständige Verlassen des Gefahrenbereichs) nicht bzw. wegen Feuer und Rauch nicht mehr möglich, dienen Rettungswege zur Rettung von Menschen und Tieren durch die Rettungskräfte. Außerdem sind sie auch Angriffs- und Rückzugswege der Feuerwehr.

Die Anforderungen an Rettungswege sind abhängig von der Nutzung sowie den Nutzungseinheiten und den darin angeordneten Aufenthaltsräumen.

In Nutzungseinheiten ohne Aufenthaltsräume genügt **ein Rettungsweg**, der zugleich auch als Fluchtweg dient.

In Nutzungseinheiten mit mindestens einem Aufenthaltsraum sind grundsätzlich zwei voneinander unabhängige Rettungswege erforderlich (ausgenommen Nutzungseinheiten mit Sicherheitstreppenraum bzw. ebenerdige Nutzungseinheiten mit einem unmittelbaren Ausgang ins Freie, der von jeder Stelle eines Raumes in höchstens 15 m Entfernung erreichbar ist).

Der erste Rettungsweg (Fluchtweg) muss immer baulich sein (eine ständig vorhandene, feste bauliche Einrichtung) und ohne fremde Hilfe jederzeit begangen werden können. Er kann sich aus dem **horizontalen geschützten Rettungsweg** (notwendiger Flur), dem **vertikalen geschützten Rettungsweg** (notwendige Treppe) sowie ihren Ein- und Ausgängen zusammensetzen und muss in der Regel auf eine öffentliche Verkehrsfläche führen.

11

Der zweite Rettungsweg kann entweder baulich sein (Fluchtweg) und muss dann ohne fremde Hilfe jederzeit begangen werden können oder er wird im Gefahrenfall durch Rettungsgeräte der Feuerwehr hergestellt (Rettungsweg).

Falls der zweite Rettungsweg erst über Rettungsgeräte der Feuerwehr hergestellt wird, muss die Feuerwehr über die erforderlichen Rettungsgeräte verfügen, diese auch einsetzen können (Flächen für die Feuerwehr) und es dürfen keine Bedenken wegen der Personenrettung bestehen.

Fluchtwege

Der erste bauliche Rettungsweg bzw. (wenn mehrere notwendige Treppen vorhanden sind) die baulichen Rettungswege sind in erster Linie immer Fluchtwege, die ein rasches Fliehen ohne fremde Hilfe (selbstständiges Verlassen des Aufenthaltsbereichs) im Gefahrenfall ermöglichen sollen. Die Fluchtwege sind damit ständig vorhandene, feste bauliche Einrichtungen, die ohne fremde Hilfe jederzeit begangen werden können.

Zweiter Ausgang

Eine Nutzungseinheit bzw. ein Aufenthaltsraum kann auch einen zweiten Ausgang haben. Dieser muss nicht zwingend ein zweiter Rettungsweg sein. Er kann auch zum ersten Rettungsweg der betreffenden Nutzungseinheit bzw. des betreffenden Aufenthaltsraums führen. In diesem Fall muss dann für diese Nutzungseinheit ein anderer zweiter Rettungsweg vorhanden sein.

Rettungsgeräte der Feuerwehr

Rettungsgeräte der Feuerwehr sind Geräte, die geeignet sind, Menschen und Tiere aus einem Gefahrenbereich herauszuführen oder aus einer lebensbedrohlichen Zwangslage zu befreien. Zu ihnen gehören z. B. tragbare Leitern, Drehleitern, Hubrettungsfahrzeuge und andere Einsatzmittel wie Rauchschutzhauben.

② Das bauaufsichtliche System der Rettungswege

Die bauaufsichtlichen Anforderungen an Rettungswege haben das grundsätzliche Ziel, dass der erste bauliche Rettungsweg (Fluchtweg) möglichst sicher und deshalb auch möglichst lange für die Flucht benutzbar sein soll. Dies ist eine Idealvorstellung, die in der Praxis nicht bzw. nur mit einem relativ großen Aufwand realisiert werden kann.

Deshalb geht der Gesetzgeber in seinem bauaufsichtlich geregelten System der Rettungswege davon aus, dass unter ungünstigen Umständen der erste bauliche Rettungsweg (Fluchtweg) durch Feuer und Rauch unpassierbar werden kann. Er akzeptiert also dessen Totalausfall und fordert, dass genau für diesen Fall jede Nutzungseinheit mit Aufenthaltsräumen über einen zweiten (vom ersten Rettungsweg = Fluchtweg unabhängigen) Rettungsweg haben muss.

Zur Gewährleistung dieses zweiten (unabhängigen) Rettungswegs muss die ausgefallene notwendige Treppe entweder durch Rettungsgeräte der Feuerwehr ersetzt werden (Rettungsweg) oder es ist eine zweite, vom ersten Rettungsweg unabhängige notwendige Treppe (ein weiterer baulicher Rettungsweg = Fluchtweg) erforderlich.

Allerdings wird diese **Unabhängigkeit nur für die vertikalen Teile der Rettungswege** (Fluchtwege), also für die notwendigen Treppen verlangt. Bezüglich der horizontalen Rettungswege bestehen wesentlich geringere Anforderungen.

- Wird bei Wohnungen, Nutzungseinheiten bis 200 m² und Büro- und Verwaltungsnutzungen bis 400 m² der zweite Rettungsweg über Rettungsgeräte der Feuerwehr hergestellt, so stellt die Bauordnung weder Anforderungen an die Zahl und Lage der mit Rettungsgeräten der Feuerwehr erreichbaren Stellen noch an die Sicherheit, mit der diese Stellen von den Nutzern innerhalb der Nutzungseinheit erreicht werden können. Es genügt je Wohnung bzw. Nutzungseinheit **eine einzige mit Rettungsgeräten der Feuerwehr erreichbare Stelle**. Diese muss jedoch **immer zugänglich** sein, das heißt, der Weg zu dieser Stelle darf nicht abgesperrt sein.
- Bei anderen als den vorgenannten Nutzungseinheiten bestehen zwar weitere Anforderungen an den horizontalen ersten baulichen Rettungsweg (z. B. notwendiger Flur innerhalb der Nutzungseinheit bzw. an eine vergleichbare Sicherheit in Form eines möglichst entgegengesetzten Ausgangs). Soll bei diesen Nutzungseinheiten der zweite Rettungsweg über Rettungsgeräte der Feuerwehr hergestellt werden, so enthält die Bauordnung jedoch keine, auf diese Situation abgestimmten Vorgaben.

Ist ein zweiter baulicher Rettungsweg (Fluchtweg) in Form einer weiteren notwendigen und möglichst entgegengesetzt liegenden Treppe vorhanden, so ist zwar die Treppe selbst unabhängig, nicht jedoch der Weg zu dieser Treppe. Hier lässt die Bauordnung zu, dass beide horizontalen Fluchtwege (baulichen Rettungswege) innerhalb eines Geschosses über denselben notwendigen Flur führen dürfen.

Bild 2.1: Übersicht der Rettungswege im Gebäude

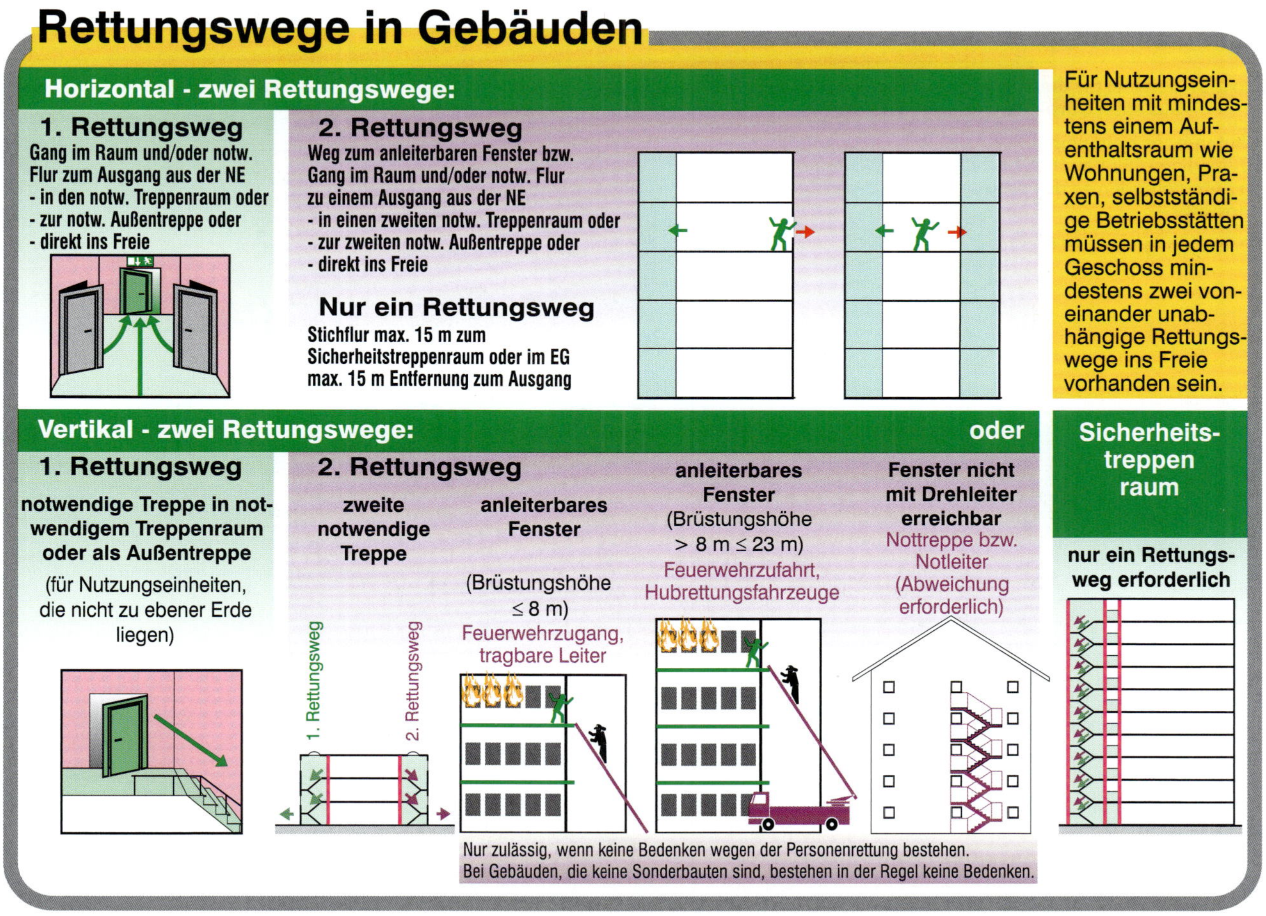

Bild 2.2: Beispiel für die Bestandteile der Rettungswege aus einer NE bis 200 m² oder Wohnung

An die horizontale Ausbildung des ersten baulichen Rettungswegs = Fluchtweg werden mit Ausnahme der maximal zulässigen Entfernung keine weiteren Anforderungen gestellt. Sein gesicherter Teil beginnt an der Türe = Ausgang zum notwendigen Treppenraum.

Der zweite Rettungsweg wird über Rettungsgeräte der Feuerwehr hergestellt. Es ist nur ein anleiterbares Fenster je Wohnung/NE erforderlich. Kann in einer NE nur ein ganz bestimmtes Fenster angeleitert werden, ist eine entsprechende Kennzeichnung empfehlenswert. Außerdem sollte die Türe zu diesem Raum dann nichtabsperrbar sein.

Anmerkung: Brennt es in der Wohnung/NE und kann die Türe nicht aus eigener Kraft erreicht werden, entsteht eine sehr **kritische Situation**, da unter ungünstigen Umständen das Eintreffen der Feuerwehr nicht abgewartet werden kann. Deshalb sind Rauchwarnmelder in Wohnungen so wichtig und können Leben retten.

*1) Bei Gebäuden, die keine Sonderbauten sind, bestehen bei den dargestellten Nutzungen in der Regel keine Bedenken wegen der Personenrettung über Rettungsgeräte der Feuerwehr (siehe auch Kapitel 11, Punkt 9). Allerdings ist eine frühzeitige Abstimmung mit der den Brandschutz prüfenden Stelle empfehlenswert, solange es noch keine konkreten bauaufsichtlichen Regelungen gibt.

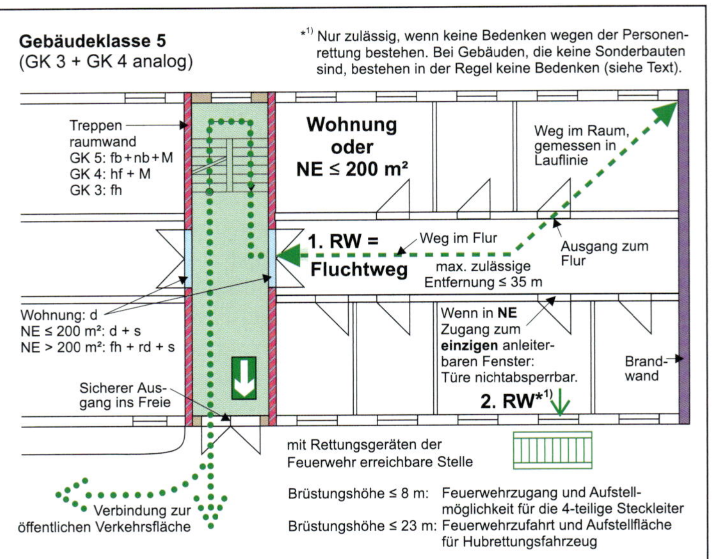

Bild 2.3: Beispiel für die Bestandteile der Rettungswege aus einer Büro-/Verwaltungs-NE ≤ 400 m²

Erläuterungen siehe sinngemäß bei Bild 2.2. Da diese NE keinen notwendigen Flur benötigt, bestehen ebenfalls keine besonderen Anforderungen an den horizontalen Teil des ersten Rettungswegs.

*1) Siehe sinngemäß bei Bild 2.2.

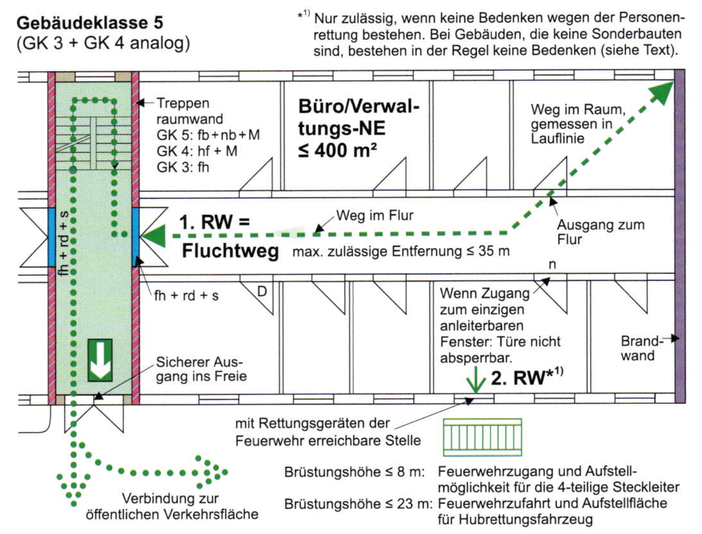

Bild 2.4: Beispiel für die Bestandteile der Rettungswege aus einer NE > 200 m² ≤ 400 m² (keine Büro- und Verwaltungsnutzung)

Erläuterungen siehe sinngemäß bei Bild 2.2. Allerdings bestehen hier durch den notwendigen Flur auch Anforderungen an den horizontalen Teil des ersten baulichen Rettungswegs = Fluchtwegs.

Bei NE mit notwendigem Flur enthält die Bauordnung keine genauen Regelungen für den zweiten Rettungsweg. Deshalb muss geprüft werden, ob Bedenken wegen der Personenrettung über Rettungsgeräte der Feuerwehr bestehen.

*1) Siehe sinngemäß bei Bild 2.2.

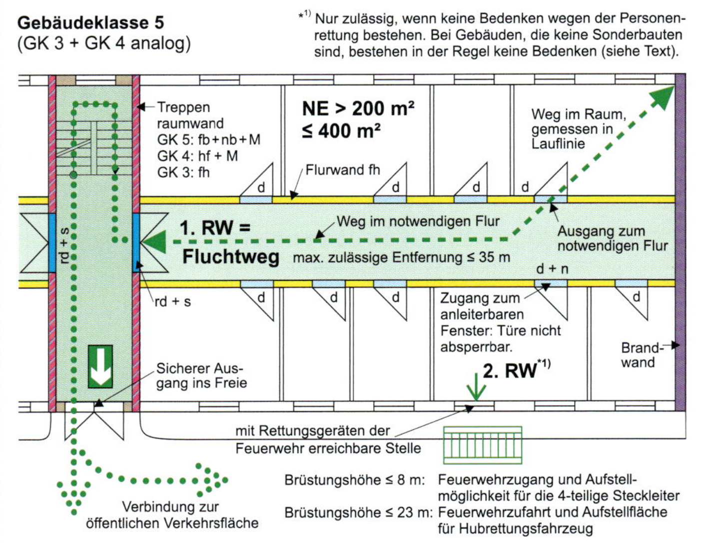

③ Der erste bauliche Rettungsweg (Fluchtweg)

Vereinfacht ausgedrückt ist der erste (bauliche) Rettungsweg der Fluchtweg aus der Nutzungseinheit ins Freie. Seine Anforderungen hängen wesentlich von der Größe, Lage und Nutzung der jeweiligen Nutzungseinheit ab.

Nutzungseinheiten ohne Aufenthaltsräume benötigen nur einen ersten baulichen Rettungsweg (Fluchtweg).

Bei Nutzungseinheiten mit Aufenthaltsräumen muss der erste Rettungsweg (Fluchtweg) immer baulich sein und ist damit fester Bestandteil des Gebäudes. Er besteht in Nutzungseinheiten, die nicht zu ebener Erde liegen, aus einem horizontalen und vertikalen Teil. In Nutzungseinheiten, die zu ebener Erde liegen, ist er in der Regel nur horizontal.

Der horizontale Rettungsweg setzt sich in Abhängigkeit von der Größe, Lage und Nutzung der jeweiligen Nutzungseinheit aus ungesicherten Wegen (Wege innerhalb der Aufenthaltsräume bzw. der Wohnungen, Nutzungseinheiten bis 200 m^2 und Büro- und Verwaltungsnutzungen bis 400 m^2) und gesicherten Wegen (notwendige Flure, Ausgänge zu notwendigen Treppenräumen, notwendigen Außentreppen und ins Freie) zusammen.

Der vertikale Rettungsweg (Fluchtweg) muss für Nutzungseinheiten, die nicht zu ebener Erde liegen, immer über mindestens eine notwendige Treppe führen. Diese kann entweder in einem notwendigen Treppenraum liegen oder auch als sichere Außentreppe ausgeführt werden.

Vom Grundsatz her muss der erste Rettungsweg mit zunehmender Länge immer sicherer werden. An seinen Anfang z. B. innerhalb eines Aufenthaltsraums bzw. innerhalb von Wohnungen, Nutzungseinheiten bis 200 m^2 und Büro- und Verwaltungsnutzungen bis 400 m^2 bestehen (mit Ausnahme der maximal zulässigen Entfernung) keine besonderen Anforderungen. An sein Ende (Ausgang ins Freie) werden die höchsten Anforderungen gestellt.

Führt der erste bauliche Rettungsweg (Fluchtweg) von Wohnungen, Nutzungseinheiten bis 200 m^2 und Büro- und Verwaltungsnutzungen bis 400 m^2 nicht direkt zu einem Ausgang in einen notwendigen Treppenraum, zu einer sicheren Außentreppe oder ins Freie, so ist der Weg zu einem solchen Ausgang als notwendiger Flur auszubilden.

Bei **Wohnungen, Nutzungseinheiten bis 200 m^2 und Büro- und Verwaltungsnutzungen bis 400 m^2** werden bauordnungsrechtliche **Anforderungen also erst ab der Tür gestellt**, die aus der jeweiligen Nutzungseinheit zum ersten Rettungsweg führt (mit Ausnahme der maximal zulässigen Entfernung). Erst ab dieser Ausgangstür beginnt der baurechtlich gesicherte Bereich.

Bezüglich der sicheren Erreichbarkeit dieser Ausgangstür innerhalb der jeweiligen Nutzungseinheit (über horizontale Rettungswege) stellt das Baurecht keine besonderen Anforderungen. Dies bedeutet, dass es aus der Sicht des Brandschutzes praktisch dem **Zufall** überlassen wird, **ob und wie sicher die Ausgangstür zum ersten baulichen Rettungsweg (Fluchtweg) erreicht werden kann**. Die Lage dieser Tür (bezogen auf die Nutzungseinheit) ist damit nach dem Baurecht beliebig. Allerdings besteht bei Gebäuden, die dem Arbeitsstättenrecht unterliegen, die Problematik der „gefangenen Räume".

④ Rettungsweglänge und -breite

Der erste bauliche Rettungsweg (Fluchtweg)

- im Erdgeschoss der Weg von jeder Stelle eines Aufenthaltsraums bis zum Ausgang ins Freie,
- in den Obergeschossen der Weg von jeder Stelle eines Aufenthaltsraums bis zum Ausgang in den nächstgelegenen notwendigen Treppenraum, zur nächstgelegenen notwendigen Außentreppe oder zum Sicherheitstreppenraum und
- in Kellergeschossen der Weg von jeder Stelle des Kellergeschosses bis zum Ausgang in den nächstgelegenen notwendigen Treppenraum oder zur nächstgelegenen Kelleraußentreppe

wird begrenzt durch die maximal zulässige Entfernung (Rettungsweglänge). Diese ist für Gebäude, die nach der Bauordnung beurteilt werden auf 35 m festgelegt. Zudem ist für notwendige **Stichflure** zu Sicherheitstreppenräumen die maximale Flurlänge auf 15 m begrenzt und bei zu ebener Erde liegenden Räumen ohne zweiten Rettungsweg mit einem unmittelbaren Ausgang ins Freie darf die Entfernung von **jeder Stelle eines Raums** bis zum Ausgang nicht mehr als 15 m betragen.

Messung der maximal zulässigen Entfernung

Bei Gebäuden, die nach der Bauordnung beurteilt werden können, wird die maximal zulässige Entfernung in der Lauflinie ermittelt. **Gemessen wird die kürzeste Entfernung in Lauflinie ohne Berücksichtigung der Raumausstattung, jedoch nicht durch feste Einbauten und Wände**. Die Möblierung braucht dabei nicht berücksichtigt zu werden, da diese im Planungsstadium nicht bekannt ist und auch später jederzeit verändert werden kann. Wände und feste Einbauten, wie Einbauschränke, Labortische und im Boden fest verankerte Bestuhlungen, müssen jedoch berücksichtigt werden.

Wichtig: Damit bestimmt die maximal zulässige Entfernung (Rettungsweglänge) u. a., ob nur eine notwendige Treppe oder nur ein Ausgang ins Freie ausreichend ist oder ob davon mehrere benötigt werden.

Weitere Informationen und Bilder siehe Kapitel 10.2, Punkt 1.

Mindestbreite von baulichen Rettungswegen

Die erforderliche Rettungswegbreite wird in der Bauordnung NRW nur allgemein beschrieben: Sie muss grundsätzlich für den größten zu erwartenden Verkehr ausreichen. Die Mindestbreiten ergeben sich für Gebäude, die keine Sonderbauten sind, aus den Anforderungen an notwendige Flure (Kapitel 8, Punkt 2) und notwendige Treppen (Kapitel 9, Punkt 5).

Eingangstüren von Wohnungen müssen eine lichte Durchgangsbreite von mindestens 0,90 m haben.

Weitere Anforderungen werden für Gebäude, die nach der Bauordnung zu behandeln sind, nicht gestellt.

Für **Sonderbauten** bestehen bezüglich der Mindestbreiten der baulichen Rettungswege meist besondere bzw. weitergehende Anforderungen, die sich aus den jeweiligen Sonderbauvorschriften bzw. aus der individuellen Bemessung der Rettungswegbreiten ergeben.

Beispiel: Für Versammlungsstätten beträgt die Mindestbreite 1,20 m für je 200 darauf angewiesene Personen. Zwischenwerte sind zulässig (Verordnung über Bau und Betrieb von Sonderbauten – Sonderbauverordnung – SBauVO). Für andere Sonderbauten kann diese Regelung für die Bemessung der Rettungswegbreiten als Anhaltspunkt herangezogen werden. Bei Arbeitsstätten gilt nach ASR A 2.3 bis 5 Personen eine lichte Breite von 0,875 m, bis 20 Personen eine lichte Breite von 1,00 m und bis 200 Personen eine lichte Breite von 1,20 m. Weitere Staffelung in Schritten von 0,60 m.

⑤ Türen in Rettungswegen

Türen in Rettungswegen müssen jederzeit geöffnet werden können. Häufig bereitet jedoch die Aufschlagrichtung der Türen Probleme.

Die Bauordnung enthält keine bestimmten Anforderungen an die Aufschlagrichtung von Türen in Rettungswegen. Danach kann bei Gebäuden, die keine Sonderbauten sind, die Aufschlagrichtung entsprechend den funktionellen Anforderungen festgelegt werden. Wichtig ist dabei, dass die Mindestbreiten von baulichen Rettungswegen (insbesondere von notwendigen Treppen) eingehalten werden.

Für Sonderbauten wird die bauaufsichtlich erforderliche Aufschlagrichtung, wenn diesbezüglich Anforderungen bestehen, in den entsprechenden Sondervorschriften geregelt.

Besondere Aufmerksamkeit bei Gebäuden, Nutzungen und Räumen, die dem Arbeitsstättenrecht unterliegen

Anmerkung: Besondere Aufmerksamkeit ist bei Gebäuden, Nutzungen und Räumen, die dem Arbeitsstättenrecht unterliegen, empfehlenswert. Hier gab es in letzter Zeit Entscheidungen, bei denen es weniger um die Sache, also eine vernünftige und praktikable Lösung ging, sondern mehr um das sture und „praxisbefreite" Durchsetzen von Vorschriften. Deshalb ist es dringend empfehlenswert, die Aufschlagrichtung von Türen in Nutzungen, die dem Arbeitsstättenrecht unterliegen, frühzeitig mit den hierfür zuständigen Stellen abzustimmen.

⑥ Grundsätzliches zum zweiten Rettungsweg

Die Bauordnung schreibt für jede Nutzungseinheit mit Aufenthaltsräumen einen zweiten Rettungsweg vor, der vom ersten unabhängig sein muss. Diese **Unabhängigkeit** bezieht sich jedoch bei Wohnungen, Nutzungseinheiten bis 200 m^2 und Büro- und Verwaltungsnutzungen bis 400 m^2 im Wesentlichen auf den **vertikalen Teil** des zweiten Rettungsweges.

Der erste Rettungsweg (Fluchtweg) muss immer baulich hergestellt werden. Beim zweiten Rettungsweg besteht eine Wahlmöglichkeit. Er kann ebenfalls baulich (als Fluchtweg durch eine weitere notwendige Treppe) hergestellt werden. Alternativ sind aber auch Rettungsgeräte der Feuerwehr möglich. Dann wird bei einem Brand die Hilfe der Feuerwehr für die Rettung erforderlich. Diese stellt den zweiten Rettungsweg mit ihren Rettungsgeräten dort her, wo der erste (vertikale) Rettungsweg nicht mehr benutzbar ist oder wo Hilfe benötigt wird.

Voraussetzung hierfür ist natürlich, dass die Feuerwehr über die erforderlichen Rettungsgeräte verfügt und diese auch einsetzen kann. Weiter ist es von entscheidender Bedeutung, dass die auf die Hilfe der Feuerwehr angewiesenen Personen die Rettung durch die Feuerwehr abwarten können. Deshalb ist nach Bauordnung NRW der zweite Rettungsweg über Rettungsgeräte der Feuerwehr nur zulässig, wenn keine Bedenken wegen der Personenrettung bestehen.

Als dritte Möglichkeit besteht die Anordnung eines Sicherheitstreppenraums, weil dann ein zweiter vertikaler Rettungsweg nicht erforderlich ist.

Auch bei zu ebener Erde liegenden Räumen mit einem direkten Ausgang ins Freie wäre bei den im ersten Absatz genannten Nutzungseinheiten ein zweiter Rettungsweg nicht erforderlich, da kein vertikaler Teil des Rettungswegs vorhanden ist, der ausfallen könnte. Allerdings stellt hier die Bauordnung NRW die besondere Anforderung, dass eine Ausführung ohne zweiten Rettungsweg nur dann möglich ist, wenn der unmittelbare Ausgang ins Freie von jeder Stelle des Raumes in höchstens 15 m Entfernung erreichbar ist.

⑦ Der zweite Rettungsweg über weitere notwendige Treppen

Bestehen z. B. bei Sonderbauten Bedenken wegen der Personenrettung (siehe weiter unten), ist ein zweiter Rettungsweg über Rettungsgeräte der Feuerwehr nicht zulässig. In diesen Fällen muss der zweite Rettungsweg baulich hergestellt werden (Fluchtweg) und damit eine weitere notwendige Treppe sein. Beide Rettungswege sind dann bauliche Rettungswege (Fluchtwege), die über zwei oder mehrere notwendige Treppen führen.

> Bei Sonderbauten mit ausschließlich baulichen Rettungswegen (Fluchtwegen) bedarf es für die Personenrettung in der Regel nicht der Mitwirkung der Feuerwehr. Die Gebäude sind so zu planen, dass sich die Personen darin im Gefahrenfall selbst in Sicherheit bringen können.

Maximale Rettungsweglänge bei zwei oder mehreren baulichen Rettungswegen

Werden beide Rettungswege (Fluchtwege) baulich, also über notwendige Treppen hergestellt, ist eine Gliederung in ersten und zweiten Rettungsweg nicht mehr sinnvoll. In diesem Fall weist das Gebäude zwei oder mehr bauliche Rettungswege auf, wobei von jeder Stelle eines Aufenthaltsraums mindestens ein Rettungsweg in höchstens 35 m Entfernung zu einem Ausgang in den notwendigen Treppenraum oder zur notwendigen Außentreppe oder ins Freie nachgewiesen werden muss (erster Rettungsweg). Der andere (zweite Rettungsweg) darf dann länger sein.

Sicherheit von Baulichen Rettungswegen (Fluchtwegen)

Bauliche Rettungswege (Fluchtwege) können im Brandfall sofort benutzt werden und sind damit für die Gebäudebenutzer in der Regel wesentlich besser als Rettungswege, die erst nach dem Eintreffen der Feuerwehr mit deren Rettungsgeräten hergestellt werden. Allerdings gilt das nur für diejenigen Personen, die sich nicht im brandbetroffenen Geschoss aufhalten. Fällt durch einen Brand in einem Geschoss z. B. ein notwendiger Treppenraum aus, kann in allen anderen Geschossen außer dem brandbetroffenen Geschoss problemlos ein weiterer, nicht vom Brand betroffener Treppenraum erreicht werden.

Für diejenigen Personen, die sich im brandbetroffenen Geschoss aufhalten, kann die Situation jedoch deutlich ungünstiger werden. Wird im brandbetroffenen Geschoss der Brand zu spät bemerkt und/oder ist der notwendige Flur stark verraucht, so stehen zwar zwei oder mehrere rauchfreie und sichere notwendige Treppen zur Verfügung, sie können aber wegen des verrauchten notwendigen Flures nicht oder nur unter Lebensgefahr erreicht werden. Eine Rettung über Rettungsgeräte der Feuerwehr ist in einem solchen Fall wegen der vorhandenen baulichen Rettungswege nicht vorgesehen.

Diese mögliche ungünstige Situation wird von der Bauordnung jedoch innerhalb des gesellschaftlich akzeptierten Risikos in Kauf genommen, da sie genau für diesen Fall angibt, dass **beide Rettungswege** auch über einen gemeinsamen notwendigen Flur führen dürfen.

⑧ Der zweite Rettungsweg mit Rettungsgeräten der Feuerwehr

Der zweite Rettungsweg über Rettungsgeräte der Feuerwehr ist nur zulässig, wenn keine Bedenken wegen der Personenrettung bestehen. **Anmerkung:** Grundsätzlich kann davon ausgegangen werden, dass für Gebäude, die **keine Sonderbauten** sind, keine Bedenken bestehen (siehe auch den nächsten Punkt). Im Zweifelsfall ist eine frühzeitige Abstimmung mit der den Brandschutz prüfenden Stelle empfehlenswert.

Ist es zulässig, den zweiten Rettungsweg über Rettungsgeräte der Feuerwehr herzustellen, muss jede Nutzungseinheit mit mindestens einem Aufenthaltsraum in jedem Geschoss mindestens eine mit Rettungsgeräten der Feuerwehr erreichbare Stelle haben. Außerdem muss die Feuerwehr über die hierfür erforderlichen Rettungsgeräte verfügen und mit diesen an die erreichbaren Stellen herankommen (Feuerwehrflächen).

Erforderliche Rettungsgeräte bei Brüstungshöhen ≤ 8 m über Gelände

- Bis zu einer Brüstungshöhe von maximal 8 m ist in der Regel die 4-teilige Steckleiter möglich. Flächen für die Feuerwehr siehe Kapitel 12.
- Die zum Anleitern bestimmten Stellen oder Fenster müssen für die tragbaren Leitern zugänglich sein.
- Die tragbaren Leitern müssen aufgestellt werden können.

Tipp: Bei Brüstungshöhen bis 3,70 m kann die 2-teilige Steckleiter angesetzt werden, welche in der Regel bei allen Feuerwehren vorhanden ist. Bei Brüstungshöhen größer 3,70 m bis 8 m kann meist davon ausgegangen werden, dass die Feuerwehr über eine 4-teilige Steckleiter verfügt. In besonderen Fällen, z. B. in ländlichen Gegenden, kann es jedoch sein, dass eine 4-teilige Steckleiter innerhalb der Hilfsfrist nicht verfügbar ist. Dann sind weitere bzw. besondere Maßnahmen zur Sicherstellung des zweiten RW notwendig.

Erforderliche Rettungsgeräte bei Brüstungshöhen > 8 m ≤ 23 m über Gelände

- Gebäude, deren zweiter Rettungsweg über Rettungsgeräte der Feuerwehr führt und bei denen die Oberkante der Brüstung von zum Anleitern bestimmten Fenstern oder Stellen mehr als 8 m über der Geländeoberfläche liegt, dürfen nur **errichtet** werden, wenn die Feuerwehr über die erforderlichen Rettungsgeräte wie Hubrettungsfahrzeuge verfügt. Flächen für die Feuerwehr siehe Kapitel 12.
- Die zum Anleitern bestimmten Stellen oder Fenster müssen für die Hubrettungsfahrzeuge zugänglich sein.
- Die Hubrettungsfahrzeuge müssen aufgestellt und die zum Anleitern bestimmten Stellen müssen erreicht werden können.

Damit die Hubrettungsfahrzeuge eingesetzt werden können, sind die „Muster-Richtlinien über Flächen für die Feuerwehr" einzuhalten (VV TB NRW A 2.2.1.1), siehe auch nachfolgendes Kapitel 12.

Tipp: In der Regel sind als Rettungsgeräte der Feuerwehr nur die Drehleiter der Feuerwehr (z. B. DLK 23/12) bzw. Hubrettungsfahrzeuge möglich. Aus der Formulierung „... dürfen nur errichtet werden ..." kann jedoch abgleitet werden, dass bei **Bestandsgebäuden**, die zum Zeitpunkt ihrer Errichtung mit der 3-teiligen Schiebeleiter als Rettungsgerät genehmigt worden sind, diese auch heute noch als Rettungsgerät verwendet werden kann.

Erforderliche Rettungsgeräte bei Brüstungshöhen > 8 m ≤ 12 m über Gelände

- In besonderen Fällen ist unter Umständen eine 3-teilige Schiebeleiter möglich, z. B. im Bestand und nach entsprechender Abstimmung mit der den Brandschutz prüfenden Stelle. **Wichtig:** In Neubauten ist die 3-teilige Schiebleiter als zweiter Rettungsweg in der Regel nicht (mehr) zulässig bzw. möglich.
- Die zum Anleitern bestimmten Stellen oder Fenster müssen für die Schiebeleiter zugänglich sein.
- Die Schiebeleiter muss aufgestellt werden können.

Tipp: Wenn die zuständige Feuerwehr über eine tragbare 3-teilige Schiebleiter verfügt, kann diese im **Bestand** und in besonderen Einzelfällen (z. B. in Hinterhöfen, bei Baudenkmälern oder in dicht bebauten Altstadtbereichen) zur Sicherstellung des zweiten Rettungsweges bis zu einer Brüstungshöhe von maximal 12 m über der Geländeoberfläche eingesetzt werden.

Es ist eine entsprechende Abstimmung mit der den Brandschutz prüfenden Stelle und eine Zustimmung der Feuerwehr erforderlich. Natürlich ist dabei zu prüfen, dass auch die erforderlichen Aufstellflächen für die 3-teilige Schiebeleiter vorhanden sind.

⑨ Bedenken wegen der Personenrettung beim zweiten Rettungsweg über Rettungsgeräte der Feuerwehr

Gemäß BauO NRW § 33 (2) Nr. 3 ist der zweite Rettungsweg über Rettungsgeräte der Feuerwehr nur zulässig, *„wenn keine Bedenken wegen der Personenrettung"* bestehen.

Anmerkung: Diese Formulierung muss in Zusammenhang mit dem gesellschaftlich akzeptierten Risiko und den daraus resultierenden bauaufsichtlichen Schutzzielen gesehen und gewertet werden.

Hierzu enthält die MBO die grundsätzliche Regelung, dass bei **Gebäuden, die keine Sonderbauten sind**, das gesellschaftlich akzeptierte Risiko **als eingehalten gilt**, wenn

- die mit Rettungsgeräten erreichbaren Stellen vorhanden sind,
- die Feuerwehr über die erforderlichen Rettungsgeräte verfügt und
- diese auch einsetzen kann (Flächen für die Feuerwehr).

Dies bedeutet, dass es gemäß den Schutzzielen der MBO (innerhalb des dort zugrunde gelegten gesellschaftlich akzeptierten Risikos) bei Gebäuden, die keine Sonderbauten sind, generell ausreicht, dass innerhalb der Hilfsfrist die Feuerwehr mit ihren Rettungsgeräten an der Brandstelle eintrifft und mit der Rettung beginnen kann.

Es muss dabei **nicht gewährleistet sein**, dass die Feuerwehr bei einem ausgefallenen Treppenraum alle auf die Rettungsgeräte angewiesenen Personen retten kann. Vielmehr wird davon ausgegangen, dass die Feuerwehr – wenn überhaupt – nur einige besonders gefährdete Personen mit ihren Rettungsgeräten rettet bzw. retten kann. In der Zwischenzeit kann sie (da es keine Sonderbauten sind), den Brand in der Regel schnell löschen und den Treppenraum über die Öffnung zur Rauchableitung entrauchen. Danach können die überwiegend noch im Gebäude anwesenden Personen das Gebäude über den entrauchten Treppenraum verlassen.

Bei Wohnungen, Nutzungseinheiten bis 200 m^2 und Büro- und Verwaltungsnutzungen bis 400 m^2 muss auch **nicht gewährleistet sein**, dass die Feuerwehr die Personen aus der **brandbetroffenen Wohnung retten** kann. Dies kann zwar unter günstigen Umständen gelingen. In der Regel sind die Chancen auf eine Rettung aus den vorgenannten Nutzungseinheiten eher gering. Dies ist auch der Grund, warum die Rauchwarnmelder in Wohnungen so wichtig sind, denn sie dienen in erster Linie der schnellen Warnung der Bewohner, damit diese ihre Wohnung über den ersten baulichen Rettungsweg = Fluchtweg verlassen können.

Erst bei Sonderbauten verlangt die MBO die Überprüfung, ob Bedenken wegen der Personenrettung bestehen. Hier ist dann in jedem Einzelfall zu prüfen, ob Bedenken bestehen.

Aktuelle Situation

Zurzeit wird die Frage, wann Bedenken wegen der Personenrettung bestehen, in Deutschland sehr kontrovers diskutiert. Nach MBO und in den Ländern, deren Regelungen diesbezüglich der MBO entsprechen, liegt die „Grenze" derzeit bei 101 Personen in einem Raum oder einem Raum > 400 m^2, da ein Gebäude, das ansonsten **kein Sonderbau** ist, ab dieser Nutzung zum Sonderbau wird.

Am extremsten sind derzeit die Regelungen in Niedersachsen, die bei Nutzungseinheiten, die keine Wohnungen sind, ab einer Personenzahl von mehr als 10 Personen verlangen, dass die Eignung des Rettungsweges über Leitern der Feuerwehr zu prüfen ist.

Erfolgt jedoch im Einzelfall eine Prüfung der Feuerwehr, ob Bedenken wegen der Personenrettung bestehen, wird zurzeit häufig davon ausgegangen, dass solche Bedenken ab ca. 10 Personen je Nutzungseinheit bestehen. Spätestens ab 30 Personen innerhalb einer Nutzungseinheit hält die AGBF Bund einen zweiten baulichen Rettungsweg für erforderlich.

Die aktuelle Fragestellung

Diese Werte sind bei dieser Fragestellung sicher realistisch. Die Fragestellung lautet konkret: Wie viele Personen kann die Feuerwehr in einer bestimmten Zeit mit ihren Rettungsgeräten retten.

Es wäre jedoch zu prüfen, ob die Fragestellung richtig ist. Diese Fragestellung ist bei Gebäuden, die keine Sonderbauten sind mit Nutzungseinheiten bis 200 m^2 und Büro- und Verwaltungsnutzungen bis 400 m^2 **für den Lastfall, dass es in der jeweiligen Nutzungseinheit brennt, nicht von Bedeutung**. Wenn es in einer solchen Nutzungseinheit brennt, in der sich z. B. 40 Personen aufhalten, dann muss die Feuerwehr **dort niemanden retten**, da alle ihren Fluchtweg benutzen und die NE verlassen. Fällt dagegen in dem Gebäude mit der 40 Personen-NE der erste bauliche Rettungsweg = Fluchtweg aus, so ist die Flucht nicht mehr möglich und die Personen sind auf die Hilfe der Feuerwehr angewiesen. Die hat jetzt natürlich das Problem, alle Personen mit ihren Rettungsgeräten zu retten.

Allerdings ist die NE z. B. bei GK 5 **feuerbeständig zu anderen Geschossen und NE abgetrennt**, so dass keine unmittelbare Gefahr besteht, da es ja in einem anderen Geschoss bzw. in einer anderen NE brennt. Hier kann die Feuerwehr in der Regel das Feuer schnell löschen, da es kein Sonderbau ist und die Nutzer können das Gebäude anschließend über den dann entrauchten Treppenraum verlassen.

In diesem Zusammenhang ist es interessant, dass die Feuerwehr auch bei einem Brand in einem Wohnblock mit z. B. 18 Wohnungen und 40 Personen bei einem Ausfall des notwendigen Treppenraums diese 40 Personen ebenso wenig retten kann (siehe weiter oben bei gesellschaftlich akzeptiertem Risiko). Ob diese 40 Personen auf 18 NE verteilt sind oder bei der vorgenannten NE 40 Personen sich in einer NE aufhalten, spielt in diesem Zusammenhang nur eine untergeordnete Rolle, da sowohl die 40 Personen-NE als auch die 18 NE jeweils feuerbeständig vom brandbetroffenen Raum bzw. Bereich abgetrennt sind.

Im Gegenteil: Eine Rettung aus der 40 Personen-NE ist deutlich einfacher und wesentlich schneller zu bewerkstelligen als wenn 40 Personen aus 18 verschiedenen Wohnungen gerettet werden müssen. Dazu kommt noch, dass der in der 40 Personen-NE vorhandene Personenkreis deutlich einfacher zu retten ist als 40 Personen in 18 Wohnungen, die eventuell Kleinkinder bei sich haben oder auch in ihrer Bewegungsfähigkeit eingeschränkte ältere Menschen sein können.

Die „richtige" Fragestellung:

Leider haben wir in Deutschland keine repräsentativen Schadenstatistiken. Einige Aussagen und Annahmen sollen jedoch nachfolgend (grob überschlägig geschätzt) getroffen werden: Wir haben in Deutschland ca. 400 Tote bei Bränden im Jahr. Davon sicher mehr als 300 in Wohngebäuden und Wohnungen. In Büro- und Verwaltungsgebäuden haben wir dagegen keine Toten.

Würde man jetzt den Satz in der Bauordnung: *„Der zweite Rettungsweg über Rettungsgeräte der Feuerwehr ist nur zulässig, wenn keine Bedenken wegen der Personenrettung bestehen"* ohne das der Bauordnung zugrunde liegende gesellschaftlich akzeptierte Risiko **zu 100 % ernst nehmen**, dann wäre besonders bei den Wohngebäuden der GK 1 und 2, aber auch bei allen anderen Wohngebäuden der zweite Rettungsweg über Rettungsgeräte der Feuerwehr **nicht mehr zulässig**, denn es gibt bei diesen Gebäuden im Jahr mehr als 300 Tote, bei denen dieser zweite Rettungsweg offensichtlich nicht funktioniert hat. „Nicht funktioniert" würde dann aber auch heißen, dass hier Bedenken bestehen müssten.

Bei den Büro- und Verwaltungsgebäuden mit Nutzungseinheiten bis 200 m^2 und Büro- und Verwaltungsnutzungen bis 400 m^2 kann man dagegen bei den der MBO zugrunde gelegten Szenarien (mehr als 40 Personen in der NE möglich) davon ausgehen, dass keine Bedenken wegen der Personenrettung bestehen, da es bei diesen Gebäuden praktisch keine Toten gibt.

Mit anderen Worten: Wenn die Feuerwehr bei einem zweiten Rettungsweg über Rettungsgeräte der Feuerwehr z. B. bei einer Büro- und Verwaltungsnutzung bis 400 m^2 mit 40 Personen Bedenken wegen der Personenrettung hat, dann müsste sie diese Bedenken z. B. bei einem Wohnblock mit 40 und mehr Bewohnern, aber auch bei einem Einfamilienhaus oder Reihenhaus noch deutlich stärker haben.

Der einzige Grund, dass die Feuerwehr bei dem Wohnblock mit 40 und mehr Bewohnern sowie bei den Einfamilienhäusern und Reihenhäusern keine Bedenken hat, liegt darin, **dass diese Frage nicht gestellt wird und die jährlich 300 Toten in diesen Gebäuden als gesellschaftlich akzeptiertes Risiko hingenommen werden**.

Die „richtige" Fragestellung in diesem Beispiel müsste also lauten:

Bestehen unter **Berücksichtigung** des der Bauordnung zugrunde gelegten gesellschaftlich akzeptierten Risikos Bedenken wegen der Personenrettung, wenn bei einer 400 m^2 großen Büro- und Verwaltungsnutzung mit ca. 40 Personen der zweite Rettungsweg über Leitern der Feuerwehr hergestellt werden soll?

Zusammenfassung und Vorschlag:

Bedenken wegen der Personenrettung bestehen in der Regel bei Sonderbauten, wenn aufgrund einer großen Personenzahl oder der „Personenart" (z. B. Kranke, Menschen mit Behinderung, Schulkinder, Kleinkinder) oder der Nutzung (Hotel mit mehr als 60 Gastbetten in mehr als zwei Geschossen, Verkaufsstätten, Industriebauten) eine Rettung mit Rettungsgeräten der Feuerwehr nicht mehr möglich bzw. vertretbar ist.

11

Keine Bedenken wegen der Personenrettung bestehen dagegen bei Gebäuden, die keine Sonderbauten sind mit Wohnungen, Nutzungseinheiten bis 200 m^2 und Büro- und Verwaltungsnutzungen bis 400 m^2 einschließlich eventueller Teilnutzungseinheiten. **Anmerkung:** Bei größeren Nutzungseinheiten mit notwendigem Flur in Gebäuden, die keine Sonderbauten sind, ist es empfehlenswert zu prüfen, ob Bedenken bestehen.

Ausblick:

Es ist zu erwarten und zu hoffen, dass zukünftig eine Klarstellung erfolgt (z. B. in einer Verwaltungsvorschrift), unter welchen Voraussetzungen bei bestimmten Gebäuden und Nutzungen keine Bedenken wegen der Personenrettung bestehen. Da es zum jetzigen Zeitpunkt (Frühjahr 2020) noch keine derartigen Ausführungen gibt, bleibt abzuwarten, wie diese Thematik in NRW weiter behandelt wird.

Wichtige Empfehlung:

Bis zu einer grundsätzlichen Klarstellung (für welche Gebäude mit welcher Nutzung unter welchen Voraussetzungen keine Bedenken wegen der Personenrettung bestehen) ist es notwendig, dies bereits sehr frühzeitig (in der Vorplanungsphase) mit der den Brandschutz prüfenden Stelle zu klären. Stellt sich erst relativ spät heraus, dass Bedenken bestehen, kann das zu erheblichen Verzögerungen und Kostensteigerungen führen.

Konsequenzen: Wenn Bedenken wegen der Personenrettung bestehen, ist in der Regel ein zweiter (weiterer) baulicher Rettungsweg erforderlich. Eventuell sind auch noch andere Lösungen möglich. Dies sollte jedoch ebenfalls sehr frühzeitig geklärt werden, da in der Regel die Grundrissplanung darauf abgestimmt werden muss.

⑩ Mit Rettungsgeräten der Feuerwehr erreichbare Stellen

In der Regel genügt pro Wohnung, Nutzungseinheit bis 200 m^2, Büro- und Verwaltungsnutzungen bis 400 m^2 und Teilnutzungseinheit in jedem Geschoss **eine Stelle**, die mit Rettungsgeräten der Feuerwehr erreichbar ist. Diese Stelle muss innerhalb der Wohnung bzw. NE jederzeit zugänglich sein.

Fenster, die als Rettungsweg (mit Rettungsgeräten der Feuerwehr erreichbare Stelle) dienen, müssen von innen jederzeit und ohne fremde Hilfe zu öffnen sein. Von diesen Fenstern müssen sich Menschen zu öffentlichen Verkehrsflächen oder zu Flächen für Einsatzkräfte der Gefahrenabwehr bemerkbar machen können. Dies gilt auch für Türen, die zu den „erreichbaren Stellen" führen, z. B. Balkon und Terrassentüren.

Die Fenster müssen im Lichten mindestens 0,90 m × 1,20 m groß und dürfen nicht höher als 1,20 m über der Fußbodenoberkante angeordnet sein.

Die für die Rettung erreichbare Stelle kann in den Obergeschossen ein anleiterbares Fenster, ein Balkon, eine Dachterrasse oder eine sonstige Stelle sein, an die die Feuerwehr mit ihren Rettungsgeräten anleitern kann.

Anmerkung: Ist in einer Nutzungseinheit oder Wohnung nur ein einziges, ganz bestimmtes Fenster mit Rettungsgeräten der Feuerwehr erreichbar, ist eine Darstellung in einem Feuerwehr-Einsatzplan und eine Kennzeichnung des Fensters empfehlenswert.

Erreichbare Stellen im EG

In Erdgeschossen ist bei Brüstungshöhen bis 1,20 m eine Anleiterbarkeit nicht notwendig. Damit sind dort bei Brüstungshöhen, die nicht höher als 1,20 m sind, grundsätzlich auch kleinere Fenster möglich, als die von der Bauordnung geforderten 0,90 m × 1,20 m. Allerdings ist hierfür eine entsprechende Abweichung erforderlich.

Erreichbare Stellen im DG

Liegen die anleiterbaren Fenster in Dachschrägen oder Dachaufbauten, so darf ihre Unterkante oder ein davorliegender Auftritt von der Traufkante horizontal gemessen nicht mehr als 1 m entfernt sein. Der Abstand kann in Abstimmung mit der Brandschutzdienststelle vergrößert werden.

Erreichbare Stellen im KG mit Lichtschächten

Als zweiter Rettungsweg geeignete **Fenster oder Stellen im KG** müssen die vorgenannten Mindestmaße erfüllen bzw. es ist eine entsprechende Abweichung mit Kompensation erforderlich (z. B. bei zu hoher Brüstung fest montierte Ausstiegshilfe).

Führt das Kellerfenster zu einem Lichtschacht, so muss dieser ausreichend groß sein (mindestens so groß wie das Fenster). Bei einer Brüstungshöhe des Lichtschachts > 1,20 m ist zu prüfen, ob das Rettungsfenster mit Rettungsgeräten der Feuerwehr erreichbar ist. In der Regel sind in solchen Fällen Kompensationsmaßnahmen (z. B. Ausstiegshilfen in Form von fest montierten Stufen oder Tritten) notwendig.

Weist der Lichtschacht eine Abdeckung auf, so muss diese sowohl von innen (von den Nutzern) als auch von außen (von der Feuerwehr) jederzeit zu öffnen sein. Als für die Feuerwehr öffenbar gilt grundsätzlich eine Sicherung, die die Feuerwehr mit ihren Geräten (z. B. Bolzenschneider) öffnen kann. Auf solchen Abdeckungen dürfen natürlich keine Gegenstände abgestellt werden.

Im Zweifelsfall ist eine Abstimmung mit der den Brandschutz prüfenden Stelle empfehlenswert.

Bild 10.1: Beispiel für Büro- und Verwaltungsnutzung bis 400 m² ohne notwendigen Flur

1. RW = Fluchtweg: Da in der NE kein notwendiger Flur erforderlich ist, beginnt der geschützte Rettungsweg an der Türe zum notwendigen Treppenraum.

2. RW: Für den zweiten Rettungsweg ist eine mit Rettungsgeräten der Feuerwehr erreichbare Stelle notwendig. Diese darf auch direkt neben dem Zugang zum ersten Rettungsweg liegen.

Gemäß dem Rettungswegsystem der Bauordnung wird ein Brand innerhalb der NE nicht berücksichtigt. Der zweite (vertikale) Rettungsweg ist notwendig, wenn der erste (vertikale) Rettungsweg = die notwendige Treppe ausfällt. In diesem Fall spielt es keine Rolle, wo die anleiterbare Stelle liegt.

*1) Siehe Kapitel 11, Punkt 2, Bild 2.2.

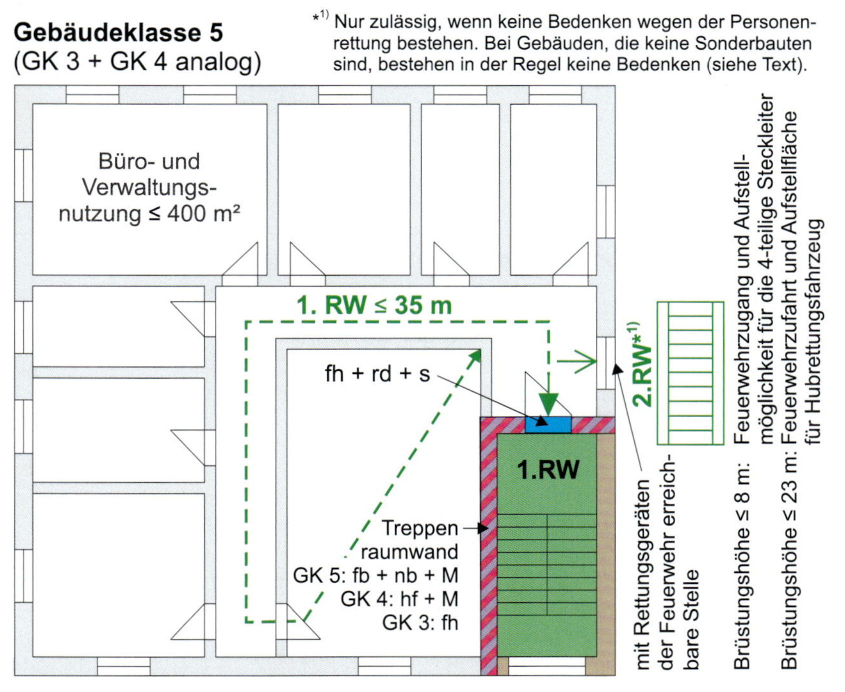

Bild 10.2: Beispiel für die Sicherstellung des zweiten Rettungsweges mit Rettungsgeräten der Feuerwehr durch Dachflächenfenster

Liegt die anleiterbare Stelle in Dachschrägen oder Dachaufbauten, darf ihre Unterkante oder ein davorliegender Auftritt von der Traufkante horizontal nicht mehr als 1 m entfernt sein. Außerdem müssen die anleiterbaren Stellen von unten ausreichend einsehbar sein, so dass sich die zu rettenden Personen bemerkbar machen können.

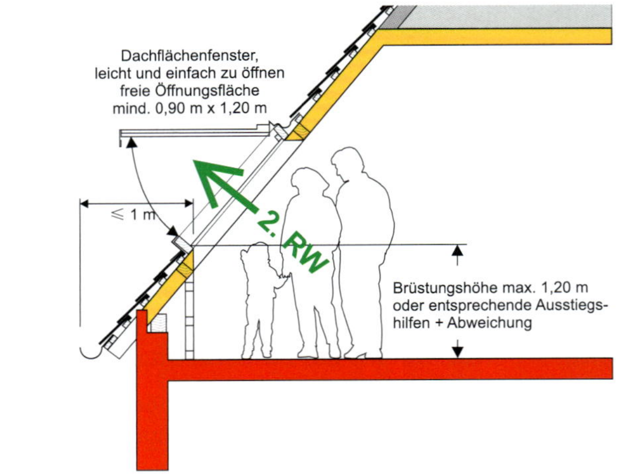

Bild 10.3: Beispiel für die Sicherstellung des zweiten Rettungsweges mit Rettungsgeräten der Feuerwehr bei einem Abstand von mehr als 1 m von der Traufkante

Für diese Ausführung ist eine frühzeitige Abstimmung mit der den Brandschutz prüfenden Stelle und eine Abweichung erforderlich.

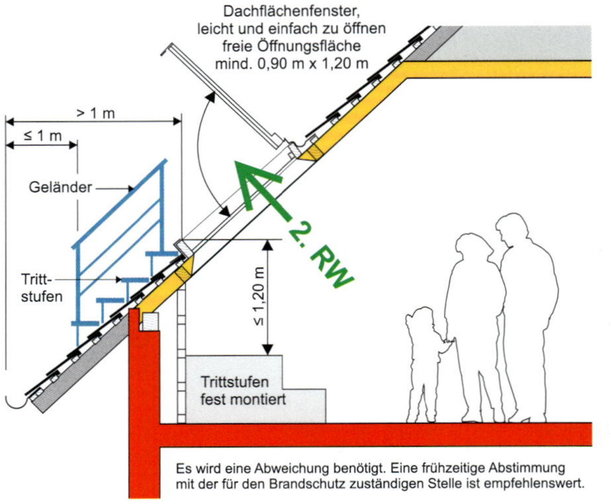

Bild 10.4: Beispiel für Rettungsweg aus dem KG mit einem offenen Lichtschacht

Der Lichtschacht muss ausreichend groß sein. Bei einer Brüstungshöhe von mehr als 1,20 m ist eine Ausstiegshilfe erforderlich (z. B. durch fest montierte Stufen oder Tritte).

Da das Rettungsfenster den Anforderungen der Bauordnung entspricht, ist keine Abweichung erforderlich.

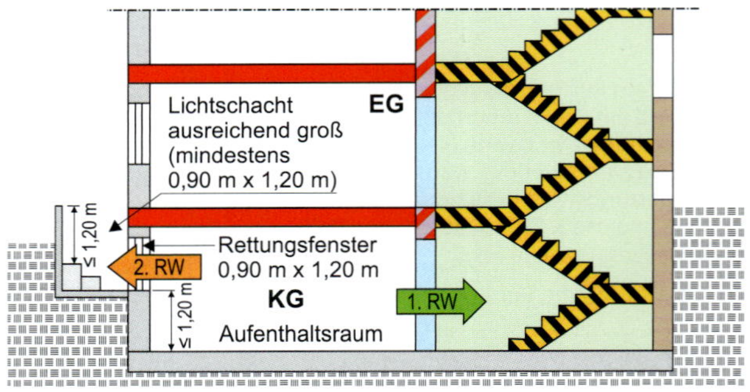

Bild 10.5: Beispiel für Rettungsweg aus dem KG mit kleinerem Rettungsfenster, größerer Brüstungshöhe und abgedecktem Lichtschacht

Für das kleinere Rettungsfenster und die Ausstiegshilfe an der Fensterbrüstung ist eine Abweichung erforderlich. Da für die Benutzung des Kellerfensters keine Rettungsgeräte der Feuerwehr benötigt werden, sind hier auch kleinere Fenster ohne Kompensationsmaßnahmen möglich. Die zu hohe Fensterbrüstung wird mit einer fest montierten Stufe als Ausstiegshilfe kompensiert.

Der Lichtschacht muss ausreichend groß sein, wobei die in der Bauordnung vorgeschriebene lichte Rettungsfenstergröße einen Anhaltswert bildet.

Die Lichtschachtabdeckung muss sowohl von innen als auch von außen (von der Feuerwehr) jederzeit zu öffnen sein. Darauf darf nichts abgestellt werden.

*1) und *2) Abweichung erforderlich
*3) Lichtschachtabdeckung von innen (durch den Nutzer) und von außen (durch die Feuerwehr) jederzeit öffenbar. Darauf darf nichts abgestellt werden.

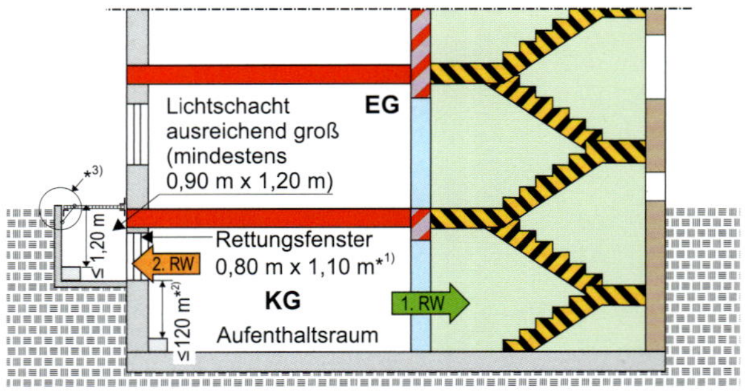

⑪ Sonderformen des zweiten Rettungswegs (Nottreppen und Notleitern)

Sind die in den vorstehenden Punkten beschriebenen Lösungen nicht möglich (z. B. im Bestand bei fehlender Anleiterbarkeit), so kann der zweite Rettungsweg auch über Sonderlösungen (z. B. Nottreppen, Notleitern, Rettungsrutschen, Flucht- bzw. Rettungsbalkone, Fluchttunnel usw.) gewährleistet werden. Als weitere Sonderlösung ist auch ein zweiter RW in andere Brandabschnitte bzw. brandschutztechnisch getrennte Bereiche oder über begehbare Dächer möglich.

Wichtig: Bei allen Sonderformen des zweiten Rettungswegs liegt in der Regel eine genehmigungspflichtige Abweichung vor. Eine frühzeitige Abstimmung mit der den Brandschutz prüfenden Stelle ist empfehlenswert.

Beispiel:

Die Bauordnung kennt als zweiten Rettungsweg nur eine weitere notwendige Treppe oder eine mit Rettungsgeräten der Feuerwehr erreichbare Stelle der Nutzungseinheit. Zwischenlösungen wie Nottreppen sind in der Bauordnung nicht geregelt. Eine Nottreppe ist grundsätzlich deutlich besser als die Rettungsgeräte der Feuerwehr, da man nicht erst 10 bis 15 Minuten warten muss, bis die Feuerwehr den zweiten Rettungsweg mit ihren Rettungsgeräten herstellt. Trotzdem ist die Nottreppe eine genehmigungspflichtige Abweichung. Beispiel für Nottreppe siehe Kapitel 10.1, Bild 7.8.

⑫ Sicherheitstreppenraum

Gemäß Bauordnung ist ein zweiter Rettungsweg nicht erforderlich, wenn die Rettung über einen sicher erreichbaren Treppenraum möglich ist, in den Feuer und Rauch nicht eindringen können (Sicherheitstreppenraum).

Diese Regelung bezieht sich ausschließlich auf den vertikalen Teil des baulichen Rettungswegs. Entsprechend der bauaufsichtlichen Rettungswegesystematik folgt diese Regelung der Logik, dass ein zweiter vertikaler Rettungsweg (Fluchtweg) nicht erforderlich ist, wenn der erste vertikale Rettungsweg (Fluchtweg) so sicher ist, dass er nicht ausfallen kann (Sicherheitstreppenraum).

Wie dieser Sicherheitstreppenraum für Gebäude, die keine großen Sonderbauten sind, ausgebildet werden soll, wird in der Bauordnung nicht genannt. Dies führte in der Vergangenheit und führt auch noch heute dazu, dass man in Ermangelung einer genaueren Regelung auf den einzigen Sicherheitstreppenraum zurückgreift, der bauaufsichtlich geregelt ist, nämlich auf den Sicherheitstreppenraum für Hochhäuser.

Allerdings werden an den Sicherheitstreppenraum für Hochhäuser besonders hohe Anforderungen gestellt, da er für Sonderbauten bestimmt ist. Es ist fraglich, ob ein derartig sicherer Sicherheitstreppenraum für Hochhäuser auch bei Gebäuden, die keine Sonderbauten sind, erforderlich ist.

Mit anderen Worten wäre es durchaus denkbar, dass ein Sicherheitstreppenraum, der nicht für Hochhäuser, sondern für Gebäude, die keine Sonderbauten sind, eingesetzt werden soll, auch mit geringeren Anforderungen möglich ist. Dieser Gedanke wird z. B. in Berlin und Hamburg mit dem sogenannten „Sicherheitstreppenraum light“ bereits umgesetzt. Hier wäre eine praktikable bauaufsichtliche Regelung wünschenswert.

Führt der einzige Rettungsweg (Fluchtweg) über einen Sicherheitstreppenraum, so haben die daran angeschlossenen Wohnungen bzw. Nutzungseinheiten nur die Möglichkeit, über einen notwendigen (auf 15 m Länge begrenzten) Stichflur zum Sicherheitstreppenraum zu fliehen.

Beispiel für Sicherheitstreppenraum siehe Kapitel 8.3, Punkt 5.

⑬ Rettungswege aus ebenerdigen Räumen

Ein zweiter Rettungsweg ist nicht erforderlich für zu ebener Erde liegende Räume, die einen unmittelbaren Ausgang ins Freie haben, der von jeder Stelle des Raumes in höchstens 15 m Entfernung erreichbar ist.

Dahinter steckt die Überlegung, dass bei Nutzungseinheiten in Obergeschossen, die über bauliche Rettungswege verfügen, in der jeweiligen NE ein Weg von 15 m und mehr zur Ausgangstüre zum gemeinsamen notwendigen Flur möglich ist. Diese 15 m werden jetzt im EG ebenfalls zugelassen.

Die hinter dieser Regelung steckende Philosophie ist jedoch nicht ohne Weiteres nachvollziehbar.

Bei Nutzungseinheiten mit nur einem baulichen Rettungsweg, der über einen Sicherheitstreppenraum führt, darf die Entfernung von jeder Stelle eines Aufenthaltsraums bis zum (sicheren) Ausgang in den Sicherheitstreppenraum **35 m** betragen. Im Erdgeschoss wird dagegen die Entfernung bis zum direkten Ausgang ins Freie (der noch sicherer ist als ein Ausgang in einen Sicherheitstreppenraum) auf 15 m begrenzt.

Ist im EG bei Nutzungen ohne zweiten Rettungsweg die Entfernung länger als 15 m, so sind hierfür eine frühzeitige Abstimmung mit der den Brandschutz prüfenden Stelle und eine entsprechende Abweichung erforderlich. Die Begründung hierfür ist, dass ein weiterer Rettungsweg nicht erforderlich ist, da ein unmittelbarer Ausgang ins Freie wie ein Sicherheitstreppenraum anzusehen ist. Die sonstigen Anforderungen an das Rettungswegsystem (Entfernung maximal 35 m, Stichflurlänge max. 15 m) müssen natürlich eingehalten werden.

Bild 13.1: Beispiel für Rettungswege von NE ≤ 200 m² und > 200 m² im EG mit fehlendem notwendigem Flur

NE 1: Die NE benötigt keinen notwendigen Flur.
1. RW: Ausgang zum notwendigen Treppenraum.
2. RW: Ein geeignetes Fenster.

Anmerkung: Da das Fenster bei einer Brüstungshöhe von max. 1,20 m nicht angeleitert werden muss, sind evtl. auch kleinere Fenster als die von der Bauordnung geforderten 0,90 m × 1,20 m im Lichten möglich. Allerdings ist hierfür eine genehmigungspflichtige Abweichung erforderlich.

NE 2: Die NE ist größer als 200 m². Da die Rettungswege über den Flur führen und dieser nicht als notwendiger Flur ausgebildet wurde, ist die Ausführung unzulässig (siehe hierzu auch Kapitel 8.1, Punkt 3.

Es fehlt ein notwendiger Flur, der direkt an den Treppenraum oder an einen Ausgang ins Freie angeschlossen ist. Beispiele für fachgerechte Ausführung siehe die nachfolgenden Bilder.

Gebäudeklasse 5 im EG (GK 3 + GK 4 analog)

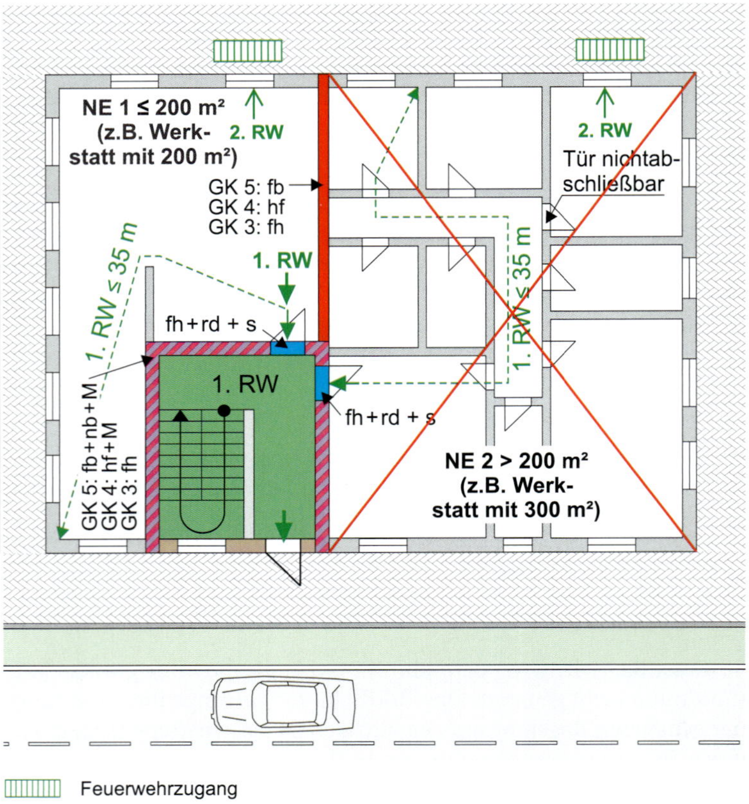

Bild 13.2: Beispiel für Rettungswege von NE ≤ 200 m² und > 200 m² im EG mit notwendigem Flur

NE 1: Siehe bei Bild 13.1.

NE 2: Da die NE größer als 200 m² ist und die Rettungswege über den Flur führen, wurde dieser als notwendiger Flur ausgebildet.

1. RW: Die maximale Entfernung von der entferntesten Stelle des ungünstigsten Aufenthaltsraums (AR) bis zur Türe zum notwendigen Treppenraum darf nicht mehr als 35 m betragen. Der erste Rettungsweg führt aus jedem AR über den notwendigen Flur zur Treppenraumtüre.

2. RW: Ein geeignetes Fenster.

Anmerkung: Ist in einer NE nur ein ganz bestimmtes Fenster als zweiter Rettungsweg geeignet bzw. vorgesehen, ist darauf zu achten, dass dieses jederzeit zu erreichen ist. Außerdem sollte in diesem Fall eine entsprechende Kennzeichnung erfolgen.

Gebäudeklasse 5 im EG (GK 3 + GK 4 analog)

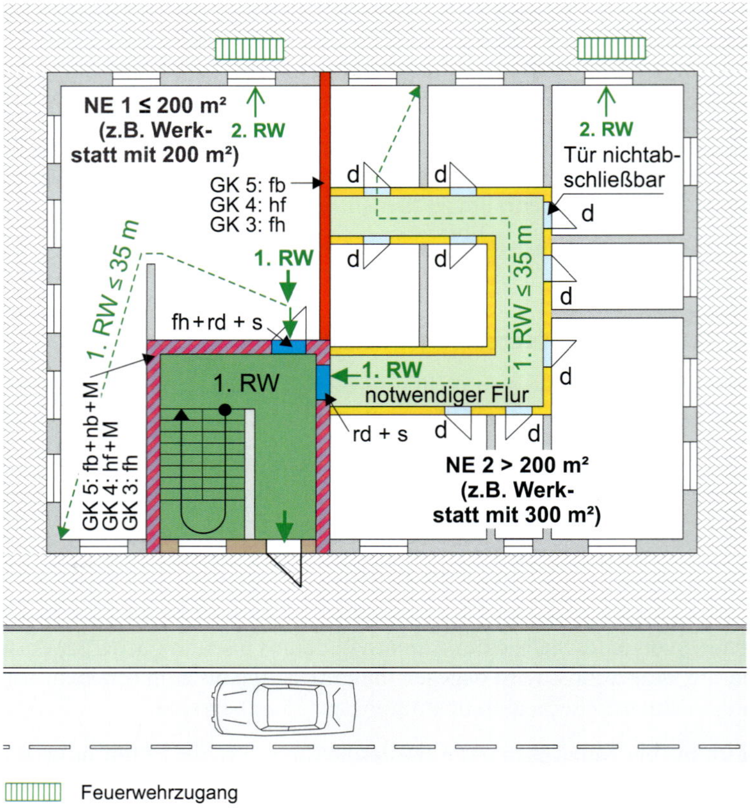

Bild 13.3: Beispiel für Rettungswege von NE ≤ 200 m² und > 200 m² im EG ohne notwendigen Flur mit Abweichung

NE 1: Siehe bei Bild 13.1.

NE 2: Als Kompensation für den fehlenden notwendigen Flur wurde ein entgegengesetzt liegender zweiter Ausgang angeordnet. Dieser bildet zugleich auch den zweiten baulichen RW ins Freie. Weitere Beispiele siehe Kapitel 8.1, Punkt 3.

Hierfür ist eine Abweichung erforderlich und eine frühzeitige Abstimmung mit der den Brandschutz prüfenden Stelle empfehlenswert.

Gebäudeklasse 5 im EG
(GK 3 + GK 4 analog)

Abweichung erforderlich

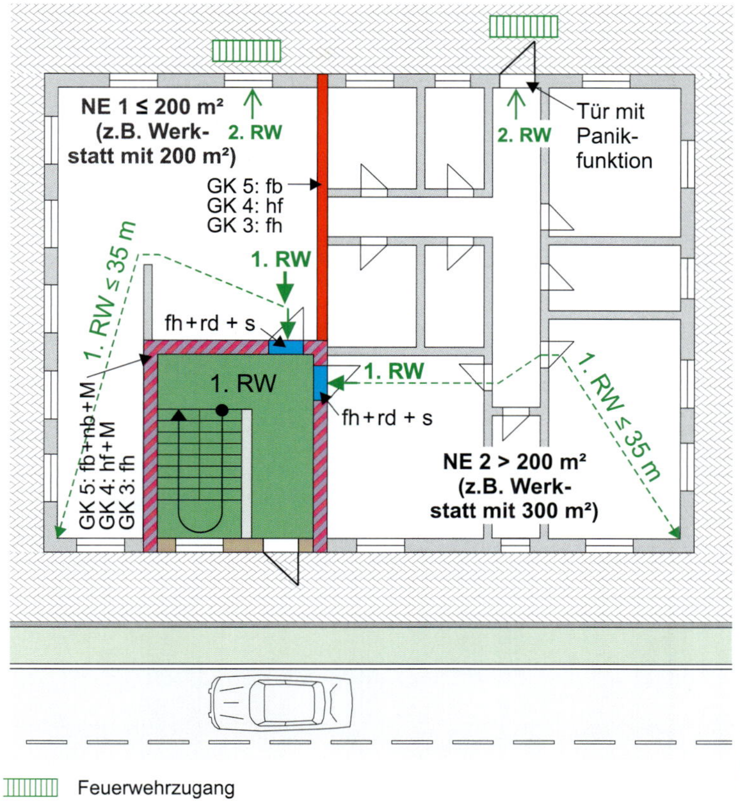

Bild 13.4: Beispiel für Rettungswege von NE ≤ 200 m² und > 200 m² im EG ohne Treppenraum

NE 1:
1. RW: Türe ins Freie. Maximale Entfernung 35 m.
2. RW: Ein geeignetes Fenster.

NE 2:
1. RW: Über notwendigen Flur zur Türe ins Freie.
2. RW: Ein geeignetes Fenster.

Anmerkung: Hier werden formal alle Anforderungen der Bauordnung eingehalten. Interessant wird es, wenn im EG kein zweiter Rettungsweg zur Verfügung steht, siehe die nächsten Bilder.

Gebäudeklasse 3 im EG

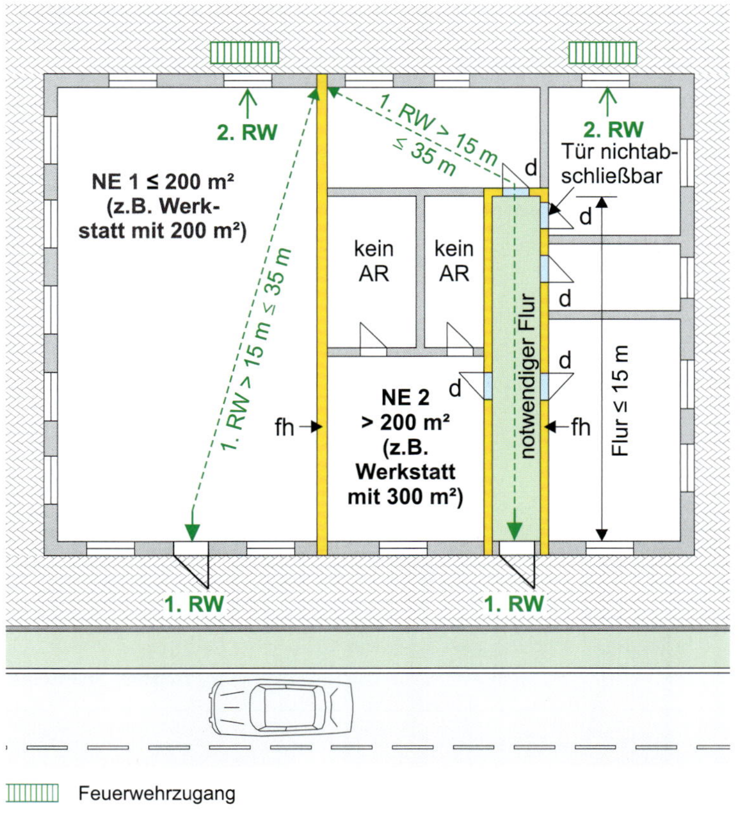

Bild 13.5: Beispiel für EG ohne Treppenraum und ohne zweiten Rettungsweg mit zu großer Entfernung

NE 1: Da die Entfernung zum Ausgang ins Freie mehr als 15 m beträgt, ist die Ausführung nach Bauordnung NRW unzulässig.

NE 2: Auch diese Ausführung ist nach Bauordnung NRW unzulässig, da der Ausgang nicht unmittelbar von jedem Raum erreichbar ist und die maximale Entfernung mehr als 15 m beträgt.

Anmerkung: Beide NE sind nur im Rahmen einer genehmigungspflichtigen Abweichung möglich. Bei der Beurteilung der Abweichung sollte berücksichtigt werden, dass beide NE in Obergeschossen zulässig wären, wenn diese an einen Sicherheitstreppenraum angeschlossen sind. Der Ausgang ins Freie ist sicherer als ein Ausgang in den Sicherheitstreppenraum.

Außerdem ist zu berücksichtigen, dass bei Wohnungen, NE ≤ 200 m² und Büro-/Verwaltungs-NE ≤ 400 m² in den Obergeschossen bei einem Brand in der eigenen NE zwar theoretisch ein zweiter Rettungsweg in Form einer mit Rettungsgeräten erreichbaren Stelle vorhanden wäre, praktisch aber nicht realisierbar ist, da hierzu das Eintreffen der Feuerwehr abgewartet werden muss.

Gebäudeklasse 3 im EG

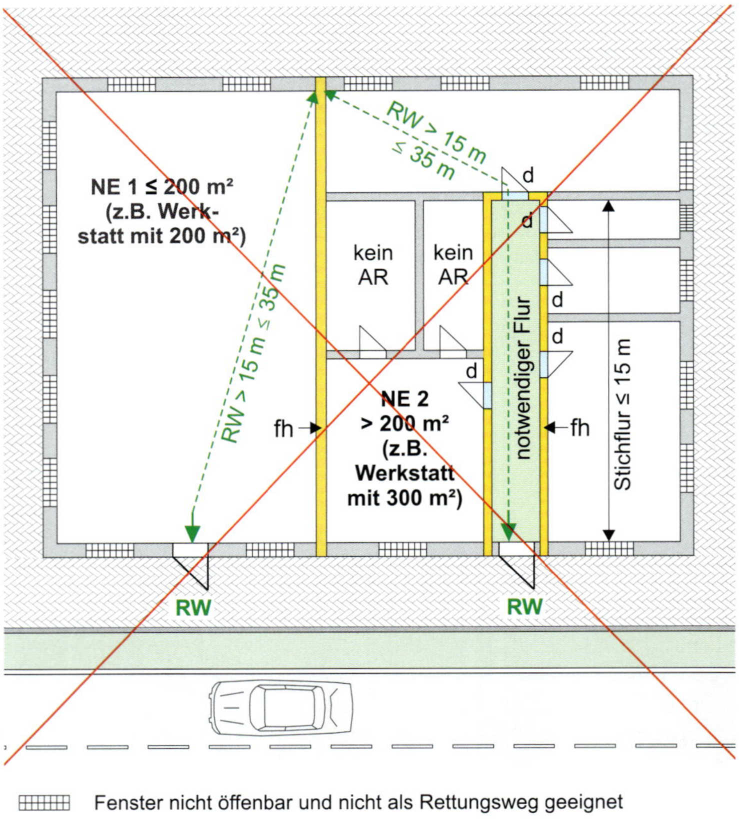

Bild 13.6: Beispiel für EG ohne Treppenraum und ohne zweiten Rettungsweg mit zulässiger Entfernung

NE 1: Da die Entfernung zum Ausgang ins Freie nicht mehr als 15 m beträgt, ist die Ausführung nach Bauordnung NRW zulässig.

NE 2: Die Ausführung ist unzulässig. Es wurde zwar die maximale Entfernung von 15 m eingehalten, jedoch führt der Rettungsweg über einen anderen Raum.

Mögliche Abweichungen siehe Bild 13.5.

Gebäudeklasse 3 im EG

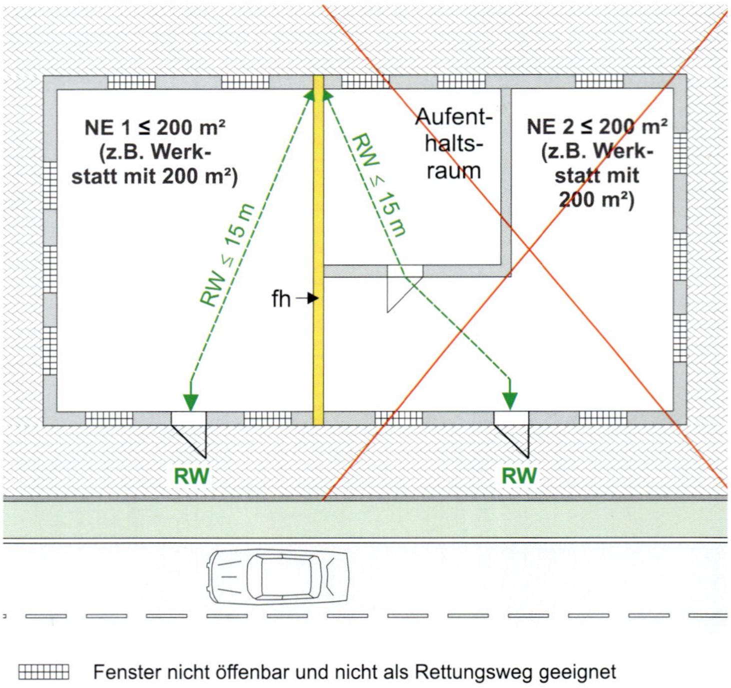

(14) Rettungswege aus Kellergeschossen sowie aus Nutzungseinheiten ohne Aufenthaltsräume

Übereinanderliegende Kellergeschosse müssen jeweils mindestens zwei Ausgänge in notwendige Treppenräume oder ins Freie haben.

Nutzungseinheiten ohne Aufenthaltsräume benötigen nur einen baulichen Rettungsweg = Fluchtweg. An dessen Ausbildung werden mit Ausnahme einer maximalen Entfernung im KG, in Lüftungszentralen und bei elektrischen Betriebsräumen keine besonderen Anforderungen gestellt.

Kellergeschoss: Von jeder Stelle eines Kellergeschosses muss mindestens ein Ausgang in einen notwendigen Treppenraum, zu einer notwendigen Außentreppe oder ins Freie in höchstens 35 m Entfernung erreichbar sein.

Lüftungszentrale: Innerhalb der Lüftungszentrale muss in höchstens 35 m Entfernung ein Ausgang erreichbar sein (M-LüAR 2005-09 Punkt 6.1.3).

Elektrische Betriebsräume: Der Rettungsweg innerhalb elektrischer Betriebsräume bis zu einem Ausgang darf nicht länger als 35 m sein (SBauVO § 142).

Kellergeschosse mit Aufenthaltsräumen

Sind in Kellergeschossen Aufenthaltsräume vorhanden, so gelten für die Rettungswege die gleichen Anforderungen wie an Obergeschosse. Es bestehen jedoch folgende besonderen Schwierigkeiten:

- Mit Rettungsgeräten der Feuerwehr erreichbare Stellen sind in Kellergeschossen, insbesondere wenn diese Stellen in Lichtschächten angeordnet sind, in der Regel schwieriger herzustellen und auch zu erreichen (siehe Kapitel 11, Punkt 10).
- Personen, die sich im KG aufhalten, können sich nicht so einfach für die Einsatzkräfte bemerkbar machen wie in Obergeschossen.
- Da in Kellergeschossen üblicherweise die haustechnischen Installationsleitungen offen verlegt werden, ist es deutlich schwieriger, dort notwendige Flure anzuordnen (insbesondere, wenn in Bestandsgebäuden im KG nachträglich Aufenthaltsräume angeordnet werden).
- In üblichen Kellergeschossen können teilweise deutlich größere und auch ungünstigere Brandlasten vorhanden sein, als in Normalgeschossen.

Aus diesen Gründen sollte besonders darauf geachtet werden, dass die Rettungswege aus Aufenthaltsräumen in KG fachgerecht ausgebildet werden.

Bild 14.1: Beispiel für Reihenhaus ohne Aufenthaltsraum (AR) im KG – nur ein RW erforderlich

1. RW: Im KG ist nur ein Rettungsweg notwendig, der über die notwendige Treppe führt. Diese muss bei Gebäuden der GK 1 und 2 nicht in einem eigenen Treppenraum liegen. Die maximal zulässige Entfernung wird gemessen von jeder Stelle des Kellergeschosses bis zur Ausgangstüre ins Freie.

2. RW: Da im KG kein Aufenthaltsraum (AR) vorhanden ist, muss auch kein zweiter Rettungsweg angeordnet werden.

Wichtig: Das Bild gilt nur für Kellergeschosse ohne Aufenthaltsraum. Im Zweifelsfall ist es empfehlenswert, einen Raum, bei dem davon ausgegangen werden kann, dass er als Aufenthaltsraum benutzt wird, auch als solchen zu bewerten und einen zweiten Rettungsweg anzuordnen.

Anmerkung: Das Bild gilt analog auch für Einfamilienhäuser und Doppelhäuser der GK 1 und 2.

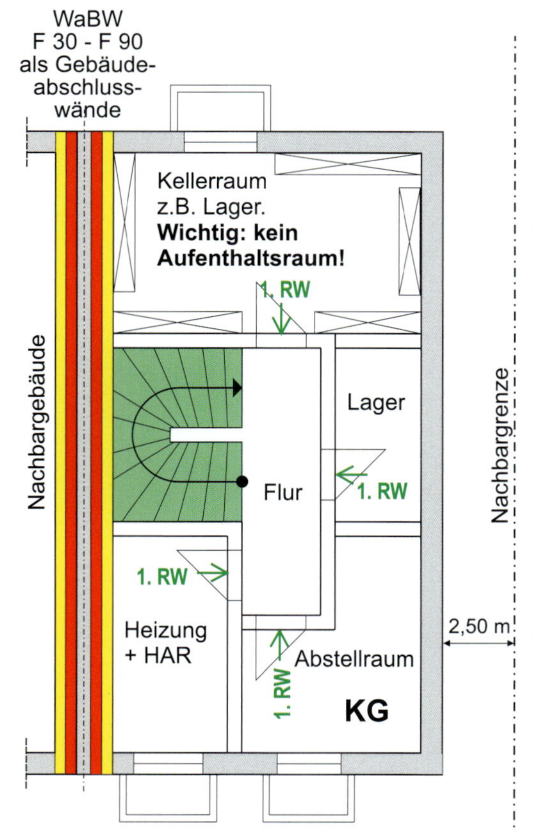

Bild 14.2: Beispiel für Reihenhaus mit AR im KG – zweiter RW über ein Kellerfenster

1. RW: Siehe bei Bild 14.1. Die maximal zulässige Entfernung wird gemessen von jeder Stelle des Kellergeschosses und des AR bis zur Ausgangstüre ins Freie.

2. RW: Kellerfenster mit Lichtschacht.

Das **Fenster** muss im Lichten mindestens 0,90 m × 1,20 m groß und darf nicht höher als 1,20 m über der Fußbodenoberkante angeordnet sein.

Falls ein **Lichtschacht** mit Abdeckung angeordnet wird, muss dieser ausreichend groß sein (Empfehlung: nicht kleiner als das Fenster). Bei einer Brüstungshöhe des Kellerfensters bzw. Lichtschachts von mehr als 1,20 m ist eine Ausstiegshilfe erforderlich und eine Abweichung. Die Abdeckung muss von unten (von den Nutzern) und von oben (von der Feuerwehr) jederzeit geöffnet werden können. Außerdem darf darauf nichts abgestellt werden.

Tipp: Grundsätzlich wären hier auch kleinere Fenster möglich, da das Fester nicht angeleitert werden muss. Hierfür ist eine genehmigungspflichtige Abweichung erforderlich (siehe auch Kapitel 11, Punkt 10.

Anmerkung: Das Bild gilt analog auch für Einfamilienhäuser und Doppelhäuser der GK 1 und 2.

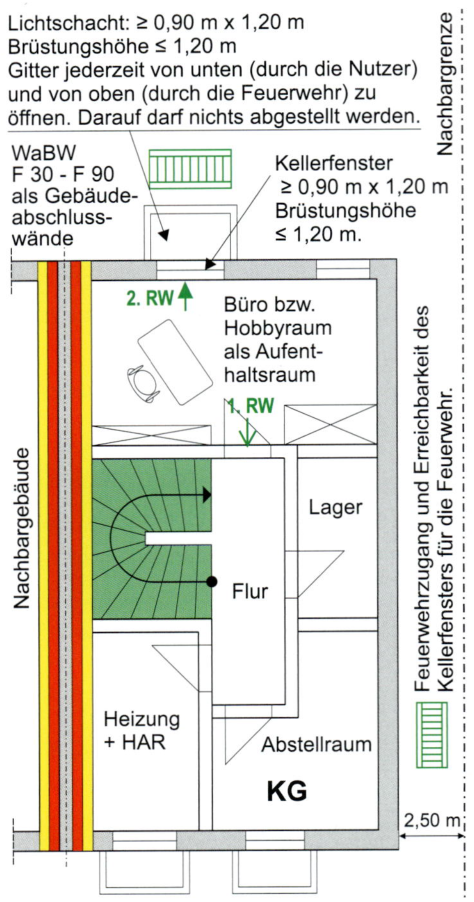

Bild 14.3: Beispiel für Reihenhaus mit AR im KG – zweiter RW über eine Kelleraußentreppe

1. RW: Siehe bei Bild 14.2.

2. RW: Kelleraußentreppe.

Optimale Lösung, da die Kelleraußentreppe als sicherer Ausgang ins Freie gilt.

Anmerkung: Das Bild gilt analog auch für Einfamilienhäuser und Doppelhäuser der GK 1 und 2.

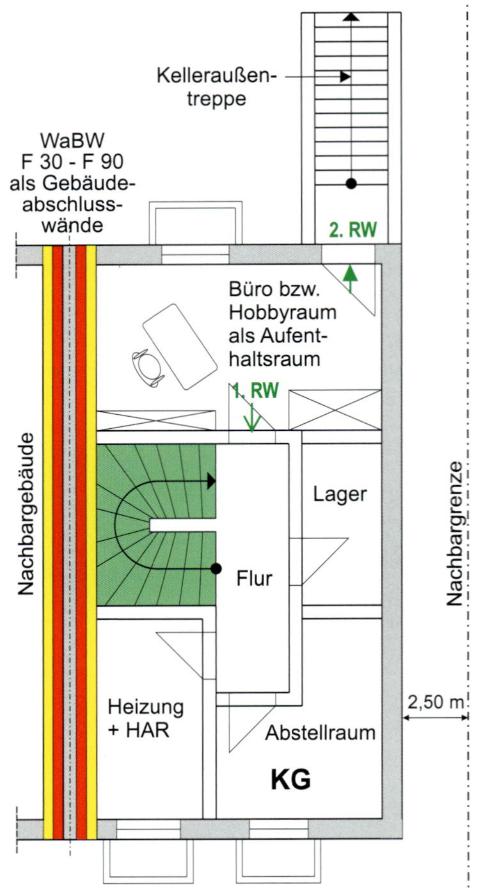

Bild 14.4: Beispiel für größeres KG ohne AR – nur ein Rettungsweg erforderlich

1. RW: Weg von der ungünstigsten Stelle des KG bis zum Ausgang in den notwendigen Treppenraum. Entfernung max. 35 m. Gemessen wird die kürzeste Entfernung in Lauflinie, nicht durch feste Einbauten und Wände.

2. RW: Nicht erforderlich, da kein AR im KG.

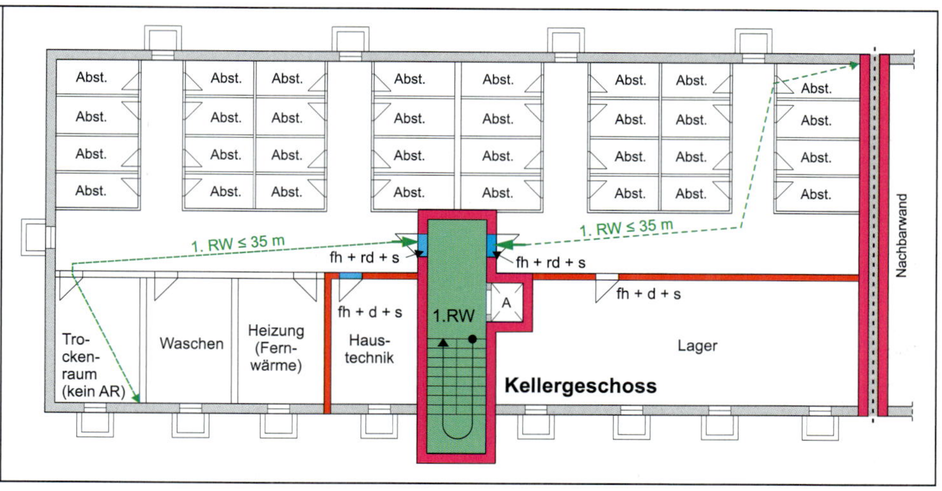

Bild 14.5: Beispiel für unzulässige Anordnung eines AR im KG

Da die Hausmeisterwerkstatt als Aufenthaltsraum bewertet ist, muss sie zwei voneinander unabhängige Rettungswege haben.

Obwohl der zweite Rettungsweg den bauaufsichtlichen Anforderungen entspricht, ist die Ausführung unzulässig, weil kein sicherer erster Rettungsweg vorhanden ist.

Der erste (bauliche) Rettungsweg = führt aus dem AR über den unsicheren Kellerraum zum Ausgang in den notwendigen Treppenraum. Dies ist unzulässig, weil eine solche Verbindung nach BauO NRW (§ 36 (1)) als notwendiger Flur ausgebildet werden muss. Richtige Ausführung siehe die nächsten Bilder.

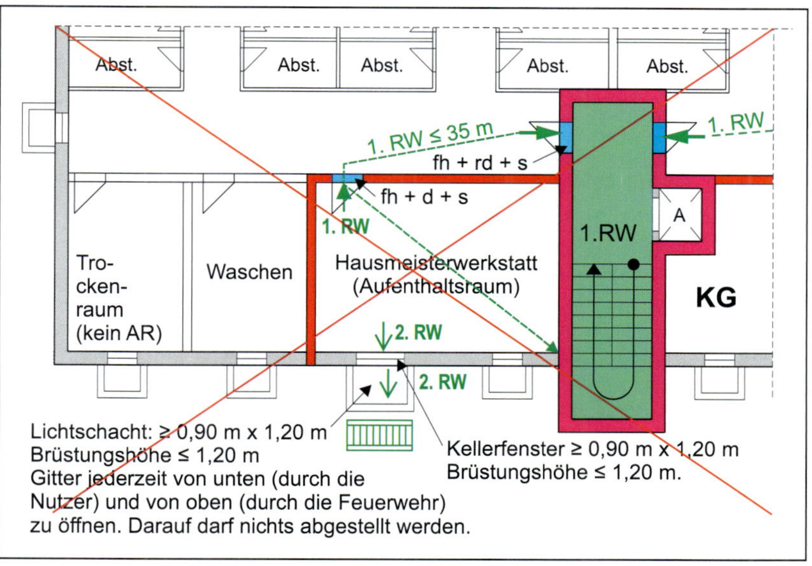

Bild 14.6: Beispiel für größeres KG mit AR – erster RW durch direkten Anschluss an den notwendigen Treppenraum

1. RW: Von der ungünstigsten Stelle des Aufenthaltsraumes bis zum Ausgang in den notwendigen Treppenraum. Entfernung max. 35 m. Gemessen wird die kürzeste Entfernung in Lauflinie, nicht durch feste Einbauten und Wände.

2. RW: Kellerfenster mit Lichtschacht.

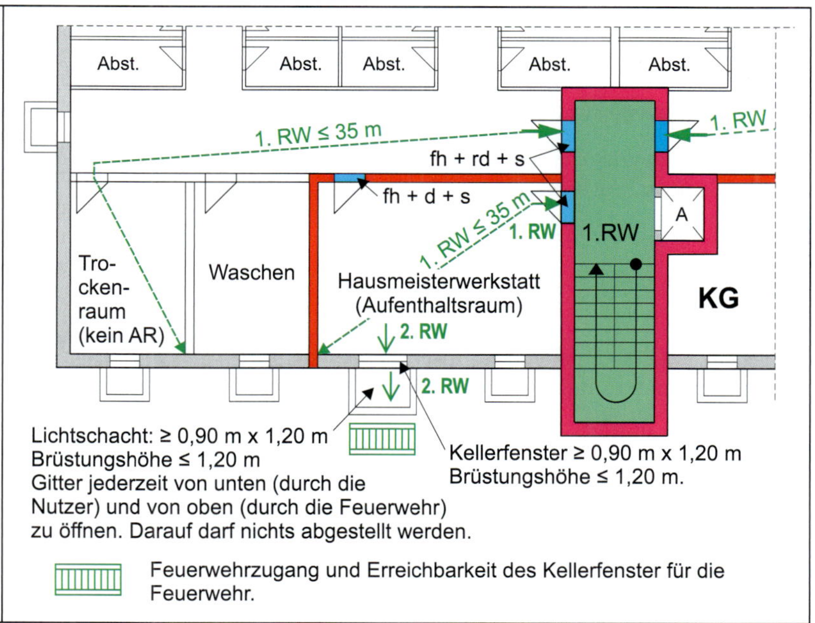

Bild 14.7: Beispiel für größeres KG mit AR – erster RW über einen notwendigen Flur

1. RW: Von der ungünstigsten Stelle des AR bis zum Ausgang in den notwendigen Flur. Von dort zum Ausgang in den Treppenraum. Entfernung max. 35 m.

2. RW: Kellerfenster mit Lichtschacht.

*1) Die Türe vom notwendigen Treppenraum zum KG müsste nach Bauordnung eine fh + rd + s Türe sein. Hier kann in der Regel auch eine rd + s Türe angeordnet werden (Türe zwischen notwendigem Flur und notwendigem Treppenraum). Genau genommen ist hierfür eine Abweichung erforderlich.

Anmerkung: In der Regel (insbesondere im Bestand) bereitet diese Ausführung Probleme, da es aufwendig ist, in KG einen notwendigen Flur mit herzustellen.

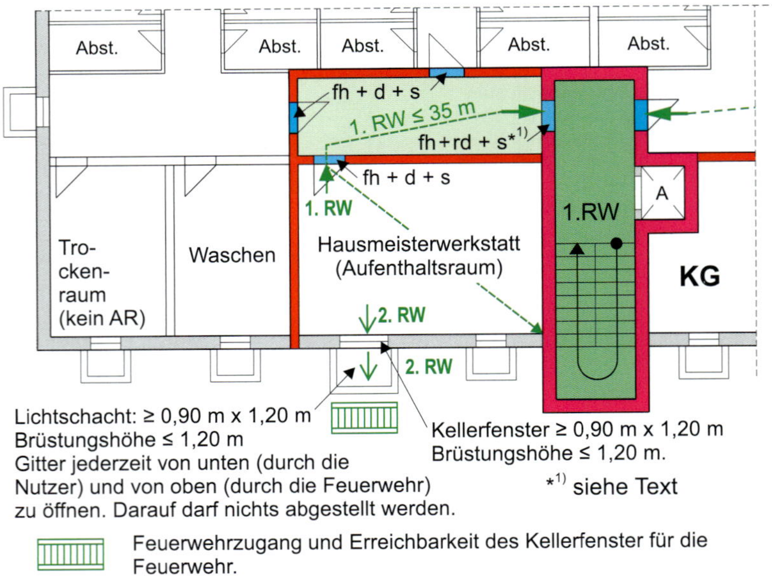

Bild 14.8: Beispiel für größeres KG mit AR – RW mit Kelleraußentreppe

Eine Kelleraußentreppe stellt die optimale Lösung dar.

1. RW: Notwendige Kelleraußentreppe.

2. RW: Ausgangstüre zum ungesicherten Kellerraum und von dort zum notwendigen Treppenraum.

*1) Genau genommen ist hierfür eine Abweichung erforderlich, da die RW nicht der Bauordnung entsprechen. Allerdings ist der direkte Ausgang zur notwendigen Außentreppe vergleichbar mit einem direkten Ausgang aus erdgeschossigen Räumen, für den bei einer Entfernung von maximal 15 m kein zweiter Rettungsweg erforderlich ist.

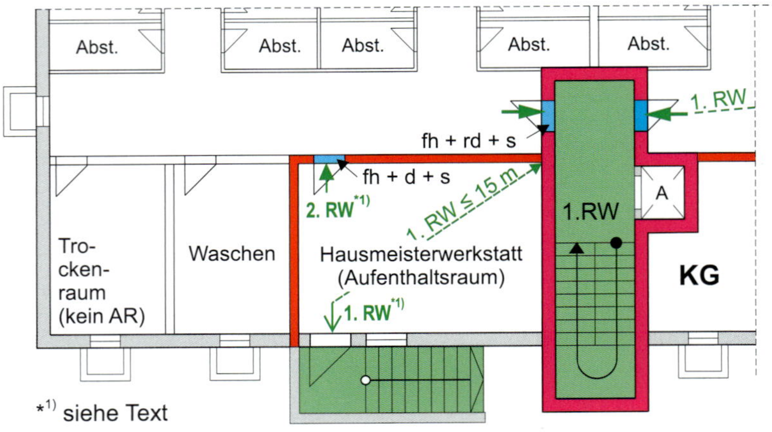

⑮ Rettungswege aus Wohnungen, Nutzungseinheiten bis 200 m² und Büro- und Verwaltungsnutzungen bis 400 m²

Bei diesen Nutzungen ist nach Bauordnung kein notwendiger Flur erforderlich. Deshalb bestehen mit Ausnahme der maximal zulässigen Entfernung keine besonderen Anforderungen an die Ausbildung der horizontalen Rettungswege innerhalb der jeweiligen Nutzungseinheit.

Erster Rettungsweg = Fluchtweg

Von jeder Stelle eines Aufenthaltsraums muss mindestens ein Ausgang in einen notwendigen Treppenraum, zu einer notwendigen Außentreppe oder ins Freie in höchstens 35 m Entfernung erreichbar sein. Der erste RW beginnt innerhalb des Geschosses an der ungünstigsten Stelle des am ungünstigsten gelegenen AR und führt über einen Ausgang aus der NE

- in den notwendigen Treppenraum oder
- zu einer notwendigen Außentreppe oder
- ins Freie oder
- in den notwendigen Flur außerhalb der NE und von dort zu einem Ausgang
  - in den notwendigen Treppenraum oder
  - zu einer notwendigen Außentreppe oder
  - direkt ins Freie.

Zweiter RW über Rettungsgeräte der Feuerwehr = Rettungsweg

Der zweite RW führt in jeder Wohnung oder NE ≤ 200 m² oder Büro/Verwaltungs-NE ≤ 400 m² in jedem Geschoss über eine mit Rettungsgeräten der Feuerwehr erreichbare Stelle (z. B. ein geeignetes Fenster) und wird von dort aus über Rettungsgeräte der Feuerwehr hergestellt. Dabei ist Folgendes zu beachten:

- **Wichtig:** Nur zulässig, wenn keine Bedenken wegen der Personenrettung bestehen.
  Anmerkung: Bei den vorgenannten NE ist in Gebäuden, die keine Sonderbauten sind, grundsätzlich davon auszugehen, dass keine Bedenken bestehen. Solange in NRW noch keine allgemein gültigen Handlungsvorgaben bestehen, ist eine frühzeitige Abstimmung mit der den Brandschutz prüfenden Stelle notwendig (Punkt 9).
- Die Lage der erreichbaren Stelle ist beliebig. Sie muss jedoch jederzeit zugänglich sein. Die zu rettenden Personen müssen sich bemerkbar machen können.
- Mindestgröße, maximale Brüstungshöhe der Fenster, im DG maximalen Abstand zur Traufe beachten (Punkt 8).
- Im KG mit Lichtschächten: Der Lichtschacht muss ausreichend groß sein. Bei Höhen über 1,20 m ist in der Regel eine Ausstiegshilfe erforderlich. Auf vorhandenen Abdeckungen darf nichts abgestellt werden. Sie müssen sowohl von innen (von den Nutzern) als auch von außen (von der Feuerwehr) jederzeit geöffnet werden können (Punkt 14).

Zweiter RW baulich – über eine weitere notwendige Treppe = Fluchtweg

Der zweite RW ist ein weiterer, vom ersten vertikalen RW unabhängiger baulicher RW = zweiter Fluchtweg. Er führt innerhalb des Geschosses über denselben Ausgang aus der NE, aus dem auch der erste RW führt

- in denselben außerhalb der NE liegenden notwendigen Flur und von dort zu einem Ausgang
  – in einen zweiten (weiteren) notwendigen Treppenraum oder
  – zu einer zweiten (weiteren) notwendigen Außentreppe oder
  – zu einem zweiten (weiteren) Ausgang direkt ins Freie.

Alternativ kann er auch aus einem zweiten (möglichst entgegengesetzt liegenden) Ausgang aus der NE

- in einen zweiten (weiteren) notwendigen Treppenraum oder
- zu einer zweiten (weiteren) notwendigen Außentreppe oder
- direkt ins Freie

führen.

Der zweite bauliche RW = Fluchtweg hat keine Längenbegrenzung. Werden beide Rettungswege baulich hergestellt, so muss **einer** der beiden die 35 m Entfernung einhalten. Der zweite darf auch länger sein. Beide baulichen RW dürfen über einen gemeinsamen notwendigen Flur führen (**nicht jedoch über bzw. durch einen gemeinsamen Treppenraum**).

Bild 15.1: Beispiel für Rettungswege von Wohnungen, NE ≤ 200 m² und Büro/Verwaltungs-NE ≤ 400 m² mit direktem Anschluss an einen Treppenraum

1. RW: Innerhalb der jeweiligen Nutzungseinheit ist kein notwendiger Flur erforderlich. Die maximale Rettungsweglänge von 35 m bis zum Ausgang in den notwendigen Treppenraum bzw. ins Freie muss von der ungünstigsten Stelle eines jeden Aufenthaltsraums eingehalten werden.

2. RW: In jeder NE ist für den zweiten RW eine mit Rettungsgeräten der Feuerwehr erreichbare Stelle notwendig. Die Lage der anleiterbaren Stelle innerhalb der Nutzungseinheit ist beliebig; sie muss jedoch jederzeit zugänglich sein und mit Rettungsgeräten der Feuerwehr erreicht werden können. Falls nur eine bestimmte Stelle möglich ist, sollte diese gekennzeichnet werden.

*1) Bei Gebäuden, die keine Sonderbauten sind, bestehen bei den dargestellten Nutzungen in der Regel keine Bedenken wegen der Personenrettung über Rettungsgeräte der Feuerwehr (siehe auch Punkt 9). Allerdings ist bei NE, die keine Wohnungen sind, eine frühzeitige Abstimmung mit der den Brandschutz prüfenden Stelle empfehlenswert, solange es noch keine konkreten bauaufsichtlichen Regelungen gibt.

Gebäudeklasse 5 (GK 3 + GK 4 analog)

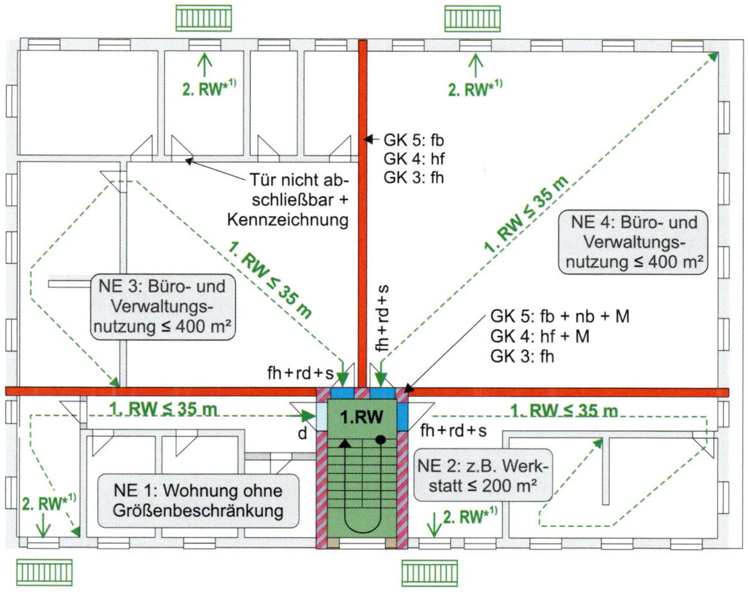

Brüstungshöhe ≤ 8 m: Feuerwehrzugang und Aufstellmöglichkeit für die 4-teilige Steckleiter
Brüstungshöhe ≤ 23 m: Feuerwehrzufahrt und Aufstellfläche für Hubrettungsfahrzeug

*1) Nur zulässig, wenn keine Bedenken wegen der Personenrettung bestehen. Bei Gebäuden, die keine Sonderbauten sind, bestehen in der Regel keine Bedenken (siehe Text).

Bild 15.2: Wie Bild 15.1, jedoch mit Nottreppe und notwendiger Außentreppe als zweiter Rettungsweg

Erläuterungen zu den NE 1 und NE 2 siehe bei Bild 15.1. Die max. Entfernung von 35 m wird in Lauflinie gemessen (nicht durch feste Einbauten und Wände).

*1) Siehe bei Bild 15.1.

*2) Grundsätzlich wäre eine Rettung mit Rettungsgeräten der Feuerwehr möglich, da keine Bedenken wegen der Personenrettung bestehen. Es ist jedoch keine Feuerwehrzufahrt oder Aufstellfläche vorhanden oder die Feuerwehr hat kein Hubrettungsfahrzeug. Die Nottreppe muss also nur die Feuerwehrleiter ersetzen und kann deshalb ungeschützt vor der Fassade angeordnet werden. **Wichtig:** Hierfür ist eine Abweichung erforderlich.

*3) Zur Kompensation des fehlenden notwendigen Flurs wurde ein entgegengesetzt liegender zweiter Ausgang angeordnet. Dieser führt zu einem zweiten baulichen Rettungsweg (notwendige Außentreppe), weil bei dieser NE Bedenken bestehen, den zweiten Rettungsweg mit Rettungsgeräten der Feuerwehr herzustellen.

*4) Anforderungen an die notwendige Außentreppe siehe Kapitel 10.1, Punkt 7.

Anmerkung: die feuerwiderstandsfähige Außenwand vor der notwendigen Treppe und der Feuerschutzabschluss sind im obersten Geschoss des Gebäudes nicht erforderlich.

Gebäudeklasse 5 (GK 3 + GK 4 analog)

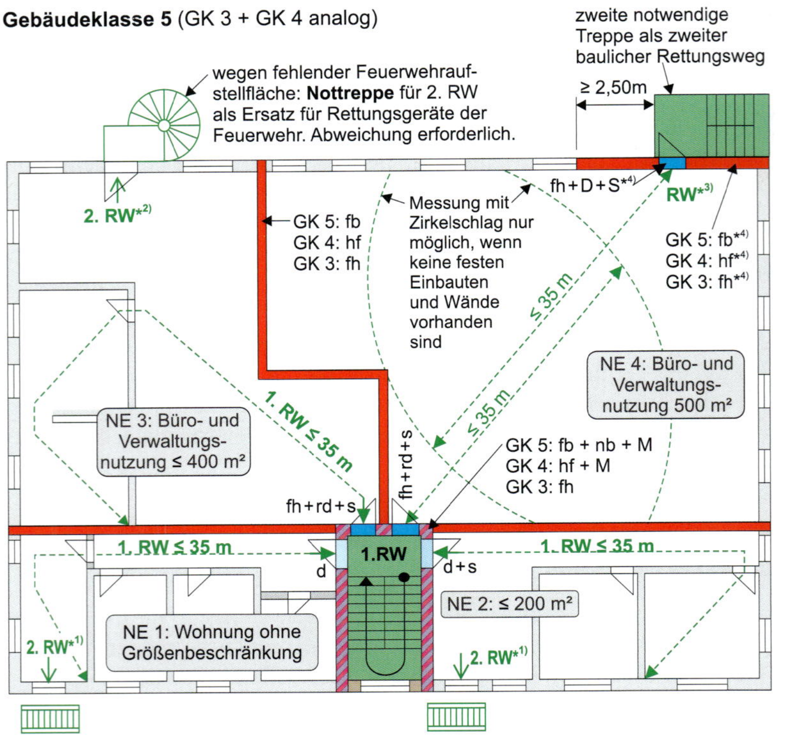

Brüstungshöhe ≤ 8 m: Feuerwehrzugang und Aufstellmöglichkeit für die 4-teilige Steckleiter

Brüstungshöhe ≤ 23 m: Feuerwehrzufahrt und Aufstellfläche für Hubrettungsfahrzeug

*1) Nur zulässig, wenn keine Bedenken wegen der Personenrettung bestehen. Bei Gebäuden, die keine Sonderbauten sind, bestehen in der Regel keine Bedenken (siehe Text).

Bild 15.3: Beispiel für Wohnungen, NE ≤ 200 m² und Büro/Verwaltungs-NE ≤ 400 m² mit notwendigem Flur zum Treppenraum – 2. RW über Rettungsgeräte der Feuerwehr

1. RW: Innerhalb der jeweiligen NE ist kein notwendiger Flur erforderlich. Die maximale Entfernung von 35 m bis zum Ausgang in den notwendigen Treppenraum (bzw. ins Freie) muss von der ungünstigsten Stelle eines jeden Aufenthaltsraums eingehalten werden.

Der bauordnungsrechtlich gesicherte Bereich des ersten horizontalen Rettungsweges beginnt an der Tür der jeweiligen Nutzungseinheit. Er besteht aus dem notwendigen Flur. Dieser führt zum ersten vertikalen Rettungsweg (notwendiger Treppenraum oder notwendige Außentreppe).

2. RW: Siehe bei Bild 15.1.

Gebäudeklasse 5
(GK 3 + GK 4 analog)

*1) siehe Text

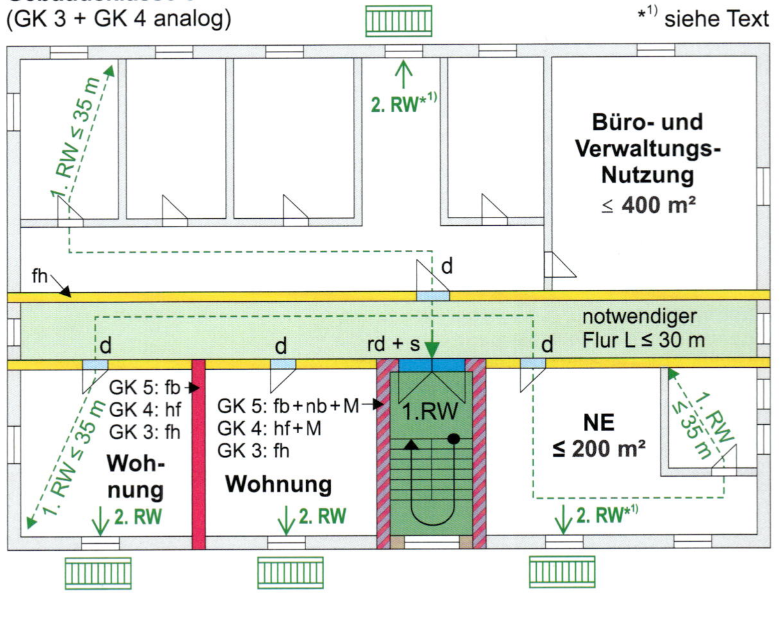

Brüstungshöhe ≤ 8 m: Feuerwehrzugang und Aufstellmöglichkeit für die 4-teilige Steckleiter

Brüstungshöhe ≤ 23 m: Feuerwehrzufahrt und Aufstellfläche für Hubrettungsfahrzeug

Bild 15.4: Wie Bild 15.3, jedoch Treppenraum „endständig" angeordnet

1. RW: Siehe bei Bild 15.3. Die Lage des Treppenraums ist relativ ungünstig, da der notwendige Flur dadurch praktisch ein „Stichflur" ist. Nach der früheren Bauordnung wäre die dargestellte Ausführung nicht zulässig gewesen, da dort die Stichflurlänge noch auf 20 m begrenzt war und höhere Anforderungen an die Türen bestanden. Diese besonderen Anforderungen sind in der aktuellen Bauordnung nicht mehr enthalten, so dass die Ausführung zulässig ist.

Im ungünstigsten Fall kann der Stichflur eine Länge von ca. 25 bis 30 m erreichen, da die maximale Entfernung von 35 m bis zum notwendigen Treppenraum eingehalten werden muss. Wird diese Länge überschritten, sind in der Regel zwei notwendige Treppen erforderlich (siehe Bild 15.5). Würde der Stichflur zu einem Sicherheitstreppenraum führen, wäre seine Länge auf 15 m begrenzt.

2. RW: Siehe bei Bild 15.1.

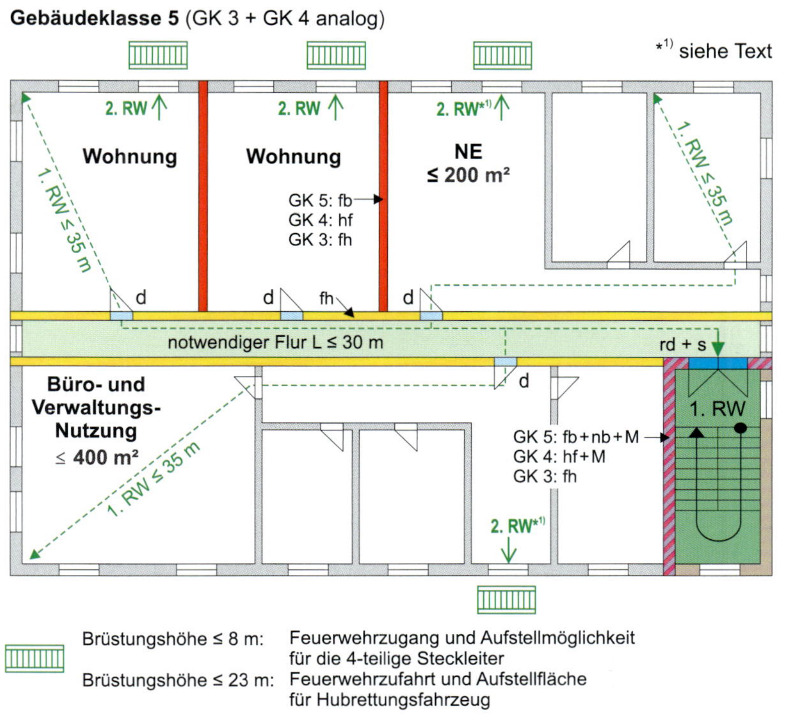

Bild 15.5: Beispiel für Wohnungen, NE ≤ 200 m² und Büro/Verwaltungs-NE ≤ 400 m² mit baulichen Rettungswegen

Da in diesem Fall beide vertikalen RW baulich hergestellt werden, ist eine Unterscheidung in 1. RW und 2. RW nicht sinnvoll. Beide RW führen innerhalb der jeweiligen Nutzungseinheit **über den gleichen Ausgang** zum notwendigen Flur.

Ab diesem Ausgang beginnen die gesicherten horizontalen Rettungswege, wobei beide RW über denselben notwendigen Flur führen dürfen.

In jeder Nutzungseinheit muss dabei ein Rettungsweg die maximale Entfernung von 35 m einhalten. Die Entfernung des anderen RW darf größer sein.

Im ungünstigsten Fall beträgt die maximale, im notwendigen Flur zurückzulegende Strecke 15 m.

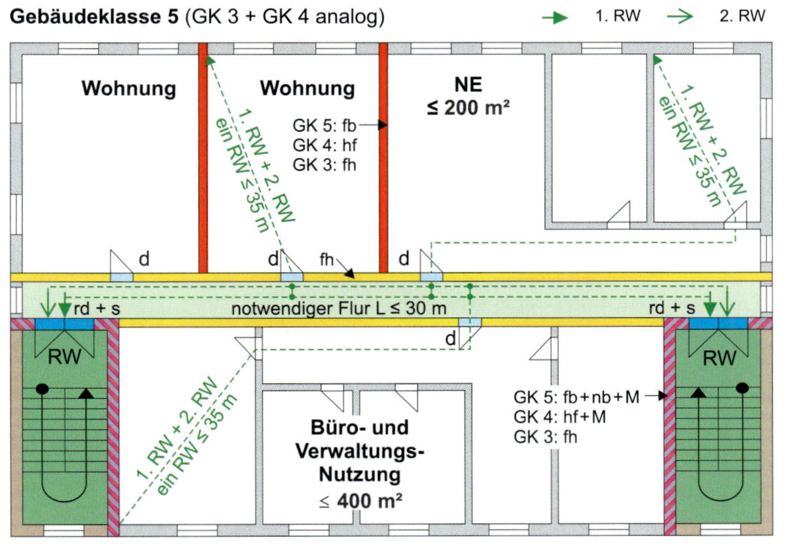

⑯ Rettungswege aus größeren Nutzungseinheiten mit notwendigem Flur innerhalb der NE

Bei diesen Nutzungseinheiten > 200 m² oder Büro- und Verwaltungsnutzungseinheiten > 400 m² führen Rettungswege aus Aufenthaltsräumen zu Ausgängen in notwendige Treppenräume oder zu notwendigen Außentreppen oder ins Freie. Damit bestehen neben der maximal zulässigen Entfernung noch weitere Anforderungen an die Ausbildung der horizontalen Rettungswege. Diese müssen über notwendige Flure führen.

Erster Rettungsweg = Fluchtweg

Von jeder Stelle eines Aufenthaltsraums muss mindestens ein Ausgang in einen notwendigen Treppenraum, zu einer notwendigen Außentreppe oder ins Freie in höchstens 35 m Entfernung erreichbar sein. Der erste RW beginnt innerhalb des Geschosses an der ungünstigsten Stelle des am ungünstigsten gelegenen AR und führt über einen notwendigen Flur innerhalb der NE zu einem Ausgang aus der NE

- in den notwendigen Treppenraum oder
- zu einer notwendigen Außentreppe oder
- ins Freie.

Zweiter RW über Rettungsgeräte der Feuerwehr = Rettungsweg

Siehe sinngemäß bei Bild 15.1. Das Problem besteht allerdings darin, dass in der Bauordnung für diese Situation mit dem Szenario „Brand in der eigenen NE" keine Regelungen enthalten sind.

Bei Wohnung oder NE ≤ 200 m² oder Büro/Verwaltungs-NE ≤ 400 m² geht das Baurecht davon aus, dass bei einem Brand in einer NE die Personen aus dieser NE fliehen können, sich also selbst retten. Der zweite Rettungsweg über Rettungsgeräte der Feuerwehr ist bei diesem Szenario nicht für die brandbetroffene NE gedacht, sondern für alle anderen NE (wenn z. B. der notwendigen Treppenraum durch den Brand ausgefallen ist).

Für NE > 200 m² oder Büro/Verwaltungs-NE > 400 m² soll die Möglichkeit einer Selbstrettung = Flucht über den notwendigen Flur verbessert werden. Sind solche NE deutlich größer mit größeren Personenzahlen, muss geprüft werden, ob Bedenken wegen der Personenrettung bestehen.

Tipp: Bei Neubauten ist es empfehlenswert, solche Lösungen mit notwendigen Fluren **möglichst zu vermeiden** und stattdessen **Teilnutzungseinheiten** anzuordnen. Bei Büro-/Verwaltungsnutzungen ist dies bis 400 m² möglich. Aber auch bei anderen Nutzungseinheiten bieten sich solche Lösungen mit Teilnutzungseinheiten an. Dann allerdings nur bis 200 m² und einer entsprechenden Abweichung. Beispiele siehe Kapitel 8.1, Punkte 2 und 3.

Zweiter RW baulich – über eine weitere notwendige Treppe

Der zweite RW ist ein weiterer, vom ersten vertikalen RW unabhängiger baulicher RW = zweiter Fluchtweg. Er führt innerhalb des Geschosses innerhalb der NE über denselben notwendigen Flur und von diesem zu einem zweiten (weiteren) Ausgang

- in einen zweiten (weiteren) notwendigen Treppenraum oder
- zu einer zweiten (weiteren) notwendigen Außentreppe oder
- ins Freie.

Der zweite bauliche RW = Fluchtweg hat keine Längenbegrenzung. Werden beide Rettungswege baulich hergestellt, so muss **einer** der beiden die 35 m Entfernung einhalten. Der zweite darf auch länger sein. Beide baulichen RW dürfen über einen gemeinsamen notwendigen Flur führen (**nicht jedoch über bzw. durch einen gemeinsamen Treppenraum**).

Bild 16.1: Beispiel für größere NE mit notwendigem Flur zum Treppenraum – 2. RW über Rettungsgeräte der Feuerwehr

1. RW: Der erste Rettungsweg beginnt im jeweiligen Aufenthaltsraum (AR) an der ungünstigsten Stelle. An den Weg vom AR zur Tür zum notwendigen Flur werden keine besonderen Anforderungen gestellt. Die maximale Entfernung von 35 m bis zum Ausgang in den notwendigen Treppenraum (bzw. ins Freie) muss von der ungünstigsten Stelle eines jeden AR eingehalten werden. Ab der Ausgangstür beginnt der geschützte Bereich (notwendiger Flur, notwendige Treppe).

2. RW: In der NE ist für den zweiten RW mindestens eine mit Rettungsgeräten der Feuerwehr erreichbare Stelle notwendig. Die Lage der anleiterbaren Stelle ist beliebig. Sie muss jedoch jederzeit zugänglich sein. Falls nur eine bestimmte Stelle möglich ist, sollte darauf mit entsprechenden Fluchtwegkennzeichen hingewiesen werden.

*1 Siehe bei Bild 15.1. Da für diese Situation in der Bauordnung keine Regelungen enthalten sind, ist eine frühzeitige Abstimmung mit der den Brandschutz prüfenden Stelle erforderlich.

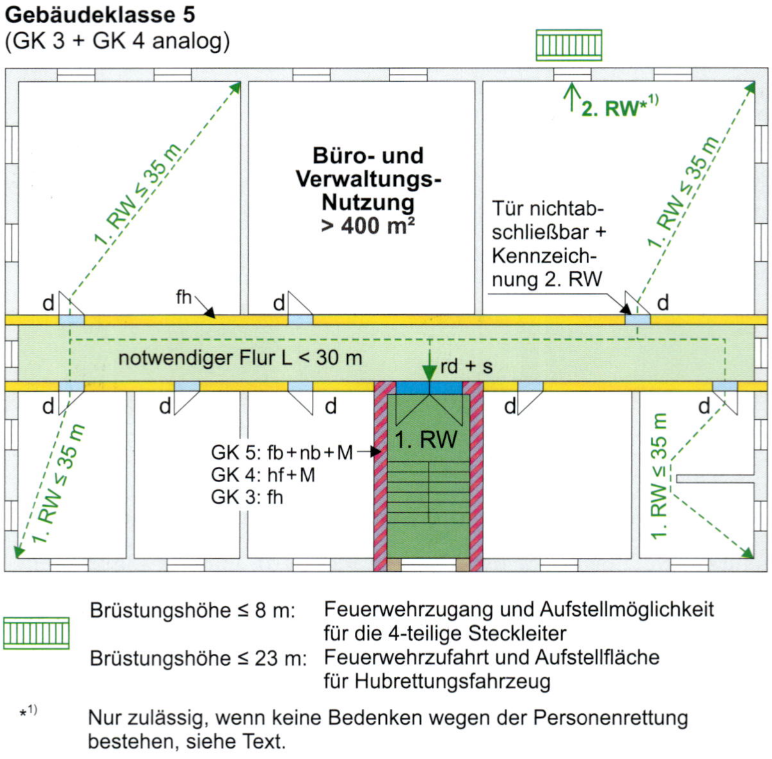

Bild 16.2: Wie Bild 16.1 jedoch mit gesicherter anleiterbarer Stelle

1. RW: Siehe bei Bild 16.1.

2. RW: Die in Bild 16.1 dargestellte Rettungswegsituation kann für das Szenario „Brand in der eigenen NE“ deutlich verbessert werden, indem ein zum Treppenraum möglichst entgegengesetzt liegender Raum als sicherer Raum mit anleiterbarer Stelle ausgebildet wird.

Dieser Raum wird feuerhemmend abgetrennt und mit einer rauchdichten, selbstschließenden und nichtabschließbaren Tür versehen.

Damit wird fast eine Situation wie mit zwei baulichen RW erreicht mit dem Unterschied, dass der zweite Rettungsweg über Rettungsgeräte der Feuerwehr hergestellt wird. Der Raum könnte durch eine fb Abtrennung mit einer fb + rd + s + n Tür noch sicherer ausgeführt werden. Natürlich ist eine entsprechende Information der Nutzer und Feuerwehr sowie eine Kennzeichnung notwendig. Eine frühzeitige Abstimmung mit der den Brandschutz prüfenden Stelle ist erforderlich. Weitere Erläuterungen siehe sinngemäß bei Bild 15.1.

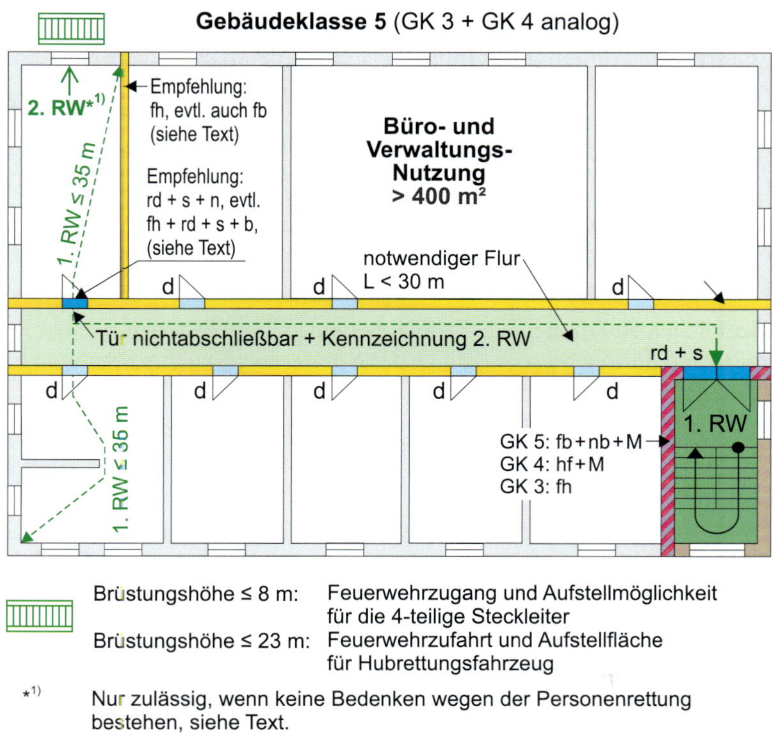

Bild 16.3: Beispiel für größere NE mit baulichen Rettungswegen

Grundsätzliche Beschreibung siehe bei Bild 15.5.

Eine Feuerwehrzufahrt und Aufstellflächen für die Hubrettungsfahrzeuge der Feuerwehr sind in der Regel nicht erforderlich, da die Rettungswege baulich (= Fluchtwege) hergestellt werden. Deshalb wird nur ein Feuerwehrzugang zu den beiden baulichen Rettungswegen (notwendigen Treppen) benötigt.

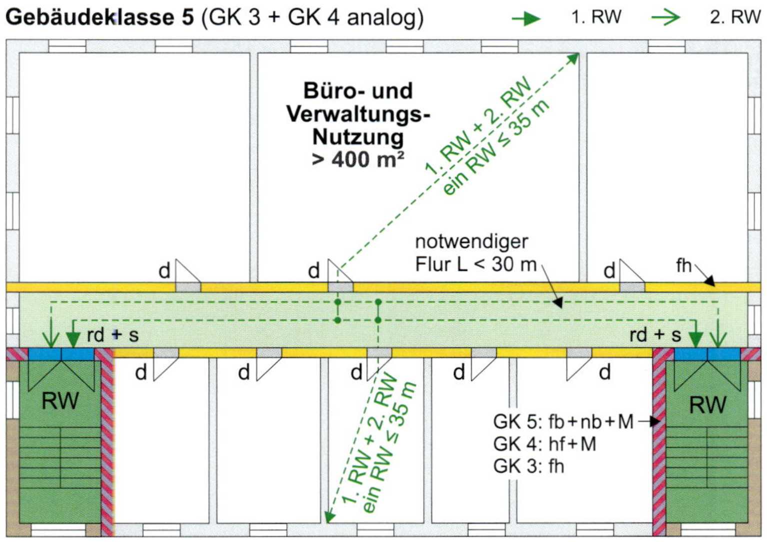

(17) Rettungswege aus größeren Nutzungseinheiten ohne notwendigen Flur innerhalb der NE

In diesen Fällen führen die Rettungswege aus Aufenthaltsräumen innerhalb der Nutzungseinheit konzeptionell **nicht** über notwendige Flure. Sie müssen jedoch grundsätzlich die gleiche Sicherheit haben wie Rettungswege, die über notwendige Flure führen, siehe Kapitel 8.1, Punkt 3. Es sind besondere Maßnahmen bzw. Lösungen erforderlich und das System der RW ist entsprechend anzupassen. Eine frühzeitige Abstimmung mit der den Brandschutz prüfenden Stelle ist empfehlenswert.

Anmerkung: Meist werden solche NE bzw. Räume einen zweiten oder mehrere Ausgänge haben. Dieser bzw. diese sind nicht automatisch auch ein zweiter bzw. weiterer baulicher Rettungsweg, sondern sie dienen in erster Linie dazu, sichere horizontale Rettungswege in der jeweiligen NE zu gewährleisten.

Da in solchen Situationen häufig auch Bedenken bestehen, den zweiten Rettungsweg über Rettungsgeräte der Feuerwehr herzustellen, führen diese Ausgänge dann in der Regel auch zu weiteren baulichen Rettungswegen.

Bild 17.1: Beispiel für größere NE ohne notwendigen Flur und zweiten RW über Rettungsgeräte der Feuerwehr

1. RW: Die maximale Entfernung von 35 m bis zum Ausgang in den notwendigen Treppenraum muss von der ungünstigsten Stelle eines jeden AR eingehalten werden. Erläuterungen bezüglich des fehlenden notwendigen Flurs siehe Kapitel 8.1, Punkt 3, Bild 3.5.

Zweiter Ausgang: Der zweite Ausgang ist nicht automatisch der zweite Rettungsweg, sondern eine zweite Möglichkeit, die NE zu verlassen (Kompensation des fehlenden notwendigen Flurs).

2. RW: Der zweite Rettungsweg ist eine mit Rettungsgeräten der Feuerwehr erreichbare Stelle. Er ist jedoch nur zulässig, wenn keine Bedenken wegen der Personenrettung bestehen.

Anmerkung: Dieses Beispiel dient in erster Linie der Erläuterung des **Unterschieds** zwischen einem **zweiten Rettungsweg** und einem **zweiten Ausgang**. In der Regel ist bei der dargestellten Situation (abhängig von der Zahl der Nutzer) davon auszugehen, dass Bedenken wegen der Personenrettung bestehen, so dass der zweite Ausgang zu einem zweiten baulichen Rettungsweg führen muss, siehe nächstes Bild.

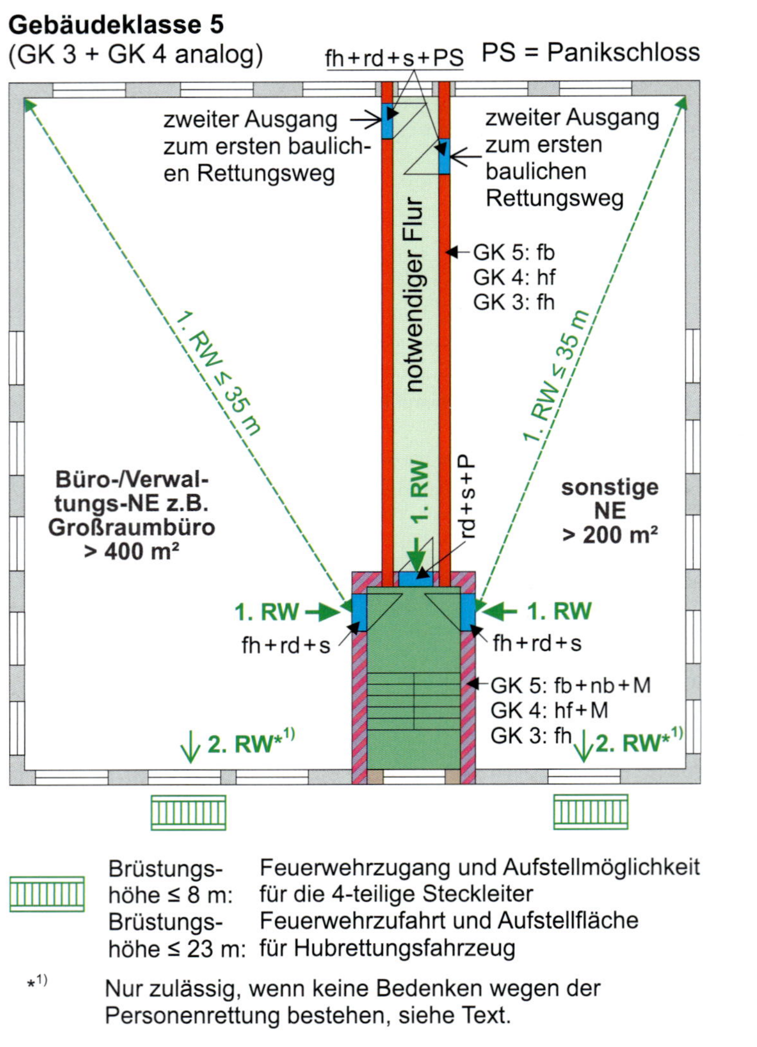

Bild 17.2: Beispiel für größere NE ohne notwendigen Flur mit zwei baulichen Rettungswegen

1. RW: Siehe bei Bild 17.1. Die Entfernung von jeder Stelle eines Aufenthaltsraums zu einer notwendigen Treppe darf höchstens 35 m sein.

Achtung: die im Bild eingetragene Messung mit Zirkelschlag ist nur möglich, wenn **keine festen Einbauten und Wände** vorhanden sind. Die maximal zulässige Entfernung von 35 m wird gemessen in Lauflinie, nicht durch feste Einbauten und Wände.

2. RW = Möglichst entgegengesetzt liegende zweite notwendige Treppe, die über einen zweiten Ausgang (der zur Kompensation des fehlenden notwendigen Flurs erforderlich ist) erreicht werden kann.

Anmerkung: Die Türe zum zweiten RW muss jederzeit zu öffnen sein. Dies kann z. B. mit einem Panikschloss gewährleistet werden.

Erläuterungen bezüglich des fehlenden notwendigen Flurs siehe Kapitel 8.1, Punkt 3, Bild 3.5..

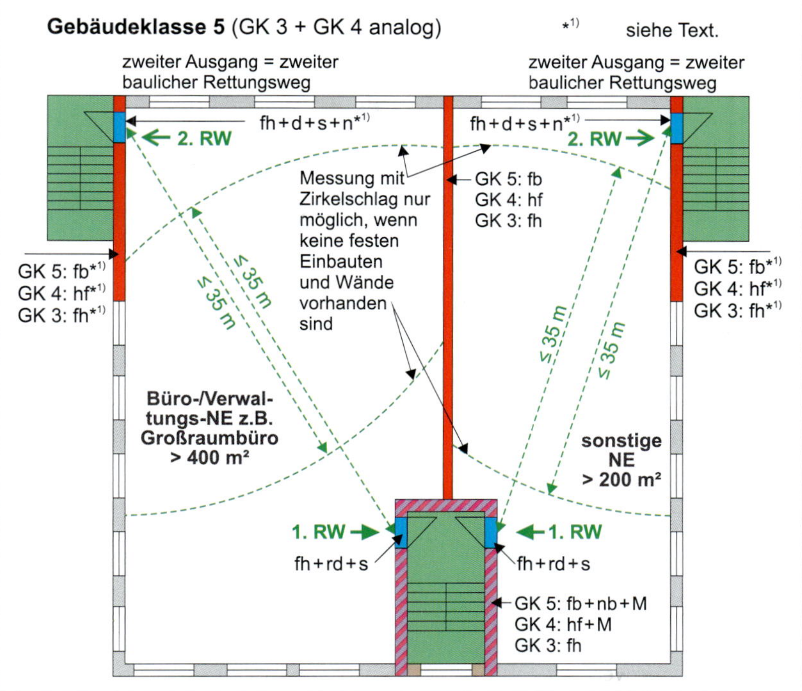

(18) Rettungswege aus Maisonette-Wohnungen bzw. Nutzungseinheiten

Beide Maisonette-Ebenen sind an den notwendigen Treppenraum angeschlossen

- Der erste Rettungsweg = Fluchtweg führt von jeder Maisonette-Ebene in den notwendigen Treppenraum.
- **Zweiter Rettungsweg: Eine** Maisonette-Ebene (die untere oder die obere) benötigt mindestens eine mit Rettungsgeräten der Feuerwehr erreichbare Stelle.

Nur eine Maisonette-Ebene ist an den notwendigen Treppenraum angeschlossen

- **Erster Rettungsweg = Fluchtweg:** In der **Maisonette-Ebene**, die an den Treppenraum angeschlossen ist, führt der erste RW in den notwendigen Treppenraum.
  In der **Maisonette-Ebene**, die nicht an den Treppenraum angeschlossen ist, führt der erste RW zunächst über die innere Maisonette-Treppe in die Maisonette-Ebene, die an den Treppenraum angeschlossen ist, und von dort in den notwendigen Treppenraum. **Hinweis:** Damit wird die innere Maisonette-Treppe zur notwendigen Treppe und muss alle diesbezüglichen Anforderungen einhalten.
- **Zweiter Rettungsweg: Beide** Maisonette-Ebenen (die untere **und** die obere) benötigen mindestens eine mit Rettungsgeräten der Feuerwehr erreichbare Stelle.

Weitere Informationen und Bilder siehe Kapitel 10.1, Punkt 6.

(19) Rettungswege bei Sonderbauten und besonderen Räumen

Bei Sonderbauten bestehen (je nach Sonderbau) deutlich andere und zum Teil auch umfangreiche Regelungen bezüglich der Rettungswege, siehe die entsprechenden Sondervorschriften (z. B. Versammlungsstätten, Beherbergungsstätten, Verkaufsstätten, Hochhäuser, Garagen, elektrische Betriebsräume nach der Sonderbauverordnung SBauVO, Industriebauten nach IndBauR NRW, Schulen nach „Richtlinie über bauaufsichtliche Anforderungen an Schulen“ usw. Auch bei besonderen Räumen (z. B. Laborräume) bestehen besondere Anforderungen.

⑳ Visualisierung der RW

Sowohl der erste als auch der zweite (bei baulichen Rettungswegen auch die weiteren) Rettungswege sollten in den Brandschutzplänen gemäß Legende visualisiert werden.

Beim Nachweis der maximal zulässigen Längen genügt es in der Regel, wenn diese an den ungünstigsten Nutzungseinheiten und im KG nachgewiesen und visualisiert werden.

Bei baulichen Rettungswegen unterscheidet man in der Regel nicht mehr zwischen erstem und zweitem Rettungsweg. Es muss nur jeweils ein baulicher Rettungsweg die maximale Entfernung einhalten. Der andere darf länger sein.

Bei der Visualisierung der baulichen Rettungswege muss unbedingt auch zwischen notwendigen Fluren und notwendigen Treppen bzw. Treppenräumen farblich unterschieden werden (z. B. notwendige Flure hellgrün und notwendige Treppenräume bzw. Treppen dunkelgrün.

12 Flächen für die Feuerwehr

Kurzinfo:		
• Jede zum Anleitern bestimmte Stelle (jedes anleiterbare Fenster) muss mit Rettungsgeräten der Feuerwehr erreichbar sein. • Jeder bauliche Rettungsweg muss mindestens über einen Feuerwehrzu- oder -durchgang erreicht werden können.		

12.1 Erfordernis von Feuerwehrflächen		
Zugänge und Zufahrten auf den Grundstücken • [1]Von öffentlichen Verkehrsflächen ist insbesondere für die Feuerwehr ein geradliniger Zu- oder Durchgang zu rückwärtigen Gebäuden zu schaffen, zu anderen Gebäuden ist er zu schaffen, wenn der zweite Rettungsweg dieser Gebäude über Rettungsgeräte der Feuerwehr führt. • [2]Zu Gebäuden, bei denen die Oberkante der Brüstung von zum Anleitern bestimmten Fenstern oder Stellen mehr als 8 m über Gelände liegt, ist in den Fällen des Satzes 1 anstelle eines Zu- oder Durchgangs eine Zu- oder Durchfahrt zu schaffen. • [3]Ist für die Personenrettung der Einsatz von Hubrettungsfahrzeugen erforderlich, sind die dafür erforderlichen Aufstell- und Bewegungsflächen vorzusehen. • [4]Bei Gebäuden, die ganz oder mit Teilen mehr als 50 m von einer öffentlichen Verkehrsfläche entfernt sind, sind Zufahrten oder Durchfahrten nach Satz 2 zu den vor und hinter den Gebäuden gelegenen Grundstücksteilen und Bewegungsflächen herzustellen, wenn sie aus Gründen des Feuerwehreinsatzes erforderlich sind. Soweit erforderliche Flächen nicht auf dem Grundstück liegen, müssen sie öffentlich-rechtlich gesichert sein.	BauO NRW § 5 (1)	Atlas 7.1

12

① Erforderliche Feuerwehrflächen, wenn der zweite RW über Rettungsgeräte der Feuerwehr führt

Brüstungshöhen der anleiterbaren Stelle ≤ 8 m über Gelände

Erforderlich sind:

- Geradlinige Feuerwehrzu- oder -durch**gänge** und
- Aufstellmöglichkeiten für die Steckleiter.

Brüstungshöhen der zum Anleitern bestimmten Stellen > 8 m ≤ 23 m über Gelände

Erforderlich sind:

- Feuerwehrzu- oder -durch**fahrten** und
- Aufstellflächen für Hubrettungsfahrzeuge und
- Feuerwehrbewegungsflächen.

Brüstungshöhen der zum Anleitern bestimmten Stellen > 8 m ≤ 12 m über Gelände

Erforderlich sind:

- geradlinige Feuerwehrzu- oder -durch**gänge** und
- Aufstellmöglichkeiten für die 3-teilige Schiebeleiter und
- Abweichung (Erleichterung).

Sonderfall: Bei Neubauten in der Regel nicht (mehr) zulässig. Eventuell im Einzelfall und/oder im Bestand als Abweichung nach Abstimmung mit der den Brandschutz prüfenden Stelle möglich (siehe auch Kapitel 11, Punkt 8).

② Erforderliche Feuerwehrflächen bei baulichen Rettungswegen (erster und zweiter RW baulich)

Erforderlich sind:

- geradlinige Feuerwehrzu- oder -durchgänge zu allen Aus- und Zugängen.

Grundsätzlich sind Feuerwehrzu- oder -durchgänge zu allen baulichen RW erforderlich. Bei Abstand > 50 m zur öffentlichen Verkehrsfläche können weitergehende Anforderungen bestehen, wenn sie aus Gründen des Feuerwehreinsatzes erforderlich sind.

Tipp: Da der zweite Rettungsweg nicht über Rettungsgeräte der Feuerwehr hergestellt wird, sind in der Regel keine Aufstellflächen für Rettungsgeräte der Feuerwehr wie Hubrettungsfahrzeuge erforderlich.

③ Feuerwehrflächen bei Gebäuden mit Abstand > 50 m zur öffentlichen Verkehrsfläche

Wenn der Feuerwehreinsatz es erfordert: Anordnung von

- Feuerwehrzu- oder -durchfahrten und
- Aufstellflächen für Hubrettungsfahrzeuge und
- Feuerwehrbewegungsflächen.

Tipp: Die Bewegungsflächen können sowohl auf dem Grundstück als auch auf der öffentlichen Verkehrsfläche vorgesehen werden.

Es können auch weitere Maßnahmen (z. B. Hydranten) erforderlich sein. Eine frühzeitige Abstimmung mit der den Brandschutz prüfenden Stelle ist empfehlenswert.

12.2 Befestigung, Kennzeichnung und Freihaltung von Feuerwehrflächen

• [1]Zu- und Durchfahrten, Aufstellflächen und Bewegungsflächen müssen für Feuerwehrfahrzeuge ausreichend befestigt und tragfähig sein. • [2]Sie sind als solche zu kennzeichnen und ständig frei zu halten. • [3]Die Kennzeichnung von Zufahrten muss von der öffentlichen Verkehrsfläche aus sichtbar sein. • [4]Fahrzeuge dürfen auf den Flächen nach Satz 1 nicht abgestellt werden.	BauO NRW § 5 (2)	Atlas 7.1/4.1
Anforderungen gemäß Muster-Richtlinien über Flächen für die Feuerwehr: 2009-10 (Eingeführt über VV TB NRW Punkt A 2.2.1.1)	VV TB NRW A 2.2.1.1	
Befestigung und Tragfähigkeit Zu- oder Durchfahrten für die Feuerwehr, Aufstellflächen und Bewegungsflächen sind so zu befestigen, dass sie von Feuerwehrfahrzeugen mit einer Achslast bis zu 10 t und einem zulässigen Gesamtgewicht bis zu 16 t befahren werden können. Zur Tragfähigkeit von Decken, die im Brandfall von Feuerwehrfahrzeugen befahren werden, wird auf DIN 1055-3:2006-03 verwiesen.	Muster-Richtlinien Flächen für die Feuerwehr (RL), RL 1	
Anlage A 2.2.1.1/1 zu Richtlinien über Flächen für die Feuerwehr (VV TB NRW Anlage A 2.2.1.1/1) **Bei Anwendung der technischen Regel ist Folgendes zu beachten:** 1 Soweit in den Muster-Richtlinien über Flächen für die Feuerwehr Bezug genommen wird auf Vorschriften auf Grundlage der Musterbauordnung – MBO sind die nachfolgend genannten Landesvorschriften zu beachten: anstelle von § 5 MBO gilt § 5 BauO NRW 2018. 2 Zufahrten, Aufstell- und Bewegungsflächen sind mindestens entsprechend der Straßen-Bauklasse VI (Richtlinie für Standardisierung des Oberbaues von Verkehrsflächen – RStO 01) zu befestigen. Anstelle von DIN 1055-3:2006-03 ist DIN EN 1991-1-1:2010-12 in Verbindung mit DIN EN 1991-1-1/NA:2010-12 anzuwenden. 3 Hinweisschilder: 3.1 Hinweisschilder für Zu- oder Durchfahrten haben die Aufschrift „Feuerwehrzufahrt", die Schilder für Aufstell- oder Bewegungsflächen die Aufschrift „Flächen für die Feuerwehr". Die Hinweisschilder für Flächen für die Feuerwehr müssen der DIN 4066 entsprechen; die Hinweisschilder „Feuerwehrzufahrt" müssen eine Größe von mindestens B/H = 594/210 mm haben und von der öffentlichen Verkehrsfläche aus erkennbar sein. Flächen für die Feuerwehr müssen eine jederzeit deutlich sichtbare Randbegrenzung haben. 3.2 Nach § 12 Abs. 1 Nr. 8 StVO ist das Halten vor und in Feuerwehrzufahrten unzulässig, wenn diese Zufahrten amtlich gekennzeichnet sind. Ist die Anordnung eines Halteverbots nach StVO im öffentlichen Verkehrsraum im Bereich der Feuerwehrzufahrt notwendig, so muss das Hinweisschild „Feuerwehrzufahrt" von der zuständigen Behörde gekennzeichnet sein (amtliches Hinweisschild). Anstelle des amtlichen Hinweisschildes „Feuerwehrzufahrt" kann die zuständige Behörde die Aufstellung des Verkehrszeichens 283 (Halteverbot) nach StVO mit dem Zusatzschild „Feuerwehrzufahrt" anordnen (Schutzzone im Sinne von § 45 Abs. 1 Satz 2 Nr. 5 StVO).	VV TB NRW Anlage A 2.2.1.1/1	

12.3 Zu- oder Durchgänge

Zu- oder Durchgänge für die Feuerwehr sind geradlinig und mindestens 1,25 m breit auszubilden. Für Türöffnungen und andere geringfügige Einengungen in diesen Zu- oder Durchgängen genügt eine lichte Breite von 1 m.	RL 14	Atlas 7.1/4.14
Tipp: Aufstellflächen für tragbare Leitern: Jede zum Anleitern bestimmte Stelle (jedes anleiterbare Fenster) muss grundsätzlich mit Rettungsgeräten der Feuerwehr erreicht werden können. Bei tragbaren Leitern (in der Regel Steckleitern oder Multifunktionsleitern) kann bei üblichen Verhältnissen davon ausgegangen werden, dass eine derartige Anleiterbarkeit auch ohne Anordnung bzw. Planung von eigenen „Aufstellflächen" grundsätzlich möglich ist. Bei 3-teiligen Schiebeleitern und/oder ungünstigen Verhältnissen, z. B. beengten Platzverhältnissen, kann es jedoch auch für tragbare Leitern empfehlenswert bzw. erforderlich sein, dass die Aufstellflächen überprüft und ggf. auch gekennzeichnet werden. Wassergräben, enges Gebüsch, Schutzdächer o.Ä. dürfen sich innerhalb dieser Aufstellflächen allerdings nicht befinden.		

12.4 Zu- oder Durchfahrten

Die lichte Breite der Zu- oder Durchfahrten muss mindestens 3 m, die lichte Höhe mindestens 3,50 m betragen. Die lichte Höhe der Zu- oder Durchfahrten ist senkrecht zur Fahrbahn zu messen. Wird eine Zu- oder Durchfahrt auf eine Länge von mehr als 12 m beidseitig durch Bauteile wie Wände oder Pfeiler begrenzt, so muss die lichte Breite mindestens 3,50 m betragen. Wände und Decken von Durchfahrten müssen feuerbeständig sein.	RL 2	Atlas 7.1/4.2
Tipp: Sicherung von Türöffnungen mit feuerhemmenden, dichten und selbstschließenden Abschlüssen (fh + d + s).		

12.5 Kurven in Zu- oder Durchfahrten

Der Einsatz der Feuerwehrfahrzeuge wird durch Kurven in Zu- oder Durchfahrten nicht behindert, wenn die in der Tabelle den Außenradien der Gruppen zugeordneten Mindestbreiten nicht unterschritten werden. Dabei müssen vor oder hinter Kurven auf einer Länge von mindestens 11 m Übergangsbereiche vorhanden sein.	RL 3	Atlas 7.1/4.3
(Tabelle und Bild siehe unten)	RL Tabelle und Bild 1	

Außenradius der Kurve (in m)	Breite mindestens (in m)
10,5 bis 12	5,0
über 12 bis 15	4,5
über 15 bis 20	4,0
über 20 bis 40	3,5
über 40 bis 70	3,2
über 70	3,0

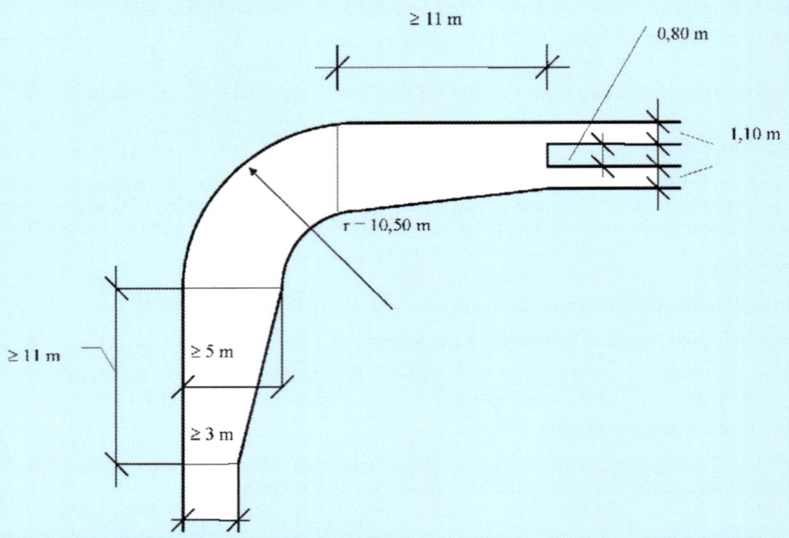

12.6 Fahrspuren

Geradlinig geführte Zu- oder Durchfahrten können außerhalb der Übergangsbereiche [Punkte 12.4 und 12.15] als Fahrspuren ausgebildet werden. Die beiden befestigten Streifen müssen voneinander einen Abstand von 0,80 m haben und mindestens je 1,10 m breit sein.	RL 4	Atlas 7.1/4.4

12.7 Neigungen in Zu- oder Durchfahrten

Zu- oder Durchfahrten dürfen längs geneigt sein. Jede Änderung der Fahrbahnneigung ist in Durchfahrten sowie innerhalb eines Abstandes von 8 m vor und hinter Durchfahrten unzulässig. Im Übrigen sind die Übergänge mit einem Radius von mindestens 15 m auszurunden.	RL 5	Atlas 7.1/4.5

12.8 Stufen und Schwellen

Stufen und Schwellen im Zuge von Zu- oder Durchfahrten dürfen nicht höher als 8 cm sein. Eine Folge von Stufen oder Schwellen im Abstand von weniger als 10 m ist unzulässig. Im Bereich von Übergängen nach [Punkt 12.7] dürfen keine Stufen sein.	RL 6	Atlas 7.1/4.6

12.9 Sperrvorrichtungen

Sperrvorrichtungen (Sperrbalken, Ketten, Sperrpfosten) sind in Zu- oder Durchfahrten zulässig, wenn sie von der Feuerwehr geöffnet werden können.	RL 7	Atlas 7.1/4.7

12.10 Aufstellflächen auf dem Grundstück

Aufstellflächen müssen mindestens 3,50 m breit und so angeordnet sein, dass alle zum Anleitern bestimmten Stellen von Hubrettungsfahrzeugen erreicht werden können.	RL 8	Atlas 7.1/4.8

12.11 Aufstellflächen entlang von Außenwänden

Für Aufstellflächen entlang von Außenwänden muss zusätzlich zur Mindestbreite von 3,50 m auf der gebäudeabgewandten Seite ein mindestens 2 m breiter, hindernisfreier Geländestreifen vorhanden sein. Die Aufstellflächen müssen mit ihrer der anzuleiternden Außenwand zugekehrten Seite einen Abstand von mindestens 3 m zur Außenwand haben. Der Abstand darf höchstens 9 m und bei Brüstungshöhen von mehr als 18 m höchstens 6 m betragen. Die Aufstellfläche muss mindestens 8 m über die letzte Anleiterstelle hinausreichen.	RL 9	Atlas 7.1/4.9

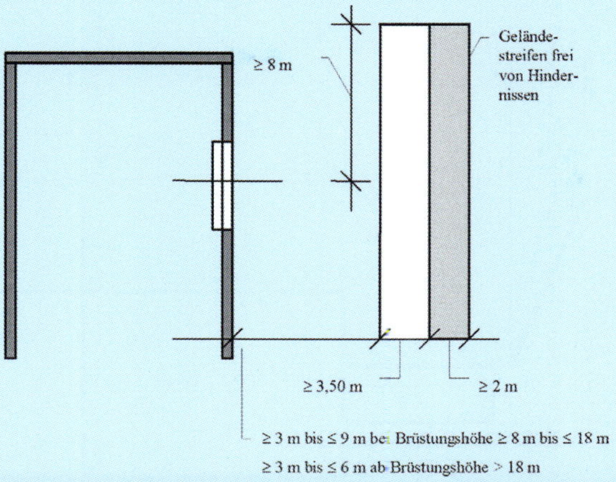

RL Bild 2

12.12 Aufstellflächen rechtwinklig zu Außenwänden

Für rechtwinklig oder annähernd im rechten Winkel auf die anzuleiternde Außenwand zugeführte Aufstellflächen muss zusätzlich zur Mindestbreite von 3,50 m beidseitig ein mindestens 1,25 m breiter, hindernisfreier Geländestreifen vorhanden sein; die Geländestreifen müssen mindestens 11 m lang sein. Die Aufstellflächen dürfen keinen größeren Abstand als 1 m zur Außenwand haben. Die Entfernung zwischen der Außenseite der Aufstellflächen und der entferntesten seitlichen Begrenzung der zum Anleitern bestimmten Stellen darf 9 m und bei Brüstungshöhe von mehr als 18 m 6 m nicht überschreiten.	RL 10	Atlas 7.1/4.10

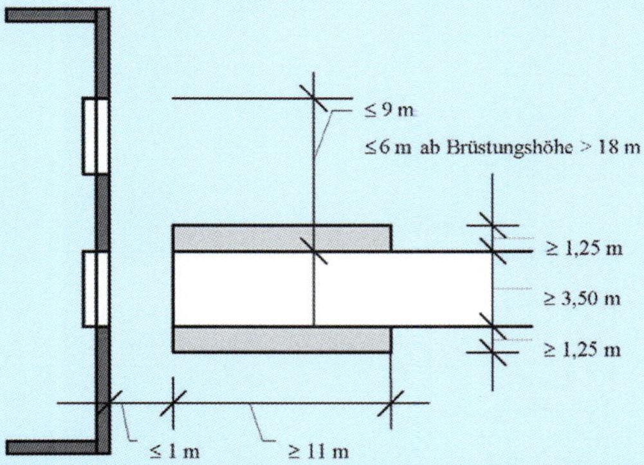

RL Bild 3

12.13 Freihalten des Anleiterbereichs

Zwischen der anzuleiternden Außenwand und den Aufstellflächen dürfen sich keine den Einsatz von Hubrettungsfahrzeugen erschwerenden Hindernisse wie bauliche Anlagen oder Bäume befinden.	RL 11	Atlas 7.1/4.11

12.14 Neigung von Aufstellflächen

Aufstellflächen dürfen nicht mehr als 5 v. H. geneigt sein.	RL 12	Atlas 7.1/4.12

12

12.15 Bewegungsflächen

Bewegungsflächen müssen für jedes Fahrzeug mindestens 7 m × 12 m groß sein. Zufahrten sind keine Bewegungsflächen. Vor und hinter Bewegungsflächen an weiterführenden Zufahrten sind mindestens 4 m lange Übergangsbereiche anzuordnen.	RL 13	Atlas 7.1/4.13
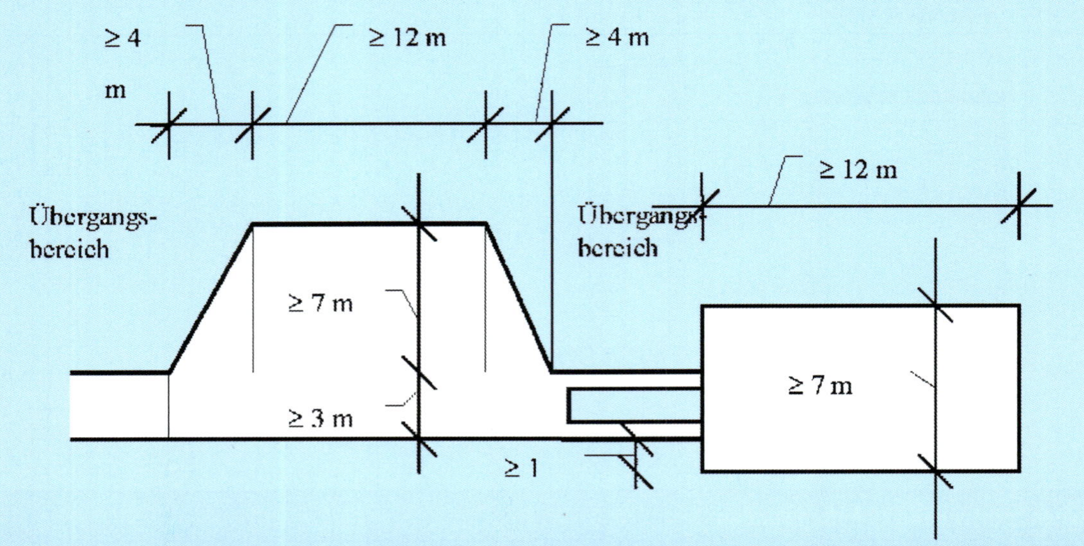	RL Bild 4	

12.16 Feuerwehrflächen auf Baustellen

Auch auf Baustellen muss Personenrettung und Brandbekämpfung jederzeit möglich sein.		

13 Tragwerk

Schutzziel		
Tragende und aussteifende Wände und Stützen müssen im Brandfall ausreichend lang standsicher sein.	BauO NRW § 27 (1)	

13.1 Erforderliche Feuerwiderstandsdauer der tragenden Wände und Stützen

Tragende Wände, Stützen	GK 5	GK 4	GK 3	GK 2	GK 1	BauO NRW	Atlas
Normalgeschosse und offene Gänge (Laubengänge), die als notwendige Flure dienen	fb	hf	fh	fh	–	§ 27	6.1.1-A
Geschosse im Dachraum, über denen AR möglich sind	fb	hf	fh	fh	–		
Geschosse im Dachraum, über denen keine AR möglich sind*[1]	–	–	–	–	–		
Kellergeschosse	fb	fb	fb	fh	fh		
Balkone und Altane	–	–	–	–	–		

*[1] **Tipp:** Falls in Dachräumen mit einer nichtfeuerwiderstandsfähigen Dachkonstruktion feuerwiderstandsfähige Trennwände vorhanden sind: Auf ihren fachgerechten oberen An- bzw. Abschluss und feuerwiderstandsfähige Aussteifung achten.

13

① Zuordnung der bauaufsichtlichen Anforderungen zu nationalen und europäischen Klassen

Tabelle 1.1: Zuordnung der bauaufsichtlichen Anforderungen zu nationalen und europäischen Klassen (gemäß VV TB NRW Anhang 4)

	Bauaufsichtliche Anforderungen	Abkürzung	Nationale Klassen nach DIN 4102	Trag-funktion	Europäische Klassen nach DIN EN 13501
Tragende Wände und Stützen	feuerbeständig	fb	F 90-AB	tragend	R 90 [wnb]
	hochfeuerhemmend	hf	F 60-AB*[1]		R 60 [wnb] oder R 60 [HolzR]
	feuerhemmend	fh	F 30-B		R 30 E - d2
	fb und hf mit tragenden und aussteifenden Bauteilen aus brennbaren Baustoffen*[2]	fb [zAHolz]	F 90-B [zAHolz]		R 90 E - d2 [zAHolz]
		hf [zAHolz]	F 60-B [zAHolz]		R 60 E - d2 [zAHolz]

Abkürzungen und Legende siehe Kapitel 4.2, Punkt 3 sowie Kapitel 29 und 30.

*[1] hf mit Tragwerk aus Holz ist mit nationalen Klassen (nach DIN 4102) nicht möglich.

*[2] Die geforderte Feuerwiderstandsdauer muss nachgewiesen werden und die Bauteile müssen so hergestellt und eingebaut werden, dass Feuer und Rauch nicht über Grenzen von Brand- oder Rauchabschnitten, insbesondere Geschosstrennungen, hinweg übertragen werden können [zAHolz]. Siehe auch Kapitel 4.3, Punkt 1.

② Bedeutung und Schutzziel des Tragwerks

Das Tragwerk eines Gebäudes muss im Brandfall ausreichend lange standsicher bleiben, um

- den Schutz der im Gebäude anwesenden Menschen und Tiere so lange zu gewährleisten, bis diese das Gebäude verlassen konnten,
- die Rettung von Menschen und Tieren sowie die Durchführung wirksamer Löschmaßnahmen zu ermöglichen,
- den Einsturz des Gebäudes mit Personen- und eventuellen Umweltschäden zu verhüten,
- eine ausreichend lange Funktion der Bauprodukte, die dem Brandschutz dienen, sicherzustellen.

Bei der Beurteilung des Tragwerkes eines Gebäudes sind neben den eigentlich lasttragenden Bauteilen auch diejenigen Teile und Maßnahmen zu berücksichtigen, die den Feuerwiderstand erhöhen.

Zu den lasttragenden Bauwerksteilen gehören z. B.:

- tragende Wände (raumabschließend und nichtraumabschließend)
- Stützen, Pfeiler und Zugglieder
- Unterzüge und Balken
- Decken
- Dächer
- Treppen

Eine Erhöhung des Feuerwiderstandes ist mit folgenden Bauwerksteilen bzw. Schutzmaßnahmen möglich

- Unterdecken und selbstständige Unterdecken
- Brandschutzbeschichtungen, Brandschutzputzen, Brandschutzbekleidungen
- wassergefüllten Konstruktionen
- Berieselungsanlagen zum Zweck der Kühlung tragender Bauteile

Die Tragfähigkeit des Bauwerkes ist eine wichtige Komponente für die Funktion des vorbeugenden Brandschutzes. Die jeweils erforderliche Feuerwiderstandsdauer des Tragwerkes ist jedoch immer in Zusammenhang mit dem Gesamt-Brandschutzkonzept des Gebäudes zu sehen.

Die bauaufsichtlichen Anforderungen an die Feuerwiderstandsdauer des Tragwerkes orientieren sich in erster Linie an den Schutzzielen Flucht und Rettung von Menschen und Tieren sowie Durchführung von wirksamen Löscharbeiten.

Die Möglichkeiten zur Durchführung von Rettungs- und Brandbekämpfungsmaßnahmen hängen weitgehend von der Höhe eines Gebäudes ab. Mit zunehmender Höhenentwicklung wird die Rettung und Brandbekämpfung schwieriger und damit auch zeitaufwendiger. Analog dazu muss das Nichtversagen des Tragwerkes, also die Feuerwiderstandsdauer, für einen zunehmend längeren Zeitraum gewährleistet sein, und die bauaufsichtlichen Anforderungen nehmen entsprechend zu. Ab der Hochhausgrenze werden unter Berücksichtigung der besonderen Situation die materiellen Brandschutzanforderungen noch weiter angehoben.

Außerdem wird auch das jeweilige Gefahrenpotenzial, das sich aus der Nutzung oder den Abmessungen der Gebäude ergibt, mit berücksichtigt. Für Sonderbauten bestehen auch besondere Anforderungen. Diese können verschärft, aber im Einzelfall z. B. bei geringer Brandgefahr bzw. geringen Brandlasten auch reduziert werden.

Um festzulegen, welches Maß an Brandschutz in Wohngebäuden und Gebäuden, die keine Sonderbauten sind, erforderlich ist, unterstellt die Bauordnung zunächst, dass eine Brandbelastung im Gebäude vorhanden ist, die der eines üblich ausgestatteten Wohngebäudes entspricht.

An die Tragwerke von Kellergeschossen werden bei den Gebäudeklassen 1 bis 4 höhere Anforderungen gestellt als an die anderen tragenden Bauteile. Der Grund hierfür ist, dass von der Nutzung der Kellerräume, z. B. Lagerung von diversem Hausrat usw., eine größere Brandgefahr ausgeht als von anderen Nutzungen. Zudem sind Kellerbrände schwieriger löschbar.

Anmerkung: Die bauaufsichtlichen Anforderungen an das Tragwerk haben aus der Sicht des baulichen Brandschutzes nicht das primäre Ziel, bei einem Brand den zu erwartenden Schaden zu reduzieren. Das heißt: unabhängig von der Feuerwiderstandsdauer der tragenden Wände und Stützen ist unter ungünstigen Voraussetzungen ein Totalschaden des Gebäudes zu erwarten. Die Größe des möglichen Totaschadens wird vor allem durch die feuerwiderstandsfähigen **raumabschließenden** Bauteile beeinflusst.

Natürlich trägt das Tragwerk im Brandfall auch dazu bei, den Schaden zu begrenzen, indem es eine Brandbekämpfung für die Dauer der Feuerwiderstandsfähigkeit des Tragwerks ermöglicht. Ohne feuerwiderstandsfähige, raumabschließende Trennwände ist jedoch unter ungünstigen Umständen unabhängig von der Feuerwiderstandsdauer des Tragwerks mindestens ein Totalschaden zu erwarten, der so groß ist wie der brandschutztechnisch abgetrennte Bereich.

Beispiel: Bei einer erdgeschossigen Halle mit einem Tragwerk ohne klassifizierte Feuerwiderstandsdauer ist unter ungünstigen Umständen in der Regel ein Totalschaden der gesamten Halle zu erwarten, da dort ein Innenangriff in der Regel nicht möglich sein wird.

Außerdem dienen die Anforderungen der Bauordnung an die tragenden Wände und Stützen ausschließlich der Erfüllung der oben genannten bauaufsichtlichen Schutzziele. Es wird dabei in der Regel nicht betrachtet bzw. berücksichtigt, ob das Tragwerk nach einem Brand noch saniert werden kann oder einen Totalschaden erleidet.

Bilder 2.1 bis 2.5: Hallen mit unterschiedlichem Tragwerk

Die in den Bildern gezeigten Schäden haben eines gemeinsam. Unabhängig von der Feuerwiderstandsdauer des Tragwerks sind alles Totalschäden. Auch bei den feuerbeständigen Tragwerken konnte das Tragwerk nach dem Schaden nicht mehr verwendet werden.

Bild 2.1: Stahltragwerk ohne klassifizierte Feuerwiderstandsdauer

Bild 2.2: Holztragwerk mit feuerhemmenden Holzbindern

Bild 2.3: Feuerbeständiges Stahlbetontragwerk mit Trapezblechdach

Bild 2.4: Feuerbeständiges Stahlbetontragwerk mit feuerbeständiger Dachdecke

Bild 2.5: Sporthalle mit feuerbeständigem Dachtragwerk aus Spannbetonbindern

③ Erforderliche Feuerwiderstandsdauer von tragenden Wänden und Stützen

Die nachfolgende Tabelle 3.1 zeigt als Übersicht ein Schema über die grundsätzlichen Anforderungen an tragende Wände und Stützen. In den nachfolgenden Bildern werden als plakative Übersicht für alle Gebäudeklassen die jeweiligen Anforderungen an die tragenden und aussteifenden Wände und Stützen dargestellt.

Tabelle 3.1: Übersicht: Anforderungen an tragende Wände und Stützen sowie an Decken

<table>
<tr><th colspan="7">Schematische Darstellung:
Anforderungen an die Feuerwiderstandsdauer der tragenden Wände, Stützen und Decken</th></tr>
<tr><th>Geschosse (ca.)</th><th>Höhe des obersten möglichen AR</th><th>GK 1</th><th>GK 2</th><th>GK 3</th><th>GK 4</th><th>GK 5</th></tr>
<tr><td>8</td><td></td><td colspan="3" rowspan="5">nicht relevant</td><td rowspan="3"></td><td rowspan="8">fb</td></tr>
<tr><td>7</td><td></td></tr>
<tr><td>6</td><td></td></tr>
<tr><td>5</td><td rowspan="2">≤ 13 m
NE ≤ 400 m²</td><td rowspan="5">hf</td></tr>
<tr><td>4</td></tr>
<tr><td>3</td><td>≤ 7 m</td><td rowspan="3">keine Anforderung</td><td colspan="2" rowspan="3">fh</td></tr>
<tr><td>2</td><td></td></tr>
<tr><td>1</td><td></td></tr>
<tr><td>KG</td><td></td><td colspan="2">fh</td><td colspan="3">fb</td></tr>
</table>

Bilder 3.1 bis 3.7: Erforderliche Feuerwiderstandsdauer von tragenden und aussteifenden Wänden und Stützen bei Gebäuden der Gebäudeklassen 5 bis 1

Anmerkung: In den Dachgeschossen wurden in den Fällen, in denen sich Anforderungen an die Decken wegen der Trennwandanschlüsse ergeben, jeweils auch die Anforderungen an die Decken mit dargestellt.

Es bedeuten in den Bildern:

*1 Anforderung ergibt sich durch oberen An- bzw. Abschluss der feuerwiderstandsfähigen Trennwand an die Decke, siehe auch Kapitel 6.3.

*2 Dargestellt sind nur die Anforderungen an das Tragwerk. Anforderungen an die Trennwände siehe Kapitel 6.3.

Legende:

rot: feuerbeständig, **orange:** hochfeuerhemmend,
gelb: feuerhemmend, **weiß:** keine besonderen Anforderungen.

Whg: Wohnung, **NE:** Nutzungseinheit.

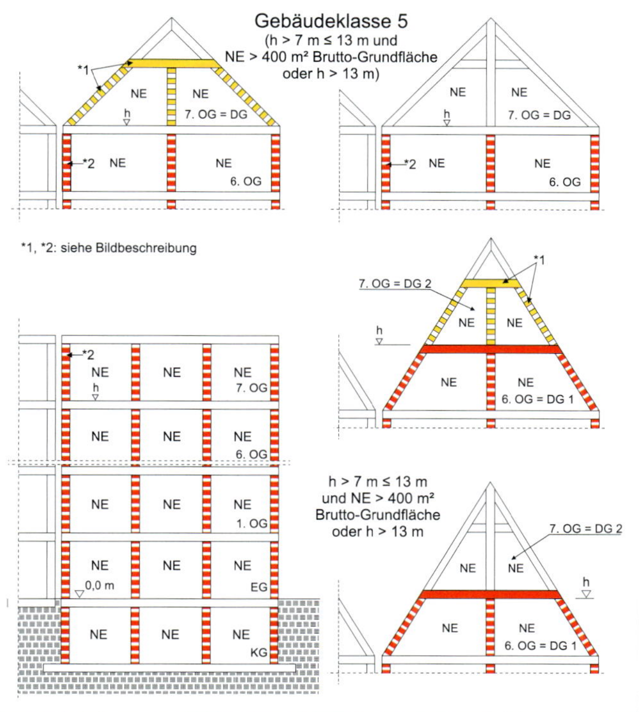

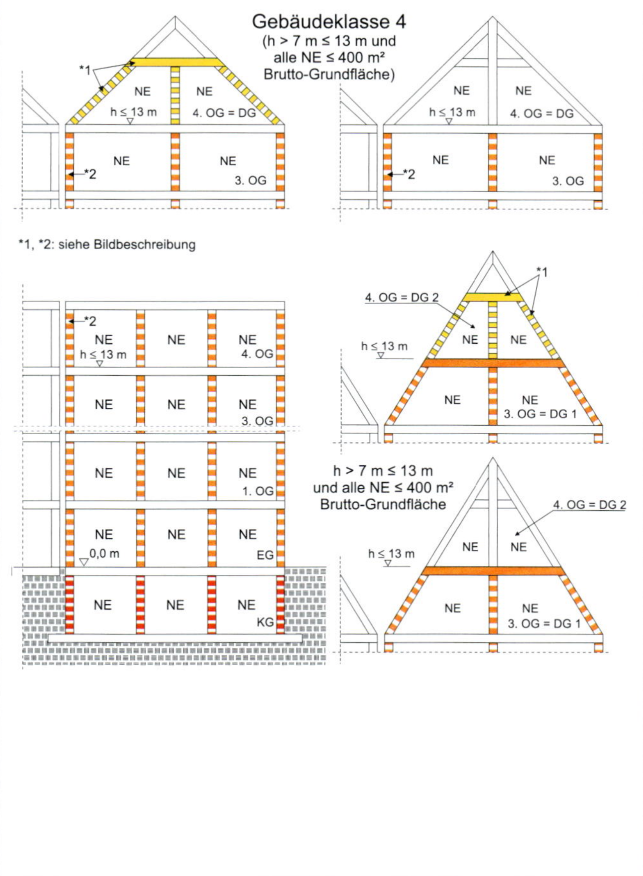

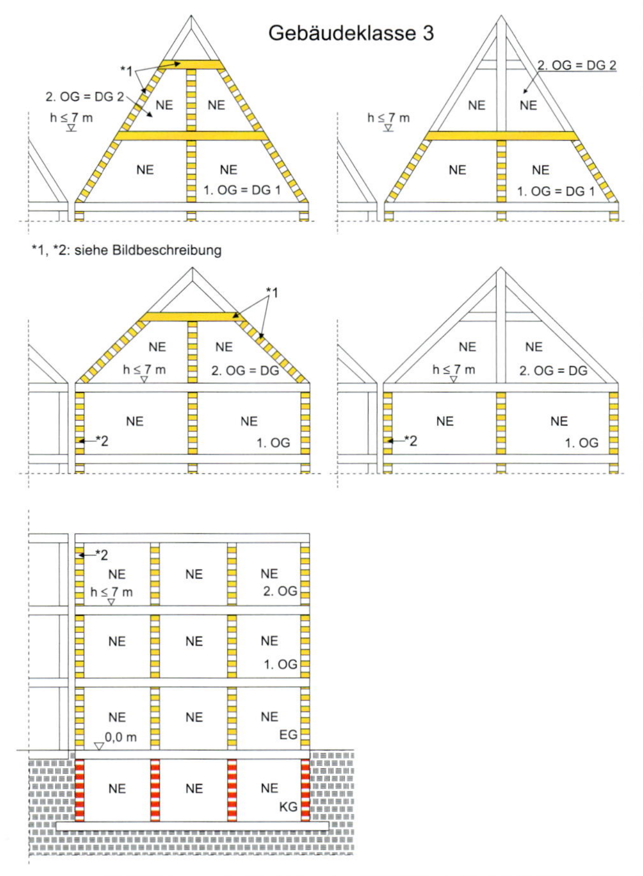

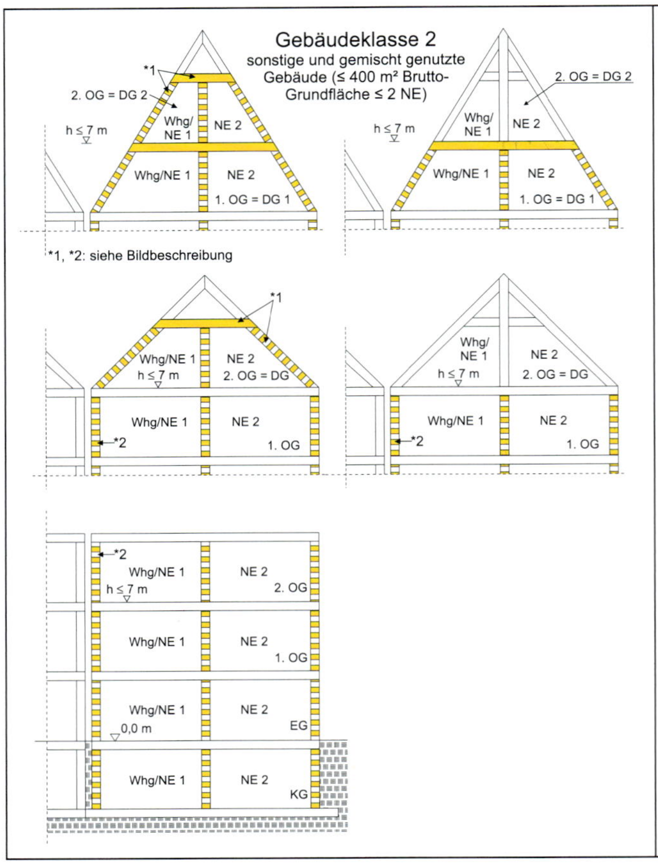
Gebäudeklasse 2
sonstige und gemischt genutzte Gebäude (≤ 400 m² Brutto-Grundfläche ≤ 2 NE)
2. OG = DG 2
1. OG = DG 1
Whg/NE 1
NE 2
h ≤ 7 m
*1, *2: siehe Bildbeschreibung
2. OG = DG
1. OG
2. OG
EG
KG
0,0 m

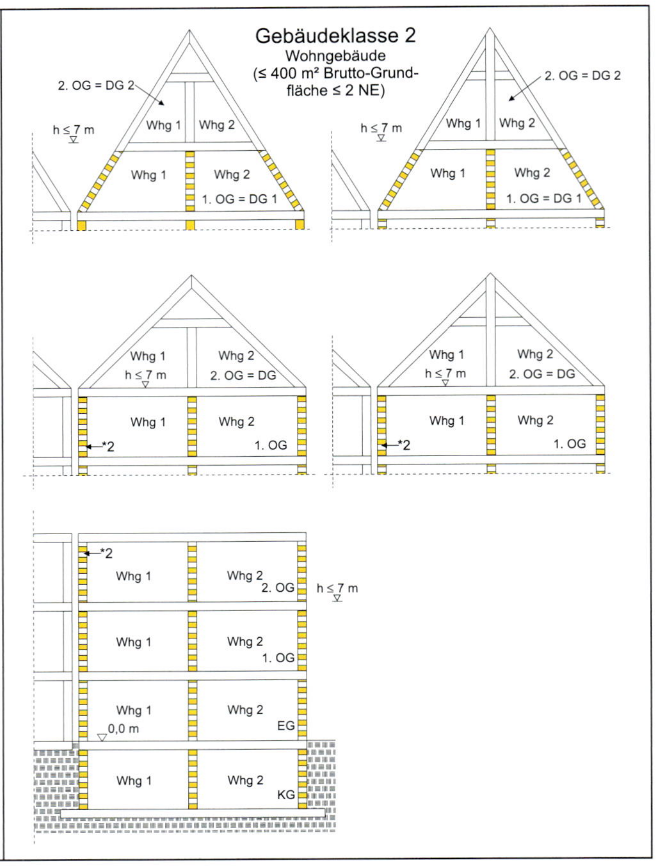
Gebäudeklasse 2
Wohngebäude
(≤ 400 m² Brutto-Grund-fläche ≤ 2 NE)
2. OG = DG 2
1. OG = DG 1
Whg 1
Whg 2
h ≤ 7 m
2. OG = DG
1. OG
2. OG
EG
KG
0,0 m

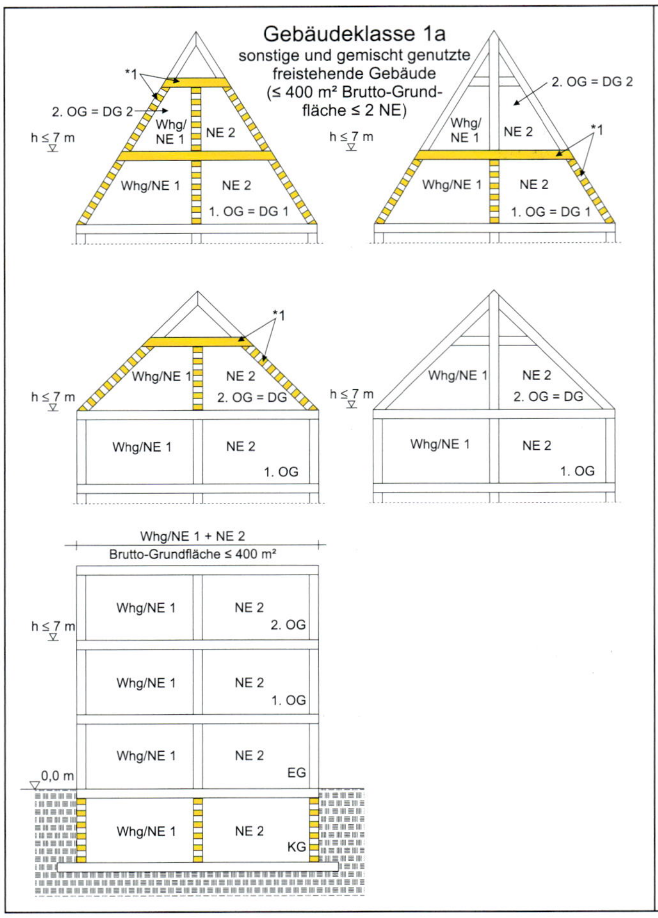
Gebäudeklasse 1a
sonstige und gemischt genutzte freistehende Gebäude
(≤ 400 m² Brutto-Grund-fläche ≤ 2 NE)
2. OG = DG 2
1. OG = DG 1
Whg/NE 1
NE 2
h ≤ 7 m
2. OG = DG
1. OG
Whg/NE 1 + NE 2
Brutto-Grundfläche ≤ 400 m²
2. OG
EG
KG
0,0 m

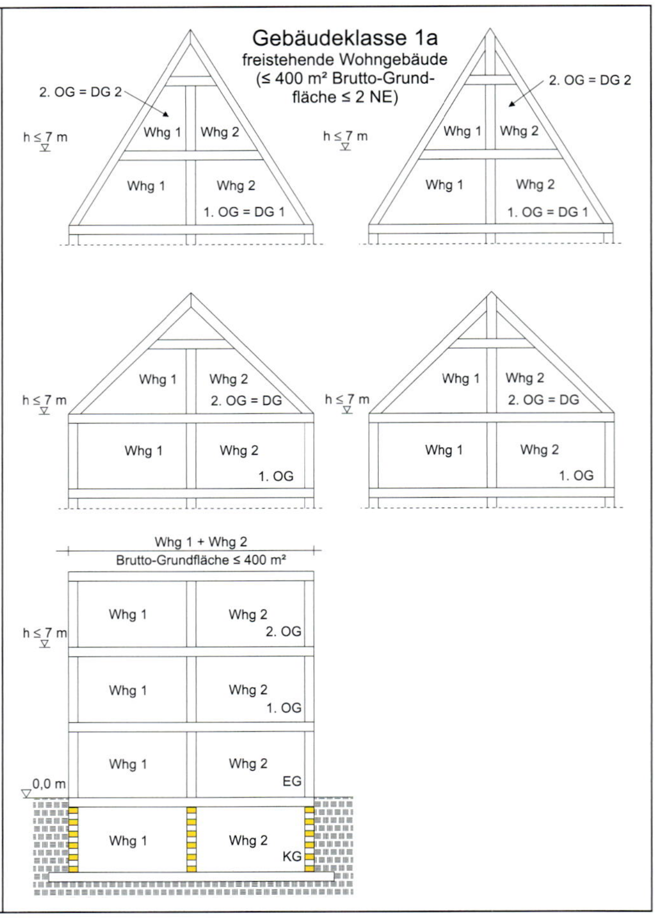
Gebäudeklasse 1a
freistehende Wohngebäude
(≤ 400 m² Brutto-Grund-fläche ≤ 2 NE)
2. OG = DG 2
1. OG = DG 1
Whg 1
Whg 2
h ≤ 7 m
2. OG = DG
1. OG
Whg 1 + Whg 2
Brutto-Grundfläche ≤ 400 m²
2. OG
EG
KG
0,0 m

13

(4) Bauausführung von tragenden und aussteifenden Wänden und Stützen

Grundsätzliche Informationen zu den erforderlichen Nachweisen für die Verwendung von Bauprodukten und Bauarten siehe Kapitel 4.2, Punkt 4.

(5) Tragende und aussteifende nichtraumabschließende Wände und Stützen aus Stahlbeton

Tabelle 5.1: Tragende und aussteifende nichtraumabschließende Stahlbetonwände

Verwendbarkeits- bzw. Anwendbarkeitsnachweise		
Ausführung nach Technischen Baubestimmungen (TB)	bis 04.2016	DIN 4102-4:1994-03, Abschnitt 4.2, Tabelle 36 in Verbindung mit DIN 4102-4/A1:2004-11 und DIN 4102-22:2004-11
	aktuell ab 05.2016 bzw. 12.2010	DIN EN 1992-1-2:2010-12*1, Abschnitt 5.4.2, Tabelle 5.4 sowie DIN 4102-4:2016-05*1, Abschnitt 5.11

*1 Enthalten im Brandschutzatlas Sonderband: „DIN 4102-4 und Eurocodes, Klassifizierte Baustoffe und Bauteile". **Hinweis:** Die Eurocodes werden teilweise ergänzt durch nationale Anhänge, die jeweils zusätzlich mit zu beachten sind. Diese Ergänzungen sind bereits im Sonderband eingepflegt.

Dargestellt sind die aktuellen Anforderungen nach DIN EN 1992-1-2:2010-12.

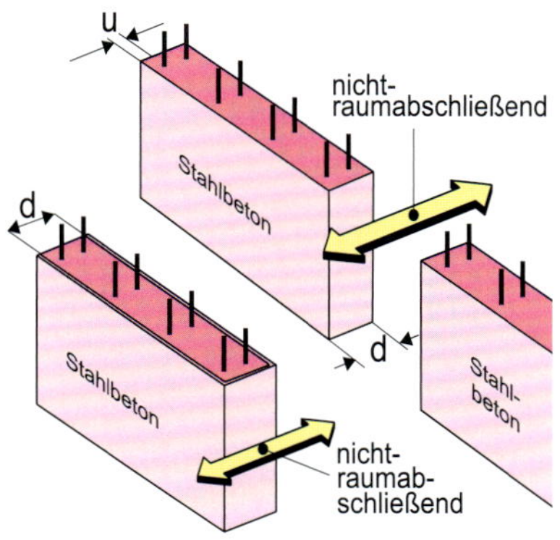

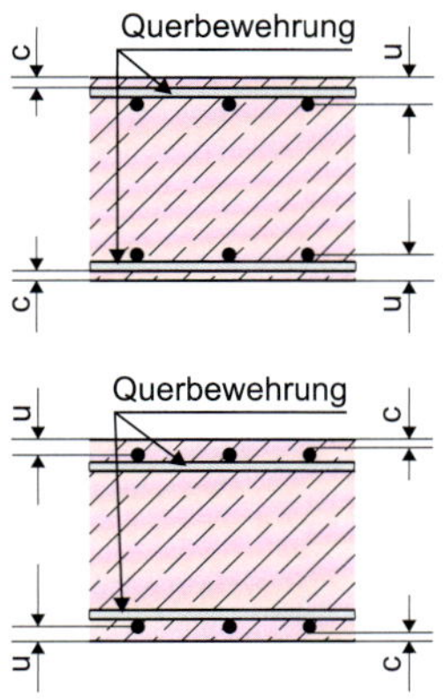

u = Achsabstand der Längsbewehrung
c = Mindestwert der Betonüberdeckung nach DIN 1045
d = Wanddicke ohne Putz

Beispiele für Mindestdicken und -achsabstände für tragende Betonwände¹⁾ nach DIN EN 1992-1-2:2010-12, Tabelle 5.4

Feuerwiderstandsklasse	Mindestmaße (mm) Wanddicke/Achsabstand für			
	μ_{fi}=0,35		μ_{fi}=0,7	
	Brandbeansprucht auf einer Seite	Brandbeansprucht auf zwei Seiten	Brandbeansprucht auf einer Seite	Brandbeansprucht auf zwei Seiten
REI 30	100/10*	120/10*	120/10*	120/10*
REI 60	110/10*	120/10*	130/10*	140/10*
REI 90	120/20*	140/10*	140/25	170/25
REI 120	150/25	160/25	160/35	220/35
REI 180	180/40	200/45	210/50	270/55
REI 240	230/55	250/55	270/60	350/60

* Normalerweise reicht die nach DIN EN 1992-1-1 erforderliche Betondeckung.

- Anmerkung: Für die Definition von μ_{fi} siehe DIN EN 1992-1-2, Abschnitt 5.3.2 (3).
- Für unbewehrte Betonwände (siehe DIN EN 1992-1-1, Abschnitt 12) dürfen die Mindestwanddicken der Tabelle verwendet werden.
- Werden kalksteinhaltige Zuschläge verwendet, darf die Mindestdicke der Tabelle um 10 % vermindert werden.
- Damit übermäßige thermische Verformungen mit nachfolgendem Verlust des Raumabschlusses zwischen Wand und Deckenplatte vermieden werden, sollte das Verhältnis von lichter Wandhöhe zu Wanddicke nicht größer als 40 sein.

¹⁾ **Anmerkung:** Das Verhältnis von lichter Wandhöhe zu Wanddicke ist gemäß vorstehendem letztem Spiegelpunkt begrenzt auf 40. Die lichte Höhe einer Wand berücksichtigt die Einschränkung, dass tabellarische Daten nur für ausgesteifte Bauwerke gegeben werden, siehe die entsprechende Einschränkung für Stützen in DIN EN 1992-1-2, Abschnitt 5.3.1.

Tabelle 5.2: Tragende und aussteifende Stahlbetonstützen		
Verwendbarkeits- bzw. Anwendbarkeitsnachweise		
Ausführung nach Technischen Baubestimmungen (TB)	bis 04.2016	DIN 4102-4:1994-03, Abschnitt 3.13, Tabelle 31 in Verbindung mit DIN 4102-4/A1:2004-11 und DIN 4102-22:2004-11 und der Muster-Liste der Technischen Baubestimmungen Anlage 3.1/10 mit geänderter Tabelle 31.
	aktuell ab 05.2016 bzw. 12.2010	DIN EN 1992-1-2:2010-12, Abschnitt 5.3 sowie DIN 4102-4:2016-05, Abschnitt 5.10

*1 Enthalten im Brandschutzatlas Sonderband: „DIN 4102-4 Eurocodes, Klassifizierte Baustoffe und Bauteile".
Hinweis: Die Eurocodes werden teilweise ergänzt durch nationale Anhänge, die jeweils zusätzlich mit zu beachten sind. Diese Ergänzungen sind bereits im Sonderband eingepflegt.

Für die Bemessung von Stützen werden in DIN EN 1992-1-2, Abschnitt 5.3 zwei Methoden, Methode A und Methode B, angeboten.

Anmerkung: Beide Methoden gelten für Stützen in ausgesteiften Bauwerken. Berechnungsverfahren für Stützen in nicht-ausgesteiften Bauwerken können im Nationalen Anhang eines Landes aufgeführt sein.

Methode A: Der Feuerwiderstand von überwiegend auf Druck beanspruchten schlaff bewehrten und vorgespannten Betonstützen kann als ausreichend angesehen werden, wenn die in DIN EN 1992-1-2, Abschnitt 5.3.2, Tabelle 5.2a angegebenen Werte zusammen mit den dort angegebenen Regeln eingehalten werden.

Methode B: Der Feuerwiderstand von Stahlbetonstützen kann nach DIN EN 1992-1-2, Abschnitt 5.3.3, Tabelle 5.2b in Verbindung mit den dort angegebenen Regeln ermittelt werden. Weitere Informationen werden im Anhang C DIN EN 1992-1-2 gegeben.

13

⑥ Tragende und aussteifende nichtraumabschließende Wände und Stützen aus Mauerwerk

Tabellen 6.1 bis 6.8: Mindestdicken von tragenden und aussteifenden nichtraumabschließenden Wänden und Stützen aus Mauerwerk nach DIN EN 1996-1-2/NA:2013-06
Bei der Anwendung der Tabellen ist folgendes zu beachten:

„Zu Anhang B (normativ) „Tabellenwerte der Feuerwiderstandsdauer von Mauerwerkswänden"

NDP zu Anhang B (normativ)

(1) Die Tabellenwerte für nichttragende Wände gelten für Wandhöhen h ≤ 6 m (siehe auch DIN EN 1996-3:2010-12, Anhang C) sowie Schlankheiten $\lambda_c = h_{ef}/t_{ef} \leq 40$.

Anmerkung: Die Tabellenwerte wurden auf der Grundlage von DIN EN 15080-12 aus historischen Werten sowie Prüfergebnissen nach DIN EN 1364-1 und DIN EN 1365-1 ermittelt.

(2) Die Tabellenwerte gelten auch für Außenwände der Feuerwiderstandsklassen E 30 (i→o) und EI 30ef (i←o).

(3) Die Klammerwerte in den Tabellen gelten für Wände mit beidseitigem Putz nach DIN EN 1996-1-2:2011-04, Abschnitt 4.2.

(4) Es gelten die Werte t_F und l_F unter Berücksichtigung des Ausnutzungsgrades $\alpha_{6,fi}$ bzw. α_{fi} entsprechend den nachfolgenden Tabellen unter den dort genannten Randbedingungen für bauseits erstellte und vorgefertigte Wände.

(5) Die Angaben der Tabellen decken Exzentrizitäten in Wandmitte $e_{mk,fi} \leq t_F/6$ ab. Bei Ausmitten $e_{mk,fi} > t_F/6$ ist die Lasteinleitung konstruktiv zu zentrieren.

(6) „nvg" bedeutet, dass keine Werte vorliegen (en: no values given)."

Tabellen 6.1 bis 6.4: Tragende und aussteifende nichtraumabschließende Mauerwerkswände

Tabelle 6.1: NA.B.1.3 – Ziegel-Mauerwerk – Mindestdicke tragender, nichtraumabschließender 1schaliger Wände (Kriterien R) zur Einstufung in Feuerwiderstandsklassen

Zeilen Nr.	Materialeigenschaften	Mindestwanddicke (mm) t_F zur Einstufung in die Feuerwiderstandsklasse R in (Minuten) $t_{fi,d}$				
		30	60	90	120	180
1	Voll- und Hochlochziegel nach DIN EN 771-1 in Verbindung mit DIN 20000-401 und DIN EN 1996-1-1/NA:2012-05,Anhang M, bzw. DIN 105-100 Lochung: Mz, HLz A, HLz B, HLzT1 Rohdichteklasse ≥ 1,2 unter Verwendung von Normalmauermörtel					
1.1	Ausnutzungsfaktor $\alpha_{6,fi} \leq 0{,}15$	115 (115)	115 (115)	175 (115)	240 (115)	240 (115)
1.2	Ausnutzungsfaktor $\alpha_{6,fi} \leq 0{,}42$	115 (115)	115 (115)	175 (115)	240 (115)	300 (200)
1.3	Ausnutzungsfaktor $\alpha_{6,fi} \leq 0{,}70$	115 (115)	115 (115)	240 (115)	365 (175)	490 (240)
2	Hochlochziegel nach DIN EN 771-1 in Verbindung mit DIN 20000-401 und DIN EN 1996-1-1/NA:2012-05, Anhang M bzw. DIN 105-100 Lochung: HLz A, HLz B, HLzT1 Rohdichteklasse ≥ 0,8 unter Verwendung von Normalmauermörtel					
2.1	Ausnutzungsfaktor $\alpha_{6,fi} \leq 0{,}15$	(115)	(115)	(115)	(115)	(175)
2.2	Ausnutzungsfaktor $\alpha_{6,fi} \leq 0{,}42$	(115)	(115)	(115)	(115)	(200)
2.3	Ausnutzungsfaktor $\alpha_{6,fi} \leq 0{,}70$	(115)	(115)	(115)	(175)	(240)
3	Hochlochziegel nach DIN EN 771-1 in Verbindung mit DIN 20000-401 und DIN EN 1996-1-1/NA:2012-05, Anhang M, bzw. DIN 105-100 Lochung: HLz W, HLzT2, HLzT3 und HLzT4 Rohdichteklasse ≥ 0,8 unter Verwendung von Normalmauermörtel, Leichtmauermörtel					
3.1	Ausnutzungsfaktor $\alpha_{6,fi} \leq 0{,}15$	(175)	(175)	(175)	(175)	(240)
3.2	Ausnutzungsfaktor $\alpha_{6,fi} \leq 0{,}42$	(175)	(175)	(240)	(240)	(300)
3.3	Ausnutzungsfaktor $\alpha_{6,fi} \leq 0{,}70$	(240)	(240)	(240)	(300)	(365)
Die Klammerwerte gelten für Wände mit beidseitigem Putz nach DIN EN 1996-1-2 Abschnitt 4.2 (1).						

Tabelle 6.2: NA.B.2.3 – Kalksandstein-Mauerwerk – Mindestdicke tragender, nichtraumabschließender 1schaliger Wände, Länge ≥ 1,0 m (Kriterium R) zur Einstufung in Feuerwiderstandsklassen

Zeilen Nr.	Materialeigenschaften	Mindestwanddicke (mm) t_F zur Einstufung in die Feuerwiderstandsklasse R in (Minuten) $t_{fi,d}$				
		30	60	90	120	180
1	Kalksandsteine nach DIN EN 771-2 in Verbindung mit DIN V 20000-402 bzw. DIN V 106 Voll-, Loch-, Block-, Hohlblocksteine unter Verwendung von Normalmauermörtel					
1.1	Ausnutzungsfaktor $\alpha_{6,fi} \leq 0{,}15$	115 (115)	115 (115)	115 (115)	140 (115)	150 (140)
1.2	Ausnutzungsfaktor $\alpha_{6,fi} \leq 0{,}42$	115 (115)	115 (115)	140 (115)	150 (115)	150 (140)
1.3	Ausnutzungsfaktor $\alpha_{6,fi} \leq 0{,}70$	115 (115)	115 (115)	140 (115)	150 (150)	175 (150)
2	Kalksandsteine nach DIN EN 771-2 in Verbindung mit DIN V 20000-402 bzw. DIN V 106 Plansteine, Fasensteine, Planelemente unter Verwendung von Dünnbettmörtel					
2.1	Ausnutzungsfaktor $\alpha_{6,fi} \leq 0{,}15$	115 (115)	115 (115)	115 (115)	140 (115)	150 (140)
2.2	Ausnutzungsfaktor $\alpha_{6,fi} \leq 0{,}42$	115 (115)	115 (115)	115 (115)	150 (115)	150 (140)
2.3	Ausnutzungsfaktor $\alpha_{6,fi} \leq 0{,}70$	115 (115)	115 (115)	115 (115)	150 (150)	175 (150)
	alternativ:					
2.4	Ausnutzungsfaktor $\alpha_{fi} \leq 0{,}70$	150	175	200	240	300
Die Klammerwerte gelten für Wände mit beidseitigem Putz nach DIN EN 1996-1-2 Abschnitt 4.2 (1).						

Tabelle 6.3: NA.B.3.3 – Betonstein-Mauerwerk – Mindestdicke tragender, nichtraumabschließender 1schaliger Wände (Kriterien R) zur Einstufung in Feuerwiderstandsklassen

Zeilen Nr.	Materialeigenschaften	Mindestwanddicke (mm) t_F zur Einstufung in die Feuerwiderstandsklasse R in (Minuten) $t_{fi,d}$				
		30	**60**	**90**	**120**	**180**
1	Mauersteine aus Beton (Leichtbeton mit haufwerksporigem Gefüge) nach DIN EN 771-3 in Verbindung mit DIN V 20000-403 bzw. DIN V 18151-100, DIN V 18152-100 unter Verwendung von Normalmauermörtel und Leichtmauermörtel Rohdichteklasse ≥ 0,50					
1.1	Ausnutzungsfaktor $\alpha_{6,fi} \leq 0{,}15$	115 (115)	140 (115)	140 (115)	140 (115)	175 (115)
1.2	Ausnutzungsfaktor $\alpha_{6,fi} \leq 0{,}42$	140 (115)	175 (140)	190 (175)	240 (190)	240 (240)
1.3	Ausnutzungsfaktor $\alpha_{6,fi} \leq 0{,}70$	175 (140)	175 (175)	240 (175)	300 (240)	300 (240)
2	Mauersteine aus Beton (Normalbeton) nach DIN EN 771-3 in Verbindung mit DIN V 20000-403 bzw. DIN V 18153-100 unter Verwendung von Normalmauermörtel und Leichtmauermörtel Rohdichteklasse ≥ 0,80					
2.1	Ausnutzungsfaktor $\alpha_{6,fi} \leq 0{,}15$	115 (115)	140 (115)	140 (115)	140 (115)	175 (115)
2.2	Ausnutzungsfaktor $\alpha_{6,fi} \leq 0{,}42$	140 (115)	175 (140)	190 (175)	240 (190)	240 (240)
2.3	Ausnutzungsfaktor $\alpha_{6,fi} \leq 0{,}70$	175 (140)	175 (175)	240 (175)	300 (240)	300 (240)

Die Klammerwerte gelten für Wände mit beidseitigem Putz nach DIN EN 1996-1-2 Abschnitt 4.2 (1).

Tabelle 6.4: NA.B.4.3 – Porenbeton-Mauerwerk – Mindestdicke tragender, nichtraumabschließender 1schaliger Wände (Kriterien R) zur Einstufung in Feuerwiderstandsklassen

Zeilen Nr.	Materialeigenschaften	Mindestwanddicke (mm) t_F zur Einstufung in die Feuerwiderstandsklasse R in (Minuten) $t_{fi,d}$				
		30	**60**	**90**	**120**	**180**
1	Porenbetonsteine nach DIN EN 771-4 in Verbindung mit DIN V 20000-404 bzw. DIN V 4165-100 unter Verwendung von Dünnbettmörtel Rohdichteklasse ≥ 0,40					
1.1	Ausnutzungsfaktor $\alpha_{6,fi} \leq 0{,}15$	115 (115)	150 (115)	150 (115)	150 (115)	175 (115)
1.2	Ausnutzungsfaktor $\alpha_{6,fi} \leq 0{,}42$	150 (115)	175 (150)	175 (150)	175 (150)	240 (175)
1.3	Ausnutzungsfaktor $\alpha_{6,fi} \leq 0{,}70$	175 (150)	175 (150)	240 (175)	300 (240)	300 (240)

Die Klammerwerte gelten für Wände mit beidseitigem Putz nach DIN EN 1996-1-2 Abschnitt 4.2 (1).

Tabellen 6.5 bis 6.8: Tragende und aussteifende Pfeiler und Stützen

Tabelle 6.5: NA.B.1.4 – Ziegel-Mauerwerk – Mindestlänge tragender, nichtraumabschließender Pfeiler bzw. 1schaliger Wände, Länge < 1,0 m, (Kriterium R) zur Einstufung in Feuerwiderstandsklassen

Zeilen Nr.	Materialeigenschaften	Wand-dicke	Mindestwandlänge (mm) l_F zur Einstufung in die Feuerwiderstandsklasse R in (Minuten) $t_{fi,d}$				
		mm	30	60	90	120	180
1	Voll- und Hochlochziegel nach DIN EN 771-1 in Verbindung mit DIN 20000-401 und DIN EN 1996-1-1/NA:2012-05, Anhang M, bzw. DIN 105-100 Lochung: Mz, HLz A, HLz B, HLzT1 Rohdichteklasse ≥ 1,2 unter Verwendung von Normalmauermörtel						
1.1	Ausnutzungsfaktor $\alpha_{6,fi} \leq 0,42$						
1.1.1		115	615[a]	730[a]	990[a]	nvg[b]	nvg[b]
1.1.2		175	490	615	730[a]	990[a]	nvg[b]
1.1.3		240	200	240	300	365	490
1.1.4		300	200	200	240	365	490
1.2	Ausnutzungsfaktor $\alpha_{6,fi} \leq 0,70$						
1.2.1		115	990[a]	990[a]	nvg[b]	nvg[b]	nvg[b]
1.2.2		175	615	730	990[a]	nvg[b]	nvg[b]
1.2.3		240	365	490	615	nvg[b]	nvg[b]
1.2.4		300	300	365	490	nvg[b]	nvg[b]
2	Hochlochziegel nach DIN EN 771-1 in Verbindung mit DIN 20000-401 und DIN EN 1996-1-1/NA:2012-05, Anhang M, bzw. DIN 105-100 Lochung: HLz A, HLz B, HLzT1 Rohdichteklasse ≥ 0,8 unter Verwendung von Normalmauermörtel und Leichtmauermörtel						
2.1	Ausnutzungsfaktor $\alpha_{6,fi} \leq 0,42$						
2.1.1		115	(365)	(490)	(615)	(730)	nvg[b]
2.1.2		175	(240)	(240)	(240)	(300)	nvg[b]
2.1.3		240	(175)	(175)	(175)	(240)	(300)
2.1.4		300	(175)	(175)	(175)	(175)	(240)
2.2.	Ausnutzungsfaktor $\alpha_{6,fi} \leq 0,70$						
2.2.1		115	(490)	(615)	(730)	nvg[b]	nvg[b]
2.2.2		175	(240)	(240)	(365)	(365)	nvg[b]
2.2.3		240	(175)	(175)	(240)	(240)	(365)
2.2.4		300	(175)	(175)	(200)	(240)	(300)
3	Hochlochziegel nach DIN EN 771-1 in Verbindung mit DIN 20000-401 und DIN EN 1996-1-1/NA:2012-05, Anhang M, bzw. DIN 105-100 Lochung: HLz W, HLzT2, HLzT3 und HLzT4 Rohdichteklasse ≥ 0,8 unter Verwendung von Normalmauermörtel, Leichtmauermörtel						
3.1	Ausnutzungsfaktor $\alpha_{6,fi} \leq 0,42$						
3.1.1		240	(240)	(240)	(240)	(240)	(365)
3.1.2		300	(175)	(175)	(175)	(240)	(240)
3.1.3		365	(175)	(175)	(175)	(240)	(240)
3.2	Ausnutzungsfaktor $\alpha_{6,fi} \leq 0,70$						
3.2.1		240	(240)	(240)	(300)	(365)	(365)
3.2.2		300	(240)	(240)	(240)	(240)	(300)
3.2.3		365	(240)	(240)	(240)	(240)	(240)

Die Klammerwerte gelten für Wände mit beidseitigem Putz nach DIN EN 1996-1-2 Abschnitt 4.2 (1).

[a] Bei Verwendung von Vollziegeln.

[b] Die Mindestlänge ist $l_F > 1,0$ m; Bemessung bei Außenwänden daher als raumabschließende Wand nach Tabelle NA.B.1.2 (Kapitel 6.2, Punkt 5, Tabelle 5.6) — sonst als nichtraumabschließende Wand nach Tabelle NA.B.1.3 (Kapitel 13.1, Punkt 6, Tabelle 6.1).

Tabelle 6.6: NA.B.2.4 – Kalksandstein-Mauerwerk – Mindestlänge tragender, nichtraumabschließender Pfeiler bzw. 1schaliger Wände, Länge < 1,0 m, (Kriterium R) zur Einstufung in Feuerwiderstandsklassen

Zeilen Nr.	Materialeigenschaften	Wand-dicke	Mindestwandlänge (mm) l_F zur Einstufung in die Feuerwiderstandsklasse R in (Minuten) $t_{fi,d}$				
		mm	30	60	90	120	180
1	Kalksandsteine nach DIN EN 771-2 in Verbindung mit DIN V 20000-402 bzw. DIN V 106 unter Verwendung von Normalmauermörtel und Dünnbettmörtel						
1.1	Ausnutzungsfaktor $\alpha_{6,fi} \leq 0,42$						
1.1.1		115	365	490	(615)	(990)	nvg[c]
1.1.2		150	300	300	300	365	898
1.1.3		175	240	240	240	240	365
1.1.4		240	175	175	175	175	300
1.2	Ausnutzungsfaktor $\alpha_{6,fi} \leq 0,70$						
1.2.1		115	(365)	(490)	(730)	nvg[c]	nvg[c]
1.2.2		150	300	300	300	490	nvg[c]
1.2.3		175	240	240	300[a,b]	300[b]	490
1.2.4		240	175	175	240	240	365
	alternativ:						
1.3	Ausnutzungsfaktor $\alpha_{fi\,i} \leq 0,70$ Planelemente mit Dünnbettmörtel						
1.3.1		115	nvg[c]	nvg[c]	nvg[c]	nvg[c]	nvg[c]
1.3.2		150	(897)	(897)	nvg[c]	nvg[c]	nvg[c]
1.3.3		175	615	730	(897)	nvg[c]	nvg[c]
1.3.4		240	365	490	(615)	(730)	(897)

Die Klammerwerte gelten für Wände mit beidseitigem Putz nach DIN EN 1996-1-2 Abschnitt 4.2 (1).

[a] Bei $h_k/d \leq 10$ darf $l_F = 240$ mm betragen.
[b] Bei Verwendung von Dünnbettmörtel und $h_k/d \leq 15$ darf $l_F = 240$ mm betragen.
[c] Die Mindestlänge ist $l_F > 1,0$ m; Bemessung bei Außenwänden daher als raumabschließende Wand nach Tabelle NA.B.2.2 (Kapitel 6.2, Punkt 5, Tabelle 5.7) — sonst als nichtraumabschließende Wand nach Tabelle NA.B.2.3 (Kapitel 13.1, Punkt 6, Tabelle 6.2).

Tabelle 6.7: NA.B.3.4 – Betonstein-Mauerwerk – Mindestlänge tragender, nichtraumabschließender Pfeiler bzw. 1schaliger Wände, Länge < 1,0 m, (Kriterium R) zur Einstufung in Feuerwiderstandsklassen

Zeilen Nr.	Materialeigenschaften	Wand-dicke	Mindestwandlänge (mm) l_F zur Einstufung in die Feuerwiderstandsklasse R in (Minuten) $t_{fi,d}$				
		mm	30	60	90	120	180
1	Mauersteine aus Beton (Leichtbeton mit haufwerksporigem Gefüge) nach DIN EN 771-3 in Verbindung mit DIN V 20000-403 bzw. DIN V 18151-100, DIN V 18152-100 unter Verwendung von Normalmauermörtel und Leichtmauermörtel Rohdichteklasse ≥ 0,50						
1.1	Ausnutzungsfaktor $\alpha_{6,fi}$ ≤ 0,42						
1.1.1		175	240	365	490	nvg[a]	nvg[a]
1.1.2		240	175	240	300	365	490
1.1.3		300	190	240	240	300	365
1.1.4		365	190	240	240	300	365
1.2	Ausnutzungsfaktor $\alpha_{6,fi}$ ≤ 0,70						
1.2.1		175	365	490	nvg[a]	nvg[a]	nvg[a]
1.2.2		240	240	300	365	nvg[a]	nvg[a]
1.2.3		300	240	240	300	365	490
1.2.4		365	240	240	300	365	490
2	Mauersteine aus Beton (Normalbeton) nach DIN EN 771-3 in Verbindung mit DIN V 20000-403 bzw. DIN V 18153-100 unter Verwendung von Normalmauermörtel und Leichtmauermörtel Rohdichteklasse ≥ 0,80						
2.1	Ausnutzungsfaktor $\alpha_{6,fi\,i}$ ≤ 0,42						
2.1.1		175	240	365	490	nvg[a]	nvg[a]
2.1.2		240	175	240	300	365	490
2.1.3		300	190	240	240	300	365
2.1.4		365	190	240	240	300	365
2.2	Ausnutzungsfaktor $\alpha_{6,fi\,i}$ ≤ 0,70						
2.2.1		175	365	490	nvg[a]	nvg[a]	nvg[a]
2.2.2		240	240	300	365	nvg[a]	nvg[a]
2.2.3		300	240	240	300	365	490
2.2.4		365	240	240	300	365	490

[a] Die Mindestlänge ist l_F > 1,0 m; Bemessung bei Außenwänden daher als raumabschließende Wand nach Tabelle NA.B.3.2 (Kapitel 6.2, Punkt 5, Tabelle 5.8) — sonst als nichtraumabschließende Wand nach Tabelle NA.B.3.3 (Kapitel 13.1, Punkt 6, Tabelle 6.3).

Tabelle 6.8: NA.B.4.4 – Porenbeton-Mauerwerk – Mindestlänge tragender, nichtraumabschließender Pfeiler bzw. 1schaliger Wände, Länge < 1,0 m, (Kriterium R) zur Einstufung in Feuerwiderstandsklassen

Zeilen Nr.	Materialeigenschaften	Wand-dicke	Mindestwandlänge (mm) l_F zur Einstufung in die Feuerwiderstandsklasse R in (Minuten) $t_{fi,d}$				
		mm	30	60	90	120	180
1	Porenbetonsteine nach DIN EN 771-4 in Verbindung mit DIN V 20000-404 bzw. DIN V 4165-100 unter Verwendung von Dünnbettmörtel Rohdichteklasse ≥ 0,4						
1.1	Ausnutzungsfaktor $\alpha_{6,fi} \leq 0{,}42$						
1.1.1		175	365	365	490	490	615
1.1.2		200	240	365	365	490	615
1.1.3		240	240	240	300	365	615
1.1.4		300	240	240	240	300	490
1.1.5		365	175	175	240	240	365
1.2	Ausnutzungsfaktor $\alpha_{6,fi} \leq 0{,}70$						
1.2.1		175	490	490	nvg[a]	nvg[a]	nvg[a]
1.2.2		200	365	490	nvg[a]	nvg[a]	nvg[a]
1.2.3		240	300	365	615	730	730
1.2.4		300	240	300	490	490	615
1.2.5		365	240	240	365	490	615

[a] Die Mindestlänge ist $l_F > 1{,}0$ m; Bemessung bei Außenwänden daher als raumabschließende Wand nach Tabelle NA.B.4.2 (Kapitel 6.2, Punkt 5, Tabelle 5.9) — sonst als nichtraumabschließende Wand nach Tabelle NA.B.4.3 (Kapitel 13.1, Punkt 6, Tabelle 6.4).

14 Außenwände und Fassade

Kurzinfo:	Kapitel
• Tragende Außenwände siehe Kapitel 13.	14.2-3
• **GK 1 bis 3:**	
– Grundsätzliche Anforderung „normal entflammbar". Bei Doppelfassaden in GK 3: gleiche Anforderungen wie bei GK 4 und GK 5.	
• **GK 4 und 5:**	14.2-2
– Nichttragende Außenwände: entweder nb oder fh.	14.2-4
– Oberflächen von Außenwänden sowie Außenwandbekleidungen einschließlich Dämmstoffe und Unterkonstruktionen: schwer entflammbar und nicht brennend abfallend oder abtropfend. Unterkonstruktionen aus normal entflammbaren Baustoffen sind zulässig, wenn das Schutzziel erfüllt ist.	14.2-5 14.2-6
– Balkonbekleidungen, die über die erforderliche Umwehrungshöhe hinaus hochgeführt werden und mehr als zwei Geschosse überbrückende Solaranlagen an Außenwänden: schwer entflammbar und nicht brennend abfallend oder abtropfend.	
– Außenwandkonstruktionen mit geschossübergreifenden Hohl- oder Lufträumen wie hinterlüftete Außenwandbekleidungen sowie Doppelfassaden mit geschossübergreifenden Hohl- oder Lufträumen: gegen die Brandausbreitung sind besondere Vorkehrungen zu treffen.	14.2-7
– **Wichtig:** Bei WDVS mit brennbaren Dämmstoffen: Unbedingt auf Ver-/Anwendbarkeitsnachweis und richtige Ausführung achten, siehe nachfolgende Punkte 5 und 6.	14.2-6

Schutzziel				
[1]Außenwände und Außenwandteile wie Brüstungen und Schürzen sind so auszubilden, dass eine Brandausbreitung auf und in diesen Bauteilen ausreichend lang begrenzt ist.			BauO NRW § 28 (1)	
14.1 Anforderungen bei GK 1 bis GK 3				
• Tragende Außenwände		Anforderungen wie tragende Wände (siehe Kapitel 13).	BauO NRW § 27	Atlas 6.3.2/2
• Nichttragende Außenwände und nichttragende Teile tragender Außenwände • Oberflächen von Außenwänden sowie Außenwandbekleidungen einschließlich ihrer Dämmstoffe und Unterkonstruktionen		keine besonderen Anforderungen (mindestens normal entflammbar)	§ 28 (5)	6.3.2/3
• Doppelfassaden mit geschossübergreifenden Hohl- oder Lufträumen	GK 1 – 2	keine besonderen Anforderungen	§ 28 (5)	6.3.2/6
	GK 3	gegen die Brandausbreitung sind besondere Vorkehrungen zu treffen		
14.2 Anforderungen bei GK 4 bis GK 5				
• Tragende Außenwände		Anforderungen wie tragende Wände (siehe Kapitel 13).	BauO NRW § 27	Atlas 6.3.2/2
• Nichttragende Außenwände und nichttragende Teile tragender Außenwände		müssen aus nichtbrennbaren Baustoffen bestehen; sie sind aus brennbaren Baustoffen zulässig, wenn sie als raumabschließende Bauteile feuerhemmend sind. Das gilt nicht für 1. Türen und Fenster, 2. Fugendichtungen und 3. brennbare Dämmstoffe in nichtbrennbaren geschlossenen, linien- oder stabförmigen Profilen der Außenwandkonstruktionen.	§ 28 (2)	6.3.2/3
• Oberflächen von Außenwänden sowie Außenwandbekleidungen		müssen einschließlich der Dämmstoffe und Unterkonstruktionen schwer entflammbar sein und dürfen nicht brennend abfallen oder abtropfen. Unterkonstruktionen aus normal entflammbaren Baustoffen sind zulässig, wenn die Anforderungen an das Schutzziel [§ 28 Abs. 1 BauO NRW – siehe oben] erfüllt sind.	§ 28 (3)[1] § 28 (3)[4] § 28 (3)[2]	6.3.2/4
• Balkonbekleidungen, die über die erforderliche Umwehrungshöhe hinaus hochgeführt werden, • mehr als zwei Geschosse überbrückende Solaranlagen an Außenwänden		müssen schwer entflammbar sein und dürfen nicht brennend abfallen oder abtropfen	§ 28 (3)[3] § 28 (3)[4]	6.3.2/4
• Außenwandkonstruktionen mit geschossübergreifenden Hohl- oder Lufträumen wie hinterlüftete Außenwandbekleidungen • Doppelfassaden mit geschossübergreifenden Hohl- oder Lufträumen		gegen die Brandausbreitung sind besondere Vorkehrungen zu treffen	§ 28 (4)	6.3.2/6

① Zuordnung der bauaufsichtlichen Anforderungen zu nationalen und europäischen Klassen

Tabelle 1.1: Zuordnung der bauaufsichtlichen Anforderungen zu nationalen und europäischen Klassen (gemäß VV TB NRW Anhang 4)

	Bauaufsichtliche Anforderungen	**Abkürzung**	**Nationale Klassen nach DIN 4102**	**Europäische Klassen nach DN EN 13501**
Außenwände und Fassade	nichttragend, raumabschließend, feuerhemmend	fh	W 30	E 30 (i→o) und EI 30-ef (i←o) E - d2
	nichtbrennbar	nb	A 2	A 2 - s1, d0
	schwer entflammbar und nicht brennend abfallend oder abtropfend	se [nba]	B 1 [nba]	C - s3, d0*[1]
	schwer entflammbar	se	B 1	C - s3, d2*[2]
	normal entflammbar	ne	B 2	E - d2

*[1] C - s2, d0 (nach MVV TB 2019)

*[2] C - s2, d2 (nach MVV TB 2019)

Abkürzungen und Legende siehe Kapitel 4.2, Punkt 3 sowie Kapitel 29 und 30.

② Schutzziel von Außenwänden und Fassaden

Gemäß der Schutzzielvorgabe der Bauordnung sind Außenwände und Außenwandteile wie Brüstungen und Schürzen so auszubilden, dass eine Brandausbreitung auf und in diesen Bauteilen ausreichend lang begrenzt ist.

Dieses Schutzziel ist in Verbindung mit dem gesellschaftlich akzeptierten Risiko zu sehen (Kapitel 3, Punkt 3). Es ist mit der üblichen Bauweise (Fenster in den Außenwänden, brennbare Wärmedämmungen) praktisch nicht möglich, einen Feuerüberschlag sicher zu verhindern. Das Risiko kann lediglich begrenzt werden. In diesem Zusammenhang kommt dem abwehrenden Brandschutz (der wirksamen Brandbekämpfung durch die Feuerwehr) eine besondere Bedeutung zu.

Bei einem ungehinderten Vollbrand in einer Wohnung bzw. Nutzungseinheit kann sich das Feuer über die Fensteröffnungen von Geschoss zu Geschoss immer weiter nach oben ausbreiten. Dieser Prozess setzt sich ohne rechtzeitiges Eingreifen der Feuerwehr praktisch ungehindert nach oben fort. Je nach Ausführung und Beschaffenheit der Außenwand bzw. Fassade (brennbare oder nichtbrennbare Wärmedämmung, hinterlüftete oder nicht hinterlüftete Fassade usw.) und dem Zustand der Fenster (geöffnet oder geschlossen, Qualität der Verglasung) kann sich dieser Prozess zusätzlich beschleunigen.

In Österreich nennt man deshalb das über einem Brandherd liegende Geschoss auch **„Opfergeschoss“**. Ohne eine wirksame Brandbekämpfung werden aber praktisch alle über dem Brandherd liegenden Geschosse „Opfergeschosse“.

Wollte man diesem Risiko durch bauliche Maßnahmen vorbeugen, so müsste jedes Geschoss entweder vierseitig umlaufende feuerwiderstandsfähige Kragplatten (z. B. 1,50 m auskragend) aufweisen oder es dürften keine Fensteröffnungen angeordnet werden bzw. sie müssten entsprechend geschützt werden (nicht öffenbare Brandschutzverglasungen).

Grundsätzlich geht der Gesetzgeber jedoch davon aus, dass mit den in der Bauordnung vorgeschriebenen Maßnahmen ein Feuerüberschlag zeitlich zumindest so behindert bzw. verzögert wird, dass die Feuerwehr eingreifen kann und es ihr dann durch Brandbekämpfungsmaßnahmen möglich ist, eine weitere Brandausbreitung durch Feuerüberschlag in die darüber liegenden Geschosse zu verhindern.

Eine wesentliche Voraussetzung dafür, dass dieses Konzept funktioniert, besteht jedoch auch darin, dass das Abschottungsprinzip des vorbeugenden Brandschutzes im Gebäudeinnern fachgerecht umgesetzt wird, da es ansonsten unter ungünstigen Umständen schnell zu einer nicht mehr von der Feuerwehr beherrschbaren Situation kommen kann.

③ Tragende Außenwände

Tragende Außenwände sind überwiegend auf Druck beanspruchte, scheibenartige Bauteile zur Aufnahme lotrechter Lasten wie Deckenlasten sowie waagerechter Lasten wie Windlasten. Sie werden hinsichtlich des Brandschutzes wie tragende Wände bemessen. Aussteifende Außenwände sind scheibenartige Bauteile zur Knickaussteifung tragender Wände.

Allerdings wird bei der brandschutztechnischen Bemessung zwischen raumabschließenden und nichtraumabschließenden Außenwänden unterschieden.

Als **raumabschließende** Außenwände gelten nach DIN 41024:2016-05, Abschnitt 9.2.4 Außenwandscheiben mit einer **Breite > 1,0 m**. Für sie kann bei der brandschutztechnischen Bemessung eine lediglich **einseitige** Brandbeanspruchung zugrunde gelegt werden.

Außenwandscheiben mit einer **Breite ≤ 1 m** gelten als **nichtraumabschließend**. Für diese werden im Hinblick auf die Brandbeeinflussung von außen im Gegensatz zu nichttragenden Außenwänden keine Erleichterungen zugestanden. Die brandschutztechnischen Anforderungen sind für beide Seiten der Außenwand gleich hoch.

Bei der brandschutztechnischen Bemessung muss bei nichtraumabschließenden Wandscheiben eine mehrseitige Brandbeanspruchung zugrunde gelegt werden.

Anmerkung zu feuerhemmenden tragenden Außenwänden in Gebäuden der GK 3 mit europäischen Verwendbarkeitsnachweisen

Nach Bauordnung dürfen Bauprodukte, die die CE-Kennzeichnung tragen, verwendet werden, wenn die erklärten Leistungen den bauaufsichtlichen Anforderungen entsprechen.

Danach sind z. B. europäische „Bausätze“ für klassifizierte Außenwände „REI 30“ mit CE-Kennzeichnung und einer Leistungserklärung mit ETA und einer „Gebrauchsanleitung“ (Montageanleitung) möglich. Eine Voraussetzung hierfür ist jedoch, dass die **„erklärten Leistungen“** auch tatsächlich den bauaufsichtlichen Anforderungen entsprechen.

Beispiel: In der Leistungserklärung und ETA wird für eine tragende Außenwand die Klasse REI 60 für eine Brandbeanspruchung von innen nach außen angegeben. Diese Wand kann jedoch in Deutschland nicht ohne Weiteres verwendet werden, da ihre erklärte Leistung nur für eine Brandbeanspruchung von innen nach außen gilt. In Deutschland muss eine solche Wand gegebenenfalls ihre Leistung für eine Brandbeanspruchung von beiden Seiten erfüllen.

④ Nichttragende Außenwände in Gebäuden der GK 4 und 5

Nichttragende Außenwände und nichttragende Teile tragender Außenwände müssen in Gebäuden der GK 4 und 5 aus nichtbrennbaren Baustoffen bestehen; sie sind aus brennbaren Baustoffen zulässig, wenn sie als raumabschließende Bauteile feuerhemmend sind. Satz 1 gilt nicht für

1. Türen und Fenster,
2. Fugendichtungen und
3. brennbare Dämmstoffe in nichtbrennbaren geschlossenen, linien- oder stabförmigen Profilen der Außenwandkonstruktionen.

Nichtbrennbare nichttragende Außenwände

Für die verwendeten Außenwände ist der Nachweis zu erbringen, dass sie nichtbrennbar sind. Hierzu müssen sie nach nationaler Klassifizierung mindestens die Baustoffklasse A 2 und nach europäischer Klassifizierung die Klasse A 2 - s1, d0 haben.

Türen und Fenster, Fugendichtungen und brennbare Dämmstoffe in nichtbrennbaren geschlossenen, linien- oder stabförmigen Profilen der Außenwandkonstruktionen sind in den nichtbrennbaren Außenwänden zulässig. Diese Erleichterung gilt jedoch nur für einzelne Fenster und Türen in Außenwänden (Lochfassaden), nicht aber für großflächige Verglasungen oder Glasfassaden.

Brennbare feuerhemmende nichttragende Außenwände

Anstelle von nichtbrennbaren Außenwänden dürfen in Gebäuden der GK 4 und 5 auch nichttragende Außenwände aus brennbaren Baustoffen ausgeführt werden. Diese müssen dann als raumabschließende Bauteile feuerhemmend sein, wobei auch hier (wie bei den vorgenannten nichtbrennbaren Außenwänden) Türen und Fenster ohne Brandschutzanforderungen zulässig sind. Auch diese Erleichterung gilt jedoch nur für einzelne Fenster und Türen in Außenwänden (Lochfassaden), nicht aber für großflächige Verglasungen oder Glasfassaden.

Bezüglich des Nachweises für die raumabschließenden, feuerhemmenden Außenwände gibt es eine Besonderheit. Sie besteht darin, dass diese Wände mit einer abgeminderten Prüfkurve (national abgeminderte ETK, europäisch Außenbrandkurve) geprüft werden, da bei einer Brandbeanspruchung von außen ein Teil der Wärmeenergie in die Atmosphäre entweichen kann. Dadurch werden die Außenseiten der Außenwände geringer beansprucht.

Die **nationale** Klasse für die so (mit der abgeminderten ETK) geprüften feuerhemmenden Außenwände heißt „W 30“. Natürlich kann auch jede „normale“ „F 30“-Wand verwendet werden.

Soll eine europäisch klassifizierte Außenwand verwendet werden, so muss diese mindestens die Klasse „E 30 (i→o) und EI 30-ef (i←o)“ haben. Das „ef“ bedeutet, dass diese Wand von außen nach innen mit der reduzierten „Außenbrandkurve“ geprüft wurde.

⑤ Verwendung von schwer entflammbaren Bau- und Dämmstoffen

Oberflächen von Außenwänden sowie Außenwandbekleidungen müssen einschließlich der Dämmstoffe und Unterkonstruktionen schwer entflammbar sein. Balkonbekleidungen, die über die erforderliche Umwehrungshöhe hinaus hochgeführt werden, und mehr als zwei Geschosse überbrückende Solaranlagen an Außenwänden müssen ebenfalls schwer entflammbar sein. Baustoffe in den vorgenannten Bauteilen **dürfen nicht brennend abfallen oder abtropfen.**

Dies bedeutet, dass für **jeden** schwer entflammbaren Baustoff in den vorgenannten Bauteilen nicht nur der Nachweis, **„schwer entflammbar“** sondern zusätzlich noch der Nachweis **„nicht brennend abfallend oder abtropfend“** zu führen ist.

Nachweisführung mit deutschen Klassen

Für Baustoffe, für die es keine Technischen Baubestimmungen (TB) und allgemein anerkannten Regeln der Technik (aaRdT) gibt oder die von den TB wesentlich abweichen, ist in der Regel als Ver-/Anwendbarkeitsnachweis ein allgemeines bauaufsichtliches Prüfzeugnis und als Übereinstimmungsbestätigung ein Übereinstimmungszertifikat durch eine anerkannte Zertifizierungsstelle erforderlich. Die Dokumentation dieses Nachweises erfolgt durch die Kennzeichnung mit dem Ü-Zeichen, das die wichtigsten Angaben zum Brandverhalten enthält. Sind dort keine Angaben zum brennenden Abtropfen enthalten, dann gilt der Baustoff in Deutschland als „nicht brennend abfallend oder abtropfend“.

Mit anderen Worten: Enthält das Ü-Zeichen keinen Vermerk, dass der Baustoff brennend abfallend oder abtropfend ist, so kann davon ausgegangen werden, dass er die Anforderung „kein brennendes Abfallen oder Abtropfen“ erfüllt. Enthält es dagegen den Vermerk, dass der Baustoff brennend abfallend oder abtropfend ist, erfüllt er die Anforderung natürlich nicht.

Nachweisführung mit europäischen Klassen

Im europäischen Klassifizierungssystem ist der Nachweis deutlich konkreter und einfacher geregelt. Der Baustoff muss zur Erfüllung der Anforderung **„nicht brennend abfallend oder abtropfend"** die Klasse d0 (kein brennendes Abfallen/ Abtropfen) einhalten. Nachgewiesen wird dies über die CE-Kennzeichnung und die dazugehörige Leistungserklärung.

Besteht also die bauaufsichtliche Anforderung: „schwer entflammbar und nicht brennend abfallend oder abtropfend", so muss die **Leistungserklärung** des Baustoffs mindestens die Klasse **C - s3, d0** (nach MVV TB 2019 C - s2, d0) nachweisen.

Wichtiges zu den deutschen und europäischen Klassen von Schaumkunststoffen

Wird für Schaumkunststoffe (z. B. Polystyrol), die mit dem **deutschen** Prüf- und Klassifizierungssystem geprüft und klassifiziert werden, der Nachweis für die Baustoffklasse B 1 und „nicht brennend abfallend oder abtropfend" geführt, so dürfen diese Baustoffe in Deutschland immer dann eingesetzt werden, wenn die bauaufsichtliche Anforderung „schwer entflammbar und nicht brennend abfallend oder abtropfend" lautet.

Wird für Schaumkunststoffe (z. B. Polystyrol), die mit dem **europäischen** Prüf- und Klassifizierungssystem geprüft und klassifiziert werden, der Nachweis für die **Baustoffklasse „E - d2"** geführt, dann dürfen diese Baustoffe in Deutschland nur dort eingesetzt werden, wo die bauaufsichtliche Anforderung „normal entflammbar" lautet. Europäisch klassifizierte Baustoffe mit der **Klasse „E - d2"** gelten nach Bauordnung NRW als normal entflammbar und brennend abfallend oder abtropfend und dürfen mit einem solchen Nachweis **keinesfalls dort eingesetzt werden**, wo die bauaufsichtliche Anforderung „schwer entflammbar und nicht brennend abfallend oder abtropfend besteht.

⑥ Wärmedämmverbundsysteme mit brennbaren Schaumkunststoffen

Erforderlicher Ver-/Anwendbarkeitsnachweis

Wärmedämmverbundsysteme benötigen als Ver-/Anwendbarkeitsnachweis immer mindestens eine abZ. Bei neueren Systemen sind eine abZ und eine aBG erforderlich, wobei die abZ als Nachweis für die verwendeten Bauprodukte dient und die aBG die Planung, Bemessung und Ausführung regelt. Beide Nachweise können auch in einem Dokument zusammengefasst sein.

Aus dem Ver-/Anwendbarkeitsnachweis und den Ausführungsvorschriften ergeben sich alle Anforderungen, die bei WDVS einzuhalten sind. Bei WDVS mit EPS-Platten ist zu beachten, dass abhängig von den jeweiligen Brandschutzanforderungen auch unterschiedliche Anforderungen an die Ausführung bestehen.

Bei Gebäuden der GK 1 bis 3 stellt die Bauordnung an die Außenwanddämmung keine besonderen Anforderungen. Das WDVS muss dann mindestens „normal entflammbar" sein, also die Klassen B 2 (national) bzw. E - d2 (europäisch) nachweisen.

Bei Gebäuden der GK 4 und 5 besteht allerdings die bauaufsichtliche Anforderung „schwer entflammbar und nicht brennend abfallend oder abtropfend". In diesen Fällen muss das WDVS mindestens die Klassen B 1 national bzw. C - s3, d0 (nach MVV TB 2019 C - s2, d0) europäisch erfüllen.

Wichtig: Bei WDVS mit **brennbaren** Dämmplatten, die **schwer entflammbar** sein müssen, bestehen in Gebäuden der GK 4 und 5 gemäß Ver-/Anwendbarkeitsnachweis (und auch VV TB NRW) sehr umfangreiche zusätzliche Anforderungen an konstruktive Brandschutzmaßnahmen und die Ausführung der Stürze und Laibungen (z. B. die Anordnung von Brandriegeln, besondere Anforderungen an das Putzsystem, die Rohdichte der verwendeten Platten und das Bewehrungsgewebe im Bereich unterhalb eines bestimmten Brandriegels usw.

Übereinstimmungserklärung

Nach Fertigstellung des WDVS ist vom Unternehmer eine Übereinstimmungsbestätigung der Bauart im Sinne des § 17 Absatz 5 BauO NRW an den Bauherrn (Auftraggeber) abzugeben. Ein Muster hierfür ist in dem jeweiligen Ver-/Anwendbarkeitsnachweis enthalten.

Empfehlungen für eine fachgerechte Ausführung und Dokumentation

Es muss unbedingt ein gültiger Ver-/Anwendbarkeitsnachweis vorliegen (in der Regel abZ, neuerdings auch abZ mit aBG). Während der Ausführung ist es dringend empfehlenswert, mit einer „verstärkten" und „lückenlosen" Bauüberwachung zu kontrollieren, dass die gesamte Ausführung nach dem Ver-/Anwendbarkeitsnachweis und der Montageanleitung des Herstellers erfolgt. Dies ist wichtig, weil damit sowohl im Zweifelsfall als auch bei einem evtl. Brandschaden die fachgerechte Ausführung des Systems nachgewiesen werden kann. Dabei ist unter anderem Folgendes zu beachten und zu dokumentieren:

- Überprüfung des ausführenden Fachunternehmers und des Fachpersonals. Ist dieser zur Ausführung von WDVS berechtigt bzw. geeignet?
- Ver-/Anwendbarkeitsnachweis, Montageanleitung und Aufbau des WDVS, ggf. mit Anforderungen an die Verarbeitungstemperaturen, Nenndicke des Systems.

- Bei WDVS, die schwer entflammbar sein müssen (GK 4 und GK 5): Feststellung und Überprüfung der erforderlichen besonderen Brandschutzmaßnahmen (z. B. konstruktive Bandschutzmaßnahmen wie Brandriegel usw. – siehe auch weiter oben). **Wichtig:** Eindeutige Feststellung und Dokumentation aller erforderlichen Brandschutzmaßnahmen.
- Eingangskontrolle aller für das WDVS verwendeten Bauprodukte **vor Ort** (auf der Baustelle).
  Beispiel: Überprüfung der Dämmplatten, Brandbarrieren, Kleber, aller evtl. zusätzlich erforderlichen Befestigungsmittel für Dämmplatten und Brandbarrieren, Armierung, Unterputz, Oberputz usw.
  Alle Bestandteile müssen dem Ver-/Anwendbarkeitsnachweis und der Montageanleitung des WDVS entsprechen. Dies sollte ausreichend dokumentiert werden (Lieferscheine, Beipackzettel, Fotos von Verpackungen bzw. den Kennzeichnungen der Bauprodukte usw.). **Besonders wichtig:** Bei den Dämmplatten darauf achten, dass sie die erforderlichen Anforderungen erfüllen.
- Überprüfung des Untergrunds. Feststellung der Eignung und der ggf. erforderlichen Maßnahmen.
- Mischung und Beschaffenheit von Klebemörtel, Haftvermittler, Unterputz, Deckschicht usw.
- Erfordernis, Lage, Anbringung, Montage und Befestigung der Brandriegel.
- Anbringung, Montage und Befestigung der Dämmplatten auf der Fläche, in Sturz und Leibungsbereichen, beim Anschluss an Brandbarrieren, bei sonstigen Anschlüssen. **Besonders wichtig:** Auf das richtige Aufbringen des Klebers achten. Dokumentation der Montage der Dämmplatten und Brandbarrieren mit dem Kleber und den evtl. erforderlichen Befestigungsmitteln durch Fotos.
- Falls Dübel für die Befestigung der Brandriegel bzw. der EPS-Platten erforderlich sind: Überprüfung der Dübel, Anzahl je m^2 EPS-Platte bzw. Brandriegel.
- Überprüfung der fachgerechten Ausführung von Unterputz, Bewehrung, Oberputz usw.
- Überprüfung der fachgerechten Ausführung von Fugen und Anschlüssen.
- Evtl. weitere Maßnahmen, z. B. Witterungsschutz.

Die vorgenannten Punkte bzw. Schritte sollten ausreichend dokumentiert werden (Kopien von Lieferscheinen, Fotos, usw.). Eine komplette Überprüfung und Dokumentation sollte mindestens zu Beginn der Baumaßnahme erfolgen. Häufigkeit und Umfang der weiteren Überprüfungen orientieren sich natürlich auch an der Größe des Bauvorhabens. Als Anhaltswert ist es empfehlenswert, zumindest bei jeder Wandseite eine solche Überprüfung durchzuführen und bei größeren Bauvorhaben bzw. Wänden entsprechend mehr. Sind bei schwer entflammbaren Systemen Brandschutzmaßnahmen (z. B. Brandriegel) erforderlich, so ist es empfehlenswert, deren Anordnung und fachgerechte Montage möglichst lückenlos mit Fotos zu dokumentieren, da eine spätere Überprüfung nach Fertigstellung praktisch nicht mehr möglich ist.

Verwendung von WDVS mit brennbaren Schaumkunststoffen

Ergänzend noch ein Gedanke zu den in Deutschland sehr kontrovers diskutierten Wärmedämmverbundsystemen (WDVS) mit brennbaren Schaumkunststoffen. Unabhängig von allen fachlichen Diskussionen ist eine Tatsache unumstritten: Ist ein brennbarer Dämmstoff vorhanden und wird dieser von einem Feuer beaufschlagt, so wird dieser auch abbrennen. Das hat der Flughafenbrand in Düsseldorf eindrucksvoll gezeigt.

Dies soll jetzt nicht heißen, dass in Deutschland keine brennbaren Dämmstoffe eingesetzt werden sollen. Überall dort, wo die Bauordnung die Verwendung von brennbaren Dämmstoffen zulässt, dürfen diese selbstverständlich auch ausgeführt werden.

Es ist jedoch legitim, darüber nachzudenken, an welchen Stellen dies getan wird. Ob die Verwendung von WDVS mit brennbaren Schaumkunststoffen in neuralgischen Bereichen, bei denen man sich bezüglich des Brandüberschlags zwangsläufig in einer schwierigen Situation befindet (Stichwort „Opfergeschoss"), Sinn macht, kann jeder am Bau Beteiligte für sich selbst entscheiden. Grundsätzlich sollte sich jedoch jeder Anwender darüber im Klaren sein, dass er mit dem Einbau von brennbaren Dämmmaterialien an der Außenwand dem ohnehin (und nicht vermeidbaren) Risiko einer Brandausbreitung über die Fassade nach oben noch ein zusätzliches Risiko durch die brennbaren Dämmstoffe hinzufügt.

In der Vergangenheit gab es einige spektakuläre Brandschäden an Fassaden, bei denen es im Bereich des brennbaren WDVS zu einer großflächigen Brandausbreitung kam. Diese Brände verliefen so ungünstig, dass sie von der Feuerwehr nicht mehr beherrschbar waren. Allerdings ergaben die darauffolgenden Untersuchungen dem Vernehmen nach, dass die betroffenen Systeme nicht in allen Punkten entsprechend den jeweiligen Ver-/Anwendbarkeitsnachweisen eingebaut waren.

Die bisherigen Erfahrungen zeigen, dass WDVS mit brennbaren Schaumkunststoffen sehr sensibel sein können. Wird ein solches System in allen Punkten genau nach dem jeweiligen Ver-/Anwendbarkeitsnachweis eingebaut, kann man innerhalb des „gesellschaftlich akzeptierten Risikos" zurzeit davon ausgehen, dass damit das bauaufsichtliche Schutzziel eingehalten wird.

Es ist dabei jedoch zu beachten, dass unter Umständen selbst kleinere Abweichungen von den Montageanleitungen das Brandverhalten dieser Systeme völlig verändern können. **Deshalb kommt einer sehr sorgfältigen Bauüberwachung und Dokumentation (siehe oben) eine besondere Bedeutung zu.**

⑦ Außenwandkonstruktionen mit geschossübergreifenden Hohl- oder Lufträumen und Doppelfassaden

Bei Außenwandkonstruktionen mit geschossübergreifenden Hohl- oder Lufträumen wie hinterlüfteten Außenwandbekleidungen in Gebäuden der Gebäudeklassen 4 und 5 sind besondere Vorkehrungen zu treffen. Das gilt sinngemäß auch für Doppelfassaden in Gebäuden der Gebäudeklassen 3 bis 5.

Vorkehrungen sind z. B. Brandsperren mindestens alle zwei Geschosse im Hinterlüftungsspalt (siehe VV TB NRW, A 2.2.1.6, B 2.2.1.1 und Anhang 6).

Bei Doppelfassaden und in besonderen Fällen ist es empfehlenswert, die erforderlichen Vorkehrungen möglichst frühzeitig mit der den Brandschutz prüfenden Stelle abzustimmen. Dies gilt natürlich sinngemäß auch für die in diesem Zusammenhang erforderlichen Abweichungen.

⑧ Anschluss von Vorhangfassaden an Geschossdecken

Siehe Kapitel 7.2, Punkt 2.

⑨ Anschluss von Vorhangfassaden an Trennwände

Der Anschluss von Vorhangfassaden an Trennwände wie Flurtrennwände, feuerwiderstandsfähige Trennwände (z. B. zwischen Nutzungseinheiten), Treppenraumwände und Brandwände stellt sinngemäß wie der Deckenanschluss (siehe Kapitel 7.2, Punkt 2) immer einen Schwachpunkt dar. Da die Vorhangfassade in der Regel keine klassifizierte Feuerwiderstandsdauer aufweist und im Brandfall unter ungünstigen Umständen schon nach wenigen Minuten versagen kann, sind dort auch keine geprüften bzw. klassifizierten Anschlüsse möglich.

Sinngemäß wie bei Decken gehen die bauaufsichtlichen Regelungen grundsätzlich davon aus, dass die genannten Trennwände bis zur Vorderkante der Fassade führen (siehe Bild 9.2). Dieses grundsätzliche Detail würde zwar den Brandschutz einigermaßen lösen, weist jedoch in Bezug auf die bauphysikalischen und gestalterischen Anforderungen zahlreiche Probleme auf.

Das einfache Vorbeiführen der Vorhangfassade an der Trennwand und ein Trennwandanschluss mit Anschlussfuge (siehe Bild 9.1) erfüllt dagegen die Schutzziele des Brandschutzes nicht. Im Brandfall ist hier zu erwarten, dass sich die Vorhangfassade verformt und der Anschluss versagt, so dass Feuer und Rauch in den brandschutztechnisch abgetrennten Bereich eindringen können.

Für Brandwände, Wände in der Bauart von Brandwänden und Wände anstelle von Brandwänden als hochfeuerhemmende Wände mit zusätzlicher mechanischer Beanspruchung zeigt Bild 9.3 als Prinzipskizze einen Lösungsvorschlag. Bei diesen Wänden ist entsprechend ihren Schutzzielen ein frühzeitiges Versagen des Anschlusses nicht akzeptabel, so dass auch bei einem Versagen der Fassade das Eindringen von Feuer und Rauch in den angrenzenden Brandabschnitt bzw. Treppenraum für eine ausreichend lange Zeit verhindert werden soll.

Bei allen anderen Trennwänden ist es empfehlenswert, sehr frühzeitig eine Lösung zu erarbeiten (z. B. Anschlüsse mit Schwertern), die abhängig von der jeweiligen Fassade und Trennwand den bauaufsichtlichen Schutzzielen gerecht wird. Im Zweifelsfall ist eine frühzeitige Abstimmung mit der den Brandschutz prüfenden Stelle empfehlenswert.

Bild 9.1: Beispiel für unzureichenden Anschluss einer Vorhangfassade an eine BW bzw. BaBW bzw. hf + M-Wand

Falsch wäre es, die Brandwand bzw. BaBW einfach bis zur Vorhangfassade durchlaufen zu lassen und die Fuge nichtbrennbar abzudichten.

Die Vorhangfassade besteht zwar aus nichtbrennbaren Baustoffen, so dass eine Brandausbreitung bzw. Brandweiterleitung über die Fassade selbst nicht zu befürchten ist.

Im Brandfall ist jedoch mit einem frühen Versagen der Anschlussfuge zu rechnen. In diesem Fall können dann Feuer und Rauch in andere Brandabschnitte, in angrenzende Treppenräume oder in brandschutztechnisch abgetrennte Bereiche eindringen.

Da an die abschottende Funktion von Brandwänden, Treppenraumwänden in der Bauart von Brandwänden und Wänden, die unter zusätzlicher mechanischer Beanspruchung hochfeuerhemmend sind, höhere Anforderungen bestehen als z. B. an die horizontale, abschottende Funktion von feuerbeständigen Geschosstrenndecken im Außenwandbereich (siehe Kapitel 7.2, Punkt 2), ist diese Ausführung nicht ausreichend.

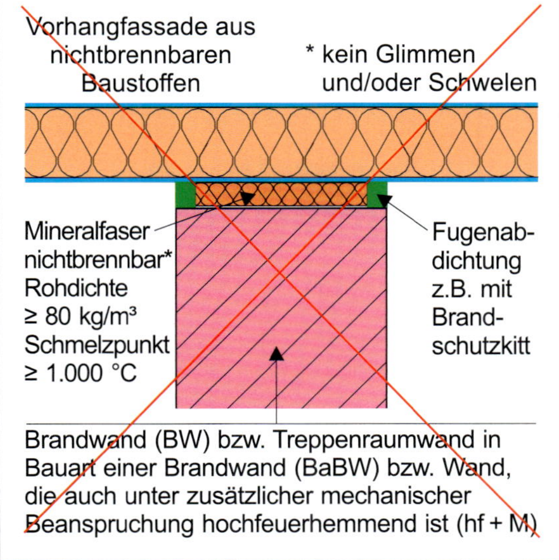

Bild 9.2: Prinzipskizze für Anschluss einer Vorhangfassade an eine BW bzw. BaBW bzw. hf + M-Wand – Ausführung aus bauphysikalischer Sicht nicht möglich

Diese Ausführung wäre aus brandschutztechnischer Sicht in Ordnung, weil damit das Schutzziel der BW bzw. BaBW bzw. hf + M-Wand voll erfüllt wird.

Sie ist jedoch aus bauphysikalischer Sicht nicht ausführbar. Alternative siehe Bild 9.3.

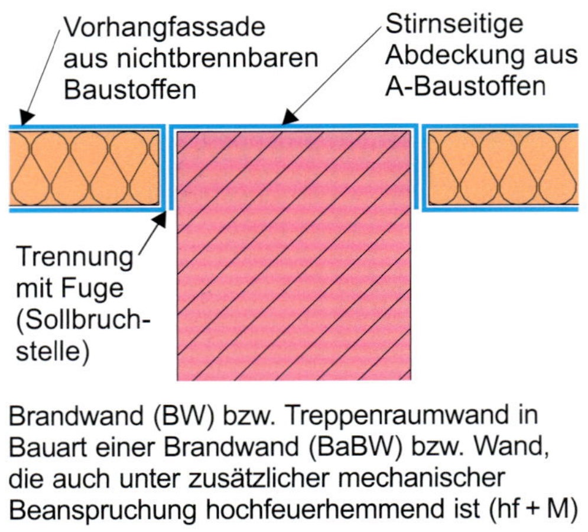

Bild 9.3: Prinzipskizze für möglichen Anschluss einer Vorhangfassade an eine BW bzw. BaBW bzw. hf + M-Wand

Die Wärmedämmung an der Stirnseite der Brandwand wird so geschützt, dass eine Brandübertragung auf andere Brandabschnitte bzw. brandschutztechnisch getrennte Bereiche bzw. den Treppenraum nicht zu erwarten ist.

Voraussetzung hierfür ist, dass die Fassade beidseits dieser geschützten Wärmedämmung mit einer Fuge angeschlossen wird, die im Brandfall als Sollbruchstelle wirkt.

Da nach dem Versagen der Fassade und dem Aufgehen der Sollbruchstelle die stirnseitig angebrachte Wärmedämmung vom Brand beansprucht wird, muss diese so form- und raumbeständig befestigt und abgedeckt sein, dass für eine ausreichend lange Zeit Feuer und Rauch nicht in den angrenzenden Abschnitt eindringen können.

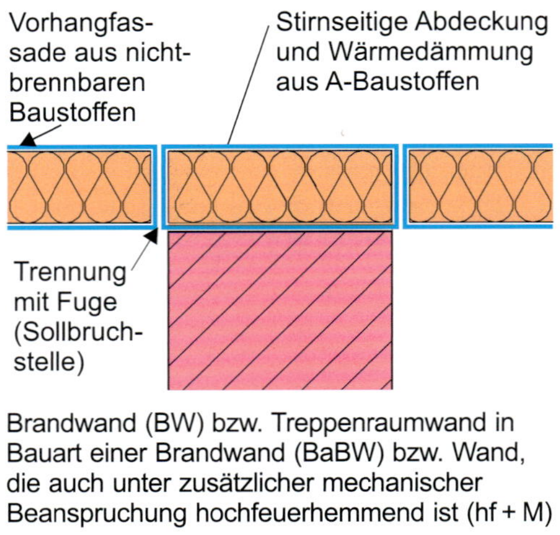

14

Bild 9.4: Prinzipskizze für Anschluss einer Vorhangfassade an eine BW bzw. BaBW bzw. hf + M-Wand mit einem Schwert

Dargestellt ist als Prinzipskizze eine „Schwertkonstruktion" mit raumbeständigen und nichtbrennbaren Dämmstoffen (Schmelzpunkt ≥ 1.000 °C) und nicht glimmend und/oder schwelend.

Die Konstruktion ist singgemäß wie bei Bild 9.3 beschrieben auszubilden. Versagt im Brandfall die Vorhangfassade auf einer Seite, so muss das Schwert so befestigt und ausgebildet sein, dass Feuer und Rauch für eine ausreichend lange Zeit nicht in den angrenzenden Abschnitt eindringen können.

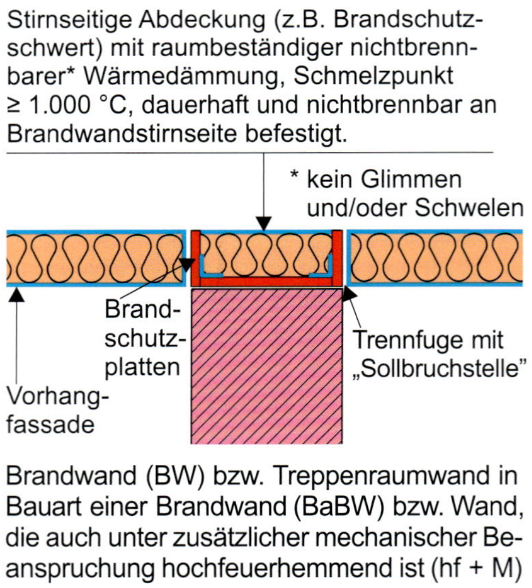

15 Dächer

Kurzinfo:	Kapitel
• Grundsätzliche Anforderung: **„Harte Bedachung“**	15.1
• **„Weiche Bedachungen“** sind zulässig für: - GK 1 bis GK 3 bei deutlicher Vergrößerung der Abstände, - Gebäude ohne AR und ohne Feuerstätten ≤ 50 m³ Brutto-Rauminhalt, - lichtdurchlässige Bedachungen aus nichtbrennbaren Baustoffen; brennbare Fugendichtungen und brennbare Dämmstoffe in nichtbrennbaren Profilen sind zulässig, - Dachflächenfenster, Oberlichte und Lichtkuppeln von Wohngebäuden, - Eingangsüberdachungen und Vordächer aus nichtbrennbaren Baustoffen und - Eingangsüberdachungen aus brennbaren Baustoffen, wenn die Eingänge nur zu Wohnungen führen.	15.2
• Keine Anforderungen an „harte Bedachung“ bestehen für: - lichtdurchlässige Teilflächen aus brennbaren Baustoffen in „harten Bedachungen“ und - begrünte Bedachungen.	15.3
• **Dachüberstände**, Dachgesimse, Zwerchhäuser und Dachaufbauten, lichtdurchlässige Bedachungen, Dachflächenfenster, Lichtkuppeln, Oberlichte und Solaranlagen sind so anzuordnen und herzustellen, dass Feuer nicht auf andere Gebäudeteile und Nachbargrundstücke übertragen werden kann.	15.4
• Von BW und WaBW müssen mindestens 1,25 m entfernt sein: - Dachflächenfenster, Oberlichte, Lichtkuppeln und Öffnungen in der Bedachung, wenn diese Wände nicht mindestens 0,30 m über die Bedachung geführt sind und - Photovoltaikanlagen, Zwerchhäuser, Dachgauben und ähnliche Dachaufbauten aus brennbaren Baustoffen, wenn sie nicht durch diese Wände gegen Brandübertragung geschützt sind, und	15.4
• Von BW und WaBW müssen mindestens 0,50 m entfernt sein: - Photovoltaikanlagen, deren Außenseiten und Unterkonstruktion aus nichtbrennbaren Baustoffen bestehen und - Solarthermieanlagen.	15.4
• **Traufseitig** aneinandergebauten Gebäude: Dächer von innen nach außen einschließlich Tragwerk: fh. Abstand von Öffnungen in diesen Dachflächen waagerecht gemessen zu BW bzw. WaBW: ≥ 2 m.	15.5
• Dächer von **Anbauten**, die an Außenwände mit Öffnungen oder ohne Feuerwiderstandsfähigkeit anschließen, müssen innerhalb eines Abstands von 5 m von diesen Wänden als raumabschließende Bauteile für eine Brandbeanspruchung von innen nach außen einschließlich der sie tragenden und aussteifenden Bauteile die Feuerwiderstandsfähigkeit der Decken des Gebäudeteils haben, an den sie angebaut werden. Dies gilt nicht für Anbauten an Wohngebäude der Gebäudeklassen 1 bis 3.	15.6

15.1 Grundsätzliche Anforderung an Bedachungen		
Bedachungen müssen gegen eine Brandbeanspruchung von außen durch Flugfeuer und strahlende Wärme ausreichend lang widerstandsfähig sein (harte Bedachung).	BauO NRW § 32 (1)	Atlas 6.5.1 6.5.2

① Zuordnung der bauaufsichtlichen Anforderungen zu nationalen und europäischen Klassen

Tabelle 1.1: Zuordnung der bauaufsichtlichen Anforderungen zu nationalen und europäischen Klassen (gemäß VV TB NRW Anhang 4)

	Bauaufsichtliche Anforderungen	Abkürzung	Nationale Klassen nach DIN 4102-7:1987-03	Europäische Klassen nach DIN EN 13501
Dach	Brandbeanspruchung von außen durch Flugfeuer und strahlende Wärme	harte Bedachung	Widerstandsfähigkeit von Bedachungen gegen Flugfeuer und strahlende Wärme	$B_{ROOF}(t1)$*

Abkürzungen und Legende siehe Kapitel 4.2, Punkt 3 sowie Kapitel 29 und 30.

* Wenn im Rahmen der CE-Kennzeichnung die Klasse $B_{ROOF}(t1)$, Beanspruchung durch Feuer von außen gemäß DIN EN 13501-5, angegeben wird, gilt diese für die Bedachung nur, wenn die Ausführung der Bedachung den Ausführungen im zugehörigen Klassifizierungsdokument, in delegierten Rechtsakten oder in einer Entscheidung der Europäischen Kommission hinsichtlich des Brandverhaltens entspricht. Ist dies nicht der Fall, bedarf es für die harte Bedachung als Bauart eines allgemeinen bauaufsichtlichen Prüfzeugnisses.

② Grundsätzliche Anforderungen an die Bedachung

Die Bauordnung stellt an Dächer die grundsätzliche Anforderung, dass sie gegen eine Brandbeanspruchung von außen durch Flugfeuer und strahlende Wärme ausreichend lang widerstandsfähig sein müssen. Dächer, die diese Anforderung erfüllen, bezeichnet man als „harte Bedachung". Im Gegensatz dazu können Dächer, die diese Anforderungen nicht erfüllen, als „weiche Bedachung" bezeichnet werden.

Anmerkung: Mit der Anforderung an eine harte Bedachung wird keine bestimmte Feuerwiderstandsdauer bzw. -klasse definiert. Es wird damit die Eigenschaft beschrieben, dass sich das Dach bei einer Einwirkung von Flugfeuer oder strahlender Wärme (z. B. glühende und glimmende fliegende Teilchen eines offenen Feuers bzw. Großbrandes oder einer Silvesterrakete) nicht entzündet und sich Feuer auf dem Dach nicht ausbreitet.

Eine „weiche Bedachung" ist nach Bauordnung nur zulässig, wenn die Abstände der Gebäude untereinander oder zur Grundstücksgrenze drastisch erhöht werden, siehe nachfolgendes Kapitel 15.2. Außerdem ist eine „weiche Bedachung" für bestimmte Gebäude, Dächer und lichtdurchlässige Flächen sowie für begrünte Bedachungen zulässig, siehe Kapitel 15.3.

15.2 Zulässigkeit von Gebäuden der GK 1 bis 3 ohne harte Bedachung bei bestimmten Mindestabständen				
Das vorstehende Kapitel 15.1 gilt nicht bei Einhaltung folgender Mindestabstände	**zu Gebäuden der GK 1 bis GK 3 ausgenommen Wohngebäude der GK 1 und 2**	**zu Wohngebäuden der GK 1 und 2**	BauO NRW § 31 (4)	Atlas
1. Von der Grundstücksgrenze	12 m	6 m	§ 32 (2)	6.5.4
2. Von Gebäuden auf demselben Grundstück mit harter Bedachung	15 m	9 m		
3. Von Gebäuden auf demselben Grundstück mit Bedachungen, die nicht die Anforderungen an harte Bedachungen erfüllen	24 m	12 m		
4. Von Gebäuden auf demselben Grundstück ohne Aufenthaltsräume und ohne Feuerstätten mit nicht mehr als 50 m³ Brutto-Rauminhalt	5 m	5 m		

15.3 Zulässigkeit von bestimmten Gebäuden, Dächern und lichtdurchlässigen Flächen ohne harte Bedachung sowie von begrünten Bedachungen		
Die vorstehenden Kapitel 15.1 und 15.2 gelten nicht für 1. Gebäude ohne Aufenthaltsräume und ohne Feuerstätten mit nicht mehr als 50 m³ Brutto-Rauminhalt, 2. lichtdurchlässige Bedachungen aus nichtbrennbaren Baustoffen; brennbare Fugendichtungen und brennbare Dämmstoffe in nichtbrennbaren Profilen sind zulässig, 3. Dachflächenfenster, Oberlichte und Lichtkuppeln von Wohngebäuden, 4. Eingangsüberdachungen und Vordächer aus nichtbrennbaren Baustoffen und 5. Eingangsüberdachungen aus brennbaren Baustoffen, wenn die Eingänge nur zu Wohnungen führen.	BauO NRW § 32 (3)	Atlas 6.5.4 6.5.6
Abweichend von den vorstehenden Kapiteln 15.1 und 15.2 sind 1. lichtdurchlässige Teilflächen aus brennbaren Baustoffen in Bedachungen nach Kapitel 15.1 und 2. begrünte Bedachungen zulässig, wenn eine Brandentstehung bei einer Brandbeanspruchung von außen durch Flugfeuer und strahlende Wärme nicht zu befürchten ist oder Vorkehrungen hiergegen getroffen werden.	§ 32 (4)	

① Lichtdurchlässige Teilflächen aus brennbaren Baustoffen in harten Bedachungen und begrünte Dächer

Zulässige lichtdurchlässige Flächen

In der VV TB NRW ist in Abschnitt A 2.1.9 hierzu Folgendes geregelt:

„Für bestimmte brennbare lichtdurchlässige Flächen oder Abschlüsse von Öffnungen, für die kein Nachweis der harten Bedachung vorliegt, ist die Verwendung als Bedachung zulässig, ohne dass eine Beeinträchtigung der Behinderung der Brandentstehung oder Brandausbreitung der Bedachung insgesamt zu erwarten ist, wenn:

- *die Summe der Teilflächen höchstens 30 % der Dachfläche beträgt,*
- *die Teilflächen einen Abstand von mindestens 5 m zu Brandwänden unmittelbar angrenzender höherer Gebäude oder Gebäudeteile aufweisen*

und die Teilflächen

- *als Lichtbänder höchstens 2 m breit und maximal 20 m lang sind, untereinander und zu den Dachrändern einen Abstand von mindestens 2 m haben oder*
- *als Lichtkuppeln eine Fläche von nicht mehr als je 6 m^2, untereinander und von den Dachrändern einen Abstand von mindestens 1 m und von Lichtbändern aus brennbaren Baustoffen einen Abstand von 2 m haben.“*

Zulässige begrünte Dächer

In DIN 4102-4:2016-05, Abschnitt 11.4.7 ist hierzu Folgendes geregelt:

„11.4.7 Begrünte Dächer

(1) Intensive Dachbegrünungen gelten als Bedachungen, die gegen Flugfeuer und strahlende Wärme widerstandsfähig sind.
(2) Extensive Dachbegrünungen sind widerstandsfähig gegen Flugfeuer und strahlende Wärme, wenn sie folgende Eigenschaften aufweisen:
- *mineralisch bestimmte Vegetationsschicht mit max. 20 % (Massenanteil) organischer Bestandteile;*
- *Vegetationstragschicht mit einer Schichtdicke ≥ 30 mm;*
- *Gebäudeabschlusswände, Brandwände oder Wände, die anstelle von Brandwänden zulässig sind, müssen in Abständen von höchstens 40 m mindestens 0,3 m über das Dach, bezogen auf Oberkante Vegetationstragschicht, geführt werden. Sofern diese Wände nicht über Dach geführt sind, genügt auch eine 0,3 m hohe Aufkantung aus nichtbrennbaren Baustoffen oder ein 1 m breiter Streifen aus massiven Platten oder Grobkies;*
- *ein Abstandsstreifen aus massiven Platten oder Grobkies von ≥ 0,5 m Breite ist gegenüber Öffnungen in der Dachfläche (Lichtkuppeln, Dachfenster) oder aufgehenden Wänden mit Fenstern auszubilden, wenn sich deren Brüstung ≤ 0,8 m oberhalb der Vegetationstragschicht befindet;*
- *bei aneinandergereihten, giebelständigen Gebäuden muss im Bereich der Traufe ein in der Horizontalen gemessener, mindestens 1 m breiter Streifen unbegrünt bleiben und mit Oberflächenschutz aus nichtbrennbaren Baustoffen versehen sein.“*

15.4 Dachüberstände, Dachgesimse, Zwerchhäuser und Dachaufbauten, lichtdurchlässige Bedachungen, Dachflächenfenster, Lichtkuppeln, Oberlichte und Solaranlagen		
[1]Dachüberstände, Dachgesimse, Zwerchhäuser und Dachaufbauten, lichtdurchlässige Bedachungen, Dachflächenfenster, Lichtkuppeln, Oberlichte und Solaranlagen sind so anzuordnen und herzustellen, dass Feuer nicht auf andere Gebäudeteile und Nachbargrundstücke übertragen werden kann. [2]Von der Außenfläche von Brandwänden und WaBW und von der Mittellinie gemeinsamer Brandwände und WaBW müssen 1. mindestens 1,25 m entfernt sein a) Dachflächenfenster, Oberlichte, Lichtkuppeln und Öffnungen in der Bedachung, wenn diese Wände nicht mindestens 0,30 m über die Bedachung geführt sind und b) Photovoltaikanlagen, Zwerchhäuser, Dachgauben und ähnliche Dachaufbauten aus brennbaren Baustoffen, wenn sie nicht durch diese Wände gegen Brandübertragung geschützt sind, und 2. mindestens 0,50 m entfernt sein a) Photovoltaikanlagen, deren Außenseiten und Unterkonstruktion aus nichtbrennbaren Baustoffen bestehen und b) Solarthermieanlagen.	BauO NRW § 32 (5)	Atlas 6.5.4 6.5.6

① Dachüberstände, Dachgesimse, Zwerchhäuser und Dachaufbauten, lichtdurchlässige Bedachungen, Dachflächenfenster, Lichtkuppeln, Oberlichte und Solaranlagen

Siehe hierzu Kapitel 5.4, Punkt 7.

15.5 Dächer von traufseitig aneinandergebauten Gebäuden

[1]Dächer von traufseitig aneinandergebauten Gebäuden müssen als raumabschließende Bauteile für eine Brandbeanspruchung von innen nach außen einschließlich der sie tragenden und aussteifenden Bauteile feuerhemmend sein. [2]Öffnungen in diesen Dachflächen müssen waagerecht gemessen mindestens 2 m von der Brandwand oder der Wand, die anstelle der Brandwand zulässig ist, entfernt sein.	BauO NRW § 32 (6)	Atlas 6.5.5

(1) Dächer von traufseitig aneinandergebauten Gebäuden

Bild 1.1: Prinzipskizze: Beispiel für Wand anstelle einer Brandwand beim Grabendach

Führung der WaBW bis unter die Dachhaut. In den Bereichen, in denen aus bauphysikalischen Gründen eine Wärmedämmung erforderlich ist, muss diese aus raumbeständigen nichtbrennbaren Baustoffen bestehen, die ausreichend befestigt sind und die nicht Glimmen und/oder Schwelen.

Die Öffnung für das Dachflächenfenster muss mindestens 2,00 m von der Wand anstelle einer Brandwand entfernt sein.

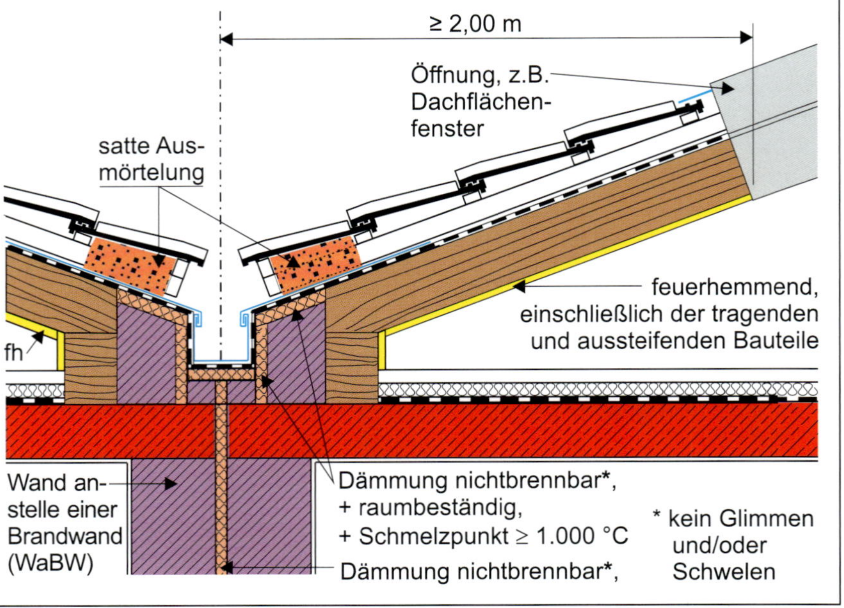

15.6 Dächer von Anbauten, die an Außenwände mit Öffnungen oder ohne Feuerwiderstandsfähigkeit anschließen

[1]Dächer von Anbauten, die an Außenwände mit Öffnungen oder ohne Feuerwiderstandsfähigkeit anschließen, müssen innerhalb eines Abstands von 5 m von diesen Wänden als raumabschließende Bauteile für eine Brandbeanspruchung von innen nach außen einschließlich der sie tragenden und aussteifenden Bauteile die Feuerwiderstandsfähigkeit der Decken des Gebäudeteils haben, an den sie angebaut werden. [2]Dies gilt nicht für Anbauten an Wohngebäude der Gebäudeklassen 1 bis 3.	BauO NRW § 32 (7)	Atlas 6.5.5

(1) Dächer von Anbauten

Bild 1.1: Beispiel für Anbau an ein höheres Gebäude, Ausführung der Außenwand des höheren Gebäudes mit Feuerwiderstandsdauer

Da das Dach des Anbaus keine klassifizierte Feuerwiderstandsdauer von innen nach außen aufweist, wurde die Außenwand öffnungslos und in der gleichen Feuerwiderstandsdauer wie die Geschossdecken ausgeführt. Die Anforderung gilt nicht für Anbauten an Wohngebäude.

Anmerkung: Die Anforderungen an die höherführende Außenwand hängen auch von den Brandlasten im niedrigeren Gebäude und der dadurch möglichen Brandbeanspruchung ab. Unter günstigen Voraussetzungen ist evtl. eine Abweichung möglich. Eine Abstimmung mit der den Brandschutz prüfenden Stelle ist empfehlenswert.

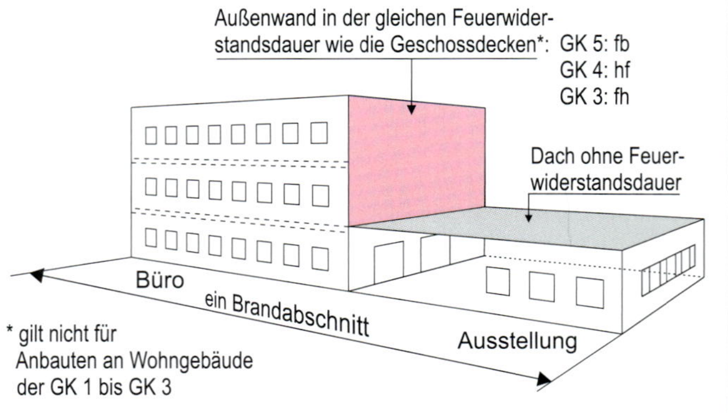

Bild 1.2: Beispiel wie Bild 1.1, jedoch mit gesicherten Fenstern in der Außenwand des höheren Gebäudes

Da das Dach im 5 m-Anschlussbereich keine klassifizierte Feuerwiderstandsdauer aufweist und die höherführende Außenwand Öffnungen enthält, erfolgen die Brandschutzmaßnahmen an der höherführenden Außenwand. Weitere Erläuterungen siehe bei Bild 1.1.

Anmerkung: Siehe bei Bild 1.1.

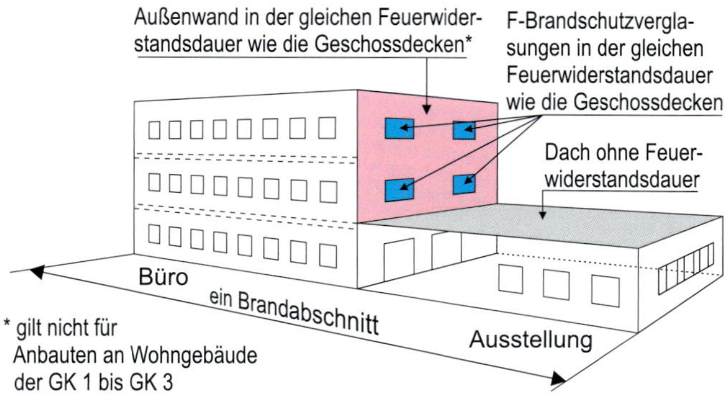

Bild 1.3: Beispiel wie Bilder 1.1 und 1.2, jedoch mit brandschutztechnischer Sicherung des anschließenden Dachs

Das Dach wurde im 5 m-Anschlussbereich von innen nach außen einschließlich des Tragwerks in der Feuerwiderstandsdauer der Decken des höheren Gebäudes gesichert. Damit sind keine Maßnahmen an der Außenwand des höherführenden Gebäudeteils erforderlich.

Anmerkung: Siehe bei Bild 1.1.

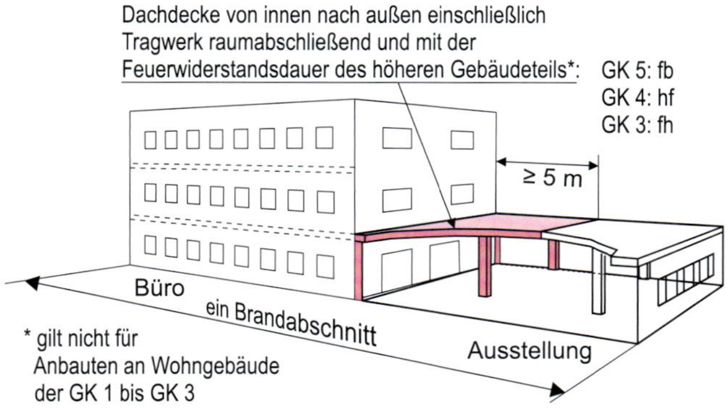

15.7 Sonstige Anforderungen an Dächer

[1]Dächer an Verkehrsflächen und über Eingängen müssen Vorrichtungen zum Schutz gegen das Herabfallen von Schnee und Eis haben, wenn dies die Verkehrssicherheit erfordert. [1]Für vom Dach aus vorzunehmende Arbeiten sind sicher benutzbare Vorrichtungen anzubringen.	BauO NRW § 32 (8), (9)	

15

16 Fenster, Türen, sonstige Öffnungen

Kurzinfo:	Kapitel
• Jedes KG benötigt mindestens eine Öffnung ins Freie.	16.2
• Gemeinsame Kellerlichtschächte für übereinanderliegende Kellergeschosse sind unzulässig.	16.2
• **Anleiterbare Stellen (Fenster):** – Mindestgröße: 0,9 m × 1,2 m (stehend oder liegend möglich). – Brüstungshöhe ≤ 1,20 m. – Im DG: Abstand Unterkante Fenster zur Traufe horizontal gemessen ≤ 1,0 m. – Menschen müssen sich vom anleiterbaren Fenster aus bemerkbar machen können. – Kellerfenster siehe Kapitel 11, Punkt 14.	16.3
• Erläuterungen siehe Kapitel 11, Punkt 10.	

Schutzziel		
Fenster, Türen und sonstige Stellen, die als zweiter Rettungsweg (mit Rettungsgeräten der Feuerwehr erreichbare Stelle der Nutzungseinheit) dienen, müssen von innen jederzeit zu öffnen und von der Feuerwehr jederzeit erreichbar sein.		
16.1 Mindestgröße von Eingangstüren		
Eingangstüren von Wohnungen müssen eine lichte Durchgangsbreite von mindestens 0,90 m haben.	BauO NRW § 37 (3)	
16.2 Kellerfenster zur Rauchableitung und Kellerlichtschächte		
[1]Jedes Kellergeschoss ohne Fenster muss mindestens eine Öffnung ins Freie haben, um eine Rauchableitung zu ermöglichen. [2]Gemeinsame Kellerlichtschächte für übereinanderliegende Kellergeschosse sind unzulässig.	BauO NRW § 37 (4)	Atlas 8.30/5
16.3 Mit Rettungsgeräten der Feuerwehr erreichbare Fenster		
[1]Fenster, die als Rettungswege nach § 33 Absatz 2 Satz 2 BauO NRW [Kapitel 11] dienen, müssen im Lichten mindestens 0,90 m × 1,20 m groß und nicht höher als 1,20 m über der Fußbodenoberkante angeordnet sein. [2]Liegen diese Fenster in Dachschrägen oder Dachaufbauten, so darf ihre Unterkante oder ein davorliegender Auftritt von der Traufkante horizontal gemessen nicht mehr als 1 m entfernt sein. [3]Der Abstand kann in Abstimmung mit der Brandschutzdienststelle vergrößert werden. [4]Von diesen Fenstern müssen sich Menschen zu öffentlichen Verkehrsflächen oder zu Flächen für Einsatzkräfte der Gefahrenabwehr bemerkbar machen können.	BauO NRW § 37 (5)	Atlas 7.3/5.2 7.3/7.8

Erläuterungen siehe Kapitel 11, Punkt 10.

16

17 Aufzüge

17.1 Erfordernis von eigenen Fahrschächten

[1]Aufzüge im Innern von Gebäuden müssen eigene Fahrschächte haben, um eine Brandausbreitung in andere Geschosse ausreichend lang zu verhindern. [2]In einem Fahrschacht dürfen bis zu drei Aufzüge liegen. [3]Aufzüge ohne eigene Fahrschächte sind zulässig 1. innerhalb eines notwendigen Treppenraumes, ausgenommen in Hochhäusern, 2. innerhalb von Räumen, die Geschosse überbrücken, 3. zur Verbindung von Geschossen, die offen miteinander in Verbindung stehen dürfen und 4. in Gebäuden der Gebäudeklassen 1 und 2. [4]Sie müssen sicher umkleidet sein.	BauO NRW § 39 (1)	Atlas 7.9/2.2.1

17.2 Erforderliche Feuerwiderstandsdauer der Fahrschachtwände

GK	Anforderungen an die Fahrschachtwände als raumabschließende Bauteile	BauO NRW	Atlas
GK 5	feuerbeständig und aus nichtbrennbaren Baustoffen	§ 39 (2)	7.9/2.2.2
GK 4	hochfeuerhemmend*1		
GK 3	feuerhemmend*1		
*1 Fahrschachtwände aus brennbaren Baustoffen müssen schachtseitig eine Bekleidung aus nichtbrennbaren Baustoffen in ausreichender Dicke haben.			

① Zuordnung der bauaufsichtlichen Anforderungen zu nationalen und europäischen Klassen

Tabelle 1.1: Zuordnung der bauaufsichtlichen Anforderungen zu nationalen und europäischen Klassen (gemäß VV TB NRW Anhang 4)

	Bauaufsichtliche Anforderungen	Abkürzung	Nationale Klassen nach DIN 4102	Tragfunktion	Europäische Klassen nach DIN EN 13501
Fahrschachtwand	feuerbeständig und aus nichtbrennbaren Baustoffen	fb [nb]	F 90-A	tragend	REI 90 [nb]
				nichttragend	EI 90 [nb]
	hochfeuerhemmend und aus nichtbrennbaren Baustoffen	hf [nb]	F 60-A	tragend	REI 60 [nb]
				nichttragend	EI 60 [nb]
	hochfeuerhemmend und aus brennbaren Baustoffen mit einer schachtseitigen Bekleidung aus nb Baustoffen in ausreichender Dicke	hf [bnb]	*1	tragend	REI 60 [HolzR] + [bnb]
				nichttragend	EI 60 [HolzR] + [bnb]
	feuerhemmend und aus nichtbrennbaren Baustoffen	fh [nb]	F 30-A	tragend	REI 30 [nb]
				nichttragend	EI 30 [nb]
	feuerhemmend und aus brennbaren Baustoffen mit einer schachtseitigen Bekleidung aus nb Baustoffen in ausreichender Dicke	fh [bnb]	F 30-B [bnb]	tragend	REI 30 E - d2 [bnb]
				nichttragend	EI 30 E - d2 [bnb]
Fahrschachttüren in Fahrschächten	F 90-A	Fahrschachttüren und andere Öffnungen sind so herzustellen, dass eine Brandausbreitung in andere Geschosse ausreichend lang verhindert wird.	Fahrschachttür*2		E 90 nach DIN EN 81-58*3
	hf [nb] oder hf [bnb]		nicht möglich		E 60 nach DIN EN 81-58*3
	fh [nb] oder fh [bnb]		nicht möglich		E 30 nach DIN EN 81-58*3

Abkürzungen und Legende siehe Kapitel 4.2, Punkt 3 sowie Kapitel 29 und 30.

*1 hf mit Tragwerk aus Holz ist mit nationalen Klassen (nach DIN 4102) nicht möglich.

*2 Die Fahrschachttür muss nach DIN 4102-5:1977-09 nachgewiesen und als Fahrschachttür klassifiziert sein. Dies wird erfüllt von „Fahrschachttüren für Aufzüge in Fahrschächten mit Wänden der Feuerwiderstandsklasse F 90" nach DIN 18090:1997-01, DIN 18091:1993-07 und 18092:1992-04.

*3 Zusätzlich ist VV TB NRW A 2.1.13 zu beachten.

② Fahrschächte und Fahrschachttüren

Aufzüge in notwendigen Treppenräumen sind nur dann ohne eigene Fahrschachtwände zulässig, wenn sie in allen Geschossen innerhalb des notwendigen Treppenraums liegen. Führen Aufzüge, die in notwendigen Treppenräumen angeordnet sind, z. B. im KG oder im obersten Geschoss in einen anderen Raum als den Treppenraum, so benötigen sie eigene Fahrschächte. Das Gleiche gilt, wenn ein Aufzug, der ansonsten im Treppenraum liegt, in einem oder mehreren Geschossen direkt zu notwendigen Fluren führt.

Sind Fahrschächte erforderlich, müssen diese raumabschließende, feuerwiderstandsfähige Schachtwände haben. Zur Feuerwiderstandsdauer siehe vorstehenden Punkt 1.

Gemäß VV TB NRW Abschnitt A 2.1.13 bestehen für diese Fahrschachtwände folgende Anforderungen:

„Die Fahrschächte müssen so beschaffen sein, dass Feuer und Rauch nicht in andere Geschosse übertragen werden können. Diese Anforderung kann nur dann erfüllt werden, wenn die Fahrschächte ausreichend lang feuerwiderstandsfähig sind [nach Kapitel 17.2] *und*

a) die Fahrschachttüren nachfolgenden Anforderungen genügen:
- *sie sind nach DIN 4102-5:1977-09 nachgewiesen und als Fahrschachttür klassifiziert und*
- *sie werden in massive Wände aus Mauerwerk oder Beton eingebaut,*

b) die Fahrkörbe überwiegend aus nichtbrennbaren Baustoffen hergestellt werden (Fahrkörbe gelten als überwiegend aus nichtbrennbaren Baustoffen hergestellt, wenn die tragenden und aussteifenden Teile des Fahrkorbs aus nichtbrennbaren Baustoffen bestehen und die übrigen Teile des Fahrkorbs (wie Wand- und Deckenbekleidungen, Fußbodenbeläge, Lüftungs- und Beleuchtungsabdeckungen) keinen höheren Anteil an brennbaren, mindestens normal entflammbaren Baustoffen aufweisen als 2,5 kg je m² Fahrkorbinnenfläche),

c) die Türen so gesteuert werden, dass sie nur so lange offen bleiben, wie es das Betreten oder Verlassen des Fahrkorbs erfordert; jeweils zwei übereinanderliegende Türen verhindern im geschlossenen Zustand eine Brandübertragung vom Brandgeschoss ins darüber liegende Geschoss,

d) die Türen, falls mehrere nebeneinander angeordnet werden, durch feuerbeständige Bauteile getrennt und an diesen befestigt werden, und

e) der Fahrschacht eine Öffnung zur Rauchableitung gemäß § 39 Abs. 3 Satz 1 BauO NRW aufweist."

Zur Erfüllung der vorgenannten Anforderungen ist zu beachten: VV TB NRW, Anhang 4:

„5.3 Fahrschachttüren

Fahrschachttüren für Aufzüge für Fahrschächte mit Wänden der Feuerwiderstandsklasse F 90 nach den technischen Regeln gemäß VV TB Teil C lfd. Nrn. C 2.6.2 bis C 2.6.4 erfüllen die Anforderungen an feuerbeständige Abschlüsse in Fahrschachtwänden.

Fahrschachtabschlüsse mit der Klassifizierung „E 30/60/90" nach DIN EN 81-58 zum Einbau in feuerhemmende, hochfeuerhemmende oder feuerbeständige Fahrschachtwände erfüllen die Anforderungen an den Raumabschluss, eine Übertragung von Wärme (unter Brandeinwirkung) wird nicht behindert; daher sind die Anforderungen nach A 2.1.13 [siehe oben] *für den Fahrschacht zu beachten."*

Fahrschachttüren nach C 2.6.2 bis C 2.6.4 sind Fahrschachttüren nach

- DIN 18090:1997-01: Fahrschacht-Dreh- und -Falttüren für Aufzüge in Fahrschächten mit Wänden der Feuerwiderstandsklasse F 90,
- DIN 18091:1993-07: Horizontal- und Vertikal-Schiebetüren für Aufzüge in Fahrschächten mit feuerbeständigen Wänden,
- DIN 18092:1992-04: Vertikal-Schiebetüren für Kleingüteraufzüge in Fahrschächten mit Wänden der Feuerwiderstandsklasse F 90.

Gemäß Anlage C 2.6.1 müssen bei Verwendung von Fahrschachttüren nach den vorgenannten Normen:

„1. die Türen in massive Wände aus Mauerwerk oder Beton eingebaut sein;

2. die Fahrkörbe überwiegend aus nichtbrennbaren Baustoffen (Baustoffklasse A nach DIN 4102-1:1998-05) hergestellt sein; Fahrkörbe gelten als überwiegend aus nichtbrennbaren Baustoffen hergestellt, wenn
   - *die tragenden und aussteifenden Teile des Fahrkorbs aus nichtbrennbaren Baustoffen bestehen und*
   - *die übrigen Teile des Fahrkorbs (wie Wand- und Deckenbekleidungen, Fußbodenbeläge, Lüftungs- und Beleuchtungsabdeckungen) keinen höheren Anteil an brennbaren Baustoffen (mindestens der Baustoffklasse B 2) aufweisen als 2,5 kg je m² Fahrkorbinnenfläche;*

3. die Türen so gesteuert sein, dass sie nur so lange offen bleiben, wie es das Betreten oder Verlassen des Fahrkorbs erfordert;

4. die Türen, falls mehrere nebeneinander angeordnet werden, durch feuerbeständige Bauteile getrennt und an diesen befestigt sein."

Bild 2.1: Beispiel für ein Gebäude der GK 5 mit einem Fahrschacht außerhalb des Treppenraums

Der Fahrschacht muss feuerbeständig sein und aus nichtbrennbaren Baustoffen bestehen, da er nicht im Treppenraum liegt. Die Aufzugtüren sind als geeignete „Fahrschachttüren für Aufzüge in Fahrschächten mit Wänden der Feuerwiderstandsklasse F 90" bzw. E 90 nach DIN EN 81-58 auszubilden.

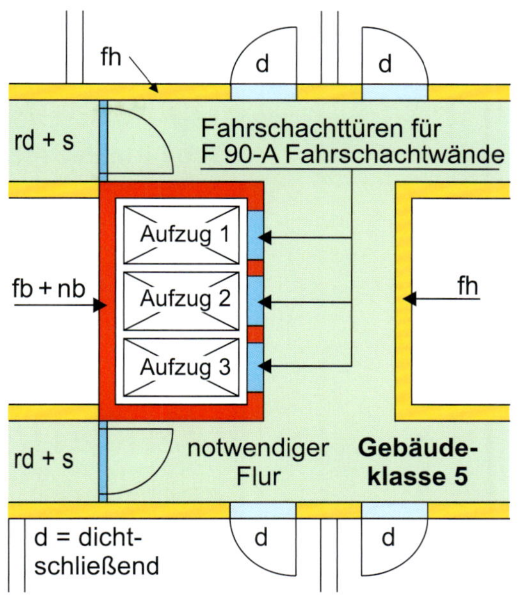

Bild 2.2: Beispiel für ein Gebäude der GK 5 mit einem Fahrschacht innerhalb des Treppenraums

Ein feuerwiderstandsfähiger Fahrschacht für den Aufzug ist nicht erforderlich, da er innerhalb des notwendigen Treppenraums liegt. Damit sind auch keine Fahrschachttüren mit Feuerwiderstandseignung notwendig.

Wichtig: Es ist darauf zu achten, dass der Fahrschacht in allen Geschossen im notwendigen Treppenraum angeordnet wird. Befindet sich der Fahrschacht nur in einem Geschoss nicht im notwendigen Treppenraum, so ist ein feuerwiderstandsfähiger Fahrschacht nach Bild 2.1 erforderlich.

Anmerkung: Wegen des fehlenden Treppenauges und der Höhe des Gebäudes ist es in **besonderen** Fällen empfehlenswert zu prüfen, ob eine Steigleitung „trocken" erforderlich ist. Im Zweifelsfall ist eine Abstimmung mit der den Brandschutz prüfenden Stelle empfehlenswert.

17

Bild 2.3: Übersicht über die Anforderungen an Fahrschächte von Aufzügen gemäß BauO NRW

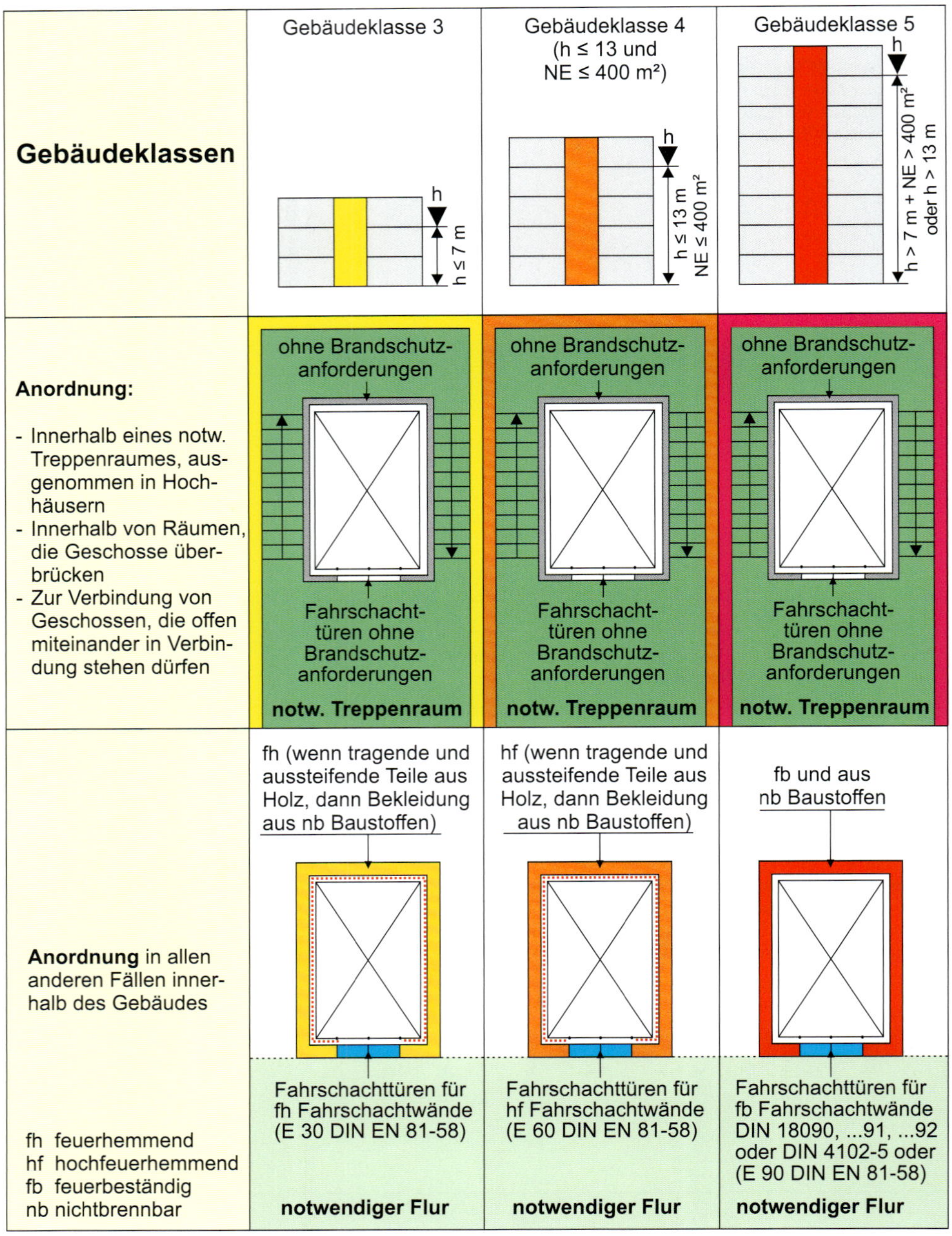

17

Bilder 2.4 bis 2.7: Aufzüge werden bei einem Großbrand zur tödlichen Falle

Bei einem Großbrand sind mehrere Menschen in Aufzügen ums Leben gekommen. Der Grund war nicht das falsche Verhalten im Brandfall, sondern die Menschen wussten nicht, dass es im Gebäude brennt und sind mit dem Aufzug in den Tod gefahren.

Bild 2.4: Situation im darüber liegenden Geschoss des Parkhauses mit Treppenraumkern und Aufzügen..

Bild 2.5: Situation ein Geschoss tiefer. Der Fahrkorb fuhr in den Brandbereich. Die Aufzugtüre öffnete. Der Brandrauch verhinderte, dass sie wieder schließen konnte. Dies wurde für die Personen im Aufzug zur tödlichen Falle

Bild 2.6: Detail aus Bild 2.4

Der Fahrkorb des Aufzugs wurde zur tödlichen Falle.

Bild 2.7: Detail aus Bild 2.5

Die Beschriftung: „Aufzug im Brandfall nicht benutzen". Damit diese Anweisung eingehalten werden kann, muss dem Benutzer jedoch bekannt sein, dass es im Gebäude brennt. Eine dynamische Brandfallsteuerung steuert im Brandfall eine sichere Evakuierungsebene an.

17.3 Sicherung von Öffnungen in feuerwiderstandsfähigen Fahrschachtwänden		
[2]Fahrschachttüren und andere Öffnungen in Fahrschachtwänden mit erforderlicher Feuerwiderstandsfähigkeit sind so herzustellen, dass eine Brandausbreitung in andere Geschosse ausreichend lang verhindert wird.	BauO NRW § 39 (2)	Atlas 7.9/2.2.3
17.4 Rauchableitung und Lüftung von feuerwiderstandsfähigen Fahrschächten		
[1]Fahrschächte müssen zu lüften sein und eine Öffnung zur Rauchableitung mit einem freien Querschnitt von mindestens 2,5 % der Fahrschachtgrundfläche, mindestens jedoch 0,10 m^2 haben. [2]Diese Öffnung darf einen Abschluss haben, der im Brandfall selbsttätig öffnet und von mindestens einer geeigneten Stelle aus bedient werden kann. [3]Die Lage der Rauchaustrittsöffnungen muss so gewählt werden, dass der Rauchaustritt durch Windeinfluss nicht beeinträchtigt wird.	BauO NRW § 39 (3)	Atlas 7.9/2.3

Sicherung von Öffnungen siehe vorstehendes Kapitel 17.2.

18 Sicherung von Tür- und Sichtöffnungen

① Übersicht: Anforderungen an die Sicherung von Türöffnungen

Tabelle 1.1: Bauaufsichtliche Anforderungen an die Sicherung von Türöffnungen und Zuordnung zu nationalen und europäischen Klassen

Raumabschließende feuerwiderstandsfähige Bauteile	Abschlüsse in … bzw. Abschlüsse zu …	Bauaufsichtliche Anforderungen an die Abschlüsse	Abkürzung	Klassen nach DIN 4102	Klassen nach DIN EN 13501-2 bzw. DIN EN 16034
Brandwände als Gebäudeabschlusswände. **Achtung: nur mit Abweichung!***2	BW: fb + nb + M*2	feuerbeständig, dicht- und selbstschließend	fb + d + s	T 90-d	EI$_2$90-S$_a$C..*1
	WaBW: hf + M*2 bzw. hf	hochfeuerhemmend, dicht- und selbstschließend	hf + d + s	T 60-d	EI$_2$60-S$_a$C..*1
Brandwände als innere Brandwände zur Unterteilung von Gebäuden in Brandabschnitte*3.	BW: fb + nb + M*3	feuerbeständig, dicht- und selbstschließend	fb + d + s	T 90-d	EI$_2$90-S$_a$C..*1
	WaBW: hf + M bzw. hf*3	hochfeuerhemmend, dicht- und selbstschließend	hf + d + s	T 60-d	EI$_2$60-S$_a$C..*1
Trennwände*3	fb Trennwände*3	feuerhemmend, dicht- und selbstschließend	fh + d + s	T 30-d	EI$_2$30-S$_a$C..*1
	hf Trennwände*3				
	fh Trennwände*3				
Schachtwände	fb Schachtwände	feuerbeständig, dicht- und selbstschließend	fb + d + s	T 90-d*4	EI$_2$90-S$_a$C..*1, *4
	hf Schachtwände	hochfeuerhemmend, dicht- und selbstschließend	hf + d + s	T 60-d*4	EI$_2$60-S$_a$C..*1, *4
	fh Schachtwände	feuerhemmend, dicht- und selbstschließend	fh + d + s	T 30-d*4	EI$_2$30-S$_a$C..*1, *4
Treppenraumwände notwendiger Treppenräume (BaBW oder hf + M oder hf oder fh)	KG, zu nicht ausgeb. Dachräumen, Werkstätten, Läden, Lager- und ähnlichen Räumen	feuerhemmend, rauchdicht und selbstschließend	fh + rd + s	T 30-RS	EI$_2$30-S$_{200}$C..*1
	sonstigen Räumen und NE > 200 m² außer Wohnungen	feuerhemmend, rauchdicht und selbstschließend	fh + rd + s	T 30-RS	EI$_2$30-S$_{200}$C..*1
	notwendigen Fluren	rauchdicht und selbstschließend	rd + s	RS	S$_{200}$C..*1
	sonstigen Räumen und NE ≤ 200 m² ausgenommen Wohnungen	dicht- und selbstschließend	d + s	d + s	S$_a$C..*1
	Wohnungen	dichtschließend	d	d	[d]
Flurwände notwendiger Flure	fh Flurwände	dichtschließend	d	d	[d]
	fb Flurwände in Kellergeschossen zu Lagerbereichen	feuerhemmend, dicht- und selbstschließend	fh + d + s	T 30-d	EI$_2$30-S$_a$C..*1
	Unterteilung notwendiger Flure mit mehr als 30 m Länge in Rauchabschnitte	rauchdicht und selbstschließend	rd + s + n	RS	S$_{200}$C..*1
Decken*5	fb Decken*5	feuerbeständig, dicht- und selbstschließend	fb + d + s	T 90-d	EI$_2$90-S$_a$C..*1
	hf Decken*5	hochfeuerhemmend, dicht- und selbstschließend	hf + d + s	T 60-d	EI$_2$60-S$_a$C..*1
	fh Decken*5	feuerhemmend, dicht- und selbstschließend	fh + d + s	T 30-d	EI$_2$30-S$_a$C..*1

Abkürzungen und Legende siehe Kapitel 29 und 30.

*1 Festlegungen zur Prüfzyklenanzahl für die Dauerfunktionsprüfungen:
- C5 (200.000 Zyklen) für Feuerschutz-/Rauchschutztüren (Drehflügelabschlüsse)
- C2 (10.000 Zyklen) für sonstige Feuerschutz-/Rauchschutzabschlüsse (z. B. Klappen, Tore).

*2 Öffnungen in Gebäudeabschlusswänden sind unzulässig. Wenn notwendig, ist eine entsprechende Abweichung erforderlich.

*3 Nur zulässig, wenn sie auf die für die Nutzung erforderliche Zahl und Größe beschränkt sind.

*4 Mit vierseitig umlaufender Zarge und Dichtung (Feuerschutz-Wandklappe).

*5 Keine Anforderungen in GK 1 und 2 und innerhalb derselben NE ≤ 400 m² in nicht mehr als zwei Geschossen. Ansonsten nur zulässig, wenn sie auf die für die Nutzung erforderliche Zahl und Größe beschränkt sind.

② Feuerhemmende (hochfeuerhemmende, feuerbeständige), rauchdichte und selbstschließende Abschlüsse

Bauaufsichtliche Anforderung für Abschlüsse (Türen, Tore, Klappen) mit Anforderungen an die Feuerwiderstandsdauer, Rauchdichtigkeit und selbstschließende Funktion. Jede einzelne bauaufsichtlich geforderte Eigenschaft wird mit einer entsprechenden verbalen Bezeichnung benannt:

- feuerhemmend (hochfeuerhemmend, feuerbeständig) steht für eine bestimmte Feuerwiderstandsdauer (30, 60, 90 Minuten),
- Rauchdicht steht für eine bestimmte Dichtigkeit (Leckrate), die in der Bauordnung selbst jedoch nicht näher definiert wird,
- selbstschließend steht für die Eigenschaft, dass der Abschluss selbstschließend sein und eine bestimmte Dauerfunktion haben muss.

Danach kann jedoch nicht gebaut werden. Zur Erfüllung dieser Anforderungen müssen den Begriffen entweder nationale oder europäische Klassen für Feuerschutzabschlüsse zugeordnet werden. Diese Zuordnung erfolgt gemäß Anhang 4 der VV TB NRW: „Bauaufsichtliche Anforderungen, Zuordnung der Klassen, Verwendung von Bauprodukten, Anwendung von Bauarten“ (siehe vorstehende Tabelle 1.1).

Ver-/Anwendbarkeitsnachweis von Innentüren und kraftbetätigten Feuerschutzabschlüssen

Für Feuerschutzabschlüsse als **Innentüren und kraftbetätigte Feuerschutzabschlüsse** ist derzeit eine CE-Kennzeichnung noch nicht möglich, da die DIN EN 14351-2 (Innentüren) bzw. DIN EN 16361 (kraftbetätigte Feuerschutzabschlüsse) noch nicht als harmonisierte Norm veröffentlicht sind. Nach Veröffentlichung dieser Normen und Ablauf der entsprechenden Koexistenzphase können dann diese Abschlüsse mit CE-Kennzeichnung, Leistungserklärung und Gebrauchsanleitung (Einbau-, Montage-, und Wartungsanleitung) in Deutschland in den Verkehr gebracht und verwendet werden.

Bis zu diesem Zeitpunkt benötigen Feuer- und Rauchschutzabschlüsse als **Innentüren und kraftbetätigte Feuerschutzabschlüsse** vorerst noch eine allgemeine bauaufsichtliche Zulassung (abZ) und eine allgemeine Bauartgenehmigung (aBG) vom DIBT.

Beide Ver-/Anwendbarkeitsnachweise können auch in einem sogenannten Kombibescheid zusammengefasst werden, der dann eine **abZ** und eine **aBG** enthält. Die abZ regelt das Bauprodukt und die aBG die Bauart. Die Regelung für die Bauart enthält unter anderem Bestimmungen für Planung, Bemessung und Ausführung sowie für Nutzung, Unterhalt und Wartung. Aus der aBG ergeben sich auch die Bauteile, in die die Feuerschutz- und Rauchschutzabschlüsse eingebaut werden dürfen. Außerdem sind Regelungen und Anforderungen bezüglich einer **Übereinstimmungserklärung für den Einbau** des Feuer- und Rauchschutzabschlusses enthalten.

Anmerkung: Ältere (aber noch gültige) abZ gelten bis zu ihrem Ablaufen in der Regel weiter.

Ver-/Anwendbarkeitsnachweis von Toren und Außentüren

Für Feuer- und Rauchschutzabschlüsse als **Tore und Außentüren** ist Ende 2019 die Koexistenzphase abgelaufen. Sie benötigen deshalb als Ver-/Anwendbarkeitsnachweis eine **CE-Kennzeichnung mit Leistungserklärung** sowie eine Gebrauchsanleitung und Sicherheitsinformationen. Insbesondere in der Übergangsphase sollte dabei besonders sorgfältig geprüft und beachtet werden, dass die (in der Leistungserklärung) **erklärten Leistungen** den bauaufsichtlichen Anforderungen entsprechen. Übersicht siehe Tabelle 1.1.

Wichtig: Bei Feuer- und Rauchschutzabschlüssen mit einer CE-Kennzeichnung ist außerdem für die Anwendung des Bauprodukts „Feuerschutz- und Rauchschutzabschluss“ noch die VV TB NRW Anhang 4, Punkt 5.1.3.2 zu beachten. In den dort aufgeführten **„Verwendungs- und Ausführungsbestimmungen“** von Feuerschutzabschlüssen sind zahlreiche Bestimmungen enthalten, die **zusätzlich** zu den „europäischen Nachweisen und Dokumenten“ gelten und einzuhalten sind. Dort wird z. B. vorgeschrieben, dass auch bei diesen Abschlüssen eine **Übereinstimmungsbestätigung** erforderlich ist.

Zulässige Änderungen an Feuerschutzabschlüssen

Die Feuerschutzabschlüsse müssen sowohl in der Konstruktion als auch im Einbau dem betreffenden Ver-/Anwendbarkeitsnachweis (abZ und aBG mit Montageanleitung bzw. Leistungserklärung mit Gebrauchsanleitung und zusätzliche Anforderungen der VV TB NRW) entsprechen. Mit Ausnahme der *„zulässigen Änderungen an Feuerschutzabschlüssen* (Stand Juni 1995) *des DIBt“* sind Änderungen unzulässig.

Das wichtigste zu Abschlüssen mit einer abZ und aBG

Bei Feuer- und Rauchschutzabschlüssen mit einer **abZ und aBG als Ver-/Anwendbarkeitsnachweis** müssen diese Dokumente zum Zeitpunkt des Einbaus an der Verwendungsstelle vorliegen und noch gültig sein. Der Einbau erfolgt nach der Montageanleitung des Herstellers, die ebenfalls an der Verwendungsstelle vorliegen muss. Es ist darauf zu achten, dass alle

Vorgaben der abZ, aBG und Montageanleitung des Herstellers eingehalten werden. Insbesondere ist dabei zu prüfen, ob der Einbau in die vorgesehenen Wände zulässig ist.

Übereinstimmungserklärung: Nach Fertigstellung der Leistung muss die bauausführende Firma, die die Abschlüsse eingebaut hat, für jedes Bauvorhaben eine Bestätigung der Übereinstimmung der Bauart mit der allgemeinen Bauartgenehmigung abgeben.

Folgende Dokumente sollten vorliegen und nach Fertigstellung dem Bauherrn übergeben werden:

- Die Angabe der bauaufsichtlichen Anforderungen und die Bestätigung, dass der eingebaute Abschluss die hierfür erforderlichen Klassen gemäß Ver-/Anwendbarkeitsnachweis aufweist.
- Die zum Zeitpunkt des Einbaus gültige abZ und aBG.
- Die zum Zeitpunkt des Einbaus geltende Montageanleitung des Türherstellers.
- Die Kennzeichnung des Feuer- bzw. Rauchschutzabschlusses entsprechend den Vorgaben der abZ bzw. aBG.
- Die gemäß den Vorgaben der abZ bzw. aBG vollständig ausgefüllte Übereinstimmungserklärung.
- Als Empfehlung für den Bauleiter/Bauherrn: Eine Fotodokumentation des fachgerechten Einbaus während der Einbauphase.

Anmerkung: Nach Einführung der DIN EN 14351-2 (Innentüren) bzw. DIN EN 16361 (kraftbetätigte Feuerschutzabschlüsse) als harmonisierte Normen und Ablauf der entsprechenden Koexistenzphase dürfen diese Abschlüsse nur noch mit einer CE-Kennzeichnung, Leistungserklärung und „Gebrauchs- und Wartungsanleitung" in Deutschland in den Verkehr gebracht werden.

Das Wichtigste zu Abschlüssen mit einer CE-Kennzeichnung

Bei Feuer- und Rauchschutzabschlüssen mit einer **CE-Kennzeichnung** müssen die Leistungserklärung, die Gebrauchsanleitung (Einbau- und Montageanleitung) und die Sicherheitsinformationen vorliegen. Es ist unbedingt und sehr genau zu prüfen, ob die bauaufsichtlichen Anforderungen mit den erklärten Leistungen zu 100 % erfüllt werden. Außerdem müssen zusätzlich noch die in der VV TB NRW Anhang 4, Punkt 5.1.3.2 enthaltenen zusätzlichen Vorschriften beachtet und eingehalten werden. Danach ist auch für diese Abschlüsse eine Übereinstimmungsbestätigung erforderlich.

Folgende Dokumente sollten vorliegen und nach Fertigstellung dem Bauherrn übergeben werden:

- Die Angabe der bauaufsichtlichen Anforderungen und die Bestätigung, dass der eingebaute Abschluss die hierfür erforderlichen Klassen gemäß Leistungserklärung aufweist.
- Die zum Zeitpunkt des Einbaus gültige Leistungserklärung.
- Die zum Zeitpunkt des Einbaus geltende Gebrauchsanleitung mit Sicherheitsinformationen.
- Die Kennzeichnung des Feuer- bzw. Rauchschutzabschlusses entsprechend den Vorgaben der Leistungserklärung.
- Die gemäß den Vorgaben der VV TB NRW Anhang 4, Punkt 5.1.3.2 erforderliche vollständig ausgefüllte Übereinstimmungserklärung.
- Als Empfehlung für den Bauleiter/Bauherrn: Eine Fotodokumentation des fachgerechten Einbaus während der Einbauphase.

Bilder 2.1 und 2.2: Versagen eines nicht fachgerecht eingebauten Feuerschutzabschlusses

Diese Feuerschutztür versagte bereits nach kurzer Zeit, da sie nicht fachgerecht eingebaut war. Das Schutzziel, eine Brandausbreitung zu verhindern, wurde damit nicht erreicht.

Bild 2.2: Detail

Feuerschutzabschlüsse müssen entsprechend den Vorgaben ihres Ver-/Anwendbarkeitsnachweises (abZ, aBG oder Leistungserklärung, Gebrauchsanleitung und zusätzliche Anforderungen der VV TB) eingebaut werden. Besonders ist dabei auf eine fachgerechte Montage und Befestigung zu achten.

③ Feuerhemmende (hochfeuerhemmende, feuerbeständige), dicht- und selbstschließende Abschlüsse

Der Abschluss muss die folgenden bauaufsichtlich gewünschten Eigenschaften haben:

- feuerhemmend (hochfeuerhemmend, feuerbeständig) steht für eine bestimmte Feuerwiderstandsdauer (30, 60, 90 Minuten),
- dicht steht für eine bestimmte Dichtigkeit, die in der Bauordnung selbst jedoch nicht näher definiert wird,
- selbstschließend steht für die Eigenschaft, dass der Abschluss selbstschließend sein und eine bestimmte Dauerfunktion haben muss.

Für diese Abschlüsse gilt Kapitel 18, Punkt 2 sinngemäß mit dem Unterschied, dass die Abschlüsse nicht rauchdicht, sondern nur „dicht" sein müssen. Die europäische Klasse für „dicht" lautet bei Feuerschutzabschlüssen: S_a. Diese Klasse erfüllt die Anforderungen an eine Begrenzung der Rauchdurchlässigkeit (Dichtheit, Leckrate) bei Umgebungstemperatur.

④ Rauchdichte und selbstschließende Abschlüsse

Der Abschluss muss die folgenden bauaufsichtlich gewünschten Eigenschaften haben:

- Rauchdicht steht für eine bestimmte Dichtigkeit, die in der Bauordnung selbst jedoch nicht näher definiert wird,
- selbstschließend steht für die Eigenschaft, dass der Abschluss selbstschließend sein und eine bestimmte Dauerfunktion haben muss.

Für diese Abschlüsse gilt Kapitel 18, Punkt 2 sinngemäß mit dem Unterschied, dass die Abschlüsse keine bestimmte Feuerwiderstandsklasse haben müssen.

Ein weiterer Unterschied besteht im Ver-/Anwendbarkeitsnachweis

Als nationaler Ver-/Anwendbarkeitsnachweis genügt gemäß VV TB NRW Abschnitt C 3.14 ein abP und als Übereinstimmungsbestätigung eine Übereinstimmungserklärung des Herstellers (ÜH).

Rauchschutzabschlüsse mit CE-Kennzeichnung siehe sinngemäß bei Kapitel 18, Punkt 2.

⑤ Dicht- und selbstschließende Abschlüsse

Der Abschluss muss die folgenden bauaufsichtlich gewünschten Eigenschaften haben:

- dicht steht für eine bestimmte Dichtigkeit, die in der Bauordnung selbst jedoch nicht näher definiert wird,
- selbstschließend steht für die Eigenschaft, dass der Abschluss selbstschließend sein und eine bestimmte Dauerfunktion haben muss.

18

In der Vergangenheit bestand häufig eine Unsicherheit, wie die verbalen Begriffsbestimmungen „dicht" und „selbstschließend" bei nicht nach DIN 4102-5 klassifizierten Türen umzusetzen waren. Mit Einführung der VV TB NRW bestehen jetzt einheitliche Regelungen, die nachfolgend wiedergegeben werden.

Dichte und selbstschließende Türen in den Wänden notwendiger Treppenräume

In der VV TB NRW A 2.1.11 ist hierzu Folgendes geregelt:

Dichtschließend:

„Eine Tür ist dann dichtschließend, wenn sie ein formstabiles Türblatt hat und mit einer dreiseitig umlaufenden dauerelastischen Dichtung ausgestattet ist, die aufgrund ihrer Form (Lippen/Schlauchdichtung) und des Dichtungsweges bei der geschlossenen Tür sowohl an der Zarge als auch am Türflügel anliegt."

Selbstschließend:

„Die Türen sind dann dauerhaft selbstschließend, wenn die Kriterien der Dauerfunktion nach DIN 4102-18:1991-03 erfüllt sind. Zur Erfüllung dieser Anforderungen ist die Technische Regel A 2.2.1.2 (Anhang 4 Zuordnungsregel) zu beachten."

In den VV TB NRW Anhang 4, Abschnitt 5.4 werden dichtschließende Türen wie folgt definiert:

„Türen sind dann dichtschließend oder schließen dicht, wenn sie formstabile Türblätter haben und mit dreiseitig umlaufenden dauerelastischen Dichtungen ausgestattet sind, die aufgrund ihrer Form (Lippen-/Schlauchdichtung) und des Dichtungsweges bei geschlossenen Türen nach dem Einbau sowohl an den Zargen als auch an den Türflügeln anliegen. Türblätter sind dann formstabil, wenn sie geschlossen sind und Verformungen ≤ 2 mm, bezogen auf die Türblattebene, aufweisen."

Anmerkung: Der vorstehende Absatz enthält den geringfügig geänderten Text des Kenntnisgabedokuments der MVV TB 2019/1. Dort werden zukünftig auch dichte Türen für die Außenanwendung geregelt.

Gemäß VV TB NRW Anhang 4, Abschnitt 5.1.3.1 wird den dicht- und selbstschließenden Türen die Klasse S_aC..[1] zugeordnet.

..[1] Festlegungen zur Prüfzyklenanzahl für die Dauerfunktionsprüfungen:
- C5 (200.000 Zyklen) für Feuerschutz-/Rauchschutztüren (Drehflügelabschlüsse)
- C2 (10.000 Zyklen) für sonstige Feuerschutz-/Rauchschutzabschlüsse (z. B. Klappen, Tore)

Erforderliche Klassen

Nach dem deutschen Klassifizierungssystem gibt es für „dicht" keine eigene Klasse. Damit können die Türen zur Erfüllung der Anforderung „dicht" wie vorstehend beschrieben ausgeführt werden. Ein eigener bauaufsichtlicher Nachweis ist hierfür nicht notwendig.

Innerhalb des europäischen Klassifizierungssystems gibt es jedoch die Klasse S_a (siehe Kapitel 18, Punkt 3). Diese muss gemäß Zuordnungstabelle (Anhang 4 zur VV TB NRW) auch für **dicht- und selbstschließende** Abschlüsse nachgewiesen werden. Für „dicht- und selbstschließende" Türen ist demnach ein Nachweis der Dichtigkeit (europäische Klasse S_a) und der Dauerfunktion (europäische Klasse C..[1]) notwendig. Türen (Abschlüsse) die nach Bauordnung **nur „dicht"** sein müssen, benötigen keine eigene Klasse und können bezüglich der Anforderung „dicht" wie vorstehend beschrieben ausgeführt werden.

⑥ Feuerschutzklappen, Feuer- und Rauchschutztore und textile Feuer- und Rauchschutzabschlüsse

Es gilt sinngemäß Kapitel 18, Punkt 2. Bezüglich der Dauerfunktion besteht jedoch in der Regel nur die Anforderung an die europäische Klasse C2 = 10.000 Zyklen für sonstige Feuerschutz-/Rauchschutzabschlüsse (z. B. Klappen, Tore).

Feuerschutzklappen

Feuerschutzklappen werden üblicherweise in feuerwiderstandsfähigen Schächten eingesetzt. Das Besondere daran ist, dass sie nicht „bodengleich" an eine feuerwiderstandsfähige Decke anschließen und sich der „Schwellenbereich" damit nicht auf Fußbodenniveau befindet. Sie haben deshalb in der Regel eine vierseitig umlaufende Zarge mit Dichtung. Beim Ver-/Anwendbarkeitsnachweis (Zulassung, Leistungsbeschreibung) ist darauf zu achten, dass die Verwendung und der Einbau als Klappe möglich sind.

Feuer- und Rauchschutztore und textile Feuer- und Rauchschutzabschlüsse

Der Einbau in die angrenzenden Bauteile muss gemäß dem jeweiligen Ver-/Anwendbarkeitsnachweis möglich sein.

Bei Abschlüssen mit einer CE-Kennzeichnung ist darauf zu achten, dass die erforderliche Dauerfunktion (in der Regel C2) gewährleistet ist. Falls in besonderen Fällen eine geringere Dauerfunktion verwendet werden soll, ist hierfür eine entsprechende genehmigungspflichtige Abweichung erforderlich.

Öffnungen, die mit Feuer- und Rauchschutztoren und textilen Feuer- und Rauchschutzabschlüssen gesichert werden, sind in der Regel als Rettungswege ungeeignet. Hier sind sogenannte „Schlupftüren" erforderlich. Diese können entweder als „Bypässe" oder bei Feuer- und Rauchschutztoren auch in den Toren selbst angeordnet werden. Bei textilen Feuer- und Rauchschutzabschlüssen sind in der Regel nur Bypässe möglich.

Textile Feuer- und Rauchschutzabschlüsse mit Abweichungen

Sollen textile Feuer- und Rauchschutzabschlüsse verwendet werden, deren Klassen nicht mit den in der Bauordnung geforderten Leistungen übereinstimmen (z. B. Klasse E 30/60/90 bzw. EW 30/60/90 anstelle von EI_2 30/60/90 oder andere „Closingklassen C.."), so ist hierfür eine entsprechende (genehmigungspflichtige) Abweichung bzw. eine vorhabenbezogene Bauartgenehmigung erforderlich. Dabei ist nachzuweisen, dass keine Bedenken wegen der geringeren Wärmedämmung unter Brandeinwirkung bzw. der abweichenden „Closingklasse C.." bestehen.

Bild 6.1: Beispiel für Anordnung von Schlupftüren bei Feuer- und Rauchschutztoren

Öffnungen mit Feuer- und Rauchschutztoren sind im Zuge von Fluchtwegen in der Regel nicht geeignet. Im Bedarfsfall ist entweder der Abschluss selbst mit einer Schlupftüre auszustatten oder bei Abschlüssen ohne Schlupftüre ist in der Nähe eine entsprechend feuerwiderstandsfähige dichte (rauchdichte) und selbstschließende Schlupftüre erforderlich.

In textilen Feuer- und Rauchschutzabschlüssen ist die Anordnung von Schlupftüren in der Regel nicht möglich, so dass hier immer bei Bedarf eine Schlupftüre in der Nähe erforderlich ist.

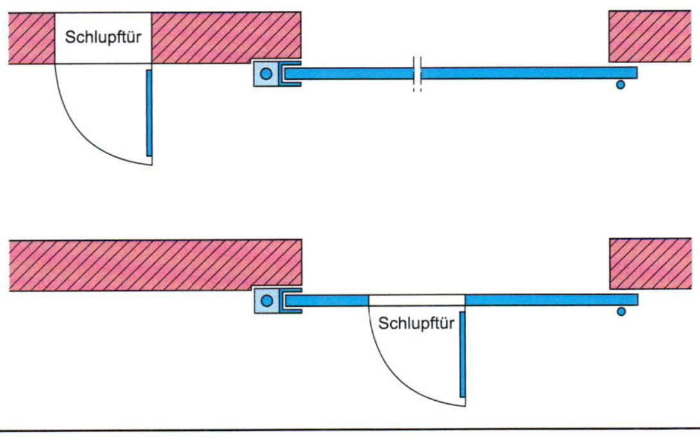

⑦ Feststellanlagen

Die Bauordnung verlangt (mit Ausnahme der Türen in fh Wänden notwendiger Flure sowie Türen von notwendigen Treppenräumen zu Wohnungen), dass die Abschlüsse in raumabschließenden feuerwiderstandsfähigen Wänden **selbstschließend** sein müssen. Mit der Anforderung „selbstschließend" wird ausgedrückt, dass die genannten Türöffnungen im Brandfall sicher geschlossen sein müssen. Selbstschließend bedeutet, dass die Abschlüsse, nachdem sie geöffnet wurden, ohne Hilfe wieder selbstständig und vollständig schließen.

Die selbstschließende Eigenschaft dieser Türen bzw. Abschlüsse ist ein wichtiges Kriterium für die Gewährleistung des Abschottungsprinzips und der Rettungswege. Falls die selbstschließende Eigenschaft den täglichen Betrieb der Abschlüsse und Türen stört, dürfen sie keinesfalls (auch nicht nur vorübergehend) mit unzulässigen Mitteln und Methoden offen gehalten werden, sondern sie benötigen sogenannte „Feststellanlagen". Diese gewährleisten in fachgerechter Weise im Brandfall die Eigenschaft „selbstschließend" und erfüllen damit die bauaufsichtlichen Vorschriften.

Ver-/Anwendbarkeitsnachweis für Feststellanlagen

Gemäß dem „MVV-TB-Kenntnisgabedokument 2019/01" Abschnitt A 2.1.6 gibt es für die Planung, Bemessung und Ausführung von Feststellanlagen keine abschließende technische Regel. Dies bedeutet, dass für Feststellanlagen immer eine aBG erforderlich ist. **Anmerkung:** Ältere (aber noch gültige) abZ gelten bis zu ihrem Ablaufen in der Regel weiter.

Alle wichtigen Informationen zur Planung, Ausführung, Anordnung der Melder, erforderlichen Übereinstimmungserklärung, Abnahmeprüfung, Kennzeichnung sowie erforderlichen monatlichen (3-monatlichen) und jährlichen Überprüfungen sind in der jeweiligen aBG geregelt. Insbesondere ist zu beachten, dass für Feststellanlagen eine **Übereinstimmungserklärung** der bauausführenden Firma erforderlich ist.

Folgende Dokumente sollten vorliegen und nach Fertigstellung dem Bauherrn übergeben werden:

- Die zum Zeitpunkt des Einbaus gültige abZ bzw. aBG.
- Die zum Zeitpunkt des Einbaus geltende Montageanleitung des Herstellers.
- Der Nachweis der Abnahmeprüfung durch die Kennzeichnung der Feststellanlage entsprechend den Vorgaben der abZ bzw. aBG.
- Die gemäß den Vorgaben der abZ bzw. aBG vollständig ausgefüllte Übereinstimmungserklärung.
- Ein besonderer Hinweis, dass die Feststellanlage monatlich (3-monatlich) und jährlich geprüft werden muss und die durchgeführten Prüfungen entsprechend den Vorgaben der abZ bzw. aBG zu dokumentieren sind.

Vom richtigen Zeitpunkt

Während der Planung von Neu- und Umbauten und natürlich bei der Erstellung der notwendigen Brandschutzkonzepte sollte immer geprüft werden, ob und wo Feststellanlagen aus betrieblichen Gründen erforderlich bzw. sinnvoll sind.

Sie sind z. B. in der Regel bei stärker frequentierten selbstschließenden Türen und Toren innerhalb von Verkehrswegen empfehlenswert bzw. notwendig, da dort die selbstschließende Eigenschaft der Abschlüsse meist besonders stört. Ebenso sind sie bei Feuerschutzabschlüssen zwischen Teilnutzungseinheiten erforderlich.

Fehlende Feststellanlagen werden sehr schnell erkannt: Immer, wenn ein Abschluss regelmäßig mit unzulässigen Methoden (Keile, Steine, Ketten usw.) offen gehalten wird, wäre dort die Anordnung einer Feststellanlage sinnvoll gewesen.

Feststellanlagen sind immer denn notwendig,

- wenn im täglichen Betrieb die Gefahr besteht, dass selbstschließende Feuer- und Rauchschutzabschlüsse durch unzulässige Maßnahmen offen gehalten werden, und
- wenn eine gesicherte Abhilfe, z. B. durch regelmäßige Überprüfung und Aufklärung, auf Dauer nicht wirksam bzw. möglich ist.

Das frühzeitige Einplanen empfiehlt sich auch, weil der nachträgliche Einbau Probleme und damit auch Mehrkosten mit sich bringen kann. Frühzeitig eingeplante Feststellanlagen können optisch an die Anforderungen des Gebäudes angepasst werden. Sie ersparen dem Betreiber (neben dem Risiko, das von unzulässig offen gehaltenen selbstschließenden Abschlüssen ausgeht) später auch eine Menge Ärger und Kosten.

Freilauftürschließer

Ein Freilauftürschließer ermöglicht es, dass die (eigentlich selbstschließende) Türe nach dem ersten Öffnen frei und ohne Widerstand bewegt werden kann. Nach Unterbrechung der Stromzufuhr (bzw. nach Auslösen der Auslösevorrichtung der Feststellanlage) schließt die Tür kontrolliert durch den Türschließer.

Anmerkung: Freilauftürschließer sind immer dann optimal, wenn Türen, die nach Bauordnung selbstschließend sein müssen, während des täglichen Betriebs nicht selbstschließend sein sollen, jedoch im Brandfall wieder selbstschließend sein müssen. Sie haben allerdings das große Problem, dass sie monatlich (3-monatlich) geprüft und jährlich gewartet werden müssen, siehe weiter oben. Damit ist ihre Anwendung bei Wohnungseingangstüren (z. B. bei einem Sicherheitstreppenraum „light“ nach dem Berliner Modell) in der Regel nicht möglich bzw. sinnvoll.

Bilder 7.1 und 7.2: Funktionsschema einer Drehflügeltür und eines Feuerschutzschiebetors mit Feststellanlage

Der für den Schließvorgang erforderliche Bereich muss stets frei gehalten werden und durch Beschriftung, Fußbodenmarkierung oder Ähnliches gekennzeichnet sein.

Legende:

① Rauchmelder
② Auslösevorrichtung
③ Elektromagnetische Haltemagnete
④ Haftplatten
⑤ Schalter für Handauslösung mit dem Hinweis: „Tür schließen“
⑥ Hydraulische Türschließer
⑦ Schließfolgeregler
⑧ Kennzeichnungsschild der Feststellanlage mit allen nach aBG erforderlichen Angaben
⑨ Hinweisschild: „Schließbereich frei halten“
⑩ Kennzeichnung des für den Schließvorgang erforderlichen Bereichs
⑪ Elektromagnetischer Türfeststeller als Komponente der Feststellanlage

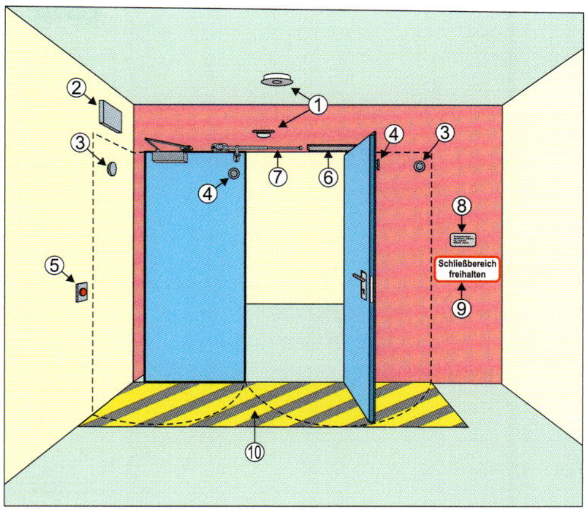

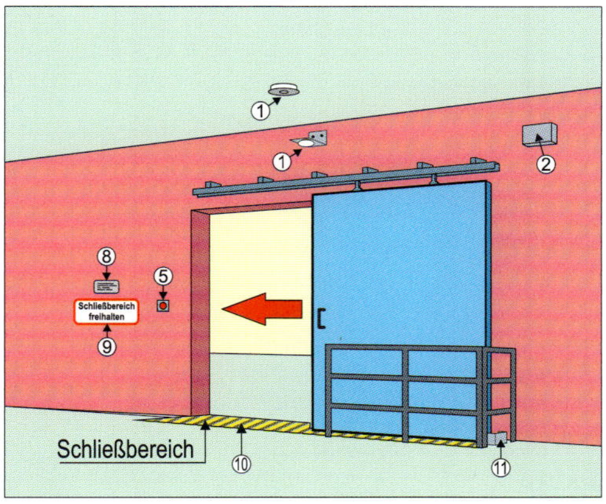

Bilder 7.3 und 7.4: Beispiel für eine selbstschließende zweiflügelige Tür mit Feststellanlage in Kompaktbauweise

Bei den sogenannten integrierten Feststellanlagen in Kompaktbauweise sind alle Komponenten der Feststellanlage wie Rauchmelder, Feststellvorrichtung, Auslösevorrichtung und Energieversorgung im Türschließer eingebaut.

Der Vorteil hierbei ist eine ansprechende und unauffällige Optik sowie ein geringerer Montage- und Installationsaufwand.

Ein weiterer Vorteil besteht z. B. bei hydraulischen Systemen mit Gleitschienentürschließer darin, dass die Abschlüsse innerhalb eines großen Bereichs (z. B. von 80° bis 180°) in jedem beliebigen örtlich passenden Winkel festgestellt werden können.

⑧ Übersicht: Anforderungen an die Sicherung von Sichtöffnungen

Tabelle 8.1: Bauaufsichtliche Anforderungen an die Sicherung von Sichtöffnungen und Zuordnung zu nationalen und europäischen Klassen

Lage der Sichtöffnung	Feuerwiderstand des Bauteils	Nationale Klasse	Europäische Klasse	Erläuterungen
Brandwände (BW) und Wände anstelle von Brandwänden (WaBW) als Gebäudeabschlusswände	fb + nb + M	F 90	EI 90	Öffnungen in Gebäudeabschlusswänden sind unzulässig. Falls sie unbedingt erforderlich sind, ist hierfür eine **Abweichung** erforderlich*1.
	hf + M	F 60	EI 60	
	hf	F 60	EI 60	
Brandwände (BW) und WaBW als innere BW zur Unterteilung von Gebäuden in Brandabschnitte	fb + nb + M	F 90	EI 90	In inneren Brandwänden nur zulässig, wenn sie auf die für die Nutzung erforderliche Zahl und Größe beschränkt sind*1.
	hf + M	F 60	EI 60	
	hf	F 60	EI 60	
Trennwände	fb	F 90	EI 90	Nur zulässig, wenn sie auf die für die Nutzung erforderliche Zahl und Größe beschränkt sind*2.
	hf	F 60	EI 60	
	hf	F 30	EI 30	
Treppenraumwände notwendiger Treppenräume	fb + nb + M	F 90	EI 90	In der Bauordnung nicht geregelt. Es ist eine Abweichung erforderlich*2, *3.
	hf + M	F 60	EI 60	
	fh	F 30	EI 30	In der Bauordnung nicht geregelt*2.
Flurwände notwendiger Flure	fh	F 30	EI 30	Ab 1,80 m Höhe in der Regel auch G 30 bzw. E 30 bzw. EW 30 zulässig*2 (Abweichung erforderlich).
	fb	F 90	EI 90	In der Bauordnung nicht geregelt*2.
Laubengangwände „notwendiger" Laubengänge mit nur einer Fluchtrichtung bis zu einer Höhe von 0,90 m	fh	F 30	EI 30	Ab einer Höhe > 0,90 m bestehen keine Anforderungen an die Sicherung der Sichtöffnungen.
Decken	fb	F 90	EI 90	Nur zulässig, wenn sie auf die für die Nutzung erforderliche Zahl und Größe beschränkt sind*2. Die BS-Verglasung muss als **horizontale Verglasung** nachgewiesen sein.
	hf	F 60	EI 60	
	hf	F 30	EI 30	

Abkürzungen und Legende siehe Kapitel 29 und 30.

*1 Die BW bzw. WaBW muss ihr Schutzziel auch mit Brandschutzverglasungen sicher erfüllen. Dies gilt allgemein als eingehalten, wenn die maximale Einzelgröße jeder Brandschutzverglasung auf 1 m^2 begrenzt wird. Grundsätzlich ist darauf zu achten, dass durch die Anordnung von Brandschutzverglasungen die Funktion der Brandwand (insbesondere in Bezug auf ihre besondere mechanische Beanspruchung) nicht beeinträchtigt wird. Es ist empfehlenswert, dies frühzeitig mit der den Brandschutz prüfenden Stelle abzustimmen.

*2 Im Zweifelsfall ist eine frühzeitige Abstimmung mit der den Brandschutz prüfenden Stelle empfehlenswert.

*3 Bei Treppenraumwänden in Gebäuden der GK 4 und GK 5 ist zu berücksichtigen, dass Brandschutzverglasungen eine wesentlich geringere Stoßfestigkeit und damit Standsicherheit als die Treppenraumwände haben, die ja ihre Feuerwiderstandsklasse unter zusätzlicher mechanischer Beanspruchung erbringen müssen.

Anmerkung: Je nach Situation sind im Einzelfall evtl. Brandschutzverglasungen mit geringeren Anforderungen möglich, wenn keine Bedenken wegen des Brandschutzes bestehen. Hierfür sind eine Abstimmung mit der den Brandschutz prüfenden Stelle und eine Abweichung erforderlich.

⑨ Feuerhemmende (hochfeuerhemmende und feuerbeständige) Brandschutzverglasungen

Mithilfe fachgerecht angewendeter Brandschutzverglasungen ist es möglich, Transparenz und Brandschutz zusammen zu verwirklichen und die hierfür notwendigen Brandschutzsysteme, wie Trennwände, Dach- und Fassadenelemente, Fenster und Türen, in eine anspruchsvolle Architektur zu integrieren. Solche Maßnahmen sind natürlich immer im Zusammenhang mit dem **Brandschutzkonzept** des Gebäudes zu behandeln, da sich daraus besondere Anforderungen bzw. Erleichterungen an die Brandschutzverglasungen ergeben können.

Es gibt heute eine große Vielfalt nachgewiesener und einsetzbarer Systeme und Bauformen von Brandschutzverglasungen auf dem Markt. Allerdings sind Brandschutzverglasungen im Verhältnis zu normalen Verglasungen deutlich (teilweise sogar erheblich) teurer. Deshalb ist es besonders wichtig, diese von vornherein wirtschaftlich zu planen und auszuführen.

Gemäß BauO werden Brandschutzverglasungen nur bei inneren Brandwänden behandelt. Die VV TB NRW enthält Regelungen bezüglich Brandschutzverglasungen in den Abschnitten A 2.1.6 (Trennwände), A 2.1.7 (Brandwände) und A 2.1.12 (notwendige Flure).

Die Tabelle 8.1 enthält eine Übersicht über die möglichen Einsatzgebiete von Brandschutzverglasungen und die zugehörigen nationalen und europäischen Klassen. Grundsätzlich ist dabei davon auszugehen, dass erforderliche Brandschutzverglasungen in der Regel die gleiche Feuerwiderstandsdauer wie die Wand bzw. Decke, in der sie eingebaut werden, haben müssen und zwar bezüglich des Raumabschlusses und auch des Wärmedurchgangs.

Handelt es sich dabei um Wände mit Anforderungen an eine zusätzliche mechanische Beanspruchung, so ist der Einsatz von Brandschutzverglasungen besonders sorgfältig abzuwägen und zu prüfen, da damit dieses Kriterium **nicht erfüllt werden kann**.

In ganz bestimmten Fällen (wenn wegen der Strahlungshitze keine Bedenken bestehen) können auch Brandschutzverglasungen verwendet werden, die zwar einen Raumabschluss gewährleisten, jedoch keine bzw. nur begrenzte Anforderungen an die Begrenzung des Wärmedurchgangs erfüllen (national G-Verglasungen, europäisch E- oder EW-Verglasungen). Teilweise ist auch eine Reduzierung der Feuerwiderstandsklasse möglich (wenn keine Bedenken wegen des Brandschutzes bestehen). In solchen Fällen und auch in Fällen des vorstehenden Absatzes (ausgenommen notwendige Verglasungen ≤ 1 m^2 in BW und WaBW) ist in der Regel eine genehmigungspflichtige Abweichung erforderlich. Im Zweifelsfall ist eine möglichst führzeitige Abstimmung mit der den Brandschutz prüfenden Stelle empfehlenswert.

Wichtig: Brandschutzverglasungen bestehen nicht nur aus einer oder mehreren lichtdurchlässigen Scheiben (dem eigentlichen „Brandschutzglas", sondern immer aus einem kompletten System, das aus

- Rahmen,
- den darin eingebauten lichtdurchlässigen Scheiben (dem „Brandschutzglas") und
- den zugehörigen Halterungen, Dichtungen und Befestigungsmitteln

gebildet wird und nur in **geeignete angrenzende Bauteile** eingebaut bzw. an **geeignete angrenzende Bauteile** angeschlossen werden darf.

Brandschutzverglasungen mit nationalem Ver-/Anwendbarkeitsnachweis

Brandschutzverglasungen sind nicht abschließend geregelt. Sie benötigen deshalb als **Ver-/Anwendbarkeitsnachweis** vom DIBt eine

- allgemeine bauaufsichtliche Zulassung (abZ) für die regelungsbedürftigen Komponenten (Bauprodukte) und/oder
- eine allgemeine Bauartgenehmigung (aBG) für die Anwendung.

Beide Ver-/Anwendbarkeitsnachweise können auch in einem sogenannten Kombibescheid zusammengefasst werden. In diesen Nachweisen sind auch Regelungen und Anforderungen bezüglich einer **Übereinstimmungserklärung für den Einbau** der Brandschutzverglasung enthalten.

Anmerkung: Ältere (aber noch gültige abZ) gelten bis zu ihrem Ablaufen in der Regel weiter.

18

Brandschutzverglasungen mit europäischem Ver-/Anwendbarkeitsnachweis (CE-Zeichen)

Brandschutzverglasungen können auch als Bauprodukt mit **CE-Kennzeichnung und Leistungserklärung** sowie Gebrauchsanleitung (Einbauanleitung) und Sicherheitsinformationen eingesetzt werden (mit einer ETA aufgrund des EAD's). Dabei ist es empfehlenswert, genau zu prüfen, dass die (in der Leistungserklärung) **erklärten Leistungen** den bauaufsichtlichen Anforderungen (Begriffsbezeichnungen) entsprechen. Übersicht siehe Tabelle 8.1.

Für diese Brandschutzverglasungen bestehen nach VV TB (zurzeit im Kenntnisgabedokument MVV TB 2019/1) folgende **besondere Ausführungsbestimmungen:**

„Sofern in der ETA aufgrund des EAD's das Bauprodukt für die Trennwand (mit Brandschutzverglasung) *abschließend beschrieben ist, hat der Hersteller eine auf der Grundlage des Klassifizierungsdokumentes beruhende schriftliche Einbauanleitung in deutscher Sprache bereitzustellen, die mindestens folgende Angaben enthalten muss:*

- *Beschreibung des Zusammenfügens der zulässigen Komponenten*
- *Beschreibung des Einbaus in angrenzende Bauteile (einschließlich zulässiger Befestigungsmittel und deren Abstände)*
- *Beschreibung von zulässigen Ausführungsvarianten*

Die Verwendung ist nur zulässig, wenn die in der Einbauanleitung des Herstellers zu beschreibenden an das Bauprodukt angrenzenden Bauteile hinsichtlich der Feuerwiderstandsfähigkeit die Anforderungen an die bauliche Anlage einhalten.

Der Anwender hat entsprechend dieser Einbauanleitung das Bauprodukt einzubauen, dem Bauherrn ist die Einbauanleitung zu übergeben und für den ordnungsgemäßen Einbau eine Einbaubestätigung zu fertigen, die ebenfalls zu übergeben ist.

Liegen die Voraussetzungen des Satzes 1 nicht vor, gibt es keine abschließende technische Regel."

Wichtig: Die Formulierung in der VV TB „*... gibt es keine abschließende technische Regel*" bedeutet, dass in solchen Fällen nach deutschen Regeln eine aBG bzw. eine abZ oder beides erforderlich ist.

Das Wichtigste zu Brandschutzverglasungen

Siehe sinngemäß Kapitel 18, Punkt 2.

Wichtig: Brandschutzverglasungen dürfen nur von Unternehmen ausgeführt werden, die ausreichende Erfahrungen auf diesem Gebiet haben und entsprechend geschultes Personal dafür einsetzen.

Bild 9.1: Prinzipbeispiel für F-Verglasung

F-Verglasungen verhindern den Wärmestrahlungsdurchtritt. Sie können deshalb überall dort eingesetzt werden, wo raumabschließende, feuerwiderstandsfähige Bauteile notwendig sind.

Allerdings ist dabei bei bestimmten Wänden, z. B. Brandwänden und Treppenraumwänden, die auch unter zusätzlicher mechanischer Beanspruchung feuerwiderstandsfähig und raumabschließend sein müssen, zu beachten, dass F-Verglasungen nicht die gleiche mechanische Beanspruchbarkeit aufweisen wie diese Wände. Deshalb ist für den Einsatz in diesen Fällen eine Abstimmung mit der den Brandschutz prüfenden Stelle und in der Regel eine Abweichung notwendig.

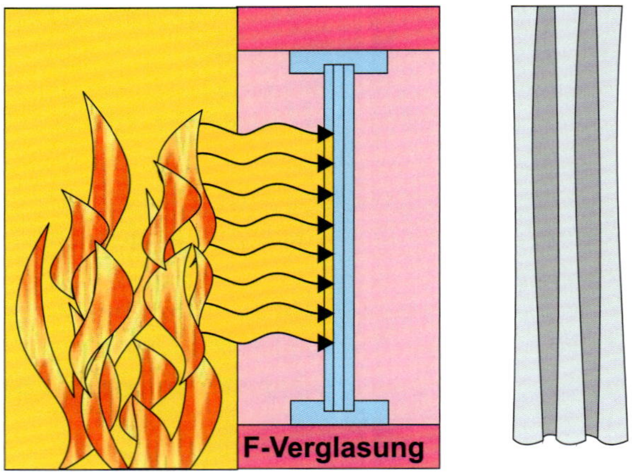

Bild 9.2: Prinzipbeispiel für G-Verglasung

Da G-Verglasungen den Wärmestrahlungsdurchtritt nicht verhindern, können sie nur dort eingesetzt werden, wo aus brandschutztechnischen Gründen keine Bedenken wegen der Strahlungswärme bestehen.

Deshalb ist bei Verwendung einer G-Verglasung in der Regel eine Abweichung erforderlich und eine vorherige Abstimmung mit der den Brandschutz prüfenden Stelle empfehlenswert.

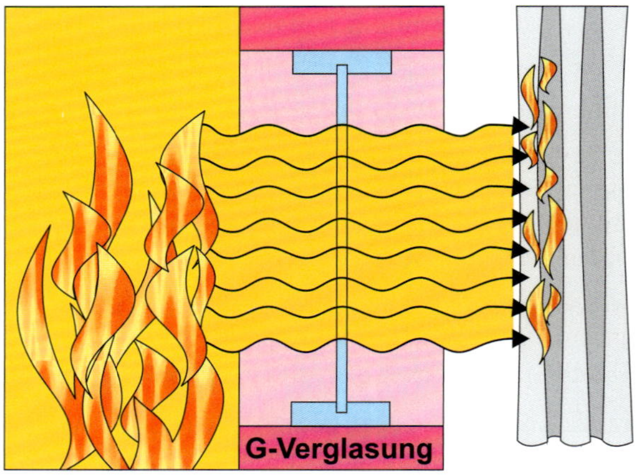

19 Leitungsanlagen, Installationsschächte und -kanäle

19.1 Grundsätzliche Anforderungen und Schutzziele		
In Bezug auf haustechnische Leitungsanlagen bestehen im Wesentlichen folgende, voneinander unabhängige grundsätzliche Schutzziele:	BauO NRW	Atlas 6.10 6.11 6.12
• **Gewährleistung des Abschottungsprinzips:** Verhinderung einer Übertragung von Feuer und Rauch durch raumabschließende, feuerwiderstandsfähige Wände und Decken im Bereich von Leitungsdurchführungen.	§ 40 (1)	
• **Gewährleistung der baulich geschützten Flucht- und Rettungswege:** Sicherung der für die Flucht, Rettung und Brandbekämpfung bedeutsamen Gebäudebereiche (baulich geschützte Rettungswege) durch Begrenzung der Brandlasten, die sich aus brennbaren Leitungsanlagen ergeben, auf ein unbedenkliches Maß oder durch Abkapselung der brennbaren Leitungsanlagen.	§ 40 (2	
• **Gewährleistung der Funktion von Sicherheitseinrichtungen:** Funktionserhalt von elektrischen Leitungsanlagen von Sicherheitseinrichtungen bei äußerer Brandeinwirkung		
Diese Schutzziele gelten grundsätzlich für alle von der Bauordnung geregelten Gebäude (Wohngebäude und Gebäude, die mit Wohngebäuden vergleichbar sind). Für Sonderbauten bzw. Anlagen, Gebäudebereiche und Räume besonderer Art oder Nutzung können bei haustechnischen Leitungsanlagen bzw. dem Brandschutz in der Gebäudetechnik noch weitere Schutzziele bestehen. Diese müssen dann im jeweiligen Brandschutzkonzept entsprechend berücksichtigt werden.		
Zur Einhaltung der Schutzziele sind gemäß VV TB NRW zu beachten:		
• Muster-Leitungsanlagenrichtlinie – MLAR (VV TB Abschnitt A 2.2.1.8)		
• Muster-Lüftungsanlagenrichtlinie – M-LüAR (VV TB Abschnitt A 2.2.1.11)		
• Muster-Systembödenrichtlinie – (MSysBöR) (VV TB Abschnitt A 2.2.1.9)		

① Umfang und Detailierungsgrad des Brandschutzes bei haustechnischen Leitungsanlagen im Brandschutzkonzept

Das Brandschutzkonzept bildet die **Grundlage** für die weitere Behandlung und Bearbeitung des Brandschutzes bei haustechnischen Leitungs- und Lüftungsanlagen. Insbesondere durch die **Visualisierung aller Anforderungen an die feuerwiderstandsfähigen, raumabschließenden Wände und Decken sowie der geschützten Rettungswege in den Brandschutzplänen** werden alle grundsätzlichen Brandschutzanforderungen dargestellt, die bei der Ermittlung des Brandschutzes der haustechnischen Leitungsanlagen relevant sind.

Dient das Brandschutzkonzept dem Nachweis des bauaufsichtlich erforderlichen Brandschutzes für die Baugenehmigungsplanung, so sind in der Regel keine weiteren bzw. detaillierteren Angaben zum Brandschutz bei haustechnischen Leitungs- und Lüftungsanlagen notwendig. Die weitere Bearbeitung erfolgt dann im Zuge der Werk- und Detailplanung. Grundsätzlich ist dabei von den Planern der haustechnischen Gewerke Folgendes zu beachten:

- **Leitungsdurchführungen durch raumabschließende, feuerwiderstandsfähige Wände und Decken:**
  Sämtliche raumabschließenden, feuerwiderstandsfähigen Wände und Decken sind in den Brandschutzplänen farbig angelegt. Die jeweiligen Anforderungen an die Feuerwiderstandsdauer ergeben sich dabei aus der entsprechenden Legende (z. B. gelb = feuerhemmend, orange = hochfeuerhemmend, rot = feuerbeständig, violett = Brandwand bzw. Bauart einer Brandwand).
  Immer wenn haustechnische Leitungsanlagen bzw. Leitungen durch derartige raumabschließende, feuerwiderstandsfähige Bauteile (Wände, Decken, Schachtwände) führen, sind nach der BauO und ihren ergänzenden Vorschriften (z. B. MLAR, M-LüAR und MSysBöR – siehe VV TB NRW Abschnitte A 2.2.1.8, A 2.2.1.9 und A 2.2.1.11) entsprechende Sicherungsmaßnahmen erforderlich (in der Regel Abschottungen oder gleichwertige Sicherungen (Erleichterungen) in der Feuerwiderstandsfähigkeit des durchdrungenen raumabschließenden Bauteils).

- **Verlegung von Leitungsanlagen in geschützten Rettungswegen:**
  Sämtliche geschützten Rettungswege sind in den Brandschutzplänen gemäß jeweiliger Legende farbig angelegt (z. B. notwendige Flure hellgrün und notwendige Treppenräume sowie die Räume zwischen notwendigen Treppenräumen und ihren Ausgängen ins Freie dunkelgrün).
  Immer wenn brennbare Leitungsanlagen oder Leitungsanlagen mit brennbaren Medien in den geschützten baulichen Rettungswegen verlegt werden, sind nach der BauO und ihren ergänzenden Vorschriften (z. B. MLAR, M-LüAR und MSysBöR) entsprechende Sicherungsmaßnahmen erforderlich (in der Regel Abkapselungen durch raumabschließende, feuerwiderstandsfähige, nichtbrennbare Unterdecken oder feuerwiderstandsfähige Installationskanäle). Davon ausgenommen sind nur Elektroleitungen, die ausschließlich der Versorgung der jeweiligen baulichen Rettungswege dienen, sowie bestimmte Elektroleitungen unter ganz bestimmten Voraussetzungen (siehe jeweils geltende Richtlinien und Vorschriften).

Mit dem Brandschutzkonzept und der Visualisierung des Brandschutzkonzepts wie in den vorstehenden Absätzen beschrieben, erhalten die nachfolgenden Gewerke wie Werk- und Detailplanung sowie die SHK-Planung in der Regel alle grundsätzlich erforderlichen Angaben, um den erforderlichen Brandschutz in ihre Planungen mit einzubeziehen. Insbesondere bei Sonderbauten und in besonderen Fällen können allerdings weitere Angaben im Brandschutzkonzept und in den Brandschutzplänen erforderlich sein.

② Frühzeitige Berücksichtigung und Einbindung des Brandschutzes bei haustechnischen Leitungsanlagen in der Vorplanungsphase

Beim Brandschutz von haustechnischen Leitungsanlagen gibt es teilweise **unterschiedliche Möglichkeiten**, den bauaufsichtlich geforderten Mindestbrandschutz zu gewährleisten. Deshalb ist es **dringend empfehlenswert**, möglichst frühzeitig (bereits in der Vorplanungsphase, spätestens jedoch beim Beginn der Werk- und Detailplanung) mit allen Beteiligten abzustimmen und festzulegen, wie der Brandschutz in Verbindung mit den haustechnischen Leitungsanlagen gelöst wird.

19.2 Sicherung von Leitungsdurchführungen durch raumabschließende feuerwiderstandsfähige Wände und Decken		
[1]Leitungen dürfen durch raumabschließende Bauteile, für die eine Feuerwiderstandsfähigkeit vorgeschrieben ist, nur hindurchgeführt werden, wenn eine Brandausbreitung ausreichend lang nicht zu befürchten ist oder Vorkehrungen hiergegen getroffen sind. [2]Dies gilt nicht 1. für Gebäude der Gebäudeklassen 1 und 2, 2. innerhalb von Wohnungen und 3. innerhalb derselben Nutzungseinheit mit nicht mehr als insgesamt 400 m² in nicht mehr als zwei Geschossen.	BauO NRW § 40 (1)	Atlas 6.10

① Zuordnung der bauaufsichtlichen Anforderungen zu nationalen und europäischen Klassen

Tabelle 1.1: Zuordnung der bauaufsichtlichen Anforderungen an Kabel- und Rohrabschottungen zu nationalen und europäischen Klassen (gemäß VV TB NRW Anhang 4)

Sicherung der Leitungsdurchführung durch raumabschließende, feuerwiderstandsfähige Wände und Decken	bauaufsichtliche Anforderung der raumabschließenden Bauteile	Abkürzung	Nationale Klassen nach DIN 4102	Europäische Klassen nach DIN EN 13501	Brandverhalten nach DIN EN 13501
Abschottung von elektrischen Kabeln – Kabelabschottung	feuerbeständig	fb	S 90	EI 90	E - d2
	hochfeuerhemmend	hf	S 60	EI 60	
	feuerhemmend	fh	S 30	EI 30	
Abschottung von brennbaren Rohren oder Rohren mit einem Schmelzpunkt < 1.000 °C	feuerbeständig	fb	R 90	EI 90-U/U*1	E - d2
	hochfeuerhemmend	hf	R 60	EI 60-U/U*1	
	feuerhemmend	fh	R 30	EI 30-U/U*1	
Abschottung von Rohrleitungen aus nichtbrennbaren Rohren mit Schmelzpunkt ≥ 1.000 °C. Ausführung der Rohrleitung ohne Anschlüsse von brennbaren Rohren	feuerbeständig	fb	R 90	EI 90-C/U	E - d2
	hochfeuerhemmend	hf	R 60	EI 60-C/U	
	feuerhemmend	fh	R 30	EI 30-C/U	
Installationskanäle und -schächte, einschließlich der Abschlüsse ihrer Öffnungen	feuerbeständig	fb [nb]	I 90	EI 90 ($v_e h_o$ i↔o)	A2 - s1, d0
	hochfeuerhemmend	hf [nb]	I 60	EI 60 ($v_e h_o$ i↔o)	
	feuerhemmend	fh [nb]	I 30	EI 30 ($v_e h_o$ i↔o)	
	feuerbeständig	fb [nb]	F 90-A	(R)EI 90	A2 - s1, d0
	hochfeuerhemmend	hf [nb]	F 60-A	(R)EI 60	
	feuerhemmend	fh [nb]	F 30-A	(R)EI 30	

Abkürzungen und Legende siehe nachfolgende Tabelle 1.2 sowie Kapitel 29 und 30.

*1 für Trinkwasser-, Heiz- und Kälteleitungen mit Durchmessern ≤ 110 mm ist auch die Klasse EI ...-U/C zulässig.

Tabelle 1.2: Legende zu Kapitel 19

Kurzzeichen	**Kriterium**	**Anwendungsbereich, Erläuterung**
Nationale Klassen nach DIN 4102		
F 90-A, F 60-A, F 30-A	Klassen von raumabschließenden, feuerwiderstandsfähigen Wänden aus nichtbrennbaren Baustoffen nach DIN 4102-2	
S 90, S 60, S 30	Klassen von Kabelabschottungen nach DIN 4102-9	
R 90, R 60, R 30	Klassen von Rohrabschottungen und Rohrummantelungen nach DIN 4102-11	
L 90, L 60, L 30	Klassen von Lüftungsleitungen nach DIN 4102-6	
K 90 U, K 60 U, K 30 U	Klassen von Brandschutzklappen in Unterdecken nach Verwendbarkeitsnachweis (DIN 4102-6)	
K 30-DIN 18017 K 60-DIN 18017 K 90-DIN 18017	Absperrvorrichtungen gemäß M-LüAR, Abschnitt 7.2	
K 30, K 60, K 90	Klassen von Brandschutzklappen in Unterdecken nach DIN 4102-6	
Europäische Klassen nach DIN EN 13501		
R Résistance	Tragfähigkeit	Beschreibung der Feuerwiderstandsfähigkeit
E (Étanchéité)	Raumabschluss	
I (Isolation)	Wärmedämmung (unter Brandeinwirkung)	
A2 - s1, d0	Baustoffklasse A2 - s1, d0 (nichtbrennbar)	Brandverhalten von Bauprodukten (Baustoffen)
E - d2	Baustoffklasse E (normal entflammbar)	
S (Smoke)	Rauchdichtheit (Begrenzung der Rauchdurchlässigkeit)	Entrauchungsleitungen, Entrauchungsklappen, Lüftungsleitungen, Brandschutzklappen
i↔o (in - out)	Richtung der klassifizierten Feuerwiderstandsdauer	Installationsschächte/-kanäle, Lüftungsleitungen/ Brandschutzklappen; Entrauchungsklappen
ve, ho (vertical, horizontal)	für vertikalen/horizontalen Einbau klassifiziert	Lüftungsleitungen, Brandschutzklappen, Entrauchungsleitungen
U/U (uncapped/ uncapped)	Rohrende offen innerhalb des Prüfofens / Rohrende offen außerhalb des Prüfofens	Rohrabschottungen
C/U (capped/ uncapped)	Rohrende geschlossen innerhalb des Prüfofens / Rohrende offen außerhalb des Prüfofens	Rohrabschottungen
U/C (uncapped/ capped)	Rohrende offen innerhalb des Prüfofens / Rohrende geschlossen außerhalb des Prüfofens	Rohrabschottungen

② Grundsätzliche Konzepte zur Gewährleistung des Abschottungsprinzips bei haustechnischen Leitungsanlagen

Das Schutzziel „Gewährleistung des Abschottungsprinzips“ kann grundsätzlich durch drei unterschiedliche Konzepte gewährleistet werden:

- durch die Anordnung von Abschottungen = **Abschottungslösung**,
- durch die Ausführung von feuerwiderstandsfähigen Ummantelungen = **Ummantelungslösung**,
- durch die Ausführung von Installationsschächten und -kanälen = **Schachtlösung**.

③ Abschottungslösung

Bei der Abschottungslösung werden alle Leitungsdurchführungen in der gleichen Feuerwiderstandsdauer wie die der durchdrungenen raumabschließenden, feuerwiderstandsfähigen Wände und Decken gesichert. Dies ist nicht erforderlich in Gebäuden der GK 1 und 2, innerhalb von Wohnungen und innerhalb von Nutzungseinheiten ≤ 400 m² und ≤ 2 Geschossen.

Bei der Anordnung von Abschottungen wird in der Regel jede Leitung bzw. Leitungsanlagen-Bauart für sich behandelt. Die Leitungsdurchführungen werden im Durchführungsbereich durch die abschnittsbildenden, raumabschließenden, feuerwiderstandsfähigen Wände und Decken mit der jeweils erforderlichen Abschottungsmaßnahme brandschutztechnisch abgeschottet bzw. gesichert.

Es ist auch möglich, mehrere unterschiedliche Leitungen durch eine größere Öffnung zu führen und mit einem sogenannten **„Kombischott"** zu sichern. Die Ausführung muss dann in allen Einzelheiten nach dem Ver-/Anwendbarkeitsnachweis des Kombischotts erfolgen.

Mit den Abschottungen wird der Raumabschluss der raumabschließenden, feuerwiderstandsfähigen Wände und Decken auf einfache und sichere Weise gewährleistet. In diesem Fall muss nur noch darauf geachtet werden, dass im Brandfall keine weiteren Gefahren von den Leitungen ausgehen bzw. für die Abschottungen bestehen.

Meist sind in größeren bzw. höher installierten Gebäuden viele verschiedene Rohrleitungen und Leitungsanlagen vorhanden, die durch raumabschließende, feuerwiderstandsfähige Wände und Decken führen. In diesen Fällen ist es empfehlenswert, die Sicherung der Leitungsdurchführungen im Rahmen eines Brandschutzkonzeptes für die Haustechnik möglichst frühzeitig zu planen und dabei alle Randbedingungen frühzeitig zu berücksichtigen.

Vorteile der Abschottungslösung

Mit der Abschottungslösung wird das Abschottungsprinzip einfach und übersichtlich verwirklicht, so dass es für jeden deutlich nachvollziehbar ist. Sofern die jeweils erforderlichen Abschottungsmaßnahmen fachgerecht geplant und ausgeführt sowie alle Randbedingungen (insbesondere alle vorgeschriebenen Abstände) eingehalten werden, ist damit eine relativ einfache, problemlose und wirtschaftliche Umsetzung des Brandschutzes bei haustechnischen Leitungsanlagen möglich.

Nachteile der Abschottungslösung

Für die Durchführung jeder Leitung bzw. Leitungsanlage sind entsprechende Abschottungs- bzw. Sicherungsmaßnahmen erforderlich. Bei Nachinstallationen müssen entsprechende Wand- bzw. Deckendurchbrüche hergestellt und anschließend wieder abgeschottet werden. Die Abschottungsmaßnahmen müssen regelmäßig geprüft und gewartet werden.

Bild 3.1: Prinzipbeispiel für die Abschottungslösung bei einem Gebäude der GK 5

Das Bild gilt analog auch für Gebäude der GK 4 (60 Minuten) und GK 3 (30 Minuten).

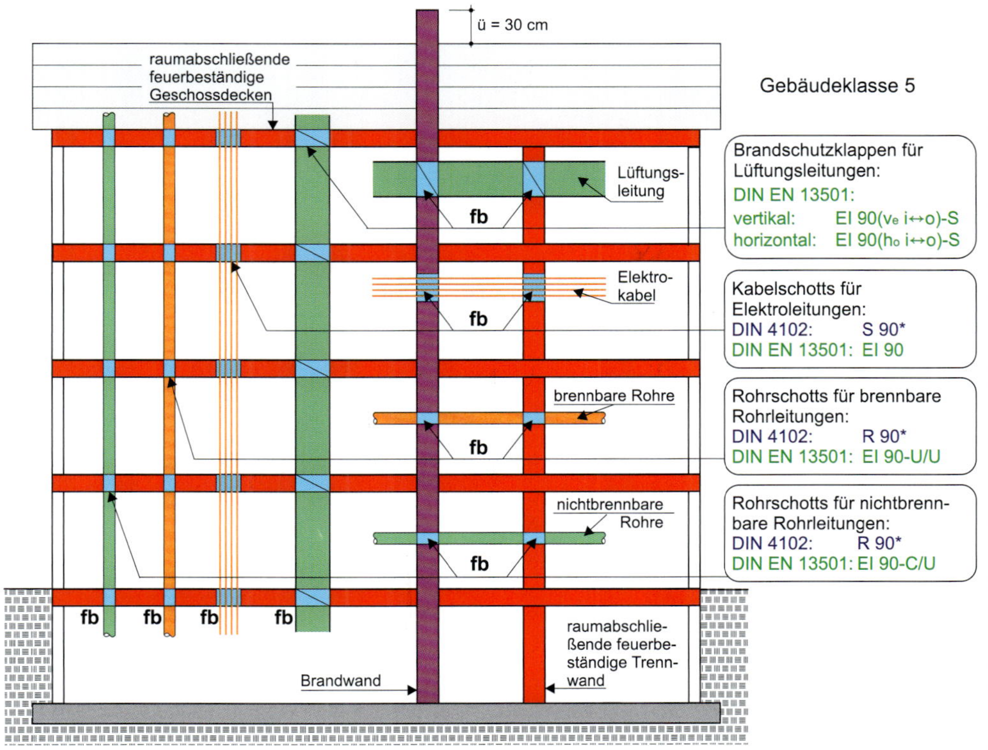

* Für einzelne elektrische Leitungen sowie bestimmte brennbare Rohre bis 32 mm und nichtbrennbare Rohre bis 160 mm Durchmesser sind gemäß MLAR unter bestimmten Voraussetzungen (z.B. Mindestwanddicken, Mindestabstände usw.) Erleichterungen möglich.

④ Ummantelungslösung

Alternativ zu den Abschottungen der Leitungsdurchführungen können die Leitungen auch klassifiziert feuerwiderstandsfähig ummantelt bzw. eingehaust werden. Es ist teilweise auch möglich, die Leitungen selbst in einer entsprechend klassifizierten feuerwiderstandsfähigen Bauart herzustellen, z. B. durch

- Rohrummantelungen,
- Lüftungsleitungsummantelungen,
- Ausführung der Lüftungsleitungen in einer bestimmten Feuerwiderstandsklasse.

Vorteile der Ummantelungslösung

- Es sind keine Abschottungen erforderlich.
- Die regelmäßige Überprüfung und Wartung von Abschottungen entfallen.

Nachteile der Ummantelungslösung

- Unter Umständen größerer Aufwand.
- Die Leitungen können **nur in einem Bereich** (in einer NE bzw. in einem Geschoss) offen (ohne Ummantelung) sein. In allen anderen brandschutztechnisch getrennten Bereichen müssen sie immer eine geschlossene feuerwiderstandsfähige Ummantelung haben. Mit anderen Worten: Sie dürfen nicht mit anderen brandschutztechnisch getrennten Bereichen offen in Verbindung stehen.

Beispiel 1: Tiefgaragenabluft:

Natürlich könnten bei der Tiefgaragenentlüftung in jedem Geschoss Brandschutzklappen mit einer Feuerwiderstandsdauer entsprechend der Gebäudeklasse angeordnet werden (bei GK 5 z. B. EI 90 (ve i↔o)S, siehe Bild 3.1). Diese müssen jedoch regelmäßig geprüft und gewartet werden. Der Vorteil der Leitungslösung besteht jedoch darin, dass später keine Wartungsarbeiten anfallen.

Beispiel 2: Küchenabluft:

Übliche Brandschutzklappen sind (bis auf wenige Ausnahmen) für fetthaltige Küchenabluft nicht zugelassen. In diesen Fällen ist eine Leitungslösung sinnvoll und empfehlenswert.

Beispiel 3: Kurze Querungen innerhalb einer Nutzungseinheit:

Queren Leitungen in einer Nutzungseinheit einen brandschutztechnisch abgetrennten Bereich (z. B. notwendigen Flur, notwendigen Treppenraum), so kann dort ebenfalls eine Kanal- bzw. Schachtlösung sinnvoll sein. Beidseits der Querung muss sich jedoch die gleiche Nutzungseinheit befinden, siehe z. B. Bild 4.2.

19

Bild 4.1: Prinzipbeispiel für die Ummantelungslösung „vertikal" bei einem Gebäude der GK 5

Das Bild gilt analog auch für Gebäude der GK 4 (60 Minuten) und GK 3 (30 Minuten).

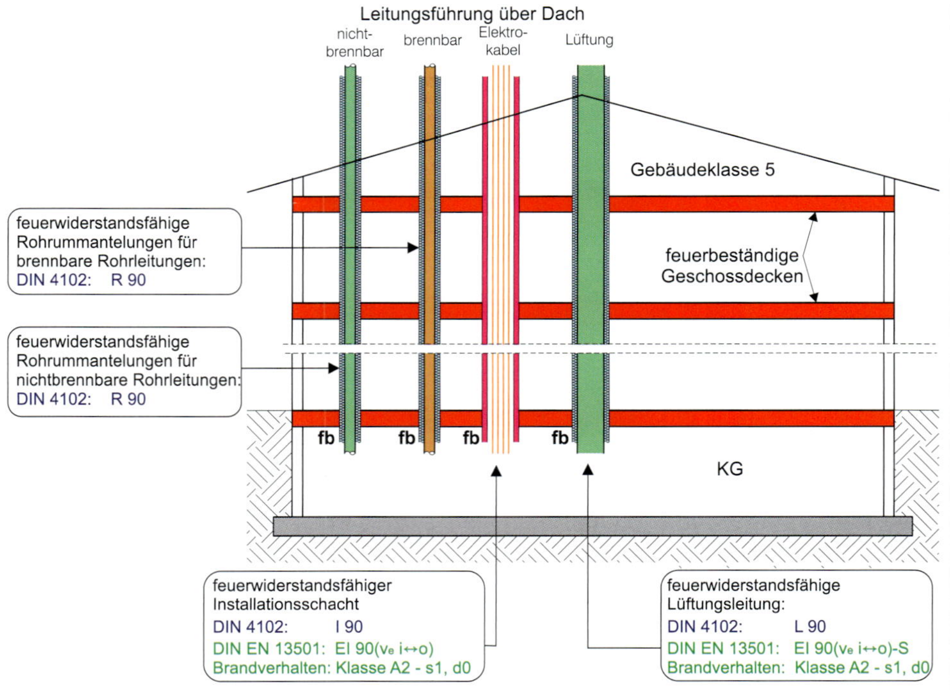

Bild 4.2: Prinzipbeispiel für die Ummantelungslösung „horizontal" bei einem Gebäude der GK 5

Das Bild gilt analog auch für Gebäude der GK 4 (60 Minuten) und GK 3 (30 Minuten).

Wichtig: A und B sind brandschutztechnisch getrennte Bereiche.

Mit den dargestellten Prinziplösungen wird eine Brandübertragung von A nach B verhindert. Da A insgesamt ein zusammengehörender Bereich ist (z. B. eine Nutzungseinheit) ist eine Brandübertragung von A (linke Seite) nach A (rechte Seite) zulässig und kann auch mit der dargestellten Ausführung nicht verhindert werden.

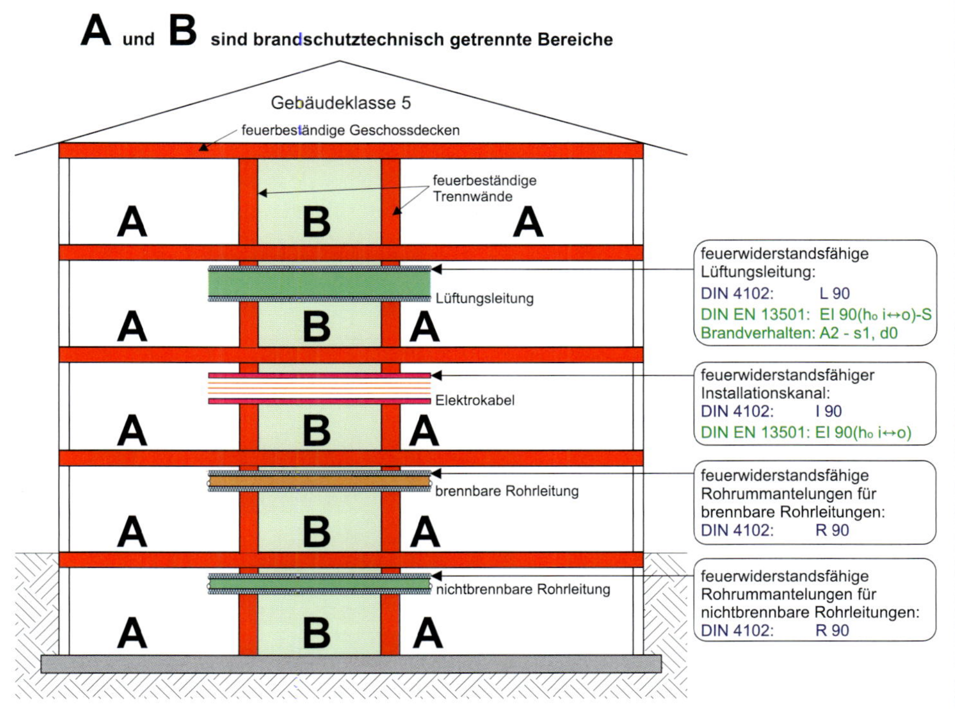

(5) Installationsschacht- und -kanallösung

Eine Alternative zu den vorstehenden Abschottungs- und Leitungslösungen besteht in der Anordnung feuerwiderstandsfähiger Installationsschächte und -kanäle.

Die Installationsschächte und -kanäle müssen einschließlich der Abschlüsse von Öffnungen mindestens die gleiche Feuerwiderstandsfähigkeit aufweisen wie die durchdrungenen raumabschließenden Bauteile und müssen aus nichtbrennbaren Baustoffen bestehen.

Installationsschächte mit dem Schutzziel, das Abschottungsprinzip zu gewährleisten, führen zusammen mit den haustechnischen Leitungsanlagen durch mehrere brandschutztechnisch getrennte Gebäudeabschnitte (Geschosse).

Innerhalb der Installationsschächte sind im Bereich der Deckendurchführungen keine Abschottungen erforderlich. Dies hat den Vorteil, dass die Leitungen im Installationsschacht ungehindert verlegt werden können. Die Leitungsdurchführungen müssen jedoch bei allen Ein- und Austritten aus den raumabschließenden, feuerwiderstandsfähigen Schachtwänden in der gleichen Feuerwiderstandsfähigkeit wie die der Schachtwände abgeschottet bzw. gesichert werden.

Bei der Installationsschachtlösung ist es empfehlenswert, ein eigenes haustechnisches Brandschutzkonzept zu entwickeln, da die jeweils erforderlichen Brandschutzmaßnahmen u. a. stark von der Bauart und Belegung des Schachtes sowie von der Nutzung des Gebäudes (z. B. bei Sonderbauten) abhängen können.

Bei größeren begehbaren Schächten mit brennbaren Leitungsanlagen bzw. Brandlasten besteht die Gefahr, dass bei einem Brand im Schacht das ganze Gebäude bzw. die angeschlossenen Bereiche (z. B. notwendigen Flure) verraucht werden. Deshalb ist es empfehlenswert, bei solchen Schächten immer eine ausreichende **Entrauchungsmöglichkeit** anzuordnen.

Wichtig ist auch, dass die Installationsschächte zum KG und zum nichtausgebauten DG feuerwiderstandsfähig abgeschottet werden, da sich sonst ein Kellerbrand in den Schacht und ein Schachtbrand in das nichtausgebaute DG ungehindert ausbreiten können.

Vorteile der Schachtlösung

Wirtschaftliche Lösungen sind realisierbar, insbesondere wenn zahlreiche verschiedene haustechnische Leitungen verlegt und gesichert werden müssen.

Die Leitungen können innerhalb des Schachtes ohne Hindernisse durch Abschottungen verlegt werden. **Anmerkung:** Durch einen Schacht wird jedoch nicht die Zahl der insgesamt erforderlichen Abschottungen reduziert. Anstelle von Deckenschotts sind bei der Schachtlösung bei allen „Ausfädelungen" der Leitungen Wandschotts notwendig.

Kombinationslösungen sind möglich, indem mehrere kleine Schächte angeordnet werden (z. B. ein Schacht für die elektrischen Kabelanlagen und brennbaren Leitungen und ein Schacht für die nichtbrennbaren Leitungen einschließlich Lüftung).

Nachteile der Schachtlösung

Installationsschächte sind von der Systematik her eigene haustechnische Bereiche bzw. Abschnitte mit einer feuerwiderstandsfähigen Abtrennung zum Gebäude. Bei Schächten mit brennbaren Leitungen ohne Löschanlage besteht die Gefahr, dass sich ein eventueller Entstehungsbrand ungehindert auf den gesamten Schacht ausbreiten und diesen zerstören kann. Damit ist bei einer Brandentstehung im Schacht in der Regel der Totalschaden für den gesamten Schacht (und damit für die dort angeordneten Leitungsanlagen vorprogrammiert.

Bild 5.1: Prinzipbeispiel für eine Installationsschachtlösung bei einem Gebäude der GK 5

Das Bild gilt analog auch für Gebäude der GK 4 (60 Minuten) und GK 3 (30 Minuten).

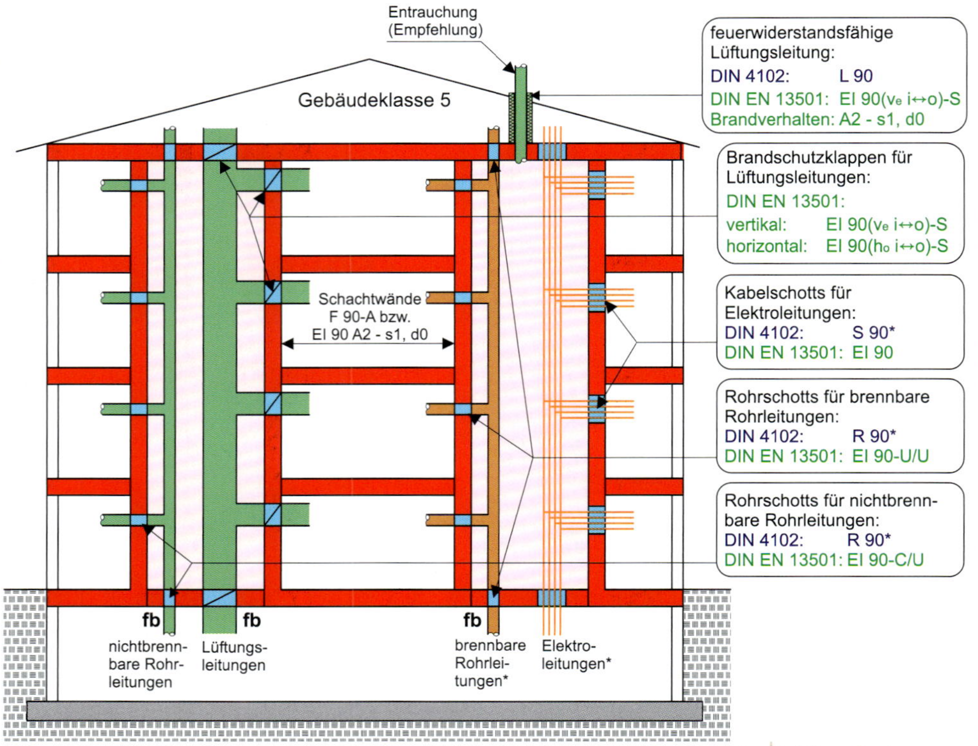

* Für einzelne elektrische Leitungen sowie bestimmte brennbare Rohre bis 32 mm und nichtbrennbare Rohre bis 160 mm Durchmesser sind gemäß MLAR unter bestimmten Voraussetzungen (z.B. Mindestwanddicken, Mindestabstände usw.) Erleichterungen möglich.

⑥ Sicherung der Leitungsdurchführungen

Die Funktion des Abschottungsprinzips darf durch Leitungsdurchführungen nicht gefährdet werden. Deshalb muss gewährleistet sein, dass Feuer und Rauch für eine ausreichend lange Zeit (entsprechend der Feuerwiderstandsdauer der durchdrungenen raumabschließenden Wände und Decken) nicht in andere brandschutztechnisch getrennte Geschosse, Wohnungen, Nutzungseinheiten, Abschnitte, Bereiche und Räume übertragen werden können.

Die Bauordnung fordert deshalb, dass Leitungen durch raumabschließende Bauteile, für die eine Feuerwiderstandsfähigkeit vorgeschrieben ist, nur hindurchgeführt werden dürfen, wenn

- eine Brandausbreitung ausreichend lang **nicht zu befürchten ist** oder
- **Vorkehrungen** hiergegen getroffen sind.

Das gilt nicht für Gebäude der GK 1 und 2, innerhalb von Wohnungen und innerhalb derselben Nutzungseinheit mit nicht mehr als insgesamt 400 m² in nicht mehr als zwei Geschossen.

Diese Anforderungen gelten als eingehalten, wenn die Ausführung gemäß der MLAR und MSysBöR erfolgt.

„Eine Brandausbreitung ist dann ausreichend lange nicht zu befürchten“, wenn die sogenannten **„Erleichterungen“** der MLAR ausgeführt werden. Solche Erleichterungen sind z. B. für bestimmte (in Durchmesser und Material begrenzte) Leitungen in der MLAR genannt, wobei die dort angegebenen Rahmenbedingungen, wie Abstandsregelungen, Baustoffanforderungen, Mindestdicken der von den Leitungen durchdrungenen Bauteile usw. eingehalten werden müssen.

„Vorkehrungen" sind geprüfte und qualifizierte Abschottungen in der gleichen Feuerwiderstandsdauer wie die von den Leitungen durchdrungenen feuerwiderstandsfähigen, raumabschließenden Wänden und Decken. Alternativ dazu sind im Rahmen eines entsprechenden Brandschutzkonzeptes auch feuerwiderstandsfähige Ummantelungen oder Installationsschächte und -kanäle möglich.

Wichtig: Bei der Sicherung von Leitungsdurchführungen genügt es nicht, nur die Leitungen selbst zu betrachten. Es müssen je nach Leitungstyp auch alle Randbedingungen (z. B. Befestigung der Leitungen vor und hinter der Durchführung) einschließlich eventuell vorhandener Dämmungen berücksichtigt werden, die sich im Brandfall ungünstig auswirken können. Dabei spielt es eine wesentliche Rolle, um welche Leitungen es sich jeweils handelt und welche Gefahren davon ausgehen können. So können z. B. Schubkräfte einer sich ausdehnenden Leitung oder herunterfallende Leitungen zur Zerstörung einer raumabschließenden, feuerwiderstandsfähigen Wand führen.

Bilder 6.1 und 6.2: Beispiele für „hoffnungslose Fälle"

Bei Situationen wie diesen, in denen Leitungsdurchführungen derart stümperhaft realisiert werden, sind fachgerechte Abschottungsmaßnahmen nicht mehr möglich. Durch fehlende bzw. unzureichende Planung ist eine Situation entstanden, die – wenn überhaupt – nur sehr aufwendig gelöst werden kann.

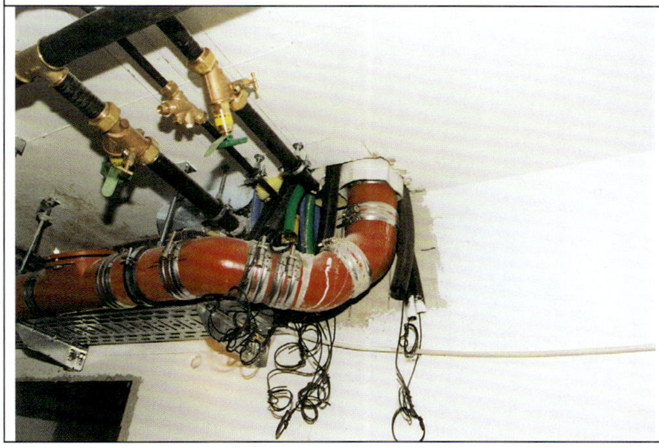

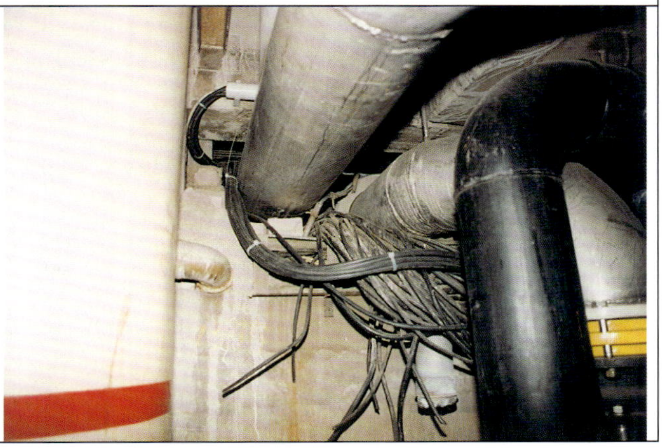

Bilder 6.3 und 6.4: Beispiele für fachgerecht geplante und ausgeführte Abschottungen von Leitungsdurchführungen nichtbrennbarer Rohre durch eine feuerbeständige Wand

Die Abschottungen wurden teilweise nach den Erleichterungen der MLAR und teilweise als klassifizierte Rohrabschottungen R 90 ausgeführt. Bei den klassifizierten Rohrabschottungen fehlen noch die Streckenisolierungen (Fotos: Edel, 82024 Taufkirchen).

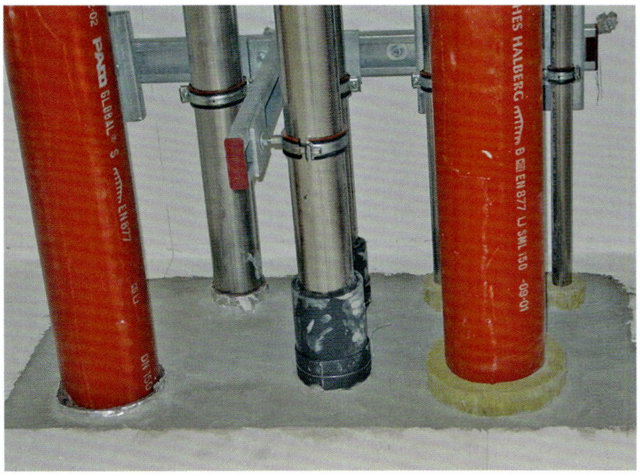

Bild 6.5: Zerstörung der Leitungsdurchführungen durch Versagen des Tragwerkes, an dem die Leitungen befestigt (abgehängt) waren

Die nichtbrennbaren Leitungen waren beiderseits der Brandwand an einer nichtfeuerwiderstandsfähigen Dachkonstruktion aus Stahlbindern und Trapezblechen befestigt. Bereits kurze Zeit nach Brandausbruch versagte das Dachtragwerk, stürzte ein und riss die Leitungsanlagen mit sich. Dadurch wurde die Brandwand im Bereich der Leitungsdurchführungen aufgerissen und zerstört. Damit war der Weg für das Feuer in den angrenzenden Brandabschnitt frei. Dies führte zu einer entsprechenden Schadenvergrößerung.

Bild 6.6: Beispiel für das Versagen von nicht fachgerecht ausgeführten Rohrabschottungen

Die Konsequenzen der nicht fachgerechten Ausführung zeigten sich während eines Brandes. Durch die unzureichenden Abschottungen der Leitungsdurchführungen entstand auf der im Bild dargestellten, dem Feuer abgewandten Seite der Brandwand insbesondere durch Rauch und Löschwasser ein erheblicher Mehrschaden. Nur dem glücklichen Umstand, dass in diesem Bereich keine brennbaren Stoffe vorhanden waren, ist es zu verdanken, dass sich das Feuer nicht auf diesen Brandabschnitt ausbreiten konnte. Eine fachgerechte Ausführung wäre nur mit geringen Mehrkosten möglich gewesen, hätte jedoch die erhebliche Schadenvergrößerung durch Rauch und Löschwasser zuverlässig verhindert.

⑦ Leitungsdurchführungen durch Holzbalkendecken

19

Für Deckenbauarten aus Holz wie Holzbalkendecken, Decken in Holztafelbauart und Brettsperrholzdecken sind (wenn überhaupt) nur wenige klassifizierte Rohrabschottungen auf dem Markt erhältlich. Deshalb sollte in solchen Fällen möglichst frühzeitig geklärt werden, wie die Sicherung aller Leitungsdurchführung erfolgt. Als Alternative bietet sich an, Schachtlösungen auszuführen.

Soll keine Schachtlösung angeordnet werden und stehen klassifizierte Leitungsabschottungen nicht zur Verfügung, ist in der Regel folgende **Behelfslösung** möglich: Dabei wird für die Leitungsdurchführungen in der Decke eine definierte Öffnung mit einem Rahmen geschaffen, dessen Leibungen mit Brandschutzplatten bekleidet werden. Die Leitungsdurchführungen durch den Rahmen können dann entweder mit klassifizierten Abschottungen oder gemäß den Erleichterungen der MLAR gesichert werden. Je nach Situation kann hierfür eine Abweichung erforderlich sein. Eine frühzeitige Abstimmung mit der den Brandschutz prüfenden Stelle ist empfehlenswert.

Leitungsdurchführungen durch Bestandsdecken

Tipp: Eine clevere und wirtschaftliche Lösung kann bei Bestandsdecken mit dem sogenannten „Deckenstanzer“ erfolgen (siehe www.sws-radebeul.de/index.html).

Bilder 7.1 bis 7.3: Beispiel für die Sicherung einer Rohrleitungsdurchführung durch eine Holzbalkendecke mithilfe eines Rahmens

Die Füllhölzer und Brandschutzplatten sind ausreichend zu befestigen. Bei Holzbalkendecken mit einer größeren Dicke der Deckenkonstruktion oder höheren Anforderungen an die Feuerwiderstandsklasse ist es u. U. empfehlenswert bzw. erforderlich, zwei Lagen Brandschutzplatten mit versetzten Stößen anzuordnen.

Auf eine ausreichende Verdübelung der Verfüllung mit dem Rahmen ist zu achten. Bei kleineren Rahmen reicht hierzu in der Regel die dargestellte verschraubte Leiste aus, bei größeren Rahmen sind u. U. weitere Maßnahmen erforderlich.

Es ist darauf zu achten, dass der Deckenanschluss an die Brandschutzplatten des Rahmens in der gleichen Feuerwiderstandsdauer wie die Unterdecke ausgeführt wird.

Die Leitungsdurchführungen können entweder gemäß den Erleichterungen der MLAR gesichert werden oder sie erhalten klassifizierte Abschottungen.

Bei klassifizierten Abschottungen ist darauf zu achten, dass die Ausführung gemäß dem jeweiligen Ver-/Anwendbarkeitsnachweis erfolgt. Bei einer geringfügigen Abweichung ist eine diesbezügliche Bestätigung des Herstellers empfehlenswert. Bei Abweichungen, die nicht mehr geringfügig sind, ist eine ZiE bzw. vBG erforderlich.

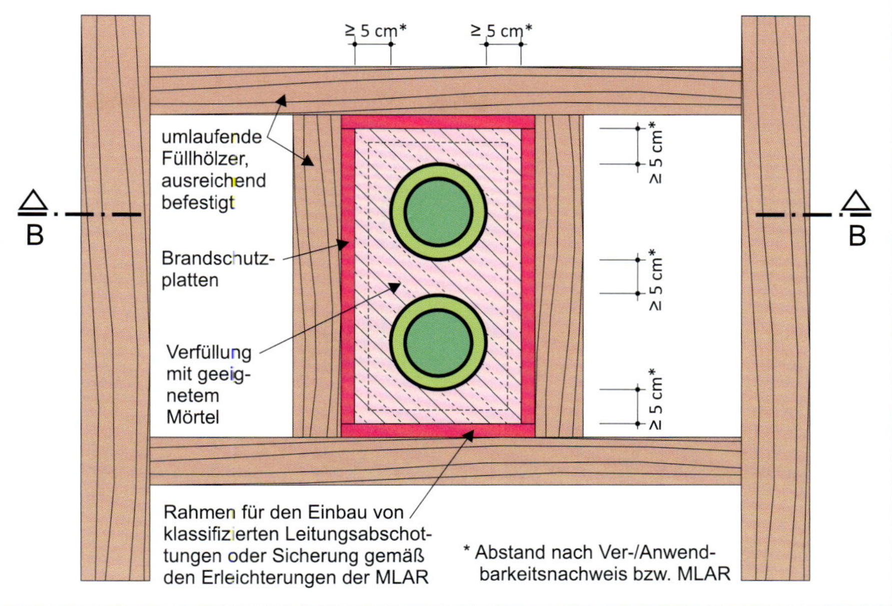

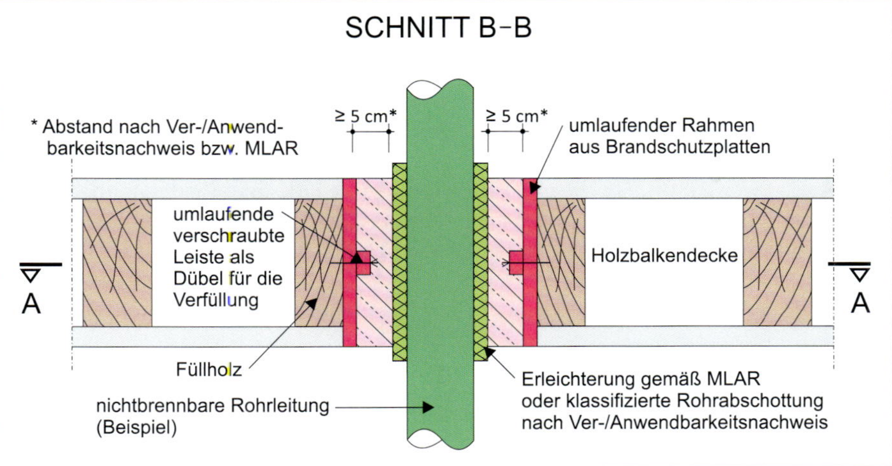

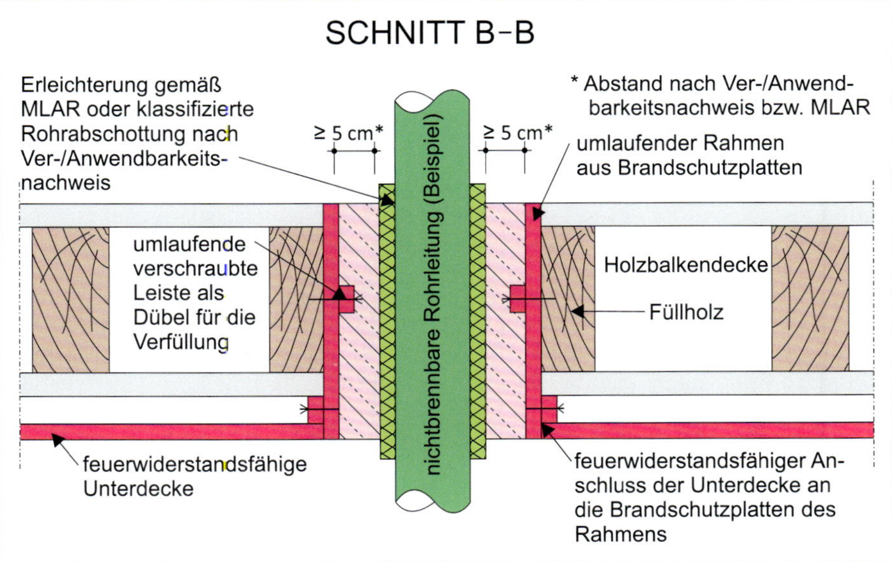

⑧ Ver-/Anwendbarkeitsnachweis und Übereinstimmungsnachweis

Installationsschächte und -kanäle siehe Kapitel 19.5.

Ver-/Anwendbarkeitsnachweis

Grundsätzliche Informationen siehe Kapitel 4.2, Punkt 4.

Erleichterungen nach MLAR:

Erfolgt die Sicherung von Leitungsdurchführungen mit Erleichterungen nach der MLAR, ist eine Brandausbreitung ausreichend lang nicht zu befürchten. Ein besonderer Verwendbarkeitsnachweis ist hierfür nicht erforderlich. Es ist jedoch darauf zu achten, dass alle diesbezüglichen Rahmenbedingungen der MLAR eingehalten werden.

Eine eigene Kennzeichnung ist nicht vorgeschrieben. Sie ist jedoch **empfehlenswert**, da sie auch bei einer späteren Überprüfung hilfreich ist und Klarheit schafft.

Rohr- und Kabelabschottungen mit nationalem Ver-/Anwendbarkeitsnachweis <u>vor</u> Einführung der VV TB NRW:

- Abschottung von nichtbrennbaren Rohrleitungen: abP
- Abschottung von brennbaren Rohrleitungen: abZ
- Abschottungen von elektrischen Kabeln: abZ
- In Ausnahmefällen: ZiE

Rohr- und Kabelabschottungen mit nationalem Ver-/Anwendbarkeitsnachweis <u>nach</u> Einführung der VV TB NRW:

- Bauarten, die nach allgemein anerkannten Prüfverfahren beurteilt werden können (VV TB NRW, C 4.5 und C 4.6): abP, aBG. Z.B. Bauarten für Rohrabschottungen von brennbaren und nichtbrennbaren Rohrleitungen, deren Funktion auf der Anordnung einer Rohrummantelung/Streckenisolierung beruht, bei denen keine dämmschichtbildenden Baustoffe eingesetzt werden und an die nur Anforderungen an die Feuerwiderstandsdauer gestellt werden.
- Bauarten, die nicht nach allgemein anerkannten Prüfverfahren beurteilt werden können: abZ (für die Bauprodukte der Abschottung) und/oder aBG (für die Errichtung der Abschottung). Zum Beispiel für Kabelabschottungen und Abschottungen von brennbaren Rohrleitungen.
- In besonders nachgewiesenen Einzelfällen (Ausnahmefällen): ZiE und/oder vBG

Rohr- und Kabelabschottungen mit europäischem Ver-/Anwendbarkeitsnachweis (CE-Zeichen):

Gemäß dem Kenntnisgabedokument für die MVV TB 2019/01, Anhang 4, Abschnitt 6 gibt es für die Planung, Bemessung und Ausführung von Vorkehrungen für Kabel- und/oder Rohrleitungsdurchführungen unter Verwendung von Bauprodukten nach harmonisierten technischen Spezifikationen keine abschließende technische Regel.

Daraus ergibt sich, dass für Kabel- und/oder Rohrabschottungen mit europäisch nachgewiesenen Klassen (nach DIN EN 13501-2) in Deutschland immer eine aBG (bzw. vBG) erforderlich ist.

Übereinstimmungsnachweis:

Gemäß § 17 (5) BauO NRW bedürfen **Bauarten** einer Bestätigung ihrer Übereinstimmung mit den Technischen Baubestimmungen nach § 88 Absatz 2 BauO NRW, den allgemeinen Bauartgenehmigungen, den allgemeinen bauaufsichtlichen Prüfzeugnissen für Bauarten oder den vorhabenbezogenen Bauartgenehmigungen. Als Übereinstimmung gilt auch eine Abweichung, die nicht wesentlich ist. § 24 Absatz 2 BauO NRW gilt für den Anwender der Bauart entsprechend.

Gemäß § 24 (3) BauO NRW bedürfen **Bauprodukte** einer Bestätigung ihrer Übereinstimmung mit den Technischen Baubestimmungen nach § 88 Absatz 2 BauO NRW, den allgemeinen bauaufsichtlichen Zulassungen, den allgemeinen bauaufsichtlichen Prüfzeugnissen oder den Zustimmungen im Einzelfall. Als Übereinstimmung gilt auch eine Abweichung, die nicht wesentlich ist.

Bei Bauarten und Bauprodukten mit einem Ver-/Anwendbarkeitsnachweis ergeben sich die für den Übereinstimmungsnachweis erforderlichen Angaben aus dem jeweiligen Ver-/Anwendbarkeitsnachweis.

19.3 Verlegung von Leitungsanlagen in baulich geschützten Rettungswegen		
In notwendigen Treppenräumen, in Räumen zwischen dem notwendigen Treppenraum und dem Ausgang ins Freie (nach § 35 Absatz 3 Satz 2 BauO) und in notwendigen Fluren sind Leitungsanlagen nur zulässig, wenn eine Nutzung als Rettungsweg im Brandfall ausreichend lang möglich ist.	BauO RW § 40 (2)	Atlas 6.10 7.6/11 7.5/17

① Zuordnung der bauaufsichtlichen Anforderungen zu nationalen und europäischen Klassen

Tabelle 1.1: Zuordnung der bauaufsichtlichen Anforderungen an die Abgrenzung (Abkapselung) von brennbaren Leitungsanlagen in notwendigen Fluren und notwendigen Treppenräumen zu nationalen und europäischen Klassen (gemäß VV TB NRW Anhang 4)

Abgrenzung (Abkapselung) von brennbaren Leitungsanlagen in notwendigen Fluren und notwendigen Treppenräumen	bauaufsichtliche Anforderung an die abgrenzenden raumabschließenden Bauteile	Abkürzung	Nationale Klassen nach DIN 4102	Europäische Klassen nach DIN EN 13501	Brandverhalten nach DIN EN 13501
Feuerwiderstandsfähige Unterdecken*1	feuerbeständig	fb	F 90-A*1	EI 90*1	A2 - s1, d0
	hochfeuerhemmend	hf	F 60-A*1	EI 60*1	
	feuerhemmend	fh	F 30-A*1	EI 30*1	
Installationsschächte und -kanäle*2	feuerbeständig	fb	I 90	EI 90 ($v_e h_o$ i→o)	A2 - s1, d0
	hochfeuerhemmend	hf	I 60	EI 60 ($v_e h_o$ i→o)	
	feuerhemmend	fh	I 30	EI 30 ($v_e h_o$ i→o)	

Abkürzungen und Legende siehe Kapitel 19.2, Tabelle 1.2.

*1 **Schutzziel:** Brandbeanspruchung sowohl von **oben** als auch von **unten**. **Achtung:** Da die Unterdecken ihre Anforderungen auch bei einer Brandbeanspruchung von oben erfüllen müssen, bestehen besondere Anforderungen an die brandsichere Befestigung der im Bereich zwischen den Geschossdecken und Unterdecken verlegten Leitungs- und Lüftungsanlagen.

*2 **Schutzziel:** Brandbeanspruchung **von innen nach außen**. Bei einem Brand innerhalb der Installationsschächte und -kanäle dürfen Feuer und Rauch für die Zeit ihrer Feuerwiderstandsdauer nicht in die geschützten Rettungswege (notwendige Flure, notwendige Treppenräume) eindringen. **Wichtig:** Bei Installationsschächten und -kanälen sind auch andere Schutzziele möglich, siehe Kapitel 19.2, Punkte 4 und 5 und Kapitel 19.5.

② Grundsätzliches Schutzziel

Definition: Notwendige Treppenräume, Räume zwischen dem notwendigen Treppenraum und dem Ausgang ins Freie und notwendige Flure werden nachfolgend auch als baulich geschützte Rettungswege bezeichnet.

In notwendigen Treppenräumen, in Räumen zwischen dem notwendigen Treppenraum und dem Ausgang ins Freie und in notwendigen Fluren sind Leitungsanlagen nur zulässig, wenn eine Nutzung als Rettungsweg im Brandfall ausreichend lang möglich ist. Zu den Leitungsanlagen gehören auch ihre Dämmstoffe, Befestigungen und Beschichtungen. Lichtwellenleiterkabel und elektrische Kabel gelten als elektrische Leitungsanlagen.

Dieses Schutzziel wird aus bauaufsichtlicher Sicht erreicht, wenn entweder die sich aus brennbaren Leitungsanlagen ergebenen Brandlasten auf ein unbedenkliches Maß reduziert oder die brennbaren Leitungsanlagen vom notwendigen Flur bzw. notwendigen Treppenraum brandschutztechnisch ausreichend abgetrennt („abgekapselt") werden. Die entsprechenden konkreten Anforderungen ergeben sich aus der MLAR und MSysBöR.

> **Anmerkung:** Die einfachste und in der Regel wohl auch wirtschaftlichste Lösung würde darin bestehen, brennbare Leitungsanlagen, die nicht zur ausschließlichen Versorgung der baulich geschützten Rettungswege dienen, nicht in diesen Rettungswegen zu verlegen (siehe Beispiel 1 und nachfolgende Bilder 2.1 und 2.2) oder (wenn möglich) auf notwendige Flure zu verzichten (siehe Beispiel 2).

Beispiel 1: Installationsführung außerhalb von baulich geschützten Rettungswegen (notwendigen Fluren und Treppenräumen)

Eine Verlegung von brennbaren Leitungsanlagen in baulich geschützten Rettungswegen, die nicht zur Versorgung dieser Rettungswege dienen, ist keine optimale Lösung, da in diesem Fall die notwendigen Flure bzw. Treppenräume von den brennbaren Leitungsanlagen brandschutztechnisch geschützt werden müssen. Es kann z. B. besser (und auch kostengünstiger) sein, die brennbaren Leitungsanlagen nicht im notwendigen Flur bzw. Treppenraum, sondern neben dem Flur bzw. Treppenraum (in den Räumen) unterzubringen.

Eine weitere Möglichkeit besteht darin, im Deckenhohlraum von notwendigen Fluren bzw. Treppenräumen nur nichtbrennbare Leitungen zu verlegen und alle brennbaren Leitungen wie vorstehend beschrieben neben dem Flur (in den Räumen) oder auch im Boden zu verlegen.

Falls es für die Unterbringung der haustechnischen Installationen keine Alternative zum notwendigen Flur gibt, bietet sich auch an, im Deckenhohlraum des notwendigen Flurs soweit möglich nur nichtbrennbare Leitungen zu verlegen und alle brennbaren Leitungen (in der Regel Elektrokabel) in einem nichtbrennbaren feuerwiderstandsfähigen Installationskanal (bei notwendigen Fluren fh) zu verlegen. Der Vorteil dieser Lösung liegt darin, dass nicht der gesamte Deckenhohlraum, sondern nur noch vergleichsweise kleine Installationskanäle brandschutztechnisch geschützt werden müssen. Eine Unterdecke ist dann nicht erforderlich. Wird sie angeordnet, muss sie nur nichtbrennbar sein und keine weiteren Brandschutzanforderungen erfüllen.

Beispiel 2: Notwendige Flure bei Büro- und Verwaltungsgebäuden

Nach der Bauordnung sind bei größeren Nutzungseinheiten, die einer Büro- und Verwaltungsnutzung dienen, auch **Lösungen ohne notwendige Flure** möglich (durch die Bildung von Teilnutzungseinheiten). Dies muss natürlich bereits in der **Vorplanungsphase** entsprechend berücksichtigt werden. Lösungen ohne notwendige Flure haben den großen Vorteil, dass viele brandschutztechnische Probleme, die in der Regel in Zusammenhang mit notwendigen Fluren auftreten, entfallen (z. B. brandschutztechnische Abtrennung (Abkapselung) von brennbaren Leitungsanlagen, die nicht zur Versorgung des notwendigen Flures dienen durch feuerhemmende nichtbrennbare Unterdecken oder Installationskanäle). Siehe hierzu auch Kapitel 8.1, Punkt 2 und 3.

Bilder 2.1 und 2.2: Beispiele für alternative Installationsführungen außerhalb eines notwendigen Flurs

Da die brennbaren Leitungen in den Räumen der größeren Büro- oder Verwaltungsnutzung geführt werden, bleibt der notwendige Flur frei von Brandlasten und damit auch frei von besonderen Brandschutzanforderungen.

Die Unterdecke (Bild 2.1) bzw. die Brüstungsverkleidung (Bild 2.2) müssen keine besonderen Brandschutzanforderungen erfüllen. Sie sollten jedoch so ausgeführt werden, dass die Leitungen (z. B. für Nachinstallationen) auch später noch leicht zugänglich sind.

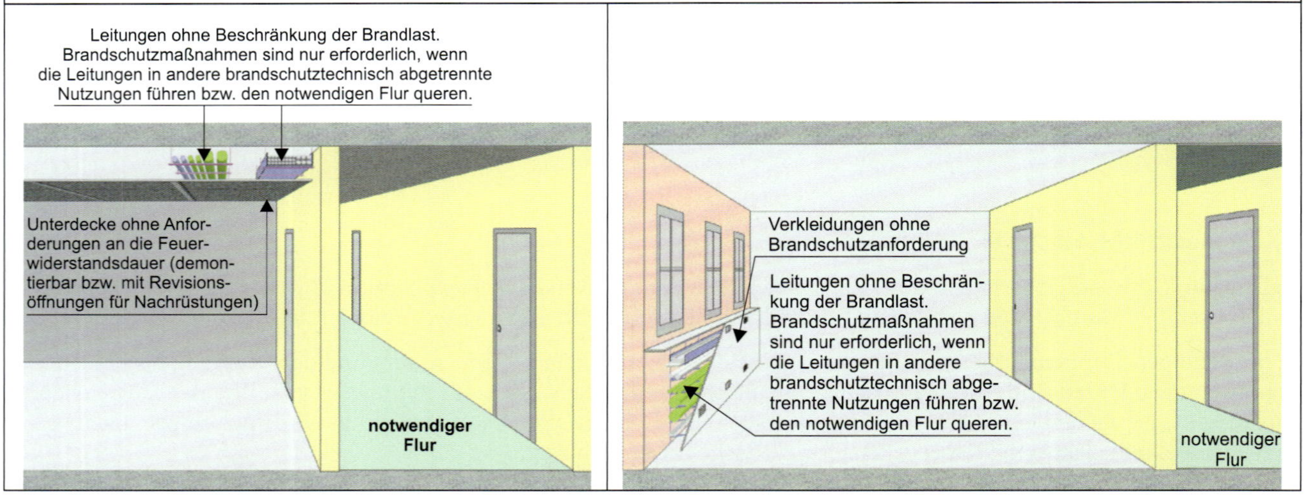

③ Offene Verlegung von Leitungsanlagen in baulich geschützten Rettungswegen

Elektrische Leitungsanlagen

Elektrische Leitungsanlagen dürfen in baulich geschützten Rettungswegen offen verlegt werden[1], wenn sie

a) nichtbrennbar sind (z. B. Leitungen nach DIN EN 60702-1 (VDE 0284 Teil 1):2002-11),
b) ausschließlich der Versorgung der geschützten Rettungswege dienen oder
c) Leitungen mit verbessertem Brandverhalten in notwendigen Fluren von Gebäuden der Gebäudeklassen 1 bis 3, deren Nutzungseinheiten eine Fläche von jeweils 200 m^2 nicht überschreiten und die keine Sonderbauten sind.

Außerdem dürfen in notwendigen Fluren einzelne kurze Stichleitungen offen verlegt werden (MLAR Abschnitt 3.3.2).

[1] Werden für die offene Verlegung Elektro-Installationskanäle oder -rohre (siehe DIN EN 50085-1 (VDE 0604 Teil 1)) verwendet, so müssen diese aus nichtbrennbaren Baustoffen bestehen.

Nichtbrennbare Rohrleitungsanlagen für nichtbrennbare Medien

Rohrleitungsanlagen einschließlich der Dämmstoffe aus nichtbrennbaren Baustoffen (auch mit brennbaren Dichtungs- und Verbindungsmitteln und mit brennbaren Rohrbeschichtungen bis 0,5 mm Dicke) – dürfen in baulich geschützten Rettungswegen offen verlegt werden (MLAR Abschnitt 3.3.1).

Bild 3.1:

Beispiel für eine zulässige offene Verlegung elektrischer Leitungen mit verbessertem Brandverhalten in notwendigen Fluren von Gebäuden der GK 1 bis 3, deren Nutzungseinheiten eine Fläche von jeweils 200 m² nicht überschreiten und die keine Sonderbauten sind (nach MLAR Abschnitt 3.2).

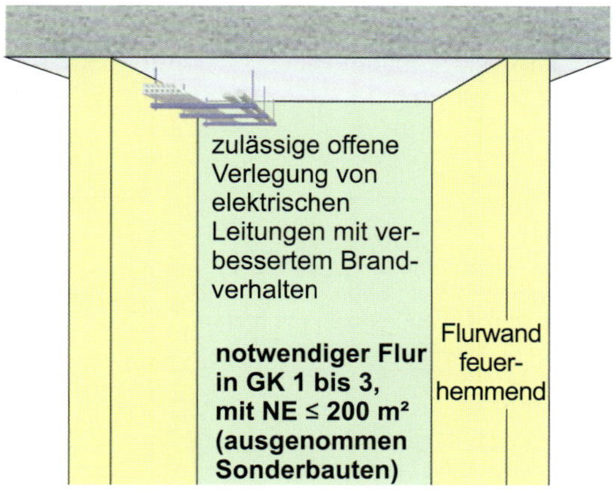

Bild 3.2:

Beispiel für eine zulässige offene Verlegung elektrischer Leitungen, die ausschließlich der Versorgung des notwendigen Flurs dienen und von nichtbrennbaren Rohrleitungen (Leitungsanlagen) in notwendigen Fluren (nach MLAR Abschnitt 3.2 und 3.3).

Die nichtbrennbaren Rohrleitungsanlagen dürfen brennbare Dichtungs- und Verbindungsmittel und brennbare Rohrbeschichtungen bis 0,5 mm Dicke haben.

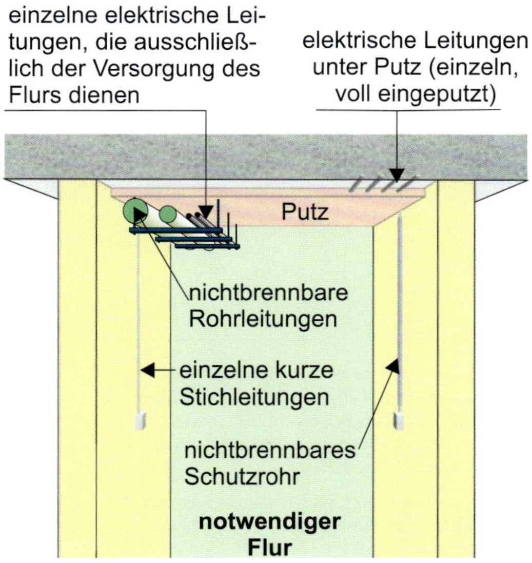

④ Geschützte Verlegung von brennbaren Leitungsanlagen in baulich geschützten Rettungswegen

Für elektrischen Leitungsanlagen, die **nicht** offen in geschützten Rettungswegen verlegt werden dürfen sowie brennbare Rohrleitungsanlagen für nichtbrennbare Medien in geschützten Rettungswegen müssen die nachfolgend genannten Anforderungen der MLAR eingehalten werden.

Elektrische Leitungsanlagen

Elektrische Leitungen müssen

a) einzeln oder nebeneinander angeordnet voll eingeputzt,
b) in Schlitzen von massiven Bauteilen, die mit mindestens 15 mm dickem mineralischem Putz auf nichtbrennbarem Putzträger oder mit mindestens 15 mm dicken Platten aus mineralischen Baustoffen verschlossen werden,
c) innerhalb von mindestens feuerhemmenden Wänden in Leichtbauweise, jedoch nur Leitungen, die ausschließlich der Versorgung der in und an der Wand befindlichen elektrischen Betriebsmittel dienen,
d) in feuerwiderstandsfähigen nichtbrennbaren Installationsschächten und -kanälen (nach Abschnitt 3.5 MLAR),
e) über feuerwiderstandsfähigen nichtbrennbaren Unterdecken (nach Abschnitt 3.5 MLAR),
f) in Unterflurkanälen (nach Abschnitt 3.5 MLAR) oder
g) in Systemböden (siehe hierzu die MSysBöR)

verlegt werden (MLAR Abschnitt 3.2).

Brennbare Rohrleitungsanlagen für nichtbrennbare Medien

Die Rohrleitungsanlagen aus brennbaren Baustoffen oder mit brennbaren Dämmstoffen müssen

a) in Schlitzen von massiven Wänden, die mit mindestens 15 mm dickem mineralischem Putz auf nichtbrennbarem Putzträger oder mit mindestens 15 mm dicken Platten aus mineralischen Baustoffen verschlossen werden,
b) in Installationsschächten und -kanälen (nach Abschnitt 3.5 MLAR),
c) über Unterdecken (nach Abschnitt 3.5 MLAR),
d) in Unterflurkanälen (nach Abschnitt 3.5 MLAR) oder
e) in Systemböden

verlegt werden.

Bild 4.1:

Beispiel für die Verlegung elektrischer Leitungen bzw. Rohrleitungsanlagen aus brennbaren Baustoffen oder mit brennbaren Dämmstoffen in notwendigen Fluren in Wandschlitzen nach MLAR Abschnitt 3.2.

Die Leitungsanlagen dürfen in tragende, aussteifende oder raumabschließende Bauteile sowie in Bauteile von Installationsschächten und -kanälen nur so weit eingreifen, dass die erforderliche Feuerwiderstandsfähigkeit erhalten bleibt.

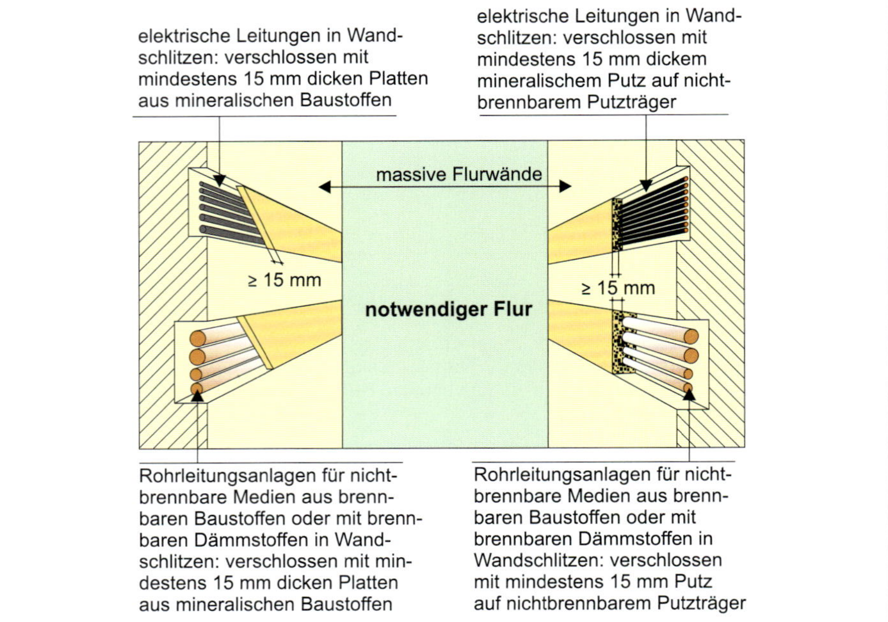

Bild 4.2: Beispiel für notwendigen Flur von Gebäuden der GK 1 bis 3, die keine Sonderbauten sind, mit NE ≤ 200 m²

Für die brennbaren Elektroleitungen ist ein Installationskanal aus nichtbrennbaren Baustoffen mit geschlossener Oberfläche zulässig. Alle anderen Leitungsanlagen bestehen aus nichtbrennbaren Baustoffen.

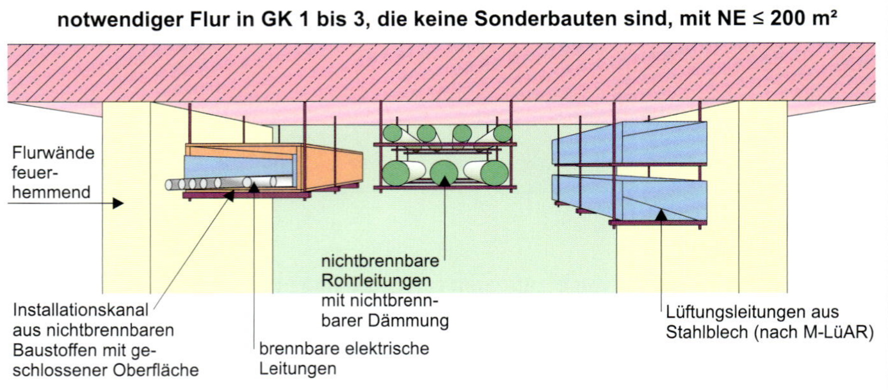

Bild 4.3: Beispiel für notwendigen Flur von Gebäuden der GK 1 bis 3, die keine Sonderbauten sind, mit NE ≤ 200 m²

Die im Deckenhohlraum vorhandenen brennbaren Elektroleitungen und Rohrleitungen können mit einer Unterdecke aus nichtbrennbaren Baustoffen vom notwendigen Flur abgetrennt werden. Einbauten, wie Leuchten und Lautsprecher, bleiben unberücksichtigt.

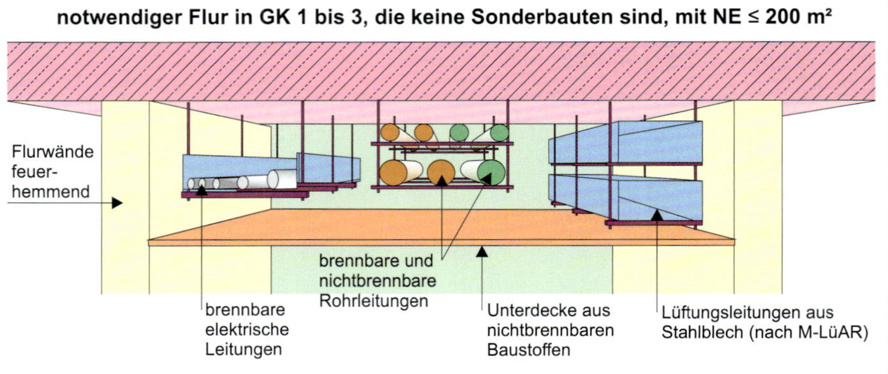

Bild 4.4: Beispiel für feuerwiderstandsfähigen, nichtbrennbaren Installationskanal

Die Abtrennung (Abkapselung) der brennbaren elektrischen Leitungen erfolgt mit einem feuerwiderstandsfähigen, nichtbrennbaren Installationskanal. Alle anderen Leitungsanlagen müssen nichtbrennbar sein. Ausführung nach MLAR Abschnitt 3.5.1 und 3.5.1.

Die Unterdecke ist aus brandschutztechnischer Sicht nicht notwendig. Falls sie angeordnet wird, muss sie aus nichtbrennbaren Baustoffen bestehen.

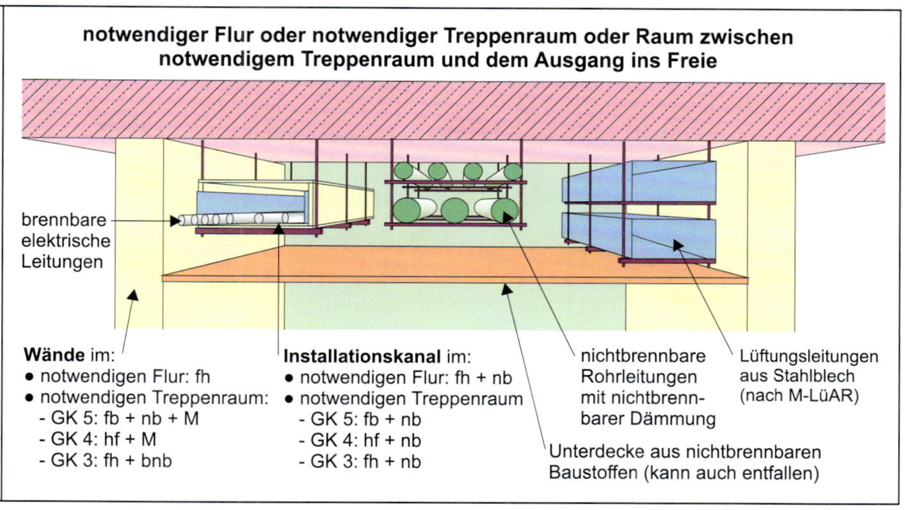

Bild 4.5: Beispiel für feuerwiderstandsfähige, nichtbrennbare Unterdecke

Die Abtrennung (Abkapselung) der brennbaren elektrischen Leitungen und brennbaren Rohrleitungen erfolgt mit einer feuerwiderstandsfähigen, nichtbrennbaren Unterdecke. Ausführung nach MLAR Abschnitt 3.5.3.

Wichtig: Die besonderen Anforderungen hinsichtlich der brandsicheren Befestigung der oberhalb der Unterdecke verlegten Leitungsanlagen sind zu beachten!

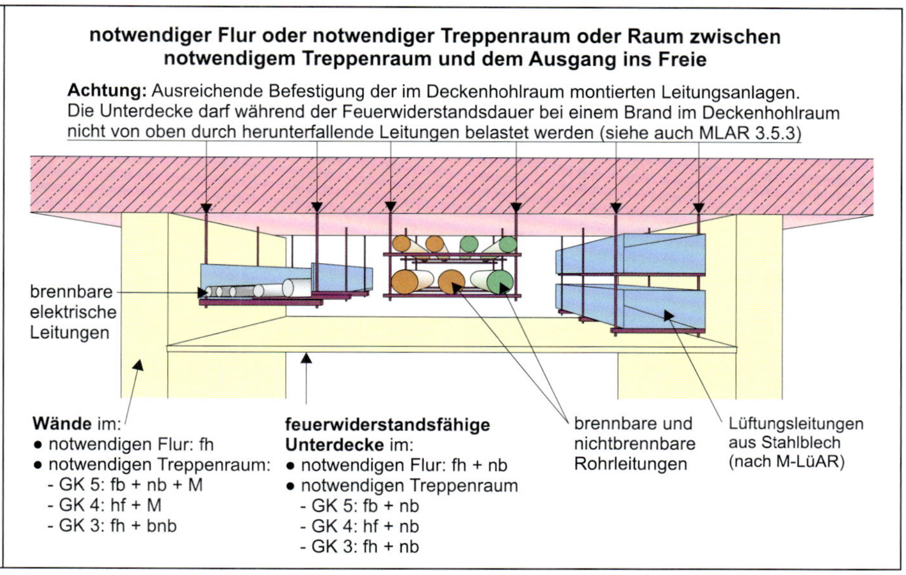

19

⑤ Rohrleitungen mit brennbaren oder brandfördernden Medien in geschützten Rettungswegen

Anforderungen siehe MLAR Abschnitt 3.4.

⑥ Leitungen in Sicherheitstreppenräumen

In Sicherheitstreppenräumen und in Räumen zwischen Sicherheitstreppenräumen und Ausgängen ins Freie sind nur Leitungsanlagen zulässig, die ausschließlich der unmittelbaren Versorgung dieser Räume oder der Brandbekämpfung dienen (MLAR Abschnitt 3.1.3).

⑦ Ver-/Anwendbarkeitsnachweis und Übereinstimmungsnachweis

Installationsschächte und -kanäle siehe Kapitel 19.5.

Ver-/Anwendbarkeitsnachweis von feuerwiderstandsfähigen Unterdecken

Grundsätzliche Informationen siehe Kapitel 4.2, Punkt 4.

Feuerwiderstandsfähige Unterdecken nach TB bzw. aaRdT

Für feuerwiderstandsfähige Unterdecken, die nach Technischen Baubestimmungen (TB) bzw. allgemein anerkannten Regeln der Technik (aaRdT) ausgeführt werden bzw. die davon nicht wesentlich abweichen, gilt die Ver-/Anwendbarkeit als nachgewiesen.

Feuerwiderstandsfähige Unterdecken mit nationalem Ver-/Anwendbarkeitsnachweis

- Bauarten, die nach allgemein anerkannten Prüfverfahren beurteilt werden können (VV TB NRW, C 4.1): abP, aBG.
- Bauarten, für die es keine TB bzw. aaRdT gibt bzw. die davon wesentlich abweichen: aBG.
- In besonders nachgewiesenen Einzelfällen (Ausnahmefällen): ZiE und/oder vBG.

Feuerwiderstandsfähige Unterdecken mit europäischem Ver-/Anwendbarkeitsnachweis (CE-Zeichen)

- Bauprodukte mit CE-Kennzeichnung und „Gebrauchsanleitung“ (Montageanleitung, Einbauanleitung). **Wichtig:** Es ist darauf zu achten, dass die erklärten Leistungen (gemäß Leistungserklärung) den bauaufsichtlichen Anforderungen entsprechen. Außerdem ist zu prüfen, ob gemäß den VV TB NRW noch weitergehende Anforderungen (bei einer Anwendung als Bauart) bestehen.

Übereinstimmungsnachweis

Siehe Kapitel 19.2, Punkt 8.

19.4 Funktionserhalt von elektrischen Leitungsanlagen im Brandfall		
In der BauO NRW sind hierzu keine besonderen Aussagen getroffen.	MLAR 5	Atlas 6.12.2/3

① Grundsätzliche Informationen

Für Gebäude, die keine Sonderbauten sind, bestehen in der Regel keine besonderen Anforderungen an den Funktionserhalt von elektrischen Leitungsanlagen im Brandfall.

Bei Gebäuden (in der Regel Sonderbauten) mit bestimmten sicherheitstechnischen Anlagen müssen die elektrischen Leitungsanlagen so beschaffen oder durch Bauteile abgetrennt sein, dass die sicherheitstechnischen Anlagen im Brandfall ausreichend lang funktionsfähig bleiben (Funktionserhalt). Dieser muss auch bei möglichen Wechselwirkungen mit anderen Anlagen oder deren Teilen gewährleistet bleiben.

Der Funktionserhalt ist gewährleistet, wenn die Leitungen

a) die Prüfanforderungen der DIN 4102-12:1998-11 (Funktionserhaltsklasse E30 bis E90) erfüllen oder hierzu gleichwertig klassifiziert sind oder
b) auf Rohdecken unterhalb des Fußbodenestrichs mit einer Dicke von mindestens 30 mm oder
c) im Erdreich

verlegt werden.

Dauer des Funktionserhalt und weitere Anforderungen siehe MLAR, Abschnitt 5.

19

19.5 Installationsschächte und -kanäle		
[1]Installationsschächte und -kanäle dürfen durch raumabschließende Bauteile, für die eine Feuerwiderstandsfähigkeit vorgeschrieben ist, nur hindurchgeführt werden, wenn eine Brandausbreitung ausreichend lang nicht zu befürchten ist oder Vorkehrungen hiergegen getroffen sind. [2]Dies gilt nicht 1. für Gebäude der Gebäudeklassen 1 und 2, 2. innerhalb von Wohnungen und 3. innerhalb derselben Nutzungseinheit mit nicht mehr als insgesamt 400 m² in nicht mehr als zwei Geschossen.	BauO NRW § 40 (3) § 40 (1)	Atlas 6.10.3
[1]Installationsschächte und -kanäle sowie deren Bekleidungen und Dämmstoffe müssen aus nichtbrennbaren Baustoffen bestehen.	§ 41 (2)[1]	
[2]Brennbare Baustoffe sind zulässig, wenn ein Beitrag der Installationsschächte und -kanäle zur Brandentstehung und Brandweiterleitung nicht zu befürchten ist.	§ 41 (2)[2]	
Installationsschächte und -kanäle sind so herzustellen, dass sie Gerüche und Staub nicht in andere Räume übertragen.	§ 41 (3)	

① Zuordnung der bauaufsichtlichen Anforderungen zu nationalen und europäischen Klassen

Siehe Kapitel 19.2, Punkt 1.

② Erfüllung der bauaufsichtlichen Anforderungen

Abschottungsprinzip

Siehe Kapitel 19.2, Punkte 4 und 5.

Geschützte Verlegung von brennbaren Leitungsanlagen in baulich geschützten Rettungswegen

Siehe Kapitel 19.3, Punkt 4.

③ Ver-/Anwendbarkeitsnachweis und Übereinstimmungsnachweis

Ver-/Anwendbarkeitsnachweis

Grundsätzliche Informationen siehe Kapitel 4.2, Punkt 4.

Installationsschächte und -kanäle nach TB bzw. aaRdT

19

Für feuerwiderstandsfähige Installationsschächte und -kanäle, die nach den Technischen Baubestimmungen (TB) bzw. allgemein anerkannten Regeln der Technik (aaRdT) ausgeführt werden bzw. die davon nicht wesentlich abweichen, gilt die Ver-/Anwendbarkeit als nachgewiesen. Dies gilt z. B. für:

- Installationsschächte und -kanäle nach DIN 4102-4:2016-05 Abschnitt 11.3: „Installationsschächte und -kanäle sowie Leitungen in Installationsschächten und -kanälen".

Installationsschächte und -kanäle mit nationalem Ver-/Anwendbarkeitsnachweis

- Bauarten, die nach allgemein anerkannten Prüfverfahren beurteilt werden können (VV TB NRW, C 4.7): abP, aBG.
- Bauarten, für die es keine TB bzw. aaRdT gibt bzw. die davon wesentlich abweichen: aBG.
- In besonders nachgewiesenen Einzelfällen (Ausnahmefällen): ZiE und/oder vBG.

Installationsschächte und -kanäle mit europäischem Ver-/Anwendbarkeitsnachweis (CE-Zeichen)

Gemäß dem Kenntnisgabedokument für die MVV TB 2019/01 Anhang 4, Abschnitt 8 ist in den Verwendungs- und Ausführungsbestimmungen für Installationsschächte und -kanäle Folgendes geregelt:

- Für Installationsschächte und -kanäle, bei denen in der ETA aufgrund des EAD's das Bauprodukt **nicht abschließend beschrieben** ist, gibt es keine abschließende technische Regel. **Dies bedeutet, dass hierfür in Deutschland eine aBG erforderlich ist.**
- Für Installationsschächte, bei denen in der ETA aufgrund des EAD's das Bauprodukt **abschließend beschrieben** ist, gilt nach VV TB NRW Anhang 4, Abschnitt 8 Folgendes:
  „Sofern in der ETA aufgrund des EAD's das Bauprodukt für den Installationsschacht abschließend beschrieben ist, hat der Hersteller eine auf der Grundlage des Klassifizierungsdokumentes beruhende schriftliche Einbauanleitung in deutscher Sprache bereitzustellen, die mindestens folgende Angaben enthalten muss:
  – Beschreibung des Zusammenfügens der zulässigen Komponenten,
  – Beschreibung des Einbaus in angrenzende Bauteile (einschließlich zulässiger Befestigungsmittel und deren Abstände),
  – Beschreibung von zulässigen Ausführungsvarianten.

  Die Verwendung ist nur zulässig, wenn die in der Einbauanleitung des Herstellers zu beschreibenden an das Bauprodukt angrenzenden Bauteile hinsichtlich der Feuerwiderstandsfähigkeit die Anforderungen an die bauliche Anlage einhalten.

  Der Anwender hat entsprechend dieser Einbauanleitung das Bauprodukt einzubauen, dem Bauherrn die Einbauanleitung zu übergeben und für den ordnungsgemäßen Einbau eine Einbaubestätigung zu fertigen, die ebenfalls zu übergeben ist."

Übereinstimmungsnachweis

Siehe Kapitel 19.2, Punkt 8.

19

20 Lüftungsanlagen, raumlufttechnische Anlagen und Warmluftheizungen

20.1 Schutzziel und grundsätzliche Anforderungen		
Lüftungsanlagen müssen betriebssicher sein. Sie dürfen den ordnungsgemäßen Betrieb von Feuerungsanlagen nicht beeinträchtigen.	BauO NRW § 41 (1)	Atlas 6.10

① Grundsätzliche Anforderungen an den Brandschutz von Lüftungsanlagen

Siehe sinngemäß bei Kapitel 19.1, Punkte 1 und 2, Kapitel 19.2, Punkte 2 bis 5.

Im visualisierten Brandschutzkonzept (den Brandschutzplänen) sind alle raumabschließenden, feuerwiderstandsfähigen Wände und Decken sowie alle baulich geschützten Rettungswege (notwendige Flure, notwendige Treppenräume und Räume zwischen notwendigen Treppenräumen und ihren Ausgängen ins Freie) farbig eingetragen. Jeweilige Brandschutzanforderungen siehe Legende.

Die Lüftungsanlagen und Lüftungsleitungen sind so anzuordnen und einzubauen, dass die vorstehenden Anforderungen der BauO NRW sowie die bauaufsichtlichen Anforderungen an den Brandschutz von Lüftungsanlagen gemäß M-LüAR (die über die VV TB NRW Abschnitt A 2.2.1.11 als Technische Baubestimmung eingeführt ist) eingehalten werden.

Wichtig: Bei Gebäuden mit einer umfangreicheren Lüftungsanlage ist es in der Regel notwendig, ein eigenes Brandschutzkonzept nur für den Brandschutz der Lüftungsanlage zu erstellen und dieses zur Dokumentation möglichst einfach und übersichtlichen in einem eigenen visualisierten Brandschutzkonzept des Gebäudes (Brandschutzplänen) darzustellen.

20.2 Anforderungen an das Brandverhalten der Baustoffe		
[1]Lüftungsleitungen sowie deren Bekleidungen und Dämmstoffe müssen aus nichtbrennbaren Baustoffen bestehen. Brennbare Baustoffe sind zulässig, wenn ein Beitrag der Lüftungsleitung zur Brandentstehung und Brandweiterleitung nicht zu befürchten ist.*[1]	BauO NRW § 41 (2)	Atlas 6.11
20.3 Sicherung von Leitungsdurchführungen durch raumabschließende, feuerwiderstandsfähige Wände und Decken		
[2]Lüftungsleitungen dürfen raumabschließende Bauteile, für die eine Feuerwiderstandsfähigkeit vorgeschrieben ist, nur überbrücken, wenn eine Brandausbreitung ausreichend lang nicht zu befürchten ist oder wenn Vorkehrungen hiergegen getroffen sind. *[1]	BauO NRW § 41 (2)	Atlas 6.11
*[1] Gilt nicht 1. für Gebäude der Gebäudeklassen 1 und 2, 2. innerhalb von Wohnungen und 3. innerhalb derselben Nutzungseinheit mit nicht mehr als 400 m² in nicht mehr als zwei Geschossen.	§ 41 (5)	6.11

① Zuordnung der bauaufsichtlichen Anforderungen zu nationalen und europäischen Klassen

Tabelle 1.1: Zuordnung der bauaufsichtlichen Anforderungen an Brandschutzklappen und feuerwiderstandsfähige Lüftungsleitungen zu nationalen und europäischen Klassen (gemäß VV TB NRW Anhang 4, nach MVV TB 2019 zukünftig Anhang 14)

Sicherung der Lüftungsleitungsdurchführung durch raumabschließende, feuerwiderstandsfähige Wände und Decken	bauaufsichtliche Anforderung der raumabschließenden Bauteile	Abkürzung	Nationale Klassen nach DIN 4102-6	Brandverhalten nach DIN 4102-1	Europäische Klassen nach DIN EN 13501-3 bzw. DIN EN 15650	Brandverhalten nach DIN EN 13501-1
Brandschutzklappen nach DIN EN 15650:2010-09	feuerbeständig	fb	-	-	EI 90 ($v_e h_o$ i↔o)S	Gehäuse, Absperrelement: A2 - s1, d0 übrige: E - d2
	hochfeuerhemmend	hf	-	-	EI 60 ($v_e h_o$ i↔o)S	
	feuerhemmend	fh	-	-	EI 30 ($v_e h_o$ i↔o)S	
Brandschutzklappen in Unterdecken (nicht im Anwendungsbereich von DIN EN 15650:2019-09)	feuerbeständig	fb	K 90 U*1	Gehäuse, Absperrelement: A2; übrige: B2	-	-
	hochfeuerhemmend	hf	K 60 U*1		-	
	feuerhemmend	fh	K 30 U*1		-	
Brandschutzklappen in Lüftungsanlagen in Ab- oder Fortluftleitungen gewerblicher Küchen und Brandschutztellerventile, die nicht in den Anwendungsbereich von EN 15650:2010-09 fallen	feuerbeständig	fb	K 90	Gehäuse, Absperrelement: A2; übrige: B2	-	-
	hochfeuerhemmend	hf	K 60		-	
	feuerhemmend	fh	K 30		-	
Absperrvorrichtungen in Lüftungsanlagen gemäß M-LüAR Abschnitt 7.2	feuerbeständig	fb	K 90 - DIN 18017*1	-	-	-
	hochfeuerhemmend	hf	K 60 - DIN 18017*1		-	
	feuerhemmend	fh	K 30 - DIN 18017*1		-	
Feuerwiderstandsfähige Lüftungsleitungen*2	feuerbeständig	fb	L 90	A2	EI 90 ($v_e h_o$ i↔o)S	A2 - s1, d0
	hochfeuerhemmend	hf	L 60	A2	EI 60 ($v_e h_o$ i↔o)S	A2 - s1, d0
	feuerhemmend	fh	L 30	A2*3	EI 30 ($v_e h_o$ i↔o)S	A2 - s1, d0*4

Abkürzungen und Legende siehe Kapitel 19.2, Tabelle 1.2 sowie Kapitel 29 und 30.

*1 Zusätzliche Bezeichnung gemäß Verwendbarkeitsnachweis.

*2 Für feuerwiderstandsfähige Lüftungsleitungen, die eines allgemeinen bauaufsichtlichen Prüfzeugnisses bedürfen, siehe auch VV TB NRW Abschnitte C 3.1 und C 4.4.

*3 abweichend gemäß MVV TB 2019 Punkt A.2.2.1.11, Abschnitt 3.2: B1.

*4 abweichend gemäß MVV TB 2019 Punkt A.2.2.1.11, Abschnitt 3.2: C - s3, d2.

② Ver-/Anwendbarkeitsnachweis und Übereinstimmungsnachweis

Ver-/Anwendbarkeitsnachweis:

Grundsätzliche Informationen siehe Kapitel 4.2, Punkt 4.

Lüftungsleitungen nach TB bzw. aaRdT.

Für feuerwiderstandsfähige Lüftungsleitungen, die nach Technischen Baubestimmungen (TB) bzw. allgemein anerkannten Regeln der Technik (aaRdT) ausgeführt werden bzw. die davon nicht wesentlich abweichen, gilt die Ver-/Anwendbarkeit als nachgewiesen. Dies gilt z. B. für:

- Feuerwiderstandsfähige Lüftungsleitungen nach DIN 4102-4:2016-05, Abschnitt 11.2: „Feuerwiderstandsklassen von Lüftungsleitungen".

Lüftungsleitungen mit nationalem Ver-/Anwendbarkeitsnachweis

- Bauarten, die nach allgemein anerkannten Prüfverfahren beurteilt werden können (VV TB, C 4.4): abP, aBG.
- Bauarten, für die es keine TB bzw. aaRdT gibt bzw. die davon wesentlich abweichen: aBG.
- In besonders nachgewiesenen Einzelfällen (Ausnahmefällen): ZiE und/oder vBG.

Lüftungsleitungen mit europäischem Ver-/Anwendbarkeitsnachweis (CE-Zeichen)

Gemäß dem Kenntnisgabedokument für die MVV TB 2019/01 Anhang 14 Abschnitt 6.3.3 ist in den Verwendungs- und Ausführungsbestimmungen für Lüftungsleitungen Folgendes geregelt:

- Für Lüftungsleitungen, die nicht den im nachfolgenden Spiegelpunkt genannten „Besonderen Bestimmungen für die Verwendung und Ausführung“ entsprechen, gibt es keine abschließende technische Regel. **Dies bedeutet, dass hierfür in Deutschland eine aBG erforderlich ist.**
- Für Bausätze für feuerwiderstandsfähige Lüftungsleitungen nach EAD 350142-00-1106 gelten nach MVV TB 2019 Anhang 14, Abschnitt 6.3.3 die folgenden besonderen Bestimmungen für die Verwendung und Ausführung:

  „Für Bausätze zur Errichtung feuerwiderstandsfähiger Lüftungsleitungen nach ETA aufgrund des EAD 350142-00-1106, bestehend aus Brandschutzplatten, Dichtungsmitteln, Verbindungsmitteln und Befestigungsmitteln, hat der Hersteller gemäß Verordnung (EU) Nr. 305/2011 eine auf der Grundlage des Klassifizierungsdokumentes beruhende Einbauanleitung bereitzustellen. Diese muss mindestens folgende Angaben enthalten:
  - *Beschreibung der zulässigen, vierseitigen Leitungskonstruktionen aus Leitungsformstücken (Werkstoffe, Abmessungen, ggf. Aussteifungen, Leitungsführung (vertikal/horizontal/schräg), zugehörige Formteile, max. Geschosshöhe und Lastabtragung bei vertikalen Leitungen, Abhängungen, Befestigungen)*
  - *zulässiger Betriebsdruckbereich*
  - *Art und Mindestdicke der Bauteile (Wand/Decke), die von den Leitungen durchdrungen werden dürfen*
  - *Grundsätze für die Herstellung der Leitungsformstücke aus den Brandschutzplatten und den Verbindungs- und Dichtungsmitteln (z. B. Kleber, Klammern, Schrauben, ggf. Aussteifung inkl. Befestigung) mit Angaben zur Fügetechnik*
  - *Grundsätze für das Zusammenfügen der Formstücke zu Leitungen und deren Einbau mit Angaben zu den zu verwendenden Bauprodukten (z. B. Abhängungen, Traversen, ggf. Bekleidung der Abhängungen/Traversen, Kompensatoren, zulässige Befestigungsmittel), zur Fügetechnik, zu notwendigen Abständen und zu ggf. zulässigen nachträglichen Beschichtungen*
  - *Ausführung und Abdichtung der Bauteildurchdringung sowie der Revisionsöffnungsverschlüsse*
  - *Hinweise zur Bemessung und Ausführung der Befestigung*
  - *Verarbeitungshinweise (z. B. zu zulässigen Werkzeugen, zur Reihenfolge der Arbeitsgänge bei der Formstückherstellung und deren Zusammenfügen zur Leitung)*
  - *ggf. Hinweise zum Transport und zur Lagerung der Brandschutzplatten*
  - *Hinweise zur Instandhaltung*

  Die Verwendung ist nur zulässig, wenn die in der Einbauanleitung des Herstellers zu beschreibenden an das Bauprodukt angrenzenden Bauteile hinsichtlich der Feuerwiderstandsfähigkeit die Anforderungen an die bauliche Anlage einhalten.

  Der Anwender hat entsprechend dieser Einbauanleitung die Lüftungsleitungsstücke in die Lüftungsanlage einzubauen, dem Bauherrn die Einbauanleitung zu übergeben und für den ordnungsgemäßen Einbau eine Einbaubestätigung zu fertigen, die ebenfalls zu übergeben ist.“

Brandschutzklappen mit nationalem Ver-/Anwendbarkeitsnachweis

- Brandschutzklappen, für die es keine TB bzw. aaRdT gibt bzw. die davon wesentlich abweichen: abZ und/oder aBG. Dazu gehören z. B. die nachfolgend genannten Brandschutzklappen, die nicht in den Anwendungsbereich von DIN EN 15650:2010-09 fallen:
  - Brandschutzklappen zur Verwendung in feuerwiderstandsfähigen Unterdecken,
  - Brandschutzklappen zur Verwendung in Ab- bzw. Fortluftleitungen gewerblicher Küchen,
  - Brandschutztellerventile (Absperrventile),
  - Absperrvorrichtungen in Lüftungsanlagen gemäß MLAR Abschnitt 7.2.
- In besonders nachgewiesenen Einzelfällen (Ausnahmefällen): ZiE und/oder vBG.

Brandschutzklappen mit CE-Kennzeichen

- Brandschutzklappen nach DIN EN 15650:2010-09 mit CE-Kennzeichnung und „Gebrauchsanleitung“ (Montageanleitung). **Wichtig:** Es ist darauf zu achten, dass die erklärten Leistungen und wesentlichen Merkmale (gemäß Leistungserklärung und VV TB NRW den bauaufsichtlichen Anforderungen entsprechen.

Übereinstimmungsnachweis

Siehe Kapitel 19.2, Punkt 8.

20.4 Gerüche und Staub		
Lüftungsanlagen sind so herzustellen, dass sie Gerüche und Staub nicht in andere Räume übertragen.*1	BauO NRW § 41 (3)	Atlas 6.11
20.5 Lüftungsanlagen, Abgasanlagen, Feuerstätten		
[1]Lüftungsanlagen dürfen nicht in Abgasanlagen eingeführt werden. [2]Die gemeinsame Nutzung von Lüftungsleitungen zur Lüftung und zur Ableitung der Abgase von Feuerstätten ist zulässig, wenn keine Bedenken wegen der Betriebssicherheit und des Brandschutzes bestehen. [3]Die Abluft ist ins Freie zuführen. [4]Nicht zur Lüftungsanlage gehörende Einrichtungen sind in Lüftungsleitungen unzulässig.	BauO NRW § 41 (4)	Atlas 6.11
20.6 Raumlufttechnische Anlagen und Warmluftheizungen		
Für raumlufttechnische Anlagen und Warmluftheizungen gelten die Absätze 1 bis 5 BauO NRW [Kapitel 20.1 bis 20.5] entsprechend.	BauO NRW § 41 (6)	Atlas 6.11
*1 Gilt nicht 1. für Gebäude der Gebäudeklassen 1 und 2, 2. innerhalb von Wohnungen und 3. innerhalb derselben Nutzungseinheit mit nicht mehr als 400 m^2 in nicht mehr als zwei Geschossen.	BauO NRW § 41 (5)	Atlas 6.11

20

21 Feuerungsanlagen, sonstige Anlagen zur Wärmeerzeugung, Brennstoffversorgung

21.1 Grundsätzliche Anforderungen und Schutzziel

[1]Feuerstätten und Abgasanlagen (Feuerungsanlagen) müssen betriebssicher und brandsicher sein. [2]Feuerungsanlagen für feste Brennstoffe dürfen in einem Abstand von weniger als 100 m zu einem Wald nur errichtet oder betrieben werden, wenn durch geeignete Maßnahmen gewährleistet ist, dass kein Waldbrand entsteht.	BauO NRW § 42 (1)	Atlas 6.13
Für die Anlagen zur Verteilung von Wärme und zur Warmwasserversorgung gilt der vorstehende Absatz entsprechend. **[Tipp:** Detaillierte Anforderungen an Feuerungsanlagen siehe Feuerungsverordnung (FeuVO NRW) vom 11. März 2008 mit Änderung vom 29. November 2012.]	§ 42 (2)	

21.2 Aufstellräume für Feuerstätten

Feuerstätten dürfen in Räumen nur aufgestellt werden, wenn nach der Art der Feuerstätte und nach Lage, Größe, baulicher Beschaffenheit und Nutzung der Räume keine Gefahren entstehen.	BauO NRW § 42 (3)	Atlas 6.13

21.3 Abgase und Abgasanlagen

[1]Abgase von Feuerstätten sind durch Abgasleitungen, Schornsteine und Verbindungsstücke (Abgasanlagen) so abzuführen, dass keine Gefahren oder unzumutbaren Belästigungen entstehen. [2]Abgasanlagen sind in solcher Zahl und Lage und so herzustellen, dass die Feuerstätten des Gebäudes ordnungsgemäß angeschlossen werden können. [3]Sie müssen leicht und sicher gereinigt werden können.	BauO NRW § 42 (4)	Atlas 6.13

21.4 Behälter und Rohrleitungen für brennbare Gase und Flüssigkeiten

[1]Behälter und Rohrleitungen für brennbare Gase und Flüssigkeiten müssen betriebssicher und brandsicher sein. [2]Diese Behälter sowie feste Brennstoffe sind so aufzustellen oder zu lagern, dass keine Gefahren oder unzumutbaren Belästigungen entstehen.	BauO NRW § 42 (5)	Atlas 6.13

21.5 Ortsfeste Verbrennungsmotoren, Blockheizkraftwerke, Brennstoffzellen und Verdichter

Für die Aufstellung von ortsfesten Verbrennungsmotoren, Blockheizkraftwerken, Brennstoffzellen und Verdichtern sowie die Ableitung ihrer Verbrennungsgase gelten die Absätze 1, 3 und 4 BauO NRW [Kapitel 21.1, 21.2 und 21.3] entsprechend.	BauO NRW § 42 (6)	Atlas 6.13

21.6 Errichtung von Schornsteinen

[1]Bei der Errichtung oder Änderung von Schornsteinen sowie beim Anschluss von Feuerstätten an Schornsteine oder Abgasleitungen hat die Bauherrin oder der Bauherr sich von der bevollmächtigten Bezirksschornsteinfegermeisterin oder dem bevollmächtigten Bezirksschornsteinfegermeister bescheinigen zu lassen, dass die Abgasanlage sich in einem ordnungsgemäßen Zustand befindet und für die angeschlossenen Feuerstätten geeignet ist. [2]Bei der Errichtung von Schornsteinen soll vor der Erteilung der Bescheinigung auch der Rohbauzustand besichtigt worden sein. [3]Verbrennungsmotoren und Blockheizkraftwerke dürfen erst dann in Betrieb genommen werden, wenn sie die Tauglichkeit und sichere Benutzbarkeit der Leitungen zur Abführung von Verbrennungsgasen bescheinigt haben. [4]Stellt die bevollmächtigte Bezirksschornsteinfegermeisterin oder der bevollmächtigte Bezirksschornsteinfegermeister Mängel fest, hat sie oder er diese Mängel der Bauaufsichtsbehörde mitzuteilen. [5]Satz 1 und Satz 3 gelten nicht für Abgasanlagen, die gemeinsam mit der Feuerstätte in Verkehr gebracht werden und ein gemeinsames CE-Zeichen tragen dürfen.	BauO NRW § 42 (7)	Atlas 6.13

21.7 Aufstellung von Gasfeuerstätten

Gasfeuerstätten dürfen in Räumen nur aufgestellt werden, wenn durch besondere Vorrichtungen an den Feuerstätten oder durch Lüftungsanlagen sichergestellt ist, dass gefährliche Ansammlungen von unverbranntem Gas in den Räumen nicht entstehen.	BauO NRW § 42 (8)	Atlas 6.13

22 Aufbewahrung fester Abfallstoffe, Abfallschächte

22.1 Anforderungen an Aufbewahrungsräume		
Feste Abfallstoffe dürfen innerhalb von Gebäuden vorübergehend aufbewahrt werden, in Gebäuden der Gebäudeklassen 3 bis 5 jedoch nur, wenn die dafür bestimmten Räume 1. Trennwände und Decken als raumabschließende Bauteile mit der Feuerwiderstandsfähigkeit der tragenden Wände haben, 2. Öffnungen vom Gebäudeinnern zum Aufstellraum mit feuerhemmenden, dicht- und selbstschließenden Abschlüssen haben, 3. unmittelbar vom Freien entleert werden können und 4. eine ständig wirksame Lüftung haben.	BauO RW § 44 (1)	
22.2 Vorhandene Abfallschächte		
[1]Vorhandene Abfallschächte dürfen nicht betrieben werden. [2]Der Betrieb von Abfallschächten, die zum Zeitpunkt des Inkrafttretens dieser Vorschrift betrieben werden, kann widerruflich unter der Voraussetzung genehmigt werden, dass der Betreiber den sicheren und störungsfreien Betrieb und eine wirksame Abfalltrennung ständig überwacht und dies dokumentiert. [3]Den Bauaufsichtsbehörden sind diese Aufzeichnungen auf Verlangen vorzulegen.	BauO RW § 44 (2)	

22

23 Blitzschutzanlagen

23	Blitzschutzanlagen		
	Bauliche Anlagen, bei denen nach Lage, Bauart oder Nutzung Blitzschlag leicht eintreten oder zu schweren Folgen führen kann, sind mit dauernd wirksamen Blitzschutzanlagen zu versehen.	BauO NRW § 45	Atlas 6.12.3

24 Rauchwarnmelder in Wohnungen

24.1 Rauchwarnmelder in Wohnungen		
[1]In Wohnungen müssen Schlafräume und Kinderzimmer sowie Flure, über die Rettungswege von Aufenthaltsräumen führen, jeweils mindestens einen Rauchwarnmelder haben. [2]Dieser muss so eingebaut oder angebracht und betrieben werden, dass Brandrauch frühzeitig erkannt und gemeldet wird. [3]Die Betriebsbereitschaft der Rauchwarnmelder hat die unmittelbare besitzhabende Person sicherzustellen, es sei denn, die Eigentümerin oder der Eigentümer übernimmt diese Verpflichtung selbst.	BauO NRW § 47 (3)	Atlas 6.14/20

① Schutzziel und grundsätzliche Informationen

Leider gibt es in Deutschland keine flächendeckende Brandschadenstatistik. Man weiß nicht einmal genau, wie viele Wohnungsbrände sich in Deutschland jedes Jahr ereignen und wie viele Tote dabei zu beklagen sind. Auch die Szenarien, weshalb Menschen bei Bränden zu Tode kamen, sind statistisch nicht erfasst.

Aber eines ist unumstritten: Rauchmelder retten Leben!

Man weiß auch, dass der zweite Rettungsweg, der über Rettungsgeräte der Feuerwehr führt, in der Regel für alle anderen Wohnungen (in denen es nicht brennt) möglich ist. In der Wohnung, in der es brennt, besteht für die Bewohner jedoch eine sehr ungünstige Situation, wenn sie ihre brennende Wohnung (Nutzungseinheit) nicht aus eigener Kraft verlassen können. Sie müssen dann in der brandbetroffenen Wohnung (Nutzungseinheit) abwarten können, bis die Feuerwehr mit ihren Rettungsgeräten eintrifft und sie rettet. Können sie die Rettung durch die Feuerwehr dort nicht abwarten, sind die Überlebenschancen gering.

Daraus geht hervor, dass die bauaufsichtlichen Brandschutzvorschriften in der Regel alle Nachbarn, nicht jedoch die Wohnung bzw. NE, in der es brennt, schützen. Kommt es in einer Wohnung zu einem Brand, der nicht im Entstehungsstadium gelöscht werden kann, so gibt es für die Bewohner dieser Wohnung zwei Szenarien:

Szenario 1: Die Bewohner entdecken den Brand rechtzeitig und können noch fliehen.

In diesem Fall benötigen sie keinen zweiten Rettungsweg, da der erste Rettungsweg (die notwendige Treppe) zur Verfügung steht. Die bauaufsichtlich vorgeschriebenen baulichen Maßnahmen schützen dann die Nachbarn und sollen möglichst auch eine Selbstrettung der Nachbarn ermöglichen. Wenn das nicht mehr geht (weil z. B. der Treppenraum verraucht ist), können die Nachbarn mit Rettungsgeräten der Feuerwehr gerettet werden. Gleichzeitig beginnt die Feuerwehr natürlich mit der wirksamen Brandbekämpfung.

Anmerkung: In diesem Zusammenhang ist es natürlich sehr wichtig, dass nach der Flucht (Selbstrettung) aus der brandbetroffenen Wohnung die Wohnungseingangstüre wieder geschlossen wird. Dies könnte durch selbstschließende Wohnungseingangstüren gewährleistet werden, die zwar in den meisten Ländern in Deutschland, nicht jedoch in NRW vorgeschrieben sind.

Szenario 2: Die Bewohner entdecken den Brand nicht rechtzeitig und können nicht mehr fliehen

Dies ist z. B. der Fall, wenn die Bewohner im Schlaf vom Feuer überrascht werden. Gelingt es ihnen dann nicht, die Wohnung aus eigener Kraft zu verlassen (weil sich das Schadenfeuer z. B. bereits in den Wohnungsflur ausgebreitet hat), steht es schlecht um sie. Sie müssten dann in ihrer brennenden Wohnung so lange warten (und überleben), bis sie über Rettungsgeräte der Feuerwehr gerettet werden können. Dies ist in der Regel kritisch.

Deshalb sind die in der Bauordnung vorgeschriebenen Rauchwarnmelder in Wohnungen so wichtig. Ihre einzige Aufgabe (aus bauaufsichtlicher Sicht) besteht darin, bei einem eventuellen Brand die Bewohner in ihrer Wohnung (Nutzungseinheit) so frühzeitig zu warnen, dass sie aus eigene Kraft über ihren ersten baulichen Rettungsweg (in der Regel notwendige Treppe) fliehen können.

> Die Aufgabe der Rauchwarnmelder in Wohnungen besteht also nicht darin, dass die Feuerwehr frühzeitig alarmiert wird, sondern darin, dass die Bewohner **der brandbetroffenen Wohnung** rechtzeitig gewarnt werden, um ihnen eine Selbstrettung über den ersten (baulichen) Rettungsweg zu ermöglichen.

② Brandwarnmelder in der Küche

Man weiß (wegen fehlender genauer deutschlandweiter Statistiken) nicht genau, in welchen Zimmern in Wohnungen wie oft ein Brand ausbricht. Eines ist jedoch relativ sicher: Ein sehr großer Anteil der Wohnungsbrände bricht in den **Küchen** aus. Ausgerechnet dort sind in der Bauordnung keine Warnmelder vorgeschrieben!

Bricht aber das Schadenfeuer z. B. nachts in der Küche aus und ist die Küchentüre zum Flur geschlossen, so kann sich dort zunächst unbemerkt ein Entstehungsbrand entwickeln. Die Bewohner, die sich in diesem Fall in den anderen Zimmern (Schlafzimmern) aufhalten und dort schlafen, bekommen diese tödliche Gefahr nicht rechtzeitig mit, da sich die gesetzlich vorgeschriebenen Rauchwarnmelder nur in den Schlafräumen, Kinderzimmern und Rettungswegen befinden und sie deshalb bei einem Küchenbrand nicht rechtzeitig warnen können.

Erst wenn sich bei diesem Szenario der Küchenbrand so weiterentwickelt hat, dass die Küchentüre schlagartig versagt, und sich Feuer und Rauch in den Rettungsweg ausbreiten, werden die Bewohner durch den dort angebrachten Rauchwarnmelder gewarnt. Dann ist es jedoch meist zu spät, weil bei diesem Szenario eine Selbstrettung in der Regel nicht mehr möglich ist.

Deshalb ist es **dringend empfehlenswert**, auch in der **Küche einen Warnmelder** anzubringen. Rauchwarnmelder im Bereich oberhalb des Küchenherdes machen dabei natürlich keinen Sinn. Die einfachste Lösung sind Wärmewarnmelder. Sicherer und komfortabler sind Melder, die für den Einsatz in Küchen geeignet sind, z. B. Melder mit „Bi-Sensor-Prozessor-Technologie" (Mehrfunktionsmelder).

Auch wenn es in der BauO NRW nicht vorgeschrieben ist, ist es dringend empfehlenswert

- **alle Wohnungen im <u>Bestand</u> mit Rauchwarnmeldern nachzurüsten und**
- **in allen Küchen geeignete Melder (z. B. Wärmemelder bzw. Rauchwarnmelder, die für Küchen geeignet sind) anzubringen.**

Wichtig: Wird in der Küche ein Warnmelder angeordnet, so ersetzt dieser natürlich nicht die gesetzlich vorgeschriebenen Rauchwarnmelder in den Schlafräumen, Kinderzimmern und Fluren, über die Rettungswege von Aufenthaltsräumen führen.

③ Anforderungen an die Rauchwarnmelder

Grundsätzliche Informationen siehe z. B.: www.rauchmelder-lebensretter.de.

Anforderungen an die Rauchwarnmelder

Die Rauchwarnmelder müssen nach DIN EN 14604 geprüft und mit einem entsprechenden CE-Kennzeichen mit der Angabe „EN 14604" versehen sein. Sie müssen mit folgenden Angaben gekennzeichnet sein:

- CE-Kennzeichnung
- EN 14604
- Nummer der zum Produkt gehörenden Leistungserklärung
- Kennnummer des Produkttyps
- Name oder Handelszeichen und Adresse des Herstellers
- Kennnummer der notifizierten Stelle, die die vorgeschriebene technische Bewertung ausgestellt hat
- festgelegter Verwendungszweck: „Brandschutz"

Abgesetzt vom CE-Zeichen, aber auch auf dem Produkt, muss der Hersteller eine Typen-, Chargen- oder Seriennummer oder ein anderes Kennzeichen zur Identifizierung anbringen, sofern nicht bereits die „Kennnummer des Produkttyps" diese Nummer enthält.

Zusätzlich sollten noch folgende Angaben des Herstellers vorliegen:

- Herstellungsdatum des Melders,
- Empfohlenes Datum für einen Austausch des Melders.

Außerdem muss dem Rauchwarnmelder eine „Gebrauchsanleitung" mit allen erforderlichen Informationen beiliegen.

Anforderungen für Montage, Betrieb und Wartung der Rauchwarnmelder

Die Mindestanforderungen für die Planung, den Einbau, den Betrieb und die Instandhaltung von Rauchwarnmeldern in Wohnhäusern, Wohnungen und Räumen mit wohnungsähnlicher Nutzung sind in DIN 14676 festgelegt.

Empfehlung: Es ist dringend empfehlenswert, Rauchwarnmelder „mit höherer Qualität" (kenntlich an der „Q"-Kennzeichnung) zu verwenden. Diese haben eine fest eingebaute Batterie mit einer Lebensdauer von mindestens 10 Jahren, eine geprüfte Langlebigkeit, eine Reduktion von Falschalarmen und eine erhöhte Stabilität, z. B. gegen äußere Einflüsse. Außerdem ist darauf zu achten, dass mit der Prüftaste auch die Funktion der Messkammer überprüft wird.

Bei Bedarf (z. B. in Ein- und Zweifamilienwohnhäusern bzw größeren Wohnungen und Nutzungseinheiten) ist es empfehlenswert, entweder Melder mit Funkvernetzung zu wählen oder die Melder mit entsprechenden Funkmodulen nachzurüsten.

Natürlich müssen alle Rauchwarnmelder regelmäßig auf ihre Funktion geprüft und gewartet werden.

Diese Empfehlungen gelten sowohl für Neubauwohnungen als auch für vorhandene Wohnungen im Bestand. Planer, Bauherr und die zukünftigen Bewohner sollten auf diese Empfehlungen hingewiesen werden.

④ Schadenbeispiel

Vor den Augen der Feuerwehr in den Tod gestürzt

Bei einem Wohnungsbrand im 4. OG eines Wohngebäudes kamen nachts gegen 1.30 Uhr eine Mutter und ihr vier Jahre alter Sohn ums Leben. Ein zweiter, zweijähriger Sohn überlebte schwer verletzt, nachdem ihn die Mutter vom Balkon der lichterloh brennenden Wohnung geschubst hatte.

Der Brand brach vermutlich im Kinderzimmer oder im Wohnungsflur vor dem Kinderzimmer des vierjährigen Sohns aus. Da keine Rauchwarnmelder installiert waren, hatte das schlafende Kind keine Chance und starb (vermutlich ohne vorher wach zu werden). Die Mutter schlief mit ihrem zweijährigen Sohn in ihrem Schlafzimmer. Die Türen zwischen Schlafzimmer, Flur und Kinderzimmer waren geschlossen und so dicht, dass die schlafende Mutter das entstehende und sich immer weiter ausbreitende Feuer zunächst nicht bemerkte.

Erst als der Hund in der Nachbarwohnung laut bellte, wurden die Mutter und auch andere Bewohner wach. Zu diesem Zeitpunkt war es für eine Flucht über den Wohnungsflur zur notwendigen Treppe viel zu spät, da sich Feuer und Rauch bereits auf den Flur vor der Wohnungsausgangstür ausgebreitet hatten.

Die Mutter konnte nicht abwarten, bis die in der Zwischenzeit von den Nachbarn alarmierte Feuerwehr kam. Sie packte ihren zweijährigen Sohn in Betttücher und warf in vom Balkon im 4. OG. Anschließend sprang sie hinterher. Der zweijährige Sohn überlebte schwerverletzt. Die Mutter erlag ihren Verletzungen.

Erkenntnisse

Dieser Schaden zeigt, wie elementar wichtig Rauchwarnmelder in Wohnungen sind. Der Schadenverlauf entspricht dem in Punkt 1 beschriebenen Szenario 2. **Es war kein falsches Verhalten der Mutter!** Als die Mutter die Gefahr bemerkte, hatte sie keine Chance mehr. Sie konnte die Wohnungsausgangstüre zum ersten Rettungsweg = notwendigen Treppenraum (der zu diesem Zeitpunkt immer noch vollständig benutzbar gewesen wäre) wegen des Brandes im Flur nicht erreichen. Sie konnte auch nicht auf die Feuerwehr warten. Sie hatte nur die Wahl, zu verbrennen oder zu springen.

Es ist in der Brandschutz-Fachwelt sicher unstrittig, dass für die Mutter eine unmittelbare Lebensgefahr bestand. Ihr stand in ihrer Wohnung weder ein erster noch ein zweiter funktionsfähiger Rettungsweg zur Verfügung. Wären in dieser Wohnung Rauchwarnmelder montiert gewesen, so hätten diese mit an Sicherheit grenzender Wahrscheinlichkeit rechtzeitig gewarnt. Die Mutter hätte sich dann mit ihren beiden Kindern über den ersten baulichen Rettungsweg in Sicherheit bringen können.

Bild 4.1: Übersicht von außen

Die Mutter sprang vom Balkon der Wohnung im 4. OG (Pfeil).

Bild 4.2: Der Brandentstehungsraum

In diesem Kinderzimmer wurde der vierjährige Sohn vom Brand überrascht. Da kein Rauchwarnmelder angeordnet war, hatte das Kind keine Chance und verstarb (vermutlich ohne vorher aufzuwachen). Der Junge wurde erst bei den Löscharbeiten von der Feuerwehr gefunden und tot aus dem Kinderzimmer geborgen.

Bild 4.3: Der Wohnungsflur mit Blick auf die Treppe

Der baulich gesicherte erste Rettungsweg beginnt erst an der Wohnungsausgangstüre zum notwendigen Treppenraum. Als die Mutter schließlich wach wurde, hatten sich Feuer und Rauch bereits so auf den Flur ausgebreitet, dass die Wohnungsausgangstüre zum ersten Rettungsweg nicht mehr erreichbar war.

Bild 4.4: Links die Türe zum Schlafzimmer und vorne der Balkon, von dem die Mutter in den Tod sprang

Die Mutter konnte auch nicht im Schlafzimmer auf die Feuerwehr warten, da die Türe vom Flur zum Schlafzimmer durchbrannte.

24

24.2 Nutzungseinheiten zum Zwecke der Pflege oder Betreuung von Personen

Gebäude mit Nutzungseinheiten zum Zwecke der Pflege oder Betreuung von Personen mit Pflegebedürftigkeit oder Behinderung, deren Selbstrettungsfähigkeit eingeschränkt ist, gelten nicht als Wohnungen, sondern als große Sonderbauten nach § 50 Absatz 2 (BauO NRW), wenn die Nutzungseinheiten 1. einzeln für mehr als sechs Personen oder 2. für Personen mit Intensivpflegebedarf bestimmt sind oder 3. einen gemeinsamen Rettungsweg haben und für insgesamt mehr als zwölf Personen bestimmt sind.	BauO NRW § 47 (5)	

25 Löschwasserversorgung und Feuerlöscher

25.1 Grundsätzliche Anforderungen an die Löschwasserversorgung		
Gebäude dürfen nur errichtet werden, wenn gesichert ist, dass [...] die erforderlichen Anlagen zur Versorgung mit Löschwasser vorhanden und benutzbar sind. [2]Zur Brandbekämpfung muss eine ausreichende Wassermenge zur Verfügung stehen.	BauO NRW § 4 (1) § 14 Satz 2	Atlas 6.17.1/3

① Grundsätzliche Anforderungen an die Löschwasserversorgung

Zum Nachweis der Löschwasserversorgung sind je nach Gebäude und Situation mehrere Faktoren zu berücksichtigen. Grundsätzlich sind hierzu im Brandschutzkonzept darzustellen:

1. Ermittlung und Nachweis des Löschwasserbedarfs für eine Dauer von mindestens 2 Std. (Hierfür können in der Regel die Richtwerte des DVGW Arbeitsblatts W 405:2008-02 (siehe den nachfolgenden Punkt 2) herangezogen werden).
2. Löschwassernachweis*1 und Entfernung der **ersten Löschwasserentnahmestelle**. Diese sollte in einer Entfernung von maximal 75 m Lauflinie bis zum Zugang des Grundstücks von der öffentlichen Verkehrsfläche aus sichergestellt sein*2
3. Löschwassernachweis für die gesamte Löschwassermenge in einem Umkreis (Radius) von 300 m*3.

Tipp: Je nach Situation können noch weitere Anforderungen bestehen. Weitere Informationen hierzu siehe z. B. die Fachempfehlung: „Löschwasserversorgung aus Hydranten in öffentlichen Verkehrsflächen“ der AGBF Bund 2018-04 (www.agbf.de).

② Richtwerte für den Löschwasserbedarf nach DVGW Arbeitsblatt W 405

Richtwerte für den Löschwasserbedarf (m^3/h) unter Berücksichtigung der baulichen Nutzung und der Gefahr der Brandausbreitung nach DVGW Arbeitsblatt W 405:2008-02				
Bauliche Nutzung nach § 17 der Baunutzungsverordnung GFZ = Geschossflächenzahl		**Löschwasserbedarf für 2 Stunden in m^3/h bei Brandausbreitungsgefahr**		
		klein	**mittel**	**groß**
Reine Wohngebiete (WR), allgemeine Wohngebiete (WA), besondere Wohngebiete (WB), Mischgebiete (MI), Dorfgebiete (MD)*4	Vollgeschosse ≤ 3 0,3 ≤ GFZ ≤ 0,7	48	96	96
	Vollgeschosse > 3 0,7 < GFZ ≤ 1,2	96	96	192
Gewerbegebiete (GE)*5	Vollgeschosse ≤ 3 0,3 ≤ GFZ ≤ 0,7	48	96	96
Gewerbegebiete (GE)*5, Kerngebiete (MK)	Vollgeschosse = 1 0,7 < GFZ ≤ 1	96	96	192
	Vollgeschosse > 1 1 < GFZ ≤ 2,4	96	192	192
Industriegebiete (GI)*5	Baumassenzahl ≤ 9	96	192	192

Brandausbreitungsgefahr	**Überwiegende Bauart**
klein:	• feuerbeständige, hochfeuerhemmende oder feuerhemmende Umfassungen, harte Bedachungen.
mittel:	• Umfassungen nicht feuerbeständig oder nicht hochfeuerhemmend oder nicht feuerhemmend, harte Bedachungen oder • Umfassungen feuerbeständig oder feuerhemmend, weiche Bedachungen.
groß:	• Umfassungen nicht feuerbeständig oder nicht feuerhemmend; weiche Bedachungen, Umfassungen aus Holzfachwerk (ausgemauert). Stark behinderte Zugänglichkeit, Häufung von Feuerbrücken usw.

*1 In der Fachempfehlung: „Löschwasserversorgung aus Hydranten in öffentlichen Verkehrsflächen" der AGBF Bund 2018-04 heißt es hierzu: *„Entnahmestellen mit 400 l/min (24 m3/h) sind vertretbar, wenn die gesamte Löschwassermenge des Grundschutzes in einem Umkreis (Radius) von 300 m aus maximal 2 Entnahmestellen sichergestellt werden kann".*

*2 **Anmerkung:** In der Fachempfehlung: „Löschwasserversorgung aus Hydranten in öffentlichen Verkehrsflächen" der AGBF Bund 2018-04 heißt es hierzu: *„... muss in einer Entfernung von 75 m* ***Lauflinie*** *... sichergestellt sein".* Im früheren AGBF Merkblatt von 2009 wird diesbezüglich eine Entfernung von 75 m **Luftlinie** als gerade noch erträgliche Grenze genannt. Die Entfernung hängt natürlich auch wesentlich von der Leistungsfähigkeit und Ausrüstung der jeweiligen Feuerwehr ab. Im Zweifelsfall ist eine frühzeitige Abstimmung mit der den Brandschutz prüfenden Stelle und der Feuerwehr empfehlenswert.

*3 Diese Umkreisregelung gilt nicht über unüberwindbare Hindernisse hinweg. Diese sind z. B. Bahntrassen oder mehrstreifige Schnellstraßen sowie große, lang gestreckte Gebäudekomplexe, die die tatsächliche Laufstrecke zur Löschleitungsverlegung gegenüber dem Umkreis um die Löschwasserentnahmestellen unverhältnismäßig verlängern.

*4 Soweit nicht unter kleine ländliche Ansiedlungen (siehe DVGW Arbeitsblatt W 405 Abschnitt 5, 4. Absatz) fallend.

*5 Für Gewerbe- und Industriebauten, die nach der MIndBauRL behandelt werden, ergibt sich der Löschwasserbedarf gemäß Punkt 5.1 MIndBauRL.

25.2 Feuerlöscheinrichtungen		
In der BauO NRW sind hierzu keine besonderen Aussagen getroffen.		

① Feuerlöscheinrichtungen

Für Wohngebäude und Wohnungen sind gemäß BauO NRW keine Feuerlöscher vorgeschrieben.

Für Arbeitsstätten werden die Anforderungen an Feuerlöscheinrichtungen und die erforderlichen Löschmitteleinheiten nach ASR 13/1,2 bzw. BGR 133 vorgeschrieben bzw. ermittelt. Dabei handelt es sich jedoch um keine Vorschrift des Baurechts, sondern des Arbeitsstättenrechts.

Für Sonderbauten ergeben sich die Anforderungen aus der jeweiligen Sonderbauvorschrift bzw. aus der Risikosituation und den Schutzzielen.

Empfehlung: Es ist empfehlenswert, für Arbeitsstätten wie Büros, Praxen und Lager die Anforderungen an Feuerlöscheinrichtungen mit der für das Arbeitsstättenrecht zuständigen Stelle abzustimmen. Bezüglich der richtigen Wahl der Feuerlöscher und der Aufstellorte ist auch eine Abstimmung mit der Feuerwehr empfehlenswert.

26 Weitere Anforderungen

26 Weitere Anforderungen		
Für Gebäude, die **keine (großen) Sonderbauten** sind und die nach der **BauO NRW** beurteilt werden können, enthalten die vorstehenden Kapitel 1 bis 25 die wichtigsten Kriterien für ein Brandschutzkonzept. **Bei jeder Benutzung der Checkliste sollte jedoch geprüft werden, ob damit alle relevanten Punkte bearbeitet und abgehandelt worden sind.** Bei (großen) **Sonderbauten** und bestimmten **besonderen Nutzungen** muss das Brandschutzkonzept weitergehende Angaben enthalten, soweit dies für die brandschutztechnische Beurteilung notwendig ist. In der „Verordnung über bautechnische Prüfungen (BauPrüfVO)" heißt es hierzu in § 9:	BauO NRW § 70 (2)	
(1) Das Brandschutzkonzept ist eine zielorientierte Gesamtbewertung des baulichen und abwehrenden Brandschutzes bei Sonderbauten durch den in § 54 Absatz 3 BauO NRW 2018 bestimmten Personenkreis. (2) Das Brandschutzkonzept muss insbesondere folgende Angaben enthalten: 1. Zu- und Durchfahrten sowie Aufstell- und Bewegungsflächen für die Feuerwehr, 2. den Nachweis der erforderlichen Löschwassermenge, den Nachweis der Löschwasserversorgung und die Angabe über die Hydrantenstandorte, 3. Bemessung, Lage und Anordnung der Löschwasser-Rückhalteanlagen, 4. das System der äußeren und der inneren Abschottungen in Brandabschnitte beziehungsweise Brandbekämpfungsabschnitte sowie der Rauchabschnitte mit Angaben zur Feuerwiderstandsfähigkeit der Bauteile und Anforderungen an das Brandverhalten der Baustoffe, 5. Lage, Anordnung, Bemessung (gegebenenfalls durch rechnerischen Nachweis) und Kennzeichnung der Rettungswege auf dem Baugrundstück und in Gebäuden mit Angaben zur Sicherheitsbeleuchtung, zu automatischen Schiebetüren und zu elektrischen Verriegelungen von Türen, 6. die höchstzulässige Zahl der Nutzer der baulichen Anlage, deren Mobilität und Grundzüge der Evakuierung, 7. Lage und Anordnung haustechnischer Anlagen, insbesondere der Leitungsanlagen, gegebenenfalls mit Angaben zum Brandverhalten im Bereich von Rettungswegen sowie von Aufzügen, 8. Lage und Anordnung der Lüftungsanlagen mit Angaben zur brandschutztechnischen Ausbildung, 9. Lage, Anordnung und Bemessung der Rauch- und Wärmeabzugsanlagen mit Eintragung der Querschnitte beziehungsweise Luftwechselraten sowie der Überdruckanlagen zur Rauchfreihaltung von Rettungswegen, 10. die Alarmierungseinrichtungen und Alarmierungsanlagen, 11. Lage, Anordnung und gegebenenfalls Bemessung von Anlagen, Einrichtungen und Geräten zur Brandbekämpfung (wie Feuerlöschanlagen, Steigleitungen, Wandhydranten, Schlauchanschlussleitungen, Feuerlöschgeräte) mit Angaben zu Schutzbereichen und zur Bevorratung von Sonderlöschmitteln, 12. Sicherheitsstromversorgung mit Angaben zur Bemessung und zur Lage und brandschutztechnischen Ausbildung des Aufstellraums, der Ersatzstromversorgungsanlagen (Batterien, Stromerzeugungsaggregate) und zum Funktionserhalt der elektrischen Leitungsanlagen, 13. Lage und Anordnung von Brandmeldeanlagen mit Unterzentralen und Feuerwehrtableaus, Auslösestellen, 14. Grundzüge der funktionalen steuerungstechnischen Zusammenhänge, 15. Feuerwehrpläne, 16. betriebliche Maßnahmen zur Brandverhütung und Brandbekämpfung sowie zur Rettung von Personen (wie Werkfeuerwehr, Betriebsfeuerwehr, Hausfeuerwehr, Brandschutzordnung, Maßnahmen zur Räumung, Räumungssignale), 17. Angaben darüber, welchen materiellen Anforderungen der BauO NRW 2018 oder in Vorschriften aufgrund der BauO NRW 2018 nicht entsprochen wird und welche ausgleichenden Maßnahmen stattdessen vorgesehen werden, 18. Anwendung von Verfahren und Methoden des Brandschutzingenieurwesens. Die Angaben sind in einem schriftlichen Erläuterungsbericht zu formulieren und durch zeichnerische Darstellung der baulichen Anforderungen unter Angabe der technischen Anforderungen zu ergänzen.	BauPrüfVO § 9	Atlas 8
Achtung: Bei (großen) Sonderbauten und bestimmten besonderen Nutzungen muss das Brandschutzkonzept mit den vorstehenden Punkten 1 bis 18 ergänzt werden, soweit diese nicht bereits über die Checkliste bearbeitet worden sind. In der Regel sind in der „Verordnung über Bau und Betrieb von Sonderbauten (Sonderbauverordnung – SBauVO) bzw. sonstigen Sonderverordnungen bzw. -vorschriften weitergehende Anforderungen enthalten, siehe hierzu VV TB NRW Abschnitt A 2.2.1.15 und A 2.2.2. Bei **nicht geregelten Sonderbauten** können auch die entsprechenden Mustervorschriften als Anhaltspunkt für besondere Anforderungen herangezogen werden. **Wichtig:** Falls das Brandschutzkonzept im bauaufsichtlichen Verfahren erforderlich ist (gemäß BauO NRW § 70 (2) bzw. bei (kleinen) Sonderbauten verlangt wird (BauO NRW § 50 (1) Nr. 19), bestehen an den Ersteller des Konzepts nach BauO NRW § 54 (3) folgende Anforderungen:	VV TB NRW A 2.2.1.15 A 2.2.2 BauO NRW § 54 (3)	
„Brandschutzkonzepte für bauliche Anlagen werden von staatlich anerkannten Sachverständigen nach § 87 Absatz 2 Satz 1 Nummer 4 für die Prüfung des Brandschutzes, von öffentlich bestellten und vereidigten Sachverständigen für vorbeugenden Brandschutz nach § 36 der Gewerbeordnung in der Fassung der Bekanntmachung vom 22. Februar 1999 (BGBl. I S. 202), die zuletzt durch Artikel 1 des Gesetzes vom 17. Oktober 2017 (BGBl. I S. 3562) geändert worden ist, oder von Personen aufgestellt, die im Einzelfall für die Aufgabe nach Sachkunde und Erfahrung vergleichbar geeignet sind."		

26

27 Abweichungen und Erleichterungen

27 Abweichungen und Erleichterungen		
Abweichungen	BauO NRW	
[1]Die Bauaufsichtsbehörde kann Abweichungen von Anforderungen dieses Gesetzes und aufgrund dieses Gesetzes erlassener Vorschriften zulassen, wenn sie unter Berücksichtigung des Zwecks der jeweiligen Anforderung und unter Würdigung der öffentlich-rechtlich geschützten nachbarlichen Belange mit den öffentlichen Belangen, insbesondere den Anforderungen des § 3 Absatz 1 und 3 vereinbar ist.	§ 69 (1)	
[2]Unter den Voraussetzungen des Satzes 1 sind Abweichungen zuzulassen, wenn sie der Verwirklichung von Vorhaben zur Einsparung von Wasser oder Energie oder der Schaffung oder Erneuerung von Wohnraum dienen.		
[3]Soll von einer technischen Anforderung abgewichen werden, ist der Genehmigungsbehörde nachzuweisen, dass dem Zweck dieser Anforderung auf andere Weise entsprochen wird.		
[1]Die Zulassung von Abweichungen nach Absatz 1, von Ausnahmen und Befreiungen von den Festsetzungen eines Bebauungsplans oder einer sonstigen städtebaulichen Satzung oder von Regelungen der Baunutzungsverordnung ist gesondert schriftlich zu beantragen.	§ 69 (2)	
[2]Der Antrag ist zu begründen.		
[3]Für Anlagen, die keiner Genehmigung bedürfen, sowie für Abweichungen von Vorschriften, die im Genehmigungsverfahren nicht geprüft werden, gilt Satz 1 entsprechend.		
[1]Über Abweichungen nach Absatz 1 Satz 1 von örtlichen Bauvorschriften sowie über Ausnahmen und Befreiungen nach Absatz 2 Satz 1 entscheidet bei nicht genehmigungsbedürftigen Bauvorhaben die Gemeinde nach Maßgabe der Absätze 1 und 2.	§ 69 (3)	
[2]Im Übrigen lässt die Bauaufsichtsbehörde Abweichungen von örtlichen Bauvorschriften im Einvernehmen mit der Gemeinde zu. § 36 Absatz 2 Satz 2 Baugesetzbuch gilt entsprechend.		
[3]Die Gemeinde bzw. die Bauaufsichtsbehörde hat über den Abweichungsantrag innerhalb einer Frist von sechs Wochen nach Eingang des vollständigen Antrags bei ihr zu entscheiden.		
[4]Sie kann die Frist aus wichtigen Gründen bis zu sechs Wochen verlängern.		
Baugenehmigung, Baubeginn		
[1]Die Baugenehmigung bedarf der Schriftform. Sie ist nur insoweit zu begründen, als Abweichungen oder Befreiungen von nachbarschützenden Vorschriften zugelassen werden und der Nachbar nicht nach § 72 Absatz 2 zugestimmt hat.	§ 74 (2)	
[2]Eine Ausfertigung der mit einem Genehmigungsvermerk versehenen Bauvorlagen ist der Antragstellerin oder dem Antragsteller mit der Baugenehmigung zuzustellen.	§ 74 (2)	
Erleichterungen		
Siehe Kapitel 2-2.	§ 50 (1)	

(1) Zusammenstellung der Abweichungen, Erleichterungen und brandschutztechnischen Besonderheiten

Bei jedem Brandschutzkonzept ist es sinnvoll bzw. notwendig, alle darin enthaltenen **Abweichungen, Erleichterungen und brandschutztechnischen Besonderheiten** übersichtlich zusammenzufassen und darzustellen. Dies ermöglicht dem Anwender (Leser) in Verbindung mit der Visualisierung des Brandschutzkonzepts in Form von Brandschutzplänen einen schnellen Überblick.

(2) Behandlung von Abweichungen und Erleichterungen

Die Genehmigung bzw. Bescheinigung von Abweichungen (bei Sonderbauten Erleichterungen) sind **essenziell für die Erteilung der Baugenehmigung** bzw. für ein den Bauvorschriften entsprechendes, fachgerecht erstelltes Gebäude.

> Bei vorliegenden bzw. erforderlichen Abweichungen bzw. Erleichterungen sind in der Regel entsprechende **Kompensationsmaßnahmen** notwendig bzw. es muss nachgewiesen werden, dass die bauaufsichtlichen Schutzziele erreicht werden oder die Abweichungen bzw. Erleichterungen sind nicht möglich.

Es ist empfehlenswert, die Formulierung und Begründung von Abweichungen und Erleichterungen möglichst kurz zu halten, dabei aber **alle wesentlichen Punkte zu erläutern**. Außerdem sollten sie z. B. als Übersicht am Ende des Brandschutzkonzepts zusammengefasst werden, so dass der Anwender (Leser) sich mit wenig Aufwand ein Bild davon machen kann.

Eine Abweichung (bei Sonderbauten Erleichterung) besteht grundsätzlich aus zwei Teilen:

1. **Formulierung der Abweichung** (Erleichterung) mit Erläuterung, warum und in welcher Weise von der jeweiligen Anforderung der BauO NRW (bzw. der jeweiligen Vorschrift) abgewichen wird. **Wichtig:** mit genauer Angabe des betreffenden Paragrafen!
2. **Begründung**, wie bzw. warum bzw. mit welchen **Kompensationsmaßnahmen** die bauaufsichtlichen Schutzziele eingehalten werden, die dem Paragrafen, von dem abgewichen wird, zugrunde liegen. **Achtung:** Die Begründung der Abweichung (Erleichterung) sollte sich dabei genau auf das jeweilige bauaufsichtliche Schutzziel beziehen, das in dem Paragrafen, von dem abgewichen werden soll, geregelt wird.

Abweichungen und Erleichterungen bei Rettungswegen

Grundsätzlich sind Abweichungen (Erleichterungen) bei Rettungswegen kritischer zu sehen als bei sonstigen materiellen Anforderungen der Bauordnung. Mit ihnen sollte deshalb **besonders sorgfältig** umgegangen werden. Bei Abweichungen (Erleichterungen) **von den Rettungswegen** ohne ausreichende Kompensation bzw. Begründung erfolgt in der Regel keine Genehmigung bzw. Bescheinigung, so dass dann meist grundlegende (und aufwendige) Änderungen erforderlich sind.

Möglichst frühzeitige Abstimmung bzw. Klärung von notwendigen Abweichungen (Erleichterungen)

Wichtig: Eine **frühzeitige** Abstimmung bzw. Klärung von erforderlichen Abweichungen (Erleichterungen) mit der den Brandschutz prüfenden bzw. bescheinigenden Stelle ist **dringend empfehlenswert**! Werden notwendige Abweichungen (Erleichterungen) zu spät erkannt, und kommt es dabei zu Problemen bei der Bescheinigung bzw. Genehmigung, kann dies zu **erheblichen Verzögerungen** führen (in der Regel verbunden mit Neu- und/oder Umplanungen, erheblichem Mehraufwand und/oder Mehrkosten und/oder großem Aufwand/Ärger).

Interpretation der bauaufsichtlichen Schutzziele

Eine Abweichung (Erleichterung) ist in der Regel nur möglich, wenn die bauaufsichtlichen Schutzziele eingehalten werden, insbesondere „wenn keine Bedenken wegen des Brandschutzes bestehen". Grundsätzliches zur Interpretation der bauaufsichtlichen Schutzziele siehe Kapitel 3, Punkte 2 und 3.

Beispiel 1: Abweichung ohne Kompensation – Brandabschnitt länger als 40 m (Kapitel 5.1, Punkt 3, Bild 3.7)

In diesem Fall ist eine Abweichung von § 30 Absatz 2 Nr. 2 ohne Kompensation möglich, da das Schutzziel der BauO NRW darin besteht, dass zum einen die Schadensgröße begrenzt wird und zum anderen wirksame Löscharbeiten möglich sind. Dies wird im vorliegenden Beispiel eingehalten.

Beispiel 2: Abweichung ohne Kompensation – feuerhemmende Flurwand mit G-Brandschutzverglasung ab 1,80 m Höhe (Kapitel 8.4, Punkt 5, Bild 5.2)

Da die Brandschutzverglasung in der feuerhemmenden Wand des notwendigen Flurs in einer Höhe von über 1,80 m angeordnet ist, bestehen in der Regel keine Bedenken wegen der Strahlungswärme. Deshalb kann als Abweichung von § 36 Absatz 4 Satz 1 BauO NRW eine G 30- (national) bzw. E 30- (europäisch) Brandschutzverglasung angeordnet werden.

Beispiel 3: Abweichung ohne Kompensation – Größe des Rettungsfensters im EG nur 0,60 m × 1,00 m (Kapitel 11, Punkt 10)

Eine Abweichung von § 37 Absatz 5 Satz 1 (Mindestgröße des Fensters 0,90 m × 1,20 m) ist möglich, da sich das Fenster, über das der zweite Rettungsweg führt, im EG befindet und beidseitig nicht höher als 1,20 m über der Fußbodenoberkante angeordnet ist. Es bestehen keine Bedenken wegen der Personenrettung, da bei einer Brüstungshöhe von 1,20 m eine Anleiterbarkeit nicht notwendig ist. **Achtung:** Es ist wichtig, dass diese Abweichung im Vorfeld mit der den Brandschutz prüfenden (bescheinigenden) Stelle abgestimmt wird, da hier durchaus auch andere Meinungen bestehen können (siehe hierzu auch Kapitel 3, Punkte 2 und 3).

Beispiel 4: Abweichung mit anderer gleichwertiger Lösung – Nottreppe, die im Brandfall gefährdet werden kann, vor der Außenwand (Kapitel 10.1, Punkt 7, Bild 7.8)

In diesem Beispiel wird von § 33 Absatz 2 Satz 2 BauO NRW abgewichen, der als zweiten Rettungsweg eine weitere notwendige Treppe oder eine mit Rettungsgeräten der Feuerwehr erreichbare Stelle vorsieht. Erläuterung siehe Bildbeschreibung.

Beispiel 5: Abweichung mit Kompensation – feuerhemmender, rauchdichter und selbstschließender Abschluss in einer Brandwand (Kapitel 5.7, Punkt 2, Bilder 2.5 bis 2.6)

Bei der dargestellten Situation wird als Abweichung von § 30 Absatz 8 BauO NRW anstelle eines nicht absperrbaren feuerbeständigen, rauchdichten und selbstschließenden Abschlusses ein nicht absperrbarer feuerhemmender, rauchdichter und selbstschließender Abschluss angeordnet. Zur Gewährleistung des Brandschutzes werden als Kompensation die Wände, Decken und Böden der an die Brandwandöffnung anschließenden brandlastfreien Flure beidseits der Brandwand auf 2,50 m Länge feuerbeständig gesichert. Auf diese Weise wird ein 5 m langer, brandlastfreier und feuerbeständig gesicherter „Korridor" gebildet, der zusammen mit dem feuerhemmenden Element das bauaufsichtliche Schutzziel der Brandwand so erfüllt, dass keine Bedenken wegen des Brandschutzes bestehen.

Beispiel 6: Abweichung mit Kompensation – 3,50 m breites feuerhemmendes, rauchdichtes und selbstschließendes Türelement mit lichtdurchlässigen Seitenteilen und Oberlichten in einer Treppenraumwand in der Bauart einer Brandwand (Kapitel 10.7, Punkt 5, Bild 5.2)

Es ist eine Abweichung von § 35 Absatz 6 Satz 2 erforderlich, da das Türelement breiter als 2,50 m ist. Zur Kompensation wird die Türe feuerhemmend, rauchdicht und selbstschließend ausgeführt. Weitere Beschreibung siehe bei Bild 5.2.

Beispiel 7: Erleichterung mit Kompensation bei einem Bestandsgebäude (Schule) mit Nutzungsänderung

Im Bestand vorhanden: Gebäude der Gebäudeklasse 5 mit Holzbalkendecken, für die unterstellt werden kann, dass sie mindestens die Anforderung feuerhemmend erfüllen. **Im Gebäude wird eine Nutzungsänderung durchgeführt, so dass der grundsätzlich vorhandene Bestandsschutz nicht mehr besteht.** Eine Nachrüstung der Decken auf die heutige bauaufsichtliche Anforderung „feuerbeständig" ist mit einem vertretbaren Aufwand nicht möglich. Eine „Aufrüstung" der Decken auf F 90-B würde ebenfalls einen unvertretbar hohen Aufwand bedeuten. Die feuerhemmenden Decken sollen im Bestand ohne Änderungen verbleiben. **Es ist folgende Erleichterung möglich:**

Gefordert nach BauO NRW § 31 (1) für GK 5: Decken feuerbeständig.

Vorhanden: Decken feuerhemmend.

Erleichterung von BauO NRW § 31 (1). **Erläuterung:** Die Decken sollen nicht ertüchtigt werden, da dies einen unverhältnismäßig großen Aufwand bedeuten würde und selbst nach einer Ertüchtigung lediglich F 90-B, also nicht die geforderte Feuerbeständigkeit erreicht würde.

Kompensation: Brandmeldeanlage (BMA), Vollschutz (Kat. 1) mit Aufschaltung an eine ständig besetzte Stelle.

Begründung: Durch die BMA mit Aufschaltung wird vor allem nachts und zu Ferienzeiten eine deutlich schnellere Alarmierung erreicht. Wirksame Löscharbeiten können deutlich schneller durchgeführt werden. Die tragenden Wände des Gebäudes sind feuerbeständig. Ein punktueller Brand hat damit keinen Einfluss auf das Gesamttragwerk des Gebäudes und kann durch die BMA schneller und wirksamer gelöscht werden. Außerdem sind bei einer Schule die Flucht und Rettung auch bei feuerhemmenden Decken gewährleistet. Durch die BMA mit Vollschutz wird auch die Situation der Flucht und Rettung wesentlich verbessert.

Wichtige Anmerkung: Die BMA ist im vorliegenden Fall nur erforderlich, weil eine **Nutzungsänderung** erfolgt, durch die ein Genehmigungsverfahren ausgelöst wird. Bei einer Schule in GK 5 mit Holzbalkendecken im **geschützten Bestand ohne Nutzungsänderung** (mit formellem oder materiellem Bestandsschutz) sind in der Regel bezüglich der feuerhemmenden Holzbalkendecken weder eine Befreiung noch eine Kompensation erforderlich. Die Flucht und Rettung der Nutzer ist in der Regel auch bei feuerhemmenden Holzbalkendecken gewährleistet, wenn durch die Hausalarmanlage eine schnelle Räumung der Schule über **bauliche Rettungswege** möglich ist.

28 Visualisierung des Brandschutzkonzepts und Legende für Brandschutzpläne

Für eine schnelle und einfache Übersicht und Handhabung sollten alle Anforderungen

- an **raumabschließende, feuerwiderstandsfähige** Wände und Decken (einschließlich der Sicherung ihrer Öffnungen) (im Wesentlichen Kapitel 5 bis 8, 10 und 18 dieses Werkes) sowie
- an die **Rettungswege und maximalen Rettungsweglängen** (im Wesentlichen Kapitel 8 bis 12 dieses Buches).

in Brandschutzplänen visualisiert werden.

Weitere Anforderungen und Angaben (z. B. brandschutztechnisch wichtige Bereiche) sollten nur dann eingetragen werden, wenn es sinnvoll ist und dadurch die Übersichtlichkeit nicht leidet. Anforderungen an das Tragwerk sollten nicht in diese Pläne eingetragen werden. Für die Visualisierung ist die nachfolgende Legende für Brandschutzpläne empfehlenswert.

Legende für Brandschutzpläne

Farbe/Zeichen	**in Worten**	**Bauteil**
	violett	Brandwand = BW fb + nb + M, (M = mechanische Beanspruchung)
	orange + violette Strich-Punkt-Linie	Wand, die auch unter zusätzlicher mechanischer Beanspruchung hochfeuerhemmend ist = hf WaBW, (hf + M), z.B. WaBW in GK 4
	rot + schwarze Strich-Punkt-Linie	Wand, die von innen nach außen fh und von außen nach innen fb ist = F 30 [i→a] - F 90 [i←a], z.B. Gebäudeabschlusswand GK 1 bis 3
	violett + blaue Strich-Punkt-Linie	Bauart einer Brandwand = BaBW fb + nb + M, z.B. Treppenraumwand in GK 5
	orange + blaue Strich-Punkt-Linie	Wand, die auch unter zusätzlicher mechanischer Beanspruchung hf ist, in Bauart einer Brandwand = hf BaBW (hf + M), z.B. Treppenraumwand in GK 4
	rot	fb = feuerbeständig
	orange	hf = hochfeuerhemmend
	gelb	fh = feuerhemmend
	blau	Sicherung von Türen/Öffnungen mit klassifizierten Abschlüssen mit Angabe der bauaufsichtlichen Anforderungen, z.B. fb + rd + s, fb +d + s, rd + s
	hellblau	Sicherung von Türöffnungen mit nicht klassifizierten Abschlüssen mit Angabe der bauaufsichtlichen Anforderungen, z.B. d, d + s, v + d + s
	dunkelgrün	notwendige Treppe, notwendiger Treppenraum und zugehöriger Ausgang ins Freie
	hellgrün	notwendiger Flur
	grün	erster Rettungsweg bzw. baulicher Rettungsweg
	grün	zweiter Rettungsweg durch Rettungsgeräte der Feuerwehr
	grün	Angabe der maximalen Rettungsweglänge
	grün	anleiterbare Stelle bzw. geeignetes Fenster für den zweiten Rettungsweg mit tragbaren Leitern der Feuerwehr (4-teilige Steckleiter)
	grün	anleiterbare Stelle bzw. geeignetes Fenster für zweiten Rettungsweg mit Hubrettungsgeräten der Feuerwehr
	grün	Feuerwehrzu-/-durchgang für tragbare Leitern oder zweiten baulichen Rettungsweg
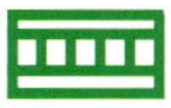	grün	Feuerwehrzu-/-durchfahrt + Aufstellflächen für Hubrettungsgeräte der Feuerwehr + Bewegungsflächen

29 Zuordnung der bauaufsichtlichen Anforderungen zu nationalen und europäischen Klassen

Anmerkung: Die nachfolgenden Tabellen und Ausführungen basieren auf dem Kenntnisgabedokument „Änderungen der MVV TB für die Ausgabe 2019/1" bzw. der MVV TB 2019. Es ist davon auszugehen, dass diese Änderungen auch in die VV TB NRW übernommen werden.

Wichtig: In den nachfolgenden Tabellen wurden die Inhalte der Anlage 4 VV TB NRW zur besseren Übersichtlichkeit und Lesbarkeit teilweise vereinfacht und zusammengefasst wiedergegeben. Außerdem wird die MVV TB ständig überarbeitet, so dass sich die Zuordnungen bzw. zugeordneten Anforderungen jederzeit ändern können. **Es gelten immer die in der aktuellen VV TB NRW Anlage 4 (nach Einführung der neuen MVV TB auch Anlage 14) enthaltenen Angaben.**

Tabelle 29.1: Zuordnung der bauaufsichtlichen Anforderungen an Baustoffe zu nationalen und europäischen Klassen gemäß VV TB NRW Anhang 4

Bauaufsichtliche Anforderungen an Baustoffe	**Abkürzung**	**Mindestens erforderliche nationale Klassen nach DIN 4102-1**	**Zusätzliche Merkmale für die Verwendung**	**Mindestens erforderliche Leistung (europäische Klassen nach DIN EN 13501-1)**		
Brandverhalten von Baustoffen (Bauprodukten)						
				Bauprodukte, ausgenommen lineare Rohrdämmstoffe u. Bodenbeläge	**lineare Rohrdämmstoffe**	**Bodenbeläge**
nichtbrennbar*[1]	nb	A 2	-	A 2 - s1, d0*	$A\,2_L$ - s1, d0*	$A\,2_{fl}$ - s1
schwer entflammbar	se	B 1	Baustoffe mit Ausnahme Bodenbeläge: • [bR] = begrenzte Rauchentwicklung (I ≤ 400 % × Min. bei Prüfung nach DIN 4102-15:1990-05) bestanden	C - s3, d2* (C - s2, d2* nach MVV TB 2019)	C_L - s3, d2* (C_L - s2, d2* nach MVV TB 2019)	C_{fl} - s1
schwer entflammbar und nicht brennend abfallend oder abtropfend	se [nba]	B 1 [nba]	• [nba] = nicht brennend abfallend oder abtropfend erfüllt, • [bR] = begrenzte Rauchentwicklung (I ≤ 400 % × Min. bei Prüfung nach DIN 4102-15:1990-05) bestanden	C - s3, d0* (C - s2, d0* nach MVV TB 2019)	C_L - s3, d0* (C_L - s2, d0* nach MVV TB 2019)	–
schwer entflammbar und geringe Rauchentwicklung	se [gR]	B 1 [gR]	• [gR] = geringe Rauchentwicklung (I ≤ 100 % × Min. bei Prüfung nach DIN 4102-15:1990-05) bestanden	C - s1, d2*	C_L - s1, d2*	C_{fl} - s1
schwer entflammbar und nicht brennend abfallend oder abtropfend sowie geringe Rauchentwicklung	se [nba] [gR]	B 1 [nba] [gR]	• [nba] = nicht brennend abfallend oder abtropfend erfüllt, • [gR] = geringe Rauchentwicklung (I ≤ 100 % × Min. bei Prüfung nach DIN 4102-15:1990-05) bestanden	C - s1, d0*	C_L - s1, d0*	–
normal entflammbar und nicht brennend abfallend oder abtropfend	ne [nba]	B 2 [nba]	• [nba] = nicht brennend abfallend oder abtropfend erfüllt	E	E_L	–
normal entflammbar	ne	B 2	–	E - d2	E_L - d2	E_{fl}
leicht entflammbar*[2]	le	B 3	–	F	–	–
* soweit erforderlich kein fortschreitendes Glimmen/Schwelen	[kG]	–	–	Glimmverhalten „bestanden"	Glimmverhalten „bestanden"	–
*[1] soweit erforderlich zusätzliche Schmelzpunktanforderung ≥ 1.000 °C		–	Angabe: Schmelzpunkt ≥ 1.000 °C nach DIN 4102-17:2017-12	Angabe: Schmelzpunkt ≥ 1.000 °C	Angabe: Schmelzpunkt ≥ 1.000 °C	–
Brandverhalten von elektrischen Kabeln						
nichtbrennbar	nb	A 2	–	A_{ca}		
schwer entflammbar	se	B 1	• [bR] = begrenzte Rauchentwicklung (I ≤ 400 % × Min. bei Prüfung nach DIN 4102-15:1990-05) bestanden	$B1_{ca}$ - s3 ($B1_{ca}$ - s2 nach MVV TB 2019)		
schwer entflammbar und geringe Rauchentwicklung	se [gR]	B 1 [gR]	• [gR] = geringe Rauchentwicklung (I ≤ 100 % × Min. bei Prüfung nach DIN 4102-15:1990-05) bestanden	$B1_{ca}$ - s1		
normal entflammbar	ne	B 2	–	E_{ca}		

*[2] leicht entflammbare Baustoffe dürfen nicht verwendet werden. Dies gilt nicht, wenn sie in Verbindung mit anderen Baustoffen nicht leicht entflammbar sind.

Brennendes Abtropfen/Abfallen und Rauchentwicklung

Für Bauprodukte – ausgenommen Bodenbeläge – werden bei den Prüfungen nach DIN 4102-1:1998-05 Abschnitte 6.1 und 6.2 Ergebnisse über das brennende Abtropfen oder das Abfallen brennender Probenteile bzw. nach DIN 4102-1:1998-05 Abschnitte 6.1 Werte über die Rauchentwicklung festgestellt. Tritt brennendes Abtropfen/Abfallen auf bzw. wird der Grenzwert für die Rauchentwicklung – ausgenommen Bodenbeläge – überschritten, ist dies zusätzlich zur Baustoffklassifizierung mit dem Ü-Zeichen anzugeben.

Tabelle 29.2: Legende zu Tabelle 29.1		
Kurz-zeichen	**Kriterium / Anforderung**	**Anwendungsbereich / Erläuterung**
Begriffe in […]	Abkürzungen, die in diesem Werk zur besseren Handhabung verwendet werden, um Zusatzanforderungen der Bauordnung anzugeben bzw. die europäischen Klassen mit den zusätzlichen Anforderungen der Bauordnung zu verknüpfen. Keine genormten oder offiziellen Abkürzungen.	
Bauaufsichtliche Anforderungen und Begriffe für Baustoffe		**Zusatzkriterien / Erläuterungen**
nb, se	nichtbrennbar, schwer entflammbar	
ne, le	normal entflammbar, leicht entflammbar	
[nb]	aus nichtbrennbaren Baustoffen	
[bb]	tragende, aussteifende und raumabschließende Bauteile aus brennbaren Baustoffen	
[bnb]	Bekleidung aus nichtbrennbaren Baustoffen in ausreichender Dicke	
[nba]	nicht brennend abfallend oder abtropfend	
[bR]	begrenzte Rauchentwicklung	I ≤ 400 % × Min. bei Prüfung nach DIN 4102-15:1990-05) bestanden
[gR]	geringe Rauchentwicklung	I ≤ 100 % × Min. bei Prüfung nach DIN 4102-15:1990-05) bestanden
[kG]	kein fortschreitendes Glimmen/Schwelen	Siehe VV TB Anlage 4 Abschnitt 1.3
Deutsche Klassen		
A 1, A 2	nichtbrennbare Baustoffe	Deutsche Klassen nach **DIN 4102-1** für die Klassifizierung des Brandverhaltens von Baustoffen
B 1	schwer entflammbare Baustoffe	
B 2	normal entflammbare Baustoffe	
B 3	leicht entflammbare Baustoffe	
Europäische Klassen		
A	kein Beitrag zum Brand	Europäische Klassen nach **DIN EN 13501** für die Klassifizierung des Brandverhaltens von Bauprodukten
B	sehr begrenzter Beitrag zum Brand	
C	begrenzter Beitrag zum Brand	
D	hinnehmbarer Beitrag zum Brand	
E	hinnehmbares Brandverhalten	
F	keine Leistung festgestellt	
	Europäische Zusatzkriterien:	**Nationaler Anwendungsbereich:**
s	**(smoke) Rauchentwicklung:** s1 geringe Rauchentwicklung s2 mittlere Rauchentwicklung s3 hohe Rauchentwicklung bzw. nicht geprüft	**Anforderungen an die Rauchentwicklung:** s1: geringe Rauchentwicklung s2: begrenzte Rauchentwicklung s3: Rauchentwicklung
d	**(droplets) brennendes Abtropfen/Abfallen:** d0 kein brennendes Abtropfen/Abfallen binnen 600 Sek. d1 kein brennendes Abtropfen/Abfallen mit Nachbrennzeit > 10 Sek. binnen 600 Sek. d2 keine Leistung festgestellt	**Anforderungen an das brennende Abtropfen/Abfallen:** d0: kein brennendes Abtropfen/Abfallen d1, d2: brennendes Abtropfen/Abfallen
…fl	floorings	Brandverhaltensklasse für Bodenbeläge
…L	linear Pipe Thermal Insulation Products	Brandverhaltensklasse für Produkte zur Wärmedämmung von linearen Rohren
ca	cable	Brandverhalten von Kabeln

Klassifizierung des Brandverhaltens ohne weitere Prüfung

Bauprodukte können aufgrund von EU-Rechtsvorschriften (Entscheidungen, Delegierte Rechtsakte) ohne weitere Prüfung hinsichtlich des Brandverhaltens klassifiziert werden sein. Fundstelle: http://eur-lex.europa.eu.

Glimmen und/oder Schwelen

Für bauliche Anlagen oder Teile von baulichen Anlagen, bei denen die Anforderungen „nichtbrennbar" oder „schwer entflammbar" gestellt werden, sind geeignete Materialien zu wählen, so dass es nicht durch unbemerktes fortschreitendes Glimmen und/oder Schwelen zu einer Brandausbreitung kommen kann (VV TB NRW Abschnitt A 2.1.2.1).

Tabelle 29.3: Zuordnung der bauaufsichtlichen Anforderungen an Bauteile zu nationalen und europäischen Klassen gemäß VV TB NRW Anhang 4

Bauaufsichtliche Anforderungen an Bauteile		Nationale Klassen		Europäische Klassen nach DIN EN 13501-2				
	Abkürzung	Bauteile DIN 4102-2	nichttr. Außenwände	tragende Bauteile Raumabschluss		nichttragende Bauteile*3 mit Raumabschluss		Brandverhalten*2
				ohne*1	mit	Innenwände	Außenwände	
feuerhemmend	fh	F 30-B	W 30	R 30	REI 30	EI 30	E 30 (i→o) + EI 30-ef (i←o)	E - d2
feuerhemmend • aus nichtbrennbaren Baustoffen	fh [nb]	F 30-A	W 30 [nb]	R 30 [nb]	REI 30 [nb]	EI 30 [nb]	E 30 (i→o) + EI 30-ef (i←o) [nb]	[nb] (A 2 - s1, d0)
hochfeuerhemmend • tragende, aussteifende und raumabschließende Bauteile aus brennbaren Baustoffen • mit Nachweis der Feuerwiderstandsdauer • keine Übertragung von Feuer und Rauch über Grenzen von Brand- und Rauchabschnitten und Geschosstrennungen hinweg	hf [zAHolz]	F 60-B [zAHolz]	W 60 [zAHolz]	R 60 [zAHolz]	REI 60 [zAHolz]	EI 60 [zAHolz]	E 60 (i→o) + EI 60-ef (i←o) [zAHolz]	[zAHolz] (E - d2 sowie mit den bauaufsichtlich geforderten Nachweisen)
hochfeuerhemmend • tragende + aussteifenden Teile aus brennbaren Baustoffen • Dämmstoffe nichtbrennbar • mit allseitiger brandschutztechnisch wirksamer Bekleidung aus nb Baustoffen	hf [HolzR]	mit Klassen nach DIN 4102-2 nicht möglich		R 60 [HolzR]	REI 60 [HolzR]	EI 60 [HolzR]	E 60 (i→o) + EI 60-ef (i←o) [HolzR]	[HolzR] (brandschutztechnisch wirksame Bekleidung und Dämmstoffe: A 2 - s1, d0) im Übrigen: E - d2
hochfeuerhemmend • tragende und aussteifende Bauteile nb • bei raumabschließenden Bauteilen zusätzlich eine in Bauteilebene durchgehende Schicht aus nb Baustoffen	hf	F 60-AB	W 60 [wnb]	R 60 [nb]	REI 60 [wnb]	EI 60 [wnb]	E 60 (i→o) + EI 60-ef (i←o) [wnb]	[wnb] (wesentliche Teile: A 2 - s1, d0 im Übrigen: E - d2)
hochfeuerhemmend • aus nichtbrennbaren Baustoffen	hf [nb]	F 60-A	W 60 [nb]	R 60 [nb]	REI 60 [nb]	EI 60 [nb]	E 60 (i→o) + EI 60-ef (i←o) [nb]	[nb] (A 2 - s1, d0)
feuerbeständig • tragende, aussteifende und raumabschließende Bauteile aus brennbaren Baustoffen • mit Nachweis der Feuerwiderstandsdauer • keine Übertragung von Feuer und Rauch über Grenzen von Brand- und Rauchabschnitten und Geschosstrennungen hinweg	fb [zAHolz]	F 90-B [zAHolz]	W 90 [zAHolz]	R 90 [zAHolz]	REI 90 [zAHolz]	EI 90 [zAHolz]	E 90 (i→o) + EI 90-ef (i←o) [zAHolz]	[zAHolz] (E - d2 sowie mit den bauaufsichtlich geforderten Nachweisen)
feuerbeständig • tragende + aussteifende Teile aus nb Baustoffen • bei raumabschließenden Bauteilen zusätzlich eine in Bauteilebene durchgehende Schicht aus nb Baustoffen	fb	F 90-AB	W 90 [wnb]	R 90 [nb]	REI 90 [wnb]	EI 90 [wnb]	E 90 (i→o) + EI 90-ef (i←o) [wnb]	[wnb] (wesentliche Teile: A 2 - s1, d0 im Übrigen: E - d2)
feuerbeständig • aus nichtbrennbaren Baustoffen	fb [nb]	F 90-A	W 90 [nb]	R 90 [nb]	REI 90 [nb]	EI 90 [nb]	E 90 (i→o) + EI 90-ef (i←o) [nb]	[nb] (A 2 - s1, d0)
Brandwand • unter zusätzlicher mechanischer Belastung fb • aus nb Baustoffen	BW	Brandwand: (F 90-A + [M])		–	REI 90 - M [nb]	EI 90 - M [nb]		[nb] (A 2 - s1, d0)
Wand anstelle einer Brandwand • unter zusätzlicher mechanischer Belastung hf • tragende + aussteifende Teile aus nb Baustoffen • zusätzlich eine in Bauteilebene durchgehende Schicht aus nb Baustoffen	WaBW hf	WaBW: F 60-A + [M]		–	REI 60 - M [wnb]	EI 60 - M [wnb]		[wnb] (wesentliche Teile: A 2 - s1, d0 im Übrigen: E - d2)
Wand anstelle einer Brandwand • unter zusätzlicher mechanischer Belastung hf • tragende + aussteifende Teile aus brennbaren Baustoffen • mit allseitiger brandschutztechnisch wirksamer Bekleidung aus nb Baustoffen • Dämmstoffe aus nb Baustoffen	WaBW hf [HolzR]	mit Klassen nach DIN 4102-2 nicht möglich		–	REI 60 - M [HolzR]	EI 60 - M [HolzR]		[HolzR] (brandschutztechnisch wirksame Bekleidung und Dämmstoffe: A 2 – s1, d0) im Übrigen: E - d2
Gebäudeabschlusswand F 30-F 90 • von innen nach außen: Feuerwiderstandsfähigkeit des Tragwerks, mindestens jedoch fh • von außen nach innen Feuerwiderstandsfähigkeit von fb Bauteilen	GA WaBW F 30- F 90	F 30 [i →a] – F 90 [i ←a]		–	REI 30 (i→o) – REI 90 (i←o) [bnb]	EI 30 (i→o) – EI 90 - (i←o) [bnb]		[bnb] (Bekleidung A 2 - s1, d0, im Übrigen: E - d2)

*1 Für die mit reaktiven Brandschutzsystemen beschichteten Stahlbauteile ist die Angabe IncSlow gemäß DIN EN 13501-2:2010-02 in der Leistungserklärung zusätzlich zu nennen.

*2 Bei schwer entflammbaren und nichtbrennbaren Baustoffen (Bauprodukten) bestehen, soweit erforderlich, Anforderungen an das Glimmverhalten (VV TB NRW Anlage 4, Abschnitt 1.3).

*3 Bei nichttragenden Bauteilen gehören die Bauteile, die deren Standsicherheit bewirken (z. B. Rahmenkonstruktionen von nichttragenden Wänden) zu den „wesentlichen Bauteilen" und damit zu den „tragenden Bauteilen", auf die sich die Anforderungen an das Brandverhalten der Bauprodukte (Baustoffe) der LBOs beziehen. Aussteifung entsprechend der jeweiligen Klasse.

Tabelle 29.4: Legende zu Tabelle 29.3	
Kurz-zeichen	**Kriterium / Erläuterung**
Begriffe in [...]	Abkürzungen, die in diesem Werk zur besseren Handhabung verwendet werden, um Zusatzanforderungen der Bauordnung anzugeben bzw. die europäischen Klassen mit den zusätzlichen Anforderungen der Bauordnung zu verknüpfen. Keine genormten oder offiziellen Abkürzungen.
Bauaufsichtliche Anforderungen und Begriffe	
fh, hf, fb	feuerhemmend, hochfeuerhemmend, feuerbeständig
[nb]	nichtbrennbar (aus nichtbrennbaren Baustoffen). **nationale Klasse:** mindestens A 2; **europäische Klasse:** mindestens A 2 - s1, d0.
[bb]	brennbar (aus brennbaren Baustoffen). **Nationale Klasse:** mindestens B 2. **Europäische Klasse:** mindestens E - d2.
[wnb]	in den **wesentlichen** Teilen aus **nichtbrennbaren Baustoffen** (gleich Anforderung wie das nationale -AB, siehe oben) **Europäische Klasse:** Zusätzliche Anforderungen an das Brandverhalten mit mindestens folgenden Klassen: • Tragwerk und Aussteifung (Klasse R): A2 - s1, d0 • bei raumabschließenden Bauteilen (Klasse EI): Zusätzlich eine in Bauteilebene durchgehende Schicht: A2 - s1, d0 • im Übrigen: E - d2
[HolzR]	Ausführung nach **M-HFHHolzR:** Bauteile, deren tragende und aussteifende Teile aus brennbaren Baustoffen bestehen und die allseitig eine brandschutztechnisch wirksame Bekleidung aus nichtbrennbaren Baustoffen (Brandschutzbekleidung) und Dämmstoffe aus nichtbrennbaren Baustoffen haben. Dies gilt als eingehalten, wenn die Ausführung nach der „M-HFHHolzR" erfolgt. Danach bestehen bei hochfeuerhemmenden Bauteilen mit tragenden und aussteifenden Teilen aus brennbaren Baustoffen zusätzliche Anforderungen an: • die brandschutztechnische Wirksamkeit der Bekleidungen (K_260), • die Baustoffklasse der Bekleidungen und Dämmstoffe (nichtbrennbar), • den Einbau der Dämmstoffe und der Bekleidungen sowie die sonstige Ausführung (gemäß M-HFHHolzR).
[zAHolz]	**zusätzliche Anforderung Holz** Tragende oder aussteifende sowie raumabschließende Bauteile, die hochfeuerhemmend oder feuerbeständig sein müssen sind nach Bauordnung aus brennbaren Baustoffen zulässig, wenn sie folgende **Zusatzanforderungen** einhalten: • die geforderte Feuerwiderstandsdauer muss nachgewiesen sein, • die Bauteile müssen so hergestellt und eingebaut werden, dass Feuer und Rauch nicht über Grenzen von Brand- oder Rauchabschnitten, insbesondere Geschosstrennungen, hinweg übertragen werden können.
WaBW	Wand anstelle einer Brandwand (Wand, die anstelle einer Brandwand zulässig ist)
GA	Gebäudeabschlusswand (Brandwand bzw. WaBW)
[M]	Mechanische Beanspruchung (entspricht dem europäischem „M").
Deutsche Klassen	
F 30	Feuerwiderstandsklassen nach DIN 4102-2 (30, 60, 90 Minuten).
F 60	**Achtung:** Zur Erfüllung der Anforderungen hf und fb bestehen noch zusätzliche Anforderungen an das Brandverhalten der Baustoffe (-A und -AB) und/oder an die Ausführung ([HolzR], [zAHolz])
F 90	
-A	aus nichtbrennbaren Baustoffen.
-AB	in den **wesentlichen Teilen** aus nichtbrennbaren Baustoffen: Bauteile, deren tragende und aussteifende Teile aus nichtbrennbaren Baustoffen bestehen und die bei raumabschließenden Bauteilen zusätzlich eine in Bauteilebene durchgehende Schicht aus nichtbrennbaren Baustoffen haben. Zu den **wesentlichen Teilen** gehören: • bei tragenden Bauteilen: alle tragenden oder aussteifenden Bauteile • bei nichttragenden Bauteilen: auch die Bauteile, die deren Standsicherheit bewirken (z. B. Rahmenkonstruktionen von nichttragenden Wänden) • bei raumabschließenden Bauteilen (Bauteilen mit raumabschließender Funktion) eine in Bauteilebene durchgehende Schicht aus nichtbrennbaren Baustoffen; bei Decken muss diese Schicht eine Gesamtdicke von mindestens 50 mm haben. Hohlräume im Inneren dieser Schicht sind zulässig. Bei der Beurteilung des Brandverhaltens der Baustoffe können Oberflächendeckschichten oder andere Oberflächenbehandlungen außer Betracht bleiben.
-B	aus brennbaren Baustoffen. **Achtung:** F 60-B und F 90-B sind nur zulässig, wenn die geforderte Feuerwiderstandsdauer nachgewiesen wird und die Bauteile so hergestellt und eingebaut werden, dass Feuer und Rauch nicht über Grenzen von Brand- oder Rauchabschnitten, insbesondere Geschosstrennungen, hinweg übertragen werden können. Die Abkürzung hierfür lautet in diesem Werk: [zAHolz].
-BA	keine Klasse nach DIN 4102. Früher in einigen Ländern verwendete Bezeichnung für: „tragende und aussteifende Bauteile brennbar mit einer nichtbrennbaren Bekleidung".
Europäische Klassen	
R, E, I	(Résistance) Tragfähigkeit, (Étanchéité) Raumabschluss, (Isolation) Wärmedämmung (unter Brandeinwirkung)
M	Mechanical (mechanische Einwirkung auf Wände = Stoßbeanspruchung): Erfüllt die Anforderung: „auch unter zusätzlicher mechanischer Beanspruchung"
(i→o), (i←o)	inside → outside, inside ← outside: Richtung der klassifizierten Feuerwiderstandsdauer
E - d2	Baustoffklasse E - d2 (entspricht der Anforderung „normal entflammbar" – deutsche Klasse B 2)
A2 - s1, d0	Baustoffklasse A 2 - s1, d0 (entspricht der Anforderung „nichtbrennbar" – deutschen Klasse A 2)
K_260	Klasse für Wand- und Deckenbekleidungen – brandschutztechnisch wirksame Bekleidung gemäß M-HFHHolzR

Tabelle 29.5: Zuordnung der bauaufsichtlichen Anforderungen an Feuer- und/oder Rauchschutzabschlüsse zu nationalen und europäischen Klassen sowie Verformungsklassen für Abschlüsse in Außenwänden gemäß VV TB NRW Anhang 4

Bauaufsichtliche Anforderungen an Abschlüsse	Abkürzung	Klassen nach DIN 4102-5, DIN 18085-1 und weitere Merkmale	Klassen nach DIN EN 13501-2 bzw. DIN EN 16034	
			Klassen[*2]	Brandverhalten
feuerhemmend, dicht- und selbstschließend	fh + d + s	T 30-D	EI_2 30-S_aC..[*1]	E - d2
feuerhemmend, rauchdicht- und selbstschließend	fh + rd + s	T 30-RS	EI_2 30-S_{200}C..[*1]	
hochfeuerhemmend, dicht- und selbstschließend	hf + d + s	T 60-D	EI_2 60-S_aC..[*1]	
hochfeuerhemmend, rauchdicht- und selbstschließend	hf + rd + s	T 60-RS	EI_2 60-S_{200}C..[*1]	
feuerbeständig, dicht- und selbstschließend	fb + d + s	T 90-D	EI_2 90-S_aC..[*1]	
feuerbeständig, rauchdicht- und selbstschließend	fb + rd + s	T 90-RS	EI_2 90-S_{200}C..[*1]	
rauchdicht- und selbstschließend	rd + s	RS	S_{200}C..[*1]	
dicht- und selbstschließend	d + s	dicht- und selbstschließend	S_aC..[*1]	
dichtschließend	d	dichtschließend	[d]	
Mindestens erforderliche Leistungsangaben für die Verwendung der Abschlüsse in Außenwänden				
		Verformungsklassen (Klimaeinflüsse)		
feuerhemmend, rauchdicht- und selbstschließend	fh + rd + s	Klasse 2(d) und (e)		
feuerbeständig, rauchdicht- und selbstschließend	fb + rd + s	Klasse 2(d) und (e)		
rauchdicht- und selbstschließend	rd + s	Klasse 2(d) und (e)		
dichtschließend	d	Klasse 2(d) und (e)		

[*1] Festlegungen zur Prüfzyklenanzahl für die Dauerfunktionsprüfungen:
- C5 (200.000 Zyklen) für Feuerschutz-/Rauchschutztüren (Drehflügelabschlüsse)
- C2 (10.000 Zyklen) für sonstige Feuerschutz-/Rauchschutzabschlüsse (z. B. Klappen, Tore)

[*2] Die mindestens erforderlichen Leistungen müssen für beide Seiten des Abschlusses erklärt sein.

Tabelle 29.6: Legende zu Tabelle 29.5

Kurzzeichen	Kriterium / Erläuterung	
Bauaufsichtliche Anforderungen und Begriffe		
fh, hf, fb	feuerhemmend, hochfeuerhemmend, feuerbeständig	
d, rd, s	d = dichtschließend, rd = rauchdicht, s = selbstschließend	
Deutsche Klassen		
T 30, T 60, T 90	Feuerwiderstandsklassen von Feuerschutzabschlüssen nach DIN 4102-5 (30, 60, 90 Minuten)	
RS	Rauchschutzabschluss nach DIN 18095-1	
d, [d]	Dichtschließend (weiteres Merkmal für die Verwendung)	
Klasse 2(d) und (e)	Verformungsklassen für Abschlüsse in Außenwänden (Klimaeinflüsse)	
Europäische Klassen		
EI_2	**Étanchéité + Isolation:** Raumabschluss und Wärmedämmung unter Brandeinwirkung	
S	**Smoke:** Begrenzung der Rauchdurchlässigkeit (Dichtheit, Leckrate)	
	S_a	erfüllt die Anforderungen bei Umgebungstemperatur
	S_{200}	erfüllt die Anforderungen sowohl bei Umgebungstemperatur als auch bei 200 °C
C	**Closing:** Selbstschließende Eigenschaft (ggf. mit Anzahl der Lastspiele) einschließlich Dauerfunktion. Festlegungen zur Prüfzyklenanzahl für die Dauerfunktionsprüfungen: • C5 (200.000 Zyklen) für Feuerschutz-/Rauchschutztüren (Drehflügelabschlüsse) • C2 (10.000 Zyklen) für sonstige Feuerschutz-/Rauchschutzabschlüsse (z. B. Klappen, Tore)	

29

Tabelle 29.7: Zuordnung der bauaufsichtlichen Anforderungen an Kabel- und Rohrabschottungen, Lüftungsanlagen, Installationskanäle und -schächte, elektrische Kabelanlagen mit Funktionserhalt und Brandschutzverglasungen zu nationalen und europäischen Klassen gemäß VV TB NRW Anhang 4 und 14

Bauaufsichtliche Anforderung	Deutsche Klassen nach DIN 4102	Europäische Klassen nach DIN EN 13501-2 und -3	Bemerkungen bzw. Zusatzanforderungen
Abschottungen von elektrischen Kabeln – Kabelabschottungen			
Bauaufsichtliche Benennung	**DIN 4102-9**	**DIN EN 13501-2**	**Brandverhalten.** Mindestens geeignete Klassen nach DIN EN 13501-1
fh	S 30	EI 30	E - d2
hf	S 60	EI 60	
fb	S 90	EI 90	
Abschottung von brennbaren Rohren oder Rohren mit einem Schmelzpunkt < 1.000 °C			
Bauaufsichtliche Benennung	**DIN 4102-11**	**DIN EN 13501-2**	**Brandverhalten.** Mindestens geeignete Klassen nach DIN EN 13501-1
fh	R 30	EI 30-U/U[*1]	E - d2
hf	R 60	EI 60-U/U[*1]	
fb	R 90	EI 90-U/U[*1]	
[*1] für Trinkwasser-, Heiz-und Kälteleitungen mit Durchmessern ≤ 110 mm ist auch die Klasse EI ...-U/C zulässig.			
Abschottung von Rohrleitungen aus nichtbrennbaren Rohren mit Schmelzpunkt ≥ 1.000 °C. Ausführung der Rohrleitung ohne Anschlüsse von brennbaren Rohren			
Bauaufsichtliche Benennung	**DIN 4102-11**	**DIN EN 13501-2**	**Brandverhalten.** Mindestens geeignete Klassen nach DIN EN 13501-1
fh	R 30	EI 30-C/U	E - d2
hf	R 60	EI 60-C/U	
fb	R 90	EI 90-C/U	

Feuerwiderstandsfähige Lüftungsleitungen[*2]

			Bausätze für feuerwiderstandsfähige Lüftungsleitungen nach EAD 350142-00-1106	
Bauaufsichtliche Anforderung	**Feuerwiderstandsklasse nach DIN 4102-6 und ggf. DIN V 4102-21**	**Baustoffklasse nach DIN 4102-1**	**Mindestens erforderliche Leistungen**	
			Feuerwiderstandsfähigkeit	**Brandverhalten** (innerhalb und außerhalb)
fh	L 30	A 2[*3]	EI 30 ($v_e h_o$ i↔o)S	A2 - s1, d0[*4]
hf	L 60	A 2	EI 60 ($v_e h_o$ i↔o)S	A2 - s1, d0
fb	L 90	A 2	EI 90 ($v_e h_o$ i↔o)S	A2 - s1, d0

[*2] Für feuerwiderstandsfähige Lüftungsleitungen, die eines allgemeinen bauaufsichtlichen Prüfzeugnisses bedürfen, siehe auch Abschnitte C 3.1 und C 4.4 der MVV TB 2019.

[*3] abweichend gemäß MVV TB 2019 Punkt A 2.2.1.11, Abschnitt 3.2: B1.

[*4] abweichend gemäß MVV TB 2019 Punkt A 2.2.1.11, Abschnitt 3.2: C - s3, d2.

Brandschutzklappen in Unterdecken (nicht im Anwendungsbereich von DIN EN 15650:2019-09)

Bauaufsichtliche Benennung	DIN 4102-6	Baustoffklasse nach DIN 4102-1	-	-
fh	K 30 U[*5]	Gehäuse, Absperrelement: A2; übrige: B2	-	-
hf	K 60 U[*5]		-	-
fb	K 90 U[*5]		-	-

[*5] Zusätzliche Bezeichnung gemäß Verwendbarkeitsnachweis.

Brandschutzklappen in Lüftungsanlagen in Ab- oder Fortluftleitungen gewerblicher Küchen und Brandschutztellerventile, die nicht in den Anwendungsbereich von EN 15650:2010-09 fallen				
Bauaufsichtliche Benennung	**DIN 4102-6**	**Baustoffklasse nach DIN 4102-1**	-	-
fh	K 30	Gehäuse, Absperrelement: A2, übrige: B2	-	-
hf	K 60		-	-
fb	K 90		-	-
Absperrvorrichtungen in Lüftungsanlagen gemäß M-LüAR Abschnitt 7.2				
Bauaufsichtliche Benennung	**DIN 4102**		-	-
fh	K 30 - DIN 18017*6		-	-
hf	K 60 - DIN 18017*6		-	-
fb	K 90 - DIN 18017*6		-	-
*6 Zusätzliche Bezeichnung gemäß Verwendbarkeitsnachweis.				
Brandschutzklappen nach DIN EN 15650:2010-09				
Bauaufsichtliche Benennung			**Feuerwiderstandsfähigkeit**	**Brandverhalten.** Mindestens geeignete Klassen nach DIN EN 13501-1
fh			EI 30 ($v_e h_o$ i↔o)S	Gehäuse, Absperrelement: A2 - s1, d0. übrige Komponenten: E - d2
hf			EI 60 ($v_e h_o$ i↔o)S	
fb			EI 90 ($v_e h_o$ i↔o)S	
Installationsschächte und -kanäle				
Bauaufsichtliche Benennung	**DIN 4102-11**		**Feuerwiderstandsfähigkeit**	**Brandverhalten.** Mindestens geeignete Klassen nach DIN EN 13501-1
fh [nb]	I 30		EI 30 ($v_e h_o$ i↔o)	A2 - s1, d0
hf [nb]	I 60		EI 60 ($v_e h_o$ i↔o)	
fb [nb]	I 90		EI 90 ($v_e h_o$ i↔o)	
Funktionserhaltsklassen nach DIN 4102-12				
Funktionserhalt in Minuten	**DIN 4102-12**		-	-
fh	E 30		-	-
hf	E 60		-	
fb	E 90		-	
Brandschutzverglasungen, die die Anforderungen fh, hf und fb erfüllen				
Bauaufsichtliche Benennung	**DIN 4102-13**		**DIN EN 13501-2**	-
fh	F 30		EI 30	-
hf	F 60		EI 60	
fb	F 90		EI 90	
Brandschutzverglasungen, die nur die Anforderungen an den Raumabschuss erfüllen				
Bauaufsichtliche Benennung	**DIN 4102-13**		**DIN EN 13501-2**	-
fh	G 30*7		E 30*7	-
hf	G 60*7		E 60*7	
fb	G 90*7		E 90*7	
*7 Erfüllen nicht die bauaufsichtlichen Anforderungen fh, hf und fb, sondern nur Anforderungen an den Raumabschluss. Sie können deshalb nur im Rahmen einer genehmigungspflichtigen Abweichung eingesetzt werden, wenn keine Bedenken wegen der Strahlungswärme bestehen.				

Tabelle 29.8: Legende zu Tabelle 29.7

Kurzzeichen	Kriterium / Erläuterung
Deutsche Klassen	
S 30, S 60, S 90	Klassen von Kabelabschottungen nach DIN 4102-9
R 30, R 60, R 90	Klassen von Rohrabschottungen und Rohrummantelungen nach DIN 4102-11
L 30, L 60, L 90	Klassen von Lüftungsleitungen nach DIN 4102-6
K 30 U, K 60 U, K 90 U	Klassen von Brandschutzklappen in Unterdecken nach Verwendbarkeitsnachweis (DIN 4102-6)
K 30-DIN 18017 K 60-DIN 18017 K 90-DIN 18017	Absperrvorrichtungen gemäß M-LüAR, Abschnitt 7.2
K 30, K 60, K 90	Klassen von Brandschutzklappen nach DIN 4102-6
I 30, I 60, I 90	Klassen von Installationsschächten und -kanälen nach DIN 4102-11
E 30, E 60, E 90	Funktionserhaltsklassen von elektrischen Kabelanlagen
F 30, F 60, F 90	Klassen von Bauteilen (z. B. Wänden und Decken) nach DIN 4102-2
G 30, G 60, G 90	Klassen von G-Brandschutzverglasungen (Sonderbauteilen). Begrenzen den Raumabschluss. Erfüllen nicht die bauaufsichtlichen Anforderungen fh, hf und fb.
Europäische Klassen	
E (Étanchéité)	Raumabschluss
I (Isolation)	Wärmedämmung (unter Brandeinwirkung)
S (Smoke)	Rauchdichtheit – Begrenzung der Rauchdurchlässigkeit (Entrauchungsleitungen, Entrauchungsklappen, Lüftungsleitungen, Brandschutzklappen)
i↔o (in - out)	Richtung der klassifizierten Feuerwiderstandsdauer (Installationsschächte/-kanäle, Lüftungsleitungen, Brandschutzklappen, Entrauchungsklappen)
ve, ho (vertical, horizontal)	Für vertikalen/horizontalen Einbau klassifiziert (Lüftungsleitungen, Brandschutzklappen, Entrauchungsleitungen)
U/U (uncapped/uncapped)	Rohrende offen innerhalb des Prüfofens / Rohrende offen außerhalb des Prüfofens (Rohrabschottungen)
C/U (capped/uncapped)	Rohrende geschlossen innerhalb des Prüfofens / Rohrende offen außerhalb des Prüfofens (Rohrabschottungen)
U/C (uncapped/capped)	Rohrende offen innerhalb des Prüfofens / Rohrende geschlossen außerhalb des Prüfofens (Rohrabschottungen)

30 Häufig verwendete Abkürzungen und Begriffe

30.1	**Grundsätzliche Abkürzungen und Begriffe**	
Begriffe in [...]	Abkürzungen, die in diesem Werk zur besseren Handhabung verwendet werden, um Zusatzanforderungen der Bauordnung anzugeben bzw. die europäischen Klassen mit den zusätzlichen Anforderungen der Bauordnung zu verknüpfen. Keine genormten oder offiziellen Abkürzungen.	
BauO NRW	Angabe der jeweiligen Fundstellen in der BauO NRW	
Atlas	Angabe der jeweiligen Fundstellen im Brandschutzatlas	
30.2	**Abkürzungen in [ ] zur Angabe von zusätzlichen Anforderungen**	
[nba]	nicht brennend abfallend oder abtropfend	
[bR]	begrenzte Rauchentwicklung	I ≤ 400 % × Min. bei Prüfung nach DIN 4102-15:1990-05) bestanden
[gR]	geringe Rauchentwicklung	I ≤ 100 % × Min. bei Prüfung nach DIN 4102-15:1990-05) bestanden
[kbA]	kein brennendes Abfallen oder Abtropfen	Siehe VV TB Anhang 4 Abschnitt 1.2
[kG]	kein fortschreitendes Glimmen/Schwelen	Siehe VV TB Abschnitt A.2.1.2
[bb]	tragende, aussteifende und raumabschließende Bauteile aus brennbaren Baustoffen **Nationale Klasse:** mindestens B 2. **Europäische Klasse:** mindestens E - d2	
[nb]	nichtbrennbar (aus nichtbrennbaren Baustoffen) Nationale Klasse: mindestens A 2. Europäische Klasse: mindestens A 2 - s1, d0	
[bnb]	Bekleidung nichtbrennbar: Wände und Decken aus brennbaren Baustoffen mit einer Bekleidung aus nichtbrennbaren Baustoffen in ausreichender Dicke	
[wnb]	in den **wesentlichen** Teilen aus **nichtbrennbaren Baustoffen** (gleiche Anforderung wie -AB)	
	nationale Klasse:	-AB
	europäische Klasse:	Anforderungen an das Brandverhalten mit mind. folgenden Klassen: • Tragwerk und Aussteifung (Klasse R): A2 - s1, d0 • bei raumabschließenden Bauteilen (Klasse EI): Zusätzlich eine in Bauteilebene durchgehende Schicht: A2 - s1, d0 • im Übrigen: E - d2
[HolzR]	Ausführung nach **M-HFHHolzR** • Bauteile, deren tragende und aussteifende Teile aus brennbaren Baustoffen bestehen und die allseitig eine brandschutztechnisch wirksame Bekleidung aus nichtbrennbaren Baustoffen (Brandschutzbekleidung) und Dämmstoffe aus nichtbrennbaren Baustoffen haben. Dies gilt als eingehalten, wenn die Ausführung nach der „M-HFHHolzR" erfolgt. Danach bestehen bei hochfeuerhemmenden Bauteilen mit tragenden und aussteifenden Teilen aus brennbaren Baustoffen zusätzliche Anforderungen an: • die brandschutztechnische Wirksamkeit der Bekleidungen ($K_2$60), • die Baustoffklasse der Bekleidungen und Dämmstoffe (nichtbrennbar), • den Einbau der Dämmstoffe und der Bekleidungen sowie die sonstige Ausführung (gemäß M-HFHHolzR).	
[zAHolz]	**zusätzliche Anforderung Holz** Tragende oder aussteifende sowie raumabschließende Bauteile, die hochfeuerhemmend oder feuerbeständig sein müssen, sind nach Bauordnung aus brennbaren Baustoffen zulässig, wenn sie folgende **Zusatzanforderungen** einhalten: • die geforderte Feuerwiderstandsdauer muss nachgewiesen sein, • die Bauteile müssen so hergestellt und eingebaut werden, dass Feuer und Rauch nicht über Grenzen von Brand- oder Rauchabschnitten, insbesondere Geschosstrennungen, hinweg übertragen werden können.	
[M]	Mechanische Beanspruchung): Erfüllt die Anforderung: „auch unter zusätzlicher mechanischer Beanspruchung" (entspricht dem europäischem „M").	

30.3 Bauaufsichtliche und allgemeine Abkürzungen		
Abkürzung		**Kriterium / Anforderung / Bedeutung**
fh, hf, fb		feuerhemmend, hochfeuerhemmend, feuerbeständig
nb, se, ne, le		nichtbrennbar, schwer entflammbar, normal entflammbar, leicht entflammbar
BW, BA, GA		Brandwand, Brandabschnitt, Gebäudeabschlusswand
BaBW		Bauart einer Brandwand (in der Regel Treppenraumwand in GK 5)
WaBW		Wand anstelle einer Brandwand (Wand, die nach BauO NRW anstelle einer Brandwand zulässig ist, z. B. in Gebäuden der GK 1 bis 4)
abP		allgemeines bauaufsichtliches Prüfzeugnis einer amtlich anerkannten Materialprüfanstalt
abZ		allgemeine bauaufsichtliche Zulassung des Deutschen Instituts für Bautechnik in Berlin (DIBt)
aBG		allgemeine Bauartgenehmigung des DIBt
vBG		vorhabenbezogene Bauartgenehmigung von der Obersten Baubehörde
ZiE		Zustimmung im Einzelfall von der Obersten Baubehörde
VBG		Vorhabenbezogene Bauartgenehmigung von der Obersten Baubehörde
ÜH		Übereinstimmungserklärung des Herstellers
ÜHP		Übereinstimmungserklärung des Herstellers nach vorheriger Prüfung des Bauprodukts durch eine anerkannte Prüfstelle
ÜA		Übereinstimmungserklärung des Anwenders
ÜZ		Übereinstimmungszertifikat durch eine anerkannte Zertifizierungsstelle
BRL		Bauregelliste
TB, LTP		Technische Baubestimmungen, Liste der Technischen Baubestimmungen
aaRdT		allgemein anerkannte Regeln der Technik
MVV TB		Muster-Verwaltungsvorschrift Technische Baubestimmungen (herausgegeben vom DIBt)
VV TB NRW		Verwaltungsvorschrift Technische Baubestimmungen für das Land Nordrhein-Westfalen
VV, VwV		Verwaltungsvorschrift
Türen	d, s, v	dichtschließend, selbstschließend, vollwandig
	d + s	dicht- und selbstschließend
	v + d + s	vollwandig, dicht- und selbstschließend
	rd + s	rauchdicht und selbstschließend
	n, FSA, PS	nichtabschließbar, Feststellanlage, Panikschloss
KG, EG, OG		Kellergeschoss, Erdgeschoss, Obergeschoss
NE, AR, Whg		Nutzungseinheit, Aufenthaltsraum, Wohnung
GK		Gebäudeklasse
nT, nTR		notwendige Treppe, notwendiger Treppenraum
RW		Rettungsweg
VG		Brandschutzverglasung
Zuordnungsregel		Anhang 4 der VV TB NRW: „Bauaufsichtliche Anforderungen, Zuordnung der Klassen, Verwendung von Bauprodukten, Anwendung von Bauarten". Anmerkung: Nach MVV TB 2019 auch in Anhang 14 enthalten.

30.4	Nationale Abkürzungen
A 1, A 2, B 1, B 2, B 3	**Baustoffklassen nach DIN 4102-1:** A 1 = nichtbrennbar, A 2 = nichtbrennbar mit geringen organischen Bestandteilen B 1 = schwer entflammbar, B 2 = normal entflammbar, B 3 = leicht entflammbar
F 30, F 60, F 90	**Feuerwiderstandsklassen von Bauteilen nach DIN 4102-2:** 30, 60, 90 Minuten. **Achtung:** Zur Erfüllung der bauaufsichtlichen Anforderungen hf und fb bestehen noch zusätzliche Anforderungen wie -A, -AB, [wnb], [HolzR] (zAHolz].
W 90, T 90, S 90, R 90, L 90, K 90, I 90, E 90, F 90, G 90	**Feuerwiderstandsklassen von Sonderbauteilen nach DIN 4102:** W = nichttragende Außenwände, T = Feuerschutzabschlüsse, S = Kabelschotts R = Rohrabschottungen und -ummantelungen, L = Lüftungsleitungen, K = Brandschutzklappen, I = Installationsschächte und -kanäle, E = Funktionserhalt, F = Brandschutzverglasungen mit Begrenzung des Strahlungsdurchgangs, G = Brandschutzverglasung ohne Strahlungsbegrenzung
-A	und aus nichtbrennbaren Baustoffen
-AB	Bauteile, deren tragende und aussteifende Teile aus nichtbrennbaren Baustoffen bestehen und die bei raumabschließenden Bauteilen zusätzlich eine in Bauteilebene durchgehende Schicht aus nichtbrennbaren Baustoffen haben. **Vereinfacht ausgedrückt:** Bauteile, die in den **wesentlichen Teilen** aus nichtbrennbaren Baustoffen bestehen. Zu den **wesentlichen Teilen** gehören: • bei tragenden Bauteilen alle tragenden oder aussteifenden Bauteile • bei nichttragenden Bauteilen auch die Bauteile, die deren Standsicherheit bewirken (z. B. Rahmenkonstruktionen von nichttragenden Wänden) • bei raumabschließenden Bauteilen (Bauteilen mit raumabschließender Funktion) eine in Bauteilebene durchgehende Schicht aus nichtbrennbaren Baustoffen; bei Decken muss diese Schicht eine Gesamtdicke von mindestens 50 mm haben. Hohlräume im Inneren dieser Schicht sind zulässig. Bei der Beurteilung des Brandverhaltens der Baustoffe können Oberflächendeckschichten oder andere Oberflächenbehandlungen außer Betracht bleiben.
-B	und aus brennbaren Baustoffen. **Achtung:** F 60-B und F 90-B sind nur zulässig, wenn die geforderte Feuerwiderstandsdauer nachgewiesen wird und die Bauteile so hergestellt und eingebaut werden, dass Feuer und Rauch nicht über Grenzen von Brand- oder Rauchabschnitten, insbesondere Geschosstrennungen, hinweg übertragen werden können. Die Abkürzung hierfür lautet in diesem Werk: [zAHolz].
-BA	keine Klasse nach DIN 4102. Früher in einigen Ländern verwendete Bezeichnung für: „tragende und aussteifende Bauteile brennbar mit einer nichtbrennbaren Bekleidung".

30.5 Europäische Abkürzungen

Baustoffe

Kurzzeichen	**Kriterium/Anforderung**
A	Kein Beitrag zum Brand
B	Sehr begrenzter Beitrag zum Brand
C	Begrenzter Beitrag zum Brand
D	Hinnehmbarer Beitrag zum Brand
E	Hinnehmbares Brandverhalten
F	Keine Leistung festgestellt
s	Smoke (Rauchentwicklung) s1 = geringe Rauchentwicklung s2 = mittlere Rauchentwicklung s3 = hohe Rauchentwicklung bzw. Rauchentwicklung nicht geprüft
d	Droplets (brennendes Abtropfen) d0 = kein brennendes Abtropfen/Abfallen innerhalb von 600 Sekunden d1 = kein brennendes Abtropfen/Abfallen mit einer Nachbrennzeit länger als 10 Sekunden innerhalb von 600 Sekunden d2 = keine Leistung festgestellt
E - d2	Baustoffklasse E - d2 (entspricht der Anforderung „normal entflammbar" – deutschen Klasse B 2)
A2 – s1, d0	Baustoffklasse A 2 - s1, d0 (entspricht der Anforderung „nichtbrennbar" – deutschen Klasse A 2)
...fl	floorings = Brandverhaltensklasse für Bodenbeläge
...L	linear Pipe Thermal Insulation Products = Brandverhaltensklasse für Produkte zur Wärmedämmung von linearen Rohren
ca	cable = Brandverhalten von Kabeln

Bauteile

Kurzzeichen	**Kriterium**	**Anwendungsbereich**
R (Résistance)	Tragfähigkeit	Beschreibung der Feuerwiderstandsfähigkeit
E (Étanchéité)	Raumabschluss	
I (Isolation)	Wärmedämmung (unter Brandeinwirkung)	
M (Mechanical)	mechanische Einwirkung auf Wände (Stoßbeanspruchung)	Brandwände (BW), hochfeuerhemmende Wände anstelle von Brandwänden (WaBW), Bauart von Brandwänden (BaBW)
$K_2$60	Klasse für Wand- und Deckenbekleidungen – brandschutztechnisch wirksame Bekleidung gemäß M HFHHolzR	
W (Radiation)	Begrenzung des Strahlungsdurchtritts	
EI_2	**Étanchéité + Isolation:** Raumabschluss und Wärmedämmung unter Brandeinwirkung (Klasse für Feuerschutzabschlüsse)	
S_{200} (Smoke$_{max...\ leakage\ rate}$)	Begrenzung der Rauchdurchlässigkeit (Dichtheit, Leckrate), erfüllt die Anforderungen sowohl bei Umgebungstemperatur als auch bei 200 °C	Rauchschutztüren (als Zusatzanforderung auch bei Feuerschutzabschlüssen), Lüftungsanlagen einschließlich Klappen
S_a (Smoke)	Begrenzung der Rauchdurchlässigkeit (Dichtheit, Leckrate), erfüllt die Anforderungen bei Umgebungstemperatur	dichtschließende Abschlüsse
C... (Closing)	selbstschließende Eigenschaft (ggf. mit Anzahl der Lastspiele) einschl. Dauerfunktion Beispiele: Türen: C 5 = 200.000 Lastspiele Tore: C 2 = 10.000 Lastspiele	Rauchschutztüren, Feuerschutzabschlüsse (einschließlich Abschlüsse für Förderanlagen)
P	Aufrechterhaltung der Energieversorgung und/oder Signalübermittlung	elektrische Kabelanlagen allgemein
G	Rußbrandbeständigkeit	Schornsteine
K_1, K_2	Brandschutzvermögen	Wand- und Deckenbekleidungen (Brandschutzbekleidungen)

I_1, I_2	unterschiedliche Wärmedämmungskriterien	Feuerschutzabschlüsse (einschließlich Abschlüsse für Förderanlagen)
i→o i←o i↔o (in – out)	Richtung der klassifizierten Feuerwiderstandsdauer	nichttragende Außenwände, Installationsschächte/-kanäle, Lüftungsanlagen/-klappen
a↔b (above – below)	Richtung der klassifizierten Feuerwiderstandsdauer	Unterdecken
v_e, h_o (vertical, horizontal)	für vertikalen/horizontalen Einbau klassifiziert	Lüftungsleitungen/-klappen
U/U (uncapped/ uncapped)	Rohrende offen innerhalb des Prüfofens / Rohrende offen außerhalb des Prüfofens	Rohrabschottungen
C/U (capped/ uncapped)	Rohrende geschlossen innerhalb des Prüfofens / Rohrende offen außerhalb des Prüfofens	Rohrabschottungen
U/C (uncapped/ capped)	Rohrende offen innerhalb des Prüfofens / Rohrende geschlossen außerhalb des Prüfofens	Rohrabschottungen

30.6 Sonstige Abkürzungen und Begriffe

BauPVO	Bauproduktenverordnung
Ü	**Ü-Zeichen = Übereinstimmungszeichen.** Kennzeichnet national geregelte Bauprodukte (Baustoffe, Bauteile), die mit der zugrunde gelegten technischen Regel bzw. dem nationalen Ver-/Anwendbarkeitsnachweis übereinstimmen.
CE	**CE-Zeichen.** Erklärung des Herstellers, Inverkehrbringers oder EU-Bevollmächtigten gemäß EU-Verordnung, „dass das Produkt den geltenden Anforderungen genügt, die in den Harmonisierungsrechtsvorschriften der Gemeinschaft über ihre Anbringung festgelegt sind". **Wichtig:** Die CE-Kennzeichnung alleine enthält noch keine Aussage über die erklärten Leistungen des Bauprodukts. Deshalb ist zum Nachweis von Brandschutzanforderungen immer zum CE-Kennzeichen eine **Leistungserklärung** mit „Gebrauchsanleitung" erforderlich.
DoP	**Declaration of Performance = Leistungserklärung.** Gibt die Leistung von Bauprodukten in Bezug auf die wesentlichen Merkmale an. Voraussetzung hierfür ist, dass das Bauprodukt von einer harmonisierten Norm (hEN) erfasst wird oder einer Europäischen Technischen Bewertung, die für dieses Produkt ausgestellt wurde, entspricht. **Wichtig:** Die in der Leistungserklärung erklärten Leistungen müssen den in der BauO oder aufgrund der BauO festgelegten Anforderungen für diese Verwendung entsprechen.
EAD	**Europäisches Bewertungsdokument.** Gemäß BauPVO ist ein Europäisches Bewertungsdokument („European Assessment Document" – EAD) ein Dokument, das von der Organisation Technischer Bewertungsstellen zum Zweck der Ausstellung Europäischer Technischer Bewertungen (ETA, siehe unten) angenommen wird.
ETA	**Europäische Technische Bewertung.** Gemäß BauPVO ist eine Europäische Technische Bewertung – („European Technical Assessment" – ETA) die dokumentierte Bewertung der Leistung eines Bauprodukts in Bezug auf seine wesentlichen Merkmale im Einklang mit dem betreffenden EAD.

Anlage A

Brandschutz-Nachweis-Checkliste für die Erstellung eines Brandschutzkonzeptes nach BauO NRW

Die nachfolgende Checkliste bezieht sich auf den Hauptteil mit den Kapiteln 1 bis 30 dieses Werks und weist die gleiche Gliederung auf. Alle Verweise betreffen die entsprechenden Hauptkapitel.

Die Anlage B enthält als Beispiel ein Brandschutzkonzept als bautechnischer Nachweis des Brandschutzes, das mit dieser Checkliste und dem Hauptteil erstellt wurde.

A 0 Anwendungshinweise zur Brandschutz-Nachweis-Checkliste

A 0.1 Geltungs- und Anwendungsbereich der Checkliste

Diese Checkliste gilt für alle Gebäude, die nach der BauO NRW behandelt werden können und die **keine Sonderbauten** sind. Sie kann auch in eingeschränkter Form für Sonderbauten verwendet werden, muss dann aber auf die **besonderen Anforderungen des jeweiligen Sonderbaus gemäß BauPrüfVO § 9 erweitert und angepasst werden** (siehe Kapitel 26).

Die Checkliste weist die gleiche Gliederung wie der Hauptteil auf. Verweise beziehen sich auf die entsprechenden Hauptkapitel (wenn nichts anderes angegeben ist).

Die Anlage B enthält als Beispiel ein mit dieser Checkliste erstelltes **Brandschutzkonzept** als bautechnischer Nachweis des Brandschutzes auf Grundlage der Eingabeplanung.

A 0.2 Vom „richtigen Zeitpunkt" und „vermeidbaren Kosten" im vorbeugenden Brandschutz

Wichtig: Eine frühzeitige Berücksichtigung des vorbeugenden baulichen Brandschutzes bereits in der Vor- und Entwurfsplanungsphase ist **elementare Voraussetzung** für ein reibungsloses und **wirtschaftliches Brandschutzkonzept.**

Wie wichtig der **„richtige Zeitpunkt"** ist, merkt man erst, wenn er verpasst wurde. Diese Lebensweisheit gilt natürlich auch für den Brandschutz. **Wird der vorbeugende bauliche Brandschutz nicht rechtzeitig und von vornherein fachgerecht mit berücksichtigt, so wird er immer aufwendiger und teurer.**

Oft ist es den Beteiligten (insbesondere dem Bauherrn) gar nicht bewusst, dass hohe Kosten vermeidbar gewesen wären, hätte man sich nur rechtzeitig und fachgerecht mit dem vorbeugenden Brandschutz befasst!

Heute ist es in Deutschland weitgehend Standard, dass für jedes Bauvorhaben, angefangen vom einfachen Gebäude bis zum komplizierten Sonderbau, ein Brandschutzkonzept erstellt wird. Für große Sonderbauten ist in NRW immer ein Brandschutzkonzept gemäß § 9 BauPrüfVO vorgeschrieben. Für sogenannte „kleine" Sonderbauten wird es in der Regel verlangt bzw. ist es dringend empfehlenswert.

Oft wird mit der Erstellung des Brandschutzkonzeptes erst dann begonnen, wenn die Eingabeplanung weitgehend fertig ist. Zu diesem Zeitpunkt können jedoch die für den Brandschutz wesentlichen **Weichen bereits falsch gestellt** sein und es ist deshalb meist nicht mehr möglich, ein wirtschaftliches und für alle Beteiligten zufriedenstellendes Brandschutzkonzept zu entwickeln.

Deshalb sollte für die Erstellung von Brandschutzkonzepten der „richtige Zeitpunkt" nicht verpasst werden. Dieser liegt in der Vorentwurfs- und Vorplanungsphase. Bereits zu diesem Zeitpunkt ist es notwendig, dass auch für das zukünftige Brandschutzkonzept ein „Vorentwurf" erstellt wird.

Dabei handelt es sich **nicht** um einen kompletten Entwurf des Brandschutzkonzeptes, sondern es werden im Vorfeld nur diejenigen wichtigen und relevanten Punkte besprochen und abgeklärt, die sich später **wesentlich auf den vorbeugenden Brandschutz und dessen Kosten** auswirken können.

Wird der Brandschutz eines Gebäudes zum „richtigen Zeitpunkt" behandelt und in die Planung mit einbezogen, so steht einer aus brandschutztechnischer Sicht mangelfreien und wirtschaftlichen Ausführung des Gebäudes nichts mehr im Wege.

A 0.3 Erfordernis, Zweck, Ersteller und Prüfung von Brandschutzkonzepten

Wichtig: Vor Erstellung eines Brandschutzkonzeptes muss klar geregelt sein und schriftlich festgehalten werden, **zu welchem Zweck und in welchem Detaillierungsgrad** (siehe Punkt A 0.4) es erstellt werden soll.

In der Regel dienen Brandschutzkonzepte dem bautechnischen Nachweis, dass für die vorliegende Genehmigungsplanung der bauaufsichtlich erforderliche Brandschutz (gemäß der LBO NRW und ihren ergänzenden Vorschriften) eingehalten wird. Sie können auch Grundlage für eine Bescheinigung durch einen staatlich anerkannten Sachverständigen sein.

Es sind jedoch auch Brandschutzkonzepte bzw. brandschutztechnische Stellungnahmen mit anderen Zielsetzungen bzw. Aufgabenstellungen möglich, z. B.

- als Grundlage und zur Unterstützung der weiteren Werk-, Ausführungs- und Detailplanung,
- zur Beurteilung des vorhandenen Brandschutzes bei Bestandsgebäuden,
- zur Beurteilung der Rettungswegsituation bei Bestandsgebäuden,
- zur Beurteilung bzw. Überprüfung der fachgerechten Ausführung von Brandschutzmaßnahmen.

Abhängig von der Art oder Nutzung der baulichen Anlagen und Räume können sich nach BauO NRW unterschiedliche Anforderungen an das Brandschutzkonzept, (den Nachweis des Brandschutzes,) seinen Ersteller und seine Prüfung ergeben.

A 0.3.1 „Große" Sonderbauten

Definition: Alle Anlagen und Räume besonderer Art oder Nutzung (Sonderbauten), die in § 50 (2) BauO NRW aufgeführt sind (siehe Kapitel 2.2), gelten als sogenannte **„große" Sonderbauten**.

Erfordernis: Für diese „großen" **Sonderbauten** ist mit den Bauvorlagen **immer** ein **Brandschutzkonzept** einzureichen, das als bautechnischer Nachweis dient (§ 70 (2) Satz 3 BauO NRW).

Zweck und Inhalt: Das Brandschutzkonzept ist eine zielorientierte Gesamtbewertung des baulichen und abwehrenden Brandschutzes bei Sonderbauten durch den nachfolgend genannten Personenkreis und muss insbesondere Angaben zum „18-Punkte-Katalog" nach § 9 BauPrüfVO enthalten (siehe Kapitel 26). Die Angaben sind in einem schriftlichen Erläuterungsbericht zu formulieren und durch zeichnerische Darstellung der baulichen Anforderungen unter Angabe der technischen Anforderungen zu ergänzen.

Ersteller: Das Brandschutzkonzept für Sonderbauten wird nach § 54 (3) BauO NRW aufgestellt von
- staatlich anerkannten Sachverständigen für die Prüfung des Brandschutzes (§ 87 (2) Satz 1 Nr. 4 BauO NRW),
- öffentlich bestellten und vereidigten Sachverständigen für vorbeugenden Brandschutz (§ 36 der Gewerbeordnung),
- Personen, die im Einzelfall für die Aufgabe nach Sachkunde und Erfahrung vergleichbar geeignet sind.

Prüfung: Die Prüfung des Brandschutzkonzeptes erfolgt durch die Bauaufsichtsbehörde. Die Bauaufsichtsbehörden können zur Erfüllung ihrer Aufgaben Sachverständige und sachverständige Stellen, insbesondere für die Prüfung von Brandschutzkonzepten staatlich anerkannte Sachverständige heranziehen.

Verwendung dieser Checkliste: Diese Checkliste gilt grundsätzlich nur für Gebäude, die in der BauO NRW erfasst werden. Sie kann bei Sonderbauten nur in dem Umfang verwendet werden, in dem der Sonderbau nach der BauO NRW behandelt werden kann. In der Regel bestehen für Sonderbauten weitergehende bzw. von der BauO NRW abweichende Anforderungen, die zusätzlich zu beachten sind. Soll die Checkliste für Sonderbauten verwendet werden, so ist dies nur in eingeschränkter Form möglich. Sie muss dann zusätzlich entsprechend den besonderen Anforderungen des jeweiligen Sonderbaus erweitert und angepasst werden. Außerdem ist sie dann mit dem „18-Punkte-Katalog" nach § 9 BauPrüfVO (siehe oben) zu ergänzen.

A 0.3.2 „Kleine" Sonderbauten (Sonderbauten, die keine großen Sonderbauten sind)

Definition: Anlagen und Räume besonderer Art oder Nutzung (Sonderbauten), die keine großen Sonderbauten nach § 50 (2) BauO NRW sind, werden im Sprachgebrauch (nur in NRW) oft als sogenannte „kleine" Sonderbauten bezeichnet.

Erfordernis: Für solche „kleinen" Sonderbauten können nach § 50 (1) Satz 3 Nr. 19 BauO NRW Anforderungen an Umfang, Inhalt und Zahl besonderer Bauvorlagen, insbesondere eines Brandschutzkonzeptes gestellt werden.

Zweck und Inhalt, Ersteller, Prüfung, Verwendung dieser Checkliste: Siehe sinngemäß vorstehenden Punkt A 0.3.1.

Tipp: Es ist davon auszugehen, dass bei den sogenannten „kleinen" Sonderbauten **in der Regel ein Brandschutzkonzept** von der Bauaufsichtsbehörde **verlangt** wird. Auch wenn es nicht verlangt werden sollte, ist es in jedem Fall sehr empfehlenswert, ein solches Brandschutzkonzept vorzulegen, da es dokumentiert, dass die Eingabeplanung den aktuellen Vorschriften entspricht und damit die Prüfung und Genehmigung des Brandschutzes wesentlich erleichtert. Natürlich ist es dabei besonders wichtig, dass alle vorhandenen bzw. notwendigen Abweichungen (Erleichterungen) erkannt und „richtig" behandelt werden (siehe Kapitel 27).

A 0.3.3 Wohngebäude der GK 4 und 5 und sonstige Gebäude, die keine Wohngebäude sind (ausgenommen Sonderbauten), mit Abweichungen

Definition: Neben Wohngebäuden der GK 4 und 5 betrifft dies alle Gebäude, die keine Wohngebäude und auch keine Sonderbauten sind, die jedoch genehmigungspflichtige Abweichungen haben.

Erfordernis und Prüfung: Für die genannten Gebäude haben die Bauherrin oder der Bauherr eine **Wahlmöglichkeit**. Sie können entweder
- eine Bescheinigung eines staatlich anerkannten Sachverständigen einreichen, dass das Vorhaben den Anforderungen an den Brandschutz entspricht (§ 68 (1) Satz 1 Nr. 3 BauO NRW) oder
- eine Prüfung durch die Bauaufsichtsbehörde für den Nachweis des Brandschutzes beantragen.

Zweck und Inhalt: In beiden Fällen ist die Vorlage eines Brandschutzkonzeptes nicht vorgeschrieben. Es ist jedoch dringend **empfehlenswert und hilfreich**, da es die Grundlage für die erforderliche Bescheinigung bzw. Prüfung darstellt und diese damit erheblich erleichtert.

Wichtig: Werden nur die Genehmigungsplanung mit Baubeschreibung und unzureichenden Angaben eingereicht, so kann dies zu Schwierigkeiten und einer erheblichen Zeitverzögerung führen, verbunden mit einem sehr hohen Aufwand an Arbeitskraft und Kosten für alle Beteiligten. Außerdem können z. B. bei Abweichungen zur Kompensation auch Auflagen und Anforderungen gestellt werden, für die es auch andere, für den Bauherrn vorteilhaftere Lösungsmöglichkeiten gäbe. Im schlimmsten Fall kann sich herausstellen, dass Abweichungen vorliegen, die nicht bzw. mit einem vertretbaren Aufwand nicht kompensiert werden können bzw. die eine teilweise Um- und Neuplanung erfordern.

Nachteil des Bescheinigungsverfahrens durch einen staatlich anerkannten Sachverständigen: Stellt sich während der Bearbeitung für die Bescheinigung heraus, dass Abweichungen vorhanden sind, können diese **nicht** vom staatlich anerkannten Sachverständigen genehmigt werden. Der Sachverständige darf aber auch den Bauherrn nicht bezüglich dieser Abweichung bzw. der evtl. erforderlichen Kompensationen beraten. Dies führt naturgemäß mindestens zu einer erheblichen Zeitverzögerung, da in diesem Fall der Bauherr die Genehmigung der betreffenden Abweichungen bei der Bauaufsichtsbehörde beantragen muss.

In der Regel ist dann zur Beurteilung und Genehmigung ohnehin ein Brandschutzkonzept erforderlich. Erst nach Genehmigung der Abweichungen durch die Bauaufsichtsbehörde kann dann der staatlich anerkannte Sachverständige die erforderliche Bescheinigung ausstellen.

Besonders ungünstig bzw. schwierig kann es werden, wenn sich im Zuge der Bearbeitung herausstellt, dass die Genehmigungsbehörde das Gebäude als „kleinen" Sonderbau einstuft (nach § 50 (1) Satz 1 und Satz 3 Nr. 19 BauO NRW). In diesem Fall kann dann ohnehin ein Brandschutzkonzept verlangt werden und das Verfahren geht wieder von vorne los (siehe auch vorstehenden Punkt A 0.3.2).

Tipp: Aus den vorgenannten Gründen und da der staatlich anerkannte Sachverständige keine Abweichungen genehmigen darf, ist bei den hier genannten Gebäuden ein Brandschutzkonzept praktisch immer empfehlenswert bzw. zur Vermeidung von unkalkulierbaren Risiken und Zeitverzögerungen notwendig. Außerdem kann es in diesem Zusammenhang auch vorteilhaft sein, eine Prüfung durch die Bauaufsichtsbehörde zu beantragen.

Ersteller: Wenn nach BauO NRW kein Brandschutzkonzept als Bauvorlage verlangt wird, bestehen auch keine besonderen Anforderungen an den Ersteller dieses Konzepts. Es ist jedoch empfehlenswert, darauf zu achten, dass der Ersteller des Brandschutzkonzepts die erforderlichen Fachkenntnisse aufweist (z. B. wie in Punkt A 0.3.1 beschrieben oder als Fachplaner Brandschutz mit nachgewiesener Erfahrung und Sachkunde).

Sollte sich allerdings bei der Prüfung des Brandschutzkonzeptes durch die Bauaufsichtsbehörde herausstellen, dass das Gebäude als „kleiner" Sonderbau zu bewerten ist und deshalb nach § 50 (1) Satz 3 Nr. 19 BauO NRW ein Brandschutzkonzept erforderlich ist, muss der Ersteller die im vorstehenden Punkt A 0.3.1 genannten Voraussetzungen erfüllen. In diesem Fall ist es natürlich von großem Vorteil, wenn das Brandschutzkonzept bereits von einem staatlich anerkannten Sachverständigen aufgestellt wurde.

Verwendung dieser Checkliste: Die Checkliste dient als Hilfsmittel, um die Erstellung von Brandschutzkonzepten zu erleichtern und kann für die genannten Gebäude verwendet werden. Bei evtl. vorhandenen Abweichungen müssen diese beantragt und genehmigt werden.

A 0.3.4 Wohngebäude der GK 4 und 5 und sonstige Gebäude, die keine Wohngebäude sind (ausgenommen Sonderbauten), ohne Abweichungen

Siehe sinngemäß den vorstehenden Punkt A 0.3.3. Ist keine Abweichung vorhanden und ist aus der Eingabeplanung und Baubeschreibung ersichtlich, dass alle Anforderungen der BauO NRW, der VV TB NRW und aller ergänzenden Vorschriften und Regeln eingehalten werden, so ist grundsätzlich kein Brandschutzkonzept erforderlich.

In diesen Fällen ist auch der Weg über eine Bescheinigung eines staatlich anerkannten Sachverständigen, dass das Vorhaben den Anforderungen an den Brandschutz entspricht (§ 68 (1) Satz 1 Nr. 3 BauO NRW) problemlos möglich. **Voraussetzung** hierfür ist jedoch, dass **keine Abweichungen** vorhanden sind bzw. beantragt werden müssen.

Stellt sich dagegen bei der Bearbeitung des staatlich anerkannten Sachverständigen heraus, dass Abweichungen erforderlich sind, sind Schwierigkeiten vorprogrammiert, siehe vorstehenden Punkt A 0.3.3. Aus diesen Gründen ist auch bei diesen Gebäuden immer ein Brandschutzkonzept empfehlenswert, da sich daraus ergibt, ob bzw. welche Abweichungen evtl. vorhanden sind und genehmigt werden müssen.

Außerdem ist ein Brandschutzkonzept grundsätzlich für jedes Gebäude empfehlenswert, da es dokumentiert, welche Brandschutzvorschriften zum Zeitpunkt der Erstellung galten und dass die Genehmigungsplanung diesen Vorschriften entspricht.

Wichtig: In diesem Werk werden hauptsächlich **Brandschutzkonzepte** behandelt, die für **Gebäude, die keine Sonderbauten sind**, als **bautechnischer Nachweis des Brandschutzes auf Grundlage der Genehmigungsplanung** dienen sollen. Grundlage dieser Konzepte sind die Genehmigungsplanung und die zugehörige Baubeschreibung. Zur Erstellung dieser Konzepte ist eine Vorgehensweise gemäß der in diesem Werk erfolgten Gliederung zu empfehlen, da deren Punkte jeweils systematisch aufeinander aufbauen.

A 0.4 Detaillierungsgrad des Brandschutzkonzeptes

Bei Brandschutzkonzepten, die als **bautechnischer Nachweis des Brandschutzes auf Grundlage der Genehmigungsplanung** dienen sollen, entspricht der Detaillierungsgrad in der Regel dem der Genehmigungsplanung.

Im Brandschutzkonzept müssen damit alle wesentlichen Informationen enthalten sein, die für die Prüfung und Genehmigung bzw. Bescheinigung des Brandschutzes erforderlich sind.

Allerdings sind in der BauO NRW und ihren ergänzenden Vorschriften bezogen auf den Brandschutz **noch zahlreiche weitere Anforderungen** enthalten,

- die in der Genehmigungsplanung noch gar nicht relevant sind bzw.
- bei denen im Zuge der Ausführungsplanung unterschiedliche Lösungen möglich sind bzw.
- die erst im Zuge der Ausführungsplanung gelöst werden (können), siehe nachfolgende Beispiele.

Das grundsätzliche Problem besteht jetzt darin, inwieweit im Brandschutzkonzept auf solche weiteren bauaufsichtlichen Anforderungen eingegangen werden soll und kann. **Dies sollte unbedingt vor Erstellung von Brandschutzkonzepten besprochen und genau festgelegt werden** (siehe auch Punkt A 0.3).

Nach der Genehmigungsplanung erfolgt die Ausführungsplanung (Werk- und Detailplanung) mit Tragwerks- und Haustechnikplanung. Auf den Brandschutz bezogen bildet das Brandschutzkonzept hierfür die Grundlage, **aber eben nur die Grundlage!**

In der Ausführungsplanung müssen die grundsätzlichen Vorgaben des Brandschutzkonzeptes weiterentwickelt werden, z. B. in den Werk- und Detailplänen. Dies gilt in besonderem Maße auch für die haustechnischen Gewerke. Außerdem müssen dabei alle weiteren Anforderungen der BauO NRW mit ihren ergänzenden Vorschriften (z. B. VV TB NRW) beachtet und umgesetzt werden, auf die im Brandschutzkonzept nicht detailliert eingegangen werden konnte.

Häufig sind die am Bau Beteiligten der Meinung, dass alles in Ordnung ist, wenn ein geprüftes und genehmigtes Brandschutzkonzept vorliegt, und die Umsetzung und Berücksichtigung des Konzepts und der weiteren Anforderungen erfolgt nur unzureichend.

Es ist deshalb wichtig, dass bei der Ausführungsplanung sowohl die Anforderungen des Brandschutzkonzeptes mit einbezogen werden als auch die weiteren Anforderungen, auf die im Brandschutzkonzept bestenfalls nur hingewiesen werden konnte, berücksichtigt werden.

Liegen hierfür nicht die erforderlichen Fachkenntnisse vor, ist es empfehlenswert, dafür einen entsprechenden **Brandschutz-Fachplaner** zu beteiligen bzw. diesen (möglichst von Anfang an) mit einzubeziehen. Im Idealfall kann dies sinnvollerweise natürlich auch der Ersteller des Brandschutzkonzeptes sein.

Erfolgt dies nicht konsequent, besteht die Gefahr, dass Brandschutzanforderungen zu spät erkannt und/oder nicht fachgerecht oder überhaupt nicht umgesetzt werden, was später erhebliche **Schwierigkeiten und (Mehr-)Kosten** verursachen kann.

Es ist deshalb wichtig, dass vorab geprüft und geklärt wird, inwieweit bzw. in welchem Umfang/Detaillierungsgrad bereits im Brandschutzkonzept auf „weitere Anforderungen", die in der Regel die Ausführungsplanung (und teilweise auch die Ausführung) betreffen, eingegangen wird und in welchem Umfang der Ersteller des Brandschutzkonzeptes in die weitere Ausführungsplanung einbezogen wird.

In diesem Zusammenhang ist es natürlich empfehlenswert, dass der Ersteller des Brandschutzkonzeptes (soweit möglich und sinnvoll), darauf hinweist, wenn aus den zugrundeliegenden Unterlagen (z. B. Eingabeplänen, Baubeschreibung) ersichtlich ist, dass später bei der Umsetzung von bestimmten Brandschutzanforderungen Probleme zu erwarten sind.

Beispiel 1: Die Brandwände sind nicht übereinander angeordnet und gehen nicht unversetzt durch

Dies kann, soweit in der Genehmigungsplanung ersichtlich, mit einem Lösungsbeispiel im Brandschutzkonzept behandelt und in den Brandschutzplänen dargestellt werden.

Allerdings sind zur Sicherung des Brandüberschlags unterschiedliche Lösungen möglich, die sich z. B. auch erst zum Zeitpunkt der weiteren Ausführungsplanung ergeben bzw. ändern können. Die Thematik muss also in der Ausführungsplanung entsprechend weiter bearbeitet werden.

Achtung: Dabei können sich auch (neue bzw. andere) prüf- und genehmigungspflichtige Abweichungen (bei Sonderbauten auch Erleichterungen) ergeben, die im Brandschutzkonzept noch nicht behandelt wurden und deshalb neu beantragt werden müssen.

Beispiel 2: Sicherung des einspringenden Winkels von Brandwänden

Siehe sinngemäß Beispiel 1. Auch hier sind unterschiedliche Lösungen möglich. Eine entsprechende weitere Bearbeitung in der Ausführungsplanung ist erforderlich.

Beispiel 3: Ausbildung der Brandwände im Dachbereich

Die diesbezüglichen grundsätzlichen Anforderungen können im Brandschutzkonzept angegeben werden. Auch hier sind z. B. bei Gebäuden der GK 4 und 5 unterschiedliche Lösungen möglich (Ausführung des Dachabschlussbereichs der BW bzw. WaBW entweder 30 cm über Dach oder mit beidseitiger 50 cm Stahlbetonkragplatte). Sinngemäß gilt das auch bei Gebäuden der GK 1 bis 3, bei denen die Wände, die anstelle von Brandwänden zulässig sind, „nur" bis unter die Dachhaut geführt werden müssen.

Mit den in der Bauordnung und evtl. auch im Brandschutzkonzept angegebenen grundsätzlichen Anforderungen ist eine fachgerechte Ausführung auf der Baustelle nicht möglich. **Es ist eine entsprechende Konkretisierung und Detaillierung in der Werk- und Detailplanung erforderlich.**

Beispiel 4: Ausbildung der Brandwände im Außenwandanschlussbereich

Hier kann (wenn überhaupt) im Brandschutzkonzept in der Regel nur allgemein mit einem Hinweis auf die diesbezüglichen weiteren Anforderungen der BauO NRW eingegangen werden. Die Berücksichtigung und konkrete Umsetzung der Anforderungen erfolgt in der Ausführungsplanung.

Beispiel 5: Außenwandbekleidung von Gebäudeabschlusswänden

Siehe sinngemäß Beispiel 4. Hier ist neben der Ausführungsplanung auch noch die Bauausführung betroffen.

Beispiel 6: In Brandwände eingreifende Bauteile, z. B. Auflagerung der Pfetten auf WaBW

Siehe sinngemäß Beispiel 4. Hier ist neben der Ausführungsplanung noch die Tragwerksplanung betroffen.

Beispiel 7: Leitungsdurchführung durch Brandwände

Siehe sinngemäß Beispiel 4. Hier ist neben der Ausführungsplanung noch die Haustechnikplanung betroffen.

Beispiel 8: Oberer An- bzw. Abschluss von Trennwänden (z. B. zwischen Nutzungseinheiten oder von Flurtrennwänden)

Die diesbezüglichen bauaufsichtlichen Anforderungen betreffen die Ausführungsplanung (Werk- und Detailplanung) sowie die Bauausführung. Deshalb kann im Brandschutzkonzept (wenn überhaupt) nur allgemein mit einem Hinweis auf die diesbezüglichen weiteren Anforderungen der BauO NRW eingegangen werden. Insbesondere können sich beim oberen An- bzw. Abschluss von Trennwänden in Dachgeschossen besondere Anforderungen an die brandschutztechnische Ausbildung der gesamten Dachkonstruktion ergeben.

Empfehlung: Ist z. B. bereits in der Genehmigungsplanung erkennbar, dass später (bei der Ausführungsplanung und/oder Bauausführung) ein fachgerechter oberer An- bzw. Abschluss von Trennwänden voraussichtlich nicht möglich sein wird (z. B. bei oberen An- bzw. Abschlüssen an Trapezblechdächer, Nagelbinder, Holzbalkendecken und in Dachgeschossen), so ist es empfehlenswert, im Brandschutzkonzept zumindest einen diesbezüglichen deutlichen **„Warnhinweis"** zu geben. Außerdem ist es sinnvoll, die Problematik mit dem Planer zu erläutern und dabei zu prüfen, welche grundsätzlichen Lösungsmöglichkeiten bestehen.

Dieses Beispiel zeigt auch, wie wichtig es ist, dass solche Probleme bereits in der **Vorplanungsphase** erkannt werden.

Beispiel 9: Verlegung von brennbaren Leitungsanlangen, die nicht zur unmittelbaren Versorgung dienen, in notwendigen Fluren und Treppenräumen

Im Brandschutzkonzept bzw. den Brandschutzplänen kann diesbezüglich nur angegeben werden, wo genau notwendige Flure bzw. notwendige Treppenräume erforderlich sind. Die weitere Bearbeitung und Berücksichtigung der Brandschutzanforderungen erfolgt in der Haustechnik- und Ausführungsplanung.

Es ist empfehlenswert, solche Probleme nicht erst in der Werk- und Ausführungsplanung, sondern bereits in der **Vorplanungsphase** zu lösen. Eine Problemlösung könnte z. B. darin bestehen, möglichst keine notwendigen Flure anzuordnen bzw. die brennbaren haustechnischen Leitungen nicht in den notwendigen Fluren zu verlegen.

Beispiel 10: Leitungsdurchführung durch Wände von notwendigen Fluren und Treppenräumen

Siehe sinngemäß Beispiel 9. Die jeweils erforderlichen Maßnahmen ergeben sich erst, nachdem feststeht, wie die in Beispiel 9 beschriebene Problematik gelöst wurde.

A 0.5 Form und Gliederung des Brandschutzkonzeptes

Eine besondere Form bzw. Gliederung von Brandschutzkonzepten ist nicht vorgeschrieben. Grundsätzlich müssen bei der Erstellung eines Brandschutzkonzeptes alle **relevanten** Punkte der BauO NRW und ihren ergänzenden Vorschriften bearbeitet werden.

Bei Gebäuden, die Sonderbauten sind, ist ein Brandschutzkonzept nach der Verordnung über bautechnische Prüfungen (BauPrüfVO) § 9 vorgeschrieben. Dort sind auch 18 Punkte angegeben, zu denen das Brandschutzkonzept insbesondere Angaben enthalten muss (siehe Kapitel 26). Es heißt dort lediglich: *„Die Angaben sind in einem schriftlichen Erläuterungsbericht zu formulieren und durch zeichnerische Darstellung der baulichen Anforderungen unter Angabe der technischen Anforderungen zu ergänzen."*

Ist ein Brandschutzkonzept bauaufsichtlich nicht vorgeschrieben (siehe Punkt A 0.3), bestehen auch keine Anforderungen an eine besondere Form und Gliederung.

In beiden Fällen kann die nachfolgende Checkliste grundsätzlich als **Arbeitshilfe zur Erstellung eines Brandschutzkonzeptes** verwendet werden. Für Sonderbauten, bei denen ein Brandschutzkonzept vorgeschrieben bzw. erforderlich ist, muss sie gemäß den besonderen Anforderungen des jeweiligen Sonderbaus, insbesondere mit den in der BauPrüfVO § 9 angegebenen 18 Punkten erweitert und angepasst werden (siehe auch Kapitel 26).

Die Checkliste ist so aufgebaut, dass die relevanten Informationen in genau der Reihenfolge abgerufen und behandelt werden, in der sie zur Erstellung eines Brandschutzkonzeptes benötigt werden. Ein weiterer Vorteil der Checkliste besteht darin, dass durch die strukturierte und detaillierte Abfrage aller einzelnen Vorschriften der BauO NRW keine wichtigen Anforderungen vergessen oder übersehen werden.

Beispiel: Das Wichtigste eines jeden Brandschutzkonzeptes sind die Rettungswege. Also wäre es naheliegend, die Gliederung des Brandschutzkonzeptes mit den Rettungswegen zu beginnen. Dies ist jedoch nicht sinnvoll bzw. zielführend, da die Rettungswege immer aus einem Brandabschnitt, einer Nutzungseinheit oder einem Aufenthaltsraum führen. Außerdem verlaufen die Rettungswege unter Umständen auch über notwendige Flure. Also werden gemäß Checkliste zuerst die Anforderungen an die Trennung von Brandabschnitten, Nutzungseinheiten und Aufenthaltsräumen sowie das Erfordernis von notwendigen Fluren und notwendigen Treppen abgefragt.

A 0.6 Arbeiten mit den Checklisten

Die Bearbeitung erfolgt zweckmäßigerweise so, dass bei jedem Punkt geprüft wird, ob dieser für das untersuchte Gebäude relevant ist oder nicht. Ist ein Punkt nicht relevant, geht es weiter mit dem nächsten Punkt. Ist ein Punkt relevant, kann eine Bearbeitung mithilfe des entsprechenden Kapitels des Hauptwerks erfolgen.

Das Brandschutzkonzept wird dabei nicht in der Checkliste selbst, sondern in einem eigenen Schriftstück erstellt. Dort sollten sinnvollerweise nur diejenigen Punkte aufgeführt und bearbeitet werden, die für das Gebäude relevant sind.

Wichtig: Es ist empfehlenswert, die Bearbeitung so kurz und prägnant wie möglich und so ausführlich wie unbedingt nötig auszuführen, da übermäßig lange und umständliche Brandschutzkonzepte eine Belastung für alle sind, die damit umgehen müssen.

Als Erstes erfolgt eine Beschreibung der relevanten bauaufsichtlichen Anforderungen und der geplanten Ausführung. Anschließend wird bewertet, ob und wie die bauaufsichtlichen Mindestanforderungen eingehalten werden. Bei Einhaltung der Mindestanforderungen wird dies im Brandschutzkonzept angegeben und soweit sinnvoll in den Brandschutzplänen visualisiert (siehe nachfolgenden Punkt A 0.7). Anschließend geht es mit dem nächsten Punkt weiter.

Bei Nichteinhaltung der Mindestanforderungen sind entweder eine Änderung der Planung bzw. Ausführung oder eine entsprechende Abweichung (bei Sonderbauteten auch Erleichterung) notwendig. Im Falle einer Abweichung (bei Sonderbauten Erleichterung) muss diese natürlich begründet, erläutert und auch genehmigt werden (siehe hierzu auch Kapitel 27).

A 0.7 Visualisierung des Brandschutzkonzeptes in Brandschutzplänen

Zur Visualisierung von wesentlichen Punkten des Brandschutzkonzeptes ist es notwendig, einen Satz **Brandschutzpläne** anzufertigen (Größe idealerweise DIN A3), worin wesentliche Brandschutzanforderungen möglichst farbig eingetragen werden. Hierfür genügen für die erste Bearbeitung einfache Farbstifte. Falls erforderlich oder gewünscht, können die Pläne natürlich auch mit Computerprogrammen erstellt werden.

Der unmittelbare Nutzen des einfachen und direkten Eintragens von bestimmten Brandschutzanforderungen in die Brandschutzpläne mit Farbstiften liegt darin, dass dabei oft noch Unklarheiten und Fehler erkannt werden, bei denen sonst die Gefahr besteht, dass sie übersehen werden.

Neben einer schnellen Information und Übersicht helfen die Brandschutzpläne auch, Fehler und Schwachstellen zu erkennen und damit zu vermeiden. Außerdem bilden die Brandschutzpläne für alle am Bau und Brandschutz Beteiligten die Basis mit den wichtigsten Informationen über das bestehende Brandschutzkonzept. Auch für den späteren Betrieb des Gebäudes sind Brandschutzpläne eine wichtige, hilfreiche und kostensparende Unterlage (z. B. bei späteren Umbaumaßnahmen).

Für die farbliche Visualisierung hat sich die in der Legende dargestellte Farbgebung bewährt, die in ihren Grundzügen auch der Farbgebung im Brandschutzatlas entspricht (siehe Kapitel 28).

A 0.8 Fachbauleitung Brandschutz

Insbesondere bei komplexen Gebäuden ist es empfehlenswert, dass bei der fachgerechten Umsetzung und Bauausführung der Werk- und Detailplanung sowie der Planung der haustechnischen Gewerke ein **Fachbauleiter Brandschutz** mitwirkt. Dies kann z. B. idealerweise auch der Ersteller des Brandschutzkonzepts sein.

Dabei ist besonders auch auf eine ausführliche und lückenlose **Dokumentation** der fachgerechten Ausführung aller Brandschutzmaßnahmen zu achten mit allen erforderlichen Nachweisen, Bescheinigungen und Bestätigungen.

Die hierfür entstehenden Kosten sind vergleichsweise sehr gering im Verhältnis zu den Kosten und zu dem Aufwand, die entstehen, wenn der Brandschutz nicht fachgerecht umgesetzt und dokumentiert wird.

Brandschutzmängel können den Bauherrn auch noch Jahrzehnte später „einholen" und dann zu sehr hohen Kosten führen.

A 0.9 Vorbemerkungen für die Verwendung der Checkliste

Die vorliegende Checkliste mit ihren ergänzenden Kapiteln im Hauptteil ist ein Hilfsmittel, um die Erstellung von Brandschutzkonzepten zu erleichtern. Alle Inhalte dürfen jedoch nur unter den nachfolgend beschriebenen Vorbehalten verwendet werden, da es mit einem vertretbaren Aufwand nicht möglich ist, alle Anforderungen der BauO NRW und ihrer ergänzenden Vorschriften sowie deren möglichen Interpretationen und Auslegungen zweifelsfrei bzw. fehlerfrei anzugeben.

Deshalb ist die Checkliste für sich alleine noch kein vollständiger Brandschutznachweis, sondern muss unbedingt entsprechend den in NRW geltenden Vorschriften und Interpretationen genau überprüft und ergänzt werden.

Es wird ausdrücklich darauf hingewiesen, dass für die Richtigkeit, Fehlerfreiheit, Aktualität und Vollständigkeit dieser Checklisten keine Haftung übernommen wird. Außerdem kann dafür nicht garantiert werden.

Maßgebend sind immer die in NRW geltende Landesbauordnung mit ihren ergänzenden Verordnungen, Vorschriften und Technischen Baubestimmungen sowie alle einschlägigen Normen, Vorschriften und Regelungen in ihrer jeweils gültigen Fassung.

Die Checkliste ist so gestaltet, dass sie möglichst vielseitig und einfach zu handhaben ist. Mit ihr kann (ähnlich wie bei PC-Programmen) auch ein relativ unerfahrener Anwender einfach und schnell ein Ergebnis erzielen. Für „Anfänger" und Anwender mit nicht ausreichenden Brandschutzkenntnissen besteht dabei jedoch die Gefahr, dass das eigene Brandschutzwissen überschätzt wird. In diesen Fällen kann es bei der Verwendung der Checkliste zu Fehlern kommen, die sehr schwerwiegend sein können.

Insbesondere gilt dies auch dann, wenn Abweichungen (bei Sonderbauten Erleichterungen) erkannt und entsprechende Kompensationsmaßnahmen erarbeitet werden müssen bzw. wenn es erforderlich ist, bestimmte Brandschutzanforderungen der Bauordnung NRW und ergänzende Vorschriften fachgerecht zu interpretieren und umzusetzen.

Aus diesen Gründen ist es für den vorgenannten Personenkreis unbedingt erforderlich, Brandschutzkonzepte, die mithilfe der Checklisten erstellt worden sind, von einem Fachmann überprüfen zu lassen. Die Checklisten und die zugehörigen Kapitel im Hauptwerk beinhalten teilweise Kommentare und Interpretationen, die in der betreffenden BauO NRW nicht enthalten sind. Naturgemäß ist es möglich, dass die in den Kommentaren angegebenen Interpretationen und Vorschläge von Behörden oder anderen Brandschutzfachleuten nicht akzeptiert oder anders interpretiert werden. Der Anwender der Checkliste muss deshalb jeweils selbst prüfen und entscheiden, ob er diese Kommentare und Interpretationen übernimmt oder nicht.

A 1 Allgemeines, Grundlagen, Vorbemerkungen

A 1.1 Zweck, Rechtsgrundlage und Detaillierungsgrad des Brandschutzkonzeptes

Angabe, für welchen Zweck, mit welcher Rechtsgrundlage und in welchem Detaillierungsgrad das Brandschutzkonzept erstellt wird (siehe Punkte A 0.3 und A 0.4).

Beispiel:
Das Brandschutzkonzept dient dem Nachweis, dass für die vorliegende Genehmigungsplanung der bauaufsichtlich erforderliche Brandschutz (gemäß der BauO NRW und ihren ergänzenden Vorschriften) eingehalten wird.

Wichtiger Hinweis: Für die fachgerechte Ausführung der in diesem Brandschutzkonzept genannten Anforderungen ist eine weitere Ausarbeitung mit entsprechender Ausführungsplanung (Werk- und Detailplanung) sowie Planung der haustechnischen Gewerke erforderlich. Diese ist nicht Gegenstand dieses Brandschutzkonzeptes. Zur Gewährleistung einer fachgerechten Umsetzung ist außerdem eine Fachbauleitung Brandschutz empfehlenswert (bei komplexeren Gebäuden).

A 1.2 Prüfung des Brandschutzkonzeptes bzw. Bescheinigung des Brandschutzes

Angabe, ob das Brandschutzkonzept
- von der Bauaufsichtsbehörde geprüft wird bzw. geprüft werden soll oder
- eine Bescheinigung eines staatlich anerkannten Sachverständigen nach § 87 Absatz 2 Satz 1 Nummer 4 BauO NRW erforderlich ist oder
- weder eine Prüfung noch eine Bescheinigung notwendig sind.

Weitere Informationen hierzu siehe Punkt A 0.3.

A 1.3 Ersteller des Brandschutzkonzeptes, Nachweisberechtigung

Angaben zum Ersteller des Brandschutzkonzeptes, welche Berechtigung erforderlich ist sowie der Nachweis, dass diese Berechtigung auch vorliegt.

Weitere Informationen hierzu siehe Punkt A 0.3.

A 1.4 Allgemeine Angaben und Informationen

Angaben und Informationen zum Bauvorhaben und Brandschutzkonzept.

Beispiel:
- Bauvorhaben
- Bauherr
- Architekt
- Inhalt und Umfang des Brandschutzkonzepts, beigefügte Brandschutzpläne und Anlagen
- Zugrunde gelegte Informationen wie Pläne und sonstige Unterlagen (mit Angabe der genauen Daten wie Plannummern und Planstände)
- Erforderliche Abweichungen (bei Sonderbauten auch Erleichterungen) und wie damit verfahren werden soll*1

*1 Enthält das Brandschutzkonzept Abweichungen (bei Sonderbauten auch Erleichterungen), so sollten diese dem Bauherrn dargestellt und erläutert werden. **Wichtig:** Bei Gebäuden, bei denen das Brandschutzkonzept nicht geprüft wird und bei denen auch keine Bescheinigung des Brandschutzes durch einen staatlich anerkannten Sachverständigen (nach § 87 Absatz 2 Satz 1 Nummer 4 BauO NRW) erfolgt, müssen evtl. vorhandene Abweichungen besonders bei der zuständigen Genehmigungsbehörde beantragt werden.

A 1.5 Brandschutztechnische Kenndaten, zugrunde gelegte Vorschriften

Angaben und Informationen zu den brandschutztechnischen Kenndaten des Gebäudes und der zugrunde gelegten Vorschriften.

Beispiel:
- Maßgebende Vorschriften sowie Sonderbauvorschriften (bei geregelten Sonderbauten) bzw. die dem Nachweis zugrunde gelegten Muster-Sondervorschriften (bei nicht geregelten Sonderbauten)
- Kurzbeschreibung des Gebäudes: maximale Abmessungen, Lage und Zahl der Geschosse, Bauweise (in Stichworten)
- Höhe des obersten (möglichen) Aufenthaltsraums über Gelände im Mittel
- Nutzung des Gebäudes, Art und Größe der Nutzungseinheiten (wenn erforderlich bzw. notwendig)
- Aufenthaltsräume im KG/DG
- Besondere Räume, Brandgefahren, Zündquellen und Brandlasten
- Maximale Anzahl und Art der das Gebäude bzw. die Nutzungseinheiten nutzenden Personen
- Besonderheiten im Hinblick auf den Brandschutz
- Weitere für das Brandschutzkonzept zugrunde gelegte relevante Vorschriften und Regelwerke

A 1.6 Umsetzung des Brandschutzkonzeptes

Angaben zur Umsetzung des Brandschutzkonzeptes.

Beispiel:

Es ist darauf zu achten, dass das Brandschutzkonzept bei allen weiteren Planungen und Maßnahmen (Ausführungsplanung, Werk- und Detailplanung, Planung der haustechnischen Gewerke usw.) sowie bei den Ausschreibungen, der Bauausführung, Bauüberwachung, Abnahme und Dokumentation fachgerecht umgesetzt wird.

Außerdem ist der Bauherr bzw. Betreiber des Gebäudes dafür verantwortlich, dass das Brandschutzkonzept auch während des Gebäudebetriebs eingehalten wird und dass bei Umplanungen bzw. Nutzungsänderungen eine entsprechende Anpassung erfolgt. Zu diesem Zweck sollten alle am Bau und Gebäude Beteiligten eine Kopie des Brandschutzkonzeptes erhalten mit dem Hinweis auf entsprechende Beachtung und Umsetzung.

A 1.7 Wichtige Vorbemerkungen zum Brandschutzkonzept

Vorbemerkungen und Hinweise zur baulichen Umsetzung des Brandschutzkonzeptes.

Beispiel:

1. Im Brandschutzkonzept werden die verbalen bauaufsichtlichen Begriffe und nicht die Klassen nach DIN 4102 bzw. DIN EN 13501 verwendet (z. B. fh statt F 30-B, hf statt F 60-AB, fb statt F 90-AB, Tür fh + rd + s statt T 30-RS usw.). Diesen verbalen bauaufsichtlichen Begriffen müssen dann in der weiteren Ausführungsplanungsplanung und Bauausführung die entsprechenden nationalen Klassen (DIN 4102) bzw. europäischen Klassen (DIN EN 13501) zugeordnet werden. Die Zuordnung ist in der VV TB NRW Anhang 4 (MVV TB 2019 auch Anhang 14) geregelt, siehe dort. Zur Vereinfachung ist die Zuordnung in Punkt A 29 (Kapitel 29) angegeben.
2. Für eine schnelle und einfache Handhabung werden wesentliche Inhalte des Brandschutzkonzeptes in Brandschutzplänen visualisiert. Die Pläne enthalten die Anforderungen an die raumabschließenden, feuerwiderstandsfähigen Wände und Decken und an die Rettungswege sowie weitere wichtige Informationen. Die Brandschutzpläne sind in Punkt A 28 enthalten. Eine umfassende Legende enthält Punkt A 30.
3. Das Brandschutzkonzept gilt nur für die in den Planunterlagen dargestellte und in der Baubeschreibung beschriebene Situation und Nutzung. Falls im Zuge der weiteren Planung bzw. auch später während des Betriebs Umplanungen und Änderungen erfolgen, muss das Konzept entsprechend angepasst werden.
4. Die im Brandschutzkonzept beschriebenen Maßnahmen stellen nur eine Möglichkeit dar, einen ausreichenden Brandschutz zu gewährleisten, der den Anforderungen der BauO NRW entspricht. Bei der Interpretation und Umsetzung von Brandschutzanforderungen, die in der Bauordnung und ihren ergänzenden Vorschriften nicht genau festgelegt sind bzw. bei denen eine unterschiedliche Interpretation und Auslegung möglich ist, können sich auch andere Lösungen bzw. Brandschutzanforderungen bzw. Kompensationsmaßnahmen ergeben bzw. von der Genehmigungsbehörde bzw. von der den Brandschutz prüfenden Stelle verlangt werden. Dies gilt sinngemäß auch bei Abweichungen (bei Sonderbauten auch Erleichterungen). In den genannten Fällen ist eine entsprechende Anpassung bzw. Ergänzung des Brandschutzkonzeptes notwendig.
5. Für die jeweiligen Anforderungen und ihre Umsetzung gelten die BauO NRW mit ihren ergänzenden Verordnungen, Vorschriften und Technischen Baubestimmungen sowie alle einschlägigen Normen, Vorschriften und Regelwerke in ihrer jeweils gültigen Fassung.

A 2 Gebäudeklasse, Überprüfung Sonderbau, Lage auf dem Grundstück

A 2.1	Bestimmung der Gebäudeklasse	
Check	**Bestimmung der Gebäudeklasse** • Systematische Abfrage und Bearbeitung von Kapitel 2.1.	
Überprüfung	• Welche Gebäudeklasse hat das Gebäude?	
Ergebnis	**Eindeutige Angabe der Gebäudeklasse** mit kurzer Begründung und Angabe der Kriterien, die für die Ermittlung zugrunde gelegt wurden.	
Wichtig	Aus der Gebäudeklasse und Gebäudenutzung ergeben sich gemäß BauO NRW auch bestimmte Anforderungen an das Erfordernis, die Erstellung und die Behandlung von bautechnischen Nachweisen und damit auch an die Bescheinigung des Brandschutzkonzeptes durch einen staatlich anerkannten Sachverständigen (siehe Punkt A 0.3).	
A 2.2	**Überprüfung Sonderbau**	
Check	**Feststellung, ob es sich bei dem Gebäude um einen Sonderbau handelt** • Systematische Abfrage und Bearbeitung von Kapitel 2.2.	
Überprüfung	• Ist das Gebäude ein „großer" oder „kleiner" Sonderbau?	
Ergebnis	**1. Eindeutige Angabe, ob das Gebäude ein „großer" oder ein „kleiner" oder kein Sonderbau ist** mit kurzer Begründung. **2. Bei einem geregelten Sonderbau:** Angabe, ob es ein geregelter oder nicht geregelter Sonderbau ist und welche Sonderbauvorschriften bei der Erstellung des Brandschutzkonzeptes zugrunde gelegt werden. **3. Bei einem nicht geregelten Sonderbau:** Angabe, auf welcher Basis das Brandschutzkonzept erstellt wird (z. B. Verwendung von Mustervorschriften, Ingenieurmethoden usw.).	
Wichtig	Neben der Gebäudeklasse ist die Feststellung, ob es sich bei dem Gebäude um einen **Sonderbau** handelt oder nicht, für das Brandschutzkonzept aus folgenden Gründen von **elementarer Bedeutung** (siehe auch Punkte A 0.3.1 und A 0.3.2): 1. Diese Checkliste ist für Sonderbauten nicht bzw. nur eingeschränkt verwendbar. 2. Bei Sonderbauten bestehen besondere Anforderungen an den Ersteller des Brandschutzkonzeptes. 3. Brandschutzkonzepte für Sonderbauten werden von der Bauaufsichtsbehörde geprüft.	
A 2.3	**Lage auf dem Grundstück**	
Check	**Lage auf dem Grundstück** • Systematische Abfrage und Bearbeitung von Kapitel 2.3.	
Überprüfung	• Werden die Anforderungen von § 4 der BauO NRW eingehalten?	
Ergebnis	1. Die Anforderungen werden eingehalten.	→ Kurze Beschreibung und Begründung. → Weiter mit Punkt A 3.
	2. Die Anforderungen werden nicht eingehalten; eine Abweichung (Erleichterung) ist möglich.	Achtung: Es liegt eine prüf- und genehmigungspflichtige Abweichung (bei Sonderbauten Erleichterung) vor. → Bearbeitung der Abweichung (Erleichterung) mit Beschreibung und Begründung (Kapitel 27). → Weiter mit Punkt A 3.
	3. Die Anforderungen werden nicht eingehalten; eine Abweichung (Erleichterung) ist **nicht** möglich.	→ Ende der Bearbeitung. → Die vorgesehene Bebauung ist nicht möglich. Änderung der Planung so, dass sie entweder dem § 4 der BauO NRW entspricht (Nr. 1) oder eine Abweichung (Erleichterung) möglich ist (Nr. 2).

A 3 Schutzziele

A3
A4

Ergebnis	Beschreibung der Schutzziele und Angabe von eventuellen besonderen Schutzzielen (siehe Kapitel 3). Eventuell Angaben und Hinweise zur Feuerversicherung.

A 4 Allgemeine Anforderungen an das Brandverhalten von Baustoffen und Bauteilen

Ergebnis	Verweis, dass § 26 BauO NRW bei der Ausführungsplanung und Bauausführung zu beachten ist (siehe Kapitel 4).
Info	Dieser Punkt ist in der Regel für Brandschutzkonzepte, die dem Nachweis dienen, dass für die vorliegende Genehmigungsplanung der bauaufsichtlich erforderliche Brandschutz eingehalten wird, nicht relevant. **Anmerkung:** Ist aus der Genehmigungsplanung ersichtlich, dass Gebäude der GK 4 oder 5 in Holzbauweise errichtet werden sollen, ist es empfehlenswert, auf die diesbezüglichen besonderen Anforderungen in § 26 Absatz 2 Satz 4 Nr. 2 und Absatz 3 der BauO NRW zu verweisen (siehe auch Kapitel 4.2 und 4.3).

A 5 Brandwände

Check	**Erfordernis, Qualität und Anforderungen an Brandwände** • Werden alle bauaufsichtlichen Anforderungen an Brandwände (§ 30 BauO NRW) erfüllt? • Systematische Abfrage und Bearbeitung der relevanten Kapitel 5.1 bis 5.7.	
Überprüfung	**Genehmigungsplanung:** • Sind Brandwände erforderlich? • Wenn ja, wo sind sie erforderlich? • Welche brandschutztechnische Qualität müssen sie haben? • Wie sind ihre Öffnungen zu sichern? • Sind sie übereinander angeordnet und gehen sie unversetzt vom Keller bis zum Dach durch? Wenn nicht, wie erfolgt die Sicherung gegen eine Brandausbreitung in andere Brandabschnitte (Geschosse)? • Besteht im Brandwandbereich ein einspringender Winkel und wie wird dieser gesichert? **Ausführungsplanung:** • Ausführung im Dachbereich? • Bauteile mit brennbaren Baustoffen, Außenwände, Außenwandbekleidungen und eingreifende Bauteile? • Sicherung von Leitungsdurchführungen?	
Ergebnis	1. Brandwände sind **<u>nicht</u>** erforderlich.	→ Kurze Beschreibung und Begründung. → Weiter mit Punkt A 6.
	2. Brandwände sind erforderlich und werden angeordnet. Ihre Anordnung/Ausführung **<u>entspricht</u>** den Anforderungen der BauO NRW.	→ Kurze Angabe der relevanten bauaufsichtlichen Anforderungen und Beschreibung/Begründung der erforderlichen Maßnahmen. **Visualisierung:** • BW und WaBW in den Brandschutzplänen gemäß Legende **Wichtig:** Nur die raumabschließenden Anforderungen visualisieren! • Sicherung der Öffnungen • Brandwandversatz mit Angabe, wie dieser zu sichern ist • Einspringender Winkel mit Angabe, wie dieser zu sichern ist • Weitere Anforderungen, soweit sie auf den Plänen erkennbar sind → Weiter mit Punkt A 6.
	3. Brandwände sind erforderlich und werden angeordnet. Ihre Anordnung/Ausführung entspricht **<u>nicht bzw. nicht vollständig</u>** den Anforderungen der BauO NRW.	**Achtung:** Für jeden Punkt, bei dem die Anforderungen nicht bzw. nicht vollständig eingehalten sind, liegt eine prüf- und genehmigungspflichtige Abweichung (bei Sonderbauten Erleichterung) vor. → Bearbeitung wie in Nr. 2 beschrieben, jedoch mit Beschreibung und Begründung der jeweiligen Abweichung(en) bzw. Erleichterung(en) → Weiter mit Punkt A 6.
	4. Brandwände sind erforderlich und werden **<u>nicht</u>** angeordnet.	**Achtung:** Es liegt eine prüf- und genehmigungspflichtige Abweichung (bei Sonderbauten Erleichterung) vor. → Bearbeitung der Abweichung (Erleichterung) mit Beschreibung und Begründung. → Weiter mit Punkt A 6.

A 6 Trennwände

Check	**Erfordernis, Qualität und Anforderungen an Trennwände** • Werden alle bauaufsichtlichen Anforderungen an Trennwände (§ 29 BauO NRW) erfüllt? ➔ Systematische Abfrage und Bearbeitung der relevanten Kapitel 6.1 bis 6.4.	
Überprüfung	**Genehmigungsplanung:** • Sind Trennwände erforderlich? • Wenn ja, wo sind sie erforderlich? • Welche brandschutztechnische Qualität müssen sie haben? • Wie sind ihre Öffnungen zu sichern? **Ausführungsplanung:** • Oberer An- bzw. Abschluss an die Rohdecke? • Oberer An- bzw. Abschluss im Dachraum? • Sicherung von Leitungsdurchführungen?	
Ergebnis	1. Trennwände sind **nicht** erforderlich.	➔ Kurze Beschreibung und Begründung. ➔ Weiter mit Punkt A 7.
	2. Trennwände sind erforderlich und werden angeordnet. Ihre Anordnung/Ausführung **entspricht** den Anforderungen der BauO NRW.	➔ Kurze Angabe der relevanten bauaufsichtlichen Anforderungen und Beschreibung/Begründung der erforderlichen Maßnahmen. **Visualisierung:** • Trennwände in den Brandschutzplänen gemäß Legende **Wichtig:** Nur die raumabschließenden Anforderungen visualisieren! • Sicherung der Öffnungen • Weitere Anforderungen, soweit sie auf den Plänen erkennbar sind ➔ Weiter mit Punkt A 7.
	3. Trennwände sind erforderlich und werden angeordnet. Ihre Anordnung/Ausführung entspricht **nicht bzw. nicht vollständig** den Anforderungen der BauO NRW.	**Achtung:** Für jeden Punkt, bei dem die Anforderungen nicht bzw. nicht vollständig eingehalten sind, liegt eine prüf- und genehmigungspflichtige Abweichung (bei Sonderbauten Erleichterung) vor. ➔ Bearbeitung wie in Nr. 2 beschrieben, jedoch mit Beschreibung und Begründung der jeweiligen Abweichung(en) bzw. Erleichterung(en). ➔ Weiter mit Punkt A 7.
	4. Trennwände sind erforderlich und werden **nicht** angeordnet.	**Achtung:** Es liegt eine prüf- und genehmigungspflichtige Abweichung (bei Sonderbauten Erleichterung) vor. ➔ Bearbeitung der Abweichung (Erleichterung) mit Beschreibung und Begründung. ➔ Weiter mit Punkt A 7.

A 7 Decken

Check	**Erfordernis, Qualität und Anforderungen an Decken** • Werden alle bauaufsichtlichen Anforderungen an die Decken (§ 31 BauO NRW) erfüllt? • Systematische Abfrage und Bearbeitung der relevanten Kapitel 7.1 bis 7.3.	
Überprüfung	**Genehmigungsplanung:** • Welche brandschutztechnische Qualität müssen die Decken haben? • Wie sind ihre Öffnungen zu sichern? **Ausführungsplanung:** • Deckenanschlüsse an die Außenwände? • Sicherung von Leitungsdurchführungen?	
Ergebnis	1. Anforderungen eingehalten	→ Kurze Angabe der relevanten bauaufsichtlichen Anforderungen und Beschreibung/Begründung der erforderlichen Maßnahmen. **Visualisierung:** • Decken in den Brandschutzplänen (Schnitte) gemäß Legende **Tipp:** Nur die raumabschließenden Anforderungen visualisieren! • Sicherung der Öffnungen • Weitere Anforderungen, soweit sie auf den Plänen erkennbar sind → Weiter mit Punkt A 8.
	2. Anforderungen **nicht bzw. nicht vollständig** eingehalten	**Achtung:** Für jeden Punkt, bei dem die Anforderungen nicht bzw. nicht vollständig eingehalten sind, liegt eine prüf- und genehmigungspflichtige Abweichung (bei Sonderbauten Erleichterung) vor. → Bearbeitung wie in Nr. 1 beschrieben, jedoch mit Beschreibung und Begründung der jeweiligen Abweichung(en) bzw. Erleichterung(en). → Weiter mit Punkt A 8.

A7

A 8 Notwendige Flure und Laubengänge

Check	**Erfordernis, Qualität und Anforderungen an notwendige Flure und notwendige Flure, die als offene Gänge vor den Außenwänden angeordnet sind (Laubengänge)** • Werden alle bauaufsichtlichen Anforderungen an notwendige Flure und Laubengänge (§ 36 BauO NRW) erfüllt? → Systematische Abfrage und Bearbeitung der relevanten Kapitel 8.1 bis 8.6.	
Überprüfung	**Lage, Ausbildung und Erfordernis:** • Wenn Flure bzw. Laubengänge konzeptionell vorgesehen sind: Sind **notwendige** Flure bzw. Laubengänge erforderlich und wo sind sie erforderlich? • Wenn notwendige Flure bzw. Laubengänge konzeptionell nicht vorgesehen sind: Besteht eine gleichwertige (ausreichende) Sicherheit der horizontalen Rettungswege und durch welche Maßnahmen wird diese erreicht? **Genehmigungsplanung:** • Haben die notwendigen Flure und Laubengänge die erforderliche Mindestbreite? • Ist eine Folge von weniger als 3 Stufen vorhanden? • Wurden die notwendigen Flure durch nichtabschließbare, rauchdichte und selbstschließende Abschlüsse in Rauchabschnitte unterteilt und sind die Rauchabschnitte nicht länger als 30 m? • Sind notwendige Flure mit nur einer Fluchtrichtung (Stichflure), die zu einem Sicherheitstreppenraum führen, nicht länger als 15 m? • Welche brandschutztechnische Qualität müssen die Wände und Brüstungen der notwendigen Flure und Laubengänge haben? • Wie sind die Öffnungen in diesen Wänden zu sichern? • Sind gefangene Räume vorhanden? **Ausführungsplanung:** • Oberer An- bzw. Abschluss der Abschlüsse, die Rauchabschnitte trennen? • Oberer An- bzw. Abschluss der Wände notwendiger Flure und Wände von Laubengängen mit nur einer Fluchtrichtung? • Anforderungen an Bekleidungen, Putze, Unterdecken und Dämmstoffe? • Verlegung von Leitungs- und Lüftungsanlagen in notwendigen Fluren und Laubengängen mit nur einer Fluchtrichtung? • Sicherung der Durchführungen von Leitungs- und Lüftungsanlagen durch die Wände notwendiger Flure und Laubengänge mit nur einer Fluchtrichtung?	
Ergebnis	1. Notwendige Flure sind **nicht** erforderlich und werden nicht angeordnet, weil • innerhalb von NE die Ausnahmeregel der BauO NRW § 36 (1) Nr. 1 bis 4 (Kapitel 8.1) zutrifft bzw. • je Geschoss nicht mehr als vier Wohnungen bzw. NE vergleichbarerer Größe an den Treppenraum angeschlossen sind (BauO NRW § 35 (9)).	→ Kurze Beschreibung und Begründung. → Weiter mit Punkt A 9.
	2. Notwendige Flure **sind erforderlich** und werden angeordnet, weil • die Ausnahmeregel der BauO NRW § 36 (1) Nr. 1 bis 4 (Kapitel 8.1) **nicht** zutrifft bzw. • je Geschoss mehr als vier Wohnungen bzw. NE vergleichbarerer Größe an den Treppenraum angeschlossen sind (BauO NRW § 35 (9)). Ihre Anordnung/Ausführung **entspricht** den Anforderungen der BauO NRW.	→ Kurze Angabe der relevanten bauaufsichtlichen Anforderungen und Beschreibung/Begründung der erforderlichen Maßnahmen. **Visualisierung:** • Flur- und Laubengangwände und -flächen in den Brandschutzplänen gemäß Legende **Wichtig:** Bei Wänden nur den Raumabschluss visualisieren! • Unterteilung in Rauchabschnitte • Bei Stichfluren zu Sicherheitstreppenräumen: Die maximale Stichflurlänge • Sicherung der Öffnungen • Gefangene Räume • Weitere Anforderungen, soweit sie auf den Plänen erkennbar sind → Weiter mit Punkt A 9.
	3. Notwendige Flure **sind erforderlich** und werden angeordnet, weil • die Ausnahmeregel der BauO NRW § 36 (1) Nr. 1 bis 4 (Kapitel 8.1) **nicht** zutrifft bzw. • je Geschoss mehr als vier Wohnungen bzw. NE vergleichbarerer Größe an den Treppenraum angeschlossen sind (BauO NRW § 35 (9)). Ihre Anordnung/Ausführung entspricht **nicht bzw. nicht vollständig** den Anforderungen der BauO NRW.	**Achtung:** Für jeden Punkt, bei dem die Anforderungen nicht bzw. nicht vollständig eingehalten sind, liegt eine prüf- und genehmigungspflichtige Abweichung (bei Sonderbauten Erleichterung) vor. → Bearbeitung wie in Nr. 2 beschrieben, jedoch mit Beschreibung und Begründung der jeweiligen Abweichung(en) bzw. Erleichterung(en). → Weiter mit Punkt A 9.
	4. Es werden keine notwendigen Flure angeordnet obwohl die Ausnahmeregel der BauO NRW § 36 (1) Nr. 1 bis 4 (Kapitel 8.1) **nicht** zutrifft. **Erläuterung:** In diesen Fällen führen die horizontalen Rettungswege aus Aufenthaltsräumen **konzeptionell nicht** über notwendige Flure. Sie müssen jedoch grundsätzlich eine gleichwertige Sicherheit haben, wie Rettungswege, die über notwendige Flure führen.	**Achtung:** Je nach konzeptioneller Lösung liegt unter Umständen eine prüf- und genehmigungspflichtige Abweichung (bei Sonderbauten Erleichterung) vor. → Kurze Angabe der relevanten bauaufsichtlichen Anforderungen und Beschreibung/Begründung der konzeptionellen Lösung ohne notwendige Flure mit den hierfür erforderlichen Maßnahmen. **Visualisierung der konzeptionellen Lösung.** → Weiter mit Punkt A 9.
	5. Es werden keine notwendigen Flure angeordnet, obwohl je Geschoss mehr als vier Wohnungen an den Treppenraum angeschlossen sind (BauO NRW § 35 (9)).	**Achtung:** Es liegt eine prüf- und genehmigungspflichtige Abweichung (bei Sonderbauten Erleichterung) vor. → Bearbeitung der Abweichung (Erleichterung) mit Beschreibung und Begründung. → Weiter mit Punkt A 9.

A 9 Notwendige Treppen

<table>
<tr><td>Check</td><td colspan="2">Erfordernis, Qualität und Anforderungen an notwendige Treppen
• Werden alle bauaufsichtlichen Anforderungen an notwendige Treppen (§ 34 BauO NRW) erfüllt?
• Systematische Abfrage und Bearbeitung der relevanten Kapitel 9.1 bis 9.7</td></tr>
<tr><td>Überprüfung</td><td colspan="2">Genehmigungsplanung:
• Ist jedes nicht zu ebener Erde liegende Geschoss und der benutzbare Dachraum über eine notwendige Treppe zugänglich?
• Sind weitere notwendige Treppen oder Ausgänge ins Freie erforderlich?
• Werden die maximal zulässigen Entfernungen und die richtige Lage der notwendigen Treppen eingehalten (Kapitel 10.2)?
• Wie ist der Verlauf der notwendigen Treppe(n)?
• Werden Rampen anstelle von notwendigen Treppen angeordnet bzw. einschiebbare Treppen in Gebäuden der GK 1 und 2?
• Welche brandschutztechnische Qualität muss die notwendige Treppe haben?
• Wird die erforderliche Mindestbreite eingehalten?
• Wo ist der Treppenbeginn?
Ausführungsplanung:
• Handlauf und Geländer?</td></tr>
<tr><td>Ergebnis</td><td>1. Eine notwendige Treppe ist nicht erforderlich.</td><td>→ Kurze Beschreibung und Begründung.
→ Weiter mit Punkt A 11</td></tr>
<tr><td></td><td>2. Eine notwendige Treppe ist erforderlich und wird angeordnet.
Ihre Anordnung/Ausführung <u>entspricht</u> den Anforderungen der BauO NRW.</td><td>→ Kurze Angabe der relevanten bauaufsichtlichen Anforderungen und Beschreibung/Begründung der erforderlichen Maßnahmen.
Visualisierung:
• Flächen der notwendigen Treppe(n) gemäß Legende
• Weitere Anforderungen, soweit sie auf den Plänen erkennbar sind
→ Weiter mit Punkt A 10.</td></tr>
<tr><td></td><td>3. Eine notwendige Treppe ist erforderlich und wird angeordnet.
Ihre Anordnung/Ausführung entspricht <u>nicht bzw. nicht vollständig</u> den Anforderungen der BauO NRW.</td><td>Achtung: Für jeden Punkt, bei dem die Anforderungen nicht bzw. nicht vollständig eingehalten sind, liegt eine prüf- und genehmigungspflichtige Abweichung (bei Sonderbauten Erleichterung).
→ Bearbeitung wie in Nr. 2 beschrieben, jedoch mit Beschreibung und Begründung der jeweiligen Abweichung(en) bzw. Erleichterung(en).
→ Weiter mit Punkt A 10.</td></tr>
<tr><td></td><td>4. Eine zweite bzw. mehrere notwendige Treppen sind erforderlich und werden angeordnet (Kapitel 10.2).</td><td>Ermittlung und Angabe:
• Einhaltung der maximal zulässigen Entfernungen?
• Anordnung möglichst entgegengesetzt, so dass die Rettungswege möglichst kurz sind?
→ Weitere Bearbeitung und Visualisierung wie in Nr. 2 beschrieben.
→ Weiter mit Punkt A 10.</td></tr>
<tr><td></td><td>5. Anstelle einer zweiten bzw. weiterer notwendiger Treppen wird nur eine „Nottreppe“ angeordnet bzw. eine andere Lösung gewählt.</td><td>Achtung: Es liegt eine prüf- und genehmigungspflichtige Abweichung (bei Sonderbauten Erleichterung) vor.
→ Weitere Bearbeitung und Visualisierung wie in Nr. 2 beschrieben, jedoch mit Beschreibung und Begründung der jeweiligen Abweichung(en) bzw. Erleichterung(en).
→ Weiter mit Punkt A 10.</td></tr>
</table>

A 10 Notwendige Treppenräume, Außentreppen und Ausgänge

Check	**Erfordernis, Qualität und Anforderungen an notwendige Treppenräume, Außentreppen und Ausgänge** • Werden alle bauaufsichtlichen Anforderungen an notwendige Treppenräume, notwendige Außentreppen, Ausgänge und Sicherheitstreppenräume (§ 35 BauO NRW) erfüllt? • Systematische Abfrage und Bearbeitung der relevanten Kapitel 10.1 bis 10.11.
Überprüfung	**Lage, Ausbildung und Erfordernis:** • Ist in Gebäuden der GK 3 bis 5 und in NE, die keine Maisonette mit NE ≤ 2 Geschosse und ≤ 200 m² sind, mindestens entweder – eine notwendige Treppe, die in einem eigenen notwendigen Treppenraum liegt oder – eine sichere notwendige Außentreppe oder – eine notwendige Treppe, die in einem Sicherheitstreppenraum liegt vorhanden? • Werden die maximal zulässigen Entfernungen zu einem Ausgang in einen notwendigen Treppenraum oder zu einer notwendigen Außentreppe oder ins Freie eingehalten? • Sind weitere notwendige Treppen in notwendigen Treppenräumen oder notwendige Treppen als notwendige Außentreppen oder Ausgänge ins Freie erforderlich und haben sie die richtige Lage? • Weisen übereinanderliegende KG jeweils mindestens zwei Ausgänge auf? **Genehmigungsplanung: Notwendige Treppenräume:** • Liegt die notwendige Treppe in einem eigenen, durchgehenden Treppenraum, so dass ihre Nutzung ausreichend lange sicher ist? • Bei mehreren Treppenräumen: Wurden sie möglichst entgegengesetzt angeordnet und sind die Rettungswege möglichst kurz? • Ist ein unmittelbarer Ausgang ins Freie vorhanden? • Welche brandschutztechnische Qualität müssen die Treppenraumwände haben? • Wie sind die Öffnungen in den Treppenraumwänden zu sichern? • Können die Treppenraum**außen**wände im Brandfall beansprucht werden? • Hat der Treppenraum eine ausreichende Belichtungs-, Belüftungs-, und Entrauchungsmöglichkeit? • Bei einem Anschluss von mehr als 4 Wohnungen bzw. NE vergleichbarer Größe: Wurde ein notwendiger Flur angeordnet? • Evtl.: Bestehen Anforderungen an ein Treppenauge bzw. eine Steigleitung trocken? **Ausführungsplanung: Notwendige Treppenräume:** • Oberer An- bzw. Abschluss des Treppenraums und der Treppenraumwände? • Bekleidungen, Putze, Dämmstoffe, Unterdecken, Einbauten und Bodenbeläge? • Beleuchtung? • Verlegung von Leitungs- und Lüftungsanlagen in notwendigen Treppenräumen? • Sicherung der Durchführungen von Leitungs- und Lüftungsanlagen durch die Wände notwendiger Treppenräume? **Genehmigungsplanung: Notwendige Außentreppen:** • Ist die Anordnung und Lage der notwendigen Außentreppen so, dass ihre Nutzung ausreichend sicher ist und im Brandfall nicht gefährdet werden kann. • Welche brandschutztechnische Qualität müssen die Außenwände einschließlich ihrer Öffnungen haben, vor denen die notwendige Außentreppe liegt? • Bei mehreren notwendigen Treppen: Wurden sie möglichst entgegengesetzt angeordnet und sind die Rettungswege möglichst kurz? **Genehmigungsplanung: Sicherheitstreppenraum:** • Wird der Sicherheitstreppenraum so angeordnet und ausgeführt, dass er sicher erreichbar ist und Feuer und Rauch nicht eindringen können?

Ergebnis	1. Eine notwendige Treppe in einem eigenen notwendigen Treppenraum ist **nicht** erforderlich.	• Bei Gebäuden der GK 1 und 2 und für die Verbindung von höchstens zwei Geschossen innerhalb derselben NE von insgesamt nicht mehr als 200 m^2, wenn in jedem Geschoss ein anderer Rettungsweg erreicht werden kann (Maisonette-Treppen). → Kurze Beschreibung und Begründung. → Weiter mit Punkt A 11. • Als Außentreppe, wenn ihre Nutzung ausreichend sicher ist und im Brandfall nicht gefährdet werden kann. → Weiter mit Nr. 3.
	2. Ein notwendiger Treppenraum wird angeordnet. Seine Anordnung/Ausführung **entspricht** den Anforderungen der BauO NRW.	→ Kurze Angabe der relevanten bauaufsichtlichen Anforderungen und Beschreibung/Begründung der erforderlichen Maßnahmen. **Visualisierung:** • Maximal zulässige Entfernung von der entferntesten Stelle im KG und den entferntesten Stellen eines jeden AR in jedem Geschoss zu einem Ausgang in einen notwendigen Treppenraum oder zu einer notwendigen Außentreppe oder ins Freie **Tipp:** Es genügt in der Regel, im KG und jedem Geschoss die jeweils ungünstigste Entfernung anzugeben. • Unmittelbarer Ausgang ins Freie. Falls kein direkter Ausgang ins Freie vorhanden ist: Visualisierung der Anforderungen an den Raum zwischen dem Treppenraum und dem Ausgang ins Freie (Wände, Sicherung der Öffnungen) • Treppenraumwände und Treppenraumflächen gemäß Legende **Wichtig:** Bei Wänden nur die raumabschließenden Anforderungen visualisieren! • Bei Treppenraumaußenwänden: Anforderungen an die Treppenraumaußenwände und die an sie anschließenden Gebäudeteile • Sicherung der Öffnungen? • Belichtungs- und Belüftungsmöglichkeit? • Entrauchung zur Unterstützung wirksamer Löscharbeiten? • Evtl.: Treppenauge bzw. Steigleitung trocken? • Weitere Anforderungen, soweit sie auf den Plänen erkennbar sind → Weiter mit Punkt A 11.
	3. Eine notwendige Außentreppe wird angeordnet. Ihre Anordnung/Ausführung **entspricht** den Anforderungen der BauO NRW.	→ Kurze Angabe der relevanten bauaufsichtlichen Anforderungen und Beschreibung/Begründung der erforderlichen Maßnahmen. **Visualisierung:** • Flächen der notwendigen Außentreppe gemäß Legende • Anforderungen an die Außenwände im Bereich der Außentreppe • Anforderungen an die Sicherung von Öffnungen im Bereich der Außentreppe • Weitere Anforderungen, soweit sie auf den Plänen erkennbar sind → Weiter mit Punkt A 11.
	4. Ein **Sicherheitstreppenraum** wird angeordnet. Seine Anordnung/Ausführung **entspricht** den Anforderungen der BauO NRW.	→ Kurze Angabe der relevanten bauaufsichtlichen Anforderungen und Beschreibung/Begründung der erforderlichen Maßnahmen. **Visualisierung:** • Anforderungen an die Wände, Decken, Sicherung der Öffnungen und aller weiteren, für den Sicherheitstreppenraum relevanten Anforderungen • Weitere „relevante Anforderungen", soweit sie auf den Plänen erkennbar sind → Weiter mit Punkt A 11.
	5. Angeordnet wird: • eine notwendige Treppe in einem notwendigen Treppenraum, • eine notwendige Außentreppe, • ein Sicherheitstreppenraum. Die Anordnung/Ausführung entspricht **nicht bzw. nicht vollständig** den Anforderungen der BauO NRW.	**Achtung:** Für jeden Punkt, bei dem die Anforderungen nicht bzw. nicht vollständig eingehalten sind, liegt eine prüf- und genehmigungspflichtige Abweichung (bei Sonderbauten Erleichterung) vor. → Bearbeitung wie in Nr. 2 bis 4 beschrieben, jedoch mit Beschreibung und Begründung der jeweiligen Abweichung(en) bzw. Erleichterung(en). → Weiter mit Punkt A 11.
	6. Angeordnet wird eine Nottreppe.	Siehe Punkt A 9 Nr. 5.

A 11 Rettungswege

Check		**Anforderungen an die Rettungswege** • Werden alle bauaufsichtlichen Anforderungen an den ersten und zweiten Rettungsweg (§ 33 BauO NRW) erfüllt? • Systematische Abfrage und Bearbeitung der relevanten Kapitel 11.1 bis 11.20.
Überprüfung	0.	**Kurzübersicht:** • Hat jede NE ohne AR einen RW? • Hat jede NE mit AR einen baulichen ersten RW? • Hat jede NE mit AR einen zweiten unabhängigen RW? (Ausgenommen NE mit Sicherheitstreppenraum und ebenerdige Räume mit einem Ausgang ins Freie in ≤ 15 m Entfernung). • Falls der zweite RW über Rettungsgeräte der Feuerwehr führt: – Bestehen Bedenken wegen der Personenrettung? – Entspricht jede zum Anleitern bestimmte Stelle den bauaufsichtlichen Anforderungen?
	1.	**NE ohne AR: Nur ein RW:** • Ist ein Rettungsweg vorhanden (ohne besondere Anforderungen z. B. durch Gänge und Türen)? • Bei nicht zu ebener Erde liegenden Geschossen: Wird jedes Geschoss über eine notwendige Treppe erschlossen? • Bei KG: Ist von jeder Stelle eines Kellergeschosses mindestens ein Ausgang in einen notwendigen Treppenraum, zu einer notwendigen Außentreppe oder ins Freie in höchstens 35 m Entfernung erreichbar?
	2.	**NE mit AR: Nur ein RW:** • Ist ein Sicherheitstreppenraum vorhanden und beträgt die Flurlänge der Flure mit nur einer Fluchtrichtung (Stichflure) nicht mehr als 15 m? • Bei zu ebener Erde liegenden Räumen mit einem unmittelbaren Ausgang ins Freie: Ist der Ausgang von jeder Stelle des Raumes in höchstens 15 m Entfernung erreichbar?
	3.	**NE mit AR: Erster baulicher Rettungsweg:** • Ist von jeder Stelle eines AR (sowie eines KG) mindestens ein Ausgang in einen notwendigen Treppenraum, zu einer notwendigen Außentreppe oder ins Freie in höchstens 35 m Entfernung erreichbar? (**Wichtig:** Bei Sonderbauten bestehen teilweise andere Anforderungen.) • Erfüllt der erste bauliche Rettungsweg die in der BauO NRW festgelegten Anforderungen (§ 36 notwendige Flure (Punkt A 8), § 34 Treppen (Punkt A 9), § 35 Notwendige Treppenräume und Ausgänge (Punkt A 10) und § 33 Rettungswege)? • Ist mindestens ein Feuerwehrzu- oder -durchgang vorhanden?
	4.	**NE mit AR: Zweiter unabhängiger baulicher Rettungsweg:** • Ist von jeder Stelle eines AR ein zweiter (weiterer) unabhängiger baulicher Rettungsweg (Ausgang in einen zweiten (weiteren) notwendigen Treppenraum, zu einer zweiten (weiteren) notwendigen Außentreppe oder ins Freie) erreichbar? (Bei Sonderbauten bestehen teilweise andere Anforderungen.) **Hinweis:** Beide Rettungswege dürfen innerhalb des Geschosses über denselben notwendigen Flur führen. • Erfüllt der zweite (weitere) bauliche Rettungsweg die in der BauO NRW festgelegten Anforderungen (§ 36 notwendige Flure (Punkt A 8), § 34 Treppen (Punkt A 9), § 35 Notwendige Treppenräume und Ausgänge (Punkt A 10) und § 33 Rettungswege)? • Sind für die baulichen RW die erforderlichen Feuerwehrzu- oder -durchgänge vorhanden?
	5.	**NE mit AR: Zweiter unabhängiger Rettungsweg über Rettungsgeräte der Feuerwehr:** • Bestehen Bedenken wegen der Personenrettung? • Hat jede NE mit AR mindestens eine mit Rettungsgeräten der Feuerwehr erreichbare Stelle? • Erfüllen die mit Rettungsgeräten der Feuerwehr erreichbaren Stellen (Fenster) die bauaufsichtlichen Mindestanforderungen (z. B. Mindestgröße, max. Brüstungshöhe, bei Dachflächenfenstern Abstand zur Traufe, Sichtkontakt)? • Hat die Feuerwehr die erforderlichen Rettungsgeräte und sind sie innerhalb der Hilfsfrist einsetzbar? • Bei einer Höhe der Oberkante der Brüstung von zum Anleitern bestimmten Fenster oder Stellen von mehr als 8 m: Verfügt die Feuerwehr über die erforderlichen Rettungsgeräte wie Hubrettungsfahrzeuge? • Sind die für den Einsatz der Rettungsgeräte erforderlichen Feuerwehrflächen vorhanden: Bei Brüstungshöhen – ≤ 8 m: Feuerwehrzu- oder -durchgänge? – > 8 m: Feuerwehrzu- oder -durchfahrten, Feuerwehraufstellflächen, sonstige Feuerwehrflächen?
	6.	**Sonderformen der Rettungswege:** • Erfolgt die Rettung über Sonderformen der Rettungswege (z. B. Nottreppen, Notleitern, Notrutschen, RW über Dächer usw.)?

<table>
<tr><td rowspan="8">Ergebnis</td><td>1.</td><td>NE ohne AR: Nur ein RW:
→ Kurze Angabe der relevanten bauaufsichtlichen Anforderungen und Beschreibung/Begründung der erforderlichen Maßnahmen.
Visualisierung:
• maximal 35 m Entfernung im KG
• in besonderen Fällen: Verlauf des ersten Rettungsweges
→ Weiter mit Punkt A 12.</td></tr>
<tr><td>2.</td><td>NE mit AR: Nur ein RW:
→ Kurze Angabe der relevanten bauaufsichtlichen Anforderungen und Beschreibung/Begründung der erforderlichen Maßnahmen.
Visualisierung:
• maximal 15 m Stichflur zum Sicherheitstreppenraum bzw. maximal 15 m Entfernung zum unmittelbaren Ausgang ins Freie (ebenerdiger Raum)
→ Weiter mit Punkt A 12.</td></tr>
<tr><td>3.</td><td>NE mit AR: Erster baulicher Rettungsweg:
→ Kurze Angabe der relevanten bauaufsichtlichen Anforderungen und Beschreibung/Begründung der erforderlichen Maßnahmen.
Visualisierung:
• maximal 35 m Entfernung
Tipp: Bei mehreren NE mit AR genügt es in der Regel, die ungünstigsten Fälle zu darzustellen.
• Evtl.: Feuerwehrzu- oder -durchgang
→ Weiter mit Punkt A 12.</td></tr>
<tr><td>4.</td><td>NE mit AR: Zweiter unabhängiger baulicher Rettungsweg:
→ Kurze Angabe der relevanten bauaufsichtlichen Anforderungen und Beschreibung/Begründung der erforderlichen Maßnahmen.
Visualisierung:
• Für jede NE: Weg zum zweiten (weiteren) baulichen Rettungsweg
Tipp: Für den zweiten (weiteren) baulichen Rettungsweg besteht keine Längenbegrenzung. Bei mehreren NE mit AR genügt es in der Regel, die ungünstigsten Fälle zu darzustellen.
• Evtl.: Feuerwehrzu- oder -durchgänge
→ Weiter mit Punkt A 12.</td></tr>
<tr><td>5.</td><td>NE mit AR: Zweiter unabhängiger Rettungsweg über Rettungsgeräte der Feuerwehr:
→ Kurze Angabe der relevanten bauaufsichtlichen Anforderungen und Beschreibung/Begründung der erforderlichen Maßnahmen.
Visualisierung:
• Für jede NE: Mindestens eine mit Rettungsgeräten der Feuerwehr erreichbare Stelle
Tipp: Sind nur bestimmte Stellen mit Rettungsgeräten der Feuerwehr erreichbar, dann müssen diese genau angegeben werden. Außerdem ist dann zu prüfen, ob Feuerwehr-Einsatzpläne mit Angabe dieser Stellen erforderlich sind.
• Feuerwehrflächen (z. B. Feuerwehrzu- oder -durchgänge, Feuerwehrzu- oder -durchfahrten, Aufstellflächen für die Rettungsgeräte)
• Evtl. weitere Anforderungen an die mit Rettungsgeräten erreichbaren Stellen
→ Weiter mit Punkt A 12.</td></tr>
<tr><td>6.</td><td>Sonderformen der Rettungswege:
Rettungswege, die nicht der BauO NRW § 33 entsprechen, stellen eine Sonderform dar (z. B. Nottreppen, Notleitern, Notrutschen, RW über Dächer usw.).</td></tr>
<tr><td colspan="2">Achtung: Für jeden Punkt, bei dem die Anforderungen an den ersten und zweiten Rettungsweg nicht bzw. nicht vollständig eingehalten sind, liegt eine prüf- und genehmigungspflichtige Abweichung (bei Sonderbauten Erleichterung) vor.
→ Bearbeitung wie in Nr. 1 bis 6 beschrieben, jedoch mit Beschreibung und Begründung der jeweiligen Abweichung(en) bzw. Erleichterung(en).
→ Weiter mit Punkt A 12.</td></tr>
<tr><td colspan="2">Wichtig: Abweichungen bei den Rettungswegen können problematisch sein. Eine möglichst frühzeitige Abstimmung mit der den Brandschutz prüfenden und genehmigenden (bescheinigenden) Stelle ist dringend empfehlenswert. Beispiel: Besteht durch gravierende Mängel bei den Rettungswegen eine „konkrete Gefahr“, kann dies zum Nutzungsverbot bzw. zur sofortigen Nutzungsuntersagung führen.</td></tr>
</table>

A 12 Flächen für die Feuerwehr

<table>
<tr><td>Info</td><td colspan="2">Gemäß A 2.2.1.1 der VV TB NRW (Ausgabe Januar 2019) ergeben sich die Anforderungen an die Planung, Bemessung und Ausführung von Flächen für die Feuerwehr aus den „Muster-Richtlinien über Flächen für die Feuerwehr – Fassung 2007, geändert Oktober 2009“ sowie aus Anlage A 2.2.1.1/1 zur VV TB NRW.</td></tr>
<tr><td>Check</td><td colspan="2">Erforderliche Flächen für die Feuerwehr
• Werden alle bauaufsichtlichen Anforderungen an die Flächen für die Feuerwehr (§ 5 BauO NRW und Muster-Richtlinien Flächen für die Feuerwehr) erfüllt?
• Systematische Abfrage und Bearbeitung der relevanten Kapitel 12.1 bis 12.16.</td></tr>
<tr><td>Überprüfung</td><td colspan="2">Genehmigungsplanung
• Welche Feuerwehrflächen sind erforderlich?
• Anforderungen an Feuerwehrzu- oder -durchgänge?
• Anforderungen an Feuerwehrzu- oder -durchfahrten sowie Aufstell- und Bewegungsflächen?
• Ist das Gebäude mehr als 50 m von einer öffentlichen Verkehrsfläche entfernt?
Ausführungsplanung
• Ausführung und Anordnung gemäß § 5 BauO NRW und den Muster-Richtlinien Flächen für die Feuerwehr.</td></tr>
<tr><td rowspan="2">Ergebnis</td><td>1. Die Feuerwehrflächen entsprechen den Anforderungen der BauO NRW und den „Muster-Richtlinien über Flächen für die Feuerwehr“.</td><td>→ Kurze Angabe der relevanten Anforderungen und Beschreibung/Begründung der erforderlichen Maßnahmen.
Visualisierung:
• Feuerwehrflächen gemäß Legende
• Weitere Anforderungen, soweit sie auf den Plänen erkennbar sind
→ Weiter mit Punkt A 13.</td></tr>
<tr><td>2. Die Feuerwehrflächen entsprechen nicht bzw. nicht vollständig den Anforderungen der BauO NRW und den „Muster-Richtlinien über Flächen für die Feuerwehr“.</td><td>Achtung: Für jeden Punkt, bei dem die Anforderungen nicht bzw. nicht vollständig eingehalten sind, liegt eine prüf- und genehmigungspflichtige Abweichung (bei Sonderbauten auch Erleichterung) vor.
→ Bearbeitung wie in Nr. 1 beschrieben, jedoch mit Beschreibung und Begründung der jeweiligen Abweichung(en) bzw. Erleichterung(en).
→ Weiter mit Punkt A 13.</td></tr>
</table>

A 13 Tragwerk

A 13	Tragwerk	
Check	**Erforderliche Feuerwiderstandsdauer des Tragwerks** • Werden alle bauaufsichtlichen Anforderungen an das Tragwerk (tragende Wände und Stützen) der BauO NRW § 27 erfüllt? • Systematische Abfrage und Bearbeitung von Kapitel 13.1.	
Überprüfung	• Welche Anforderungen bestehen an das Tragwerk (die tragenden Wände und Stützen)?	
Ergebnis	1. Anforderungen eingehalten	→ Kurze Angabe der relevanten bauaufsichtlichen Anforderungen und Beschreibung/Begründung der erforderlichen Maßnahmen. **Visualisierung:** • **Achtung: Keine Visualisierung des Tragwerks in den Brandschutzplänen!** Eine solche Visualisierung würde nicht zum besseren Verständnis der Brandschutzpläne führen, sondern im Gegenteil die Lesbarkeit und Übersichtlichkeit der Pläne deutlich verschlechtern. Falls aus bestimmten Gründen eine Visualisierung des Tragwerkes im Brandschutzkonzept gewünscht wird, sollte diese in einem eigenen Satz Pläne erfolgen. Außerdem ist der Nachweis des Tragwerkes Sache des Tragwerksplaners. Deshalb genügt es in der Regel, wenn im Brandschutzkonzept die jeweiligen Anforderungen an das Tragwerk verbal angegeben werden. → Weiter mit Punkt A 14.
	2. Anforderungen nicht bzw. nicht vollständig eingehalten	**Achtung:** Es liegt eine prüf- und genehmigungspflichtige Abweichung (bei Sonderbauten Erleichterung) vor. → Bearbeitung wie in Nr. 1 beschrieben, jedoch mit Beschreibung und Begründung der jeweiligen Abweichung(en) bzw. Erleichterung(en). → Weiter mit Punkt A 14.

A 14 Außenwände und Fassade

Check	**Anforderungen an die Außenwände und Fassade** • Werden alle bauaufsichtlichen Anforderungen an die Außenwände und Fassade (§ 28 BauO NRW) erfüllt? • Systematische Abfrage und Bearbeitung der relevanten Kapitel 14.1 bis 14.2.	
Überprüfung	• Welche Anforderungen bestehen an die Außenwände und die Fassade?	
Ergebnis	1. Anforderungen eingehalten	→ Kurze Angabe der relevanten bauaufsichtlichen Anforderungen und Beschreibung/Begründung der erforderlichen Maßnahmen. **Visualisierung:** • Eine Visualisierung von allen Anforderungen an die Außenwände und Fassade führt in der Regel nicht zu einer Verbesserung der Brandschutzpläne. Hier reichen die Angaben im Brandschutzkonzept in der Regel aus. **Wichtig:** Allerdings kann es sinnvoll und hilfreich sein, in den Brandschutzplänen auf Bereiche, in denen besondere Anforderungen bestehen, besonders hinzuweisen und diese dann auch farblich zu kennzeichnen. **Beispiele:** – Stirnseiten der Brandwände im Bereich der Außenwandanschlüsse. Hier kann z. B. visualisiert werden, dass dort nur raumbeständige, nichtbrennbare Bau- und Dämmstoffe zulässig sind (z. B. wichtig, wenn ein brennbares Wärmedämmverbundsystem zur Anwendung kommen soll). – Treppenraumaußenwände oder notwendige Außentreppen, die im Brandfall nicht gefährdet werden dürfen. – Notwendige Laubengänge mit nur einer Fluchtrichtung: Hier müssen Bekleidungen, Putze und Dämmstoffe aus nichtbrennbaren Baustoffen bestehen (z. B. wichtig, wenn ein brennbares Wärmedämmverbundsystem zur Anwendung kommen soll). → Weiter mit Punkt A 15.
	2. Anforderungen nicht bzw. nicht vollständig eingehalten	**Achtung:** Für jeden Punkt, bei dem die Anforderungen nicht bzw. nicht vollständig eingehalten sind, liegt eine prüf- und genehmigungspflichtige Abweichung (bei Sonderbauten Erleichterung) vor. → Bearbeitung wie in Nr. 1 beschrieben, jedoch mit Beschreibung und Begründung der jeweiligen Abweichung(en) bzw. Erleichterung(en). → Weiter mit Punkt A 15.

A 15 Dächer

Check	**Anforderungen an Dächer** • Werden alle bauaufsichtlichen Anforderungen an die Dächer (§ 32 BauO NRW) erfüllt? • Systematische Abfrage und Bearbeitung der relevanten Kapitel 15.1 bis 15.7.	
Überprüfung	• Welche Anforderungen bestehen an die Dächer?	
Ergebnis	1. Anforderungen eingehalten	→ Kurze Angabe der relevanten bauaufsichtlichen Anforderungen und Beschreibung/Begründung der erforderlichen Maßnahmen. **Visualisierung:** • Besondere Bereiche im Dach, an die brandschutztechnische Anforderungen gestellt werden und die aus den Plänen ersichtlich sind **Beispiel:** Abstände zu Brandwänden und Wänden anstelle von Brandwänden von: Dachüberständen, Dachgesimsen, Zwerchhäusern und Dachaufbauten, lichtdurchlässige Bedachungen, Dachflächenfenster, Lichtkuppeln, Oberlichte und Solaranlagen. • Anforderungen an traufseitig aneinandergebaute Gebäude • Anforderungen an Dächer von Anbauten • Weitere Anforderungen, soweit sie auf den Plänen erkennbar sind → Weiter mit Punkt A 16.
	2. Anforderungen nicht bzw. nicht vollständig eingehalten	**Achtung:** Für jeden Punkt, bei dem die Anforderungen nicht bzw. nicht vollständig eingehalten sind, liegt eine prüf- und genehmigungspflichtige Abweichung (bei Sonderbauten Erleichterung) vor. → Bearbeitung wie in Nr. 1 beschrieben, jedoch mit Beschreibung und Begründung der jeweiligen Abweichung(en) bzw. Erleichterung(en). → Weiter mit Punkt A 16.

A 16 Fenster, Türen, sonstige Öffnungen

Check	**Anforderungen an Fenster, Türen und sonstige Öffnungen** • Werden alle bauaufsichtlichen Anforderungen an Fenster, Türen und sonstige Öffnungen (§ 37 BauO NRW) erfüllt? • Systematische Abfrage und Bearbeitung der relevanten Kapitel 16.1 bis 16.3.	
Überprüfung	• Welche Anforderungen bestehen an Fenster, Türen und sonstige Öffnungen?	
Ergebnis	1. Anforderungen eingehalten	→ Kurze Angabe der relevanten bauaufsichtlichen Anforderungen und Beschreibung/ Begründung der erforderlichen Maßnahmen. **Visualisierung:** • Fenster, Türen und sonstige Öffnungen, die als zweiter Rettungsweg mit Rettungsgeräten der Feuerwehr dienen. • Besondere Bereiche und Situationen, an die bezüglich des zweiten Rettungswegs Anforderungen gestellt werden und die aus den Plänen ersichtlich sind. → Weiter mit Punkt A 17.
	2. Anforderungen nicht bzw. nicht vollständig eingehalten	**Achtung:** Für jeden Punkt, bei dem die Anforderungen nicht bzw. nicht vollständig eingehalten sind, liegt eine prüf- und genehmigungspflichtige Abweichung (bei Sonderbauten Erleichterung). → Bearbeitung wie in Nr. 1 beschrieben, jedoch mit Beschreibung und Begründung der jeweiligen Abweichung(en) bzw. Erleichterung(en). → Weiter mit Punkt A 17. **Wichtig:** Abweichungen bei den Rettungswegen können problematisch sein (siehe Punkt A 11, „Ergebnis", nach Nr. 6).

A 17 Aufzüge

Check	**Anforderungen an Aufzüge** • Werden alle bauaufsichtlichen Anforderungen an die Aufzüge (§ 39 BauO NRW) erfüllt? • Systematische Abfrage und Bearbeitung der relevanten Kapitel 17.1 bis 17.4.	
Überprüfung	**Genehmigungsplanung:** • Liegt jeder Aufzug in einem eigenen Fahrschacht oder sind Aufzüge ohne eigene Fahrschächte zulässig? • Bei Aufzügen in eigenen Fahrschächten: Welche brandschutztechnische Qualität müssen die Fahrschachtwände und Fahrschachtabschlüsse haben? **Ausführungsplanung:** • Zusätzliche Anforderungen an Fahrschachtwände aus brennbaren Baustoffen? • Lüftung und Rauchableitung aus Fahrschächten?	
Ergebnis	1. Fahrschächte sind **nicht** erforderlich.	→ Kurze Beschreibung und Begründung. → Weiter mit Punkt A 18.
	2. Fahrschächte sind erforderlich und werden angeordnet. Ihre Anordnung/Ausführung **entspricht** den Anforderungen der BauO NRW.	→ Kurze Angabe der relevanten bauaufsichtlichen Anforderungen und Beschreibung/Begründung der erforderlichen Maßnahmen. **Visualisierung:** • Fahrschachtwände gemäß Legende **Tipp:** Nur die raumabschließenden Anforderungen visualisieren! • Sicherung der Öffnungen • Weitere Anforderungen, soweit sie auf den Plänen erkennbar sind → Weiter mit Punkt A 18.
	3. Fahrschächte sind erforderlich und werden angeordnet. Ihre Anordnung/Ausführung entspricht **nicht bzw. nicht vollständig** den Anforderungen der BauO NRW.	**Achtung:** Für jeden Punkt, bei dem die Anforderungen nicht bzw. nicht vollständig eingehalten sind, liegt eine prüf- und genehmigungspflichtige Abweichung (bei Sonderbauten Erleichterung) vor. → Bearbeitung wie in Nr. 2 beschrieben, jedoch mit Beschreibung und Begründung der jeweiligen Abweichung(en) bzw. Erleichterung(en). → Weiter mit Punkt A 18.

A 18 Sicherung von Tür- und Sichtöffnungen

Check	**Anforderungen an die Sicherung von Tür- und Sichtöffnungen** Nicht besetzt, da die Sicherung der Tür- und Sichtöffnungen bei den jeweiligen raumabschließenden Bauteilen behandelt wird, siehe dort.

A 19 Leitungsanlagen, Installationsschächte und -kanäle

Check	**Anforderungen an Leitungsanlagen sowie Installationsschächte und -kanäle** • Werden alle bauaufsichtlichen Anforderungen an Leitungsanlagen sowie Installationsschächte und -kanäle (§ 40 BauO NRW) erfüllt? • Systematische Abfrage und Bearbeitung der relevanten Kapitel 19.1 bis 19.4.	
Überprüfung	• Ist bei allen Durchführungen von Leitungen sowie Installationsschächten und -kanälen durch raumabschließende Bauteile, für die eine Feuerwiderstandsfähigkeit vorgeschrieben ist, eine Brandausbreitung ausreichend lang nicht zu befürchten oder sind Vorkehrungen hiergegen getroffen*1? • Bei einer Verlegung von Leitungsanlagen in notwendigen Treppenräumen, in Räumen zwischen notwendigen Treppenräumen und ihren Ausgängen ins Freie und in notwendigen Fluren: Ist die Nutzung als Rettungsweg im Brandfall ausreichend lang möglich? *1 Gilt nicht für Leitungs- und Lüftungsanlagen sowie Installationsschächte und -kanäle in Gebäuden der GK 1 bis 2, innerhalb von Wohnungen und innerhalb derselben NE ≤ 400 m² ≤ 2 Geschosse (BauO NRW § 40–41).	
Ergebnis	1. Anforderungen eingehalten	→ Kurze Angabe der relevanten bauaufsichtlichen Anforderungen und Beschreibung/Begründung der erforderlichen Maßnahmen. **Visualisierung:** • Die jeweiligen Anforderungen ergeben sich aus den Brandschutzplänen. **Tipp:** Eine weitere Visualisierung bzw. Detaillierung ist für Brandschutzkonzepte, die dem Nachweis des Brandschutzes für die Genehmigungsplanung dienen, in der Regel nicht erforderlich. Das ist Aufgabe der Werk- und Detailplanung sowie der Planung der haustechnischen Gewerke! Siehe hierzu auch Punkt A 0.4 sowie Kapitel 19.1, Punkte 1 und 2. → Weiter mit Punkt A 20.
	2. Anforderungen nicht bzw. nicht vollständig eingehalten	**Achtung:** Für jeden Punkt, bei dem die Anforderungen nicht bzw. nicht vollständig eingehalten sind, liegt eine prüf- und genehmigungspflichtige Abweichung (bei Sonderbauten Erleichterung) vor. → Bearbeitung wie in Nr. 1 beschrieben, jedoch mit Beschreibung und Begründung der jeweiligen Abweichung(en) bzw. Erleichterung(en). → Weiter mit Punkt A 20.

A 20 Lüftungsanlagen, raumlufttechnische Anlagen und Warmluftheizungen

<table>
<tr><td>Check</td><td colspan="2">Anforderungen an Lüftungsanlagen sowie raumlufttechnische Anlagen und Warmluftheizungen
• Werden alle bauaufsichtlichen Anforderungen an Lüftungsanlagen (§ 41 BauO NRW) erfüllt?
• Systematische Abfrage und Bearbeitung der relevanten Kapitel 20.1 bis 20.6.</td></tr>
<tr><td>Überprüfung</td><td colspan="2">• Ist bei allen Durchführungen von Lüftungsleitungen sowie Leitungen von raumlufttechnischen Anlagen und Warmluftheizungen durch raumabschließende Bauteile, für die eine Feuerwiderstandsfähigkeit vorgeschrieben ist, eine Brandausbreitung ausreichend lang nicht zu befürchten oder sind Vorkehrungen hiergegen getroffen*1?
Werden die nachfolgend genannten weiteren Anforderungen eingehalten?
• Betriebssicherheit von Lüftungsanlagen, raumlufttechnischen Anlagen und Warmluftheizungen. Keine Beeinträchtigung des ordnungsgemäßen Betriebs von Feuerungsanlagen?
• Brandverhalten der Baustoffe sowie der Bekleidungen und Dämmstoffe von Lüftungsanlagen, raumlufttechnischen Anlagen und Warmluftheizungen*1?
• Keine Übertragung von Gerüchen und Staub durch die Lüftungsanlagen, raumlufttechnischen Anlagen und Warmluftheizungen*1?
• Abgasanlagen, Abluft ins Freie, nicht zur Lüftungsanlage gehörende Einrichtungen?
*1 Gilt nicht für Leitungs- und Lüftungsanlagen sowie Installationsschächte und -kanäle in Gebäuden der GK 1 bis 2, innerhalb von Wohnungen und innerhalb derselben NE ≤ 400 m² ≤ 2 Geschosse (BauO NRW § 40–41).</td></tr>
<tr><td rowspan="2">Ergebnis</td><td>1. Anforderungen eingehalten</td><td>→ Kurze Angabe der relevanten bauaufsichtlichen Anforderungen und Beschreibung/Begründung der erforderlichen Maßnahmen.
Visualisierung:
• Die jeweiligen Anforderungen ergeben sich aus den Brandschutzplänen. Weitere Informationen siehe sinngemäß bei Punkt A 19.
→ Weiter mit Punkt A 21.</td></tr>
<tr><td>2. Anforderungen nicht bzw. nicht vollständig eingehalten</td><td>Achtung: Für jeden Punkt, bei dem die Anforderungen nicht bzw. nicht vollständig eingehalten sind, liegt eine prüf- und genehmigungspflichtige Abweichung (bei Sonderbauten Erleichterung) vor.
→ Bearbeitung wie in Nr. 1 beschrieben, jedoch mit Beschreibung und Begründung der jeweiligen Abweichung(en) bzw. Erleichterung(en).
→ Weiter mit Punkt A 21.</td></tr>
</table>

A 21 Feuerungsanlagen, sonstige Anlagen zur Wärmeerzeugung, Brennstoffversorgung

Check	**Anforderungen an Feuerungsanlagen, sonstige Anlagen zur Wärmeerzeugung, Brennstoffversorgung** • Werden alle bauaufsichtlichen Anforderungen an Feuerungsanlagen, sonstige Anlagen zur Wärmeerzeugung, Brennstoffversorgung (§ 42 BauO NRW) erfüllt? • Systematische Abfrage und Bearbeitung der relevanten Kapitel 21.1 bis 21.7.	
Überprüfung	• Welche Anforderungen bestehen an Feuerungsanlagen, sonstige Anlagen zur Wärmeerzeugung, Brennstoffversorgung?	
Ergebnis	1. Anforderungen eingehalten	→ Kurze Angabe der relevanten bauaufsichtlichen Anforderungen und Beschreibung/Begründung der erforderlichen Maßnahmen. **Visualisierung:** • Besondere Bereiche, an die brandschutztechnische Anforderungen gestellt werden und die aus den Plänen ersichtlich sind → Weiter mit Punkt A 22.
	2. Anforderungen nicht bzw. nicht vollständig eingehalten	**Achtung:** Für jeden Punkt, bei dem die Anforderungen nicht bzw. nicht vollständig eingehalten sind, liegt eine prüf- und genehmigungspflichtige Abweichung (bei Sonderbauten Erleichterung) vor. → Bearbeitung wie in Nr. 1 beschrieben, jedoch mit Beschreibung und Begründung der jeweiligen Abweichung(en) bzw. Erleichterung(en). → Weiter mit Punkt A 22.

A 22 Aufbewahrung fester Abfallstoffe, Abfallschächte

Check	**Anforderungen an die Aufbewahrung fester Abfallstoffe, Abfallschächte** • Werden alle bauaufsichtlichen Anforderungen an die Aufbewahrung fester Abfallstoffe, Abfallschächte (§ 44 BauO NRW) erfüllt? • Systematische Abfrage und Bearbeitung der relevanten Kapitel 22.1 bis 22.2.	
Überprüfung	• Welche Anforderungen bestehen an die Aufbewahrung fester Abfallstoffe?	
Ergebnis	1. Anforderungen eingehalten	→ Kurze Angabe der relevanten bauaufsichtlichen Anforderungen und Beschreibung/Begründung der erforderlichen Maßnahmen. **Visualisierung:** • Trennwände und Decken in den Brandschutzplänen gemäß Legende **Wichtig:** Nur die raumabschließenden Anforderungen visualisieren! • Sicherung der Öffnungen • Weitere Anforderungen, soweit sie auf den Plänen erkennbar sind → Weiter mit Punkt A 23.
	2. Anforderungen nicht bzw. nicht vollständig eingehalten	**Achtung:** Für jeden Punkt, bei dem die Anforderungen nicht bzw. nicht vollständig eingehalten sind, liegt eine prüf- und genehmigungspflichtige Abweichung (bei Sonderbauten Erleichterung) vor. → Bearbeitung wie in Nr. 1 beschrieben, jedoch mit Beschreibung und Begründung der jeweiligen Abweichung(en) bzw. Erleichterung(en). → Weiter mit Punkt A 23.

A 23 Blitzschutzanlagen

Check	**Erfordernis einer Blitzschutzanlage**	
Überprüfung	• Ist eine Blitzschutzanlage (§ 45 BauO NRW) erforderlich?	
Ergebnis	1. Eine Blitzschutzanlage ist nicht erforderlich.	→ Kurze Beschreibung und Begründung. → Weiter mit Punkt A 24.
	2. Eine Blitzschutzanlage ist erforderlich und wird ausgeführt.	→ Kurze Angabe der relevanten bauaufsichtlichen Anforderungen und Beschreibung/ Begründung der erforderlichen Maßnahmen. → Weiter mit Punkt A 24.
	3. Eine Blitzschutzanlage ist erforderlich und wird nicht ausgeführt.	**Achtung:** Es liegt eine prüf- und genehmigungspflichtige Abweichung (bei Sonderbauten Erleichterung) vor. → Bearbeitung wie in Nr. 2 beschrieben, jedoch mit Beschreibung und Begründung der jeweiligen Abweichung(en) bzw. Erleichterung(en). → Weiter mit Punkt A 24.

A 24 Rauchwarnmelder in Wohnungen

Check	**Anforderungen an Rauchwarnmelder in Wohnungen (§ 47 (3) BauO NRW)**	
Überprüfung	• Erfordernis von Rauchwarnmeldern?	
Ergebnis	1. Rauchwarnmelder sind erforderlich und werden angeordnet.	→ Kurze Beschreibung und Begründung. → Weiter mit Punkt A 25.
	2. Rauchwarnmelder sind erforderlich, werden aber <u>nicht</u> angeordnet.	**Achtung:** Es liegt eine prüf- und genehmigungspflichtige Abweichung (bei Sonderbauten Erleichterung) vor. → Bearbeitung wie in Nr. 1 beschrieben, jedoch mit Beschreibung und Begründung der jeweiligen Abweichung(en) bzw. Erleichterung(en). → Weiter mit Punkt A 25. **Anmerkung:** Dieser Punkt wurde nur aus Gründen der Systematik aufgenommen. Grundsätzlich sind Rauchwarnmelder wie in der BauO NRW angegeben, erforderlich und eine Abweichung davon ist nur bei außergewöhnlichen Gründen mit einer entsprechenden Erläuterung, Begründung und Kompensation vorstellbar.

A 25 Löschwasserversorgung und Feuerlöscher

Check	**Anforderungen an die Löschwasserversorgung**	
Überprüfung	• Werden alle Anforderungen an die Löschwasserversorgung (§ 4(1) und § 14 Satz 2 BauO NRW) erfüllt? • Systematische Abfrage und Bearbeitung der relevanten Kapitel 25.1 bis 25.2.	
Ergebnis	1. Anforderungen eingehalten	→ Kurze Angabe der relevanten bauaufsichtlichen Anforderungen und Beschreibung/Begründung der erforderlichen Maßnahmen. **Visualisierung:** • Lage und Leistung der Wasserentnahmestellen und Entfernungen • Weitere Anforderungen, soweit sie auf den Plänen erkennbar sind → Weiter mit Punkt A 26.
	2. Anforderungen nicht bzw. nicht vollständig eingehalten	**Achtung:** Für jeden Punkt, bei dem die Anforderungen nicht bzw. nicht vollständig eingehalten sind, liegt eine prüf- und genehmigungspflichtige Abweichung (bei Sonderbauten Erleichterung) vor. → Bearbeitung wie in Nr. 1 beschrieben, jedoch mit Beschreibung und Begründung der jeweiligen Abweichung(en) bzw. Erleichterung(en). → Weiter mit Punkt A 26.

A 26 Weitere Anforderungen

Gebäude, die keine Sonderbauten sind	• Überprüfung, ob in besonderen Fällen bzw. bei besonderen Situationen oder Nutzungen weitere Brandschutzanforderungen bestehen • Beschreibung und Bearbeitung der weiteren Brandschutzanforderungen
Sonderbauten	Bei Sonderbauten bestehen in der Regel – je nach Sonderbau – weitergehende Anforderungen. **Soll diese Checkliste für Sonderbauten verwendet werden, muss sie entsprechend den besonderen Anforderungen des jeweiligen Sonderbaus erweitert, angepasst und ergänzt werden (siehe Punkte A 0.3.1, A 0.3.2, A 2.2 sowie Kapitel 26).** Außerdem muss das Brandschutzkonzept bei Sonderbauten entsprechend § 9 BauPrüfVO Angaben zu den dort aufgeführten 18 Punkten enthalten (siehe Kapitel 26).

A 27 Abweichungen und Erleichterungen

Bei jedem Brandschutzkonzept ist es sinnvoll bzw. notwendig, entweder am Anfang oder am Ende alle darin enthaltenen Abweichungen (bei Sonderbauten Erleichterungen) übersichtlich darzustellen. Dies ermöglicht dem Leser in Verbindung mit der Visualisierung des Brandschutzkonzeptes in Form von Brandschutzplänen einen schnellen Überblick (siehe Kapitel 27).

A 28 Visualisierung des Brandschutzkonzeptes und Legende für Brandschutzpläne

Es ist empfehlenswert, für die Erstellung der Brandschutzpläne die in Kapitel 28 angegebene Legende zu verwenden. Diese kann dem Konzept beigefügt werden.

A 29 Zuordnung der bauaufsichtlichen Anforderungen zu nationalen und europäischen Klassen

Für die Zuordnung der im Brandschutzkonzept angegebenen bauaufsichtlichen Anforderungen und Begriffe zu den nationalen Klassen können die Zuordnungstabellen in Kapitel 29 verwendet und dem Konzept beigefügt werden.

A 30 Häufig verwendete Abkürzungen und Begriffe

Werden im Brandschutzkonzept Abkürzungen entsprechend der Checkliste verwendet, kann die Legende in Kapitel 30 verwendet und dem Konzept beigefügt werden.

Anlage B

Beispiel für ein Brandschutzkonzept für ein Wohn- und Geschäftshaus nach BauO NRW

Dieses Brandschutzkonzept wurde mit der Checkliste in Anlage A in Verbindung mit dem Hauptteil erstellt. Die Gliederung entspricht der Checkliste und dem Hauptteil.

B 1 Allgemeines, Grundlagen, Vorbemerkungen

B 1.1 Zweck, Rechtsgrundlage und Detaillierungsgrad des Brandschutzkonzeptes

Nach Angabe des Bauherrn sollen bei dem Bauvorhaben die Mindestanforderungen der BauO NRW und ihrer ergänzenden Vorschriften eingehalten werden. Besondere Anforderungen an den Brandschutz seitens des Bauherrn bestehen nicht.

Das Brandschutzkonzept dient damit dem Nachweis, dass für die vorliegende Genehmigungsplanung der bauaufsichtlich erforderliche Brandschutz gemäß BauO NRW und ihren ergänzenden Vorschriften eingehalten wird und welche Abweichungen bestehen. Es bildet die Grundlage für die Prüfung des Brandschutzes durch die Bauaufsichtsbehörde.

Wichtige Hinweise:

- Das **Arbeitsstättenrecht** wurde **nicht mit berücksichtigt** (mit Ausnahme einiger Hinweise). In bestimmten Bereichen (z. B. Aufschlagrichtung von Türen, Mindestbreiten von Türen und Rettungswegen, Ausbildung von Rettungswegen, Erfordernis von Feuerlöschern) können hier andere bzw. weitergehende Anforderungen bestehen. Diese müssen zusätzlich ermittelt und in der Planung mit berücksichtigt werden.
- Für die fachgerechte Ausführung der in diesem Brandschutzkonzept genannten Anforderungen ist eine weitere Ausarbeitung mit entsprechender **Ausführungsplanung (Werk- und Detailplanung)** sowie Planung der haustechnischen Gewerke erforderlich. **Diese ist nicht Gegenstand dieses Brandschutzkonzeptes.**
  Allerdings enthält das Brandschutzkonzept zu den meisten Punkten auch Hinweise für die weitere Ausführungsplanung und Bauausführung. Diese werden in grüner Schrift dargestellt und können als Checkliste für die weitere Planung und Ausführung dienen.
- Zur Gewährleistung einer fachgerechten Umsetzung der Maßnahmen ist eine **Fachbauleitung Brandschutz** empfehlenswert.

B 1.2 Prüfung des Brandschutzkonzeptes bzw. Bescheinigung des Brandschutzes

Grundsätzlich ist für Bauvorhaben als bautechnischer Nachweis die Bescheinigung einer oder eines staatlich anerkannten Sachverständigen möglich, dass das Vorhaben den Anforderungen an den Brandschutz entspricht. Das gilt nicht für Wohngebäude der Gebäudeklassen 1 bis 3 und Sonderbauten (§ 68 (1) Nr. 3 BauO NRW).

Bei Anlagen und Räumen besonderer Art oder Nutzung (Sonderbauten) können besondere Anforderungen gestellt bzw. Erleichterungen gestattet werden (§ 50 (1) Satz 3 Nr. 19). Diese können sich auch auf besondere Anforderungen bezüglich Umfang, Inhalt und Zahl besonderer Bauvorlagen, insbesondere eines Brandschutzkonzeptes erstrecken.

Das vorliegende Bauvorhaben ist **kein „großer" Sonderbau** nach § 50 (2) BauO NRW, wird jedoch insbesondere wegen dem Schulungsraum mit 110 Personen im 1. OG (NE 3) als **„kleiner" Sonderbau** eingestuft (siehe Punkt B 2.2). Hierfür kann wie vorstehend beschrieben von der Genehmigungsbehörde ein Brandschutzkonzept verlangt werden.

Daraus ergibt sich, dass für das Bauvorhaben als bautechnischer Nachweis ein Brandschutzkonzept erforderlich (bzw. sinnvoll) ist, das von der zuständigen Bauaufsichtsbehörde geprüft wird.

B 1.3 Ersteller des Brandschutzkonzeptes, Nachweisberechtigung

Wird von der Bauaufsichtsbehörde ein Brandschutzkonzept verlangt (siehe vorstehenden Punkt B 1.2), so muss der Ersteller die in § 54 (3) BauO NRW genannten Voraussetzungen erfüllen (z. B. ein staatlich anerkannter Sachverständiger nach § 87 (2) Satz 1 Nummer 4 für die Prüfung des Brandschutzes sein).

Der Ersteller dieses Brandschutzkonzeptes sichert zu, dass er nach § 54 (3) BauO NRW eine Person ist, die „im Einzelfall für die Aufgabe nach Sachkunde und Erfahrung vergleichbar geeignet ist".

B 1.4 Allgemeine Angaben und Informationen

Bauvorhaben:	FeuerTrutz-Übungshaus als Wohn- und Geschäftshaus, 12345 Musterort, Musterstraße 123
Bauherr:	Frau und Herr Musterfrau, 12345 Musterort, Musterstraße 123, Tel.: 0221/123456, E-Mail: mail@Musterfrau.de
Architekt:	Architekturbüro Plan & Bau, 12345 Musterort, Musterstraße 123, Tel.: 0221/123456, E-Mail: mail@Plan&Bau.de
Ersteller des Brandschutzkonzeptes:	Josef Mayr, Ingenieurbüro für Brandschutz, 82515 Wolfratshausen, Kanalstraße 24, Tel: 08171/910316, E-Mail: rei90@rei90.de
Inhalt und Umfang des Brandschutzkonzeptes:	Das Brandschutzkonzept umfasst einschließlich seiner Visualisierung in Brandschutzplänen insgesamt 53 Seiten.
Zugrunde gelegte Informationen:	Eingabepläne M 1:100: KG, EG, 1. OG bis 5. OG und Schnitt, Plannummern: 12345-1 bis 12345-6, Planstand xx.xx.2020
Erforderliche Abweichungen:	Der Brandschutznachweis beinhaltet 3 genehmigungspflichtige Abweichungen.

B 1.5 Brandschutztechnische Kenndaten, zugrunde gelegte Vorschriften

Maßgebende Vorschriften:	BauO NRW vom 1. Juli 2018, geändert 14.04.2020. BauPrüfVO vom 6. Dezember 1995, Fassung 10.12.2018. VV TB NRW, Ausgabe Juni 2019
Kurzbeschreibung des Gebäudes:	Maximale Abmessungen: 36 m × 16 m Geschosse: KG, EG und 1. bis 5. OG **Bauweise:** Massivbauweise, Bodenplatte und Umfassungswände im KG in Stahlbeton, tragende Wände und Außenwände in Stahlbeton bzw. Mauerwerk, Brandwand, Treppenraumwände und Trennwände in Mauerwerk, Schachtwände des Aufzugs in Stahlbeton, Geschossdecken in Stahlbeton, oberste Geschossdecke als Flachdachdecke ebenfalls in Stahlbeton. Das Gebäude hat im 1. OG einen **Schulungsraum für 110 Personen** (NE 3).
Höhe des obersten möglichen AR über Gelände:	15 m
Aufenthaltsräume (AR) im KG/DG:	Im KG befinden sich keine Aufenthaltsräume. Ein DG ist nicht vorhanden (Flachdach).
Nutzung des Gebäudes, Nutzungseinheiten:	Gemischt genutztes Wohn- und Geschäftshaus mit unterschiedlichen Nutzungen bzw. Nutzungseinheiten (FeuerTrutz-Übungshaus). KG: Haustechnischer Anschlussraum, Heizung (Fernwärme), Waschen, Trockenraum, größeres Lager und Kellerabteile EG: Zwei Arztpraxen (195 m² und 350 m² Brutto-Grundfläche) 1. OG: Ein Büro (275 m², Nutzung durch maximal 15 Personen), ein Lager ohne Aufenthaltsräume (75 m²) sowie ein Schulungsraum als eigene Nutzungseinheit (190 m² Brutto-Grundfläche) für 110 Personen 2. OG: Büro- und Verwaltungsnutzung als eine Nutzungseinheit (NE) (540 m², Nutzung durch maximal 30 Personen) 3. OG: Büro- und Verwaltungsnutzung bestehend aus zwei Teil-NE mit 252 m² und 292 m² Brutto-Grundfläche. Größe der Nutzungseinheit insgesamt 540 m². Nutzung je Teil-NE durch maximal 15 Personen 4. OG: Büro- und Verwaltungsnutzung (145 m²), zwei Lager ohne Aufenthaltsräume (135 m² und 135 m²), eine Wohnung (130 m²) 5. OG: Acht Wohnungen durch notwendige Flure erschlossen
Besondere Räume, Brandgefahren, Zündquellen und Brandlasten:	• Größere Lager im KG, 1. OG und 4. OG • Im EG Arzt-Gemeinschaftspraxis mit 350 m² ohne notwendigen Flur • Im 1. OG Schulungsraum für mehr als 110 Personen • Im 3. OG zwei Teilnutzungseinheiten mit Büro- und Verwaltungsnutzung • Der Haustechnikraum im KG wird als Raum mit besonderer Brandgefahr/Brandlast bewertet und feuerbeständig abgetrennt. • Heizung im KG: Fernwärme, dadurch keine besonderen Anforderungen
Anzahl und Art der das Gebäude nutzenden Personen:	Mit Ausnahme von dem Schulungsraum NE 3 im 1. OG Nutzung durch den für die Nutzungseinheiten üblichen Personenkreis. Voraussichtliche Personenzahl:

Schulungsraum im 1. OG:	110 Personen
Arzt-Gemeinschaftspraxis im EG:	50 Personen
Büro im 1. OG	15 Personen
Büro im 2. OG	30 Personen
Büros im 3. OG	Zwei Teil-NE mit je 15 Personen
Im Gebäude insgesamt:	max. ca. 310 Personen

B 1.6 Umsetzung des Brandschutzkonzeptes

Es ist darauf zu achten, dass das Brandschutzkonzept bei allen weiteren Planungen und Maßnahmen (Ausführungsplanung, Werk- und Detailplanung, Planung der haustechnischen Gewerke usw.) sowie bei den Ausschreibungen, der Bauausführung, Bauüberwachung, Abnahme und Dokumentation fachgerecht umgesetzt wird.

Wichtig: Der Bauherr bzw. Betreiber des Gebäudes ist dafür verantwortlich, dass das Brandschutzkonzept auch während des Gebäudebetriebs eingehalten wird und dass bei Umplanungen bzw. Nutzungsänderungen eine entsprechende Anpassung erfolgt. Zu diesem Zweck sollten alle am Bau und Gebäude Beteiligten eine Kopie des Brandschutzkonzeptes erhalten mit dem Hinweis auf entsprechende Beachtung und Umsetzung.

B 1.7 Wichtige Vorbemerkungen zum Brandschutzkonzept

1. Im Brandschutzkonzept werden die verbalen bauaufsichtlichen Begriffe und nicht die Klassen nach DIN 4102 bzw. DIN EN 13501 verwendet (z. B. fh statt F 30-B, hf statt F 60-AB, fb statt F 90-AB, Tür fh + rd + s statt T 30-RS usw.). Diesen verbalen bauaufsichtlichen Begriffen müssen dann in der weiteren Ausführungsplanungsplanung und Bauausführung die entsprechenden nationalen Klassen (DIN 4102) bzw. europäischen Klassen (DIN EN 13501) zugeordnet werden. Die Zuordnung ist in der VV TB NRW Anhang 4 (MVV TB 2019 auch Anhang 14) geregelt, siehe dort. **Eine besser handhabbare vereinfachte Zuordnung ist in Punkt B 29 enthalten.**
2. Für eine schnelle und einfache Handhabung werden wesentliche Inhalte des Brandschutzkonzeptes in **Brandschutzplänen** visualisiert. Die Pläne enthalten die Anforderungen an die **raumabschließenden, feuerwiderstandsfähigen Wände und Decken und an die Rettungswege** sowie weitere wichtige Informationen. Die Brandschutzpläne sind in **Punkt B 28** enthalten. Eine umfassende **Legende enthält Punkt B 30**.
3. Das Brandschutzkonzept gilt nur für die in den Planunterlagen dargestellte und in der Baubeschreibung beschriebene Situation und Nutzung. Falls im Zuge der weiteren Planung bzw. auch später während des Betriebs Umplanungen und Änderungen erfolgen, muss das Konzept entsprechend angepasst werden.
4. Die im Brandschutzkonzept beschriebenen Maßnahmen stellen nur **eine Möglichkeit** dar, einen ausreichenden Brandschutz zu gewährleisten, der den Anforderungen der BauO NRW und ihrer ergänzenden Vorschriften entspricht. Bei der Interpretation und Umsetzung von Brandschutzanforderungen, die in der Bauordnung und ihren ergänzenden Vorschriften nicht genau festgelegt sind bzw. bei denen eine unterschiedliche Interpretation und Auslegung möglich ist, können sich auch **andere** Lösungen/Brandschutzanforderungen/Kompensationsmaßnahmen ergeben bzw. von der prüfenden Bauaufsichtsbehörde oder von der den Brandschutz prüfenden Stelle verlangt werden. Dies gilt sinngemäß auch bei Abweichungen (bei Sonderbauten auch Erleichterungen). In den genannten Fällen ist eine entsprechende Anpassung bzw. Ergänzung des Brandschutzkonzeptes notwendig bzw. möglich.
5. Für die jeweiligen Anforderungen und ihre Umsetzung gelten die BauO NRW mit ihren ergänzenden Technischen Baubestimmungen, Vorschriften, Verordnungen und sowie alle einschlägigen Normen, Vorschriften und Regelwerke in ihrer jeweils gültigen Fassung.

B 2 Gebäudeklasse, Überprüfung Sonderbau, Lage auf dem Grundstück

B 2.1 Bestimmung der Gebäudeklasse

Die Höhe des obersten möglichen Aufenthaltsraums liegt über 13 m, die Größe der NE im 2. und 3. OG beträgt über 400 m^2 Brutto-Grundfläche.

Gebäude-klasse	Das Gebäude wird in **Gebäudeklasse 5** eingestuft.

B 2.2 Überprüfung Sonderbau

Für die Nutzungseinheit 3 mit dem Schulungsraum für ca. 110 Personen bestehen bezüglich der Rettungswege besondere Anforderungen, die in diesem Brandschutzkonzept berücksichtigt werden (zweiter baulicher Rettungsweg, Rettungswegbreiten, Aufschlagrichtung der Türen, Kennzeichnung der Rettungswege). Dies führt zu einer Einstufung als „kleiner" Sonderbau.

Überprüfung Sonderbau	Das Gebäude ist **kein großer Sonderbau** nach § 50 (2) BauO NRW. Es wird jedoch aufgrund seiner besonderen Nutzung im 1. OG (Schulungsraum mit ca. 110 Personen) nach § 50 (1) BauO NRW als sogenannter **„kleiner" Sonderbau** eingestuft (nicht geregelter Sonderbau, der kein großer Sonderbau ist – im Sprachgebrauch „kleiner" Sonderbau).

B 2.3 Lage auf dem Grundstück

Das Grundstück ist für die Zufahrt und den Einsatz von Feuerlösch- und Rettungsgeräten erreichbar.

Bewertung	**Genehmigungsplanung**	Die Anforderungen des § 5 BauO NRW werden eingehalten.

B 3 Schutzziele

Gemäß den Vorgaben des Bauherrn sollen mit dem Brandschutzkonzept die Mindestanforderungen der BauO NRW mit den dort in § 14 angegebenen Schutzzielen eingehalten werden.

Bewertung	Genehmigungsplanung	Die Anforderungen des § 14 BauO NRW werden eingehalten.

B 4 Allgemeine Anforderungen an das Brandverhalten von Baustoffen und Bauteilen

Die Anforderungen betreffen im Wesentlichen die Ausführungsplanung und Bauausführung. Sie ergeben sich aus § 26 BauO NRW. Da das Gebäude in Massivbauweise erstellt wird, können die angegebenen materiellen Anforderungen in der Regel problemlos eingehalten werden.

Bewertung	Genehmigungsplanung	Die Anforderungen des § 26 BauO NRW werden eingehalten.

Bewertung	Ausführungsplanung und Bauausführung	Die Anforderungen des § 26 BauO NRW sind einzuhalten.

B 5 Brandwände

B5

Lfd. Nr.	Aus der Genehmigungsplanung ersichtliche Anforderungen		BauO NRW
1	**Erfordernis:** An der Grundstücksgrenze zum Nachbargebäude ist eine „äußere" Brandwand (BW) als Gebäudeabschlusswand (GA) erforderlich. Eine innere BW ist nicht erforderlich, da die Gebäudelänge unter 40 m beträgt. Lage und Anforderungen siehe Brandschutzpläne.		§ 30 (2) Nr. 1 und Nr. 2.
2	**Qualität:** Die BW muss als raumabschließendes Bauteil auch unter zusätzlicher mechanischer Beanspruchung feuerbeständig sein und aus nichtbrennbaren Baustoffen bestehen.		§ 30 (3)[1]
3	**Vertikaler Verlauf:** Die BW muss unversetzt bis zum Dach führen.		§ 30 (4)
4	**Öffnungen:** in BW als GA unzulässig		§ 30 (8)
5	**Sichtöffnungen:** in BW als GA unzulässig		§ 30 (9)
Bewertung	**Genehmigungsplanung**	Die vorstehenden Anforderungen werden eingehalten.	

	Weitere, die Ausführungsplanung und Bauausführung betreffende Anforderungen		
a	**Ausführung im Dachbereich:** 30 cm über Dach oder beidseitige fb + nb 50-cm-Kragplatte		§ 30 (5)
b	**Gebäudeteile über Eck mit Winkel der inneren Ecke ≤ 120 Grad:** Ausreichende Sicherung des einspringenden Winkels		§ 30 (6)
c	**Bauteile mit brennbaren Baustoffen:** Dürfen über die BW nicht hinweggeführt werden. Hinweis siehe B 5.c.1		§ 30 (7)[1]
d	**Außenwandkonstruktionen, die eine seitliche Brandausbreitung begünstigen können:** Es sind gegen die Brandausbreitung im Bereich der BW besondere Vorkehrungen zu treffen.		§ 30 (7)[2]
e	**Außenwandbekleidungen der BW als GA:** Müssen einschließlich der Dämmstoffe und Unterkonstruktionen (im Bereich der Gebäudetrennfuge) nb*[1] sein.		§ 30 (7)[3]
f	**Eingreifen von Bauteilen:** Bauteile dürfen in BW nur soweit eingreifen, dass deren Feuerwiderstandsfähigkeit nicht beeinträchtigt wird; für Leitungen, Leitungsschlitze und Schornsteine gilt dies entsprechend.		§ 30 (7)[4]
g	**Sicherung von Leitungsdurchführungen:** Gleiche Feuerwiderstandsdauer wie BW		§ 40, § 41
Bewertung	**Ausführungsplanung und Bauausführung**	Die weiteren Anforderungen wurden nicht geprüft. Sie sind bei Relevanz im Zuge der Ausführungsplanung und Bauausführung einzuhalten.	
*[1] Kein Glimmen und/oder Schwelen (VV TB NRW Abschnitt A 2)			

B 5.c.1 Hinweis zu Lfd. Nr. c (Dämmung der Brandwandstirnseiten):

Falls eine Wärmedämmung oder ein Wärmedämmverbundsystem an den BW-Stirnseiten angeordnet werden soll, müssen diese aus nichtbrennbaren, raumbeständigen Dämmstoffen mit Schmelzpunkt > 1.000 °C*[1] bestehen. Die Dämmstoffe müssen in diesem Bereich ausreichend befestigt werden. Lage und Anforderungen siehe Brandschutzpläne.

B 6 Trennwände

Lfd. Nr.	Aus der Genehmigungsplanung ersichtliche Anforderungen		BauO NRW
1	**Erfordernis:** Trennwände sind erforderlich zwischen Nutzungseinheiten (NE) sowie zwischen NE und anders genutzten Räumen ausgenommen notwendigen Fluren. Lage und Anforderungen siehe Brandschutzpläne. Außerdem sind folgende Trennwände erforderlich: • Zwischen den beiden Teilnutzungseinheiten NE 7a und 7b im 3. OG (fb) • Zum Haustechnikraum und großen Lager im KG (fb) • In NE 6 im 2. OG zwischen Büro 6-1 und 6-2 zur Verbesserung der Rettungswegsituation (fh). Erläuterungen siehe Punkt B 11.3.4 • In NE 6 im 2. OG und NE 7b im 3. OG: Trennwände zwischen den WCs und den anschließenden Büros 6-3, 7-1 und 7b zur Abgrenzung der WCs, um eine geringe Brandlast zu gewährleisten (fh). Erläuterungen siehe Punkt B 10.4.2.		§ 29 (2)
2	**Qualität:** Die Trennwände müssen als raumabschließende Bauteile feuerbeständig (fb) sein. Die vorstehend in den letzten beiden Spiegelpunkten genannten Trennwände müssen als raumabschließende Bauteile feuerhemmend (fh) sein.		§ 29 (3)[1]
3	**Öffnungen:** Öffnungen in den Trennwänden sind nur zulässig, wenn sie auf die für die Nutzung erforderliche Zahl und Größe beschränkt sind. Sie müssen feuerhemmende, dicht- und selbstschließende Abschlüsse haben. Lage und Anforderungen siehe Brandschutzpläne. Erläuterungen siehe Punkt B 6.3.1. Außerdem sind folgende Abschlüsse erforderlich: • Zwischen den beiden Teilnutzungseinheiten NE 7a und 7b im 3. OG: nichtabschließbar, feuerhemmend, dicht- und selbstschließend mit Feststellanlage • Zum Haustechnikraum und großen Lager im KG: feuerhemmend, dicht- und selbstschließend • Zwischen dem WC und der Teilnutzungseinheit 7b im 3. OG: dicht- und selbstschließend. Erläuterungen siehe Punkt B 10.4.2.		§ 30 (8)
Bewertung	**Genehmigungsplanung**	Die vorstehenden Anforderungen werden eingehalten.	

	Weitere, die Ausführungsplanung und Bauausführung betreffende Anforderungen		
a	**Oberer An- bzw. Abschluss der Trennwände:** In Normalgeschossen: Führung bis zur Rohdecke. Im Dachraum: Führung bis unter die Dachhaut oder Führung bis zur fh Rohdecke (Raumabschluss, Tragwerk und Aussteifung der Rohdecke: fh). Erläuterungen siehe Punkt B 6.a.1.		§ 29 (4)
b	**Sicherung von Leitungsdurchführungen:** gleiche Feuerwiderstandsdauer wie die Trennwand		§ 40, § 41
Bewertung	**Ausführungsplanung und Bauausführung**	Die weiteren Anforderungen wurden nicht geprüft. Sie sind bei Relevanz im Zuge der Ausführungsplanung und Bauausführung einzuhalten.	

B 6.3.1 Erläuterung zu Lfd. Nr. 3 (Sicherung der Öffnung zwischen den Teilnutzungseinheiten)

Die Öffnung in der Trennwand zwischen den beiden Teilnutzungseinheiten im 3. OG ist mit einem nichtabsperrbaren, feuerhemmenden, dicht- und selbstschließenden Abschluss zu sichern. Da die selbstschließende Eigenschaft den Betrieb bei Teilnutzungseinheiten stört, ist dieser Abschluss mit einer fachgerechten **Feststellanlage** auszurüsten.

Hinweis: *Mit dem Bauherrn wurde besprochen, dass diese Feststellanlage baurechtlich zwar nicht vorgeschrieben, ihre Anordnung aus Nutzungsgründen jedoch dringend empfehlenswert ist. Der Bauherr wünscht die Anordnung dieser Feststellanlage.*

Der Haustechnikraum und das große Lager im KG werden nach Rücksprache mit dem Bauherrn als Räume mit besonderer Brandgefahr bewertet.

B 6.a.1 Erläuterung zu Lfd. Nr. a (oberer Anschluss der Trennwände)

Bei feuerwiderstandsfähigen Rohdecken aus Stahlbeton sind Trennwandanschlüsse in der Regel unproblematisch möglich. Besondere Aufmerksamkeit erfordern jedoch Trennwandanschlüsse an Bauteile, die nicht aus Stahlbeton bestehen, z. B. Decken und Dächer mit Holztragwerk oder in Leichtbauweise oder aus Trapezblechen. In solchen Fällen sollte möglichst frühzeitig geprüft werden, welche Decke bzw. welches Dach genau vorhanden ist und ob bzw. wie ein fachgerechter Anschluss der Trennwände dort möglich ist.

B 7 Decken

Lfd. Nr.	Aus der Genehmigungsplanung ersichtliche Anforderungen		BauO NRW
1	**Erfordernis:** Decken sind erforderlich zwischen Geschossen. Lage und Anforderungen siehe Brandschutzpläne.		§ 31 (1)[1]
2	**Qualität:** Die Decken müssen als tragende und raumabschließende Bauteile feuerbeständig sein. Das gilt nicht für Balkone und Altane, ausgenommen offene Gänge, die als notwendige Flure dienen.		§ 31 (1)[2] Nr. 1
3	**Öffnungen:** Öffnungen in den Decken sind nur zulässig innerhalb derselben NE ≤ 400 m² ≤ zwei Geschosse und im Übrigen, wenn sie auf die für die Nutzung erforderliche Zahl und Größe beschränkt sind und Abschlüsse mit der Feuerwiderstandsfähigkeit der Decke haben.		§ 31 (4)
Bewertung	**Genehmigungsplanung**	Die vorstehenden Anforderungen werden eingehalten.	

	Weitere, die Ausführungsplanung und Bauausführung betreffende Anforderungen		
a	**Deckenanschluss an die Außenwand:** ist so herzustellen, dass er den Schutzzielanforderungen des § 31 (1) Satz 1 BauO NRW genügt.		§ 31 (3)
b	**Sicherung von Leitungsdurchführungen:** gleiche Feuerwiderstandsdauer wie die Decke.		§ 40, § 41
Bewertung	**Ausführungsplanung und Bauausführung**	Die weiteren Anforderungen wurden nicht geprüft. Sie sind bei Relevanz im Zuge der Ausführungsplanung und Bauausführung einzuhalten.	

B 8 Notwendige Flure und Laubengänge

Lfd. Nr.	Aus der Genehmigungsplanung ersichtliche Anforderungen	BauO NRW
1	**Erfordernis:** Notwendige Flure sind Flure, über die Rettungswege aus AR oder aus NE mit AR zu Ausgängen in notwendige Treppenräume oder ins Freie führen. Sie sind nicht erforderlich innerhalb von NE ≤ 200 m² und innerhalb von Wohnungen (ohne Größenbegrenzung) sowie innerhalb von NE mit Büro- oder Verwaltungsnutzung ≤ 400 m². Das gilt auch für Teil-NE nach BauO NRW § 36 (1) Satz 2 Nr. 4. In Geschossen mit mehr als 4 Wohnungen müssen notwendige Flure angeordnet sein. **NE 2 im EG (ärztliche Gemeinschaftspraxis mit 350 m²) ohne notwendigen Flur:** Aus dieser NE führen die Rettungswege über Flure, die konzeptionell **nicht** als notwendige Flure ausgebildet werden sollen. Hierfür ist die weiter unten beschriebene **Abweichung 1** erforderlich, siehe Punkt B 8.1.1. **NE 6 im 2. OG:** Die Größe der NE beträgt > 400 m². Es wird ein notwendiger Flur angeordnet. **NE 7 im 3. OG:** Es werden zwei Teil-NE NE 7a und NE 7b von jeweils unter 400 m² angeordnet. Damit ist dort kein notwendiger Flur erforderlich. **NE 12 bis 19 im 5. OG:** Notwendige Flure sind erforderlich, da Geschoss mit > 4 Wohnungen. Lage und Anforderungen siehe Brandschutzpläne.	§ 36 (1) § 35 (9)
2	**Mindestbreite und Stufen:** Mindestbreite muss für den größten zu erwartenden Verkehr ausreichen. Eine Folge < 3 Stufen ist unzulässig. **Mindestbreite:** Alle Flurbreiten betragen mindestens 1,20 m. Dies ist bei der vorhandenen Nutzung mit den zu erwartenden Personenzahlen von jeweils deutlich unter 200 auf einen notwendigen Flur angewiesenen Personen ausreichend. **Stufen** sind nicht vorhanden.	§ 36 (2)
3	**Rauchabschnitte:** Eine Unterteilung durch nichtabschließbare, rauchdichte und selbstschließende Abschlüsse in Rauchabschnitte ist nicht erforderlich, da die Rauchabschnitte unter 30 m betragen.	§ 36 (3)
4	**Qualität:** Die Flurwände einschließlich der Verglasungen müssen als raumabschließende Bauteile feuerhemmend sein.	§ 36 (4)[1]
5	**Öffnungen in feuerhemmenden Flurwänden:** Türen dichtschließend. Lage und Anforderungen siehe Brandschutzpläne. Außerdem besteht folgende Besonderheit: **In NE 6 im 2. OG** wird die Türe zu Büro 6-1 zur Verbesserung der Rettungswegsituation rauchdicht, selbstschließend und nichtabsperrbar ausgeführt. Erläuterungen siehe Punkt B 11.3.4.	§ 36 (4)[4]
6	**Sichtöffnungen in feuerhemmenden Flurwänden:** Feuerhemmende Brandschutzverglasung. Lage und Anforderungen siehe Brandschutzpläne. Hinweis hierzu siehe Punkt B 8.6.1.	
Bewertung	**Genehmigungsplanung**	Die vorstehenden Anforderungen werden mit Ausnahme der nachfolgend beschriebenen **Abweichung 1** eingehalten. Es wird beantragt, der Abweichung 1 zuzustimmen.

Lfd. Nr.	Weitere, die Ausführungsplanung und Bauausführung betreffende Anforderungen	BauO NRW
a	**Bei einer Unterteilung der notwendigen Flure durch rauchabschnittsbildende Abschlüsse:** Die Abschlüsse sind bis an die Rohdecke zu führen. Sie dürfen bis an die Unterdecke der Flure geführt werden, wenn die Unterdecke feuerhemmend ist.	§ 36 (3)[3, 4]
b	**Oberer Anschluss der feuerhemmenden Flurwände:** Führung bis an die Rohdecke oder Anschluss an eine feuerhemmende Unterdecke, wenn damit ein vergleichbarer (feuerhemmender) Raumabschluss sicherstellt ist.	§ 36 (4)[2, 3]
c	**Brandverhalten von Baustoffen:** • Bekleidungen, Putze, Unterdecken und Dämmstoffe: Nichtbrennbare (nb) Baustoffe • Wände und Decken aus brennbaren Baustoffen: Bekleidung aus nichtbrennbaren Baustoffen in ausreichender Dicke • Fußbodenbeläge: Mindestens schwer entflammbar	§ 36 (6)
d	**Sicherung von Leitungsdurchführungen und Verlegung von brennbaren Leitungen:** Anforderungen gemäß MLAR, M-LüAR und MSysBöR	§ 40, § 41
Bewertung	**Ausführungsplanung und Bauausführung**	Die weiteren Anforderungen wurden nicht geprüft. Sie sind bei Relevanz im Zuge der Ausführungsplanung und Bauausführung einzuhalten.

B 8.1.1 Abweichung 1 von BauO NRW § 36 (1) Satz 2 Nr. 3 (notwendige Flure)

Die NE 2 im EG ist mit 350 m^2 größer als 200 m^2. Sie ist eine ärztliche Gemeinschaftspraxis und dient damit auch keiner Büro- und Verwaltungsnutzung. Die Rettungswege führen nicht über notwendige Flure. Damit werden die Voraussetzungen von § 36 (1) Satz 2 Nr. 3 BauO NRW nicht erfüllt.

Allerdings sollen aus Nutzungsgründen keine notwendigen Flure angeordnet werden, da diese bei der vorgesehenen Nutzung nicht sinnvoll bzw. zweckmäßig sind. Es wird deshalb eine konzeptionelle Lösung ohne notwendige Flure ausgeführt.

Aus folgenden Gründen bestehen keine Bedenken wegen des Brandschutzes:

Es wird ein zweiter, möglichst entgegengesetzt liegender Ausgang direkt ins Freie angeordnet, der als zweiter baulicher Rettungsweg dient. Lage und Anforderungen siehe Brandschutzplan. Der zweite Ausgang wird mit einem Panikschloss ausgerüstet. Aufschlagrichtung der Tür ins Freie. Beide Ausgänge werden mit langnachleuchtenden Rettungszeichen gekennzeichnet. Damit werden die Rettungsweglängen deutlich verkürzt und von jedem Aufenthaltsraum ist eine Flucht nach zwei Richtungen möglich. Außerdem liegt die NE im EG und hat eine Größe unter 400 m^2. Günstig wirkt sich auch aus, dass während des Betriebs stets ortskundiges Personal anwesend ist.

B 8.6.1 Hinweis zu Lfd. Nr. 6 (Türen in Brandschutzverglasung)

Die grundsätzliche Anforderung der BauO NRW an Türen in feuerhemmenden Flurwänden lautet nur „dichtschließend". In NE 6 im 2. OG müssten deshalb in den feuerhemmenden Brandschutzverglasungen der Flurwände zum Empfang und zur Präsentation die Türen nach BauO NRW eigentlich nur **dichtschließend** sein.

Gemäß den Ver-/Anwendbarkeitsnachweisen von solchen Brandschutzverglasungen müssen die Türen jedoch in der Regel die gleiche Feuerwiderstandsfähigkeit wie die Verglasungen selbst haben. Deshalb wurden hier feuerhemmende, dicht- und selbstschließende Türen in den Brandschutzplänen eingetragen. Dabei handelt es sich jedoch nicht um die Anforderung der BauO NRW, sondern um die Anforderung, die sich aus den Ver-/Anwendbarkeitsnachweisen der Brandschutzverglasungen ergibt.

B 9 Notwendige Treppen

Lfd. Nr.	Aus der Genehmigungsplanung ersichtliche Anforderungen	BauO NRW
1	**Erfordernis:** Jedes nicht zu ebener Erde liegende Geschoss und der benutzbare Dachraum eines Gebäudes müssen über mindestens eine Treppe zugänglich sein (notwendige Treppe). Es ist eine notwendige Haupttreppe vorhanden. An der Westseite ist als zweiter baulicher Rettungsweg aus dem Schulungsraum (NE 3) eine notwendige Treppe vom EG in das 1. OG erforderlich. Diese wird als Stahlaußentreppe ausgeführt. Begründung siehe Punkt B 11.3.2. Lage und Anforderungen siehe Brandschutzpläne.	§ 34 (1)
2	**Treppenverlauf:** Notwendige Treppen sind in einem Zuge zu allen angeschlossenen Geschossen zu führen. **Haupttreppe:** Führt in einem Zuge zu allen angeschlossenen Geschossen. **Stahlaußentreppe** an der Westseite: Ist nur für NE 3 im 1. OG erforderlich und führt deshalb nur vom EG in das 1. OG.	§ 34 (3)
3	**Qualität:** **Tragende Teile der Haupttreppe:** feuerhemmend und nichtbrennbar **Tragende Teile der Stahl-Außentreppe an der Westseite:** aus nichtbrennbaren Baustoffen	§ 34 (4)
4	**Nutzbare Breite:** Muss für den größten zu erwartenden Verkehr ausreichen. **Haupttreppe:** ≥ 1,20 m. **Außentreppe an der Westseite:** ≥ 1,20 m Ermittlung der erforderlichen Breiten siehe Punkt B 9.4.1 weiter unten.	§ 34 (5)
5	**Treppenbeginn und Treppenabsatz:** Eine Treppe darf nicht unmittelbar hinter einer Tür beginnen, die in Richtung der Treppe aufschlägt. Zwischen Treppe und Tür ist ein Treppenabsatz anzuordnen, der mindestens so tief sein soll, wie die Tür breit ist. Lage und Anforderungen siehe Brandschutzpläne.	§ 34 (7)
Bewertung	**Genehmigungsplanung** — Die vorstehenden Anforderungen werden eingehalten.	

Lfd. Nr.	Weitere, die Ausführungsplanung und Bauausführung betreffende Anforderungen	BauO NRW
a	**Handlauf:** Treppen müssen mindestens einen festen und griffsicheren Handlauf haben. Für Treppen sind Handläufe auf beiden Seiten und Zwischenhandläufe vorzusehen, soweit die Verkehrssicherheit dies erfordert.	§ 34 (6)
Bewertung	**Ausführungsplanung und Bauausführung** — Die weiteren Anforderungen wurden nicht geprüft. Sie sind bei Relevanz im Zuge der Ausführungsplanung und Bauausführung einzuhalten.	

B 9.4.1 Ermittlung und Nachweis der erforderlichen nutzbaren Breite der notwendigen Treppen

Als Orientierungshilfe wird das bei Sonderbauten übliche Maß von 1,20 m für 200 Personen und 0,60 m für weitere 100 Personen zugrunde gelegt.

Tabelle B 9.4.1: Angabe der Personen, die auf die Haupttreppe angewiesen sind

Geschoss	Nutzungseinheiten	Personen
5. OG	8 Wohnungen mit 4 Personen	32
4. OG	NE 11: Wohnung mit 5 Personen, NE 9 und NE 10: Lager ohne Personen, NE 8: Büro (145 m²) mit 8 Personen	13
3. OG	NE 7: Büro aus zwei Teilnutzungseinheiten NE 7a und NE 7b (540 m²): 2 × 15 = insgesamt 30 Personen	30
2. OG	NE 6: Büro mit notwendigem Flur (540 m²): 30 Personen	30
1. OG	NE 3: Schulungsraum mit insgesamt 110 Personen, davon entfallen auf die Haupttreppe 50 % = 55 Personen, NE 4: Lager ohne Personen, NE 5: Büro (275 m²) 20 Personen: insgesamt 75 Personen	75
	Zwischensumme: 1. OG bis 5. OG	**180**
EG	Praxis (350 m²): 50 Personen, Praxis (195 m²): 25 Personen	75
	Summe: EG bis 5. OG	**255**

Daraus ergeben sich folgende Treppenlaufmindestbreiten:

Haupttreppe vom 1. OG bis ins 5. OG: 180 Personen: Treppenlaufmindestbreite: 1,20 m.

Haupttreppe vom EG ins Freie (einschließlich Ausgang): 75 + 180 = 255 Personen: Treppenmindestbreite im EG: 1,80 m.

Stahlaußentreppe an der Westseite: Darauf angewiesene Personen: 110/2 = 55 Personen. Nach Bauordnung reicht hier eine Treppenlaufmindestbreite von 1,00 m aus. **Tipp:** Gemäß Arbeitsstättenverordnung ist bei 55 Personen eine Mindestbreite von 1,20 m erforderlich, die auch ausgeführt werden sollten.

B 10 Notwendige Treppenräume, Außentreppen und Ausgänge

Lfd. Nr.	Aus der Genehmigungsplanung ersichtliche Anforderungen	BauO NRW
1	**Erfordernis: Haupttreppe:** Die notwendige Treppe muss in einem eigenen durchgehenden, notwendigen Treppenraum liegen. **Stahlaußentreppe an der Westseite:** Ihre Nutzung muss ausreichend sicher sein und darf im Brandfall nicht gefährdet werden können. Die **Haupttreppe** liegt in einem eigenen, durchgehenden notwendigen Treppenraum. Die **Stahlaußentreppe** an der Westseite ist überdacht. Ihre Nutzung ist damit ausreichend sicher. Die **Stahlaußentreppe** wird im EG vor einer geschlossenen feuerhemmenden Außenwand mit feuerhemmend gesicherter Sichtöffnung angeordnet. Hierfür ist die weiter unten beschriebene **Abweichung 2** erforderlich, siehe Punkt B 10.1.1. Lage und Anforderungen siehe Brandschutzpläne. Wärmedämmung der Fassade im Bereich der Außentreppe siehe Punkt B 10.1.2.	§ 35 (1) § 35 (1)[3] Nr. 3
2	**Maximal zulässige Entfernung:** Von jeder Stelle eines AR sowie eines KG muss in $\leq$ 35 m Entfernung mindestens ein Ausgang in einen notwendigen Treppenraum oder zu einer notwenigen Außentreppe oder ins Freie erreichbar sein. Nachweis siehe Brandschutzpläne. **Hinweis:** Es werden jeweils nur die ungünstigsten Entfernungen nachgewiesen.	§ 35 (2)
3	**Unmittelbarer Ausgang ins Freie:** Jeder notwendige Treppenraum benötigt einen unmittelbaren Ausgang ins Freie.	§ 35 (3)
4	**Qualität der Treppenraumwände:** • **Treppenrauminnenwände:** Die Treppenraumwände müssen als raumabschließende Bauteile die Bauart von Brandwänden haben. • **Treppenraumaußenwände, die durch andere an diese Außenwände anschließende Gebäudeteile im Brandfall nicht gefährdet werden können:** Nichtbrennbar. Erläuterungen siehe Punkt B 10.4.1. • **Treppenraumaußenwände, die durch andere an diese Außenwände anschließende Gebäudeteile im Brandfall gefährdet werden können:** Gleiche Anforderungen wie Treppenrauminnenwände. Es werden Brandschutzverglasungen angeordnet. Hierfür ist die weiter unten beschriebene **Abweichung 3** erforderlich, siehe Punkt B 10.4.2). Lage und Anforderungen siehe Brandschutzpläne.	§ 35 (4)
5	**Sicherung von Öffnungen:** • **Zu Kellergeschossen, zu nicht ausgebauten Dachräumen, Werkstätten, Läden, Lager- und ähnlichen Räumen sowie zu sonstigen Räumen und NE > 200 m^2, ausgenommen Wohnungen:** Mindestens feuerhemmende, rauchdichte und selbstschließende Abschlüsse • **Zu notwendigen Fluren:** Rauchdichte und selbstschließende Abschlüsse • **Zu sonstigen Räumen und Nutzungseinheiten, ausgenommen Wohnungen**: Mindestens dicht- und selbstschließende Abschlüsse • **Zu Wohnungen:** Mindestens dichtschließende Abschlüsse Die Feuerschutz- und Rauchschutzabschlüsse dürfen lichtdurchlässige Seitenteile und Oberlichte enthalten, wenn der Abschluss insgesamt nicht breiter als 2,50 m ist. Lage und Anforderungen siehe Brandschutzpläne.	§ 35 (6)
6	**Sicherung von Sichtöffnungen: Sichtöffnung von NE 1 zum Treppenraum:** Feuerbeständige Brandschutzverglasung mit einer Größe von max. 1 m^2. Lage und Anforderungen siehe Brandschutzpläne. Erläuterung siehe Punkt B 10.6.1.	
	Rauchableitung: Notwendige Treppenräume müssen belüftet und zur Unterstützung wirksamer Löscharbeiten entraucht werden können. Sie müssen in jedem oberirdischen Geschoss unmittelbar ins Freie führende Fenster mit einem freien Querschnitt von mindestens 0,50 m^2 haben, die geöffnet werden können. An der obersten Stelle ist eine Öffnung zur Rauchableitung erforderlich. Diese muss einen freien Querschnitt von mindestens 1 m^2 und Vorrichtungen zum Öffnen ihrer Abschlüsse haben, die vom Erdgeschoss sowie vom obersten Treppenabsatz aus bedient werden können. Lage und Anforderungen siehe Brandschutzpläne. Zur sicheren Öffnung (auch bei Stromausfall) wird die Öffnung zur Rauchableitung mit einem automatischen Rauchmelder überwacht, wobei das Ansprechen des Brandmelders durch Rauch bewirkt, dass die Anlage selbsttätig öffnet. Ausführung gemäß MLAR.	§ 35 (8)
	Anordnung von notwendigen Fluren: In Geschossen mit mehr als vier Wohnungen müssen notwendige Flure angeordnet sein. Lage und Anforderungen im 5. OG siehe Brandschutzpläne.	§ 35 (9)
Bewertung	**Genehmigungsplanung**	Die vorstehenden Anforderungen werden mit Ausnahme der nachfolgend beschriebenen **Abweichungen 2 und 3** eingehalten. Es wird beantragt, den Abweichungen 2 und 3 zuzustimmen.

	Weitere, die Ausführungsplanung und Bauausführung betreffende Anforderungen		
a	**Oberer Abschluss:** Muss als raumabschließendes Bauteil die Feuerwiderstandsfähigkeit der Decken des Gebäudes haben. Dies gilt nicht, wenn der obere Abschluss das Dach ist und die Treppenraumwände bis unter die Dachhaut reichen.		§ 35 (4)[3]
b	**Brandverhalten von Baustoffen:** • Bekleidungen, Putze, Dämmstoffe, Unterdecken und Einbauten: Nichtbrennbare Baustoffe • Wände und Decken aus brennbaren Baustoffen: Bekleidung aus nichtbrennbaren Baustoffen in ausreichender Dicke • Bodenbeläge, ausgenommen Gleitschutzprofile: Aus mindestens schwer entflammbaren Baustoffen		§ 35 (5)
c	**Beleuchtung und Sicherheitsbeleuchtung:** Notwendige Treppenräume müssen zu beleuchten sein. Notwendige Treppenräume ohne Fenster müssen in Gebäuden mit einer Höhe nach § 2 (3) Satz 2 BauO NRW von mehr als 13 m eine Sicherheitsbeleuchtung haben.		§ 35 (6)
d	**Sicherung von Leitungsdurchführungen und Verlegung von brennbaren Leitungen:** Anforderungen gemäß MLAR, M-LüAR und MSysBöR.		§ 40, § 41
Bewertung	**Ausführungsplanung und Bauausführung**	Die weiteren Anforderungen wurden nicht geprüft. Sie sind bei Relevanz im Zuge der Ausführungsplanung und Bauausführung einzuhalten.	

B 10.1.1 Abweichung 2 von BauO NRW § 35 (1) Satz 3 Nr. 3 (Stahlaußentreppe an der Westseite)

B10

Grundsätzlich wird davon ausgegangen, dass eine Gefährdung der Stahlaußentreppe nicht möglich ist, wenn sie vor einer geschlossenen Außenwandscheibe liegt, die als raumabschließende Wand die gleichen Anforderungen wie die Geschossdecken erfüllt. Damit wäre im vorliegenden Fall eine raumabschließende, feuerbeständige Außenwand mit feuerbeständig gesicherter Sichtöffnung erforderlich. Es wird jedoch nur eine raumabschließende, feuerhemmende Außenwand mit feuerhemmend gesicherter Sichtöffnung angeordnet.

Aus folgenden Gründen bestehen keine Bedenken wegen des Brandschutzes:

Die Außentreppe dient nur als zweiter baulicher Rettungsweg von NE 3 im 1. OG und führt deshalb nur bis zum 1. OG. Deshalb kann (entsprechend einem Gebäude der GK 3) die Anforderung an die Außenwand vor der Außentreppe und die Sicherung der Sichtöffnung auf „feuerhemmend" reduziert werden, da eine Nutzung der Außentreppe von den Nutzungseinheiten der darüber liegenden Geschosse nicht erfolgt.

Im 1. OG bestehen keine Anforderungen an die Außenwand, da die Stahlaußentreppe dort endet und dort nur die NE angrenzt, für die die Außentreppe den zweiten baulichen Rettungsweg bildet.

B 10.1.2 Hinweis zu einer eventuellen Wärmedämmung der Fassade im Bereich der Außentreppe

Eine eventuelle Wärmedämmung der Fassade im EG und 1. OG vor der Stahlaußentreppe an der Westseite und im daran anschließenden 2,50-m-Bereich Richtung Norden muss aus nichtbrennbaren Baustoffen bestehen, damit die Stahlaußentreppe bei einem eventuellen Brand im Bereich der Fassade nicht gefährdet werden kann. Lage und Anforderungen siehe Brandschutzpläne.

B 10.4.1 Treppenraumwände, die im Brandfall nicht gefährdet werden können

Im **EG und 1. OG** können die Treppenraumaußenwände im Brandfall **nicht** gefährdet werden und müssen deshalb nur aus nichtbrennbaren Baustoffen bestehen. Eine Gefährdung im Brandfall ist nicht zu erwarten, da an beiden Seiten im 2,50-m-Bereich öffnungslose, feuerbeständige Wandscheiben vorhanden sind (siehe Brandschutzpläne).

Eine eventuelle Wärmedämmung der Fassade im Bereich der vorgenannten Wandscheiben im EG und 1. OG an der Westseite und vom EG bis zum 4. OG an der Ostseite muss aus nichtbrennbaren Baustoffen bestehen, damit die vorspringenden Treppenraumaußenwände bei einem eventuellen Brand im Bereich der Fassade nicht gefährdet werden können. Lage und Anforderungen siehe Brandschutzpläne.

B 10.4.2 Abweichung 3 von BauO NRW § 35 (4) Satz 1 Nr. 1 (Brandschutzmaßnahmen an den Treppenraumaußenwänden)

Die Treppenraumaußenwände können ab dem 2. OG im Brandfall gefährdet werden und müssten deshalb grundsätzlich die Anforderung „Bauart von Brandwänden" erfüllen. Anstelle von Treppenraumwänden in der Bauart von Brandwänden wird in diesen Bereichen Folgendes ausgeführt (Lage und Anforderungen siehe Brandschutzpläne):

2. OG bis 5. OG Westseite und 5. OG Ostseite: feuerbeständige Brandschutzverglasung.

Tipp: In diesem Übungsbeispiel wurden bewusst Maßnahmen an der Brandschutzverglasung des Treppenraums angeordnet. Natürlich bestehen auch andere Möglichkeiten, den Brandschutz zu gewährleisten, z. B. durch Brandschutzmaßnahmen an den Fenstern der Nutzungseinheiten (z. B. Versetzen der Fenster, Brandschutzverglasungen, Brandschutzvorhänge). In diesen Fällen wäre **keine Abweichung** erforderlich, da dann die Treppenraumaußenwände im Brandfall **nicht mehr** beansprucht werden können.

2. OG bis 4. OG Ostseite: G 30- (national) bzw. E 30- (europäisch) Brandschutzverglasung.

Tipp: In diesem Beispiel wurde eine G 30- (national) bzw. E 30- (europäisch) Brandschutzverglasung gewählt. Je nach jeweiliger Risikosituation (z. B. Größe des WC-Fensters, Abstand des WC-Fensters von der Treppenraumverglasung, Größe und Brandlasten des WC-Raums) und Risikoeinschätzung bzw. -beurteilung der prüfenden Stelle können auch höhere Anforderungen (z. B. fh Brandschutzverglasung), aber auch niedrigere Anforderungen (z. B. nur ein nicht öffenbares Fenster) möglich sein. Deshalb ist eine vorherige Abstimmung mit der den Brandschutz prüfenden Stelle dringend empfehlenswert.

Aus folgenden Gründen bestehen keine Bedenken wegen des Brandschutzes:

2. OG bis 5. OG Westseite und 5. OG Ostseite: Die Brandschutzverglasungen weisen die gleiche Feuerwiderstandsdauer auf wie die Treppenrauminnenwände. Bedenken wegen der fehlenden zusätzlichen mechanischen Beanspruchbarkeit (Bauart von Brandwänden) bestehen nicht, da es sich um eine Treppenraum-Fassadenverglasung handelt, bei der keine mechanische Beanspruchung (weder von innen noch von außen) zu erwarten ist.

2. OG bis 4. OG Ostseite: Die G 30- bzw. E 30-Brandschutzverglasungen liegen vor relativ kleinen Fenstern von WC-Räumen. Die WC-Räume haben nur eine sehr geringe Brandlast. Außerdem werden sie als zusätzliche Maßnahme feuerhemmend von den daran anschließenden Räumen (NE 6: WC zu Büro 6-3, NE 7b: WC zu Büro 7-1 und NE 7b) abgetrennt und die Türen zu den WC-Räumen dicht, vollwandig und selbstschließend ausgeführt. Damit ist eine größere Brandbeanspruchung der Brandschutzverglasung nicht zu erwarten, so dass eine G 30- bzw. E 30-Brandschutzverglasung möglich ist. Bezüglich der mechanischen Beanspruchung siehe vorstehenden Absatz.

Anmerkung: Im 4. OG sind zwar an beiden Seiten im 2,50-m-Bereich öffnungslose, feuerbeständige Wandscheiben vorhanden, was eine Brandgefährdung bei einem Brand im 4. OG ausschließt. Durch einen möglichen Brandüberschlag vom darunterliegenden Geschoss kann sich jedoch auch eine Gefährdung im 4. OG ergeben. Deshalb sind im 4. OG die gleichen Brandschutzverglasungen wie im 3. OG erforderlich.

B 10.6.1 Erläuterung zu Lfd. Nr. B 10.6 (Sicherung von Sichtöffnungen in der Treppenraumwand)

Es bestehen keine Bedenken wegen des Brandschutzes, da in Brandwänden feuerbeständige Brandschutzverglasungen zulässig sind und die Treppenraumwand die Anforderung „Bauart einer Brandwand" hat. Bedenken wegen der fehlenden mechanischen Beanspruchbarkeit bestehen nicht, da es sich um eine untergeordnete Verglasung mit einer Größe von max. 1 m^2 handelt und weder von der Treppenraumseite noch von der Arztpraxisseite zu erwarten ist, dass diese Verglasung im Brandfall durch mechanische Beanspruchung zerstört wird.

B 11 Rettungswege

Lfd. Nr.	Aus der Genehmigungsplanung ersichtliche Anforderungen	BauO NRW
1	**Erster Rettungsweg (RW) aus Nutzungseinheiten (NE) ohne Aufenthaltsräume (AR):** Von jeder Stelle eines Kellergeschosses muss mindestens ein Ausgang in einen notwendigen Treppenraum oder ins Freie in höchstens 35 m Entfernung erreichbar sein. Nachweis siehe Brandschutzplan.	§ 35 (2)[1]
2	**Erster RW aus Nutzungseinheiten mit Aufenthaltsräumen:** Von jeder Stelle eines AR muss mindestens ein Ausgang in einen notwendigen Treppenraum oder ins Freie in höchstens 35 m Entfernung erreichbar sein. Für NE, die nicht zu ebener Erde liegen, muss der erste RW über eine notwendige Treppe führen. • Nachweis der maximalen Entfernung siehe Brandschutzpläne • Treppenlaufmindestbreiten siehe Punkt B 9.4.1 • Türmindestbreiten siehe Punkt B 11.2.1 • Aufschlagrichtung von Türen siehe Punkt B 11.2.2	§ 33 (1)[1] § 33 (2)[1]
3	**Zweiter RW aus Nutzungseinheiten mit Aufenthaltsräumen:** Der zweite RW kann eine weitere notwendige Treppe oder eine mit Rettungsgeräten der Feuerwehr erreichbare Stelle der NE sein. Der zweite Rettungsweg über Rettungsgeräte der Feuerwehr ist nur zulässig, wenn keine Bedenken wegen der Personenrettung bestehen. Übersicht und Nachweis der Rettungswege über Rettungsgeräte der Feuerwehr siehe Punkte B 11.3.1 bis B 11.3.5 und die Brandschutzpläne. Für die NE 3 im 1. OG (Schulungsraum mit 110 Personen) ist ein zweiter baulicher Rettungsweg erforderlich, siehe Punkt B 11.3.2. Ausführung der zum Anleitern geeigneten Stellen oder Fenster für den zweiten Rettungsweg siehe Punkt B 16.2. **Wichtig: Es ist eine möglichst frühzeitige Abstimmung mit der Feuerwehr erforderlich, siehe Punkt B 11.3.5.**	§ 33 (2)[2,3]
4	**Rettungsgeräte der Feuerwehr:** Gebäude, deren zweiter Rettungsweg über Rettungsgeräte der Feuerwehr führt und bei denen die Oberkante der Brüstung von zum Anleitern bestimmten Fenstern oder Stellen mehr als 8 m über der Geländeoberfläche liegt, dürfen nur errichtet werden, wenn die Feuerwehr über die erforderlichen Rettungsgeräte wie Hubrettungsfahrzeuge verfügt. Die Feuerwehr verfügt über ein Hubrettungsgerät (Drehleiter DLK 23/12). Bis zu einer Brüstungshöhe von 8 m kann auch die vierteilige Steckleiter eingesetzt werden.	§ 33 (3)
Bewertung	**Genehmigungsplanung**	Die vorstehenden Anforderungen werden eingehalten.

B 11.2.1 Mindestbreiten der Türen

Anmerkung: In der BauO NRW werden hierzu keine besonderen Anforderungen gestellt. Als Orientierungshilfe wird bei NE mit deutlich größerer Personenzahl (NE 3) das bei Sonderbauten übliche Maß von 1,20 m für 200 Personen und 0,60 m für weitere 100 Personen zugrunde gelegt.

Wichtiger Hinweis: Bei den vorstehend und in diesem Brandschutzkonzept angegebenen Türbreiten wurden **nur die Anforderungen der BauO NRW** zugrunde gelegt. Gemäß **Arbeitsstättenrecht** können zum Teil **höhere Anforderungen** bestehen, auf die in diesem Konzept jedoch **nicht eingegangen** wird. Die Anforderungen des Arbeitsstättenrechts sind zusätzlich zu berücksichtigen. Hierzu ist es notwendig, für die Arbeitsstätten (Büros, Praxen, Lager) die diesbezüglichen Anforderungen (z. B. Türbreiten, Aufschlagrichtung der Türen) mit der für das Arbeitsstättenrecht zuständigen Stelle abzustimmen.

Tabelle B 11.2.1: Mindestbreiten der Türen zum notwendigen Treppenraum und vom Treppenraum ins Freie nach BauO NRW		
Nutzungseinheit	Personen	Mindestbreiten der Türen zum notwendigen Treppenraum
NE 1 (Praxis 195 m^2)	25	1,00 m
NE 2 (Praxis 350 m^2)	50	1,00 m, Türe ins Freie: 1,00 m
NE 3 (Schulungsraum)	110	1,20 m, Türe ins Freie: 1,20 m
NE 4 (Lager)	–	keine besonderen Anforderungen
NE 5 (Büro 275 m^2)	20	1,00 m
NE 6 (Büro 540 m^2)	30	1,00 m
NE 7a (Büro 252 m^2)	15	1,00 m
NE 7b (Büro 292 m^2)	15	1,00 m
NE 7a / 7b	15	1,00 m (Türe zwischen den Teil-NE)
NE 8 (Büro 145 m^2)	8	1,00 m
NE 9 und 10 (Lager)	–	keine besonderen Anforderungen
NE 11 (Wohnung)	5	0,90 m (§ 37 (3) BauO NRW)
NE 12 bis 19 (Wohnungen)	$8 \times 4 = 32/2 = 16$	Türen zum notwendigen Flur: 0,90 m (§ 37 (3) BauO NRW) Türen vom notw. Flur zum notw. Treppenraum: 1,00 m
Tür vom notwendigen Treppenraum ins Freie	255	1,80 m

B 11.2.2 Aufschlagrichtung von bestimmten Türen

Gemäß BauO NRW bestehen keine besonderen Anforderungen an die Aufschlagrichtung der Türen. Aufgrund der besonderen Nutzung von NE 3 als Schulungsraum für 110 Personen und die Ausführung der NE 2 (Gemeinschafts-Arztpraxis) ohne notwendigen Flur ist es erforderlich, dass die nachfolgend genannten Türen in Fluchtrichtung aufschlagen:

NE 2 (Gemeinschafts-Arztpraxis): Zweite Ausgangstür aus der Praxis: in Fluchtrichtung

NE 3 (Schulungsraum): Türen zum notwendigen Treppenraum und zur notwendigen Außentreppe: in Fluchtrichtung

Haupttreppenraum: Tür vom EG ins Freie: In Fluchtrichtung

Damit die Funktion dieser Türen jederzeit gewährleistet ist, sollten sie mit Panikschlössern ausgerüstet werden (ausgenommen Türe von NE 3 zum notwendigen Treppenraum).

Wichtiger Hinweis: In diesem Brandschutzkonzept werden bezüglich der Aufschlagrichtung von Türen nur die Anforderungen der BauO NRW zugrunde gelegt. Gemäß **Arbeitsstättenrecht** bestehen zum Teil andere Anforderungen, siehe sinngemäß den „Wichtigen Hinweis“ zu vorstehendem Punkt B 11.2.1.

B 11.3.1 Zweiter RW aus Nutzungseinheiten mit Aufenthaltsräumen

Tabelle B 11.3.1: Übersicht und Anforderungen an den zweiten RW aus NE mit AR

Nutzungseinheit	Personen	zweiter Rettungsweg
NE 1 (Praxis 195 m²)	25	Eine mit Rettungsgeräten der Feuerwehr erreichbare Stelle. Es bestehen keine Bedenken wegen der Personenrettung, weil die NE ebenerdig ist.
NE 2 (Praxis 350 m²)	50	Baulicher zweiter RW durch einen zweiten Ausgang ins Freie. Mindestbreite der Tür: 1 m. Aufschlagrichtung in Fluchtrichtung. Tür mit Panikschloss. Siehe auch Punkt B 8.1.1, Abweichung Nr. 1.
NE 3 (Schulungsraum)	110	Es bestehen Bedenken wegen der Personenrettung. Deshalb wird ein zweiter baulicher Rettungsweg angeordnet, siehe Punkt B 11.3.2.
NE 4 (Lager)	–	Keine Anforderungen, da keine AR vorhanden sind.
NE 5 (Büro 275 m²)	20	Eine mit Rettungsgeräten der Feuerwehr erreichbare Stelle. Es bestehen keine Bedenken wegen der Personenrettung, siehe Punkt B 11.3.3.
NE 6 (Büro 540 m²)	30	Eine mit Rettungsgeräten der Feuerwehr erreichbare Stellen (Büro an der Südwestecke. Die Situation der anleiterbaren Stelle wird verbessert, siehe Punkt B 11.3.4. Es bestehen keine Bedenken wegen der Personenrettung.
NE 7a (Büro 252 m²)	15	Je Teil-NE eine mit Rettungsgeräten der Feuerwehr erreichbare Stelle. Es bestehen keine Bedenken wegen der Personenrettung, siehe Punkt B 11.3.3.
NE 7b (Büro 292 m²)	15	
NE 8 (Büro 145 m²)	10	Eine mit Rettungsgeräten der Feuerwehr erreichbare Stelle. Es bestehen keine Bedenken wegen der Personenrettung.
NE 9 und 10 (Lager)	–	Keine Anforderungen, da keine AR vorhanden sind.
NE 11 bis 19 (Wohnungen)	max. 5 je NE	Je eine mit Rettungsgeräten der Feuerwehr erreichbare Stelle. Es bestehen keine Bedenken wegen der Personenrettung.

B 11.3.2 Erläuterungen zum zweiten Rettungsweg aus NE 3 (Schulungsraum)

Da bei 110 Personen Bedenken wegen der Personenrettung mit Rettungsgeräten der Feuerwehr bestehen, wird ein zweiter baulicher Rettungsweg über eine Außentreppe an der Westseite angeordnet. Mindestbreite der Tür zur Außentreppe: 1,20 m. Mindestbreite der notwendigen Außentreppe: 1,20 m. Aufschlagrichtung der Tür in Fluchtrichtung. Tür mit Panikschloss.

B11.3.3 Erläuterungen zum zweiten Rettungsweg aus NE 5 bis 7

In der BauO NRW ist bezüglich des zweiten RW über Rettungsgeräte der Feuerwehr angegeben, dass dieser nur zulässig ist, wenn keine Bedenken wegen der Personenrettung bestehen. Aus dieser Formulierung ergibt sich, dass praktisch bei jedem Gebäude in jedem Einzelfall jeweils geprüft werden muss, ob „Bedenken wegen der Personenrettung bestehen".

Grundsätzlich kann davon ausgegangen werden, dass sich bei Wohngebäuden der zweite Rettungsweg über Rettungsgeräte der Feuerwehr innerhalb des „gesellschaftlich akzeptierten Risikos" bewegt, so dass in der Regel keine Bedenken wegen der Personenrettung bestehen.

Sinngemäß das Gleiche gilt für Gebäude mit üblichen Büro- und Verwaltungsnutzungen mit einer Größe von jeweils bis zu 400 m². Auch hier liegt es im Rahmen des „gesellschaftlich akzeptierten Risikos", wenn der zweite Rettungsweg über Rettungsgeräte der Feuerwehr hergestellt wird.

Sind die Nutzungseinheiten einer Büro- und Verwaltungsnutzung größer als 400 m² und weisen sie einen notwendigen Flur auf, stellt sich die Frage, bei welcher Personenanzahl auch im Rahmen des gesellschaftlich akzeptierten Risikos Bedenken wegen der Personenrettung bestehen. Diese Frage wird in Deutschland sehr unterschiedlich diskutiert. Grundsätzlich kann jedoch davon ausgegangen werden, dass faustformelartig erst bei einer Zahl von mehr als 40 Personen, die sich gleichzeitig in einer Nutzungseinheit aufhalten, eine nähere Prüfung erforderlich ist, ob Bedenken wegen der Personenrettung bestehen.

Da sich das für den zweiten Rettungsweg vorgesehene Fenster von Teil-NE 7b im Empfangsraum befindet, hat die Türe zum Empfang die Anforderung „nicht absperrbar".

B 11.3.4 Zweiter Rettungsweg über Rettungsgeräte der Feuerwehr aus der NE 6 im 2. OG

Auf Grundlage der vorstehenden Überlegungen wird in diesem Brandschutzkonzept davon ausgegangen, dass auch bei der NE 6 (mit maximal 30 Personen in einer NE) keine Bedenken wegen der Personenrettung bestehen.

Hier wird der zweite Rettungsweg über Rettungsgeräte der Feuerwehr wie folgt verbessert:

Der Raum mit der anleiterbaren Stelle (Büro 6-1) wird feuerhemmend vom angrenzenden Büro 6-2 abgetrennt. Ausführung der Tür zu Raum 6-1: rauchdicht, selbstschließend und **nichtabsperrbar**. Außerdem erfolgt eine Kennzeichnung des Raums mit langnachleuchtenden Rettungszeichen.

Damit bestehen keine Bedenken wegen der Personenrettung. Kann bei einem Brand in der Nutzungseinheit der notwendige Treppenraum nicht mehr erreicht werden, so steht der brandschutztechnisch abgetrennte Raum 6-1 zur Verfügung. Aber auch in diesem Fall müssen voraussichtlich nicht alle Personen aus diesem Raum gerettet werden, da davon auszugehen ist, dass der größte Teil der Personen die Nutzungseinheit über den Haupttreppenraum verlassen konnte.

B 11.3.5 Abstimmung der Rettungswege über Rettungsgeräte der Feuerwehr mit der Feuerwehr

Der zweite Rettungsweg über Rettungsgeräte der Feuerwehr ist nur zulässig, wenn keine Bedenken wegen der Personenrettung bestehen. In den Punkten B 11.3 und B 11.3.1 bis B 11.3.4 wurde erläutert, dass nach Meinung des Erstellers dieses Brandschutzkonzeptes keine solchen Bedenken bestehen.

Es ist jedoch unbedingt erforderlich, dass dieser Punkt mit der Feuerwehr abgestimmt wird.

Achtung und Wichtig: Sollte sich bei der Abstimmung mit der Feuerwehr ergeben, dass Bedenken wegen der Personenrettung bestehen, so kann dies **gravierende Folgen** haben und zu Umplanungen, verbunden mit erheblichen Mehrkosten und Bauzeitverzögerungen führen (wenn z. B. bei bestimmten NE der zweite Rettungsweg baulich hergestellt werden muss). Deshalb sollte diese Abstimmung mit der Feuerwehr so früh wie möglich, möglichst bereits in der Vorplanungsphase erfolgen.

B 12 Flächen für die Feuerwehr

Lfd. Nr.	Aus der Genehmigungsplanung ersichtliche Anforderungen		BauO NRW
1	**Erfordernis:** Zu Gebäuden, bei denen die Oberkante der Brüstung von zum Anleitern bestimmten Fenstern oder Stellen mehr als 8 m über Gelände liegt, und bei denen für die Personenrettung der Einsatz von Hubrettungsfahrzeugen erforderlich ist, ist für die Feuerwehr eine Zu- oder Durchfahrt zu den anleiterbaren Stellen zu schaffen. Außerdem sind die dafür erforderlichen Aufstell- und Bewegungsflächen vorzusehen. Lage und Anforderungen der erforderlichen Feuerwehrflächen und der zum Anleitern bestimmten Stellen siehe Brandschutzpläne. Die Bewegungsflächen können auf der öffentlichen Straße angeordnet werden. **Anmerkung:** Die Feuerwehrflächen wurden zur groben Orientierung in den EG-Brandschutzplan eingezeichnet. Sie müssen entsprechend den Muster-Richtlinien über Flächen für die Feuerwehr bei der Planung der Außenanlagen eingeplant werden.		§ 5 (1)
Bewertung	**Genehmigungsplanung**	Die vorstehenden Anforderungen werden eingehalten.	

	Weitere, die Ausführungsplanung und Bauausführung betreffende Anforderungen		
a	**Zu- und Durchfahrten, Aufstellflächen, Bewegungsflächen:** müssen für Feuerwehrfahrzeuge ausreichend befestigt und tragfähig sein. Sie sind als solche zu kennzeichnen und ständig frei zu halten. Die Kennzeichnung von Zufahrten muss von der öffentlichen Verkehrsfläche aus sichtbar sein. Fahrzeuge dürfen auf den Flächen nach Satz 1 nicht abgestellt werden.		§ 5 (2)
b	**Planung und Ausführung der Feuerwehrflächen:** Gemäß den „Muster-Richtlinien über Flächen für die Feuerwehr" vom Februar 2007, geändert Oktober 2009, ergänzt durch die VV TB NRW Anlage A 2.2.1.1/1.		
Bewertung	**Ausführungsplanung und Bauausführung**	Die weiteren Anforderungen wurden nicht geprüft. Sie sind bei Relevanz im Zuge der Ausführungsplanung und Bauausführung einzuhalten.	

B 13 Tragwerk

Lfd. Nr.	Aus der Genehmigungsplanung ersichtliche Anforderungen		BauO NRW
1	**Qualität:** Tragende und aussteifende Wände und Stützen müssen feuerbeständig sein. Das gilt nicht für Balkone und Altane, ausgenommen offene Gänge, die als notwendige Flure dienen. **Hinweis:** Die Anforderungen an das Tragwerk werden in den Brandschutzplänen nicht visualisiert, da dies nicht zum besseren Verständnis der Brandschutzpläne führen, sondern im Gegenteil die Lesbarkeit und Übersichtlichkeit der Pläne deutlich verschlechtern würde.		§ 27 (1)
Bewertung	**Genehmigungsplanung**	Die vorstehenden Anforderungen werden eingehalten. Sie sind bei der Ausführungsplanung und Bauausführung einzuhalten.	

B 14 Außenwände und Fassade

Lfd. Nr.	Aus der Genehmigungsplanung ersichtliche Anforderungen		BauO NRW
1	**Tragende Außenwände** siehe vorstehenden Punkt B 13. **Nichttragende Außenwände und nichttragende Teile tragender Außenwände** müssen aus nichtbrennbaren Baustoffen bestehen. Das gilt nicht für Türen und Fenster, Fugendichtungen und brennbare Dämmstoffe in nichtbrennbaren geschlossenen, linien- oder stabförmigen Profilen der Außenwandkonstruktionen.		§ 28 (2)
2	**Oberflächen von Außenwänden sowie Außenwandbekleidungen** müssen einschließlich der **Dämmstoffe und Unterkonstruktionen** schwer entflammbar sein und dürfen nicht brennend abfallen oder abtropfen*1. Unterkonstruktionen aus normal entflammbaren Baustoffen sind zulässig, wenn die Anforderungen nach § 28 (1) BauO NRW erfüllt sind. Wichtiger Hinweis siehe Punkt B 14.2.1.		§ 28 (3)[1,2,4]
	*1 Kein Glimmen und/oder Schwelen.		VV TB NRW
Bewertung	**Genehmigungsplanung**	Die vorstehenden Anforderungen werden eingehalten.	

Lfd. Nr.	Weitere, die Ausführungsplanung und Bauausführung betreffende Anforderungen		BauO NRW
a	**Balkonbekleidungen, die über die erforderliche Umwehrungshöhe hinaus hochgeführt werden, und mehr als zwei Geschosse überbrückende Solaranlagen** an Außenwänden müssen schwer entflammbar sein und dürfen nicht brennend abfallen oder abtropfen*1.		§ 28 (3) [3,4]
b	**Bei Außenwandkonstruktionen mit geschossübergreifenden Hohl- oder Lufträumen wie hinterlüftete Außenwandbekleidungen** sind gegen die Brandausbreitung besondere Vorkehrungen zu treffen. Das gilt für **Doppelfassaden** entsprechend.		§ 28 (4)
	*1 Kein Glimmen und/oder Schwelen.		VV TB NRW
Bewertung	**Ausführungsplanung und Bauausführung**	Die weiteren Anforderungen wurden nicht geprüft. Sie sind bei Relevanz im Zuge der Ausführungsplanung und Bauausführung einzuhalten.	

B 14.2.1 Wichtiger Hinweis zu WDVS aus brennbaren Baustoffen

Bei Ausführung eines Wärmedämmverbundsystems aus brennbaren Baustoffen ist darauf zu achten, dass die bauaufsichtliche Anforderung „schwer entflammbar“ und „nicht brennend abfallend oder abtropfend“ gemäß Ver-/Anwendbarkeitsnachweis (z. B. erforderliche Brandbarrieren, Verarbeitung) genauestens eingehalten werden. Außerdem ist zu beachten, dass in den nachfolgend genannten Bereichen keine brennbaren Dämmstoffe bzw. Wärmedämmverbundsysteme mit brennbaren Dämmstoffen angeordnet werden dürfen:

- An den Brandwandstirnseiten (Punkt B 5.c und in den Brandschutzplänen gekennzeichnet mit *1)
- In bestimmten Bereichen neben der vorspringenden Haupttreppe (Punkt B 10.4 und in den Brandschutzplänen gekennzeichnet mit *2)
- Im EG und 1. OG und nördlichen 2,50-m-Bereich vor der Stahlaußentreppe an der Westseite (Punkt B 10.1 und in den Brandschutzplänen gekennzeichnet mit *3)

B 15 Dächer

Lfd. Nr.	Aus der Genehmigungsplanung ersichtliche Anforderungen		BauO NRW
1	**Qualität:** Bedachungen müssen gegen eine Brandbeanspruchung von außen durch Flugfeuer und strahlende Wärme ausreichend lang widerstandsfähig sein (harte Bedachung).		§ 32 (1)
2	Dachüberstände, Dachgesimse, Zwerchhäuser und Dachaufbauten, lichtdurchlässige Bedachungen, Dachflächenfenster, Lichtkuppeln, Oberlichte und Solaranlagen sind so anzuordnen und herzustellen, dass Feuer nicht auf andere Gebäudeteile und Nachbargrundstücke übertragen werden kann. Von der Außenfläche von Brandwänden (BW) und Wänden, die anstelle von Brandwänden zulässig sind (WaBW) und von der Mittellinie gemeinsamer Brandwände BW und WaBW müssen 1. mindestens 1,25 m entfernt sein a) Dachflächenfenster, Oberlichte, Lichtkuppeln und Öffnungen in der Bedachung, wenn diese Wände nicht mindestens 0,30 m über die Bedachung geführt sind und b) Photovoltaikanlagen, Zwerchhäuser, Dachgauben und ähnliche Dachaufbauten aus brennbaren Baustoffen, wenn sie nicht durch diese Wände gegen Brandübertragung geschützt sind, und 2. mindestens 0,50 m entfernt sein a) Photovoltaikanlagen, deren Außenseiten und Unterkonstruktion aus nichtbrennbaren Baustoffen bestehen und b) Solarthermieanlagen.		§ 32 (5)
Bewertung	**Genehmigungsplanung**	Die vorstehenden Anforderungen werden eingehalten.	

Lfd. Nr.	Weitere, die Ausführungsplanung und Bauausführung betreffende Anforderungen		BauO NRW
a	Die Anforderung an eine harte Bedachung gilt nicht für 1. Gebäude ohne Aufenthaltsräume und ohne Feuerstätten mit nicht mehr als 50 m³ Brutto-Rauminhalt, 2. lichtdurchlässige Bedachungen aus nichtbrennbaren Baustoffen; brennbare Fugendichtungen und brennbare Dämmstoffe in nichtbrennbaren Profilen sind zulässig, 3. Dachflächenfenster, Oberlichte und Lichtkuppeln von Wohngebäuden, 4. Eingangsüberdachungen und Vordächer aus nichtbrennbaren Baustoffen und 5. Eingangsüberdachungen aus brennbaren Baustoffen, wenn die Eingänge nur zu Wohnungen führen.		§ 32 (3)
b	Abweichend von der Anforderung an eine harte Bedachung sind 1. lichtdurchlässige Teilflächen aus brennbaren Baustoffen in harten Bedachungen und 2. begrünte Bedachungen zulässig, wenn eine Brandentstehung bei einer Brandbeanspruchung von außen durch Flugfeuer und strahlende Wärme nicht zu befürchten ist oder Vorkehrungen hiergegen getroffen werden.		§ 32 (4)
Bewertung	**Ausführungsplanung und Bauausführung**	Die weiteren Anforderungen wurden nicht geprüft. Sie sind bei Relevanz im Zuge der Ausführungsplanung und Bauausführung einzuhalten.	

B 16 Fenster, Türen, sonstige Öffnungen

Lfd. Nr.	Aus der Genehmigungsplanung ersichtliche Anforderungen		BauO NRW
1	Jedes Kellergeschoss ohne Fenster muss mindestens eine Öffnung ins Freie haben, um eine Rauchableitung zu ermöglichen.		§ 37 (4)
2	Fenster, die als Rettungswege nach § 33 Absatz 2 Satz 2 BauO NRW (siehe Punkt B 11.3) dienen, müssen im Lichten mindestens 0,90 m × 1,20 m groß und nicht höher als 1,20 m über der Fußbodenoberkante angeordnet sein. Von diesen Fenstern müssen sich Menschen zu öffentlichen Verkehrsflächen oder zu Flächen für Einsatzkräfte der Gefahrenabwehr bemerkbar machen können. Erläuterungen siehe Punkt B 16.2.1.		§ 37 (5)[1,4]
Bewertung	**Genehmigungsplanung**	Die vorstehenden Anforderungen werden eingehalten.	

B 16.2.1 Erläuterung zu Fenstern, die als zweiter Rettungsweg geeignet sind (mit Rettungsgeräten der Feuerwehr erreichbare Stellen)

Für jede Nutzungseinheit, bei der die Rettung über Rettungsgeräte der Feuerwehr erfolgt, ist eine geeignete anleiterbare Stelle (ein geeignetes Fenster) erforderlich. Diese muss die vorstehenden Anforderungen erfüllen. Besondere Anforderungen an die Lage bestehen nicht. Sie muss jedoch mit Rettungsgeräten der Feuerwehr erreicht werden können (bis 8 m Rettungshöhe: 4-teilige Steckleiter, von > 8 m bis ≤ 23 m Rettungshöhe: Hubrettungsfahrzeug). Hierzu müssen jeweils die erforderlichen Flächen für die Feuerwehr vorhanden sein.

Grundsätzlich ist in einer NE jedes Fenster möglich, bei dem die vorstehenden Anforderungen eingehalten werden. In den Brandschutzplänen wurde für jede Nutzungseinheit, bei der die Rettung über Rettungsgeräte der Feuerwehr erfolgt, exemplarisch ein Fenster angegeben, das dann die vorstehenden Anforderungen erfüllen muss.

B 17 Aufzüge

Lfd. Nr.	Aus der Genehmigungsplanung ersichtliche Anforderungen		BauO NRW
1	**Erfordernis:** Aufzüge ohne eigene Fahrschächte sind zulässig innerhalb eines notwendigen Treppenraumes, ausgenommen in Hochhäusern. Sie müssen sicher umkleidet sein.		§ 39 (1)[3] Nr. 1
Bewertung	**Genehmigungsplanung**	Die vorstehenden Anforderungen werden eingehalten.	

B 18 Sicherung von Tür- und Sichtöffnungen

Die Sicherung der Tür- und Sichtöffnungen wird bei den jeweiligen raumabschließenden Bauteilen behandelt, siehe dort.

B 19 Leitungsanlagen, Installationsschächte und -kanäle

Lfd. Nr.	Aus der Genehmigungsplanung ersichtliche Anforderungen		BauO NRW
1	**Anmerkung:** Die bauaufsichtlichen Anforderungen an den Brandschutz von Leitungsanlagen und Installationsschächten und -kanälen ergeben sich in der Regel erst im Zuge der Ausführungsplanung und Bauausführung. Deshalb ist eine konkrete Behandlung im Rahmen dieses Brandschutzkonzeptes nicht möglich bzw. sinnvoll. Allerdings enthalten die Brandschutzpläne in Verbindung mit dem Brandschutzkonzept alle für die Planung der haustechnischen Gewerke erforderlichen Angaben und Informationen. Die weitere Bearbeitung erfolgt dann im Zuge der Werk- und Detailplanung sowie Planung der haustechnischen Gewerke, siehe Punkt B 19.1.1.		§ 40
Bewertung	**Genehmigungsplanung**	Die vorstehenden Anforderungen werden eingehalten.	

	Weitere, die Ausführungsplanung und Bauausführung betreffende Anforderungen		
a	Leitungen sowie Installationsschächte und -kanäle dürfen durch raumabschließende Bauteile, für die eine Feuerwiderstandsfähigkeit vorgeschrieben ist, nur hindurchgeführt werden, wenn eine Brandausbreitung ausreichend lang nicht zu befürchten ist oder Vorkehrungen hiergegen getroffen sind. Dies gilt nicht innerhalb von Wohnungen und innerhalb derselben NE ≤ 400 m² ≤ zwei Geschosse.		§ 40 (1)[1] und Nr. 3
b	In notwendigen Treppenräumen, in Räumen zwischen notwendigen Treppenräumen und dem Ausgang ins Freie und in notwendigen Fluren sind Leitungsanlagen nur zulässig, wenn eine Nutzung als Rettungsweg im Brandfall ausreichend lang möglich ist.		§ 40 (2)
c	Installationsschächte und -kanäle müssen aus nichtbrennbaren Baustoffen bestehen. Brennbare Baustoffe sind zulässig, wenn ein Beitrag der Installationsschächte und -kanäle zur Brandentstehung und Brandweiterleitung nicht zu befürchten ist.		40 (3) und § 41 (2)[1,2]
d	Installationsschächte und -kanäle sind so herzustellen, dass sie Gerüche und Staub nicht in andere Räume übertragen.		40 (3) und § 41 (3)
Bewertung	**Ausführungsplanung und Bauausführung**	Die weiteren Anforderungen wurden nicht geprüft. Sie sind bei Relevanz im Zuge der Ausführungsplanung und Bauausführung einzuhalten.	

B 19.1.1 Bei der Planung der haustechnischen Gewerke ist Folgendes zu beachten

A Leitungsdurchführungen durch raumabschließende, feuerwiderstandsfähige Wände und Decken:

Sämtliche Wände und Decken, die in den Brandschutzplänen farbig angelegt sind, müssen raumabschließend und feuerwiderstandsfähig (abschottend) sein. Die jeweiligen Anforderungen ergeben sich aus der den Brandschutzplänen beiliegenden Legende (z. B. gelb = feuerhemmend, orange = hochfeuerhemmend, rot = feuerbeständig, violett = Brandwand).

Immer wenn Leitungen durch derartige raumabschließende, feuerwiderstandsfähige Wände und Decken führen, sind nach BauO NRW und den ergänzenden Vorschriften (z. B. VV TB NRW, MLAR, M-LüAR, MSysBöR) entsprechende Sicherungsmaßnahmen erforderlich (in der Regel Abschottungen oder gleichwertige Sicherungen in der Feuerwiderstandsfähigkeit des durchdrungenen raumabschließenden Bauteils).

B Verlegung von Leitungsanlagen in Rettungswegen:

Sämtliche Bereiche, die in den Plänen hellgrün und dunkelgrün angelegt sind, dienen als baulich notwendige (geschützte) Rettungswege, siehe Legende (z. B. notwendige Flure, notwendige Treppenräume, Räume zwischen notwendigen Treppenräumen und ihren Ausgängen sowie sichere Ausgänge ins Freie).

Immer wenn brennbare Leitungsanlagen oder Leitungsanlagen mit brennbaren Medien in derartigen notwendigen (geschützten) Rettungswegen verlegt werden, sind nach dem Baurecht und den ergänzenden Vorschriften (z. B. MLAR, M-LüAR, MSysBöR) entsprechende Sicherungsmaßnahmen erforderlich (in der Regel Abkapselungen durch raumabschließende, feuerwiderstandsfähige, nichtbrennbare Unterdecken oder Verlegung in feuerwiderstandsfähigen, nichtbrennbaren Installationskanälen). Davon ausgenommen sind nur Elektroleitungen, die ausschließlich der Versorgung der Rettungswege dienen, sowie bestimmte Elektroleitungen unter bestimmten Voraussetzungen (siehe die jeweils geltenden TBs, Richtlinien und Vorschriften).

C Planung des Brandschutzes in der Haustechnik:

Der vorbeugende bauliche Brandschutz muss in der haustechnischen Planung von Anfang an und möglichst frühzeitig berücksichtigt und darin eingebunden werden. Dabei sollte insbesondere darauf geachtet werden, dass die vorgesehenen Maßnahmen später auch fachgerecht ausgeführt werden können (z. B. ausreichend große Aussparungen für Kabelabschottungen, ausreichende Arbeitsräume für die Ausführung der Abschottungen).

D Verlegung der haustechnischen Leitungsanlagen:

Bereits während der Verlegung der Leitungsanlagen ist unbedingt darauf zu achten, dass die Leitungen so verlegt und befestigt werden, dass die später erfolgenden Brandschutzmaßnahmen fachgerecht ausgeführt werden können.

- Beispiel 1: Elektrische Leitungsanlagen müssen so durch die Öffnungen geführt werden, dass es später möglich ist, fachgerechte Abschottungen gemäß An-/Verwendbarkeitsnachweis auszuführen.
- Beispiel 2: Haustechnische Leitungsanlagen müssen vor und nach Abschottungen entsprechend den Vorgaben der An-/Verwendbarkeitsnachweise befestigt werden.
- Beispiel 3: Sollen in notwendigen Fluren oder Treppenräumen nichtbrennbare, feuerwiderstandsfähige Unterdecken zur Abkapselung von brennbaren Leitungsanlagen ausgeführt werden, müssen alle Leitungsanlagen oberhalb dieser Unterdecken mit der gleichen Feuerwiderstandsdauer wie die Unterdecke befestigt werden.

E Ausführung der Abschottungen und Brandschutzmaßnahmen bei haustechnischen Leitungsanlagen:

Es ist besonders darauf zu achten, dass alle Abschottungen und Brandschutzmaßnahmen bei haustechnischen Leitungsanlagen fachgerecht und entsprechend den Vorgaben der jeweiligen An-/Verwendbarkeitsnachweise ausgeführt werden. Bei komplexeren Gebäuden ist hierfür eine „Fachbauleitung Brandschutz“ empfehlenswert bzw. notwendig. Diese sollte möglichst frühzeitig mit eingebunden werden.

B 20 Lüftungsanlagen, raumlufttechnische Anlagen und Warmluftheizungen

Lfd. Nr.	Aus der Genehmigungsplanung ersichtliche Anforderungen		BauO NRW
1	**Anmerkung:** Siehe sinngemäß vorstehenden Punkt B 19.1		§ 41
Bewertung	**Genehmigungsplanung**	Die vorstehenden Anforderungen werden eingehalten.	

	Weitere, die Ausführungsplanung und Bauausführung betreffende Anforderungen		
a	Lüftungsanlagen müssen betriebssicher sein. Sie dürfen den ordnungsgemäßen Betrieb von Feuerungsanlagen nicht beeinträchtigen.		§ 41 (1)
b	Lüftungsleitungen sowie deren Bekleidungen und Dämmstoffe müssen aus nichtbrennbaren Baustoffen bestehen. Brennbare Baustoffe sind zulässig, wenn ein Beitrag der Lüftungsleitung zur Brandentstehung und Brandweiterleitung nicht zu befürchten ist*[1].		§ 41 (2)[1,2]
c	Lüftungsleitungen dürfen raumabschließende Bauteile, für die eine Feuerwiderstandsfähigkeit vorgeschrieben ist, nur überbrücken, wenn eine Brandausbreitung ausreichend lang nicht zu befürchten ist oder wenn Vorkehrungen hiergegen getroffen sind*[1].		§ 41 (2)[3]
d	Lüftungsanlagen sind so herzustellen, dass sie Gerüche und Staub nicht in andere Räume übertragen*[1].		§ 41 (3)
e	Lüftungsanlagen dürfen nicht in Abgasanlagen eingeführt werden. Die gemeinsame Nutzung von Lüftungsleitungen zur Lüftung und zur Ableitung der Abgase von Feuerstätten ist zulässig, wenn keine Bedenken wegen der Betriebssicherheit und des Brandschutzes bestehen. Die Abluft ist ins Freie zu führen. Nicht zur Lüftungsanlage gehörende Einrichtungen sind in Lüftungsleitungen unzulässig.		§ 41 (4)
f	Für raumlufttechnische Anlagen und Warmluftheizungen gelten die vorstehenden Punkte a bis e entsprechend.		§ 41 (6)
	*[1] Dies gilt nicht innerhalb von Wohnungen und innerhalb derselben NE ≤ 400 m² ≤ zwei Geschosse.		§ 41 (5)
Bewertung	**Ausführungsplanung und Bauausführung**	Die weiteren Anforderungen wurden nicht geprüft. Sie sind bei Relevanz im Zuge der Ausführungsplanung und Bauausführung einzuhalten.	

B 21 Feuerungsanlagen, sonstige Anlagen zur Wärmeerzeugung, Brennstoffversorgung

Nicht relevant, da Heizung durch Fernwärme.

B 22 Aufbewahrung fester Abfallstoffe, Abfallschächte

Nicht relevant.

B 23 Blitzschutzanlagen

Eine Blitzschutzanlage ist nicht erforderlich.

B 24 Rauchwarnmelder in Wohnungen

Lfd. Nr.	Aus der Genehmigungsplanung ersichtliche Anforderungen		BauO NRW
1	**Erfordernis:** In Wohnungen müssen Schlafräume und Kinderzimmer sowie Flure, über die Rettungswege von Aufenthaltsräumen führen, jeweils mindestens einen Rauchwarnmelder haben. Empfehlung siehe Punkt B 24.1.1.		§ 47 (3)[1]
2	**Einbau und Betrieb:** Dieser muss so eingebaut oder angebracht und betrieben werden, dass Brandrauch frühzeitig erkannt und gemeldet wird.		§ 47 (3)[2]
3	**Betriebsbereitschaft und Wartung:** Die Betriebsbereitschaft der Rauchwarnmelder hat die unmittelbare besitzhabende Person sicherzustellen, es sei denn, der Eigentümer übernimmt diese Verpflichtung selbst.		§ 47 (3)[3]
Bewertung	**Genehmigungsplanung**	Die vorstehenden Anforderungen werden eingehalten.	

B 24.1.1 Empfehlung für Warnmelder in der Küche

Ein großer Anteil der Wohnungsbrände bricht in den Küchen aus. Ausgerechnet dort sind in der Bauordnung keine Warnmelder vorgeschrieben! Bricht aber das Schadenfeuer z. B. nachts in der Küche aus und ist die Küchentüre zum Flur geschlossen, so kann sich dort zunächst unbemerkt ein Entstehungsbrand entwickeln. Die Bewohner, die sich in diesem Fall in den anderen Zimmern (Schlafzimmern) aufhalten und dort schlafen, bekommen diese tödliche Gefahr nicht rechtzeitig mit, da sich die gesetzlich vorgeschriebenen Rauchwarnmelder nur in den Schlafräumen, Kinderzimmern und Rettungswegen befinden und sie deshalb bei einem Küchenbrand nicht rechtzeitig warnen können.

Erst, wenn sich bei diesem Szenario der Küchenbrand so weiterentwickelt hat, dass die Küchentüre schlagartig versagt, und sich Feuer und Rauch in den Rettungsweg ausbreiten, werden die Bewohner durch den dort angebrachten Rauchwarnmelder gewarnt. Dann ist es jedoch in der Regel zu spät, weil bei diesem Szenario eine Selbstrettung meist nicht mehr möglich ist.

Deshalb ist es dringend empfehlenswert, auch in der Küche einen Warnmelder anzubringen. Rauchwarnmelder im Bereich oberhalb des Küchenherdes machen dabei natürlich keinen Sinn. Die einfachste Lösung sind Wärmewarnmelder. Sicherer und komfortabler sind Melder, die für den Einsatz in Küchen geeignet sind, z. B. Melder mit „Bi-Sensor-Prozessor-Technologie" (Mehrfunktionsmelder).

Wichtig: Wird in der Küche ein Warnmelder angeordnet, so ersetzt dieser natürlich nicht die gesetzlich vorgeschriebenen Rauchwarnmelder in den Schlafräumen, Kinderzimmern und Fluren, über die Rettungswege von Aufenthaltsräumen führen.

B 25 Löschwasserversorgung und Feuerlöscher

Lfd. Nr.	Aus der Genehmigungsplanung ersichtliche Anforderungen		BauO NRW
1	**Erfordernis:** Gebäude dürfen nur errichtet werden, wenn gesichert ist, dass … die erforderlichen Anlagen zur Versorgung mit Löschwasser vorhanden und benutzbar sind.		§ 4 (1)[1]
2	**Löschwassermenge:** Zur Brandbekämpfung muss eine ausreichende Wassermenge zur Verfügung stehen.		§ 14[2]
3	**Ermittlung der Löschwasserversorgung nach „DVGW Arbeitsblatt W 405" und Fachempfehlung: „Löschwasserversorgung aus Hydranten in öffentlichen Verkehrsflächen" der AGBF** Das Gebäude wird in einem Mischgebiet errichtet und hat mehr als 3 Vollgeschosse. Aufgrund der Nutzung wird von einer mittleren Brandausbreitungsgefahr ausgegangen. Damit beträgt der Löschwasserbedarf 96 m³/h für zwei Stunden. Die erste Löschwasserentnahmestelle sollte in einer Entfernung von maximal 75 m Lauflinie bis zum Zugang des Grundstücks von der öffentlichen Verkehrsfläche aus sichergestellt sein. Die gesamte Löschwassermenge von 96 m³/h für zwei Stunden kann mit Hydranten in einem Umkreis (Radius) von 300 m sichergestellt werden. **Überprüfung und Nachweis:** Nach Auskunft der Wasserwerke ist die vorgenannte Löschwasserversorgung von mindestens 96 m³/h für zwei Stunden gewährleistet. Auch die Anforderungen an die Entfernung der ersten Löschwasserentnahmestelle in 75 m Lauflinie und Sicherstellung der Löschwassermenge mit Hydranten in einem Umkreis von 300 m ist gewährleistet.		
Bewertung	**Genehmigungsplanung**	Die vorstehenden Anforderungen werden eingehalten.	

	Weitere, die Ausführungsplanung und Bauausführung betreffende Anforderungen		
a	**Erforderliche Feuerlöscher:** Für die Wohnungen und sonstige Nutzungseinheiten sind nach BauO NRW keine Feuerlöscher vorgeschrieben. Für die Arbeitsstätten ergeben sich die erforderlichen Feuerlöscher aus der ASR A2.2 (Ausgabe Mai 2018), auf die in diesem Brandschutzkonzept nicht eingegangen wird. Es wird empfohlen, die Zahl der erforderlichen Feuerlöscher mit der für das Arbeitsstättenrecht zuständigen Stelle und der Feuerwehr abzustimmen. Bezüglich der richtigen Wahl der Feuerlöscher und der Aufstellorte ist ebenfalls eine Abstimmung mit der Feuerwehr empfehlenswert.		
Bewertung	**Ausführungsplanung und Bauausführung**	Die weiteren Anforderungen wurden nicht geprüft. Sie sind bei Relevanz im Zuge der Ausführungsplanung und Bauausführung einzuhalten.	

B 26 Weitere Anforderungen

Da es sich bei dem Gebäude um einen sogenannten „kleinen“ Sonderbau handelt, bestehen insbesondere bei dem Raum, der zu dieser Einstufung geführt hat (NE 3 mit Schulungsraum für 110 Personen im 1. OG) besondere Anforderungen an den zweiten Rettungsweg. Dieser muss baulich sein und führt über eine Stahlaußentreppe an der Westseite.

Alle anderen Nutzungseinheiten des Gebäudes können nach BauO NRW behandelt werden, so dass keine weiteren besonderen Anforderungen bestehen.

> Die Belange der Feuerwehr, insbesondere die Sicherstellung des zweiten Rettungswegs über Rettungsgeräte der Feuerwehr müssen mit der Feuerwehr abgestimmt werden.

Im Brandschutzkonzept wurde auf folgende Punkte des § 9 der BauPrüfVO eingegangen:

1. Zu- und Durchfahrten sowie Aufstell- und Bewegungsflächen für die Feuerwehr,
2. den Nachweis der erforderlichen Löschwassermenge, den Nachweis der Löschwasserversorgung und die Angabe über die Hydrantenstandorte,
4. das System der äußeren und der inneren Abschottungen in Brandabschnitte beziehungsweise Brandbekämpfungsabschnitte sowie der Rauchabschnitte mit Angaben zur Feuerwiderstandsfähigkeit der Bauteile und Anforderungen an das Brandverhalten der Baustoffe,
5. **(teilweise)** Lage, Anordnung, Bemessung (gegebenenfalls durch rechnerischen Nachweis) und Kennzeichnung der Rettungswege auf dem Baugrundstück und in Gebäuden mit Angaben zur Sicherheitsbeleuchtung, zu automatischen Schiebetüren und zu elektrischen Verriegelungen von Türen,
6. die höchstzulässige Zahl der Nutzer der baulichen Anlage, deren Mobilität und Grundzüge der Evakuierung,
7. **(grundsätzliche Angaben)** Lage und Anordnung haustechnischer Anlagen, insbesondere der Leitungsanlagen, gegebenenfalls mit Angaben zum Brandverhalten im Bereich von Rettungswegen sowie von Aufzügen,
8. **(grundsätzliche Angaben)** Lage und Anordnung der Lüftungsanlagen mit Angaben zur brandschutztechnischen Ausbildung,
17. Angaben darüber, welchen materiellen Anforderungen der BauO NRW 2018 oder in Vorschriften aufgrund der BauO NRW 2018 nicht entsprochen wird und welche ausgleichenden Maßnahmen stattdessen vorgesehen werden.

Im Brandschutzkonzept wurde auf folgende Punkte des § 9 nicht eingegangen, da sie nicht relevant sind:

3. Bemessung, Lage und Anordnung der Löschwasser-Rückhalteanlagen,
9. Lage, Anordnung und Bemessung der Rauch- und Wärmeabzugsanlagen mit Eintragung der Querschnitte beziehungsweise Luftwechselraten sowie der Überdruckanlagen zur Rauchfreihaltung von Rettungswegen,
10. die Alarmierungseinrichtungen und Alarmierungsanlagen,
11. Lage, Anordnung und gegebenenfalls Bemessung von Anlagen, Einrichtungen und Geräten zur Brandbekämpfung (wie Feuerlöschanlagen, Steigleitungen, Wandhydranten, Schlauchanschlussleitungen, Feuerlöschgeräte) mit Angaben zu Schutzbereichen und zur Bevorratung von Sonderlöschmitteln,
12. Sicherheitsstromversorgung mit Angaben zur Bemessung und zur Lage und brandschutztechnischen Ausbildung des Aufstellraums, der Ersatzstromversorgungsanlagen (Batterien, Stromerzeugungsaggregate) und zum Funktionserhalt der elektrischen Leitungsanlagen,
13. Lage und Anordnung von Brandmeldeanlagen mit Unterzentralen und Feuerwehrtableaus, Auslösestellen,
14. Grundzüge der funktionalen steuerungstechnischen Zusammenhänge,
15. Feuerwehrpläne,
16. betriebliche Maßnahmen zur Brandverhütung und Brandbekämpfung sowie zur Rettung von Personen (wie Werkfeuerwehr, Betriebsfeuerwehr, Hausfeuerwehr, Brandschutzordnung, Maßnahmen zur Räumung, Räumungssignale),
18. Anwendung von Verfahren und Methoden des Brandschutzingenieurwesens.

B 27 Abweichungen und Erleichterungen

Abweichung 1

Es wird als Abweichung beantragt, dass die Arzt-Gemeinschaftspraxis im EG (NE 2) ohne notwendigen Flur ausgeführt werden kann. Begründung und Erläuterung siehe Punkt B 8.1.1.

Abweichung 2

Es wird als Abweichung beantragt, dass die Stahlaußentreppe an der Westseite vor einer feuerhemmenden Außenwand mit feuerhemmend gesicherter Öffnung angeordnet werden kann. Begründung und Erläuterung siehe Punkt B 10.1.1.

Abweichung 3

Es wird als Abweichung beantragt, dass anstelle von Treppenraumwänden in der Bauart von Brandwänden im **2. OG bis 5. OG Westseite und 5. OG Ostseite** feuerbeständige Brandschutzverglasungen und im **2. OG bis 4. OG Ostseite** G 30- (national) bzw. E 30- (europäisch) Brandschutzverglasung angeordnet werden können. Begründung und Erläuterung siehe Punkt B 10.4.2.

Es wird beantragt, den Abweichungen zuzustimmen.

B 28 Visualisierung des Brandschutzkonzeptes und Legende für Brandschutzpläne

Visualisierung des Brandschutzkonzeptes

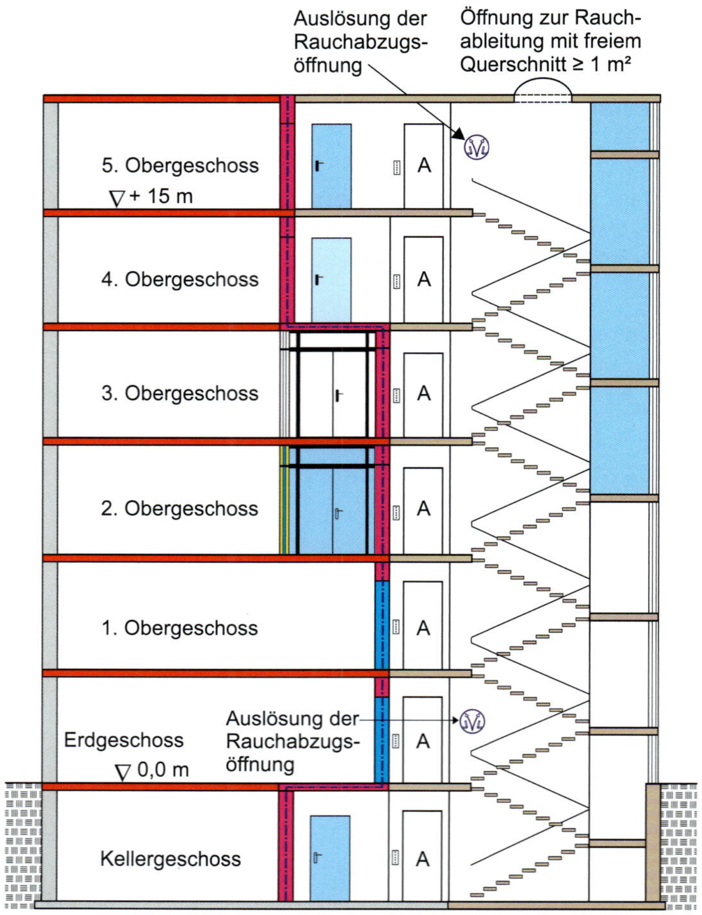

Schnitt

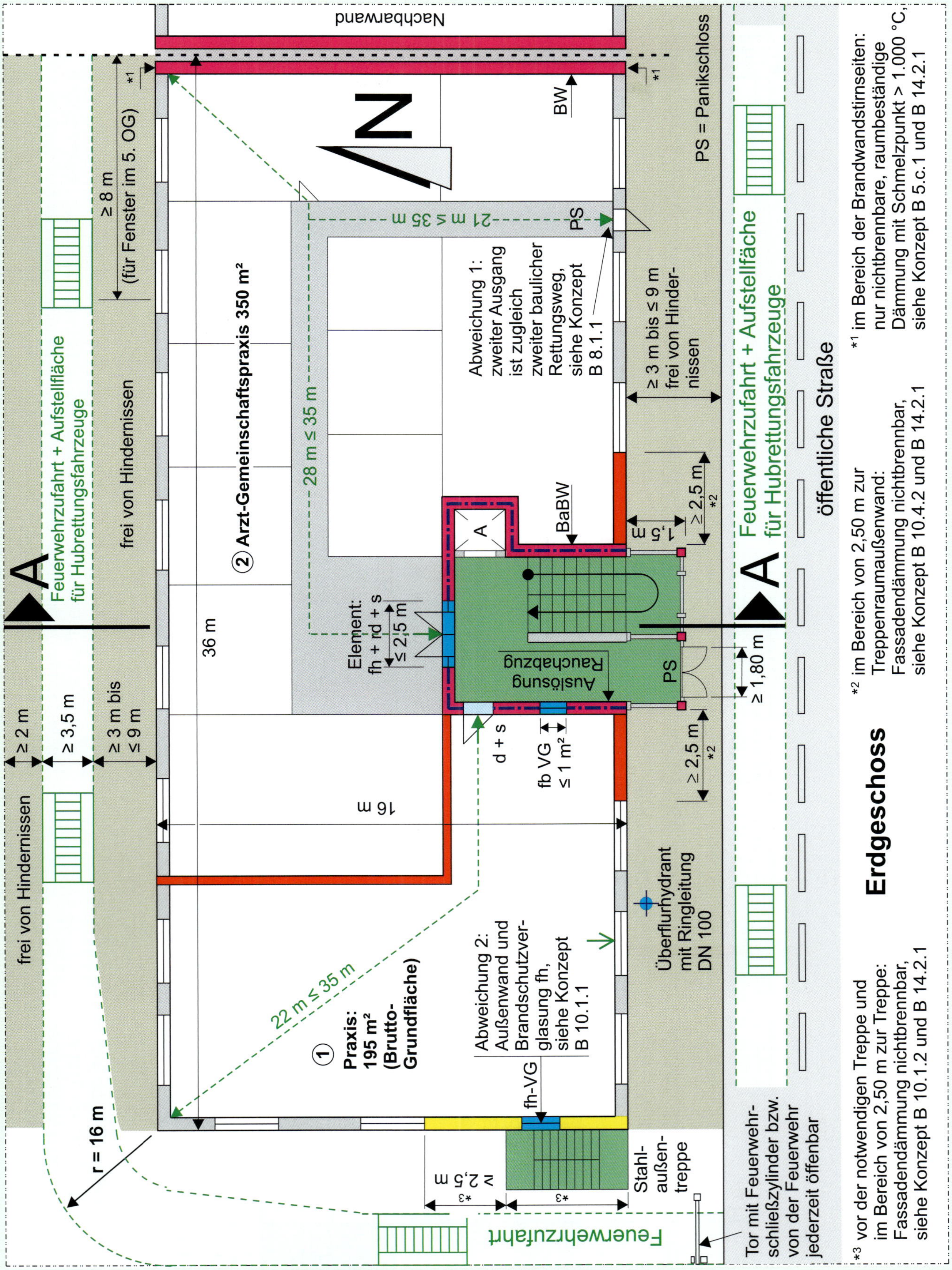
Nachbarwand
frei von Hindernissen
Feuerwehrzufahrt + Aufstellfläche für Hubrettungsfahrzeuge
frei von Hindernissen
≥ 8 m (für Fenster im 5. OG)
*1
≥ 2 m
≥ 3,5 m
≥ 3 m bis ≤ 9 m
A
r = 16 m
36 m
16 m
② Arzt-Gemeinschaftspraxis 350 m²
28 m ≤ 35 m
21 m ≤ 35 m
22 m ≤ 35 m
① Praxis: 195 m² (Brutto-Grundfläche)
Element: fh + rd + s ≤ 2,5 m
Auslösung Rauchabzug
PS
BW
BaBW
A
Abweichung 1: zweiter Ausgang ist zugleich zweiter baulicher Rettungsweg, siehe Konzept B 8.1.1
Abweichung 2: Außenwand und Brandschutzverglasung fh, siehe Konzept B 10.1.1
d + s
fb VG ≤ 1 m²
fh-VG
≥ 3 m bis ≤ 9 m frei von Hindernissen
1,5 m
≥ 2,5 m *2
≥ 1,80 m
Überflurhydrant mit Ringleitung DN 100
≥ 2,5 m
*3
Stahlaußentreppe
Feuerwehrzufahrt
Tor mit Feuerwehrschließzylinder bzw. von der Feuerwehr jederzeit öffenbar
PS = Panikschloss
Feuerwehrzufahrt + Aufstellfläche für Hubrettungsfahrzeuge
öffentliche Straße
Erdgeschoss
*1 im Bereich der Brandwandstirnseiten: nur nichtbrennbare, raumbeständige Dämmung mit Schmelzpunkt > 1.000 °C, siehe Konzept B 5.c.1 und B 14.2.1
*2 im Bereich von 2,50 m zur Treppenraumaußenwand: Fassadendämmung nichtbrennbar, siehe Konzept B 10.4.2 und B 14.2.1
*3 vor der notwendigen Treppe und im Bereich von 2,50 m zur Treppe: Fassadendämmung nichtbrennbar, siehe Konzept B 10.1.2 und B 14.2.1

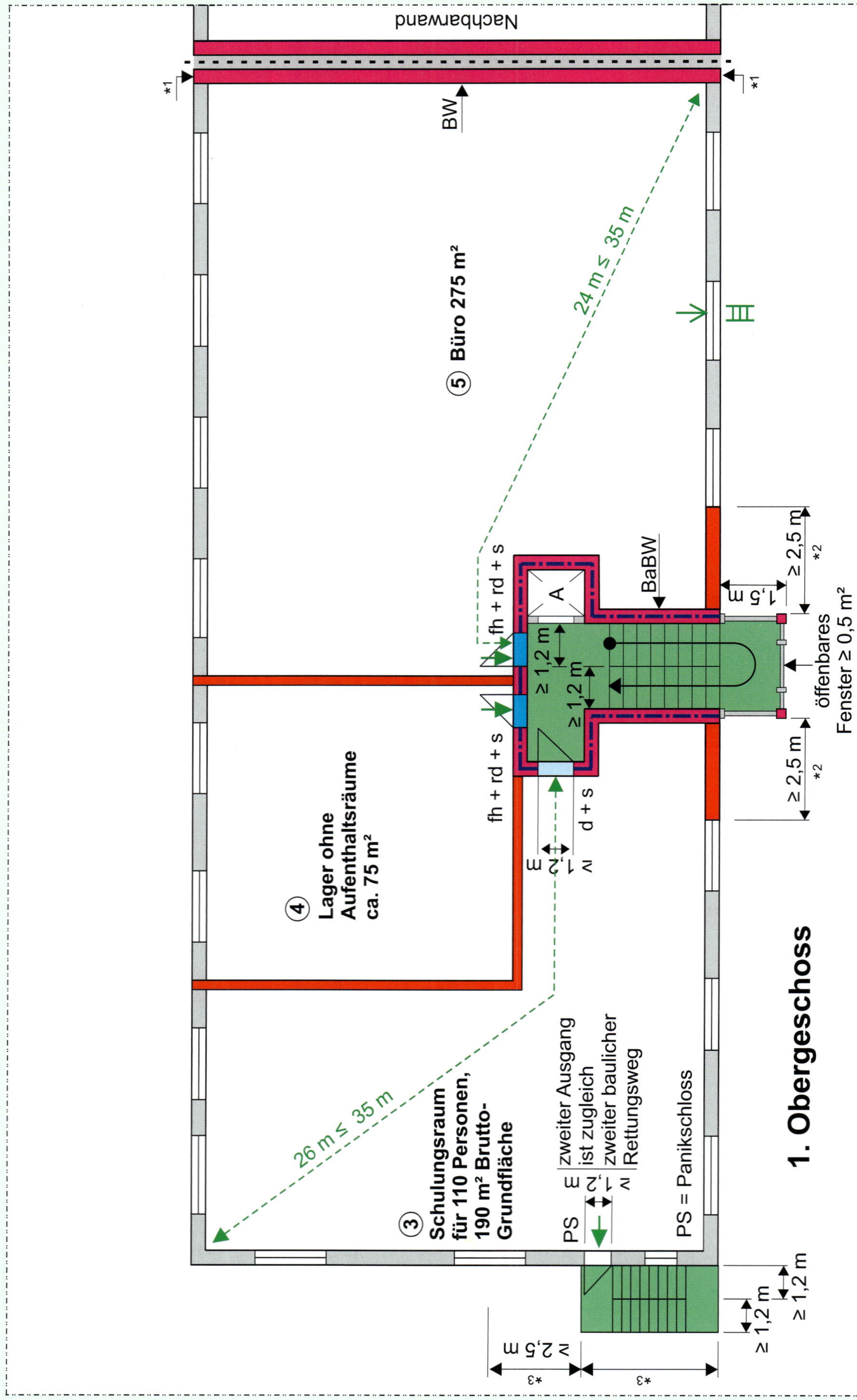

*1 im Bereich der Brandwandstirnseiten: nur nichtbrennbare, raumbeständige Dämmung mit Schmelzpunkt > 1.000 °C, siehe Konzept B 5.c.1 und B 14.2.1

*2 im Bereich von 2,50 m zur Treppenraumaußenwand: Fassadendämmung nichtbrennbar, siehe Konzept B 10.4.2 und B 14.2.1

*3 vor der notwendigen Treppe und im Bereich von 2,50 m zur Treppe: Fassadendämmung nichtbrennbar, siehe Konzept B 10.1.2 und B 14.2.1

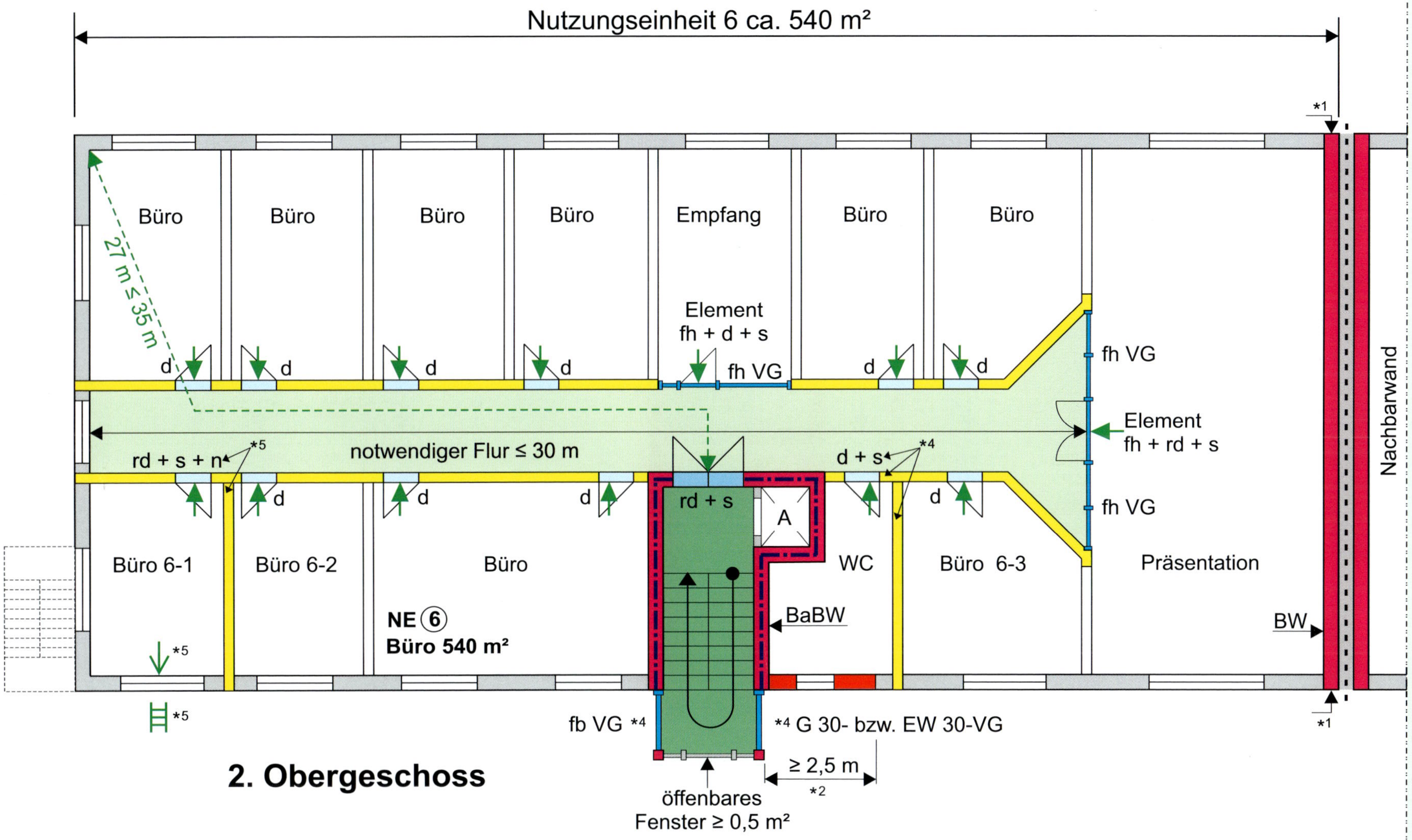

2. Obergeschoss

*4 Abweichung 3, siehe BS-Konzept B 10.4.2

*5 Verbesserung und Prüfung des 2. RW, siehe BS-Konzept B 11.3.4 und B 11.3.5

*2 im Bereich von 2,50 m zur Treppenraumaußenwand: Fassadendämmung nichtbrennbar, siehe Konzept B 10.4.2 und B 14.2.1

*1 im Bereich der Brandwandstirnseiten: nur nichtbrennbare, raumbeständige Dämmung mit Schmelzpunkt > 1.000 °C, siehe Konzept B 5.c.1 und B 14.2.1

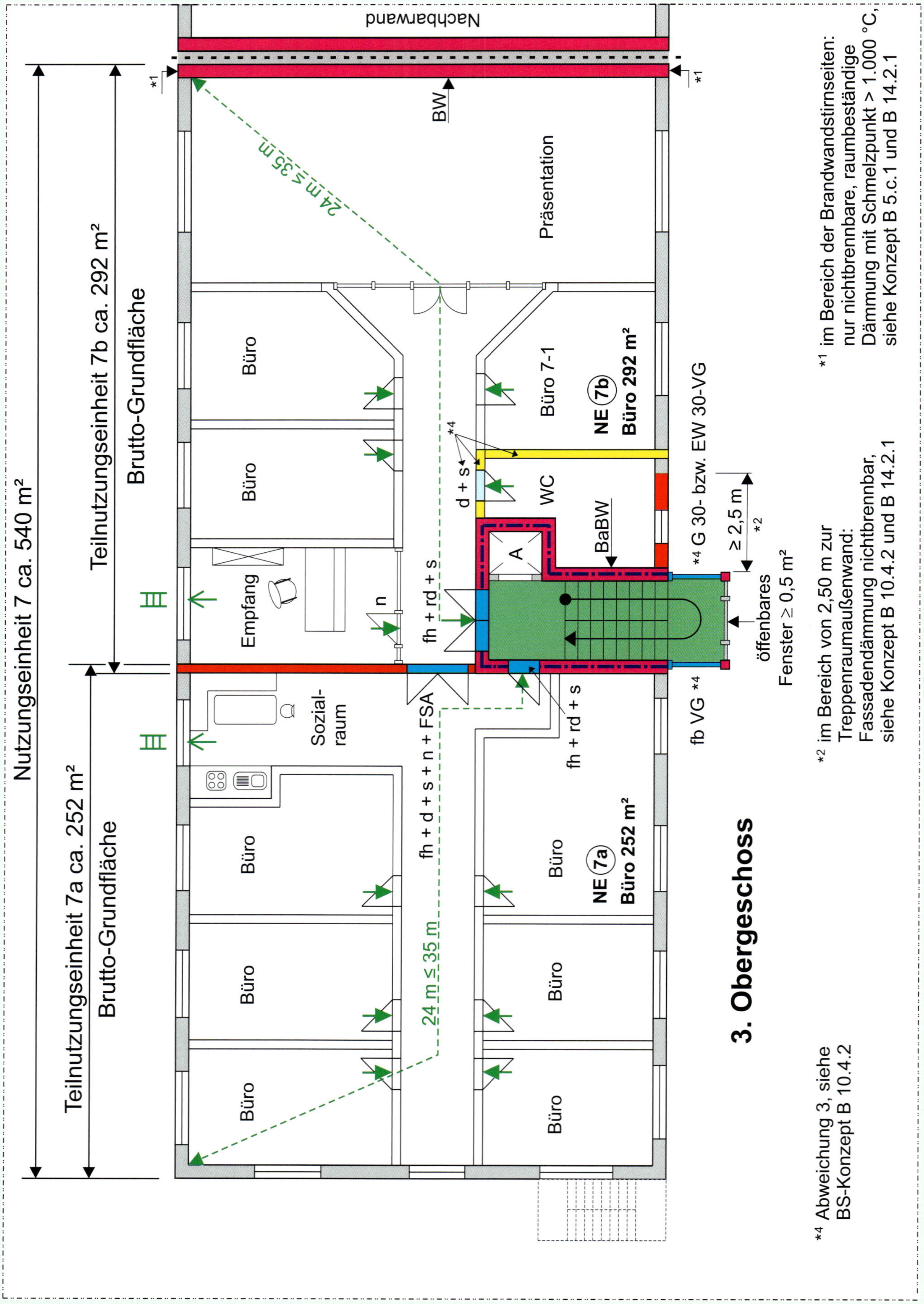

3. Obergeschoss
Nachbarwand
BW
Präsentation
Nutzungseinheit 7 ca. 540 m²
Teilnutzungseinheit 7b ca. 292 m²
Brutto-Grundfläche
Teilnutzungseinheit 7a ca. 252 m²
Brutto-Grundfläche
24 m ≤ 35 m
24 m ≤ 35 m
Büro
Büro
Büro 7-1
NE 7b
Büro 292 m²
WC
d + s
*4
BaBW
A
*4 G 30- bzw. EW 30-VG
≥ 2,5 m
*2
öffenbares
Fenster ≥ 0,5 m²
Empfang
n
fh + rd + s
fh + rd + s
fb VG *4
Sozial-
raum
FSA
fh + d + s + n + FSA
Büro
Büro
Büro
Büro
NE 7a
Büro 252 m²
Büro
Büro
*1
*1
*1 im Bereich der Brandwandstirnseiten: nur nichtbrennbare, raumbeständige Dämmung mit Schmelzpunkt > 1.000 °C, siehe Konzept B 5.c.1 und B 14.2.1
*2 im Bereich von 2,50 m zur Treppenraumaußenwand: Fassadendämmung nichtbrennbar, siehe Konzept B 10.4.2 und B 14.2.1
*4 Abweichung 3, siehe BS-Konzept B 10.4.2

B28

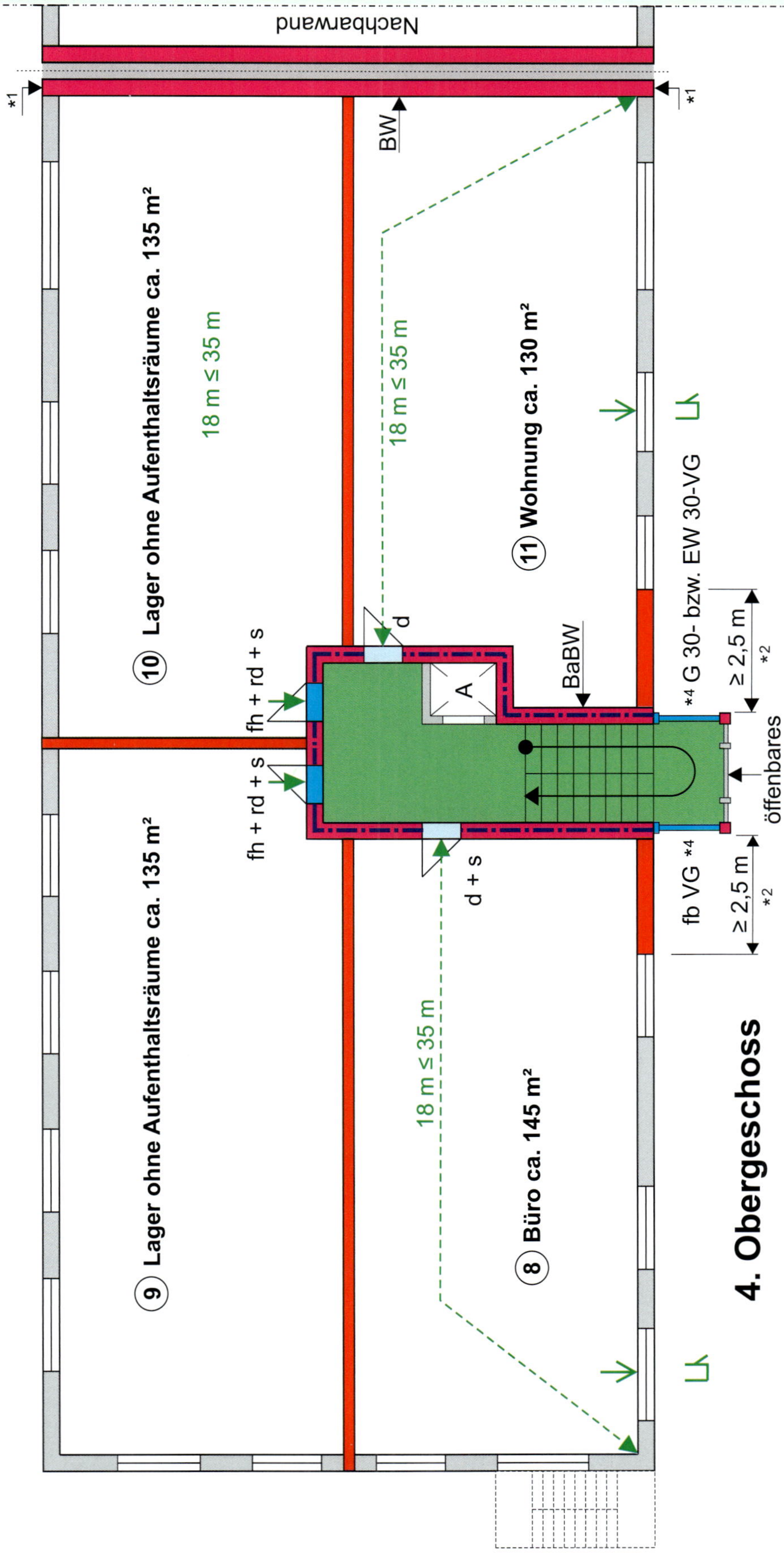

*1 im Bereich der Brandwandstirnseiten: nur nichtbrennbare, raumbeständige Dämmung mit Schmelzpunkt > 1.000 °C, siehe Konzept B 5.c.1 und B 14.2.1

*2 im Bereich von 2,50 m zur Treppenraumaußenwand: Fassadendämmung nichtbrennbar, siehe Konzept B 10.4.2 und B 14.2.1

*4 Abweichung 3, siehe BS-Konzept B 10.4.2

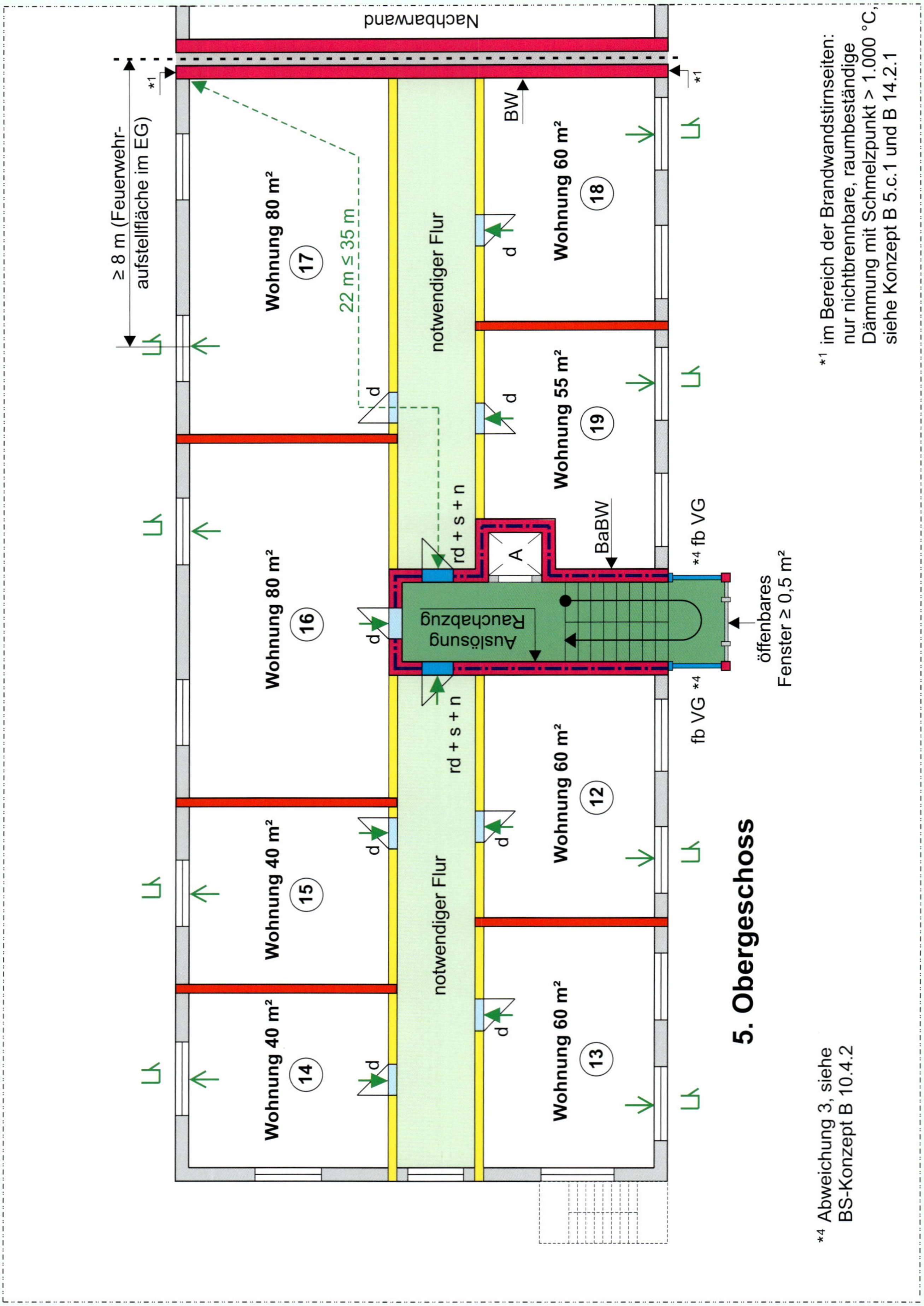
Nachbarwand
*1
≥ 8 m (Feuerwehr-
aufstellfläche im EG)
22 m ≤ 35 m
Wohnung 80 m²
17
notwendiger Flur
BW
Wohnung 60 m²
18
d
Wohnung 55 m²
19
rd + s + n
BaBW
A
*4 fb VG
Auslösung Rauchabzug
Wohnung 80 m²
16
öffenbares
Fenster ≥ 0,5 m²
fb VG *4
Wohnung 60 m²
12
Wohnung 40 m²
15
notwendiger Flur
Wohnung 40 m²
14
Wohnung 60 m²
13
5. Obergeschoss
*1 im Bereich der Brandwandstirnseiten:
nur nichtbrennbare, raumbeständige
Dämmung mit Schmelzpunkt > 1.000 °C,
siehe Konzept B 5.c.1 und B 14.2.1
*4 Abweichung 3, siehe
BS-Konzept B 10.4.2

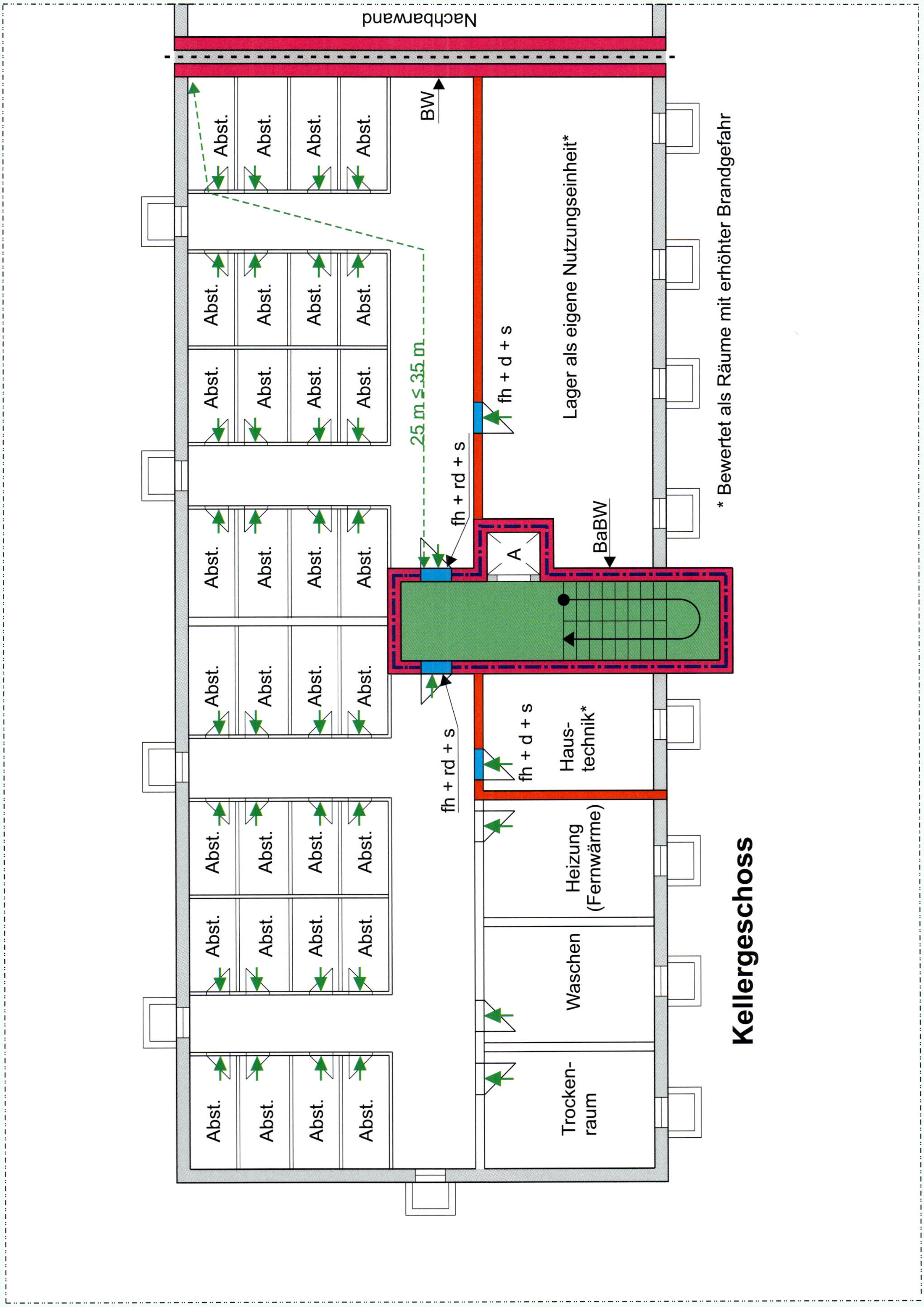
Nachbarwand
BW
Abst.
25 m ≤ 35 m
fh + rd + s
fh + d + s
Lager als eigene Nutzungseinheit*
BaBW
A
Haus-
technik*
fh + rd + s
fh + d + s
Heizung
(Fernwärme)
Waschen
Trocken-
raum
Kellergeschoss
* Bewertet als Räume mit erhöhter Brandgefahr

Für eine schnelle und einfache Übersicht und Handhabung sollten alle Anforderungen

- an **raumabschließende, feuerwiderstandsfähige** Wände und Decken (einschließlich der Sicherung ihrer Öffnungen) (im Wesentlichen Kapitel 5 bis 8, 10 und 18 dieses Werkes) sowie
- an die **Rettungswege und maximalen Rettungsweglängen** (im Wesentlichen Kapitel 8 bis 12 dieses Buches).

in Brandschutzplänen visualisiert werden.

Weitere Anforderungen und Angaben (z.B. brandschutztechnisch wichtige Bereiche) sollten nur dann eingetragen werden, wenn es sinnvoll ist und dadurch die Übersichtlichkeit nicht leidet. Anforderungen an das Tragwerk sollten nicht in diese Pläne eingetragen werden. Für die Visualisierung ist die nachfolgende Legende für Brandschutzpläne empfehlenswert.

Legende für Brandschutzpläne

Farbe/Zeichen	in Worten	Bauteil
	violett	Brandwand = BW fb + nb + M, (M = mechanische Beanspruchung)
	orange + violette Strich-Punkt-Linie	Wand, die auch unter zusätzlicher mechanischer Beanspruchung hochfeuerhemmend ist = hf WaBW, (hf + M), z.B. WaBW in GK 4
	rot + schwarze Strich-Punkt-Linie	Wand, die von innen nach außen fh und von außen nach innen fb ist = F 30 [i→a] - F 90 [i←a], z.B. Gebäudeabschlusswand GK 1 bis 3
	violett + blaue Strich-Punkt-Linie	Bauart einer Brandwand = BaBW fb + nb + M, z.B. Treppenraumwand in GK 5
	orange + blaue Strich-Punkt-Linie	Wand, die auch unter zusätzlicher mechanischer Beanspruchung hf ist, in Bauart einer Brandwand = hf BaBW (hf + M), z.B. Treppenraumwand in GK 4
	rot	fb = feuerbeständig
	orange	hf = hochfeuerhemmend
	gelb	fh = feuerhemmend
	blau	Sicherung von Türen/Öffnungen mit klassifizierten Abschlüssen mit Angabe der bauaufsichtlichen Anforderungen, z.B. fb + rd + s, fb +d + s, rd + s
	hellblau	Sicherung von Türöffnungen mit nicht klassifizierten Abschlüssen mit Angabe der bauaufsichtlichen Anforderungen, z.B. d, d + s, v + d + s
	dunkelgrün	notwendige Treppe, notwendiger Treppenraum und zugehöriger Ausgang ins Freie
	hellgrün	notwendiger Flur
→	grün	erster Rettungsweg bzw. baulicher Rettungsweg
→	grün	zweiter Rettungsweg durch Rettungsgeräte der Feuerwehr
- - - - - - - - - -	grün	Angabe der maximalen Rettungsweglänge
	grün	anleiterbare Stelle bzw. geeignetes Fenster für den zweiten Rettungsweg mit tragbaren Leitern der Feuerwehr (4-teilige Steckleiter)
	grün	anleiterbare Stelle bzw. geeignetes Fenster für zweiten Rettungsweg mit Hubrettungsgeräten der Feuerwehr
	grün	Feuerwehrzu-/-durchgang für tragbare Leitern oder zweiten baulichen Rettungsweg
	grün	Feuerwehrzu-/-durchfahrt + Aufstellflächen für Hubrettungsgeräte der Feuerwehr + Bewegungsflächen

B 29 Zuordnung der bauaufsichtlichen Anforderungen zu nationalen und europäischen Klassen

Anmerkung: Die nachfolgenden Tabellen und Ausführungen basieren auf dem Kenntnisgabedokument „Änderungen der MVV TB für die Ausgabe 2019/1" bzw. der MVV TB 2019. Es ist davon auszugehen, dass diese Änderungen auch in die VV TB NRW übernommen werden.

Wichtig: In den nachfolgenden Tabellen wurden die Inhalte der Anlage 4 VV TB NRW (und teilweise der MVV TB 2019) zur besseren Übersichtlichkeit und Lesbarkeit teilweise vereinfacht und zusammengefasst wiedergegeben. Außerdem wird die MVV TB ständig überarbeitet, so dass sich die Zuordnungen bzw. zugeordneten Anforderungen jederzeit ändern können. **Es gelten immer die in der aktuellen VV TB NRW Anlage 4 enthaltenen Angaben.**

Tabelle 29.1: Zuordnung der bauaufsichtlichen Anforderungen an Baustoffe zu nationalen und europäischen Klassen gemäß VV TB NRW Anhang 4

Bauaufsichtliche Anforderungen an Baustoffe	Abkürzung	Mindestens erforderliche nationale Klassen nach DIN 4102-1	Zusätzliche Merkmale für die Verwendung	Mindestens erforderliche Leistung (europäische Klassen nach DIN EN 13501-1)		
				Bauprodukte, ausgenommen lineare Rohrdämmstoffe u. Bodenbeläge	lineare Rohrdämmstoffe	Bodenbeläge
Brandverhalten von Baustoffen (Bauprodukten)						
nichtbrennbar*[1]	nb	A 2	-	A 2 - s1, d0*	$A\ 2_L$ - s1, d0*	$A\ 2_{fl}$ - s1
schwer entflammbar	se	B 1	Baustoffe mit Ausnahme Bodenbeläge: • [bR] = begrenzte Rauchentwicklung (I ≤ 400 % × Min. bei Prüfung nach DIN 4102-15:1990-05) bestanden	C - s3, d2* (C - s2, d2* nach MVV TB 2019)	C_L - s3, d2* (C_L - s2, d2* nach MVV TB 2019)	C_{fl} - s1
schwer entflammbar und nicht brennend abfallend oder abtropfend	se [nba]	B 1 [nba]	• [nba] = nicht brennend abfallend oder abtropfend erfüllt, • [bR] = begrenzte Rauchentwicklung (I ≤ 400 % × Min. bei Prüfung nach DIN 4102-15:1990-05) bestanden	C - s3, d0* (C - s2, d0* nach MVV TB 2019)	C_L - s3, d0* (C_L - s2, d0* nach MVV TB 2019)	–
schwer entflammbar und geringe Rauchentwicklung	se [gR]	B 1 [gR]	• [gR] = geringe Rauchentwicklung (I ≤ 100 % × Min. bei Prüfung nach DIN 4102-15:1990-05) bestanden	C - s1, d2*	C_L - s1, d2*	C_{fl} - s1
schwer entflammbar und nicht brennend abfallend oder abtropfend sowie geringe Rauchentwicklung	se [nba] [gR]	B 1 [nba] [gR]	• [nba] = nicht brennend abfallend oder abtropfend erfüllt, • [gR] = geringe Rauchentwicklung (I ≤ 100 % × Min. bei Prüfung nach DIN 4102-15:1990-05) bestanden	C - s1, d0*	C_L - s1, d0*	–
normal entflammbar und nicht brennend abfallend oder abtropfend	ne [nba]	B 2 [nba]	• [nba] = nicht brennend abfallend oder abtropfend erfüllt	E	E_L	–
normal entflammbar	ne	B 2	–	E - d2	E_L - d2	E_{fl}
leicht entflammbar*[2]	le	B 3	–	F	–	–
* soweit erforderlich kein fortschreitendes Glimmen/Schwelen	[kG]	–	–	Glimmverhalten „bestanden"	Glimmverhalten „bestanden"	–
*[1] soweit erforderlich zusätzliche Schmelzpunktanforderung ≥ 1.000 °C		–	Angabe: Schmelzpunkt ≥ 1.000 °C nach DIN 4102-17:2017-12	Angabe: Schmelzpunkt ≥ 1.000 °C	Angabe: Schmelzpunkt ≥ 1.000 °C	–
Brandverhalten von elektrischen Kabeln						
nichtbrennbar	nb	A 2	–	A_{ca}		
schwer entflammbar	se	B 1	• [bR] = begrenzte Rauchentwicklung (I ≤ 400 % × Min. bei Prüfung nach DIN 4102-15:1990-05) bestanden	$B1_{ca}$ - s3 ($B1_{ca}$ - s2 nach MVV TB 2019)		
schwer entflammbar und geringe Rauchentwicklung	se [gR]	B 1 [gR]	• [gR] = geringe Rauchentwicklung (I ≤ 100 % × Min. bei Prüfung nach DIN 4102-15:1990-05) bestanden	$B1_{ca}$ - s1		
normal entflammbar	ne	B 2	–	E_{ca}		

*[2] leicht entflammbare Baustoffe dürfen nicht verwendet werden. Dies gilt nicht, wenn sie in Verbindung mit anderen Baustoffen nicht leicht entflammbar sind.

Brennendes Abtropfen/Abfallen und Rauchentwicklung

Für Bauprodukte – ausgenommen Bodenbeläge – werden bei den Prüfungen nach DIN 4102-1:1998-05 Abschnitte 6.1 und 6.2 Ergebnisse über das brennende Abtropfen oder das Abfallen brennender Probenteile bzw. nach DIN 4102-1:1998-05 Abschnitte 6.1 Werte über die Rauchentwicklung festgestellt. Tritt brennendes Abtropfen/Abfallen auf bzw. wird der Grenzwert für die Rauchentwicklung – ausgenommen Bodenbeläge – überschritten, ist dies zusätzlich zur Baustoffklassifizierung mit dem Ü-Zeichen anzugeben.

Tabelle 29.2: Legende zu Tabelle 29.1		
Kurzzeichen	**Kriterium / Anforderung**	**Anwendungsbereich / Erläuterung**
Begriffe in [...]	Abkürzungen, die in diesem Werk zur besseren Handhabung verwendet werden, um Zusatzanforderungen der Bauordnung anzugeben bzw. die europäischen Klassen mit den zusätzlichen Anforderungen der Bauordnung zu verknüpfen. Keine genormten oder offiziellen Abkürzungen.	
Bauaufsichtliche Anforderungen und Begriffe für Baustoffe		**Zusatzkriterien / Erläuterungen**
nb, se	nichtbrennbar, schwer entflammbar	
ne, le	normal entflammbar, leicht entflammbar	
[nb]	aus nichtbrennbaren Baustoffen	
[bb]	tragende, aussteifende und raumabschließende Bauteile aus brennbaren Baustoffen	
[bnb]	Bekleidung aus nichtbrennbaren Baustoffen in ausreichender Dicke	
[nba]	nicht brennend abfallend oder abtropfend	
[bR]	begrenzte Rauchentwicklung	I ≤ 400 % × Min. bei Prüfung nach DIN 4102-15:1990-05) bestanden
[gR]	geringe Rauchentwicklung	I ≤ 100 % × Min. bei Prüfung nach DIN 4102-15:1990-05) bestanden
[kG]	kein fortschreitendes Glimmen/Schwelen	Siehe VV TB Anlage 4 Abschnitt 1.3
Deutsche Klassen		
A 1, A 2	nichtbrennbare Baustoffe	Deutsche Klassen nach **DIN 4102-1** für die Klassifizierung des Brandverhaltens von Baustoffen
B 1	schwer entflammbare Baustoffe	
B 2	normal entflammbare Baustoffe	
B 3	leicht entflammbare Baustoffe	
Europäische Klassen		
A	kein Beitrag zum Brand	Europäische Klassen nach **DIN EN 13501** für die Klassifizierung des Brandverhaltens von Bauprodukten
B	sehr begrenzter Beitrag zum Brand	
C	begrenzter Beitrag zum Brand	
D	hinnehmbarer Beitrag zum Brand	
E	hinnehmbares Brandverhalten	
F	keine Leistung festgestellt	
	Europäische Zusatzkriterien:	**Nationaler Anwendungsbereich:**
s	**(smoke) Rauchentwicklung:** s1 geringe Rauchentwicklung s2 mittlere Rauchentwicklung s3 hohe Rauchentwicklung bzw. nicht geprüft	**Anforderungen an die Rauchentwicklung:** s1: geringe Rauchentwicklung s2: begrenzte Rauchentwicklung s3: Rauchentwicklung
d	**(droplets) brennendes Abtropfen/Abfallen:** d0 kein brennendes Abtropfen/Abfallen binnen 600 Sek. d1 kein brennendes Abtropfen/Abfallen mit Nachbrennzeit > 10 Sek. binnen 600 Sek. d2 keine Leistung festgestellt	**Anforderungen an das brennende Abtropfen/Abfallen:** d0: kein brennendes Abtropfen/Abfallen d1, d2: brennendes Abtropfen/Abfallen
...fl	floorings	Brandverhaltensklasse für Bodenbeläge
...L	linear Pipe Thermal Insulation Products	Brandverhaltensklasse für Produkte zur Wärmedämmung von linearen Rohren
ca	cable	Brandverhalten von Kabeln

Klassifizierung des Brandverhaltens ohne weitere Prüfung

Bauprodukte können aufgrund von EU-Rechtsvorschriften (Entscheidungen, Delegierte Rechtsakte) ohne weitere Prüfung hinsichtlich des Brandverhaltens klassifiziert werden sein. Fundstelle: http://eur-lex.europa.eu.

Glimmen und/oder Schwelen

Für bauliche Anlagen oder Teile von baulichen Anlagen, bei denen die Anforderungen „nichtbrennbar“ oder „schwer entflammbar“ gestellt werden, sind geeignete Materialien zu wählen, so dass es nicht durch unbemerktes fortschreitendes Glimmen und/oder Schwelen zu einer Brandausbreitung kommen kann (VV TB NRW Abschnitt A 2.1.2.1).

Tabelle 29.3: Zuordnung der bauaufsichtlichen Anforderungen an Bauteile zu nationalen und europäischen Klassen gemäß VV TB NRW Anhang 4

Bauaufsichtliche Anforderungen an Bauteile		Nationale Klassen		Europäische Klassen nach DIN EN 13501-2				
	Abkürzung	Bauteile DIN 4102-2	nichttr. Außenwände	tragende Bauteile Raumabschluss		nichttragende Bauteile*3 mit Raumabschluss		Brandverhalten*2
				ohne*1	mit	Innenwände	Außenwände	
feuerhemmend	fh	F 30-B	W 30	R 30	REI 30	EI 30	E 30 (i→o) + EI 30-ef (i←o)	E - d2
feuerhemmend • aus nichtbrennbaren Baustoffen	fh [nb]	F 30-A	W 30 [nb]	R 30 [nb]	REI 30 [nb]	EI 30 [nb]	E 30 (i→o) + EI 30-ef (i←o) [nb]	[nb] (A 2 - s1, d0)
hochfeuerhemmend • tragende, aussteifende und raumabschließende Bauteile aus brennbaren Baustoffen • mit Nachweis der Feuerwiderstandsdauer • keine Übertragung von Feuer und Rauch über Grenzen von Brand- und Rauchabschnitten und Geschosstrennungen hinweg	hf [zAHolz]	F 60-B [zAHolz]	W 60 [zAHolz]	R 60 [zAHolz]	REI 60 [zAHolz]	EI 60 [zAHolz]	E 60 (i→o) + EI 60-ef (i←o) [zAHolz]	[zAHolz] (E - d2 sowie mit den bauaufsichtlich geforderten Nachweisen)
hochfeuerhemmend • tragende + aussteifenden Teile aus brennbaren Baustoffen • Dämmstoffe nichtbrennbar • mit allseitiger brandschutztechnisch wirksamer Bekleidung aus nb Baustoffen	hf [HolzR]	mit Klassen nach DIN 4102-2 nicht möglich		R 60 [HolzR]	REI 60 [HolzR]	EI 60 [HolzR]	E 60 (i→o) + EI 60-ef (i←o) [HolzR]	[HolzR] (brandschutztechnisch wirksame Bekleidung und Dämmstoffe: A 2 - s1, d0) im Übrigen: E - d2
hochfeuerhemmend • tragende und aussteifende Bauteile nb • bei raumabschließenden Bauteilen zusätzlich eine in Bauteilebene durchgehende Schicht aus nb Baustoffen	hf	F 60-AB	W 60 [wnb]	R 60 [nb]	REI 60 [wnb]	EI 60 [wnb]	E 60 (i→o) + EI 60-ef (i←o) [wnb]	[wnb] (wesentliche Teile: A 2 - s1, d0 im Übrigen: E - d2)
hochfeuerhemmend • aus nichtbrennbaren Baustoffen	hf [nb]	F 60-A	W 60 [nb]	R 60 [nb]	REI 60 [nb]	EI 60 [nb]	E 60 (i→o) + EI 60-ef (i←o) [nb]	[nb] (A 2 - s1, d0)
feuerbeständig • tragende, aussteifende und raumabschließende Bauteile aus brennbaren Baustoffen • mit Nachweis der Feuerwiderstandsdauer • keine Übertragung von Feuer und Rauch über Grenzen von Brand- und Rauchabschnitten und Geschosstrennungen hinweg	fb [zAHolz]	F 90-B [zAHolz]	W 90 [zAHolz]	R 90 [zAHolz]	REI 90 [zAHolz]	EI 90 [zAHolz]	E 90 (i→o) + EI 90-ef (i←o) [zAHolz]	[zAHolz] (E - d2 sowie mit den bauaufsichtlich geforderten Nachweisen)
feuerbeständig • tragende + aussteifende Teile aus nb Baustoffen • bei raumabschließenden Bauteilen zusätzlich eine in Bauteilebene durchgehende Schicht aus nb Baustoffen	fb	F 90-AB	W 90 [wnb]	R 90 [nb]	REI 90 [wnb]	EI 90 [wnb]	E 90 (i→o) + EI 90-ef (i←o) [wnb]	[wnb] (wesentliche Teile: A 2 - s1, d0 im Übrigen: E - d2)
feuerbeständig • aus nichtbrennbaren Baustoffen	fb [nb]	F 90-A	W 90 [nb]	R 90 [nb]	REI 90 [nb]	EI 90 [nb]	E 90 (i→o) + EI 90-ef (i←o) [nb]	[nb] (A 2 - s1, d0)
Brandwand • unter zusätzlicher mechanischer Belastung fb • aus nb Baustoffen	BW	Brandwand: (F 90-A + [M])		–	REI 90 - M [nb]	EI 90 - M [nb]		[nb] (A 2 - s1, d0)
Wand anstelle einer Brandwand • unter zusätzlicher mechanischer Belastung hf • tragende + aussteifende Teile aus nb Baustoffen • zusätzlich eine in Bauteilebene durchgehende Schicht aus nb Baustoffen	WaBW hf	WaBW: F 60-A + [M]		–	REI 60 - M [wnb]	EI 60 - M [wnb]		[wnb] (wesentliche Teile: A 2 - s1, d0 im Übrigen: E - d2)
Wand anstelle einer Brandwand • unter zusätzlicher mechanischer Belastung hf • tragende + aussteifende Teile aus brennbaren Baustoffen • mit allseitiger brandschutztechnisch wirksamer Bekleidung aus nb Baustoffen • Dämmstoffe aus nb Baustoffen	WaBW hf [HolzR]	mit Klassen nach DIN 4102-2 nicht möglich		–	REI 60 - M [HolzR]	EI 60 - M [HolzR]		[HolzR] (brandschutztechnisch wirksame Bekleidung und Dämmstoffe: A 2 – s1, d0) im Übrigen: E - d2
Gebäudeabschlusswand F 30-F 90 • von innen nach außen: Feuerwiderstandsfähigkeit des Tragwerks, mindestens jedoch fh • von außen nach innen Feuerwiderstandsfähigkeit von fb Bauteilen	GA WaBW F 30-F 90	F 30 [i →a] – F 90 [i ←a]		–	REI 30 (i→o) – REI 90 (i←o) [bnb]	EI 30 (i→o) – EI 90 - (i←o) [bnb]		[bnb] (Bekleidung A 2 - s1, d0, im Übrigen: E - d2)

*1 Für die mit reaktiven Brandschutzsystemen beschichteten Stahlbauteile ist die Angabe IncSlow gemäß DIN EN 13501-2:2010-02 in der Leistungserklärung zusätzlich zu nennen.

*2 Bei schwer entflammbaren und nichtbrennbaren Baustoffen (Bauprodukten) bestehen, soweit erforderlich, Anforderungen an das Glimmverhalten (VV TB NRW Anlage 4, Abschnitt 1.3).

*3 Bei nichttragenden Bauteilen gehören die Bauteile, die deren Standsicherheit bewirken (z. B. Rahmenkonstruktionen von nichttragenden Wänden) zu den „wesentlichen Bauteilen" und damit zu den „tragenden Bauteilen", auf die sich die Anforderungen an das Brandverhalten der Bauprodukte (Baustoffe) der LBOs beziehen. Aussteifung entsprechend der jeweiligen Klasse.

Tabelle 29.4: Legende zu Tabelle 29.3	
Kurzzeichen	**Kriterium / Erläuterung**
Begriffe in […]	Abkürzungen, die in diesem Werk zur besseren Handhabung verwendet werden, um Zusatzanforderungen der Bauordnung anzugeben bzw. die europäischen Klassen mit den zusätzlichen Anforderungen der Bauordnung zu verknüpfen. Keine genormten oder offiziellen Abkürzungen.
Bauaufsichtliche Anforderungen und Begriffe	
fh, hf, fb	feuerhemmend, hochfeuerhemmend, feuerbeständig
[nb]	nichtbrennbar (aus nichtbrennbaren Baustoffen). **nationale Klasse:** mindestens A 2; **europäische Klasse:** mindestens A 2 - s1, d0.
[bb]	brennbar (aus brennbaren Baustoffen). **Nationale Klasse:** mindestens B 2. **Europäische Klasse:** mindestens E - d2.
[wnb]	in den **wesentlichen** Teilen aus **nichtbrennbaren Baustoffen** (gleich Anforderung wie das nationale -AB, siehe oben) **Europäische Klasse:** Zusätzliche Anforderungen an das Brandverhalten mit mindestens folgenden Klassen: • Tragwerk und Aussteifung (Klasse R): A2 - s1, d0 • bei raumabschließenden Bauteilen (Klasse EI): Zusätzlich eine in Bauteilebene durchgehende Schicht: A2 - s1, d0 • im Übrigen: E - d2
[HolzR]	Ausführung nach **M-HFHHolzR:** Bauteile, deren tragende und aussteifende Teile aus brennbaren Baustoffen bestehen und die allseitig eine brandschutztechnisch wirksame Bekleidung aus nichtbrennbaren Baustoffen (Brandschutzbekleidung) und Dämmstoffe aus nichtbrennbaren Baustoffen haben. Dies gilt als eingehalten, wenn die Ausführung nach der „M-HFHHolzR" erfolgt. Danach bestehen bei hochfeuerhemmenden Bauteilen mit tragenden und aussteifenden Teilen aus brennbaren Baustoffen zusätzliche Anforderungen an: • die brandschutztechnische Wirksamkeit der Bekleidungen (K_260), • die Baustoffklasse der Bekleidungen und Dämmstoffe (nichtbrennbar), • den Einbau der Dämmstoffe und der Bekleidungen sowie die sonstige Ausführung (gemäß M-HFHHolzR).
[zAHolz]	**zusätzliche Anforderung Holz** Tragende oder aussteifende sowie raumabschließende Bauteile, die hochfeuerhemmend oder feuerbeständig sein müssen sind nach Bauordnung aus brennbaren Baustoffen zulässig, wenn sie folgende **Zusatzanforderungen** einhalten: • die geforderte Feuerwiderstandsdauer muss nachgewiesen sein, • die Bauteile müssen so hergestellt und eingebaut werden, dass Feuer und Rauch nicht über Grenzen von Brand- oder Rauchabschnitten, insbesondere Geschosstrennungen, hinweg übertragen werden können.
WaBW	Wand anstelle einer Brandwand (Wand, die anstelle einer Brandwand zulässig ist)
GA	Gebäudeabschlusswand (Brandwand bzw. WaBW)
[M]	Mechanische Beanspruchung (entspricht dem europäischem „M").
Deutsche Klassen	
F 30	Feuerwiderstandsklassen nach DIN 4102-2 (30, 60, 90 Minuten).
F 60 F 90	**Achtung:** Zur Erfüllung der Anforderungen hf und fb bestehen noch zusätzliche Anforderungen an das Brandverhalten der Baustoffe (-A und -AB) und/oder an die Ausführung ([HolzR], [zAHolz])
-A	aus nichtbrennbaren Baustoffen.
-AB	in den **wesentlichen Teilen** aus nichtbrennbaren Baustoffen: Bauteile, deren tragende und aussteifende Teile aus nichtbrennbaren Baustoffen bestehen und die bei raumabschließenden Bauteilen zusätzlich eine in Bauteilebene durchgehende Schicht aus nichtbrennbaren Baustoffen haben. Zu den **wesentlichen Teilen** gehören: • bei tragenden Bauteilen: alle tragenden oder aussteifenden Bauteile • bei nichttragenden Bauteilen: auch die Bauteile, die deren Standsicherheit bewirken (z. B. Rahmenkonstruktionen von nichttragenden Wänden) • bei raumabschließenden Bauteilen (Bauteilen mit raumabschließender Funktion) eine in Bauteilebene durchgehende Schicht aus nichtbrennbaren Baustoffen; bei Decken muss diese Schicht eine Gesamtdicke von mindestens 50 mm haben. Hohlräume im Inneren dieser Schicht sind zulässig. Bei der Beurteilung des Brandverhaltens der Baustoffe können Oberflächendeckschichten oder andere Oberflächenbehandlungen außer Betracht bleiben.
-B	aus brennbaren Baustoffen. **Achtung:** F 60-B und F 90-B sind nur zulässig, wenn die geforderte Feuerwiderstandsdauer nachgewiesen wird und die Bauteile so hergestellt und eingebaut werden, dass Feuer und Rauch nicht über Grenzen von Brand- oder Rauchabschnitten, insbesondere Geschosstrennungen, hinweg übertragen werden können. Die Abkürzung hierfür lautet in diesem Werk: [zAHolz].
-BA	keine Klasse nach DIN 4102. Früher in einigen Ländern verwendete Bezeichnung für: „tragende und aussteifende Bauteile brennbar mit einer nichtbrennbaren Bekleidung".
Europäische Klassen	
R, E, I	(Résistance) Tragfähigkeit, (Étanchéité) Raumabschluss, (Isolation) Wärmedämmung (unter Brandeinwirkung)
M	Mechanical (mechanische Einwirkung auf Wände = Stoßbeanspruchung): Erfüllt die Anforderung: „auch unter zusätzlicher mechanischer Beanspruchung"
(i→o), (i←o)	inside → outside, inside ← outside: Richtung der klassifizierten Feuerwiderstandsdauer
E - d2	Baustoffklasse E - d2 (entspricht der Anforderung „normal entflammbar" – deutsche Klasse B 2)
A2 - s1, d0	Baustoffklasse A 2 - s1, d0 (entspricht der Anforderung „nichtbrennbar" – deutschen Klasse A 2)
K_260	Klasse für Wand- und Deckenbekleidungen – brandschutztechnisch wirksame Bekleidung gemäß M-HFHHolzR

B29

Tabelle 29.5: Zuordnung der bauaufsichtlichen Anforderungen an Feuer- und/oder Rauchschutzabschlüsse zu nationalen und europäischen Klassen sowie Verformungsklassen für Abschlüsse in Außenwänden gemäß VV TB NRW Anhang 4

Bauaufsichtliche Anforderungen an Abschlüsse	Abkürzung	Klassen nach DIN 4102-5, DIN 18085-1 und weitere Merkmale	Klassen nach DIN EN 13501-2 bzw. DIN EN 16034	
			Klassen*2	Brandverhalten
feuerhemmend, dicht- und selbstschließend	fh + d + s	T 30-D	EI_2 30-S_aC..*1	E - d2
feuerhemmend, rauchdicht- und selbstschließend	fh + rd + s	T 30-RS	EI_2 30-S_{200}C..*1	
hochfeuerhemmend, dicht- und selbstschließend	hf + d + s	T 60-D	EI_2 60-S_aC..*1	
hochfeuerhemmend, rauchdicht- und selbstschließend	hf + rd + s	T 60-RS	EI_2 60-S_{200}C..*1	
feuerbeständig, dicht- und selbstschließend	fb + d + s	T 90-D	EI_2 90-S_aC..*1	
feuerbeständig, rauchdicht- und selbstschließend	fb + rd + s	T 90-RS	EI_2 90-S_{200}C..*1	
rauchdicht- und selbstschließend	rd + s	RS	S_{200}C..*1	
dicht- und selbstschließend	d + s	dicht- und selbstschließend	S_aC..*1	
dichtschließend	d	dichtschließend	[d]	
Mindestens erforderliche Leistungsangaben für die Verwendung der Abschlüsse in Außenwänden				
		Verformungsklassen (Klimaeinflüsse)		
feuerhemmend, rauchdicht- und selbstschließend	fh + rd + s	Klasse 2(d) und (e)		
feuerbeständig, rauchdicht- und selbstschließend	fb + rd + s	Klasse 2(d) und (e)		
rauchdicht- und selbstschließend	rd + s	Klasse 2(d) und (e)		
dichtschließend	d	Klasse 2(d) und (e)		

*1 Festlegungen zur Prüfzyklenanzahl für die Dauerfunktionsprüfungen:
- C5 (200.000 Zyklen) für Feuerschutz-/Rauchschutztüren (Drehflügelabschlüsse)
- C2 (10.000 Zyklen) für sonstige Feuerschutz-/Rauchschutzabschlüsse (z. B. Klappen, Tore)

*2 Die mindestens erforderlichen Leistungen müssen für beide Seiten des Abschlusses erklärt sein.

Tabelle 29.6: Legende zu Tabelle 29.5

Kurzzeichen	Kriterium / Erläuterung	
Bauaufsichtliche Anforderungen und Begriffe		
fh, hf, fb	feuerhemmend, hochfeuerhemmend, feuerbeständig	
d, rd, s	d = dichtschließend, rd = rauchdicht, s = selbstschließend	
Deutsche Klassen		
T 30, T 60, T 90	Feuerwiderstandsklassen von Feuerschutzabschlüssen nach DIN 4102-5 (30, 60, 90 Minuten)	
RS	Rauchschutzabschluss nach DIN 18095-1	
d, [d]	Dichtschließend (weiteres Merkmal für die Verwendung)	
Klasse 2(d) und (e)	Verformungsklassen für Abschlüsse in Außenwänden (Klimaeinflüsse)	
Europäische Klassen		
EI_2	**Étanchéité + Isolation:** Raumabschluss und Wärmedämmung unter Brandeinwirkung	
S	**Smoke:** Begrenzung der Rauchdurchlässigkeit (Dichtheit, Leckrate)	
	S_a	erfüllt die Anforderungen bei Umgebungstemperatur
	S_{200}	erfüllt die Anforderungen sowohl bei Umgebungstemperatur als auch bei 200 °C
C	**Closing:** Selbstschließende Eigenschaft (ggf. mit Anzahl der Lastspiele) einschließlich Dauerfunktion. Festlegungen zur Prüfzyklenanzahl für die Dauerfunktionsprüfungen: • C5 (200.000 Zyklen) für Feuerschutz-/Rauchschutztüren (Drehflügelabschlüsse) • C2 (10.000 Zyklen) für sonstige Feuerschutz-/Rauchschutzabschlüsse (z. B. Klappen, Tore)	

Tabelle 29.7: Zuordnung der bauaufsichtlichen Anforderungen an Kabel- und Rohrabschottungen, Lüftungsanlagen, Installationskanäle und -schächte, elektrische Kabelanlagen mit Funktionserhalt und Brandschutzverglasungen zu nationalen und europäischen Klassen gemäß VV TB NRW Anhang 4 und 14

Bauaufsichtliche Anforderung	Deutsche Klassen nach DIN 4102	Europäische Klassen nach DIN EN 13501-2 und -3	Bemerkungen bzw. Zusatzanforderungen
Abschottungen von elektrischen Kabeln – Kabelabschottungen			
Bauaufsichtliche Benennung	**DIN 4102-9**	**DIN EN 13501-2**	**Brandverhalten.** Mindestens geeignete Klassen nach DIN EN 13501-1
fh	S 30	EI 30	E - d2
hf	S 60	EI 60	
fb	S 90	EI 90	
Abschottung von brennbaren Rohren oder Rohren mit einem Schmelzpunkt < 1.000 °C			
Bauaufsichtliche Benennung	**DIN 4102-11**	**DIN EN 13501-2**	**Brandverhalten.** Mindestens geeignete Klassen nach DIN EN 13501-1
fh	R 30	EI 30-U/U*1	E - d2
hf	R 60	EI 60-U/U*1	
fb	R 90	EI 90-U/U*1	
*1 für Trinkwasser-, Heiz-und Kälteleitungen mit Durchmessern ≤ 110 mm ist auch die Klasse EI ...-U/C zulässig.			
Abschottung von Rohrleitungen aus nichtbrennbaren Rohren mit Schmelzpunkt ≥ 1.000 °C. Ausführung der Rohrleitung ohne Anschlüsse von brennbaren Rohren			
Bauaufsichtliche Benennung	**DIN 4102-11**	**DIN EN 13501-2**	**Brandverhalten.** Mindestens geeignete Klassen nach DIN EN 13501-1
fh	R 30	EI 30-C/U	E - d2
hf	R 60	EI 60-C/U	
fb	R 90	EI 90-C/U	

Feuerwiderstandsfähige Lüftungsleitungen*2

			Bausätze für feuerwiderstandsfähige Lüftungsleitungen nach EAD 350142-00-1106	
Bauaufsichtliche Anforderung	**Feuerwiderstandsklasse nach DIN 4102-6 und ggf. DIN V 4102-21**	**Baustoffklasse nach DIN 4102-1**	**Mindestens erforderliche Leistungen**	
			Feuerwiderstandsfähigkeit	**Brandverhalten** (innerhalb und außerhalb)
fh	L 30	A 2*3	EI 30 ($v_e h_o$ i↔o)S	A2 - s1, d0*4
hf	L 60	A 2	EI 60 ($v_e h_o$ i↔o)S	A2 - s1, d0
fb	L 90	A 2	EI 90 ($v_e h_o$ i↔o)S	A2 - s1, d0

*2 Für feuerwiderstandsfähige Lüftungsleitungen, die eines allgemeinen bauaufsichtlichen Prüfzeugnisses bedürfen, siehe auch Abschnitte C 3.1 und C 4.4 der MVV TB 2019.

*3 abweichend gemäß MVV TB 2019 Punkt A 2.2.1.11, Abschnitt 3.2: B1.

*4 abweichend gemäß MVV TB 2019 Punkt A 2.2.1.11, Abschnitt 3.2: C - s3, d2.

Brandschutzklappen in Unterdecken (nicht im Anwendungsbereich von DIN EN 15650:2019-09)

Bauaufsichtliche Benennung	**DIN 4102-6**	**Baustoffklasse nach DIN 4102-1**	-	-
fh	K 30 U*5	Gehäuse, Absperrelement: A2; übrige: B2	-	-
hf	K 60 U*5		-	-
fb	K 90 U*5		-	-

*5 Zusätzliche Bezeichnung gemäß Verwendbarkeitsnachweis.

B29

Brandschutzklappen in Lüftungsanlagen in Ab- oder Fortluftleitungen gewerblicher Küchen und Brandschutztellerventile, die nicht in den Anwendungsbereich von EN 15650:2010-09 fallen

Bauaufsichtliche Benennung	DIN 4102-6	Baustoffklasse nach DIN 4102-1	-	-
fh	K 30	Gehäuse, Absperrelement: A2, übrige: B2	-	-
hf	K 60		-	-
fb	K 90		-	-

Absperrvorrichtungen in Lüftungsanlagen gemäß M-LüAR Abschnitt 7.2

Bauaufsichtliche Benennung	DIN 4102	-	-
fh	K 30 - DIN 18017[*6]	-	-
hf	K 60 - DIN 18017[*6]	-	-
fb	K 90 - DIN 18017[*6]	-	-

[*6] Zusätzliche Bezeichnung gemäß Verwendbarkeitsnachweis.

Brandschutzklappen nach DIN EN 15650:2010-09

Bauaufsichtliche Benennung		Feuerwiderstandsfähigkeit	**Brandverhalten.** Mindestens geeignete Klassen nach DIN EN 13501-1
fh		EI 30 ($v_e h_o$ i↔o)S	Gehäuse, Absperrelement: A2 - s1, d0. übrige Komponenten: E - d2
hf		EI 60 ($v_e h_o$ i↔o)S	
fb		EI 90 ($v_e h_o$ i↔o)S	

Installationsschächte und -kanäle

Bauaufsichtliche Benennung	DIN 4102-11	Feuerwiderstandsfähigkeit	**Brandverhalten.** Mindestens geeignete Klassen nach DIN EN 13501-1
fh [nb]	I 30	EI 30 ($v_e h_o$ i↔o)	A2 - s1, d0
hf [nb]	I 60	EI 60 ($v_e h_o$ i↔o)	
fb [nb]	I 90	EI 90 ($v_e h_o$ i↔o)	

Funktionserhaltsklassen nach DIN 4102-12

Funktionserhalt in Minuten	DIN 4102-12	-	-
fh	E 30	-	-
hf	E 60	-	
fb	E 90	-	

Brandschutzverglasungen, die die Anforderungen fh, hf und fb erfüllen

Bauaufsichtliche Benennung	DIN 4102-13	DIN EN 13501-2	-
fh	F 30	EI 30	-
hf	F 60	EI 60	
fb	F 90	EI 90	

Brandschutzverglasungen, die nur die Anforderungen an den Raumabschuss erfüllen

Bauaufsichtliche Benennung	DIN 4102-13	DIN EN 13501-2	-
fh	G 30[*7]	E 30[*7]	-
hf	G 60[*7]	E 60[*7]	
fb	G 90[*7]	E 90[*7]	

[*7] Erfüllen nicht die bauaufsichtlichen Anforderungen fh, hf und fb, sondern nur Anforderungen an den Raumabschluss. Sie können deshalb nur im Rahmen einer genehmigungspflichtigen Abweichung eingesetzt werden, wenn keine Bedenken wegen der Strahlungswärme bestehen.

Tabelle 29.8: Legende zu Tabelle 29.7	
Kurzzeichen	**Kriterium / Erläuterung**
Deutsche Klassen	
S 30, S 60, S 90	Klassen von Kabelabschottungen nach DIN 4102-9
R 30, R 60, R 90	Klassen von Rohrabschottungen und Rohrummantelungen nach DIN 4102-11
L 30, L 60, L 90	Klassen von Lüftungsleitungen nach DIN 4102-6
K 30 U, K 60 U, K 90 U	Klassen von Brandschutzklappen in Unterdecken nach Verwendbarkeitsnachweis (DIN 4102-6)
K 30-DIN 18017 K 60-DIN 18017 K 90-DIN 18017	Absperrvorrichtungen gemäß M-LüAR, Abschnitt 7.2
K 30, K 60, K 90	Klassen von Brandschutzklappen nach DIN 4102-6
I 30, I 60, I 90	Klassen von Installationsschächten und -kanälen nach DIN 4102-11
E 30, E 60, E 90	Funktionserhaltsklassen von elektrischen Kabelanlagen
F 30, F 60, F 90	Klassen von Bauteilen (z. B. Wänden und Decken) nach DIN 4102-2
G 30, G 60, G 90	Klassen von G-Brandschutzverglasungen (Sonderbauteilen). Begrenzen den Raumabschluss. Erfüllen nicht die bauaufsichtlichen Anforderungen fh, hf und fb.
Europäische Klassen	
E (Étanchéité)	Raumabschluss
I (Isolation)	Wärmedämmung (unter Brandeinwirkung)
S (Smoke)	Rauchdichtheit – Begrenzung der Rauchdurchlässigkeit (Entrauchungsleitungen, Entrauchungsklappen, Lüftungsleitungen, Brandschutzklappen)
i↔o (in - out)	Richtung der klassifizierten Feuerwiderstandsdauer (Installationsschächte/-kanäle, Lüftungsleitungen, Brandschutzklappen, Entrauchungsklappen)
ve, ho (vertical, horizontal)	Für vertikalen/horizontalen Einbau klassifiziert (Lüftungsleitungen, Brandschutzklappen, Entrauchungsleitungen)
U/U (uncapped/uncapped)	Rohrende offen innerhalb des Prüfofens / Rohrende offen außerhalb des Prüfofens (Rohrabschottungen)
C/U (capped/uncapped)	Rohrende geschlossen innerhalb des Prüfofens / Rohrende offen außerhalb des Prüfofens (Rohrabschottungen)
U/C (uncapped/capped)	Rohrende offen innerhalb des Prüfofens / Rohrende geschlossen außerhalb des Prüfofens (Rohrabschottungen)

B 30 Häufig verwendete Abkürzungen und Begriffe

30.1	**Grundsätzliche Abkürzungen und Begriffe**	
Begriffe in […]	Abkürzungen, die in diesem Werk zur besseren Handhabung verwendet werden, um Zusatzanforderungen der Bauordnung anzugeben bzw. die europäischen Klassen mit den zusätzlichen Anforderungen der Bauordnung zu verknüpfen. Keine genormten oder offiziellen Abkürzungen.	
BauO NRW	Angabe der jeweiligen Fundstellen in der BauO NRW	
Atlas	Angabe der jeweiligen Fundstellen im Brandschutzatlas	
30.2	**Abkürzungen in [ ] zur Angabe von zusätzlichen Anforderungen**	
[nba]	nicht brennend abfallend oder abtropfend	
[bR]	begrenzte Rauchentwicklung	I ≤ 400 % × Min. bei Prüfung nach DIN 4102-15:1990-05) bestanden
[gR]	geringe Rauchentwicklung	I ≤ 100 % × Min. bei Prüfung nach DIN 4102-15:1990-05) bestanden
[kbA]	kein brennendes Abfallen oder Abtropfen	Siehe VV TB Anhang 4 Abschnitt 1.2
[kG]	kein fortschreitendes Glimmen/Schwelen	Siehe VV TB Abschnitt A.2.1.2
[bb]	tragende, aussteifende und raumabschließende Bauteile aus brennbaren Baustoffen **Nationale Klasse:** mindestens B 2. **Europäische Klasse:** mindestens E - d2	
[nb]	nichtbrennbar (aus nichtbrennbaren Baustoffen) Nationale Klasse: mindestens A 2. Europäische Klasse: mindestens A 2 - s1, d0	
[bnb]	Bekleidung nichtbrennbar: Wände und Decken aus brennbaren Baustoffen mit einer Bekleidung aus nichtbrennbaren Baustoffen in ausreichender Dicke	
[wnb]	in den **wesentlichen** Teilen aus **nichtbrennbaren Baustoffen** (gleiche Anforderung wie -AB)	
	nationale Klasse:	-AB
	europäische Klasse:	Anforderungen an das Brandverhalten mit mind. folgenden Klassen: • Tragwerk und Aussteifung (Klasse R): A2 - s1, d0 • bei raumabschließenden Bauteilen (Klasse EI): Zusätzlich eine in Bauteilebene durchgehende Schicht: A2 - s1, d0 • im Übrigen: E - d2
[HolzR]	Ausführung nach **M-HFHHolzR** • Bauteile, deren tragende und aussteifende Teile aus brennbaren Baustoffen bestehen und die allseitig eine brandschutztechnisch wirksame Bekleidung aus nichtbrennbaren Baustoffen (Brandschutzbekleidung) und Dämmstoffe aus nichtbrennbaren Baustoffen haben. Dies gilt als eingehalten, wenn die Ausführung nach der „M-HFHHolzR" erfolgt. Danach bestehen bei hochfeuerhemmenden Bauteilen mit tragenden und aussteifenden Teilen aus brennbaren Baustoffen zusätzliche Anforderungen an: • die brandschutztechnische Wirksamkeit der Bekleidungen ($K_2$60), • die Baustoffklasse der Bekleidungen und Dämmstoffe (nichtbrennbar), • den Einbau der Dämmstoffe und der Bekleidungen sowie die sonstige Ausführung (gemäß M-HFHHolzR).	
[zAHolz]	**zusätzliche Anforderung Holz** Tragende oder aussteifende sowie raumabschließende Bauteile, die hochfeuerhemmend oder feuerbeständig sein müssen, sind nach Bauordnung aus brennbaren Baustoffen zulässig, wenn sie folgende **Zusatzanforderungen** einhalten: • die geforderte Feuerwiderstandsdauer muss nachgewiesen sein, • die Bauteile müssen so hergestellt und eingebaut werden, dass Feuer und Rauch nicht über Grenzen von Brand- oder Rauchabschnitten, insbesondere Geschosstrennungen, hinweg übertragen werden können.	
[M]	Mechanische Beanspruchung): Erfüllt die Anforderung: „auch unter zusätzlicher mechanischer Beanspruchung" (entspricht dem europäischem „M").	

30.3 Bauaufsichtliche und allgemeine Abkürzungen		
Abkürzung		**Kriterium / Anforderung /Bedeutung**
fh, hf, fb		feuerhemmend, hochfeuerhemmend, feuerbeständig
nb, se, ne, le		nichtbrennbar, schwer entflammbar, normal entflammbar, leicht entflammbar
BW, BA, GA		Brandwand, Brandabschnitt, Gebäudeabschlusswand
BaBW		Bauart einer Brandwand (in der Regel Treppenraumwand in GK 5)
WaBW		Wand anstelle einer Brandwand (Wand, die nach BauO NRW anstelle einer Brandwand zulässig ist, z. B. in Gebäuden der GK 1 bis 4)
abP		allgemeines bauaufsichtliches Prüfzeugnis einer amtlich anerkannten Materialprüfanstalt
abZ		allgemeine bauaufsichtliche Zulassung des Deutschen Instituts für Bautechnik in Berlin (DIBt)
aBG		allgemeine Bauartgenehmigung des DIBt
vBG		vorhabenbezogene Bauartgenehmigung von der Obersten Baubehörde
ZiE		Zustimmung im Einzelfall von der Obersten Baubehörde
VBG		Vorhabenbezogene Bauartgenehmigung von der Obersten Baubehörde
ÜH		Übereinstimmungserklärung des Herstellers
ÜHP		Übereinstimmungserklärung des Herstellers nach vorheriger Prüfung des Bauprodukts durch eine anerkannte Prüfstelle
ÜA		Übereinstimmungserklärung des Anwenders
ÜZ		Übereinstimmungszertifikat durch eine anerkannte Zertifizierungsstelle
BRL		Bauregelliste
TB, LTP		Technische Baubestimmungen, Liste der Technischen Baubestimmungen
aaRdT		allgemein anerkannte Regeln der Technik
MVV TB		Muster-Verwaltungsvorschrift Technische Baubestimmungen (herausgegeben vom DIBt)
VV TB NRW		Verwaltungsvorschrift Technische Baubestimmungen für das Land Nordrhein-Westfalen
VV, VwV		Verwaltungsvorschrift
Türen	d, s, v	dichtschließend, selbstschließend, vollwandig
	d + s	dicht- und selbstschließend
	v + d + s	vollwandig, dicht- und selbstschließend
	rd + s	rauchdicht und selbstschließend
	n, FSA, PS	nichtabschließbar, Feststellanlage, Panikschloss
KG, EG, OG		Kellergeschoss, Erdgeschoss, Obergeschoss
NE, AR, Whg		Nutzungseinheit, Aufenthaltsraum, Wohnung
GK		Gebäudeklasse
nT, nTR		notwendige Treppe, notwendiger Treppenraum
RW		Rettungsweg
VG		Brandschutzverglasung
Zuordnungsregel		Anhang 4 der VV TB NRW: „Bauaufsichtliche Anforderungen, Zuordnung der Klassen, Verwendung von Bauprodukten, Anwendung von Bauarten". Anmerkung: Nach MVV TB 2019 auch in Anhang 14 enthalten.

30.4	Nationale Abkürzungen
A 1, A 2, B 1, B 2, B 3	**Baustoffklassen nach DIN 4102-1:** A 1 = nichtbrennbar, A 2 = nichtbrennbar mit geringen organischen Bestandteilen B 1 = schwer entflammbar, B 2 = normal entflammbar, B 3 = leicht entflammbar
F 30, F 60, F 90	**Feuerwiderstandsklassen von Bauteilen nach DIN 4102-2:** 30, 60, 90 Minuten. **Achtung:** Zur Erfüllung der bauaufsichtlichen Anforderungen hf und fb bestehen noch zusätzliche Anforderungen wie -A, -AB, [wnb], [HolzR] (zAHolz].
W 90, T 90, S 90, R 90, L 90, K 90, I 90, E 90, F 90, G 90	**Feuerwiderstandsklassen von Sonderbauteilen nach DIN 4102:** W = nichttragende Außenwände, T = Feuerschutzabschlüsse, S = Kabelschotts R = Rohrabschottungen und -ummantelungen, L = Lüftungsleitungen, K = Brandschutzklappen, I = Installationsschächte und -kanäle, E = Funktionserhalt, F = Brandschutzverglasungen mit Begrenzung des Strahlungsdurchgangs, G = Brandschutzverglasung ohne Strahlungsbegrenzung
-A	und aus nichtbrennbaren Baustoffen
-AB	Bauteile, deren tragende und aussteifende Teile aus nichtbrennbaren Baustoffen bestehen und die bei raumabschließenden Bauteilen zusätzlich eine in Bauteilebene durchgehende Schicht aus nichtbrennbaren Baustoffen haben. **Vereinfacht ausgedrückt:** Bauteile, die in den **wesentlichen Teilen** aus nichtbrennbaren Baustoffen bestehen. Zu den **wesentlichen Teilen** gehören: • bei tragenden Bauteilen alle tragenden oder aussteifenden Bauteile • bei nichttragenden Bauteilen auch die Bauteile, die deren Standsicherheit bewirken (z. B. Rahmenkonstruktionen von nichttragenden Wänden) • bei raumabschließenden Bauteilen (Bauteilen mit raumabschließender Funktion) eine in Bauteilebene durchgehende Schicht aus nichtbrennbaren Baustoffen; bei Decken muss diese Schicht eine Gesamtdicke von mindestens 50 mm haben. Hohlräume im Inneren dieser Schicht sind zulässig. Bei der Beurteilung des Brandverhaltens der Baustoffe können Oberflächendeckschichten oder andere Oberflächenbehandlungen außer Betracht bleiben.
-B	und aus brennbaren Baustoffen. **Achtung:** F 60-B und F 90-B sind nur zulässig, wenn die geforderte Feuerwiderstandsdauer nachgewiesen wird und die Bauteile so hergestellt und eingebaut werden, dass Feuer und Rauch nicht über Grenzen von Brand- oder Rauchabschnitten, insbesondere Geschosstrennungen, hinweg übertragen werden können. Die Abkürzung hierfür lautet in diesem Werk: [zAHolz].
-BA	keine Klasse nach DIN 4102. Früher in einigen Ländern verwendete Bezeichnung für: „tragende und aussteifende Bauteile brennbar mit einer nichtbrennbaren Bekleidung".

30.5 Europäische Abkürzungen

Baustoffe

Kurzzeichen	**Kriterium/Anforderung**
A	Kein Beitrag zum Brand
B	Sehr begrenzter Beitrag zum Brand
C	Begrenzter Beitrag zum Brand
D	Hinnehmbarer Beitrag zum Brand
E	Hinnehmbares Brandverhalten
F	Keine Leistung festgestellt
s	Smoke (Rauchentwicklung) s1 = geringe Rauchentwicklung s2 = mittlere Rauchentwicklung s3 = hohe Rauchentwicklung bzw. Rauchentwicklung nicht geprüft
d	Droplets (brennendes Abtropfen) d0 = kein brennendes Abtropfen/Abfallen innerhalb von 600 Sekunden d1 = kein brennendes Abtropfen/Abfallen mit einer Nachbrennzeit länger als 10 Sekunden innerhalb von 600 Sekunden d2 = keine Leistung festgestellt
E - d2	Baustoffklasse E - d2 (entspricht der Anforderung „normal entflammbar" – deutschen Klasse B 2)
A2 – s1, d0	Baustoffklasse A 2 - s1, d0 (entspricht der Anforderung „nichtbrennbar" – deutschen Klasse A 2)
…fl	floorings = Brandverhaltensklasse für Bodenbeläge
…L	linear Pipe Thermal Insulation Products = Brandverhaltensklasse für Produkte zur Wärmedämmung von linearen Rohren
ca	cable = Brandverhalten von Kabeln

Bauteile

Kurzzeichen	**Kriterium**	**Anwendungsbereich**
R (Résistance)	Tragfähigkeit	Beschreibung der Feuerwiderstandsfähigkeit
E (Étanchéité)	Raumabschluss	
I (Isolation)	Wärmedämmung (unter Brandeinwirkung)	
M (Mechanical)	mechanische Einwirkung auf Wände (Stoßbeanspruchung)	Brandwände (BW), hochfeuerhemmende Wände anstelle von Brandwänden (WaBW), Bauart von Brandwänden (BaBW)
$K_2$60	Klasse für Wand- und Deckenbekleidungen – brandschutztechnisch wirksame Bekleidung gemäß M HFHHolzR	
W (Radiation)	Begrenzung des Strahlungsdurchtritts	
EI_2	**Étanchéité + Isolation:** Raumabschluss und Wärmedämmung unter Brandeinwirkung (Klasse für Feuerschutzabschlüsse)	
S_{200} (Smoke$_{max... leakage rate}$)	Begrenzung der Rauchdurchlässigkeit (Dichtheit, Leckrate), erfüllt die Anforderungen sowohl bei Umgebungstemperatur als auch bei 200 °C	Rauchschutztüren (als Zusatzanforderung auch bei Feuerschutzabschlüssen), Lüftungsanlagen einschließlich Klappen
S_a (Smoke)	Begrenzung der Rauchdurchlässigkeit (Dichtheit, Leckrate), erfüllt die Anforderungen bei Umgebungstemperatur	dichtschließende Abschlüsse
C… (Closing)	selbstschließende Eigenschaft (ggf. mit Anzahl der Lastspiele) einschl. Dauerfunktion Beispiele: Türen: C 5 = 200.000 Lastspiele Tore: C 2 = 10.000 Lastspiele	Rauchschutztüren, Feuerschutzabschlüsse (einschließlich Abschlüsse für Förderanlagen)
P	Aufrechterhaltung der Energieversorgung und/oder Signalübermittlung	elektrische Kabelanlagen allgemein
G	Rußbrandbeständigkeit	Schornsteine
K_1, K_2	Brandschutzvermögen	Wand- und Deckenbekleidungen (Brandschutzbekleidungen)

I_1, I_2	unterschiedliche Wärmedämmungskriterien	Feuerschutzabschlüsse (einschließlich Abschlüsse für Förderanlagen)
i→o i←o i↔o (in – out)	Richtung der klassifizierten Feuerwiderstandsdauer	nichttragende Außenwände, Installationsschächte/-kanäle, Lüftungsanlagen/-klappen
a↔b (above – below)	Richtung der klassifizierten Feuerwiderstandsdauer	Unterdecken
v_e, h_o (vertical, horizontal)	für vertikalen/horizontalen Einbau klassifiziert	Lüftungsleitungen/-klappen
U/U (uncapped/ uncapped)	Rohrende offen innerhalb des Prüfofens / Rohrende offen außerhalb des Prüfofens	Rohrabschottungen
C/U (capped/ uncapped)	Rohrende geschlossen innerhalb des Prüfofens / Rohrende offen außerhalb des Prüfofens	Rohrabschottungen
U/C (uncapped/ capped)	Rohrende offen innerhalb des Prüfofens / Rohrende geschlossen außerhalb des Prüfofens	Rohrabschottungen

30.6 Sonstige Abkürzungen und Begriffe

BauPVO	Bauproduktenverordnung
Ü	**Ü-Zeichen = Übereinstimmungszeichen.** Kennzeichnet national geregelte Bauprodukte (Baustoffe, Bauteile), die mit der zugrunde gelegten technischen Regel bzw. dem nationalen Ver-/Anwendbarkeitsnachweis übereinstimmen.
CE	**CE-Zeichen.** Erklärung des Herstellers, Inverkehrbringers oder EU-Bevollmächtigten gemäß EU-Verordnung, „dass das Produkt den geltenden Anforderungen genügt, die in den Harmonisierungsrechtsvorschriften der Gemeinschaft über ihre Anbringung festgelegt sind". **Wichtig:** Die CE-Kennzeichnung alleine enthält noch keine Aussage über die erklärten Leistungen des Bauprodukts. Deshalb ist zum Nachweis von Brandschutzanforderungen immer zum CE-Kennzeichen eine **Leistungserklärung** mit „Gebrauchsanleitung" erforderlich.
DoP	**Declaration of Performance = Leistungserklärung.** Gibt die Leistung von Bauprodukten in Bezug auf die wesentlichen Merkmale an. Voraussetzung hierfür ist, dass das Bauprodukt von einer harmonisierten Norm (hEN) erfasst wird oder einer Europäischen Technischen Bewertung, die für dieses Produkt ausgestellt wurde, entspricht. **Wichtig:** Die in der Leistungserklärung erklärten Leistungen müssen den in der BauO oder aufgrund der BauO festgelegten Anforderungen für diese Verwendung entsprechen.
EAD	**Europäisches Bewertungsdokument.** Gemäß BauPVO ist ein Europäisches Bewertungsdokument („European Assessment Document" – EAD) ein Dokument, das von der Organisation Technischer Bewertungsstellen zum Zweck der Ausstellung Europäischer Technischer Bewertungen (ETA, siehe unten) angenommen wird.
ETA	**Europäische Technische Bewertung.** Gemäß BauPVO ist eine Europäische Technische Bewertung – („European Technical Assessment" – ETA) die dokumentierte Bewertung der Leistung eines Bauprodukts in Bezug auf seine wesentlichen Merkmale im Einklang mit dem betreffenden EAD.

Literaturverzeichnis

Normen

1. DIN 1053-4:2018-05 Mauerwerk – Teil 4: Fertigbauteile
2. DIN 1055-3:2006-03 Einwirkungen auf Tragwerke – Teil 3: Eigen- und Nutzlasten für Hochbauten [zurückgezogen]
3. DIN 4066:1997-07 Hinweisschilder für die Feuerwehr
4. DIN 4102 Brandverhalten von Baustoffen und Bauteilen
5. DIN 4102-1:1998-05 Brandverhalten von Baustoffen und Bauteilen – Teil 1: Baustoffe; Begriffe, Anforderungen und Prüfungen
6. DIN 4102-3:1977-09 Brandverhalten von Baustoffen und Bauteilen; Brandwände und nichttragende Außenwände, Begriffe, Anforderungen und Prüfungen
7. DIN 4102-4:2016-05 Brandverhalten von Baustoffen und Bauteilen – Teil 4: Zusammenstellung und Anwendung klassifizierter Baustoffe, Bauteile und Sonderbauteile
8. DIN 4102-5:1977-09 Brandverhalten von Baustoffen und Bauteilen; Feuerschutzabschlüsse, Abschlüsse in Fahrschachtwänden und gegen Feuer widerstandsfähige Verglasungen, Begriffe, Anforderungen und Prüfungen
9. DIN 4102-6:1977-09 Brandverhalten von Baustoffen und Bauteilen; Lüftungsleitungen, Begriffe, Anforderungen und Prüfungen [zurückgezogen]
10. DIN 4102-7:1987-03 Brandverhalten von Baustoffen und Bauteilen; Bedachungen; Begriffe, Anforderungen und Prüfungen [zurückgezogen]
11. DIN 4102-9:1990-05 Brandverhalten von Baustoffen und Bauteilen; Kabelabschottungen; Begriffe, Anforderungen und Prüfungen
12. DIN 4102-11:1985-12 Brandverhalten von Baustoffen und Bauteilen; Rohrummantelungen, Rohrabschottungen, Installationsschächte und -kanäle sowie Abschlüsse ihrer Revisionsöffnungen; Begriffe, Anforderungen und Prüfungen
13. DIN 4102-12:1998-11 Brandverhalten von Baustoffen und Bauteilen – Teil 12: Funktionserhalt von elektrischen Kabelanlagen; Anforderungen und Prüfungen
14. DIN 4102-13:1990-05 Brandverhalten von Baustoffen und Bauteilen; Brandschutzverglasungen; Begriffe, Anforderungen und Prüfungen
15. DIN 4102-15:1990-05 Brandverhalten von Baustoffen und Bauteilen; Brandschacht
16. DIN 4102-17:2017-12 Brandverhalten von Baustoffen und Bauteilen – Teil 17: Schmelzpunkt von Mineralwolle-Dämmstoffen – Begriffe, Anforderungen und Prüfung
17. DIN 4102-18:1991-03 Brandverhalten von Baustoffen und Bauteilen; Feuerschutzabschlüsse; Nachweis der Eigenschaft „selbstschließend" (Dauerfunktionsprüfung)
18. DIN 4213:2015-10 Anwendung von vorgefertigten Bauteilen aus haufwerksporigem Leichtbeton mit statisch anrechenbarer oder nicht anrechenbarer Bewehrung in Bauwerken
19. DIN 4223:2003-12 Vorgefertigte bewehrte Bauteile aus dampfgehärtetem Porenbeton [zurückgezogen]
20. DIN 4232:1987-09 Wände aus Leichtbeton mit haufwerksporigem Gefüge – Bemessung und Ausführung [zurückgezogen]
21. DIN 18065:2015-03 Gebäudetreppen – Begriffe, Messregeln, Hauptmaße
22. DIN 18090:1997-01 Aufzüge – Fahrschacht-Dreh- und -Falttüren für Fahrschächte mit Wänden der Feuerwiderstandsklasse F 90
23. DIN 18091:1993-07 Aufzüge; Schacht-Schiebetüren für Fahrschächte mit Wänden der Feuerwiderstandklasse F 90
24. DIN 18092:1992-04 Aufzüge; Vertikal-Schiebetüren für Kleingüteraufzüge in Fahrschächten mit Wänden der Feuerwiderstandsklasse F 90
25. DIN 18232-1:2002-02 Rauch- und Wärmefreihaltung – Teil 1: Begriffe, Aufgabenstellung
26. DIN 18232-2:2007-11 Rauch- und Wärmefreihaltung – Teil 2: Natürliche Rauchabzugsanlagen (NRA); Bemessung, Anforderungen und Einbau
27. DIN EN 81-58:2018-05 Sicherheitsregeln für die Konstruktion und den Einbau von Aufzügen – Überprüfung und Prüfverfahren – Teil 58: Prüfung der Feuerwiderstandsfähigkeit von Fahrschachttüren; Deutsche Fassung EN 81-58:2018
28. DIN EN 1363-1:2012-10 Feuerwiderstandsprüfungen – Teil 1: Allgemeine Anforderungen; Deutsche Fassung EN 1363-1:2012
29. DIN EN 1363-2:1999-10 Feuerwiderstandsprüfungen - Teil 2: Alternative und ergänzende Verfahren; Deutsche Fassung EN 1363-2:1999
30. DIN EN 1364-1:2015-09 Feuerwiderstandsprüfungen für nichttragende Bauteile – Teil 1: Wände; Deutsche Fassung EN 1364-1:2015
31. DIN EN 1365-1:2013-08 Feuerwiderstandsprüfungen für tragende Bauteile – Teil 1: Wände; Deutsche Fassung EN 1365-1:2012 + AC:2013
32. DIN EN 1520:2011-06 Vorgefertigte Bauteile aus haufwerksporigem Leichtbeton und mit statisch anrechenbarer oder nicht anrechenbarer Bewehrung; Deutsche Fassung EN 1520:2011
33. DIN EN 1991-1-1:2010-12 Eurocode 1: Einwirkungen auf Tragwerke – Teil 1-1: Allgemeine Einwirkungen auf Tragwerke – Wichten, Eigengewicht und Nutzlasten im Hochbau; Deutsche Fassung EN 1991-1-1:2002 + AC:2009
34. DIN EN 1991-1-1/NA:2010-12 Nationaler Anhang – National festgelegte Parameter – Eurocode 1: Einwirkungen auf Tragwerke – Teil 1-1: Allgemeine Einwirkungen auf Tragwerke – Wichten, Eigengewicht und Nutzlasten im Hochbau
35. DIN EN 1992-1-1:2011-01 Eurocode 2: Bemessung und Konstruktion von Stahlbeton- und Spannbetontragwerken – Teil 1-1: Allgemeine Bemessungsregeln und Regeln für den Hochbau; Deutsche Fassung EN 1992-1-1:2004 + AC:2010

36. DIN EN 1992-1-2:2010-12 Eurocode 2: Bemessung und Konstruktion von Stahlbeton- und Spannbetontragwerken – Teil 1-2: Allgemeine Regeln – Tragwerksbemessung für den Brandfall; Deutsche Fassung EN 1992-1-2:2004 + AC:2008
37. DIN EN 1996-1-1:2013-02 Eurocode 6: Bemessung und Konstruktion von Mauerwerksbauten – Teil 1-1: Allgemeine Regeln für bewehrtes und unbewehrtes Mauerwerk; Deutsche Fassung EN 1996-1-1:2005+A1:2012
38. DIN EN 1996-1-2/NA:2013-06 Nationaler Anhang – National festgelegte Parameter – Eurocode 6: Bemessung und Konstruktion von Mauerwerksbauten – Teil 1-2: Allgemeine Regeln – Tragwerksbemessung für den Brandfall
39. DIN EN 1996-3:2010-12 Eurocode 6: Bemessung und Konstruktion von Mauerwerksbauten – Teil 3: Vereinfachte Berechnungsmethoden für unbewehrte Mauerwerksbauten; Deutsche Fassung EN 1996-3:2006 + AC:2009
40. DIN EN 12101-2:2017-08 Rauch- und Wärmefreihaltung – Teil 2: Natürliche Rauch- und Wärmeabzugsgeräte; Deutsche Fassung EN 12101-2:2017
41. DIN EN 13501 Klassifizierung von Bauprodukten und Bauarten
42. DIN EN 14351-2:2019-01 Fenster und Türen – Produktnorm, Leistungseigenschaften – Teil 2: Innentüren; Deutsche Fassung EN 14351-2:2018
43. DIN EN 14604:2009-02 Rauchwarnmelder; Deutsche Fassung EN 14604:2005
44. DIN 14676:2012-09 Rauchwarnmelder für Wohnhäuser, Wohnungen und Räume mit wohnungsähnlicher Nutzung – Einbau, Betrieb und Instandhaltung [zurückgezogen]
45. DIN EN 15080-12:2011-04 Erweiterter Anwendungsbereich der Ergebnisse aus Feuerwiderstandsprüfungen – Teil 12: Tragende Mauerwerkswände; Deutsche Fassung EN 15080-12:2011
46. DIN EN 15650:2010-09 Lüftung von Gebäuden – Brandschutzklappen; Deutsche Fassung EN 15650:2010
47. DIN EN 16034:2014-12 Türen, Tore und Fenster – Produktnorm, Leistungseigenschaften – Feuer- und/oder Rauchschutzeigenschaften; Deutsche Fassung EN 16034:2014
48. DIN EN 16361:2016-12 Kraftbetätigte Türen – Produktnorm, Leistungseigenschaften – Türsysteme, mit Ausnahme von Drehflügeltüren, vorgesehen für den kraftbetätigten Betrieb; Deutsche Fassung EN 16361:2013+A1:2016
49. DIN EN 50085-1 VDE 0604-1:2014-05 Elektroinstallationskanalsysteme für elektrische Installationen Teil 1: Allgemeine Anforderungen; Deutsche Fassung EN 50085-1:2005+A1:2013
50. DIN EN 60702-1 VDE 0284-1:2002-11 Mineralisolierte Leitungen mit einer Bemessungsspannung bis 750 V Teil 1: Leitungen (IEC 60702-1:2002); Deutsche Fassung EN 60702-1:2002 [zurückgezogen]
51. DVGW W 405:2008-02 Bereitstellung von Löschwasser durch die öffentliche Trinkwasserversorgung

Rechtsvorschriften

1. [ASR]: Technische Regeln für Arbeitsstätten, Fluchtwege und Notausgänge, Flucht- und Rettungsplan, ASR A2.3, August 2007 zuletzt geändert GMBl 2017
2. [ASR 13/1,2]: Arbeitsstätten-Richtlinie Feuerlöscheinrichtungen (ASR 13/1,2) Zu § 13 Abs. 1 und Abs. 2 der Arbeitsstättenverordnung, Ausgabe Juni 1997
3. [BauO NRW]: Bauordnung für das Land Nordrhein-Westfalen (BauO NRW 2018) v. 21.07.2018
4. [BauPrüfVO]: Verordnung über bautechnische Prüfungen (BauPrüfVO) v. 06.12.1995
5. [BauPVO]: Verordnung (EU) Nr. 305/2011 des Europäischen Parlaments und des Rates v. 09.03.2011 zur Festlegung harmonisierter Bedingungen für die Vermarktung von Bauprodukten und zur Aufhebung der Richtlinie 89/106/EWG des Rates, Anhang I Grundanforderungen an Bauwerke
6. BGR 133 Ausrüstung von Arbeitsstätten mit Feuerlöschern (bisher ZH 1/201) Hauptverband der gewerblichen Berufsgenossenschaften Fachausschuss „Nahrungs- und Genussmittel" der BGZ April 1994 Aktualisierte Nachdruckfassung Oktober 2004
7. [Camping- und Wochenendplatzverordnung]: Verordnung über Camping- und Wochenendplätze (Camping- und Wochenendplatzverordnung – CW VO) v. 24.03.2011
8. Deckenstanzer für Holzbalkendecken. SWS Fertigung UG, 2020. http://www.sws-radebeul.de [Zugriff: 05.01.2020]
9. EAD 350142-00-1106 Fire protective Products. Fire protective Board, Slap and Mat Products and Kits, September 2017
10. Eckwertepapier zum Brandschutz in gentechnischen Anlagen, Gem. RdErl. d. Ministeriums für Umwelt und Naturschutz, Landwirtschaft und Verbraucherschutz – V- 8- 8868.44 – d. Ministeriums für Arbeit und Soziales, Qualifikation und Technologie – 214-8321.1 u. d. Ministeriums für Städtebau und Wohnen, Kultur und Sport – II A 4.R-100/17 Gentechn. v. 23.10.2002
11. [Energieeinsparverordnung]: Verordnung über energiesparenden Wärmeschutz und energiesparende Anlagentechnik bei Gebäuden (Energieeinsparverordnung – EnEV), v. 24.07.2007 (BGBl. I S. 1519), zuletzt geändert durch Artikel 3 der Verordnung vom 24.10.2015 (BGBl. I S. 1789)
12. Erläuterung zu Teil 4: Hochhäuser der Verordnung über den Bau und Betrieb von Sonderbauten (Sonderbauverordnung – SBauVO), Stand 28.08.2009
13. [Fachempfehlung „Löschwasserversorgung aus Hydranten in öffentlichen Verkehrsflächen"]: Information der Arbeitsgemeinschaft der Leiter der Berufsfeuerwehren und des Deutschen Feuerwehrverbandes in Abstimmung mit dem DVGW Deutscher Verein des Gas- und Wasserfaches e. V. Löschwasserversorgung aus Hydranten in öffentlichen Verkehrsflächen (2018-4)
14. Feuerungsverordnung (FeuVO NRW) v. 10.12.2018
15. [GewO]: Gewerbeordnung in der Fassung der Bekanntmachung vom 22. Februar 1999 (BGBl. I S. 202), die zuletzt durch Artikel 15 des Gesetzes vom 22. November 2019 (BGBl. I S. 1746) geändert worden ist
16. [Industriebaurichtlinie]: Richtlinie über den baulichen Brandschutz im Industriebau (Industriebaurichtlinie – IndBauR NRW), RdErl. d. Ministeriums für Bauen, Wohnen, Stadtentwicklung und Verkehr – VI.1 – 190, v. 04.02.2015
17. [M-HFHHolzR]: Muster-Richtlinie über brandschutztechnische Anforderungen an hochfeuerhemmende Bauteile in Holzbauweise – M-HFHHolzR, v. Juli 2004

18. [M-LüAR]: Muster-Richtlinie über brandschutztechnische Anforderungen an Lüftungsanlagen (Muster-Lüftungsanlagen-Richtlinie M-LüAR), Stand: 29.09.2005, zuletzt geändert durch Beschluss der Fachkommission Bauaufsicht vom 11. Dezember 2015
19. [MIndBauRL]: Muster-Richtlinie über den baulichen Brandschutz im Industriebau (Muster-Industriebau-Richtlinie – MIndBauRL) Stand Juli 2014
20. [MLAR]: Muster-Richtlinie über brandschutztechnische Anforderungen an Leitungsanlagen (Muster-Leitungsanlagen-Richtlinie – MLAR), Fassung: 10.2.2015 [Redaktionsstand 5.4.2016]
21. [MSysBöR]: Muster-Richtlinie über brandschutztechnische Anforderungen an Systemböden (Muster-Systembödenrichtlinie MSysBöR) – Fassung September 2005 –
22. Musterbauordnung – MBO – Fassung November 2002, zuletzt geändert durch Beschluss der Bauministerkonferenz v. 22.02.2019, Sechster Teil Ordnungswidrigkeiten, Rechtsvorschriften, Übergangs- und Schlussvorschriften, § 85 „Rechtsvorschriften" und § 85a „Technische Baubestimmungen"
23. Muster-Richtlinien über Flächen für die Feuerwehr – Fassung Februar 2007 – zuletzt geändert durch Beschluss der Fachkommission Bauaufsicht vom Oktober 2009
24. [Muster-Sonderbauvorschriften]: Bauministerkonferenz. Geschäftsstelle der Bauministerkonferenz, 2020. https://www.bauministerkonferenz.de [Zugriff: 01.01.2020]
25. [MVV TB]: Muster-Verwaltungsvorschrift Technische Baubestimmungen (MVV TB) – Ausgabe 2019/1
26. [MVV TB-Kenntnisgabedokument]: Änderungen der MVV TB (Muster-Verwaltungsvorschrift Technische Baubestimmungen) für die Ausgabe 2019/1 im Ergebnis der Anhörungen 2016 und 2017, - Kenntnisgabedokument -
27. OIB-Richtlinie 2 „Brandschutz". Stand: April 2019. Wien: Österreichisches Institut für Bautechnik [online]. Internet: https://www.oib.or.at/de/oib-richtlinien/richtlinien/2019/oib-richtlinie-2 [Zugriff: 01.01.2020]
28. Richtlinie über bauaufsichtliche Anforderungen an den Bau und Betrieb von Einrichtungen mit Pflege- und Betreuungsleistungen, RdErl. d. Ministeriums für Wirtschaft, Energie, Bauen, Wohnen und Verkehr - X.1 – 141.01 – v. 17.3.2011
29. [RStO]: Richtlinien für die Standardisierung des Oberbaues von Verkehrsflächen RStO 01, Ausgabe 2001
30. [Schulbaurichtlinie]: Richtlinie über bauaufsichtliche Anforderungen an Schulen (SchulBauR) v. 05.11.2010, geändert 20.11.2015
31. [Sonderbauverordnung]: Verordnung über Bau und Betrieb von Sonderbauten (Sonderbauverordnung – SBauVO) v. 02.12.2016
32. [StVO]: Straßenverkehrs-Ordnung. Verordnung vom 06.03.2013 (BGBl. I S. 367), in Kraft getreten am 01.04.2013, zuletzt geändert durch Verordnung vom 06.06.2019 (BGBl. I S. 756) m.W.v. 15.06.2019
33. [VV TB NRW]: Verwaltungsvorschrift Technische Baubestimmungen für das Land Nordrhein-Westfalen (VV TB NRW) v. Juni 2019

Literatur

1. Mayr, J.; Battran, L.: Brandschutzatlas. Köln: FeuerTrutz Network GmbH, 2020
2. Rauchmelder retten Leben. Forum Brandrauchprävention e.V. 2020. https://www.rauchmelder-lebensretter.de [Zugriff: 05.01.2020]
3. AGBF bund – Arbeitsgemeinschaft der Leiter der Berufsfeuerwehren in der Bundesrepublik Deutschland (AGBF), 2020. http://www.agbf.de [Zugriff: 05.01.2020]
4. Amt für Veröffentlichungen der Europäischen Union – Zugang zum EU-Recht, 2020. http://eur-lex.europa.eu [Zugriff: 22.01.2020]

Stichwortverzeichnis

Die hier aufgeführten Stichwörter beziehen sich aus Gründen der Übersichtlichkeit ausschließlich auf den **Hauptteil des Buches**, der die Brandschutzanforderungen nach BauO NRW wiedergibt.

Sollten Sie ein Stichwort zu den Anlagen A und B suchen, können Sie mit Hilfe des Tabensystems einfach vom Treffer im Hauptteil in die Anlagen springen. Die Anlagen A und B weisen die gleiche Gliederung wie der Hauptteil auf. Beachten Sie hierzu auch die Hinweise zum Aufbau des Buches auf S. 7.